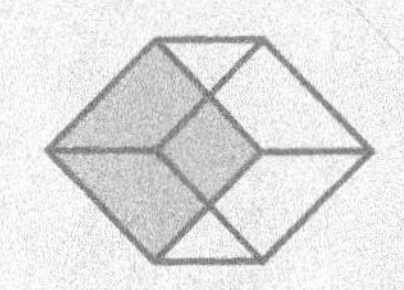

本书由

中科合成油技术有限公司

资助出版

Catalytic
Technologies
for
Conversion
of
Coal
Energy

陈诵英　王琴　编著

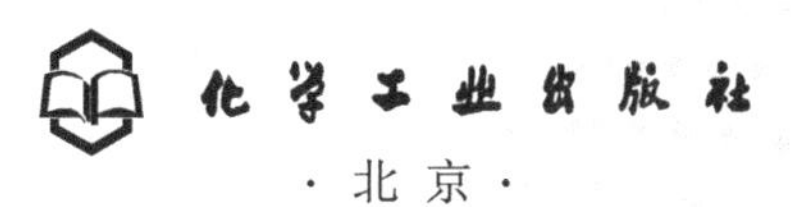

内 容 简 介

本书主要介绍固体煤炭转化为电能、热能、气体和液体燃料化学能及机械能过程中关键的催化技术，包括燃煤发电和烟气催化净化技术，煤气化和合成气净化催化技术，低污染催化燃烧技术和各种组合发电技术特别是热电联产（CHP）和冷热电三联产（CCHP）技术，煤制合成天然气、煤制烃类液体燃料、煤制甲醇及甲醇汽油和煤制二甲醚液体燃料等的催化技术，以及煤催化热解和煤直接催化加氢液化技术等。对各种煤炭能源转化的催化技术，详细表述了催化剂、催化反应工程和催化反应器技术，内容丰富翔实且相当深入，并富前瞻性。

本书可以作为煤炭能源转化领域如电力行业、煤化工行业、催化应用技术领域，从事工业技术开发和设计的广大科技人员、工程师和各级管理人员的重要参考书，也是高等院校能源及管理、电力、煤燃烧气化、化学化工、环境和各工业民用领域以及环境治理相关专业本科生、研究生和教师的重要专业参考书和教材。

图书在版编目（CIP）数据

煤炭能源转化催化技术/陈诵英，王琴编著.—北京：化学工业出版社，2020.9

ISBN 978-7-122-36746-4

Ⅰ.①煤… Ⅱ.①陈…②王… Ⅲ.①煤炭资源-能源-转化②煤炭能源-能源-催化 Ⅳ.①TK01

中国版本图书馆CIP数据核字（2020）第079549号

责任编辑：成荣霞　　文字编辑：林 丹 张瑞霞

责任校对：张雨彤　　装帧设计：王晓宇

出版发行：化学工业出版社（北京市东城区青年湖南街13号 邮政编码100011）

印　装：北京虎彩文化传播有限公司

787mm×1092mm 1/16 印张45½ 字数 1121 千字　2021年5月北京第1版第1次印刷

购书咨询：010-64518888　　售后服务：010-64518899

网　址：http://www.cip.com.cn

凡购买本书，如有缺损质量问题，本社销售中心负责调换。

定　价：498.00元

前言

在煤炭、石油和天然气三大化石能源中，固体煤炭的储量最大，也是最早被开发使用的。与液态石油和气态天然气相比，固体煤炭所含杂质多、处理难度大。随着经济的高速发展，我国煤炭年产量已连续多年超过30亿吨，这不仅是由于对能源需求的旺盛，还与我国“富煤贫油少气”的能源资源分布现状相一致。我国是世界上现有少数以煤炭为主要能源的国家。众所周知，由于煤炭的一些固有特性，如含碳量高、含污染杂质多和利用技术相对落后，大量使用会带来严重的环境问题，造成大的污染。统计资料显示，燃煤产生的二氧化硫、氮氧化物、粉尘和二氧化碳的排放占总排放的比例都在50%以上。例如，2006年中国工程院给出的数据分别是85%、60%、70%和85%。为此，我国政府已经投入大量财力、物力和人力来治理燃煤所造成的环境污染。煤炭有效低污染利用在我国占有特殊的地位。虽然自2013年以来，我国开始尽量压缩煤炭的使用量，改用较为洁净的天然气替代并大力发展可再生的太阳能和风能发电以减轻环境压力，但我国高层能源战略研究的结果仍然指出：将在相当长一段时间内，我国初级能源仍然主要依赖于煤炭的情形不可能有很大的改变，即便到2050年，其在一次能源中所占比例仍然高达40%以上。因此煤炭洁净高效使用也就是洁净煤技术的研究和发展一直是我国能源政策中的重点。

煤炭主要作为初级能源使用，直接燃烧和转化为气体或液体燃料再燃烧利用的煤炭加在一起，总计有90%以上。直接燃烧用来获取方便使用的电力和热量，而转化为燃气，包括合成气、合成天然气和氢气，以及液体燃料的那部分煤炭，最终也是经过燃烧（或氧化）来产生电力、热量和机械动能的。煤炭能源的这些转化不仅是为了满足人类多种多样的不同需求，更是为了达到提高煤炭中能量的利用效率和降低对环境造成的严重污染这样的双重目的。因此，煤炭能源转化一直受到世界各国政府的大力支持，已经发展出多种高效洁净的煤炭转化技术，其中包括作为关键技术应用的催化技术。催化技术在煤炭能源转化中不仅广泛使用而且往往成为煤炭转化技术的核心。

像我国这样的煤炭生产和使用大国，在经济高速增长的年代，国家对煤炭的高效洁净利用技术即煤炭能源转化技术的研究发展是非常重视的，这使煤化工在我国进入了黄金发展年代。因此，对煤炭转化技术知识的渴求非常强烈。在这一背景下，化学工业出版社的编辑提出要我写一本有关煤炭催化转化的书。这是我们的老本行，在中国科学院山西煤炭化学研究所做了三十年的煤炭转化研究，这一要求显然是难以拒绝的。

这个要求勾起笔者长期以来的催化梦想。在进入古稀之年退休阶段的我，有时间和精力来实现这个催化的梦。靠着尚属健康的身体和对催化科学技术的热爱，已陆续出版了有关催化基础的五本书：《吸附与催化》《催化反应动力学》《催化反应工程基础》《催化反应器工程》和《固体催化剂制备原理与技术》。这些书涵盖了催化科学技术最重要的基础领域。但是催化是一门非常实用的科学技术，它的应用比科学知识更显重要。从催化技术实际应用的角度看，催化技术是在100多年前的氨合成和煤炭直接液化的铁催化剂（前者是无定形块状的，后者是粉状分散相的）基础上，随着石油炼制技术和石油化工技术的快速发展而发展起来的。笔者在编著上述催化基础理论书籍的基础上，又出版了《精细化学品催化合成技术》（《绿色催化技术》为上册，《催化合成反应和技术》为下册），还出版了《结构催化剂与环境治理》，这些是催化技术在精细化学品合成和环境治理中的应用。按笔者的想法原来的催化梦到此就做完了。而化学工业出版社提出希望撰写煤炭催化转化的书后，笔者强烈感到应该继续把催化梦做下去，催化技术在煤炭转化中的应用应该是催化技术在重要能源转化中的应用，它的完成将使笔者的催化梦做得更加圆满和完善。

但是，由于煤炭转化涉及的领域太过宽广、资料太过丰富，再加上在筹建煤转化国家重点实验室时的深切体会，感觉到关于煤炭转化这样的书涵盖的领域太过宽广内容肯定会过于臃肿。因此，考虑到自身能力和实际情况，经与出版社编辑商量，将该书的内容仅限于煤炭能源转化。既然接受了出版社的约请，资料的收集问题肯定是第一关。对已经编著完成的书，资料的收集是从国家派我去美国做访问学者时就已经开始，但是从没有想过要写煤炭能源转化的书，当然更谈不到对煤炭转化文献资料的收集。收集资料与整个书撰写的思路和结构是紧密相连的。还在撰写《结构催化剂与环境治理》的书稿时，就开始思考催化在煤炭能源转化中应用一书应该有怎样的思路和结构才有其特色。有关煤炭转化加工领域的文献资料很多很多，除了大量文章、专利文献资料外，还有不少煤炭转化加工技术的书籍，最有代表性的是谢克昌院士主编，在2010年前后出版的“现代煤化工丛书”（共计12册），几乎涉及了煤化工领域的方方面面。资料很多是好事但也使人犯愁，新写的煤炭能源转化的书是否会成为“多一本不多少一本不少”的那种？对该书要涉及的内容反复思考和构思过很多次。幸好在阅读煤炭加工文献资料特别是书籍时发现，国内绝大部分书籍的写作角度或出发点是基于煤化工，很少是从煤炭能源转化角度并以它作为出发点的。这给了我写《煤炭能源转化催化技术》一书的机遇，当然肯定也是一个很大的挑战。

在几乎所有煤炭能源转化过程中催化都发挥着不可替代的作用。催化技术在煤炭能源转化中的应用是多方面的，例如煤燃烧和煤气化过程中使用催化剂来改善其性能；燃烧尾气和气化生产合成气的催化净化技术；近来快速发展的煤制气体和液体燃料的催化技术等等。理顺这些催化技术就逐渐形成了我写《煤炭能源转化催化技术》一书的主线。催化技术在煤炭能源转化中不仅广泛使用而且往往成为转化技术的核心。这样，使本书能够具有自己鲜明的特色，与一般的煤化工技术书籍有显著不同。利用煤化工生产化学品消耗的煤炭量不到总消耗量的10%，而能源转化使用的煤炭量超过总量的90%。基于煤炭能源转化主线撰写的书应该能够避开传统煤化工的思路。该书围绕煤炭作为能源使用的这个主轴，展开煤炭到电力热量和气液燃料转化过程中涉及的重要催化技术，再结合笔者在中科院山西煤炭化学研究所几十年从事煤炭转化研究累积的基础知识和实践经验，突出煤炭直接或间接（经由化学加工到气体和液体燃料）转化为电力热量和气液运输燃料过程中起关键作用的催化技术。简而言之，把重点放在煤炭能源转化（主线），突出催化技术的关键核心作用，就是本书写作的出发点和思路。

煤炭能源转化为电力有多条路径，可以直接燃烧驱动蒸汽透平带动发电机；可以经气化生产的气体燃料驱动气体透平带动发电机发电；可以把合成气转化为液体燃料再燃烧发电；还可以把气液燃料转化为氢气再使用燃料电池技术进行发电。在煤炭直接燃烧发电中，燃烧烟气的催化净化是降低对环境危害的最有效手段。而在煤炭气化过程中，合成气催化净化对合成气的各种下游应用是至关重要的。在利用气体和液体燃料的透平燃烧发电中，催化技术不仅能够降低燃烧过程中污染物的排放量，也能够通过组合发电大幅提高燃料的能量利用效率。煤气化生产的合成气有多种不同的下游应用，包括经催化转化生产合成天然气、经FT反应合成烃类、催化加氢合成含氧液体燃料甲醇和二甲醚等。除上述的煤炭能源转化催化技术外，离不开催化技术的煤炭加工技术还包括古老但仍广泛使用（特别是在我国）的热化学加工技术热解和直接加氢液化技术，它们也能把煤炭有效转化为气体、液体和固体燃料。催化在这些煤炭能源转化中起关键作用。

鉴于上述出发点和思路，全书的内容被组织成11章。除绪论外，第2～6章介绍煤炭能源转化为电力热量的多种转化过程和技术，从直接燃烧发电到转化为合成气、合成天然气及氢气后再发电和生产热量、机械功，突出催化在这些转化技术中的关键作用。第7～9章介绍煤制运输液体燃料，这几乎都使用典型的多相催化技术。全书的最后两章介绍煤热化学加工的基础技术——煤催化热解和直接催化加氢液化技术。

本书稿的完成得到了浙江大学催化研究所以及中科院煤炭化学研究所和中科合成油技术有限公司的支持和帮助，特别是王建国所长和李永旺总经理的关心和支持，笔者衷心感谢他们。在资料收集过程中得到了浙江大学化学系资料室、化学工业出版社相关编辑的大力支持和帮助，在感谢他们的同时也感谢家人在书稿撰写过程中的支持、理解和帮助。

由于本人的学识水平所限和经验的欠缺，以及时间相对不充裕，在书稿中肯定会存在一些不尽人意和不足之处，敬请各方面的专家学者以及广大的读者批评指正，不胜感谢。

陈诵英

于浙江大学西溪校区

目 录

第10章

553 煤的催化热解

第1章 绪论

当今人类面对的最大挑战是，如何保持足够、持续的能量（或能源，energy）供应和良好的生活环境。能量是人类生活最基本的需求，支配着我们的一切活动。我们的生活水平与能量消耗有着极强的关联。为人类福祉，能量在社会中的作用是非常重要的。例如，通过快速工业化建立起现代经济体系；粮食生产因能量消耗的增加（主要在种植、运输和加工领域中）而大幅度增长；自来水厂为提供干净的饮用水也是耗能很大的，只有在有能源可用时才能够达到安全用水；我们不可或缺的运输、照明和通信以及取暖和空调等现代生活，都必须消耗大量的能量（能源）。保持和继续工业生产需要消耗大量各种形式的能量，工业化必然以快速增加的能量使用和消耗为代价。

能量，它的原始形式是一种含量丰富的自然资源。但是，能量的原始形式不一定与人类需要的功能相兼容。把自然资源形式的能量转换成工业、运输和人们使用的能量形式并在数量上能够满足需要，这应该是相对近期的发展。人们生活标准的上升和提高使能量转换的速率和效率也在不断提高和改进，而且受益的人口也不断增加。已经发明和发展出很多种类的能量和能源的利用技术，主要能够使能量转换技术与能量需求之间保持着很好的匹配。新的能量利用模式通常要求它具有"较高质量"的形式，例如电力。一些传统能源（能量资源），如化石燃料，正在以较快的速率被消耗。其他使用较少的传统能源，如可再生能源，其所需要的技术还跟不上发达国家尤其是发展中国家的快速上升需求。这一发展趋势涉及环境问题，是近来出现的一种更为麻烦的事情。虽然某些能量资源使用引起的环境问题已经解决或已经有了很大的改善，但对另一些因能源的使用引起的环境问题刚刚开始了解，有些甚至还未被仔细探索过。这就是说，在大量使用能源时产生的环境问题也同样需要被极大地关注，因为环境问题同样涉及人民的生活质量。

1.1 能量与人类社会发展

在人类文明发展的历史长河中，20世纪的一个突出特征是：世界范围内能源消耗的爆炸性增长以及人口的快速增加（见表 1-1），还有前所未有的新技术和人造材料的不断增加和扩展。20 世纪中最伟大的革命之一是运输革命。小汽车、卡车和飞机的发明连同使用发动机动力的火车和船舶的发明，已经创生一个全新的世界，这个世界对烃类燃料如汽油、柴油和航空燃料的依赖不断增加。发电厂、家用电器、个人电脑和手机等，全都需要有能量的支持，能源使用的增加绝大部分来自使用碳基资源如煤炭、石油和天然气生产的电力。高压氨合成和含氮、磷、钾的化学肥料的发展以及谷物生产需要的发动机等动力机械，也因全球人口增加使所用燃料（能源）快速增加。

表1-1　20世纪世界人口和各种能源使用

项目		1900 年使用能源百万吨油当量①②	1900 年各能源使用量 /%	2001 年使用能源百万吨油当量②③	2001 年各能源使用量 /%
能源资源	煤炭	501	55	2395	24
	石油	18	2	3913	39
	天然气	9	1	2328	23
	核能	0	0	622	6
	可再生能源④	383	42	750	8
	合计	911	100	10008	100
人口①②		1762	1×10^6	6153	百万
每人使用能源		0.517	TOE⑤	1.633	TOE
总 CO_2 排放②③		534	MMTCE⑤	6607	MMTCE
每人的 CO_2 排放		0.30	MTCE⑤	1.07	MTCE
大气 $CO_2$⑥		295	μL/L	371	μL/L
生活指数⑦		47.3	年	77.2	年

① 1900 年能源资料来源：Flavin C, Dunn S; Worldwatch Institute（State of the World,1999）。

② 资料来源：美国 2003 年统计摘要 2001 年数据（国家数据手册，美国商务部，2004）；1900 年人口和 CO_2 数据来自美国人口普查局世界人口历史推算，使用直到 1950 年的不同资料来源（美国人口普查局，1999）。

③ 2001 年 CO_2 数据来源：国际能源年会 2002 年（能源信息署，2004）。

④ 包括水电、生物质、地热、太阳能和风能。

⑤ 单位：油当量吨（TOE）；百万吨当量碳（MMTCE）；吨当量碳（MTCE）。

⑥ 二氧化碳信息分析中心（Keeling 和 Whorf，2005）。

⑦ 数据来自美国国家健康统计中心。

人类社会的生存和发展有赖于能量的利用，因此各国政府最关心的主要有两件事：能源和环境。人们的物质生活依靠能量的消耗来维持，而能量的消耗会使环境受到影响，也就是能量的消耗是要产生污染物的。因此各国政府在人们物质生活水平提高和保持环境不被污染之间进行着微妙的掌控。可以说，在一定意义上人类社会的发展历史就是人类利用能量（能源）的历史。

1.1.1 人类使用能量的形式

地球上的所有生物都在消耗、利用和/或转换和生成能量，主要是热能、光能和化学能。最高等的生物人类就不一样了，我们有智慧，能够掌握和使用很多形式的能量。随着社会科学技术的发展，人类逐渐认识到能量（energy）或能源（energy source）有多种显示形式，它们在很大程度上是可以相互转换的。已知的可以为人类使用的能量形式主要有：热能、电能、磁能、机械能、化学能、光能、声能等等。它们能够相互转换，但是一般需要通过媒介，例如热能可以通过机器转换为机械能、机械能可以转换为电能，而电能可以转换为几乎所有形式的能量，包括热能、光能、机械能、声能、化学能等。在人类文明历史的发展中，发现了最方便利用和转换的能量形式：电能。高度文明的社会离不开对电能的高度依赖，因此使用的总发电量以及人均使用的电量成为衡量一个国家发达程度的最重要标志之一。由于电能使用和转换为其他形式的能量是非常方便的，因此人类社会总是首先把几乎所有能够利用的能量资源都转化为电力，形成了强大集中的发电工业。

除电能外，人类频繁使用的能量形式还有热能，一般由燃料（包括气体、液体和固体燃料）直接燃烧产生。此外，人类文明的发展大大增加了人们的交流和移动，发展出不少高效的交通运输工具，这需要有把化学能转化为机械能的工具，这些工具需要消耗大量液体燃料（化学能载体）。因此在人类社会的发展中，也发展出把重要能量源转化为液体燃料的所谓炼制工业。也就是说，大量初级能源主要是被消耗于电力和液体燃料炼制的工业领域中。当然，人类为取暖和保持温度也要消耗许多产生热能的燃料。总之，人们的衣食住行都需要有能量支持，以能量消耗为代价，生活水平愈高消耗的能量愈多。

1.1.2 GDP 与能量消耗

一个国家的国内生产总值（GDP）愈大，消耗能量和使用的能源肯定愈多。发达国家的人均 GDP 要高于发展中国家，人均能耗也高于发展中国家的人均能耗，如图 1-1 和图 1-2 中所指出的。图中指出，中国人均能量消耗仅有日本的 1/4、美国的 1/6。一个国家的人均 GDP 的增加必定会导致人均能量消耗逐步上升，特别是在发展的早期阶段。这个趋势随着经济成熟而减慢，因为能量使用变得更有效率，如像美国、欧盟和日本的情形。图 1-1 和图 1-2 也显示了多个发达国家和某些发展中国家以及一些正在继续快速过渡的国家的人均能耗与人均 GDP 间的关系。许多发达国家显示的能源效率已经有显著提高，虽然人均能量消耗（GJ）稳定，而 GDP 却继续明显增加。这个趋势只能通过投资能源效率来获得，包括转化和利用效率提高。

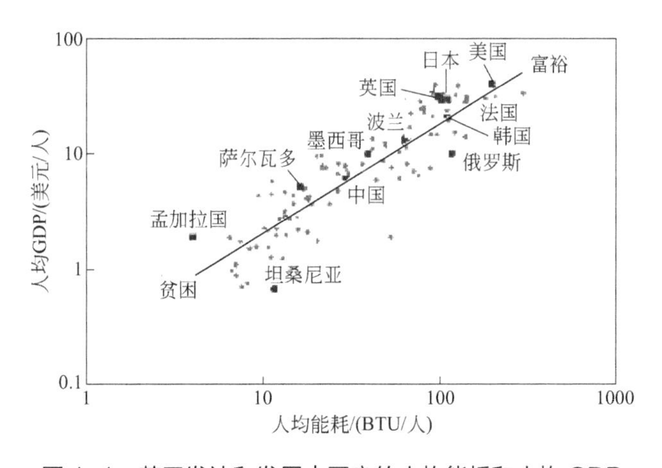

图 1-1　若干发达和发展中国家的人均能耗和人均 GDP

注意，1 BTU=1.055kJ，人均能耗是 2003 年数据，人均 GDP 是 2004 年数据，以 2000 年美元计。

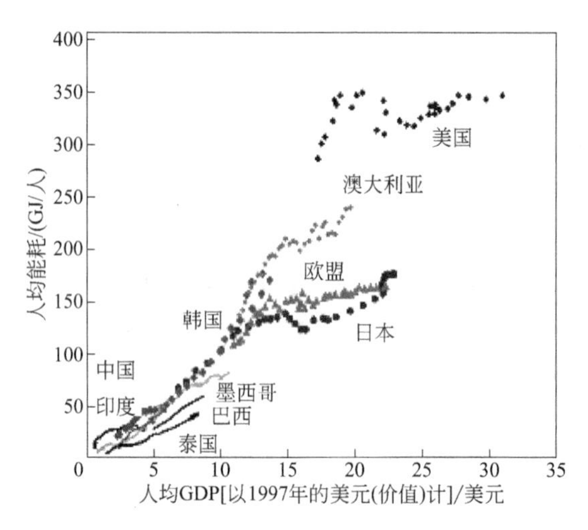

图 1-2 人均能耗与人均 GDP 的关系图

如果以工业生产率、农业收成、洁净水、运输方便程度、人类生活舒适和健康度作为标准来衡量，能够明确给出能量消耗和人们生活质量之间很强的关联。我们的福利取决于不同形式能源能够保证连续的供应，也取决于在不同程度、不同时间和价格上对能量的需求。研究显示，人均国内生产总值（GDP）与人均能源消费间有很好的关联，发达国家的能源消费要比发展中国家和贫困国家高若干数量级。图 1-3 示出了从 1800 年 到 2000 年间的能源消耗和二氧化碳排放；图（a）中的嵌入图示出了美国从 1950 年到 2000 年间的能源资源的消耗。即便同样是在发达国家中，不同国家之间也有很大差别，如美国和日本这两个国家人均能耗就有相当大的差别。虽然发达国家的经济生产率增长与其总能量利用效率的稳定提高密切相关，但发达国家与发展中国家之间人均能源消耗仍然存在有明显的差距。这个差距明显地表现在所谓根据人均能量消耗定义的一个富裕指数（affluence index）。平均而言，世界范围的能源消费，从 20 世纪 80 年代中期到 90 年代中期年均增长大约为 1.55%。美国的能源消费增长为 1.7%，中国增长 5.3%，印度增长 6.6%。中国和印度的经济以可比较的速率增长，这指出了能源消费与经济条件间的关联。以此为例，中国经济的快速发展导致能源消费的大幅增加，到 2013 年，中国能源生产总量达到 34 亿吨标准煤，其中煤炭占 75.6%，石油占 8.9%，天然气占 4.6%，可再生能源占 10.9%；而消费的能源总量达到 37.5 亿吨标准煤，其中煤炭占 60%，石油占 18.4%，天然气占 5.8%，可再生能源占 9.8%。在 2014 年，中国的初步核算数据为，全年能源消费总量 42.6 亿吨标准煤，比上年增长 2.2%。煤炭消费量下降 2.9%，原油消费量增长 5.9%，天然气消费量增长 8.6%，电力消费量增长 3.8%。煤炭消费量占能源消费总量的 66.0%，水电、风电、核电、天然气等清洁能源消费量占能源消费总量的 16.9%，中国万元国内生产总值能耗同比下降 4.8%。工业企业吨粗铜综合能耗同比下降 3.76%，吨钢综合能耗同比下降 1.65%，单位烧碱综合能耗同比下降 2.33%，吨水泥综合能耗同比下降 1.12%，每千瓦时火力发电标准煤耗同比下降 0.67%。

应该注意到，从英国工业革命开始到现在，使用的能量绝大部分来源于所谓的三大化石燃料：煤炭、石油和天然气。因为在各种固定和移动能源体系中，固体、液体和气体燃料的燃烧产生的污染物排放以及制造工厂的排放所造成的环境问题已经成为全球问题，不仅包括

污染物如 NO_x、SO_x 和颗粒物质的排放，而且也包括温室气体（GHG）如二氧化碳和甲烷污染物的排放。对全球气候变化的关心引起对降低 GHG 特别是 CO_2 排放的兴趣持续增加。能源的大量使用产生污染环境的大量污染物，如颗粒物质、氮氧化物（NO_x）、硫氧化物（SO_x）以及二氧化碳等。这些污染物对人类的生活环境产生很大影响，因此必须进行治理。

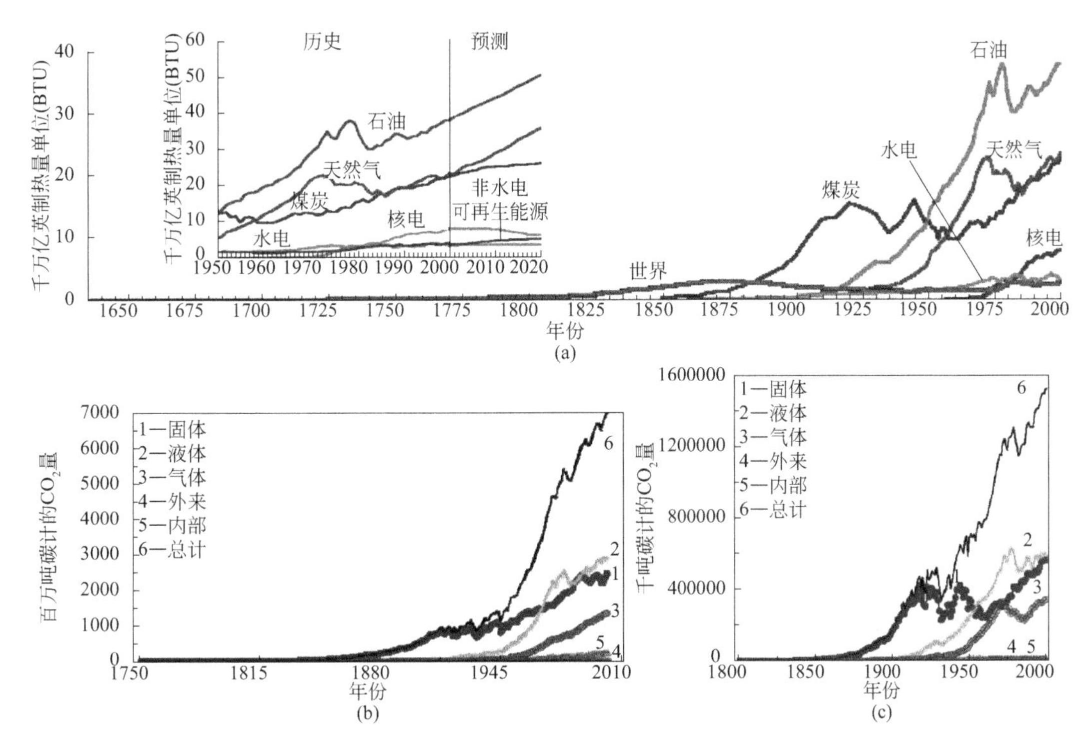

图 1-3　能源消耗和 CO_2 排放，包括美国消耗的不同能源资源（1650—2000），到 2020 年的预测能源消耗 [（a）嵌入]，不同类型燃料排放的 CO_2：世界以百万吨碳计（b）和美国以千吨碳计（c）

面对能源和环境问题，如何能够做到高效利用能源的同时对环境产生的影响降至最小，是世界各国面对的最重大挑战。

1.2 能量消费——现在和未来

1.2.1 我们现在消耗多少能量

世界每年的能量消耗多于 440EJ（$1EJ=1.0\times10^{18}J$），且消费速率还在稳步上升。第二次偏离正常能量消耗增长始于 21 世纪初。按照国际能源协会（IEA）统计，2003 年世界总发电容量接近于 14TW·h（1TW·h = 0.086 MTOE，百万吨油当量），美国为 3.3TW·h。现在消费的总能量来自多种能源资源，主要是化石燃料：①接近于 82% 能量取自化石燃料（石油、天然气和油、煤，使用的非常规的化石能源资源非常少，如油砂）；② 10% 来自生物质，主要是农业和动物产品，大部分通过燃烧转化为热能；③核裂变、水力和其他可再生能量资源，如地热、风能和太阳能，供应现时能源框架中的其余部分。

按照同一个报告，预计在 21 世纪末世界总发电容量可能超过 50TW·h，这是由人口增加和生活水平上升所推动的，尤其是在发展中国家。即使其预测能源强度提高（定义为每单位能耗的国内生产总值，GDP）和燃料框架中碳强度降低（定义为每使用单位质量碳产生的能量，J/C），这也是要发生的。发达国家中能量消耗的增长速率很可能逐渐缓慢下来，因为它们的人口增长是稳定的，以及它们利用能源的效率会继续提高。这个速率减慢将被发展中国家能量消耗速率的快速增加所平衡。有意思的是，能量消耗的巨大增加开始于 150 年前的工业革命。从那以后，技术已经被应用于发现和利用更多的初级能源资源，而且发明了更加直接和间接使用能源的技术，例如运输、光照、空调和计算等。

1.2.2 初级能源分布

图 1-4 显示的是 2004 年世界初级能源消耗分布，由 IEA 编制。总量为 11059 百万吨 / 年（百万吨原油当量），相当于 462EJ/a。化石燃料的使用，按总热能当量计算，现时原油占第一位，接着是煤和天然气，天然气正在快速赶上。大部分原油是被运输部门使用的，大部分煤使用于发电，天然气的消费量在快速上升。世界范围的总能源消耗中，按 IEA 的估计，原油占 34.3%，接着是天然气和煤，分别占 20.9% 和 25.1%。IEA 使用每一种形式化石燃料的转换因子和电力，以估算能量的油当量。例如原油，平均来说，有 1 吨当量 /t，而煤几乎是 0.5 吨当量 /t（常规能量单位，1 吨当量 =41868TJ）。地热能量的第一定律效率为 10%。核能和可再生能源，如产生电力的水电的贡献，也是按一定效率把它转化为热能。

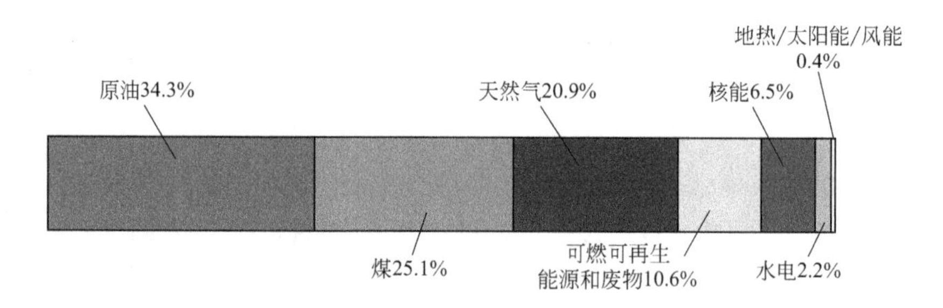

图 1-4　2004 年世界初级能源消耗分布

在可再生能源生产的电力中，大多数是水力发电，贡献总能量的 2.2%。IEA 使用 100% 效率来表示电力的能量含量。核能贡献总初级能源的 6.5%。IEA 使用 33% 的效率转换核电到热能。生物质、地热、太阳能和风能占有余留部分。因此，现时的世界范围，从核能和水利资源产生的电力在数量上几乎是相同的。生物质能量资源贡献可再生能源的大部分，其绝大部分使用于农村地区，构成加热和烹饪的重要能量来源。如图 1-4 所示，非水力和非生物质可再生能源的贡献仅占 0.4%。应该指出，对风能和太阳能的利用已经开始快速急剧地增长。生物质到液体燃料的转化在发达国家也获得一些推动。

图 1-5 给出了世界上主要国家的初级能源消费比例。显然我国初级能源的消费比例与国际平均比例有很大的不同，煤炭在我国的初级能源消费中约占 70%。能量价格的提升通常能够推动向着降低能耗的趋势发展，基本上是通过使用有较高效率的体系来获得的，但其影响通常会持续很长一段时间，即便在能源价格已经恢复到可以负担得起的水平的时候。在过渡时期，经济仍然处于能源的快速消费阶段，并未有减缓的趋势。一些发展

中国家已经开始通过工业化、农业现代化和公用设施的大规模改进来改善它们的经济条件，这引起能量消耗在最近数年中以较快速率增长。特别是中国和印度这两个世界上最大的发展中国家，已经经历了近期经济活动的快速上升和伴随的能源生产和消费的增加。尚不能够指望其人均能源消费水平立刻达到一个稳定状态，因为它们人口的很大部分尚未参与到经济的提高之中。

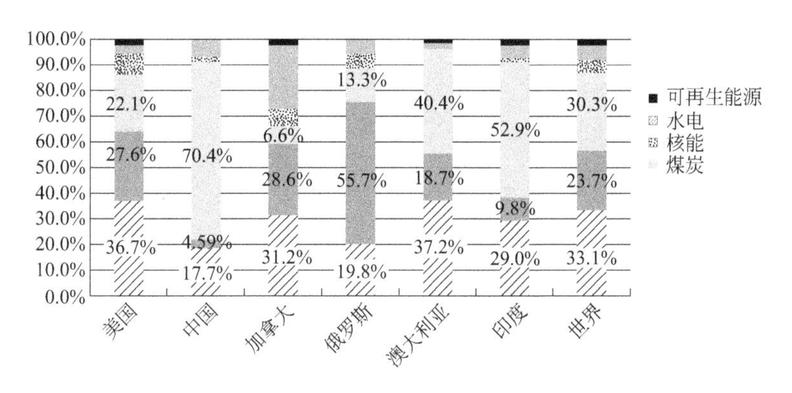

图 1-5　世界上主要国家的初级能源消费比例

能源消费的图景变化可以是很大的，取决于经济、局部气候和人口密度以及其他因素。占世界能源总消费 25% 的美国（人口占世界总人口不到 5%），在 2007 年消费能源 100EJ。美国能源消费几乎是中国的两倍和印度的四倍，而两个国家计划在 15 ～ 20 年间将能源消费翻番。美国总能源消费中的 28.64% 用于运输部门，31.18% 用于工业生产，18.14% 用于商业建筑，21.4% 用于居民建筑物。美国总能量的 84.89% 由化石燃料提供，8.26% 来自核能，其余来自可再生资源，包括生物质、水电和 GWS（按序为地热 G、风能 W 和太阳能 S）。不同资源的比例和在不同部门的利用示于图 1-6 中，总量是 101.6QBTU（=1.055EJ）。其中，约 39.82QBTU 来自石油，22.77QBTU 来自煤，23.64QBTU 来自天然气，8.41QBTU 来自核能，3.62QBTU 来自生物质，2.459QBTU 来自水电，0.752QBTU 来自地热、风和太阳能（地热、风和太阳能分别为 0.342QBTU、0.342QBTU 和 0.068QBTU）。现时，在未来 25 年计划项目中的能量消费上升，化石燃料的份额将上升达到 89%。在另一个极端，我们注意到，世界 25% 的人口并没有使用电力，近于 40% 依赖于生物质作为他们的主要能量来源。应该指出，在他们为提高生活水准和生活质量的努力中，发展中国家没有必要来匹配发达国家的能量消费模式和手段。在给定可利用能源和与之相关的货币和环境成本下，企图与发达国家平均能量消费速率相匹配几乎是不可能达到的目标。发展中国家的较高发电转化效率能够在能量强度低于现时发达国家标准的条件下达到。例如，根据联合国人类发展指数（HDI），目前人类离高电力消费速率很远，处于人均电力消费增长早期阶段，因此是能够快速上升的。HDI 中包括反映人口物理、社会、经济健康和幸福的数据，如人均 GDP、教育、长寿、技术使用和性别发展等数据。即在达到一个能量消费“饱和点”前，没有必要把更多的能量转化为更好的生活水准。类似的趋势也能够在图 1-2 中观察到，在人均能量消费达到一定的阈值后，在近似恒定的人均能量消费水平上，人均 GDP 仍然能够继续上升。

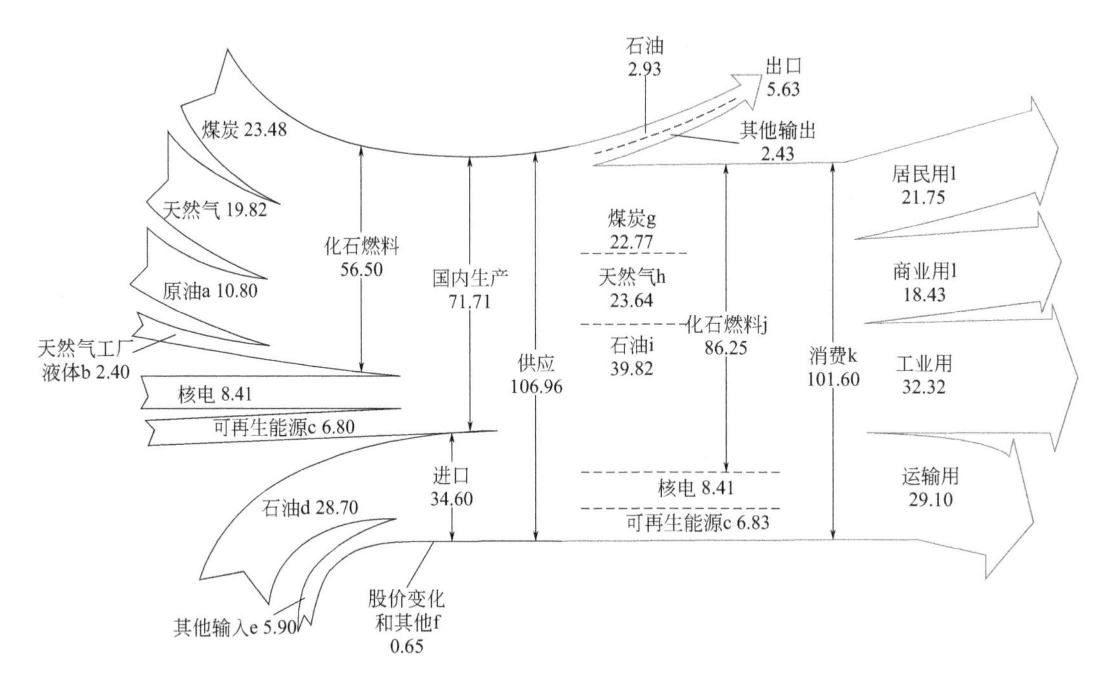

图 1-6　美国 2007 年能源资源和消费图景

以 10^{15}BTU（QBTU）为单位，1QBTU=1.055EJ。在这里该单位表示燃料中的能源含量。对核能和可再生能源（主要是水电），能量输出是电力，假设第一定律能够使用于转化电力为热能。装配这些数据中使用的效率是化石燃料发电厂的平均值。

a—包括释放的凝聚物；b—天然气工厂液体；c—常规水电、生物质、地热、太阳能 / 光伏和风能；
d—原油和石油产品，包括进口的战略石油储备；e—天然气、煤炭、煤焦、燃料乙醇和电力；
f—调节、损失和未考虑的；g—煤炭、天然气、煤焦和电力；h—仅天然气，不包括供给的气体燃料；
i—石油产品，包括天然气工厂液体和作为燃料燃烧的原油；j—包括 3×10^{13}BTU 焦炭净出口；
k—包括 1.1×10^{14}BTU 电力净进口；l—初级消耗，电力零售、电力系统能量损失，按比例分配到电力卖家的每一个部门

1.2.3 我们将使用多少能量和可能的能量资源

按照 IEA，预期世界范围的总能量消费在未来 25 年的增长将多于 50%，各种初级能量资源在总能量资源中所占据的比例不会有显著变化。化石燃料所占份额预期会稍有增加，如图 1-7 所示。同时，天然气的相对份额预计将会超过煤的份额，因为天然气在发电厂中的使用正在不断增长，而液体石油仍将是运输燃料最大的能量来源，因为运输燃料的大部分是以它作为主要原料的。在给定能源供应和需求条件下，考虑经济和人口增长影响的大矩阵，以此来预测能源消费的增长及其可利用性是危险的，也已经被证明它具有大的不确定性。然而，历史趋势显示，能量消费模式变化的发生是相当慢的，因为受现时能源开采、转化和能源供应的大公用设施模式所制约。变化是需要巨大投资的，而且还要求人们有意愿支持这样的投资。变化通常跟随新能量资源的发现，例如，随着在 20 世纪中叶巨大石油储量的发现，石油利用率上升。又如 21 世纪美国大量页岩气的发现和成功开采，使天然气的应用量大幅上升，美国有可能从能源输入国转化为能源输出国。变化也可能是由于技术突破和其可利用性的广泛接受所引发，它们的大规模引入是能够替代大量能源的，例如，成熟核能或光伏能技术的引入。这里的经济因素极大地决定着特殊能源的大规模利用。

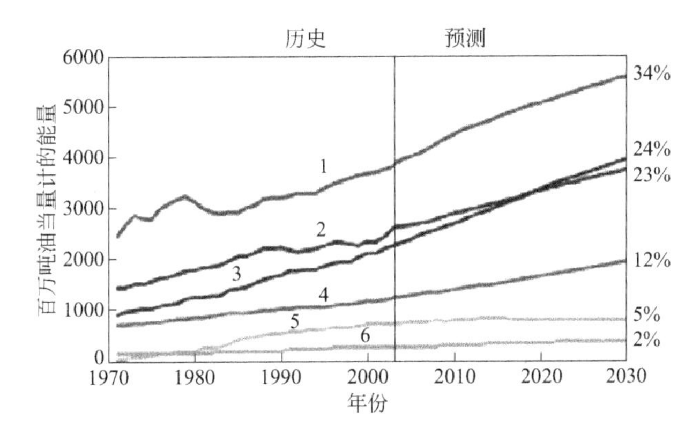

图 1-7 自 1970 年到 2030 年的世界能源消费

（来自国际能源署，世界能源展望 2005；世界初级能源燃料需求）

1—原油；2—煤炭；3—天然气；4—其他可再生能源；5—核能；6—水电

液体燃料生产是可以利用其他原料的，如油砂或油页岩，这可能为未来的运输燃料贡献一定份额，取代该部门中的一部分原油消耗。液体燃料从这类重质烃类资源生产将变得比较经济，如果考虑原油价格上升以及原油供应安全问题。丰富和分布广泛的煤炭资源也能够被用来生产液体运输燃料。使用风能和太阳能技术来生产电力很有可能会继续快速增长，因为这些“可再生电力”的价格将会下降到接近于燃煤和燃天然气生产电力的价格。生物质资源在继续以热量和电力形式贡献能量的同时，从其生产的乙醇能够作为运输燃料使用，既可以作为主要燃料使用也可以作为燃料添加剂使用。虽然现时规模很小，但大量的生物质资源和相对低 CO_2 排放，因受到全球气候变化以及能源安全部分激励和推动而有进一步发展。

有人做过预测，在给定现时能量消费增长情形下，将导致未来 25 年间 CO_2 排放增长 50%。为满足对能量需求的增长，扩大可再生能量资源的使用是面对的一个挑战，核能的增长要超过现时情形是不可能的，因为它的废料储存问题和安全问题还没有令人满意的解决办法。

一方面，化石燃料的储存量定义为已知存在的量，即已经发现和使用现有技术能够开采的数量；另一方面，化石燃料资源量定义为已经存在的数量，但其开采需要更先进的技术，使用现有开采技术是不经济的。有意见说，储存量和资源量加在一起的化石燃料仅有有限的生命时间，或许 100 ～ 300 年，取决于燃料类型、开采速率、探矿和生产技术、开发和消耗速率。现时的预测指出，原油储存量的寿命范围在 50 ～ 75 年，而资源量预测能够坚持 150 年。一方面，预期天然气能够坚持的寿命时间为原油的两倍；另一方面，煤炭是丰富的，一些人预期至少数百年。这些估计至多只能是近似的，因为可发现的储存量很大程度取决于可利用的开采技术、成本和消费模式。按现时存储量和资源量估算，煤将坚持最长时间，而油的消耗最快。煤在世界范围内和在许多快速发展的发展中国家，如中国和印度，都是可以大量利用的。考虑到其他一些重质烃类资源，如油页岩和油砂，能够开发的液体燃料资源量估计会持续增加。例如，据估计，已经证明的原油的存储量接近 10 亿桶，而加拿大的油砂存储量可以产生 17 亿桶油，美国的油页岩可以生产 2 亿桶油。当然，这并不是说这类产品值多少钱和能够影响到正在不断消耗现有资源承受能力（affordability）以及影响消耗速率的问题，特别是原油天然气。利用油砂和油页岩生产轻质烃类对环境的影响也可能是很显著的。其他烃类资源包括深海水合甲烷（可燃冰），它被认为是一个巨大的能源资源，如果发展出不会干扰它们的初始状态或海洋健康的开采技术的话。已经开始研究在深海底层中生成非生物基（非有机）甲烷以及如何开采利用，如果证明可行，将是另一个巨大能量资源。

1.3 全球能量平衡和碳氢元素循环

1.3.1 全球能量平衡

到达地球的太阳辐射、从地球散发出去的能量流量，和它以辐射方式透过大气层的变化示于图 1-8 中。由于太阳表面温度（接近 6000℃）很高，太阳辐射集中于短波区，处于可见光的 0.4 ～ 0.7μm 范围。处于紫外区也即波长低于 0.1μm 和红外区（直到 3μm）的太阳辐射仅占小部分。平均而言，入射太阳辐射的 30% 被地球大气和地球表面反射出去，20% 被不同高度的大气散射掉，余下的 50% 到达地球表面，被地面和水吸收。进入地球的辐射，大部分被选择性吸收或散射：紫外辐射被平流层的臭氧和氧气吸收，红外辐射被对流层（底层大气）中的水、二氧化碳、臭氧、氧化亚氮和甲烷吸收。到达地面的大部分辐射能量被用于蒸发海洋中的水。由冷地球表面反射出去的（出射）辐射集中于长波长区，在 4 ～ 100μm 范围。

大气中温室气体吸收的部分辐射中，水分子吸收 4 ～ 7μm 波长范围以及在 15μm 波长的辐射，二氧化碳吸收 13 ～ 19μm 波长范围的辐射。该能量的一部分被透射到地球表面，余留的部分被反射到外空间。因这个温室气体辐射的能量平衡的变化已知是作为中心气体的强制辐射，它对地球表面的贡献取决于温室气体在大气中的浓度、辐射系数和再吸收，其净作用是要保持地球表面暖和，使平均温度接近于 15℃。在这个意义上，地球大气作为一个毯子，没有它地球表面温度可能低至 -19℃。因为其浓度，二氧化碳在已知的温室气体中是除水以外有最强的强制辐射的。但是，在大气中水的浓度是最低的，受人类活动控制。

温室气体浓度的增加促进强制辐射效应。多种反馈机理，如极地冰的融化（反映更多的返回空间偶然辐射）和大气中水蒸气的增加（由于较高温度导致的增强的蒸发），被认为是要加速增加温室气体对平均温度上升的贡献。

现时的估算指出，化石燃料燃烧产生的碳几乎达到 6Gt C/a。这个单位，每年十亿（giga）吨碳，被使用于计算射入大气中的所有形式的碳，碳与二氧化碳的分子量分别为 12 和 44，1Gt C 相当于（44/12）3.667Gt CO_2。这个化石燃料燃烧产生碳的数量能够与其他来源 / 水池（sinks）比较，它们也对大气中的二氧化碳浓度有贡献。二氧化碳射入大气中是因动植物的呼吸和废物及死生物质的分解，并通过在光合成期间的吸收和海洋浮游植物的呼吸（phytoplankton living）被除去。呼吸（respiration）产生 60Gt C/a，而光合成移去接近 61.7Gt C/a，水池的平衡是 1.7Gt C/a。海洋作为“水池”贡献了 2.2Gt C/a 的净吸收量，产生 90Gt C/a 和消费 92.2Gt C/a 间的来源 / 水池平衡。陆地使用（可变的，如砍伐森林，deforestation）和生态交换添加 / 移去 1.4 ～ 1.7Gt C/a，水池的净平衡为 0.3Gt C/a。大气中总包净增值估计在 3.5Gt C/a。化石燃料燃烧（少量来自水泥生产）相对于这些贡献看来是重要的。但是，必须指出，这些数量多少是不确定的。当跟踪所有不确定性时，在总包平衡中有 1 ～ 2Gt C/a 的不确定量。另外，这些体系的总容量也是极端地大，因此有可能有尚未很好了解的某种形式的变化。在数量中的不确定性也反映在不同的来源中，如在一些教科书中和图 1-8 中的巨大数量所说明的。不管怎样，清楚的证据是，自工业革命以来由于化石燃料消耗以显著的速率增长，大气中二氧化碳浓度已经上升，这是显示的最可见信号。（估算指出，在大气中每引入 2.1Gt C，CO_2 浓度上升 1μL/L，二氧化碳在大气中的平均寿命为 100 ～ 200 年。）

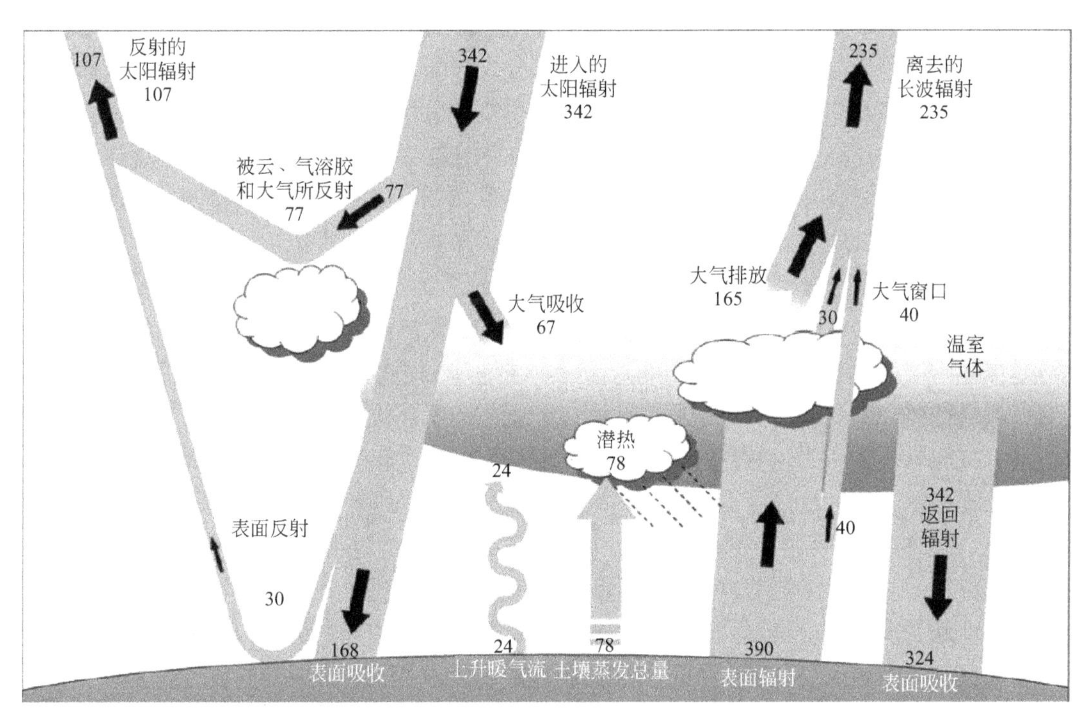

图 1-8　太阳能通量如何到达地球表面，所有值是地球表面的平均值（单位：W/m^2）

1.3.2 地球上的碳元素和氢元素循环

在讨论地球上的能量平衡时，就不能够不讨论能够存储和释放能量的化学元素和化合物在地球上的循环。在各种能量形式中，只有化学能能够以化学物质的形式长期存储能量，而能够长期存储化学能量的最主要元素是碳和氢，烃类就是由碳元素和氢元素组成的。当烃类与氧反应时不仅生成了水和二氧化碳，而且同时释放出它存储的大量化学能量。所谓的化石燃料几乎都是碳或它与氢的化合物——烃类，这些化石燃料就是在历史长河中以化学能形式存储下来的来自太阳的辐射能量。因此，人类利用化石燃料就是让它释放以化学能形式存储的太阳辐射能量。为了让碳和氢元素存储的化学能释放出来（释放出大量热量），必须让碳和氢元素与氧元素结合，结合的产物分别是二氧化碳和水这两个化合物。为释放和利用碳元素存储的能量必定要生成二氧化碳，而二氧化碳被认为是温室气体，是造成“地球气候变暖”的罪魁祸首，因此它的产生已经开始受到限制（但是这仍然是一个争论中的问题，如果从地球历史的角度或更长的时间尺度来看碳能源的话）。现在大力提倡使用氢，因为它生成的产物是无害的水。处于两者之间的是碳氢燃料，也就是已经大规模开采和使用的能量来源（化石燃料）。为减少二氧化碳排放，发达国家的能源使用历史是从含氢低的煤炭逐渐向含氢比例较高的天然气过渡。我国也在走这个路线，而且速度似乎要快一些。

碳元素是构成地球上所有生物生命的最重要的元素，也是地球上能量循环的主要元素。作为能量元素，碳氧化产生二氧化碳并释放出大量的热量，是人类发展历史上能量的主要的来源。要从碳元素获得热量，释放二氧化碳是必然的。释放出大量能量后从碳元素生成的二氧化碳进入到地球大气中。大气中的二氧化碳被地球上的植物和藻类微生物利用，它们利用太阳辐射到地球的太阳光（太阳能）进行光合作用，把二氧化碳与水合成为碳水化合物，这些碳水化合物在维持它们生命的同时也存储了部分太阳能。众所周知，植物中的纤维素和木质素是经由碳水化合物转化而来的，地球上所有动物繁衍生长都离不开植物，存储能量的形式也随之发生变化，经长期的地质化学演化，碳水化合物会逐渐转化脱去氧和部分氢，生成的物质碳氢比逐渐增高，形成所谓的烃类资源直至形成碳氢比极低的煤炭资源。即辐射到地球上的部分太阳能被地球上的植物利用，把二氧化碳和水合成碳水化合物，大量碳水化合物在长期地质化学作用下进行复杂的转化过程形成化石燃料：甲烷（天然气）、碳氢化合物（石油）和碳（煤炭）。说明这些燃料存储了历史长河中的太阳能。因此我们现在利用三大化石燃料是在利用被存储下来的古代太阳能。碳元素在地球上是处于循环之中的，这个碳循环伴随着能量的转移，碳变成二氧化碳释放出大量能量，二氧化碳的转化需要吸收大量的太阳辐射能量。从地球碳循环的角度看，元素碳和二氧化碳同样是能量转移不可或缺的载体。

类似地，氢元素在地球上也在进行循环。虽然氢元素在地球中并没有以其元素形式自然存在，但它大量存在于水中。而水同样是植物和藻类利用太阳能的光合作用合成碳水化合物的基本原料之一。然后经长期地质化学作用与碳元素一起形成三大化石燃料：煤炭、石油和天然气。地球的演变历史告诉我们，碳和氢是自然界存储太阳能的载体或介质，虽然存储的太阳能数量与太阳辐射到地球上的太阳能相比是微不足道的。这说明自然界比人类高明，早已部分解决了太阳能存储的问题（虽然与人类需要的能量存储的时间尺度有很大差别）。但明白告诉人们的一点是，只能够以化学能的形式来存储太阳能。显然三大化石燃料来自于太阳能长期在地球上存储的结果。因此碳 - 二氧化碳和氢 - 水一样，都是地球上产生和存储能量的一对物质，从这个角度看，二氧化碳和水都应该被看成是一种能源载体。

1.4 非化学能源资源或非碳能源资源

1.4.1 概述

前面几节已经详细说明能量的使用是人类文明社会发展的源泉，人类需要使用多种形式的能量，如声、光、电、磁、热、机械、化学等，而电力是人类社会使用于转化的最方便能量形式。我们现时和未来使用能量的形式以及地球上能量平衡和能量的使用都会带来污染物的排放和产生环境污染问题。前面已经叙述，能量可以来自三大化石燃料，但是否还有其他可以使用的能量来源，我们尚未涉及。能量有多种来源，大体可以分为两类：含碳能源（也可以称为燃料）和非碳能源。含碳能源主要是指三大化石能源资源煤炭、石油和天然气，这些燃料都是在地球发展历史中存储下来的太阳能，化学燃料几乎是唯一能够长期存储能量的形式；非碳能源主要包括太阳能、水力、风能、地热、潮汐等（例外的是核能），这些能源的特点是具有瞬时性、波动性和区域性。唯一一个例外是生物质燃料，它是含碳能源，但它也像非碳能源那样具有区域性、瞬时性和波动性。

从我们赖以生活的地球发展史来看，应该能够做出如下的叙述：地球上的一切能量都应该是来自太阳的。现时的太阳能来自遥远太阳的辐射，每天照射到地球上的太阳能是非常巨大的，其中的很小一部分被转化为如下一些能源，如水力、风能、波浪、潮汐、地热等。只要太阳仍然存在，在地球上的这些能源就存在。这类能源，在文献上一般被称为“可再生”能源，更确切地应该称为非化学能源或非碳能源。虽然它们是源源不断的、可以再生的，但其重要的特征是不稳定（随时间和地区而变化的）、低强度的和随时消耗掉的，也就是不是存储的能量。为了满足工业需求，利用这类能源除了要克服使用它产生电力的存储问题外，也会有一些特殊的环境问题。另外，这些非碳能源的数量也不足以形成所谓的主力能源，至少在一段时间内是这样。除了这类可利用的非化学能源外，还有一类就是以化学能的形式存储下来的太阳能。在地球的发展演化长河中，有极小部分辐射到地球的太阳能被生物利用转化为化学能并成年累月累积在地层中，这就是所谓的“不可再生”的能量资源，更确切地应该称为“含碳能源”，如煤炭、石油、天然气等。它们的特征是一旦被开采利用，就能够连续稳定、高强度地供应，适合于工业发展和人类利用的需要。但利用了就没有了，利用一点少一点。

前已指出，能够转化为电能的非化学能源主要包括水力、风能、太阳能、地热能、波浪等，一定意义上也应该包括生物质能源，因它具有前述的非化学能源的一些属性，但它也是含碳能源，属于可存储化学能源的初始阶段。这些非碳能源（可再生能源）体系的加速发展应该是能够达到的，如：①提高它们的转化效率；②降低它们的使用成本；③对这些希望采用可再生能源的增加融资激励。改进能源存储体系，特别是对要求大规模引入太阳能和风能，需要有大规模存储电力设施。这些仍然都面临大的挑战，都待于进一步解决。

1.4.2 水电

现时一种重要的可再生能源是水力，水力发电厂建立于天然水坝（waterfall）或河流堤坝后面。世界上安装的水电容量接近于 0.7TW，扩展可能性有限，中国的 18GW 的长江三峡大坝是世界上最大规模的水电项目。总而言之，水电，当接近完全利用时，不会超过 0.9GW。如果气候变化导致不同的雨区分布，也就是在枯水年份和季节因水量不够，其容量可能降低。水电是季节性的，但修建大坝能够降低电力在季节之间的摆动性，因有大容量水库，它有一定能力能够调节进入发电厂的水流。另外，水电会产生一定的负面生态影响。在人造大坝后面的大水库可能影响局部生态系统。大坝的下游，土壤可能变得不肥，因为使土壤增加营养的淤泥不再能够流动。对河流中的鱼群也会产生负面影响，一些大坝被推荐设置鱼的回流渠道。

1.4.3 地热能

地热能是一种可再生的大规模能源，它依赖于有地热流体资源可利用地区中的钻井深度，建立的热电转化发电厂具有利用资源与环境间相对较小温度差的好处。这些发电厂的效率相对较低，因为热和冷热库间的温度梯度小。兰开夏循环被使用于最大化利用这个小的温度差。地热能源的潜在容量是大的，全世界可能达到 10TW 电力。现时安装的容量远小于 10TW，因为受到资源可利用性和可能提供的钻井技术的双重限制。大多数地热井的使用寿命相对较短，平均为 5 年，此后必须再钻新井以继续工厂的操作。为发挥地热资源的完全潜力，必须钻更深的井，使其深度达到 5 ～ 10km，为此正在开发新的钻井技术。相对新的概念称为“热矿”或“强化地热体系”，依赖于钻深井和在井底分裂热岩石，然后使流体在发电厂和被分裂岩石间循环，吸收热能后把其带到地面。钻较深的井能够使用较高温度的热源，因此有较高效率，但也比较昂贵。

地热能的浅层资源（shallow source）也能够被使用于分布式供热和冷却。组合化石燃料或太阳能的混合地热能源也在考虑中，用以改进工厂效率和延长寿命。

1.4.4 风能

虽然现时的风能和太阳能在总能源生产中仅占总量的很小一个部分，但在过去十多年中有稳定的增长，其年增长率在 25% ～ 30% 范围，这个趋势仍将持续一段时间。截至 2008 年底，全球风力发电装机容量达到 121188MW，比 2007 年增加了 27261MW，图 1-9 为全球风能总装机容量的变化。图 1-10 显示在美国总风能容量和在过去二三十年中风能产生电力的价格。注意，与其他技术一样，产品价格在该情形中指的是电力价格。在技术改进的早期阶段价格快速下降，而当技术被广泛采用时保持稳定。在风能经济中，部分和总的改进是与大透平设计和安装密切相关的，预期这是要继续的一种趋势。在下一个十年中预期每个透平容量会翻番，有进一步的新发明，如随风速变化而自动控制叶片定位和安装阵列传感器和电磁铁，以防御激烈阵风和风暴。容量 5MW 的风力透平高度超过 120m，已经被提出在宽的风速范围内控制风速。较大的透平有利于安装于近海，其对局部环境的影响最小。近海技术的扩展能够使安装和维护技术得以进展。现时正努力发展浮动透平，如果成功，将能够开发更高更远的近海持续风条件，而且具有能够利用建设和维护近海钻井石油平台中积累的经验的好处。建设的风电可为遥远、偏远地区和远离电网地区供电，也可作分布式电源使用和连接中心电网。这取决于透平大小和风电农庄大小。如果远离人口密集地区，风力透平噪声和视觉影响能够被减小。实际能够利用的风能潜在容量被认为是超过 10TW，包括近海区域的容量。图 1-11 为各国风力发电新装机容量占全球总装机容量的比例。

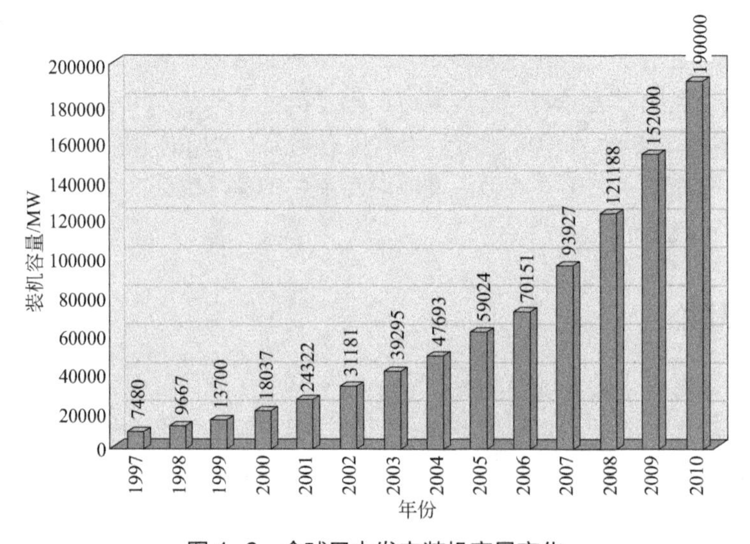

图 1-9　全球风力发电装机容量变化

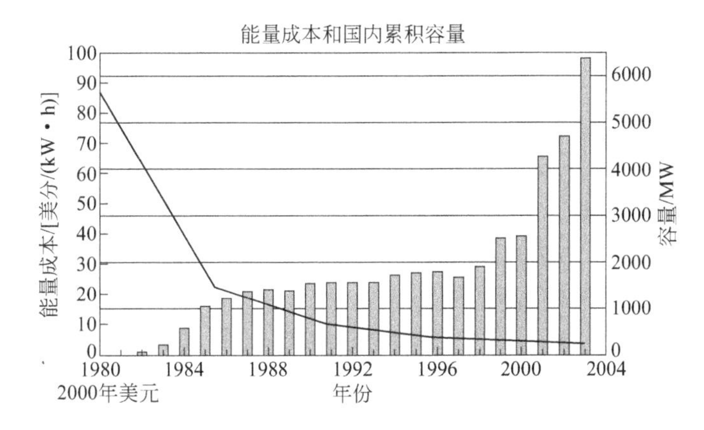

图 1-10 美国安装总风能容量的增长和依赖风能电力价格的下降

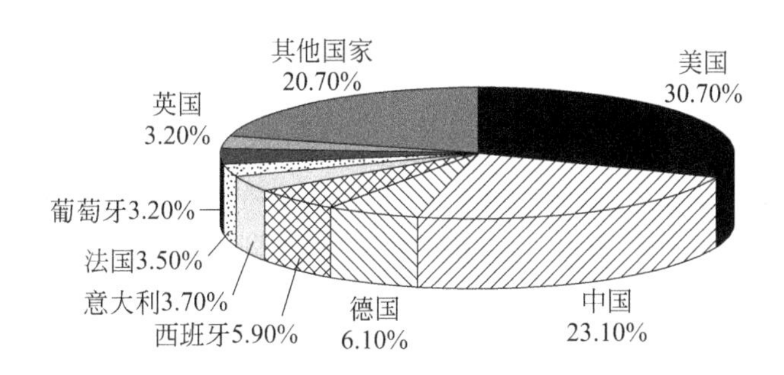

图 1-11 各国风力发电新装机容量占全球总装机容量比例

从上可以看出，① 2008 年风力发电装机容量持续增长，增长速度为 29%，预测今后仍将继续增加；②截至 2008 年底，全球安装的所有风力涡轮机发电量为 260TW·h/a，超过全球电力消耗的 1.5%，据国际能源署报道，到 2009 年风能在非水能现代可再生能源的利用中增长量最大；③十多年来，美国风电装机的总量首次超过德国；④中国风力发电市场得到很大的发展，风力发电装机容量连续 3 次翻番，目前安装的风力发电机组超过了 12GW；⑤北美和亚洲的风力发电装机容量已赶上欧洲，目前欧洲风能发电已滞涨；⑥风能作为主要的动力能源，风力装机容量从 2005 年的 59024MW 增长到 2008 年的 121188MW，全球风力装机容量增加了 1 倍多，风力发电的营业额达到了 400 亿英镑；⑦新型风力涡轮机市场增加了 42%，2006 年为 15127MW，2007 年为 19776MW，2008 年达到了 22761MW 的规模。

2013 年，全球新增风电装机容量为 35GW，累计装机容量达到 318.12GW，其中，我国风电新增装机容量 16.09GW，累计装机容量为 91.4GW，居世界第一位。

风力发电已经是一个快速增长的能源，已经在世界范围内使用。在中国，近几年中风力发电的装机容量成倍增加，尤其在风力资源丰富的西北地区和沿海省份。风力透平提供绿色无污染的可再生能源。除初始投资经费高外，其他缺点包括日常风速的波动（风力发电，要求风足够和连续地供应）、它们的噪声水平、对野生动物的威胁、大的风电占用土地的不美观和因此而产生的能量的长距离传输。2013 年单就我国已运营的风场“弃风”量就超过 162 亿千瓦时，弃风率达到 10.74%。

1.4.5 太阳能

太阳提供能源生产的巨大潜力，且没有大量碳和污染物的排放。太阳能发电的成本在过去几年中已经下降，预测将继续降低，但在短时期内不可能达到其他电力源那样的水平。太阳能的成本规划指出，生产和传输成本的显著降低对在地球上的某些地区的广泛应用是有促进作用的，光伏装置已经能够提供负担得起的能源（电力），通常会有一些政府的补贴、税收抵免、低安装成本和 / 或政府购买电力。对屋顶太阳能的收集装置，有多种产品可任意选用，已经市场化，它们利用太阳能产生的电力除了自用外，还把其中一部分卖回到电网中。关于太阳能，其中的一个重要特征是，它能够独立于公众化的原料价格体制。遗憾的是，太阳能对地球上各个地区的依赖很严重，因为不同纬度地区的太阳能照射量是有很大差别的。利用太阳能产生的环境问题，确实要比使用化石燃料资源小很多，而且能够保持长期绿色生活和可持续地利用资源。

不断扩展的太阳能利用是满足不断上升的人类能量需求的一个重要步骤，不会导致 CO_2 排放的上升。太阳能既可以产生热量，也可以通过热量或直接使用产生电力。太阳光的热能量（热量）和太阳光的热电转化对其分布式利用和中心电力能源的生产都是重要的。前者已经被广泛使用于房间取暖和生产洗澡、洗涤用热水，后者一般应用于中心发电厂中。对两者都提出了向着集成存储的概念，现时的重点是，努力克服太阳能的间断性。

在太阳能热电转化中，槽型板已经被成功地应用几十年。这个技术的放大工作正在进行中，利用太阳塔使其容量更大，利用太阳碟概念使其体积缩小。槽式收集器是 2D 浓度器，有能力克服相对小的浓度比（因此相对是低的传热流体温度），其优化值约在 400℃。太阳塔和太阳碟是 3D 浓度技术，能够使工作流体达到更高的温度，在 600 ～ 800℃，因此有更高的热转化循环效率。而对大规模应用，发电塔被不断延伸放大。在 100MW 范围以及以上，为示范已经建立模块化生产技术，且已经建立起一些较小的发电厂。太阳塔利用定日镜，即定向平面镜场以反射光线和把其浓缩到塔的顶部。太阳碟是比较小（在低于 20kW 范围）的相对模式化应用的延伸，使用位于收集器较低位置的斯特林（Stirling）发动机。该情形中，球形收集器被使用于浓缩太阳辐射和上升工作流体温度，使其超过槽式罐能够达到的温度，因此使循环的热力学效率上升，简化了热存储潜力。同时这个技术的一个优点是，在收集器和发电模块间无需传热介质，但它需要使用 Stirling 发动机以使温度相对较温和的可利用热源来进行有效的操作。对槽式、碟式和塔式这三个情形，跟踪太阳光是必需的。化石燃料用于发电和推进应用组件的功率流一般在 $100kW/m^2$，对高速推进应用要高一些。可再生能源的能量密度流速率要低 3 ～ 4 个数量级，取决于能量形式。例如，到达地球表面的平均（总）太阳能发电的功率密度在 $300W/m^2$ 范围。

发电塔技术现时正在进行显著的扩展。陆基定日镜被使用于聚焦太阳光到塔顶部而无需在收集器间循环传热流体。暴露的较小传热交换表面积降低了热损失，提高了塔的收集效率。为最大化整天和整年收集太阳能，内置跟踪机制是重要的。大定日镜被展布在围绕塔的这个面积上，该面积比例于塔的高度和容量。在大塔已经被建立的同时，已经提出较小的模块塔以简化塔的结构和降低大规模发展技术的成本。三维浓度使工作流体温度升高，因此提高工厂的热力学效率。浓缩太阳能发电 CSP 总效率高于槽式发电 CSP，因为收集器的热损失较低而燃烧效率较高。传热流体的较高温度也降低热量存储单元的大小。

大规模太阳热电应用依赖于转化收集和浓缩太阳能的两相循环，与使用于煤炭或天然气操作的蒸汽发电厂（或其他外燃烧体系）有同样的发电循环。为了太阳能发电厂能够在阴天和夜里操作，使用混合太阳能 - 化石燃料操作是有益的，这样无需大规模储存。发电岛已经成为太阳能发电厂的部分事实，这类组合的公用设施投资较低。在组合操作中，工作流体的温度通过使用太阳能和化石燃料上升，这有可能达到较高效率的组合循环。通过在其周围空间安装太阳能收集器，组合化能够使存在的化石燃料发电厂得以改造。如果可以利用，有可能使这些工厂部分电力从可再生能源生产。图 1-12 显示这样一个工厂的布局。这些组合太阳能发电系统有了一些其他发展，包括较好的跟踪和较高效率的收集器。

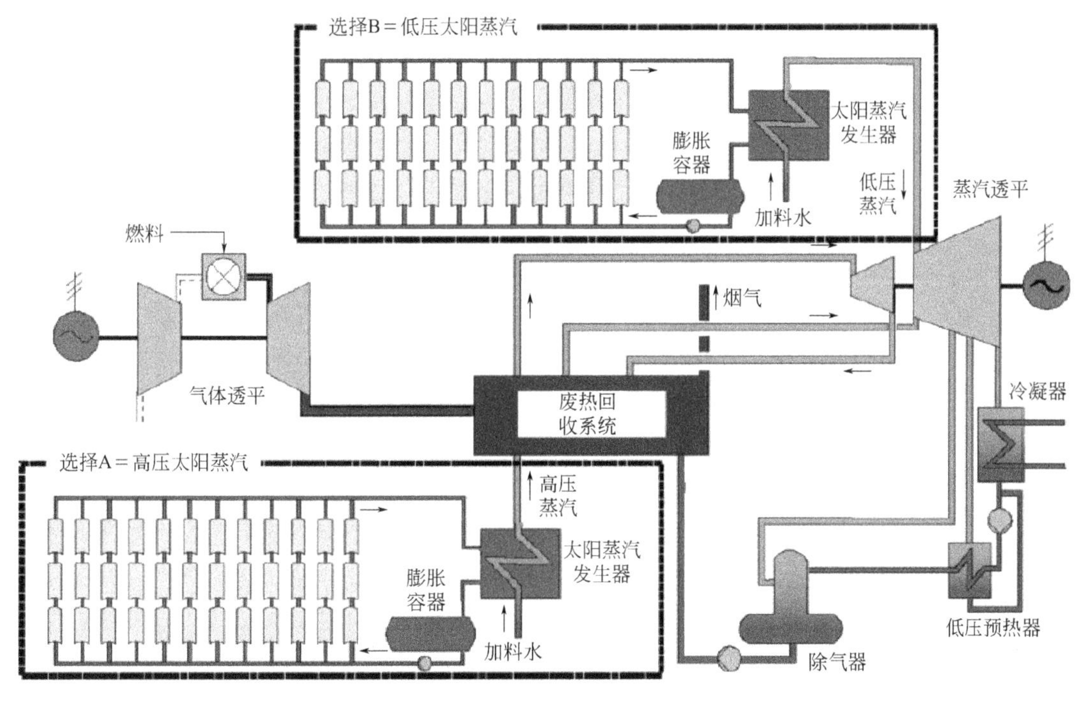

图 1–12　组合太阳热 – 化石燃料发电工厂

表 1-2 总结了三个太阳能热电技术的现时技术状态，是由美国 DOE（能源部）完成的。大规模太阳能发电站要求大的面积，通常建立在沙漠环境中，在那里太阳辐射一般是很强的。在太阳热量密度一定时，平均为 150W/m^2（几乎是总电磁能量的一半），必须使用收集器大面积覆盖以产生足够的电力。

表1–2　太阳能热电工厂太阳能收集器、使用这些收集器的操作特性和成本估算

项　目	抛物形槽	发电塔	碟形 / 发动机
大小	30 ～ 320MW①	10 ～ 200MW①	5 ～ 25kW①
操作温度 /（℃ / ℉）	390/734	565/1049	750/1382
年容量因子	23% ～ 50%①	20% ～ 77%①	25%
峰效率	20%（d）	23%（p）	29.4%（d′）
净年效率	11%（d′）～ 16%①	7%（d′）～ 20%①	12% ～ 25%①（p）
商业状态	商业可利用	放大示范	样机示范

项目		抛物形槽	发电塔	碟形/发动机
技术发展危险		低	中	高
存储可利用性		有限	是	电池
组合设计		是	是	是
成本	美元/m^2	630～275①	475～200①	3100～320①
	美元/W	4.0～2.7①	4.4～2.5①	12.6～1.3①
	美元/W_p②	4.0～1.3①	2.4～0.9①	12.6～1.1①

① 这些值指出在1997～2030年时间框架内的变化。

② 美元/W_p除去热存储影响（或碟形-发动机组合）。

注：p=预测，d=证明，d′=已被证明，未来年份是预测值。

光伏电池是方便的，但是是昂贵的直接发电装置，直接利用太阳光来产生电力，无需经过热能。太阳光伏（PV）电池是一类固态装置，因此对维护几乎没有要求。半导体，如硅，当掺杂少量其他元素时能够作为电子授体（n型）或电子受体（p型）。当两层被连接时，建立起电位差，当池被特殊波长的光子（或能量超过带隙位能，以能够从价带移出电子到导带）轰击时，释放电子在外电路中从授体移向受体，硅基PV的效率为10%～20%。硅基PV已经被使用于小型分布式发电工厂，但它们相对高的电力价格（约5倍于化石燃料基）已经阻滞它们广泛应用于大规模发电。税收激励开始鼓励采用分布式太阳能发电，计划建立这类电站，1991～2004年的安装容量如图1-13所示。中国的光伏发电在进入21世纪后，有大规模的跳跃式发展，其容量已经达到并超过世界发达国家的水平。全球太阳能光伏新增装机容量超过36GW，累计装机容量超过132GW，其中我国新增并网装机容量11.3GW，累计装机容量18.1GW，居世界第一位。

纳米结构有机PV电池允许其成本降低，安装中提供更大弹性。虽然这些有机电池有较低效率，但它们容易烧制，重量较轻，比较实用。希望通过使用电子受体的掺杂提高其效率，同时优化电池以促进有效激发分裂和电荷传输，通过减小带隙，以至于能够吸收较大范围的太阳光光谱和较大分数的太阳光能量。联网分布PV应用也可能成为降低安装成本的有吸引力的手段，跟踪是必需的，以使电力生产最大化。如在风能情形中，对可靠操作大规模存储是必需的，特别是在非中心应用中。存储的缺乏限制了取用巨大太阳能潜力好处的努力。

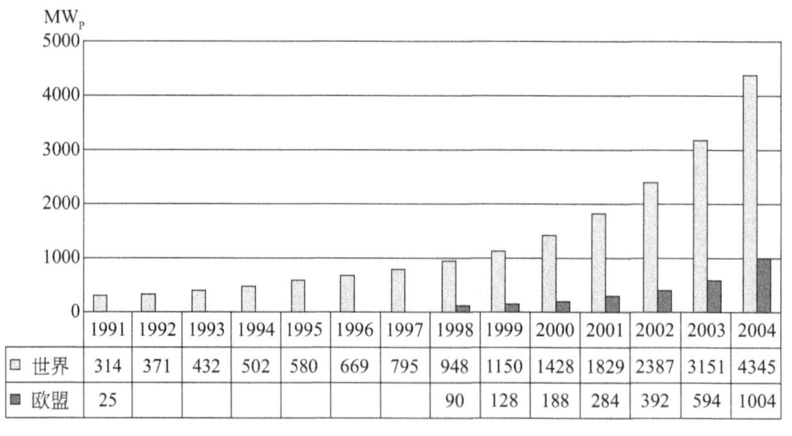

	1991	1992	1993	1994	1995	1996	1997	1998	1999	2000	2001	2002	2003	2004
□ 世界	314	371	432	502	580	669	795	948	1150	1428	1829	2387	3151	4345
■ 欧盟	25							90	128	188	284	392	594	1004

图1-13　安装总光伏容量

近年来，提出了直接利用太阳光制氢的技术（与光伏 / 电解池组合），该技术把热光电转换（Gratzed 电池）组合在同一个硬件中。

今天太阳能研究的前沿主题包括太阳能产氢、太阳能储存为夜间使用、太阳能光分解水、人工光合成，例如夜间液体光亮工作。PNNL 利用太阳能把 NG 转化为合成气和在 DOE 下的各种太阳光电计划（solar sunshot program）。光电是美国 DOE 开创的，使太阳能发电的成本在未来十年中具有竞争性。太阳能 PV 对某些地区（例如在日本）有吸引力，因那里的电力成本是非常高的。

破坏性的技术结果和成本障碍阻止了许多太阳能收集装置的商业利用。虽然其中的一些能够及时解决，但很多技术仍然在发展中，需要有明显的突破以增加初始投资经费的价值。太阳能 PV 成本已经下降到能够为大多数工业使用（成本）的时代，但附加成本的压力仍然存在，其中的一些能够随着薄太阳能膜装置的发展以及 PV 材料的改进而减轻，也随着低成本烧制技术、较高量子效率装置和稳定性的提高而减轻。可靠性的增加也是重要的。各种太阳能捕集装置的效率已经被连续地提高，这些装置需要捕集照到地球上太阳光谱的更大部分。在较少太阳光照射的地区把太阳能价值返回给顾客仍然存在技术上和成本上的挑战。

人们能够使用太阳能产生的电力来电化学分解水生成氢气和氧气，虽然通常太阳能产生的电力本身对家庭和工业有远高得多的价值。但是，人们仍然能够直接使用太阳能来分解水生成氢气和氧气，以存储太阳能。太阳能光催化分解水是一个令人激动的挑战。

需要解决的关键障碍，代表着解决大量实质性问题。世界上的科学家已经取得了显著的进展。事实上，这包括了利用宽阔的全部可见光（400～800nm）的部分，不仅仅是紫外线，目的是尽可能多地收集太阳的能量。现时的半导体光催化剂的带 - 隙通常大于分裂水所需要的可见光能量。早期工作的重点是使用紫外线，使用可见光区也已经有实质性的进展，例子是来自全球多个国家的合作研究组，包括 Domen，Fierro，Can Li 教授。Takannabe-Domen 组研究的重点是氮化物、氧氮化物和氧硫化物材料，他们利用可见光辐射光催化分解水生产氢气和氧气。其他基础研究目标包括：高效率和高抗辐射光电极材料及加工技术的发展；非贵金属电极的发展和降低伴随电流产生的超过 50% 产氢过电位。对 GaN 和 ZnO 固溶体的量子效率已经达到约 3%，但只有达到约 30% 量子效率才能够实际应用。正在发展的光催化剂材料有硫化物基材料，Pt-PdS/CdS 催化剂的量子效率为 93%。随着技术的进展，可以乐观地预测，太阳能光催化分解水为未来十多年提供一条非碳氢燃料潜在来源。

今天使用太阳能光催化剂的多个重点是发电和生产氢燃料，但生产有较大价值的其他产品也是有吸引力的。近来，在有机混杂传输上有了很大的进展。把甲苯直接使用水经光电化学转化到三甲基环己烷，达到了 88% 的法拉第效率；也已经在大尺度太阳能反应器中使用负载 Pt 催化剂光催化分解城市废水生产氢气。长期的工作是使用人工光合成，利用太阳能将二氧化碳转化成羧酸。太阳能光解水提供巨大的价值，但这些都是十分困难的技术目标。

把太阳能（和风能）发展成为实践可用的能量供应源的过程中，面对的实际挑战之一是它的可变性。理想地，人们可以存储白天的太阳能供晚上使用，以及供在阴天和许多人口稠密区的季节使用，以补充这些非连续能量来源。可选择多种商业可用的存储方法，例如电化学（电池）、电力（电容器）、机械（压缩空气、泵水）、化学（燃料电池）和热（熔盐和热存储）方法。今天，这些选择与太阳能结合后有可能与燃煤发电竞争，但仍然非常希望存储技术在未来有新的突破。对太阳能的预测是光明的。虽然水坝是存储能量的普遍使用的形式，但它们的建筑是受地质条件限制的。电池确实是提供能量的便携式存储手段，但这些受成本、重量和材料可利用性的限制。比较合适的能量存储对运输车辆也是需要的，此时重量、容量和成本是关键因素。

除上述的可再生能量源外，还有海洋潮汐波浪能和海洋热能，它们都是没有太多竞争力的能量资源。除地热能（源自形成地球的热气体）和海洋潮汐波浪能（源自引力）外，所有形式的可再生能源都源自太阳能。应该注意到，零碳是相对的，其某些形式如生物质，因为在生产中仍然使用化石燃料而并非真正的零碳。

1.4.6 可再生能源的能量存储

可再生能源资源的扩大使用，需要在高能量密度存储技术上有实质性的突破，以及在成本上的实质性降低。在一些情形中，还要求在对环境影响上有显著的降低。可再生能源资源的特征是，在一定时间尺度跨越上的间歇性和间断性：①对太阳能和风能的稳定持续的时间尺度小至一小时到一天；②对太阳能、风能、生物质能、水能和某些地热能都具有强烈的季节性。而化石燃料则在相对较长时期内稳定。使用可再生能源进行发电时，如果没有大存储容量的能量存储设备，其产生电力的可利用性降低，因为供应的负荷是不稳定的。为此，需要有一些技术或方法来解决这个不稳定性的挑战。例如：

① 当风能和光伏能被使用于产生电力时，可以配备使用高容量电池。电池能够以化学能的形式存储能量，其双向能量转化效率很高。在电池技术的发展中，已经能够使用锂离子电池，虽然目前这类先进电池首先在便携式电子装置中使用。对大规模稳定发电使用流动电池（flow battery，也是一种可充电电池，rechargeable battery）比较合适。除了电池外，其他能够存储电能的装置还有：超级电容器，以存储电荷形式存储能量；超导体，把电磁能量存储于冷却的超导线圈中。这些装置类似于电池，它们的应用现在仅限制于手机或移动装置中。

② 把电能转化为热能，再把热能存储于熔盐或类似的固体中，也可以存储于其他高热容量介质中；或通过相变存储热能。热能存储技术已经被使用于浓缩太阳能的热能工厂中，这样太阳能工厂的存在能够延伸到日落时期。其他存储热能的办法包括利用冰和液化天然气作为介质。

③ 发展高容量压缩空气或地下存储器，其位置应该位于可再生能源资源附近。这类装置能够存储风能、波浪能或太阳能。在它们生产电力的高峰时段，把多余电能存储于这些存储器中，低谷时段使用存储器存储的电能补充。地下存储器能够以此为目的来进行开发，包括盐洞、含水层和洞穴，作为表面水库的补充。虽然这个方法还没有得到很好的发展，但它是可行的，且能够与化石燃料发电相结合。

④ 大规模飞轮直接存储能量和回收动能。

⑤ 发展和实现高效率转化技术，如电解。把电能转化为化学能形式（化学物质）进行存储，如氢气。这需要发展有效的高容量氢气存储技术，如有效压缩液化，或成本不贵的存储介质。作为一种能源载体，氢气能够被使用于发动机中产生机械能，或在聚合物电解质燃料电池（如质子交换膜燃料电池，PEMFC）中产生电能。已经专为氢气生产和利用设计出“可再生”或“双向”PEMFC/电解器，这样硬件的成本可能进一步降低。但是，应该考虑每一个步骤的转化效率，即“往返”效率，也即从电力（从太阳能或风能生产）到电力（从燃料电池生产）的总效率，现时其总效率是相当低的。这个体系的成本可能是

高的，因为 PEMFC 和电解器都要依赖于铂催化剂（据估计，10TW 当量氢气流速流过这个可逆氢气发生和利用装置，需要有 30 倍于今天世界的铂生产量）。对太阳热发电厂产生电能，其短期存储是简单的，因为该体系可以使用高热容量材料来存储热能，如熔盐，然后再使熔盐释放热量以使发电厂运行。

⑥ 大规模高容量存储方法的选择还包括储水电厂和压缩空气工厂。压缩空气存储与风能兼容；风电被使用于驱动压缩机以压缩空气，加压空气能够被存储于地下岩石或岩洞的存库中，或存储于天然多孔含水层中。当需要时，能够使用高压空气推动空气透平来产生电力。该体系能够与化石燃料进行组合，也就是，燃料能够在压缩空气中燃烧以升高温度，使用气体透平而不是空气透平来生产更多电力。蓄水存储被广泛使用，因其简单性，只要有天然或人造水库或某些天然场地可供利用。

表 1-3 中描述了多个存储技术，它们可以移动和固定应用，或者它们正在发展之中。但是，在该表中没有列出化学能形式的存储技术和方法，例如使用氢气和其他合成燃料的这类存储手段和方法。而它们是完全能够使用于存储可再生能源产生的电力或热能的，也能够再生产出电能和热量。一些研究者也认为可以使用生物质来存储能源（通过植物材料中的光合成存储太阳能）。运输用液体燃料存储的就是化学能。

表1-3　能量存储技术的特征

特　征	抽水技术	CAES①	飞轮技术	热技术	电　池	超级电容器	SMES②
能力范围	1.8 ～ 36 × 10^6MJ	0.18 ～ 18 × 10^6MJ	1 ～ 18000MJ	1 ～ 100MJ	1800 ～ 180000MJ	1 ～ 10MJ	1800 ～ 5.4 × 10^6MJ
功率范围	100 ～ 1000MW_e	100 ～ 1000MW_e	1 ～ 10MW_e	0.1 ～ 10MW_e	0.1 ～ 10MW_e	0.1 ～ 10MW_e	10 ～ 1000MW_e
总循环效率③	64% ～ 80%	60% ～ 70%	约 90%	约 80% ～ 90%	约 75%	约 90%	约 95%
冲放时间	小时量级	小时量级	分钟量级	小时量级	小时量级	秒级	分钟到小时量级
循环寿命	≥ 10000	≥ 10000	≤ 10000	≥ 10000	≤ 2000	> 100000	≥ 10000
占地（单元大小）	在地面上是大的	在地面下是中等的	小	中等	小	小	大
选址难易	困难	困难或中等	—	容易	—	—	未知
成熟程度	成熟	发展早期	发展早期	成熟	铅酸成熟、其他发展中	可利用	早期 R&D 阶段，发展中

① CAES= 压缩空气能量存储。
② SMES= 超导磁性能量存储。
③ 一次冲放循环。

应该指出，大规模存储技术都有其环境影响，在评价其性能时不应该被忘记。例如电池、化学品的毒性，水和空气存储项目中的土地使用。小规模、高能量和高功率密度能量存储技术，如电池、超级电容器和飞轮，对运输车辆的混合功率链是重要的。显然，存储增加了可再生能源的利用成本，应该在计划大规模可再生能源项目时加以考虑。与化石燃料组合，只要可能，应该作为替代方案加以考虑。

1.4.7 生物质能

虽然生物质能量资源属于含碳能源，但其具有上述非碳能源的一些特征，如瞬时性、间断性、地区性、低密度等，因此把其放在非碳能源一节中叙述。

生物质是世界上最老的和人类最早使用的能源之一。它是排在水电之后的第二大可再生能量资源。农业和林牧业产品、谷物及其副产品，以及动物有机废物等都能够作为生物资源使用。植物通过光合作用存储太阳光的能量，通过太阳辐射光使二氧化碳和水反应，把光能转化为化学能，如糖类、淀粉和纤维素。存储的能量能够通过燃烧（如现在使用生物质那样）、气化、发酵或需氧降解等手段把其再转化回其他能量形式。在这些过程或如下的转化过程中，CO_2 重新释放，因此生物质转化是碳中性的，只要在这些生产过程中不使用化石燃料。

生物质的大量使用是农村和发展中国家经济体中的情形，在发达国家很少有这样的情形，因为那里的农业、运输和生物质转化中常常使用一些化石燃料。在生物质被使用于生产运输用液体燃料如乙醇时，重要的是生产燃料的热值高于在生产过程中使用的化石燃料的热值，得率是正的或化学效率大于 1。对高能谷物如甘蔗秆以及大多数谷物残留物，被利用于合成燃料时是这个情形。对谷物淀粉，其变化相当宽，取决于发酵与生产位置和淀粉到乙醇的转化过程，也取决于对副产物价值如何计算。此外，种植谷物、发酵和乙醇蒸馏都是高耗能的，要求使用显著量的化石燃料（现时大部分是天然气）。近来努力的重点是把纤维素、半纤维素和木质素有效转化为乙醇，以此来实现比单独使用粮食获得更高的产品得率。如果成功和经济可行的话，这个技术也有可能使用于其他低价值植物物料来生产生物燃料。

类似于水电，生物质的利用不是没有负面环境影响的。例如，生物质的生产需要使用大量水和肥料、杀虫剂和除草剂，对土壤产生腐蚀和对生态产生影响如毁林。一些农业废物通常是再回到土壤中，为土壤增加一些营养物质，如果被使用于生产生物质能，则土壤的营养需要由合成肥料替代，这或许会威胁到土壤的生态。更有甚者，把生长谷物使用于生产生物质能，有可能对经济和食品供应产生负面影响。一般说来，生物质的放大能力是有限的，光合成效率过低。光合成的功率密度小于 $1W/m^2$（热功单位），比风能和太阳能的功率密度低一个数量级，后者是能够直接使用于生产电能的。然而，生物质有可能为运输贡献液体燃料，且无需其他存储介质。在美国，现时乙醇被作为燃料添加剂，替代 MBTE。生物柴油，从大豆生产和作为烹饪油及一些工业过程的副产品，是另一种生物燃料。

在过去几年中，虽然生物质转化为能源和化学品已经有很大增长，但这个碳中性可持续方法常常不被看作是一个新能量资源的全球解决办法。生物质肯定是比较新的、比较绿色的能源和化学品原料，能够帮助解决新能源的连续需求。但是，它不可能替代化石燃料资源，即不可能替代石油、天然气和煤炭，其中部分原因与如下因素有关：对不同碳数和含氢烃类骨架结构的生物质，要使用不同的加工工艺；大量生物质的生产必须耗用有限的可耕土壤、水和肥料资源；在生物质原料生产场地和其产品（如生物油）使用地区间的运输以及淀粉和木质素加工中的一些关键问题。生物质衍生化学品的催化加氢脱氧（HDO）和中间产物的催化转化生产乙醇、乳酸、甘油、糖等特殊化学品，需要使用酶或化学催化剂。因此生物质的大规模使用取决于新技术发展，且有地区性和市场等因素的制约。不管怎样，生物质有两大吸引力：一是纤维素等生物质能够作为转化生产燃料和有用化学品的原料；二是粮食和农庄废物（秸秆、叶等）以及纤维素的转化是催化所关心的活跃领域。但是，纤维素组成（含大量氧的 C_5-C_6 构建块）是转化的严重技术障碍。更大的挑战是把城市垃圾转化为化学品或燃料。能够把废弃物经济地转化为能源或化学品将是无价的。然而其主要的限制因素是，今天已经在大量使用化石能源石油、天然气和煤炭。此外，把纤维素生物质转化为乙醇的现时技术需要 2 ～ 6 加仑（1 加仑 =4.546L）的水。除这些障碍外，生物质转化的其他障碍还包括：生成化学产品反应选择性不高，转化速率不快，需要大量新资本的注入，单一生物质原料年可利用量不够多，产生废物及其排放问题，新技术的可靠性等。因此需要对整个过程的质量 / 能量 / 生产成本进行分析以了解和解决一些隐蔽的成本。

生物质到化学品的转化现时被认为是一个有吸引力的市场机遇，用以获得更大价值的生物质转化，特别是转化为含 4 个碳原子的物质。从美国法规限制 MTBE 使用以来，愈来愈多的生物乙醇现时作为燃料添加剂使用。生物乙醇到乙烯的转化是另一个潜在的机遇。分析指出，这样生产的生物质乙烯在价格上最终能够与裂解乙烯（指页岩气乙烷在乙烷裂解器中生产的乙烯）竞争，如果使用乙烯来生产乙二醇的话。当然，这里还有很多市场的实际情况必须加以考虑。能够说的是，生物质开始并将继续对特殊化学品和区域能源生产路线的选择产生影响，虽然其影响是有限的。因为有现实的市场和供应问题，也有是否能够使用广泛类型生物质资源以有竞争力的价格来生产化学品和燃料的问题。生物质只能够解决区域性问题，因为受可使用量和运输问题的限制，而且也常受补充能源供应的限制。

1.4.8 核能

核能虽然也属于非化学能量源也就是非碳能源一类，但它最有可能替代目前的主力化学能源（化石燃料）。

核能发电在某些国家是主要的能源，例如法国。2012 年，核能在快速增长中有最大的下降，这是应对日本 Fukushima 悲剧的自然反应。核能发电可能在经济上和清洁能源上是有吸引力的，但涉及核废料的安全管理和分散、核材料安全分散、公共卫生等问题，成本以及铀资源供应的限制已经使使用核能的热情降低了。

核能现时提供美国电力需求的 20%，而法国多于 85%。就世界总电力供应而言，核能占 17%。在世界的总初级能源供应中，核能占 6.4%。核能的增长缓慢，是因为发生了大规模的事故，存在废物分散处理问题和核武器的问题。世界上核电工厂的总数约为 500 座，使用铀 235，它们从天然铀矿生产。现时主要使用轻水反应堆，有些核工厂也使用气冷石墨反应堆。在设计绝对安全反应堆中已经取得进展，这能够降低发生事故的概率。但是，现时系统必须被并入到这些大规模的安全设计中。

裂变能源的最终限制，除了废物分散和安全问题外，被认为是裂变燃料的供应。现时对地层储量和最终可开发铀 235 资源的估计，转化为 60 ～ 300TW/a 的初级功率（如现时的能量都使用可利用的铀的核能来供应），现有的铀储量仅够使用 5 ～ 25 年。更多的铀可以从海水中提取，这是已知的最大资源地，但还没有大规模提取它们。钚 239 是由铀 235 在裂变反应堆中生产的，能够从废燃料棒中分离，在持续核反应中使用于发电，或制造核武器。为此原因，废核燃料的再加工现时在美国和大多数其他国家是被禁止的。快中子增殖反应堆能够增殖核燃料，如液体金属冷却反应器可用于生产钚 239 和其他裂变同位素如钍 233。

核聚变已经被认为是可行的技术，它并不产生放射性废物，较少发生事故，但达到持续发电的努力进展很慢，仍然保持有极端严重的挑战。在核聚变反应中，氘与氘、氘与氚或氘与氦间发生反应，形成氦。氘是丰富的，核聚变确实不产生放射性废物。但是，核聚变产生的能量要多于为引发它们消耗的能量，这可能是非常困难的。为证明从自持续核聚变反应生产自持续电能，已经进行了数十年的努力，已经消耗了巨大的投资。使用卡托马克等离子磁约束以诱导核聚变反应的努力，或高功率强聚焦激光以提供引发的能量的研究发展都在进行中。相反，裂变核能仍然保持作为大规模化石燃料能源的补充和延缓可再生能源的使用时间。

核能是大规模能源，是能够供给未来能源需求的一个大的分数，能够容易地与现成的发电技术和分布公用设施集成。有关废物管理和存储的事情、增殖和安全的公众认知等问题的提高在核能发电厂能够扩展前应该被解决。

1.5 含碳能量资源——煤炭、石油、天然气

1.5.1 概述

在人类历史开始前，地球上的生物已经存在了很长时间，它们的繁衍生长都离不开太阳光。照到地球的太阳辐射极小部分被植物和藻类吸收用于合成碳水化合物。随着地球的长期变迁和长期的地质年代，大量碳水化合物被转化为烃类（石油和天然气）和煤炭深埋地下。这些所谓的化石燃料，虽然以化学能的形式存储的太阳能是极微小部分，但其能量密度大大增加。例如，化石燃料流过发电和推进应用组件的功率流一般在 $100kW/m^2$，对高速推进应用要更高一些。而可再生能源的能量流功率密度要低 3 ～ 4 个数量级，到达地球表面的平均（总）太阳能发电的功率密度平均说来低于 $300W/m^2$ 范围。

随着人类社会的发展，对能量的需求愈来愈大。在早期，人类只能够直接利用太阳能和植物的生物质能来获得热量，取暖和烹饪食物。直到 15 ～ 16 世纪，英国工业革命开始，因蒸汽机的发明才开始大量使用埋在地下的煤炭。煤炭是最不干净的化石燃料，其大量使用会造成环境问题。但是随着内燃机的发明及美国大量开采和使用石油来炼制内燃机使用的燃油，因此石油在初级燃料中的比重愈来愈高。直到最近，对环境保护要求的呼声愈来愈大，而且天然气资源被大量发现，世界的主要初级能源逐步向天然气过渡。这个过程在表 1-1 和图 1-7 中显示得非常清楚。

世界的初级能源严重依赖于石油、天然气和煤炭这三种化石能源的状况在可预见的未来不可能有大的改变。据统计，在美国，这三种初级能源占总能源消费的近 90%，在我国，这三种化石能源在总能源消费中也占 85% 以上。因此，如何更好地利用煤炭、石油和天然气与新非碳能源（可再生能源）开发利用同样重要。

煤炭、原油和天然气是丰富的自然资源，这是地球在历史长河中太阳能的存储，虽然其存储下来的比例是极其微小的。这些化石能源的原始形式与其能源的使用功能一般是不相兼容的。自然资源的能源形式转化是必然的，只有这样才能够满足工业、运输和人们的多种需要。由于这种转化与人们的生活质量密切相关，因此已经有了很多种类的能源利用技术。这些传统的能源资源即化石能源正在被快速消耗。化石能源被消耗同时产生了一些环境问题，虽然目前已经被解决和减轻，但有些仍只有初始的了解，某些还需要仔细探索。例如二氧化碳和它在全球变暖中的作用已经了解，这是

人们现在最关心的问题之一。

美国是世界上最大的能源消费国，它开发和广泛使用着不同的初始能源形式。为此，我们应该关注一下人均能耗和总包国民生产总值间的关系，以及这类关系在过去一段时间在不同国家是如何变化的。如前所述，在发达国家，人均消耗是相对稳定的，但它超过发展中国家的许多倍。发展中国家的能源消耗处于快速增长阶段，特别是在人口众多的一些国家，如中国和印度。需要关注的另一个重要因素是能量利用途径的变化，包括关注不同经济部门使用多少能量，以及这些能量来源的初始能量源形式。最后，要关注能耗的预期增长和能量资源变化图景。国际能源协会（IEA）给出了新近的预测：现时初级能源的 85% 以上是由化石储存能源资源供应的。下面分别简要叙述这三种最重要的化石能源。

1.5.2 石油

在整个 20 世纪，各国早就意识到“石油危机”，但是石油仍然作为占优势的主要能源进入 21 世纪。许多人经历过石油价格从 60 年代到 2010 年的猛涨时期，作为大众化能源，石油是很多市场和政治力量的主题。数十年来，需求量很高，因为没有有价格竞争力的替代物能够替代柴油、汽油和喷气燃料产品。另外，区域需求推动这些有价值大众燃料价格的上涨，投机者为获得利润抬高价格。由于油价以美元计价，当美元值下降时，原油价格上升以支持非美元供应者继续盈利。美元管理的石油市场，是恐慌反应、发号施令者和生产领域中长期战争的主题。在生产和消费领域，外国市场混乱，恐怖主义、贩毒集团两种极端情况盛行，关系到区域能源安全、经济增长或衰退。连续的人口和汽车增加，以及生活质量增长的需求极大地促进对石油的需求。所有这些因素都影响石油的价格，又关系到天然气的价格，使这两种化石燃料的价格被推向愈来愈高的水平，虽然世界的能源供应的连续增加已经超过 60%。石油现在关系到页岩气的生产量，原油价格与石油产品价格在世界的许多地方已经没有联系了。由于发现的页岩气能源不断超出 20 世纪 80 年代的预期，能源的版图开始发生变化。早先对美国的预测，主要结论是天然气和石油输入国；而现在的预测，在 2035 年它将是主要的石油和天然气的出口国，中国将成为世界最大的原油进口国。这种情形的发生不仅仅是因为页岩气生产，而且是因为在湿页岩气中乙烷和丙烷的共生产以及为开采页岩油的压裂技术的扩展（水力压裂）和水平打井技术的延伸。压裂也被使用于开采老油井的残存石油。著名的 Hubbert 峰油预报，石油资源减少始于 20 世纪末期的预测正在发生改变，这些新天然气和石油资源对能源工业有着巨大的影响。石油确实富含 C_5 和更高碳数的化学品，包括芳烃，它们比煤炭或生物质资源提供的产品种类多。

今天，数以十亿计投资的石油炼制工厂在世界上极大地快速发展和扩大，其中很多工厂仍然使用着在 20 世纪富含科学发现和发展时期发展的催化技术。巨大的投资和从石油生产的很宽的产品品种都意味着对石油及其生产产品的需求并不会离去，但它将经受改变原料的压力，取决于其可利用性和价格。记住，石油炼制是需要数以十亿计美元的资本投资的，新炼厂的增加会快速发生于发展中国家。发达国家对石油仍会有一些需求，但其先前建成的老炼厂需要调整它们的操作以适合于利用可利用的石油类型，例如高硫、高金属、油砂原油、页岩轻油等。石油基资源被天然气替代已经开始，例如使用气体制液体（GTL）、甲醇制烯烃（MTO）等技术生产油品和基本化学品，但其影响取决于地区成本/供应和其他一些因素如资本和运输成本及可利用性等。

1.5.3 煤炭

在过去十多年中，我们已经看到，把煤炭作为能源进行转化已经重新开始被人关注。部分是由于这关系到今天的能量来源的需求，但它比石油和天然气产生更多的二氧化碳排放。由于印度和中国经济的高速增长再加上其人口的连续增长，已经预测，它们对煤炭的需求到2025年要增长72%。美国和中国都有巨大的煤炭储量，可以持续使用数百年，中国的煤炭产量自2011年来每年已经超过30亿吨，多年来煤炭是作为主要能源在不断增长的（见图1-7）。新压裂和水平井技术的应用与美国增大的运输资源一起，推动了用天然气替代煤炭作为能源的热情。中国也为减轻环境污染压力而开始大量使用输入天然气以替代煤炭，特别是在特大中心城市地区。虽然天然气作为燃料也产生二氧化碳，但它被认为是比煤炭绿色的。老的燃煤发电厂转化为天然气发电工厂继续在美国加速，这是由天然气较低的价格推动的。而中国则主要是出于环境原因，也开始逐步采用这类转化措施。

在煤炭作为主要能量来源的转化中，催化已经并将继续在煤炭能源资源转化和煤炭转化为化学品中起作用。从煤炭生产化学品通常要比从石油和天然气生产更为复杂，在更大程度上依赖高效催化剂，不仅仅要处理燃烧产生的污染物排放，而且是作为一种有效手段把煤炭气化产品转化为更多有价值的化学品，如合成气到甲醇、烯烃、合成天然气、乙二醇、乙炔或乙醇等。

与其他化石燃料相比，作为很低H/C比的化石燃料煤炭，在转化时需要添加更多的氢以利用和充分发挥其化学价值。煤炭的高二氧化碳排放（高CO_2/能量比）不是煤炭作为能源的唯一缺点，它还把低含量杂质也排放进环境中，这也是要求除去的，例如汞、二氧化硫、氮氧化物、灰、重金属、硒和砷等，这些在其他能源资源中一般是不会有的。在美国，50%的电力来自煤炭，而在中国，燃煤发电站占总装机容量约85%～90%，现在中国是世界上排放二氧化碳大国，我们也看到能源的地区性问题很严重，因中国的大部分煤炭资源在国家的西北部，但人口集中的地区在东部和南部。因此产生了运输问题，对价格产生附加压力和产生附加的污染源。一般讲，使用煤炭能源也需要使用大量的水，这可能影响国家优质淡水的供应。因此，使用煤炭能源需经受多重的环境威胁和压力——二氧化碳、杂质、灰、二氧化硫、氮氧化物等的排放和对水的需求。采用对二氧化碳排放没有吸引力的技术和采用一般市场采用的解决办法，都将会不利于煤炭作为能源在全球尺度上增加其应用，不过这些都是非常的事情，如果以市场为主采用竞争解决的话，这代表着没有很大机遇。煤炭中的二氧化碳和杂质的排放将继续要为催化和材料以及工程科学和技术提供新的机遇。

1.5.4 天然气、页岩气和页岩油

在美国天然气供应市场中出现了水平井钻井和水力压裂技术，这有可能产生模式的

改变，影响天然气和乙烷的全球价格。对这个问题的讨论指出，转换的重点是新的信息，即能够公开获得机遇与关键障碍等多方面的新信息。不同重点的讨论也指出，在确定市场价值上，美国的页岩气储量可能会打乱全球油 / 天然气的价格比，并影响原料成本和产生其他影响。页岩气的影响现时只在美国被强烈地感受到（说明已经产生影响），这不仅仅会对世界的天然气价格，也会对能源和化学品市场产生多种动态影响。已经指出，美国天然气价格不再与石油价格有联系。美国页岩气生产已经清楚地改变了全球天然气的生产结构。这将产生一种威胁，对非美国天然气生产者形成压力，以制约它们的天然气价格，美国将输出愈来愈多的这类天然气（它们中的很多来自页岩气能源），因为它的净成本比世界其他大多数地区以及很有竞争力的中东地区供应者生产的天然气价格低很多。何时能够发现和确证世界上有大页岩气沉积，甚至能够发现更大的天然气储量，这对未来一些年将是关键性的。显然通过供应强化，天然气生产者总是试图从它们的产品中获得更多的资金回报，而达到对投资更大回报的一个方法是要生产更多附加值高的产品而不仅仅是作为燃料燃烧使用的甲烷。在世界上捕集天然气（这里是指页岩气）有潜力创生出对新技术的额外激励，推动天然气应用于生产化学品。在美国和加拿大，现在正在预测页岩气对经济的影响和预报未来 30 多年产生的更巨大影响，但这种影响的好处尚未被其他国家感觉到。

页岩气的使用已经商业化，到 2011 年在美国开发的页岩气井已经超过 1 万个。仅仅数年时间，美国页岩气能源的发展已经极大地改变了美国的能源版图。在美国宾夕法尼亚，2011 年就有多于 1400 口页岩气井被钻探。把页岩气的影响延伸到其他地区的潜力是巨大的，但未来和现时中东市场力量的不确定性继续把新变数加入到页岩气故事中，并在满足能源市场需求中使用。这些市场力量包括：公司企图从早期开发中获利（土地专用权），使用对全球基础矿物权的不同拥有者有关的不同法律，改进生产方法以及铺设足够长管线或使用其他运送替代方法等。公司试图得到更宽范围的出卖权；加工和炼制分馏公司试图抢占下游燃料和化学品的使用市场；工业运行者试图抢占原料的好处；发电公司试图要求更低的成本和更绿色的操作；工业使用者试图降低能源成本；使用压缩天然气（CNG）的车辆运输操作者试图建立新的汽油或柴油燃料的独立工业公司；LNG、乙烯和丙烯的出口商试图为中心基础建筑块寻找全球顾客……所有这些为页岩气添加其经济影响。

与页岩气生产密切相关的压裂和水平打井技术也已经被延伸到回收页岩油和再应用到早先废弃的油井以回收高值通常是低硫的（轻质）原油。在世界上的不同地区生产的天然气价格继续存在巨大差别，现时美国的价格是每百万 BTU3.37 美元（2013 年 9 月），而日本的价格比美国价格高 5 倍多。在美国国内和近海外区域，把页岩气输送到顾客虽有一些短途运输事情，但它们最终会得到解决。现在美国是世界上最大的页岩气生产者，页岩气生产占美国天然气生产的主要部分。计划在未来十年美国将成为净石油输出国，这将取决于美国和海外顾客对页岩气的更多需求，包括民用、运输车辆、GTL、LNG 和天然气液体的出口和化学品（乙烯、甲醇、氨和合成气）生产。从图 1-14 中人们能够看到美国的 NG 价格现在远低于生物质或原油（用能量含量计算）的价格，其转折发生于 2008 年全球经济衰退后和美国早期页岩气生产扰乱后。

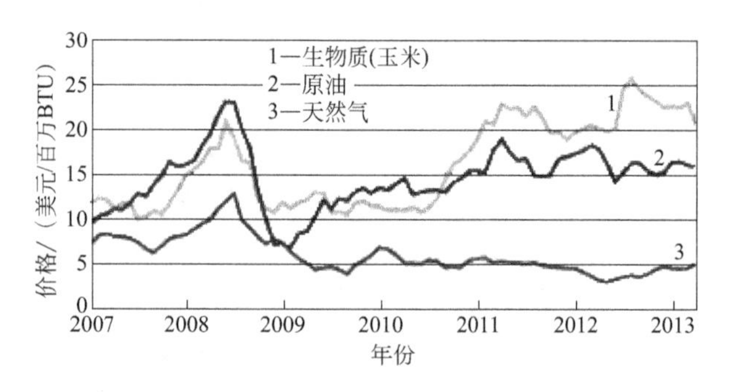

图 1-14　作为烃类原料的美国能源基础价格

来自湿页岩气的乙烷的数量也已经扰乱乙烯的价格。传统上，石脑油重整是低碳烯烃的主要来源，但使用页岩气，乙烯主要来自乙烷（和丙烷）。页岩气乙烷能够进行热裂解生产乙烯，使用已经建立的技术，但其成本要比从石脑油生产乙烯低很多。图 1-15 显示美国乙烯价格与其他地区的巨大变化。在 7 年中，美国已经从世界生产乙烯最贵的国家转变成生产成本最低的国家，接着是中东。生产的很多乙烯进入高附加值的聚合物中。

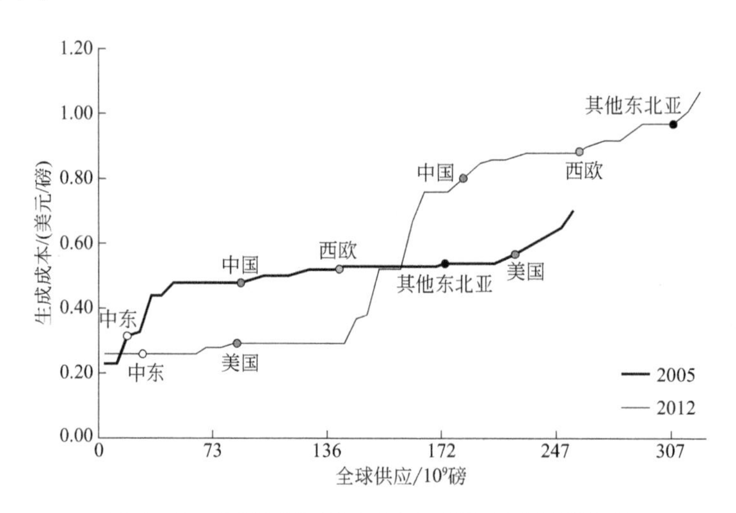

图 1-15　2005 年和 2012 年不同地区的乙烯价格

开发页岩气的技术随地质条件和其他条件而变，但是，预测显示，在北美和南美、欧洲部分、中非洲和澳大利亚都存在页岩气沉积。为从不同的地区开采页岩气，需要发展不同的打井技术以及到顾客的运输连接技术。围绕供应的事情，昂贵的水也是必须要解决的。在接下来的几十年，页岩气开采的增长应该从这些地区逐渐移向世界的更多其他地方，以使天然气有更一致的全球价格和宽广的供应渠道。页岩气及其相关乙烷的开采将继续对全球石脑油热裂解生产乙烯路线施加压力，同时也会给石脑油热裂解生产其他副产品（如丙烯和 C_4 烯烃，苯以及取代芳烃等）施加压力。对世界多个地区页岩气生产增加的高预期成功实现将取决于多种因素，包括进入市场的时机，天然气的国际市场价格，这些国家中的经济因素，运输体系和一些新技术。

在 2000 年前的数十年中，石油价格与天然气价格是紧密关联的，但随着页岩气的开采和发展，已经能够看到，美国虽然处于持续高的石油价格上，但天然气价格快速下降，已经对全球产生影响，甚至可能是使美国成为大量输出天然气到其他国家的一个重大因素。另外，美国化学品生产的85%是基于天然气的，但这些化学品的价格继续跟随石油价格。美国天然气的低原料成本如果能够继续满足长期的计划，将使美国处于化学品工业的非常强势的位置。作为应答，没有国内天然气供应的国家的公司正在美国投资新化学品生产设施，以利用美国原料成本低的优点，同时还有其他有吸引力的原因，如有熟练技能的劳动力、广阔和可变的运输系统等。

便宜的天然气使甲醇生产（天然气蒸汽重整，接着合成气转化为甲醇）在富页岩气区域有更大吸引力。在美国，将能够继续看到甲醇生产容量或生产的上升，这是受页岩气对天然气价格长期影响所推动。此外，由于合成氨工厂也是基于合成气中的氢气的，区域性氨生产和有附加值的下游产品看起来是更有吸引力的，因这些地区同样是富页岩气的。在富页岩气地区，重点是生产天然气的下游产品：甲醇（甲醇制烯烃）、乙烷（乙烯）、合成气、氨和氢气，这已经对欧洲的化学品生产产生了压力。对催化这是有明显机遇的，使用这些化学品作为原料生产其他有价值的化学品能够创生新 / 替代工艺，因此构建各种大量最终是利用天然气制造的化学品。

天然气消费已经和正在继续增加，在未来数十年中有来自页岩气增长的供应。2030年后的增长部分取决于这些气田的生产寿命和在美国、加拿大以外页岩气开采的成功延伸。虽然天然气使用不清洁也不绿色（与诸如太阳能、风能、地热能或潮汐能相比），但与其他两种主要化石燃料石油和煤炭相比，它是比较洁净的和有较低的碳排放强度的。它有比煤炭或石油低的污染物和温室气体排放，主要是由于它们能够被捕集并避免放空 / 燃烧。天然气比煤炭、石油、生物质或核能需要较少水资源配合（在使用过程中生成同样产品所需要的水体积）。天然气也为较低碳数（$< C_5$）化学品提供更大的通用性和为多种工业提供各种各样数目众多的应用。天然气并不是一种可持续利用的资源，但它可能充分供应数十年。因此，它有希望成为一个桥梁直至比较持续、比较绿色和可再生资源的开发利用。

在数万页岩气井中，仍然有少数井看来对水源造成了局部的污染。水专家新近发布的报道给出了确切的证据，甲烷和丙烷影响了邻近水的供应。他们推测，污染可能是由于差的井结构造成的。每一个地区的地质构造有可能影响井管的密封，这要求提出更严格的工业规范。页岩气代表着巨大的机遇，不管是对燃料还是对化学品生产都是这样。这将取决于对页岩气的需求和开采它时对环境造成的实际破坏程度。需要制订法规并做进一步改进，然后强制执行以确保这个有价值能源的安全生产。总而言之，页岩气能够提供巨大的经济增长机遇，但必须以安全和有序的方法来开采。

1.6 含碳化石能源的快速消耗和带来的问题

1.6.1 概述

全世界面对的一个主要挑战是化石烃类资源正在世界范围内快速消耗。石油和天然气资源的生成和累积需要数千万年，在近80年中消耗得如此之快以致只能够使用约160年（两人寿命时间相加）的时间。煤炭资源相对丰富，预计其使用时间要比石油和天然气使用的时间长。基于现在的煤炭消耗速率，预计煤炭可以使用 200 ～ 300 年或更多，但也是有限度的。新的完整系统分析指出，产业需求和人口增长正在不断消耗世界的原油、天然气和煤炭能源，也在研究发展利用其他非常规烃类燃料资源如油砂、油页岩和天然气水合物等（例如油砂已经在加拿大商业使用）。但所有这些常规和非常规烃类能源资源都具有不可再生性，即都是消耗性的。现时的产业体系，如固定发电厂和可移动发动机系统如小汽车和卡车，自 20 世纪 20 年代以来的近 80 ～ 90 年中已经有非常显著的改进。但是，在能量转化效率上常常要受转化的热力学限制，通常称为 Carnot 循环效率。图 1-16 显示的是 2003 年美国发电厂中的总能量流。重要的是要从图上注意到，在进入发电厂的总能量输入（39.62×10^{12}BTU，Quards）中有多达 60% 是被浪费了。换句话说，初级能量输入中有高达 25.80×10^{12}BTU 在转化中损失或浪费了。作为电力输出（有用的能量输出）的仅有 13.82×10^{12}BTU，说明只有输入能量的 35% 转化为电力输出。虽然过去了十多年，今天美国作为大规模中心能量转化体系中的主要部分，燃煤发电厂能够达到的效率也就这么高。在中国，占总装机容量 85% 以上的燃煤发电厂的能量效率还要稍低一些。而小汽车和卡车以及火车、飞机等使用的移动发动机系统的能量总效率甚至比这个效率（35%）还要低，也就是损失或浪费能量比例要更大。应该注意到，在移动能量体系中有多达 60% ～ 85% 的输入能量在转化中损失和浪费了。

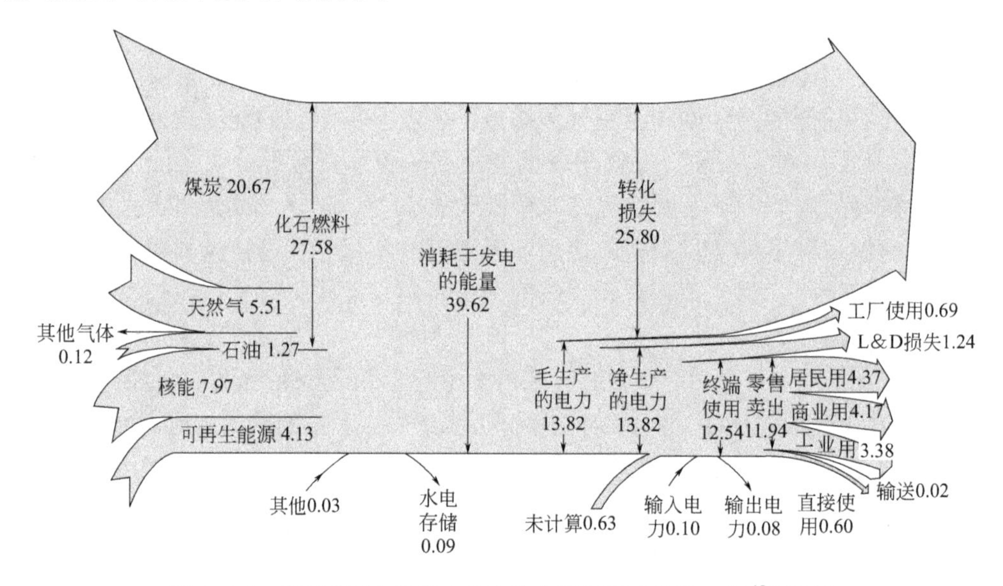

图 1-16　美国 2003 年发电厂中的总能量流（单位：10^{12}BTU）

所以，最根本的问题是，我们消耗的能源远高于我们实际需要和利用的，因为很大比例的燃料输入能量被我们以废物形式抛弃了，这比我们使用于工作的能量要多很多。对所有烃类燃料的利用体系都是损失浪费的能量多于有用能量输出，不管是发电系统还是使用汽油发动机进行运输的情形。于是产生的结果是，就单位有用能量输出而言，我们排放到环境中的温室气体和污染物更多。

1.6.2 受限化石燃料的消费

现在和不远将来的一段时期内，随着全球人口的不断增长以及人民要求生活质量标准改善都会导致能源消耗速率的增加。但能源消耗速率的增加不可能是无限制的。这是因为，目前能量消耗的 80% ～ 90% 来自化石燃料，而且相当长一段时间内这个比例不会有大的变化，而化石燃料的储量在地球上是有限的，这是一个方面。另一方面，大量的化石燃料的消耗向环境排放大量的温室气体二氧化碳和其他污染物，地球大气中二氧化碳的累积和浓度逐渐增高正在导致全球的气候变化。这是我们面对的一个巨大而紧迫的挑战。虽然人们对二氧化碳对全球温度影响的预测，以及对全球变暖对地球人们的生活和健康的影响的预测的看法还不尽一致，但过去一个世纪，全球变暖的证据和大气中 CO_2 浓度变化间的关联是相当有证据的。对提出的全球气候模型及其对未来趋势的预测（气候变化图景、海平面上升、海洋酸性等），由于其极端的复杂性，尽管存在多个不确定性，但有一个总的一致意见：开始于工业革命的全球温度逐渐上升的历史趋势将继续。为此极有必要着手解决这个问题。

取得的技术成就使能量资源的发现和利用有了巨大进展，也使生活质量有了巨大和持续的提高。因此，能够指望技术进展也能为解决能源消耗和 CO_2/ 气候变化的困境问题提出办法。使之能够达到较高效率、扩展和利用低碳能源，以及降低二氧化碳排放（例如二氧化碳捕集和封存）。显然，使用一个解决办法解决所有问题是不可能的，需要逐个做相应处理。已经提出和使用了若干策略，例如使用智能选择平衡货币成本、环境影响、新技术引进时机和实现规模化的潜力等。总目标是降低和封存二氧化碳排放。

1.6.3 CO_2 问题

CO_2 是一种无色和无味的气体，分子是线形的，碳和氧间是双键（O=C=O）。

在自然界中存在 CO_2 并被植物使用于作为光合成的碳源。现在它在大气中的体积浓度与 2004 年一样为 0.038%。含碳物质的燃烧都会产生 CO_2，而今天现代社会的能量利用极大地依赖于含碳燃料的燃烧，主要是三种化石燃料：煤炭、石油和天然气。任何碳基有机物质的完全氧化或燃烧都产生 CO_2，但直到最近，CO_2 一般被认为是无害的。事实上，CO_2 在地球的碳循环中起着重要作用，在动物和植物的生命循环中是必需的组分。但过度使用化石含碳燃料的燃烧已经导致地球大气 CO_2 浓度的上升，是加以控制的时候了。

在比较不同能量转换路线或如何选择转化初始能源的方法时，对生产有用形式能源（燃料）时排放 CO_2 量的估算是一件复杂而棘手的事情。因为我们感兴趣的是生产单位有用能源所排放的 CO_2 量，这包含了一系列过程。从生产初级能源那一刻开始，直到以最后能量形式被使用为止。例如，一电动车辆使用电网电力来充电，而电网电力大部分来自使用化石燃料发的电；其次，使用电池的生产和分散过程产生的排放也应该是电力车辆对 CO_2 排放作出贡献（以及排放的其他污染物）。同样，使用生物质生产的燃料如玉米乙醇，也不是二氧化碳排放中性的，因为玉米生长和乙醇生产都要消耗化石燃料，也就是要排放 CO_2。因此，应该使用已经建立的生命循环分析（life-cycle analysis, LCA）方法学，考虑整个过程事情链中每个步骤的贡献。不仅能够使用它进行经济评估，而且能够进行总环境影响的评估，即必须考虑从开始到结束或从生到死产生的贡献。在对过程整个事情链进行仔细的物料和能量平衡和进行应用过程分析时，为确定评估系统输入和输出间关系，必须要确定这些系统的边界，使用重要的关键数据。

为对排放CO_2量有一个数字概念，考虑一个输出500MW_e（5×10^5kW）电力，运行8000h/a的燃煤发电厂，其产生的CO_2量为480万吨/a，或130万吨碳/a。平均而言，燃煤火电厂生产1000kW•h电力排放1200kg CO_2，即一度电排放1.2kg CO_2；燃天然气发电厂生产1000kW•h排放的CO_2为400kg，一度电排放0.4kg CO_2。这是因为：一是煤炭中碳含量高，二是天然气工厂组合循环运行的热力学效率高于燃煤电厂的典型简单循环，三是燃煤发电厂为净化烟气（除去硫氧化物、氮氧化物和灰分）消耗部分电力。但是，煤炭价格低廉且储量丰富，电力生产中使用煤炭量不断上升，导致发电部门CO_2排放量增加。近来，世界各国包括中国使用天然气发电在快速增长，其根本原因是环境问题抵消了天然气比煤炭的高价格，煤炭燃烧要产生灰和硫化合物等污染物，必须进行烟气治理。而且使用天然气的发电厂工艺比较简单（简单的气体透平循环），热力学效率较高（使用组合循环）。天然气是比较清洁的燃料，容易管道运输，且不会有留下残留物。现在两种燃料都广泛应用于电力生产、制造工业、以及居民服务，燃烧产生的CO_2构成总CO_2排放的很大部分。液体燃料主要使用于运输部门，其燃烧也产生CO_2排放。表1-4给出排放二氧化碳的不同来源部门。不同部门在2002年和预测的2030年年排放CO_2的量如图1-17所示。

表1-4　二氧化碳排放的不同来源

固定源	移动源	自然源
燃化石燃料发电厂	轿车、运动公用车辆	人类
独立电力生产者	卡车和公交车	动物
工业制造工厂①	飞机	植物和动物腐烂
商业和居民建筑物	火车和船舶	土壤排放/泄漏
场地气体排放源	建筑车辆	火山
军用和政府设施	军用车辆和装置	地震

① 主要浓缩CO_2源包括制氢、制氨、制水泥工厂；烧石灰和碱石灰以及发酵和化学氧化过程。

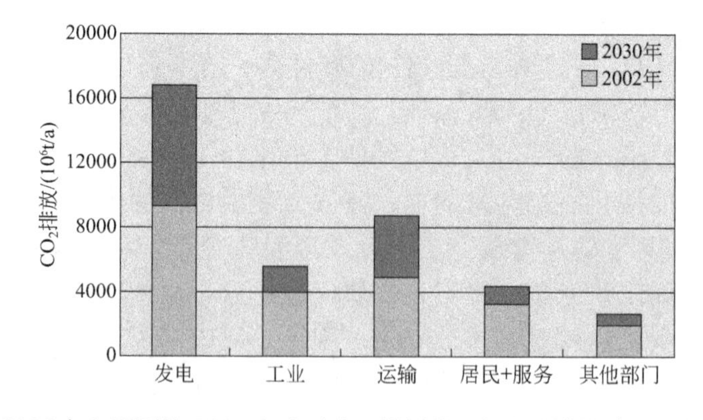

图1-17　2002年和预测的2030年全球化石燃料的二氧化碳排放（按经济部门分类）

由于 CO_2 在大气中的长寿命和显著的循环对流，CO_2 排放造成的影响已经不是局部性的而是全球性的。所以必须考虑到世界能源消耗上升趋势，以及发展中国家因经济快速膨胀、人口不断增加和大量利用煤炭燃料产生的 CO_2 预期在未来要超过发达国家，如图 1-18 所示。例如近来中国 CO_2 的生产总量超过美国。而图 1-3 显示美国在 1650 ～ 2000 年期间的能量消耗，单位是 10^{15}BTU，包括未来计划到 2020 年，以及世界在 1750 ～ 2002 年期间的 CO_2 排放（以百万吨碳计）和碳排放（以千吨碳计）。美国在 1800 ～ 2000 年期间的能量消耗增长与温室气体（GHG）排放是平行的，全世界也有同样的趋势。按照新近的研究，自 1751 年以来因化石燃料消耗和水泥生产向大气排放了约 2900 亿吨 CO_2，其中约一半是在 20 世纪 70 年代以后排放的。

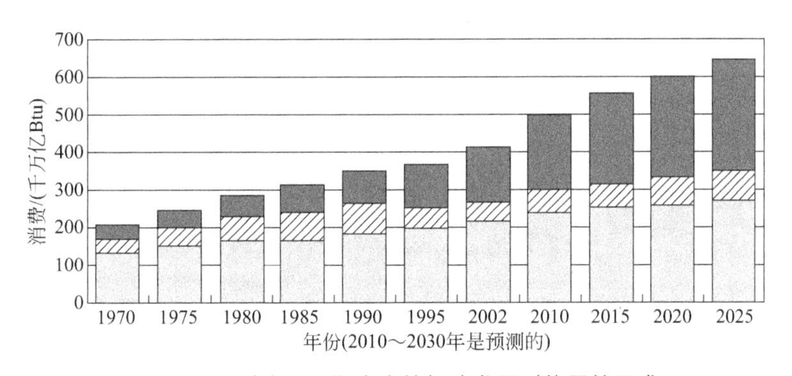

图 1-18 过去和预期未来的经济发展对能量的需求

成熟市场经济体；转型时期经济体；新兴市场经济体

在前面的表 1-1 中也显示世界对各种形式初级能源的消费的变化和从 1900 年到 2001 年全球和单位人口的 CO_2 排放，它反映了全球经济在 20 世纪的巨大发展。

CO_2 的排放源包括固定的、移动的和自然来源，如表 1-4 所列举的。图 1-19 显示了新近研究指出的全球大气 CO_2 浓度变化，在 1000 ～ 2004 年期间其上升超过 100 万单位。基于南极冰层数据，大气 CO_2 浓度在过去 1000 年中仅有微小的变化，从 1000 年的 280μL/L 变化到 1900 年的 295μL/L。基于夏威夷的实际数据分析到 20 世纪 CO_2 浓度增加加速，1958 年就已经到 315μL/L，到 2004 年进一步增加到 377μL/L。应该指出，在生态体系中大气 CO_2 是有重要正面影响的，因光合成和粮食生产依赖于它作为碳源。我们今天使用的化石燃料源自数百万年前大气中的 CO_2。但是，新近的研究指出，CO_2 排放已经成为全球气候变化的重要事情，因为大气 CO_2 浓度在 20 世纪显著增加，而且以更快的速度继续上升。

由于大气 CO_2 浓度与平均全球温度间有正的关联，如果这个正关联维持，全球大气 CO_2 浓度的上升可能导致到 21 世纪末期大气温度的危险上升。现在预测 21 世纪末期的大气 CO_2 浓度能够稳定在 550μL/L 水平，关联指出温度上升仍然处于可接受范围。为了在不远的将来不超过这个极限，必须提高能量资源的转化效率和能源利用效率以及使用替代能源资源，以降低大气中 CO_2 浓度的上升趋势，排放量先保持然后逐渐减少。这是 21 世纪对全球能源的最大挑战。

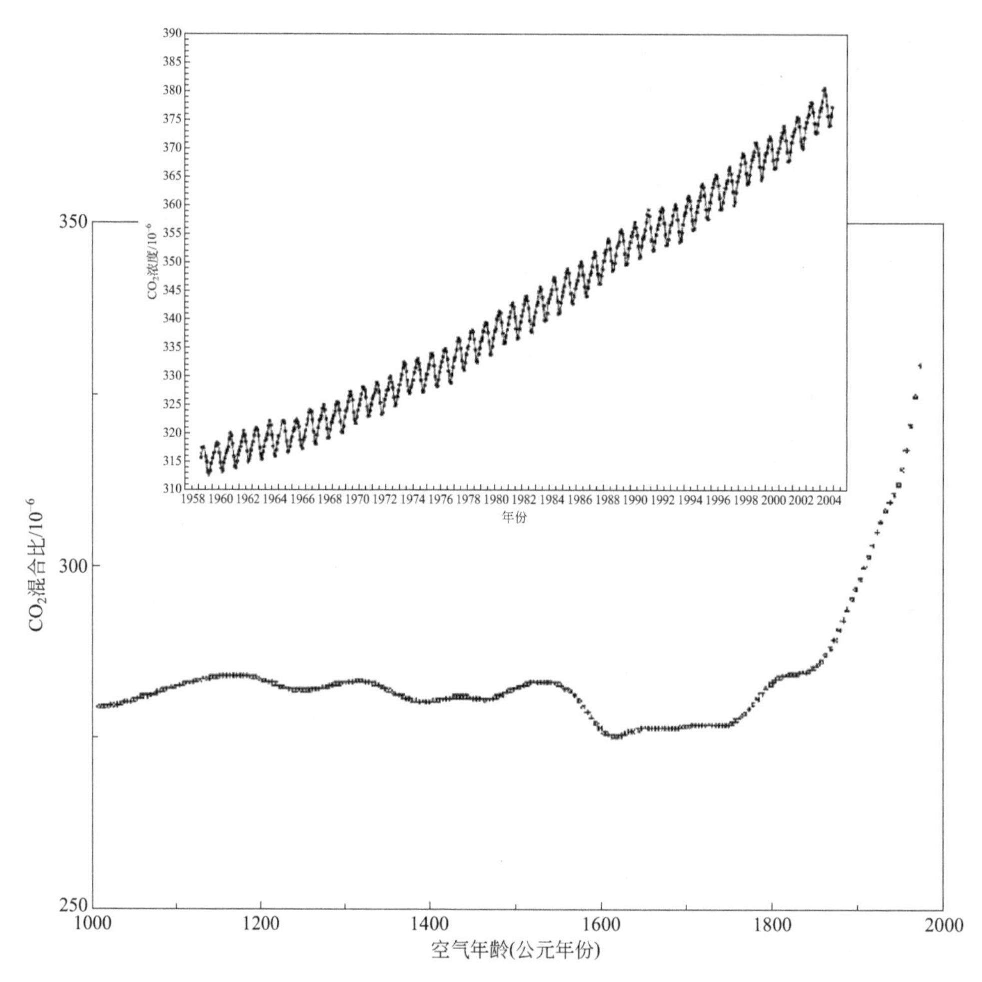

图 1-19　基于 1000 ～ 1997 年冰核分析的 1000 ～ 2000 年期间的大气 CO_2 浓度和 1958 ～ 2004 年的实际 CO_2 浓度

1.6.4 21 世纪的全球能源挑战

温室气体（GHG）排放问题很大部分是使用燃烧烃类能源体系消耗碳基能量的结果，如在表 1-1 和表 1-4 中能够看到的。基于上述讨论，21 世纪的主要挑战能够被凸显如下：①供应清洁燃料和电力以满足世界安全的能源增长需求；②消除环境污染问题和稳定 GHG 排放。能量利用通过如下手段得以改善：①发展新能量体系增加能量效率，以克服现时导致升温的能量体系的热力学限制；②能源的持续和安全发展，包括可再生能源；③持续研究和发展材料包括碳基原料。

发达文明习惯于生活在有线和无线网络的电气化和摩托化中，我们需要发展一种使能量利用和环境问题间似乎是自然联系脱开的方法，例如能源消耗不排放 NO_x、SO_x 和颗粒物质以及挥发性有机化合物。这涉及发展更洁净和更有效的能源体系，它不会产生这类污染物，而现在的燃烧后净化的能源体系如卡车和固定发电厂则达不到这个目标。

在增加能量利用效率上有很大的改进空间，如果能够使效率有跨越性增加，例如，效率从 15% ～ 35% 增加到 60% ～ 80%，这将会极大地减少与能量损失浪费相关的 CO_2 排放，为逐步稳定大气中二氧化碳浓度做出贡献。这需要发展新的比较有效和洁净的能源体系，而不仅仅是对现有体系的增量改进。新发电体系设计中的新近进展，如集成气化组合循环（IGCC）发电、气体透平组合循环（GTCC）发电、氢能和燃料电池的发展，对未来的发展提供了一些可行性和发展方向。

需要更多地和长期地发展和使用可再生能量资源，例如太阳能、生物质、风能、地热、波浪能等。更需要更多地和长期地设计对环境没有负面影响并有更好转化效率的系统。在可预见的未来（未来二三十年），化石燃料将继续是占主导地位的和最成本有效的能源。但是，必须强调，应该更多地使用可再生资源，即便其成本在近期仍比较高，这对能源持续发展是重要的。政府激励是必需的，以培育可再生资源的增长，如太阳能和可再循环能量资源如有机废物。

生物质是能够提供碳基能量、化学品和物料的可再生能量资源的一条路线。使用于光伏电池的太阳能是提供最多能量和环境效益好的一条路线，具有巨大的增长潜力，只要人们能够制造出更加有效的转化装置。但应该注意到，可再生能源利用体系对人类和生态环境可能有一些负面影响，例如太阳能利用对土地使用有影响；生物质在土地上生长；风力发电对鸟类生存产生影响；水力发电对水生生命产生影响等。不管怎样，它们有巨大的利益，但面对的一个主要挑战，是所谓可再生能源的使用有地区性分布和季节性可利用以及能量密度过低等问题。

氢能具有能量利用与环境问题不发生联系的潜力。氢气被用作燃料电池燃料时，其转化效率也是高的。氢气的生产有两种发展模式：中心化氢气生产再分布和原位车载氢气产生。发展氢能经济能够显著地降低温室气体排放，消除移动和固定源使用能量时的污染物排放。应该注意到，不像石油和天然气，氢气分子在地球中并不以自然资源形式存在，氢气只能够通过输入能量来制造。所以，氢气很像是电力那样的能量载体。氢气生产、存储以及使用于燃料电池的应用是很活跃的研究课题。美国能源部积极支持氢能的发展研究，有重要的政府资助项目，作为移动体系如小汽车和卡车的 Freedom 燃料、固定源的 Furture Gen 项目，如煤基发电厂。

核能是有巨大增长潜力来满足能量需求而没有 GHG 排放的能源资源。但其主要挑战是核使用安全和核废料的处理，即所谓 NIMBY 综合征。因为 1979 年 3 月 28 日在美国发生了三里岛核事故和 1986 年 4 月 26 日在乌克兰发生了切尔诺贝利核发电厂事故，以及新近在日本本州岛东部因大地震引起的海啸导致很严重的发电厂破坏和核泄漏事故。核发电厂的安全以及废核燃料的处理是现时全球政治和经济环境中更加严重的事情，已因恐怖分子在 2001 年 9 月 11 日对纽约的攻击、2004 年 3 月 11 日对西班牙马德里的攻击和 2005 年 7 月 7 日对英国伦敦的攻击产生显著的影响，导致对核和核事故的更大担忧。即便非核的化学制造过程的安全性也已经变成主要的事情。作为例子，美国新泽西州州府在 2005 年 11 月 29 日宣布的法规使新泽西州成为第一个对化学工厂安全有强制性标准的州。

即便能量问题已经被解决，我们仍然需要使用碳基原料来制造化学品和有机材料。今天的世界严重地依赖于碳基化学品和有机材料，这是现时世界的特征并制约着我们的生活方式。这些化学品和材料有很广阔的应用范围，从衣服到鞋子，从厨房到床上，从家里到办公室，从美容到汽车，从塑料瓶到汽油罐，从商业建筑到制造过程，从抗热聚合物到航空材料，从计算机到手机等等。因为化石燃料资源正在不断快速消耗，我们应该同样关心它们未来的供应，以满足未来制造碳基化学品和研究材料的需求。

通过发展技术提高能量转换和使用效率、改变燃料和对二氧化碳进行捕集和封存以及使用非化学能源和生物质等都能够降低二氧化碳的排放，这些手段被列举于表 1-5 中。

表1-5　通过提高效率、改变燃料、CO_2捕集和封存，以及核能和可再生能源的使用降低二氧化碳排放

选　项	技术解决办法	需　求
	提高转化和利用效率	
1. 有效车辆	2B 轿车的容量经济性从 30mile/gal[①]（每加仑行驶英里数）上升到 60mile/gal[①]	选择新发动机，降低车辆大小、重量和功率
2. 少使用车辆	2B 轿车 30mile/gal[①]跑 5000mile 替代年 10000mile	扩展公共运输系统
3. 有效的建筑	少排放 1/4, 有效轻化，设备装置等	绝缘，有效减轻、被动太阳能、环境保障设计
4. 有效的煤改成	把热效率从 32% 上升到 60%	气体分离技术提高，高温气体透平等
	改变燃料	
5. 天然气替代煤发电	用天然气替代 1.4TW 煤发电厂（4×现时天然气发电容量）	天然气的较低价格
	捕集 CO_2（CCS）	
6. 发电厂中	在 0.8TW 酶或 1.6TW 天然气发电厂中 CCS（>3000 倍 Sleipner 容量）	改进分离和封存技术
7. 在运输用氢气生产中	用煤每年生产 2.5 亿吨氢或用天然气每年生产 5 亿吨氢的工厂中 CCS（10× 现时天然气产量）	技术和氢气事情
8. 在煤生产合成气工厂中	在从煤生产 3000 万桶 / 天工厂中 CCS（200× 现时 Sasol 公司容量）	技术和合成燃料成本
	核能	
9. 核能替代煤发电	700GW 裂变工厂（2× 现时容量）	安全和废物
	可再生能源	
10. 风能替代煤发电	加 4M 1-MW 峰透平（100× 现时容量）	土地使用、材料和离岸技术
11. 光伏（PV）替代煤发电	加 2TW 峰 PV（700× 现时容量）（2×10^6 英亩）	成本和材料
12. 风能生产氢（高效车辆）	加 4M 1-MW 峰透平（100× 现时容量）	氢公用设施
13. 生物质燃料	加 100 倍，现时巴西甘蔗（或美国玉米）250×10^6 英亩[②]，使用农田的 1/6	土地使用

① 1mile=1.609km；1gal=3.785L。

② 1 英亩 =0.004047km^2。

1.6.5 低碳化石能源转化技术

为解决全球能量挑战，首先应该选择的实际策略是逐步过渡：从大量无限制使用化石能源向选择更有效和较低碳排放强度的能源过渡。应该记住，适合于发达国家的办法不一定适合于发展中国家。解决遥远地区和人口稀少地区能源需求的办法也肯定不同于人口密集地区和已经工业化地区的办法。降低二氧化碳排放的办法很大程度取决于：①提高效率所要付出的成本，这依赖于燃料价格和改进转化技术的成本；②各种化石燃料的可利用性，如对煤炭和天然气，具有显著不同的二氧化碳排放特征；③可再生能源资源的局部可利用性以及它们的成本和稀缺性；④核能安全观念，和对长期废物存储和增值有关问题的了解及一些解决办法。

解决办法一般要政府推动和经济激励双管齐下。改变中心电站和分布式电站间的平衡，以支持可再生能源的扩展和鼓励从化石基燃料向可再生或混杂基能源体系的过渡。

在这些因素无法改变时，一个高度优先可行的解决办法是，提高能源转化和利用效率。这里的转化指有用形式能量的生产，如热能、机械能或电能，从原始形式的能源（它们包含大量化学能）生产，因此转化效率是指这些过程的效率。这里的利用指如何有效地使用这些有用形式的能量，于是利用效率是指从这些有用形式能量转化为最后产品的效率。例如，车辆中加热空间的绝缘和气动及其他形式拖动阻力会导致能量的损失和消耗。当使用热力学术语来表述效率时，可以这样来表述叙述中的问题：“我们有能量危机和熵危机吗？”换句话说，我们利用的可利用能源都是我应该利用的吗？或在我们的转化中在完成某些功能的同时浪费或废弃了一大部分能量吗？提高转化效率和利用效率能够有效地降低能源的消耗、延长可利用燃料的寿命和降低它们对环境的影响。我们应该注意到，效率的提高可能需要为该体系做一定的付出，即需要转化或利用更多可利用的能量。在有其他金融激励和社会支持下的能源效率提高所产生的效果（增值）完全能够抵消费用的增加，而且有利于降低对环境的影响。

虽然希望发电厂效率能够翻番、车辆行驶的里程数能够翻番，但这些高指标不是近期能够达到的。图 1-20 示出了若干化学能 - 机械能转化体系（发电厂）的效率，它们都是现时在使用中或要建设发电厂使用的转化技术。该图中还给出了发电效率随着功率增大的变化趋势。规模的放大有利于中心电厂的电力生产。注意，功率输出是以对数尺度表示的，当过程被放大到数百兆瓦时达到最大效率。这些数据证明了采用比较先进体系的优势，例如在大规模工厂中的组合循环或混杂燃料电池热循环。但是，这对热电联供系统（CHP）工厂应用仍有余地，能够最大化燃料的热能利用，因为电力生产和用废弃热能加热的使用是分离的。这些 CHP 工厂必须建立在接近需要利用热能的地方，因此，有利于分布式功率电站概念的使用。示于图中的效率是对“简单”燃料而言的，如天然气或炼制液体。需要深入加工和废气净化的燃料如煤炭，达到的总效率较低。但使用图 1-21 所示煤气化组合循环发电，其效率是能够达到 50% 的。应用超临界和超超临界循环的燃煤发电，能够达到 45% 的效率。高温燃料电池，如固体氧化物燃料电池形式的效率接近于 50%（这也取决于功率密度），与气体透平混杂或组合气体 - 蒸汽循环，能够超过 60%。

化石燃料发电厂的寿命很长，通常超过 50 年，因此，它们的影响是巨大的。提高它们的转化效率应该会有很大的近期影响，对这样的提高进行投资似乎是聪明的选择。对这些固定发电厂，有可能考虑采取有效捕集和封存二氧化碳的措施，使它们能够接近零二氧化碳排放。但捕集和封存二氧化碳是强耗能的。只有在原始过程效率（没有捕集）已经很大时，做这种选择才是明智的。

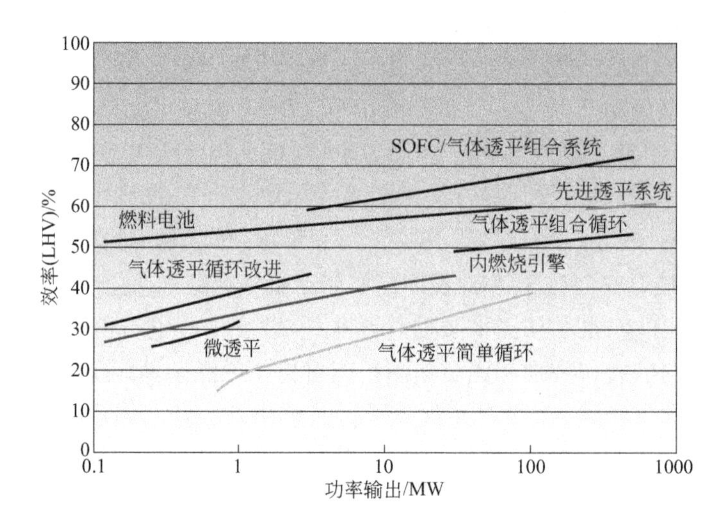

图 1-20　若干化学机械能量转化系统的效率和功率尺度（图的重点是发电）

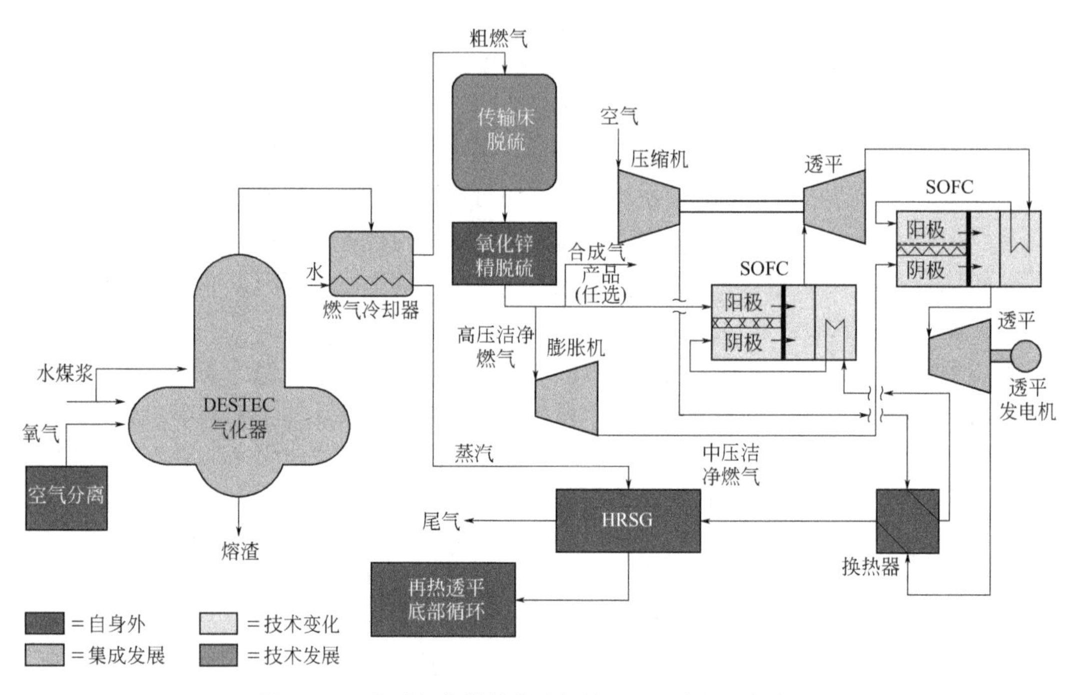

图 1-21　集成气化燃料电池气体透平组合循环发电厂

1.7 化石燃料化学能的转化效率

1.7.1 概述

效率是一个复杂的概念，能够以多种形式定义，包括转化和使用两方面。在转化一边，定义遵从简单但确定的形式，如以给定过程或体系输出的有用能量，作为输入到体系能量的一个分数。在化石能源体系转化中，输入的是存储在燃料分子化学键中的化学能，比较精确的定义应该是化学能载体。输出能够是另一形式的化学能量，如在炼制或重整过程中、热能（燃烧产生的热量）、机械能（发动机产生）、电能（由发电装置产生，包括发电机、电池和燃料电池）等。效率取决于体系，对一种或多种转化过程，每一种都有其自己的效率，都必须加以考虑，总效率是每个过程效率的乘积。在核能中，能量来源于原子键合能，经过一种或多种转化过程使核能转化到热能、热能到机械能、机械能到电能等。效率也依赖于能量的输出。在可再生能源体系中，类似的效率被定义为，能量源通量（太阳能、风能、地热能等）和输出能量之比，输出的能量可以是电能、化学能、机械能等。实际的能量转化过程都包含能量耗散和损失，热力学第二定律限制所有转化过程效率小于 100%，如果能量转化依赖于传统的热能到机械能的“热发动机”的话。绝大多数过程的理论效率不可能超过这个限制，如在热机中的 Carnot 效率，即便在“平衡条件”。效率也可能加上“平衡限制”以外的其他因素产生的非有效来源，如有限速率过程，包括在燃料电池中的动力学和传输过电位，以及来自真实硬件特征的那些因素。理论和实际效率的差异代表着具有改进的机遇，可以通过除去体系中的复杂性或结束负面效应来提高效率。

例如，热发动机的 Carnot 效率（机械能除以热量输入的能量）近似为 70% ～ 80%，这只取决于热源温度和排出尾气温度，真实气体透平和蒸汽透平循环效率为 35% ～ 55%（单一和组合循环）。对内燃（IC）发动机，真实效率范围在 15% ～ 45%（电火花点燃发动机与柴油机）。但是，要注意，发动机效率有与热发动机不同的定义，发动机效率是发动机机械能输出除以燃料的化学能。该定义考虑的是燃烧效率、热量损失和摩擦损失。燃料电池效率要高于大多数发动机的效率，一般在 40% ～ 60% 范围，以输出电能除以燃料化学能（燃料化学能能够被定义为高热值或低热值或化学自由能即可利用的化学能，与系统和转化过程有关）。但是，燃料电池效率很强地取决于功率密度。电池的效率高于燃料电池的效率，对电能到化学能（充电）和化学能到电能（放电）转化的效率接近于 90%。电池是能量存储装置，不同的能量存储装置有不同的效率，例如，通过水电解产生氢气（逆燃料电池过程）的效率接近于 80%。

1.7.2 化石能源资源的转化效率

在使用和产生电力中追求更高效率，这能够清楚地表明，有可能降低能源的使用量，这与使用非化石燃料来生产电力可以减少二氧化碳生成量相当。这一能源使用量的降低是由使用较高能源效率装备来达到的，包括工艺改进和创造出新的更高能量效率的工艺以及使用新催化技术提高产物选择性等。

替代能源处理包括循环废物产品、投资可再生能源、创生有更大能量节约的新产品、可以比原来更宽范围使用、使用太阳光谱的更宽范围部分和消除污染等。这些选择中的许多，其部分的回答将很可能取决于催化。

许多现代能量转化体系包含燃料重整，例如煤炭到合成气（氢气和一氧化碳混合物）或天然气转化为氢气。这些过程的重整效率，以产生燃料的化学能除以使用燃料的化学能作为转化效率的测量，范围从 80%（天然气到氢气或煤炭到合成气的），煤炭到氢气的转化效率低于这个值，到可再生体系如风透平的最大效率接近于 60%（以旋转动能作为风动能的一个分数作为效率的测量），再到蒸汽透平（其效率为 30% ～ 40%），光伏体系的 10% ～ 20% 的效率（以电能输出除以太阳能输入作为效率的测量）。但要注意，其最大效率取决于设计，例如单一带宽对多个带宽结晶电池或无定形薄膜电池的效率是不一样的。其他需要了解的重要效率有：①灯泡，光能输出除以电能输入，对白炽灯和荧光灯分别为 2% ～ 10%；②光合成效率，以植物存储的化学能占入射太阳光的一个分数作为效率的测量，范围在 1% ～ 6%，极限值接近 8%。

在所有这些效率中，平衡是“无用”能量的另一种形式。能够以能源总利用效率变化作为测量，如果整个“无用”能量是另一种应用如捕集和利用。作为例子，使用 CHP 方法，人们能够捕集或回收一些废弃热能用于加热或取暖。

1.8 提高发电效率，降低二氧化碳排放

1.8.1 概述

提高效率必定是最首要的任务，这样可以有效保存能源和降低能耗，因此降低对环境的影响。这相当于从初始形式能源的使用到把其转化为利用效率更高的有用形式。例如，建立发电厂、使用高效率灯泡和高效转化为车辆功率等，再到更有实际利用价值的最后产品。又如，使用绝缘更好的材料能够降低热和空调负荷、建造更轻的车辆以及利用太阳光能等。为对转化初始能源的各种不同过程（用以满足一定需求）做比较，需要定义一个能够进行比较的共同基础。为此，提出了评价其总寿命循环效率的概念、留有富裕的效率概念、油井到车轮效率（well-to-wheel）概念，效率中包含相关的排放和其他环境影响。在决定最高总效率路线前，在这类分析中考虑了从初始能源获取能源载体时消耗在生产和运输、存储以及所使用过程设备中的能量。因此，确定这些过程或体系能量的输入边界对各种过程路线进行有意义的比较是很关键的。

在不改变现时供应公用设施和末端产品利用模式的情况下，以化石燃料作为发电、生产和运输燃料以及工业主要使用的初始能源是不可能持续的，在未来数十年中这种依赖关系将会发生显著变化。因为除非二氧化碳能够被大规模捕集和安全地存储，否则全球大气温度现时警报性上升趋势可能继续，不能够被停住。为此，已经提出了移去或降低二氧化碳排放的多种技术，如燃烧烟气中二氧化碳的分离技术、预燃烧捕集技术、超高临界二氧化碳循环氧燃烧和分离技术等。如果有必要的成熟技术可以利用，就会提出进一步显著降低二氧化碳的要求。这类 CO_2 捕集过程应该延伸到低碳燃料生产过程中（包括使用重质烃类生产氢气的过程），此时初始燃料中的大部分碳以 CO_2 的形式被移去，并被存储到安全的储存位置中。

化学能到机械能或电能的转化过程是提高效率的巨大丰富领域，为二氧化碳捕集和封存提供有重要机遇，尽管现时的实践已有足够的改进。在美国，发电是现时二氧化碳最大的排放者，因大量使用的能源是煤炭。大量使用煤炭来发电的趋势仍会继续，因它最丰富和极低的价格。发展中国家如中国和印度，因煤炭储量非常丰富，肯定会采用这种最丰富的自然能源来满足他们快速增长的需求。煤炭发电厂的效率在不断上升，因为已经开始使用有较高热效率的技术，如超临界和超超临界循环技术等，因此也显著降低了污染物的排

放，其中包括 NO_x、SO_x、颗粒物质和二氧化碳。煤炭是三种化石燃料中氢碳比最低的，因此在所有化石燃料中燃煤发电厂的单位能量（电力）排放的二氧化碳量是最高的。因此，有必要进行捕集、存储和封存从煤炭以及从其他化石燃料发电厂排放的二氧化碳，以降低排入地球大气中的二氧化碳数量。

1.8.2 提高发电厂效率

使用气体燃料发电的效率一般要比使用固体燃料发电的效率要高。在发电厂中使用天然气在过去三十年中已经有显著的扩展。燃天然气的发电厂具有的显著优点：①效率较高，天然气能够容易地使用组合气体 - 蒸汽循环，其效率接近于 60%；②天然气容易进行管道传输；③单位化学能产生的二氧化碳排放较少，由于其高氢含量和较高的转化效率；④天然气是一种洁净燃料，与其他燃料相比产生的 NO 和 CO 较低，几乎没有 SO_x 和颗粒物质污染物排放；⑤因为它是一种洁净燃烧燃料，应用灵活方便，可以在市区建立小工厂以降低运输损失；⑥容易实现热电联供系统（CHP）生产，因此这通常能够作为偏远和遥远地区中心电站的有效替代物。由于这些和其他一些原因，天然气作为清洁燃料替代煤炭和石油是很理想的。但是，天然气资源在世界上的分布是区域性的，仅占总可利用化石燃料的一小部分。

发电厂总效率（电能输出与燃烧燃料低热值之比）达到 60% ～ 70% 是能够实现的。为此，这类发电厂应该是一个高度集成了高效率组件的组合，可能包括：①重整、气化和燃烧的热化学组件；②产生机械能的气体透平和蒸汽透平热化学组件；③把化学能直接转化为电能的高温燃料电池电化学组件；④能够转化低热质量为电能以回收废气热量的可能的热电元素。但这些高效率发电厂的大规模发展仍然面对若干挑战，包括高效组件的发展、这些组件的集成和环境控制技术。如果配备捕集二氧化碳，效率会降低，因为从废气中分离二氧化碳和存储它的技术也是需要消耗能量的，而且它们也必须是可以利用的和经济的。

现在，对天然气组合循环和没有 CO_2 捕集及不使用燃料电池的工厂，可能达到的效率为 55%。应用先进高温气体透平，其入口温度接近于 1400℃的先进发电厂，与超临界蒸汽循环组合，其蒸汽压力超过 250℃大气压和 550℃。使用天然气的实际效率已经接近于它们的热力学极限。

使用天然气以外的相对低质的燃料如煤炭、废油、炼制副产物如沥青焦、生物质源包括农业和动物副产物等，而同时保持低排放和高效率也是可能的。图 1-22 显示的发电厂是使用这类燃料的组件安排，其中的气化组件能够利用固体和液体燃料，同时组合高温燃料电池、气体透平和蒸汽透平以得到最大的发电总效率（总电能输出与输入燃料化学能之比）。气化炉能够把煤炭（或其他液体和固体燃料）、水和氧的混合物转化成一氧化碳、氢气和其他气体的混合物（合成气）。“合成气”经过净化以除去酸性和其他不希望得到的气体组分以及固体残渣，然后使用于燃料电池进行高效率发电。为避免燃料电池中毒或危害其他透平，合成气必须不含硫化合物、灰分和其他金属组分。高温燃料电池的尾气被直接使用于燃气透平，或者经燃烧后用于气体透平。气体透平的热尾气用于产生蒸汽，经蒸汽透平发电后再回收余热。虽然使用煤炭作为燃料，因为燃料电池的预期高转化效率，这些循环的预测效率在50%左右。现有的没有使用燃料电池的集成气化组合循环的发电厂，其效率低于45%。另外，气化过程产生的常规污染物如硫氧化物、氮氧化物和颗粒物质较少，且能够与二氧化碳捕集兼容。但捕集是不经济的，操作也比较复杂。

1.8.3 降低二氧化碳排放

近来对通过分离和存储降低发电厂二氧化碳排放进行了广泛的研究，提出了若干方法。在设计 CO_2 捕集中要考虑的压倒一切的因素是使用组合气体和蒸汽循环以最大化发电厂的效率。在将来，应该把这些组件与燃料电池组合。最大化发电厂效率是要补偿与二氧化碳分离有关的效率损失。重要的是要在分离前最大化气流中的 CO_2 浓度以尽可能减少分离的能量消耗。图 1-22 示出了强化生产的低碳能量转换方法，包括过燃烧捕集、预燃烧捕集、氧 - 燃料燃烧、电化学分离。

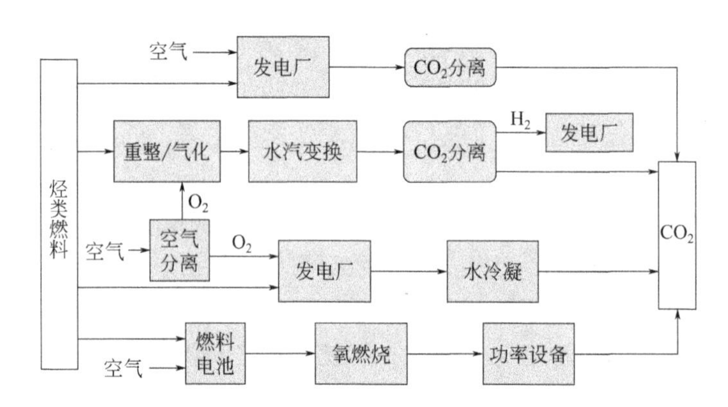

图 1-22 从发电厂捕集二氧化碳的不同方法

实现第一个方法是最简单的，发电厂循环和发电厂本身只需要最小的修改，因此最适合现有发电厂的改造。但是，它不一定是最有效的低碳布局，因此鼓励对其他方法进行研究。第二种和第三种方法可能需要某些特殊设备，如氧燃料燃烧需要 CO_2 气体透平，对预燃烧的 CO_2 分离需要氢气透平。在煤炭集成气化组合循环 IGCC 工厂中，预燃烧分离需要气化过程。第四个方法依赖于高温操作的坚固有效燃料电池的发展，应该说这是承受得起的。一般说来，补偿 CO_2 捕集的效率取决于燃料和设计选择，对煤炭和天然气的设计可能是不同的。注意，在煤炭气化发电厂中，气化气在被气体透平或燃料电池使用前必须除去燃气中的硫化氢。也可以把各种酸性气体（CO_2 和 H_2S）在同一步骤中移去（以替代分别除去），这样能够提高捕集策略的经济性。

1.8.3.1 燃烧后捕集

最简单的捕集策略是燃烧后捕集，该方法中使用淋洗技术把二氧化碳从烟气中移去，如图 1-23 所示。与使用的燃料有关，烟气中的 CO_2 浓度可能低至 3%，如对贫燃天然气。但对使用煤炭的工厂二氧化碳浓度要高得多，精确的浓度值取决于燃烧化学计量比和工厂设计。气体分离过程是强耗能的，把其组合到发电循环中是要降低总效率的。

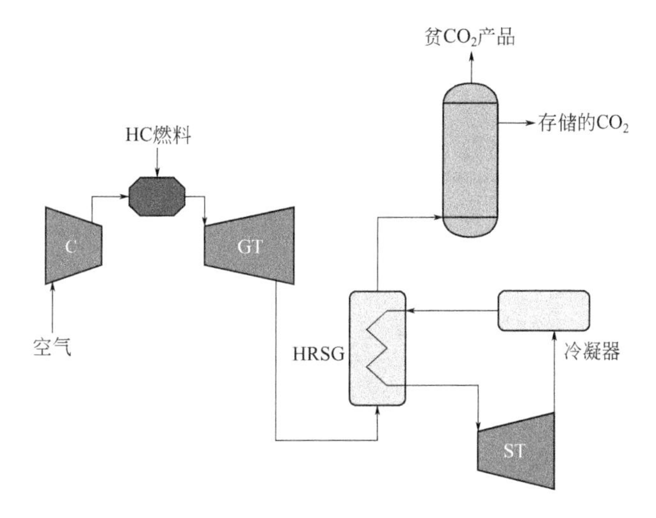

图 1-23　使用化学吸收分离烟气中的燃烧后脱碳过程示意图

（C 表示压缩机，GT 表示气体透平，ST 表示蒸汽透平，HRSG 表示热回收转化器发生器）

化学分离过程通常使用溶剂来分离发电厂尾气流中的 CO_2。该过程在吸收塔中完成。接着再生溶剂过程即分离溶剂中的 CO_2 是需要消耗热能的。例如，使用乙醇胺（或其他胺）水溶液作为二氧化碳吸收剂就需要热能来再生吸收剂，这样才能重新循环回到吸收塔中。这个热能由蒸汽透平低压阶段蒸汽提供。在吸收过程中，泵输送溶剂、压缩和液化 CO_2 需要更多能量。据估计，使用燃烧后方法从燃煤工厂捕集 CO_2 可能使工厂的效率降低 8% ～ 16%。这与工厂类型、烟气和所用吸收剂及二氧化碳在溶剂中的浓度、工厂的集成度有关。在天然气组合循环（NGCC）中，估计的效率损失比较小，约 5% ～ 10%。把一些尾气循环回到燃烧器使燃烧混合物的化学计量比能够达到范围的下限，即使用高 CO_2 浓度的工作流体能够提高分离 CO_2 效率以降低分离能量消耗。为运输和存储而压缩和 / 或液化 CO_2，额外损失效率 2% ～ 4%。对吸收剂和先进分离技术进行了研究，目的是使补偿该分离的效率损失降低到最小。这时用燃料化学能表示的理想分离功，也就是效率补偿，为 2% ～ 3%。所以，在改进分离技术和低碳工厂的设计中还有很大的空间。在现时煤炭和天然气发电厂效率和保持相同电力产出的情况下，该效率损失量分别相当于燃料消耗增加 24% ～ 40% 和 10% ～ 22%。

1.8.3.2　氧 - 燃料燃烧

氧 - 燃料燃烧方法，使用空分单元来生产过程所需要的纯氧，如图 1-24 所示。该过程的燃烧产物是水和 CO_2 的混合物，它被使用作为功率机械的工作流体（如使用煤炭则需要移去其中的污染物）。经过功率机械后水被冷凝，CO_2 被直接捕集无需消耗额外的分离能量。该方法中的效率补偿关系到从空气中分离所需要的能量和循环少量 CO_2 回到燃烧器的能量（为使燃烧温度不致太高）。在空气分离过程中一般使用大规模的蒸馏设备，但对较小的工厂能够使用膜分离单元。氧 - 燃料燃烧达到的温度对气体透平来说是太高了，因此一大部分 CO_2 必须作为热载体进行循环以保持燃烧过程仅在足够高的温度。

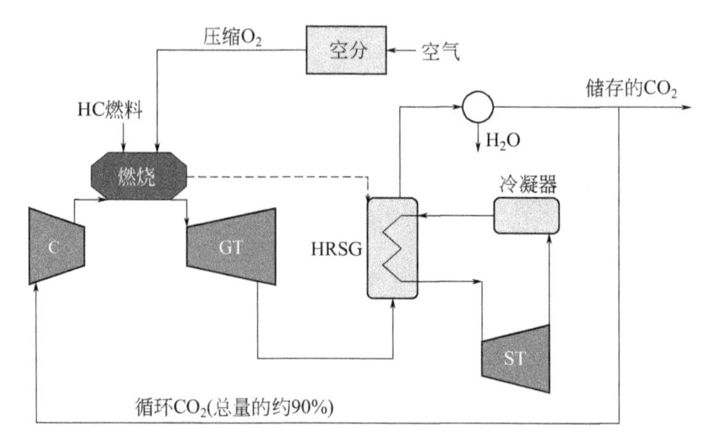

图 1-24　使用空气分离把氧气供给气体透平的氧燃烧脱碳过程示意图

对组合循环发电厂，氧 - 燃料燃烧也能够被使用以最大化工厂效率和在 CO_2（间接）捕集过程中付出较少能量的补偿。研究显示，使用这个概念的燃天然气循环在有 CO_2 捕集时的效率能够达到 40% ～ 50%。净效率取决于最大循环温度和压力、再生器和 / 或热回收蒸汽发生器（HRSG）中的传热过程效率和工作流体。燃煤循环也可以使用这个概念。例如，循环的 CO_2 能够在燃煤锅炉中使用以降低燃烧温度，同时捕集热量被传输到蒸汽循环的部分 CO_2。该情形的效率补偿，对空分单元为 5% ～ 7%，CO_2 循环是 4%。报道的氧 - 燃料燃烧优化蒸汽循环（没有 CO_2 液化）的净效率值为 28% ～ 34%。煤炭（合成气）和天然气估算的效率下降分别为 5% ～ 12% 和 6% ～ 9%。在燃煤和燃天然气工厂的现时效率下，这些效率补偿分别对应于燃料使用量增加 24% ～ 27% 和 22% ～ 28%。

近来，提出了使用氧 - 燃料燃烧的紧凑集成组合循环，在循环的工作流体中含有很高百分比的 CO_2。在这个循环的一些设计中，较高压力的湿 CO_2 工作流体替代了典型的燃烧产物。一个例子示于图 1-25 中，称为 Graz 循环。取决于循环的最大压力和温度，含 CO_2 捕集时高于 50% 的效率估计能够达到。另一个例子包含 MATIANT 循环，也已经建议使用化学还原和化学环的循环。

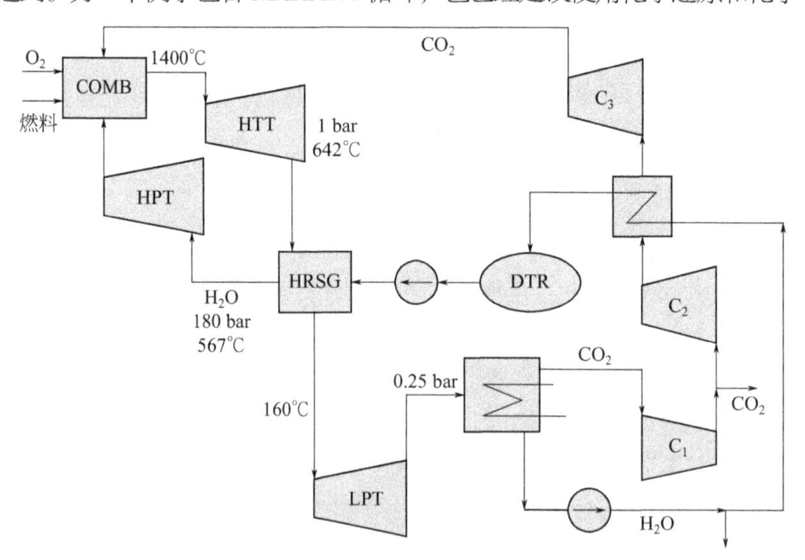

图 1-25　Graz 循环使用循环 CO_2 的氧 - 燃料燃烧

HTT—高温透平；LPT—低压透平；HPT—高压透平；C_1 ～ C_3—CO_2 压缩机；
DTR—直接热回收；HRSG—热回收转化器发生器；COMB—燃烧室

1.8.3.3 预燃烧捕集

在预燃烧捕集中，烃类燃料在纯氧气（或空气，特别是对天然气情形）中使用重整（对天然气）或气化（对煤炭）进行部分氧化得到合成气（$CO+H_2$），见图 1-26。把介质部分氧化的是水汽变换反应，把 CO 氧化成 CO_2 使气流中氢气含量增加。然后分离 CO_2，纯氢气（如使用空气，得到的是氢气和氮气混合物）在气体透平燃烧室中被空气燃烧。循环过程的其余部分与其他组合循环相同。这个方法降低了空分单元负荷，因为仅对燃料的部分氧化使用氧气，预测的总效率补偿要低于前述的两个方法。其次，对煤炭情形需要净化的气体体积也比较小（部分氧化产物），因此降低了能耗和净化气体设备的大小。由于氢和 CO_2 在分子量上的巨大差别，能够使用多种分离方法，包括膜、物理吸收和吸附，特别是当使用高压气化或重整时。由于气体透平的燃料是纯氢，可以使用贫燃，也可以使用从空分单元得到的氮气再引入到气体透平燃烧器中来降低温度。能够耐受工作流体高湿含量的特殊气体透平正在发展中。对煤炭和天然气估计的效率降低分别为 7% ～ 13% 和 4% ～ 11%。在燃煤和燃天然气工厂的现时效率下，这些相对于增加燃料使用分别为 14% ～ 25% 和 16% ～ 28%。

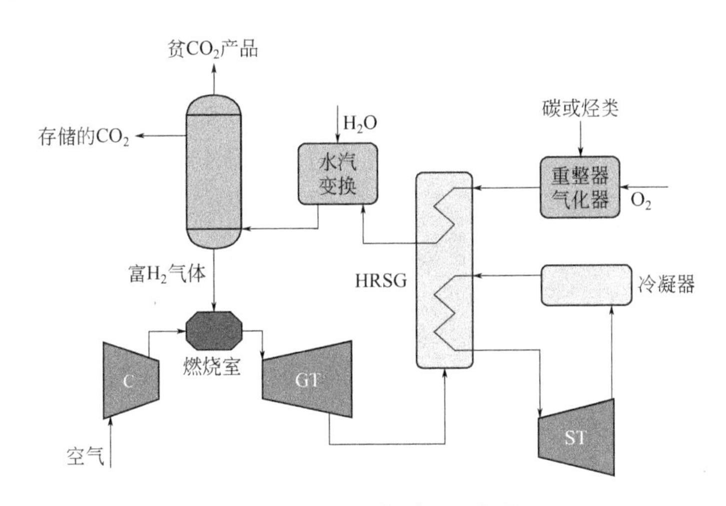

图 1-26 预燃烧过程示意图

1.8.3.4 电化学分离

有可能使用高温燃料电池把燃料中的化学能转化为电力，特别是在使用从天然气或煤炭生产的合成气燃料时。高温燃料电池能够达到高的效率，特别是当在低电流 / 低功率密度模式下操作时。其次，它们生产的产物气流是 CO_2+H_2O，在燃料（阳极）边出口，这样就无需空分单元。空气分离以电化学形式发生于阴极一边。燃料气体在阳极边引入，被从阴极穿过固体电解质（离子传输膜）的氧离子进行电化学氧化，如图 1-26 所示。在阳极边，形成产物 CO_2 和 H_2O，没有氮气污染，因它仍在阴极一边。如果在阴极边的所有燃料被使用，就无需有进一步的气体分离系统，仅需要通过水的冷凝来产生纯 CO_2。如果燃料电池未完全利用燃料，则剩余燃料仍然能够使用氧在气体透平中或组合循环工厂中燃烧（燃料电池底部循环）产生电力。

因此，使用高温燃料电池本质上能够降低对空分单元的需求，虽然需要一些纯氧来燃烧残留燃料。这个电化学分离方法需要的分离能量最少，因此达到具有 CO_2 捕集的最高总包效率。估算的效率补偿是 6%，这类 SOFC 技术在发展中，其示意图示于图 1-27 中。固体氧化物燃料电池（SOFC）应用于大规模发电仍然在发展中，特别是使用烃类的情形。

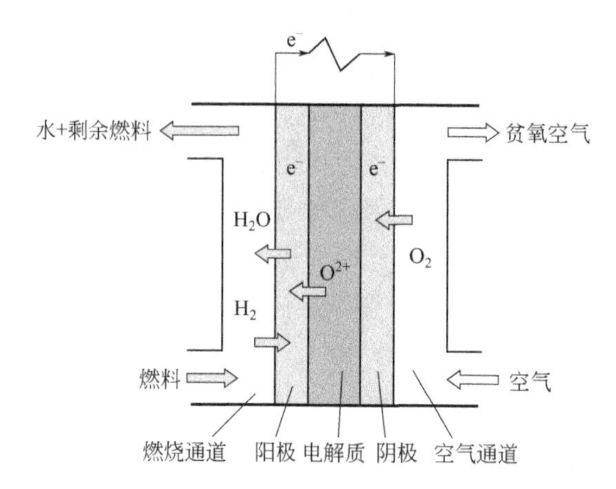

图 1-27 固体氧化物燃料电池（SOFC）电极 – 电解质装配，氧从阴极边引进，燃料从阳极边引进

取决于捕集策略，除了使用现时可利用化学吸收技术从烟气分离 CO_2 外，“脱碳化”功率循环需要一些特殊设备，特别是在功率岛一边，如湿二氧化碳气体透平（它能够在高压和高温下操作）和使用纯氢作为燃料的气体透平。这类设备现时正在发展中或在考虑中。进一步，需要有能够使用于低 CO_2 浓度的气体分离技术。为从烟气中分离，氨基化学品淋洗是最适合的，因为烟气中 CO_2 浓度低。对预燃烧捕集方法，使用变压吸附的物理分离对含 CO_2 的高压气流是兼容的。也已经提出膜分离，它具有利用氢气和 CO_2 间的分子量差别的优点，在不远的将来可能可以大规模利用。捕集的先进概念也已经被提出来了，如气化和 CO_2 捕集的化学环技术，无需分离的气化气和空分单元。

1.8.4 零碳能源的使用

零碳能源包括核能和可再生能源，例如水力发电、地热、风和太阳能及某些生物质能。核能，不管其慢速增长多年，为美国提供了 20% 和为法国提供了超过 50% 的电力。保险和安全、废料分散和核武器分散等问题对增加核能大规模使用施加了大的限制，虽然已经解决了其中的一些问题或有所进展。水力资源领域在美国被许多人认为已经接近饱和。在其他可再生能源中，现时生物质占有重要地位，特别是在农村和农业界，其潜力和应用相关技术有新的进展。虽然可行，但在扩大可再生能源的利用中仍然面临一些大的挑战，例如，大规模可利用性、成本、覆盖面以及与其间歇波动性有关的总复杂性和对存储技术强制需求等。在过去一二十年中风能和太阳能的增长是令人印象深刻的。在电力部门，主要使用煤炭、天然气、核能和可再生能源。这些固定源能够采用 CO_2 捕集和封存来减少其排放，但这对移动源运输车辆几乎是不可能的。虽然在内燃发动机和低温燃料电池中能够使用氢气，但运输氢气带来了另外的挑战：充装和车载存储。因此在运输部门中，使用留有余地（油井到车轮）的效率来评价是很好的选择。

为解决在能量利用中使用大量化石燃料资源导致其快速消耗和大气中二氧化碳浓度上升的问题，已经提出了警示性告知，即需要考虑多个极端因素：①为恢复、精制、分散、转化和利用这些化石能源应用而建立的巨大费钱的公用设施；②经济、社会、政治和安全因素。对初级能源转化为有用形式中能耗对环境影响不断增加（特别是有关 CO_2）进行叙述和评论后，得到和应该强调的结论是：需要发展更稳健的技术来转化可利用能源以及更多地利用分散性能源，要对投资进行组合并控制温室气体的排放，例如联产概念和技术。虽然技术能够提供必要的解决办法，但技术解决办法的按时实现必须有经济、政策和公众舆论的配合。

1.8.5 联产概念——同时发电和生产合成燃料

脱碳概念能够被应用于生产合成燃料的工厂中，包括利用煤炭或其他重质烃类生产氢气或烃类燃料的设计。使用同样的燃料（能源资源）可以发电也可以生产合成燃料以满足不同的需求，这就形成了所谓的多联产工厂。多联产工厂能够进行优化以得到最大转化效率和为需求交付不同产品。预燃烧技术依靠其本身的优势能够很好地满足这些应用，因为，在许多合成燃料生产过程，例如间接合成方法，是由重质燃料经过传统气化（使用氧和蒸汽）生产合成气开始的，如图 1-28 所示的过程。在合成气净化后，使用催化过程以按不同的比例组合气体组分来生产烃类。取决于气化介质和制造费用，可以使用水汽变换来改变合成气中的 CO/H_2 比，以获得不同 CO 和 CO_2 浓度的原料气。如果希望在合成气中有较高的氢气浓度，其 CO_2 浓度也较高。所有或部分 CO_2 能够从重整合成气气流中分离出来并存储或封存。对较小规模的这类多联产工厂，高压操作过程是有利的（使用设备较小）。高压使氢气的分离能够使用物理吸附法。如果是生产氢气的工厂，能够分离出所有二氧化碳，如果不是这样，则仅能够在气化后做部分分离。CO 用于 FT 燃料合成过程。需要捕集 CO_2 时，氢气或燃料的生产效率降低，当然这也取决于工厂集成水平（热量和质量集成）。

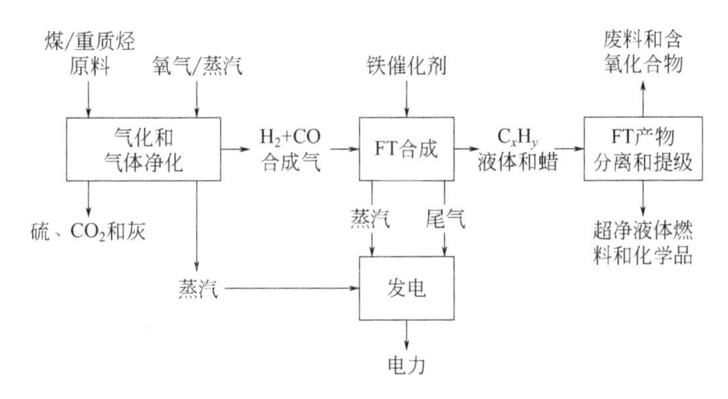

图 1-28　煤和重质烃类间接液化的一个例子；通过 FT 生产液体燃料同时带有部分二氧化碳分离，FT 过程尾气用于发电，即这是一个多联产设计

氢气也能够使用水电解生产而没有 CO_2 排放，如果使用的电力来自非碳能源例如核能或水力，或者直接使用热化学循环的高温热量（约 850℃）。水能够直接使用高温热能在催化剂操作下与二氧化碳反应形成合成烃类。

1.8.6 液体燃料生产设计

现时在文献中的替代能源过程基本上是使用单一原料过程。使用组合原料的目的是发挥每种原料的优点。一般说来，其设计的重点是使用初级原料生产合成气，再经FT过程最后合成液体燃料。使用混合能源的例子有煤和生物质到液体、煤和天然气到液体、生物质和天然气到液体。联产系统也已经被设计以能够共生产电力和液体燃料包括汽油、柴油和煤油。除了FT过程，液体燃料也可先经合成气转化为甲醇，甲醇再转化到液体烃类。甲醇制汽油（MTG）、甲醇制烯烃（MTO）和烯烃制汽油（MOGO）等工艺都已经由Mobil公司在20世纪70年代和80年代开发出来，在沸石催化剂上把甲醇转化为汽油和馏分油范围的烃类。到今天为止，含有甲醇转化的主要工艺设计是基于单一原料系统的，包括煤到汽油和生物质到液体等。对甲醇合成和到液体燃料的转化没有使用混合原料设计的考虑。

此类研究的重点早先多集中于工艺设计，其工艺拓扑学是固定的。对工艺进行模拟以确定过程的热量和质量平衡，和进行经济分析以确定工厂的可靠性。近来，已经发展出优化工艺合成策略，设想一个工艺拓扑学的超结构，选择一个最低成本或最高利润生产液体燃料的设计。提出的一个完整工艺合成策略是，使用煤、生物质和天然气的混合原料来生产希望的液体燃料（CBGTL），虽然方法学是能够被裁剪的，以分析任何一种原料或原料的组合。也引进了一个严格的总包优化框架理论，以确保通过优化设计达到使成本优化值的波动限制于1%内。发展的工艺合成策略能够对整个设计和产出之间直接进行技术经济、环境和工艺拓扑间的权衡和评估，以获得经济价值最好的解决办法。在同时考虑增强工艺热量和电力集成合成的框架内，使用优化热集成方法能够把废热组合起来转化为电力。此外，也发展了完整废水处理网络的工艺合成集成模型，以超结构方法确定过程单元的合适拓扑和操作条件，这样能够达到废水污染物和输入新鲜水的最小化。

在CBGTL工艺超结构中考虑了多个合成气转化为液体燃料的技术，它们能够围绕中心方法进行权衡和评估。例如，超结构中考虑的合成气转化可以只进行到粗FT烃类产品，使用多个钴或铁催化剂，FT单元能够在高温或低温条件下操作；接着是对流出物在加氢处理单元、蜡加氢裂解器、两个异构单元、异构石脑油重整器和烷基化单元进行处理、分馏和提级。此外还有分离气体的脱乙烷塔。也可以考虑使用ZSM-5催化剂催化转化粗FT流生产汽油馏分的替代方案或考虑甲醇合成和到液体烃类的转化。甲醇在ZSM-5沸石催化剂上进行催化转化能够产生：①汽油馏分范围的烃类；②经中间物生成烯烃，再转化生成馏分油（即柴油和煤油）。

1.8.7 油井 - 车轮效率

图1-29显示不同运输功率链的总油井 - 车轮效率，表示为燃料生产的油井 - 容器效率和发电厂的容器 - 车轮效率的乘积。在这个效率计算中使用了多个假设，因此出现了不同的结果，但其总趋势已经被其他结果所证明。使用类似生命 - 循环分析工具的技术获得的油井 - 车轮效率是运输中资源利用的总效率。它是燃料链效率（也称为

油井 - 容器效率）和车辆效率（或容器 - 车轮效率）的乘积。第一项中包含了所使用初级能源的能量、燃料生产和运输消耗的能量和把燃料加到车辆上消耗的能量，进行组合计算得到油井 - 容器效率，即燃料中的化学能占初级能源中化学能的百分数。第二项即容器 - 车辆效率，基本上是车辆的燃料利用效率。这两个效率值的变化范围相当大，取决于燃料来源和延伸设计。研究考虑了一定范围的燃料来源，燃料、发动机和动力传动技术。

利用油井 - 车轮分析清楚地给出最好的选择是困难的，因为使用了多个假设且各种选择间差别也是小的。但是，使用集约化生产氢气的燃料电池和柴油发动机是有一些优势的，前者的优势在车辆效率上，后者的优势在燃料链效率上。柴油发动机现时是成熟的，但仍需要克服某些排放问题，价格上也比汽油发动机贵；而燃料电池正在发展之中。虽然没有考虑价格因素，但从该分析能够获得若干总的结论：①天然气的使用能够改进总效率，因为在所有燃料中它需要的价格成本最小，而且它也能够使发动机性能提高，如果发动机设计考虑了天然气特殊的燃烧性质的话；②燃料电池能够改进总效率，因它们具有优越的直接能量转化效率，但是它们的成本要比传统发动机贵很多；③生产氢气的效率在所有燃料转化中是最低的，但这个低效率中的一部分被高容器 - 车轮效率所补偿。不管怎样，车载氢存储对其在运输系统中的使用仍然存在严重障碍。

近来的多个研究发展都能够帮助形成低二氧化碳排放的各种运输过渡策略，包括在美国引入低硫柴油燃料以及超低排放柴油发动机。它结合了先进的柴油尾气净化技术。如图 1-29 所示，柴油发动机有优越的油井 - 车轮效率，能够超过汽油混合系统和某些燃料电池系统的实际效率。非常大规模生产和快速扩散这些技术对有关公用设施不会添加额外的附加成本。柴油发动机与现有燃料生产和分布的公用设施、车辆设计和生产是完全兼容的，能够在类型上和功率上完全规模化。

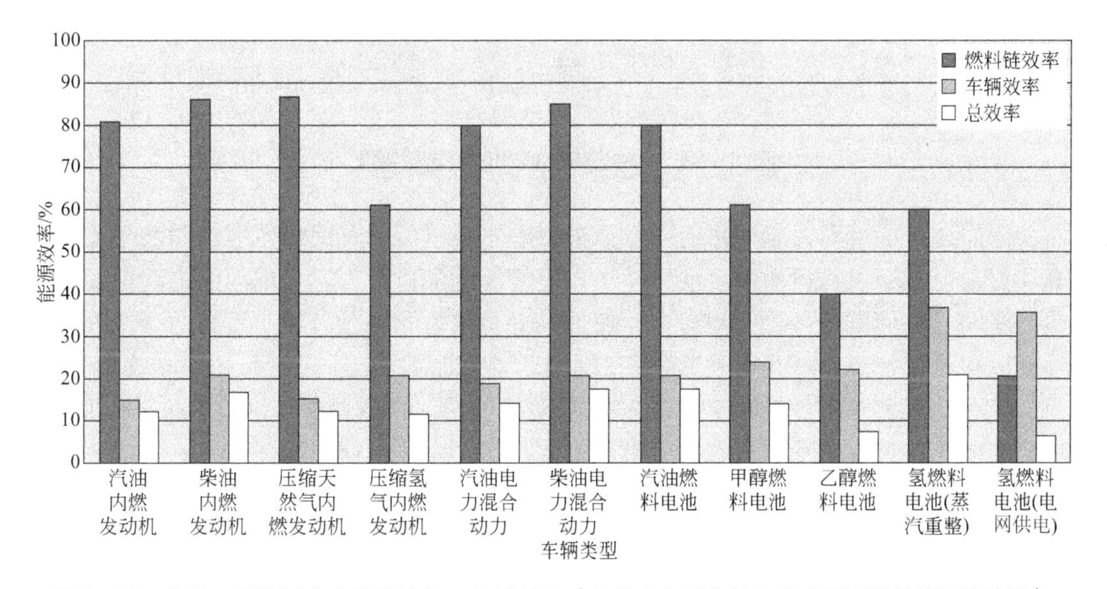

图 1-29　使用不同燃料功率链的油井 - 车轮效率（总效率包括车轮和生成所需燃料能源的选择）

柴油燃料能够使用不同的原料生产，包括生物质和再循环油类、重质原油和气化重烃类。现代柴油发动机在利用高压喷射器和湍流注入技术后能够达到高功率密度和高效率。但从中获得的好处低于电火花点燃发动机，混合柴油发动机在效率上能够超越混合汽油发动机。

对较大车辆如公交车和重载卡车以及某些高里程数的个人小出租车，使用压缩天然气愈来愈多，用以替代传统汽油或柴油燃料。天然气是容易存储的，因为其高体积能量密度和比其他许多燃料更加清洁。图 1-30 显示了多种运输燃料在存储条件下的体积能量密度。但甲烷液体是低辛烷值的（如要代替汽油的话），即便在极端压力下，仍比氢气好。单位能量天然气产生的二氧化碳也最少。在天然气电火花点燃发动机中能够使用较高的压缩比，因它有较高的辛烷值；而在压缩引发的发动机中，因较高的点火温度进一步提高发动机的效率。在一些情形中，甲烷与少量氢气混合（形成氢烷）能够进一步改善甲烷的燃烧性质，进一步降低二氧化碳排放。天然气也能够使用在车载重整上，为 PEM 燃料电池提供氢气。在一些拥挤的大城市，天然气正在被用于替代公共交通中的柴油以改进城市的空气质量。在极端情况下，天然气正在被授权在所有地面运输工具中使用。

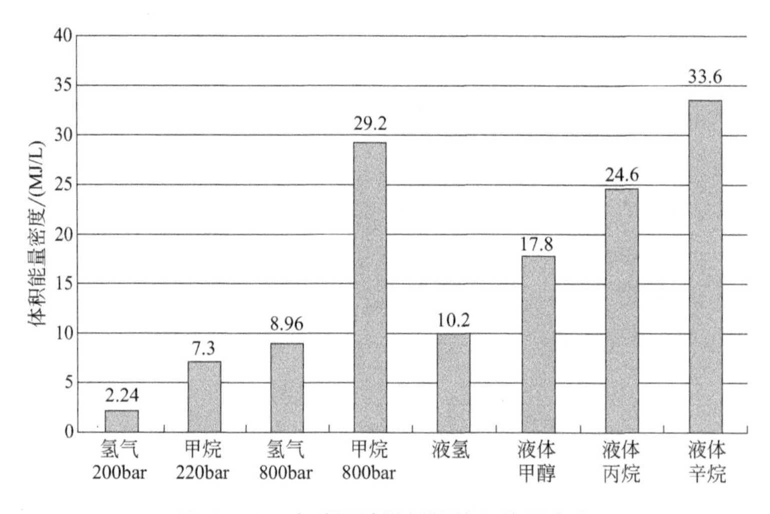

图 1-30　多种运输燃料的体积能量密度

如前所述，混合动力车辆需要高能量密度的电池以延伸其使用范围，和能够从混合中获得好处。没有发动机的混合动力轿车只是简单的配备有大容量电池的电动车辆。在提高车载动力存储的一些可行趋势中，包括在混合动力和电动车辆中引入的高性能锂电池。这些电池的能量密度几乎是其竞争对手镍 - 金属混合电池的两倍。但是，如图 1-31 所示，它们仍然比使用汽油或柴油的燃烧发动机低约一个数量级。从该 Ragone 图的比较中可以看出，所有电动运输车辆面对的挑战；即便对多数使用的先进锂离子电池，它们的能量密度实际上仍然要远低于化学发动机（燃烧发动机或燃料电池）。与这些先进电池竞争的其他存储技术，包括超级电容器和各种飞轮设计，它们都有高得多的充电和放电功率密度，与高速再生制动和在快加速期间功率大波动兼容。一些混合构型可以使用多个存储装置。其特征是缩小与典型烃类燃料质量能量密度的差距，显示出它们在能量存储中的巨大优点。

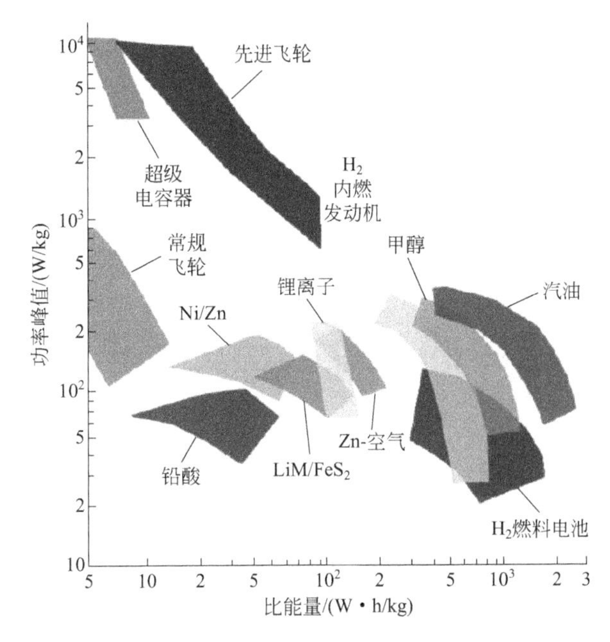

图 1-31 Ragone 作图，对能量存储不同选择时的能量和功率密度的比较，特别是运输系统，包括电池、超级电容器、飞轮和多个燃料

1.8.8 能源商业与催化

能源肯定是世界上最大的商业之一，催化有可能为其提供解决办法，以满足不断扩大的全球需求。能源对世界化学工业也是基本的。所有制造产品中，多于 95% 依赖于化学，90% 的化学过程依赖于催化剂来提高生产效率。对大多数制造者，能源通常是其成本的一个主要部分。在美国，工业消耗的能源约占 31%；化学工业消耗占全球能量需求总量的约 10%，或总工业能源需求的 30%。能源密集型工业包括石油炼制，天然气转化、发电、运输车辆、排放控制、化学品生产、氨生产、生物质转化和太阳能应用。在能源密集型工业公司总销售额都很大。能源每天以多种方式影响每一个人的生活，但能源供应对能源资源是敏感的。而催化在能源转化和使用的未来研究和发展中确实存在重要的机遇。

催化转化能够是能源转化和使用的研究和发展中的很重要的部分。新催化剂和催化过程在许多不同能源（煤炭、生物质、太阳能、原油和天然气）转化和利用过程中有着很多重要应用。为了控制污染物排放，提高和改进运输车辆、光伏 PV 和燃料电池的能量转化效率，以及为了生产化学品和燃料，它们都需要依靠催化剂和催化过程来完成。使用能源生产出所需要的产品如化学品、农业和运输燃料等。特殊的能源研究和发展课题包括燃料电池、光伏电池、电化学能源转化 / 存储、生物质转化、能量以及化学品如氢气的存储和电池以解决非峰使用能量存储问题、太阳光裂解水制氢气、光催化化学品的转化以及为煤炭、天然气等能源转化所需的水和原料的提纯。

能够把几乎所有这些连接起来的一个关键是水，因为淡水的供应及其质量常常在全球范围内是受限制的。这里的水提纯已经有太多的催化作用影响了，如湿式空气氧化、臭氧化、酶、双氧水生产和处理过程、光消毒，甚至洁净塑料管道的生产（使用于远距离传输水）。

世界能源加工和利用的趋势的变化已经和将继续创生新的催化研究和工程机遇，催化已经和将继续在增加能源效率和新替代能源发展机遇中起关键作用。除了看到近期项目外，对长期项目也应予以关注，它能够在使煤炭作为能源有长远和大得多竞争地位中发挥巨大作用。页岩气能够为世界提供丰富的新能源以及为开阔天然气作为化学品平台提供机遇，也可能为世界提供另一个 30 年时间来发展更加高效洁净煤炭利用技术和太阳辐射能利用技术，这也需要与催化组合，为比较可持续全球能源的发展提供解决办法。

1.9 煤炭在能源中的地位和历史机遇

1.9.1 概述

在绪论前面部分的论述是要说明如下几点：①人类的文明发展历史是人类利用能量的历史，人类文明的发展离不开能量的利用，生活质量愈高消耗的能量愈多；②能量来自自然资源，在工业革命前主要使用生物质（可再生能源），而工业革命后转向三大化石燃料煤炭、石油和天然气；③能量有多种形式，它们可以相互转化，文明愈发展利用能量的种类愈多，但最重要的是电能，不仅因为所有能源都能够转化为电能，而且输送方便能够很容易转化为所需要的能量形式；④在分析全球对能源需求的历史发展和预测的基础上指出了，人口的不断增加和物质文明的提高消耗大量的能源特别是三大化石能源，大量能源的消耗带来严重的环境问题；⑤自然界的碳平衡不足以消化不断增加的二氧化碳排放，特别是二氧化碳排放导致其在大气中浓度不断增加，全球平均温度上升，尤其是在大量利用三大化石燃料后的后工业革命时代；⑥为了缓解和扼制能源消耗对环境带来的严重影响，提出各种可能的解决办法，包括大力发展和使用非碳能源资源（或可再生能源），如水力、太阳能、风能潮汐和波浪能、地热、核能等，和提高碳能源也就是常规三大化石燃料的效率，包括转化效率和使用效率；⑦在非碳能源因技术和经济因素尚未能够替代化石能源的过渡时期，真正实际有效的是大力提高化石燃料的利用效率；⑧在分述各种主要非碳能源和含碳化石能源的基础上，简要介绍提高化石能源的转化效率和使用效率的可能措施，包括运输燃料；⑨鉴于煤炭能源的巨大储量和低成本，在能源市场仍然起着极为重要的作用，虽然其单位能量排放的二氧化碳是最大的。因此煤炭转化仍然是能源工业中的重要课题。

煤炭能源转化的思路实际上除了直接燃烧产生热量（需要外部氧来氧化）用以产生电力外，需要外部加入它缺少的氢。大量的氢只能来自水或其他富含氢的燃料如甲烷，于是形成煤炭能源转化为液体燃料的两条路线：直接加氢液化；高温气化成碳氧化物，再加氢的间接转化过程。直接加氢液化获得的是类似原油（其加工比原油更为困难和成本更高）的重烃类（其质量一般要比重质原油差），再进行烃类加工，这些过程的实现都必须使用催化剂。而把碳转化为碳氧化物必须在高温下进行，可以不使用催化剂也可以使用催化剂，而碳氧化物的转化则必须使用催化剂。因使用催化剂的不同其生成的产物也不同，可以是含氧化合物也可利用是烃类，然后再进行催化加工获得所需要的燃料或化工产品。

煤炭在所有含化学能的化石燃料中碳氢比是最大的，这意味着使用煤炭初级能源排放的二氧化碳量是比较大的。而且煤炭中含的其他杂质也比较多，燃烧产生的污染物也比较多，净化的成本相对也比较大。但煤炭的独特优势在于它在地球中的存储量最大最丰富，开采容易，使用成本显著地比其他两种化石燃料低。煤炭的使用历史比其他能源资源长，其在地球上的分布相对比较广，不仅在现在而且在未来它仍然是不可或缺的最主要初级能源之一。尤其是对“多煤缺油少气”的我国，煤炭一直占总使用初级能量资源的 60% 以上，煤炭利用效率提高和污染物降低的同时又不会大幅提高成本是一件极为重要和迫切的大事情。因为我国电力的 80% 以上来自煤炭，即便在大力改用油气后的 2014 年，煤炭仍占初级能源资源消费量的 60% 以上。要同时达到煤炭利用效率提高和污染物排放降低甚至消除的双重目标，把初级煤炭能量进行转化是最有效的方法，也就是把煤炭转化为更方便使用的能量形式，在这些转化中催化必定起着关键作用。为此很有必要对此做进一步的深入分析。

1.9.2 中国煤炭能源

全面开展洁净煤和高效利用技术的研究发展是有深刻背景的。自改革开放以来，随着经济的高速发展，国内生产总值（GDP）以十年翻一番的速度增加。尤其是进入 21 世纪以来，更以平均每年近 10% 的速度膨胀。2014 年的 GDP 已经超过 60 万亿元。这样的高速经济扩张是以大量的能源消耗作为支撑的。

初级或一次能源消费已经超过每年 33 亿吨标准煤。中国是世界上以煤为主要能源的唯一大国，这是由我国的能源资源储量所决定的：多煤贫油少气。煤炭占总量的 92.4%，石油仅占 5.6%，天然气占 2%。虽然可再生能源资源极为丰富，但是开发程度仍然不高。因此，煤炭一直占一次能源生产和消费的 65% ～ 75%，而世界平均仅为 24%。大陆电力的 80% 以上来自燃煤电厂，而世界平均仅为 37%。

煤炭是相对低质的固体燃料，燃烧产生多种污染物如 SO_x、NO_x、烟尘粉尘、废水和固体废物以及 CO_2 等。它的大量使用会给环境带来严重污染。煤炭的 90% 以上是被烧掉的，因此污染物中 90%SO_2、60% 氮氧化物和 40% 粉尘来自煤的燃烧。更严重的问题是煤炭能源的使用效率不高。

但是，应该看到：在 1978 ～ 2005 年的 27 年中，中国大陆以一次能源消费年均增长 5.16% 支撑了 9.6% 的 GDP 年均增率。中国虽然是能源消费大国，也是能源生产大国，但人均能源资源保有量和消费量均远低于世界平均水平，人均一次能源消费仅有日本的 1/4 和美国的 1/7 。同样人均排污量也低于世界平均水平。

中国大陆必须而且只能依靠煤炭作为初级能量源，全面研究和开发洁净煤技术、高效煤利用技术成为既定的国策。国家对未来的能源供应和消费的思路是：坚持节约优先、立足国内、煤为基础、多元发展，优化生产和消费结构，构筑稳定、经济、清洁、安全的能源供应体系。“煤为基础，多元发展”的思路，就是要大力研发煤的高效洁净利用技术，大力提高油气资源的开采率，以保障国内的能源供应；同时，应积极发展太阳能、核能、风能和生物质能等替代能源。这不仅是保持经济快速发展的要求和资源状况环境保护的要求，更是持久贯彻持续发展战略的要求。在多个国家重大规划中都把洁净煤和高效煤利用技术列为主题和专题。其中最重要的有：高效超临界燃煤发电技术、以煤气化为基础的多联产技术、煤炭直接和间接液化技术、干法烟气脱硫技术、煤炭气流床气化技术、重型燃气轮机技术等。预计在 2006 ～ 2020 年间，对该领域的投资将超过万亿元。

洁净煤技术是指煤炭开发和利用过程中，用于减少污染和提高效率的煤炭开采、加工、燃烧、转化和污染控制等一系列新技术的总称，要使煤炭能源达到最大潜力利用的同时把污染物释放控制在最低水平上，实现煤的高效、洁净利用。洁净煤技术涉及的范围很广，这为催化提供了巨大的机遇，也就是说，其中的许多仍然要依靠催化技术，例如煤炭利用的环境控制技术，煤炭能源的转化技术，废弃物处理和利用技术，煤层气的开发及利用等等。

1.9.3 煤炭能源转化

煤炭是含杂质（多形成污染物）较多的固体化石能量资源。煤炭的利用实质上是把它存储的化学能转化为更方便利用的形式，主要转化为电力、热能和液体燃料。化学能的利用一般是通过氧化（燃烧）转化热能，热能可直接利用于取暖和加热，但更多的是把热能通过机械能转化为更方便利用的电能（电力）。煤炭的化学能可以直接燃烧（使用锅炉和蒸汽透平）发电，但为提高效率和降低污染也可以先转化另一形式的化学能（如合成气、氢气和天然气）或液体燃料（汽油、柴油和重油）。合成天然气可以直接发电（燃气透平、气体透平和蒸汽透平）或进一步转化为合成气；合成气可以燃烧发电或进一步转化为氢气；氢气可以燃烧发电或使用燃料电池把化学能直接转化为电能（不经过热能转换）。煤炭能源转化为燃料可以通过直接液化，再把液化产物加工成液体燃料汽油、柴油、煤油和重油；也可以通过间接液化，也就是煤炭先气化生成合成气，合成气经 FT 反应合成液体烃类，再加工成各种油品；合成气也可以先合成甲醇，再在沸石催化剂上合成油品（主要是汽油），甲醇也可以脱水成二甲醚液体燃料；合成气也可以一步合成二甲醚燃料。对煤炭能源进行的这类转化，其主要目的除了满足人类多方面的需求外，是要提高煤炭能源的利用效率和降低其在利用过程中对环境造成的污染。这些转化过程的效率极大地依赖于催化技术的应用，而新煤炭能源转化过程的发展，高效催化剂的使用是关键。

1.10 本书的写作思路

在前面已经指出能量是人类发展的源泉。对能量的现时和将来的消费情形，以及产生的环境问题做了概述，在此基础上对非碳即可再生能源以及含碳即化石能源在能量消耗中的地位做了介绍，主要介绍它们在发电和为运输部门生产液体燃料中的应用以及面对的挑战和机遇。由于煤炭在含碳的化石能源中资源量最大，因此在发电中占有突出的优势地位，而催化技术在提高能源的利用效率和降低对环境的污染方面起着关键性作用。煤炭能源资源转化的最主要目的，就是在满足人们多方面的需求的同时，提高其能源使用效率的同时降低环境污染。

煤炭不仅在现在而且在将来也起着关键作用，如 J. P. Longwell 等在 1995 年所著“Coal: Energy for the Future”（《煤炭：未来能源》）（Progress in Energy Combustion Science, Vol 21, pp 269-360,1995）一文中详述了美国能源部资助煤炭能源利用各种技术发展项目及

其理由和将来计划，说明煤炭对美国来说是未来能源。显然，对以煤炭为主要初级能源的我国更是这样。

有鉴于此，本书撰写的思路完全不同于绝大多数介绍煤化工技术书籍的写作思路。因为煤炭主要是作为能量源使用的。煤炭总使用量的90%以上是被烧掉的，包括：直接燃烧用来获取电力和热量，以及被转化为燃气，包括合成气、合成天然气和氢气。液体燃料的煤炭最终也是被烧掉来满足人们对不同能量形式的需求的，主要也是产生电力、热量和运输用能量。煤炭的这些转化不仅是为满足人类多种多样的需求，更是为了提高煤炭能源的利用效率和降低对环境造成的严重影响。在煤炭能源的这些转化过程中，催化发挥着不可替代的至关重要的作用。统计指出，使用于作为生产化学品原料的煤炭使用量不到煤炭总消耗量的10%。因此本书的撰写避开传统煤化工的思路，围绕煤炭作为能源使用的主轴，展开煤炭能源在主要转化为（最方便使用的能量形式）电力以及（能量载体）燃气和液体燃料中催化所起的重要甚至是关键的作用。结合笔者在中科院山西煤炭化学研究所几十年从事煤炭转化研究累积的基础知识和实践经验，突出以煤炭直接或间接（经由燃气和液体燃料）转化为电力以及液体运输燃料中起关键作用的相关催化技术。

本书的章节安排如下：在绪论中首先介绍有关能量的一些基本知识和简要介绍非碳和含碳能源后，突出大量使用含碳能源资源面对的巨大挑战和机遇，并论证催化在减轻、解决和消除使用含碳资源利用面对的主要挑战中能够发挥巨大的作用。接着，在全书的其余十章中分为两个明显的不同部分：煤炭能源转化为电力和转化为液体燃料。煤炭能源经由直接或间接转化最方便使用的能量形式电力的第一部分包括第2～6章，分别介绍把煤炭能源转化为电力的各种转化过程及技术，从直接燃烧发电到转化为合成气、天然气和氢气的气体透平发电和燃料电池发电，突出催化在这些转化技术中的关键应用。煤炭能源转化为液体燃料的第二部分包括第7～11章，分别介绍煤炭经由合成气催化合成烃类燃料、含氧燃料如甲醇和二甲醚，以及使用相对较老的煤炭热加工技术（即热解和直接液化）把煤炭转化为液体燃料和燃气及固体燃料的过程。合成气转化为烃类燃料、甲醇和二甲醚燃料都是非常典型的催化过程技术，而在煤热解和直接液化中也离不开催化剂的使用。

两个部分内容分章叙述如下。在第2章中，介绍煤炭直接燃烧发电效率逐步提高的各种燃煤锅炉设计，以及不可或缺的燃煤烟气的催化净化技术。在第3章中，介绍煤炭转化为燃气和液体燃料最基础的转化过程，即适合于不同应用的煤炭（催化）气化技术，包括各种气化炉型设计和相应的气化工艺，并针对不同应用，介绍用于合成气净化的各种催化净化技术。在第4章中，介绍煤炭制合成天然气的催化技术，重点是高浓度CO（煤气化生成的合成气）甲烷化催化剂的制备、催化反应工程技术、煤炭直接催化加氢气化制甲烷工艺技术和甲烷重整制合成气技术。在第5章中，介绍低污染燃料（催化）燃烧炉，煤制合成气、合成天然气及其他气体和液体燃料的燃烧发电技术，包括内燃机、气体透平、斯特林发动机等，以及为提高能源效率由燃气发电衍生出来的各种组合发电技术。在第6章中，介绍煤炭制氢工艺过程包含的各种催化技术，重点是把合成气中CO转化为氢气的水汽变换反应技术，突出催化剂和催化技术，以及燃料电池燃料用高纯氢气的分离制备技术。由于篇幅所限，各类燃料电池的发电原理、催化的作用和各自的优缺点和技术成熟程度和应用等，书中未做赘述。在第7章中，介绍合成气制烃类燃料的FT合成工艺和催化技术，包括 FT 合成反应、催化剂和催化反应工程技术，特别突出这些煤制液体运输燃料技术在中国的新近进展。对合成烃类的后加工制备液体燃料（汽油、柴油和煤油）的催化技术，因与从初级能源石油炼制油品的技术差别不大，本书中不做介绍。在第 8 章中，介绍从合成气合成甲醇的技术，这是非常成熟的催化技术。由于篇幅所限，从甲醇在分子筛催化剂上制取汽油（MTO）技术未做介绍。在第 9 章中，重点介绍从合成气合成二甲醚液体燃料的两步和一步合成的催化技术，包括催化剂、反应器和各自的优缺点。在本书的最后两章中介绍煤热化学加工的基础技术——煤热解和直接液化技术。在第 10 章中，介绍煤加工最老的也是煤加工最基础的煤热解技术，包括煤的大分子结构、煤热解工艺分类和影响煤热解的各种因素，以及一些典型热解工艺及其新近发展和它们各自的优缺点，特别介绍各种催化热解工艺工程及其发展。煤热解生成气液固三种产物，经少量加工后可以分别作为燃气、液体燃料和固体燃料（焦炭）使用，催化热解技术有可能控制这三种产物的比例。在第 11 章中，介绍煤催化直接液化制取液体燃料的技术，包括影响煤直接催化加氢液化液体收率的各种影响因素，煤液化技术发展历史和多种煤催化液化工艺及其优缺点，重点介绍我国煤催化加氢液化技术的快速发展，特别是神华煤直接加氢液化的产业化过程和技术发展，突出煤直接液化催化剂——分散相催化剂的发展和选择，这类可丢弃的具有酸性和加氢功能的催化剂的一些考虑和准则。

第2章 直接燃煤发电和烟气催化净化

2.1 引言

燃烧是矿物燃料利用占优势的模式，煤是发电的基本矿物燃料。煤炭近于90%是被燃烧利用的，而燃烧发电的煤炭占煤炭消费总量的一多半。现在煤炭能源的主要利用方向是燃烧发电。不管是在美国还是在我国都是这样。我国燃煤电厂的装机容量占全国总装机容量的80%以上，因此提高发电厂的煤炭利用效率和降低燃煤污染物排放是能源工业中最为重要的事情之一。

虽然重质燃料油或天然气也被使用于燃烧发电，但天然气是高价燃料，由于其相对高的价格，在过去主要应用于气体透平工厂的“调峰”。近来对天然气长期可利用性的再评估，组合气体透平-蒸汽循环工厂，其效率接近于60%，燃料供应“脱碳”环境压力和国家对发电公用事业的放松管制，导致接受天然气作为基础负荷发电厂的燃料。

煤炭，由于其低价格和广泛的可利用性，预期能够很好保持基本供应整个21世纪。但是，高效发电循环的发展和尽早应用洁净煤技术仍然应该作为发展的明确目标。

发电厂的煤燃烧系统需要满足如下要求：①使用最小过量空气使煤炭高度燃尽；②放大至500MW$_e$（5×10^5千瓦电力）或更大锅炉单元，在燃烧室中没有结渣；③容易移去易碎灰沉积物，通过改进燃烧过程获得低的NO_x排放；④能够在燃烧室中添加吸着剂捕集硫；⑤可接受不同质量煤炭而不会显著降低燃烧效率和锅炉工厂的可利用性。

对煤炭燃烧系统除上述这些要求外，新近提出的一个要求是降低CO_2排放，甚至捕集和封存排放的CO_2（使用高压生产和/或产生高CO_2浓度烟气）。

效率（η），一个热电工厂的电能输出占其燃料能量输入的比值，通常以百分数表示。使用于确定效率的另一个参数是热速率（heat rate,HR），产生单位电力所需要的热能量输入［BTU/（kW·h），或kJ/（kW·h）］。发电效率（η）是3600［kJ/（kW·h）］除以HR［kJ/（kW·h）］再乘以100%，或3414［BTU/（kW·h）］除以HR［BTU/（kW·h）］

再乘以 100%。燃料能量输入以燃料的高热值 HHV 进行计算，也可以以低热值 LHV 进行计算。但在对不同能量转换系统做比较时，重要的是要确保使用同一类型的热值。

HHV 是在实验室直接使用量热计测量的热值。在该类测量中，燃料在密闭容器中燃烧，燃烧热被传输给围绕该量热计的水。燃烧残渣被冷却到 15℃（60 ℉），因此来自氢燃烧产生的水蒸气冷凝热和来自煤中水分的蒸发热也已经被包括在测量的热值中。对低热值 LHV 的测定，计算时需要从 HHV 中扣除冷凝热。在美国的工程实践中，HHV 一般在转化工厂中使用；而在欧洲，效率计算使用 LHV。对气体透平（GT）循环，美国和欧洲通常都使用 LHV。一个例外是，在美国的 IGCC 工厂常常使用 HHV，以便能够一致地与其他煤转化技术做比较。在计算蒸气发电厂效率方法上之所以有这个不同，可能的原因是，在美国电力公司购买煤是基于美元 / 百万 BTU（HHV），它们的效率也是以这个为基础。而在欧洲是基于这样的事实：冷凝热是燃料能量中不可回收的部分，因为在锅炉中是不可能把含硫烟气冷却到其露点以下的。

LHV 能够使用国际能源协会（International Energy Agency，IEA）的公式计算：LHV = HHV−（91.14H + 10.32H_2O + 0.35O），其中 LHV 和 HHV 以 BTU/lb 计，H、H_2 和 O 以 % 计，以“收到”的作为基础；或者使用 SI 单位制，LHV = HHV−（0.2121H + 0.02442H_2O + 0.0008O），其中 LHV 和 HHV 单位为 MJ/kg，H、H_2 和 O 以 % 计。为与非美国数据做比较，除非特别叙述，在下面的讨论中使用 LHV 基效率值。

作为参考，常常说效率改变数个百分点，这应该与百分数的相对变化区别开来。例如，两个百分点的变化从 40% 到 42%，其相对变化为 5%。对烟煤的 HHV 和 LHV 效率的差别约为 2% 绝对值（相对值 5%）。但对高水分含量的烟煤和褐煤，这个差别为 3% ～ 4%（相对值 >8%）。美国已有的煤基发电厂的平均效率约为 34%（LHV）。我国的燃烧发电厂的平均效率比这个值要低 1% ～ 2%。

2.2 粉煤燃烧

2.2.1 斯托克燃烧炉

早期的发电煤燃烧系统是移动炉排斯托克炉。移动炉排斯托克炉具有燃烧煤阶范围广泛煤（从无烟煤到褐煤）的能力。早期的实验研究使之对燃料床层中燃烧机理有了更好的了解，这对发展具有空气分布控制的移动炉排是有帮助的。但是，斯托克炉对燃烧煤粒度（＜ 3mm）是敏感的，因此它无法放大到大于 25MW_e 单元容量，因锅炉受高过量空气（约 40%）量的限制，而这一点是使煤达到可接受燃尽程度所必需的。高空气预热温度（400K 以上）也与使用燃烧空气冷却炉排不兼容。低空气预热，在另一方面，限制对加料水再加热的应用（与来自透平的蒸汽掺合），因此限制发电厂循环热力学效率的提高。

在降低对煤粒度敏感性和提高锅炉效率的努力中，在对移动炉排斯托克炉进行的改造中使用了顶部粉煤燃烧（TPC）。这个安排允许 TPC 使用锅炉烟气来快速干燥煤，并控制分离大小不同的煤颗粒。加料到炉排的大块煤被气动力带到小球磨机，把其研磨成粉煤（粒度＜ 0.3mm），再喷入燃烧器炉排上的燃烧室中。TPC 在提高锅炉效率和上升蒸气容量方面是成功的，但它要求对燃烧室进行改造，需要加进一些筛管，以捕集飞灰颗粒净化烟气。

2.2.2 粉煤燃烧工艺

因锅炉单元容量增加，发展出具有完全壁冷却的锅炉燃烧室，粉煤燃烧（PPC）已经成为燃煤发电厂普遍接受的燃烧系统。PPC 也是燃煤公用锅炉选择的燃烧系统。在 PPC 燃烧中，煤被干燥和粉碎到特定的粒度，要求的细度主要取决于煤阶即煤的反应性。煤制备系统（加料、干燥、研磨和粉煤的气流输送到燃烧器）完全与锅炉集成到一起。对低反应性煤，要进行研磨把粒度降低，以使煤有较大表面积，目的是提高引发和燃烧条件。在过去，按照拇指规则，建议残留在 76μm 洞大小筛网上的粉煤百分数不超过干煤中挥发分的百分数。现在，这个要求更加严格，即便高挥发分的烟煤，该百分数也要求小于 10%，也就是残留在 76μm 洞大小筛网上的粉煤百分数须小于 10%。

粉煤被气力输送到燃烧器再把粉煤颗粒喷射送入燃烧室。把煤炭从研磨磨中带到燃烧器的输送空气只是总燃烧空气的一小部分。主要是安全原因，因为研磨磨以及磨与燃烧器间传输管道中有被点燃和爆炸的可能，其温度被限制在约 100℃。对喷涂燃烧室，装载颗粒的射流携带热燃烧产物，其温度上升并引发煤颗粒云雾。其余部分燃烧空气被很强地预热，分离喷入，并与燃烧燃料射流在燃烧室中很好混合。PCC 锅炉的使用说明示于图 2-1 中。燃烧室是典型的平行管形状，300MW 燃煤锅炉的尺寸近似为横截面积 15m×15m，高度 45 ～ 50m。燃烧室壁被管中产生的蒸汽完全冷却。已经确证煤颗粒以如下模式燃烧：氧到煤颗粒表面的外扩散和在固体焦孔中的内扩散都起着作用。大颗粒煤在较高温度燃烧时处于扩散控制，而小颗粒煤的燃烧速率受化学动力学控制，因焦在火焰的尾端被烧尽。

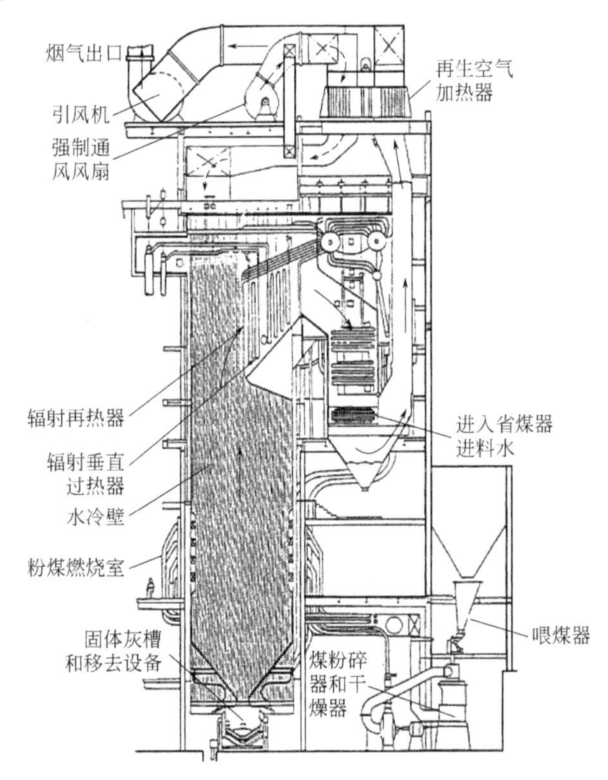

图 2-1 燃粉煤电站锅炉的示意说明

燃烧器被设计成具有确保点火和稳定火焰的混合装置。煤能够在燃烧室中沿着路径燃烧并完全烧尽。因粉煤颗粒燃烧是通过火焰传输热量的，即主要通过热辐射传热到蒸汽冷却的锅炉管壁。在焦中最后几个百分点残留碳在低氧浓度环境中燃烧，在飞灰离开燃烧室前温度降低，进入对流加热通道。燃烧室的这个设计必须提供足够的停留时间来燃烧煤颗粒，以达到完全燃烧，而飞灰的温度则要被冷却到“软化温度”以下，以防止它在热交换器表面产生灰沉积层。

2.2.3 燃烧器

虽然有很多燃烧器类型，但最广泛使用的是圆形燃烧器（图 2-2）和垂直喷嘴排列燃烧器（图 2-3）。圆形燃烧器通常按垂直于燃烧室壁放置，而垂直喷嘴排列在角上，其喷射正切于燃烧室中间设想的圆柱体圆周。圆形燃烧器设计比较关心的是对各个燃烧器火焰的控制；而对切向喷射炉中的垂直喷嘴排列，更依赖于通过排管喷入的额外燃料和空气流在整个炉膛中的混合。

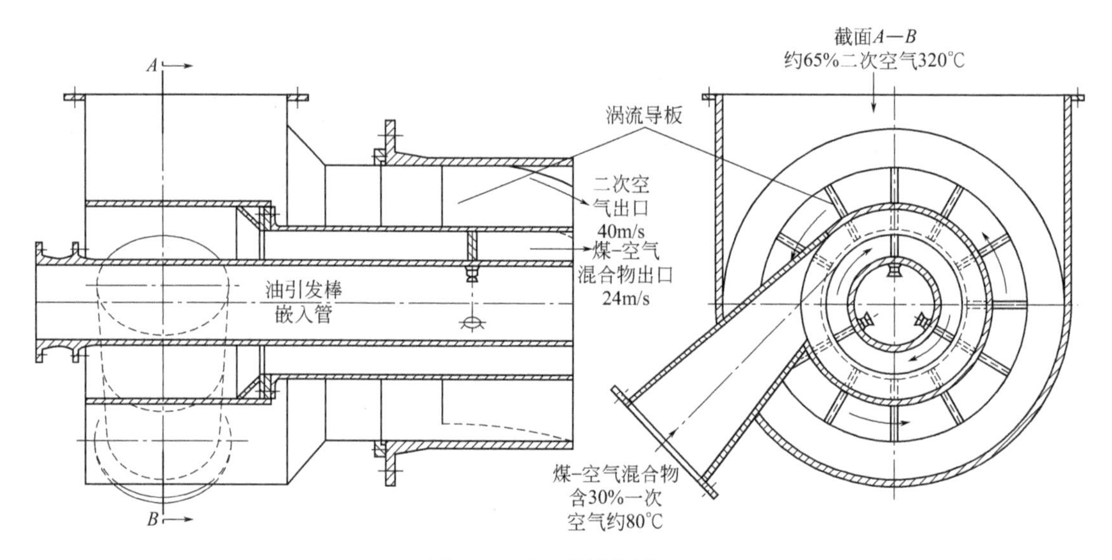

图 2-2　圆形粉煤燃烧器

对大多数情形，粉煤燃烧中形成的飞灰以干颗粒物质从烟气中除去。有小比例煤灰（约10%）以半熔形式聚集在管壁上，收集在燃烧室底部的料斗中（底灰）。因为难于掌握干飞灰，在 20 世纪 30 年代发展出替代的结渣燃烧系统。在结渣燃烧中，炉膛较低部分的锅炉管子用耐火材料覆盖，以降低热腐蚀并可使燃烧温度上升到灰熔点以上。温度必须足够高以使渣的黏度降低到约 15Pa • s，这是使用液体移渣所必需的。在美国的大多数结渣燃烧炉，其实际应用是旋风炉，约 85% 的煤灰能够以熔渣形式一次除去，没有灰的循环。因为结渣燃烧炉的高温和氧化气氛，产生的 NO_x 排放非常高，在 70 年代饱受批评。于是进行了分段燃烧形式的改进，使富燃结渣炉的液体除灰阶段紧跟着一个完全冷却的贫燃环境。现在，结渣燃烧炉出现在美国能源部（DOE）洁净煤技术项目的低排放锅炉系统中。它也应用于高性能发电系统中。

图 2-4 为结渣炉设计和它们的主要灰保留的示意图。炉子的目标是在炉子的较低部分保持高温，特别是在渣带上面；而在下游，进一步抽取热量后飞灰颗粒被冷却，以熔融体形式逸出除去，避免了它们在热交换器表面的沉积。采用的手段包括：在炉子较低部分的蒸汽发生管表面用耐火材料覆盖、缩小在结渣室上面的横截面积以降低辐射损失和使用管子筛把高温炉与燃烧室的完全冷却部分分开。图 2-4 说明设计和漩涡流动对以熔结形式一次通过灰保留的影响。由于高温气体的黏性，必须使用强漩涡把颗粒驱赶到结渣室壁，在那里它们被向下流动的熔融渣层捕获带到渣带中。但是，强漩涡要求高空气压力降，导致能量损失增加。如在图 2-4 中能够看到的，若干设计使用筛管以增加熔融灰的保留而没有需要过度的压力降。但是，筛管可能会引起问题，因灰在渣筛上被熔融，但是其下游是干的和非黏性的。为避免这个问题，对燃料煤的选择施加了限制。筛管也暴露于高温腐蚀气氛中，特别是对含硫富燃环境，需要采取特别的保护手段如涂等离子喷洒保护层等。

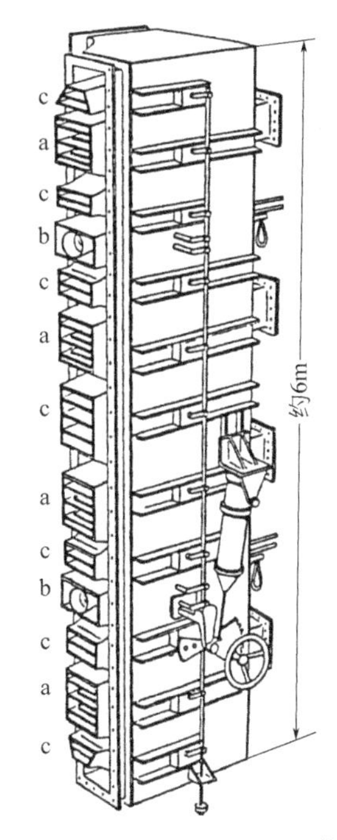

图 2-3 垂直喷嘴排列燃烧器

a—粉煤混合；b—点火棒；
c—二级、顶部和底部空气

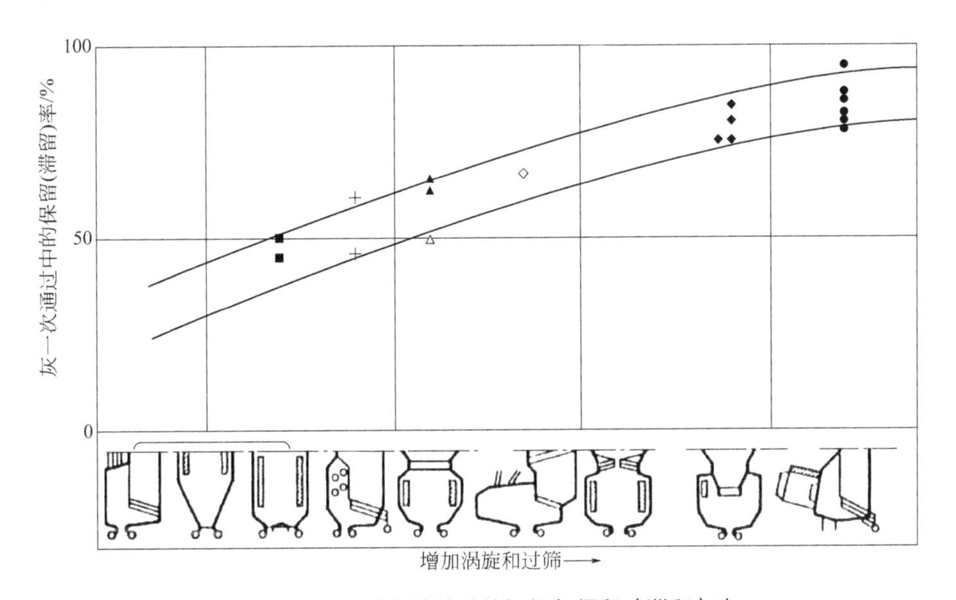

图 2-4 不同结构熔渣炉的初级灰保留（滞留）率

2.2.4 流化床燃烧

煤在流化床中燃烧（FBC）（图 2-5），先把 5 ～ 10mm 的煤破碎成 0.5 ～ 3.0mm 大小，然后送入多相固体热流化床中燃烧。煤在床层物料中的比例小于 2%，其余是煤灰和石灰石或白云石，它们的加入是为了捕获燃烧产生的二氧化硫。使用浸在床层中的蒸汽发生管冷却床层，使流化床的温度保持在 1050 ～ 1170K。这个温度范围能够防止煤灰软化和硫捕集产物 $CaSO_4$ 的分解。

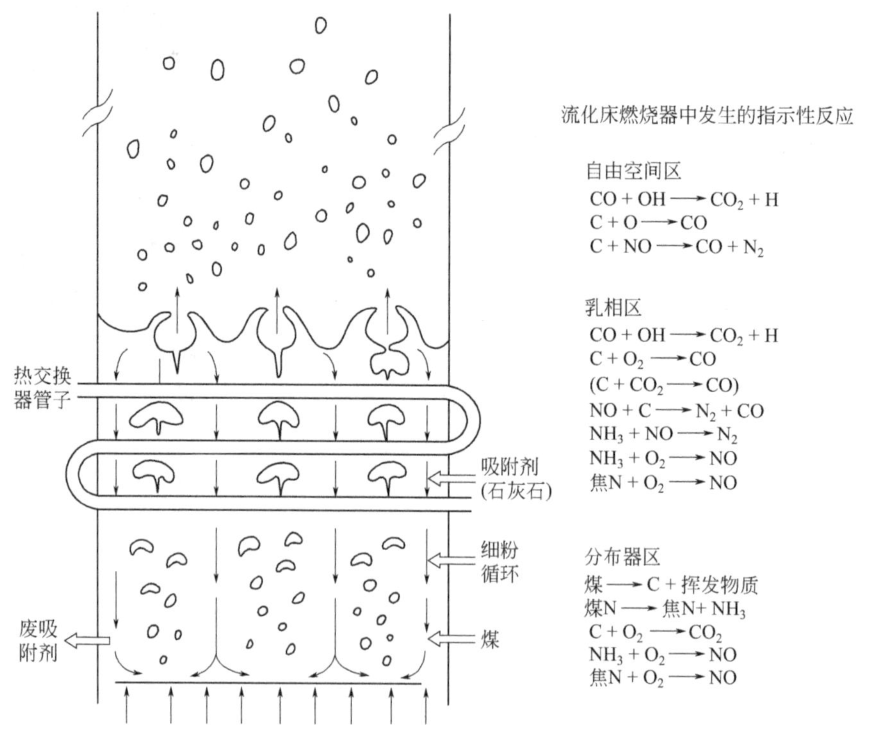

图 2-5　煤流化床燃烧中的反应

由于相对低的燃烧温度，煤颗粒氧化总速率极强地取决于煤颗粒表面和孔道中的反应速率。焦氧化时反应固体的孔结构变化导致其“渗透碎片化”，实验观察支持这一现象。碎片化使煤燃烧扩展，也解释了细碎片形式的未燃烧碳如何能够进入飞灰中。小的焦碎片（<200μm）在 FBC 自由空间或循环流化床提升管（CFBC）中停留，在 1100K 时的停留时间约 3s。这对低反应性焦要完全烧尽显然是不够的。FBC 和 CFBC 是成熟的技术，其特征是单元较小，应用对象主要是低阶煤种。最大的 FBC 在日本，容量是 350MW_e。放大的一个障碍是 FBC 的加料系统：对每 3MW_e 产量需要一个加料点。

CFBC 相比 FBC 的一个优点是需要的加料点较少，因通常横截面积较小，比较容易产生较高发电量。对给定百分数的硫捕集，CFBC 也仅需要较低的 Ca/S 加料比。

2.3 先进燃烧发电系统

为达到燃煤发电厂能源效率和降低污染物排放的近期和中期的目标，已经发展出若干洁净的和更加高效的发电技术。这些先进高效的燃煤发电技术包括：

① 使用先进兰开夏循环的发电厂，如使用次临界（SC）锅炉燃烧粉煤（PC）的发电技术（PC/SC）。其使用于蒸汽透平的蒸汽参数为：245bar、565℃ /565℃。使用超临界（USC）锅炉燃烧粉煤（PC）的发电技术（PC/USC），其使用于蒸汽透平的蒸汽参数为：

300atm、600℃ /600℃。以及超超临界 SC（USC）锅炉燃烧粉煤的发动技术，其使用于蒸汽透平的蒸汽参数为 375atm，700℃ /720℃。

② 使用 SC 锅炉，循环流化床燃烧（CFBC）的发电技术。

③ Brayton- 兰开夏组合循环工厂，使用顶端燃烧循环（TG）的加压流化床（PFDC）燃烧。

④ 集成气化组合循环（IGCC）。

⑤ 混合气化 / 燃料电池 /GT/ 蒸汽循环。

以上的先进燃煤发电技术没有考虑二氧化碳的捕集和封存。当使用二氧化碳捕集和封存时，先进燃煤发电技术包括：

① 具有 CO_2 捕集和压缩的 IGCC。

② 具有氧 - 燃料气体再循环（O_2/FGR）的 PC/SC。

③ 具有 O_2/FGR 的 CFBC，以及具有化学和热环路的煤气化组合发电技术。

对某些先进发电技术分述于下，而与煤气和煤炭气化有关的燃煤组合发电技术将在第五章中加以叙述。

2.3.1 先进兰开夏循环蒸汽工厂

兰开夏蒸汽循环中的 PC 燃烧是自 20 世纪 20 年代以来，世界范围使用的燃煤发电占优势的模式。现在，有代表性的次临界蒸汽操作参数是 163atm/538℃，含单一再加热器到 538℃。蒸汽操作参数为 168atm/538℃、538℃的次临界蒸汽工厂的效率能够达到约 40%（LHV）。PC/SC 自 20 世纪 30 年代以来就已经使用，主要在欧洲，自 60 年代以来也偶尔在美国使用。但材料改进和高效率需求增加，使这个系统现在被世界范围的新燃煤电力工厂选用。先进粉煤燃烧强制循环锅炉，配备炉气脱硫（FGD）洗涤塔和大幅度降低 NO_x 的选择性催化反应器（SCR）的框图如图 2-6 所示。

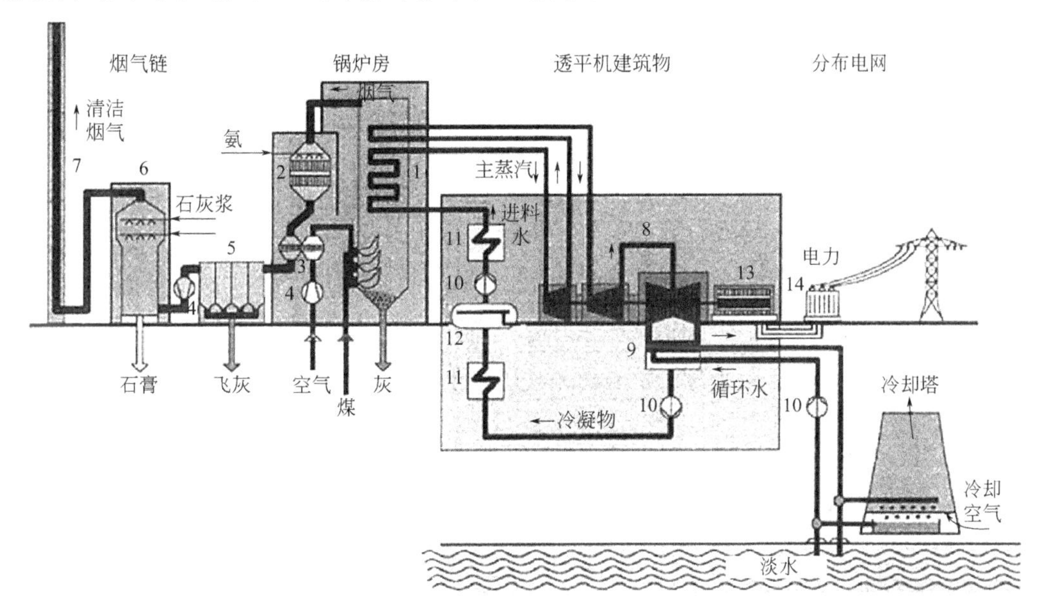

图 2-6　燃粉煤发电厂

1—蒸汽发生器；2—$DeNO_x$ 工厂；3—空气预热器；4—风扇；5—静电除尘器；6—脱硫工厂；7—烟囱；8—蒸汽透平；9—冷凝器；10—泵；11—进料水加热器；12—进料水储槽；13—发电机；14—变压器

PC/SC 发电厂的效率能够小幅增加到 45%（LHV），对其的说明示于图 2-7 中。在流程中前两个步骤涉及废气热损失，一个锅炉的最大热损失约 6% ～ 8%。空气比，通常称为过量空气因子，表示的是燃烧空气质量流速与达到完全燃烧所需要空气的倍数。该过量空气增加锅炉出口气体质量流速，因此增加废气热损失。改进的燃烧技术，例如，把煤磨得更细和改进燃烧器设计，能够降低过量空气而不会牺牲燃烧的完全性。其中的一些补救措施需要消耗额外的能量，例如，把煤磨得更细和增加燃烧空气通过燃烧器的动量流。但这个伴随能量的增加与获得的效率比较常常是很小的，因为过量空气被降低了。

合适地设计锅炉能够使出口气体温度降低，但受限于烟气的露点。在燃烧过量空气和锅炉（试验含硫燃料燃烧）出口温度低限之间有一个紧密的关系。较高的过量空气导致 SO_2 到 SO_3 氧化的增加，而 SO_3 会在燃烧产品中生成硫酸。硫酸蒸气增加烟气的露点，因此升高了可允许的最小出口气体温度。在出口温度为 130℃时，锅炉出口温度每降低 10℃工厂效率增加约 0.3%。

兰开夏循环效率与实施循环的热压力和温度成正比，与冷凝器压力即冷却介质的温度成反比。对冷凝器压力，在美国的通常设计基础是 2.0 ft Hg 绝对压力（67mmHg，1 ft=0.3048m）。在北欧可以得到较低温度冷却水的发电厂，使用 1.0 ft Hg 绝对压力（30mbar）。这一差别能够产生的效率增加大于 2%。我国燃煤发电厂的设计数据更接近于美国。

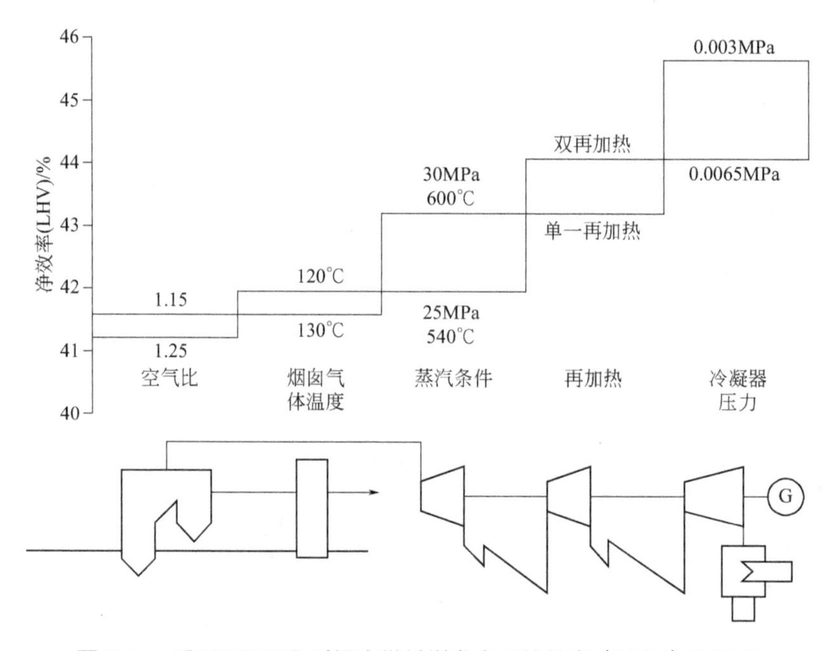

图 2-7　采用不同手段对提高燃粉煤发电厂的效率（LHV）的影响

2.3.2 循环流化床（CFB）燃烧

在流化燃烧中，煤在悬浮有硫吸着剂的热床层中燃烧，它们被来自底部通过多个喷嘴喷入的燃烧空气所流化。CFB 是今天最普通的流化床燃烧设计。CFB 在足够高的气体流速下操作，以承载大部分固体（4 ～ 10m/s）。使用旋风分离器分离烟气与固体颗粒，并再循环到炉子的较低部分，以获得较高的碳烧去率和较好利用 SO_2 吸着剂。一般在炉子出口使用外热旋风分离器作为分离装置。

为捕集 SO_2，除了加入粉碎过的煤原料外，也把石灰石加入流化床中。石灰石转化为生石灰，其中的一部分与 SO_2 反应生成硫酸钙。在稳态操作时，床层由未燃烧燃料、石灰石、生石灰、硫酸钙和灰组成。因为床层极好的混合特征和燃料颗粒相对较长的停留时间(因CFB 中的高再循环速率），在温度低至 843 ～ 899℃时就能够达到有效的燃烧。这个燃烧温度范围是对生石灰原位捕集 SO_2 最优的温度范围。

与 PC 锅炉比较，FBC 的环境性能得以增强，由于流化床燃烧过程本身的固有性质，即相对较低的温度因而产生的 NO_x 较少。分段进燃烧空气和总包过量空气的降低也使 NO_x 的产生降低。排放一般在 0.05 ～ 0.20lb/10^6BTU（36 ～ 145μL/L，3% O_2 时），因而不需对 NO_x 进行过燃烧控制。与之比较的，对低 NO_x 燃烧器和新 PC 锅炉燃尽空气排放标准为145 ～ 290μL/L（3% O_2 时）。使用相对便宜的选择性非催化还原系统（SNCR），CFB 能够使烟气中的 NO_x 含量再降低 50% ～ 90%，这取决于所允许的氨泄漏和分离柱。使用 PC 锅炉，比较费钱的 SCR 系统可能是需要的，以达到与具有 SNCR 的 FBC 同样的炉气 NO_x 含量水平。但是，低燃烧温度确实也有缺点。CFB 排放较高水平的 N_2O，在温度低于 1094℃时它生成并保留。N_2O 是温室气体，其全球变暖潜力是 CO_2 的 296 倍。因为它在炉气中的低浓度（一般为 40 ～ 70μL/L，3% O_2 时），这个 N_2O 排放相当于 CO_2 排放增加 15%。

现时，运转中的最大 CFB 单元是 3.2×10^5kW，但正在设计的单元高达 6×10^5kW，它们已经由三个 CFB 主要供应商发展。某些设计是基于 SC 条件。因为其相当低的燃烧温度，CFB 要具有 USC 转化器的设计是不实际的，因为已经高于 550℃的过热或再加热温度。当蒸汽压力和温度增加到高于 221atm 和 374.5℃时，蒸汽变成是超临界的了。此时不存在水和蒸汽的两相混合物，也确实没有饱和温度或潜热焓变。相反，它进行从水到蒸汽的逐渐过渡，伴有焓变 1977 ～ 2442kJ/kg，且有相应的物理性质变化，如密度和黏度。

2.3.3 超临界蒸汽发电工厂（PC/USC）

使用超临界蒸汽能够增加兰开夏循环效率，由于较高的压力和加入热的较高平均温度，如 SC 循环（有再加热）的 *T-S* 和 *H-S* 图（图 2-8 和图 2-9）所说明的。在温度 - 熵（*T-S*）图中，热量萃取（水平线）温度以上的曲线面积正比于循环获得的能量。能够看到较高温度热的加入增加循环效率。虚线分别表示没有再加热时的热加入平均温度，及具有单一和双再加热时的平均温度。

为了避免在蒸汽透平低压阶段中膨胀蒸汽的不可接受的高湿气含量（对初始蒸汽压力有利的一个条件），膨胀后的蒸汽被送回到锅炉中进行再加热。在焓 - 熵（*H-S*）图中包含表述湿饱和蒸汽的恒湿浓度（x）。从图能够看到，降低再加热膨胀蒸汽的湿气含量已经达到了。单一或双再加热也被作为增加兰开夏循环效率的手段，因为它们使加热的平均温度升高。

在示于图 2-9 的例子中，膨胀蒸汽从透平再回到锅炉进行一次（a）或两次（b）再加热，温度能够达到 580℃。但是，通常把蒸汽再加热到高于初始超热温度。因为与过热器比较，再加热器中的蒸汽压力较低，因此管壁厚度也能够被降低。指出，再加热能够使蒸汽达到较高温度而没有超过管外表面允许达到的压力。

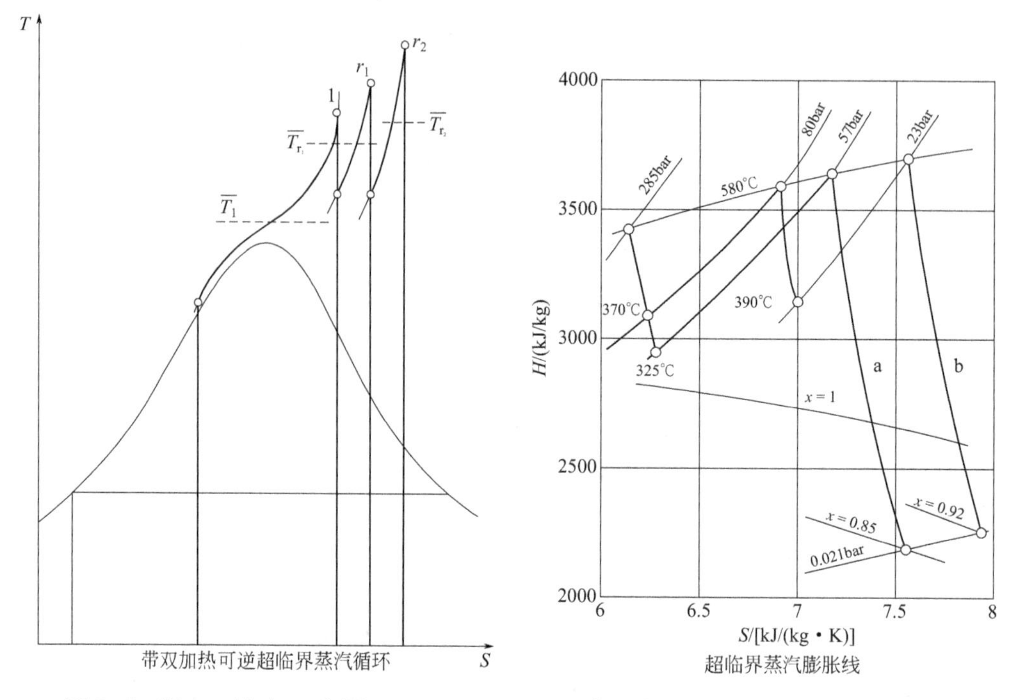

图 2-8　温度 - 熵（T–S）图

图 2-9　表示含再加热 SC 循环焓 - 熵（H–S）图

a—单一再加热；b—双再加热

在超临界压力单元中，蒸汽是在自然或强制循环体系中产生，取决于蒸汽压力的水平。在较低压力时，能够使用自然循环。饱和温度下的水从锅炉鼓通过加热下流管向下流动，锅炉的外边，蒸汽 - 水混合物通过蒸汽发生管上升到锅炉鼓。该蒸汽发生管覆盖在炉壁的燃烧边。在高于超临界或在次临界压力一次通过锅炉时，没有锅炉鼓或水的循环，因此替代的锅炉是由平行管束构成的，水是被泵强制进入管子中的。沿着管子长度，热量通过炉子和锅炉对流部分传入，水逐渐形成蒸汽并在管子外部被过热。因为缺乏对流，暴露于加热部分的管子长度必须增加。在炉膛中螺旋形管壁排列和 / 或内螺纹管子设计是工程设计应该做的事情。使用围绕炉膛的螺旋形排列管子具有重要优点，每一根管子形成的所有四面的壁都能够作为一个热集成器，这使炉膛所有管壁热吸收的不平衡降至最小。

一次通过单元要求水的纯度高，因为锅炉鼓没有吹走累积杂质的能力。它们也要求非常好的控制，和在燃烧室中的均匀的体积热释放。因为锅炉管子被 SC 冷却，其传热速率比超临界蒸汽中的成核沸腾传热速率要低很多。

在欧洲，大部分 SC 蒸汽发电工厂是在 1930 年开始操作的。在美国有约 160 个 PC/SC 工厂。这些工厂大部分建设于 20 世纪 70 年代。在我国，SC 发电（二次再加热）工厂的建设时间还要晚一些。效率增加约 2.9%：对 SC 为 41.5%（LHV），而次临界为 38.6%（LHV）。相当于超临界比次临界蒸汽单元相对高 7.5%，且没有增加停机，如图 2-10 所示。

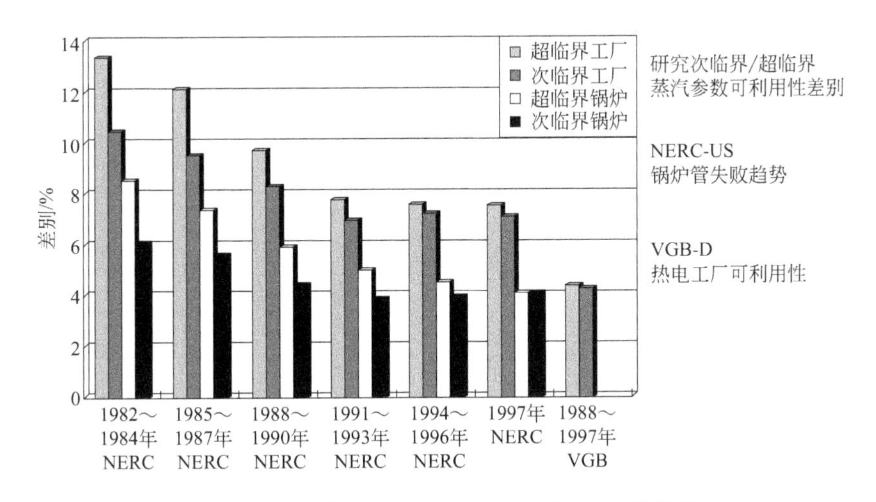

图 2-10　次临界和超临界 PC 工厂可利用性比较

现今对 SC 蒸汽工厂重新发生兴趣，主要是因为既有高的效率又能够降低排放。对 SC 参数为 250bar 540℃（1000 ℉）的单一或双再加热单元，具有的效率为 41.5%（LHV），这是成熟的技术，在美国工厂中已经有生产实践。

今天已经能够实现的燃烟煤发电厂的 USC 参数为 300atm 和 600℃ /600℃，其效率能够达到 45%（LHV）和更高。对这些“600℃”工厂已经有若干年的实际运行经验，其可利用性极好。与已安装容量的排放量比较，因效率提高，相应地降低约 15% 的 CO_2 排放。使用较高的 USC 参数效率，再进一步提高也是能够达到的，这取决于锅炉膜管壁、过热器和再加热器管、薄壁头和蒸气透平所能够采用的新的高温合金材料。两个主要的发展计划在进展中，EC Therie 项目和在美国的超超临界材料 Consortium 项目，其目标参数分别是 375atm，700℃ /720℃和 730℃ /760℃。给出了材料发展的时间表和它与先进蒸气参数键的关系，如表 2-1 所示。超临界温度每上升 20℃工厂效率提高约 1%。图 2-11 给出了效率提高的环境效应。

表2-1　材料发展阶段和相关的先进蒸汽参数

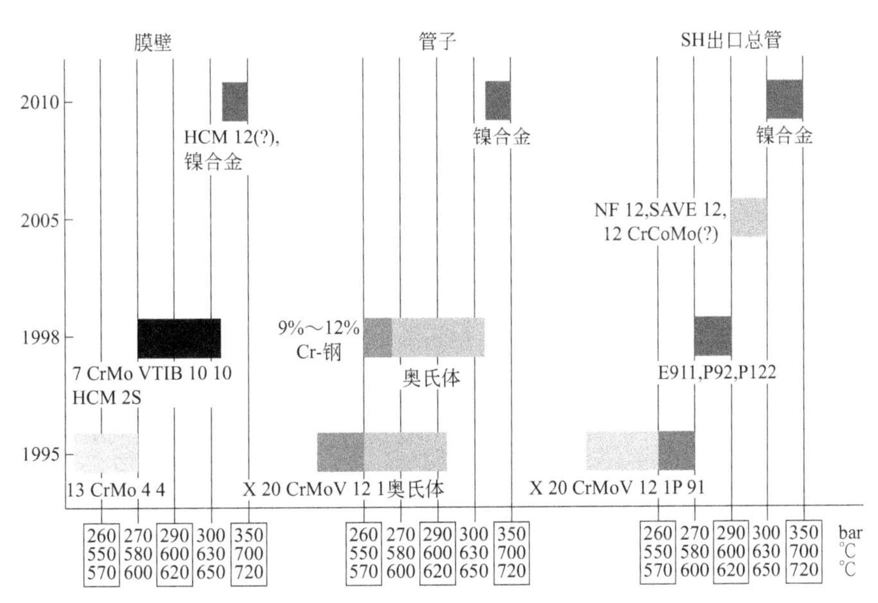

能够预测，在未来的 7 ～ 10 年间会建设先进的 700℃（1293℉）的 USC 工厂，以便为效率 50%（LHV）的燃煤发电厂建立起基准，使 CO_2 和其他污染物排放降低 25%。

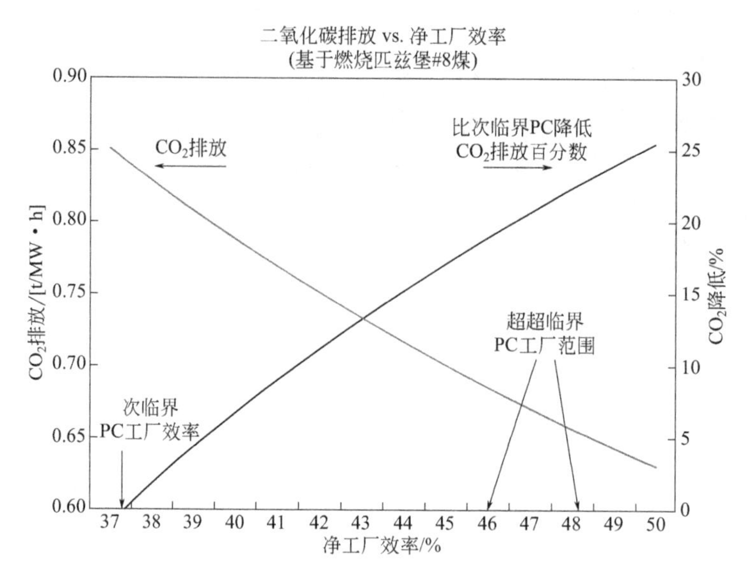

图 2-11　CO_2 排放对与工厂效率（HHV）的关系

2.4 二氧化硫污染物的除去

2.4.1 概述

世界煤炭消费量已经从 1980 年的 27.8 亿吨增加到现在的超过 50 亿吨，我国就占 30 多亿吨。基于每 1×10^6kW 发电厂容量每年消耗煤炭约 400 万吨，估计到 2040 年世界煤炭消耗每年 125 亿吨。燃煤发电厂通过烟气流排放显著数量的 SO_2、NO_x、Hg、颗粒物质和其他痕量元素。据报道，每一年，一个典型的燃煤发电厂产生 370 万吨 CO_2、500t 飘浮在空气中的小颗粒、1 万吨 SO_2、1.02 万吨氮氧化物、720t CO、220t 烃类、170lb（1lb=0.4536kg）汞、225lb 砷、114lb 铅、4lb 镉和其他有毒重金属，包括放射性铀。烟气排放，如 SO_2，在 19 世纪初就引起世界范围的注意，由于涉及工业烟雾。已经做了很多研究分析工作来确定这些空气污染物对人类健康和对环境产生的影响。一些国家的政府法规，如美国的清洁空气法，强制规定要求降低空气污染物排放，因为它们对环境和人类健康会产生很大的影响。除了直接毒害外，煤排放的空气污染物还能够使水和土壤受污染，引起健康问题，包括呼吸危害、心脏病、癌症、慢性支气管炎和过早死亡等。

排放到环境中的 SO_2 和 NO 污染物，会产生酸雨现象。在大气中，SO_2 在烟尘（碳颗粒）的催化下被氧氧化成 SO_3，再与雨中的水反应，形成硫酸（H_2SO_4），而 NO 也与水作用形成硝酸（HNO_3）。最终，这个“酸雨”回到地面上，因此而引起许多问题，从对人造结构件（建筑物）的腐蚀到危害土壤和湖泊，导致生态系统受到极大的危害。酸雨使湖中水的酸性增加，对鱼类或其他有机生物体产生影响，干扰其食物供应链。SO_2 和 NO 在大气中的进一步反应会导致细微颗粒的形成，当人类吸入它们时会引起呼吸问题，包括刺激喉咙、眼睛和鼻子，干咳和头痛。即便短时间暴露于 SO_2 中，对大多数人也会引起呼吸问题，特别是有呼吸道病史的人，如哮喘。

汞是煤中最有问题的元素，它能够在局部和全球尺度范围的陆地和水生环境中循环，因为 Hg 具有挥发性和持久性特征。它最终沉积在琥珀和河流中，并以甲基汞（Me-Hg）的形式生物累积，主要通过人类消费的污染鱼类，对公共健康造成巨大的威胁。暴露于汞毒物中会招致神经系统问题，如失去记忆力、失眠以及因汞在大脑中的累积而引起的其他行为失常症状。

器官如肝和肾以及胃肠、心血管和免疫系统也能够受到影响。如果怀孕妇女暴露于汞中，未出生的孩子可能已经遭受大脑的发育不全，产生严重的疾病如脑瘫。

在过去几十年中，已经研究发展出相当多的吸附剂和催化剂，目标是要除去这些空气污染物以防止它们被释放到大气中去。因此，从环境角度要求看，这些污染物都是必须除去的。在污染物除去领域，已经进行了大量研究，发展出多种除去技术。自 20 世纪 70 年代以来，应用燃烧研究已经从提高产量和强化燃烧转变为改进燃烧过程，目的是降低污染物排放（图 2-12）和提高效率。燃烧产生的污染物涉及硫、氮、碳、小分子烃类和无机颗粒物质的氧化，以及一些痕量砷和金属如汞等。

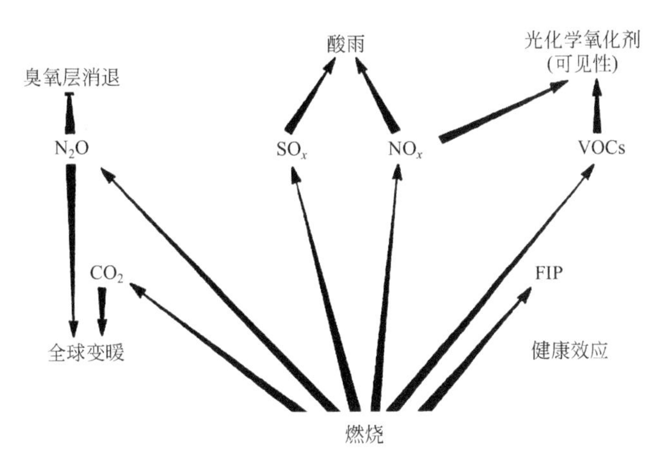

图 2-12 燃烧产生的污染物排放

2.4.2 烟气脱硫吸附剂

燃料煤炭中的硫元素一般以无机和有机硫化物的形式存在。在氧化气氛中燃烧时，绝大部分硫被转化为 SO_2，少量的 SO_2 被氧化为 SO_3（约 1% ～ 2%）。使用低过量 O_2 燃烧（过量 0.5% 的 O_2）能够减轻 SO_3 的生成。在燃烧过程中捕集硫的常用方法是使用石灰石（碳酸钙）吸附剂。在燃烧的高温下碳酸钙被分解成氧化钙（煅烧石灰石）CaO，它能够与 SO_2 反应生成 $CaSO_4$，这是一个可以分散的固体废物。而在粉煤高温贫燃环境中（$T_{峰温} \approx 2000K$），$CaSO_4$ 是不稳定的，它被分解。使烟气脱硫用于粉煤燃烧硫捕集成为可能。

流化床燃烧技术的发展为燃烧过程中有效的硫除去提供了机遇，因为 $CaSO_4$ 在 FBC

操作温度 1050 ～ 1170K 时是稳定的。FBC 技术的一个困难是，它不能够被很好放大到 700 ～ 1000MW，主要原因是为确保煤在床层中的均匀分布效应需要很大数目的加料点。在循环流化床燃烧中，气体速度高于常规鼓泡流化床，因此达到同样热量释放的横截面积比较小。这有助于减少加料点的数目，也方便操作。颗粒度较小的石灰石也能够在加料中使用，能够改善硫捕集和降低为达到捕集硫的目标值所必需的 Ca/S 摩尔比。但是对现在广泛使用的燃烧粉煤的蒸汽循环发电工厂，因使用的是兰开夏锅炉，不可能进行燃烧室内高温脱硫，必须进行烟气脱硫以降低和消除二氧化硫排放。

排入环境中的硫氧化物（SO_x）可以来自天然源，也可以来自人为源。使用化石燃料的公用发电厂和工业燃料消耗是排放的主要来源，分别占全球 SO_x 排放的约 69.7% 和 13.6%。由于二氧化硫的巨大影响，已经制定法规要逐渐降低或控制 SO_x 的排放。世界健康组织（WHO）设置的二氧化硫排放标准是，最大小时平均排放量为 350μg/m^3。为了满足该标准，必须在燃料的不同利用阶段应用脱硫技术，也就是在燃烧前、燃烧期间和燃烧后阶段。煤中的硫含量一般较低，它是煤分子结构的一部分，也可以存在于黄铁矿细颗粒中。在燃烧前除去煤中硫的程度仍然受到限制。硫化合物在燃烧期间分解后脱硫是容易的。烟气脱硫技术（FGD）在发电厂中的使用是广泛的。

非再生过程的主要缺点是，产生数量巨大的废浆液且必须分散处理，这是一个至今仍未解决的主要问题。再生过程优于非再生过程，能够把脱硫产物分解成试剂，因此避免了需要分散固体废物的问题，降低了替代吸附剂的成本。应用 Claus 和胺过程能够把 SO_2 转化为单质硫。但安装这些过程是昂贵的，操作是复杂的。

文献报道说，世界范围的燃煤 FGD 的约 56% 采用石灰石强制氧化工艺，18% 采用强制和阻滞氧化工艺，8.3% 采用湿石灰工艺，4% 采用镁增强石灰淋洗工艺，8.2% 采用石灰喷洒干燥工艺，1% 采用 FSI。

2.4.3 石灰或石灰石基工艺

2.4.3.1 喷洒干燥器工艺

在喷洒干燥器工艺中，石灰（氧化钙，CaO）被粉碎和加水形成浆液。浆液用泵输送到喷洒干燥器顶部，然后喷洒下来吸收 SO_2。接下来浆液携带着被脱组分在热炉气中干燥，再到颗粒控制装置收集颗粒。这个工艺示于图 2-13 中。

2.4.3.2 湿石灰石工艺

湿石灰石（碳酸钙，$CaCO_3$）工艺见图 2-14。烟气使用两段系统被石灰石的循环浆液淋洗，以钙盐除去二氧化硫，石膏作为主要产物。石灰石原料被磨细，制备成浆液。浆液由泵输送到存储罐（反应槽）。在槽中混合物的一部分被泵送到吸收器并向下喷射淋洗反应器中的物流，烟气与湿石灰石接触 SO_2 被吸收进入浆液。在吸收器中发生反应，并在槽中继续反应：

$$CaCO_3+SO_2+0.5H_2O \longrightarrow CaSO_3 \cdot 0.5H_2O+CO_2 \tag{2-1}$$

$$2(CaSO_3 \cdot 0.5H_2O)+3H_2O+O_2 \longrightarrow 2(CaSO_4 \cdot 2H_2O) \tag{2-2}$$

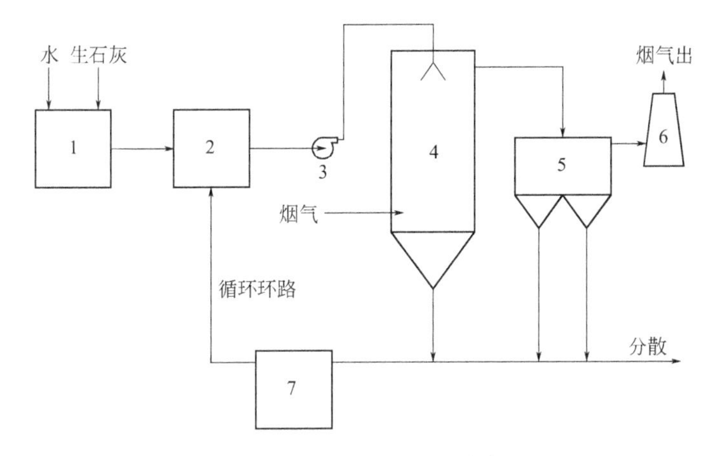

图 2-13 喷洒干燥器工艺流程

1—球磨屋；2—加料槽；3—泵；4—喷洒干燥器；
5—颗粒物质控制装置；6—烟囱；7—循环浆液槽

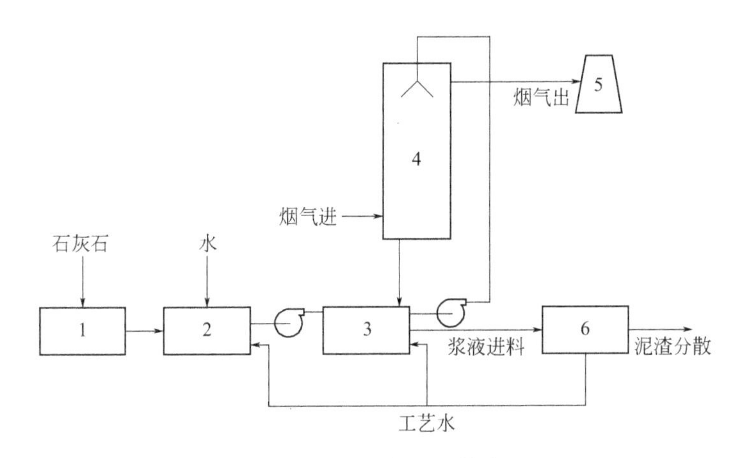

图 2-14 湿石灰石工艺流程

1—粉碎站；2—浆液槽；3—反应槽；4—吸收器单元；5—烟囱；6—脱水单元

该工艺简单，有丰富的石灰石可以利用。操作优化后，能够达到高除去效率。但是，放大问题使湿石灰石工艺操作困难。为此进行改进以克服这个问题，发展出强制优化和阻滞氧化等工艺。

2.4.3.3 湿石灰工艺

湿石灰 [氢氧化钙，$Ca(OH)_2$] 工艺与湿石灰石工艺基本相同，只是使用石灰替代石灰石。为帮助淋洗，在石灰中添加 3% ～ 8% 的 MgO。使用该工艺吸附剂的利用率高达 99.9%，该工艺移去高达 98% 的 SO_2。在湿石灰工艺中相关反应是：

$$CaO+H_2O \longrightarrow Ca(OH)_2 \tag{2-3}$$

$$Ca(OH)_2+SO_2 \longrightarrow CaSO_3 \cdot 0.5H_2O+0.5H_2O \tag{2-4}$$

$$Ca(OH)_2+SO_2+0.5O_2+H_2O \longrightarrow CaSO_4 \cdot 2H_2O \tag{2-5}$$

2.4.4 钠吸收剂工艺

2.4.4.1 湿钠淋洗

该工艺也类似于湿石灰石淋洗工艺。使用苏打粉（Na_2CO_3）或苛性苏打（NaOH）作为吸收剂。吸收剂和废产物是可溶性的，因此该工艺中无需废物管理设备。

SO_2 被吸收进入水溶液，高 pH 值驱动下面的吸收反应向右进行：

$$SO_2+H_2O \longrightarrow H_2SO_3 \tag{2-6}$$

2.4.4.2 再生工艺

在该过程中，使用 Na_2SO_3 作为碱吸收剂，除去大部分二氧化硫。硫酸化产物，亚硫酸氢钠（$NaHSO_3$）被热分解以再生吸收剂。使用这个工艺，能够达到的除去效率超过 90%。该再生工艺在商业上被称为 Wellman-Lord 工艺，如图 2-15 中所说明的。由如下四个子过程构成。①烟气预处理，来自静电除尘器（ESP）中的烟气被淋洗除去大部分颗粒物质以及 SO_3 和 HCl，否则会干扰 SO_2 的化学吸收。然后冷却和加湿烟气。②在吸收塔中使用亚硫酸钠溶液吸收 SO_2，其中烟气与 Na_2SO_3 接触生成亚硫酸氢钠（$NaHSO_3$）[反应式（2-7）]，而 Na_2SO_3 被氧化成无活性的硫酸钠（Na_2SO_4）[反应式（2-8）]。从接触器底部连续吹扫以防止过量硫酸钠的生成。③来自吸收塔溶液的处理，分离溶解度较低的硫酸钠，亚硫酸钠进行再循环。④亚硫酸钠再生，把亚硫酸氢钠分解为亚硫酸钠和二氧化硫 [反应式（2-9）]。此外，在再生期间，发生硫酸氢钠和亚硫酸钠的变比反应 [反应式（2-10）]。

$$Na_2SO_3+H_2O+SO_2 \longrightarrow 2NaHSO_3 \tag{2-7}$$

$$2Na_2SO_3+O_2 \longrightarrow 2Na_2SO_4 \tag{2-8}$$

$$2NaHSO_3 \longrightarrow Na_2SO_3+H_2O+SO_2 \tag{2-9}$$

$$2NaHSO_3+2Na_2SO_3 \longrightarrow 2Na_2SO_4+Na_2S_2O_3+H_2O \tag{2-10}$$

虽然一般认为工厂的操作令人满意，但反应式（2-8）和式（2-9）也会产生技术和经济问题。要避开使用过度的吹扫过程来除去 Na_2SO_4 和 $Na_2S_2O_3$，以及无活性钠盐的分散处理和为减少氧化使用许多添加剂。

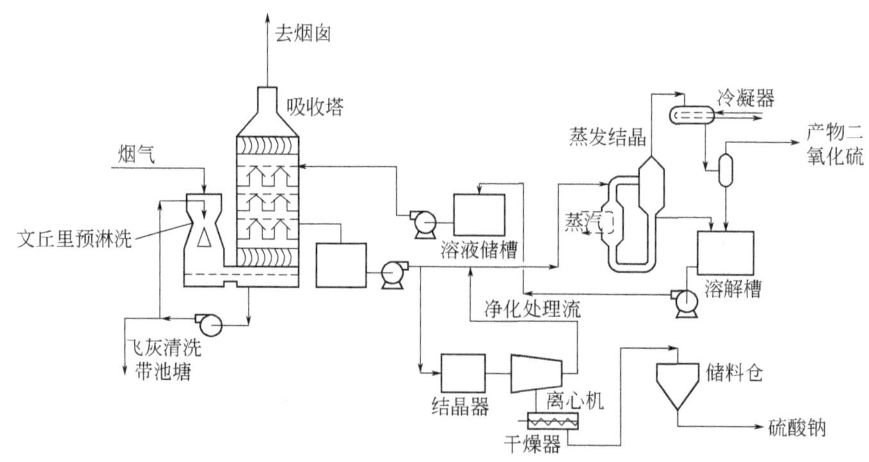

图 2-15 Wellman-Lord 工艺流程

2.4.5 炉内吸附剂喷射（FSI）工艺

在该工艺中，干吸附剂被直接喷入炉子的燃烧区域中，其一般温度高于1000℃。喷入的水合石灰或石灰石在这个温度下分解，生成高表面积多孔固体捕集SO_2，产物是硫酸钙。反应和未反应的吸附剂被烟气带出炉子，并被颗粒控制装置捕集。在该过程中发生如下反应：

$$CaCO_3 \longrightarrow CaO+CO_2 \tag{2-11}$$

$$CaO+SO_2+0.5O_2 \longrightarrow CaSO_4 \tag{2-12}$$

该过程的主要参数是反应温度和炉内停留时间。该工艺安装便宜但操作昂贵，因为吸附剂没有有效利用且高炉温使脱硫产物硫酸钙不稳定。对在工业排炉（IGF）和粉末燃烧锅炉中的应用，重点是硫酸化产物的热稳定性、硫化反应动力学和工艺问题等。

俄亥俄州碳酸化粉再活化（OSCAR）是对FSI工艺的一个改进，现在俄亥俄McCracken发电厂进行工业示范。新鲜钙源浆液在一个浆态反应器中进行烟气碳酸化，借助于表面改性剂的帮助。分离沉淀$CaCO_3$并送去提升管反应器中与700～800℃下的SO_2反应，被煅烧并发生硫化反应。带出的颗粒物质被旋风分离器收集，然后烟气通过一热交换器、选择性催化还原单元（SCR），经滤袋过滤，通过烟囱排放。这个工艺的好处是，较低的投资成本，需要较少的新鲜吸附剂，更多的改造可能和较少副产物产生，这使分散处理成本较低。

2.4.6 吸附脱硫

能够脱除烟气中硫氧化物的吸附剂必须具有四个性质，它们在一定程度上可能是相互矛盾的：对SO_x有强的亲和力且有快速的吸着动力学；大表面积；高的物理、热和化学稳定性；再生温度和容量合理且具有接近100%回收的性能。

硫氧化物吸附剂能够分为四大类：单一氧化物、混合氧化物如尖晶石和氧化铝负载氧化物、碳材料负载氧化物和沸石介孔材料。单一氧化物包括CaO、MgO、TiO_2、CeO_2和MnO_2等都是能够脱硫的，虽然仍未实际使用。研究过的脱硫混合氧化物主要有CuO/γ-Al_2O_3、Pt-CeO_2/Al_2O_3、MgO–CeO_2/Al_2O_3、K–ThO_2/Al_2O_3、CaO/γ-Al_2O_3、尖晶石$MgAl_2O_4$、水滑石类CuMgAl、CoMgAl、CeFeMg、CeFeMgZr和CeFeMgAl等。碳负载氧化物如铁氧化物/活性炭（Fe/AC）、CaO/AC、Cu/AC等。

活性炭吸附工艺以二氧化硫被碳材料吸附为基础。在某些工艺中，碳材料被一薄层金属氧化物所覆盖，该金属氧化物作为催化剂以帮助碳材料吸附SO_2。吸附剂在惰性气氛下再生，以砂石作为多相热源。报道说，褐煤半焦和焦炭对SO_2有好的吸附特性。

使用多孔材料的其他技术，如浸渍液铜 - 氧化铝的钙氧化物作为吸附剂吸附炉气中的SO_2，然后在不同环境中再生。

2.4.7 除去SO_2的沸石吸附剂

虽然在利用非再生碱材料来控制SO_2排放中有相当大的进展，但被硫酸产物层阻塞孔

通常会导致 SO_2 除去过程过早停止，使这些材料利用不完全，这是一个主要限制。不可逆化学反应和废固体的低商业价值阻止了这类 SO_2 排放控制技术的长期运转应用。沸石是一类主要的微孔材料，在气体吸附和分离中有广泛的应用。有数据证明，沸石如 KL、NaA、CaA 和 NaX 对 SO_2 有好的吸附容量，对数百微升 / 升 SO_2 气流 25℃时吸附容量为 130 ～ 170mg/g。研究也证明，许多其他沸石在不同条件下也能够被使用于 SO_2 排放控制，如全硅沸石、全硅沸石 S-115、脱铝 Y 沸石（DAY）、NaY。它们的 SO_2 吸附容量分别为 38mg/g、128mg/g、19.2mg/g 和 267mg/g。因有显著高的孔隙率和可渗透性、大表面积和孔体积，各种沸石已经被使用作为 SO_2 吸附剂。这为控制 SO_2 排放提供一个替代方法，优点是产生废水较少，消耗能量较低。

全硅沸石是无定形二氧化硅，具有强的亲水特性。孔体积 0.19mL/g，全硅沸石对气体中许多有机物和无机物的吸附是可行的。由于其热稳定性高达 1100℃，在酸性环境中是稳定的，有许多研究者研究全硅沸石除去 SO_2。在 25℃和大气压下，全硅沸石对 SO_2 的吸附容量（37.9mg/g）高于 ZSM-5（20mg/g）和活性炭（16.7mg/g）。初始容量的 95% 能够在 350℃下被再生。在 Ames 市政发电厂的试验中发现，全硅沸石从真实烟道气（含水蒸气、NO_x 和灰尘颗粒）中除去 SO_2，在 25℃全硅沸石捕集 SO_2 的容量为 190mg/g。烟气组分如氮气、氧气、二氧化碳和水蒸气并不显著影响 SO_2 吸附容量。

已经被广泛研究过的吸附 SO_2 的其他沸石是 Y 沸石、H 型或 Na 型。Y 沸石具有十二元环的吸附通道。吸附通道的直径约 0.7nm，大于全硅沸石。气体在 Y 沸石中的扩散率比全硅沸石高 2 ～ 3 个数量级，对捕集 SO_2 是完全可行的。使用脱铝 Y 沸石（DAY）除去 SO_2 已经有许多研究，由于它有较大的孔、高热稳定性和提高的憎水性。对富硅丝光沸石和 MFI 沸石，SO_2 的平衡吸附量随 SiO_2/Al_2O_3 的增加而增加。总 SO_2 容量 MFI 沸石要高于丝光沸石。

2.4.8 Shell 炉气脱硫过程（SFGD）

平行流反应器（PPR）和横向流反应器（LFR）是所谓的有序排列催化剂反应器，如图 2-16 和图 2-17 所示。其结构性质制造和传递特性很适合烟气脱硫的工业应用，很成功的一个例子是 Shell 炉气脱硫（SFGD）。

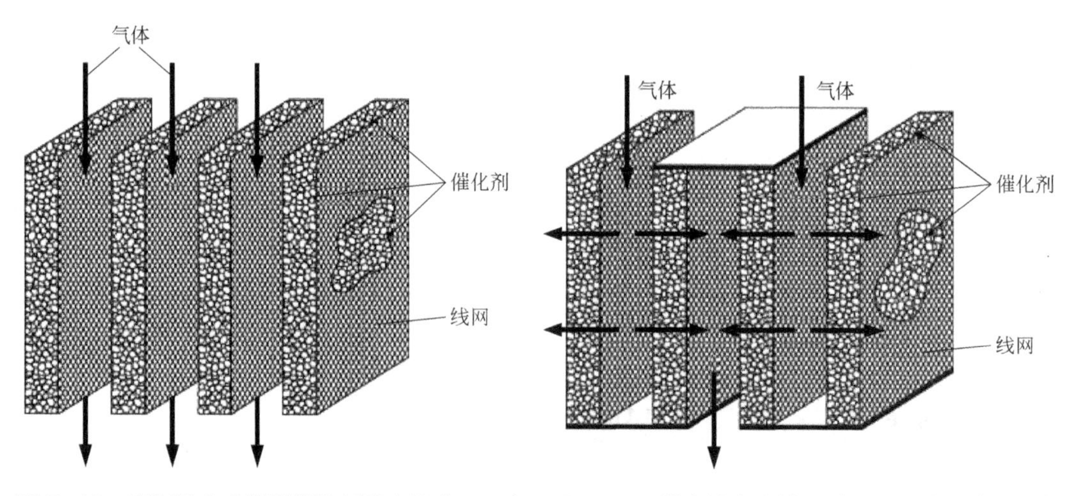

图 2-16　平行流有序排列催化剂反应器（PPR）　图 2-17　横向流有序排列催化剂反应器（LFR）

对 SFGD 过程，使用平行流反应器（PPR）。反应器内装填有可再生高分散铜氧化物固体吸收型催化剂。操作温度 400℃。主要反应有三个：

$$CuO+\frac{1}{2}O_2+SO_2 = CuSO_4 \qquad (2\text{-}13)$$

$$CuSO_4+2H_2 = Cu+SO_2+2H_2O \qquad (2\text{-}14)$$

$$Cu+\frac{1}{2}O_2 = CuO \qquad (2\text{-}15)$$

SFGD 过程原理上是一个等温过程，PPR 以绝热反应器方式操作。其机械和化学稳定性很好，可以操作数千个循环，而且 PPR 能够承受气体中的灰尘。工业示范试验成功后，自 1973 年起，在日本的工业单元成功操作已很多年，其设计指标是对 125000m^3/h 烟气进行 90% 的脱硫（燃油锅炉尾气）处理。其流程特征是使用两个 PPR 反应器的自动程序控制和摆动模式操作。流程框图如图 2-18 所示，实际装置的外形照片示于图 2-19 中。

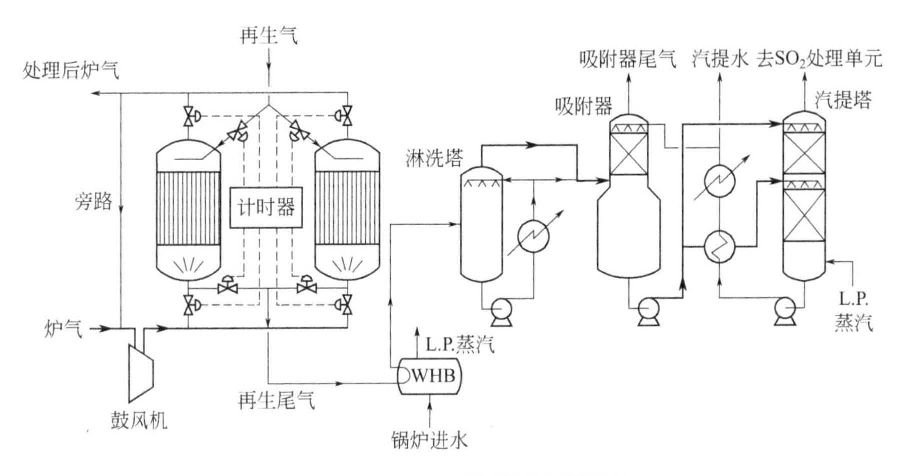

图 2-18 SFGD 过程的流程框图

图 2-19 SFGD 工厂的照片

对这个 SFGD 工艺进行改进，就能够在除去硫氧化物的同时也能够除去氮氧化物。这是由于铜元素，不管是以氧化物还是硫酸盐形式存在，都能够催化氮氧化物与氨间的反应：

$$NO+NH_3+\frac{1}{4}O_2 \longrightarrow N_2+\frac{3}{2}H_2O \tag{2-16}$$

$$NO_2+\frac{4}{3}NH_3 \longrightarrow \frac{7}{6}N_2+2H_2O \tag{2-17}$$

因此，只要在 SFGD 过程的吸收循环期间添加氨，就能够同时除去二氧化硫和氮氧化物。该 SFGD 的改进工艺也已经在日本实现实际应用。

2.5 氮氧化物污染物的除去

2.5.1 概述

来自移动和固定源（特别是燃煤和燃天然气的发电厂）的 NO_x 消除已经成为世界各国关心的主要事情之一。它对环境有广泛范围的影响，包括对酸雨的贡献、降低大气可见度、对人类的呼吸产生严重影响，对平流层臭氧产生影响，因 N_2O 损耗平流层臭氧。NO_x 的消除是环境催化的最典型事例。应该注意到，NO_x 排放的降低，燃烧过程改进也有重大的责任，因为氮氧化物主要在矿物燃料和生物质燃烧因高温由氮气和氧气反应时生成。

一氧化氮在贫燃火焰中通过 O 与分子氮的反应生成（“热生成 NO”）。在放热反应中，它通过烃类自由基与 N_2 间的反应生成（“快速 NO 生成”）。煤和石油燃料中的杂环氮化合物的热解和氧化也能够生成 NO（“燃料 NO”）。NO_x 生成机理是众所周知的：① N_2 和 O_2 在高温（火焰）下按照 Zeldovich 机理进行反应（热 NO_x）；②燃料或生物质和烃类中含氮化合物的氧化；③氮自由基和烃类反应生成中间物 HCN，HCN 氧化生成 NO（促进了 NO_x 的生成）。在高温下，热 NO_x 形成通常占总 NO_x 的大部分，这也是使用化石燃料的发电厂排出的最主要污染物之一。因热力学原因，NO_x 一般由 95%NO 和 5%NO_2 组成。在自然界中还有产生 NO_x 的其他源，如闪电的氮固定、火山活动、对流层中的氨氧化、平流层中 NO 流入、蛋白质分解氨的氧化。但其排放的主要部分来自矿物燃料特别是煤炭的高温燃烧和车辆中燃料的燃烧。

对氮氧化物排放，世界上大部分国家已经建立起 NO_x 排放的限制标准。对烟气中的 NO_x 浓度也设置了标准（相对于干基氧浓度，10^{-6}）。表 2-2 摘录了日本、欧洲和美国对新建热电厂和气体透平中的 NO_x 排放限制值。

表2-2 日本、欧洲和美国对新建热电厂和气体透平NO_x排放限制值

项 目	日 本	欧 洲	美 国
热电厂容量	$>5\times10^5m^3/h$	$>50MW_{th}$	
煤：NO_x（6% O_2）/（μL/L）	200	100	100①
油：NO_x（3% O_2）/（μL/L）	130	75	
气：NO_x（3% O_2）/（μL/L）	60	50	
透平：NO_x（15% O_2）/（μL/L）	70	25	1.5～3②

①到 2003（臭氧季节）。

②某些区域应用 LAER（最低可完成排放速率）。

降低氮氧化物排放的技术可以分为两大类：一是通过改进燃烧使生成的氮氧化物量减少；二是在其生成后对烟气中的氮氧化物进行处理，使其排入大气中的量大大减少甚至消除。下面分别叙述之。

2.5.2 改进燃烧降低氮氧化物的生成

如前所述，一氧化氮可以由氮气和氧气“热生成”；可以由烃类自由基与 N_2 间“快速 NO 生成”和由杂环氮化合物热解氧化生成 NO（“燃料 NO”）。图 2-20 示出了在燃料贫燃和富燃火焰中氮化合物相互转化的化学路径。对氮氧化物生成的化学反应路径考察和在火焰中破坏形成氮氧化物来降低锅炉中 NO_x 排放，可以梳理出在锅炉中降低氮氧化物生成可以采取的手段主要有：①通过热量提取和 / 或烟气循环降低火焰峰温；②使用烟气或蒸汽与气体燃料混合和使循环燃烧气体与燃烧空气混合稀释反应物浓度；③分段加入燃烧空气以产生富燃 / 贫燃顺序燃烧，以利于使燃料键合氮转化为 N_2；④分段加入燃料以使在火焰中较早形成 NO，再通过与烃类自由基反应消除它（“NO 再燃烧”）。由此不难看出，通过改进燃烧过程降低 NO_x 排放是一个有科学基础的技术，已经被成功地应用于工业中。国际上现时配备和采用这些“初级燃烧手段”的发电容量在 1995 年就超过 188GW_e（见表 2-3）。

表2-3　1995年前世界上配备初级燃烧手段降低NO_x排放的燃煤发电厂容量（IEA CoalResearch，1995）

国家或地区	澳大利亚	比利时	加拿大	中国（不包括香港、澳门和台湾）	丹麦	芬兰	德国	中国香港	爱尔兰	意大利
容量/MW_e	1675	555	9065	70	4585	1765	30332	1030	305	3495
国家或地区	日本	韩国	马来西亚	荷兰	瑞典	中国台湾	乌克兰	英国	美国	总计
容量/MW_e	15320	1060	600	4340	715	5825	300	12600	94483	188.665 GW_e

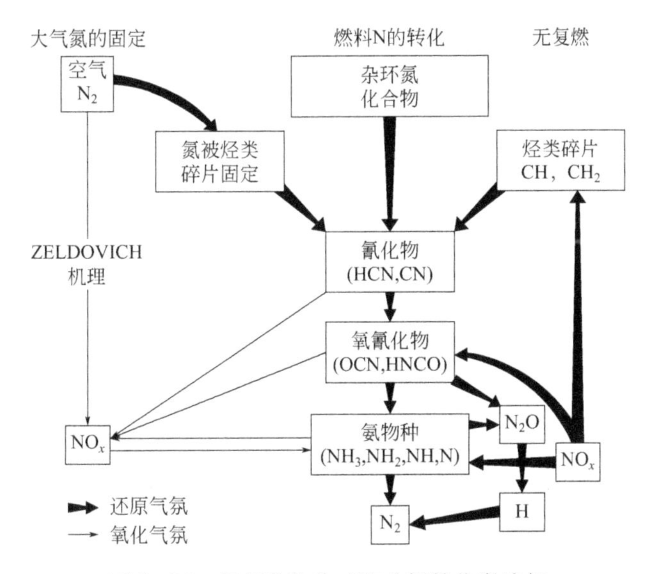

图 2-20　氮氧化物生成和分解的化学路径

2.5.2.1 低 NO_x 燃烧器（LNB）

低 NO_x 燃烧器（LNB）（见图 2-21）是对新发电厂和旧发电厂改造能够采用的降低 NO_x 排放成本最有效的方法。在这类燃烧器中，空气分段进入是通过空气动力学控制混合燃料喷射流和供给燃烧器的空气流来达到的，不在火焰上部使用空气。

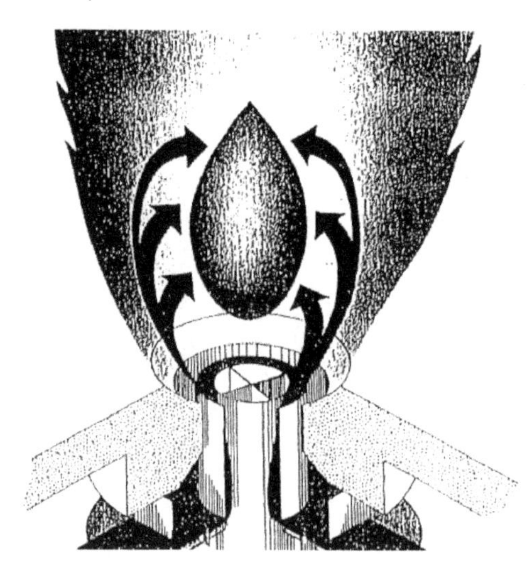

图 2-21　低 NO_x 燃烧器示意图

LNB 的问题之一是，要求在接近燃烧器的区域保持富燃环境，这样燃料先进行热裂解，然后再与残留空气混合达到完全燃烧。基于第一原理以工程办法解决这个问题的一个例子是径向分层火焰核燃烧器（RSFC）。旋转流动径向密度分层湍流阻尼过程已经被应用于 LNB 的设计中，防止了过早或提前混合，因为在近燃烧器区域的湍流阻尼和紧跟着与来自三重环形燃烧器外环的残留空气强烈混合。报道说，在 1.5MW 级 MIT 燃烧研究设备中使用 RSFC 燃烧器分别燃烧天然气、重燃料油和煤时，排放的 NO_x 达到要求。在图 2-22 中给出的是燃烧粉煤时测量 NO_x 浓度曲线。图中间的直线表示的是没有外部空气分段的情形；顶部的曲线指未对条件加以控制的情形；而最低部的曲线指的是具有火焰上部空气时的 RSFC 燃烧器情形。

RSFC 燃烧器已经经 MIT 授权由 ABB 放大和商业化。近来，又对 ABB-CE 的 RSFC 低 NO_x 燃烧器进行了技术改造。

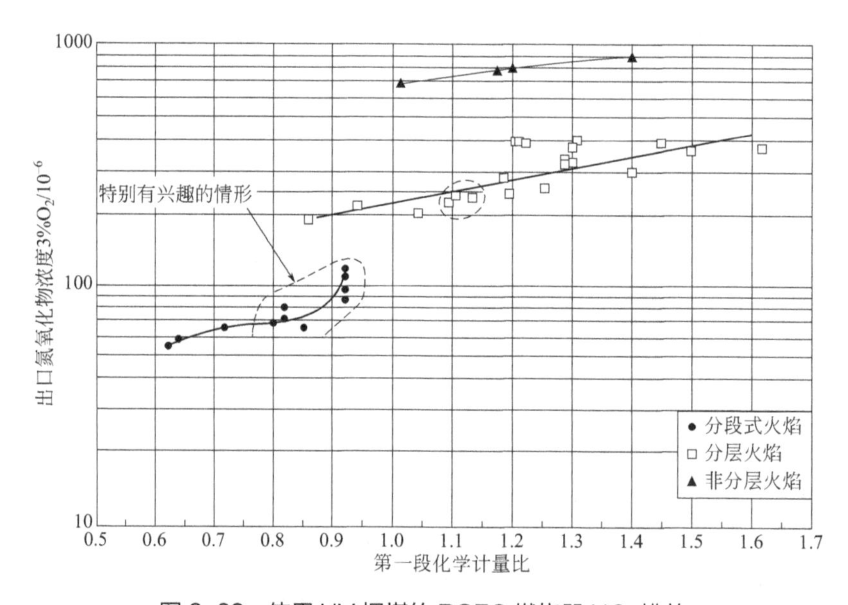

图 2-22　使用 HV 烟煤的 RSFC 燃烧器 NO_x 排放

2.5.2.2 再燃烧

对“再燃烧”，二次燃料通常是对燃烧天然气（见图 2-23）而言的，但燃料油甚至煤也能够被使用“再燃烧”。对煤燃烧，其挥发分是主要反应物，但含碳固体也可以把 NO_x 还原为 N_2。在美国，再燃烧技术已经被成功地应用于带干灰除去的粉煤燃烧结渣炉；在意大利被应用于燃油和燃煤锅炉的计算研究；在 Pisa 的 ENEL R&D 实验室被应用于实验室和中间工厂试验。在燃煤锅炉中使用煤和天然气作为再燃烧燃料时的 NO_x 排放的降低示于图 2-24 中。

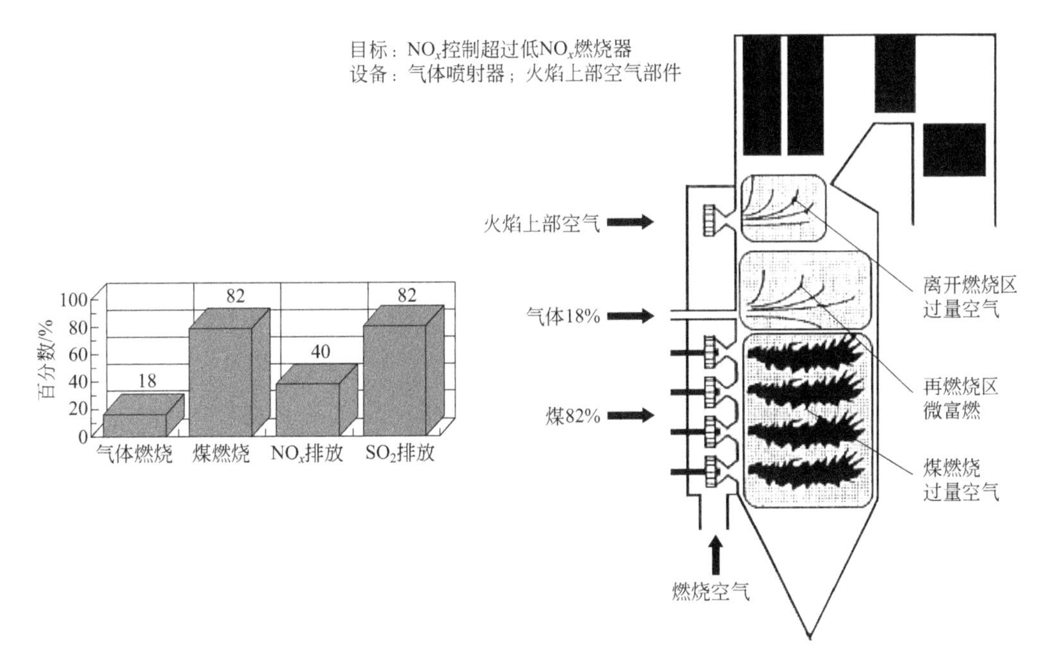

图 2-23　NO_x 气体再燃烧

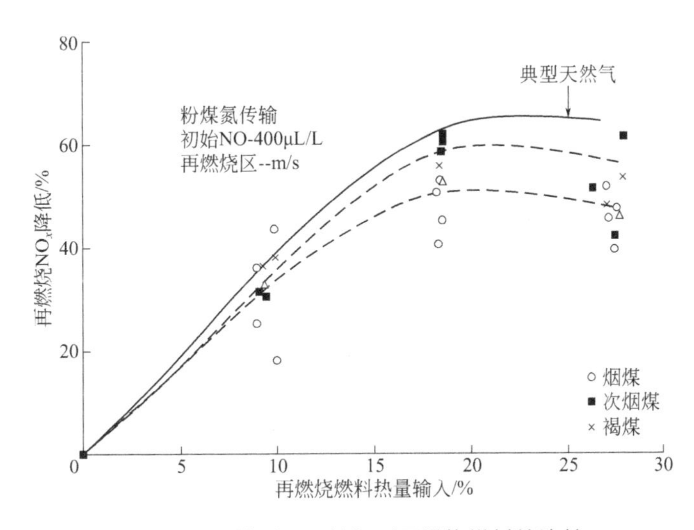

图 2-24　煤型和天然气型再燃烧燃料的比较

再燃烧过程的模型化是一个特别的挑战，因为它要求详细描述氮反应化学、相对小质量流的再燃烧燃料和三次空气与炉中大量燃烧产物的控制混合。然而已经发展出一个模型，该模型能够对遵循流动的空间分布、主要物种浓度和温度进行 CFD 计算，计算时燃烧空间域被分割为相对小的许多体积区（例如 100 个），于是在每个小体积区域可应用比 CFD 模型中可能使用的更为详细的化学知识。

2.5.2.3 氧化亚氮（N_2O）问题

因为在流化燃烧中的低燃烧温度，NO 的生成主要来自煤中氮的转化。鉴于本身的特点应用分段引进空气能够使污染物排放最小化。但是，由于低燃烧温度产生的一个困难是，氧化亚氮 N_2O，NO 生成中的一个中间产物，保留了下来并从 FBC 排放出来，其浓度范围在 $40\times10^{-6}\sim100\times10^{-6}$。氧化亚氮是一种温室气体，也消耗平流层臭氧。在对流部分温度上升到高于 1200K 以前，上升气体温度能够消除氧化亚氮排放，但温度上升对流化床中的硫捕集有反作用。值得注意的是，加压流化床也排放 N_2O，但第二代加压流化床不排放 N_2O，这是由于有一顶部燃烧器，使进入透平的气体温度升高，消除了燃烧产物中的 N_2O。

2.5.3 烟气 NO_x 的脱除

转化烟气中 NO_x 的催化方法可以分为三类：①不含过量氧的非选择性催化还原；②高氧化条件下（贫燃）用氨的选择性还原，即 SCR 过程；③在温度高于 900℃时把 NO_x 分解为 N_2 和 O_2。

SCR 过程已经大规模工业应用于燃煤电厂烟道气中的 NO_x 的脱除。固定源 NO_x 排放的控制，包括改进燃烧和流出气体处理（二级手段）两类。广泛应用的第一类手段能够保证 NO_x 降低，达到 50% 到 60% 转化的量级：这是不能够满足最严格的法规要求的。在第二类手段中，较成熟的技术是选择性催化还原（SCR）。因为它的高效率和高选择性，该技术已经在世界范围内应用。SCR 过程基于 NO_x 和射入烟气中的氨（NH_3）或尿素［CO（NH_2）$_2$］间的反应，产物是氮气和水。

近来提出了能够替代 SCR 过程的新技术，如催化吸附（$SCONO_x^{TM}$）。$SCONO_x^{TM}$是一个多污染物控制技术，能够同时消除 NO_x、CO 和挥发性有机化合物（VOCs），其 NO_x 排放能够降低至 1μL/L。这个技术基于循环操作：在吸附期间 NO_x 被存储于催化剂 / 吸附剂材料中，而在接着的再生期间气流和稀氢气混合物（原位产生）把吸附物转化为氮。SCR 和 $SCONO_x^{TM}$技术使用的催化剂都具有独居石形式的结构，对不同应用设计特定的几何形状。

2.6 氨选择性催化氧化氮氧化物过程

2.6.1 概述

NO_x 指各种氮氧化物，包括 NO、NO_2、NO_3、N_2O、N_2O_3、N_2O_4 和 N_2O_5，其中 NO 和 NO_2 是主要组分，在发电厂烟气中 NO 占总 NO_x 的 90% ～ 95%。氮氧化物在燃烧过程中通过复杂的机理产生。

热力学上 NO 分子是不稳定的，不仅在极端高的温度或压力，还在标准条件 298K 和

1atm 下。但是，由于 NO 键合的电子结构，NO 的分解反应（方程 2-18）是自旋禁止的，使 NO 在动力学上是稳定的。因此分裂 NO 需要很高的能量（153.3kcal/mol）。直接把 NO_x 在催化剂上分解为 N_2 和 O_2 以除去该空气污染物是有吸引力的，因为不需要添加任何反应物。但是，已经发现，对许多情形，在有氧存在时 NO 在催化剂上的分解受到强烈的阻滞。看来氧阻滞是由于氧在催化剂活性位上的竞争吸附，而这是 NO 化学吸附过程的速率决定步骤。

$$2NO \rightleftharpoons N_2+O_2 \tag{2-18}$$

选择性催化还原（SCR）是移去 NO_x 一种燃烧后消除技术，NO_x 在 SCR 催化剂上被 NH_3、CO 和烃类等还原试剂选择性地还原。SCR 作为一个 NO_x 被 NH_3 还原的方法，在 20 世纪 80 年代早期就已经在日本商业化。通过在烟气中喷入 NH_3，NO_x 在催化剂上被 NH_3 还原，操作温度区间从 300 ～ 400℃，需要足够量的氧存在。用 NH_3 的 SCR 过程的基本反应为：

$$4NO+4NH_3+O_2 = 4N_2+6H_2O \tag{2-19}$$

液氨经蒸发用空气稀释，通过分布板喷入烟气流进入 SCR 反应器。在蜂窝或板型独居石反应器上发生上述还原反应。该类催化剂由二氧化钛、钨氧化物、五氧化钒和硅酸铝的均匀混合物组成。TiO_2 的晶相主要为锐钛矿型，占 80%（质量分数），它被用作载体，上面涂渍氧化钒 [＜ 2%（质量分数）] 作为主要活性组分，用以还原氮氧化物和氧化二氧化硫到三氧化硫；添加氧化钨 [10%（质量分数）] 能使催化剂有较高的热稳定性；添加硅铝酸盐和陶瓷纤维能够确保催化剂有所希望的力学性质和陶瓷性质。

NO_x 与 NH_3（以液体氨、干氨、氨水溶液或尿素存储）发生反应生成氮气和水，主要反应如下：

$$6NO+4NH_3 = 5N_2+6H_2O \tag{2-20}$$

$$6NO_2+8NH_3 = 7N_2+12H_2O \tag{2-21}$$

$$2NO_2+4NH_3+O_2 = 3N_2+6H_2O \tag{2-22}$$

反应（2-19）是最重要的反应。在过量氧存在下于 250 ～ 450℃在催化剂上快速进行，按 SCR 过程的总化学计量。由于 NO_2 仅占 NO_x 的 5%，反应式（2-20）、式（2-21）在过程中只起次要作用。

也发生如下不希望的氧化反应和过量消耗氨的副反应：

$$4NH_3+3O_2 \longrightarrow 2N_2+6H_2O \tag{2-23}$$

$$4NH_3+5O_2 \longrightarrow 4NO+6H_2O \tag{2-24}$$

$$4NH_3+7O_2 \longrightarrow 4NO_2+6H_2O \tag{2-25}$$

$$2NH_3+2O_2 \longrightarrow N_2O+3H_2O \tag{2-26}$$

$$2NH_3+8NO \longrightarrow 5N_2O+3H_2O \tag{2-27}$$

$$4NH_3+4NO_2+O_2 \longrightarrow 4N_2O+6H_2O \tag{2-28}$$

$$4NH_3+4NO+3O_2 \longrightarrow 4N_2O+6H_2O \tag{2-29}$$

$$4NH_3+4NO_2+O_2 \longrightarrow 4N_2O+6H_2O \tag{2-30}$$

过量氨的消耗，导致发生消去 NO_x 的逆反应，生成副产物 N_2O。进料中没有 NO 时，在 SCR 催化剂上观察到这些反应的发生，但如果存在 NO_x，则它们可以被略去。对过量氧中进行 NO_x 选择性还原反应，在其他简单试剂如一氧化碳和烃类情形中还没有被观察到。因此，在 SCR 过程中选择氨作为独特的还原剂。

含硫的燃料（例如公用发电厂中最广泛使用的煤和油）在锅炉中燃烧要产生 SO_2，也生成少量的 SO_3。在 SCR 催化剂上，SO_2 能够被进一步氧化生成 SO_3。这个反应是非常不被希望的，因为 SO_3 在催化剂上会与烟气中存在的水和未反应氨（残留氨）反应，在床层中形成硫酸和硫酸铵：

$$SO_3+H_2O \longrightarrow H_2SO_4 \tag{2-31}$$

$$NH_3+SO_3+H_2O \longrightarrow NH_4HSO_4 \tag{2-32}$$

$$2NH_3+SO_3+H_2O \longrightarrow (NH_4)_2HSO_4 \tag{2-33}$$

如果床层温度不足够高的话，它们会沉积和累积，导致催化剂的失活。为稳定操作，一般要求催化剂温度在 300℃以上。铵盐在催化剂表面的沉积是可逆的。此外，铵盐和硫酸会沉积和累积在催化反应器下游的冷过程单元和设备上，特别是空气预热器上。尽管 SO_3 和 NH_3 在气流中的浓度都只有 μL/L 量级，仍然会产生腐蚀和压力降问题，因处理气体的流量非常巨大，在 $10^5m^3/h$。因此使用于 SCR 过程的催化剂应该是高选择性的，特别是对 SO_2 氧化。

2.6.2 SCR 催化剂

使用于氨 SCR 过程的催化剂一般是负载于 SiO_2、TiO_2、碳基材料或沸石上的金属或金属氧化物。催化剂的选择取决于 NO_x 除去的效率、操作条件和催化剂再生。几乎所有的金属和它们的组合已经在使用氨的 NO_x 的 SCR 中进行了试验。因其有很好的催化性质，抗 SO_2 中毒的牢固性和在约 300℃时的高活性，故放于氧化钒 - 氧化钛催化剂上。

在 SCR 反应中可以考虑使用的催化剂体系有若干不同类型，包括贵金属、金属氧化物和沸石。在这些催化剂中，现在在 SCR 过程使用最普遍的催化剂是金属氧化物体系。负载贵金属催化剂已发展成为汽车尾气净化催化剂，始于 20 世纪 70 年代，也是首先考虑把其使用于 SCR 过程中来还原 NO_x。它们在 SCR 反应中的活性是很高的，而且也是很有效的氨和二氧化硫氧化催化剂。但是，它们对毒物的耐受性差。为此，贵金属催化剂很快就被金属氧化物催化剂所替代。

基于铬、铜、铁、钒和其他金属的金属氧化物基催化剂，既可以是非负载的也可以是负载在氧化铝、氧化硅和氧化钛上的。自 20 世纪 60 年代以来，它们已经被研究作为使用氨还原 NO_x 的催化剂。在所研究的各种金属氧化物中，基于钒负载于氧化钛（锐钛矿型）上和被 WO_3 和 MoO_3 促进的那些催化剂，在 NO 还原中显示优越的催化性能，且只有很低的二氧化硫氧化活性。以氧化钒作为活性物质在 SCR 反应中使用，首先被 BASF 公司申请专利，而同时日本人首先认识到 TiO_2 负载的 V_2O_5 有优越的活性和稳定性。沸石催化剂也被应用于 SCR 反应中，但只使用在燃气共发电工厂中。使用过渡金属（例如 Fe、

Co、Cu、Ni）以改进酸性沸石的 SCR 活性，确保在高温甚至高达 600℃下的高脱 NO_x 性能，而在这样的高温下，金属氧化物基催化剂是不稳定的。也提出了使用结构明显不同的金属交换沸石催化剂，例如丝光沸石、八面沸石（X 和 Y 型沸石）和 ZSM-5。从晶体母体中除去铝元素能够有效地增加沸石的 Si/Al 比，因此增加其水热稳定性，同时限制其硫酸化倾向。

除这三类催化剂外，各个公司企图开发低温 SCR 催化剂。已经发展出用陶瓷纤维强化的 V_2O_5/TiO_2 型薄片型催化剂，能够在低温下使用于气体的净化。Shell 也推出工业净化的专利技术，使用浸渍有钛和钒氧化物的硅胶颗粒作为低温 SCR 催化剂，并提出了有装填催化剂外壳的新反应器概念（平行流反应器和横流反应器）。

已经发展出的催化剂体系还有由活性组分氧化钒或铂负载于金属独居石（CAMET，金属陶瓷）上的催化剂。CAMET 催化剂体系组合了高低温 CO 氧化和 NO_x 还原活性，是特别为以天然气和油为燃料的透平尾气净化应用而发展的。低温贵金属 SCR 催化剂由 Engehard 发展，并已经被应用于少量以天然气为燃料的共发电透平尾气净化中。在商业 V_2O_5/TiO_2 催化剂中，TiO_2（锐钛矿型）是作为高表面积载体使用，用以负载活性组分五氧化二钒和三氧化钨（或三氧化钼）。最好使用锐钛矿型 TiO_2 作为 SCR 催化剂载体的原因有两个：①在 SCR 反应条件范围 TiO_2 仅有弱的可逆硫酸化倾向，这样的弱硫酸化甚至对 SCR 催化剂活性有增强作用；②锐钛矿型 TiO_2 是一个“活性或活化”载体，在其上负载的钒氧化物具有非常高的催化活性，比其他载体要高很多。

在 NO_x 还原中，氧化钒提供催化剂的主要活性，但不希望为二氧化硫到三氧化硫的氧化提供活性。因此，其含量一般是低的，在高硫尾气净化中其含量通常低于 1%。WO_3 和 MoO_3 是大量使用的 [分别为约 10% 和 6%（质量分数）]，用以增加 V_2O_5/TiO_2 催化剂的活性和热稳定性。因此，它们可以称为是催化剂的化学和结构助剂。当烟气中含有砷化合物时，MoO_3 有防止催化剂失活的能力，但防止机理现在仍未完全搞清楚。

最后，在商业催化剂中，硅酸铝和大量纤维也被作为添加剂使用，以改进催化剂的力学性质和强度。

已经有有关 V_2O_5-WO_3/TiO_2 模型和工业 SCR 催化剂的许多表征。但是，涉及 V_2O_5-MoO_3/TiO_2 催化剂的数据相对较少。

2.6.2.1 负载于独居石上的 SCR 催化剂

SCR 催化剂形式有蜂窝独居石、板型和涂渍陶瓷或金属独居石，如图 2-25 所示。这类构型的催化剂比常规颗粒填料床层更理想。因为：①对具有同样几何外表面积的颗粒填料床层，其压力降要比结构反应器大 2 ～ 3 个数量级。②独居石载体的几何表面积比一般颗粒填料床层高。由于脱 NO_x 反应的高速率，一般经受强的内扩散限制，能够使用的催化剂仅仅是薄的外壳层（与发生在整个催化材料中二氧化硫氧化慢反应不同）。因此，相对于慢的二氧化硫氧化，单位体积的高几何表面积是有利于 NO_x 除去的。③独居石结构抗磨损能力强，被飞灰阻塞的可能性小，这一点对烟气处理是特别重要的。

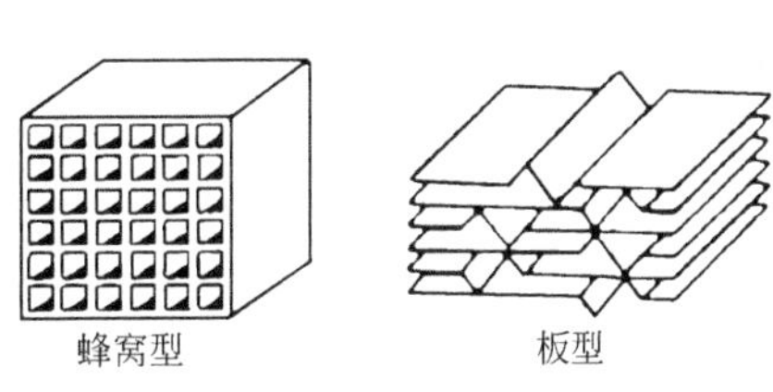

图 2-25 典型的独居石 SCR 催化剂：蜂窝独居石和板型催化剂

2.6.2.2 本体和涂层蜂窝型催化剂

蜂窝陶瓷独居石催化剂分为本体型（整体型）和涂层型两类，其典型特征是方形通道截面。在汽车尾气净化中使用的是涂层蜂窝独居石催化剂。而在固定源 NO_x 排放物的消除中，由于需要处理含灰尘的气体，多使用本体型蜂窝独居石催化剂。因此，使用于选择性催化还原 NO_x（SCR）的蜂窝状 SCR 催化剂一般是本体型的，也就是整个独居石都是由活性催化剂构成的。SCR 催化剂与涂层蜂窝独居石载体一样，通常是使用挤压技术从糊状催化剂材料制备的。单元尺寸通常为 150mm×150mm×（350 ～ 1000）mm，一般先被装配成钢箱型模块，然后分层放置于反应器内。独居石催化剂的几何特性取决于工艺构型（HD、LD 或 TE）。商业蜂窝催化剂的典型数据示于表 2-4 中。能够注意到，为了降低腐蚀和减少催化剂的阻塞，在高尘构型（HD）中应用的独居石有较大通道开口和较厚的壁厚，而在低灰环境中（LD） 使用的独居石几何表面积较低。在应用于洁净烟气的独居石构型（TE），因没有灰尘而可能使用开口非常小和壁很薄的独居石，它有极高的几何表面积。

表2-4 蜂窝催化剂的代表性数据

不同构型	高尘（HD）	低尘（LD）	末端 TE
单元大小 /（mm×mm）	150×150	150×150	150×150
长度 /mm	500 ～ 1000	500 ～ 1000	500 ～ 1000
池数目	20×20	25×25	40×40
池密度 /（池 /cm²）	1.8	2.8	7.1
壁厚（内）/mm	1.4	1.2	0.7
程高 /mm	7.4	5.9	3.7
几何表面积 /（m²/m³）	430	520	860
空隙分数	0.66	0.63	0.66
比压力降 /（hPa/m）	2.3	3.7	8.2

因 NO_x 还原反应由扩散过程控制，NO_x 和 NH_3 浓度在颗粒内的分布局限于催化剂外表面附近。SCR 催化剂的活性可以通过增加催化剂的几何表面积，也就是池密度来提高。二氧化硫到三氧化硫的转化（该反应属动力学控制）率的降低可以通过减小催化活性材料体积，也就是降低壁厚度来达到。对低尘（LD）应用，氧化钛蜂窝独居石的壁厚度能够低至约 0.5mm，通道宽度为 3 ～ 4mm。但是，对高灰尘含量炉气的处理，一般使用的是有较厚壁厚（>1mm）和较大通道（宽至 7 ～ 8mm）的独居石。

2.6.2.3 板型催化剂

板型催化剂制造通常使用的方法是，把催化活性材料沉积到不锈钢网上或穿孔金属板上，因此是典型的涂层催化剂。如蜂窝型独居石那样。板型也以模块形式装配，分层装入反应器内。对高尘和高硫含量尾气（如燃煤发电厂尾气）净化，应用它们是理想的。实际上：①相对于蜂窝型，板型独居石被阻塞的可能性更小，因它们的结构可以对各个板施加轻微的振动；②金属载体使板型对腐蚀的抵抗力比全陶瓷蜂窝型要高，因金属片在通道入口部分暴露，腐蚀不进一步深入；③因金属板非常薄，以至于仅有很小的横截面受阻碍，压力降是非常低的。表 2-5 给出了商业板型催化剂典型的几何数据。

表2-5 商业板型本体催化剂的代表性数据

项 目	数 值
单元大小 /（mm × mm）	500×500
长度 /mm	500 ～ 600
壁厚（内）/mm	1.2 ～ 0.8
程高 /mm	6.9 ～ 3.8
池密度 /（池 /cm²）	2 ～ 6.5
几何表面积 /（m²/m³）	285 ～ 500
空隙分数	0.82 ～ 0.8
比压力降 /（hPa/m）	1.0 ～ 2.7

2.6.2.4 其他催化剂

碳纳米管（CNT）被认为是移去 NO 的 SCR 催化剂的一种新载体。V_2O_5/CNT NO 还原催化剂的试验结果指出，在温度为 70 ～ 190℃时 NO 转化率随温度升高而提高；NO 转化率随催化剂上 V_2O_5 浓度增加而增加，直至 V_2O_5 负荷达到 2.8%（质量分数）。也发现 CNT 的几何形状也起作用。CNT 直径愈大催化活性愈高，NO 转化率愈大。虽然负载 V_2O_5 的 CNT 达到的转化率高达 92%，但没有研究 SO_2、H_2O 和力学性质对黏性的影响。

2.6.3 氧化钒基催化剂

虽然氧化钒基催化剂的应用已经证明是成功的，但许多问题仍未解决，如反应器和热交换器因生成 NH_4HSO_4 而阻塞、在氧化钒上 SO_2 不希望被氧化为 SO_3。包含于烟气中的其他组分（SO_2、CO_2 和 HCl）的副反应是：

$$2SO_2+O_2 \longrightarrow 2SO_3 \tag{2-34}$$

$$NH_3+SO_3+H_2O \longrightarrow NH_4HSO_4 \tag{2-35}$$

$$2NH_3+SO_3+H_2O \longrightarrow (NH_4)_2SO_4 \tag{2-36}$$

$$2NH_4HSO_4 \longrightarrow (NH_4)_2SO_4+H_2SO_4 \tag{2-37}$$

$$NH_4HSO_4+NH_3 \longrightarrow (NH_4)_2SO_4 \tag{2-38}$$

$$NH_3+HCl \longrightarrow NH_4Cl \tag{2-39}$$

$$2NH_3+CO_2+H_2O \longrightarrow (NH_4)_2CO_3 \tag{2-40}$$

在超过 30 年的发展后，仍然保留有 SCR 技术的一些挑战，主要有：①由于催化 SO_2 转化为 SO_3 导致硫酸铵的生成，它会在催化剂表面沉积，于是催化剂易被烟气中的 SO_2 中毒；②烟气脱硫（FGD）、颗粒物质控制和 SCR 系统的组合集成。在颗粒物质控制系统前安装 300 ～ 400℃的 SCR 要求催化剂在高尘环境中对阻塞和腐蚀有高耐受性。另外，SCR 单元可以被安装在静电除尘器的下游，但在 FGD 前，即作为低尘情形，它对催化剂

的 SO_2 耐受性是一个挑战。

大多数 SCR 催化剂被 SO_2 毁坏是由于硫酸金属盐的生成，大部分硫酸金属盐是水溶性的。这导致催化剂活性和金属相的损失。硫酸化氧化钒是较少溶解的。使用氧化钒在温度为 350℃附近作为 SCR 催化剂能够减少中毒。但是，这样一个温度要求仅有可能在静电除尘器或滤袋前达到，这要求催化剂对飞灰、碱和砷以及机械强度有很高的耐受性。否则，烟气必须被加热，这将消耗大量的能量。

应用 TiO_2 作为氧化钒的载体可以部分缓解 SO_2 的影响。已经系统地证明，载体对负载氧化钒反应性是有影响的，顺序为 TiO_2> γ -Al_2O_3>SiO_2。这可能是由于氧化钛和氧化钒之间的晶相和谐，能够促进 SCR。

第三个金属氧化物的出现，如 WO_3、MoO_3、CeO_2、SnO_2、ZrO_2 和 Nb_2O_5，能够进一步促进氧化钒 - 氧化钛催化剂的反应性。对各种金属氧化物添加剂（Fe_2O_3、Ga_2O_3、La_2O_3、WO_3、MoO_3、CeO_2、SnO_2、MnO_2、ZnO、ZrO_2 和 Nb_2O_5）在 1%（质量分数）V_2O_5/TiO_2 催化剂的反应性影响的系统研究是在类似于工业条件下进行的。结果指出，这些金属氧化物的存在能够影响催化剂的许多其他性质，包括氧化钒的结构和可重复性，以及表面酸性总量和类型。

WO_3 对 V_2O_5/TiO_2 催化剂的促进效应已经得到很好的证明。已经观察到，负载在无硫 TiO_2 上的 V_2O_5 催化剂添加 WO_3 后增强了对 NO 的除去能力。但是，添加钨就没有观察到有影响，WO_3 促进聚合钒酸盐的生成，对 NH_3 还原 NO 是活性很高的活性位。当钨和硫同时存在于 V_2O_5/TiO_2 催化剂表面上时，硫物种似乎在 NO 除去中起着比 WO_3 更为重要的作用。V_2O_5/TiO_2 催化剂中的 WO_3 也因促进了 SO_2 的吸附而增加了 SO_2 的氧化活性，不管硫物种是否存在于催化剂的表面上。另外，也证明 WO_3 添加到催化剂显著增强负载在硫酸化 TiO_2 上的氧化钒催化剂的热稳定性。催化剂表面上的 WO_3 被证实压制了单钒物种到结晶 V_2O_5 和二氧化钛锐钛矿相到金红石相的逐步转化。WO_3 作为第三个金属氧化物添加到氨还原 NO 的 SCR 氧化钒 - 氧化钛催化剂上，不仅对增加酸性或热稳定性有效，而且对改进抗碱金属和砷氧化物中毒能力都起着重要作用。

2.6.4 其他 SCR 催化剂

复合陶瓷独居石催化剂也可以应用于 SCR 系统中。就是把催化活性组分［对 SCR 催化剂就是钒、钨（或钼）、钛的复合氧化物］沉积在薄壁陶瓷（通常是堇青石）蜂窝载体上。它们在处理含灰尘的尾气中难以承受腐蚀和磨损问题，比较理想的是把它们的应用限制于清洁环境中。

涂层金属独居石有类似蜂窝陶瓷的结构，只是载体陶瓷蜂窝换成了金属蜂窝。这类催化剂的特征是具有很高的池密度，主要使用于无尘的尾气处理中。

温度高于 300℃，使用的 SCR 催化剂为 V_2O_5/ 锐钛矿型 TiO_2。希望能够开发出低温（150℃）的 SCR 催化剂。在贫燃条件下 Cu、Ce、Co、Ga/ZSM-5 对 NO 转化是很好的催化剂。如使用纤维载体（不锈钢网）的 Cu/ZSM-5 催化剂，其显示的 SCR 活性高于相同的颗粒催化剂。活性炭纤维（ACF）负载的金属氧化物也具有好的 SCR 活性，虽然低于负载于锐钛矿型 TiO_2 的金属氧化物活性。Mn_2O_3/ACF 催化剂在 250℃显示出相当高的 SCR 活性，问题是碳组分在反应期间会被烧掉。纤维催化剂还能够利用纤维的特点，制备出多功能催化剂。例如，把纤维既作为催化剂又作为过滤器使用，在发电厂烟气脱硫脱氮的催化实践中显示有好的结果，过滤了烟气中的灰尘，并延长了催化剂使用寿命。同时过滤灰尘和催化化学反应的催化纤维过滤器（CFF）在 20 世纪 80 年代早期已有专利出现。已开发出用于发电厂烟道气中颗粒除去和 NO_x 转化的负载于玻璃纤维上的高温 V_2O_5/TiO_2 催化剂。CFF 与常规 SCR 技术的主要差别是催化剂使用的载体不一样，导致操作空速也不一样。

2.6.5 氧化钒基催化剂上的 SCR 反应机理

对负载氧化钒上 NO_x 的 SCR 反应机理已经有众多的研究，其主要疑问是反应遵从 Eley-Rideal 机理还是遵从 Langmuir-Hinshelwood 机理。

普遍接受的一个反应模型支持 Eley-Rideal 机理。反应动力学证明，NH_3 以 $NH_4^+{}_{(吸附)}$ 形式强吸附于邻接的 $V^{5+}=O$ 活性位上。气相 NO 与吸附的 NH_3 反应，即 $NH_4^+{}_{(吸附)}$ 形成 N_2、H_2O 和 V—OH。V—OH 能够被气态氧或本体 $V^{5+}O$ 再氧化成 $V^{5+}=O$。NO-NH_3 在 O_2 存在下反应的速率证明是与过渡态理论一致的。虽然中间产物的电子结构和对映相互作用不具特定性，图 2-26 中的 $V^{5+}=O$ 的基本作用和活化络合物的结构已经被广泛接受。在这些模型中涉及的机理问题有不平衡的质量、未证明的电子结构、缺乏电荷平衡和 / 或未确定的表面吸附物 / 中间物。另一个不同反应机理提供了平衡反应和清楚确定的表面物种。这个反应机理示于图 2-27 中，由下述反应描述：

$$VO^{2+}+NH_3 \longrightarrow [HO—V—NH_2]^{2+} \tag{2-41}$$

$$NO+[HO—V—NH_2]^{2+} \longrightarrow [HO—V—NH_2—NO]^{2+} \tag{2-42}$$

$$[HO—V—NH_2—NO]^{2+} \longrightarrow N_2+H_2O+[VOH]^{2+} \tag{2-43}$$

$$[VOH]^{2+}+1/4O_2 \longrightarrow VO^{2+}+1/2H_2O \tag{2-44}$$

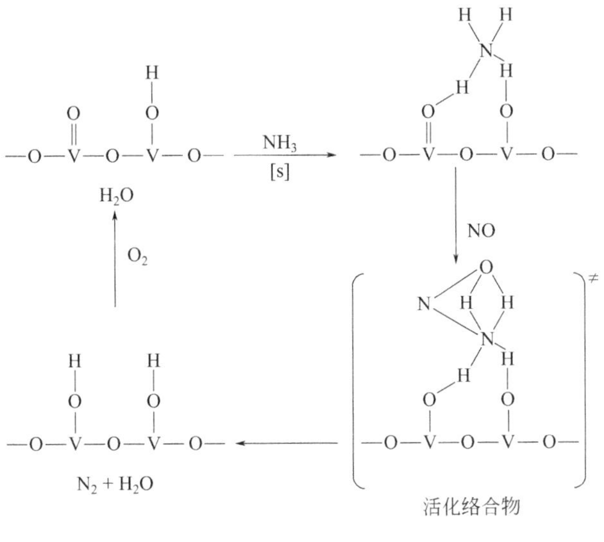

图2-26　在含氧时钒氧化物催化剂上NO-NH_3反应机理

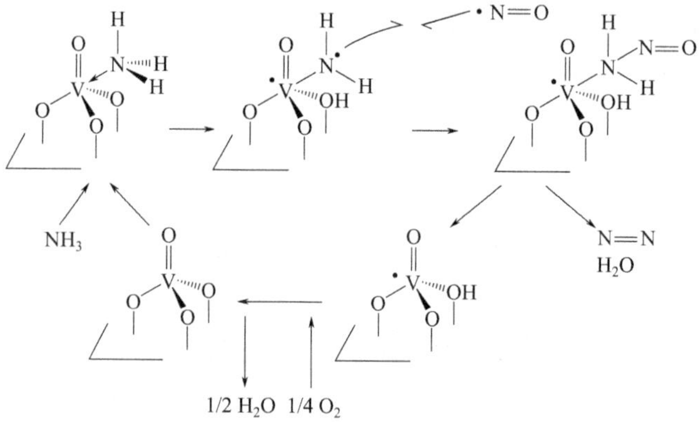

图 2-27　在含氧时负载钒氧化物催化剂上 NO-NH_3 反应机理

在该机理中，氨被认为是吸附在提供络合吸附的 Lewis 酸性位上，而不是以铵离子形式键合在 Brϕnsted 酸性位上。吸附的本质是活化氨成胺—NH_2 物种，导致催化剂还原。第一个反应步骤表示的是分子配位氨中的一个 NH 键的断裂，来自一个键合的铵阳离子。结果是，发生电荷从 O^{2-} 到 V^{4+} 的传输，如 UV- 可见漫反射谱所表明的。然后活化氨物种与气相 NO 反应，产生亚硝胺中间产物，它进一步分解为氮气和水。最后，被还原的催化剂活性位被气相氧再生。关键反应步骤包含一个 $[HO—V—NH_2]^{2+}$ 表面物种和自由基分子 NO 键的自由基偶合。

由于氧化钒的通用性质和不同钒物种之间没有显著的能垒差异，反应机理的一个清楚结论至今仍未达到。使用现代分析仪器进行的表面表征结果证明，在反应物和活性位之间可能发生了不同的相互作用。所以，接受一个双位 Eley-Rideal/Langmuir-Hinshelwood 机理是合理的。已经指出两个机理都是可能的，其中 NO 可能是弱吸附物种，V^{5+}—OH 和 V—O 显示两个不同的酸性和氧化还原催化功能，通过 V—OH_4OH 和 V—O 间的相互作用偶合。SCR 包含一个事件的序列：氨在酸性位（V^{5+}—OH）上吸附，吸附氨与氧化还原位（V—O）相互作用被活化，活化氨与气态或弱吸附一氧化氮反应，表面羟基基团（V^{4+}—OH）的再组合生成水，和还原钒阳离子（V^{3+}）被 O_2 的再氧化。这个过程说明于图 2-28 中。酸性位的表面覆盖度由表面热力学控制，而氧化还原位的表面覆盖度由表面动力学控制。

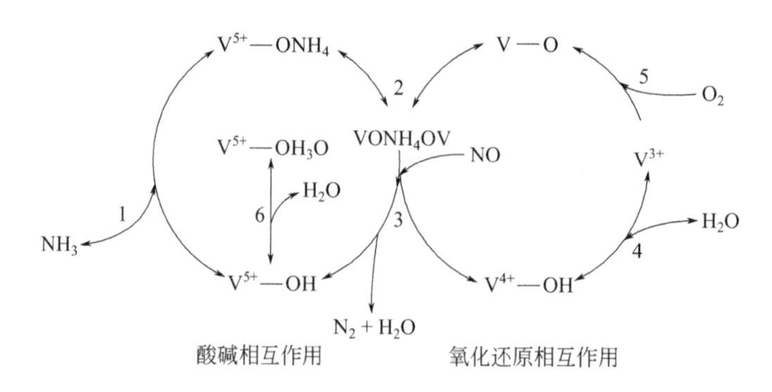

图 2-28　NO 被 NH_3 还原的集成机理

双位 Eley-Rideal/Langmuir-Hinshelwood 机理的一个重要指示是，在动力学条件下，催化剂可使生成的表面物质与通用钒物质进行相互交换。包含在 SCR 中的反应是由动力学控制的，所以，不是相等重要的。表面钒物种是可移动的，具有通用结构，这能够说明为什么在文献中常常给出众多的结构。

2.6.6 SCR 过程应用

SCR 系统是 20 世纪 70 年代晚期在日本开始安装的，并在工业和公用事业的燃气 - 油 - 和煤 - 发电厂中应用。从那后，SCR 系统在日本公用事业动力部门的分布已经超过 100000MW。从 1985 年，SCR 过程在欧洲快速膨胀，首先引进的是奥地利和联邦德国。SCR 系统现时在欧洲的若干国家中运转，该技术现在占欧洲脱 NO_x 烟气处理的 90% ～ 95%，总容量也已经达 100000MW 量级。

在美国，SCR 应用在开始时限制于气体透平，而且主要是在加州。现时 SCR 技术已经被应用于美国的工业锅炉、热电厂和共发电单元。因为认识到，NO_x 的排放限制趋向于更加严格和 SCR 是最好的可利用控制 NO_x 的技术。

中国和韩国有若干个安装了 SCR 的工厂。除了在燃煤发电站、油发电站和气发电站、工业加热器和共发电工厂中的最普遍应用外，NO_x SCR 控制系统也已经被证明和应用于工业和市政废物焚烧器、化学工厂（HNO_3 尾气、FCC 再生器、炸药制造工厂）、玻璃、钢和水泥工业中。SCR 技术也使用于热电厂、工业锅炉和共发电单元尾气中的 NO_x 和 SO_x 以及 NO_x 和 CO 的同时除去。此外，已经证明，SCR 催化剂能够与特殊设计的二噁英催化剂组合，这是一个能够对废物焚烧工厂的 NO_x 和二噁英及呋喃进行组合还原和氧化（多氯二苯二噁英和多氯二苯呋喃）的有效催化剂。

2.6.7 发电厂烟道气净化 SCR 反应器的构型

根据燃料类型、烟气条件、锅炉类型、NO_x 除去要求、是新的还是改造应用、成本和可靠性等因素，SCR 转化器能够被放置于锅炉（和节油器）附近或后面［高尘（HD）安排］、静电除尘器［静电沉淀器或静电除尘器（ESP）］后、空气预热器上游［低尘（LD）安排］，或者在 SO_2 除去单元后（炉气脱硫，FGD）［尾端或末端（TE）安排］（图 2-29）。

在燃煤发电厂中 HD 安排是最普遍使用的，因为在节油器和空气预热器（APH）之间（300 ～ 400℃）的烟气温度对催化剂活性是最优的，也因为除去颗粒常常由冷静电除尘（ESP）在 150℃下完成。这种安排适合于处理含颗粒量很大的（高达 $20g/m^3$）烟气净化。其主要优点是低投资成本和低操作成本。为减小灰尘沉积和超级腐蚀，气流垂直向下，桨叶挡板、流动校直装置、烟雾风机和灰尘料斗也进入系统的设计中。使用大开孔（约 6mm）和大壁厚（1.4 ～ 1.2mm）的催化剂。氨的漏出必须保持在低水平（5 ～ 10μL/L），SO_2 的氧化也必须保持在低水平（0.5% ～ 1%）以降低 NH_4HSO_4 的生成和沉积在 APH 上及灰尘中。

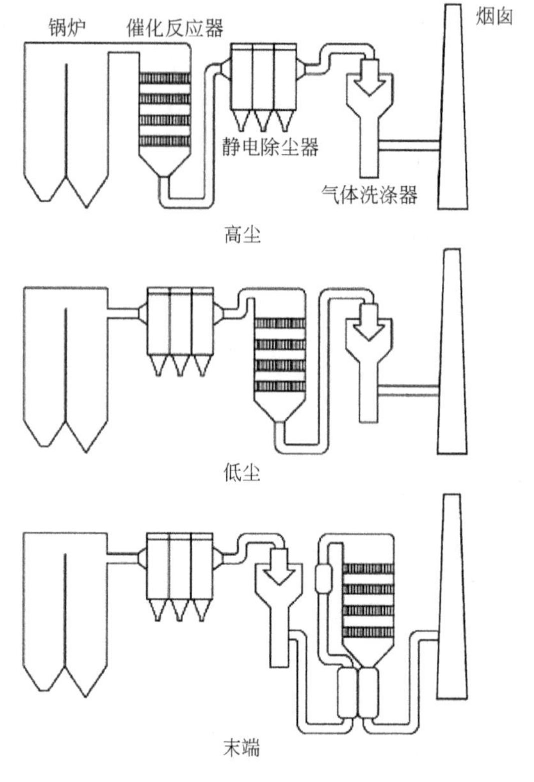

图 2-29　SCR 过程构型：高尘和低尘

低尘 LD 安排在日本比较普遍，因为使用各种低硫含量的进口煤。在低硫煤情形中，150℃时的灰尘的电阻率较高，除灰效率较低，因此必须使用非常大的冷 ESP。但是在 350℃时，热 ESP 操作的特征温度、电阻率都较低，灰尘除去效率显著较高。因此安排 LD 的 ESP 和 SCR 系统的使用，使日本能够使用煤质变化较大的进口煤。对 NH_4HSO_4 在 APH 上的沉积，在 LD 安排的 SCR 系统中是比较关键的，因为在 HD 构型情形中大多数 NH_4HSO_4 沉积在颗粒物质上，它们在 APH 中的沉积物料具有腐蚀性。因 LD 安排中对氨泄漏排放指标是严格的，约 2 ～ 3μL/L。

尾端或末端 TE 安排中，SCR 反应器位于 ESP 和 FGD 单元下游。因此使用小通道开口（约 3.5mm）和薄壁（约 1mm）、高几何表面积的独居石作为催化剂载体，氧化钒含量高。已经考虑到仍然有少量二氧化硫的氧化。此外，来自 FGD 单元的烟气含有灰尘但无催化剂毒物，因此避免了 APH 阻塞和含氨飞灰及 FGD 废水污染。只需要较低催化剂体积，但能够有较长的催化剂寿命。当与 HD 安排比较时，处理烟气的流速是比较高的，因为 FGD 单元的 APH 和水蒸发器中有空气进入。再生气体 - 气流热交换器必须嵌有和嵌在管道热水器中以预热烟气，使其温度从 90℃上升到 300 ～ 350℃。因而其较小催化转换器体积被投资和操作成本的增加所抵消。TE 安排的 SCR 系统一般使用于改造锅炉体系单元中，因空间限制不允许使用其他安排。

对所有情形，为确保高 NO_x 除去效率和低氨泄漏，必须保证 NO_x 浓度、NH_3/NO_x 摩尔比、温度的均匀分布，以及烟气在整个催化转换器横截面上的平板型速度分布。通过氨分布板的合适设计和工厂启动时的精确调整，能够减小 NH_3/NO_x 的不均匀性。通过导相格和在催化剂层前虚拟层的放置，能够显著改进速度分布的均匀性。所有这些问题一般都会导致设计 HD 安排的 NO_x 效率为 80% ～ 85%（NH_3/NO_x 进料摩尔比为 0.8 ～ 0.85）和氨泄漏 2 ～ 5μL/L。对 TE 安排，能够达到较高 NO_x 还原效率（90% ～ 95%）。

在典型工作条件下，过程中除去 NO_x 的效率评估值在 75% ～ 85%（对应尾气中 NO_x 浓度为 5 ～ 10μL/L）之间，但有效速率超过 90% 也是可能达到的。除去效率受进料中 NH_3/NO 比值的强烈影响。正常情况下使用的该比值接近于化学计量值，也就是等于 1。高 NH_3/NO 比值使 NO_x 除去效率增高，但这时有不希望的高氨漏出。

SCR 独居石反应器的结构示于图 2-30 中，而一种除去 NO_x 的平行通道反应器（PPR）照片示于 2-31 中。

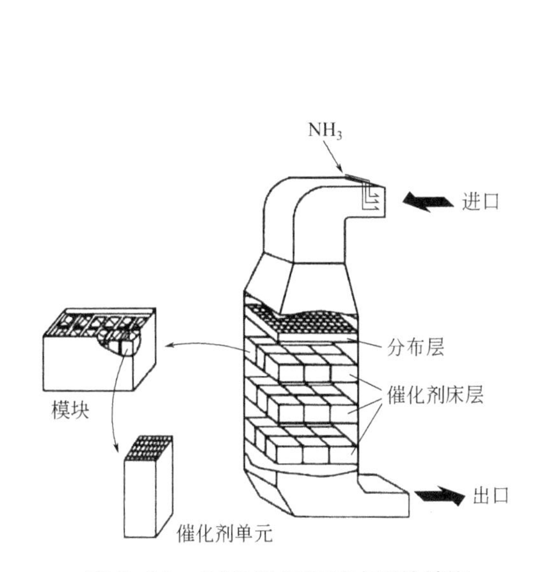

图 2-30　SCR 独居石反应器的结构

图 2-31　除去 NO_x 的平行通道反应器的照片

2.6.8 SCR 催化剂的失活

SCR 催化剂的活性一般都会随运行时间增加而降低，SCR 催化剂的失活与操作条件和接触烟气性质有关。文献中报道的有关氧化钒催化剂失活的主要原因如下：①在烟气中操作运行很长时间后载体氧化钛的烧结；②催化剂活性位被燃油烟气中存在的碱金属中毒；③催化剂孔被燃煤产生的硫酸钙化合物阻塞；④对润湿底部锅炉情形，催化剂被砷化物中毒；⑤对柴油发动机情形，润滑油中磷化合物的累积。其他可能的失活机理包括：①表面被包裹和阻塞，如因飞灰的沉积；②低温如低于 300℃操作时吸纳硫酸盐，由于 NH_4HSO_4 在催化剂孔内的沉积；③因腐蚀导致其物理化学性质的恶化。

尽管有上述的失活机理，对 SCR 催化剂而言，其有稳定催化活性的时间仍然很长。催化剂供应商保证，对 HD 和 TE 构型安排时，催化剂的操作时间一般为 16000 ～ 24000h（约 2 ～ 3 年），但实际催化剂的使用寿命更长。值得注意的是，过程的经济性受优化策略的显著影响，如在添加临时催化材料和替代失活催化剂时。这些优化策略的目标是要完全消耗掉所有催化剂层。再装填催化剂层为补偿催化剂失活提供了机会，在添加额外的新鲜催化剂材料层的同时，除去已部分失活的催化剂层。这使完全利用部分失活催化剂和完全利用新催化剂的全部优点成为可能。通过实施这个策略能够降低成本，效果达到 25%。

2.7 同时除去烟气中的 SO_x 和 NO_x

多污染物吸附剂的各种研究已经完成，能够同时除去 SO_x 和 NO_x。使用的是活性炭（AC）、V_2O_5/AC、CuO/Al_2O_3 基催化剂。现时除去 SO_x 的方法是在较低温度下，而除去 NO_x 需要高温过程。同时除去 SO_x 和 NO_x 要求的催化剂应该有再生能力，应该理想地发生于接近发电厂烟囱温度（150 ～ 200℃）。对该情形，发电厂仅需要有小改造，多污染物控制系统的安装成本会低许多。V_2O_5 是已经被研究过的在烟囱温度下同时除去 SO_x 和 NO_x 的一个催化物质。

2.7.1 V_2O_5 基催化吸附剂

使用 AC 作为 V_2O_5 载体的一个重要好处是，它能够被改造进入现时存在的锅炉技术中，使多污染物控制系统变得比较经济。该系统使用两段反应器，在反应器第一段中 SO_2 的除去使用沸石 /AC 吸附剂，而在第二段中 NO 与 NH_3 反应生成 N_2 使用负载在 AC 上的氧化钒催化剂。在早期的实验中，AC 在低温（约 150℃）下使用，仅能够从烟气中除去中等量的 SO_2 和 NO。原因可能是，温度不够高以至于不可能达到大量的 NO 被 SCR 过程转化，但温度太高 SO_2 吸附不会发生。为此原因，考察了多种金属氧化物以提高 NO 和 SO_2 的除去效率。对促进相关反应，V_2O_5 也许是可行的。发现 V_2O_5/AC 组合在 200℃左右时比未促进 AC 有高得多的除去效率。

为了从烟气中同时除去多种污染物，研究过的另一类载体是活性炭蜂窝独居石（ACH）。ACH 设计是要减少飞灰阻塞，而对颗粒 AC 催化剂阻塞是可能发生的。使用 ACH 催化剂也能够改善流动阻力和压力降。ACH 催化剂可以使用各种固体碳制备，如焦炭甚至煤。

为了降低催化剂成本可以使用煤来生产 ACH。其制备过程如下：先挤压烟煤和有机添加剂的糊状混合物，再干燥碳化和蒸气活化。经过碳化温度和活化时间的优化可以获得相应的 ACH 独居石孔大小分布和机械强度。

为了制备对飞灰阻塞有抵抗力的多污染物吸附剂，可以使用等体积浸渍把 V_2O_5 负载在 ACH 上，这样制备的 ACH 负载氧化钒（V_2O_5/ACH）催化剂可以使用作为合成烟气中的 SCR 催化剂。在温度为 150 ～ 250℃对 V_2O_5/ACH 催化剂同时除去 SO_2 和 NO 的性能进行了评价，并与颗粒活性炭负载和粉碎独居石为载体的类似催化剂进行了比较。负载 2%（质量分数）V_2O_5 的蜂窝催化剂在约 200℃时显示的 SO_2 和 NO 的同时除去活性要远高于其他两个催化剂。高温 NO 还原得到促进，而 SO_2 除去在较低温度下最好。对使用过的催化剂于 5%（体积分数）NH_3-Ar 中进行再生，再生后催化剂对 SO_2 除去性能稍有增加，NO 选择性催化还原的活性也稍有增加。其最可能的原因在于，再生过程对表面性质进行了化学改性。也报道了使用少量碱土和氧化物以及低灰分 AC 制备的 ACH，其同时除去 SO_2 和 NO 的活性较高。两个 ACH 催化剂在除去 SO_2 和 NO 性能中的差别可能是由它们的组成有差别造成的。

2.7.1.1 V_2O_5 在同时除去 SO_2 和 NO 中的作用

对 V_2O_5/AC 催化剂性能研究的重点是 V_2O_5 在同时除去 SO_2 和 NO 中的作用。V_2O_5 在 AC 上增加了 NH_3 的氧化即增加了 NO 的转化，且其突破时间也增加。含有 V_2O_5 的催化剂对 SO_2 的转化要高得多，发生突破需要很长时间。V_2O_5 浓度范围在 0 ～ 9%（质量分数）的催化剂，当浓度低于 3%（质量分数）时 NO 的转化最好。但是，增加 V_2O_5 浓度使 SO_2 突破时间增加。这指出，对 SO_2 除去钒负荷高于 3%（质量分数）是希望的。反应器温度升高 NO 转化率增加，NO 和 NH_3 间的反应速率也增加，催化剂表面沉积的硫酸铵也增加。但较高反应温度缩短 SO_2 的突破时间。这些结果提出，为了使用 V_2O_5/AC 基催化剂有效地同时除去 SO_2 和 NO，V_2O_5 负荷和反应器温度效应该进行优化。

为了更好地了解 V_2O_5 在 SO_2 除去中的作用而进行的研究试验结果提出，V_2O_5 的催化性能是由 $VOSO_4$ 生成所贡献的，它作为 SO_2 氧化为 SO_3 的中间物，如图 2-32 所示。数据也指出，SO_3 在催化剂上是高度移动的，从 V_2O_5 滑移到载体上（在 AC 情形）。总而言之，SO_2 在 V_2O_5 上被氧化为 SO_3 的过程可以总结为四个步骤，如图 2-32 所示：首先，SO_2 吸附在 AC 表面可利用的活性位上；其次，吸附 SO_2 与邻近的 V_2O_5 相互作用生成中间物，如 $VOSO_4$；再次，该中间物与 O_2 反应产生 SO_3 和 V_2O_5；最后，SO_3 滑移到 AC 中附近孔内，它进一步与水反应生成 H_2SO_4。这个过程指出，使用 V_2O_5 除去烟气 SO_2 的主要目的是增加 SO_2 的氧化。

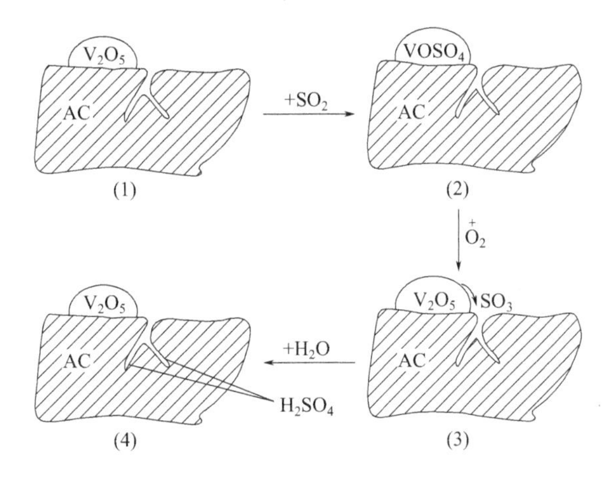

图 2-32 V_2O_5、AC 在除去 SO_2 中的作用

2.7.1.2 V_2O_5 基催化吸附剂的再生

开发多污染物除去催化剂的一个非常重要的考虑是再生和再使用的可能性。如果一个催化吸附剂不能再生，它的使用将是非常昂贵的和不实际的。下面对可以同时除去 SO_x 和 NO_x 的 AC 基催化剂再生做简要讨论。V_2O_5/AC 催化剂的再生过程主要是减少 H_2SO_4 产品留在催化剂上。V_2O_5/ACH 催化剂的再生，可以在含 5%（体积分数）NH_3 的 Ar 气中于 330℃处理 70min。再生后催化剂性能实际上有所增加，因再生过程导致催化剂表面性质的变化。报道指出，再生期间发生的一个副反应起了主要作用，该副反应修正了 V_2O_5/AC 催化剂的表面性质。再生期间使用 5% NH_3 对提高再生 V_2O_5/AC 催化剂的性能是至关重要的，它也降低了再生温度。使用该再生体系的优化温度为 300℃，而纯 Ar 气中再生的优

化温度为 380℃。再生期间发生的副反应是碳（C）和氧（O）在 V_2O_5/AC 催化剂存在下的反应：

$$C+2H_2SO_4 \longrightarrow CO_2+2SO_2+2H_2O \tag{2-45}$$

$$C+2O \longrightarrow CO_2 \tag{2-46}$$

$$2NH_3+3H_2SO_4 \longrightarrow N_2+3SO_2+6H_2O \tag{2-47}$$

$$2NH_3+3O \longrightarrow N_2+3H_2O \tag{2-48}$$

在 Ar 气中再生，当存在低浓度碳时发生反应（2-45）。而占优势的反应是高浓度 O 和 C 间的反应（2-46），其中的 O 是 V_2O_5/AC 催化剂上的 O，反应消耗 V_2O_5/AC 催化剂中的碳。在含 5% NH_3 的 Ar 气中再生时发生其他两个反应（2-47）（有少量硫酸）、反应（2-48）（大量氧）。它们都为 NH_3 所促进，在催化剂表面产生含氮物质。这些含氮物质随后在 SO_2-NO 同时除去期间促进 NO 的 SCR 反应。总之，再生期间 5% NH_3 的存在促进了 SO_2 和 NO 除去，由于压制了反应（2-45）、（2-46）和促进了反应（2-47）、（2-48）。

2.7.2 CuO 基催化吸附剂

长期以来人们就认识到氧化铜是使用氨除去 NO_x 的一个好催化剂，因为其活性高。铜氧化物材料使用的困难在于，有 SO_2 和 O_2 时会生成硫酸铜。另外研究也证明，存在 SO_2 时升高温度能够提高 NO_x 在 SCR 反应中被除去的效率，因在 CuO 和 $CuSO_4$ 上都能够催化 SCR 反应。因此，CuO 基催化剂能够在温度为 350℃左右时同时除去 SO_x 和 NO_x。在 400℃或高于 400℃时使用氢气、碱或氨可以再生失活的 CuO 催化剂。

2.7.2.1 CuO/Al_2O_3 催化剂

当温度在 200 ～ 300℃，有 SO_2 时 NO-NH_3-O-H_2O 体系的还原会生成使催化剂失活的物质硫酸铵和硫酸铜。CuO/Al_2O_3 催化剂的失活主要是因为孔被充满和 / 或阻塞。在烟气净化期间形成的硫酸铜，使 SCR 活性的降低比 CuO 更严重，导致 NO 除去效率降低。CuO/Al_2O_3 催化剂的再生能够在固定床中使用 5% NH_3 于 400℃下进行，时间为 1h。再生成功证明，被阻塞降低的吸附剂表面积和孔体积重新恢复到新鲜样品的值。吸附剂于 400℃再生时硫酸铜被分解转化为 CuO。

NH_3 还原 NO_x 的 SCR 反应在 CuO/Al_2O_3 催化剂上受 SO_2 影响且与温度有关。温度高于 300 时，SO_2 形成硫酸，改变了催化剂表面的酸性和它的氧化还原性质，使还原 NO 的催化活性增加。在 CuO/Al_2O_3 催化剂上 NO 的 SCR 反应中，键合在 Lewis 酸性位上的氨数量和浓度都影响氨的硫酸化。在 NO 的 SCR 反应中，NH_3 被 O_2 直接氧化是不希望的竞争反应。SO_2 会影响 CuO/Al_2O_3 的 SCR 反应的催化活性。试验结果提出，催化吸附剂表面的硫酸化减弱它的氧化能力并阻滞 SCR 过程中把 NH_3 直接氧化为 NO。

硫酸化的失活 CuO/Al_2O_3 催化剂需要进行再生以恢复使用。在其再生期间，释放出 SO_2，并进一步反应生成硫酸或还原为硫，而硫酸铵则转化为氨。释放出的 SO_2 也可冷凝成液体 SO_2。还原再生时常常先热分解，因热分解需要的温度相对较低。

使用 CuO/Al_2O_3 催化剂在温度为 350℃时同时除去 NO 和 SO_2，硫酸化失活后于 500℃

使用 CH_4 再生，再于 450℃在空气中氧化。在这样的反应和再生循环中对一组 CuO/Al_2O_3 催化剂进行了长期稳定性试验，时间长达数百到数千小时。其中一个样品的反应性能没有显著的变化，但 SO_2 容量降低了 25%；在 1525 个循环后，负载铜物相的物理化学性质稍有改变。在一些循环试验中，使用的反应和再生条件比真实发电厂烟气条件更苛刻。获得的结果清楚地说明，CuO/Al_2O_3 催化吸剂对同时除去 SO_x 和 NO_x 显示好的稳定性和长的使用寿命。

使用氨作为还原试剂具有显著的经济优点，因 CuO/Al_2O_3 的再生温度与除去 SO_2 的温度类似或接近。结果也证明，使用 5%（体积分数）NH_3-Ar 再生后，催化剂的 BET 表面积和孔大小分布基本没有不变。应该指出，已硫酸化的 CuO/Al_2O_3 在这样的条件下不能够被再生。因在 400℃再生后，主要铜化合物变成了 Cu_3N。使用氨再生的副反应是在出口处生成硫酸羟胺。

CuO/Al_2O_3 的再生通常使用另外的反应器。为避免超成本，可使用 H_2 再生催化吸剂，同时再生硫。在该设计中 H_2 再生尾气被循环，以使 CuO/Al_2O_3 的再生（使用吸附的 SO_2）和元素硫的回收都能够在除去 SO_2 的单元中完成。在 CuO/Al_2O_3 催化剂上，CuO 在 SO_2 除去阶段作为 SO_2 吸附剂而在再生阶段作为还原释放元素硫的催化剂。为防止 CuS 的生成和增加元素硫产率，研究了中间进料 H_2 的策略。再生的 CuO/Al_2O_3 催化剂再使用 O_2 处理能够进一步增加元素硫得率及把 CuS 和 Cu 转化成 CuO 和 $CuSO_4$。

2.7.2.2 在氧化铝涂层堇青石蜂窝上的 CuO

为降低流动阻力和阻塞问题，制备了由氧化铝涂层堇青石（$2MgO \cdot 2Al_2O_3 \cdot 5SiO_2$）蜂窝和 CuO 构成的蜂窝催化剂，并把它使用于从烟气中同时除去 SO_2 和 NO（温度在 400℃）的催化吸附剂，试验结果显示出所希望的活性。酸处理、堇青石涂层氧化铝、添加 Na_2O、水洗再生等制备参数都是影响氧化铝涂层堇青石蜂窝负载 CuO 催化剂性能的重要因素。在这些因素中，酸处理能够显著促进 SCR 反应。于是对这个酸处理的促进效应进行了详细研究，使用了草酸、硝酸、盐酸等。结果指出，酸处理会溶解堇青石中的一些 MgO 和 Al_2O_3，导致表面积和孔体积的增加。于是活性位 CuO 的分散性增加，使除去 SO_2 的活性提高。更重要的是，酸处理增强了 Na_2O（添加剂）在孔中的选择性分散，并防止它沉积在催化吸附剂外表面上。结果是，NO 除去的效率增加，降低了 NH_3 的过氧化生成 NO。酸类型对 SCR 活性也有值得注意的影响。

2.8 $SCONO_x$ 工艺

对控制固定源气体透平装置的 NO_x 排放，已经提出了可行的最低排放速率（LAER）技术：催化吸附工艺（$SCONO_x$）。与 SCR 不同，$SCONO_x$ 技术不使用氨，而且在除去 CO 和 VOCs 的同时把 NO_x 吸附于（已经被专利）催化吸附剂上。该吸附剂可以使用过热蒸汽 / 稀释氢混合物进行周期性的再生，而该再生气体在一个自动化的“按需”装置上原位生成，使用与透平机一样的燃料。在再生过程中，使吸附 NO_x 的化合物进行化学还原生成氮气和水蒸气。催化剂再生对其还原 NO_x 的性能是至关重要的，必须在无氧环境中连续地进行。为完成该还原，系统由吸附 NO_x 或以再生模式操作的若干模块构成。

以陶瓷蜂窝独居石形式使用的该催化剂，由沉积在涂层载体（γ - 氧化铝）上的贵金属和吸附剂元素（如钾）构成。在氧化和吸附循环中，SCONO$_x$ 催化剂同时把 CO 和 HC 氧化为 CO_2 和水以及把 NO 氧化为 NO_2。生成的 NO_2 以硝酸盐形式吸附在吸附剂元素上，形成亚硝酸钾和硝酸钾。氧化和吸附循环中发生的化学反应为：

$$2CO+O_2 \longrightarrow 2CO_2 \tag{2-49}$$

$$2NO+O_2 \longrightarrow 2NO_2 \tag{2-50}$$

$$2NO_2+K_2CO_3 \longrightarrow CO_2+KNO_2+KNO_3 \tag{2-51}$$

对汽车尾气净化，已经发展出非常类似于贫燃脱 NO$_x$ 的过程，使用钡作为存储材料替代钾。然而在含钡催化剂上进行的研究证明，NO$_x$ 的吸附化学是相当复杂的，对反应（2-51）的化学计量系数可能是不同的。

在氧化和吸附循环结束时，已经有亚硝酸钾和硝酸钾沉积于催化剂表面，因此催化剂必须进行再生以保持其对 NO$_x$ 的吸附容量。SCONO$_x$ 催化剂的再生循环是控制在无氧条件下让再生混合气体流过催化剂表面来完成的。再生气体与沉积在催化剂表面上的亚硝酸盐和硝酸盐反应，生成水蒸气和氮气，排放进入再生尾气中。再生气体中的二氧化碳与亚硝酸钾和硝酸钾反应，生成碳酸钾，它们在氧化 / 吸附循环开始前是以吸附剂涂层形式被沉积在催化剂表面上的。再生反应是：

$$KNO_2+KNO_3+4H_2+CO_2 \longrightarrow K_2CO_3+4H_2O+N_2 \tag{2-52}$$

再生循环必须在无氧环境中进行，因此必须使进行再生的催化剂与透平机尾气隔离。这由位于再生催化剂上游和下游的一组气闸来完成。在再生循环期间，这些气闸是关闭的，以使再生气体进入需再生的催化剂中。

对操作温度可以高于 230℃的装置，催化剂的再生可以使用原位产生的氢气。使用载气带少量天然气，包括水蒸气和空气，从分离单元引进，其出口作为进料进入 SCONO$_x$ 催化剂床层。天然气的转化可以使用部分氧化反应：

$$CH_4+1/2O_2 \longrightarrow CO+2H_2 \tag{2-53}$$

接着 CO 和水蒸气在低温水汽变换催化剂上转化为氢气：

$$CO+H_2O \longrightarrow CO_2+H_2 \tag{2-54}$$

再生气体也可以使用水蒸气重整天然气产生：

$$CH_4+2H_2O \longrightarrow CO_2+4H_2 \tag{2-55}$$

对所有情形，再生气体最好都使用水蒸气作为载气把氢稀释到 4% 以下。代表性体系的设计含氢气 2%。

应用于透平尾气净化的典型 SCONO$_x$ 装置示于图 2-33 中。SCONO$_x$ 反应器是置于包绕在单元顶部、底部和边上的气密铸件中的一组水平架。单元前面和后面是开放的，气闸被钎焊在每一个架子的前面和后面，以使每一个架都能够与透平机尾气隔离。每一个架子上放置有多层催化剂，尾气从前面流过催化剂床层再到后面。

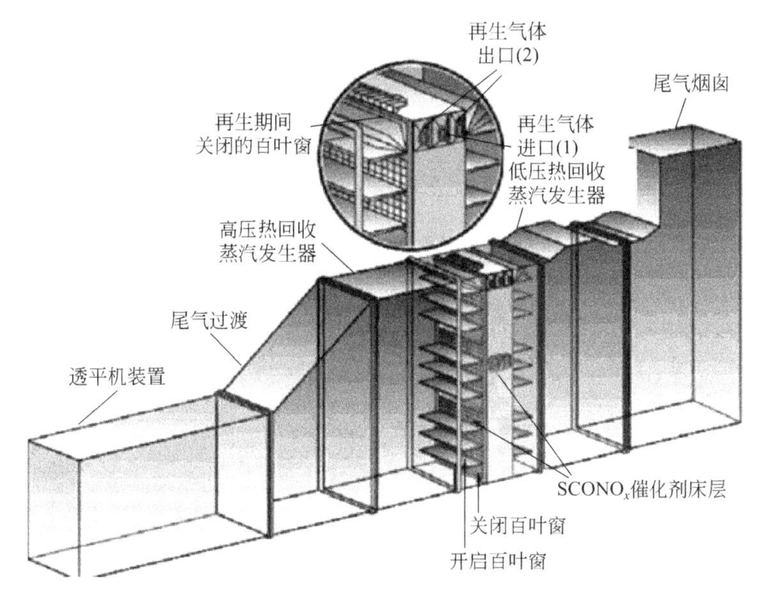

图 2-33　气体透平应用的典型 SCONO$_x$ 装置

每一个架子都配备有再生气体进口阀和出口阀。再生气体产生体系由管道与分布总管和回收总管相连，以促进再生气体在每一个架中的流动。再生气体连续流动使部分催化剂再生，平衡 NO$_x$ 被催化剂的连续氧化和吸附。再生过程能够除去吸附于催化剂上的化合物，使催化剂处于更新状态。再生过程的循环是从一个催化剂架到另一个催化剂架，以循环方式进行，而催化剂是从操作到再生连续地循环。典型的 SCONO$_x$ 系统有 10 ～ 15 个催化剂部分，显然该数目是能够改变的，取决于各体系的特殊设计要求。在任何给定的时间，其中的每五组中的四组处在氧化 / 吸附循环，而只有一组处于再生循环中。SCONO$_x$ 系统的操作程序中，总是只有 20% 的催化剂处于再生模式中，而其余处于氧化 - 吸附操作中。催化剂再生时间一般在 3 ～ 8min。

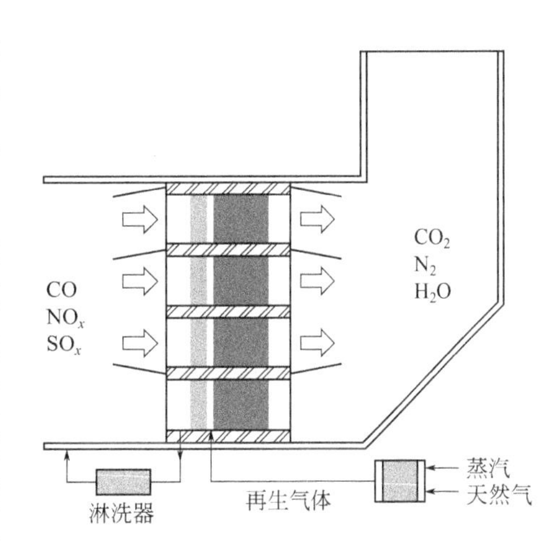

图 2-34　示出上游 SCOSO$_x$^{TM} 催化剂的 SCOSO$_x$^{TM} 系统流动图

与 SCR 催化剂不同，SCONO$_x$ 系统中的催化吸附剂由于硫化物而中毒：SO$_3$ 与碱性物质间的不可逆反应生成稳定的硫酸盐。为避免中毒问题，把 SCOSO$_x$^{TM} 催化剂放置于 SCONO$_x$^{TM} 过程的上游（图 2-34）作为保护床层以保护 SCONO$_x$ 系统免受硫化物中毒。SCONO$_x$ 催化剂也能够使用 SCR 催化剂同样的氧化 / 吸附循环和像 SCONO$_x$ 系统那样的再生循环，选择性地移去尾气流中的硫化物。SCOSO$_x$ 系统的氧化和吸附循环由如下两个反应构成：

$$2SO_2+O_2 \longrightarrow 2SO_3 \quad (2\text{-}56)$$

$$SO_3+\text{吸附剂} \longrightarrow [SO_3+\text{吸附剂}] \quad (2\text{-}57)$$

然后在 SCOSO$_x$ 再生循环中发生如下反应：

$$[SO_3+\text{吸附剂}]+H_2 \longrightarrow SO_2+H_2O+\text{吸附剂} \quad (2\text{-}58)$$

在SCR过程中，再生气体的均匀分布对催化剂性能是至关重要的。已发展出再生气体在催化剂架子中流动的计算流体力学（CFD）模型，并把其作为设计合理气体分布的第一步。CFD模型的计算结果可以在放大时为再生气体流过催化剂架提供参考。放大体系的模型性能可以使分布装置的尺寸安排进一步精细化。这对精炼和校正流动分布的任何改变都是必需的。再者，CFD模型结果可以用于制备催化剂架子的尺寸模型和建立再生气体分布模型，并通过测量来验证分配装置的分布及其有效性。利用CFD程序进行分配总管的设计，主要的事情是使单元中有（从一边到另一边）均匀分布。

对控制气体透平NO_x的$SCONO_x$技术的操作数据的描述，现时可利用的是来自数套运行装置的数据。32MW的Sunlaw联邦共发电设施，一个使用天然气的发电厂，配备了$SCONO_x$装置，根据其操作数据，在2000年和2001年中几乎全年的开工操作期间，排放的NO_x水平低于2μL/L，而在97%操作时间中，其达到的性能水平低于1.5μL/L。工厂数据证明，超过90%的操作时间中NO_x的水平达到或低于1.0μL/L。Wyeth Biopharma工厂（5MW）使用天然气或低硫燃油发电。当烧天然气时，产生的NO_x水平一直低于1.5μL/L，多数操作周期中低于1.0μL/L。安装于加州大学（圣地亚哥分校）15MW共发电设施中的$SCONO_x$系统自2001年开始运转。这个烧天然气的装置，在操作期间排放NO_x值也低于2.5μL/L标准，实际排放的NO_x一直低于1.5μL/L，绝大部分周期中低于1.0μL/L。

在宽的温度范围（230～370℃）内$SCONO_x$都能够进行有效的操作，使它能够很好地适用于新的和进行改造的装置中。此外，只要添置一些附加设备和对过程做小的改造，$SCONO_x$技术的操作温度能够降低至150℃。

虽然模块化特征使该技术适用的大小范围很宽（大应用可以是小应用的许多倍），但与机械安装相关的成本（管道、阀、控制等）使该技术变得比较昂贵，因此一般被限制应用于低尘发电厂（LAER）或氨受限制的情形中。尤其是因使用SCR导致的氨排放和社区希望消除把氨排放进入环境中两个重要问题，都推动着$SCONO_x$技术的使用。但是，在各种可利用的消除气体透平尾气NO_x的技术中，$SCONO_x$技术的较高成本可能严重限制其广泛应用。

2.9 汞污染物的除去

汞是有毒的空气污染物，能引起人类和动物失活和危害一般生态系统。从燃煤工厂排出的烟气流是汞污染物排放的主要源头。为了保护环境和人类健康，汞排放必须以经济的方法把其降低到满足法规的要求。下面讨论能够从燃煤工厂烟气流中除去汞的某些商业试验吸附剂以及近来发展的新催化吸附剂。

2.9.1 碳基汞和非碳基汞吸附剂

2.9.1.1 活性炭（AC）

活性炭（AC）是一类已经在实验室以及工业规模试验中证明的吸附剂，能够除去烟气流中的汞。现时的燃煤工厂能够容易地修改引入AC喷入装置，置于静电除尘器（ESP）

或纤维过滤器袋上游。在碳汞质量比为 2000 ～ 15000 时，中间工厂和场地试验已经证明，能够除去汞的范围在 25% ～ 95%。一般来讲，系统的温度、烟气中汞浓度以及吸附剂颗粒大小都能够影响吸附剂的汞捕集容量。汞从烟气到 AC 吸附剂固体表面的扩散可以导致汞的非均相氧化和对汞除去产生负面影响。通过降低 AC 颗粒大小改进吸附剂分散度能够抵消这个影响，原因是增加了传质，使汞更能够被除去。新近的研究指出：对 10μg/m^3 汞能够除去 90%，当 C/Hg 比大于约 3000 ∶ 1 就足以达到汞的除去目标（AC 颗粒为 4μm）。使用 10μm 大小的 AC 颗粒时，为达到同样的汞除去水平，需要远高得多的 C/Hg 比（18000 ∶ 1）。

虽然 AC 能够令人满意地除去烟气中的汞，但要考虑的两个重要因素是：吸附剂成本和它对环境的影响。影响 AC 高成本的主要因素是它仅能够使用一次，因为吸附汞后的 AC 不能够经济地再生或循环。为除去 82% 的汞，AC 的成本高达 110000 ～ 150000 美元 /kg 汞。为降低成本要增强与汞的键合、增加吸附剂容量和改进吸附剂分散（这可能降低 AC 的喷入速率）。改进汞与 AC 键合的方法是在 AC 上浸渍反应性物质如溴、氯和硫。开发可再生 AC 吸附剂是降低汞除去过程和废吸附剂分散成本的一个方法。

2.9.1.2 溴化 AC

AC 改性是为改进汞除去而进行的研究，就是把 Br_2 添加到 AC 中。把溴蒸气加到含飞灰的烟气系统中是要把汞从 Hg^0 氧化到 Hg^{2+}，以便比较容易使用现存处理系统把汞从烟气中除去。虽然 Hg^0 被 Br_2 单独气相氧化是受限制的，但在飞灰（FA）中的 Hg^0 是容易被 Br_2 非均相氧化的。例如，飞灰中 0.4μL/L Br_2 就能够使发电厂烟气中 Hg^0 的大约 60% 被氧化。SO_2 对 Hg^0 的除去有轻微阻滞作用，而 NO 对 Hg^0 除去有一定程度的促进。研究指出，飞灰中未燃烧碳对 Hg^0 的氧化是至关重要的。为此，在制备溴化 AC（Br-AC）时要使溴能够连接到 AC 表面。

在制备和试验 Br-AC 后，把其应用于除去燃煤工厂烟气中的汞，进行了工业化试验。结果指出，在喷入速率为每一百万立方英尺（$1ft^3=0.0283168m^3$）烟道气 5lb Br-AC 的试验中，达到的汞除去率为 90%。这个喷入速率远小于无溴 AC 的喷入量，对后者其范围为每一百万立方英尺烟道气 10 ～ 20lb AC。要求较低量的喷入指出，溴改性使 AC 吸附剂对汞除去变得比较成本有效。但是，对 Br-AC 保留的一个问题是如何合适地分散处理废吸附剂。被 Br-AC 和汞污染的飞灰是不能够卖给混凝土工业的。这样飞灰和废吸附剂只能够埋在垃圾填埋场。这也可能引起对环境潜在有害的问题。最好的解决办法是，开发能够除去烟气中汞的可再生吸附剂，它能够与收集的飞灰分离再生和再循环使用。

对活性炭负载 $CuCl_2$（$CuCl_2$/AC）、溴化 AC 和 Darco Hg-LH 吸附剂于 140℃在载流床反应器中让含 Hg^0 的空气流通过，并对 $CuCl_2$/AC、溴化 AC、Darco Hg-LH 等做了比较。在类似喷入速率下，$CuCl_2$/AC 显示的 Hg^0 除去效率稍高于 Darco Hg-LH。例如，Darco Hg-LH 达到的除去效率在喷入速率为 17 mg/m^3、33 mg/m^3 和 41 mg/m^3 时分别为 69%、79% 和 88%，而与之不同的是 $CuCl_2$/AC，在喷入速率为 12 mg/m^3、14 mg/m^3 和 37 mg/m^3 时除去速率分别为 74%、86% 和 95%。

2.9.1.3 非碳基汞吸附剂

由于低温耐受性和碳基汞吸附剂的汞容量问题，已经提出使用非碳基材料来除去汞。实验室实验发现，空气中的铝土矿和 AC 在温度为 80 ～ 400℃时比其他吸附剂（如石灰和氧化铝）保留更多的汞。铝土矿的表面积比其他吸附剂高得多，因此有优越的性能。对汞的捕集，控制步骤是本体气体到气固界面的传质而不是内扩散或在吸附剂表面的吸附。其他因素对汞吸着只有中等或微小程度的影响，包括硫浸渍、空气流速以及吸附剂颗粒大小等。

孔隙率、几何表面积、流体吸附剂体积比和流动条件也会影响吸附剂的汞捕集容量。对含汞 180μg/m^3 的烟气混合物（2% O_2, 6% CO，8% H_2O，84% N_2）用捕集汞的非碳吸附剂于 140℃进行了吸附试验。在 33h 内没有看到有汞的突破，计算的吸附容量约为 10.85 mg/g 吸附剂。但是，当存在 3μL/L 和 300μL/L SO_2 时，吸附容量明显降低，分别为 0.97 mg/g 和 0.65mg/g。经过硫浸渍的天然纤维状硅酸镁黏土（海泡石）是能够作为控制汞排放活性炭的潜在廉价替代物的。负载硫海泡石吸附剂的汞吸附容量在 47℃汞浓度为 90mg/m^3 环境中为 603mg/g。

能够作为汞吸附剂的另一类物质是沸石。在实验室规模喷入装置上实验了用专用试剂处理的两类沸石和一个未处理沸石。实验温度为 130℃和 230℃，使用的烟气由燃烧燃料、空气、煤和其他气体组成，汞含量为 10 ～ 70μg/m^3。结果指出，一个沸石吸附剂在汞质量比为 25000 时的汞除去效率为 92%，计算的吸附容量为 40μg/m^3。虽然汞吸附容量并不明显高于 AC，但沸石能够通过热吹扫再生，因此沸石基吸附剂是值得进一步研究的。

在固定床反应器中，蒙脱土（Mon）负载的 $CuCl_2$（$CuCl_2$/Mon）在 140℃被试验作为合成烟气（9μL/m^3 Hg，500μL/L SO_2, 200μL/L NO，12% CO_2, 3% O_2, 7% H_2O 和平衡气 N_2）的汞吸附剂。$CuCl_2$/Mon 显示是汞的好氧化剂，在 1h 试验中氧化了 74% 的汞和捕集 11% 的汞。使用 $CuCl_2$/Mon 作为汞氧化剂和 Darco FGD 作为氧化汞吸附剂，汞除去效率能够达到 98%。

2.9.2 沸石吸附材料

典型的沸石是水合硅酸铝，是一类已知矿物。沸石具有三维 SiO_4 四面体结构，如图 2-35 所示。沸石骨架能够改性，用其他原子取代 SiO_4 中的硅。这些原子彼此通过氧原子（在四面体 TO_4 中）连接，其中的 T 代表 Al、Si、B、Ge、Fe、P 或 Co。每个沸石的 T—O—Si 连接排列是独特的，不同的连接得到不同的通道和笼的晶体结构。在经典的硅铝酸盐沸石中，硅被铝取代导致带负电荷的结构，因 AlO_4^{5-} 和 SiO_4^{4-} 间有电荷差别。金属阳离子（Me^{n+}）出现在沸石笼中以平衡结构中的负电荷。在沸石结构中看到最普通的阳离子是碱和碱土金属离子。沸石中的阳离子与分子筛结构的结合一般是弱的，常常容易与溶液中的其他金属阳离子交换，这个性质被称为离子交换性。

菱沸石具有小的单位晶胞（36 个骨架物质）和较高的对称性（R3M），是沸石家族中的最简单结构，其单位晶胞的参数 a=0.935nm，α=94.26°。纯硅菱沸石的结构示于图 2-36 中。菱沸石的单位晶胞含双倍六元环单元，它们大致为六角棱锥。菱沸石的椭圆形笼的尺寸约为 0.67nm × 0.67nm × 1.0 nm。菱沸石中的八元环有最大开口，其尺寸为 0.38nm × 0.38 nm。

菱沸石是具有明显吸附特征的酸性天然沸石，具有出色的离子交换性能。在自然界，菱沸石最常见的是钙型。天然菱沸石的理想组成用分子式 $Ca_2Al_4Si_8O_{12}\cdot 12H_2O$ 表示，已经使用于气体分离、除去核废物和作为转化甲醇到烃类及裂解沥青的活性催化剂。菱沸石最成功的应用是它能够除去市政和工业废水中的重金属和氨，以及纯化含放射性物料如 ^{137}Cs 和 ^{90}Sr 的核放射性物质。

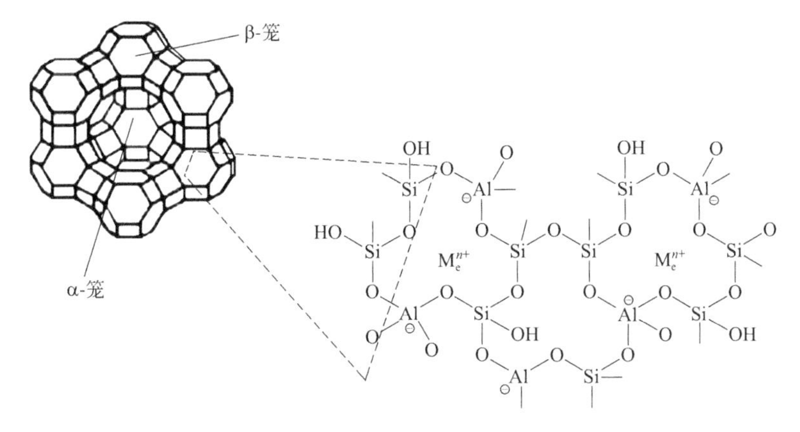

图 2-35　多维沸石结构表述

各种沸石已经被作为除去汞的吸附剂使用，并对其稳定性进行了研究。H 型丝光沸石和 H 型斜发沸石显示选择性地吸附元素汞，而后把其氧化为 Hg^{2+}、Hg^{+}，氧化后的汞化学结合到沸石吸附剂上。在酸性烟气环境中温度高于 400℃时，沸石的极好稳定性使它们能够作为烟气汞吸附剂使用。淋洗能力的研究表明，沸石可以安全地分散到垃圾填埋场。

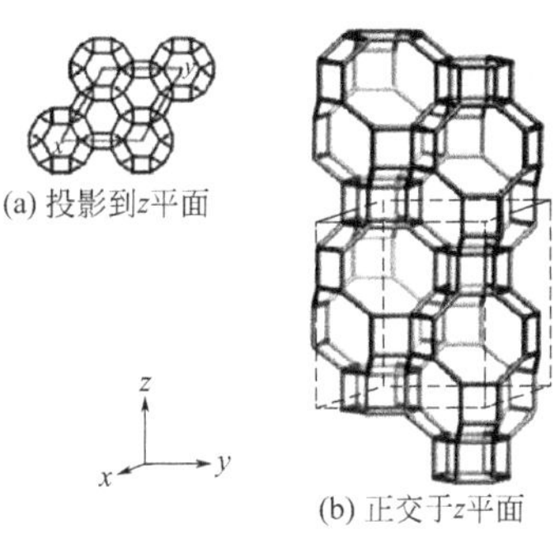

图 2-36　纯硅菱沸石结构

痕量汞也常常存在于天然气中（在石脑油裂解气中 26 ～ 40μL/m³），对铝热交换器产生危害。为除去汞，设计的汞吸附剂是 Ag- 掺杂 4A 沸石（Ag/4A）。该吸附剂对含 Hg 浓度低至 0.25×10^{-9} 的天然气中的汞除去效率为 98%。这个吸附剂的一个独有的特征是捕集汞后，Ag/4A 能够在 340℃再生。连续再生试验显示，其吸附、再生循环多于 100 次，每一次由 20h 吸附、3h 再生和 1h 冷却构成。在使用 340℃热处理 151h，接着于 500℃热处理 5h 的分离试验中，Ag/4A 有很好热稳定性。总而言之，Ag/4A 是具有良好再生特性的有效汞吸附剂。

与碳基吸附剂比较，使用沸石的优点是：对酸性环境的热耐受性和方便再生，降低了吸附剂成本。天然或合成沸石的获得相对比活性炭要容易。但是，与活性炭比较，沸石本身捕集汞的吸附容量并没有增加。不管怎样，沸石具有牢固和通用的结构，能够为不同活性物质提供优良的形状 / 客体的寄居空间，即沸石能够作为汞吸附剂的良好载体。通过离子交换金属离子被引入沸石上（例如质子以及铜和银阳离子）以平衡结构电荷。处理过的沸石以良好再生性能和高吸附容量在汞排放控制中显示巨大的潜力。

2.9.2.1　沸石负载金属作为汞吸附剂

离子交换后再活化就能够在沸石通道和沸石孔或外表面沉积金属颗粒和 / 或金属簇。基于众所周知的融合机理，贵金属捕集汞是可能的。这个机理最成功的应用从古代金矿就能够看到，近来也能够在使用金膜提浓痕量汞时看到。涂金硅球已经被广泛使用于把烟气中汞进行预浓缩以进一步检测，因为烟气中汞浓度低于大多数分析技术的检测限（一般约

1 ～ 10μg/m³），如冷蒸气原子吸收。它捕集烟气中的汞后，接着以高浓度脉冲释放到氩气或氮气流，带汞到下游的测量检测器中。

2.9.2.2 纳米银 / 菱沸石

汞能够与各种贵金属形成融合体（汞齐），包括银、铜、钯和铂。为有效使用金属捕集汞，基本的是要增加有效传质的金属表面积。方法之一是以纳米颗粒（NPs）形式使金属与沸石并合。离子交换能够把选用的金属阳离子置换取代沸石结构中的阳离子，然后再在希望温度下还原活化得到的所需材料。活化期间，沸石中的金属离子能够彼此相互作用形成较大金属簇和 / 或滑移到沸石的外表面。一些金属离子能够形成大小大于沸石窗口的物质，变成被包裹在沸石中。其他一些金属离子则形成足够小的粒子，能够迁移到沸石外表面，再进一步聚集成较大的粒子。这些金属或金属氧化物离子的大小、组成和位置是由金属性质、活化过程和沸石结构所控制的。图 2-37 显示在菱沸石上合成纳米颗粒（NPs）技术的一个例子。使用钠型菱沸石和硝酸银溶液的离子交换是容易进行的。这个合成过程中，银离子取代钠离子成为与菱沸石骨架或沸石中存在的水分子中的氧配位的主要阳离子。离子交换后，金属银 NPs 在 400℃下还原后在菱沸石上形成。随着银离子还原成金属银，存在于菱沸石结构水分子中的氧被氧化，产生质子以平衡菱沸石中的电荷。这个过程由反应（2-59）描述，其中 Z 是沸石：

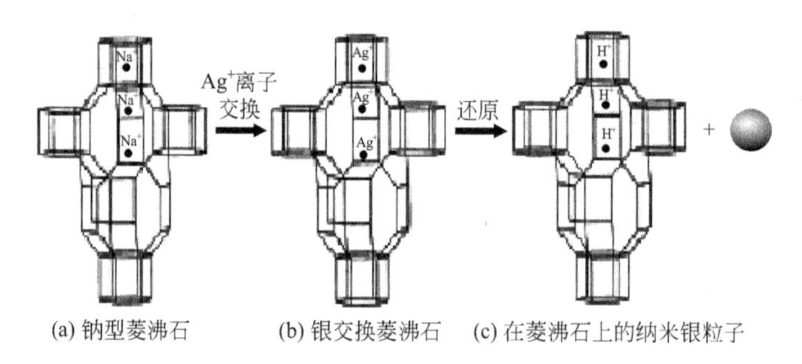

图 2-37 在菱沸石上通过离子交换和还原形成纳米粒子的说明

$$2(Ag^++ZO^-)+H_2O \longrightarrow 1/2O_2+2Ag^0+2ZOH \tag{2-59}$$

使用菱沸石作为载体，金属倾向于在其外表面形成粒子，如在扫描电镜图和相应的 Augur（俄歇）电子光谱图中看到的（见图 2-38）。银、银 - 钯倾向于在菱沸石结晶上形成纳米大小的金属粒子。银和钯能够形成合金纳米颗粒，如从银和钯信号的重叠部分看到的。Cu、Ag 和 Pd-Ag 合金颗粒的平均大小约 30nm。

上述菱沸石负载金属在汞突破试验中作为汞吸附剂进行了试验，对所有情形都显示优良的汞捕集性能。图 2-39 说明，对所有负载在菱沸石上的金属粒子，汞捕集的温度都高达 250℃或更高。在温度高于 250℃时，汞捕集效率的顺序为：Pd-Ag/Chab ＞ Pd/Chab ＞ Ag/Chab 和 Cu/Chab。在比较中，相同的汞突破试验是在涂渍有铜和银膜的 177 ～ 250μm 的硅胶上进行的，与在菱沸石上的铜和银 NPs 比较，观察到的汞捕集效率要远低得多。很清楚，金属纳米粒子比一般金属颗粒有极好的优越性，不仅因为较高表面积显示高汞捕集容量，而且较强的亲和力使有效捕集移向远高得多的温度。

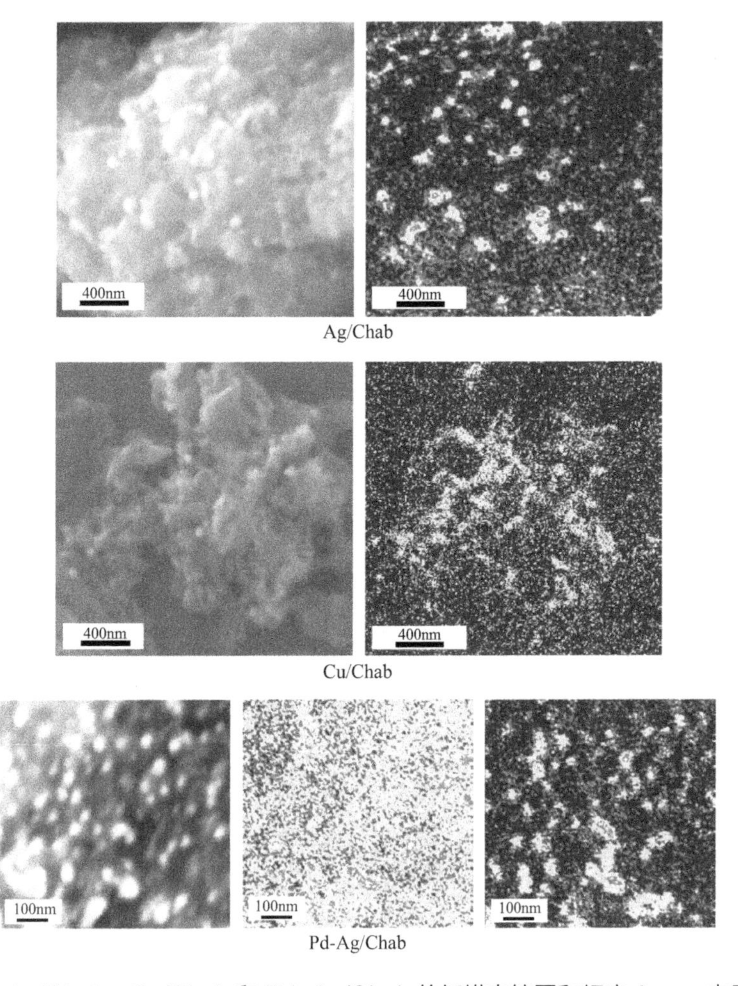

图 2-38　Ag/Chab、Cu/Chab 和 Pd-Ag/Chab 的扫描电镜图和相应 Augur 电子光谱图

图 2-39 也显示，在 400℃ Ag/Chab 完全失去其捕集汞的能力，而沉积于菱沸石上的其他金属 NPs，对试验气体保持 80% 的汞捕集。对烟气中的汞除去，Ag/Chab 汞吸附剂在温度为 400 ～ 500℃时，似乎是一个适合再生或可再生的汞吸附剂。其他金属 NPs 的再生温度可能超过菱沸石，但能够保持其结构的温度。在烟气温度下使用 Ag/Chab 捕集汞期间和在吸附剂再生温度下释放汞期间，汞质量平衡达到 90% 以上，这指出 Ag/Chab 作为可再生汞吸附剂是可行的。也有报道说，“银须”能够被应用于痕量汞的吸附，而且其对不同浓度的 SO_2、H_2S 和 NO_2 具有耐受性，指出银是能够捕集汞的可靠吸附剂。

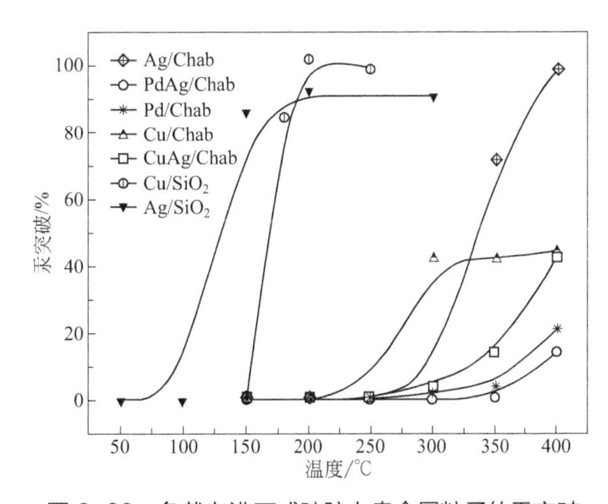

图 2-39　负载在沸石或硅胶上贵金属粒子的汞突破

2.9.3 纳米颗粒的可控制合成

在认识到汞捕集中金属颗粒大小的重要性后，在减小银 NPs 颗粒大小上做出了很大的努力。离子交换过程能够被利用于控制菱沸石上银的负荷。例如，离子浓度、固液比和/或重复离子交换会对银负荷产生影响。菱沸石上的银负荷直接关系到形成的银 NPs 的大小，如图 2-40 所示。使用改变离子交换期间的银离子浓度，在菱沸石上形成的银 NPs 平均直径对不同的银负荷 0.2%、3.3%、5.8% 和 7.0%（原子质量比）分别为 2.4nm、3.2nm、5.5nm 和 6.1nm。图 2-41 中的菱沸石上银 NPs 的汞突破试验证明，较小的银颗粒能够在较高温度下捕集汞。这个结果并没有被预测到，因还需要考虑热力学因素。当银 NPs 大小降低时，表面能增加，意味着较小的颗粒对汞捕集的反应性较高。降低银 NPs 粒子的大小也增加表面积，汞捕集速率和容量都提高。

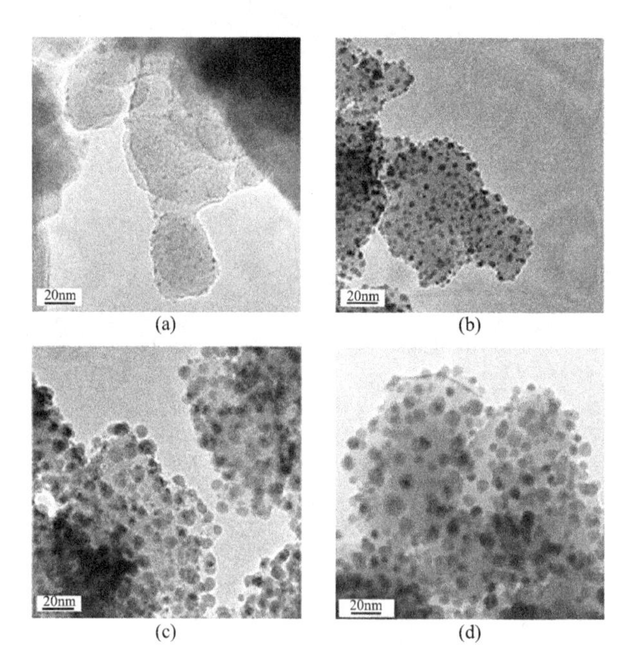

图 2-40 Ag/Chab TEM 照片

（a）～（d）银负荷增加，因纳米粒子大小增加

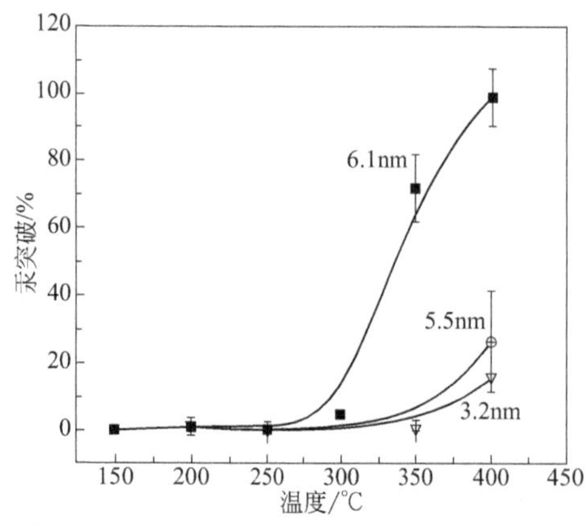

图 2-41 银颗粒大小对 Ag/Chab 的汞突破的影响

控制银颗粒大小的另一个方法是控制银还原的环境。一般认为，银在惰性或中等氧化气流中的还原与还原气流中氧化是不同的。在氢气流中，银离子被还原为银原子，它们在菱沸石外形成表面金属银 NPs。在 Ar 或空气流中，Ag_m^{n+} 和银原子在菱沸石通道和笼中形成，某些滑移到外表面，在热处理期间形成银 NPs。Ag_m^{n+} 的存在导致形成较小的银 NPs，因荷电金属银 NPs 的静电排斥作用。这个现象被描绘于图 2-42 中。在空气、氩气和氢气流中形成的银颗粒直径从 4.2nm 分别增加到 6.1nm 再到 35.0nm，如在图 2-43 中

观察到的。对类似大小银 NPs，Ag/Chab-Ar、Ag/Chab- 空气的汞捕集性能是非常类似的，如图 2-44 所示。在 Ag/Chab-H_2 中的银 NPs，其平均颗粒大小远高于 Ag/Chab-Ar、Ag/Chab- 空气，导致在温度为 200℃和 400℃时远低得多的汞捕集。

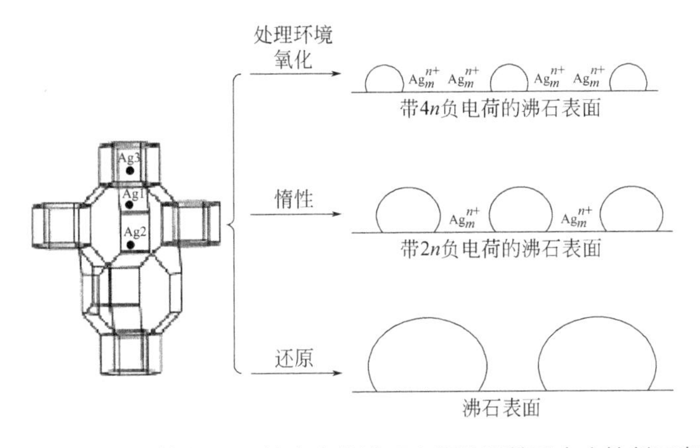

图 2-42 在三种银还原环境中在菱沸石上银纳米粒子大小控制示意图

左：含银活性位（Ag1、Ag2、Ag3）的菱沸石结构；右：表面电荷管理

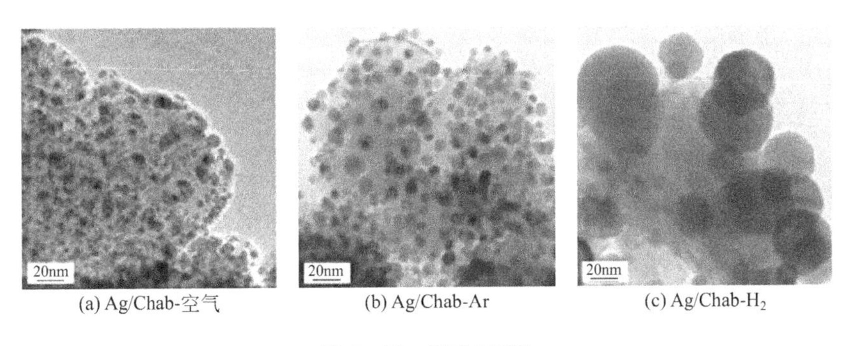

(a) Ag/Chab-空气 (b) Ag/Chab-Ar (c) Ag/Chab-H_2

图 2-43 TEM 照片

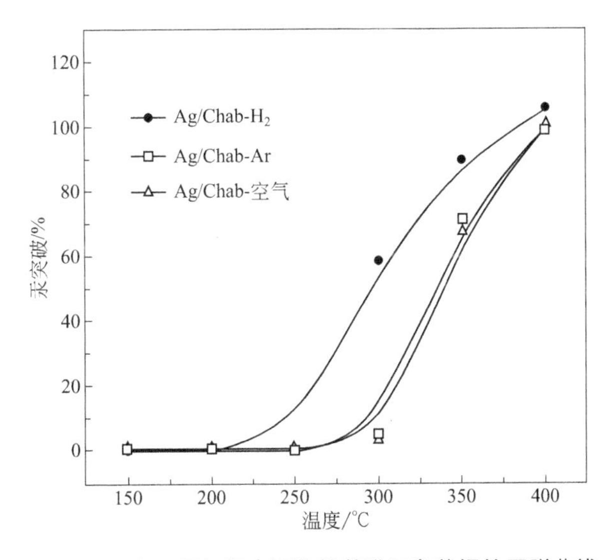

图 2-44 在不同气氛中活化的菱沸石负载银的汞脱曲线

2.9.4 新的可再生磁性沸石

在燃煤发电厂烟囱中使用粉末吸附剂捕集汞的主要问题是难以分离飞灰和吸附剂。飞灰是燃煤发电厂的副产品，可以卖出去做水泥或其他产品。首先，被富集汞吸附剂污染的飞灰损失了可能的利润。其次，废汞吸附剂不能再使用，因为与飞灰混合在一起，变成另一类有害物料。

长期以来，磁性材料被应用于工业规模的分离。因此也应该可以使用磁性吸附剂来除去汞并使吸附剂可以循环。这类磁性新汞吸附剂由磁性粒子、沸石、银 NPs 以及黏合剂构成。图 2-45 给出了该类磁性吸附剂的制备过程。在 Fe_3O_4 颗粒上涂渍致密二氧化硅层（DLSC）以保护颗粒的磁性和不受污染。得到的 DLSC- Fe_3O_4 粒子与沸石一起进行烧结以产生出磁性沸石粒子。通过离子交换把 Ag^+ 引入磁性沸石粒子上。最后在热活化过程中磁性沸石粒子中的 Ag^+ 被还原为 Ag^0。这样获得的磁性沸石吸附剂称为 MagZ-Ag^0。

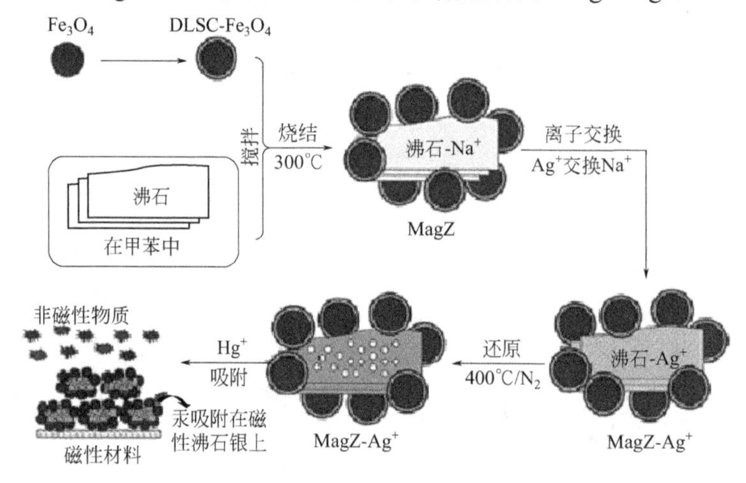

图 2-45 在磁性沸石纳米粒子上除去烟气中汞的过程

MagZ-Ag^0 的一幅代表性 TEM 照片示于图 2-46 中。该照片显示，图 2-46 左上角的黑粒子是 Fe_3O_4 颗粒。灰色层属于沸石，它覆盖有银 NPs（黑点）。Fe_3O_4 颗粒通过银层连接到银负载沸石上。银 NPs 的直径范围为 1 ～ 7nm, 它们是对吸附汞有活性的吸附位。

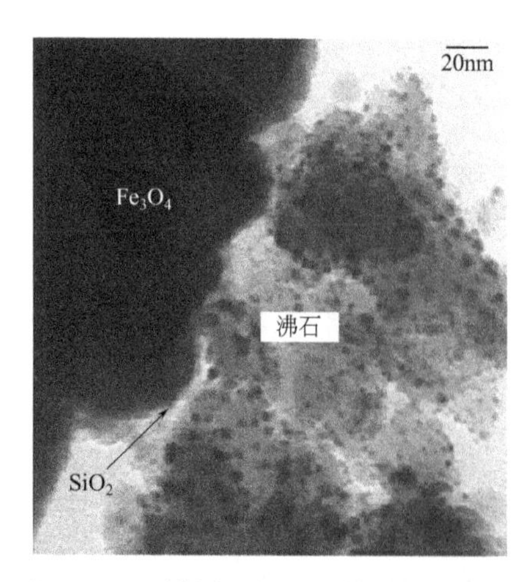

图 2-46 磁性银沸石吸附剂 TEM 照片

对 MagZ-Ag^0 吸附剂汞捕集效率与非磁性沸石（Z-Ag^0）和无沸石磁性银催化剂（2FeSi-Ag^0）做了比较试验。结果说明，2FeSi-Ag^0 能够在低温下有效捕集汞，但温度为 150℃时对汞的捕集是无效的。该结果指出，为了在类似烟气温度（大约 150 ～ 200℃）下捕集汞，沸石载体是必需的。直到大约 250℃温度，在 MagZ-Ag^0 上没有看到明显的汞突破，说明它是一个有潜力的在烟气温度下吸附汞的吸附剂。Z-Ag^0 吸附剂在 250℃时汞突破时间很长，几乎可以略去，使它能够成为高温下的有效吸附剂。

当制备 MagZ-Ag^0 吸附剂时，需要考虑许多因素，包括银纳米粒子大小以及银的状态，两者都会影响汞捕集容量。对该新吸附剂的汞捕集性能在燃煤发电厂中进行了试验。要求的喷射速率估算约为每百万立方米烟气（汞浓度 10μg/m^3，其中 40% 为元素汞）71kg MagZ-Ag^0。该喷射速率下烟炉气中 80% 元素汞能够被除去。作为比较，每百万立方米烟气需要的商业活性炭在 24kg 的量级。初看起来，活性炭似乎更加有吸引力，因为喷射速率较小。但是，当考虑 MagZ-Ag^0 吸附剂能够被再生和再循环使用时，它成为比较有成本优势的选择。

对磁性吸附剂的两个其他重要性质——分离和再生能力也进行了试验。为做分离试验，MagZ-Ag^0 在试验室设备中与飞灰混合，并使用小磁铁块成功地分离。分离后，在分离出的灰色飞灰中没有看到黑色吸附剂。这个肉眼观察暗示，通过磁分离已经从飞灰中完全回收了吸附剂。回收的质量大约为第一次循环阶段中与飞灰混合的吸附剂质量的 1.3 倍，原因很可能是机械夹带和细灰黏附在磁性吸附剂颗粒上。当 MagZ-Ag^0 吸附剂在再循环试验中与飞灰再次混合，经磁性分离后就没有再观察到吸附剂重量的增加。吸附剂另一个重要特征是它的再生能力。该吸附剂的汞容量为 15.7μg/g。吸附汞后在 400℃再生 2h，第二次循环汞容量加倍，在而后的再生循环中汞容量继续有小量增加。容量随循环次数增加的最可能原因是：因 Ag^+ 被转化为 Ag^0 以及 Ag^0 从沸石笼滑移到外表面，这有利于而后捕集循环中汞污染物的接近。再生后容量提高使这个吸附剂在未来选择控制烟气中汞排放时甚至更加有吸引力。

为这个磁性吸附剂在燃煤发电厂中的应用提出了一个工艺，如图 2-47 所示。该工艺中，MagZ-Ag^0 在静电除尘器（ESP）上游喷射进入烟气中，汞被 MagZ-Ag^0 捕集。废 MagZ-Ag^0 吸附剂与飞灰一道在 ESP 与烟气分离。一个干鼓磁分离器被使用于分离废吸附剂和飞灰。飞灰可以直接分散或用于水泥工业。废 MagZ-Ag^0 吸附剂进行再生和循环。再生过程将产生浓缩的 Hg^0 流，它可以按照有害废物分散法进行分散。

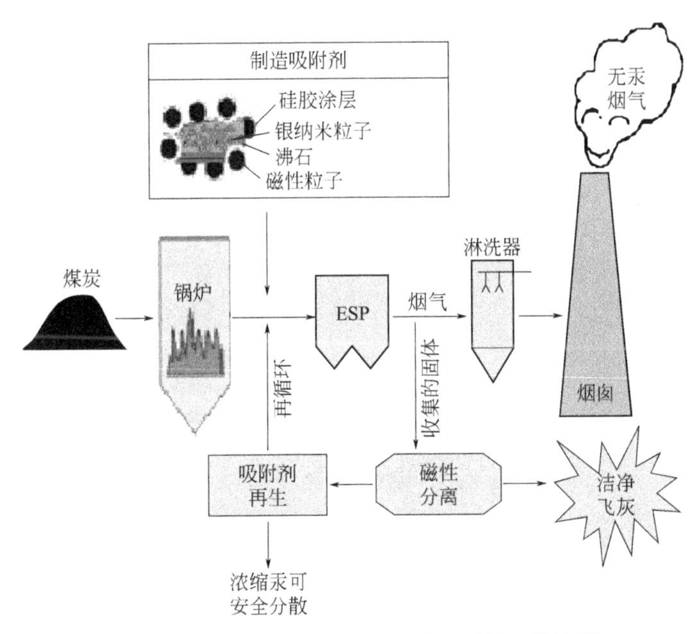

图 2-47 燃煤发电厂使用磁性吸附剂工艺流程

2.9.5 燃煤电厂烟气中多种污染物的同时除去

对除去烟气中污染物研究的一个新方向是，设计和研发可以同时除去更多污染物的催化吸附剂。不仅除去 SO_x 和 NO_x 而且也除去 Hg 的催化吸附剂近来已经被研发出来。其具有的优点与早先叙述的除去多污染物催化吸附剂是相同的：除去污染物所需要的设备数量可进一步缩减，且进一步降低空气质量控制的成本，提高效率。已经被研究过的有不少方法，例如 AC、同时除去 NO 和 Hg 的氧化湿烟气脱硫、臭氧喷射和在淋洗器添加 $NaClO_2$。重点是新吸附剂 / 催化剂，它在除去其他空气污染物同时使汞氧化除去汞。

在烟气中汞以三种形式存在：氧化汞（Hg^{2+}）、元素汞（Hg^0）和颗粒键合形式汞。对颗粒键合形式汞，通常被捕集在工厂现已存在的颗粒物质捕集和控制装置（例如静电除尘器、滤袋或 / 和纤维过滤器）中。湿式烟气脱硫设备也能够捕集氧化态汞，因它溶于水。在烟气中元素汞通常是占优势的物质，也是主要问题所在；因为它不溶于水，也不能够被颗粒物质和控制装置捕集。如果催化剂能够使 Hg^0 氧化成 Hg^{2+}，就能够被已有的颗粒物质控制装置捕集，达到从烟气中除去元素汞的目的。

含 V_2O_5 的氧化催化剂也已经被研究用来氧化元素汞以除去汞污染物。把除去 NO_x 和 SO_x 的 V_2O_5 催化剂与氧化除去汞的工作结合起来，就可以研究出同时除去多污染物的催化吸附剂。预期多个污染物同时除去会有更好的经济激励，如果与污染物分别单个除去捕集比较的话。这就能够降低安装空气污染物控制系统所要付出的投资成本，也能够降低维护 / 操作成本（因需要设备较少），也可能比较有效，因各个目标污染物组分之间是会有协同效应的。

2.9.5.1 同时除去多个污染物的 SiO_2-TiO_2-V_2O_5 催化剂

TiO_2-V_2O_5 是有可能同时除去 NO_x 和 SO_x 的催化剂。当把 V_2O_5 加到 SiO_2/TiO_2 催化剂上，可以改进其催化反应性而同时又保持 SiO_2/TiO_2 催化剂的有益性质，如表面积。V_2O_5 在催化剂上是高度分散的，仅仅当氧化钒量超过其在催化剂表面上单层分散所需要的量时才会形成氧化钒簇。V_2O_5 在 SiO_2/TiO_2 催化剂上的单层分散量约为 8%。添加 V_2O_5 具有吸引力的两个原因是：①提高对 Hg^0 的化学吸附；②简化催化剂的活化，因不再需要使用紫外线来活化 V_2O_5 催化剂。

使用 5% 钒的 SiO_2/V_2O_5 催化剂研究其在模拟烟气中汞的除去机理。提出下面的反应来描述 O_2、HCl 和 NO_2 在机理中的作用。系统中若没有 O_2，除去的汞极少。这说明在反应式（2-62）和反应式（2-61）中氧的重要性，这是汞完全氧化反应式（2-60）所需要的，并补充 V_2O_5 中失去的晶格氧。

$$V_2O_5+Hg \longrightarrow V_2O_4+HgO \tag{2-60}$$

$$V_2O_4+\frac{1}{2}O_2 \longrightarrow V_2O_5 \tag{2-61}$$

$$Hg+\frac{1}{2}O_2 \longrightarrow HgO \tag{2-62}$$

在系统中喷入 HCl 改进 Hg^0 在催化剂上的氧化。HCl 和 V_2O_5 间的反应可以使用 Eley-Rideal 机理来说明，并被总结于反应式（2-63）和式（2-64）中。这个反应序列的结果是吸附的 Cl（V-Cl）与 Hg^0 反应生成 HgCl。然后 HgCl 再一次与吸附的另一个 Cl 反应生成

$HgCl_2$，它是汞氧化的稳定形态。总反应为反应式（2-65）。已发现，该过程在没有 O_2 时也是有效的。但是，系统中添加 O_2 促进 Hg^0 的除去，最可能的是经转化反应后的 V_2O_4 又回到 V_2O_5 了。

$$V—O—V+HCl \longleftrightarrow V—OH—V—Cl \quad (2\text{-}63)$$

$$V—OH+HCl \longleftrightarrow V—Cl+H_2O \quad (2\text{-}64)$$

$$\frac{1}{2}O_2+2HCl+Hg \xrightarrow{V_2O_5} HgCl_2+H_2O \quad (2\text{-}65)$$

也发现加 NO_2 对汞除去有正的影响。气相中的 NO_2 以两条分离反应路径反应式（2-66）和反应式（2-67）吸附在 V_2O_5 上。Hg^0 以类似于上述与 HCl 反应的方式与吸附的硝酸盐反应，形成 $Hg(NO_3)_2$。该总反应示于反应（2-68）。重要的是要注意到，$Hg(NO_3)_2$ 的挥发性比 $HgCl_2$ 和 HgO 要高，特别是在反应器温度为 135℃以下时。结果是，$Hg(NO_3)_2$ 可能发生分解导致汞的突破。因此，$HgCl_2$ 和 HgO 是 Hg^0 在 SiO_2/V_2O_5 催化剂上氧化比较希望得到的产物。

$$V^{5+}=O+N^{4+}O_2 \longrightarrow V^{4+}N^{5+}O_3 \quad (2\text{-}66)$$

$$2V^{5+}OH+3NO_2 \longrightarrow 2V^{5+}NO_3+H_2O+NO \quad (2\text{-}67)$$

$$O_2+2NO_2+Hg \longrightarrow Hg(NO_3)_2 \quad (2\text{-}68)$$

也在 SiO_2/V_2O_5 催化剂上研究了 NO 和 SO_2 对 Hg^0 除去的影响。发现 Hg^0 除去随体系中 NO 量的增加而增加。这可能是由于 NO 吸附在 V_2O_5 上并帮助 Hg^0 的氧化。体系中的 SO_2 似乎对 Hg^0 的除去没有影响，因为该研究中 SO_2 是单个加入的，SO_2 与烟气中其他组分的组合对 Hg^0 除去的影响没有表述。另外，发现水分阻滞 Hg^0 氧化反应，最可能是由于它与 HCl 和 NO_x 竞争催化剂上的活性位。在有催化氧化物质存在时，如 HCl、NO 和 NO_2，烟气气氛中使用活性更高的催化剂可以补偿水分的负面效应。

2.9.5.2 使用 V_2O_5 催化剂同时除去 Hg 和 NO

如早先描述的，使用 V_2O_5 催化剂以 NH_3 还原 NO_x 的 SCR 过程为除去烟气中的 NO 提供了有效的方法。对 V_2O_5（WO_3）/TiO_2 蜂窝催化剂进行试验以确定在 400℃的烟气环境中它氧化 Hg^0 的能力并揭露其随暴露时间的变化。结果指出，随 NH_3/NO 的增加，NO 转化率增加，Hg 转化率降低。看来 NH_3 的存在阻滞 Hg^0 的氧化。HCl 的存在促进 Hg^0 氧化，对 NO 还原没有影响。基于期望的 HCl 与 Hg 的反应 [反应式（2-65）]，可以预测 NH_3 与 HCl 竞争催化剂上的活性位将降低反应性 HCl 在催化剂上的浓度，因此降低 Hg^0 的氧化效率。在试验条件下发现，NH_3 在催化剂上的吸附是占优势的。对较低的 NH_3 浓度，HCl 在与 NO 发生反应后，NH_3 已经从吸附的活性位上移到催化剂的反应活性位上。随着反应的进行，Hg^0 的有效转化增加继续减少。这可能是由于随反应时间的延长，催化剂上累积的灰增加。也发现 SO_2 和 SO_3 可能阻止汞的催化氧化。

2.9.6 小结

燃煤发电厂产生多种空气污染物，其中有汞、硫氧化物和氮氧化物。这些污染物对人类健康以及环境是有害的。为了降低这些空气污染物的影响，它们在被释放到环境中以前必须要被除去。

粉末活性炭已经被商业证明有优良的汞除去性能。这些吸附剂涉及的主要问题是，它们不能够再生和循环使用，因此其应用成本很高，而且还有废吸附剂的分散处理问题。通过把金属负载到沸石上已经创生出一种可再生的催化吸附剂。为了有效地从飞灰中除去催化吸附剂，磁铁矿被键合到吸附剂上使其有磁性和容易分离、再生和循环，这个新催化吸附剂比较经济，对环境也比较友好。

选择性催化还原（SCR）是一个普遍使用于除去烟气中氮氧化物的过程。已经研究发展出许多在SCR过程中使用的催化剂，包括在各种载体材料上的金属和金属氧化物。含氧化钒的催化剂已经被广泛试验以除去氮氧化物。氮氧化物在钒基催化剂上的还原机理也已经被彻底研究，很可能它包含双位Eley-Rideal或Langmuir-Hinshelwood机理。

只要可能，燃烧前脱卤应该被用于防止硫氧化物排放。不过这个技术仍然处于初步发展阶段。对燃烧后脱硫技术有需求，使用单一吸附剂产生显著少的可卖副产物的固体废物、低安装和操作成本。对此应用已经研究出了可再生沸石吸附剂，对从烟气中除去硫氧化物似乎是很合适的。

同时除去多种污染物如SO_x、NO_x和Hg，比传统的在一个时间除去一种污染物的方法更加成本有效。通过使用比较便宜的催化剂材料和在接近于烟气烟囱温度（150～200℃）的条件下操作，最小化这些催化剂的成本是非常有希望的。已经被确证能够同时除去这三个污染物的一个普通催化剂是负载于活性炭（同时除去SO_2和NO）或SiO_2/TiO_2（同时除去Hg和NO）上的V_2O_5。活性炭纳米管也能够被使用作为多组分吸附剂的新载体。在将来的研究中，指望这些技术将组合以创生新的催化剂/吸附剂，它将能够在低烟囱温度下同时除去这三个污染物。

2.10 催化结构过滤器净化烟气

2.10.1 多功能反应器

对节约能源和空间需求的不断增加，促使化学工程师开发新反应器。除了进行化学反应外，同时能够实现其他功能如分离、热交换、动量传递和二级反应等。有多种设备具有多功能性，其中有代表性的是膜反应器、反应蒸馏柱和周期流向转换催化反应器。对膜反应器，本身就允许同时具有催化反应和分离功能；反应蒸馏柱能够在反应进行的同时实现反应物和产物的蒸馏分离；对周期流向转换催化反应器，其中心区域保持有较高的绝热温度，能够使挥发性有机化合物（VOCs）完全燃烧。

所有多功能反应器的一个普遍特征是：它们至少能够在一个反应器中进行两个过程，使感兴趣的多个操作同时进行。其可能结果之一是投资成本降低，因它组合了显著量能量的回收和/或节约。例如，在反应蒸馏情形中，反应热能够被使用，减少蒸馏柱对外部热量的需求。多功能反应器通常伴随有空间的节约。为了进一步说明，以氨选择性还原固定源（如发电厂）氮氧化物的催化还原（SCR）过程为例。在正常情况下为完成目标过程需要相当量的蜂窝催化剂体积，但为解决空间受限问题，提出了是否有可能使用特殊多功能反应器的问题。在发电厂中一般使用的Ljungstroem空气预热器就有可能作为潜在移

去 NO_x 的化学反应器，如果把适当催化剂涂渍在空气预热器表面的话。又如，也有可能把 NO_x 还原催化剂与大规模天然气发动机消声器组合；也能够开发 NO_x 还原与耐高温过滤器（已经沉积有催化剂）组合的多功能反应器，以在还原 NO_x 的同时分离飞灰。本节重点讨论具有特殊多功能的反应器——催化过滤器。

2.10.2 催化过滤器的基本概念

在图 2-48 中给出了催化过滤器的示意图。这类装置有能力在除去烟气（来自废物焚烧器、加压煤流化床燃烧器、柴油发动机、锅炉、生物质汽化器等）中颗粒物质的同时，通过催化反应除去烟气中的化学污染物，如氮氧化物、二噁英、VOCs、气态焦油和其他含碳物质等。装置中的催化剂以薄层形式直接沉积在过滤器材料上，可以是刚性的（烧结颗粒做成的过滤器管）或弹性的（陶瓷或金属过滤器薄片）。

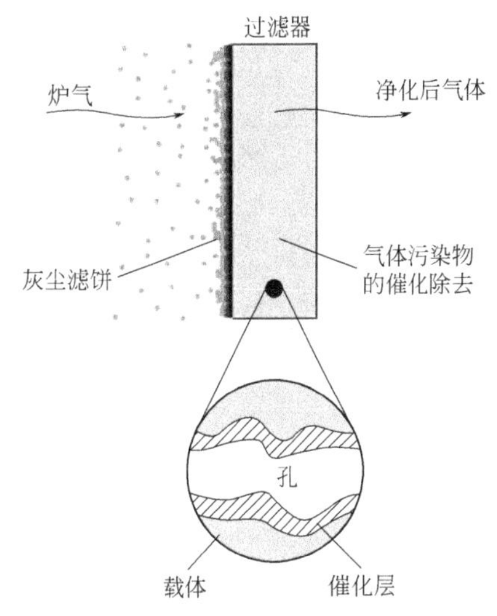

图 2-48 催化过滤器示意图

催化过滤器的一个重要优点是具有典型多功能反应器的特征。因此，具备减少过程单元、节约空间、节约能量、降低成本等优点。催化过滤器应该具有一些使其具有很大应用潜力和机会的性质，如：①热、化学和机械稳定性；②分离灰尘的高效率（虽然有特殊要求，如含碳颗粒情形，因此时灰尘有可能显著渗透进入过滤器结构内，导致孔阻塞和 / 或使催化剂失活，因此效率降低）；③高催化活性，因此能够在通常的高表观速度（达到工业灰尘过滤器的表观速度 10 ～ 80m/h）下完全催化氧化几乎所有排放物；④低的压力降（与纯过滤器比较，必须面对因催化剂存在产生的压力降损失）；⑤低成本。

2.10.3 高温无机过滤器市场

在高温下，使用多孔无机过滤器的兴趣和吸引力一直在增加，并已经有定期举行的高温过滤科学会议和出版了该主题的一些书籍。在高温下颗粒物质的除去可以回收洁净烟气中的热量，而且高温使烟气中的化学污染物容易被催化剂分解，这对催化过滤器的应用是非常重要的。当温度高于 250℃时，常规聚合物纤维过滤器就会快速损坏，此时正是无机过滤器发挥作用的时候。

在近几十年中，已经开发出许多无机过滤器材料，对过滤器制造也进行了改进，以生产适用范围更宽的高温应用产品。例如，可以应用于催化剂和贵金属回收、煤气化或燃烧流出气流中的飞灰过滤、柴油发动机的烟雾过滤等。现时这些设备发展很快，为获得有多快的一个概念，应该认识到热气体灰尘净化系统在 1992 年的世界市场销售额为 7000 万～ 7500 万美元，而 1996 年该值为 17000 万～ 18000 万美元，并一直保持这个增长趋势。在该总值中过滤器材料占约 20%。

对不同应用，对过滤器性质（耐温、压力降、过滤效率等）的要求一般也不同。使用陶瓷材料如 SiC、莫来石、堇青石等，或金属材料如不锈钢、铁铬不锈钢和 Hastelloy 钢等，制造的许多不同类型过滤器现时已经工业生产并已经商品化。表 2-6 总结了这些过滤器类型、它们的生产者和主要应用领域。

表2-6 商业无机过滤器类型、生产者和主要应用领域

过滤器类型	生产者	主要应用领域
刚性烧结陶瓷过滤器	Cerel, Universal Porosics, Industrial Filters and Pumps, NOTOX, Schumacher, US Filters, Ibiden 等	煤气化、床层 - 床层煤燃烧、废物焚烧
纸浆型 SiO-AlO 纤维束过滤器	BWF, Cerel 等	金属尘粒的分离、流化床煤燃烧、废物焚烧
陶瓷编织过滤器	3M, Tech-in-TeX	催化剂回收、燃煤锅炉、金属熔融、烟雾过滤器
陶瓷横流过滤器	Coors	温度高于 1500℃的应用
陶瓷堇青石独居石	Corning, Ceramem, NGK insultors 等	煤气化、流化床煤燃烧、废物焚烧、烟雾过滤
陶瓷（SiC、ZTA、ZTM）发泡体过滤器	Selec Corp, Saint Gobain, Ecoceranics 等	热金属过滤、柴油机颗粒除去
烧结多孔金属粉末过滤器	Pall, Mott, Newmet, Krebsoge, Fuji 等	催化剂和贵金属的回收
烧结半网格纤维过滤器	Bekaert, Memtec 等	催化剂和金属尘粒的回收、烟雾锅炉

大多数过滤器是管式的或烛形结构的（长度范围通常是 1 ～ 2m），被装配成袋式除尘器。在图 2-49 中给出这类袋式除尘器的外观，而在图 2-50 中则示出了该类袋式除尘器内部烛形结构装配。过滤在烛形结构外表面发生，在表面上形成的灰尘滤饼逐渐增厚。一旦其压力降超过设置的限制值，就使用射流脉冲除去灰尘滤饼，即从过滤器内部喷入强劲的空气或惰性气体脉冲，使灰尘滤饼疏松并落下。

图 2-49 高温袋式除尘器外观

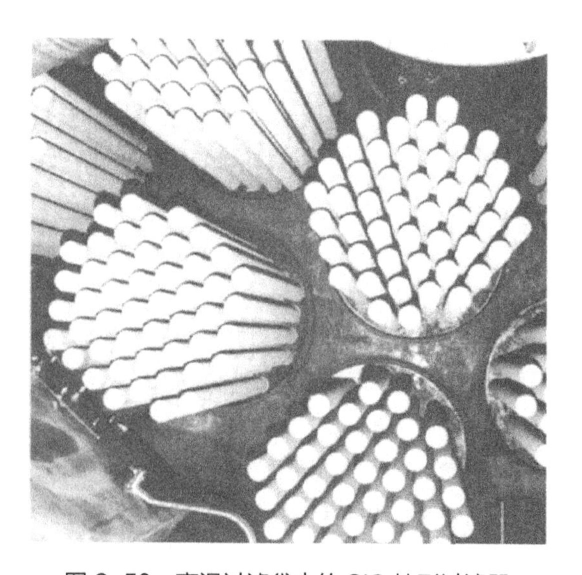

图 2-50 高温过滤袋中的 SiC 烛形过滤器

类似的技术的也可以被应用于陶瓷堇青石独居石材料，生产所谓壁 - 流末端通道封闭构型，这样生产的过滤器一般被使用于烟雾过滤。对这类过滤器的再生，可以简单地采用烧去烟雾的办法。

组分材料既可以是颗粒形的也可以是纤维形的。对纤维，可以按片层层排列（例如 3M 公司的 Nextel 过滤器）或随机分散使用黏合剂把它们粘在一起（如 BWF 公司的 KE-85 筒形过滤器）。纤维过滤器中的纤维可以使用金属材料或陶瓷材料制造。因高空隙率（高达 80%）和均匀分散，其压力降一般是比较低的。颗粒过滤器中的颗粒可以是陶瓷的或金属的，其机械强度一般很高，但其压力降也要高得多，这主要是由于它们的空隙率较低，< 50%。但是，新近发展的技术允许使用由两层颗粒做成的不对称过滤器：外层（约 100μm 厚，孔的大小是十分之几微米）是真正的过滤介质，而内层（15 ～ 20mm 厚，孔要远大得多）作为载体使用，为过滤器提供足够的机械强度。这类过滤器的渗透率远高于对称过滤器。在图 2-51 中给出了 SiC 双层不对称过滤器（德国公司的 Dia-Schumalith）的横截面扫描电镜照片（SEM）。

有深度过滤可能是比较理想的情形，此时可以通过内嵌入、拦截和布朗扩散等机理把颗粒捕集在过滤器结构本身内部。这确实有可能保证使沉积在孔壁上的催化剂和颗粒之间有较好接触，这对促进颗粒催化燃烧是高度有利的（如柴油烟雾过滤和原位燃烧）。在这个领域中，最可能使用的一般是陶瓷发泡体捕集阱（见图 2-52），因为它们相当便宜和容易生产。

图 2-51 双层 Dia-Schumalith 过滤器横截面的 SEM 照片

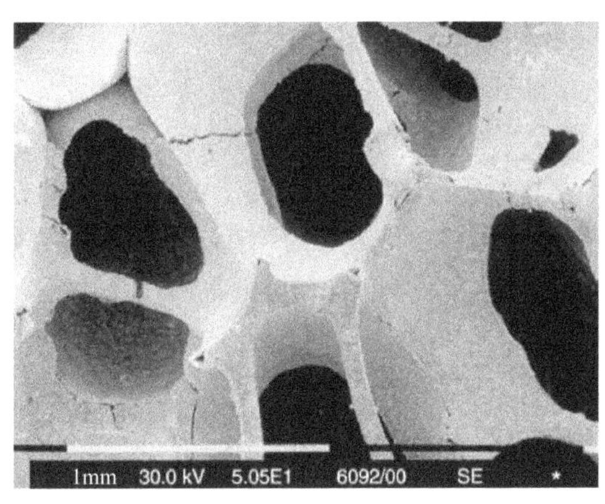

图 2-52 发泡过滤器典型的微结构

耐高温过滤器主要应用于如下一些领域：①催化剂 / 金属回收。这包括流化床反应器中使用的催化剂，镍、铂、药物产品和硅等。为此目的，现时世界上有数百个工厂在运行操作。②废物焚烧。对医疗废物和城市垃圾废物，运转和正在安装使用的刚性烛形过滤器单元有不少，特别是在荷兰和美国。③加压流化床煤燃烧器（PFBC）。这可能是无机过滤器最能够实现实际使用的领域。尽管其大规模应用例子不是非常多。灰尘的除去正好是在锅炉的出口，这允许从清洁后气体中回收热量。④煤气化，在高温下除去气化产生的合成气中的粉末渣粒后，就能够直接供给以产生电力为目的的气体透平使用，使能量利用效率得以较大幅度提高。⑤烟雾捕集，例如，前面已经介绍过的净化来自柴油发动机尾气中的烟雾颗粒。⑥从煅烧过程回收灰尘，例如氧化镁生产过程中的灰尘。

要深入了解高温过滤器介质应用，读者可以参阅有关书籍和评述文献。下面讨论上述催化无机膜即催化分离器的新应用机遇。

2.10.4 催化过滤器的制备

在上述过滤器体内沉积合适催化活性组分，一个主要影响因素是过滤器本身的结构，当然沉积的催化剂组分及其组成对过滤器性能也有重要影响。因为在沉积催化剂和过滤器材料间的界面上有可能产生剪应力，两种材料热膨胀大小可能是不匹配的。众所周知，大多数催化剂载体是无机氧化物，因此热膨胀系数的匹配问题对金属过滤器是特别严重的。金属的热膨胀系数一般要比金属氧化物高得多。但是，对某些金属合金如铁铬合金钢（FeCrAlloy），因在高温下其表面会形成一薄层的金属氧化物——氧化铝，因此其抗热剪应力的能力得以提高，可以在其表面锚定或沉积催化活性组分。

对非烧结纤维过滤器，可以在过滤器装配前沉积催化活性组分。例如，成熟的溶胶-凝胶技术就能够被应用于把氧化钒催化剂涂渍在氧化铝纳克斯泰尔（Nextel）纤维上。然后这些沉积有催化剂组分的纤维能够被应用于制造具有催化活性的柴油颗粒捕集阱（过滤器）。预先已经沉积有沸石催化剂如 NC-300 的催化纤维，能够在 SCR（氨还原 NO_x）催化过程中使用，所应用的一些制备方法也已经申请专利。在纤维上沉积催化活性组分的可应用技术，除溶胶-凝胶技术外还有不少其他技术，如在热处理前使高分散粉末催化剂悬浮液涂渍在纤维上的喷洒技术；又如，把分散于气流中的细催化剂粉末均匀地涂渍在由纤维编织成的过滤器表面上的气流分散技术等。催化剂组分应该沉积在纤维编织物的间隙中，但其在纤维表面的黏附一般仍不够强，牢固度也不是很好。对使用金属催化剂的情形，一个富有想象力的制备方法是，先把催化活性金属拉成丝线，再在生产催化纤维过滤器时把它们散置在陶瓷纤维中。当所希望的催化剂为金属氧化物时，暴露于空气或在更强氧化条件下的组合纤维/金属丝材料被氧化的将是金属丝线的表面。

对催化纤维过滤器，需要强调的是，催化材料不仅要求是自支撑的，而且要求具有柔软性、富有韧性和灵活性，且能够忍受高温、对磨耗有高抗击力，特别是抗击纤维间的自磨耗。已经发展出特别适用的溶胶-凝胶工艺，据说这是有能力生产具有所希望性质的催化纤维的仅有方法。该方法的制备过程如下：①先把金属烷氧化物按所需比例溶解于有机溶剂（如甲醇或乙醇）中；②在该溶液中浸渍纤维过滤器，再在潮湿气氛中进行干燥；③金属烷氧化物水解，其有机基团被羟基替代；④在进行缩聚反应时羟基的缩合脱水导致凝胶的生成；⑤加热形成的凝胶，使温度从 250℃升到 500℃产生固化结构。如基体表面有很多羟基（如玻璃纤维），形成的涂层与纤维表面保持有很强的键合，因烷氧化物和表面羟基的缩合生成的是共价键。最后，为解决自磨损问题，最好使用如下方法：使用相对较稀的烷氧化物溶液涂层，进行多次重复薄层涂层来形成所需要的催化剂涂层。

对烧结型过滤器，在纤维本身相对较小孔中如有预成型催化剂粒子进入，则对其紧密结构显然是有害的。但是，对纤维过滤器具有代表性的自磨损问题就完全不存在了。对此类情形，很有必要发展能够促进催化剂原位生成和原位沉积的技术。对 α-Al_2O_3 颗粒型多孔过滤器，可以使用合适前身物的真空浸渍，然后再用热处理的方法沉积一薄层 γ-Al_2O_3 催化剂载体。最现实的方法是所谓溶胶-凝胶法和硝酸盐-尿素法。对前者，过滤器使用氧化铝胶体进行浸渍，然后再进行温和干燥和在 400 ～ 500℃温度范围进行热处理以促进 $\gamma-Al_2O_3$ 层的生成。对后者，过滤器使用浓缩硝酸铝 - 尿素溶液浸渍，然后在 95℃下使尿素水解原位形成 $Al(OH)_3$ 沉淀，最后在 500℃下焙烧。这两个方法都已经成功地应用于制备催化过滤器，并进行了消除气体污染物的试验。特别是在 $\gamma-Al_2O_3$ 载体上沉积 V_2O_5 后，在除去 NO_x 的试验中获得了积极结果。

从上述的催化过滤器制备和试验结果可以得到两个主要的结论：①使用重复浸渍和沉积循环的制备方法可以达到增加催化剂负载量的目的，但需要付出的代价是较高的压力降。在一定负载量以上，压力降会变得不可接受，因产生了严重的孔阻塞。②在沉积层中的缺陷似乎是不可避免的，特别是在过滤器颗粒边界上，因那里具有形成裂缝的倾向。

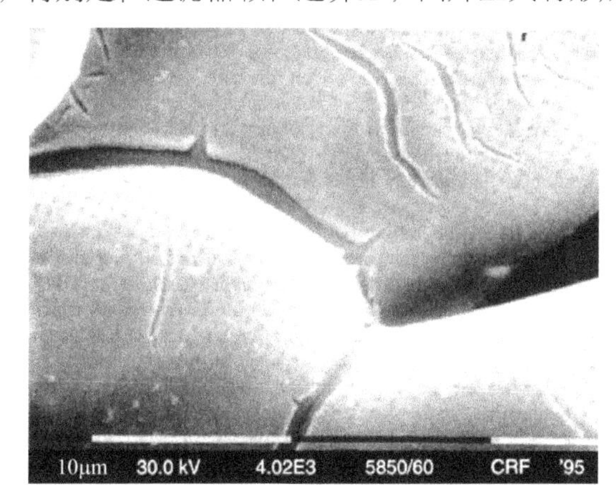

图 2-53 沉积在 $\alpha-Al_2O_3$ 颗粒过滤器孔壁上的 TiO_2 载体层的 SEM 照片

在图 2-53 中给出了沉积 V_2O_5-TiO_2 催化剂时获得的结果。对相同过滤器介质，它在使用氨催化选择性还原（SCR）氮氧化物反应中的活性和选择性都要高于 V_2O_5-Al_2O_3。仿照该情形，提出了类似于制备纤维过滤器的不同制备方法。过滤器使用 20% 四丙基钛酸酯丙醇溶液浸渍；然后在蒸馏水中保持 2 天，使水能够扩散进入结构中，同时水解金属有机化合物生成 $Ti(OH)_4$ 沉淀；接着于 500℃下进行焙烧，最后在获得的过滤器产品上沉积 V_2O_5。

2.10.5 催化过滤器的应用机遇

若干来自燃煤锅炉、焚烧、柴油发动机等源头的烟气，其特征是有高含量的粉尘颗粒，如飞灰、烟雾和气体污染物，如 NO_x、SO_2、VOCs、CO 等。从环境角度和要求看，这些污染物都必须除去。对该领域，可以设想催化过滤器有若干可能的应用，其中的一些研究已经成功地进行了实验室研究，有的甚至是在工业规模上。下面对相关应用进行总结。

2.10.5.1 耦合 NO_x 还原和飞灰过滤

该情形的目标是要净化燃煤烟气。使用过滤器分离飞灰和在过滤器内部使用氨选择性催化还原除去氮氧化物。为比较，在图 2-54 中示出了两条处理 PFBC 燃煤锅烟气的工艺路线，烟气含 NO_x 200 ～ 1000μL/L，SO_2 500 ～ 2000μL/L，O_2 3% ～ 4%, 飞灰 1000 ～ 10000mg/kg。图 2-54（a）给出常规技术路线，使用常规纤维过滤器、湿洗涤器（用碱液移去 SO_2），脱 NO_x 的蜂窝反应器。图 2-54（b）中应用的是催化过滤器，其 SO_2 使用石灰干洗法除去时生成 $CaSO_4$ 颗粒，它们与飞灰一起由催化过滤器除去。

使用聚合物材料做成的常规过滤器袋能够承受的温度不能超过 200℃。这暗示，需要使用相当多的能量来加热催化转化器以使其达到合适温度。例如，为使用氨的 SCR 过程来还原 NO_x，对无尘炉气该还原过程一般是在蜂窝独居石结构催化剂上进行，需要的温度约为 320℃。如上面讨论的，如果过滤器具有催化活性的话，就能够获得相当多的空间节约，可以不再需要在工厂中使用催化转换器或至少部分的催化转换器。

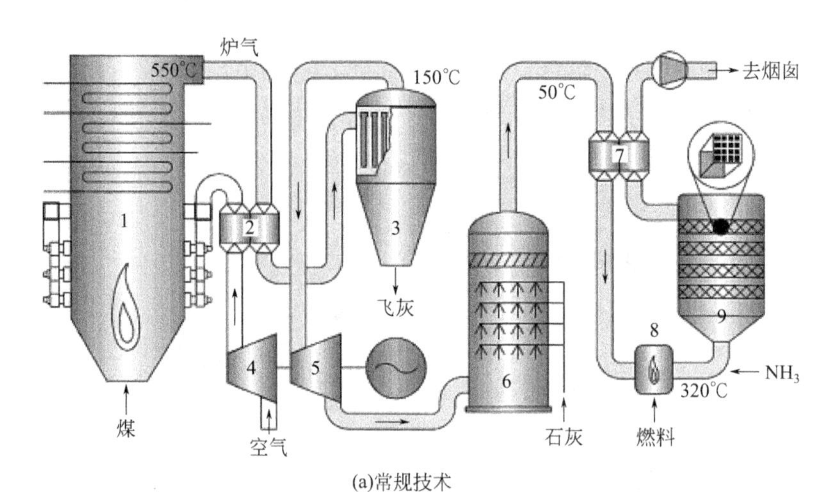

(a)常规技术

1—PFBC锅炉；2—空气预热器；3—纤维过滤器；4—空气压缩机；5—透平；
6—SO_2湿洗涤器；7—省煤器；8—过热器；9—脱-NO_x催化转换器

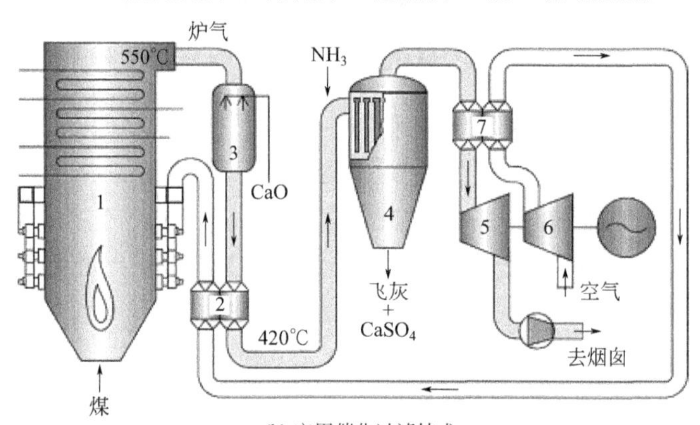

(b) 应用催化过滤技术

1—PFBC锅炉；2—空气预热器；3—SO_2干洗涤器；4—催化过滤器单元；
5—透平；6—空气压缩机；7—空气预热器

图 2-54　两种净化 PFBC 炉气技术的示意图

基于文献结果，对图 2-54 中的两种不同技术路线进行了全面比较：操作压力从常压到 10atm，锅炉容量 1 ～ 500MW，污染物浓度如上述列举的范围。从该比较研究的结果获得的最重要结论如下：①即便把催化过滤器的很高工程和应急成本考虑进去，对处理 PFBC 燃煤锅炉炉气的总成本（运行 + 投资）有可能比常规技术降低 15% ～ 30%，但需要改变上述工艺参数；②上述利润主要来源于操作成本而不是投资成本的降低，成本降低的大部分原因是不再需要 SCR 单元前的预热烟气的能量消耗；③预热空气用回收热量的大部分是在清洁烟气上进行的，因此可以有较高的热交换系数并减少热交换面积；④与早先的期望不同，催化过滤器设备的成本比纤维过滤器加 SCR 反应器的综合成本还要高，主要是由于袋滤室（必须在高于 400℃下工作，目前尚未有成批生产，而仅能够量身定做）的成本高于纤维过滤器的成本。

在这个观察的基础上，容易预测，如果催化过滤器技术能够在市场上得到深入的渗透，其投资成本因高生产速率有可能变得比较低，因此其经济效益获得进一步改善。如果在干洗单元中能够有高的石灰利用率，获得的结果就会更好，这是全世界范围的若干研究项目要达到的目标。

涉及所谓 SO_x-NO_x-Rox-Box 过程的专利与图 2-54（b）是一致的。SO_2 和 NO_x 的同时除去可以使用催化过滤器来完成：对前者使用石灰吸收单元，对后者使用氨选择性催化还原 SCR 单元。把这个技术在实验室规模上应用于大气压分层燃煤锅炉（0.5MW 容量）的烟气净化。报道的结果指出，达到的除去效率对 SO_2 70% ～ 80%，对 NO_x 90%（NH_3/NO 比为 1，氨泄漏 10% ～ 15%），对颗粒 99%。对 5MW 示范工厂项目上的试验，因有美国能源部和俄亥俄煤发展办公室支持，已经在俄亥俄发电厂的 REBruger 工厂正常运行。该大规模试验工厂的早期结果说明，上述指标能够超过。最后，Ovens-Corning Fiberglas Co 公司和能源环境研究中心（Grand Forks, North Dakota）使用玻璃纤维过滤器 - 催化活性 V-Ti 催化剂进行了类似的应用试验。在小规模中间工厂（约 0.2MW）中，NO_x 的还原约为 72%（NH_3/NO 比值为 0.78，逸漏氨 5.6%）。在试验运行中，非常有意思的一点是，试验了各种类型的毒物，如酸性或碱性飞灰、SO_2、HCl、H_2SO_4 等（这在燃煤锅炉或废物焚烧炉烟气中最终是会出现的）对催化剂活性和试验寿命的影响。特别证明了飞灰，在有高 Na 含量特性时，能够招致催化过滤器性能的显著恶化，因为原理上它会与催化性活性位发生反应。该问题的一个最终解决办法是，使用具有中等渗透性的过滤器，以使灰尘能够进入过滤器结构中。图 2-51 所示的双层过滤器（一个薄惰性过滤层和具有催化活性组分的大孔载体层）可能是一个解决方法。只要能够找到这类产品的合适制备技术，其小孔过滤层能够容易地阻止细飞灰进入催化剂层。双层过滤器中灰尘渗透数据对这个设想以强有力的支持。

有些研究工作使用了烧结陶瓷过滤器，针对的是沉积催化活性层是氧化钒催化剂及其特定应用。在图 2-55 中表述的研究结果指出，绝对操作压力对 NO_x 除去效率和选择性有正作用。这至少有两个原因：①重要反应动力学试验结果证明，还原反应对 NO 分压为 0.87 ～ 0.88 级；而对氨氧化普遍存在有伴生反应，有不希望产物 N_2O 的生成，其对氨分压的级数为 0.57 ～ 0.6，与所用催化剂类型有关；因此操作压力的增加使 NO 还原速率的增加远高于氨氧化速率的增加。②从不同的角度看，高操作压力是要在较低操作温度下达到所要求的 NO 转化率，也就是要低于在大气压下操作所要求的温度。这个条件的一个回报是选择性增加，因在较高温度下氨氧化变得显著了（见图 2-55 中给出的两个最好操作条件 1 和 2）。应该注意，为了使这些设想的优点能够在真实 PFBC 燃煤锅炉中最大化，它们的一般操作压力至少在 10atm。有意思的一些数据也示于图 2-56 中，图中比较了沉积有两个不同催化剂（V_2O_5-γ-Al_2O_3 和 V_2O_5-TiO_2）且有不同沉积负荷（也就是使用了不同的循环沉积次数）的多孔催化过滤器。实验室实验结果说明，两个催化过滤器都获得了近似完全的氮氧化物转化，且当在优化温度操作时，可以略去氨的泄漏和 N_2O 的生成。然而这样的优化温度强烈地取决于催化剂类型。温度范围为 200 ～ 300℃时，V_2O_5-TiO_2 催化剂比较合适；而温度范围为 350 ～ 420℃时，V_2O_5-γ-Al_2O_3 催化剂是比较好的（图

2-56）。对热电厂锅炉烟气，意大利的法规预设定的出口温度为380℃，因此，从这些结果得到的结论不同于早先的预期。图2-54中设想的应用，最好的催化剂是活性较低的V_2O_5-γ-Al_2O_3，而不是一般应用于蜂窝催化剂中的V_2O_5-TiO_2催化剂。对后一种催化剂，在实践中发现，当温度在320℃以上时有利于不希望发生的氨氧化生成N_2O的伴生反应，其比NO本身甚至是更坏的污染物。而且因缺乏还原试剂NO的转化率下降。在另一个独立研究中也获得了类似的结论。

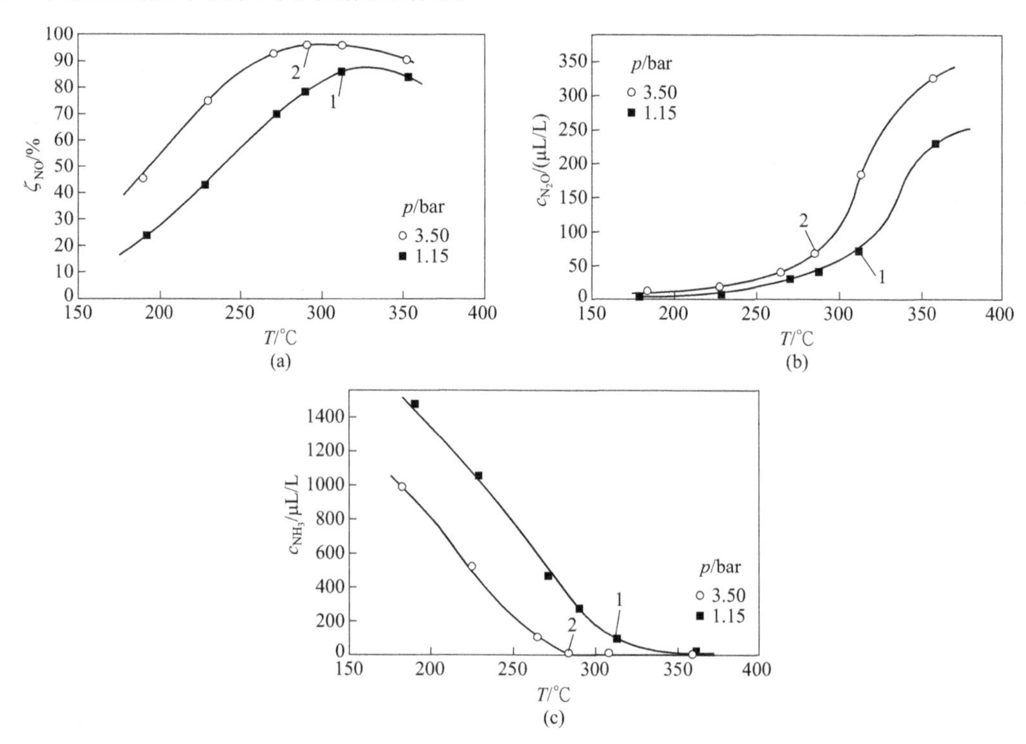

图2-55 在使用溶胶－凝胶法三次循环沉积V_2O_5-Al_2O_3催化剂的多孔α－氧化铝烛形过滤器上，两个不同绝对操作压力下，NO转化（a）、N_2O浓度(b)、NH_3浓度(c)与操作温度间的关系（表观速度16m/h，NO和NH_3进料浓度都是1800μL/L）

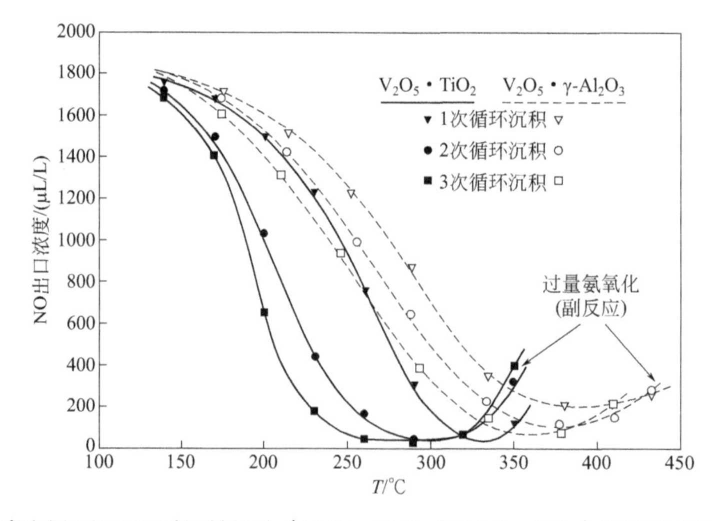

图2-56 在多次循环沉积两种活性组分（V_2O_5-Al_2O_3和V_2O_5-TO_2）的烛形多孔氧化铝催化过滤器上SCR过程消除NO效率（表观速度16m/h, NO和NH_3进料浓度都是1800μL/L）

2.10.5.2 同时滤去飞灰和除去二噁英及其他 VOCs

在工业上成功应用的另一类催化过滤器，被应用于除去焚烧炉烟气中的微量含氯有机污染物如二噁英（PCDD）和呋喃（PCDF）。这些高毒性和致突变性化合物有可能因含氯烃类在焚烧炉中不完全燃烧而生成。欧盟要求的规范操作是，首先，对后燃烧室加强精确温度（>1000℃）和停留时间（>2s）控制，以减少这类微量污染物的生成。其次，把最大排放值限制于 $0.1ng/m^3$。能够达到这个标准限制值的现时应用办法是，在烟气中分散细粉末活性炭（PAC），用以吸附 PCDD、PCDF 以及汞蒸气。然后让 PAC 进入纤维过滤器单元中，该过滤器一般使用耐高温（高达 200℃）的聚合物纤维做成。

已经开发出的另一方法是使用 REMEDIATM D/F 催化过滤器，该体系能够同时除去飞灰及催化转化除去二噁英和呋喃。在制造该类催化过滤器过程中，把催化剂并合分散进入聚四氟乙烯（PTFE）体系中。干燥后把其挤压成薄的带，进一步把带拉伸和切碎制成短纤维。短纤维纺织成丝线，再针织成 $RASTEX^R2$ PTFE 平纹布，并把其黏结在一起形成毡子。在最后步骤中，有微孔的布膜叠层形成毡子成为最后产品。因此，该新体系是由 GORE-TEX 2 膜叠层构成的催化过滤器，使用的催化剂为 V_2O_5-WO_3/TiO_2。这是为在低温（200℃）下使 PCDD 和 PCDF 催化分解（脱结构）特别发展的。催化剂的 BET 比表面积为 70 ～ $100m^2/g$，氧化钒含量小于 8%，钨低于 8%。注意，该催化剂也是一种消除 NO_x 的 SCR 反应催化剂，原理上它有可能导致同时消除 NO_x 和 PCDD。必须强调，很高的 V_2O_5-WO_3 负荷可能被用于在低温下（200℃以下）使 SCR 反应以高速率进行。

与催化过滤器不同，对细粉末活性炭（PAC）喷入体系：①吸附二噁英和呋喃但并不毁坏它们；②需要付出处理大量固体废物的成本，这可能比治理 PCDD 和 PCDF 污染物的费用更高；③要求精心操作和维护，可能还需要新的设备；④在一定条件下存在火灾隐患。但是，如早先叙述过的，PAC 技术能够除去汞污染而催化过滤器却不能。此外，PAC 在低温下也是有效的，而对催化过滤器当温度低于 160℃时是无效的。

在比利时（Roeselare）的净化采用催化过滤器。自 1996 年以来，在工厂中使用两种纤维过滤器，操作温度 200℃。其对 PCDD 的催化消除效率大于 99%，该结果远超法规规定的标准。在图 2-57 中给出了对 REMEDIA 工厂跟踪的 PCDD 和 PCDF 入口和出口浓度。对所有其他毒物异构体也显示类似的指标。发现有约 0.05% 的二噁英仍然残留在过滤器吸附材料上，没有被催化脱除。

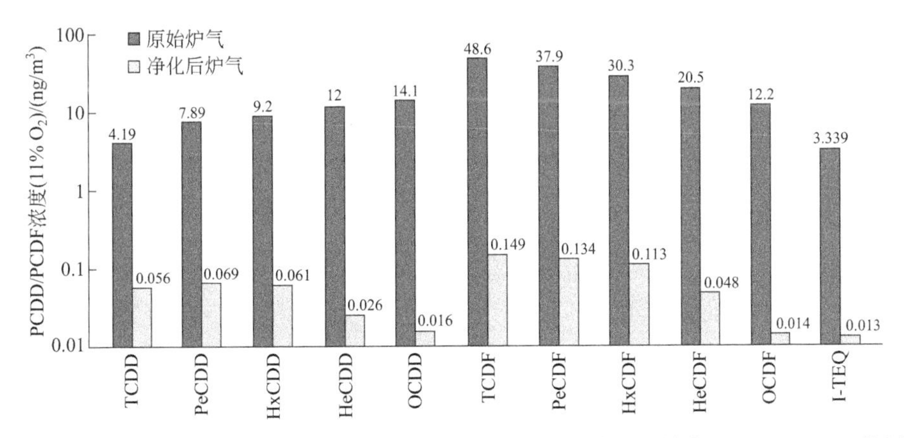

图 2-57 在比利时 Roeselare 一城市废物焚烧炉中安装的纤维过滤器脱除 PCDD/PCDF 的试验结果

另一个应用机遇可能是在含颗粒和未燃烧烃类排放物的处理上，如焚烧炉或燃木锅炉尾气排放物。后一情形在北欧国家中是普遍的，同时存在的污染物有颗粒、CO、未燃烧烃类（如甲烷和萘）等。近来，已经为这类污染物的完全燃烧开发出量身定做的催化剂（多数是铂金属催化剂）。把这类催化剂与高温陶瓷过滤器组合并进行试验，以校验它们作为催化转化器的潜力。催化过滤器的制备使用原位沉淀（硝酸盐 - 尿素）法，把 γ-Al_2O_3 沉积于 α-Al_2O_3 颗粒过滤器的孔壁上，再用等体积浸渍法把铂（H_2PtCl_6 前身物）分散在氧化铝载体上。对获得的催化过滤器进行试验、表征（渗透能力评估、BET 测量、SEM-EDAX 观察、X 射线衍射分析）后，在单独或混合物进料情况下进行选择性 VOCs（萘、丙烯、丙烷、甲烷）催化燃烧试验。在不同操作温度、表观速度和过滤器不同催化剂负荷下，获得的 VOCs 转化率结果证明，催化过滤器对烟气处理可能胜过常规技术，如果必须同时除去灰尘和催化氧化 VOCs 的话。例如，对市政废物焚烧炉和燃木炉烟气的处理，特别是，如在图 2-58 中显示的，尽管实验室规模的催化过滤器厚度非常小，仅有大规模催化过滤器厚度的约 1/10，但仍然能够在工业感兴趣的表观速度下使丙烷、丙烯和萘完全转化。虽然在合理的低温下，即当低于过滤器的焙烧温度 500℃时，对极稳定甲烷不能够被完全转化。但这个缺点对工业规模过滤器或许就不存在了，因其厚度是实验室过滤器的 10 倍，这能够使反应气体在过滤器催化活性层中停留较长时间。对这个问题的一个解决办法是使用多层过滤器，在每一层中沉积有特定的催化剂。按照这个概念，对甲烷燃烧的理想催化剂是钯而不是铂。

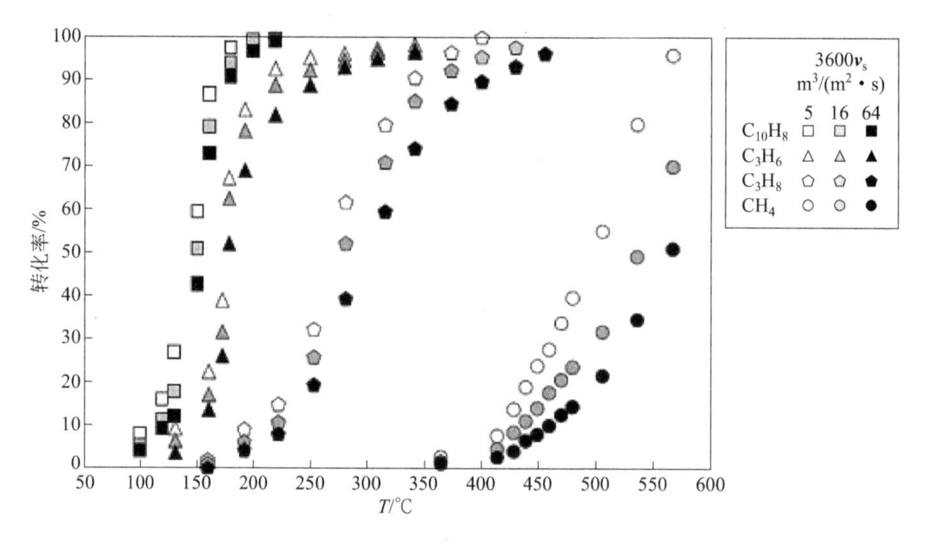

图 2-58　VOCs 混合物 [50μL/L $C_{10}H_8$，0.5%（体积分数）C_3H_8，0.5%（体积分数）C_3H_6，0.5%（体积分数）CH_4] 在经 3 次循环 沉积 Pt-γ-Al_2O_3 催化过滤器（平均孔直径 1.5mm，厚度 15mm）上的催化燃烧

图 2-59 中给出了单一反应器和混合反应物的催化燃烧结果比较。可以注意到，如果与单一 VOCs（没有其他烃类存在）燃烧试验中的特征温度比较，混合物反应物进入过滤器时，该烃类能够在稍低的入口温度时就被烧掉。这可能是热效应所致：若干烃类同时燃烧释放的热使过滤器局部温度以及沉积的催化剂温度得以升高，因此与以简单气体入口温度预测的反应动力学比较，反应显然得到加速。

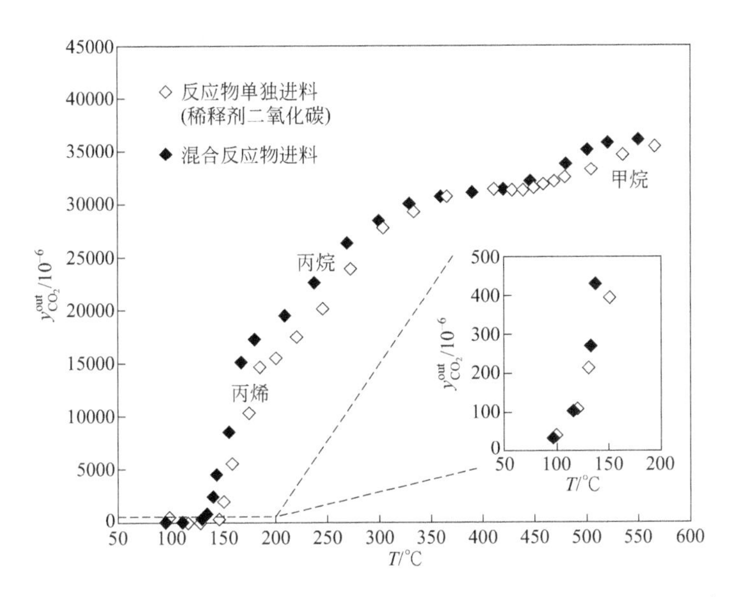

图 2-59 VOCs 混合物 [50μL/L $C_{10}H_8$，0.5%(体积分数)C_3H_8，0.5%(体积分数)C_3H_6，0.5%(体积分数)CH_4] 在沉积有 Pt-γ-Al_2O_3 的催化过滤器（平均孔直径 1.5mm 厚度 15mm）上的催化燃烧

2.10.5.3 合成气净化

催化过滤器的另一个可能应用是净化使用生物质和泥炭气化获得的合成气。芬兰正在集中强化研究和发展这类过程。功率范围在 50 ~ 150MW 的集成气化组合循环发电（IGCC）似乎是最吸引人的，这是开发利用气化气生产电力的一个方法。图 2-60 给出了 IGCC 循环的示意图，其中包括催化过滤器单元。

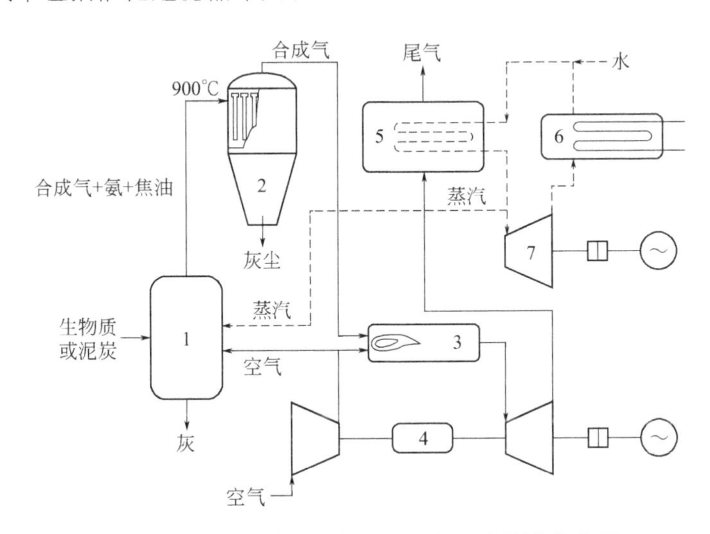

图 2-60 催化过滤器在 IGCC 循环中的潜在应用

1—气化器；2—催化过滤器单元；3—燃烧室；4—气体透平 - 压缩机装置；
5—废热锅炉；6—冷凝器；7—蒸汽透平

除主要组分 N_2、CO、CH_4、CO_2、H_2O、H_2 外，床 - 床（bed-bed）气化单元出口气流中还包括一些杂质，如灰尘、焦油和氨。其中使用耐高温陶瓷过滤器除去灰尘一般是令人满意的。焦油是有害的，它以烟雾形式沉积在过滤器中和其他下游单元中。氨在燃烧时会产生氮氧化物。开发出的Ni催化剂有能力在900℃（也就是气化器出口温度）下把氨和焦油分解为无害的气体如N_2、H_2、低分子量烃类等。把这样的镍催化剂沉积在陶瓷过滤器孔壁上，就形成了一个多功能催化过滤器。这是替代分离过滤和催化处理单元比较可行的办法。比利时布鲁塞尔大学以此为目标进行了相当多的试验研究。图2-61中的早期试验结果说明，使用Ni催化剂过滤器在温度高于850℃于工业感兴趣的表观速度下，焦油接近于完全转化。后来的研究集中于发展比初始研究中使用的催化剂有更高抗硫性的催化剂。实际上获得的是有限失活的CaO促进Ni催化剂（见图2-62），钙助剂的作用是对H_2S进行选择性化学吸附，以此来防止镍被硫化物中毒。使用镍和钙改性的过滤器，在含100μL/L H_2S于900℃和4cm/s气体速度下，苯的转化率为67%，而对单独镍在类似反应条件下的苯转化率仅有8%。在这样优良的性能下一直运转超过180h。

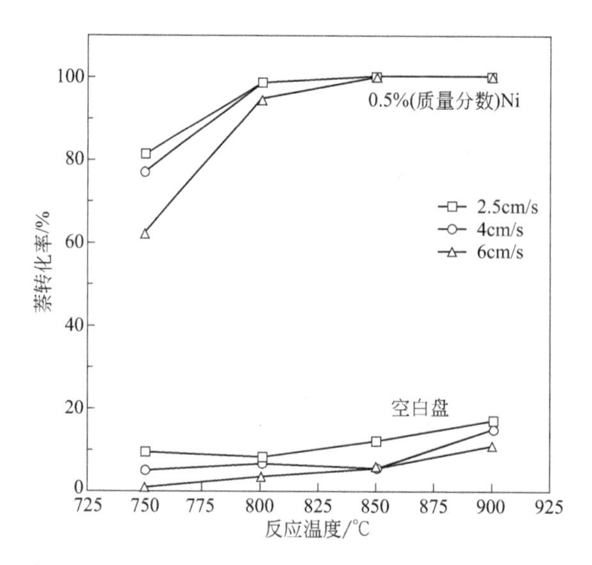

图2-61 0.5%（质量分数）Ni改性和空白过滤圆盘上萘转化率与温度和气速间的关系

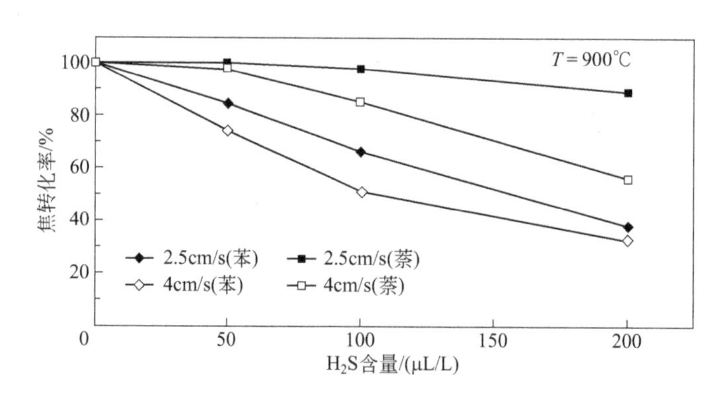

图2-62 用共沉淀法制备的1%（质量分数）Ni-0.5%（质量分数）CaO于900℃和过滤速度为2.5cm/s和4cm/s条件下催化苯和萘的转化率与H_2S含量间的关系

2.10.5.4 柴油尾气处理和其他潜在应用

在催化过滤器的其他潜在应用中，研究得最多的是柴油发动机排放物的净化。柴油发动机产生的尾气中含碳质颗粒（烟雾）、氮氧化物、未燃烧烃类等。除去烟雾的传统常规方法是使用陶瓷捕集阱。一旦穿过捕集阱的压力降变得不可接受，必须升高温度再生捕集阱，以使被捕集烟雾瞬时燃烧。但是，在再生步骤中温度可能升得非常高（一般高于1000℃），这常常会导致捕集阱性能短时间降低。解决这个问题的一个办法是使用沉积有燃烧烟雾催化剂的过滤器。目的是在相同尾气温度（200～400℃）下过滤烟雾并同时使其进行催化燃烧，以此来避免周期性的再生。

催化过滤器概念的示于图 2-63 中。早期发展的催化剂是 $Cs_4V_2O_7$，其催化燃烧 CO 的温度为 250℃，且具有令人满意的在高温下抗水蒸气或二氧化硫中毒的能力。虽然它有溶解于水的趋势，但与车辆应用不同，发电厂用柴油尾气中不会发生如柴油汽车发动机停车时有水冷凝的情况。

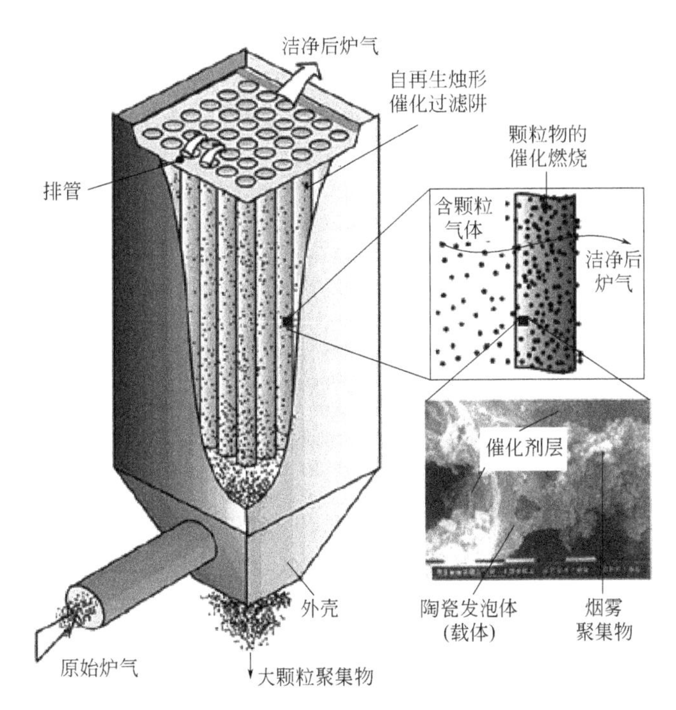

图 2-63　除去大热电厂柴油尾气中颗粒物质的催化过滤器示意

这类催化过滤器的性能得到了中间工厂试验的证实。试验中使用的催化活性组分为 $Cs_4V_2O_7$，载体为 ZTA 材料，该载体与焦钒酸铯 $Cs_4V_2O_7$ 的化学相互作用是可以忽略的。某些过滤器性能数据示于图 2-64 中。催化剂的存在能够使催化过滤器的压力降（即烟雾阻塞产生的压力降）达到一稳定值。此时过滤器中累积烟雾量与催化转化的烟雾量是相等的。因此得出结论，所研究技术对固定源热气体过滤是可行的且是值得放大的。而后，被使用于一个大发电厂柴油机尾气的处理（AEM 公司的 Le Vallette 热电厂）。

除了上面列举的催化过滤器的应用外，还能够应用于解决特定烟气净化问题。例如，有可能把催化过滤器作为一个传感器使用，这是有可能改进传感器选择性和稳定性的一个有效方法，因为过滤器能够排除干扰以及防止毒物到达传感器表面。已经有成功利用这一概念的例子。

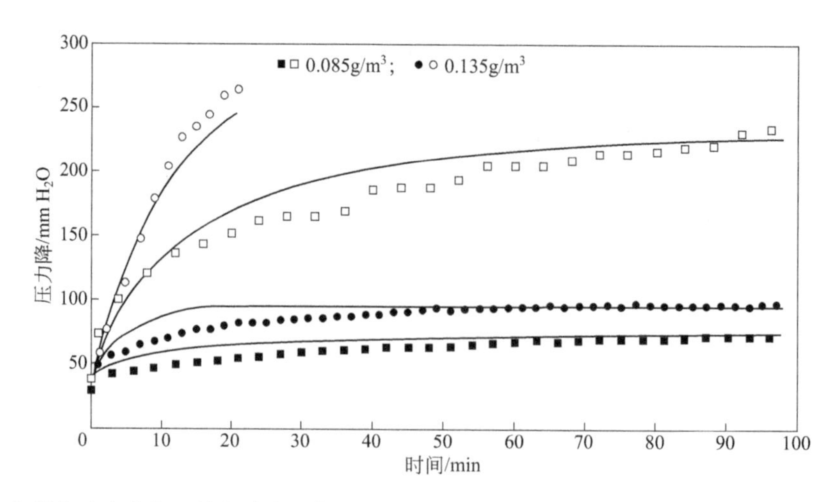

图 2-64　非催化（空心）和催化（实心）发泡体催化过滤器的压力降模型预测曲线和实验点与进料烟雾浓度间的关系（操作条件：表观速度 2m/s，发泡体温度 440℃）

2.10.6 工程和模型

催化过滤器的传质和反应模型与蜂窝催化剂的传质反应模型是可以比较的。作为第一次近似，可以认为它与蜂窝催化剂是伴生的。过滤器中的孔可以看作是独居石中的通道；沉积在过滤器孔壁上的催化剂层与蜂窝独居石分离通道的壁极为相似，该壁可以不含催化材料。作为例子讨论脱 NO_x 反应，图 2-65 示出了在通道 / 孔中 NO 浓度分布和两个反应器构型的催化剂壁 / 层。

由于催化过滤器中的孔比较小（100μm 量级，而蜂窝通道大小为毫米量级）和催化剂层厚度较薄（微米量级，而蜂窝通道催化壁厚为毫米量级），因此催化过滤器中的内外传质速率对 NO 转化率的影响一般是可以被略去的，于是可以可信地假定在催化过滤器中 NO 还原反应的有效因子为 1。而蜂窝催化剂与此完全不同，其常规操作条件（320 ～ 380℃）下有效因子几乎很少超过 5%。

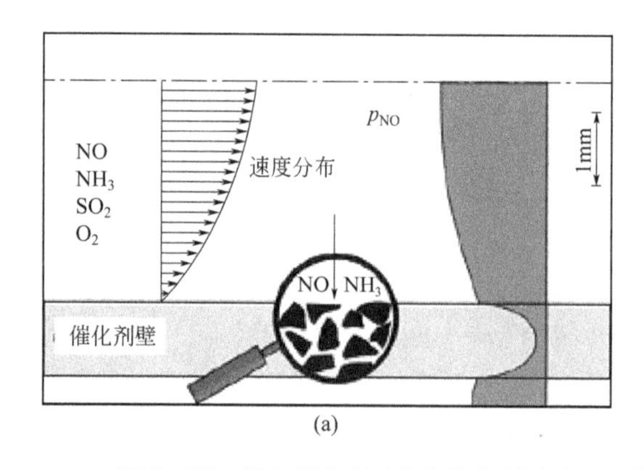

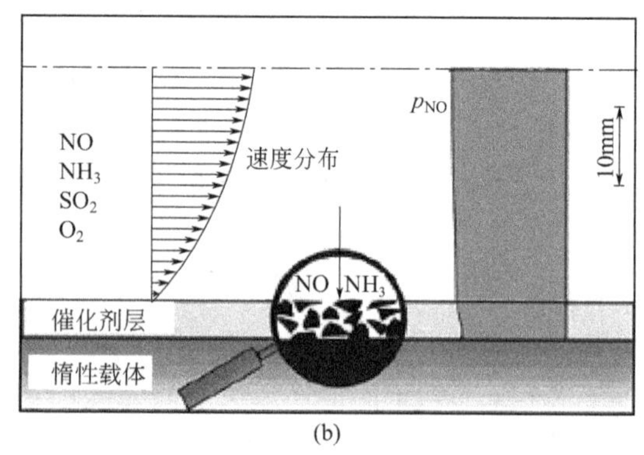

图 2-65　蜂窝催化剂 (a) 和催化剂过滤器 (b) 中氨选择性催化还原 NO 反应的传质和反应

对脱 NO_x 反应而言，催化过滤器与蜂窝转化器相比，其第二个优点可能在 SO_2 转化许可程度方面。对这个转化反应必须要保持最小，因生成的 SO_3 会与逸出的 NH_3 反应形

成 $(NH_4)_2SO_4$，它沉积于 NO_x 转化器下游温度较低的管道和单元表面，在相对短的时间内使其阻塞。在 V-Ti 催化剂上，SO_2 氧化与 NO 还原反应比较是相对较慢的。因此在蜂窝催化剂上 SO_2 氧化反应的有效因子实际上等于 1，尽管催化剂壁已经很厚。在图 2-66 中，给出了在给定动力学和操作参数下，NO 还原和 SO_2 氧化反应转化率与代表性脱 NO_x 蜂窝催化剂壁厚度间的函数关系。如预测的那样，SO_3 生成与壁厚度成比例，而对 NO 还原反应只要在临界值以上就几乎不受影响，因此一般使用较小的壁厚。从这个角度考虑，应该生产壁非常薄的蜂窝催化剂以减少 SO_3 生成，而 NO 的转化不受影响。但是，如果蜂窝壁的厚度很小，不仅机械强度不够而且制造也是一个问题。对实际可以使用的制造过程，最薄的通道壁厚度一般在 0.5 ～ 0.6mm。

而对催化过滤器，由于其催化剂层远比蜂窝催化剂壁薄，SO_3 生成按比例减小。但催化过滤器的缺点是其制备方法和程序比较复杂，沉积催化剂层的长期稳定性较低和压力降较高。对最后一点，必须要说催化过滤器一般并不需要单独完全替代蜂窝转化器，但仅仅作为传统脱尘装置和蜂窝催化剂的一种组合，因此其相对较高压力降问题可能很小。对任何情形都要取决于感兴趣的特殊应用。

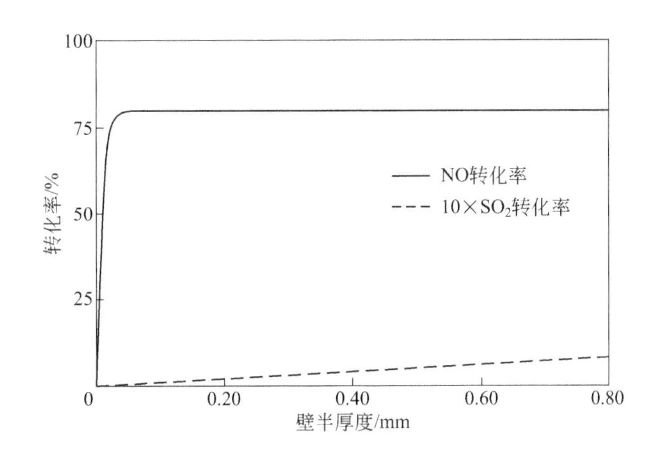

图 2-66　蜂窝脱 NO_x 催化剂中 NO 还原和 SO_2 氧化反应转化率与壁厚度间的关系

文献中出现的最精确的催化过滤器模型是针对沉积 γ-Al_2O_3 催化剂的 α-Al_2O_3 颗粒过滤器上进行的模型反应（对 2- 丙醇脱水 γ-Al_2O_3 本身是该反应的催化剂）。其主要结论是：对这些只经过单一次 γ-Al_2O_3 沉积的催化过滤器（使用硝酸盐 - 尿素方法）存在一定程度的短路。换句话说，单一次沉积催化剂在过滤器中的分布是不均匀的，一些孔中的催化剂负荷要高于另一些。对这类过滤器只能采用准均相模型。在二元孔分布中某些孔的催化活性较低但渗透性较好，这使整个过滤器的总转化率较低。但在进行第二次沉积循环后，上述不均匀分布的缺陷似乎已经被克服，于是可以使用单一孔分布的模型。这个模型化研究说明，对催化过滤器的孔结构和催化剂分布有合适了解是重要的，因其对性能有很大影响。同时也需要对催化过滤器的孔结构进行表征，包括孔道连接性、孔大小分布、死孔的存在等，因为这些特征都在反应器性能中起着重要作用。只有在这类表征工作的基础上，才能够获得有价值的信息用以优化和选择制备路线。

总而言之，对同时除去灰尘和气体污染物的催化过滤器的基本性质和潜力进行了评论。在文献讨论和在高温过滤器生产商中，把其作为反应器考虑的兴趣在增加（某些工作是在与生产商的保密协议下进行的）。在此基础上似乎能够合理地预测，催化过滤器在市场中的渗透可能在数年中获得回报。

这类渗透的程度很大程度取决于它们的长期耐用性和对这些相对新的产品的初始投资成本。在一些情形中，技术可行性研究显示，已经获得显著的市场份额。REMEDIA 过程同时除去飞灰、NO_x 和二噁英，这个技术或许是该领域中最出色的例子。这个技术的成功在很大程度上是基于它使用的是聚合物纤维过滤器，它比陶瓷纤维便宜很多。但是，聚合物纤维的使用温度限制是低于 210℃，这阻止了许多潜在应用的选用。

一般讲，在催化过滤器上已经进行的工作证明，在工业感兴趣的表观加料速度下有可能达到事实上的气体污染物的完全催化转化（如 NO_x）。因此，呈现出过滤和催化除去技术的方便耦合。现在要评估的一点是，催化过滤器如何坚持长期暴露于对催化剂本身是潜在毒物的相对有害的环境中（飞灰、硫和 / 或含氯化合物、蒸气等）。从这个观点看，近来发表的关于这方面工作进展已经给出了未来研究的方向。制备技术也能够进一步改进，总是要考虑给出的黏结性，以便在过滤器孔壁和催化剂层间获得很好黏附，并具有高的抗机械剪应力（来自热破裂和脉冲喷射清洁技术）能力。这一未来研究的关键掌握在材料科学家手中。

第3章 煤气化和合成气催化净化

3.1 引言

煤炭气化一般是指把固体煤炭燃料转化为气态形式燃料（合成气）的过程。该气化过程通常在被称为煤炭气化器（气化炉）的装置中完成。固体燃料煤炭在气化炉中的气化通常包含多个转化过程：煤干燥、干馏（热解）、还原、氧化、灰渣生成。在一些气化炉设计中，这些过程能够在极短的时间内完成，而另一些完成时间要稍长一些。最后排出的产品是气体（对某些气化炉气体产品中可能含有少量焦油）燃料和灰渣。

煤气化使用的气化剂一般是氧气（或空气），水蒸气也参与煤气化反应。因此，在煤气化炉中发生许多化学反应，其中主要的有：

$$C + O_2 \longrightarrow CO_2 \quad (3\text{-}1)$$

$$C + 0.5O_2 \longrightarrow CO \quad (3\text{-}2)$$

$$C + H_2O \longrightarrow CO + H_2 \quad (3\text{-}3)$$

$$C + CO_2 \longrightarrow 2CO \quad (3\text{-}4)$$

$$C + 2H_2 \longrightarrow CH_4 \quad (3\text{-}5)$$

$$CO + H_2O \longrightarrow CO_2 + H_2 \quad (3\text{-}6)$$

$$CO + 3H_2 \longrightarrow CH_4 + H_2O \quad (3\text{-}7)$$

$$CH_4 + H_2O \longrightarrow CO + 3H_2 \quad (3\text{-}8)$$

$$2C + 1.5O_2 \longrightarrow CO + CO_2 \quad (3\text{-}9)$$

除煤中的碳发生上述反应外，煤中所含杂质和矿物质如含硫和氮，都会发生反应生成相应的污染物，如硫化氢和氨等。

通过煤炭气化生产干净家用和商业使用的气体燃料（煤气）的实践已经超过200年。

20 世纪 40 年代以前，世界各国都以此方法生产煤气，形成很重要的一类能源工业。在第二次世界大战期间，德国为了用煤炭制造作为军事用途的液体燃料，促使煤气化技术有了显著的进展，形成了现代煤气化技术特别是煤气化器的基础。而在美国和其他工业化国家，可以使用天然气和石油替代城市中的煤基煤气，因此对煤气化技术没有做很多工作。

然而，1973 年的石油禁运和天然气的短缺迫使美国和欧洲一些主要工业化国家的相关部门进行大量从煤炭生产合成天然气（SNR）的研发工作，这进一步促进了煤气化技术的发展。这些努力把许多重要工程方法应用到煤气化技术研究，促进了先进的煤气化技术的发展。然而当石油和天然气价格下落时，各个国家转而使用国内资源提供低成本天然气，因此对从煤炭生产天然气（SNG）的激励再一次消失了。这样留下来的仅是少数几个幸存的商业煤炭气化体系。留存这些体系的主要目的是使用它来制造一些有一定附加值的产品，如甲醇、氨和其他化学品。时至今天，煤炭气化生产气体燃料的重点是，在提高煤炭能量利用效率的同时降低煤炭使用对环境的污染。例如，生产的煤气直接用于发电，由于高性能气体透平和燃料电池发电技术的应用可以使煤炭能量利用效率有大的提高，相应地也降低了污染物的排放。因此对为发电提供燃料进行特别设计和发展的高效煤气化技术提供了极强的激励。这与生产高纯度合成气的体系可能有所不同，煤气中甲烷和氮的稀释是可以接受的，同时也能够承受较高水平的其他杂质，而高纯度合成气对催化转化为化学品和洁净液体燃料是必需的。

煤炭或其他含碳物质在气化炉中的气化是一个高温（高压）过程，因此气化炉是一个高温高压反应容器。对煤炭气化炉而言，由于煤炭等固体物质除了所含能被气化的物质外还含有一些不能够被气化的无机化合物，对这些物质在气化反应完成后也必须像气体产物一样被排出气化反应器，因此煤炭气化炉必须能够同时排出气体产物和非气体（液体或固体）产物，这导致气化器需要有特别的结构，需要发展出适合于多种原料的气化炉。下面首先重点介绍各种类型的气化炉。

3.2 煤炭气化（器）炉分类

国际上商业可利用的或已经达到中间工厂发展状态的各种类型重要煤气化炉示于表 3-1 中（表中没有包括中国新发展的若干气化炉）。煤气化工艺按床层中物料的运动形式被划分为三种主要类型：载流床（气流床）气化炉，如 Shell、Texaco-GE、GSP、E-Gas、Prenflo、三菱、BBP 等；流化床气化炉，如 KRW、HTW、Hy-Gas、U-Gas、CFB、PHTW 等；固定床（移动床）气化炉，如 BGL、UGI、Lurgi、Winkler、Dow Chemical 等。正在研究开发的煤炭气化炉型还有十几种。其基本原理和构型分别示于图 3-1 ～图 3-3 中。按它们使用的原料煤形式可以分为：使用块煤的气化炉如 Lurgi、BGL，使用水煤浆的气化炉如 Texaco 和使用干煤粉的气化炉如 Shell、GSP、三菱三类。按使用的气化剂分类，有纯氧气化炉如 Shell、Texaco、GSP、BGL 等，也有空气的气化炉如三菱气化炉。按煤渣排出方法分类，有干粉排渣气化炉和液态排渣气化炉两类。除气化温度较低的气化炉型外，大多数气化炉使用液态排渣。每类气化炉的主要特点如表 3-2 所示。

表3-1　气化工艺状态

项目	状态	气化器出口温度/℃
载流床工艺		
Texaco（美国）	商业化	1260 ～ 1480
Shell（欧洲/美国）	商业化	1370 ～ 1540
Destec（美国）	商业化	1040
Prenflo（欧洲）	商业化/示范工厂	1370 ～ 1540
Koppers Totzek（欧洲）	商业化	1480
ABB/Combustion Engineering（欧洲/美国）	发展中	1040
IGC（日本）	发展中	1260
HYCOL（日本）	发展中	1480 ～ 1620
VEW（德国）	发展中	
流化床工艺		
KRW（欧洲/美国）	示范/发展中	1010 ～ 1040
高温 Winkler/Lurgi（欧洲）	示范/发展中	950
Exxon Catalytic（美国）	发展中（现已停止）	760
Tampella/U-Gas（芬兰/美国）	发展中	980 ～ 1040
MCTI Pulse combustor/Gasifier	示范/发展中	1090 ～ 1260
固定床工艺		
Lurgi（干灰）（欧洲）	工业化	
British Gas Lurgi（熔渣）	示范	
British Gas Lurgi（高压，67atm）	发展中	
DOE-Sirrine 先进移动床	研究/发展中	850

表3-2　各种类型气化炉的主要特点

气化炉	技术	典型工艺条件	评论
固定床	BGL， Lurgi， 干灰	燃烧温度：1300℃（煤浆进料），1500 ～ 1800℃（干进料） 气体出口温度：400 ～ 500℃ 压力：0.15 ～ 2.45MPa 停留时间（RT）：15 ～ 30min 进料颗粒大小：2 ～ 50mm O_2/进料：0.64m³/kg 气体热值：10.04MJ/m³ 冷气体效率：高	①能够加工含35%灰分的煤 ②不能够使用液体燃料 ③蒸气要求高 ④合成气含焦油和酚类化合物 ⑤在进料制备期间产生原料烯颗粒损失
流化床	HTW， IDGCC， KRW， Mitsui， Babcock	燃烧温度：900 ～ 1200℃ 气体出口温度：700 ～ 900℃ 压力：0.1 ～ 2.94MPa 停留时间（RT）：1 ～ 100s 进料颗粒大小：0.5 ～ 5.0 mm O_2/进料：0.37m³/kg 气体热值：10.71MJ/m³ 冷气体效率：中等	①硫含量＜2%时原位脱硫 ②对高反应性原料如废燃料、生物质和低阶煤是理想的 ③为高转化焦颗粒需循环 ④中等蒸气要求 ⑤合成气不含焦油或酚类化合物 ⑥降低细粉损失

续表

气化炉	技术	典型工艺条件	评论
载流床	BBP， Hitachi， MHI， Prenflo， SCGP， E-Gas， Texaco	燃烧温度：1500℃ 气体出口温度：900 ～ 1400℃ 压力：2.94 ～ 3.43MPa 停留时间（RT）：1 ～ 10s 进料颗粒大小：＜ 200 目 O_2/ 进料：1.17m^3/kg 气体热值：9.58MJ/m^3 冷气体效率：中等	① 合成气不含焦油或酚类化合物 ② 对低反应性染料如石油焦是理想的 ③ 适合于石油焦和高灰煤混合物（约 22% 灰） ④ 蒸气要求中等 ⑤ 原位逃逸（Slip）和没有细粉损失
传输反应器	KBR	燃烧温度：900 ～ 1050℃ 气体出口温度：590 ～ 980℃ 压力：0.29 ～ 1.47MPa 停留时间（RT）：1 ～ 10s 进料颗粒大小：＜ 50μm O_2/ 进料：1.06m^3/kg 气体热值： 冷气体效率：中等	① 防止原煤暴露于氧化剂，阻止释放的挥发分燃烧 ② 仅有焦燃烧和改进了过程效率 ③ 高产出和高转化 ④ 尚未很好证明

3.2.1 固定床气化炉

固定床气化炉是最早开发出的气化炉，如图 3-1 所示。炉子下部为炉排，用以支撑上面的煤层。通常，煤从气化炉的顶部加入，靠重力缓慢向下移动经过干燥层、热解层、还原（气化）层和氧化层，而气化剂（氧或空气和水蒸气）则从炉子的下部供入，因而气固间是逆向流动的。特点是单位容积的煤处理量小，大型化困难。目前，运转中的固定床气化炉主要是英国气体 Lurgi（BGL）熔渣型和 Lurgi 干灰气化炉。世界上被气化的煤炭有约 89% 使用的是这类固定床气化炉。

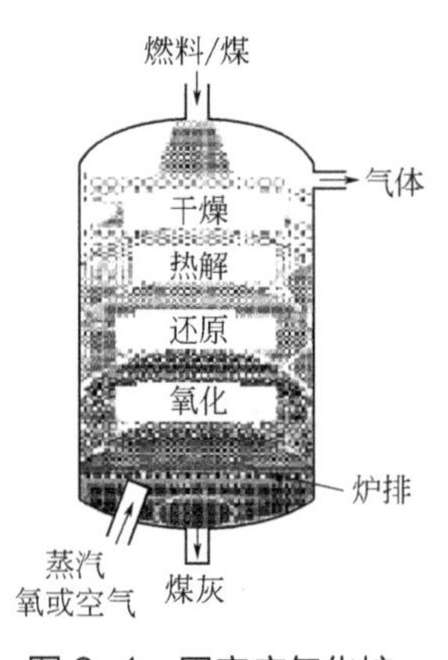

图 3-1　固定床气化炉

固定床气化器在燃烧氧化区有最高温度，对熔渣气化一般在 1500 ～ 1800℃，对干灰气化一般在 1300℃。灰或渣从底部排出，而生产的合成气从顶部逸出。离开气化炉的合成气被加入原料煤冷却，气体的出口温度一般为 400 ～ 500℃。原料煤炭的颗粒大小范围一般为 2 ～ 50 mm。这类气化炉的操作压力在 0.15 ～ 2.45 MPa，停留时间范围在 15 ～ 30min 量级，能够气化含灰量高达 35% 的原料煤。干灰和熔渣气化炉间的主要差别是，前者使用的蒸气 - 氧比远高于后者。因此，前者在连续燃烧区中达到的最高温度要低约 1000℃，因此干灰炉比较适合于反应性较高的煤如褐煤。为了使用低灰熔点煤，可以在煤中添加酸性氧化物如 SiO_2、Al_2O_3、TiO_2 等以增加其灰熔点温度，如在 Sasol Lurgi 气化炉中已经做的那样。

3.2.2 流化床气化炉

流化床气化炉如图 3-2 所示，在分散板上供给粉煤，在分散板下送入气化剂（氧、水蒸气），使煤在悬浮状下进行气化，高度的返混确保在气化炉内均匀的温度分布。为增加煤在床层中的停留时间和提高碳的转化率，部分含碳粉状颗粒进行循环。通常操作在远低于煤灰熔融的温度（900 ～ 1050℃），以避免灰熔融产生煤渣和床层流动性能的损失。当以氧气作为气化介质时，流化床气化炉中的温度接近 1200℃（对灰熔点高的煤），此时要求煤颗粒平均大小为 0.5 ～ 5mm，停留时间一般在 10 ～ 100s。这类气化炉的主要优点是能够在变化负荷下操作，具有高的调节灵活性，副产焦油少。流化床气化炉的主要问题是碳转化率低和高碳颗粒的带出，不能使用灰分熔点低的煤。因此，要达到高的总碳转化率，就要收集带出的细粉，与新鲜原料一道再循环进入流化床气化炉（图 3-2）。可以把一定量的石灰喷入流化的原料床层中，以原位捕集硫，如果硫含量小于 5%（质量分数），被石灰石捕集的硫能够达到 90%。流化床气化炉原位捕集硫和较低的出口温度可以降低热交换器和气体净化装置的制造成本。循环流化床气化炉（CFB）是流化床气化炉的一个重要发展，已经商业化应用。CFB 气化器具有与顺流传输反应器和鼓泡塔反应器组合的优点。CFB 气固接触特征优良和生产容量高，非常适合于煤和生物质气化。发电用高温 Winkler（PHTW）气化炉是流化床气化炉的最新发展，HTW 气化炉的升级版。PHTW 工艺可以使用各种原料，其范围从硬煤和褐煤以及生物质到固体废物和煤混合物。

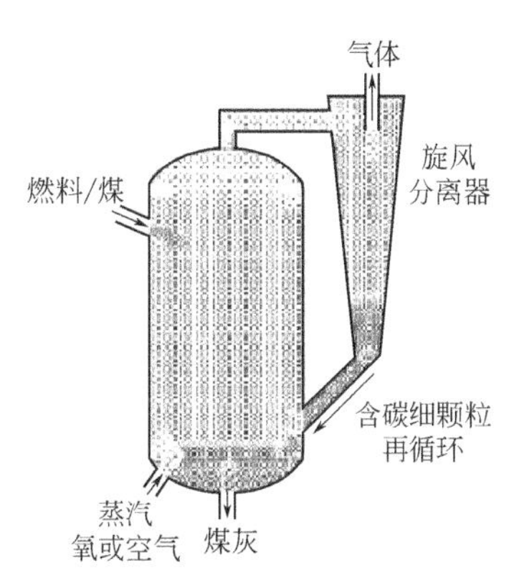

图 3-2　流化床气化炉

3.2.3 气流床（载流床）气化炉

气流床气化炉是最广泛使用的气化炉，如图 3-3 所示。粉煤（或其他固体燃料）与气化剂（O_2、水蒸气）一起从喷嘴高速吹入炉内，快速气化。特点是不副产焦油，生成气中甲烷含量少，非常适合于生产供合成化学品和液体燃料使用的合成气，也适合于生产供发电厂使用的合成气。气流床气化是目前煤气化技术的主流，代表着今后煤气化技术的发展方向。气流床按照进料方式又可分为湿法进料（水煤浆）气流床和干法进料（煤粉）气流床。前者以德士古气化炉为代表，还有国内开发的多元料浆加压气化炉、多喷嘴（四烧嘴）水煤浆加压气化炉；后者以壳牌（Shell）气化炉为代表，还有 GSP 炉以及国内开发的航天炉、两段炉、清华炉、四喷嘴干粉煤炉。

气流床气化炉要求使用粉状原料（90% 通过 200 目约 44μm），原料可以以干的或浆液形式喷入。固体燃料颗粒大小必须小于 1mm。半固体原料，如减黏焦和脱焦油沥青可以以熔融状态喷入。气化温度超过 1500℃，停留时间在 1s 量级。该气化炉通常在高压（2.94 ～ 3.43MPa）下操作。高操作温度能够有效地摧毁所有烃类、焦、油和酚类，也能够以熔渣的形式除去大部分矿物质。从气化炉出来的粗合成气在进行净化前通常需要有显著的冷却。气流床气化炉比较通用，因为它们可以接受固体和液体燃料，并能够在高温（高于灰熔化结渣的温度）下操作以确保很高的碳转化率。但是，这样的高温对燃烧器和耐火材

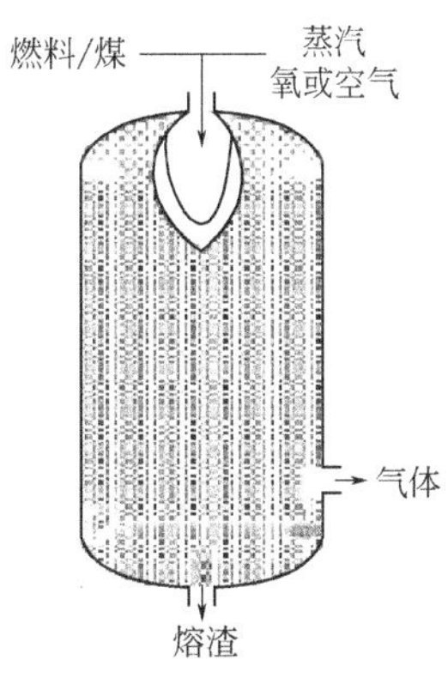

图 3-3　气流床气化炉

料寿命有负面效应，因此这类气化炉需要使用昂贵的结构材料以及精巧的高温热交换器来冷却合成气。固化前的熔渣能够深深地渗入商业气化炉的耐火材料中。结果是，耐火材料的微结构和性质发生变化，产生裂缝，最终导致材料的损坏。耐火材料寿命因经济原因一般为 2 ～ 3 年。可以加入石灰石以降低煤 - 原料的灰熔点。

气流床气化技术已经被广泛应用于为合成氨、甲醇、醋酸和其他化学品生产合成气原料，也广泛应用于为发电厂生产合成气燃气。气流床气化炉的新近进展是使用两段气化的反应器（E-Gas）：在气化炉第一段中，浆态状原料极易与氧反应生成氢气、一氧化碳、二氧化碳和甲烷，其高温能够确保所有原料完全转化生产合成气和熔渣；热合成气和另外的浆液进入垂直气化炉第二段中，进行进一步反应，使合成气质量得以进一步提高。

3.2.4 最新类型气化炉

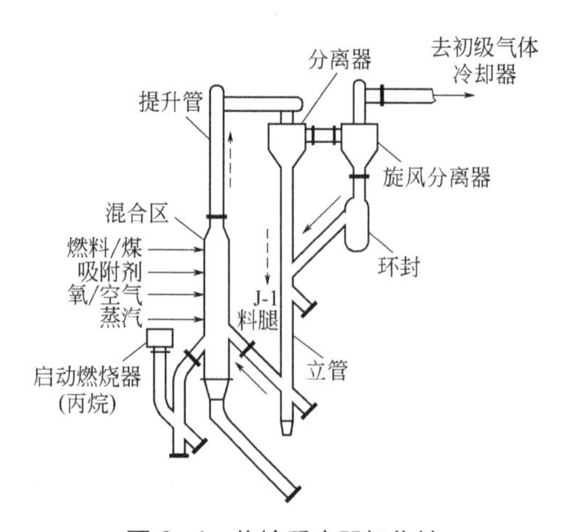

图 3-4　传输反应器气化炉

气化反应器的最新发展是传输反应器气化炉。这是流化床和载流床气化器的综合，使用粉状（＜ 50μm 的煤粉）原料操作。传输反应器气化炉的示意图见图 3-4。在该气化器中，在流化燃料床层的上升气流中（可以是空气也可以是氧 - 蒸气）引入原料煤，同时发生气化反应。预混合煤和石灰石等通过三个喷嘴加料进入传输反应器，三个喷嘴位于提升管的不同高度位置。操作期间，在一个时间仅允许一个喷嘴加料。氧化剂也是经在提升管不同高度位置的三对喷嘴加入混合区域内。如以燃烧模式操作，提升管中另外两个喷嘴用以引进二次空气。高水平的返混确保在气化炉内均匀的温度分布，通常在远低于灰熔点温度（900 ～ 1050℃）下操作，以避免灰熔融结渣和流动性的损失。在气化炉中（混杂系统），煤首先在流化床（混合器）中脱挥发分 - 气化，接着在流化床燃烧器（提升管）中使焦燃烧，因此有高碳转化率和高的冷气体效率。为了避免产生有高碳含量的飞灰，使用飞灰循环单元进行飞灰循环，碳转化率得以提高。由于煤 - 原料、吸附剂和氧化剂都向上流动，所有气化、燃烧和脱硫反应都发生在提升管中。出口气体经旋风分离器进一步除去固体，再进入热气体净化环和再继续进入气体淬冷链。被旋风分离器分离出来的固体经立管，再引入提升管。通过一冷却系统从立管取出部分固体流，以除去累积的灰分和废吸附剂。该传输反应气化器提供一个低投资成本的气化系统，能够使用现时的污染控制系统。其具有如下优点：①高产量和中等冷气体效率；②同时除去硫；③生产的合成气比较适合于用来制取氢气和化学品。到目前为止，传输反应气化器还没有在商业规模上广泛使用，但像 KBR 气化炉那样正在商业市场上逐渐占有它的位置。

3.2.5 商业气化炉的操作模式

煤炭气化炉有两类操作模式：淬冷模式和锅炉模式。两种模式的燃烧器和气化炉是相同的。

在淬冷模式操作情形中，热粗合成气以径向喷入一淬冷环，并被水快速冲击冷却（淬冷）。合成气被冷却的同时达到几乎稳定的蒸汽饱和，分流离开淬冷分离器，在该分离器底部拉出因淬冷产生的烟雾浆液。在中等压力锅炉中进一步被冷却，该锅炉产生的蒸汽压力为 1.47 ～ 2.94MPa，能够在系统中使用。

在锅炉操作模式中，粗热合成气在气化器底部以分支流形式离开气化器，直接进入一高压蒸汽锅炉。在该操作模式中，热量在最高可能的温度下回收。在锅炉中产生的高压蒸汽（9.81 ～ 13.72 MPa）是锅炉模式 IGCC 发电厂高效率的主要原因。例如 Texaco（GE）气化炉就有这两种设计：全热回收设计和激冷（总淬冷）设计，各有优缺点。前者全热量回收最高，后者最低。

3.2.6 每类气化炉的特征

含碳原料经气化生产的合成气质量和数量取决于原料类型和所使用的气化炉类型。三类气化炉和传输反应器气化炉的突出特点总结于表 3-2 中。可以明显看到的是，固定床气化炉有最长的停留时间，因此生产合成气的速率最小，且生产的合成气中 CO_2 含量最大。因此固定床气化炉不大适合于生产制取氢气和化学品的合成气。固定床气化炉的另一个缺点是仅能够气化固体原料，虽然可以使用高活性原料如木头、低级煤等。

表 3-2 也给出了不同类型气化炉生产合成气的组成和使用的不同气化剂。使用空气和氧气生产的合成气性质以及它们的操作条件是不同的。从表 3-2 可以很清楚地看到，即便是流化床和气流床气化炉生产的合成气，其组成也稍有不同。流化床气化炉的某些性质如 O_2/ 原料比、气体热值等要优于气流床气化炉。但是，气流床的停留时间是非常短的，因此生产合成气的容量很大。气流床气化炉的最高气化温度对气化活性较低的原料也是合适的。但高灰分含量的煤是非常不适合于气流床气化炉的。煤和石油焦化合物似乎能够在气流床气化炉中有效地共气化。传输反应器气化炉兼有气流床和流化床气化炉的性质，适合于范围广泛的原料，生产的合成气适用于广泛范围的下游应用。但是原料的硫含量应该是低的，因传输反应器气化炉是直接在炉内脱硫的。新近的一个报道说，在运行的 IGCC 工厂，其中 75% 使用气流床气化炉（Shell 和 / 或 Texaco 气化炉）。类似地，大约 75% 计划中的气化项目也是使用 Texaco 或 Shell 气流床设计。

3.2.7 气化炉的排渣

液态排渣加压气化炉的基本原理是，仅向气化炉内通入适量的水蒸气，控制炉温在原料煤灰熔点以上，以使灰渣以熔融状态从炉底排出。气化层的温度高，一般在 1100 ～ 1500℃，气化反应速率快，设备的生产能力大，灰渣中几乎无残炭。液态排渣气化炉的主要特点是炉子下部的排灰机构很特殊，没有固态排渣炉的转动炉箅。在炉体的下部设有熔渣池。在渣箱的上部有一液渣急冷箱，用循环熄渣水冷却，箱内充满 70% 左右的急冷水。由排渣口下落的熔渣在急冷箱内淬冷形成渣粒，在急冷箱内达到一定量后，卸入渣箱内并定时排出炉外。由于灰箱中充满水，和固态排渣炉相比，灰箱的充、卸压就简单多了。在熔渣池上方有 8 个均匀分布、按径向对称安装并稍向下倾斜、带水冷套的钛钢气化剂喷嘴。催化剂和煤粉及部分焦油由此喷入炉内，在熔渣池中心管的排渣口上部汇集，使得该区域的温度可达1500℃左右，熔渣呈流动状态。为避免回火，气化喷嘴口的气流喷入速度应不低于100m/s。如果要降低生产负荷，可以通过关闭一些喷嘴来调节，因此生产负荷调节的灵活性大。

高温液态排渣，气化反应的速率大大提高，这是熔渣气化炉的主要优点。原料煤中灰分以液态形式存在，熔渣池的结构与材料是这类气化炉的关键。为了适应炉膛内的高温，炉体以耐高温的碳化硅耐火材料作内衬。在装上布煤器和搅拌器后，可以用于气化强黏结性的烟煤，也可以用来气化低灰熔点和低活性的无烟煤。在实际生产中，气化剂喷嘴可以携带部分粉煤和焦油进入炉膛内，因此煤矿开采出来的原煤可以直接使用，这为粉煤和焦油的利用提供了一条较好的途径。液态排渣气化炉具有的特点是：①由于液态排渣，气化剂的气氧比远低于固态排渣，所以气化层的反应温度高，碳的转化率增大，煤气中的可燃成分增加，气化效率高，煤气中CO含量较高，有利于生产合成气。②水蒸气耗量大为降低，水蒸气仅使用于气化反应，蒸汽分解率高，煤气中的剩余水蒸气很少，故而产生的废水量远小于固态排渣。③气化强度大。由于液态排渣气化煤气中的水蒸气量很少，气化单位质量的煤所生成的湿粗煤气体积远小于固态排渣，因而煤气气流速度低，带出物减少。因此在相同带出物条件下，液态排渣气化强度可以有较大提高。④液态排渣的氧气消耗较固态排渣要高，生产的煤气中甲烷含量少，不利于作为城市煤气，但有利于作为化工原料气。⑤液态排渣气化炉体材料在高温下的耐磨、耐腐蚀性能要求高。在高温、高压下如何有效地控制熔渣的排出等问题是液态排渣的技术关键。

在固定床（移动床）气化工艺中，大约0.5～2in（1.3～5.1cm）的煤块逆气流向反应器下面移动，以固态方式排出灰渣。逆流流动导致较高效率。但是，由于装置需要保持固体的流动，体系成本高，设备也复杂。商业Lurgi工艺成熟，排出未熔融的灰熟料；但已经与British Gas公司合作发展出熔渣版本（BGL），也发展出较高甲烷得率的高压（6.9 MPa）版本。

3.2.8 操作压力和温度

所有气化炉的操作压力都能够高至数十个大气压。气流气化器产生的甲烷很少，相对比较紧凑，高温（1040～1540℃）操作，反应时间短，对多数煤炭的性质不敏感，只要煤能够被粉碎到约80%颗粒大小低于200目（44μm）即可。很适合为化学品合成如甲醇和氨的生产厂提供合成气。因高反应温度和高氧耗，这类气化器的热效率比流化床和移动床气化器低。但产生的气体焦油、重烃类和氮化合物量也是很低的。

流化床气化炉一般操作温度在760～1040℃，取决于进料煤炭的反应性和灰软化温度，具有高效率的潜力。由于气化器出口气体温度与热气体净化体系的要求有很好的匹配，流化床气化器的总效率相对较高。相对于移动床气化器，流化床气化器提供更高的煤生产速率，这能够减小单元的大小和降低成本。因此，流化床气化器能够从煤炭衍生气体生产多种系列产品。但应该注意到，大气压版本（Winkler）商业化已经超过90年；低温煤气化技术如Exxon催化工艺，经改进具有高效率的潜力。流化床气化工艺的低温高压技术用于生产甲烷和合成气，它需要的氧气较少，效率增加。由于低温，流化床气化器的残留物反应性可能较高，需要捕集，注意它们在环境中的安全分散问题。

3.2.9 气化炉经济性

气化单元由原料处理（制备和加料）、空气分离、气化炉、气体冷却和炉渣的除去、酸性气体除去（AGR）、硫回收和尾气处理等系统构成。它对一个 IGCC 工厂的性能和经济可行性有重要的影响（或贡献）。各个组件对 IGCC 的总结构成本示于表 3-3 中。从表 3-3 中可以很清楚地看到，气化炉、空气分离单元（ASU）和合成气冷却单元一起对 IGCC 工厂的总结构成本贡献约 30% 左右。IGCC 工厂的总成本的最大部分（33% 左右）是由组合循环发电块贡献的。所以，合成气下游应用于生产氢气和化学品能够改变 IGCC 工厂的总成本。

对使用 Shell、Texaco（GE）和传输反应器气化炉三种气化器（美国东部和西部煤原料）的类似工厂效率所做的比较报道指出，使用浆液泵的 Shell 和 Texaco（GE）气化炉的总单元成本分别是传输反应器气化炉的 1.4 倍和 1.3 倍甚至更多，传输反应器气化炉的辅助电力需求是最小的，但其煤制备成本最高 [Texaco（GE）气化炉最小]。

空气分离单元、气化炉和合成气冷却单元都会增加 IGCC 工厂的结构成本。对吹空气和氧气的传输反应器气化炉的 IGCC 工厂成本比较的报道指出（使用细粉烟煤），使用氧气使投资成本增加 18%，电力成本增加 12%；也使净电力输出降低 9%，蒸气透平产量降低 16%。但两个情形的净效率几乎相同。虽然氧的使用不能够对净效率有相当的改进，但它降低了氮气在合成气中的体积；另外，对某些情形特别是高湿气含量的低阶煤情形，吹空气的气化炉操作的效率是非常低的。所以，正在努力发展成本有效的离子传输膜（ITM）技术以分离空气中的氧气。使用离子传输膜（ITM）单元替代冷冻分离单元生产氧气，能够使 IGCC 的净效率提高 2% 左右，净电力效率增加 7% 左右，氧气生产成本降低约 35%。

表3-3 在IGCC总结构成本中各个组件的贡献

过程描述	功能	贡献结构成本份额
原料煤管理系统	接收、制备和加料到气化器	12%
气化器、空气分离、合成气冷却	把煤气化成合成气、为气化过程生产纯氧和蒸气、冷却粗煤气	30%
气体净化和管道输送	从合成气中除去颗粒物质和气体	7%
组合循环发电系统	使用气体透平和蒸气透平从合成气生产电力	33%
其余组件和控制系统	冷却水系统、废灰和吸附剂的处理，控制和结构	18%

Shell、Destec 和 Texaco 高温载流床气化器因小煤炭颗粒和高操作温度其单一炉能力高达 2000t/d，相当于 2.65×10^5 千瓦电力。高温 Winkler 循环流化床体系，欧洲 KoBra 的容量大，为 3×10^5 千瓦，使用褐煤。到今天，Lurgi 固定床单元仍比载流床的容量低。

世界上的气化技术公司主要集中于设备制造业中，主要有：荷兰的 Shell 公司、美国的 GE 公司、德国的西门子公司、日本的三菱公司、英国煤气公司等。其中 GE 公司收购了 Texaco 气化炉技术且并购了 Wabash River 电站作为产品的开发放大和试验基地。西门子公司收购了 GSP 气化炉技术。日本三菱公司拥有吹空气煤气化炉技术。英国煤气公司拥有 BGL 技术。

由于我国煤炭资源极其丰富，且是世界上以煤炭作为主要初级能源的大国，因此在国民经济快速发展中建立起多家煤气化技术的机构单位和企业。主要有：西安热工研究院、中科院工程热物理研究所、中科院山西煤炭化学研究所、东南大学、华东理工大学、清华大学、兖州煤矿集团有限公司、山西潞安矿山公司、绿色煤电有限公司、北京航天万源煤化工有限公司等。有自主创新点的煤气化技术主要有：多喷嘴水煤浆加压气化技术、两段式干煤粉加压气化技术、对置四喷嘴干煤粉加压气化技术、循环流化床部分煤气化技术、灰融聚煤气化、多元料浆加压气化、航天煤气化炉等。据统计，到 2008 年年底，国内运行的煤气化炉（主要应用于生产化学品原料的合成气）：固定床间歇气化炉约 4000 台、碎煤加压气化鲁奇炉（BGL 炉）30 台、恩德流化床气化炉 11 台、灰融聚气化炉 7 台、国产水煤浆气化炉 8 台、GE 水煤浆气化炉 30 台、Shell 干煤粉气化炉 20 台。

从应用情况看，前景好的煤气化炉主要是以氧气为气化剂的载流床气化炉，如 Shell、GSP、Texaco、Prenflo、E-Gas 等，其次是以空气为气化剂的气化炉和部分煤气化循环流化床气化炉。

3.3 主要煤气化炉简要介绍

3.3.1 鲁奇气化炉

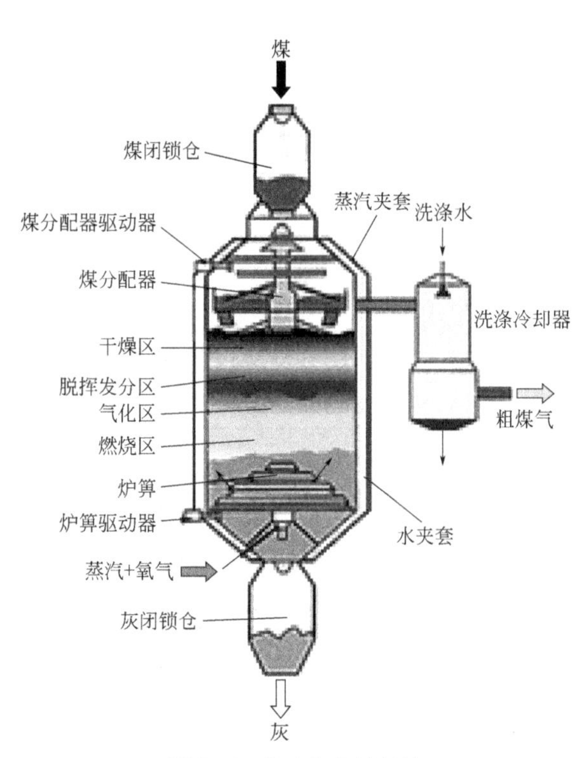

图 3-5　鲁奇气化炉结构

鲁奇气化炉（结构见图 3-5）属于固定床气化炉的一种。鲁奇气化炉 1939 年由德国鲁奇公司设计，经不断研究改进已推出了第五代炉型，目前在各种气化炉中实绩最好。德国 SVZ Schwarze Pumpe 公司已将这种炉型应用于各种废弃物气化的商业化装置。我国在 20 世纪 60 年代就引进了捷克制造的早期鲁奇炉并在云南投产。1987 年建成投产的天脊煤化工集团公司从德国引进 4 台直径 3800mm 的Ⅳ型鲁奇炉，先后采用阳泉煤、晋城煤和西山官地煤等煤种进行试验。经过 10 多年的探索，基本掌握了鲁奇炉气化贫瘦煤生产合成氨的技术，现已经建成第五台鲁奇炉且已投产，形成了年产 45 万吨合成氨的能力。国内鲁奇炉在用厂家有云南解放军化肥厂、哈尔滨煤机厂、河南义马煤气厂、山西潞安矿、新疆广汇和大唐国际等。目前共有近200多台工业装置，用于生产合成气的只有中国的9台。鲁奇炉现已发展到Mark Ⅳ型，炉径为4.1m，每台产气量可达60000m^3/h，已应用于美国、中国和南非的工厂。

3.3.1.1 第三代鲁奇加压气化炉

该炉内径为3.8m，最大外径为4.128m，高为12.5m，工艺操作压力为3MPa。正在开发的鲁奇新炉型有：MK+，操作压力6MPa，直径5m，高17m；鲁奇-鲁尔-100型煤气化炉，操作压力为9MPa，两段出气。主要部分有炉体、夹套、布煤器和搅拌器、炉箅、灰锁和煤锁等，现分述如下。

① 炉体。加压鲁奇炉的炉体由双层钢板制成，外壁按3.6MPa的压力设计，内壁仅能承受比气化炉内高0.25MPa的压力。两个筒体（水夹套）之间装软化水借以吸收炉膛所散失的热量生产蒸汽。蒸汽经过液滴分离器分离液滴后送入气化剂系统，配成蒸汽-氧气混合物喷入气化炉内。水夹套内软化水的压力为3MPa，这样筒内外两侧的压力相同，因而受力小。夹套内的给水由夹套水循环泵进行强制循环。同时夹套给水流过煤分布器和搅拌器内的通道，以防止这些部件超温损坏。第三代鲁奇炉取消了早期鲁奇炉的内衬砖，燃料直接与水夹套内壁相接触，避免了在较高温度下衬砖壁挂渣现象，造成煤层下移困难等异常现象。另外，取消衬砖后，炉膛截面可以增大5%～10%左右，生产能力相应提高。

② 布煤器和搅拌器。如果气化黏结性较强的煤，可以加设搅拌器。布煤器和搅拌器安装在同一转轴上，速度为15r/h左右。从煤箱降下的煤通过转动布煤器上的两个扇形孔，均匀下落在炉内，平均每转可以在炉内加煤层厚度150～200mm。搅拌器是一个壳体结构，由锥体和双桨叶组成，壳体内通软化水循环冷却。搅拌器深入煤层里的位置与煤的结焦性有关，煤一般在400～500℃结焦，桨叶要深入煤层约1.3m。

③ 炉箅。炉箅分四层，相互叠合固定在底座上，顶盖呈锥体。选用耐热的铬钢铸造，并在其表面加焊灰筋。炉箅上安装刮刀，刮刀的数量取决于下灰量。灰分低，装1～2把；对于灰分较高的煤可装3～4把。炉箅各层上开有气孔，气化剂由此进入煤层中均匀分布。各层开孔数不太一样，例如某厂使用的炉箅开孔数从上至下为：第一层6个、第二层16个、第三层16个、第四层28个。炉箅的转动采用液压传动装置，也有用电动机传动机构来驱动的，液压传动机构有调速方便、结构简单、工作平稳等优点。由于气化炉炉径较大，为使炉箅受力均匀，采用两台液压马达对称布置。

④ 煤锁。煤锁是一个容积为12m^{3}的压力容器，它通过上下阀定期定量地将煤加入气化炉内。根据负荷和煤质的情况，每小时加煤3～5次。

⑤ 灰锁。灰锁是一个可以装灰的6m^{3}的压力容器，采用液压操作系统，以驱动底部和顶部锥形阀和充、卸压阀。灰锁控制系统为自动可控电子程序装置，可以实现自动、半自动和手动操作，进行过程循环操作。

3.3.1.2 BGL煤气化炉

BGL（British Gas-Lurgi）煤气化炉是英国煤气公司和Lurgi公司联合开发的，如图3-6所示。是使用块煤的气化炉，在多个方面技术上有相当改进。进料块煤的粒度为20～50mm，细粉比例不大于35%；煤灰熔点高时可以加入助熔剂；炉子水冷夹套结构内层衬耐火材料，气化产物中含一定量的焦油和苯酚等，分离比较困难。

BGL煤气化炉的优点有：①与流化床或气流床相比，耗氧量比较低；②熔渣区高温

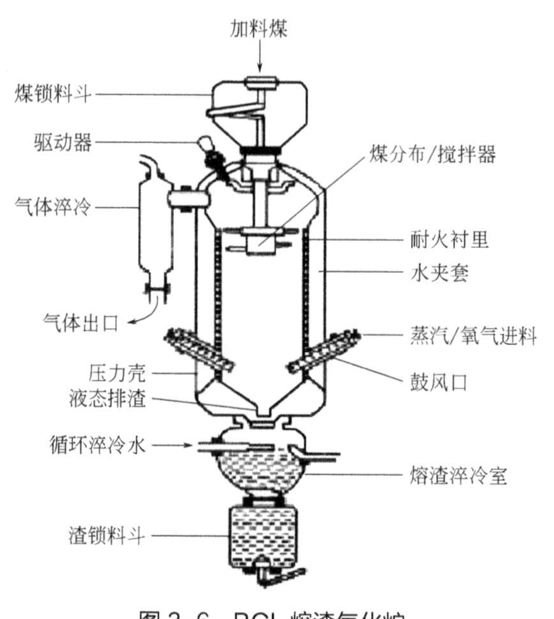

图 3-6　BGL 熔渣气化炉

气化使反应速率加快，产气量大增，不受煤种反应性的影响；③炉内存煤量大，发生煤源中断时也能够保证安全运行，调节负荷容易，开停车快；④喷嘴可以喷煤粉，产物中焦油类被冷凝后产生的含酚废水可以用于制备水煤浆，由喷嘴再喷入气化炉中气化；⑤高温区在炉底部中心线周围，不会因高温运行带来严苛的材料问题。

BGL 气化炉的缺点有：①煤种适应性差，要求低灰含量和低灰熔点煤种，如使用高熔点煤种则需要添加助熔剂；②使用的原料以块煤为主，在不易获得块煤的地区不便采用；③所使用高温耐火材料需具有耐高温耐腐蚀性能，必须致密、孔径小，不含活性铁，对使用于排渣区的耐火材料要求更高；④ BGL 气化炉的排渣是整个操作的改进部分，比鲁奇炉的干灰排渣更复杂；⑤有含酚废水排出，需要使用生化等处理方法净化；⑥煤气中 CO 含量高，CH_4 含量低（与鲁奇干灰炉相比），更适合做燃气使用。

3.3.2 Texaco（德士古）气化炉

德士古气化炉如图 3-7 所示，其结构如图 3-7（b）所示，属于湿法水煤浆进料气流床的一种，是美国德士古开发公司开发的一种加压气流床煤气化设备。液态排渣，气化炉内壁衬有多层耐火砖。水煤浆氧气从炉顶燃烧器高速连续喷入氧化室，高温状态下工作的喷嘴有冷却水装置。氧气和水煤浆分别通过压缩机和泵升压后由气化炉顶的给料喷嘴喷入炉内迅速在高温下发生反应，数秒内完成气化过程。气化温度 1200 ～ 1600℃，操作压力 4MPa，水煤浆中煤粉浓度约 71%（质量分数），煤粉中 14% ～ 60% 的粒度小于 90μm，碳转化率 99%。

德士古煤气化炉为直立圆筒形结构，主体分两部分。上部为气化室，下部为辐射废热锅炉（或激冷部分），下接灰渣锁斗。气化炉的下部因冷却方法的不同分为激冷型和全热回收型两种，见图 3-8。气化气初步降温后从中部引出。气化操作温度控制在煤的灰熔点以上。灰渣通过灰渣锁斗排出。由于采用高温加压操作，因此：①气化强度高；②生成气压力较高，节省后续工序的动力；③原料适应性广，既可采用不同的煤种，也可使用煤加氢液化后的残渣；④把固体煤制成水煤浆流体输送，简化了加压进料装置；⑤废水中不含焦油和酚，环境污染不严重。德士古煤气化炉生产的合成气的组成（体积分数）一般为：一氧化碳 44% ～ 51%、氢 35% ～ 36%、二氧化碳 13% ～ 18%、甲烷 0.1%，适宜用作合成氨和 C_1 化学产品的原料气。

我国最早引进该技术的是山东鲁南化肥厂，于 1993 年投产。目前，我国已有山东鲁南、上海焦化、陕西渭化、安徽淮化、金陵石化、南化公司等近 30 台（套）装置投运，有些已具有 10 多年运行经验，到目前为止运行基本良好，显示了水煤浆气化技术的先进性。但是，德士古气化炉对煤质要求比较严格，成浆性差和灰分较高的煤种不适用，还存在耐火砖成本高、寿命短和煤烧嘴易受磨损等问题。

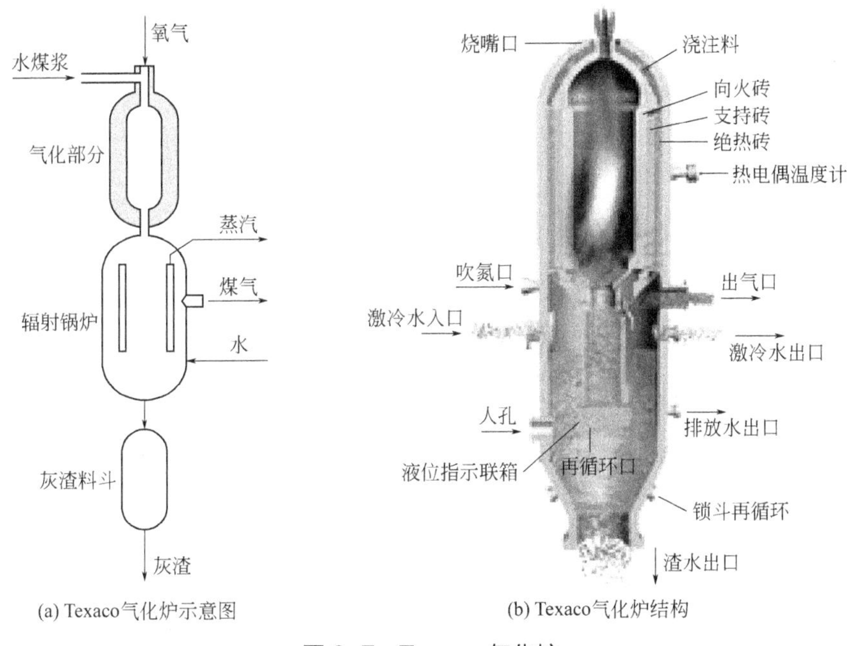

(a) Texaco气化炉示意图　(b) Texaco气化炉结构

图 3-7　Texaco 气化炉

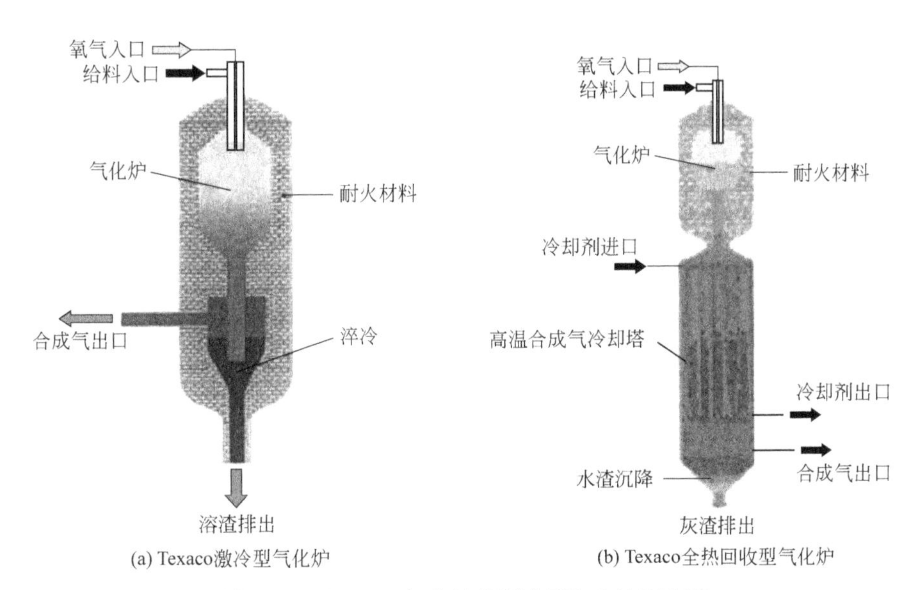

(a) Texaco激冷型气化炉　(b) Texaco全热回收型气化炉

图 3-8　Texaco 气化炉的激冷型和全热回收型

Texaco 气化炉的技术特点有：①对煤种有一定的适应性：各种烟煤、石油焦、煤加氢液化残渣都可以作为气化原料，但以年轻煤为主。对煤炭颗粒度、黏结性和硫含量没有严格要求，水煤浆制备对煤质仍有一定的选择和要求。灰熔点温度应低于 1350℃，越低越好，有较好成浆性才能稳定运行，能够发挥水煤浆的技术优势。②气化压力高，一般在 2.8 ～ 8.5MPa。③气化技术成熟，水煤浆用隔膜泵输送，操作安全，便于流量控制，气化温度 1350 ～ 1400℃，燃烧室具有多层特种耐火砖结构，有激冷和全热回收两种类型。④合成气质量好，有效组分（$CO+H_2$）含量占80%，甲烷<0.1%，碳转化率95%～98%，冷煤气效率70%～76%，气化指标较为先进，水煤浆含水35%～40%，氧气用量较大。⑤对环境影响较小，不产生焦油、萘、酚等污染物，废水处理简单。高温排出熔渣经冷却后可以作为建筑材料使用，填埋对环境也无影响。

Texaco气化炉存在的问题有：①水煤浆气化耗氧量高，其比氧耗在400m^3/1000m^3（$CO+H_2$）以上，而Shell气化炉为330m^3/1000m^3（$CO+H_2$）。②需要有热的备用炉，一般开工2个月左右单炉就要停车检修或出现故障，因此须有计划停车。备用炉温度需在1000℃才能够进料，若临时升温势必影响全系统生产，为加热备用炉需消耗大量能量。③耐火材料使用寿命短。在我国多选用法国耐火砖（沙佛埃耐火材料公司），寿命1～1.5年。例如渭河化肥厂开车一年，三台炉的耐火砖都已经换过，一个炉子需75万美元。换一次周期长，影响生产2个月。④工艺烧嘴寿命短。烧嘴寿命一般2个月，每个需8万美元。⑤激冷系统寿命短，一般1年左右。

Texaco气化炉在我国应用已经20多年，技术成熟，多在2006年以前建设，主要用于生产合成甲醇和氨的合成气。以后有CE-Texaco新版本。

3.3.3 Shell（壳牌）气化炉

Shell（壳牌）气化炉的结构见图3-9，其模式见图3-10，它是气流床气化炉的一种，是目前世界煤气化采用最多的炉型之一。Shell气化炉干煤粉进料，液态排渣，内件采用复杂膜水冷壁结构，有废热锅炉流程，热效率高。壳牌煤气化过程是在高温、加压条件下进行的。煤粉、氧气及少量蒸汽在加压条件下并流进入气化炉内，在极为短暂的时间内完成升温、脱挥发分、裂解、燃烧及转化等一系列物理和化学过程。由于气化炉内温度很高，在有氧条件下，碳、挥发分及部分反应产物（H_2和CO等）以发生燃烧反应为主，在氧气消耗殆尽之后发生碳的各种转化反应，即气化反应阶段，最终形成以CO和H_2为主要成分的煤气离开气化炉。壳牌煤气化装置从示范装置到大型工业化装置均采用废锅流程，激冷流程的壳牌煤气化工艺很快也会推向市场。

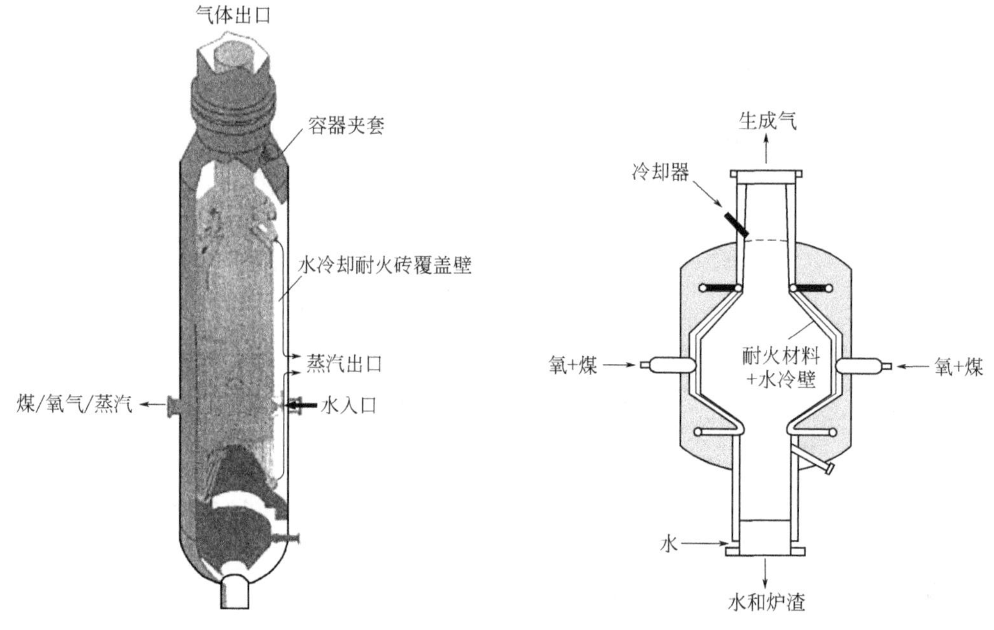

图3-9 Shell气化炉结构简图

图3-10 Shell气化炉模式图

在 Shell 气化流程中，煤粉（90% ＜ 100μm）经干燥加压由高压氮气或二氧化碳气携带与经预热后的高压氧气和中压过热蒸汽混合后导入煤烧嘴。煤粉、氧气及蒸汽在气化炉高温加压条件下发生碳的氧化及各种转化反应。气化炉顶部约 1500℃的高温煤气经除尘冷却后的冷煤气激冷至 900℃左右，经与合成气换热冷却后回收热量，副产高压、中压饱和蒸汽或过热蒸汽，此后煤气进入干式除尘及湿法洗涤系统，处理后的煤气中含尘量小于 $1mg/m^3$，然后送后续工序。湿洗系统排出的废水大部分经冷却后循环使用，小部分废水经闪蒸、沉降及汽提处理后送污水处理装置进一步处理。闪蒸气体及汽提气可作为燃料或送火炬燃烧后放空。在气化炉内气化产生的高温熔渣，自流进入气化炉下部的渣池进行激冷，高温熔渣经激冷后形成数毫米大小的玻璃体，可作为建筑材料或用作路基。这种炉型不仅可用不同种类的煤，包括劣质的次烟煤和褐煤，还可用于生物燃料和废弃物等的气化。

壳牌气化工艺于 1972 年开始研究，1978 年在德国汉堡建成中试装置，1987 年在美国建成投煤量 250 ～ 400t/d 的示范装置。1996 年在荷兰建成大型 IGCC 装置，气化炉为单系统操作，日处理煤量 2000t。我国从 2006 年开始先后有岳阳洞氮、湖北双环和广西柳州等 10 余家企业引进了 15 台该类型气化炉。国外亦有 5 家采用壳牌煤气化技术，英国 1 套 IGCC，越南 2 套合成氨，韩国 1 套 IGCC。

Shell 气化炉的特点有：①煤种适应性广。对煤种适应性强，从褐煤、次烟煤、烟煤到无烟煤、石油焦均可使用，也可将 2 种煤掺混使用。对煤的灰熔点适应范围比其他气化工艺更宽，即使是较高灰分、水分、硫含量的煤种也能使用。②单系列生产能力大。目前已投入生产运行的煤气化装置单台气化炉投煤量达到 2000t/d 以上。③碳转化率高。由于气化温度高，一般在 1400 ～ 1600℃，碳转化率可高达 99% 以上。④产品气体质量好。产品气体洁净，煤气中甲烷含量极少，不含重烃，（$CO+H_2$）体积分数达到 90%。⑤气化氧耗低。与水煤浆气化工艺相比，氧耗低 15% ～ 25%，可降低配套空分装置投资和运行费用。⑥热效率高。煤气化的冷煤气效率可以达到 80% ～ 83%，其余约 15% 副产高压或中压蒸汽，总热效率高达 98%。⑦运转周期长。气化炉采用水冷壁结构，牢固可靠，无耐火砖衬里。正常使用维护量小，运行周期长，无须设置备用炉。煤烧嘴设计寿命为 8000h。烧嘴的使用寿命长，是气化装置能够长周期稳定运行的重要保证。⑧负荷调节方便。每台气化炉设有 4 ～ 6 个烧嘴，不仅有利于粉煤的气化，同时生产负荷的调节更为灵活，范围也更宽。负荷调节范围为 40% ～ 100%，每分钟可调节 5%。⑨环境效益好。系统排出的炉渣和飞灰含碳低，可作为水泥添加剂或其他建筑材料，堆放时也无污染物渗出。气化污水量小且不含焦油、酚等，容易处理，需要时可实现零排放。

其存在的问题有：①煤粉制备干燥运输计量和调节控制系统复杂，较易发生故障，安全性及现场环境条件不如水煤浆湿法给料；②需要专门设置高纯度氮气或二氧化碳制造和增压系统，增加大量能量消耗，并使空分系统复杂化；③一次性设备投资费用高，当煤的灰熔点较高（＞ 1500℃）和灰分含量较高（＞ 30%）时，气化炉的经济性急剧下降，因而煤种的灰熔点要小于 1500℃，灰分含量要低于约 20%；④要求把煤中的水分含量降低至很小的值（烟煤要降至 2%，褐煤降至 6%），因此需要有干燥煤的设备，不利于高水含量的煤种使用；⑤干法进料系统的粉尘排放源大于水煤浆进料系统；⑥气化炉结构过于复杂，加工难度较大。

但 Shell 气化技术在国际上是一种领先煤气化技术，具有独特的技术优势。

GE 水煤浆加压气化技术属气流床加压气化技术，是 Texaco 的改进型。原料煤运输、制浆、泵送入炉系统比干粉煤加压气化简单，安全可靠、投资省。单炉生产能力大，目前国际上最大的气化炉投煤量为 2000t/d，国内已投产的气化炉能力最大为 1000t/d。设计中的气化炉能力最大为 1600t/d。对原料煤适应性较广，气煤、烟煤、次烟煤、无烟煤、高硫煤及低灰熔点的劣质煤、石油焦等均能用作气化原料。但要求原料煤含灰量较低、还原性气氛下的灰熔点低于 1300℃，灰渣黏温特性好。气化系统不需要外供过热蒸汽及输送气化用原料煤的 N_2 或 CO_2。气化系统总热效率高达 94% ～ 96%，高于 Shell 干粉煤气化热效率（91% ～ 93%）和 GSP 干粉煤气化热效率（88% ～ 92%）。气化炉结构简单，为耐火砖衬里，制造方便、造价低。煤气除尘简单，不需价格昂贵的高温高压飞灰过滤器，投资省。国外已建成投产 6 套装置 15 台气化炉；国内已建成投产 7 套装置 21 台气化炉，正在建设、设计的还有 4 套装置 13 台气化炉。已建成投产的装置最终产品有合成氨、甲醇、醋酸、醋酐、氢气、CO、燃料气、联合循环发电。各装置建成投产后，一直连续稳定长周期运行。装备国产化率已达 90% 以上，由于国产化率高、装置投资较其他加压气化装置都低，有备用气化炉的水煤浆加压气化与不设备用气化炉的干煤粉加压气化装置建设费用的比例大致为：Shell 法：GSP 法：多喷嘴水煤浆加压气化法：GE 水煤浆法 =（2.0 ～ 2.5）：（1.4 ～ 1.6）：1.2 ：1.0。缺点是气化用原料煤受气化炉耐火砖衬里的限制，适宜于气化低灰熔点的煤；碳转化率较低；比氧耗和比煤耗较高；气化炉耐火砖使用寿命较短，一般为 1 ～ 2 年；气化炉烧嘴使用寿命较短。

3.3.4 GSP 气化炉

GSP 气化炉最早是由民主德国德意志燃料研究所（DBI）开发，用于处理固体燃料尤其是低品位的褐煤。后来几经易主现在由德国西门子公司收购。其结构和剖面图如图 3-11 和图 3-12 所示。气化炉结构中分气化室和激冷室两部分。外壳是水冷夹套用以减少热量损失和提高热效率，内层可采用水冷壁和耐火砖两种结构。煤粉可以采用干法和湿法进料，气化温度在 1300 ～ 1500℃。气化炉使用的烧嘴结构示于图 3-13 中。

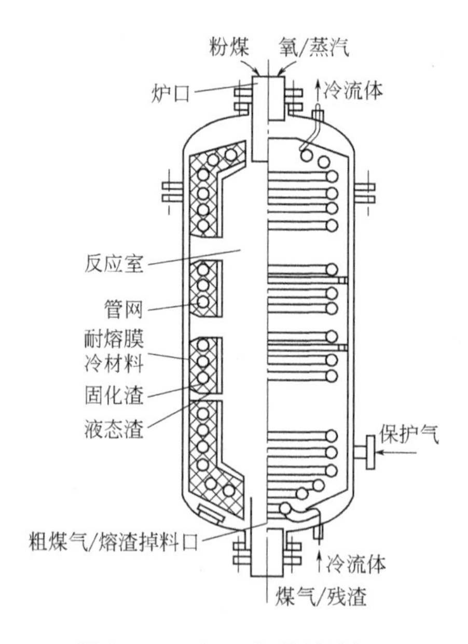

图 3-11　GSP 气化炉结构

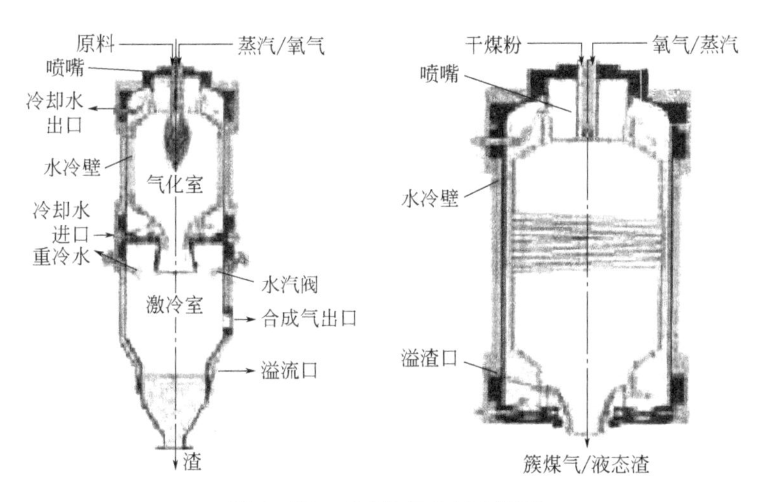

图 3-12 GSP 气化炉剖面图

GSP 气化炉的特点有：①它具有气流床气化技术所具有的优点——煤种适应性广、处理能力强、气化效率高、碳转化率高、环境友好等；②气化煤粉可以使用干法和湿法给料两种方式，可以使用于气化煤也可以使用于气化其他固体废物、废料以及煤焦油等；③气化室具有耐火砖和水冷壁两种结构，可以依据原料的不同选用不同的结构；④气化炉外壁具有冷夹套结构，降低了热损失，提高了整体热效率；⑤工艺运行的烧嘴与开工烧嘴使用的是组合结构（图 3-13），使整个开车过程简单快速；⑥适用于大规模，已设计出热功率为 500MW_{th}，相当于日处理煤 2000t 的气化炉。

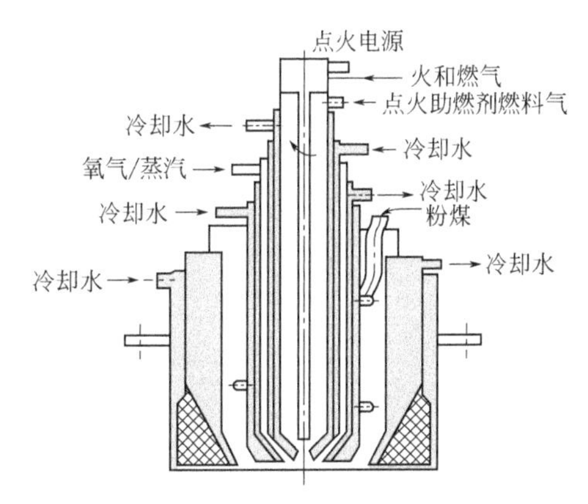

图 3-13 GSP 气化炉中使用的烧嘴结构

GSP 气化炉与 Shell 气化炉比较接近，但改进了冷却系统，国内似乎比较看好，虽然应用的企业仅有 3 家。但由于西门子公司的技术许可中包括的不仅是对气化炉性能的包装、工艺设计供应专用设备，而且可以根据客户要求进行可行性研究、前端设计以及很好的后期现场服务操作维护等，赢得了信任。2007 年德国西门子是幸运的，在中国与两个大企业签约了两个 GSP 气化炉的大合同：神华宁煤的烯烃项目的 5 台 500 MW_{th} GSP 气化炉（投资 160 亿人民币）和山西兰化煤化工有限责任公司的 2 台 500MW_{th} GSP 气化炉（使用高灰熔点高硫含量无烟煤）。

3.3.5 UGI 气化炉

这是以美国联合气体改进公司命名的煤气化炉，属于常压固定床煤气化设备。原料通常采用无烟煤或焦炭，其特点是可以采用连续或间歇操作方式，使用不同的气化剂如空气、富氧空气、水蒸气。产品气体可以是发生炉煤气、半水煤气或水煤气。用空气生产发生炉煤气或以富氧空气生产半水煤气时，可采用连续式操作方法，即气化剂从底部连续进入气化炉，生成的气体从顶部引出。以空气、蒸汽为气化剂制取半水煤气或水煤气时，都采用间歇式操作方法。UGI 气化炉具有直立圆筒形结构，如图 3-14 所示。炉体用钢板制成，下部设有水夹套以回收热量、副产蒸汽，上部内衬耐火材料，炉底设转动炉箅排灰。气化剂可以从底部或顶部进入炉内，生成的气体相应地从顶部或底部引出。因采用固定床气化，要求气化原料具有一定块度，以免堵塞煤层或气流分布不均而影响操作。

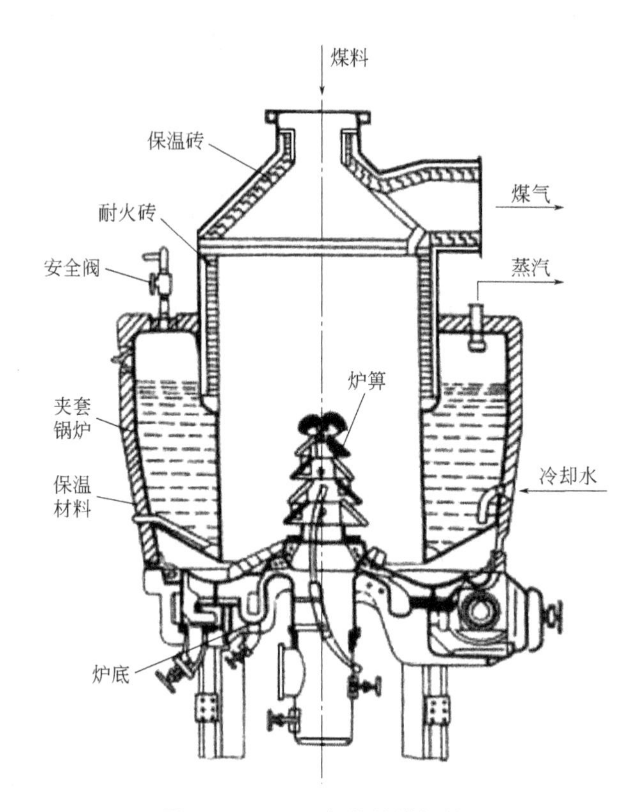

图 3-14　UGI 气化炉结构简图

UGI 炉的优点是设备结构简单，易于操作，一般不需用氧气作气化剂，热效率较高。缺点是生产强度低，每平方米炉膛面积的半水煤气发生量约 $1000m^3/h$，对煤种要求比较严格，采用间歇操作时工艺管道比较复杂。

在中国，除少数用连续式操作生产发生炉煤气（即空气煤气）外，绝大部分用间歇式操作生产半水煤气或水煤气。

3.3.6 温克勒（Winkler）气化炉

温克勒（Winkler）气化炉以德国人 F. 温克勒的名字命名，是一种流化床气化炉，早在 1926 年就已经在德国工业化。要求原料煤的粒径范围为：小于 1mm 的应低于 15%，大于 10mm 的应低于 5%，要求使用反应性较高、非黏结、灰熔点高于 1100℃的煤种。常压，操作温度 900 ～ 1000℃，煤在炉中停留时间 0.5 ～ 1.0h。产品气体中不含焦油，但带出的飞灰量很大。

温克勒炉具有立式圆筒形结构，图 3-15 是其示意图。炉体用钢板制成。煤用螺旋加料器从气化炉流化层中部送入，气化剂从下部通过固定炉栅吹入，在流化床上部二次吹入气化剂，干灰从炉底排出。整个床层温度均匀，但灰中未转化的碳含量较高。改进的温克勒炉将炉底改为无炉栅锥形结构，气化剂由多个喷嘴射流喷入沸腾床内，改善了流态化的排灰工作状况。

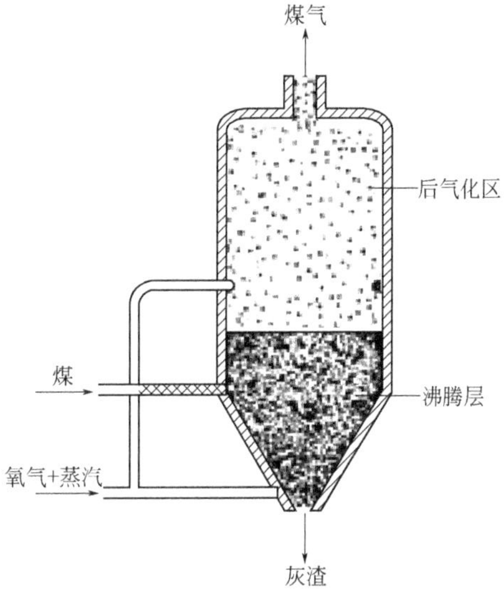

温克勒炉以高活性煤如褐煤或某些烟煤为原料时生成气的组成（体积分数）为：氢 35% ～ 46%、一氧化碳 30% ～ 40%，二氧化碳 13% ～ 25%、甲烷 1% ～ 2%。多用作制氢、氨合成原料气和燃料煤气。

正在开发中的改进炉型是高温温克勒炉，它是在常规温克勒炉的基础上发展起来的加压炉型。另一种加压加氢气化炉也是从温克勒炉发展起来的，反应压力 12MPa，气化温度 900℃，以 2mm 的煤粒在床层中进行流化加氢气化，目的是生成甲烷生产合成天然气。

图 3-15 Winkler 气化炉示意图

改进后的温克勒流化床煤气化炉称为恩德炉。适用于气化褐煤和长焰煤，要求原料煤不黏结或弱黏结性，灰分＜ 25% ～ 30%，灰熔点高、低温化学活性好。在国内已建和在建的装置共有 13 套 22 台气化炉，已投产的有 16 台。属流化床气化炉，床层中部温度 1000 ～ 1050℃。目前最大的气化炉产气量为 $4 \times 10^4 m^3/h$ 半水煤气。缺点是气化压力为常压，单炉气化能力低，产品气中 CH_4 含量高达 1.5% ～ 2.0%，飞灰量大，对环境污染及飞灰堆存和综合利用问题有待解决。此技术适合于就近有褐煤的中小型氮肥厂改变原料路线。

3.3.7 K-T 气化炉

K-T 气化炉由联邦德国克虏伯 - 柯柏斯公司工程师 F. 托策克于 1952 年开发，属于高温气流床熔融排渣煤气化设备。采用气固相并流接触，煤和气化剂在炉内停留时间仅几秒钟，常压，操作温度高于 1300℃。K-T 煤气化炉结构为卧式橄榄形（图 3-16），其上部有废热锅炉(辐射传热的和对流传热的),利用余热副产蒸汽。壳体由钢板制成，内衬耐火材料。煤粉通过螺旋加料或气动加料与气化剂混合，从炉子两侧或四侧水平方向以射流形式喷入炉内，立即着火进行高温反应。中心温度可高达 2000℃，炉内最低温度控制在煤的灰熔点以上，以保证顺利排渣。进料射流速度必须大于火焰传播速度，以防回火。灰渣中的一半以熔渣形式从炉底渣口排入水封槽，另一半随产品气体带出炉外。产品气离开炉口时，先用水或蒸汽急冷到熔渣固化点（1000℃）以下，防止

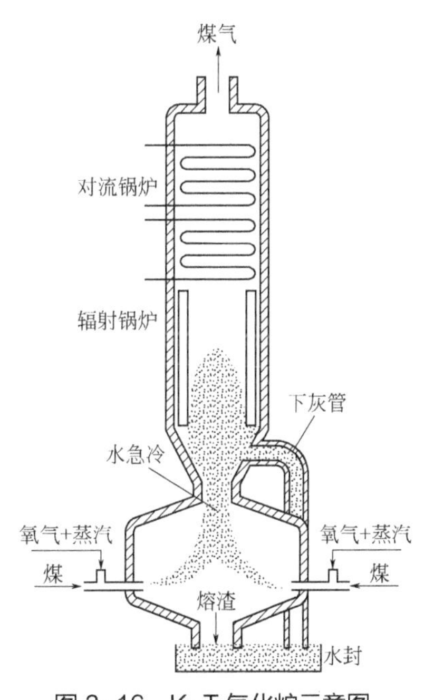

图 3-16 K-T 气化炉示意图

黏结在紧接炉出口的辐射锅炉炉壁，然后进入对流锅炉进一步回收废热，最后去除尘和气体净化系统。K-T 煤气化炉最关键的问题是炉衬耐火材料与煤的灰熔点和灰组成必须相适应，尽量减少熔渣对耐火材料的侵蚀作用。

K-T 煤气化炉用一般煤为原料时，产品气的组成（体积分数）大致为：氢 31%、一氧化碳 58%、二氧化碳 10%、甲烷 0.1%，不含焦油等干馏产物，适宜作合成氨和甲醇等的原料气和其他还原过程用的气体。

3.3.8 三菱吹空气两段气化炉

经过小试、中试和示范，日本三菱公司成功开发出三菱吹空气两段气化炉，配套 2005 年日本的 2.5×10^5 千瓦 IGCC 示范电厂的建设，并在 2008 年达到满负荷运转。该气化炉的优点是：①干煤粉进料；②气化炉采用膜式水冷壁结构；③采用空气气化，大大降低了空分设备投资；④气化炉具有向上流动的两段式结构。其主要缺点有：①生产的气体产品热值低，仅有 1000kcal/m^3 左右；②烟气量大，CO_2 的处理难度大；③对使用于配合 IGCC 的内燃透平机要求高，燃机的体积大；④该气化炉的环保优势不明显，机组效率难以突破。

除了上述国外的一些煤气化炉外，我国也已经开发和正在开发若干种煤气化炉。对主要的分述如下。

3.3.9 多喷嘴（四烧嘴）水煤浆加压气化技术

多喷嘴水煤浆加压气化炉由华东理工大学、兖矿鲁南化肥厂、中国天辰化学工程公司共同开发，属气流床多烧嘴下行制气气化炉。气化炉内用耐火砖衬里，其工艺原理如图 3-17 所示。中试装置投煤能力为 15 ～ 45t/d，建于兖矿鲁南化肥厂。中试装置做了以氮气和 CO_2 为输送载气的试验。气化温度为 1300 ～ 1400℃，气化压力为 2.0 ～ 3.0 MPa。在山东德州华鲁恒生化工股份有限公司建设 1 套气化压力为 6.5 MPa、处理煤 750t/d 的气化炉系统，于 2005 年 6 月正式投入运行，至今运转良好。

其中试工艺数据示于表 3-4 中。在山东滕州兖矿国泰化工有限公司建设 2 套气化压力为 4.0 MPa、处理煤 1150t/d 的气化炉系统，于 2005 年 7 月 21 日一次投料成功，运行至今。以北宿洗精煤为原料气化，多喷嘴水煤浆加压气化与单烧嘴加压气化气化技术指标见表 3-5。

表3-4 多喷嘴对置式干粉煤加压气化技术中试数据

有效气含量 /（kg/km^3）	碳转化率 /%	冷煤气效率 /%	有效气比煤耗 /（m^3/km^3）	有效气比氧耗 /（m^3/km^3）	有效气比蒸汽耗 /（m^3/km^3）
89 ～ 93	> 98	83 ～ 84	530 ～ 540	300 ～ 320	110 ～ 130

表3-5 多喷嘴气化与单烧嘴气化结果对比（kg/km^3）

气化方式	有效气成分 /%	碳转化率 /%	有效气比煤耗 /（m^3/km^3）	有效气比氧耗 /（m^3/km^3）
多喷嘴气化	84.9	98.8	535	314
单烧嘴气化	82 ～ 83	96 ～ 98	约 547	约 336

多喷嘴气化炉调节负荷比单烧嘴气化炉灵活，适宜于气化低灰熔点的煤。已建成及在

建的有 11 套装置 30 台气化炉。已顺利投产的有 3 套装置 4 台气化炉。在建最大的气化炉投煤量为 2000t/d，气化压力 6.5MPa。目前暴露出来的问题有：气化炉顶部耐火砖磨蚀较快；同样直径同等生产能力的气化炉，其高度比 GE 单烧嘴气化炉高，多了 3 套烧嘴和与其相配套的高压煤浆泵、煤浆阀、氧气阀、止回阀、切断阀及连锁控制仪表；1 套投煤量 1000t/d 的气化炉投资比单烧嘴气化炉系统的投资多 2000 万～ 3000 万元。该技术属我国独有的自主知识产权技术，在技术转让费方面比引进 GE 水煤浆气化技术具有竞争力。

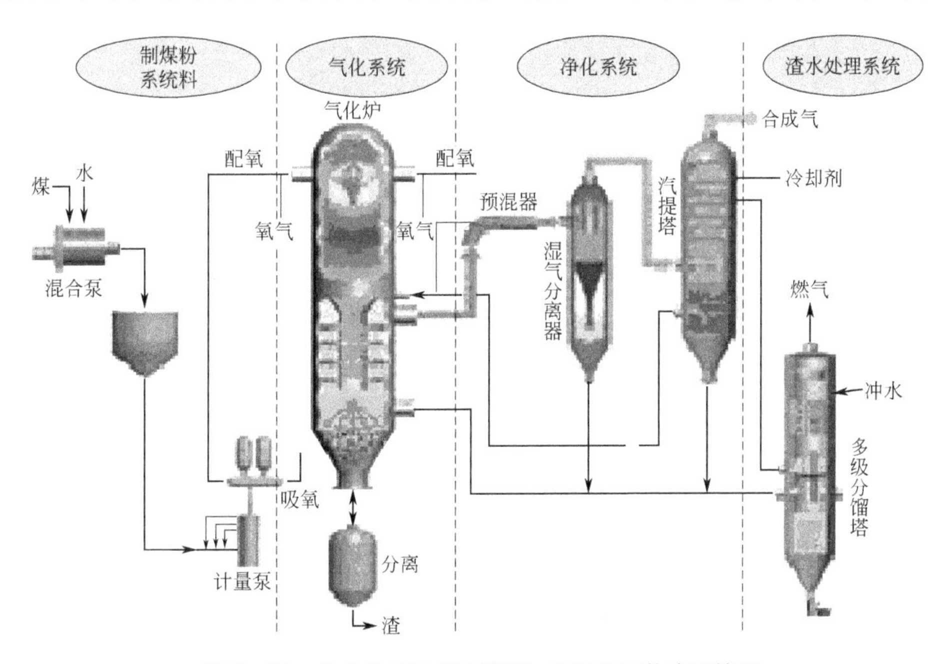

图 3-17　多喷嘴对置式干粉煤加压气化工艺流程简图

3.3.10 两段式干煤粉加压气化技术

两段式干煤粉加压气化技术是西安热工研究院开发成功的具有自主知识产权的煤气化技术。可气化煤种包括褐煤、烟煤、贫煤、无烟煤，以及高灰分、高灰熔点煤，不产生焦油、酚等。其特点是采用两段气化，其缺点是合成气中 CH_4 含量较高，对制合成氨、甲醇、氢气不利。废热锅炉型气化装置适用于联合循环发电，其示范装置投煤量 2000t/d 级两段式干煤粉加压气化炉（废热锅炉流程）已决定用于华能集团“绿色煤电”项目，另一套示范装置投煤量 1000t/d 级两段式干煤粉加压气化炉（激冷流程）已决定用于内蒙古世林化工有限公司 30 万吨 /a 甲醇项目。

3.3.11 灰熔聚煤气化技术

灰熔聚煤气化技术是由中国科学院山西煤炭化学研究所开发的技术，其特点是煤种适应性宽，属流化床气化炉，煤灰不发生熔融，而只是使灰渣熔聚成球状或块状灰渣排出。可以气化褐煤、低化学活性的烟煤和无烟煤、石油焦，投资比较少，生产成本低。缺点是操作压力偏低，对环境污染及飞灰堆存和综合利用问题有待进一步解决。此技术适合于中小型氮肥厂利用就地或就近的煤炭资源改变原料路线。

3.3.12 多元料浆加压气化技术

多元料浆加压气化技术是西北化工研究院开发的具有自主知识产权的煤气化技术，属气流床单烧嘴下行制气。典型的多元料浆组成为含煤 60% ～ 65%，油料 10% ～ 15%，水 20% ～ 30%。可以认为在制备多元料浆时掺入油类的办法不符合当前我国氮肥工业以煤代油改变原料路线的方针，有待改进。

3.3.13 若干气化炉的典型性能比较

各种气化炉和工艺各有优缺点，对使用原料煤的要求不同，生产的气体产品组成差异显著，使用对象也不尽相同。也只能对一些工艺参数和典型性能进行对比。其中关键一点是要看其是否属于洁净煤气化技术。到目前为止，还没有开发出万能的煤气化炉型和技术，各种煤气化炉型和气化技术都有其特点、优点和不足之处，都有其对煤种的适应性和对目标产品的适用性。各种煤气化炉的优缺点已经在前面的介绍中做了叙述。对在我国使用的主要气化技术性能比较示于表 3-6 中，包括 Shell 公司的 SCGP、西门子公司的 GSP、Lurgi 公司的 Mark V，中国的 OMB、HTL 和 GE-Energy。表 3-7 中给出了气化炉工艺性能参数比较，选择有代表性的五种气化工艺 GSP、Shell、Texaco（其改进型是 CE）、三菱和 BGL 做比较，我国的多喷嘴工艺一般介于 GSP 和 CE 之间。

表3-6 在中国使用的主要气化技术性能

项目	发明公司 / 气化炉					
	Shell/SCGP	Siemens/GSP	Lurgi/ Mark V	ECUST/ OBM	HTL	GE-energy
粗合成气（干）/（km/h）	187 ～ 206	132 ～ 142		159 ～ 185	119 ～ 131	
粗合成气组成（体积分数）/%						
CO	60 ～ 65	65 ～ 75	16 ～ 28	61.6	61.9	39 ～ 45
H_2	18 ～ 30	20 ～ 28	38 ～ 40	30 ～ 37.6	26.3	36 ～ 38
CO_2	2 ～ 4	4 ～ 5	27 ～ 32	4 ～ 16.5	8.2	17 ～ 21
H_2O				0.1		
CH_4	100 ～ 200μL/L	0.05 ～ 0.1	7 ～ 18		756μL/L	0.09
H_2S	0.3					
干煤输入 /（t/h）	2000 ～ 2850	2000 ～ 2300	1800	2500 ～ 3000	1800	2000
操作压力 /MPa	2.0 ～ 4.0	2.5 ～ 4.2	3.0 ～ 5.0	3.0 ～ 6.5	3.7 ～ 4.0	4.0 ～ 8.7
最大气化温度 /℃	1400 ～ 1600	1350 ～ 1750		1300 ～ 1400	1400 ～ 1750	1300 ～ 1400
$CO+H_2$（体积分数）/%	90 ～ 94	92 ～ 95	65	77 ～ 83.4	86 ～ 92	78 ～ 81
煤消耗 /［kg/km^3（$CO+H_2$）］	635	653		693	640	

续表

项目	发明公司 / 气化炉					
氧消耗 / [kg/km^3 ($CO+H_2$)]	320 ～ 360	331	160 ～ 270	432	322	380 ～ 430
冷气体效率 /%	80 ～ 85	78 ～ 85	65 ～ 75	70 ～ 76	75 ～ 84	70 ～ 76
碳效率 /%	＞ 99	98 ～ 99	88 ～ 95	98.6 ～ 99.1	98 ～ 99.5	96 ～ 98
热效率 %	98	90			95 ～ 96	90 ～ 95

表3-7　气化炉工艺性能参数比较

序号	项目	GSP	Shell	Texaco	三菱	BGL
1	气化工艺	气流床、液态排渣	气流床、液态排渣	气流床、液态排渣	流化床、干粉排渣	固定床、液态排渣
2	进料方式	干法、煤粉	干法、煤粉	水煤浆、湿法	干法、煤粉	
3	氧化剂	纯氧	纯氧	纯氧	纯氧	空气
4	燃料粒度	＜ 500μm	90% ＜ 100μm	40% ＜ 200 目	＜ 100μm	20 ～ 50mm
5	气化压力 /MPa	2.0 ～ 4.0	2.0 ～ 4.0	2.5 ～ 8.5	2.5 ～ 3.0	2.0 ～ 3.2
6	气化温度 /℃	1400 ～ 1600	1400 ～ 1600	1300 ～ 1400	1200 ～ 1400	1300 ～ 1500
7	耗煤量 /（t/d）	2500	2800	2500	1700	1000 ～ 1300
8	耗氧量 /m^3	330 ～ 360	330 ～ 360	380 ～ 430		267 ～ 450
9	炉壁寿命（相对比例）	20	20	1	10	—
10	喷嘴寿命（相对比例）	前端 110	1 ～ 1.5	60	＞ 1	—
11	碳转化率 /%	99	99	96 ～ 98	99	88 ～ 95
12	冷煤气效率 /%	78 ～ 83	78 ～ 83	70 ～ 76	—	65 ～ 75
13	总热效率 /%	90（激冷型）	98（废锅型）	90 ～ 95	—	80 ～ 90
14	有效气体含量 /%	约 90	90 ～ 94	约 80	—	约 65
15	操作弹性 /%	50 ～ 130	50 ～ 130	70 ～ 110	—	30 ～ 110
16	技术成熟程度	高	高	高	高	高
17	国产化	不具备条件	正在国产化	部分国产化	不具备条件	已经国产化
18	工程经验	较少	较多	较多	少	多
19	运行维护成本	低	低	高	低	高
20	投资	高	较高	低	较低	低

从各种气化技术的应用经验中能够总结出对在中国应用的气化技术（或气化炉）如下的一些看法：①对水煤浆、Shell、HTL 和 GSP 气化体系已经能够做到长期稳定运转；②为了获得性能好、有特色的气化技术，对煤性质控制是非常关键和至关重要的；③单一载流床气化器的高产率能够显著降低成本；④移动床气化体系对有足够机械强度和高

灰熔点的硬煤是安全的；⑤对大多数水煤浆气化技术，氧消耗是高的和能量效率是低的，因为煤进料被水稀释降低了能量密度；⑥对干灰载流床技术，进料系统的高功率消耗抵消了部分从干灰进料高能量密度获得的部分效率；⑦对 HTL 和 GSP 气化器，在冷筛网上形成灰熔渣膜比 Shell 气化器困难，因为在燃烧室的不同流场；⑧ HTL 和 GSP 气化技术的碳转化率较低，由于高速流动的灰渣有高的碳含量；⑨单一喷嘴载流床气化器要放大到 3000 ～ 4000t/d 的容量是困难的；⑩移动床气化在近期的大规模放大项目中没有成功，由于煤的性质和这类气化器的低容量；⑪ 对固体灰渣移去的 Lurgi 型移动床气化器，其存在的主要问题是高蒸汽需求和产生大量废水。

在中国，对煤气化技术方面的新近努力方向是要极大地促进所有类型气化炉技术的提高。重点是使载流床气化器的日容量放大到 4000t 煤 /d，实现加压管道输送粉煤替代进料载流床体系的高耗能进料系统；提高干进料气化器性能和它的合成气组成，降低水汽变换成本、降低废水的产生量；气化室后热气体移热。另外要发展全新方法来处理所有类型气化技术的废水，特别是 Lurgi 气化技术的气化黑水和合成气冷凝物废水。

3.4 催化煤气化

3.4.1 催化煤气化

降低气化温度能够减少能量消耗，也增加合成气产品中氢气和一氧化碳的比例。因此提出了在煤炭气化过程使用催化剂，进行所谓的催化气化。这虽然增加了气体产品中甲烷的含量，但可以降低在净化气体产品期间的热损失。催化剂能够增加煤炭（焦炭）的反应性，由于降低了气化反应活化能，因此气化温度可以有相当的降低。Exxon 公司的深入研究指出，在气化温度低至 625 ～ 650℃时就能够获得可接受的气化速率。这个催化气化方法为气化成本降低提供了机遇。催化煤气化是提高气化过程效率、利用性和降低成本的技术之一。催化剂使气化温度降低、转化速率增加和所希望气体产品的选择性提高。如果使用无腐蚀性催化剂也能够使气化器使用寿命增加。

在催化剂存在下，使用蒸气气化煤，能够在中等温度和大气压条件下获得富氢 - 甲烷气流。可使用的催化剂能够分为碱金属盐类、金属碳酸盐、过渡金属及其氧化物。当这些催化剂被分散在煤或焦上时，第一类催化剂被还原为金属态，其蒸气能够在煤颗粒表面之间移动。过渡金属催化剂的活性相对较高，而且能够确保与被气化颗粒间的紧密接触。但是，这些催化剂与气化颗粒之间也可能接触不好或不能够移动，因为在催化气化条件下它们都是固体。催化剂的另一个问题是烧结。

一般使用的催化剂是碱和碱土金属催化剂。使用碱金属催化剂，煤炭在蒸气气氛下的气化温度较低，并增加生成甲烷反应的速率：

$$2CO+2H_2 = CO_2+CH_4 \quad \Delta H^0_{298}=-247kJ/mol \qquad (3\text{-}10)$$

$$CO+3H_2 = H_2O+CH_4 \quad \Delta H^0_{298}=-206kJ/mol \qquad (3\text{-}11)$$

$$CO_2+4H_2 = 2H_2O+CH_4 \quad \Delta H^0_{298}=-165kJ/mol \qquad (3\text{-}12)$$

中等温度（约 540℃）对甲烷的生成在热力学上是最有利的。催化煤气化的操作温度一般在较高的温度（700 ～ 820℃）下进行，因为当温度低于这些温度时，常规煤催化气化过程的气化速率和气体产品得率是低的。有报道说，对催化煤气化，理想的温度和压力分别约为 700℃和 3.45MPa 。

虽然在以制造氢气或合成气为目的时，甲烷是不希望的产物，但对生产合成天然气（SNG）和直接作燃气发电应用时，甲烷的生成是有益的。因为这会使燃料气体的体积热值比较高，净化和压缩所需要能量也能够降低。在煤气化期间甲烷的直接生成或在煤预裂解时生成，都能够降低在气化时对氧和蒸汽的需求，因为燃料气体体积和热容都降低了。氧气替代空气进行气化能够进一步降低气体混合物热量和体积。使用氧而不是空气生产 SNG、氢气和合成气基液体燃料和化学品时是不需要含有氮气的，因此大多数煤气化特别是催化煤气化都使用氧气作气化剂。

应该指出，中等温度催化煤加氢气化能够使碳较高程度直接转化为甲烷，减少了表面炭沉积的损失。在较高温度下催化剂表面的炭沉积是可能发生的，这是由于含碳原料中的矿物质催化剂的键合或煤中挥发分的析炭。尚没有确切的证据证明已经找到了能够在中等温度下实际使用的催化剂，能够使煤气化达到可接受水平的高反应速率。但是，在 500 ～ 750℃下的催化煤加氢气化可能是下一代气化过程的基础。

在流化床气化炉中还没有考虑要使用催化剂，其原因可能是，催化剂易被硫化或被硫中毒，导致催化剂活性的损失。Exxon 公司曾试图使用碳酸钠催化剂来催化二氧化碳煤气化，发现催化剂与 SO_2 或黏土发生反应，钠金属蒸气从反应区域流出，因此催化剂很快失活。

3.4.2 煤气化催化剂实例

对负载在特殊钙钛矿型氧化物 $La_{0.8}Sr_{0.2}Cr_{0.5}Mn_{0.45}Pt_{0.05}O_3$（LSCMP）上碱金属盐的催化活性进行的研究指出，负载的 K_2SO_4 在 450℃对新西兰煤焦和在 600℃对 Illinois 煤焦有催化气化的活性。与直接负载在煤焦上的 K_2SO_4 比较，有远高得多的催化活性，虽然完全气化焦需要较长时间。但 K_2SO_4 是能够使焦完全气化的。高温煅烧显著提高焦的反应性，但 K_2SO_4/LSCMP 的活性总是高于 K_2SO_4。完全气化要求较长反应时间或较高反应温度。K_2SO_4/LSCMP 的催化活性很大程度取决于煤阶和煅烧温度，当与不同反应性的焦混合时，观察到低反应性焦的反应性提高很多。

这个催化焦气化反应机理能够设想如下：负载在 LSCMP 上的 K_2SO_4 被焦还原为钾金属或其氧化物，产生 CO_2 和 SO_2 并形成催化焦气化的活性物质；反应温度下钾的蒸气压是显著的，从 LSCMP 表面滑移到远离 LSCMP 的焦上，催化焦的气化反应。活性物质的滑移能够使体系中的焦完全气化。其可滑移的距离估计有若干毫米。因此，焦的反应性也影响盐的活化，通过提供活性物质引发反应性低的焦转化为反应性较高的焦，然后再进行气化。

非常有用的是要注意到，任何负载在 LSCMP 上的碱金属盐类在有反应性焦存在下都能够被活化。这对比较便宜的碱金属氯化物也适用，但因活化时要放出 HCl，建议在反应器外来活化碱金属氯化物。

这样活化机理可以解释现有催化剂的抗毒物如 SO_2 和矿物质的能力。煤和催化剂在流化床中能够进行连续气化。控制 LSCMP 或负载在成型蜂窝上 LSCMP 的颗粒大小，可以使其与飞灰分离。LSCMP 的取代物现在也正在研究中。

该催化剂能够替代加氢催化气化中所使用的镍 / 焦催化剂。它们能够在中等温度下使焦完全转化为甲烷。煤完全气化可能改变气体透平（GT）和蒸气透平的功率输出比，从部分气化的 15/85 改变到完全气化的 55/45。组合循环效率是通过降低蒸气冷凝器热损失来提高的。

3.4.3 等离子煤气化

气化技术的一些新进展是催化蒸气气化和等离子气化。在等离子气化中，燃料或废物被加料到有能力产生温度高达 20000℃的等离子体的反应容器中。当燃料或废物暴露于等离子体时，它被加热到非常高的温度（> 2000℃），这使燃料或废物中的有机化合物解离成非常简单的分子如氢气、一氧化碳、二氧化碳、水蒸气和甲烷。这些简单的气体分子能够连续地从反应器中流出，送到冷却和净化气体的设备中。在燃料或废物中存在的灰和其他无机物质被熔融转化成复杂的液体硅酸盐，它们流到反应器的容器底部。从等离子体气化炉出来的气体含痕量污染物，其量显著低于任何类型的焚烧器或其他气化器。这类气化器能够使用高湿气含量的废物，它消耗能量被蒸发，这会影响其经济性，但并不对过程产生影响。

3.4.4 煤焦的催化气化

比较一致的看法是：焦的气化主要取决于三个因素：焦的本征活性、煤中存在的某些具有催化效应的物质和煤的孔结构。这些因素相互间可能有很强的关联。

对不同量 Fe_2O_3、CaO、MgO、Na_2O 和 K_2O 对煤焦在 900 ～ 1200℃时反应性影响的研究指出，只有 Fe_2O_3 和 K_2O 总量显示与焦反应性有较好的关联。研究发现，高分散度的 Na、Ca 和 K 能够催化焦与蒸汽或 CO_2 的气化。

能够催化焦气化的催化剂降低了煤气化温度。对煤炭气化而言，如能够使用便宜的和高活性的催化剂，催化气化有可能替代高温气化。碱和碱土金属化合物及某些过渡金属（如 Ni、Fe）对煤焦气化显示有催化活性。在研究 LiCl、NaCl、KCl、RbCl、CsCl、KOH、K2CO3 对次烟煤焦的蒸气气化影响后发现，KOH 和 K_2CO_3 显示几乎相同的效应，其活性显著高于其他氯化物盐类。KOH、K_2CO_3 显示类似行为是因为在 CO_2 存在下它们容易转化为碳酸盐：

$$2KOH+CO_2 \longrightarrow K_2CO_3+H_2O \tag{3-13}$$

虽然 K_2CO_3 显示的活性最高，但钾催化剂在有硅铝酸盐化合物存在时会失活，而它们在大多数煤中是存在的。失活反应如下：

$$K_2CO_3+SiO_2 \longrightarrow K_2SiO_3+CO_2 \tag{3-14}$$

$$K_2CO_3+Al_2Si_2O_5(OH)_4 \longrightarrow 2KAlSiO_4+2H_2O+CO_2 \tag{3-15}$$

经大量研究工作后发现，负载镍催化气化煤和煤焦的活性较高。镍的存在还能够催化原位脱硫反应。但只有镍颗粒小于 30nm 才显示催化气化活性。镍中少量钾（1%K，

10%Ni）增加气化速率。钾的存在会降低镍晶粒长大的速率，使之有更高的活性。

为了发展低温气化的便宜催化剂，对负载 Fe 催化剂进行评估后发现，在铁上添加如 K 和 Ca 等添加剂，能够极大地增加气化速率。但是，1%（质量分数）K 的提高比 1%（质量分数）的 Ca 更大。Ca/K/Na 与 Fe 的相互作用确保 Fe 在低价氧化态（FeO）。FeO 似乎比磁铁矿的活性高。最近有报道指出，使用碳酸铁 - 碳酸钠复合催化剂显示有煤催化气化活性进一步证实了这一点。

3.4.5 气化产生焦油的催化气化

失重研究指出，气化期间生成的焦油可以经如下反应生成 H_2 和 CO_2：

$$(C_8H_{11}O)_n+15nH_2O \longrightarrow 41(n/2)H_2+8nCO_2 \tag{3-16}$$

如果有负载的 Ca 和 Ni 存在，煤热解显示的重量损失较低，产物气体是富 CO 的。此时 Ca 和 Ni 催化焦油的分解反应为：

$$(C_8H_{11}O)_n \rightarrow 7nC+nCO+\frac{11n}{2}H_2 \tag{3-17}$$

这指出 Ni 对焦油分解有相当的催化活性。因此在有水蒸气存在时，Ni 的催化活性影响产物 H_2、CO、H_2O 和 CO_2 间的平衡。

3.5 褐煤的催化气化

焦气化通常跟随在快速热解后面，对焦气化研究得出的一般结论是，它主要取决于三个因素：焦的本征活性、煤中存在的某些物质的催化效应和焦的孔结构。它们之间有很强的相互关联。

已经有人研究了不同煤阶煤在氧、水蒸气和 CO_2 环境中的气化反应性。对焦气化的大量研究显示类似的结果：含低固定碳的煤显示较高的反应性，不管是何种气化试剂如氧气、水蒸气或二氧化碳等都是这样；焦中的矿物质如 CaO 和 MgO 能够改变焦的反应性；在 CO_2 中的反应性随固定碳含量增加而降低；低阶煤之所以有较高的反应性是由于在热解期间和焦气化初始阶段挥发分挥发引起的孔结构发展和活性位的增加；随着燃料 FR（FR=固定碳 / 挥发物质）比的增加 CO_2 反应性降低，在 FR=3 时达到最小然后逐渐增加；外加的无机氧化物中，只有 Fe_2O_3 和 K_2O 之和的总量与焦反应性有较好的关联；焦在蒸气中气化的反应性随焦中 Na、Ca 和 K 的增加而增加，其高反应性的原因与热解后留在焦中阳离子高分散度有关，因为高分散度的 Na、Ca 和 K 能够催化焦与水蒸气和 CO_2 的气化。所以，具有较高固有碱和碱土金属含量的煤比其他煤的反应性更高。

3.5.1 煤气化催化剂

碱和碱土金属化合物和某些过渡金属（例如 Ni、Fe）对煤气化显示有催化活性。在对碱金属盐类进行的研究中发现，在 600 ～ 1000℃使用蒸汽和 CO_2 作气化试剂时，碳酸盐对低阶煤有远高得多的催化气化速率，而且对高阶煤的催化活性也是比较高的。以催化剂负荷评价，对低阶煤 CO_2 气化，K_2CO_3 活性最高，Li_2CO_3 最低；而对高阶煤没有观察到活性有明显差别。蒸汽气化情形中，温度高于 800℃时由于盐的水解和生成的氢氧化物的蒸发，Li_2CO_3 和 Cs_2CO_3 都显示活性随时间降低。关于 CO_2 和蒸汽气化，也提出了金属和金属碳酸盐间的相互转化的机理。虽然 K_2CO_3 显示的活性最高，但钾催化剂在有硅铝酸盐化合物存在时会失活，如前面已经指出的。

对添加了 6 种不同钙盐的褐煤样品在 923 ～ 973K 进行蒸汽气化试验的结果显示，除 $CaSO_4$ 外的所有钙盐样品的气化速率都有显著提高。高温 XRD（HTXRD）图像显示，$CaSO_4$ 有其衍射峰，而负载 $Ca(NO_3)_2$、$Ca(OOCCH_3)_2$、$Ca(OH)_2$ 和 $CaCl_2$ 的煤样品都没有观察到有衍射峰，指出除 $CaSO_4$ 外的钙盐在整个煤表面上分散是非常细的。然而当温度升高到 1023K 时，煤样显示有明显的 CaO 峰，其晶体大小随热处理温度而变，晶粒愈大显示的气化速率愈低。

钾和钙在较高温度下显示催化气化活性，在温度低于 900K 时没有活性。而对过渡金属镍的研究结果指出，浸渍有 Ni 的褐煤样品在 773K 气化温度降低 200K，而对 K_2CO_3 只降低 150K。但低镍负载量时无催化气化活性，可能是由于镍催化剂被煤中的硫中毒而失活。镍负载量在 4%（质量分数）和 10%（质量分数）时气化活性尖锐增加，似乎只有到 10%（质量分数）Ni 负载水平，镍才显示原位脱硫能力。含硫气体大多数被镍吸附，仅有煤中硫的 1/10 进入合成气中。对 8 个国家 34 种煤负载镍的样品进行的反应性研究发现，催化气化反应活性很强地取决于煤类型，低阶煤的活性高。某些低阶煤（例如 MW、YL、Rheinsh 褐煤、马来西亚泥炭）显示出两段气化，第一阶段的气化程度是极高的。

与非催化气化（25% 的煤转化为非气态产物，如焦油、液体和水）的比较指出，负载镍的煤遏制焦油的生成，因胶状物被气化且无烟雾生成。为回收镍催化剂，使用 NH_3 淋洗废镍催化剂，在 323K 催化剂回收在单一步骤为 90%，两步萃取为 94%；而在 393K 一步淋洗就能够回收 98% 的镍。

即便 Ni 负载量高达 10.5%，SEM 也不能够识别负载在煤上的 Ni 颗粒。但 TEM 能够测量出大小范围在 3 ～ 10nm 的镍颗粒。气化 2h 后，仅有少量 Ni 颗粒增加到大于 30nm。必须指出，当 Ni 颗粒超过 30nm 后就没有催化煤气化的活性了。能量散射 X 射线谱（EDX）已经证实，Ni 在褐煤表面上是高分散的。低阶煤中大量存在含氧官能团能够与 Ni 进行阳离子交换，使 Ni 在煤焦表面达到高分散。

镍前身物对褐煤气化活性影响的研究指出，在蒸汽和加氢气化中观察到反应性趋势是：$Ni(NH_3)_6CO_3$、$Ni(NO_3)_2$ > $Ni(CH_3COO)_2$ ≫ $NiCl_2$、$NiSO_4$, 无催化剂。因为在 773 ～ 873K 时 $Ni(NH_3)_6CO_3$、$Ni(NO_3)_2$ 和 $Ni(CH_3COO)_2$ 容易被还原为 10nm 大小的金属 Ni。虽然 $NiCl_2$ 容易被还原，但获得的镍颗粒很大，有 35nm。$NiSO_4$ 的还原是困难的。当镍前身物被负载在煤焦上时，还原后得到的 Ni 颗粒都很大，因为在脱挥发分的焦表面上的羧基近似为零。如前面指出的，镍中少量的钾（1%K，10%Ni）增加气化速率。钾的存在多少会降低镍晶粒长大的速率，导致镍有更高的活性。

为了发展低温催化气化更加便宜的催化剂，对 Fe 的催化活性进行了评估。把 $Fe(NO_3)_3$、$(NH_4)_3Fe(C_2O_4)_3$、$FeCl_3$ 和 $Fe_2(SO_4)_3$ 负载在褐煤上制备负载铁的褐煤样品。为比较也在该褐煤上负载了 Ni 和 Co。在 873K 对负载 10%（质量分数）金属的褐煤样品进行催化加氢气化试验，结果显示的活性顺序为：Co > Ni > Fe。对负载 Fe，负载量低于 6%（质量分数）时反应性增加是不显著的。而负载有 16%（质量分数）Fe 的活性与负载 10%（质量分数）Ni 的煤转化率是可比较的。对不同前身物，$Fe(NO_3)_3$ 和 $(NH_4)_3Fe(C_2O_4)_3$ 显示出好的活性。当铁在褐煤上的平均晶粒大于 100nm 时，没有或仅有很低的催化活性。在 923K 下的蒸气气化获得的结果类似。煤硫含量对铁活性起着重要作用，因为催化剂被 H_2S 中毒。对高含硫量的 North Dakota 褐煤［2.9%（质量分数）S］与 LY 褐煤［0.1%（质量分数）S］比较，在 873K 它们的焦没有被水蒸气气化，即便铁负载量为 16%（质量分数）。

在铁上添加 K 和 Ca 添加剂能够极大地增加气化速率，K 比 Ca 更有效。Ca、K 和 Na 与 Fe 有相互作用，确保其保持在低价氧化态，例如 FeO 而不是 Fe_3O_4。FeO 似乎比磁铁矿的活性高，所以达到较高的气化速率。

3.5.2 煤挥发分对催化气化的影响

对 YL 煤（一种澳大利亚褐煤）的热解和蒸汽气化比较研究指出，在热解期间生成的焦油可以通过蒸汽重整生成 H_2 和 CO_2。热解产物是富 CO 气体。有 Ca 和 Ni 存在的煤在热解气化时能够催化焦油分解。

金属负载褐煤上时的蒸汽气化反应能够诱导焦油的蒸汽气化，导致生成高 H_2 和 CO 含量的气体。已知在 Ni 催化剂上，CH_4 是直接通过加氢气化反应合成的：

$$2C+2H_2O = CH_4+CO_2 \tag{3-18}$$

从产物气体中 H_2 含量的显著增加可以得出结论，替代沉积碳，通过焦油分解生成的含氢碳前身物（CH_x）必定与蒸汽发生了反应：

$$2CH_x+2H_2O = CH_4+CO_2+xH_2 \tag{3-19}$$

在 875K 负载 Ni 褐煤的重量损失，有蒸汽时是没有蒸汽时的两倍。这说明焦油的蒸汽气化和进行了很大程度的分解。但蒸汽 / 煤比增加时褐煤的重量损失并没有显著变化，只是降低了 CH_4 的得率。过量蒸汽存在下甲烷能够进行蒸汽重整：

$$CH_4+2H_2O = CO_2+4H_2 \tag{3-20}$$

热解期间放出的蒸汽也能够与烃类和焦油反应产生氢气，对此氢气产生的解释是，H_2O、气态烃和焦油与氢气之间有一种权衡和折中。高温下 H_2 浓度增加伴随有 CO 和 CO_2 的相应增加，这指出烃类和焦态物质与热解期间产生的蒸汽之间有反应发生。

3.5.3 褐煤中污染元素在气化过程中的转化

氮、硫和氯元素在一般褐煤中是存在的，它们是生成污染物的主要元素。氮以芳烃杂环形式存在于煤（如吡咯、吡啶）中。对煤 -N 在热解和气化期间的转化研究指出，取决于反应条件，煤 -N 能够转化为 NH_3、HCN、N_2 和各种氮氧化物，NH_3 和 HCN 是实际的主要产物。NH_3 能够由焦 -N 氢自由基反应生成，或由气相中含 N 稳定挥发性化合物热裂解生成。HCN 主要来源于气相中的含 N 不稳定挥发性化合物的热裂解。H- 自由基的可利用性在 NH_3 的生成中起着关键作用，但对 HCN 生成仅在较少程度上也起作用。LY 煤在含 15% 蒸气（平衡的氩气）于 800℃气化时，煤 -N 中的 75% 转化为 NH_3。然而，HCN

没有增加，在同样温度下在单独 O_2 中气化（2000μL/L O_2）仅 20% 的煤 -N 转化到 NH_3。2000μL/L O_2 和 15% 蒸气都存在时，有 65% 的煤 -N 转化为 NH_3。与蒸汽气化比较，NH_3 生成的降低能够贡献于某些焦 -N 活性位的部分氧化。CO_2 气化研究证明，CO_2 的存在压制了 NH_3 和 HCN 的生成。

褐煤中通常含两类有机硫化合物：热不稳定脂肪化合物（硫化物、硫醇和二硫化碳）和稳定芳烃化合物（硫化合物和硫醇类化合物）。气化产物中 H_2S 是主要的含硫物质。以 6.7K/min 加热 LY 煤到 1000℃，以 H_2S 形式释放的煤 -S 占约 48%。当以较快的加热速率加热到 800℃时，也释放同样量的 H_2S。也就是加热速率并不显著影响 H_2S 的生成。得率的差别能够贡献于在较高温度下某些 H_2S 再结合到焦的表面（700 ～ 1000℃）。煤中金属的存在能够显著降低热解和气化期间 H_2S 的生成。钙以及镍能够在褐煤气化期间以硫化物的形式保留显著数量的硫。

有关褐煤中氯的信息不多。研究证实，HCl 在两个温度区域中释放。低于 450℃时 HCl 的释放是比较重要的，能够从水合 $CaCl_2$ 和 NaCl 以及煤中存在的有机氯化烃类形成。在高温（＞ 450℃）下释放的 HCl 贡献于不稳定化合物的分解，后者是在低温下由初始焦形成的 HCl 的次级反应生成。发现焦 -Cl 和 HCl 间有逆关联，从焦油 -Cl 形成的 HCl 可以略去不计。次烟煤在 1000℃和 2.5MPa 的 CO_2- 气化期间，HCl 得率在所有时间都低于检测限 0.05μL/L。残焦保持煤 -Cl 的 92%，仅 8% 煤 -Cl 以挥发性无机氯形式而不是以 HCl 形式释放。

3.5.4 挥发分 – 焦相互作用

在气化期间脱挥发分过程中放出的挥发分包括氢气、碳氧化物和特殊蒸气。挥发分和焦油间的相互作用对移动床、流化床和载流床气化器是不可避免的。褐煤比高阶煤有更多的挥发分。所以，对褐煤气化，挥发分 - 焦相互作用是重要现象。

焦的气化受氢、二氧化碳和一氧化碳的阻滞。稳定性较差的挥发分进行热裂解产生自由基。对焦和这些高活性自由基间的相互作用进行了研究，结果指出，挥发分 - 焦相互作用使一价碱金属元素（例如 Na）挥发。以氯化物形式存在的钠以 HCl 形式释放氯：

$$\mathrm{CM{+}NaCl} \longrightarrow \mathrm{CM{-}Na{+}HCl} \tag{3-21}$$

这里 CM 指焦母体。以羧酸盐形式存在的钠也在热解中断裂：

$$\mathrm{CM{-}COONa} \longrightarrow \mathrm{CM{-}Na{+}CO_2} \tag{3-22}$$

由挥发分热裂解生成的 H- 或 R- 自由基与焦母体反应导致钠释放进入气相：

$$\mathrm{CM{-}Na{+}H} \longrightarrow \mathrm{CM{-}H{+}Na} \tag{3-23}$$

$$\mathrm{CM{-}Na{+}R} \longrightarrow \mathrm{CM{-}R{+}Na} \tag{3-24}$$

Ca 和 Mg 挥发的一个重要提示是，有两个金属和焦母体间键断裂。所以，Ca 或 Mg 的挥发与钠比较是较少的。

对脱矿物、负载 Na 和 Ca 的褐煤比较研究证明，挥发分 - 焦相互作用也导致在焦表面生成烟雾。然后烟雾进行脱结构，如果 Na 或 Ca 存在的话。在温度高于 700℃时，净烟雾的产生为零，因为 Na、Ca 的催化作用对烟雾脱结构显示低的催化效应。

因挥发分 - 焦相互作用导致 Na 的挥发，Na 在焦母体中的保留量仅能够占其初始量的 10%。Na 在焦母体中是很好分散的。研究指出，自由基能够渗入焦母体的深部释放 Na；同时，自由基也增强在焦母体内部的环聚合反应，改变焦的结构。所以，挥发分 - 焦相互作用，通过使存在的固有催化物质（如 Na）挥发和改变焦结构成较为有序和非反应性形式，降低焦的反应性。

3.5.5 褐煤性质和气化器选择

如前面已经介绍过的，气化器按流动形态可以分成三种类型，即移动床气化器、流化床气化器和载流床气化器。不同气化器的类型，合成气的组成能够有很大的变化。虽然对各种具体气化炉的技术性能和工艺参数已经在表 3-6 和 3-7 中做了比较，但为帮助气化褐煤时选择气化炉，仍然需要对三种主要气化器类型的主要特性进行归纳比较，如表 3-8 所示。

表3-8　一般类型气化器的特征面貌

特征面貌	移动床	流化床	载流床
理想原料	褐煤，反应性烟煤	褐煤、烟煤、焦、生物质、废物	褐煤、反应性烟煤、石油焦
进料煤颗粒大小 /mm	5 ～ 80	＜ 6	＜ 0.1
灰含量	没有限制，对熔渣型＜ 25%	没有限制	理想的＜ 25%
规模	小	小到中等	大
干粗气中的 CO_2/%	26 ～ 29	18	6 ～ 16
干粗气中的 CH_4/%	8 ～ 10	6	＜ 0.3
H_2/CO 比值	1.7 ～ 2.0	0.7	0.7 ～ 0.9
产生的焦油	顺流：低；逆流：中等到高	中等	无
灰条件	干灰 / 熔渣	干灰 / 聚集	熔渣
关键解释事情	细粉和烃类液体的利用	碳转化率	粗气体冷却

移动床气化炉要求好的床层渗透能力以确保固体和气相间的有效传热和传质。褐煤的移动床气化于 1956 年在澳大利亚维多利亚商业化，为 Melbourne 供应城市煤气。靠近 Morwell 的 Lurgi 气化工厂的速率容量达 425000m^3/d 的城市煤气，使用原煤和块煤作原料。平均热值为 16.4MJ/m^3。纯化后的气体产品含 23.3% CO、52.2% H_2、18.4% CH_4、4.2% CO_2、1% N_2 和 1% 高级烃类。早期工厂操作受燃料加料、气体出口的水喷洒系统和冷却器电路的腐蚀等的影响，后来这些问题被逐步解决。但是，气化工厂在 1969 年停止了，因为在 Bass Strait 发现了低成本的天然气，可以满足 Melbourne 的使用量要求。合成气中含有的高浓度烃类在甲醇或二甲醚合成期间是作为惰性物质的。显然，移动床气化器生产的合成气不适合这样的应用。

流化床气化器的操作温度是低的，为 900 ～ 1050℃。所以，流化床气化器要求使用反应性煤作原料。而褐煤一般是高反应性的，因此能够使用流化床气化器进行褐煤的气化。

已经为褐煤的利用开发出集成了干燥技术的组合煤气化发电过程（IDGCC），进入的湿煤直接与来自循环流化床气化器的热燃料气体直接接触，干燥含 60% ～ 70% 湿气的加料煤。报道的 IDGCC 碳转化率为 75% ～ 90%。

对流化床操作，床层中颗粒聚集被认为是重要的操作问题。褐煤中存在的低温硅酸盐（熔点 850℃）和卤素盐（NaCl）被认为是要引起颗粒聚集的。床层环境和低碳转化率是这个技术在褐煤中应用的障碍。

传输反应器是一个高速循环流化床过程，其出口气体温度类似于流化床气化器。但是，停留时间 5 ～ 30s，短于流化床气化器中的停留时间 10 ～ 100s。使用空气和氧气气化褐煤时的碳转化率分别是 77.3% 和 83%。

载流床气化器能够使用粉煤和水煤浆作原料。对褐煤浆的蠕变性研究指出，经由管道输送是不可能的。但是，粉煤加料仍然是可行的。低灰含量和低于 1400℃的灰熔点褐煤气化研究指出，褐煤是适合在载流床气化器中气化的。

3.6 合成气生产

3.6.1 概述

前面几节详细介绍的煤气化工艺指出，气化是把含碳物料在气化剂存在下进行加热以生产气体燃料的过程。生产的气体，其热值是低的和中等的。这个定义排除了完全燃烧，燃料完全燃烧时的产物烟气是没有残留热值的。气化过程中发生的反应包括燃料部分氧化或富燃燃烧和加氢。在部分氧化过程中，氧化剂即气化试剂可以是空气或氧气、蒸汽、二氧化碳或它们的混合物。根据所要求合成气化学组成和气化效率来选择气化试剂和调整它们与含碳原料之比。气化过程中的主要反应连同它们的反应热重述于下［其中包含了方程（3-1）～方程（3-9）］：

$$\mathrm{C}+\frac{1}{2}\mathrm{O_2}=\!=\!=\mathrm{CO}\text{（被氧气化）；}\Delta H_{298}^{0}=-110.5\mathrm{kJ/mol} \tag{3-25}$$

$$\mathrm{C}+\mathrm{O_2}=\!=\!=\mathrm{CO_2}\text{（氧燃烧）；}\Delta H_{298}^{0}=-393\mathrm{kJ/mol} \tag{3-26}$$

$$\mathrm{C}+\mathrm{CO_2}=\!=\!=2\mathrm{CO}\text{（被二氧化碳气化）；}\Delta H_{298}^{0}=172.0\mathrm{kJ/mol} \tag{3-27}$$

$$\mathrm{C}+\mathrm{H_2O}=\!=\!=\mathrm{CO}+\mathrm{H_2}\text{（被蒸汽气化）；}\Delta H_{298}^{0}=131.4\mathrm{kJ/mol} \tag{3-28}$$

某些次要反应是：

$$\mathrm{C}+2\mathrm{H_2}=\!=\!=\mathrm{CH_4}\text{（被氢气化）；}\Delta H_{298}^{0}=-74.8\mathrm{kJ/mol} \tag{3-29}$$

$$\mathrm{CO}+\mathrm{H_2O}=\!=\!=\mathrm{H_2}+\mathrm{CO_2}\text{（水汽变换反应）；}\Delta H_{298}^{0}=-40.9\mathrm{kJ/mol} \tag{3-30}$$

$$\mathrm{CO}+3\mathrm{H_2}=\!=\!=\mathrm{CH_4}+\mathrm{H_2O}\text{（甲烷化）；}\Delta H_{298}^{0}=-205\mathrm{kJ/mol} \tag{3-31}$$

在气化过程中原料脱挥发分产生烃类和焦油，烃类进一步反应给出一氧化碳和氢气（合成气）：

$$\mathrm{C}_n\mathrm{H}_m+\frac{1}{2}n\mathrm{O_2}\longrightarrow\frac{1}{2}m\mathrm{H_2}+n\mathrm{CO} \tag{3-32}$$

焦油进一步气化，其总反应为：

$$CH_xO_y(char)+(1-y)H_2O \longrightarrow (x/2+1-y)H_2+CO \quad (3\text{-}33)$$

此外原料中所含的 C、H、O、N、S 和 Z（矿物质）化合物能够被表示为 $CH_hO_{o+x}N_nS_sZ$，其气化反应表示如下：

$$CH_hO_{o+x}N_nS_sZ+aO_2 \longrightarrow bCO_2+cCO+dH_2O+eH_2S+f N_2+ZO_x \quad (3\text{-}34)$$

$$CH_hO_{o+x}N_nS_sZ+CO_2 \longrightarrow 2CO+\frac{o}{2}H_2O+(\frac{h}{2}-s-o)H_2+sH_2S+\frac{n}{2}N_2+ZO_x \quad (3\text{-}35)$$

$$CH_hO_{o+x}N_nS_sZ+(1-o)H_2O \longrightarrow CO+(1-o+\frac{h}{2}-s)H_2+sH_2S+\frac{n}{2}N_2+ZO_x \quad (3\text{-}36)$$

$$CH_hO_{o+x}N_nS_sZ+(2+o+s-\frac{h}{2})H_2 \longrightarrow CH_4+oH_2O+sH_2S+\frac{n}{2}N_2+ZO_x \quad (3\text{-}37)$$

也有少量 COS 形成：

$$H_2S+CO_2 \longrightarrow COS+H_2O \quad (3\text{-}38)$$

在各种含碳原料中，煤、石油焦和石油残留馏分都已经被广泛使用作为气化原料。由于矿物燃料的快速消耗，可再生生物质和市政废弃固体在近些年来被收集作为能源。从煤、石油焦和石油残留馏分等获得的粗合成气的一般组成为：25% ～ 30%（体积分数）H_2，30% ～ 60%（体积分数）CO，5% ～ 15%（体积分数）CO_2 和 2% ～ 3%（体积分数）H_2O，还含有少量的 CH_4、H_2S、N_2、NH_3、HCN、Ar、COS、羰基 Ni 和 Fe。不同原料生产的合成气，其组成有宽范围的变化。另外，合成气的性质也取决于所用气化器的类型，因为它们的操作条件如温度、压力、停留时间、原料颗粒大小有明显的不同。例如，较高气化器温度给出高的冷气体效率和高的碳转化率。但是，如果气化器温度在灰熔点温度以上，会发生熔渣/灰的聚集，导致气化器寿命缩短。在使用蒸汽和/或空气、氧气作为气化试剂时，气化过程既可以在大气压也可以在高压下操作。平衡讨论提出，随压力增加，蒸汽和 CO_2 分解变慢。但是，压力高至 2.94MPa 后对合成气组成的影响并不显著。大多数商业气化器或已经接近于商业化的气化器都是在高压下操作的。

现代气化单元大多数使用于集成气化组合循环（IGCC）生产电力以及使用于氢气、甲醇、FT 液体燃料、化学品、合成天然气的生成或者多联产这些产品的组合。对多联产概念的研究兴趣不断增加，因它能够降低污染物排放和提高工厂的经济性。但是，对不同的下游应用，对合成气的质量的要求是不同的。例如，发电需要的合成气纯度比其他应用低。

IGCC 工厂的主要单元是原料的制备和加料系统、气化单元、气体分离和净化单元、变换反应器、透平机和热交换器。但 IGCC 工厂的性能和它的经济可行性主要取决于气化器单元的成本。

下面介绍从各种含碳原料（主要是煤炭）使用气化技术生产合成气的一些新近进展，然后讨论适合不同下游应用的各种合成气净化技术。

3.6.2 气化原料和处理

使用气化技术生产合成气的质量和数量取决于原料性质和使用气化器的类型。

广泛范围的原料如煤、石油焦、重石油残基馏分、燃料油、天然气、生物质、市政固体废物等，都可作为气化的原料使用。显然，使用最多的是煤（约 49%），其次是有机残留物和石油焦（约 40%），其余 11% 为天然气、植物和市政固体废物等。

煤炭有高的 C/H 比（约为 1），它的热值也高，挥发物质含量中等（约 20%），无烟煤是个例外。煤的反应性是中等的，能够在中等温度（900 ～ 1000℃）下进行气化。煤中的低硫含量也使它适合于气化。但是，高灰分煤的气化会带来某些操作问题。

石油焦和重石油残留馏分等有非常高的碳含量，很低的挥发分，因此是反应性较低的原料，需要高的气化温度（1400 ～ 1500℃）。其次，石油焦高硫含量需对移去硫化合物做出特别的安排。重石油残留馏分包括石油焦是理想的气化原料，因其价格很低，属于负价值物质。气化很少应用于重油原料，因其价值超过每桶 10 美元。天然气的主要成分是甲烷（＞ 90%），经蒸汽重整可以转化为 CO 和 H_2。天然气是清洁燃料，在甲醇生产中获得广泛应用。

生物质使用于表述从植物、藻类、树木、谷物等获得的有机材料，如木头、木质谷物、农业废物、草类碎片、木材废物、甘蔗渣、废纸张、锯木、生物固体、食品加工废物等。这些物料含一定数量的碳和氢（低 C/H 比）和大量挥发性物质（＞ 70%）。这些物料是高反应性的，其气化温度较低（800 ～ 900℃）。由于生物质的高湿气和低碳含量，生物质原料的热值是低的。

市政固体废物的显著部分是由纸张、木头、纺织品、塑料等组成的，因此能够作为生物质来处理。它含有很高的湿气量（＞ 40%），这降低了其热值。其次，其他非燃烧组分，如玻璃、金属等，也存在于市政固体废物中，使其热值进一步降低并引起一些操作问题。其中的一些气化原料的典型组成总结于表 3-9 中。

表3-9　一些含碳原料的组成和热值

组分	褐煤	无烟煤	石油焦	重质馏分	麦秸	腰果果壳	松木	橄榄树	城市固体废物
水分质量分数 /%	5.4	3.3	2.0	—	12.1	10.43	8.0	15	40.79
元素分析（干基，质量分数）/%									
碳	50.8	52.3	87.7	87.1	45.6	48.15	47.2	49.8	46.29
氢	3.5	1.3	3.8	11.4	5.7	6.88	5.7	6.0	6.64
氮	1.3	1.0	1.5	0.91	0.7	0.36	2.2	0.7	0.59
硫	0.8	0.3	6.2	0.34	0.09	—	0.09	0.06	0.24
氧	3.4	5.8	0.19	—	40.0	43.49	39.2	40.4	31.31
其他	40.2	39.3	0.67	0.25	7.91	1.12	5.61	3.04	NC：14.44
工业分析（干基，质量分数）/%									
灰分	40.2	39.3	0.58	0.08	7.9	1.12	5.6	3.0	14.44
固定碳	34	50.1	87.0	CCR：7.3	18.5	21.50	18.1	18.9	—
挥发分	25.8	10.6	12.4	—	73.6	77.38	76.3	78.1	—
热值（湿基）/（MJ/kg）									
LHV	20.10	17.90	33.23	—	14.47	—	16.37	15.78	9.75

注：LHV——低热值；NC——可燃物质；CCR——残炭测定器碳残基。

从表3-9能够明显看到，石油焦的热值（LHV）是大多数生物质热值（LHV）的两倍以上。其次，它灰分的含量较少，挥发分含量也非常低，其硫含量高（约6%）。为此，石油焦的气化要求最高的温度以及在气化器中原位移硫。从表3-9还能够看到，生物质的挥发分含量最高，气化要求的温度低。煤有中等程度的挥发分含量，需在中等温度气化。煤和生物质的硫含量要远低得多，这有利于生产较洁净的合成气。但煤中的高灰分含量（对某些情形＞40%～60%）会使气化产生问题。尽管市政固体废物有高的湿气含量，但也含有相当数量易燃烧物质，例如纸张、纺织品、木头等，因此它们能在较低温度下气化。市政固体废物与褐煤的共气化近来已有报道。

原料的组成和性质影响生成的合成气质量。两个煤样品性质以及从它们生产合成气（使用Shell煤气化技术）的性质比较列于表3-10中。从表3-10能够看到的是，似乎是原料中的灰分含量影响合成气的组成、热值和冷气体效率。原料的质量也影响气化气生产的操作和气化过程的效率。高硫和高灰含量增加粗合成气净化成本和降低气化器寿命。低碳含量降低合成气LHV值。对高灰-高硫原料与低灰低硫原料混合物进行的气化研究，推动了优化合成气LHV和气体净化成本的研究。煤（含41%灰）和石油焦（含0.3%灰）的混合原料被用于Puertollano（西班牙）IGCC气化器，混合原料的灰含量降低到约21%。

表3-10　两种不同煤样生产的合成气性质

组分	低灰分煤	高灰分印度煤
元素分析（干基，质量分数）/%		
碳	83.0	83.32
氢	5.4	5.95
氮	2.0	1.98
硫	1.2	1.59
氧	8.4	7.14
工业分析（干基，质量分数）/%		
水分含量	9.5	5.80
灰分	12.2	40.0
固定碳	47.8	30.4
挥发分	30.5	23.8
合成气性质		
H_2O（摩尔分数）/%	0.2	0.18
H_2（摩尔分数）/%	28.3	28.05
CO（摩尔分数）/%	63.5	60.72
CO_2（摩尔分数）/%	1.1	2.56
N_2（摩尔分数）/%	5.7	8.43
Ar（摩尔分数）/%	1.1	0.04
H_2S（摩尔分数）/%	20	20
LHV/（MJ/kg）	11.88	11.36
需要的通量（煤的质量分数）/%	2.3	4
冷气体效率/%	80	22

在气化时既可选用干的也可选用浆液方式进料的气化器。对干加料系统，粉状原料（＜100μm）从一个闭锁料槽螺旋加料，使用气化介质如氮气、氧气、空气或蒸汽气动输送。干原料的水分含量小于5%。对湿加料系统，粉状原料被湿式磨研磨并浆化以生成可用泵输送的浆液，含55%～70%的固体。浆液通过特殊设计的喷嘴与氧气一起喷入气化器中。浆液加料系统的可靠性对气化系统是至关重要的。使用于生产合成气的不同类型气化炉的产物构成等参数比较示于表3-11中。

表3-11 水汽变换反应前后合成气的典型组成

参数	H_2	N_2	CO	Ar	CH_4	CO_2	H_2S	COS	H_2O
变换反应前摩尔分数/%	43.1	0.35	49.98	0.05	0.39	4.36	1.61	0.08	0.16
变换反应后摩尔分数/%	61.53	0.24	1.12	0.03	0.26	25.50	1.14	0.005	0.18

3.6.3 合成气的调节

如前所述，应用不同气化炉，其生产的合成气在组成上是有差别的。因此，对不同的下游应用，气化器的选择是对合成气的最初调节。但这显然是远远不够的，因为气化炉中生产的粗合成气是非常热的，并含有许多杂质，如颗粒物质、烟雾、不希望的气体组分（如酸性气体）等。一般含有高含量CO，它对许多下游应用是不希望的。因此，不同的下游应用对粗合成气的调节和净化有不同的要求。

一般商业气化炉生产的合成气含CO高达30%～60%，通过水汽变换反应它能够部分或全部转化为H_2。这是从煤气化获得氢气的重要反应之一。对这个反应，蒸汽和CO在变换催化剂上进行水汽变换反应生成H_2和CO_2：

$$CO+H_2O \longrightarrow H_2+CO_2\text{；}\Delta H^0_{298}=-41.1\text{kJ/mol} \tag{3-39}$$

如果该变换反应在合成气除去硫以后进行，则称为甜气体（sweet-gas）变换反应；如果在除去硫前进行，称为酸气体（sour-gas）变换反应。典型甜气体变换反应装置由两个高温变换（HTS）反应器、一个低温变换（LTS）反应器和中间一个冷却装置构成。对酸气体变换反应，由中间带热交换器的两到三个变换反应器构成，有时需要添加蒸汽。甜气体变换操作需要的蒸汽量较少，从经济角度考虑这是希望的。在两个HTS步骤中，甜气体变换能够把CO浓度从44.6%降低到2.1%。残留的CO在LTS步骤中被进一步降低到0.5%。对酸气体变换，使用稍高的蒸汽量在两个HTS步骤内能够使CO从44.6%降低到1.8%。为使CO含量低于1%，在第三个反应器中进行变换反应前必须加大量的蒸汽。

$Cu/Zn/Al_2O_3$是低温（200～250℃）变换反应的催化剂，而Fe_2O_3-Cr_2O_3是高温（320～450℃）变换反应的催化剂。虽然$Cu/Zn/Al_2O_3$催化剂的选择性一般要高于Fe_2O_3-Cr_2O_3催化剂，但它的主要缺点是抗硫和抗氯能力差。而催化剂Co-Mo/Al_2O_3能够在宽温度范围内使用，以替代在LT/HT变换反应器中使用的不同催化剂。这类氧化物催化剂的水汽变换可以在常规填料床催化反应器中进行。甜气体变换反应器相对比较小，但按单元价格基础计算，甜气体变换催化剂通常要比酸气体变换催化剂贵。甜气体变换催化剂需要有复杂的安装启动程序，对毒物和操作条件是比较敏感的。

遵从变换反应的热力学，高温有利于CO转化为H_2，因此在足够高水平上回收反应热来产生工厂中使用的高压蒸汽；这个也可能影响确定使用甜气体或酸气体变换反应的选择。对不同的合成气的下游使用，变换反应器和气体净化环的位置可以变化以优化过程的经济性。对发电应用，使用酸气体变换反应是有利的；而对化学品生产使用，则要求甜气体变换反应。如果要求生产大量的高纯度氢气，要求把来自变压吸附（PSA）单元的尾气循环回到变换反应器。尾气这一循环使氢气回收增加到 98%，使气化炉大小减小 10%。

3.7 合成气净化概述

3.7.1 概述

合成气是氢气和一氧化碳的混合物，由含碳原料经气化或重整产生。合成气因它的煤基原因也被称为城市煤气、生产气体、煤气，它对人类的发展产生过重要影响：照亮城市、提供热量和电力以及液体燃料。由于全球能量需求从 2006 年上升近 44%，2030 年预计为 715 EJ，因而合成气在提供热量、发电和液体燃料中的重要性不断增加。为增强国家安全性，煤炭气化的重要性重新被强调，同时对环境持续事情关注的增加也已经引起对生物质气化兴趣的增加。气化产生的粗产物气体含有多种杂质污染物，必须除去以满足工业应用要求和环境控制法规。下面讨论除去这些污染物的技术。

“合成气”一词在工业中广泛使用，是指所有类型气化工艺生产的产物气体。但是，合成气在技术上是一种气体流，由蒸汽和氧气化工艺产生的主要是由氢气和一氧化碳组成的气体。虽然不完全精确，但为简化讨论，仍然使用它并以合适形容词作约束。

合成气有很多应用，范围从产生热量或发电应用到各种类型燃料和化学品的合成，如图 3-18 所示。对这样的应用，合成气中包含的每种污染物都可能对下游应用产生危害、降低过程效率、腐蚀和阻塞管线以及导致灾难性的操作失败（如快速和永久性催化剂失活等）。

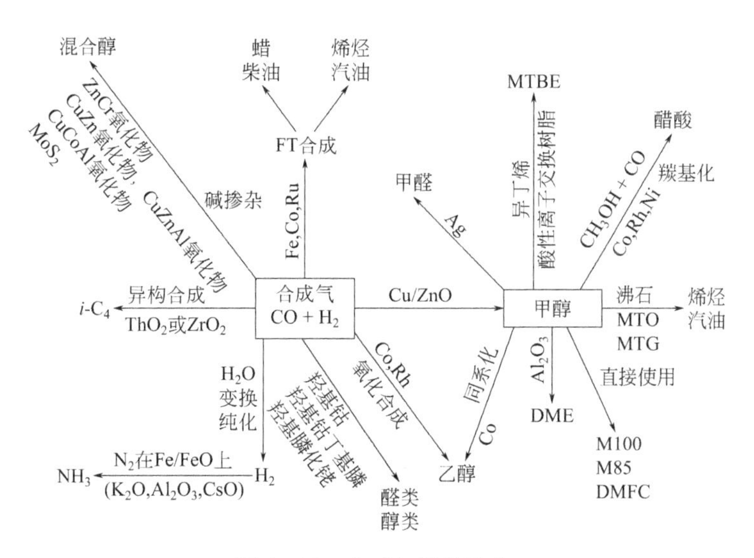

图 3-18　合成气转化技术

3.7.2 合成气的净化概述

对粗合成气已经发展出多种净化技术。其中一些方法能够在单一过程中除去多个污染物，如湿淋洗，而另一些集中于除去某种污染物。一些技术可在气化器中使用，用以降低污染物排放以减少对合成气的污染，这一般称为“初级”或“原位”净化技术。大多数技术是净化合成气的，称为二级净化技术。有多种二级净化技术可以利用，在气化器下游净化粗合成气以满足不同的应用要求。

气体净化技术可以按照过程温度范围方便地分类为热气体净化（HGC）、冷气体净化（CGC）和暖气体净化（WGC）。对这些定义有相当的任意性，没有确切的标准来区分它们。冷气体净化一般是指在接近常温条件下进行净化的过程，而热气体净化是指在广宽温度范围进行净化的过程，低至400℃高至1300℃。

这种分类的比较严格定义可以在不同化合物的冷凝温度基础上构造。冷气体净化技术常常应用水喷淋，因此出口温度是允许水冷凝的。污染物可吸收进入水滴或水冷成核。暖气体净化技术常假设发生于比水沸点高的温度，但仍然低于氯化铵冷凝温度，即其上限温度在300℃左右。热气体净化在高温范围进行，但仍然有若干碱化合物的冷凝。热气体净化操作的温度很少高于600℃，以避免使用昂贵的管线材料。一个例外是其操作温度可以高至1000℃。在讨论不同类型气体净化技术前，要先描述气流中污染物的性质。

3.7.3 污染物描述

氮、硫和氯是煤特别是褐煤中存在的会生成污染物的主要元素。气化煤气中也会有这些污染物存在。

粗合成气中包含的要除去污染物一般包括颗粒物质、可冷凝烃类即焦油（对某些气化炉是会产生的）、硫化合物、氮化合物、碱金属（主要是钾和钠）、汞、氯化氢等。在一些应用中也要除去二氧化碳，因涉及酸气体或碳封存，对此后面不作讨论。

污染物浓度受原料杂质和合成气产生方法的极大影响，如表3-12所示。对不同应用需要达到的净化水平，即其要求的变化可以是很大的，与终端使用技术和/或排放标准有关，见表3-13。

表3-12　原料普通杂质水平

杂质	木头	麦秸	煤炭
质量分数（干基）/%			
硫	0.01	0.2	0.1～5
氮	0.25	0.7	1.5
灰分（主要组分）	0.03	0.5	0.12
K_2O	1.33	7.8	9.5
SiO_2	0.04	2.2	1.5
Cl	0.08	3.4	2.3
P_2O_5	0.001	0.5	0.1
其他	0.02	0.2	0.1

注：选用的数据库不同数据也必须一样。表中给出的仅是平均组成。例如，若干类型木头可以认为是生长慢的生物质，如橡树、杨树和其他硬木。

表3-13 典型合成气应用和相关净化要求

污染物	应用			
	内燃发动机	气体透平	甲醇合成	FT 合成
颗粒物质（烟雾、灰尘、焦、灰）	< 50mg/m^3（PM10）	< 30mg/m^3（PM5）	< 0.02mg/m^3	没有检测
焦油（可凝聚物）扼制性化合物（第二类杂原子、BTX）	< 100mg/m^3		< 0.1mg/m^3	< 0.01μL/L < 1μL/L
硫（H_2S、COS）		< 20μL/L	< 1mg/m^3	< 0.01μL/L
氮（NH_3、HCN）		< 50μL/L	< 0.1mg/m^3	< 0.02μL/L
碱		< 0.024μL/L		< 0.01μL/L
卤化物（主要是 HCl）		1μL/L	< 0.1mg/m^3	< 0.01μL/L

注：所有值都是 STP 状态下，除非另有叙述。

3.7.3.1 颗粒物质

气化器排放的颗粒物质大小范围从小于1μm到大于100μm，在组成上可以有很大变化，与所用原料和气化工艺有关。对生物质气化，产生的无机物质和固体残炭是颗粒物质的主体部分，虽然床层材料或催化剂也难免会有逸出。无机物中包括碱金属（钾和钠）、碱土金属（大部分为钙）、氧化硅和其他金属（如铁和镁）。其他的少数痕量物质主要来自固体化石原料碳和砷、硒、锡、锌、铅。煤炭气化生产的粗合成气一般也不会有不同量的颗粒物质。

许多合成气应用要求移去的颗粒物质超过 99%（质量分数）。即便是对颗粒物质具有强耐受能力的直接燃烧应用，其要求颗粒物质的浓度通常也要降低到 50mg/m^3 以下。颗粒物质的共性危险是结垢、腐蚀和烧蚀。如果不解决的话，会影响效率和安全。对这些已进行了广泛研究，特别强调对透平叶片的烧蚀，加压流化床燃烧器（PFBC）和集成气化组合循环（IGCC）发电设施都会有这样的事情。

颗粒物质按照气溶胶直径分类，例如，PM10 是直径小于 10μm 的颗粒，PM2.5 是直径小于 2.5μm 的颗粒。要除去一定大小颗粒到给定水平的共同数据表述于表 3-13 中，如对气体透平应用，除去 PM5 必须低于 30mg/m^3。

3.7.3.2 焦油

焦油由可凝聚有机化合物构成，主要包括较重烃类及其衍生物和多环芳烃（PAHs）。气化，特别是使用固定床和操作温度较低的气化炉，产生数以百计甚至数以千计的不同焦油物质（视操作条件而变）。特别重要的是受所使用原料和工艺条件，尤其是温度、压力、氧化剂类型和数量以及原料在反应器中的停留时间等因素的影响。对煤炭和沥青原料气化时，焦油中轻质芳烃含量较少，焦油量也少于 1%，但褐煤除外。不管数量或类型，焦油总是气化面临的一个挑战，因为它会使净化体系或下游过程的过滤器、管线和发动机结垢，使催化剂失活。

焦油的复杂化学性质导致收集、分析甚至定义其组分十分困难。近来经过政府间的努力已经给出了“焦油”的明确定义：“分子量大于苯的所有烃类。”除这个定义外，广泛认同的“焦油标准”也建立起来，这为焦油取样和分析提供了技术标准。这个标准被设计成为研究者提供焦油测量的共同基础。对测量和控制这个污染物最基本的是要对焦油化合物的性质和生成有基本的了解。

焦油的生成普遍被认为是从中等分子量到高分子量高含氧化合物的进展和聚集。长反应时间和高温度（指反应的严苛性增加）虽然能够降低焦油含量，但导致生成更多的重质烃类，它们要进一步反应是很困难的。这些焦油化合物分为初级、次级和三级焦油（见图 3-19）。初级焦油是有机化合物，它们是从（煤或生物质）原料中挥发出来的挥发分。较高温度和较长停留时间导致形成次级焦油，包括酚类和烯烃。进一步增加温度和反应停留时间就进一步产生三级焦油如 PAHs。

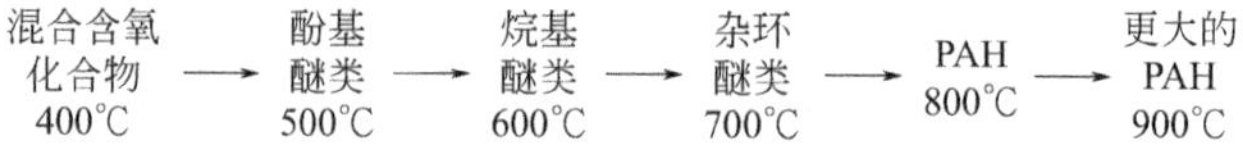

混合含氧化合物 400℃ ⟶ 酚基醚类 500℃ ⟶ 烷基醚类 600℃ ⟶ 杂环醚类 700℃ ⟶ PAH 800℃ ⟶ 更大的PAH 900℃

图 3-19　焦油的进展

总而言之，严苛的热化学条件按顺序产生性质不同的焦油化合物，它们能够按表 3-14 所示的结构区分。在第 1、4 和 5 类中的焦油是容易冷凝的，在高温下，它们对气化燃料和发电体系的结垢和阻塞负有主要责任。对第 2 和 3 类焦油，包括杂环芳烃和苯 - 甲苯 - 二甲苯化合物，在催化提级中是一个问题，因为它们竞争在催化剂上的活性位。这些焦油也是水溶性的，在水基净化过程中产生废水处理问题。一般讲，所有有机化合物的除去和分解是受鼓励的，因为它们是合成产物中的杂质。

表3-14　焦油化合物近似基本分类

类别	描述	性质	代表性化合物
1	GC 不可检测	非常重的焦油；不能够被 GC 检测	从总重焦油中扣除 GC 可检测部分
2	杂环芳烃	含杂原子焦油；高水溶性	吡啶、苯酚、喹啉、异喹啉、二苯并苯酚、甲酚类
3	轻芳烃（单环）	通常是单环轻烃类；并没有凝聚或溶解问题	甲苯、乙苯、二甲苯、苯乙烯
4	轻 PAH 化合物（二元环或三元环）	二元环和三元环化合物；在低温下凝聚，甚至低浓度时	茚、萘、甲基萘、二苯基、苊烯、芴、蒽、苯蒽烯
5	重 PAH 化合物（四～七元环）	大于三环；在高温下腐蚀凝聚，即便是低浓度	䓛、二萘嵌苯、晕苯

虽然希望消除所有的焦油，比较实际的策略是要以足够简单的方式除去焦油，使其露点低于气流的实际最小温度以下。荷兰能源研究中心（ECN）研究发展一个很大的数据库，含多于 50 种焦油化合物的信息以及估计焦油露点的计算程序。分析人员研究发展出原位焦油露点测量的方法。它对防止生物质气化体系的焦油问题是至关重要的。

3.7.3.3　硫

煤炭中有两类有机硫化合物：热不稳定脂肪化合物（硫化物、硫醇和二硫化碳）和稳定芳烃化合物（硫化合物和硫醇类化合物）。气化产物中 H_2S 是重要的含硫物质。多数煤 -S 化合物转化为 H_2S，但煤中所含金属能够显著降低热解和气化期间 H_2S 的生成，例如钙和镍能够在气化期间以硫化物的形式保留显著数量的硫。

硫污染物最常见的是硫化氢和较少量的羰基硫。硫污染物如 H_2S 的浓度范围在 0.1mL/L ～ ＞ 30mL/L，与所用原料有关。煤炭气化生产的合成气中，含硫量要显著高于生物质气化气，可高达 50g/kg，而生物质气化气中仅有 0.1 ～ 0.5g/kg。但对某些生物质，如少数干草和黑色液体（纸浆和造纸工业副产物），其气化气中的含硫量仍可能超过 1g/kg。

硫化合物能够对金属表面产生腐蚀。如合成气作为燃料燃烧时，硫污染物就被氧化成二氧化硫，这是法规规定的污染物。即便很少量的硫化物也能够使用于净化或提级合成气的催化剂中毒。通常要求硫除去的水平达到 10^{-6} 级，以避免这些物质产生的致命性效应（见表 3-13）。

为除去硫化物和其他所谓酸性气体（包括二氧化碳）已经发展出多于 30 种的气体净化技术，包括干法和液法工艺，其温度范围从接近零到数百摄氏度。有的物理和化学除去硫工艺能够获得单质硫或硫酸这类有用的产品。近来，热气体净化研究的重点是要发展和使用干吸附剂。不同脱硫方法见图 3-20。更详细的内容在热气体和冷气体净化部分叙述。

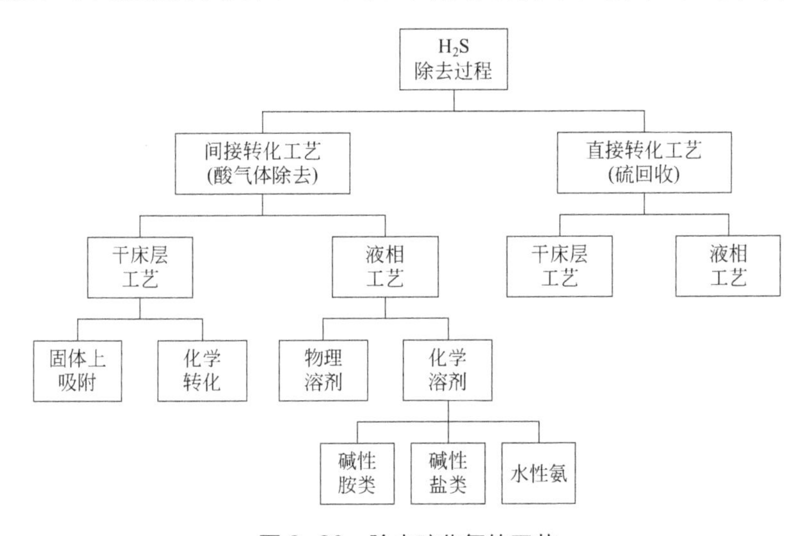

图 3-20　除去硫化氢的工艺

3.7.3.4　氮化合物（NH_3，HCN）

氮以芳烃杂环（例如吡咯、吡啶）形式存在于煤中。热解和气化期间煤 -N 的转化取决于反应条件，煤 -N 能够转化为 NH_3、HCN、N_2 和各种氮氧化物。但是，NH_3 和 HCN 是重要产物，NH_3 能够由焦 -N 氢自由基及其气相中的含 N 稳定挥发性化合物热裂解生成。HCN 主要来源于气相中的含 N 不稳定挥发性化合物热裂解。H- 自由基的可利用性在 NH_3 的生成中起着关键作用，对 HCN 生成仅在较少程度上起作用。例如一种褐煤在含 15% 蒸气（平衡的氩气）于 800℃气化时，煤 -N 中的 75% 转化为 NH_3。在同样温度下在单独 O_2 中气化（2000μL/LO_2）煤 -N 的 20% 转化到 NH_3。2000μL/LO_2 和 15% 蒸气都存在时，有 65% 的煤 -N 转化为 NH_3，而 HCN 没有增加。与蒸汽气化比较，NH_3 生成的降低是由于部分焦 -N 活性位被部分氧化。CO_2 气化研究证明，CO_2 的存在压制了 NH_3 和 HCN 的生成。

上述指出，煤气化产生的合成气中大多数氮污染物是氨，少量为氰化氢（HCN）。气化和燃烧的热解阶段，原料中的含氮化合物释放出 NH_3 和 HCN 形式的氮，其量与含氮化合物性质和量以及原料煤颗粒大小和气化工艺条件有很大的关系。氨一般是最主要的，其量比氰化氢至少大一个数量级。氨由含氮化合物的初级反应直接形成，也可以通过 HCN 中间物以次级气相反应形成。随着温度和转化率增加，HCN 浓度增加，NH_3 浓度也增加。但是当氢气可利用性和停留时间增加时，也使 HCN 到 NH_3 的转化率增加。给定温度下的足够时间里，N_2 应该是占优势的平衡产物，但在实际上，这样的平衡几乎是达不到的。

煤的氮含量一般要低于生物质，产生的氨浓度也低于生物质。在典型气化温度下，高达 2/3 的氨分解为分子氮，于是氨在合成气中的浓度一般在每升数百到数千微升量级。但是，即便这样的低浓度在某些应用中也致命性的。气体透平通常要求氨的浓度低于 0.05μL/L 以控制氮氧化物的排放，而低于 0.05μL/L 时，仍然有可能使提级合成气使用的催化剂中毒。用于回收硫的酸气体移去单元也可能发生问题，除非氮污染物有实质性的降低。

3.7.3.5 碱化合物

煤炭原料中一般含有碱和碱土金属，而生物质中碱的浓度一般高于煤中的含量。碱金属主要是钾，量较少的有钠。在含碱金属催化剂和过渡金属助剂如钴、钼、铷、铯和锂时，问题会更多。原料中的钾和钠在气化高温条件下会有部分蒸发，随合成气流在较冷部分冷凝，能够引起腐蚀和在表面上结垢。

碱金属污染物的除去是重要的，以避免灰分在锅炉中烧结和生成熔渣以及在气化发电体系中的热腐蚀。一些催化剂对碱金属含量也是极端敏感的且会引起中毒。碱金属必须从每千克数毫克降低到每千克数微克。

3.7.3.6 氯

煤在热解和气化过程中释放 HCl 有两个温度区间。低于 450℃时 HCl 的释放是比较重要的，能够从水合 $CaCl_2$ 和 NaCl 以及煤中存在的有机氯化烃类形成。在高温（＞450℃）释放的 HCl 贡献于不稳定化合物的分解，而这些不稳定化合物是由次级反应产生的。焦 -Cl 和 HCl 间有逆关联，也就是说从焦油 -Cl 形成的 HCl 可以略去不计。次烟煤在 1000℃和 2.5MPa 的 CO_2 气化期间，HCl 含量在所有时间都低于检测限 0.05μL/L，残焦保持煤 -Cl 的 92%，仅 8% 煤 -Cl 以挥发性无机氯而不是以 HCl 形式释放。

但氯是生物质气化合成气中占优势的卤素，常以氯化氢的形式出现。煤炭中氯的很大部分以金属盐形式存在，在气化的高温环境中容易蒸发，与水蒸气反应生成 HCl。虽然氯污染物浓度相对很低，它也会引起严重的材料腐蚀问题，特别是对高温燃料电池应用。即便氯和碱浓度低至 0.024μL/L 时，也会对气体透平叶片产生显著的热腐蚀。HCl 与气体污染物分子可能发生气相反应生成如氯化铵和氯化钠这样的盐类，如在较冷下游管线和设备上冷凝时引起结垢和产生沉积物。氯化物也是一些化学品合成催化剂的毒物。

3.8 合成气热气体净化（HGC）

在历史上，热气体净化的重点是除去颗粒物质和焦油，目标是减小合成气对燃烧设备产生的影响。从 1970 年开始，清洁空气法案制订了更加严格的环境标准，强制要求除去合成气中的颗粒物质，不允许作为污染物排放进入环境中。对合成燃料生产兴趣的增加也对合成气质量改进提出了更高的要求。对合成气的许多应用，在高温（＞200℃）下进行净化是热力学有利的。一般讲，热气体净化可能带来的好处有：减少废物流、增加效率、较少副产物和提高合成气转化效率。

3.8.1 颗粒物质

颗粒物质的高温净化是过去30年中对工业合成气应用的最重要改进之一。许多技术已经被应用于净化热气体中的颗粒物质，这些技术的大多数都以下述的一个或多个物理原理为依据：惯性分离、阻力过滤和静电相互作用。见表3-15。

表3-15 热气体净化颗粒物质技术总结

装置	收集效率/%	压力降/kPa	流动容量/[m^3/($m^2\cdot s$)]	能量需求
旋风分离器				
常规型	低，＞90	中等到高，7.5～27.5	非常高	低
增强型	＞90～95	中等到高	非常高	中等到高
颗粒过滤器				
固定	好，＞99	中等，6～10	高，0.15～0.2	高
移动①		中等	高	中等到高
静电除尘器		非常低，0.3～0.6	低到中等，0.01～0.03	中等到高
热等离子①		低	低到中等	高
湍流沉淀器		低	高	低到中等
陶瓷过滤袋		低，1～3.5	低到中等 0.01～0.03	低
刚性阻力过滤器				
陶瓷烛形过滤器	优秀，＞99.5	中等到高，5～25	中等到高，0.03～0.07	中等
横流过滤器		低到中等，2.5～7.5	中等到高，0.03～0.07	低到中等
陶瓷管过滤器		中等，8～12.5	中等到高，0.03～0.05	中等
技术过滤器		中等到高	中等到高	中等

① 这些技术存在一些变种，具有优良的除去速率。

3.8.1.1 惯性分离

惯性分离装置使用质量和加速度力来分离重固体和轻气体。最重要的惯性分离装置是旋风分离器，其他装置包括冲击分离器和灰尘聚集器等。旋风分离器是分离固体最老和最普遍应用的装置，其操作温度能够超过1000℃，如图3-21所示。气流以“双涡旋”进入，向心力把颗粒抛向外边向下的涡旋中，而气体流则在内涡旋向上运动通过“溢流管”流出装置，这样使固体颗粒与气体发生了分离。

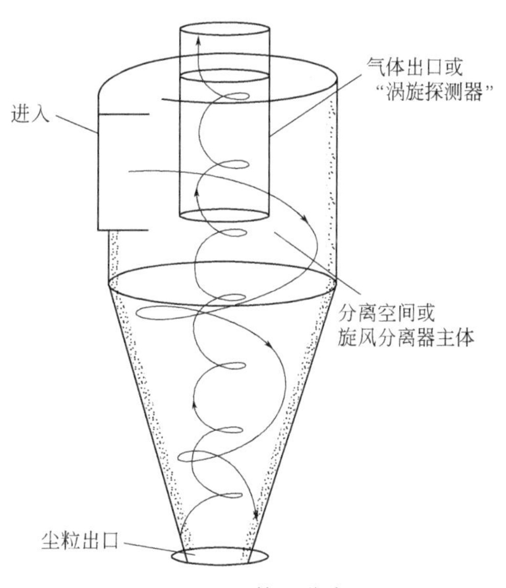

图3-21 旋风分离器

依据颗粒和气流特征，有若干旋风分离器设计。关键是建立使颗粒获得的向心力和拖曳力间达到平衡的“切入点”。该点的颗粒大小称为切入点颗粒大小，一般使用 x_{50} 或 d_{50} 表示，其除去效率为 50%。例如，设计的旋风分离器的 x_{50} 为 10μm，是指 10μm 颗粒有 50% 的除去概率。较大颗粒的除去效率比较高，因其的离心力比拖曳力大，对较小颗粒则相反。

虽然旋风分离器是成熟技术，其工艺仍在不断进展之中，如进行部分循环的逆流气体旋风分离器。其分离效率优于经典的高效设计。颗粒除去效率能够超过 99.6%，这能够与低温颗粒分离装置如文丘里和脉冲射流袋滤器比较。

由于旋风分离器的简单设计和无移动部件，因此适用于高温操作。受限的仅是结构材料的机械强度。旋风分离器一般作为气流净化的第一个装置，能够有效地除去大于 5μm 的颗粒。当必须移去小于 1μm 的颗粒（小至 0.5μm 的颗粒占 90%）时，也可使用旋风分离器，但要求有多段分离，这对大气体流量是不经济的。

3.8.1.2 阻力过滤器

阻力过滤器是除去颗粒物质最普遍使用的方法之一。当气流流过纤维或颗粒床层或者流过多孔独居石固体时发生阻力过滤。颗粒物质是以四种不同机理及其组合被过滤除去的：扩散、惯性冲击、拦截和重力沉降，如图 3-22 所示。由于与纤维介质直接随机碰撞使颗粒偏离气流的流线导致它们被收集；如果气流通过足够封闭的纤维介质（即小于颗粒直径），其所含颗粒也能够通过直接截获被除去，其原因在于介质限制大于特定大小颗粒通过而被除去，且紧密聚集在表面的颗粒物质滤饼阻止较小颗粒通过，随着滤饼增厚阻止的颗粒愈来愈小，一旦达到可承受的最大压力降，滤饼被除去过程开始重复。

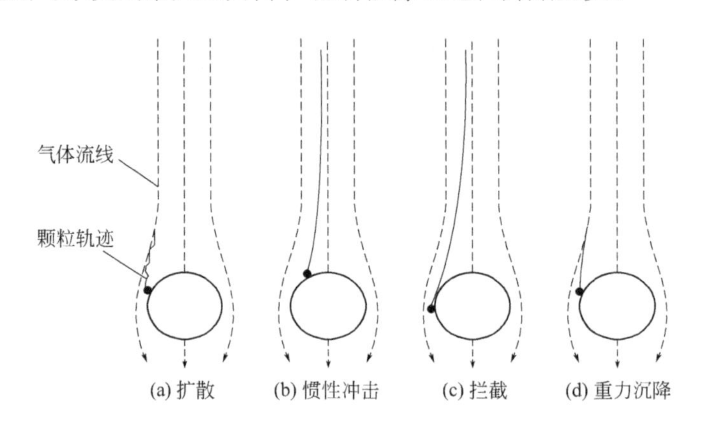

图 3-22　除去颗粒物质的过滤机理

有若干类型的阻力过滤装置，包括纤维过滤器、网格过滤器和固定或移动颗粒过滤器。过滤也能够与其他净化过程组合，如把还原焦油的催化剂结合到过滤器单元中（形成多功能催化过滤器）。自 20 世纪 60 年代开始进行气体净化以来，就使用纤维过滤器，它能够有效地除去大于 1μm 的颗粒物质，过滤后颗粒浓度能够降低到 1μg/m^3。

过滤器通常由陶瓷或金属材料做成。技术的进展已经达到能够除去 99.99% 的小于 100μm 的颗粒物质，而操作温度可以超过 400℃。高温气体净化使用的阻力过滤器的一个例子是烛形过滤器，主要由多孔陶瓷中空管组成，如图 3-23 所示。待净化气体通过长的有闭合端的管子（或锥形体），在表面沉积颗粒物质，气体从管子的顶部流出。颗粒物质的累积形成滤饼，使用逆气体（氮气）脉冲周期性地除去。若干烛形单元以面板形成排列，有若干过滤器总是处于操作中，其他处于清洗中。

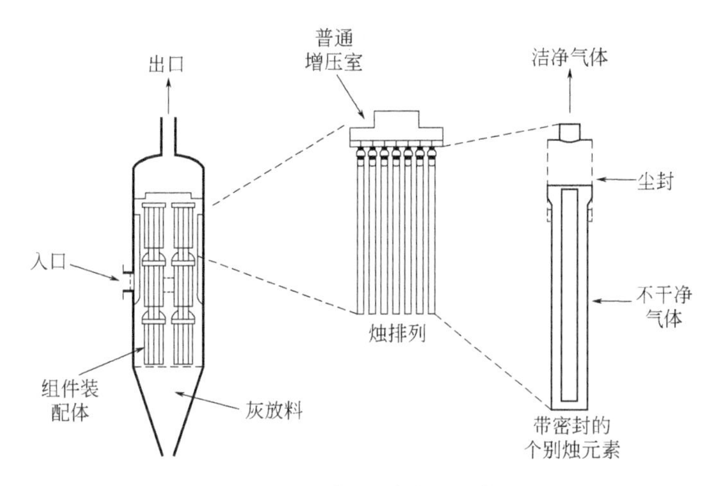

图 3-23　烛形过滤器元素

烛形过滤器普遍使用的材料是黏土键合碳化硅（SiC）和某些特殊材料如独居石和复合陶瓷。材料空隙率受制造期间使用的氧化铝和硅酸铝颗粒以及纤维的影响。金属也可以结合到陶瓷中以降低不利环境下的危险和提供催化活性。也有使用层状结构的，通常以粗（100 ～ 125μm）颗粒介质作为基础结构，如 SiC，再喷洒或喷涂细颗粒介质薄层（8 ～ 10μm）。细颗粒层阻止过量的（有时是不可逆的）灰尘渗透进入烛形单元。

管式过滤器（AGC），由 Westinghouse 和 Asahi 玻璃公司制造。横流过滤器制成独居石块，以带有层状过滤器的材料生成独居石通道（图 3-24）。对这个设计，单位体积过滤器面积较大，但必须把滤饼移到出口才能使用逆脉冲除去滤饼，这增加了操作复杂性和过滤器单元中的剪应力。

AGC 管式过滤器能够通过改变过滤器滤饼的定向降低过滤器剪应力。使用“烛形”开口两端的精细结构，形成的是管子而不是一烛形。待净化气体进入锥袋内部，在内部形成滤饼，而常规烛形过滤器形成的滤饼在其外表面。因此对 AGC 管式过滤器，下载滤饼的逆脉冲对锥袋形成受到压缩而不是扩张力。

剪应力是若干影响过滤器寿命和总无故障时间的因素之一，对商业发展是至关重要的。结构材料硅酸铝黏结剂和非氧化物基陶瓷能够与气相中的碱反应，降低过滤器寿命。空隙率、机械强度和热导率间的基础关系也自然要降低多孔材料的寿命。温度增加使使用耐久性下降。最后要指出，除去滤饼的逆气体压力脉冲有高的压力降，这会导致过滤气体温度显著下降，

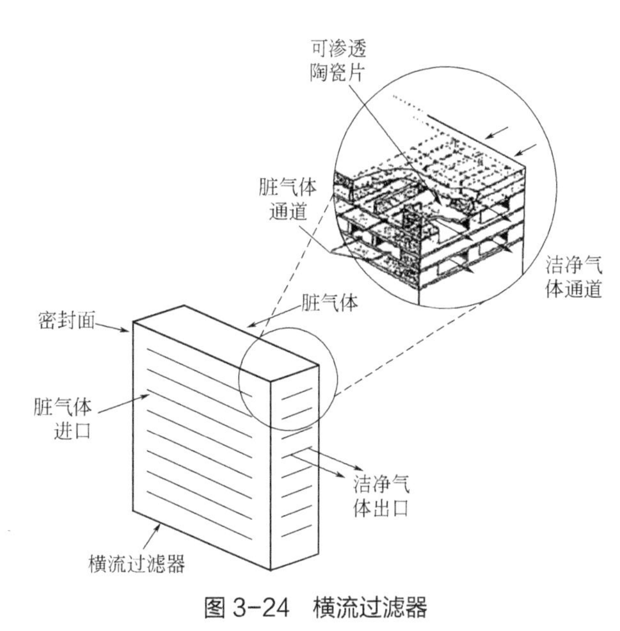

图 3-24　横流过滤器

从而诱导显著的热应力和冲击。对除去热工业气体颗粒物质净化装置，应力和冲击是使装置有高故障时间的主要原因。如在温度高达400℃以上除去颗粒物质的某些商业装置，除去效率能够达到99%，其无故障连续操作时间极少超过2700h，低于商业发展所要求的。然而对玻璃陶瓷管过滤器（CTF），温度为650～850℃时其连续操作的时间能够达到接近8000h，虽然还需要有足够的信息来完整评估该过滤器性能和可利用性。

澳大利亚低排放技术中心（CLET）发展的无脉冲烛形过滤器，能够在不影响效率的情况下增加过滤器寿命。该体系垂直喷入气体射流持续除去上层滤饼使其厚度保持恒定，既保持过滤效率又降低对过滤器的腐蚀和磨损，同时也降低了压力降和温度差的冲击。气体射流使用的是空气或净化后的气体。当然也可以使用氮气，但这可能增加体系复杂性和成本。

材料强度很好的烧结金属阻力过滤器适合高温使用，操作温度接近1000℃，但与所用合金及其烧结孔大小有关。这种过滤器能够使颗粒物质浓度降到低于10mg/m^3，效率接近100%。金属过滤器的制造相对简单。金属粉末如铁铝在模子中被加热到使材料开始熔融的温度，使其结构具有抗热冲击能力，且对合成气中腐蚀性组分的敏感性降低。在气体净化单元中通常使用的粉末金属过滤器有相当显著的压力降。为克服这个问题，可以使用金属纤维来制造过滤器。纤维比粉末牢固，不仅有理想的强度且流动阻力较小。对烧结金属纤维过滤器和粉末制造的标准Pall Fuse过滤器进行的比较发现，后者的流动阻力要高34%，但前者可靠性低，多次阻塞，常规粉末过滤器能够使颗粒物质降低到低于0.1mg/kg，运行时间5000h。

床层过滤器中的颗粒可以是固定的也可以是移动的。颗粒材料可以是火山沙（火山岩）、石灰石、沙石或烧结铝土矿（氧化铝），直径一般在数百微米的量级。在固定床操作中，颗粒材料中的孔是有过滤性的，灰尘能够在过滤器进口处聚集，形成类似于烛形过滤器中的滤饼。这使过滤效率进一步增加，但压力降也增加。一个例子是面板型床层过滤器，这种过滤器的过滤效率与袋屋过滤器（纤维）相当，但操作温度（550～600℃）和表观速度要高得多。一旦压力降达到阈值就得使用反脉冲清洗滤器床层或被替换。因颗粒和纤维床层比较牢固，过滤器能够耐受较高温度和剪应力，比常规烛形过滤器的故障停机时间短。

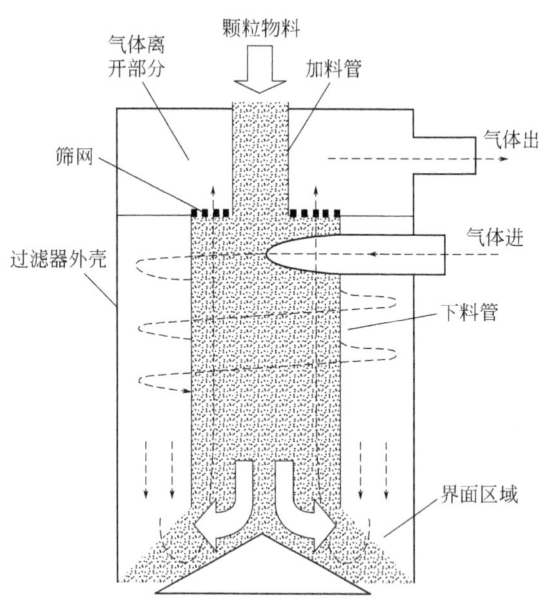

图3-25　移动床过滤器的操作

在移动床过滤器中，缓慢移动的颗粒材料能够保持以高效过滤的速度流过，因此避免了过滤和清洗的周期操作（图3-25），且具有可接受的恒定压力降。影响移动床过滤器效率有若干因素：颗粒大小和流速影响沉积孔的大小和表面积，滤饼厚度变化影响压力降。此外，颗粒形状、其在气体中的负荷和气体流动速度也影响其过滤效率。有多种形式和类型的移动床颗粒过滤器，使用温度高于 470℃，除去效率对 4μm 颗粒保持在 99%，对 0.3μm 颗粒 93%。使用固定料腿移动床颗粒过滤器体系（SMGBF）的试验温度高达 870℃，显示的效率达到 99.9%，说明移动床颗粒过滤器能够在高温使用，且维护简单。

3.8.1.3 催化过滤器

在过滤床层中能够使用含多种吸附剂和催化剂的颗粒材料以同时除去气体中的多种污染物。例如，把催化活性的镍和镁氧化物添加到普通 α- 氧化铝烛形过滤器材料中，就能够形成催化过滤器。在基础氧化铝材料中先加入 ZrO_2、Al_2O_3 或 ZrO_2-Al_2O_3 混合物以增加其表面积，然后加入 Ni/MgO 催化剂，这样就能够制造除去焦油性能优越的 Ni- 基催化剂过滤器。在 850℃和 170h 内没有发现催化活性的下降。在硫浓度为 100mg/kg 时，有超过 99% 的苯和萘被除去。这是因为 MgO 组分具有一定的抗硫性能。表面积增加能够显著改进催化过滤器的性能。又如，负载有氧化镁 - 氧化铝 - 镍催化剂的碳化硅制造的烛形过滤器，能够在生物质气化器中原位还原焦油。使 58% 的焦油和 28% 的甲烷转化，从而使氢气含量和总气体产率都提高 15%。

使用催化过滤器可以简化合成气净化生产，有多种应用，而且能够消除某些次级气体净化单元，显著节约成本。但是在目前，这些热气体过滤组合还处于概念证明阶段。需要解决的主要挑战有：催化过滤器优化、过滤器材料在高温合成气环境中除去固体，和集成过滤器到工业气化的设计中（即初级和 / 或次级应用）。

3.8.1.4 静电分离

颗粒在强电场中变成带电粒子，与气体分子介电性质产生大的差异，从而可以把颗粒从气体中除去。细颗粒（小于 30μm）上静电力要比重力大 100 多倍，因此静电沉淀器（ESPs）对除去气体中颗粒物质是非常有效的。ESPs 已经广泛使用于除去燃煤电厂烟气中的飞灰，温度达 200℃，偶尔在 400℃以上。它也使用于分离合成燃料工厂中的油蒸气，温度 300 ～ 450℃。在更高温度下，ESPs 变得较少有效。

普遍应用的 ESPs 有两种主要构型：管型和平行板沉淀器。虽然概念上是简单的，其性能取决于若干因素：装置几何形状、电压、气体、颗粒电阻、颗粒形状和大小。一典型 ESP 示于图 3-26 中。最普遍的是，负电流流过位于中心的放电电极，而收集电极围绕着它。气体在放电电极附近流过时失去电子被离子化，导致电晕（electrical corona）放电。在强电场中，气流中的其他气体分子也被电离，电子和负离子从放电电极向收集电极移动，与悬浮在气流中的颗粒碰撞，使颗粒带电。电荷在粒子上累积直至饱和［与颗粒直径、所用电场、离子强度、暴露时间、离子移动性和颗粒的相对（静态）

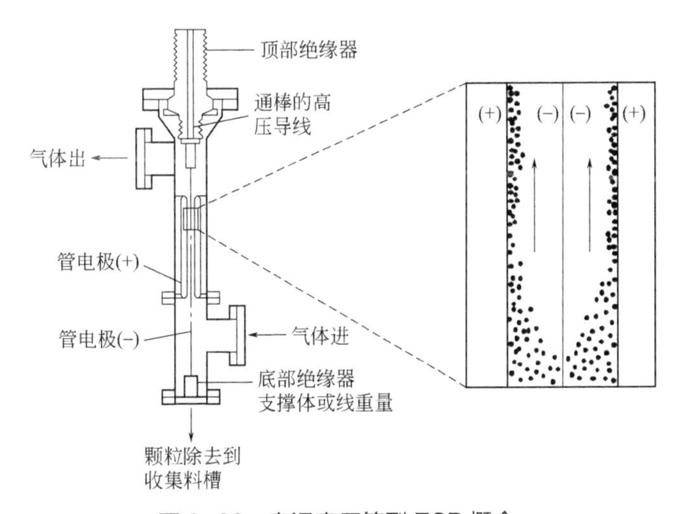

图 3-26　高温高压管型 ESP 概念

介电常数（permittivity）等因素有关］。荷电颗粒被电场加速，其漂移（drift）速度指向收集电极。这要比气体本体流动速度（与荷电移动方向相反）强很多倍。在收集电极上放电累积的颗粒被周期性使用机械振动（rapping）移去。

ESPs 操作电压范围在气体分子电晕起始电压（corona onset 电压）到气体中发生电击穿（electrical breakdown，火花放电 sparkover）之间。因电火花或反电晕发生活化放电。粗糙的金属表面能够浓缩电场强度而产生电活化。另外，高电阻颗粒物质层可能产生正离子引向负放大电极，因反电晕的作用。每一情形中颗粒荷电终止，收集也终止，因此需要在操作范围内保持电压。

使用 ESPs 的温度限制主要是由于温度影响体系的基本性质，如密度、黏度和电阻等。当温度增加而引起气体密度降低时，气体分子在 ESP 中的浓度降低。较低密度气体流中，气体分子空间的增加导致其碰撞频率要低于高密度气体流。因气体分子平均自由程较长，气体离子移动性增加。这些变化使气体分子到离子化速度的加速有较多时间，降低了所需要的电场强度。换句话说，当温度增加时，引发电晕和开始颗粒收集所需要的电压较低。虽然这是有益的，但也缩小了电击穿前能够应用的电压范围，因为气体密度降低了。遗憾的是，这个电压的降低比初始电压的降低发生的更快速，于是最终结果是缩小了 ESP 能够操作的电压范围。降低电流密度操作范围增加电火花或反电晕发生的频率，使效率降低。气体黏度与温度比 $(T+\Delta T)/T$ 的平方根成比例，黏度增加导致颗粒漂移速度降低。因此，气体温度增加使过滤器的收集效率降低，因为在颗粒漂移到收集电极之前被气动力带出了 ESP。

提高气体压力一方面能够降低温度冲击，另一方面，因高压力增加气体密度能够使操作电压范围加宽。但压力增加也因密度增加引发初始电压上升，而高温减小这个效应。总的结果是，ESP 能够在较宽的电压范围内操作。经验已经证明，高温和高压的组合使 ESP 操作比常温常压有效。当然高压会增加压缩成本。此外高温和高压组合有额外的挑战：材料机械强度随温度升高而降低，而产生的剪应力随压力而增加。荷电气氛下绝缘材料电阻也随温度升高而降低。需要有空的加压容器收集颗粒物质，也使体系复杂性增加。

应该指出，很高或很低电阻的粒子是不容易被除去的，由于与收集器单元接触时的电荷效应消失。低电阻颗粒（＜100Ω，如炭黑）在到达收集电极时电荷失去非常快，立刻使其带上与电极同样的电荷，因相互排斥重回气流中。高电阻粒子（＞10GΩ，如元素硫）消散电荷太慢，致使累积过量电荷，这密切关系到无效和危险的“反电晕”现象。另外，非常高电阻颗粒的有效漂移速度小于 2cm/s，这要被收集电极捕集显得太慢了。而温度升高首先是电阻增加，这是由于颗粒表面的湿气蒸发和表面电导率下降。温度升高超过 150℃时，电阻降低是由于颗粒本征电导率的增加。电阻降低能够显著改进过滤器效率，例如，灰尘电阻从 5GΩ 降低到 0.1GΩ，沉淀器效率从 81% 增加到 98%。但粒子电阻的过度降低会增加电荷消散速率，导致颗粒的再夹带。

与 ESP 操作密切相关的是若干非热等离子技术。它们是为净化气体而发展的，包括脉冲电晕、介电垒放电、DC 电晕放电、RT 等离子和微波等离子等。这些体系在气流中发射高能脉冲，释放高能电子，导致其他电子和离子的产生，其余的与 ESP 操作类似。但是，这些比较有力的装置能够分裂部分较大分子以及收集较大颗粒，因此在除去焦油组分时是有用的。

3.8.1.5 其他颗粒除去技术

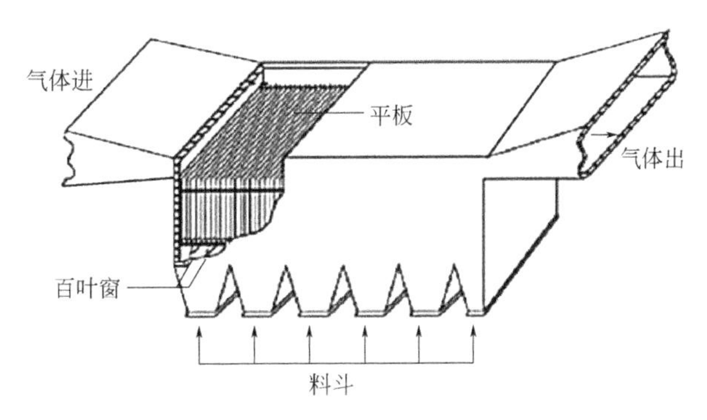

图 3-27 板型湍流沉淀器

湍流沉淀器（TFP），它的操作是把气流分成两个部分：近于静止流动区中的非受阻湍流和湍流区。气体定向流过装置，邻接部分诱导沉降。在沉降部分使用一个平行板、蜂窝结构或类似结构用以中止轴向流动。湍涡旋流垂直于流动方向，进入时移动接着消散，因此能够把夹带的颗粒沉积下来（图 3-27）。TFPs 达到的分离效率能够与其他技术比较，且具有一些重要的优点。它们能够在高温下操作，没有移动部件，使用的颗粒范围宽，可以小至 0.5μm。压力降很低，很少像其他类型过滤器那样被阻塞，一般不会出现操作事故，功率和装置总消费较低。TFP 设计已经达到的效率，对 2μm 和 3μm 颗粒高达 99.8%，对 0.43μm 颗粒为 78.5%。

3.8.2 除焦油

除去产物气体中的焦油有四种基本方法：热裂解、催化裂解、非 - 热等离子分解和物理分离。化学平衡指出，在气化条件下应该没有焦油化合物。但是，在实际操作中，产物气体总带有一些焦油（可凝有机化合物），它们随气化温度上升而减少。不能够指望焦油生成能够达到平衡，而热裂解、催化裂解和非热等离子分解试图以增大焦油分解反应速率来让其接近化学平衡；焦油的物理分离，是在冷却产物气体时把其冷凝为液体，然后再使用纯物理方法进行分离除去。

焦油除去的这些技术能够在初级（原位）和次级（气化后）环境中使用，取决于气化器类型和产物气体延伸的应用。初级净化手段限制于热和催化裂解，具体方法是高温、氧进料或使用不同床层材料。气化器可能达到的焦油浓度低至 50mg/m^3，这能够满足直接燃烧应用要求。在气化器下游，次级净化能够应用四个方法中的任何一种。它们有能力使焦油降低到检测不出的水平，这对比较严格的应用如燃料电池或催化转化过程是必需的。

应用如燃烧可能从净化方法中受益，只是把焦油转化为其他化合物而不是要从气流中除去它们，通过保持碳和氢化合物来保持气体的热值不降低。但对某些应用如合成燃料生产，可能要求更严格的除去。一定条件下牺牲焦油以有利于提高气体的纯度。

3.8.2.1 热裂解

热裂解是使用高温来将大有机化合物分解成小的非燃烧性气体。一般应用温度在 110 ～ 1300℃，使用较低温度要求较长停留时间以进行有效裂解。例如萘的分解在 1150℃约 1s 时间内多于 80%，而在 1075℃为达到类似分解需要的停留时间超过 5s。已经证明，在温度为 1250℃时达到有效焦油转化的停留时间少于 0.5s。热裂解中高温可用多种方法产生。高温气化操作能够延伸到焦油分解的温度。低温气化会产生过量的焦油，但上升产物气体温度能使焦油降低，如在气化器下游通入少量空气或纯氧。低温气化器中的焦油降低也能够通过间接换热为气流供热。但热交换器有高能量输入和差气体混合的缺点。

热裂解能使焦油水平降低，超过 80%，与初始焦油浓度有关。在 1290℃，焦油浓度已经降低到 $15mg/m^3$，这能满足许多燃烧发动机的要求。

已经证明，要在下游使用气化器完成热裂解是困难和不经济的。比较指出，高温气化虽然消除了下游焦油净化，但仍然比优秀的低温气化费钱。这是因为这会使高温气化设备成本显著增加，比使用低温气化器再在下游应用焦油重整器更费钱。而且下游使用气化器进行热裂解的方法可能会导致烟雾生成，使净化颗粒负荷或加工设备负荷增加。例如，使用流化床气化器在下游间接加热合成气，使所含焦油化合物聚合成大的 PAHs 和烟雾。热裂解有可能生成氢和甲烷含量高的合成气而不是生成烟雾，但其应用仅限制于低甲烷高氢合成气气流。以烟雾形式除去焦油也是一种选择，但这会降低合成气的热能量；其次，达到的净化可能不适合于许多要求严格的应用，如燃料电池。

3.8.2.2 催化裂解

催化裂解发生的温度低于热裂解，因分解焦油的活化能被催化剂降低。催化裂解有能力降低与高温操作有关的热代价和成本。另外，催化剂会有一些操作上的挑战，因催化活性会降低，一般是由于中毒、粉碎或炭沉积。

当污染物分子不可逆吸附在催化剂活性位上时会使催化剂中毒。硫是裂解催化剂的普通毒物，尤其是对金属催化剂。原位催化剂常常要经受极端温度、压力和磨损环境，导致固体催化剂颗粒的粉碎，粉碎后的催化剂颗粒很容易从反应器中逸出。气流的强还原性质会使催化剂活性组分还原（类似于逆中毒反应），如金属催化剂在高水 / 硫化氢比气流中，已硫化的催化剂会被还原。

炭沉积（结焦）是由于吸附在活性位上的有机化合物，因缩合分解逐渐转化为固体炭，它的累积造成催化剂表面的结垢或结焦。降低结焦的方法有：改变活性位几何体以改变催化剂表面的吸附 - 脱附特征而限制结焦；优化温度压力或进料组成等操作条件以促进希望产物的生成而不是生成焦。改进催化剂配方也是有效方法，因催化剂反应速率改变或增加了催化剂的磨损阻力（即耐用性）。催化剂耐用性增加显著改善在极端条件下的耐受性，例如在再生周期时对烧焦的耐受性。高温导致催化剂烧结，耐用性的增加也就是催化剂寿命的增加。

焦油裂解催化剂能够按照若干方法分类。按照化学机理分类，有酸性、碱性、铁基和镍基催化剂。按温度条件和组成分类，仅有镍基催化剂和便宜的矿物催化剂（如煅烧白云石或石灰石催化剂），也可分类为白云石、碱基和镍基催化剂，这些是最普通的材料。按气化器下游使用的重整催化剂分类，有非金属氧化物和负载金属氧化物。扩展该分类，可以包括基本设计参数如表面积、催化剂的化学元素、催化剂活性组分或无定形的助剂和使催化剂失活的化合物。按最新进展对催化剂分类，可分为基于白云石、铁、镍（和其他金属）和碳作为载体的催化剂。也可按催化剂的最初来源分类，分为矿物催化剂或合成催化剂，这是最简单和完整的。

矿物或合成催化剂的分类根据是是否进行过化学处理。矿物基催化剂是均匀固体，可以直接利用但组成可以不同，可以有物理上而不是化学上的变化。一般比合成催化剂便宜，包括的催化材料有煅烧岩石、橄榄石、黏土矿物和铁金属氧化物等。合成催化剂是比较贵的，因为经过化学处理，包括过渡金属（如镍和铁）催化剂、碱式碳酸盐、活性氧化铝、FCC 催化剂、沸石和焦炭。

（1）矿物催化剂　矿物是丰富的和低成本的。煅烧岩石能够作为焦油裂解催化剂，如白云石。煅烧白云石是由加热白云石分解键合 CO_2 后而获得，显示高达 95% 的焦油转化。虽然容易失活，但白云石通常用于保证床层中，作为低成本材料替代昂贵的材料，如活性炭和 ZnO/CuO。矿物石灰石（碳酸钙）和碳酸镁与白云石，它们被煅烧后［形成非方解石和镁石（magnesite）］的焦油分解活性是可以比较的。煅烧时需要有高二氧化碳分压以保证形成有分解活性（煅烧形式）的催化剂。

含铁和镁的硅酸盐矿物称为橄榄石［$(Mg,Fe)_2SiO_4$］，铁和镁金属能够增加其催化活性。当直接应用于气化环境时，橄榄石的活性稍低于白云石，但其磨损性较好，能够在流化床气化器中作为原位焦油分解催化剂使用。

黏土矿物的催化活性主要来源于氧化硅和氧化铝。遗憾的是，它们的多孔结构在气化温度（850℃）下倾向于降解。黏土矿物也容易结焦，活性快速下降。黏土的催化活性一般低于白云石。

许多富铁矿物显示显著的催化活性。铁通常以氧化物形式存在，占矿物组成的 35% ～ 70%。被制备用作催化剂时，发现它以还原金属形式出现，与其他氧化物、碳酸盐、硅酸盐或硫化物形式的催化剂不同。关于铁催化剂（包括其组成、活性和磨损速率）的讨论是很多的。

（2）金属催化剂　虽然合成催化剂是从多种类型材料生产的，但已经证明，镍在焦油分解中是特别有效的。镍通常用作蒸汽重整催化剂，用以增加气体产率。其活性是白云石的 8 ～ 10 倍，能够把氢含量提高到 0.06 ～ 0.11L/L（干合成气基）。镍基催化剂也广泛使用于工业石脑油和甲烷重整或生物质的合成气生产中。镍的使用能够增加 CO 含量，降低甲烷和焦油含量，尤其是当温度高于 740℃时。它们也显示有水汽变换活性和使氨催化氧化的活性。但镍催化剂容易为硫化氢中毒，被焦结垢，两者能够通过在温度超过 900℃下的操作简单再生。

除 Ni 以外，已经使用的过渡金属催化剂还有 Pt、Pd、Rh、Ru 和 Fe，它们对焦油转化的活性顺序：$Rh > Pd > Pt > Ni \approx Ru$。例如，$Rh-CeO_2-SiO_2$ 催化剂比典型蒸汽重整镍催化剂有显著高的焦油转化率和活性。这是由于其优越的抗结焦阻力和对硫化氢的耐受性（高达 180μL/L）。钨是另一个可行的过渡金属催化剂，例如煅烧的钨 / 氧化锆或碳化钨，它们的焦油转化活性类似于沸石（以甲苯代表焦油）。此外，钨催化剂对氨分解的活性也是显著的。过渡金属是优越的裂解催化剂（负载在载体上而且含有助剂），也已证明其有满意的长期稳定性、活性和机械强度，但是它们是昂贵的。

（3）活性氧化铝　活性氧化铝是催化剂配方中普遍使用的组分，因为其高的机械和化学稳定性及相对高的活性。其焦油分解活性类似于白云石。在许多含铝矿物中发现有羟基，如铝土矿和铝氧化物，因此需要加热活化，得到的化合物能够近似表示为 Al_2O_3。氧化铝通常与其他材料组合以克服其快速结焦失活的弱点。例如，添加 MgO 助剂和 Ni 活性位能够降低氧化铝结焦和减少硫化氢中毒。该催化剂在 830℃以上时，焦油能够有效地被降低到 $2g/m^3$。其他氧化铝基金属氧化物包括 V_2O_5、Cr_2O_3、 Mn_2O_3、Fe_2O_3、CoO、CuO 和 MoO_3。其中最好的是 Ni/Al_2O_3，因为它产生的合成气中的氢 / 一氧化碳比接近 2 ： 1，这是许多合成反应的理想组成。

（4）沸石催化剂 其他氧化铝基催化剂中，最普通的是硅铝酸盐即沸石催化剂。众所周知的是石油炼制工业中的流化床裂解催化剂（FCC），这类酸性催化剂也被广泛用于转化重燃料油组分成较轻和中等馏分油产物。与常规氧化铝基催化剂相比，由于部分耐硫、低价格和较高稳定性，使沸石成为可以利用的除去焦油的催化剂。但是，沸石作为焦油裂解催化剂使用是有限制的。在气化环境中，沸石对水汽变换反应也是有活性的，产生的竞争降低了焦油的转化。生物质中的氮和碱化合物能够使沸石活性位中毒，沸石催化剂也容易结焦失活。为解决这些问题，常常在沸石中加入其他活性元素如过渡金属。例如，沸石中加入 Ni，不仅显著改进焦油转化，而且使用寿命也比较长（因延缓结焦）。沸石酸性与焦油转化间有正的关联。沸石负载 Ni 使催化剂表面积增加，并提高了抗结焦的能力。

（5）碳催化剂 焦炭是合成的非金属催化剂，它是富碳原料热化学加工的共产物，与其他类型合成催化剂相比相对便宜。因气化物质在结构和矿物质含量上变化很大，加工条件变化范围宽，所产焦炭在物理和化学性质上有很大差别。多种形式的焦炭能够作为催化剂使用，包括半焦、木焦炭、活性炭、焦炭 - 白云石混合物和杨树焦炭等等。对若干便宜催化剂的比较研究指出，松木焦炭和商业生物质焦炭具有比生物质灰分、煅烧白云石、橄榄石、旧 FCC 催化剂和石英砂更高的催化活性。商业 Ni 催化剂是性能超过焦炭的唯一一个催化剂。但是，Ni 催化剂缺乏焦炭具有的由热化学过程连续补充的稳定性。新焦炭连续地在过程内产生，然后被环境中存在的蒸汽和 CO_2 活化。虽然在微孔中的炭沉积（即结焦）使其活性降低，而接着的焦 / 焦炭混合物的气化能够使其再生。焦炭与热分解技术结合能够大幅增加焦油的催化转化，使焦油含量的降低增加 75% ～ 500%，焦油污染物浓度总能够小于 $15mg/m^3$，且没有重焦油（即 GC-MS 不能够检测的焦油）。焦炭也具有吸附碱、硫污染物和细颗粒物质的活性。当浸渍有铁时，显示显著的水汽变换活性，其反应温度可以低至 300℃。一个尚待克服的障碍是，如何确定利用原位产生焦炭的最好方法。

焦炭能通过形成滤饼而被利用。高温下焦油蒸气因需通过滤饼使其停留时间延长，高反应性化合物能进行次级反应。发生于 400℃以上的这些反应已经显示，在吸附有焦油时会产生或增添焦和焦炭沉积物，这样流出气流中的焦油浓度较低，因部分已经被转化为焦和固体炭了。

（6）碱催化剂 天然和合成碱化合物能够作为气化催化剂。碱催化剂的主要部分被直接应用于气化过程中，而反应器下游的焦油分解也可以使用碱催化剂。碱金属催化热解产物的分解，如生物质中天然碱增强焦油分解，把碱性矿物添加到反应器中能够使分解获得进一步的提高。

研究过的矿物碱有多种形式，其中碳酸钾是最好的。碳酸钾是生物质快速生长的重要组分，在生物质如柳枝稷中存在约有 0.5% 的量级。以灰分（含 5.9% 钾）的形式把 0.38% 钾柳枝稷加到 Illinois6 号煤焦炭中，其气化速率增加接近 8 倍。把生物质灰分掺入气化器中烟煤的气化速率增加 9 倍，木头的气化速率增加 32 倍。

在碳酸钾和其他形式的碱加入方法的比较中发现，浸渍方法更倾向于降低聚集，降低因结焦的失活。碳酸钠和碳酸钾是普通碱催化剂。常使用浸渍方法来添加这些碱催化剂，有时与氧化铝组合（负载碱）使用。在生物质气化中，浸渍碳酸氢钠的活性高于浸渍硼酸钠的，没有发现有炭沉积。当把其负载在氧化铝上时，气化时气体的得率稍有下降。碳酸钙显示的活性甚至比碳酸钾和碳酸钠更高。许多其他碱组合也得到类似的结果，如Li、Ba、Fe和Ni。加碱催化剂的一个不利结果是灰分副产物量增加。

3.8.2.3 非热等离子脱焦油

等离子是由自由基、离子和其他激发态分子组成的反应性气氛。它们能够引发焦油分子的分解。等离子能够在远超过气化温度时产生（热等离子），或从高能量电子-分子碰撞产生（非热等离子）。

若干类型非热等离子，包括脉冲电晕、介电垒放电、DC电晕放电、RF等离子和微波等离子，都是可以利用的。虽然这些技术是有效的，但成本、能量需求、装置寿命和操作复杂性都限制它们的应用。脉冲电晕等离子是这些技术中最可行的，降低焦油的最优温度在约400℃。使用新DC/AC动力源产生等离子，其发展商业规模利用可能是可行的，但有用操作能量只有输入能量的约20%，阻碍了它的大规模应用。

3.8.2.4 物理分离

物理除去方法如静电沉淀要求温度较低，能够有效地操作。但是，分解焦油的物理装置仍然需要高温。当温度下降到约450℃时，焦油开始在气流中凝聚和形成气溶胶，这些气溶胶的质量比气体大不少，并形成比较紧密的颗粒物质，然后通过物理力如使用ESP技术和惯性分离装置除去。旋转粒子分离器（RPS）新近被应用于分离除去焦油气溶胶，但仅有有限的成功。焦油气溶胶的机械分离仍然要求气流再冷却，这限制了高温潜力和轴向装置的效率。

3.8.3 硫化物的除去

高温除去硫的重点是除去两个化合物中的一个：二氧化硫或硫化氢。高温去硫通常使用淋洗器，淋洗除去商业发电系统排放的SO_2。但是，有若干强的推动力使除去重点移向H_2S而不是SO_2。

近年来合成气应用的增加已经使除去H_2S的重点转移到热脱硫上。许多严格的应用要求硫的含量降低到每升皮升的水平。一些燃烧应用不要求达到这样的水平，但仍然要求移去硫以满足日益严格的环境保护法规规定的排放标准。从合成燃料除去硫化氢比除去燃烧副产物二氧化硫在经济上比较有利，因燃烧期间产生的含氧化合物使质量流速增加，因此净化设备大小和动力需求也增加。

许多气体净化过程能够回收除去的硫，特别是与煤炭、石油和天然气有关的那些过程。从这些过程中回收的硫主要是硫和硫酸。因此硫回收是新净化技术需要考虑的一个重要因素。

大多数除去硫的热气体净化技术利用吸附方法，即气态硫被物理或化学地结合到固体材料上。物理吸附是弱的范德华分子间偶极相互作用，由分子内的极化形成。化学吸附是吸附质分子共价结合到吸附剂表面上。物理吸附力可以在吸附剂材料上发生多层吸附，吸附相对较弱，容易被脱附。相反，化学吸附的结合太强了以至于不容易使吸附的污染物脱附，对强共价结合，只发生于吸附剂表面，因此化学吸附只能吸附单层。

吸附既可以是可逆的也可以是不可逆的。可逆过程可以再生，对比较昂贵的合成材料是有利的。不可逆反应要求使用便宜的一次性材料，但确保吸附的污染物被永久地从气流中除去。

硫吸附过程常常区分三个阶段：还原、硫化和再生。固体吸附剂首先在制备阶段由硫还原进行化学吸附。硫化反应一般是金属氧化物与硫结合，产生金属硫化物如 ZnS 或 FeS。然后跟着发生可逆吸附过程，再进行再生反应以回到原始氧化物形式的吸附剂和富集了的二氧化硫的气流。大商业装备设计能够回收副产物硫，即使富硫气体直接进入硫回收单元，以产生硫酸或硫。

金属氧化物对高温硫吸附显示最好的化学性质。潜在金属按照高温脱硫容量和自由能最小进行了广泛的筛选，最后缩小到有潜在脱硫应用的最可能的 7 种金属（Fe、Cu、Mn、Mo、Co、Zn 和 V）的氧化物。

混合金属氧化物被广泛应用作为吸附材料（见表 3-16）。能够设计金属组合以增强其脱硫性能，如硫容、再生效率、热耐受性和其他污染物的除去。一些特殊氧化物如 Mn 与 V 和 Cu 的混合，在温度高于 600℃时显示有高硫除去的能力。铜和锌氧化物是比较丰富的，其除去效率能够超过 99%。特别是 ZnO，它在大众化可再生吸附剂中是最普通的组分，应用不断增加，尽管其最初是不可再生的。

许多锌基吸附剂含多种组分，主要是铁氧化物、镍氧化物和钛酸锌。与氧化铁的组合一般称为铁酸锌，它比纯氧化锌有更好的容量和再生性质。锌和铁对硫都有强亲和力，新鲜铁酸锌催化剂有高于 300g/kg 的硫负荷。但是铁基材料容易发生炭的沉积，在硫化反应期间随水含量增加它会降解。可利用氧化技术来除去沉积的炭（焦），但这可能导致吸附剂烧结和磨损，因此降低结焦就是延长吸附剂的寿命。

对锌脱硫吸附剂，虽然在高温下一般能够避免结焦，但锌在高温下比其他金属容易蒸发逸出。为增加锌稳定性和脱硫性能，添加铁形成的铁酸锌可以使使用温度提高。为避免锌的蒸发，温度应低于 600℃，但过度的还原会导致炭沉积的增加和吸附剂失活。当把锌负载在 TiO_2 上时，吸附剂在温度低至 450℃时就成功地把 1mL/L 的 H_2S 降低到小于 1μL/L。

表3-16　硫吸附剂的例子及其吸附容量

吸附剂	化学分子式	容量 /%①	当量 H_2S②/（μL/L）	温度范围 /℃
铁酸锌铜	$0.86ZnO \cdot 0.14CuO \cdot Fe_2O_3$	39.83	＜1③	540 ～ 680
铜锰氧化物	$CuMn_2O_4$	53.78	＜1④	510 ～ 650
氧化锌	ZnO	39.51	7④	450 ～ 650
氧化铁	Fe_3O_4	41.38	560④	450 ～ 700
氧化铜	Cu_2O	22.38	＜1③	540 ～ 700
石灰	CaO	57.14	150⑤	815 ～ 980

① 硫理论负荷，新鲜吸附剂 kg/kg。
② 没有在含 H_2O/H_2 摩尔分数 20% ～ 25% 环境状态下的试验。
③ 590℃。
④ 650℃。
⑤ 980℃。

因高浓度CO有利于其变比反应，生成CO_2和C（焦）。TiO_2-负载$ZnFe_2O_4$催化剂有CO变比反应催化活性，因此要出现炭沉积。把合成气中的CO浓度从25%增加到55%时，炭沉积增加，这极大地降低了催化剂的脱硫能力。在褐煤上浸渍$ZnFe_2O_4$或$CaFe_2O_4$得到的碳负载催化剂，对CO的耐受性稍有改进。在温度≥400℃处理含33%CO合成气时，它们的脱硫容量比未负载铁酸盐增加120%。在这两个碳负载催化剂中，锌化合物作为吸附剂是比较适合的，因为经过40个再生循环后它并没有显著的活性损失。这些铁酸锌催化剂需要进一步改进在高CO合成气中的结焦耐受性。

普遍采用的技术是用CuO吸附剂“掺杂”ZnO吸附剂，得到的ZnO/CuO吸附剂已经被广泛使用于保证床层以确保低硫浓度。而且对使用于第一阶段硫除去的再生过程也正在取得优势地位。掺杂CuO的其他组合包括Fe_2O_3和Al_2O_3。加Cu增加硫容和再生能力。CuO和H_2S间较好的热力学平衡增强硫吸附并提供更稳定的性能。ZnO吸附剂能够稳定除去H_2S达到接近于10μL/L的低浓度。但是，当平均操作温度达到600～650℃时它开始蒸发。而CuO有最小的蒸发损失和能够除去硫达到1～5μL/L的低水平。组合CuO和ZnO也能够降低吸附剂表面积的损失，在再生应用中有较长寿命。性能改进的ZnO/CuO吸附剂已经由Sud-Chemie和其他公司进行了商业应用的发展。对这样的专利性技术，它们已经有若干脱硫吸附剂的商业生产。吸附剂组成从纯ZnO到$ZnO/CuO/Al_2O_3$混合物。吸附剂几何形状对解决各种传质和流体力学问题也是重要的，包括不同大小和不同形状如颗粒状、片状或条状。

其他公司也开发出了ZnO的商业吸附剂，如已经申请专利的Zsorb Ⅲ锌氧化物吸附剂由不高于100g/kg Ni氧化物和不高于500g/kg锌氧化物构成。这个吸附剂达到的硫除去率大于99%，能够把10mL/L H_2S降低到接近于零硫浓度的水平。重复再生后吸附剂在性能和结构上没有观察到有损失。在高温和高压下使用模拟合成气的试验中，优化的性能在温度为400～600℃和较高压力下（202.65～2026.5kPa）达到。再生试验指出，活性没有损失，暗示有可能是长寿命的。即便在运行40次后，达到的仍然是恒定的90%硫负荷容量。再生气体使用20mL/L氧加平衡的氮气，这样能够避免因再生反应高放热引起的烧结和活性位损失。在再生期间发生的周期性温度冲击保持在低于770℃，这降低了锌的蒸发。锌镍吸附剂的另一个优点是能够使COS浓度也降低，这是用于直接的COS吸附或能够转化COS成H_2S而近似完全除去。增加氧化锌寿命是对这些高除去效率和潜力锌吸附剂进行继续研究的推动力。

金属吸附剂的再生潜力是非常重要的，因为再生能够极大地减少材料投入和缩短废物链。再生受若干现象的限制，主要的努力放在这个再生步骤，以延伸吸附剂寿命。连续再生后活性位的聚集会缩小表面积和最终降低吸附容量。影响吸附剂再生的其他设计因素是中毒、结焦和高温下因蒸发的金属损失。

另一个要考虑的因素是，其他气体组分对吸附过程和吸附剂-催化剂寿命的影响。从煤炭生产的合成气，有浓度相对恒定的氮、碱和氯等污染物，而对生物质合成气污染物浓度的变化范围是很大的。为了能够同时应用于煤基和生物质合成气，需要考虑这些污染物的不同含量水平。

HCl可能是特别有害的，钛酸锌吸附剂如$ZnTiO_2$、Zn_4TiO_4、$Zn_2Ti_3O_8$能够因它而造成吸附容量的降低。已经发展出活性损失要比早先钛酸锌小的抗磨损钛酸锌基吸附剂，并已经被专利。这个吸附剂因合成气中有 HCl 反而增加其脱硫容量，只要温度不超过 550℃。该钛酸锌的缺点是它对水敏感。合成气中蒸气量不足（低于约 60mL/L）时会因酸性组分 HCl 的存在使还原容量增加，导致锌化合物的不稳定，变得容易蒸发。幸运的是，许多合成气都含有足量的水，这个蒸发能够得以避免。

使用单一吸附剂或催化剂除去多种气体污染物是很理想的。例如，添加 Ni 和 Co 助剂的 Zn-Ti 吸附剂，能够同时除去 NH_3 和 H_2S。对混合氧化物的研究显示，同时除去焦油和氮硫化合物是可行的。气化器产物中 HCl 和 H_2S 的同时吸附可以使用由天然碱（碳酸钠、水和碳酸氢钠）和 Zn-Ti 组合的材料。还有许多其他同时除去的例子将在其他地方讨论。

3.8.4 氮

对氮化合物的热气体净化，重点是分解氨而不是从气流中除去它。极少的氨在高温合成气中是存在的，如果达到化学平衡的话。气化生产合成气中的氨浓度一般都要超过合成气多种应用所要求的浓度（每升数微升）。因此，很可能需要使用选择性催化氧化或热催化分解来热净化气体中的氨。

气体中氨的正常氧化是使 NH_3 热分解成 N_2、H_2 和 NO_x。减少 NO 和 N_2O 的生成是可能的，尽管 CO_2 和 N_2 有更大的稳定性，它们仍然是不可避免地要生成。简单氧化并不希望对合成气中甲烷、CO 和 H_2 组成产生显著影响。在“选择性氧化方法”中使用催化剂有可能减小这些影响并降低 NH_3 分解所要求的苛刻条件。

催化剂必定是需要选择的，这样使氧分子只选择性地氧化氮化合物[方程式(3-40)]，而不与其他物质发生不希望的反应[方程式(3-41)]。仔细添加氧化剂如 NO 也是可行的，若干催化剂是热催化分解方法中普遍使用的那些催化剂如镍和沸石。

$$4NH_3+6NO \longrightarrow 5N_2+6H_2O \tag{3-40}$$

$$5H_2+2NO \longrightarrow 2NH_3+2H_2O \tag{3-41}$$

NH_3 的热催化分解基本上按生成 NH_3 的相反机理进行。NH_x 分子连续脱氢，N· 和 H· 自由基再组合生成 N_2 和 H_2。高 NH_3 转化一般发生于 500℃以上，但现时要求更高的温度（700 ～ 800℃）以避免催化剂因 CO 发生变比反应而结焦失活。把温度加到接近于 500℃仍然是许多合成气应用的理想温度范围。

典型焦油裂解或烃类重整催化剂，如便宜的白云石和镍或铁基催化剂，也可以用于 NH_3 的还原，能够替代诸如 Ru、W 及其合金以及氮化物、氮氧化物和碳化钨等催化材料。

普通工业用 Ni 重整催化剂，对煤炭生产合成气有高达 75% 的 NH_3 还原，但它们常常容易被硫失活（仅发生于操作 60h 后）。压力的增加会恶化硫中毒。

有许多这类催化剂已经在其他工业过程中使用，但对氨还原的能力仍需要试验和精致完善。商业钨催化剂，特别是碳化钨（WC）和钨酸化氧化锆（WZ），具有部分抗硫活性和好的氨分解活性、好的物理强度和有可利用的多种活性位。在模拟热合成气的 NH_3 还原期间，两种催化剂对甲苯还原有类似于商业超稳 Y 沸石（USY）的性能。在 700℃用 H_2 和 He 混合物作为载气时，有接近 4mL/L NH_3 的总转化率。这个催化剂的优点是机械强度和热稳定性高，以及具有分解焦油和抗硫中毒的能力。对这些催化剂进行改性是容易的，表面积的增加能够改进性能。但上述催化剂的一个固有缺点与其他酸催化剂是一样的，在

水存在时 NH_3 转化率下降。WC 和 WZ 催化剂催化 NH_3 分解性能稍有降低的可能原因是活性位上 CO 和 H_2O 之间的竞争反应。即便 NH_3 转化率降低到 80%，仍然可与其他氨转化催化剂比较。

硫失活是镍催化剂研究的重点。工业 Ni 催化剂与 Mn_2O_3 和 Al_2O_3 的组合，能够在一定程度上克服硫中毒，但除去焦油和氨的性能不受影响。在若干试验中，这个组合胜过其他 15 个镍、铁、Zn-Ti 和 Cu-Mn 基催化剂。在高 H_2S 浓度（6mL/L）下达到 92% 的除去效率和保持 80% 的转化率。长期试验是需要的，用以证明其抗硫能力和这个吸附剂的分解氨的能力。

含铁白云石和烧结压片铁矿石是催化分解氨比较便宜的催化剂。在 900℃、合成气中氨浓度为 2.2 ～ 2.4mL/L 时，转化率接近 85%。富铁煤炭含铁 2 ～ 20g/kg，能够形成可作为催化剂的焦炭。高铁样品能够像酸性白土那样使 NH_3 有 70% ～ 80% 被转化为 N_2。沉淀在澳大利亚褐煤上的 FeOOH 是一个替代催化剂，加热到 750℃的 Fe 纳米粒子能够在惰性气体中几乎完全分解 2mL/L 的 NH_3。催化剂的高活性是由于存在有很细 Fe 金属颗粒。这个事实导致对白云石的追求，一个富铁黄（α-FeOOH）矿物，它可能是另一个便宜的催化剂。显示最好结果的富铁或浸渍催化剂，包括含铁白云石、烧结铁矿、含 TiO_2 的 Fe_2O_3、MnO_2/TiO_2 和煤焦炭。对含低 CO（200mL/L）的模拟合成气，于 750℃能够达到 90% 的 NH_3 还原，在高 CO 含量（500mL/L）时也可以达到 70% 的还原。高 CO 含量低温气体，即便对这些便宜的催化剂仍然存在结焦问题。也涉及氮化合物的残留，主要是 HCN，其含量一般是 NH_3 含量的 1/10。

3.8.5 碱

合成气中碱的除去普遍使用的是两种高温工艺：一种是通过冷凝与其他污染物一起除去；另一种是使用固体吸附剂进行热吸附。当气流温度下降到碱凝点以下，碱蒸气成核和聚集成颗粒，或落到气流颗粒物质上。为了有效，温度必须低于 600℃以降低碱蒸气旁路到颗粒除尘设备上。但是，对任何形式的碱固体吸附剂，在各种温度下都可以应用，即便是高温也能够应用。

除去碱的吸附剂一般称为“吸气剂”，对所要求的性质有若干准则。它必须能够耐受高温、有高吸附速率和负荷容量、理想的是形成不可逆吸附（即在过程条件波动时也保持对碱的吸附能力）。但是，从许多可能吸附剂中选择最好的吸气剂与特定过程有关。确定吸附剂寿命的重要因素包括：是否存在其他污染物、应用的温度范围和吸附剂的再生能力。

吸附剂中包括各种天然材料如硅藻土（氧化硅）、黏土或高岭土。也可以是合成的，如活性氧化铝；矿物如高岭土和铝土矿。它们具有高温（1000℃）除去能力，在气化器内和在其下游都能够应用。其他材料如酸性白土，仅能够在低温下使用，因为它们与碱形成低熔点共晶混合物。高岭土不可逆化学吸附碱，这说明它有非常高的吸附容量。铝土矿是以快速物理吸附除去碱，它在短至 0.2s 内达到 99% 除去的高效率。铝土矿是容易使用沸水进行再生重复使用的。活性氧化铝也是以物理吸附方式除去碱，有高捕集容量和吸附效率。在 840℃，活性氧化铝性能超越铝土矿、次级氧化铝、高岭土和酸性白黏土，在碱负荷（钠）为 6.2mg/g 时有 98.2% 的除去效率。

氧化铝和氧化铬基吸附材料在温度接近 800℃时，能够同时除去气流中的碱和氯。在

利用由 $Mg(OH)_2$ 和蒙脱土（氧化铝 / 氧化铬矿物）与其他碱吸附剂如活性氧化铝、铝土矿、高岭土和黏土组合构成的固体吸附剂时，碱化合物（钠）被化学吸附并释放出过量的氯蒸气，接着它被 $Mg(OH)_2$ 和蒙脱土吸附。碱（550℃）和氯（840℃）的同时除去已经被证明。当把硅酸铝和碳酸钠喷入气流中时，碱和卤素像颗粒物质那样一起被除去。喷入的混合物在气流中产生碱式碳酸盐，然后转化为氧化物并与卤素结合形成颗粒物质。于是，当它一旦被氧化硅或氧化铝捕集后，任何碱蒸气能够通过固体碱硅酸盐的生成被除去。与合成气中多个其他化合物相互作用可能显著影响这些吸附过程，这能在实际气化试验中得到证明。

3.8.6 氯

氯常常存在于生物质中，而氯化物基本上是氯化氢，在气化条件下可能形成。HCl 能够在冷气体净化中与碱、焦油和颗粒物质一起被除去。而在热气体净化中，更多的是使用仅除去 HCl 的吸附剂，有时也同时除去碱。在高温下吸附气态 HCl，是因化学吸附产生了盐类产物。高温 HCl 除去最有效的温度区间在 500 ～ 550℃，因有气体和固体间的化学平衡。钙吸附剂在温度超过 500℃时开始分解，其结合容量降低和释放出被吸附的 HCl。

工业操作最普遍使用的是冷气体净化除去 HCl。对热气体净化，最普遍使用的是装有活性炭、氧化铝和普通碱氧化物的固定床。使用碱混合氧化物能够使效率提高或改善环境效益，但在成本上要高于传统吸附剂。

高温下除去 HCl 比较便宜的替代材料是富钠材料，包括苏打石、天然碱和它们的衍生物碳酸氢钠和碳酸钠。其他天然替代材料是 $Ca(OH)_2$、$Mg(OH)_2$ 及煅烧产物 CaO 和 MgO。在高温气化中，除去 HCl 的吸附剂研究已经移向石灰石和固体熟石灰等便宜材料。

在 HCl 吸附中要考虑的因素包括，对其他污染物的耐受性、吸附剂材料组合效应和应用方法。例如，一工业 HCl 吸附剂，Na_2CO_3，通过添加氧化铝形成 $NaAlO_2$ 使性能得到增强并减小硫的影响。组合材料耐受 0.2mL/L 硫，在 400℃能够使 HCl 降低到低于 1μL/L。把钙和镁氧化物添加到碳酸钠中，能够使 HCl 浓度从 $1000mg/m^3$ 降低到小于 1mg/L。但这个策略不总是有效的，如在试图通过添加 γ - 氧化铝来增强碳酸钠的吸附时所显示的，原因可能是反应性组分和结构比例不合适。

固定床吸附过滤器的一个替代办法是，把吸附剂直接喷入热气体流中（600 ～ 1000℃），试验结果显示，钙基粉末有高达 80%HCl 被除去。

3.9 合成气冷气体净化

HGC 过程由于高温是“干的”，而冷气体净化（CGC）的特征是“湿的”。在 CGC 过程中一般使用液体吸附剂，处理温度的上限常常是 CGC 过程的一个限制。对焦油和颗粒物质淋洗，温度可能高至水蒸气的凝点；对除去酸性气体的冷冻甲醇，温度可能低至 -62℃。这些第一代净化技术的一般缺点是，CGC 的较冷温度对工厂总效率要受到热惩罚而降低。为处理这些“湿”技术中的淋洗介质，也产生附加花费以满足不断收紧的环境标准。但是，尽管有这些缺点，CGC 技术在未来仍然是重要的气体处理技术，因为它们的高效率和已经得到证明的可靠性。

3.9.1 颗粒物质的捕集

颗粒物质一般使用水作为“湿淋洗剂”，在常温下被除去。湿淋洗在工业中已经广泛发展，因其相对简单和有效。冷气体淋洗设备按照操作原理分类有：喷洒淋洗器、湿动态淋洗器、气旋喷洒淋洗器、碰撞淋洗器、文丘里淋洗器和静电淋洗器。它们除去次微米颗粒物质的效率顺序增加。最基础的方法是使用初级惯性力分离颗粒，对大于 3μm 的粒子这是比较有效的。但是，为除去较小颗粒，应用静电力、温度梯度、高液体蒸气压和小液滴的重要性增加了。原子化器和各种喷嘴变种、速度和压力变化、诱导电荷是获得颗粒除去优良性能的普通方法。但是，这些使颗粒除去效率增加的技术一般也需要消耗较多的能量。

最基本的设计是喷洒淋洗器。在淋洗室内的喷嘴或原子化器把液体分散，顺流或逆流注入流动的气流中。该设计能够确保颗粒与水有大的接触表面积，也有大的截留。其效率范围，对大于 5μm（> PM5）的颗粒为 90%，对次微米颗粒约 40%。湿淋洗器对吸收水溶性气态污染物也是非常有效的。但遗憾的是，使用水作为有效的除去介质需要配备有一定成本的废水处理设施。

动态湿淋洗器和气旋淋洗器的除去效率稍高于喷洒淋洗器，对 PM5 能够达到 95%，对次微米颗粒为 60% ～ 75%。已经进行了把这些体系集成到单一装置中，如图 3-28 所示。动态淋洗器使用风扇叶片的机械运动使水滴与气流产生强烈混合，导致颗粒与水滴的惯性碰撞机会大为增加。它的除去效率与气旋淋洗器是可以比较的。气旋淋洗器所依据的原理类似于气体旋风分离器。在应用中，气旋淋洗器在其入口处引进一个附加水喷洒，不仅增加该位置气流速度也直接接触液滴，使水捕获颗粒的概率增加。图 3-28 所示动态湿淋洗器本质上是在重复一系列的分离和润湿步骤，使较小的粒子不断地被捕获。切向方向进入是要利用惯性力分离除去较大粒子，而湿叶片是用于捕获较小颗粒的。在体系的动态部分中，使余留的任何粒子被精巧的气旋运动除去。

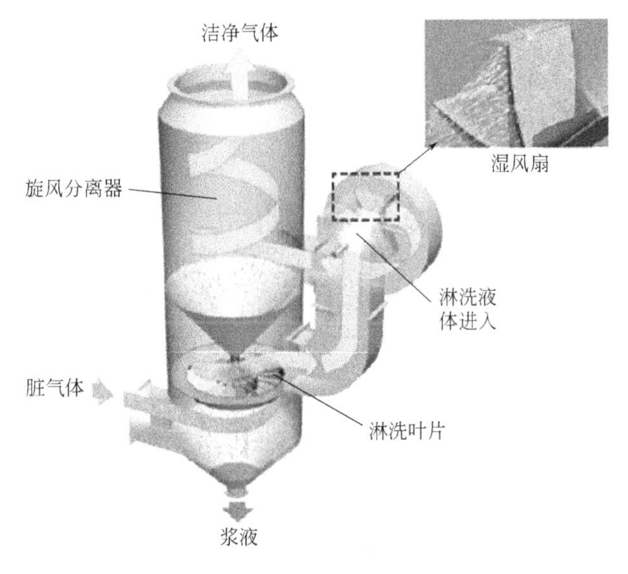

图 3-28　动态湿淋洗器

在冷气体吸收过程中广泛使用的筛板塔中，紧密装配有撞击器（紧密碰撞器）湿淋洗器。需处理气体通过穿孔板或筛板在小板上撞击，连续地被水清洗。这些淋洗器除去大颗粒的效率高于98%。为除去次微米大小的粒子，需要在塔内装上串联的多层筛板，但即使这样，对小于0.6μm的粒子也很少能够起作用。与原子化喷洒比较，这个淋洗方法基本使用的是静止水，虽然有一些水循环以使净化水中保持低固体负荷和防止阻塞。

文丘里装置或气体原子化淋洗器，操作的原理是降低流动截面积来增加气体速度，因此喷洒水被剪切成很细的液滴。极细高密度液滴吸收次微米颗粒物质的效率高于50%。通过优化喉管截面积和接触体积，能够达到最大效率。初始固定方形或圆形的设计已经被改进，变成了喉管部分可调整的装置。单一文丘里的压力降大小和收集特征是能够改变的。也能够在速度过渡区域的前或后应用淋洗液体，使用典型词“湿”或“干”表示这类处理。在从干转变到湿的过渡区时，存在有“液体线”和稍稍增强的颗粒聚集。为了有效地操作，湿和干文丘里都必须在收缩喉管前或后保持这条液体线。可以组合各类几何形状、喷嘴设计甚至是多文丘里区构型。对后一情形，利用排杆被利用来增加均匀分布时的速度区域。在大多数构型中，颗粒和液滴被旋风和除雾器分离。

质量低的次微米颗粒对惯性力应答也是低的，要达到比文丘里除去效率更高的效率，需要使用附加的其他技术。对此，一个理想的技术是静电湿淋洗器，它们能够被应用于使用文丘里的场合或应用于使用热ESP的类似体系中。不像热ESP，在应用电荷前或后水被喷射进入气流中。在湿步骤前带负电荷水分子能够吸引带正电荷粒子，于是组合形成的物料能够在下游被分离。另一个方法是，水/颗粒混合物能够与荷电一起并在下游使用带相反电荷进行分离。传统分离方法如旋风或填料塔设计也能够被应用。

湿ESP荷电已经被普遍应用，优点是低的功率消耗、在低速度和低压力降下操作。与传统文丘里比较有增加的效率。对二维静电沉淀器的一个新近研究中，已经成功地在实验室和中试设备中除去了次微米$(NH_4)_2SO_4$、HCl和NH_4Cl气溶胶粒子，效率接近99%。对在工业规模试验中除去H_2SO_4颗粒物质的功率消耗，静电沉淀器达到每1000m^3合成气消耗0.2kW·h的电力，其除去效率仍然高于95%。但是，湿ESP仍然存在一些问题，如复杂性增加、残废物流以及其他CGC技术的缺点。

3.9.2 焦油

湿淋洗器能够在同一过程中除去焦油以及颗粒物质。虽然许多焦油化合物是非水溶性的，但湿淋洗足以使许多焦油蒸气的温度降低到凝点以下形成气溶胶，因此容易吸收进入水滴中。对较轻的两三种焦油组分，如苯酚，仍保持其蒸气状态，但这些组分在水中有足够的溶解度，容易被水滴吸收。

离开湿淋洗器的水是被焦油化合物严重污染的。当进入沉降槽时，不溶于水的焦油化合物与水分离，这样就可以再循环到淋洗器中。最终，水溶性焦油累积并降低了湿淋洗的有效性。这种废水如果没有进行化学和/或生物废水处理的话，是不能够直接排放到环境中的。

为解决这个废水问题，已经发展出没有废水排出的一些室温气体处理技术，如生物膜技术。室温下膜从气流中吸收有机化合物，并把它们代谢成CO_2和水。虽然生物技术可能太慢无法匹配合成气的高生产速率，但已经出现被称为合成气发酵的全新研究领域。

3.9.3 硫

低温除去硫有许多方法。最通常应用的是化学、物理或混合化学 - 物理溶剂过程。化学氧化还原过程以及生物过程也有很多应用。

化学溶剂方法使用液体溶剂，如胺组分与酸性气体（最普通的是 H_2S 和 CO_2）间形成弱的化学键。胺按其在氮原子上的氢原子数目分类，氮上的氢原子可以被其他原子或基团替代。在分离应用中，胺或隐蔽胺（季铵）首先在吸收气体中萃取酸性气体，然后在汽提单元中再生，再生的吸收剂再循环到吸收塔中去，同时获得已被浓缩的酸性气体流。在使用这类吸收过程的许多商业设施中，都是使用伯胺、仲胺和季铵溶剂的。

最老的商业除去硫的方法是在 1930 年发展的，使用烷醇胺溶剂吸收酸气体。第一个商业吸收装置使用三乙醇胺（TEA）溶剂，后来，更广泛使用的是其他烷醇胺溶剂，如乙醇胺（MEA）、二乙醇胺（DEA）和更好的甲基二乙醇胺（MDEA，一种季铵）。更加严格的环境法规要求发展新的过程，如二乙醇胺吸收过程已经被使用于水合天然气和管道天然气的纯化。下面讨论利用可再生液体吸收剂的过程，吸收剂在线连续使用，并通过 Claus 过程或螯合试剂回收元素硫。

有机硫如 COS 在这些过程中没有被完全除去。有机硫能够降解若干溶剂（MEA 的影响要比 DEA 显著）。所以，对大多数合成气，在使用这些溶剂前必须把 COS 加氢成 H_2S。这为过程添加了额外的复杂性。另一个缺点是在操作中因胺的损失需要连续补充。

还有其他物理吸收过程可以利用，使用的溶剂是甲醇和二甲醚。虽然这些过程在石油化学工业中是不利的，由于它们也要吸收烃类，但这在合成气净化中并不是一个缺点。这些物理吸收对 Claus 和其他硫回收过程也是有利的，因为它们在除去 COS 和 H_2S 的同时没有萃取大量的酸性气体如 CO_2。与化学除去过程相比，还有的优点是小的溶剂损失、高的负荷和小的热量需求。为加压和冷冻，有时需要大量的能量和基础设施投资。例如 Rectisol 工艺，应用于氨、氢气和其他燃料合成过程的深度脱硫［(H_2S+COS) $< 0.1\mu L/L$］，使用的是 −62℃的冷冻甲醇。总之，用于除去硫或二氧化碳酸气体淋洗单元，可能是高度有效和选择性的，但投资和操作成本是高的，由于需要多个吸收塔和吸收剂。有时，这个成本可能占工厂总投资的 10% 以上。有各类可利用的工艺过程，包括若干混合化学 - 物理过程。这些过程排放的高硫酸气体一般被送入硫回收单元（SRU）。在该单元的许多操作中，使用经典的 Claus 工艺，用下述反应表示：

$$2H_2S+SO_2 \longrightarrow 3S+2H_2O \tag{3-42}$$

Claus 过程仅被应用于分离和浓缩酸气体流，而不是针对粗合成气，因为需要燃烧部分气体来产生一份 SO_2 和两份 H_2S。在燃烧阶段生成的元素硫被冷凝和回收，此后气流进入催化转化器。应用的催化剂一般是铝氧化物，如天然铝矾土或氧化铝。这又给仅回收总硫 85% ～ 95% 的过程添加成本和复杂性，产生排放的硫通常占进入硫质量的近 10%。其他设备（燃烧器、热量回收设备、锅炉、冷凝器等）通常需要多段也将影响这个回收硫过程的利润。

较新的技术，主要是 SuperClaus99 和 SuperClaus99.5 过程，提高了 Claus 的效率。这些新工艺应用选择性氧化，使用经典钒催化剂到新近非钒铁基催化剂。钒基催化方法开始是在 1959 年使用于 Streford 过程中，现在也在 Unisulf 和 Sulfolin 工艺中使用。这些技术通过在湿淋洗过程中把可溶钒催化剂加到气流中，接着除去钒硫化合物，使用蒽醌二硫酸（ADA）再生钒。另一种铁基方法，如广泛使用的 LOCAT 工艺，利用螯合铁浆液和生物杀菌剂，按方程式（3-43）和式（3-44）除去硫和再生：

$$H_2S+2Fe^{3+} \longrightarrow 2H^{+}+S+2Fe^{2+} \quad (3\text{-}43)$$

$$\frac{1}{2}O_2+H_2O+Fe^{2+} \longrightarrow 2OH^{-}+2Fe^{3+} \quad (3\text{-}44)$$

文氏管或类似装置通常被使用于螯合反应，或使用能够使气流鼓泡进入螯合物溶液的自循环容器。在醋酸生产和 FT 燃料合成的应用中，商业液体氧化还原过程达到的硫浓度已经低于 0.5μL/L。在很宽范围的环境条件下，对每天除去 100kg ～ 36t 硫的体系已经进行了试验。从煤炭到市政废物都已经在高压下被使用试验过。在合适操作条件下，该氧化还原过程显示的除去效率接近 100%，除催化活性增加、无毒反应外，与其他气相氧化还原方法（例如 Claus 方法）比较其过程弹性更大。此外还有很少尾气排放和生产的是硫酸盐而不是有害性更大的 SO_2 等优点。就没有除去的硫而言，其性质上是亲水性的，在土壤中有快的吸附速率，因此能够成为调整土壤 pH 的理想农业添加剂。SuperClaus 氧化还原方法还具有若干经济优点，如较低设备、操作和维护成本下有类似效率。液体氧化还原方法没有阻塞问题，除非过程管理很差，如这样可能导致微生物生长和危害环境的硫酸盐生成。但是，当正确操作时，液体氧化还原方法比传统气相氧化还原或现时使用溶剂除去硫和回收方法更具有优越性。

液体氧化还原反应还可以以不是那么苛刻的过程进行。H_2S 被吸收到极性溶剂（*n*- 甲基 -2 吡咯烷酮）中，与叔丁基蒽醌反应生成氢醌和硫。硫从溶液中沉淀出来，氢醌被脱氢再生出叔丁基蒽醌。因此，固体硫和气态氢是产生的主要产物。氢和硫而不是二氧化碳和水的生成是这个液体氧化还原技术与气体硫回收工程相比的一个主要优点。其他优点包括大气压下操作和低能量输入。但是，叔丁基蒽醌在脱氢过程中可能损失，因为可能选择性生成的是蒽酮而不是蒽醌，这不仅产生废物流而且要求重新补偿蒽醌。使用碱性足够强的催化剂能够使这个不希望反应减少。在理想温度范围减小再生操作也减少这个反应的发生。为了回收蒽醌，也可能进行分离除去氧化蒽酮，但成本增加。改进催化剂和优化操作条件是基本的，以为大规模商业经济应用提供可行性。

除去硫除化学和物理方法外，也可以使用生物和化学生物方法。许多类型微生物，范围从光合成自养生物如 *Chlorobiaciae* 属成员，到化能自养和自养生物如产硫杆菌和脱氮菌。一般较少极端反应条件，能够同时除去 H_2S 和其他污染物是生物方法的潜在优点。例如，在这些过程中普通的 van Niel 反应，除了除去目标污染物如二甲基硫化物（DMS）、甲基硫醇和其他含硫物质（CS_2 等）外，也能够除去其他酸性物质如 CO_2。但是，必须克服的一个缺点是对工艺波动的极端敏感性。活微生物过程对化学过程的应答天然是慢的，在化学过程中反应环境基本上是能够任意修改的。活生物繁殖的一般操作条件的可行范围要小于化学过程。克服活微生物过程固有缺点有若干有趣概念。Thiopaq 和 Biopuric 工艺都是商业上可利用的，这个工艺是在第二段常规化学或物理技术除去气流中 H_2S 前使用生物过程。近来实验室试图用硫杆菌微生物，如产硫杆菌属，在普通硫氧化器中对 H_2S 浓度高至 12mL/L 的气体流脱硫进行了有潜在应用可能性的研究。长期试验中达到的脱硫效率大于 90%，把硫的浓度降低到小于 0.5mL/L。与其他生物过程比较，试验的生物反应器在温度和浓度波动上较其他反应器为好。但令人遗憾的是，对许多下游合成气应用，0.5mL/L 的浓度仍然太高。回收的速率也至多能够缩短到 48h，因需要非常强烈和苛刻的搅拌。这对在商业上可靠的合成气应用也是不可行的。这些工艺也仍然在发展中。

基于除去硫的化学和物理技术的成本，生物技术也仅是利用于硫回收的伴生步骤。组合化学生物方法有可能解决某些成本和性能事情。两段 BIO-SR 过程，硫酸铁与硫化氢发生化学反应，然后使用氧化亚铁产硫杆菌进行生物氧化再生出硫酸铁：

$$H_2S+Fe_2(SO_4)_3 \longrightarrow S\downarrow +2FeSO_4+H_2SO_4 \text{（硫从溶液中沉淀出来）} \quad (3\text{-}45)$$

$$2FeSO_4+H_2SO_4+\frac{1}{2}O_2 \longrightarrow Fe_2(SO_4)_3+H_2O \text{（生物氧化再生）} \quad (3\text{-}46)$$

化学物质由酸性气体流鼓泡通过含硫酸铁溶液带出。试验在工业规模上进行，结果表明，它能够从前 Claus 进料气流中快速除去 99.99% 的 H_2S，这对高体积流合成气是有潜在吸引力的。第一阶段的化学反应更适合于承受合成气气流较激烈的波动。而生物过程的第二步能够为活微生物控制更好的环境使硫酸铁完全再生。重要废水处理部分也能够被取消，因为产物是无害的，或者潜在副产物也已经被再生了。这些因素使新过程能够比常规方法节约近 2/3 的能量和操作成本。虽然投资成本是可比较的，操作成本可能比常规方法节约近 50%。新工艺的大规模工艺证明和技术经济分析对未来合成气处理的广泛接受也是重要的。

3.9.4 氮化合物

氮污染物（主要是 NH_3 和 HCN）的冷气体净化主要使用水吸收完成。氨在水中是高度可溶的，因此水是除去氨最普遍使用的吸收液体。合成气中蒸气的冷凝水也能够从基本上除去氮化合物。例如，含 400mL/L 水蒸气的气流使用菜籽油甲基醚（RME）有机溶剂，在 50℃淋洗焦油期间会发生部分冷凝，冷凝物中初始氨浓度为 2mL/L 时，氨的除去效率为 30%。对低氨初始浓度除去效率增加到 50%。类似地，使用冷冻冷凝器除去来自污水污泥合成气中的氨，其产生冷凝水能够除去的氨高于 90%。常规湿淋洗器引进附加水将进一步提高氨除去效率。氨的除去能够使其浓度降低至每升皮升的水平，取决于上游工厂和原料，这个水平甚至对低耐受性的应用也是合适的。

其他气体物质，如 CO_2 和 SO_2，可能影响氨被水淋洗介质的吸收。例如，合成气中显著量的 CO_2 有利于这两种酸性气体和氨吸收进入水相中，因此合成气的净化得以增强。这个现象实际上在若干应用中已经被利用，如使用氨水作为淋洗试剂除去酸气体。氨水实际上能够超越常规氨基溶剂，如 MEA，酸气体除去容量接近 900g CO_2/kg NH_3。在使用高氨浓度处理合成气气流时，这个化学过程可能是确定气流最后组成的主要贡献者。

多种其他技术，包括现时广泛用的和被生物加工使用于净化空气的，在应用于合成气的净化时都有其缺点。例如，活性炭和沸石被广泛用于空气净化中，但是，对合成气，因可被吸附物质的高含量，很可能导致放弃应用这类吸附剂（单一次使用），因为不经济。吸附剂对化合物如 COS 和 H_2S 的选择性，也使吸附剂安全和经济地再生变得困难。生物过程如滴流床过滤器对硫除去提供类似的性能：氮被有效地除去而产生的有害废物为零，但相对慢的除去速率要求大的装置，且产生副产物 CO_2。空气和合成气组成的差别也可能阻滞微生物的活性。吸附和生物处理这些事情与效率以及水淋洗的容易性，使水吸收成为未来氮冷气体净化中最合理的选择。

3.9.5 碱化合物

降低温度能够使碱蒸气冷凝和聚集成小粒子与焦油组合。大多数碱化合物在 300℃左右就从气流中冷凝出来，因此与颗粒物质和焦油在湿淋洗器中一同被除去。低温下除去焦油和颗粒的净化技术也适用于碱的除去。但是，可利用于降低合成气中碱含量的其他技术对焦油和颗粒除去却不一定是不可行的，它们只能除去气化原料中的碱。对这种称为“预处理”的方法有广泛的兴趣，但在这里不做深入讨论，因为它并不是直接净化气体的技术。

3.9.6 氯

氯化合物以气态 HCl 和固体粒子氯化铵的形式存在于合成气中。最普遍使用的方法是对颗粒物质、焦油和碱液进行有效的淋洗。氯的除去通过两种主要机理发生：盐类氯化铵的沉积和 HCl 蒸气的吸收。气化产生的 HCl 和 NH_3 总是存在的，直到合成气冷却到约 300℃。在这个温度 HCl 与氨间进行气相反应生成氯化铵：

$$NH_3(g)+HCl(g) \longrightarrow NH_4Cl(s) \tag{3-47}$$

虽然该盐被夹带在气流中，但细颗粒能够聚集成较大颗粒和累积在设备表面使过程设备结垢。很好设计的气化器系统能够使合成气温度保持在 300℃以上直至气体净化完成。在湿淋洗器中，冷却发生的很快，但生成 NH_4Cl 的量有潜在限制。但不管怎样，湿淋洗器对吸收气流中两种形式的氯的除去是有效的。虽然 HCl 在水中是高度溶解的，它的除去仍然需要使用碳酸钠来增强。

这些非常有效的技术也产生高酸化合物和滤饼，它们能够降低效率并危及设备。取决于入口气体温度，应选择合适的非反应性材料，如特殊合金、玻衬、陶瓷等，以减轻腐蚀。近来已经发展出另一种方法来降低腐蚀，这将在暖气体净化中描述。

3.10 暖气体净化

暖气体净化（WGC）即若干净化过程在高于常温条件下操作，但低于热气体净化温度。尽管某些工艺可在热气体净化条件下操作，但要发挥这些工艺的优点，中等温度仍然是广泛应用的温度。一般说来，暖温度能够避免与极端条件相联系的危险和使用高成本的材料。所有暖过程全都避免水的冷凝，但允许焦油、碱和氯化物的冷凝和除去。保持稳定在水冷凝点以上的操作也消除在 CGC 操作中通常要求的水处理。

3.10.1 颗粒物质

三种颗粒除去技术适合于 WGC，其中的两种气体旋风分离器和静电沉淀器在前面已经做了讨论。第三种是纤维过滤器，利用抗高温纤维网。纤维过滤器的操作原理与阻力过滤器相同，通过惯性力碰撞、截留和扩散进入纤维介质等机理捕集颗粒物质。在结构中也有类似的因素，如在除去滤饼前的最大可允许压力降和利用洁净技术类型方面。在纤维过滤器中，通过严格控制滤饼厚度的方法能够完成对过滤器的洁净，包括机械振动、反向流、连续敲打或压缩空气脉冲。使用反向流方法必须使用对合成气环境是可接受的气体，于是它们比典型空气洁净颗粒方法要稍微复杂一些。

当涉及纤维过滤器时，另一个主要考虑是应该有可以接受的过滤速度，通常以“单位纤维面积的流速”表示，$m^3/(s \cdot m^2)$。使用它能够确定纤维总有效面积，然后再来确定纤维设备的大小。

净化介质是纤维过滤器设计的最后一个因素。使用的材料应该能够被做成不相同的任意大小，取决于它们的组成，如酯、聚丙烯和聚肽（羊毛）。某些材料，如共聚胺、硅酸盐玻璃或聚四氟乙烯（PTFE），能够耐受较高的温度，接近于260℃。

3.10.2 焦油

WGC技术现在的发展是要除去焦油。这些技术试图组合HGC和CGC除去技术的环境和经济优点，而没有延续它们的缺点。

OLGA（油基气体洗涤器的荷兰语缩写）技术在除去和再使用有价值焦油化合物时，没有高废物处理成本。操作温度在60～450℃，工艺流程示于图3-29中。使用油而不是水淋洗气流中的焦油。类似于水的淋洗，可凝焦油（分1、4和5级）使用冷凝回收，因为温度被降低到焦油露点以下。接着使用第二种液体淋洗介质来除去较轻的焦油化合物如酚类和1环或2环芳烃（2级和3级）。当在吹空气生物质气化器下游（生产500kW热能）应用时，这个过程能够完全除去重质焦油和99%的酚和轻杂环焦油。这与焦油露点降低到10℃以下相关联，原始气流含焦油化合物10～20g/m^3。净化后的气流被使用于IC发动机，其效应类似于使用天然气的操作，指出净化工厂的净化总的是成功的。

OLGA过程与常规CGC和HGC技术比较有若干显著的优点。这个工艺消除催化和高温焦油除去的操作和经济挑战。消除废水处理是另一个突出优点。高毒性PAH化合物总是要涉及的，但这些焦油从水中除去是比较容易的，由于它们的挥发性和低的水溶性。较大的问题是高溶性焦油，特别是苯酚。这些小的极性化合物容易溶解于水中，要除去是比较困难的。使用油除去这些焦油可以避免昂贵的废水处理。油吸收介质能够被容易地再生或作为原料使用。

使用OLGA也保留气化气中一些有价值产物，如重要轻组分乙烷、甲烷、CO和氢气，它们不受吸收的影响。与使用热和催化焦油降低方法比较，它们在气流中保留相对不变。被油萃取的有价值焦油化合物也能够被利用，而不是像在水淋洗期间那样被丢弃。主要冷凝焦油能够在许多碳转化过程中作为附加原料使用，如使用于石油炼制转化过程。即便少量淋洗液体损失和保留焦油在再生期间的逸出也是可接受的，但它们也能够再循环到气化器中。

专利持有者，荷兰Energy Research Center（ECN），已经在若干设施中成功地示范了OLGA技术。现在的应用包括净化气化器生产的合成气（热能容量高达800kW），把焦油的露点降低到0℃以下。OLGA技术的单元操作在商业上是成熟的，能够使用较大设备以发挥其规模经济应该有的效益。低焦油露点现在也扩展到更多可能的需求源，如催化合成天然气（SNG）。

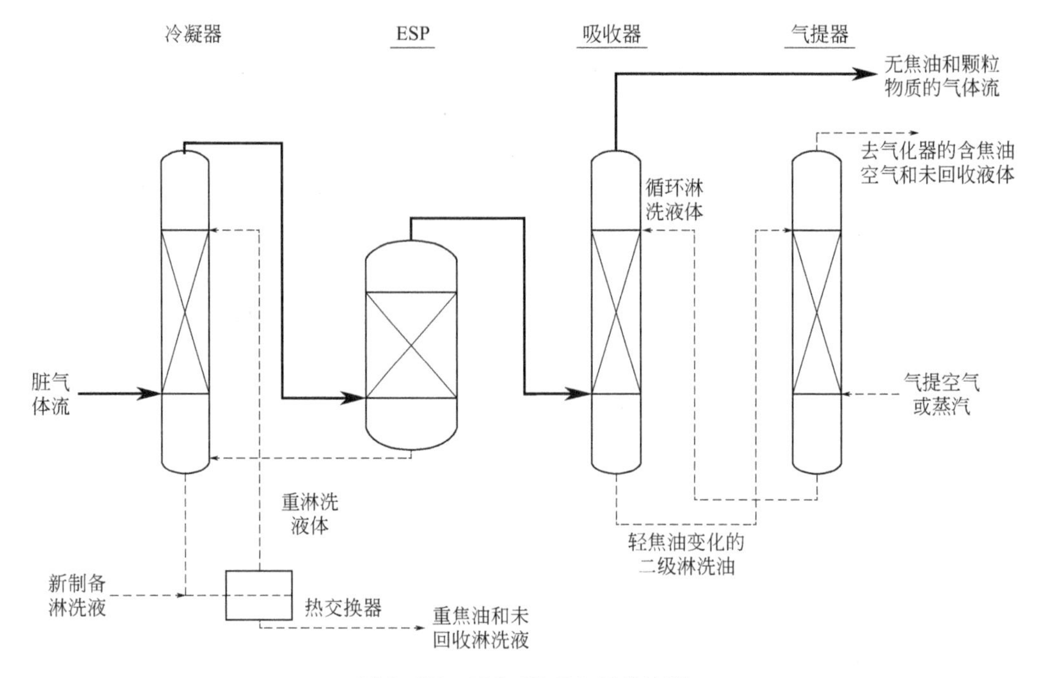

图 3-29 简化 OLGA 工艺流程

3.10.3 氯

除去氯（主要是 HCl）的半湿过程需要的温度需要在水的凝点以上。初始发展是处理废物焚烧烟气，该过程使用有技巧性的原子化盘喷入的石灰浆。原子器达到原子化喷射，使用的是旋转盘而不是流速的改变。提高分散和喷洒吸收特征能够增强总效率，浆液添加最小。在与气流接触中 $Ca(OH)_2$ 与 HCl 快速反应，最终生成 $CaCl_2$ 和 H_2O。然后大部分颗粒被气流携带出去由袋滤器除去，温度在 130 ～ 140℃。这避免了滤饼颗粒沉积和腐蚀液体的复杂性问题。结果指出，除去 99.5% 的 HCl 同时除去 94% 的 SO_2。生成的 $CaCl_2$ 和 H_2O 容易管理和净化。但是，为填埋处理 $CaCl_2$ 垃圾产生的渗滤液可能引起环境危害，如果留着必须处理的话。一个可能的替代方法是饱和 Mg-Al 氧化物的半湿淋洗过程。在 130℃添加 Mg-Al 氧化物能够除去高达 97% 的 HCl。然后煅烧再生得到层柱双氢氧化物（LDH）ClMg-Al，它可重复使用作为 Mg-Al 氧化物吸附剂，煅烧同时获得浓缩的 HCl 气流。这个过程消除了不希望的 $CaCl_2$ 和生成 HCl 副产物，很少需要附加处理，也没有废物产生。规模设计的优化效率视进一步实验和对该过程的其他复杂化学反应的更好了解而定。

3.11 其他污染物

痕量污染物是存在于所有含碳原料中的矿物质和金属元素，通常其含量低于 0.1%。最受到注意的是 Hg、As、Se、Cd 和 Zn，由于关系到公众健康和政府法规。汞是最被重视的污染物，因为生产银汞合金可能导致设备故障，特别是在天然气应用中。虽然在直接燃烧一章中已经详细描述了汞污染物的除去技术。这里对汞的重点是对同时除去其他污染物技术的补充。

早在 1972 年就使用低温分离（LTS）过程即通过冷凝除去汞。该过程使用乙二醇热交换和膨胀系统以冷凝气流中的汞，其除去水平高于现时应用所要求的水平，为 1 ～ 15μg/m^3 量级。因耗能大，现时除去痕量污染物的技术是使用可再生或不可再生固体吸附剂的吸附。

燃烧应用，如 IGCC，使用固体吸附剂如二氧化硅、铝土矿、高岭土、沸石、石灰、活性炭或其他组合的化学物质和载体。石灰石、飞灰、氧化铝和金属氧化物混合物也已经在类似于气化环境下进行了试验。石灰石、飞灰和金属氧化物显示高的除去 As 和 Se 的活性，而飞灰对除去 Cd 和 Zn 也是有效的。这些可用材料已被重点研究，因为它们与气化密切相关，特别是石灰石、混合金属氧化物和飞灰。

工业天然气应用长期以来使用活性炭吸附除去汞。当浸渍 100 ～ 150g/kg 硫时，该吸附剂与气流中的汞形成非常稳定的 HgS。然后分散填埋吸附有 HgS 的吸附剂，或焚烧冷凝回收汞。在过去，活性炭一般提供 90% ～ 95% 的汞除去效率。Calgon 公司提供的活性炭在商业应用中把该除去效率提高到 99.99% 水平，汞浓度降低到约 50μg/m^3（对烟煤生产合成气）。活性炭床层的携汞容量常常受其他痕量污染物的影响，如羰基镍和羰基铁［$Ni(CO)_4$ 和 $Fe(CO)_5$］。这些污染物的吸附在应用中常常是可接受的，如在 IGCC 或 Claus 去硫单元中，因为这些化合物也在催化剂或透平上形成沉积。

沸石是另一种普通的吸附剂，也是在天然气工业中发展。外表面覆盖少量银的沸石如 AgSIV 基本上是为干燥天然气发展的，但另一个目的是除去汞。这类吸附剂的除去一般比较低，限制它们作为丢弃吸附剂使用。但是，在商业气化试验中仍然需要注意，因为它们是能够再生的，且有高的汞除去效率，可达到 0.01μg/m^3 以下。

在高温和高压下操作对许多合成气应用的效率能够提高，如 IGCC 或催化合成中。新发展的可再生吸附剂能够在高温和高压下应用，在各种从褐煤和烟煤生产合成气的除去试验中证明，汞除去效率高于 95%，同时额外除去痕量金属 Cd、As 和 Se。新吸附剂能够再生，也使产生的废物大幅减少。在常规操作中汞的脱附也被降低，由于再生条件与吸附条件有很大的不同。吸附剂在保证床层中对除去残留的硫也有很好的效果，从远高于 10μL/L 降低 3 ～ 4 个数量级，到 nL/L 的水平，虽然在水含量高时使用会导致快速的吸附剂失活。这个吸附剂的突出优点是工业规模容量和在暖温度和压力高至 1825kPa 下高水平除去污染物。

除去痕量污染物的另一个研究领域是使用装填负载银吸附剂的吸附床层。研究的结论是银 / 活性炭有高除去效率和高容量，但是是不可再生的。为了实际上使用昂贵的银吸附，必须开发可再生吸附剂。

最后对合成气气体净化做一总结：

合成气有很多应用，从燃烧提供热量和电力到化学品和燃料的合成。把污染原料气化为合成气，这为将其他污染燃料的燃烧或废物转化为相对有用材料提供一个机遇。各种含碳燃料（特别是煤炭）的气化生产粗合成气，含有来自热化学过程和原料中的各种污染物，这会在合成气使用中引起各种各样的问题。合成气必须进行净化除去各种污染物，其中主要是颗粒物质、焦油、H_2S、NH_3、碱、卤素和一些痕量污染物。

有多种技术可用于净化合成气，使其达到相对洁净的由 H_2 和 CO 组成的合成气。这些技术能够粗略地按照操作温度被分为三类：热气体净化（HGC）、冷气体净化（CGC）和暖气体净化（WGC）。

在过去一些年中 HGC 受到最大的关注，特别是在焦油、颗粒物质和硫除去中。对颗粒物质除去已经有非常成熟（使用了数十年）的若干技术，例如旋风分离器、静电除尘器和阻力过滤器。在气化反应中形成的复杂焦油一般使用热和催化分解方法把其分解为较轻的化合物。当使用部分燃烧（热分解技术）净化合成气的方法时，温度上升会导致焦油和热量损失，效率较低。所以大多数研究的重点是在稍低的温度下使用催化方法，要克服结焦、失活等问题和降低成本。特别是高温硫除去使用的各种固体吸附剂的吸附。催化方法可以提高过程热效率，具有工艺简单性和可再生吸附剂显示能够降低成本的潜力，但克服活性损失和增加吸附剂性能仍然是面临的挑战。

CGC 是气体净化中的一个成熟领域，一般使用水或液体吸收来除去污染物。湿淋洗器或许是最普通的，对除去几乎所有污染物都是有效的。硫除去也是 CGC 的基本重点，这是世界都使用的、能够回收硫作为副产物的成熟技术。常规 CGC 除去硫淋洗方法的缺点已经导致试图组合快速和牢固的化学方法与生物技术，这也是成本驱动的。

WGC 对焦油和氯除去而言其重要性在不断增加。新的油基洗涤技术对焦油和残留颗粒物质的除去是特别可行的。这个方法可以消除现时淋洗技术中的废水处理问题，同时能够捕集有价值焦油组分以供它用。

第 4 章
煤制合成天然气（SNG）和甲烷制合成气

4.1 引言

直到现在，大多数国家主要使用石油来生产液体燃料和化学品，较少使用天然气（NG）。众所周知，世界石油和天然气的储量仅能够使用数十年。而煤的储量能够使用至少几百年。生物质是一种可再生资源，有较长时间的可利用性，不过不能作为主力能量供应源使用。提高能源供应的安全性及使用碳捕获和封存（CCS）来降低温室气体排放是提高能源利用效率和大力开发可再生能源资源利用的主要推动力。天然气本身是一种化石燃料资源，在世界各国都有丰富的储量，而且输送天然气的管道遍布世界各地，使用很方便。最主要的是天然气燃料排放的温室气体要比石油和煤炭少很多。因此对天然气的需求愈来愈大。

煤炭能源资源除用于发电和生产液体燃料如 FT 柴油、甲醇汽油、二甲醚（DME）外，也对把其转化为气体燃料如合成天然气（SNG）和氢气进行了很多研究。天然气是一种通用能源载体，可以与天然气矿物能源资源（$>95\%$ 甲烷，高 HHV）交换使用。使用天然气包括 SNG 的优点是高转化效率，有已经存在的气体分布基础设施，例如，管道和完善而有效的终端技术，压缩天然气汽车（CNG 汽车）、供热、CHP（热电联供系统）、发电厂等。煤和固体含碳原料（包括生物质）必须通过热化学过程把其气化生产合成气，在进行净化和接着甲烷化后，合成气才转化为 SNG。这样的转化对木头到 SNG，总化学效率已经能够达到 65%（SNG 输出的化学能与输入的木头化学能之比）。已经证明，随着产品气体中甲烷含量的增加，总化学效率增加。因为按这个方法，较少的反应热量必须在甲烷化步骤中被除去。有兴趣的是，对甲烷转化，能够容易且有效地除去和捕集二氧化碳，因高 CO_2 浓度气流是所有燃烧 SNG 过程所固有的特点。

4.1.1 我国合成天然气工业的高速发展

煤矿通常伴生有天然气，现在，在采煤过程中对天然气的利用也愈来愈受到重视。为了生产更多天然气，已经使用煤炭经气化生产合成气再合成天然气，这样合成的天然气称为合成天然气（SNG）。这已经成为天然气资源的重要补充。SNG是由煤炭能源转化成的较为洁净的且易于管道输送的一种气体燃料。对我国这样的富煤缺油少气的能源资源特点的国家，发展煤制SNG更显其重要性。实际上，我国已经建立和正在建设的煤基SNG工厂有30多个（表4-1）。建设中或计划建设的SNG总计容量为每年1200亿立方米。仅在中国西北部的新疆就计划建设20个煤基SNG工厂，其总容量达到每年770亿立方米。中石化计划投资1400亿元（约220亿美元）建立6000km长的天然气管线，年输送新疆300亿立方米SNG到我国东南部。

表4-1 中国在建和计划建设的煤制SNG项目

投资方	建设地	容量/（十亿立方米/年）
DT国际电力	辽宁省阜新市	4.0
DT国际电力	内蒙古河西格特巴纳	4.0
中国华能集团	内蒙古呼伦巴尔	4.0
DT华银电力	内蒙古鄂尔多斯	3.6
神华集团	内蒙古鄂尔多斯	2.0
惠能母体集团	内蒙古鄂尔多斯	1.6
国电公司	新疆尼尔克	10.0
光辉新能源公司	新疆伊吾	8.0
中国电力投资公司	新疆伊犁 其阿帕奇阿里	6.0
中国电力投资公司	新疆伊犁 霍城	6.0
华电集团	新疆 昌吉	6.0
清华集团	新疆伊犁 伊宁	5.5
北控新能源	新疆 奇台	4.0
河南煤化工集团	新疆 奇台	4.0
潞安集团	新疆 伊犁	4.0
中国华能集团	新疆 昌吉	4.0
新疆龙宇公司	新疆 昌吉	4.0
中国国家煤炭集团	新疆 昌吉	4.0
开滦集团	新疆 昌吉	4.0
TBEA集团	新疆 昌吉	4.0
兖州矿业集团	新疆 昌吉	4.0
光辉新能源公司	新疆 阿尔泰	4.0
徐州矿业集团	新疆 塔城	4.0
华宏矿业公司	新疆 昌吉	2.0
新汶矿业公司	新疆 伊犁	2.0
盛鑫集团	新疆 昌吉	1.6
天龙集团	新疆 吉木萨尔	1.3
UNIS集团	新疆 哈密	0.8
宏盛新能源	甘肃 张掖	4.0
国家海洋石油公司	山西 大同	4.0
总计		120.4

4.1.2 合成气的甲烷化反应

煤炭气化产生的产物是不同组成的合成气，净化除去大多数杂质后再经过甲烷化就能够使合成气转化为合成天然气 SNG。经过提级后 SNG 能够通过已有输送管线输送到需要的地区再到用户。使用合成天然气能够提高燃料生命循环中的效率并降低温室气体二氧化碳排放。

含碳原料包括煤炭气化产生的合成气主要是由 CO、CO_2、H_2 和水蒸气组成的混合气体，它们能够在催化剂存在时进行一系列反应生成甲烷（当然也可转化为氢气），即从合成气制取 SNG，其化学计量反应式和反应热列于表 4-2 中。

表4-2　甲烷化过程中可能发生的反应

反应编号	反应方程式	ΔH^0_{298}/（kJ/mol）	反应类型
（1）	$CO+3H_2 \longrightarrow CH_4+H_2O$	-206.1	甲烷化
（2）	$CO_2+4H_2 \longrightarrow CH_4+2H_2O$	-165.0（CO_2）	甲烷化
（3）	$2CO+2H_2 \longrightarrow CH_4+CO_2$	-247.3	逆（CH_4+CO_2）重整
（4）	$2CO \longrightarrow C+CO_2$	-172.4	歧化反应
（5）	$CO+H_2O \longrightarrow H_2+CO_2$	-41.2	水煤气变换
（6）	$CH_4 \longrightarrow C+2H_2$	-74.8	CH_4 裂解
（7）	$CO+H_2 \longrightarrow C+H_2O$	-131.3（CO）	还原
（8）	$CO_2+2H_2 \longrightarrow C+2H_2O$	-90.1	CO_2 还原
（9）	$n CO+(2n+1)H_2 \longrightarrow C_nH_{2n+2}+n H_2O$		烃类合成
（10）	$n CO+2n H_2 \longrightarrow C_nH_{2n}+n H_2O$		烃类合成

在催化剂的存在下，这些原料组分间的相互交换是快速的，且由热力学所控制，因原料中的 H_2/CO 比一般远低于化学计量比 3∶1。虽然上述的甲烷合成反应是强放热的，但在生成合成气的气化反应中具有大约等量的吸热。反应间平衡的下降是因加热和冷却产生的热量损失。因此，如果能够防止热量损失，反应本质上是能够达到高效率的。以降低成本为目标，对一大类催化剂和体系进行了研究。

从煤炭生产甲烷也能够以非催化低温气化生产（以热平衡方式）。EXXON 流化床煤催化气化过程使用这个反应，产生的甲烷低温分离（650℃，气体体积的 15% ～ 20 %），未反应原料进行循环。甲烷也能够从煤的热解生成，低温热解过程产生的气体产品中甲烷的含量高达 20 %（体积分数）。

4.1.3 合成天然气的需求和发展

从第二次世界大战到 20 世纪 70 年代是美国天然气使用的“黄金时代”。在 1950 年，NG 占美国一次能源消耗的大约 17%，在 60 ～ 70 年代快速增加到 30%。在 60 年代，因为需求的快速增加，美国政府和工业担心会发生天然气短缺。美国对天然气的使用和价格实施了新的法规，更重要的是开始研究发展有效的甲烷化过程以把煤转化为合成天然气。

在 60 年代，大多数发展研究和实验研究是由美国政府提供资金和由政府进行的。结果已经发表在芝加哥的年度合成管道气体论文集（1969 ～ 1978 年，美国）和 DOE 的技术报告中。70 年代的石油危机强化了褐煤和其他煤气化过程的发展，用以生产 SNG。除美国外，德国和英国也进行了该类过程的发展和改进，建设了几个示范工厂和中间工厂。70 年代，由于预期的天然气供应受限和价格上升，美国天然气公司财团在北达科他大平原（Dakota Great Plains）工厂建立了一个生产 NSG 的商业设施，这是建立的仅有的一个商业化工厂，由 Dakota 气化公司（美国北达科他州）的大平原合成燃料公司在 1984 年建设，此后每天生产 4.8 百万立方米 SNG。尽管有低煤炭成本和对工艺技术进行了成功的操作，但工厂仅能够刚盈利，主要原因是签约产品价格高于市场价格，很大一部分投资成本是由联邦政府买单的。后来，在南非也生产 SNG，中国也计划在河南省投资 2.2 亿元建立一个日产 4000 万立方英尺的 SNG 工厂，预计超过 20% 的煤气作为石油化学品的原料被使用。

Great Plains 工厂使用 14 个 Lurgi 干进料气化器，接着是冷气体净化以除去硫使其含量低于 10×10^{-6}。生产合成气的 H_2/CO 比约 2.0。而对气化温度较高的 British Gas Lurgi 熔渣气化炉，H_2/CO 比仅为 0.46。其他气化炉的这个比在这两个极限之间。把煤炭气化生产的低 H_2/CO 比气体进行直接转化的先进催化合成研究是一个活跃的 R&D 研究领域。目标包括改进催化剂和操作条件以提高选择性、提高抗硫能力、更好反应器温度的控制和使用低氢含量气体避免碳的生成。已经估算，商业化这些先进技术时，需要为改进酸性气体除去进行一些研究工作，以能够使用低成本煤单独生产 SNG，其 SNG 工厂成本被要求降低 25%。2010 年天然气井口价格为 3.5 美元 / 百万立方英尺，因受资源限制以后还会继续上涨。需要以煤炭生产低和中等热值（按 BTU 计）天然气作为发电和工业使用的燃料，这样能够提高煤炭使用的能量效率并降低污染物排放对环境造成的影响。由于从含碳原料生产 SNG 的主要成本和能量消耗是在气化步骤，因此，只要有集成气化项目的额外激励，例如氧吹先进 IGCC 和燃料电池系统，就会有 SNG 的机遇。这是对美国的情形。

在中国，如前所述，从煤炭生产 SNG 的前景一片光明。中国引进了用于生产合成天然气的各种煤炭气化炉：Shell 气化炉、西门子 GSP 气化炉、GE-Texaco 气化炉和 Lurgi 气化炉等。对生产 SNG 而言，使用 Lurgi 气化炉可能有优势，主要因为该气化炉生产的气化气含有 16% ～ 18% 的甲烷，能够显著降低下游甲烷化单元的负荷。

湿生物质，如作物、污水污泥和肥料，通过生物催化剂的厌氧发酵也能够转化生成甲烷，但化学效率很低，仅有 20% ～ 40%（生物气体的化学能含量与原料输入能量之比）。通过湿生物质水热气化过程生成 SNG，在水热环境（超临界水，$T > 375$℃ 和压力 $p >$ 220atm）中湿生物质（水含量 > 90%）在催化剂存在下被直接转化为甲烷、二氧化碳和水。Paul-Scherrer 研究所（PSI，瑞士）、Forschungszentrum Karlsruhe(FZK, 德国）和其他研究所聚焦于这种方法的研究。

4.2 从煤生产 SNG 的反应

使用热化学过程生产 SNG 需要若干转化步骤，如图 4-1 所示。第一步是煤在高温下使用蒸汽和 / 或氧（或二氧化碳）进行气化，产生的气体是 H_2、CO、CO_2、H_2O、CH_4 和某些高级烃类以及杂质如硫和含氯物质的混合物，通常称为合成气。如第 3 章中所述，合成气组成在很大程度上受气化原料和技术的影响，例如煤种、反应器类型、气化试剂和操作条件等。

合成气经必要净化后可以直接作为气体燃料使用，也可以从合成气合成各种气体和液体燃料，包括合成天然气（SNG）、氢气和烃类液体燃料（如汽油、柴油）及含氧液体燃料（如甲醇、二甲醚），视所使用的催化剂和采用的过程工艺而定。必须注意，合成气的不同下游应用所要求的粗合成气净化纯度和过程是不一样的。在下游应用确定后，就能够确定出口合成气的组成和杂质的最高含量。也就是说，对粗合成气净化和气体组成的调整是至关重要的单元操作。产品气体中各种杂质和催化剂毒物（如硫和氯）等必须在净化工厂中除去，这已经在前一章中做了详细的介绍。

从合成气到气体燃料的合成过程是一个非均相催化过程。两关键反应是所谓的水汽变换反应和甲烷化反应，前一个反应是把部分一氧化碳转化为氢气以调整气体中的 H_2/CO 比到合适的值；第二个反应是把剩余的一氧化碳（或少量二氧化碳）进行加氢生成甲烷，如表 4-2 中的反应（1）和反应（5）所示，即方程式（4-1）和式（4-2）。在合成气进行甲烷化的反应体系中，除上述的独立反应外，其他两个独立反应［表中反应（3）和（4）］，即方程式（4-3）和式（4-4）：

$$3H_2 + CO \rightleftharpoons CH_4 + H_2O \qquad \Delta H_R^\ominus = -206.1\ kJ/mol \tag{4-1}$$

$$CO + H_2O \rightleftharpoons CO_2 + H_2 \qquad \Delta H_R^\ominus = -41.2\ kJ/mol \tag{4-2}$$

$$2H_2 + 2CO \rightleftharpoons CH_4 + CO_2 \qquad \Delta H_R^\ominus = -247.3\ kJ/mol \tag{4-3}$$

$$2CO \rightleftharpoons C + CO_2 \qquad \Delta H_R^\ominus = -172.4\ kJ/mol \tag{4-4}$$

如果反应物中 H_2/CO 化学计量比为 3 或更大，一氧化碳与氢间的反应［反应式（4-1）］占优势，生成甲烷和水。但是，来自煤炭气化的产品合成气，其 H_2/CO 比通常在 0.3 ～ 2，这与反应的高转化率和催化剂长寿命所要求的 H_2/CO 比值低了不少。这可以使用水蒸气变换反应［WGS，方程式（4-2）］来调整 H_2/CO 比。该变换反应是使 CO 与水反应生产 CO_2 和 H_2，从而降低 CO 含量，增加氢的含量。

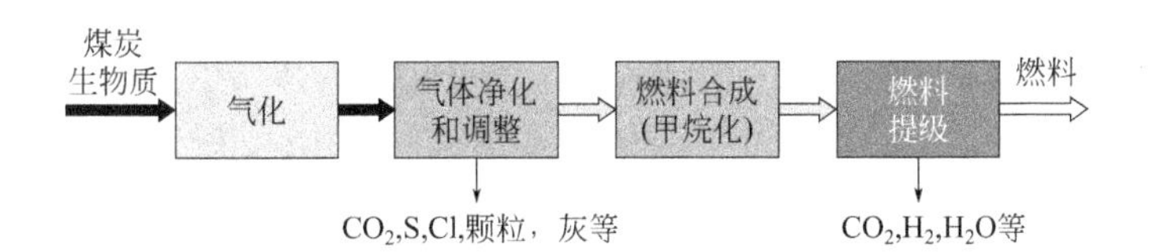

图 4-1　固体碳资源到合成燃料的过程链一般图示，例如煤炭到 SNG

CO 歧化反应［也称为 Boudouard 反应，方程式（4-4）］也具有重要性，因为在催化剂表面的碳被认为是甲烷化反应期间必需的反应中间物，但碳也能够通过生成晶须聚合成炭沉积物或屏蔽金属活性位，导致催化剂失活。

甲烷也能够以两个其他反应方程式(4-3)和式(4-5)从碳氧化物加氢生成。必须注意到，这些反应可以是反应式（4-1）和式（4-2）的线性组合：

$$4H_2 + CO_2 \rightleftharpoons CH_4 + 2H_2O\ ;\ \Delta H_R^\ominus = -165\ kJ/mol \tag{4-5}$$

水蒸气变换［方程式（4-2）］和反应式（4-1）、式（4-3）～式（4-5）都是放热的。甲烷化反应所覆盖的所有催化主题，如热力学、反应机理、动力学和失活机理，自 Sabatier 和 Senderens 在 1902 年发现镍和其他金属（Ru、Rh、Pt、Fe 和 Co）催化这个反应以来已经进行了广泛深入的研究。现在镍仍然是最常选用的催化材料，因为它具有好的选择性、活性和价格。但是，这些催化剂对毒物如硫是非常敏感（例如 H_2S、COS、有机硫）的，对氯也是非常脆弱的。在不同研究主题上发表的结果（例如热力学、反应机理、动力学和失活机理）在文献中都有总结和评述。

从热力学观点能够做出的结论是，甲烷化在低温和高压力下是有利的。在高压下操作时单位反应器体积产生的热量远大于低压操作。

甲烷化的主要工业应用是合成氨工厂中从富氢气体中除去痕量的 CO。但对从煤、原油和石脑油生产合成天然气（SNG）的甲烷化反应，从气体净化步骤的需求完全改变成为主要的合成反应过程。甲烷化反应后过程链的末端是为燃料提级所需要的除去合成反应中生成的副产物水和二氧化碳，以满足气体管网或气体燃料的质量指标。所有这些过程是彼此相互依存的，燃料合成的类型确定入口气体要求，气化技术确定产品气体的组成等。

有关煤炭气化和所生产合成气的净化已经在第 3 章中做了相当详细的介绍，而把部分 CO 转化为氢气的水汽变换反应将留在煤制氢的第 6 章中详细介绍。本章的重点是介绍两个相互逆转化的循环过程和技术：从煤制合成气生产 SNG 的甲烷化和甲烷水蒸气重整制合成气。

与富氢气体中除去痕量 CO 的甲烷化不同，把高浓度 CO 转化为 SNG 的过程是一个强放热反应。在催化甲烷化反应器概念的发展中，主要目的是要有效除去甲烷化反应释放出的大量反应热，以使因热应力导致的催化剂失活降至最小，并避免因热力学化学平衡而限制甲烷的高得率。除少数特殊反应器概念外，两个主要反应器概念已经被证明是适合于合成天然气生产的：带中间物和 / 或气体循环的串联绝热固定床反应器和流化床反应器。

4.3 固定床甲烷化

固定床甲烷化反应器是作为净化氨合成气气体使用的技术（在合成氨工厂中）。它们被使用于在进入氨合成反应器前通过甲烷化除去富氢气体中的低浓度 CO，一般因催化剂表面炭的沉积而失活。在净化气体应用中，反应热的除去不是一个问题，因为有足够大体积的气体（热容量是足够的）来吸收甲烷化反应产生的热量。但是，对从合成气生产合成天然气而言，则必须考虑甲烷化反应的反应热，因为这时合成气中的 CO 是大量的，产生的热也是大量的。在该情形中，若干甲烷化固定床反应器被串联起来，两个反应器中间带有气体冷却或进行产品气体循环。使用固定床甲烷化反应器生产合成天然气已经发展出若干工艺，下面分别介绍。

4.3.1 Lurgi 过程

Lurgi 煤气化过程是 20 世纪 30 年代在德国发展起来的，是 60 ～ 70 年代仅有的商业可用技术。在那个时候使用它从煤气化生产合成气，再把合成气应用于生产符合管道煤气质量的合成天然气（SNG）。Lurgi 公司自己开发了甲烷化单元，使用内循环的两段绝热固定床反应器。Lurgi 设计并建成了一个中间工厂，在南非 Sasolburg 的 Sasol 和其他中间工厂也是由 Lurgi 和 EL Paso 天然气公司设计由奥地利的 Schwechart 建设的。

在第一个中间工厂中，使用来自 Fisher-Tropsch 工厂测线的合成气来研究甲烷化过程。合成气是由商业化煤气化工厂生产的，包含 Rectisol 淋洗器和变换反应转化器。在第二个中间工厂中，把来自石脑油重整的合成气转化为甲烷。在这两个中间工厂中，甲烷化单元由两个带内部气体循环的绝热固定床反应器构成，如图 4-2 所示。中间工厂使用了两个不同的甲烷化催化剂，操作了 1.5a。一个是含 20%（质量分数）镍的商业 Ni/Al_2O_3 催化剂，另一个是由 BASF 公司特别发展的高镍含量甲烷化催化剂。使用第一个催化剂的实验，发现催化剂快速失活；而使用第二个催化剂甲烷化操作进行了 4000h，在 32% 催化剂床层高度后达到绝热平衡温度 450℃，见图 4-3。

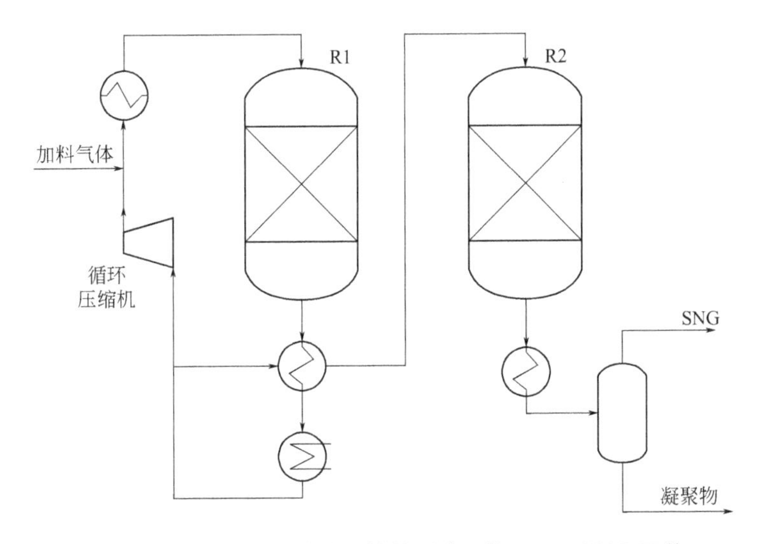

图 4-2　使用绝热固定床甲烷化反应器的 Lurgi SNG 工艺

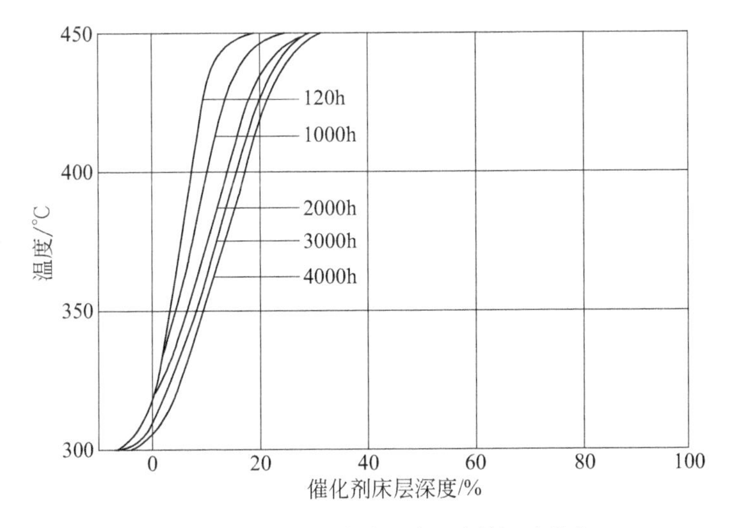

图 4-3　第一个固定床反应器中的温度分布

表4-3 Lurgi工艺中间工厂的操作参数和气体组成

项目	进料气体	固定床反应器 R1		固定床反应器 R2	
		进口	出口	进口	出口
温度 /℃	270	300	450	260	315
气体流速（湿）/（m^3/h）	18.2	96.0	89.6	8.2	7.9
H_2 /%	60.1	21.3	7.7	7.7	0.7
CO /%	15.5	4.3	0.4	0.4	0.05
CO_2 /%	13.0	19.3	21.5	21.5	21.3
CH_4 /%	10.3	53.3	68.4	68.4	75.9
C_{2+} /%	0.2	0.1	0.05	0.05	0.05
N_2 /%	0.9	1.7	2.0	2.0	2.0

对使用第二个催化剂的典型中间工厂运转的试验条件和气体组成摘录于表 4-3 中。

在试验期间，研究了 H_2/CO 比（2.0、3.7、5.8）、CO_2 含量、H_2O 含量、C_2 ~ C_3 含量、硫含量（0.02 mg/m^3 和 4.0 mg/m^3 H_2S）以及压力和温度的影响。

硫化氢的影响示于图 4-4 中，图中给出了总催化剂床层转化率为 6.3% 和 23% 时的硫化氢浓度与操作时间的关系。从 750 ~ 950h，Resctisol 淋洗和 ZnO 床层的装置也在运行，它们使 H_2S 硫的总量降低到 0.04 mg/m^3 和 0.02 mg/m^3 水平。6.3% 催化剂床层后的转化率从 0.5 降低到 0.46，而在 23.8% 催化剂床层后转化率没有变化。从 950 ~ 1230h，ZnO 床层被旁路，6.3% 催化剂床层后的转化率直线降低到 0.42，而在 23.8% 催化剂催化后转化率再一次没有检测到有变化。在从 1230 ~ 1380h 的第三个时期，在合成气中添加 4.0mg/$m^3$$H_2S$，此时在 23.8% 催化剂催化后转化率从 1.0 快速降低到 0.78，而 6.3% 床层后的转化率低于 0.2。

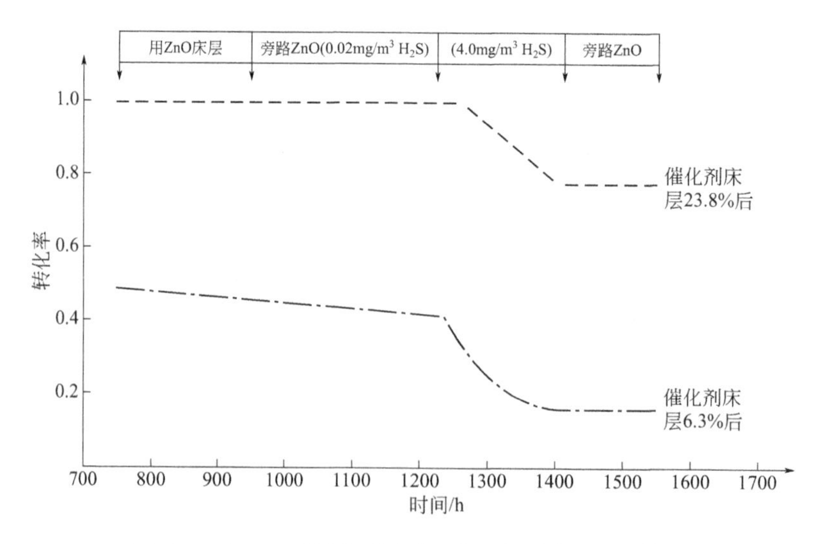

图 4-4 Lurgi 甲烷化器中硫化氢对甲烷化反应的影响

表4-4　加压褐煤气化产品气体体积分数

组分	体积分数 /%
H_2	38.6
CO	32.4
CO_2	15.4
CH_4	11.9
C_{2+} 和 C_{3+}	0.8
H_2S	0.7
其他（N_2）	0.2

表4-5　中间工厂中Rectisol淋洗后痕量烃类和硫含量

组分	含量
C_2H_4	180μL/L
C_2H_6	750μL/L
C_3H_6	10μL/L
C_3H_8	14μL/L
总硫（H_2S，有机硫）	0.08 mg/m^3
H_2S	0.04 mg/m^3

研究指出，150h 的 4.0mg/m^3H_2S 相当于进料气体中含 0.08mg/m^3 总硫的一年甲烷化操作。4000h 后，用氢吸附测定的镍表面积降低约 50%，镍晶粒大小从 4nm 增加到 7.5nm。

基于 Lurgi 和 Sasol 的结果，委托大平原合成燃料公司在美国北达科他州建设第一个也是仅有的一个从煤炭生产 SNG 的工厂。该工厂由达科达气化公司操作，有 14 个 Lurgi Mark Ⅳ固定床汽化器，后面跟着变换转化单元（总流量的 1/3）和使用 Rectisol 淋洗硫除去二氧化碳单元，见图 4-5。在加压气化炉中，每天 18000t 褐煤（$d_p \approx 0.6 \sim 10$cm）与氧气和蒸汽逆流接触（上升气流气化）。获得的产品气体（干气组成见表 4-4）被冷却，反应产物中水被冷凝以提升过程流。氧气由一个空气分离单元（由分子筛和冷冻分离单元构成）供给。经过 Rectisol 淋洗，只残留痕量的烃类和硫化合物，见表 4-5。甲烷化单元后，产物气体被压缩和干燥，除去 CO_2，得到满足要求的可以通过管网发送给末端用户的 SNG。自 1999 年以来，这个 SNG 气体生产单元产生的 CO_2 已经被邻近油田用于增强油回收。除了 SNG 和 CO_2 以外，在工厂中产生如下的副产物：氡、氙、空气分离单元的液氮；在气液分离器单元中生产的石脑油、苯酚和脱苯酚的甲苯基有机酸。通过使用 Rectisol 单元后的肥料生产，氨合成工厂的产量增加了。

自 1984 年调试以来，在北达科他的商业工厂已经生产出达到管道气体质量的 SNG 超过 20 年，可利用性 98.7%。设计的生产能力是 3.54 百万立方米 /d 合成天然气。1992 年以后，工厂交付 4.81 百万立方米 /d SNG，因为进行了连续的过程优化和解决了瓶颈问题。在 Rectisol 单元后的洁净合成气含大约 20×10^{-9} 总硫化合物，这使催化剂的寿命达到约 4 年。

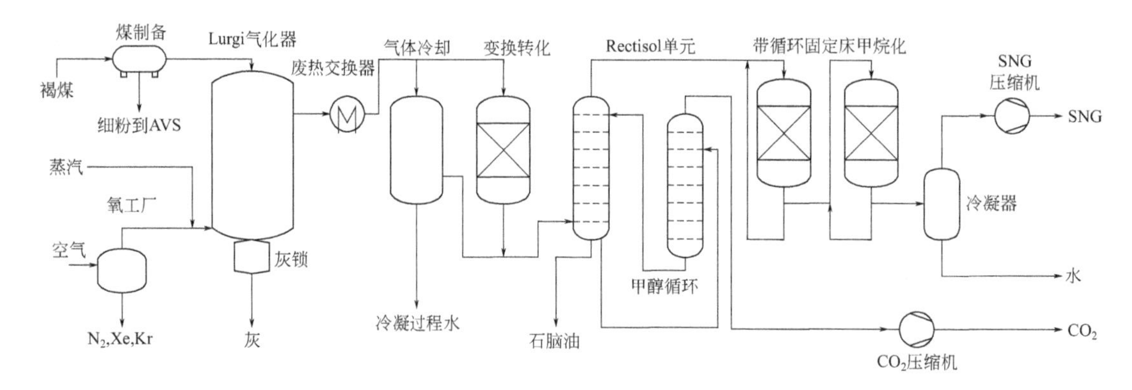

图 4-5　大平原合成燃料工厂的简化流程图

4.3.2 TREM 过程

在 20 世纪 70 ～ 80 年代，德国 Kernforschungszentrum Julich、Rheinische Braunkohlewerke 和丹麦的 Haldor Topsoe 研究蒸汽甲烷重整和合成气甲烷化循环过程设计作为从核能高温反应器长距离储存和发送过程热量（NFE 项目 - 核能长距离传输）。对高反应焓变的蒸汽重整反应（和它的逆反应，甲烷化）是以此为目的进行开发研究的。甲烷使用核能进行重整，合成气通过管道传输到消耗热量的位置，在那里它被钒催化剂转化成甲烷和水以闭合循环产生热量。蒸汽重整是在模试单元 EVA Ⅰ中进行研究的，而甲烷化研究是在模试单元 ADAM Ⅰ单元中进行的（释放的热量 $0.3MW_{th}$），运行时间超过 1500h。甲烷化工厂 ADAM Ⅰ由三个绝热甲烷化反应器构成，包括按照 Haldor Topsoe 的 TREM™ 工厂再循环，见图 4-6。

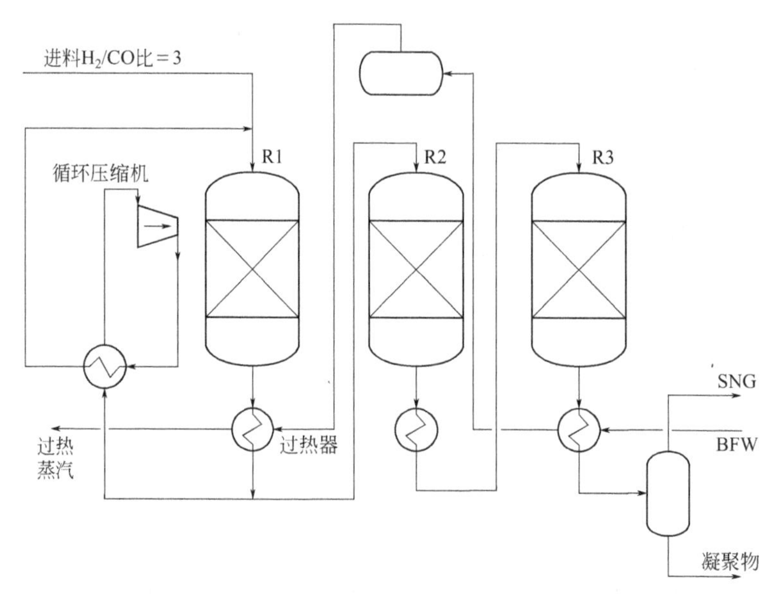

图 4-6　TREMP™ 工艺示意图

TREMP 代表 Topsoe 再循环能量有效的甲烷化工厂，是一个热量回收概念，因它产生超高压过热蒸汽。在反应器中的温度范围为 250 ～ 700℃，压力高达 30atm。ADAM Ⅰ的三个固定床反应器的温度分布示于图 4-7 中。除了反应器技术，高温甲烷化催化剂（MCR-2X，MCR4）也是由 Haldor Topsoe 提供的。催化剂在 600℃的试验超过 8000h。氢化学吸附的结果证明，活性表面积从新鲜时的 7 m^2/g 降低到 2 ～ 3m^2/g。

NFE 过程循环（EVA Ⅰ + ADAM Ⅰ）在 1979 年已经连续运转示范了 550h。试验参数摘录于表 4-6 中。直到 1981 年，操作可能已经超过 1500 h。在 1981 年过程示范单元 EVA Ⅱ /ADAM Ⅱ（ADAM Ⅱ释放热量 5.4 MW_e）由 Lurgi 建立，操作时间多于 10150h，直到项目在 1986 年停止，因为发展高温核反应器技术不再继续了。

Haldor Topsoe 仍然为从合成气生产合成天然气提供了 TREMP 工艺。

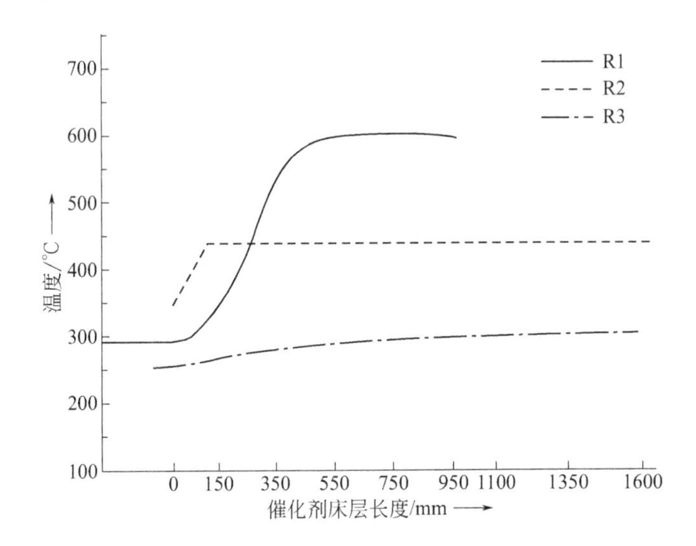

图 4-7　ADAM 工厂绝热固定床反应器的温度分布

表4-6　1979年3月ADAM Ⅰ操作参数和气体组成

项目	进料	R1		R2	R3	SNG
		进口	出口	出口	出口	
温度 /℃		300	6.4	451	303	23
压力 /atm	27.3	27.2	27.1	27.05	27.0	27.0
气体 /（m/h）						
气体组成（体积分数）/%						
H_2	65.45	36.88	20.96	8.10	1.77	3.11
CO	9.84	4.28	1.17	0.00	0.00	0.00
CO_2	8.96	6.13	4.46	2.07	0.95	1.67
CH_4	11.30	28.12	37.44	44.36	47.28	82.95
H_2O	—	19.19	29.82	38.84	43.06	0.10
N_2	4.4	5.41	6.15	6.64	6.93	12.13

4.3.3 Conoco/BGC 过程

在世界范围内，1972 年在 Westfield 煤气化工厂（苏格兰）第一个建立完成从煤到 SNG 的完整工艺链示范工厂，运转实践已经证明它是成功的。在该工厂中，大陆油公司（Continental Oil Company）(今 Conoco Philips，美国) 和 British Gas Corporation(BGC, 英国) 发展建立了固定床气体再循环绝热甲烷化反应器。甲烷化单元与已有的 Lurgi 固定床气化炉连接了起来。甲烷化前的气体净化是一个 Lurgi-Rectisol 纯化单元完成的。1974 年 8 月和 9 月，大约 $5.9\times10^7 m^3/d$ SNG 进入地区性天然气管道网，占总气体管网的 60%。但没有找到此工厂的试验数据和流程图。

4.3.4 HICOM 工艺

British Gas Corporation 的 HCM 技术的进一步发展形成了 HICOM 工艺，该工艺中把变换和甲烷化进行了组合。使用这个直接路线，从煤到 SNG 的热效率设计值约 70%（不考虑纯氧生产的能量需求）。此时，从煤气化产生的气体被冷却和脱硫，然后进入甲烷化单元，接着除去 CO_2。与上面描述的工艺比较，CO_2 除去是在甲烷化步骤之后而不是在它之前。所以，CO_2 除去单元并不需要掌控硫化合物。这个变换 / 甲烷化单元的简化工艺流程图示于图 4-8 中。

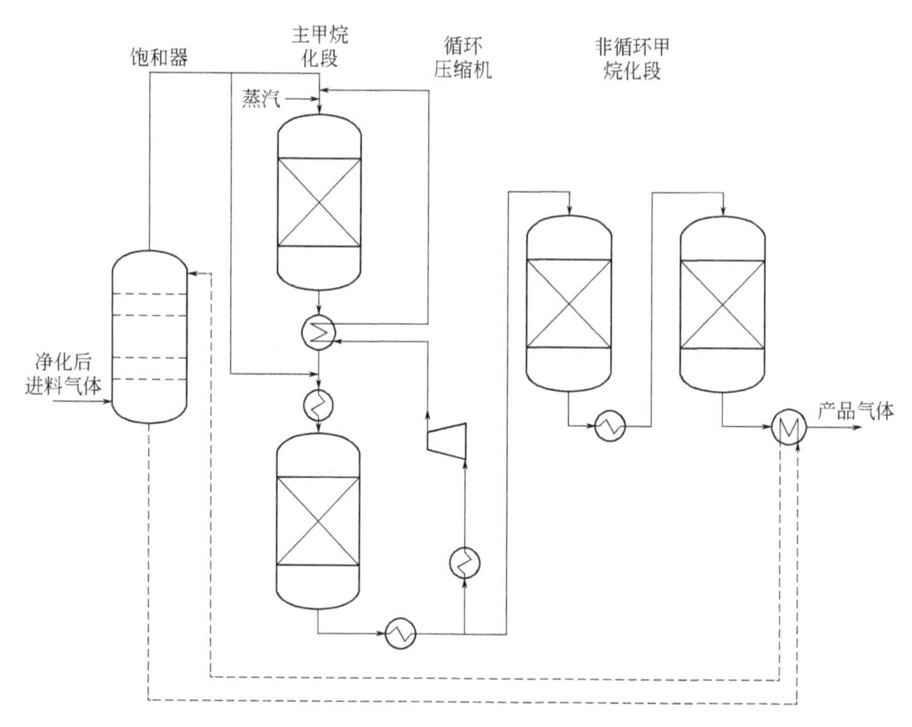

图 4-8　HICOM 工艺简化流程图

净化后的气体在一个逆流填料塔中被加热和用热水饱和。然后，合成气通过一组固定床反应器。温度由冷却过的平衡产物气体循环来控制。过量蒸汽加入第一个甲烷化反应器以扼制表面炭的沉积。但是，过量蒸汽降低热效率和可能导致催化剂烧结。来自主甲烷化反应器产物气体的一部分被再循环，而另一部分通过一个或多个低温固定床甲烷化反应器。在最后一个反应器中，尚未转化的 CO 和 H_2 被转化为 CH_4 和 CO_2。释放热量的大部分被使用于产生高压蒸汽，而来自最后一个反应器的热量被使用于加热饱和水。

建立的一个模试反应器（直径 12.5 mm）被使用于筛选催化剂和考察工艺条件。直径 37mm 的中间工厂反应器被使用于在接近工业条件下进行长期试验研究。中间工厂中使用的典型气体组成和操作条件摘录于表 4-7 中。若干试验运行超过 2000h，催化剂颗粒的大小 3.2 mm 和 5.4 mm。

表4-7　HICOM中间工厂试验的操作参数和其他组成

项目		进料气体	产品气体
进口温度 /℃		230	320
压力 /atm		25	70
最大温度 /℃		460	640
干气体组成（体积分数）/%	H_2	11.7	5.5
	CO	12.6	1.1
	CO_2	43.0	53.1
	CH_4	31.7	39.3
	N_2	1.0	1.1

一个半商业规模的工厂在 Westfield 发展中心（苏格兰）建立，来自 British Gas/Lurgi 熔渣气化炉的 5300 m^3/h 净化后合成气被转化为 SNG。没有发现有商业规模的试验数据。

4.3.5 Linde 工艺

在 20 世纪 70 年代，德国 Linde AG 开发出带间接热交换的等温固定床反应器。冷却管束被放置在催化剂床层中，如图 4-9 所示。在一个报道中公开了已经在工厂中使用这类反应器从煤衍生合成气生产 SNG 的信息。反应器本身被认为是能够从放热甲烷化反应的热量生产蒸汽的。蒸汽的一部分应该被加到合成气化合物中以降低在催化剂上沉积炭的危险，因为在 Linde SNG 工艺流程图中已经有描述，见图 4-10。合成气混合物被引入等温和绝热甲烷化反应器中。也有可能把一部分等温反应器的产品气体加到绝热反应器中，以增加甲烷产率。两个反应器的产品气体最后被混合、冷却，反应产物中的水被冷凝。

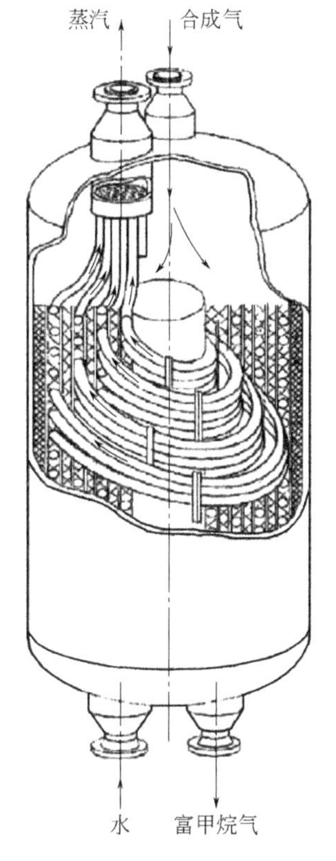

图 4-9　等温 Linde 反应器示意图

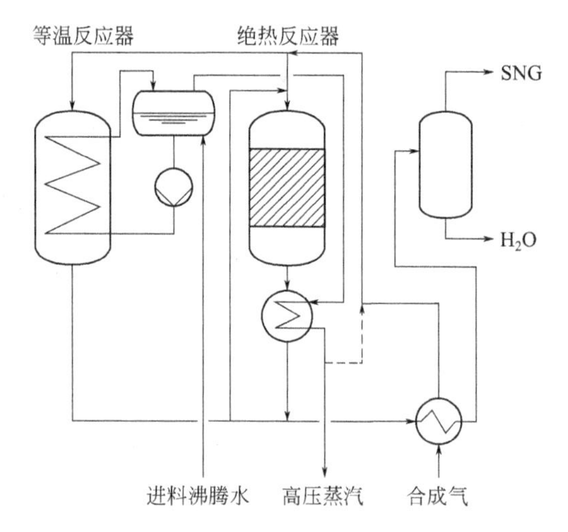

图 4-10　用一等温和一绝热固定床反应器的 Linde SNG 工艺流程图

没有有关使用 Linde 等温反应器把合成气转化为 SNG 的信息。也没有发现有关这个反应器的温度和催化剂的信息。今天，Linde 等温反应器已经在甲醇合成工厂使用。

4.3.6 RMP 工艺

美国 Ralph M Parsons 公司推出了没有气体循环和没有分离变换转化单元的高温甲烷化工艺。该甲烷化工艺示于图 4-11 中，由带有中间气体冷却的 4 ～ 6 个串联的绝热固定床甲烷化反应器构成。洁净气体能够按不同的分布比加入前四个反应器，蒸汽加入第一个反应器。系统的压力为 4.5 ～ 77atm，反应器入口温度为 315 ～ 538℃，H_2/CO 比为 1 ～ 3。表 4-8 显示干气组成和在 27atm 下进行的试验的温度。H_2/CO 比值为 1 的净化后气体，其中的 40% 与蒸汽一起进入第一个反应器，入口温度 482℃。产品气体被冷却，然后与合成气的 30% 混合，加入第二个反应器。合成气的最后 30% 与前两个反应器的产品气体一起加入第三个反应器。控制第四、第五和第六个反应器的入口温度，如表 4-9 所示。在第一个反应器中，CO 通过水汽变换的主要产物为 CO_2 和少量的 CH_4。

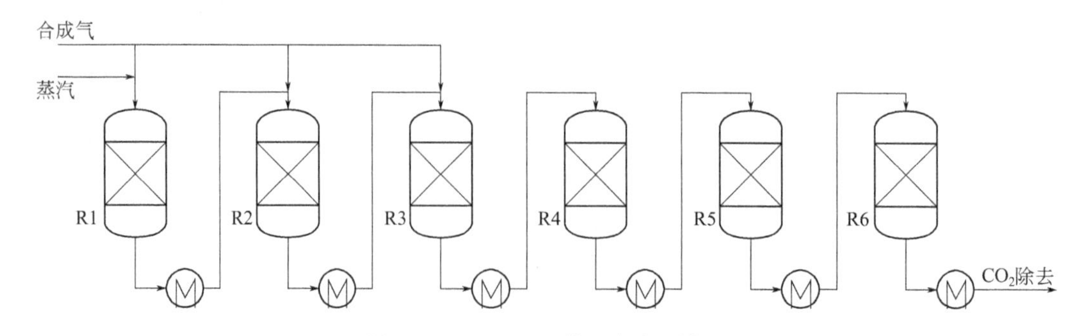

图 4-11　RMP 工艺固定床甲烷化

对离开第六个反应器的产品气体，除去水和二氧化碳，并加料到最后干甲烷化阶段，以把氢气和 CO 的含量分别降低到 3% 和 0.1%。

没有有关催化剂和反应器尺寸的数据发表，1977 年后在文献中再没有发现更多的有关这个项目的信息。

表4-8　27atm RMP工艺的干气组成

项目	合成气	R1	R2	R3	R4	R5	R6
进口温度 /℃	—	452	538	538	538	316	260
出口温度 /℃	—	773	779	773	717	604	471
出口压力 /atm	273	26.7	25.6	24.6	23.6	22.6	21.5
进口合成气体积分数 /%	—	40	30	30	—	—	—
进口蒸汽 / 气体比	1.2	0.88	0.56	0.43	0.50	0.65	0.83
干气体体积分数，出口 /%							
H_2	49.80	53.53	48.07	43.09	36.90	22.86	9.29
CO	49.80	13.97	18.46	20.63	15.25	5.64	0.87
CO_2	0.10	25.80	24.04	23.64	29.21	39.90	46.8
CH_4	0.30	5.70	9.43	12.64	18.64	31.60	43.00

表4-9　ICI/Koppers甲烷化工艺的干气体组成和温度

项目	R1		R2		R3	
	进口	出口	进口	出口	进口	出口
温度 /℃	398	729	325	590	300	428
气体体积分数 /%						
H_2	42.9	35.5	35.5	20.3	20.3	5.8
CO	31.1	14.5	14.5	4.3	4.3	0.3
CO_2	24.7	40.2	40.2	53.9	53.9	62.7
CH_4	24.7	40.2	40.2	53.9	53.9	62.7
N_2	1.2	1.4	1.4	1.7	1.7	2.0
H_2O①	67.3	72.3	72.3	94.4	94.4	118.2

① 相对于 100 干气体体积的蒸汽。

4.3.7 ICI/Koppers 工艺

类似于 RMP 工艺，使用 ICI（帝国活性工业公司，英国）开发的催化剂于高温下一次通过进行甲烷化的工艺。该工艺目标是要从 Koppers-Totzek 煤气化器生产的合成气转化为 SNG。该工艺由带有中间物气体冷却的三个串联绝热反应器构成，如图 4-12 中所描述的。

第一个甲烷化反应器的入口温度设置为 400℃。蒸汽量以这样的方式加入，使反应器的温度不超过750℃。一个试验的气体组成和温度示于表4-9中。

开发的催化剂有高镍含量（氧化镍，约60%），在1500h试验中显示有好的活性、选择性和物理强度。没有建立大规模的工厂。

4.4 流化床甲烷化

众所周知，流化床反应器适合强放热非均相催化反应的大规模操作。流化固体的混合能够使反应器处于几乎是等温的条件，因此使操作的控制变得容易和简单。与固定床反应器相比，流化床反应器的传热和传质速率是高的。更大的优点在于，操作中容易连续地除去、添加和再循环催化剂。但是，应该特别注意，催化剂颗粒的磨耗和带出是其主要问题。

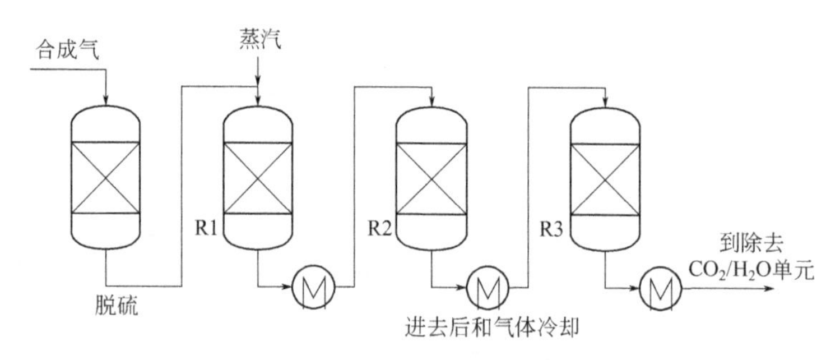

图4-12 ICI/Koppers甲烷化工艺流程

4.4.1 多加料口流化床

在1952年，矿务局（美国内务部）启动利用煤气化和甲烷化来生产符合管道气质量的合成天然气项目。在这个研究项目内，要发展一个固定床和两个不同的流化床（FB）甲烷化反应器，总操作时间高于1000h。第一个流化床反应器的直径约19mm，高度180cm，6.4mm带翅挡板。有热偶插入分散的催化剂中，用以测量催化剂床层温度。在这个橱柜式FB反应器内，测量的温度差超过100K。为此原因，建立了有多个加料口的流化床。第二个流化床反应器的内径25.4mm，气体分布器上面的高度99cm，见图4-13。两个系统的操作温度和压力范围分别为200～400℃和高达20.7atm，也可以以循环模式操作，循环比达4。试验中使用300～400cm^{3}体积的铁和兰尼镍催化剂，催化剂床层高度相当于90～120cm。两种催化剂的颗粒度分布d_p 63～180μm。加料气体的H_2/CO比为1～3，表观气体速度约0.3～0.43m/s。结果显示，多进料口流化床有好的温度控制（图4-14）。对甲烷化反应，镍催化剂优于铁催化剂。铁催化剂的活性不够高，不足以生成符合管道煤气质量的SNG；H_2和CO的转化率不超过80%；此外还生成了较高级的烃类C_{2+}和C_{3+}。而镍催化剂的活性很高，适合于合成气的甲烷化，但对硫中毒极端敏感。在流化床试验中使用了不同类型的镍催化剂。

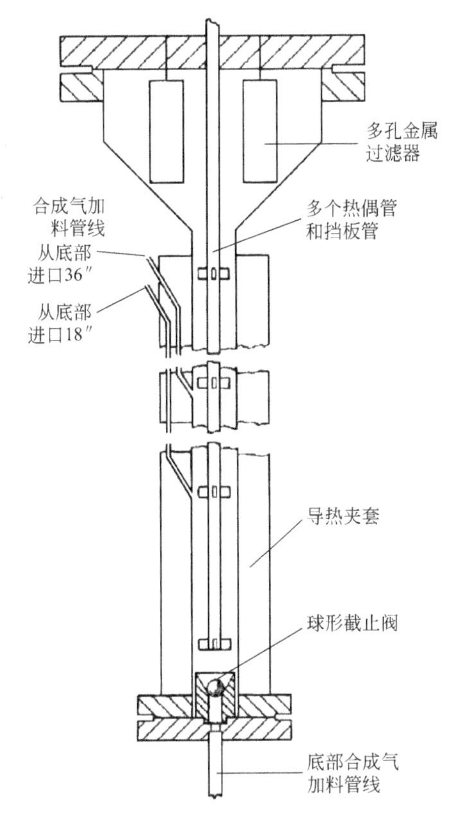

图 4-13　多加料口流化床示意图

多加料口流化床反应器在 370 ～ 395℃温度范围操作大约 1120h，还对两个催化剂进行了再生循环试验。第一次再生是在操作 492h 和产品气体的热值从 33.5MJ/m^3 降低到 31.4 MJ/m^3 后。对此再生，催化剂被放出，使用碱萃取活化。第二次运转坚持 470h，第三次坚持约 165h。在所有试验中，使用的合成气使用天然气蒸汽重整获得。压缩后通过活性煤焦冷阱，最后储存于气柜中备用。经煤焦冷阱后的总硫含量大约为 0.23g/m^3。在 1955 年和 1956 年的最后报道后，没有更多有关该项目的信息透露。

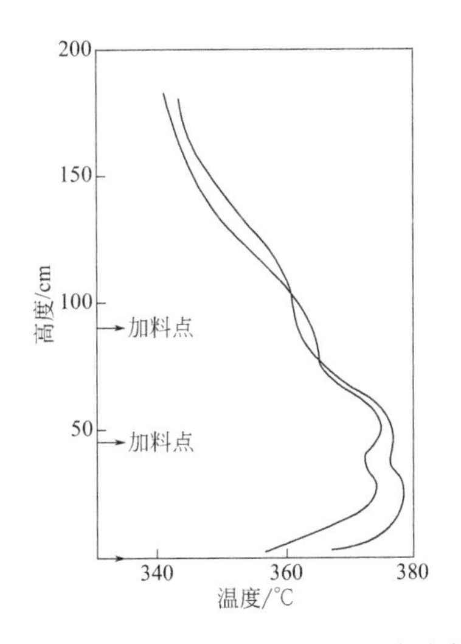

图 4-14　多加料口流化床的温度分布

4.4.2 气固流化床—— Bi-Gas 项目

生物气体项目由烟煤研究公司（BCR，美国）启动，目标是从煤生产 SNG。煤在载流床气化器中使用氧和水进行气化。载流床气化器由两段构成：在上段，加料粉煤与蒸汽和来自下段的热气体反应生成合成气和焦；焦在下段被氧和蒸汽完全转化，提供上段吸热反应所需要的热量。在下段和上段的温度分别为 1540℃和 927℃。产生的产品气体被净化、变换和除去 CO_2 和 H_2S。除去酸性气体后，合成气被加料进入催化甲烷化反应器中。该过程的流程示于图 4-15 中。

在 Bi-Gas 项目内发展的甲烷化反应器是气固流化床反应器，含两个加料口和两个管式热交换器，如图 4-16 所示。反应器直径约 150mm，反应区（流化床层）高度 2.5m。内部包含大约 $3m^2$ 热交换表面积。气体进口区域是锥形的，被冷却夹套所包围。使用的冷却剂是矿物油。

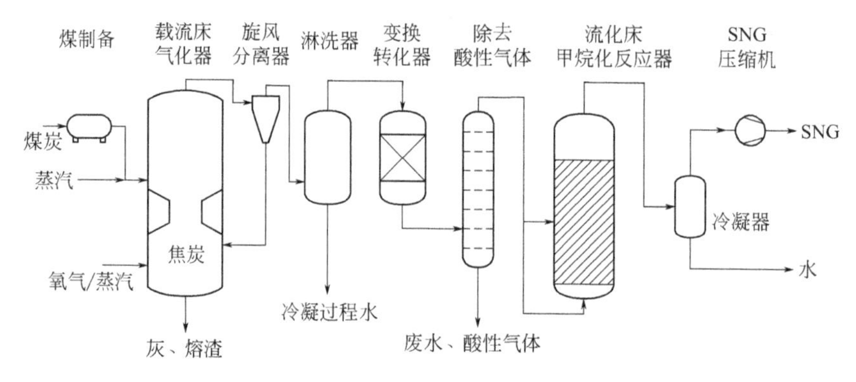

图 4-15　Bi-Gas 工艺流程图

一组试验一般坚持 5 ～ 10d，其温度范围 430 ～ 530℃，压力范围 23 ～ 27atm，催化剂装量 23 ～ 27kg。使用该流化床甲烷化系统累积运行超过 2200 h。中间工厂使用的原料气体是使用天然气蒸汽重整产生的合成气，经水蒸气变换以调整氢一氧化碳比，使之在 1.4 和 3 之间，在除去 CO_2 和 H_2S 后通入该甲烷化流化床反应器。反应器气体的组成为 59 %（体积分数）H_2、19%（体积分数）CO 和 20 %（体积分数）CH_4，及某些量的 CO_2、H_2O 和 N_2。催化剂床层的最小流化速度约 u_{mf} = 0.3cm/s，表观气体速度一般在 2.4 ～ 5.5cm/s，或 8 ～ 18 倍 u_{mf}。发表的试验结果证明，CO 转化率为 70% ～ 95%。相对低的转化率意味着产品气体需要最后在固定床甲烷化反应器中再进行转化。另外，在中间工厂装置中添加了催化剂取样设备，位于催化剂床层中间气体进口的中间。每次取样取出约 100g 催化剂。使用它们测定经不同操作时间后催化剂颗粒大小分布。结果发现，在流化数个小时期间，细粉的量增加而粗催化剂颗粒减少。此后，催化剂达到一恒定的颗粒大小分布，在 160h 操作中几乎保持不变。由早先的 Harshaw 化学公司交付的催化剂是负载在氧化铝载体上的镍、铜和钼。除催化剂外，流化床中部的气体也能够进行取样和分析。两个区域的转化率能够与引入进料气体数据一起来计算。在第一个情形中，100% 的进料气体从底部引进，在其他实验中，高达 40% 的进料气体是在中间气体进口引进的。结果证明，大部分 CO 在床层的第一部分转化（96% ～ 99.2%），见表 4-10。催化剂对水蒸气变换似乎也是非常有活性的，这导致在产品气体中高的CO_2含量。在BCR甲烷化研究项目中，在同一反应器中进行水蒸气变换和甲烷化反应。这个概念已经在1973年被申请专利。

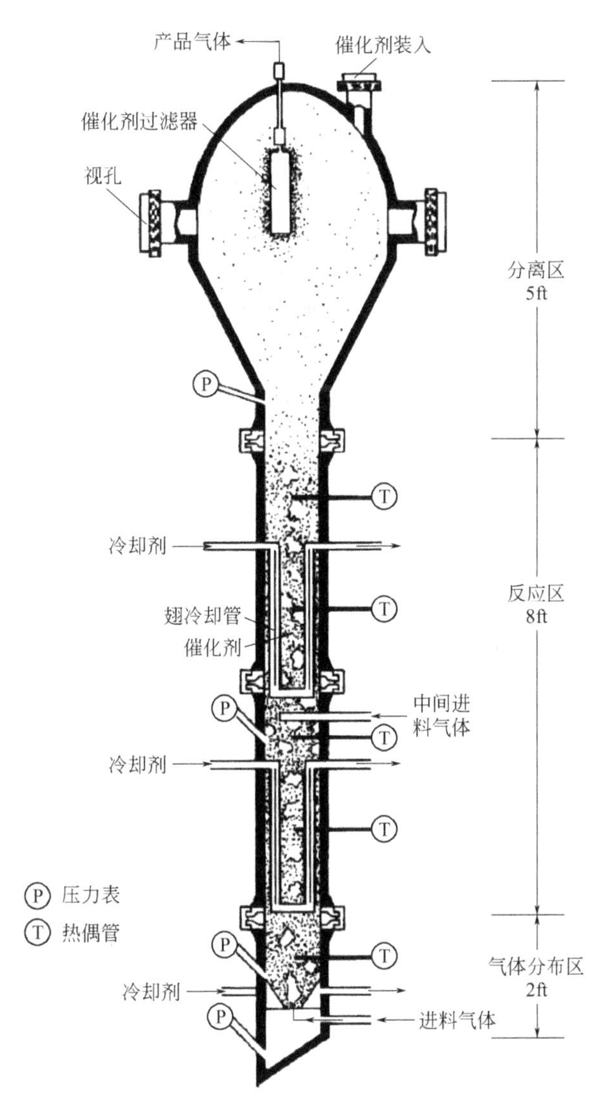

图4-16 流化床甲烷化反应器（1ft=0.3048m）

表4-10 BCR流化床下区和上区CO转化率计算值

项目	温度/℃	进料比	H_2/CO	CO加料/（m^3/h）	CO转化为，膜流/%				CO总转化率/%
					CH_4	CO_2	C_2H_6	合计	
试验24，周期2									
下区	418	100	3.1	15.3	69.2	22.5	4.3	96.0	96.9
上区	398	—	29.5	0.6	15.7	5.1	2.2	23.0	
试验24，周期7									
下区	452	81	2.8	11.0	86.6	10.4	2.2	99.2	99.3
上区	433	19	4.5	2.6	57.7	35.4	3.2	96.3	
试验24，周期6									
下区	478	60	2.9	12.2	88.3	10.2	0.7	99.2	98.8
上区	468	40	3.4	8.1	70.0	24.8	2.2	97.0	

在 1979 年对这些实验数据进行了指数律动力学处理，结果指出，甲烷化对 CO 是一级反应。也发展了一个两相流化床模型来计算反应器出口处的 CO 转化率。由于中间气体进口和沿高度的不同温度，模型把反应区域分为串联的三个流化床。该流化床反应器是否使用了来自 Bi-Gas 载流床气化器的真实合成气进行操作试验，没有任何有关信息可供利用。

4.4.3 Comflux 工艺

1975 ~ 1986 年，德国 Thyssengas GmbH 公司和 Karlsruhe 大学研究的重点是使用流化床甲烷化反应器从煤气化合成气生产符合管道气体质量的 SNG。直径为 0.4m 的中间工厂由德国 Didier Engineering GmbH 公司建造，在 1977 ~ 1981 年操作数百小时，见图 4-17。所谓 Comflux 工艺和试验条件说明于下，见图 4-18 和表 4-11。

1981 后期，筹建了一个直径 1.0m 的预商业化工厂，使用的催化剂（d_p =10 ~ 400μm）有 1000 ~ 3000kg。对这个工厂的调试试验情况已经有详细描述。这个在德国鲁尔化学工业区的工业规模工厂［2000m^3（SNG）/h；高达 20MW（SNG）］证明了 Comflux 工艺的可行性。20MW（SNG）表示的是合成天然气的化学能量。该工艺使用已经调节好 H_2/CO 化学计量比的净化后合成气运转。在专用中间工厂规模中的实验已经证明，等温操作允许使用 H_2/CO 比 1.5 合成气再加蒸汽来进行甲烷化反应（在一个设备中组合了水蒸气变换和甲烷化两个反应）。这对商业工厂而言，省去变换单元和产品气体再循环压缩机，且使高压蒸汽（压力相同）产量上升，于是有可能显著降低投资和操作成本。使用该项目，发展商的目标是要使 SNG 成本比固定床工艺低 10%。当原油价格在 20 世纪 80 年代中期下落时，该技术的发展也被中止了。

图 4-17　Comflux 中间工厂

Karlsruhe 大学对该项目使用的催化剂进行了失活机理、反应动力学、催化剂抗磨损性能的研究，也对合成气中硫化物含量对甲烷化反应的影响以及不同镍催化剂因炭沉积失活现象进行了研究。为此，筹建了一个直径 52mm、高度 1000mm 的模试单元，如图 4-19 所示。

由于不同的设置温度，气体进口和放料区域的温度 T=275℃和反应区域温度 510℃，空反应器的轴向温度分布显示有巨大的温度梯度，如图 4-19（b）中的△线所示。而图中第二条曲线（○）说明的是甲烷化反应温度为 408℃时的温度分布，气体进口和放料区域的温度分别设置为 285℃和 270℃，反应器使用空气冷却。在反应器中的催化剂质量为 750g，气体速度 0.2 m/s，气体混合物的 H_2/CO 化学计量比为 3。

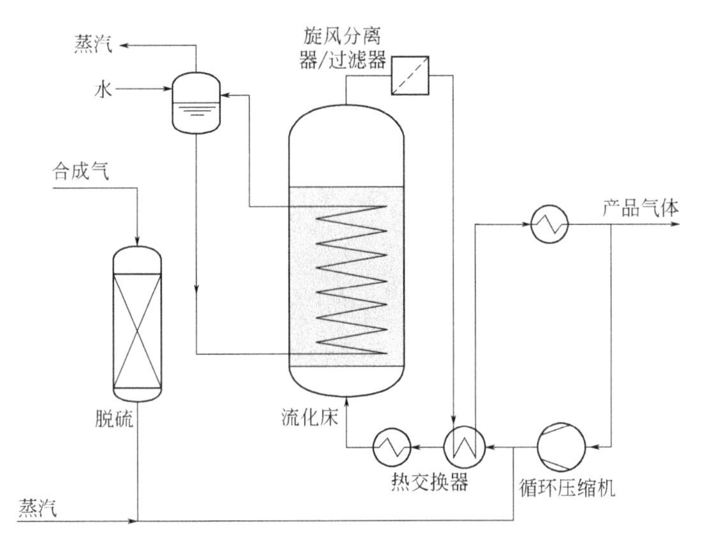

图 4-18 Thyssengas 工艺流程图

表4-11 Thyssengas中间工厂实验条件

温度/℃	300 ～ 500
压力/atm	20 ～ 60
H_2/CO 比	高达 4
循环/进料比	高达 2
气体速度/（m/s）	0.05 ～ 0.2
床层直径/m	0.4
床层高度/m	2 ～ 4
颗粒大小/μm	50 ～ 250
催化剂质量/kg	200

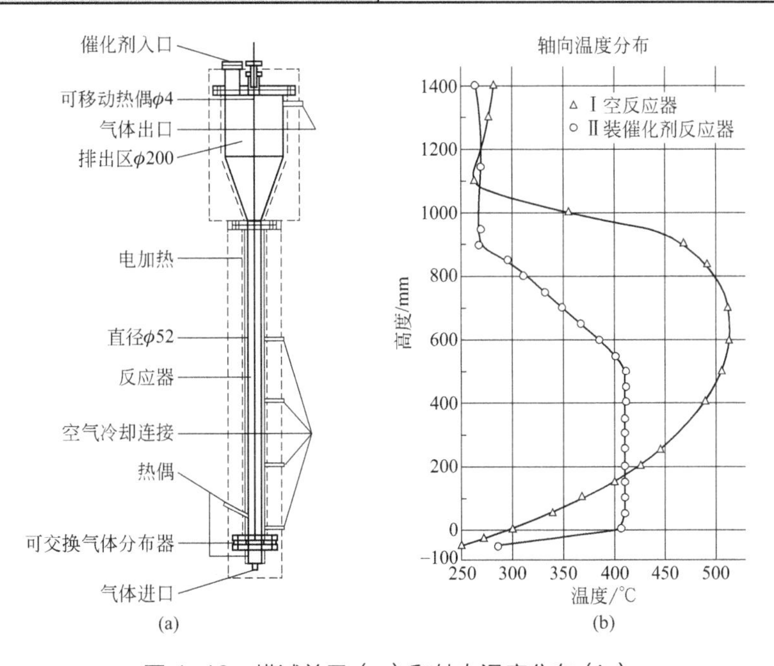

图 4-19 模试单元（a）和轴向温度分布（b）

4.5 气体燃料合成的其他概念

4.5.1 合成乙烷项目

在 20 世纪 70 年代，匹兹堡能源技术中心（PETC，美国）在合成乙烷框架下发展催化管壁反应器、绝热平行板甲烷化反应器和混合反应器，后面两个反应器带有气体再循环。

管壁反应器本质上是一根反应管，管子的内壁或外壁涂渍有兰尼镍［42%（质量分数）Ni，58%（质量分数）Al］，涂层厚度为（635 ± 50）μm。其优点是能够通过反应器壁的热传导把热量传给有机冷却剂，以及具有非常低的反应器压力降。甲烷化反应器试验使用的合成气原料是由天然气蒸汽重整制备的，制备中包含了两个脱硫步骤。使用三个不同的模试反应器，在气体组成化学计量比（H_2/CO）=3 ～ 3.3 下进行了数千小时的实验，壁温大约为 390℃，压力 20atm，气体再循环比为 0.5 ～ 3。同样在 1980 年原油价格下跌后，再也没有有关这类反应器和合成乙烷项目的信息了。

4.5.2 液相甲烷化

为有效地除去反应热，Chem System 公司（美国）还提出了另外一种生产 SNG 的方法，开发出气液固三相流化床反应器，如图 4-20 所示。在煤气化器中生产的合成气与循环的过程液体（矿物油）一起被引入液相甲烷化催化反应器（LPM）中，使用矿物油吸收反应热。产品在一分离液相和气体的分离器中分离。液体介质被泵入过滤器以除去催化剂粉末，并再循环回到 LPM 反应器中。气体产品（主要是甲烷和二氧化碳，以及少量未转化氢气和一氧化碳）进行分析后送到一个火炬中，不再进行气体循环。

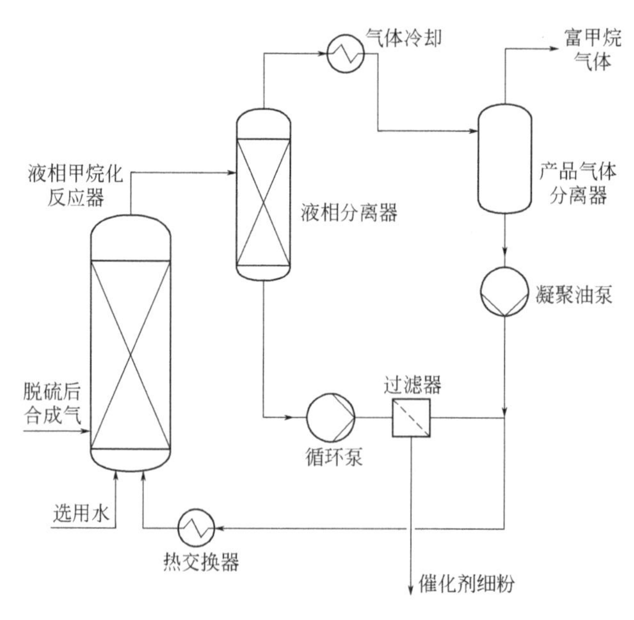

图 4-20 液相甲烷化概念

使用不同的镍催化剂（Harshaw、Engelhard、CCI 和 Calsicat）、不同的液体介质和操作条件 (260 ～ 360℃、20.7 ～ 69atm、H_2/CO 比 1 ～ 10、添加水) 在三个不同大小的反应器中进行实验。在模试、中试和中间工厂中使用的甲烷化反应器的尺寸和所使用的工艺条件见表 4-12 中。模试单元（BSU）和工艺发展单元（PDU），每个反应器的每次操作 40 ～ 80h，进行了若干次操作，模试规模反应器还进行了两个 1400h 的长期试验。

在 1977 年 3 月到 1978 年 6 月期间，在中间工厂中完成了总数超过 300h 的甲烷化反应试验。结果显示，三相流化床反应器具有低转化率和高催化剂损失。有关中间过程操作的详细报告在 1979 年由美国能源部制备给出，于是液相甲烷化 LPM 项目在 1981 年就终止了。

表4-12　液相甲烷化反应器和操作条件

项目	实验室反应器	模试反应单元	中间工厂
反应器直径 /cm	2.0	9.2	61.0
反应器高度 /cm	1.2	2.1	4.5
其他流速 /(m^3/h)	0.85	42.5	425 ～ 1534
催化剂床层高度 /m	0.3 ～ 0.9	0.61 ～ 1.8	—
催化剂质量 /kg	—		390 ～ 1000
压力 /atm	20.7 ～ 69		34 ～ 52
温度 /℃	260 ～ 380		315 ～ 360
H_2/CO 比	1 ～ 10		2.2 ～ 9.5
催化剂颗粒大小 /mm	0.79 ～ 4.76		—

4.6 煤直接加氢生产 SNG

4.6.1 概述

据统计，2013 年中国天然气表观消费量达 1676 亿立方米，进口量达 530 亿立方米，对外依存度为 31.6%。随着中国经济的进一步发展和环境要求的进一步严格，天然气需求量迅速上升，天然气资源短缺将严重影响中国的经济建设、社会发展以及能源安全。与此相反，我国褐煤、长焰煤等低阶煤储量丰富，已探明储量 5610 亿吨以上。因此，将这些储量丰富但热值低、运输成本高的低阶煤资源进行清洁高效利用成为必然趋势。中国对合成天然气的需求旺盛，正在建设和计划建设的从煤炭制 SNG 项目的总产气容量每年达 1200 亿立方米，如本章引言部分的表 4-1 所示。

自高温高压下煤的加氢甲烷化反应被 Dent 等发现以来，对煤的加氢甲烷化过程进行了广泛研究。以生产代用天然气为目的的煤加氢甲烷化技术迅速发展。近一个世纪以来，诸多学者在不同反应条件下及多种系统中，对多种含碳原料的加氢甲烷化反应进行了广泛研究。20 世纪 70 ～ 90 年代是加氢甲烷化研究的黄金期，Hygas、Hydrane、BG-OG 等几种典型煤加氢甲烷化工艺相继进行至中试阶段。由于当时天然气价格较低，加氢甲烷化技术成果更多地作为储备技术而停滞不前，至今仍没有能实现产业化。

十多年前，就已经开始重新考虑使用煤和生物质来生产SNG，因为天然气价格的上升，也是为了减少对进口天然气的依赖和利用可再生资源。特别是美国，对煤制天然气显示有相当大的兴趣，因其煤资源丰富（至少可以坚持数百年）。把国内资源转化为天然气不仅能够满足对天然气的需求而且能够稳定能源市场。转化煤到天然气的第二个优点是，产生的浓缩 CO_2 副产物来自气体净化和 / 或燃料提级步骤，不再需要有与 CO_2 分离相关的附加成本。相反，对燃煤发电厂而言，需要配备碳捕集和存储（CCS）装备同时使效率损失相应增加。因为在低碳经济中，碳捕集和封存（CCS）在碳管理中是至关重要的，是经济地评价 SNG 工艺的重要因素（CO_2），能够被存储在非大气储存库中，例如地质形成的深底地层或深海。

与前面叙述的合成天然气 SNG 生产工艺（从煤气化制成合成气后再进行甲烷化来生产）不同，本节中的合成天然气生产一般不再经过合成气步骤而是由碳或煤直接加氢来生产合成的。

近年来，随着天然气需求增加和价格上涨，煤制天然气技术成为研究热点之一。相比间接煤制天然气技术，煤直接加氢制天然气技术以 $C + 2H_2 = CH_4$ 为主反应，具有流程短、能耗低、工艺简单和投资省等特点，重新引起了人们的兴趣。工艺条件如温度、压力、催化剂、煤种和气化剂等对煤直接加氢气化制甲烷都有重要影响。下面对研究过的 3 种典型的煤加氢甲烷化工艺（即 Hygas、Hydrane、BG-OG）以及低阶煤炭化脱氧、高活性半焦直接加氢制甲烷工艺做简要介绍。在介绍这些煤加氢制甲烷的工艺以前，先简要介绍煤直接加氢制甲烷的催化剂。

4.6.2 煤直接加氢制甲烷的催化剂

人们对煤加氢甲烷化催化剂已进行了广泛的研究，一般认为碱金属尤其是钾盐和钠盐对煤加氢甲烷化反应的催化效果最佳。采用浸渍法可以将这些催化剂很好地分散在煤粒表面，催化效果好。对煤焦加氢甲烷化的催化作用研究表明，取决于催化剂金属和煤焦的种类，催化剂的活性顺序为 $K_2CO_3 > Na_2CO_3 > Fe(NO_3)_2 > Ni(NO_3)_2 > FeSO_4$。研究也发现，过量 K_2CO_3 熔融后包覆在煤粉颗粒表面，阻碍了煤加氢气化反应的进行，造成催化效果下降。采用 K_2CO_3 催化煤加氢甲烷化时，碳含量高的煤其产品气最终组成（CO、CH_4 和 C_nH_m 含量）优于碳含量低的煤。但是，K_2CO_3 对碳含量低的低阶煤催化作用更加明显。对褐煤进行的催化加氢甲烷化研究发现，其催化活性顺序为 $K_2CO_3 > Na_2CO_3 > Ni(NO_3)_2 > Ca(OH)_2$。其原因在于：碱金属化合物 K_2CO_3、Na_2CO_3 在反应过程中与煤样发生侵蚀开槽作用，改变了煤的孔隙结构并产生大量加氢反应活性位，因此使反应速率明显提高。

过渡金属化合物 $Ni(NO_3)_2$ 对煤加氢甲烷化反应的催化作用只体现在整个气化反应的前半段，在反应的后半段催化剂迅速失活。因此，Ni 基催化剂对煤加氢甲烷化反应的整体效果较碱金属弱。碱土金属化合物 $Ca(OH)_2$ 催化剂对煤加氢甲烷化反应的催化作用较弱，这是由于在甲烷化反应的前期 $Ca(OH)_2$ 在高温下失水生成的 CaO 吸收了部分热解气中的 CO_2，表观上降低了碳转化率。在甲烷化反应的后半段，$Ca(OH)_2$ 经过失水和固碳作用后在煤粉表面的分散度发生改变，从而影响它对煤加氢甲烷化反应的催化作用。

在常压下，对过渡金属催化煤焦加氢甲烷化反应的研究指出，铁、钴、镍含量仅为0.1%（质量分数）时便表现出显著的催化活性，活性顺序为钴＞镍＞铁。提出了用氢溢流机理解释煤焦加氢甲烷化反应过程的观点：氢气分子被镍催化剂吸附并在其上面进行解离、活化后溢出，溢出的活性氢与周围的碳反应生成甲烷。

催化剂前体类型也影响催化剂对煤加氢甲烷化反应的活性，从 $Fe(NO_3)_3$ 和 $(NH_4)_3Fe(C_2O_4)_3$ 前体获得的催化剂对煤甲烷化反应的催化作用明显，而前体为 $FeCl_3$ 和 $Fe_2(SO_4)_3$ 的催化剂催化作用不明显。主要原因可能是：反应过程中 $Fe(NO_3)_3$、$(NH_4)_3Fe(C_2O_4)_3$ 转化成粒度较细（30nm 左右）且分散均匀的 α-Fe 和 Fe_3C，催化作用较好，而 $FeCl_3$ 和 $Fe_2(SO_4)_3$ 在反应过程中转化成粒度较大（＞100nm）且分散不均匀的 α-Fe；而对 $Fe_2(SO_4)_3$ 则部分生成了没有催化作用的 FeS。

研究还发现聚乙烯与煤在加氢甲烷化过程中具有协同作用。在 1073K、7.1MPa、聚乙烯添加为 10% ～ 50%（质量分数），设定反应时间分别为 1s、2s、5s、20s、80s 的条件下，两者混合后进行加氢甲烷化反应所获得的产品气体积明显高于它们单独气化时所获得的产品气体积之和。其主要原因在于：在煤的加氢热解阶段（煤加氢甲烷化反应的初始阶段，主要为吸热反应），聚乙烯的加氢热解（吸热反应）和加氢气化（放热反应）两种反应同时发生，聚乙烯加氢气化反应所放出的热量多于其加氢热解反应所吸收的热量，剩余热量仍可满足煤加氢热解所需要的热量。因此，在此阶段煤的加氢热解反应得到增强，甲烷产量提高。说明煤和聚乙烯组成的混合物在加氢气化过程中表现出协同现象。将此方法进行推广应用，不仅可以促进煤加氢甲烷化的工业化进程、工业化生产，而且提供了一种新的废弃塑料处理方法，可以有效降低由废弃塑料引起的环境污染，提高资源利用率，节约能源。

从催化效果上看，碱金属具有良好的催化活性，但添加量较大，达到 8% ～ 15%（质量分数）。现有的催化剂回收技术存在较多问题，催化剂损失较为严重，这在很大程度上影响了碱金属催化煤加氢甲烷化技术的经济性。钴、镍催化剂也具有较好的催化效果，但是价格较高，高温易烧结且不耐硫。铁系催化剂用量小，价格便宜，但是在中低温下催化活性不高，温度高于 800℃时才表现出显著活性。因此，应当加大对催化煤加氢甲烷化的研究，研制出具有较好催化效果的新型、廉价催化剂以提高原煤转化率和甲烷产率并降低生产成本。

4.6.3 Exxon 煤加氢气化工艺

Exxon 研究和工程公司（美国）研究开发了催化煤气化（CCG）工艺，直接从煤炭生产合成天然气，如图 4-21 所示。该工艺使用低温流化床气化器，催化剂是酸性钾盐，水、循环气体和一氧化碳作为气化试剂。但是，由于热力学平衡，在 700℃反应物不可能完全转化。所以，使用胺淋洗器和在 -150℃进行冷冻蒸馏以分离产物（CH_4、CO_2、H_2O、NH_3、H_2S）和未转化的反应物（H_2、CO），它们被送回到煤气化催化反应器。建立了内径 15cm 和高 91cm 的模试规模反应器，通过长期试验（连续运转高达 23d）

证明了催化剂是可以回收的。在 80 年代早期，建立了过程发展单元，每天有 1t 煤被转化为 SNG。

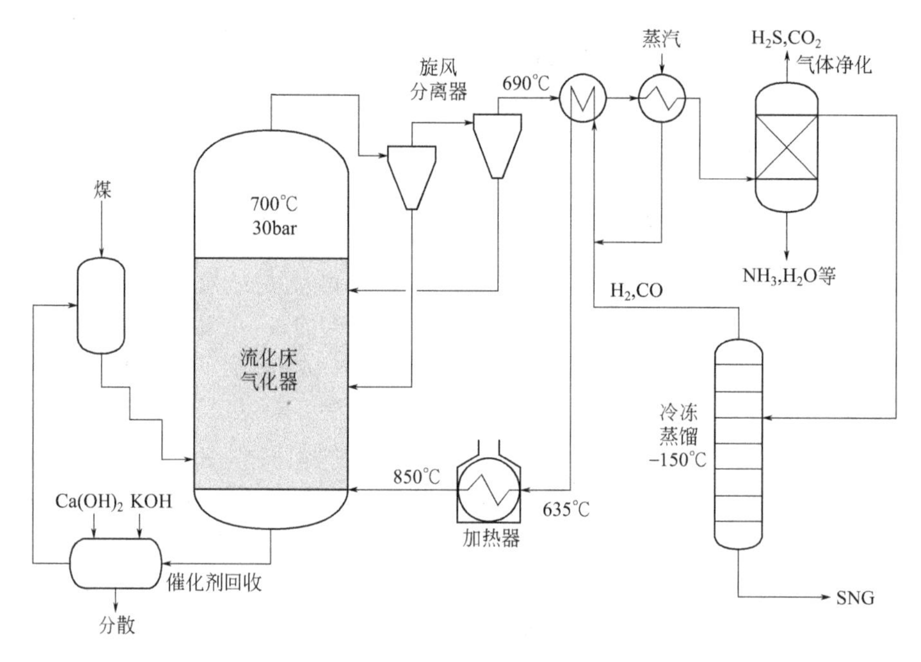

图 4-21　Exxon 催化煤气化工艺

4.6.4 APS 加氢气化工艺

Arizona Public Service（APS，USA）聚焦于所谓加氢气化工艺，该工艺中煤利用氢气在中等温度下（870℃）和高压下被气化。富含甲烷的合成气直接在气化器中产生而无需再使用任何甲烷化催化剂。

在 APS 提出的工艺中，合成气经过干燥、净化、加压，SNG 被送入天然气管网中。来自气化器的未转化煤焦使用纯氧燃烧以产生电力和 CO_2。但是，对该工艺，必须把部分 SNG 使用蒸汽重整转化为氢气。

4.6.5 Hygas 煤加氢甲烷化工艺

Hygas 煤加氢甲烷化工艺由美国芝加哥煤气工艺研究所开发。美国煤气协会和美国内务部煤炭研究局进行了 80t/d 的中间试验，具体工艺流程见图 4-22。Hygas 工艺在高压流化床气化炉中进行两段加氢气化，该工艺中放热反应（煤的加氢甲烷化）与吸热反应（煤的水蒸气气化）在同一个反应器中进行，产品气中的部分热量被逆行的煤料带回反应器，这不仅提高了系统的热效率（64% ～ 80%），还使系统的氧耗降低了 40%。虽然如此，Hygas 中存在煤粒黏结，导致去流态化及细粉带出的问题。流化床反应器的结构和操作也比较复杂，且产品气中含有大量 CO，二次催化甲烷化负荷大，氢气消耗严重。

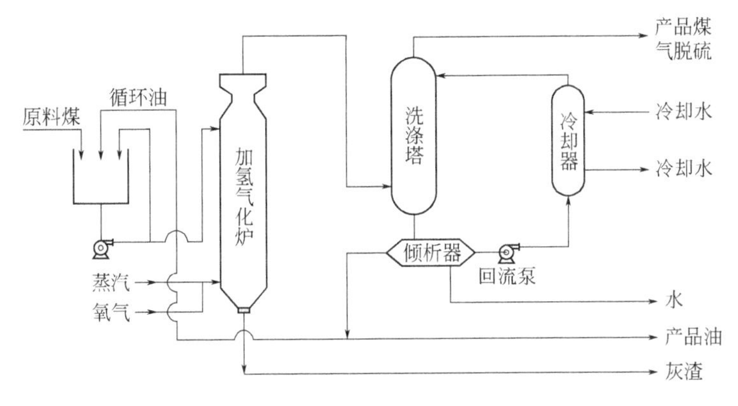

图 4-22　Hygas 工艺流程

4.6.6 Hydrane 煤加氢甲烷化工艺

Hydrane 煤加氢甲烷化工艺由美国矿务局设计开发，并在原煤处理量为 4.54kg/h 的装置上进行半工业性试验，具体流程见图 4-23。该工艺采用自由沉降稀相联合流化床的两段加氢气化反应器。自由沉降稀相反应段（气化炉靠上部分）的主要作用是把煤转化成多孔半焦并发生部分加氢甲烷化反应。在流化床反应器段（气化炉靠下部分）中，主要反应是来自第一段的半焦进一步与氢气反应生成甲烷，以提高产品气中甲烷浓度。Hydrane 工艺具有反应推动力大、产品气中甲烷含量高的特点。但是，该工艺是由两段配合操作的，具体操作条件有待改善，且反应时间较长，碳转化率低。

4.6.7 BG-OG 煤加氢甲烷化工艺

1986 ～ 1993 年，英国煤气公司与日本大阪煤气公司联合开发了 BG-OG 煤加氢甲烷化工艺，并在日本建立起一个煤处理量为 10kg/h 的装置进行相关的研究。给出了商业化生产规划图，具体流程见图 4-24。该工艺的特色之处在于，设计了一个带气体循环的气流床反应器 MRS，在反应器内部的循环中心管位置，煤粉和经电预加热的氢气由喷嘴喷入反应器并迅速加热和完成甲烷化反应，生成的富甲烷产品气经侧面出气口离开反应器，反应剩余的焦炭通过反应器底部的煤焦接收器排出。MRS 流化床反应器结构简单，粉煤引射器和氢气喷嘴的设置实现了煤粉热氢气的均匀混合和迅速反应。通过设置的煤气循环中心管，利用热产品气进一步加热原料气，从而省去了氢气的燃烧升温过程，降低了系统氢耗，提高了热效率。

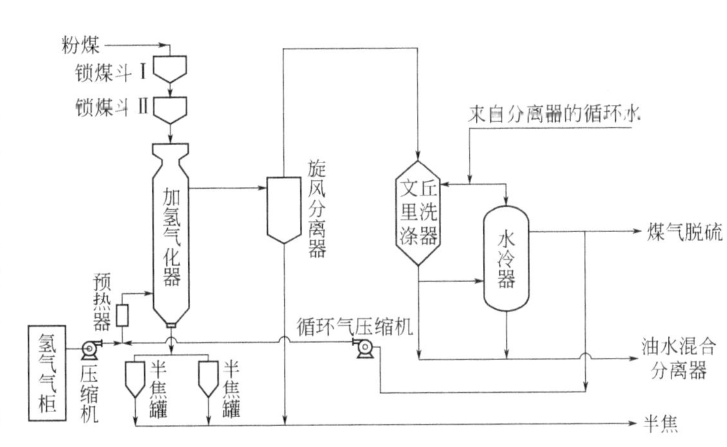

图 4-23　Hydrane 工艺流程

但是，该工艺只进行了小规模试验，放大特性有待于考察。为分析各工艺的优劣，对以上煤加氢气化工艺进行了对比，结果如表 4-13 所示。

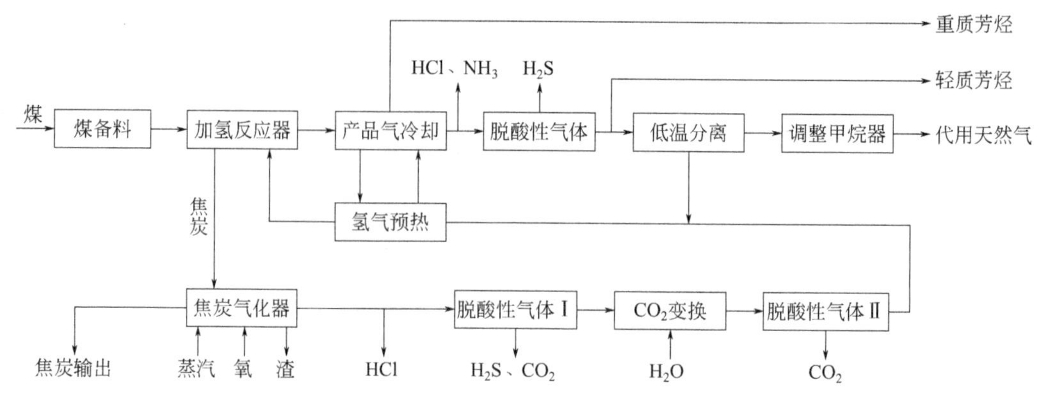

图 4-24　BG-OG 工艺流程

表4-13　煤加氢气化甲烷化工艺比较

工艺	反应器类型	操作条件	工艺指标	特色	不足
Hygas 美国煤气工艺研究所	二段流化床反应器，高 40m，处理量 80t/d	煤粒 10 ～ 100 目，一段 750 ～ 800℃，二段 920 ～ 1000℃，7MPa	甲烷浓度 14.1% ～ 26.2%，热效率 64% ～ 80.5%，碳转化率 45% ～ 50%	3 种制氢方法，气化剂中引入水蒸气	设备庞大，结构复杂，需大量二次甲烷化，反应时间长
Hydrane 美国矿务局	自由沉降稀相段与流化床反应器组合	70% 的煤 ＜ 200 目，一段 430 ～ 540℃，二段 900 ～ 980℃，7 ～ 8MPa	甲烷化后甲烷浓度为 90% ～ 95%，热效率 78%，碳转化率＞ 45%	反应推动力最大，甲烷浓度最高	两段配合操作有待改善，反应时间长
BG-OG 英国煤气公司＋日本大阪煤气公司	气流床反应器，最大处理量达到 200kg/h	氢 / 煤＞ 0.15，3 ～ 9MPa，700 ～ 1000℃，停留时间 3 ～ 25s	热效率 78% ～ 80%，碳转化率 34% ～ 61%	反应器结构简单，停留时间短，产品可调	规模小，放大特性有待考察

4.6.8 低阶煤炭化脱氧、高活性半焦直接加氢制甲烷工艺

国内正在研究开发低阶煤低温热解——热解半焦加氢甲烷化，即甲烷化残渣气化分级转化新工艺，流程如图 4-25 所示。这一工艺首先将低阶原料煤干燥，然后送入热解反应器（常压）进行热解，得到热解半焦和含焦油的热解生成气。再将热解半焦送入甲烷化反应器（压力为 3 ～ 5MPa），热解半焦中容易反应的部分与气化剂 H_2 发生 $C+2H_2 \longrightarrow CH_4$ 反应，生成富含 CH_4 的反应生成气，反应剩余的残渣送入气化反应器进行加压气化。部分焦油被热解，生成气经由热解反应器输出，再经冷却、分离、净化，得到焦油和热解生成气，再对热解生成气进行 CO 变换及气体分离，获得甲烷、二氧化碳和

富氢气体，其中甲烷作为产品输出，富氢气体作为循环气Ⅰ。将甲烷化反应器输出的甲烷化生成气（500～800℃）送入热解反应器与原料煤进行间接换热，为原料煤热解提供能量；由热解反应器输出的甲烷化生成气再分别与循环氢气和冷水换热得到温度较低的甲烷化生成气，后经净化、分离，获得 CH_4 和循环气Ⅱ。气化反应器输出的气化生成气送入热解反应器，与原料煤进行间接换热，后经净化、变换、脱碳，获得循环气Ⅲ。将上述步骤获得的循环气Ⅰ、循环气Ⅱ和循环气Ⅲ混合后，得到循环氢气。循环氢气经预热后作为气化剂送入甲烷化反应器。低阶煤炭化脱氧和高活性半焦直接加氢制甲烷工艺的核心技术在于热解反应器。其特色之处是以高温高压甲烷化生成气和高温高压气化生成气通过间接方式与煤料进行热交换，甲烷化生成气、气化生成气和热解生成气三者相互隔离，使得本工艺气体处理过程更为容易，负荷小、效率高。此外，该热解反应器还具有传热温差大、炉墙热导率高和生产能力高等特点。低阶煤炭化脱氧和高活性半焦直接加氢制甲烷工艺具有热效率高、氢耗低、甲烷化反应速率快等优点。计算表明，比传统的“煤制合成气 - 合成气制甲烷”间接甲烷化工艺，可节约煤、蒸汽和 O_2 分别为 19.22%、43.70% 和 50%，CO_2 排放量降低 25.10%。

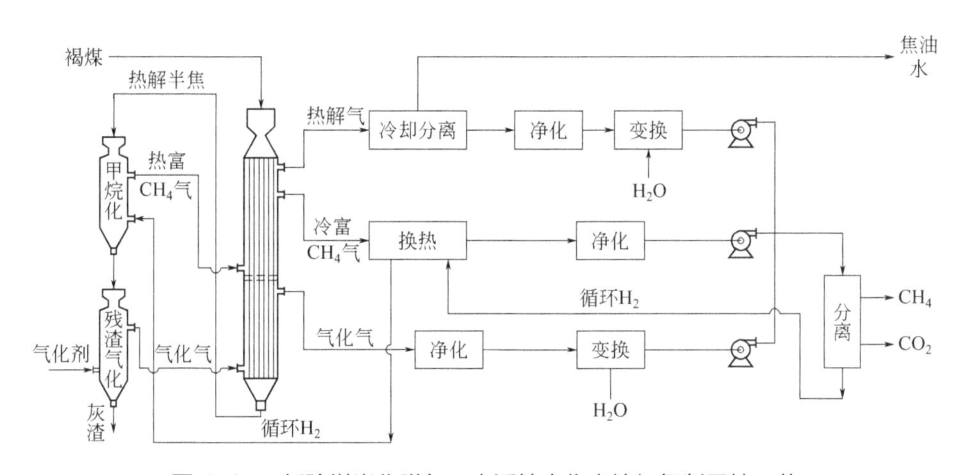

图 4-25　低阶煤炭化脱氧、高活性半焦直接加氢制甲烷工艺

总之，从对煤直接加氢制甲烷过程进行的诸多研究中，可以发现如下一些规律：一定范围内升高温度有利于煤加氢甲烷化反应；煤阶升高，加氢甲烷化活性降低，高阶煤或煤焦的转化需要较高的温度；压力对不同煤种加氢甲烷化的影响是不一样的；碱金属、碱土金属和过渡金属对煤加氢甲烷化反应有催化作用，但是都存在不同程度的问题；在氢气中引入部分水蒸气可以提高煤加氢甲烷化系统的热效率和碳转化率；一般认为煤加氢甲烷化过程可以分为脂肪族侧链以及含氧官能团等小分子官能团的快速加氢气化阶段和骨架碳结构的慢速加氢气化阶段。尽管人们对煤加氢甲烷化反应的研究已经做了许多研究工作，为推进其商业应用，仍然面临大量挑战。

4.7 生产 SNG 的甲烷化催化剂

前面详细介绍了煤制合成天然气（经由合成气甲烷化和煤直接加氢甲烷化）所使用多

种类型工艺、催化反应器和反应条件，但对更为关键的在高 CO 浓度下的甲烷化催化剂只做了简要介绍，没有系统介绍。这一节重点介绍有关从合成气生产 SNG 催化剂的一些问题。合成气合成 SNG 的甲烷化反应具有如下一些特点：在高温下是一个可逆反应，反应前后体积变化缩小比例大，反应放热也很大，而且会伴随多个不希望的副反应。从其合成反应的热力学和动力学分析，对从煤制 SNG 工业用甲烷化催化剂的要求主要有：低温，高效。即反应温度低，适应宽范围氢碳比的原料，一氧化碳和二氧化碳转化率高，甲烷的选择性好，产物 SNG 中 CH_4 含量≥ 95%，稳定性好（耐磨、耐温、抗积炭、抗中毒），使用寿命长，成本低。

4.7.1 甲烷化催化剂的活性组分

甲烷化催化剂能够按使用的活性组分分类：镍基催化剂、贵金属催化剂如钌铑钯、铁镍钴等过渡金属催化剂，抗硫的钼钴基催化剂等。研究发现，按单位金属表面积上甲烷化活性排列，其顺序为：Ru ＞ Fe ＞ Ni ＞ Co ＞ Pd ＞ Pt ＞ Ir。除了该顺序外，当负载于金属氧化物载体上时，活性金属的活性顺序稍有不同：Ru ＞ Ir ＞ Rh ＞ Ni ＞ Co ＞ Os ＞ Pt ＞ Fe ＞ Mo ＞ Pd ＞ Ag。除此以外，元素周期表中的铂族和铁族以及 Ag、Mo 都具有甲烷化活性。其中 Ru 基催化剂的甲烷化活性最高，但成本也高；Fe 基催化剂需要在高温高压下操作，活性虽高但容易积炭失活；Co 基催化剂耐受性强，但甲烷的性质差；Ru、Rh 和 Pd 基催化剂的低温性能好，但成本太贵。为了改进催化剂性能和提高金属利用率，通常把这些金属负载于载体如氧化铝上，测量负载金属催化剂的甲烷化活性，使用生成甲烷的转换频率（单位金属原子或活性位在每秒内生成的甲烷分子数）表示，结果示于表 4-14 中。

表4-14　氧化铝负载金属甲烷化催化剂的转换频率（温度275℃）

金属	Ru	Rh	Ni	Co	Fe	Ir	Pd
转换数	27	13	32	20	57	1.8	18

对甲烷化这类大众化催化反应而言，在工业上大规模使用贵金属是不合适的（但如果能够方便地回收，则另当别论），因其价格昂贵。有的在高压高温下能够蒸发与 CO 反应形成羰基化合物而流失，也可能使 CO 进行变化反应形成积炭降低活性。综合考虑，Ni 总是被选择作为 SNG 合成甲烷化催化剂的活性组分，由于其具有催化活性好、甲烷选择性高、储量丰富、价格相对较低等特点。实际上目前在工业甲烷化反应器中使用的催化剂确实主要是镍基催化剂。例如，国外的工业甲烷化催化剂 CRG、CRG-H、CEG-LH、MCR-X、MCR-2X（主要由英国 Davy 公司、丹麦 Topsoe 公司和德国 Lurgi 公司供应）和国内的 KD-306 和 SG-100 等都是镍基催化剂。

为提高活性金属的利用率使其高度分散，一般是把活性组分负载在耐火材料金属氧化物上。有时为改进催化剂的活性、选择性和稳定性，添加助剂也是必要的。因此实际使用的镍基催化剂一般是由活性组分镍、载体和助剂构成。这些负载镍催化剂（对 SNG 合成应用而言，镍含量一般比较高）具有低温活性好、热稳定性高、机械强度高、使用压力高、空速范围大，在含 CO 和 CO_2 的合成气气氛中活性和选择性相对较好等特点。镍基催化剂的弱点是对硫和砷等毒物特别敏感。对合成 SNG 催化剂可以使用不同的方法制备，但性能适合于工业应用的镍基催化剂通常需要有特殊的制备方法，这些往往都是大公司的专利。

4.7.2 载体

金属催化剂特别是贵金属催化剂，为了提高金属利用率一般都是把其分散沉积在载体上。对载体在催化剂中的作用，已经从早期的只作为活性组分的惰性分散基体的认识逐渐发展为载体也是一种催化剂助剂，只是其量远超金属活性组分。说明催化剂载体与活性组分一样在催化反应进行过程中起着作用。对负载金属催化剂，最常使用的载体是高耐火性的金属氧化物，如氧化铝、氧化硅、氧化锆、氧化钛、分子筛等。

如前所述，对 SNG 合成的甲烷化催化剂要求很高，特别是耐热性。因此对甲烷化催化剂载体的耐热性要求也很高，必须为催化剂提供有较高和宽温度范围的活性、高甲烷选择性、抗积炭、抗高温烧结以及为抗硫中毒能力做出贡献。因此，载体的选择范围相对有限，主要局限于一些高耐火性的氧化物如 Al_2O_3、SiO_2 和 ZrO_2 等。一般使用氧化铝尤其是稳定性很高的低表面积 α- 氧化铝（刚玉）或陶瓷。但是，它们的传热性能很差，即其热导率很低。为了改进催化剂的性能，如其传热能力和降低压力降等，在甲烷化催化剂的专利文献中报道说，对合成 SNG 催化剂的活性组分 Ni 可以负载在其自身的活性金属载体上。这样不仅能够使 Ni 活性组分的负载量大幅提高，工业使用的 Ni 基催化剂镍含量在 20% ～ 70%（这是常规催化剂制备方法无法达到的），而且可以做成各种形状，使床层压力降大幅降低；由于是金属载体，因此其传热性能大幅改进。由于使用特殊的制备技术，都被国外公司专利了。

4.7.3 助剂

在活性组分和载体确定以后，为使催化剂满足工业使用要求，添加助剂是必不可少的。对合成 SNG 的甲烷化镍基催化剂，助剂的添加通过影响活性镍物质的晶粒尺寸、分散度、还原度、催化剂表面酸碱性以及热稳定性等，达到对甲烷化反应速率和产物分布调控的目的。根据助剂作用不同，分为结构助剂、电子助剂和晶格缺陷助剂三大类。碱土金属、稀土金属和过渡金属是镍基催化剂常用的助剂。助剂改性的镍基催化剂具有反应活性高、使用寿命长以及甲烷选择性高等优点。镍基催化剂的常用助剂有 Mg、Zr、Ce、Cr、Mo、La、Zn 等。

少量助剂添加（如 Mg、Zr、Co、Ce、Zn、La）的第一个作用是，显著改进其还原性能。降低还原温度和提高还原度，从而影响双金属颗粒或合金的形成，促进双金属协同作用。同时提高镍的分散度即降低在载体表面上的镍颗粒大小，而活性镍物质在催化剂表面的分散度越高，其催化性能也越好，低温活性越高。

第二个作用是，助剂的添加提高镍基催化剂的抗失活性能。反应活性高低、使用寿命长短是评价工业催化剂性能好坏的关键指标。镍基催化剂失活的主要原因有表面积炭、烧结和硫中毒等。添加助剂可以在一定程度上改善催化剂的抗积炭、热稳定性和抗中毒的性能。如 Zr、Ce 的添加能够有效抑制镍基催化剂的积炭，Mo 能够明显提高催化剂的抗硫失活性能。La 的引入会增加 Ni 基催化剂表面储氢能力，有效预防催化剂积炭，提高催化剂的热稳定性。碱土金属助剂有较好的传热性能，能够抑制积炭，延长催化剂寿命。另外，助剂显著影响甲烷化催化剂的反应速率和产物分布。

碳氧化物加氢生成甲烷必定需要有碳氧化物的解离吸附，不管是直接解离成碳氧物质还是氢助解离。它们的解离速度和最后生成的产物必定受催化剂表面镍活性位结构和组成的影响。而助剂通过影响镍活性位而影响其对碳氧化物的吸附和解离，从而影响其活性和生成的产物。一些研究指出，不同过渡金属助剂改性的 Ni/ZrO_2 催化活性呈现出如下顺序： $Ni\text{-}Mn/ZrO_2 > Ni\text{-}Cr/ZrO_2 > Ni\text{-}Co/ZrO_2 > Ni\text{-}Fe/ZrO_2 > Ni\text{-}Cu/ZrO_2$。而甲烷化活性大小顺序为 Ni-La > Ni-Zn > Ni- Ce > Ni-Co > Ni-Zr > Ni-Ni。这是由于不同助剂的作用机制不同。稀土金属助剂 La、Ce 等改性的 Ni 基催化剂，其反应活性、热稳定、抗积炭能力、活性镍物质分散度都得到显著提高，这主要与改性后催化剂表面形成更多的活性中心有关。在工业催化剂中添加少量的 Ru，也能够显著改善催化剂的催化活性和提高目标产物的收率。

4.7.4 活性金属负载镍催化剂的制备

使用 BD（Baldi-Damiano）技术可以把金属做成任何形状的自身负载金属催化剂和金属载体。它们具有稳定的多孔结构、高的比表面积和催化活性中心。浸渍助剂后能够进一步提高其催化性能。BD 制备技术的原理分述如下：

① 金属气体（M_DX）的生成可以是快速的。

$$M_D(\text{固}) + X_2(\text{气}) \longrightarrow M_DX_2(\text{固}) \tag{4-6}$$

$$M_D(\text{固}) + 2HX(\text{气}) \longrightarrow M_DX_2(\text{气}) + H_2(\text{气}) \tag{4-7}$$

$$M_D(\text{固}) + 2NH_4X(\text{固}) \longrightarrow M_DX_2(\text{气}) + 4H_2(\text{气}) + N_2(\text{气}) \tag{4-8}$$

X 表示一种卤素即氟、氯、溴、碘。卤素单质、卤化氢或卤化物盐在高温下与扩散金属反应，生成金属卤化物蒸汽。

② 金属气体在金属基体上的扩散沉积。

$$M_DX_2(\text{固}) \longrightarrow M_D(\text{固}) + X_2(\text{气}) \tag{4-9}$$

$$M_DX_2(\text{气}) + H_2(\text{气}) \longrightarrow M_D(\text{固}) + 2HX_2(\text{气}) \tag{4-10}$$

$$M_DX_2(\text{气}) + M_B(\text{固}) \longrightarrow M_D(\text{固}) + M_BX_2(\text{气}) \tag{4-11}$$

$$3M_DX_2(\text{气}) \longrightarrow M_D(\text{固}) + 2M_DX_2(\text{气}) \tag{4-12}$$

在高温下究竟发生上述反应中哪个反应由反应热力学确定。反应式（4-9）是分解反应。式（4-10）是还原反应。式（4-11）是交换反应，使基体金属表面积有一些损失。式（4-12）是重排反应。

③ 在金属基体表面形成金属互溶物或准金属化合物。

在扩散金属 M_D 的沉积过程中，既有 M_D 向内扩散又有 M_B 向外扩散，从而形成新金属化合物 $(M_D)_X(M_B)_Y$。该化合物中元素间的确切比例取决于形成特定化合物的可能性，取决于金属平衡相图和相形成热力学。为制备特定的金属化合物，必须考虑扩散温度、气相环境的金属扩散位能和扩散时间。在很多情况下必须使用试验确定。

④ 从 $(M_D)_X(M_B)_Y$ 中提取 M_D，以形成 M_B 催化剂。

$$(M_D)_X(M_B)_Y + XR_M \longrightarrow YM_B + XM_DR_M \quad (4\text{-}13)$$

选择性脱除扩散金属 M_D 的方法有：在液相或气相中选择性溶解或浸出扩散金属，留下脱除了金属 M_D 后的金属 M_B 骨架，它具有高的比表面积和高的活性位数量。

传统的甲烷化镍催化剂是负载在氧化铝上的高分散镍催化剂。它的确具有导热性差且压力降高的问题。活性金属负载的镍催化剂能够克服这些缺点。该负载镍催化剂的制备步骤如下：

① 从研究 Ni-Al 平衡相图和相形成热力学可知，其可能的镍铝中间相为 Ni_3Al（面心立方晶格）、NiAl 相（体心立方晶格）、Ni_2Al_3（六方晶格）和 $NiAl_3$（正交晶格），它们的生成是可能的。

② 选择最佳的 Ni-Al 互溶物。在确定应用何种金属互溶物时，最重要的要求是必须考虑铝限制脱除和所形成骨架的稳定性。经验表明，对脱铝来说，最希望生成的金属互溶物是 $NiAl_3$ 和 Ni_2Al_3。

③ 铝扩散到镍金属基体中。使用气相或固相金属渗透工艺，铝能够很好地扩散到镍金属基体中。镍金属基体可以做成在反应器中使用所需要的形状，但必须控制在原始材料中铝的活性和扩散过程进行的温度和时间，以形成预定的金属互溶物。

④ 在制备的金属互溶物中选择性脱铝。已经发现，控制所用碱如氢氧化钠或氢氧化钾溶液的浓度、温度和时间，能够有效地脱除金属互溶物中的铝。形成的铝酸钠或铝酸钾会有某种程度的水解，生成的氧化铝可以稳定分散的金属镍。经洗涤和专门的后处理工艺，即可达到所要求形状的稳定金属 - 氧化铝充分混合的产物。该产物是甲烷化反应的一种很好的催化剂，负载在自身金属上的多孔催化剂。其镍含量可以根据要求变化，最高能够做到含 Ni70% 以上。如果再使用助催化剂如铈、钌和铬盐浸渍该多孔金属载体，其甲烷化性能能够进一步提高。

4.7.5 活性金属负载镍催化剂的应用

由于甲烷化反应是强放热反应，1% CO 转化的绝热温升是 50℃，为防止催化剂被毁损，反应温度必须保持在 600℃以下。采用的方法是使用大量尾气进行再循环，以稀释进入甲烷化反应器的合成气。这样做耗能很大，如果不稀释反应温度将上升到 1100℃，在此温度下大部分催化剂将破碎和烧结，高温下反应的平衡转化率也降低。如果使用活性金属负载镍催化剂可能就不会是这样。例如把镍和镍合金换热管的内表面或外表面，使用 BD 技术原位活化形成一种活性镍基金属载体，然后使用铝、铈、铬和钾的硝酸盐浸渍，焙烧后活性氧化铝保留在高活性镍表面的孔中。而换热管未经处理的那一面与换热的液体介质接触，甲烷化的反应热快速而有效地被换热介质带走，这样就能够达到高质量热能量回收。使用助催化剂浸渍能够增加金属载体活性。而对于甲烷化反应，BD 技术制备的 Ni 载体本身就是活性很高很稳定的催化剂。美国矿山能源研究发展公司曾使用直径 15.24cm 7 圈的 BD Ni 盘管进行了 1600h 试验，显示极好的甲烷化活性和稳定性。使用 BD 技术克服了等离子喷涂技术在金属管或板表面产生的 Ni-Al 金属互溶物涂层的不均匀性和附着不牢固（发生脱落）的问题。在有控制和选择性脱铝后获得的催化剂层仍然是均匀和牢固的，有极好的催化性能。

4.8 天然气制合成气概述

天然气是三大化石能源之一，也可以是煤层气和煤质合成天然气，在全球能源中天然气是一个重要能源。它对电力生产贡献不是最小的，它是生产若干大宗化学品如氨、甲醇和二甲醚（DME）（后两者也是液体燃料）的主要原料，通过FT合成和类似过程生产合成液体燃料的重要性也不断增加。天然气市场的新近发展是：现在使用非常规来源天然气如煤层甲烷和页岩气产天然气，未来也能够使用气体水合物（可燃冰）产天然气。这说明，不管是现在还是未来，天然气都能保持极其重要的地位。

在转化天然气到产品中的一个主要步骤是生产具有希望组成的合成气——范围从使用于生产合成氨的氢氮比3∶1到生产二甲醚的氢一氧化碳比1∶1。从天然气生产合成气，催化剂和催化过程是重要的。例如，氨合成用合成气的生产，在现代过程中包含多达8个分离的催化工艺步骤。这些过程全都是已知的和成熟的，在工业中应用已经数十年了。但是，继续研究和发展的努力应用愈来愈多，这已经导致了催化剂制备工艺的改进，提高了总效率和环境性能，这一趋势未来仍将继续。

如图4-26所示的典型天然气制合成气流程图所指出的，使用的技术包括：①进料原料气体的净化；②绝热预重整；③燃烧管式重整；④热交换蒸汽重整；⑤绝热、氧化重整，自热重整（ATR）和二次重整；⑥其他重整技术如催化部分氧化（CPO）和陶瓷膜重整（CMR）；⑦通过变换反应使CO转化为CO_2；⑧合成气的最后净化和组成调整，主要是除去氮化合物和甲烷化除去碳氧化物以及调整H_2/CO比。这些技术中的关键是催化技术，在评论的基础上对现时状态和可能的未来发展作一些展望。在对各个别催化剂和催化过程步骤讨论后，通过综合完整工艺步骤的描述来说明应用，如氨、甲醇的生产，低温FT合成。一般需要多个步骤，也就需要使用多个催化剂。所使用的催化剂示于表4-15中。

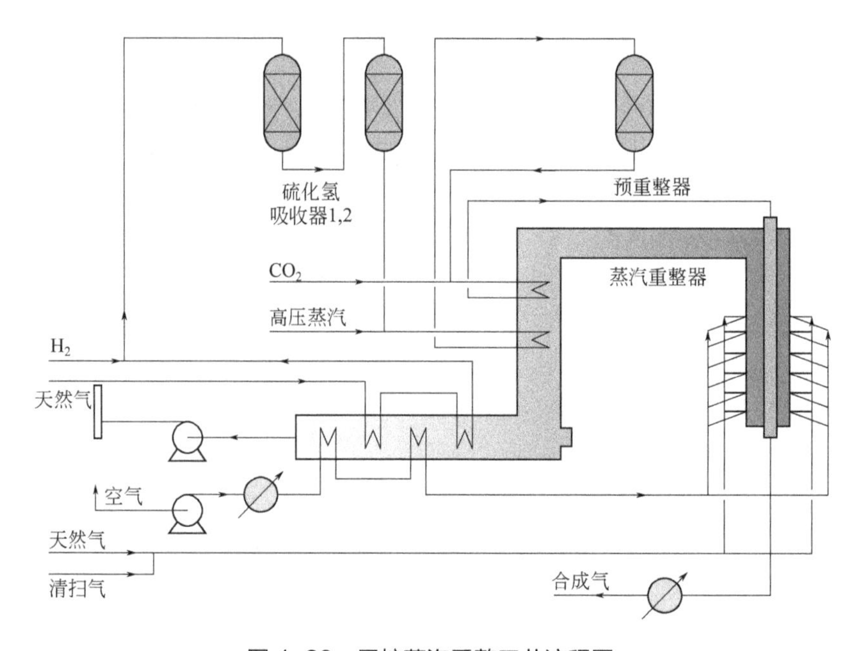

图4-26 甲烷蒸汽重整工艺流程图

表4-15　使用催化剂的甲烷蒸汽重整步骤

工艺操作	温度/℃
硫重整（脱硫，HDS）	290～370
移去 H_2S（ZnO）	340～390
移去氯（Al_2O_3）	25～400
预重整	300～525
蒸汽甲烷重整	850
高温水汽变换	340～360
低温水汽变换	200
甲烷化	320
移去 NO_x（NH_3SCR）	350

4.9 天然气的净化

4.9.1 原料气体的特征和净化要求

对天然气基合成气单元，进料气体例子示于表4-16中。但不同地区天然气其组成是不同的，如表4-17所示。

表4-16　典型进料气体指标

各组分	天然气		辅助气体	
	贫气	重气体	贫气	重气体
N_2(体积分数)/%	397	3.66	0.83	0.79
CO_2(体积分数)/%	—	—	1.61	1.50
CH_4(体积分数)/%	95.70	87.86	89.64	84.84
C_2H_6(体积分数)/%	0.33	5.26	7.27	6.64
C_{3+}(体积分数)/%	—	3.22	0.65	6.23
最大总S/（μL/L）	20	20	4	4
硫化氢/（μL/L）	4	4	3	3
COS/（μL/L）	2	2	检测不到	检测不到
硫醇/（μL/L）	14	14	1	1

表4-17 不同地区天然气组成

地区	甲烷%（体积分数）	乙烷%（体积分数）	丙烷%（体积分数）	H_2S%（体积分数）	CO_2%（体积分数）
美国加州	88.7	7.0	1.9	—	0.6
加拿大阿尔伯塔	91.0	2.0	0.9	—	—
委内瑞拉	82.0	10.0	3.7	—	0.2
新西兰	44.2	11.6（C_2～C_3）	—	—	44.2
伊拉克	55.7	21.9	6.5	7.3	3.0
利比亚	62.0	14.4	11.0	—	1.1
英国海维特	92.6	3.6	0.9	—	—
俄罗斯-乌伦各	85.3	5.8	5.3	—	0.4

在原料中考虑要净化的大多数杂质是 H_2S 和其他含硫化合物，因为这些化合物是下游催化剂的毒物。其他杂质，如固体、湿气和某些痕量化合物（如 As 和 Hg）也可能存在于原料中。这些杂质的除去可以参考第 3 章中有关合成气净化的论述，这里不再重复。N_2 和 CO_2 也通常以小数量存在。N_2 被认为是惰性的，除了稀释合成气外没有什么影响。但是，痕量氮化合物如 NH_3 和 HCN 可能在制备合成气过程中在反应器中形成，在合成气进入合成部分前必须从合成气中除去。CO_2 的影响可能是显著的，必须加以考虑。含氧化合物也可能存在于原料气体中，例如为避免生成水合物把甲醇加到天然气中。含氧化合物也可能存在来自工厂其他部分的循环中。

在净化气体中硫化合物的希望浓度没有一般限制。但是，对某些类型的下游催化剂，在合成气体分离部分和在合成部分，希望有非常低的硫浓度，理想的是每升几纳升，以确保可接受的寿命。

因此，在对使用作为生产合成气的加料气体净化中的主要挑战是，原则上除去所有硫化合物——浓度是不确定的和可变的——达到的理想浓度应低于每升几纳升的检测限以下。

4.9.2 气体脱硫基本原理

天然气和类似原料的脱硫的一般过程概念是基于有机硫化物的加氢（HDS）和接着的硫化氢的吸附 / 吸收两步过程。这个过程概念已经工业使用数十年了，它们给出了对不同原材料包括天然气和烃类物流除去硫的详细技术描述。

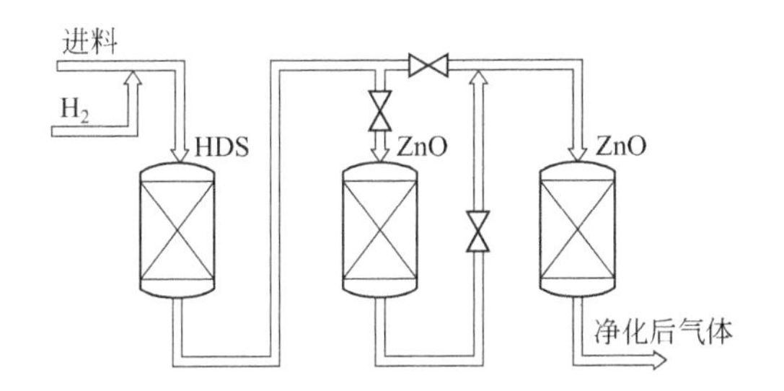

图 4-27 天然气加氢脱硫典型工艺流程

一种天然气原料的脱硫布局示于图 4-27 中。原料与少量的氢或富氢气体混合，预热到 35 ～ 400℃，通过含有加氢催化剂［一般是基于钴 - 钼（CoMo）或镍 - 钼（NiMo）的催化剂］的第一个反应器。通过加氢反应器后，气体进入串联的两个硫吸收器，两个吸收器中一般装有锌氧化物（ZnO），它吸收在加氢反应器中生成的 H_2S。

4.9.3 在加氢器中的反应

有机硫化物在加氢催化剂上的转化按下述加氢裂解（氢加到 S—C 键上）反应进行：

$$R—SH + H_2 = RH + H_2S \quad (4\text{-}14)$$

$$R—S—R^1 + 2H_2 = RH + R^1H + H_2S \quad (4\text{-}15)$$

$$R—S—S—R^1 + 3H_2 = RH + R^1H + 2H_2S \quad (4\text{-}16)$$

$$C_4H_8S(\text{四氢噻吩}) + 2H_2 = C_4H_{10} + H_2S \quad (4\text{-}17)$$

$$C_4H_4S(\text{噻吩}) + 4H_2 = C_4H_{10} + H_2S \quad (4\text{-}18)$$

在脱硫反应器温度范围内，所有这些反应有非常大的平衡常数。这意味着对所有硫化合物都可以达到完全转化，如果有足够的氢存在的话。如果存在的氢太少甚至没有，硫化合物可能通过热分解形成烯烃和 H_2S。有机硫化物有可能在甲烷重整反应器上游的预热温度下发生不希望的反应，所以 H_2 应该在预热前就很好地加入。如温度太低，有机硫化物的转化速率太低，一些硫醇和硫化物通过加氢反应器但没有被转化。在足够高温度下，能够确保实际上的完全转化，生成 H_2S（和 COS）。

含氧化合物如甲醇能够在加氢器中直接与 H_2S 反应生成硫化合物如硫醇和硫化物：

$$CH_3OH+H_2S=CH_3SH+H_2O \quad (4\text{-}19)$$

$$2CH_3SH = (CH_3)_2S+H_2S \quad (4\text{-}20)$$

碳氧化物和羰基硫（COS）与氢气和蒸汽的相互作用按如下反应式进行：

$$COS+H_2O = CO_2+H_2S \quad (4\text{-}21)$$

$$CO+H_2O= CO_2+H_2 \quad (4\text{-}22)$$

这些反应在加氢反应器后都处于反应的平衡状态，如图 4-28 所示。

但是，可以预测，所有反应式（4-14）～式 (4-22) 在加氢反应器中都是快速进行并达到接近于平衡。计算证明，如果是这样的情形，则所有有机硫化合物的浓度（COS 除外）在温度低于约 450℃时都低于 1×10^{-9}。COS 的平衡浓度可能是相当高的，特别是在高温和高 CO_2 浓度时。

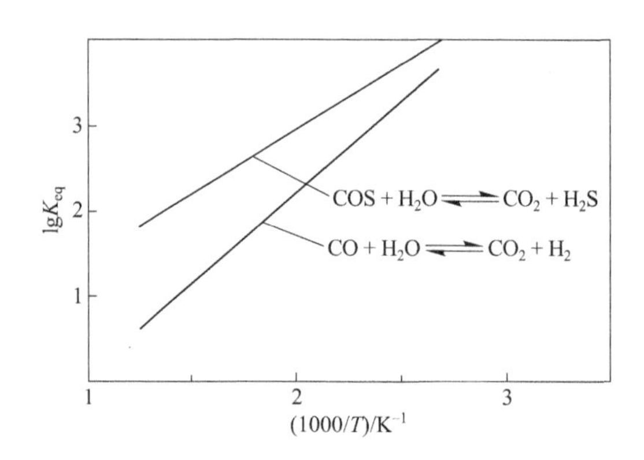

图 4-28　COS 水解和变换反应的平衡常数

4.9.4 加氢脱硫催化剂

使用于有机硫化合物加氢裂解的催化剂是钴 - 钼（CoMo） 或镍 - 钼（NiMo）。催化剂通常是浸渍在高表面积载体（通常是氧化铝）上的。工作催化剂的活性相是硫化物 Co-Mo-S 或 Ni-Mo-S。Co-Mo-S 或 Ni-Mo-S 不是一个很确定的化合物，应该被认为是具有很宽 Co 浓度范围的一组结构，范围从纯 MoS_2 到 MoS_2 边缘基本上被 Co 完全覆盖的结构。制造和供应的是氧化态加氢催化剂，为获得完整的活性必须把其转化为硫化态。这个硫化一般在工厂操作条件下进行，即把催化剂暴露于反应气氛下发生，硫化的硫是由进料供应的，利用可利用的浓度。

4.9.5 在硫化吸收器中的反应

在加氢反应器后，气体中的硫主要以 H_2S 的形式存在。如果在原料中存在有 CO_2，还可能生成显著量的 COS（每升数百纳升）。

在硫吸收器中，H_2S 与 ZnO 的反应方程式为：

$$ZnO+H_2S = ZnS+H_2O \tag{4-23}$$

这个反应的平衡常数示于图 4-29 中。除了本体相外，ZnO 也有一些加氢裂解活性，即催化反应式（4-21）的 COS 加氢裂解和反应式（4-22）的水汽逆变换。在吸收 H_2S 的同时使 COS 加氢裂解，达到完全转化 COS。因此，在无水的温度下通过 ZnO 的作用硫化物能够完全移去。最后，必须考虑吸收器中 ZnO 化学吸附 H_2S 受容量限制。如果原料中含有 CO_2，逆变换反应式（4-22）会引起气体中水汽含量的增加，这对 ZnO 吸收 H_2S 反应式（4-23）的平衡产生影响。例如，图 4-30 显示原料含 5%CO_2 而氢气浓度是变化时，在 ZnO 上 H_2S 平衡含量与温度间的关系。对进料含 3% 氢气的情形，图

4-31 显示了平衡气体中 CO、CO_2 和 H_2 的浓度。可能看到，有可能生成显著量的 CO，在相应设备中还可能生成碳。这是由于 CO 的存在，在设计中必须考虑它。

从上述可明显看到的是，对原料中有 CO_2 存在时的 ZnO 吸附剂，有两个方法来降低 H_2S 和 CO 的平衡含量：①降低 HDS 温度；②降低氢气循环量。特别要注意到，温度对 ZnO 上平衡硫含量的影响远比氢气循环量的影响要大。但是，如先前所述，氢气循环和温度对 HDS 反应器性能都有关键性的影响。如果氢气循环被降低，在加氢催化剂上的反应速率也被降低，有机硫有被泄漏的危险。如果温度被降低，甲烷反应的速率也肯定降低，ZnO 吸收硫的效率变得更低了。

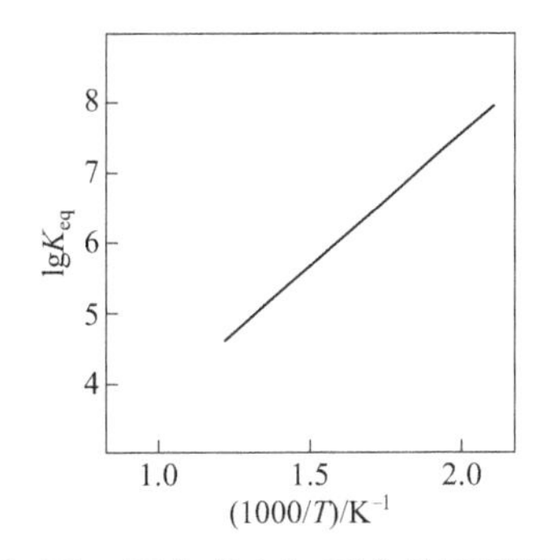

图 4-29　反应式（4-23）的平衡常数

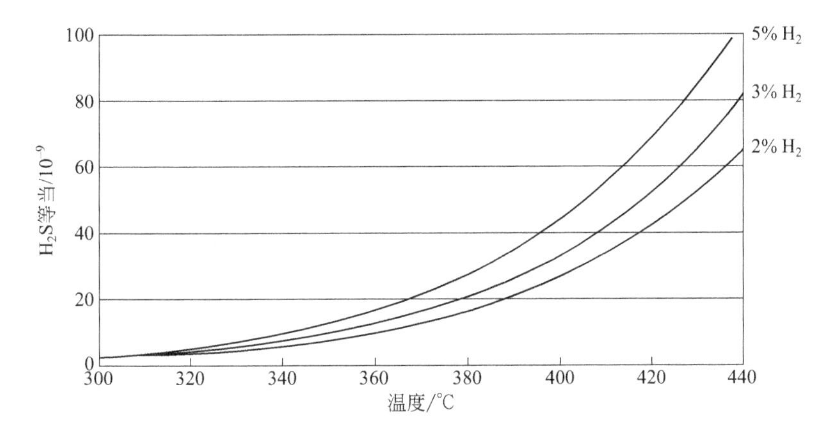

图 4-30　含 5% CO_2 天然气中平衡硫化氢浓度

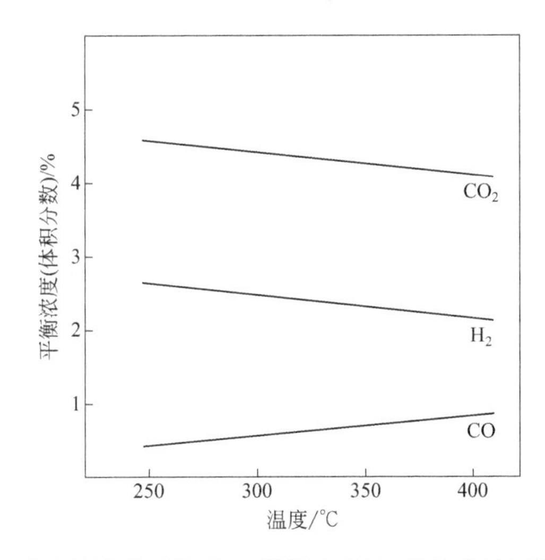

图 4-31　含 3%H_2 和 5% CO_2 进料中 CO、CO_2 和 H_2 的平衡浓度

在锌氧化物反应器中硫吸附存在不同区域组成，如图 4-32 所示。图 4-32 显示的是一个特定时间情形。前锋将逐渐地移过 ZnO 床层向出口前进，最终发生突破。确认的有五个不同的区域。

区域 1：本体饱和。在这个区域中的锌氧化物被硫完全饱和。气相浓度恒定且等于进料气体中的浓度。

区域 2：本体吸收前锋。锌氧化物具有吸收硫的容量。硫经扩散和孔扩散通过固体催化剂 ZnO 颗粒传输，直到达到完全饱和。气相浓度逐渐恒定到本体平衡水平，由反应式（4-23）确定。

区域 3：化学吸附饱和。锌氧化物表面被硫覆盖。气相浓度恒定在本体平衡水平。

区域 4：化学吸附前锋。在低 H_2S 和高 CO_2 浓度曲线中，化学吸附前锋将发展。按反应式（4-23）的平衡而从区域 2 逸出的 H_2S 被吸附在新鲜催化剂上。气相浓度掉落到非常低的水平。理论上，H_2S 和 COS 的除去水平达到每升纳升水平。

区域 5：没有吸附。新鲜 ZnO，没有反应发生。

如果在原料中的 H_2S 浓度是"高"的，当没有二氧化碳或仅仅以低浓度存在时，本体吸收前锋的移动将比化学吸附前锋快，气相浓度直接从入口浓度掉落到出口浓度，这在理想气相中将对应于达到不可测量的低化学吸附平衡。在该情形中，本体吸收确定吸收容器的设计，理想吸收材料的单位体积有最高可用的吸收容量。

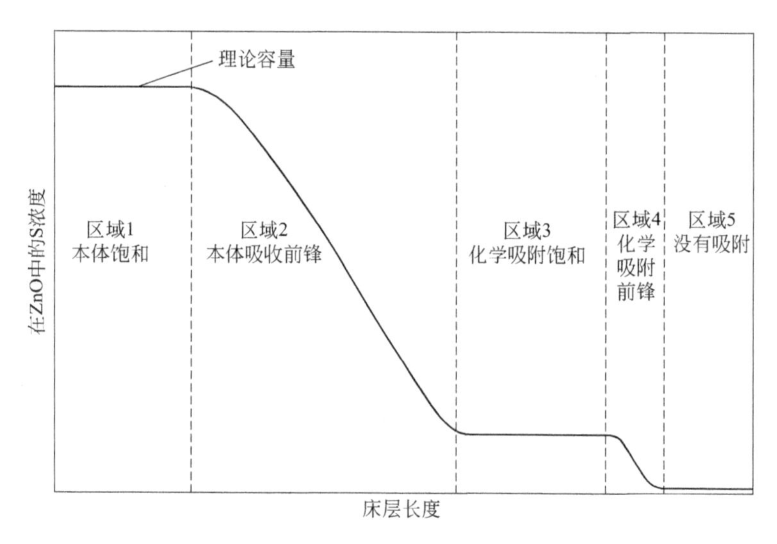

图 4-32　ZnO 床层中理想硫分布

但是，对原料中存在低（数微升 / 升或更低）H_2S（+COS）浓度和高 CO_2 浓度（在天然气中含百分之几不是不普遍的）的情形中，化学吸附前锋在正常操作条件下的移动快于本体吸收的前锋移动。在这样的情形中，操作温度可能降低到最低可接受水平［以降低 H_2S 平衡浓度，按反应式（4-23）］，选择可能具有最高化学吸附容量的 ZnO（最高单位体积表面积）。如果这还不足够，具有高化学吸附容量的特殊吸收材料如铜基吸收材料可能被安装在 ZnO 的下游以确保 H_2S 的有效除去。

看来 H_2S 是按照"核 - 壳模型"或"收缩核模型"在 ZnO 上吸收的。但是，新的研究和工业反馈指出，这个简单的模型不能够合适地描述所有情形。可能会出现预测分布偏差，特别是对原料中有低硫浓度和 / 或高 CO_2 的情形。

4.9.6 硫吸附剂

如前面段落中已经叙述的，ZnO 是现代脱硫中的通用硫吸收材料。它可以以圆柱条状形式供应，其理想组成几乎是 100% 的纯 ZnO。为了确保单位安装吸收材料体积的最高的可能吸收容量，希望有最高可能的本体密度（堆密度）。但是，需要有一定的空隙率以确保材料的合适功能，这限制了可能达到的本体密度。在密度为 1.3 kg/L 时，吸附完全饱和时，每单位装填体积纯 ZnO 吸收约 510kg/m^3（安装体积）。

在一定情形中，可能希望优化的不是本体吸收容量，而是化学吸附容量。在这个情形中，本体密度和在完全饱和时的 S 含量将是低的。在某些应用中，它可能需要在 ZnO 上加促进剂，以增强直接吸收 COS 的能力。

4.10 甲烷蒸汽重整

蒸汽重整是将烃类使用蒸汽把其转化为一氧化碳、氢气、甲烷和未转化烃类的混合物。蒸汽重整能够在若干类不同反应器中进行。每一个可能为特殊应用优化。反应器的主要类型是：绝热预重整器；管式（或初级）主蒸汽重整器；各种类型热交换重整器。

4.10.1 甲烷蒸汽重整基础

在蒸汽重整过程中发生的反应，以及反应焓变和平衡常数示于表 4-18 中。表 4-18 中的反应 1 和反应 2 是蒸汽和二氧化碳重整甲烷反应，反应 3 是同时发生的水蒸气变换反应。水蒸气变换反应是快的，一般认为是处于平衡的。反应 4 是较高烃类的蒸汽重整反应，对正庚烷的蒸汽重整反应给出了焓变和平衡常数。如图 4-33 所示。

表4-18 蒸汽重整中的关键反应

反应	反应标准焓变 $-\Delta H_{298}^{\ominus}$ / (kJ/mol)	平衡常数，$\ln K_p=A+B/T$①	
		A	B
1.$CH_4+H_2O \rightleftharpoons CO+3H_2$	−206	30.429	−27.106
2.$CH_4+CO_2 \rightleftharpoons 2CO+2H_2$	−247	34.218	−31.266
3.$CO+H_2O \rightleftharpoons CO_2+H_2$	41	−3.798	4160
4.$C_nH_m+nH_2O \rightleftharpoons nCO+(n+m/2)H_2$	−1175②	21.053②	−141.717②

① 标准状态：298K 和 1atm。

② 对 n-C_7H_{16}。

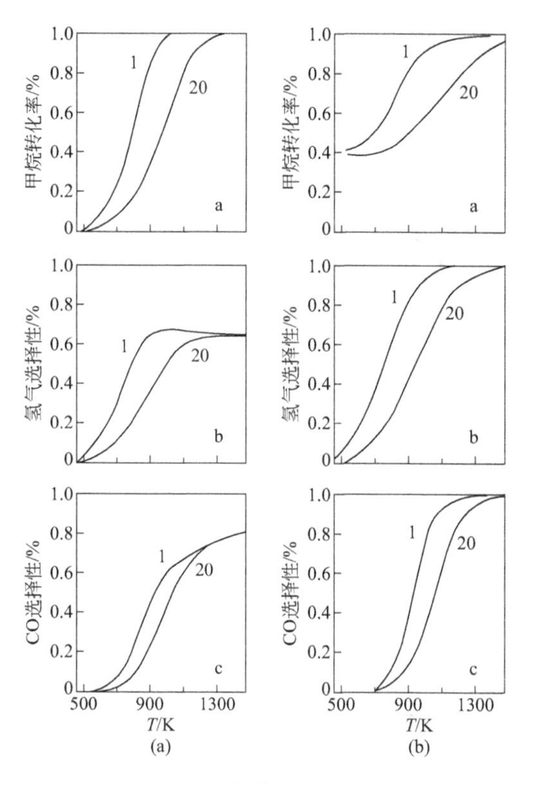

图 4-33　（a）蒸汽重整平衡

a—计算的甲烷转化率；b—H_2 选择性；c—CO 选择性（对 1∶3 摩尔比甲烷 - 水蒸气进料，分别为 1atm 和 20atm）；

（b）部分氧化平衡

a—计算的甲烷转化率；b—H_2 选择性；c—CO 选择性（对 2∶1 摩尔比甲烷 - 水蒸气进料，分别为 1atm 和 20atm）

蒸汽重整反应是强吸热的，且是体积增加的反应。这意味着反应 1 在低压和高温下是有利的，如图 4-34 所示。该图以平衡转化率对温度和压力作图。转化 1∶2 甲烷和蒸汽混合物所需要的热量，从 600℃到 900℃在压力 30atm 时反应达到平衡时为 214 kJ/mol CH_4。

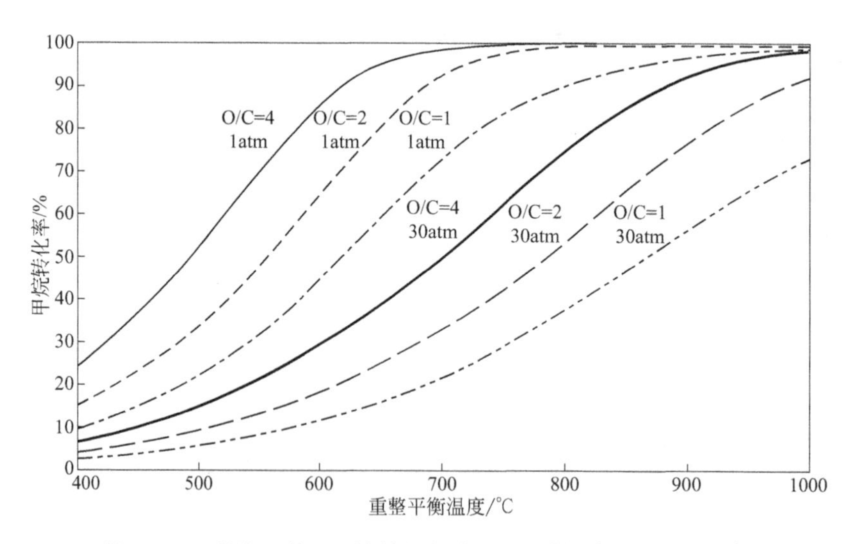

图 4-34　蒸汽重整和甲烷转化率（O/C：进料中蒸汽甲烷比）

发现第Ⅷ族过渡金属对烃类蒸汽重整具有催化活性，对它们的相对活性已经进行了很多研究。早期乙烷蒸汽重整和后来甲烷蒸汽重整结果证明，Ru 和 Rh 是高活性的金属， Ni、Ir、Pt、Pd 和 Re 的活性较低。Co 和 Fe 也有活性，但在通常蒸汽重整条件下会被氧化。这些发现得到了甲烷蒸汽重整结果的支持，指出过渡金属的重整活性显示类似的顺序。有意思的是，对第Ⅷ族金属活性的新近研究发现，Pt 和 Ir 是活性最高的，高于 Rh 和 Ru，Ru 和 Ni 几乎有类似的活性。且活性与金属的分散度有关，显示了局部金属结构的重要性。第Ⅷ族金属的活性排序与早期研究给出的趋势类似，如图 4-35 所示。该图以测量的转换频率对分散度作图。金属活性的不同排序可能是由于小金属颗粒的失活造成的。

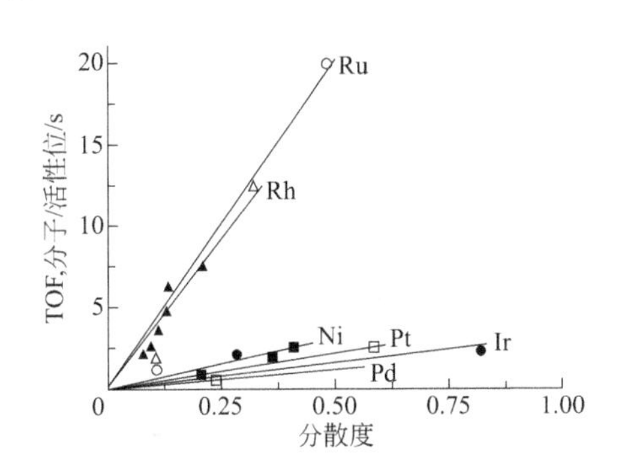

图 4-35　甲烷蒸汽重整反应速率与分散度间的关系

实验发现也得到过渡金属催化剂蒸汽重整活性的第一原理计算的支持。计算的基础是对活性位和反应机理的详细了解。基于密度函数理论，已经有可能计算平台活性位 Ni（111）和阶梯活性位 Ni（211）上的甲烷蒸汽重整的全反应路径。能量连同反应路径示于图 4-36 中。该图显示在镍表面上中间物的能量和不同中间物的活化能垒以及反应路径。阶梯的活性远高于镜面堆砌表面。但是，所有中间物也是在阶梯上的键合远强于在平台上键合，但在平台上有更多的自由活性位。所以，（至少）有两类不同的反应路径，一类是低活化能的，这是与阶梯活性位相关的；另一类是与平台活性位相关的。在两个情形中，反应路径是甲烷逐步解离最终形成吸附碳和氢。第一个反应是甲烷的活化化学吸附形成 CH_3* 和 H*。碳与水解离形成的氧反应形成一氧化碳（水解离成吸附氧和氢）。氢气由吸附氢的再组合生成。通过对吸附在纯金属面心立方晶体 Fcc（221）阶梯活性位上的简单分子使用热力学和动力学分析再组合关系，有可能建立一个模型，从它能够计算反应速率，得到了二维火山形曲线，如图 4-37 所示。仅两个独立参数描述速率，C 的吸附能量和 O 的吸附能量。可以看到，火山作图的峰尖是速率最高的，它位于接近于 Ni、Rh 和 Ru 的吸附能量区域。峰位于 CO 生成的区域，CH_4 吸附大略是平衡的，但这两个过程之间有竞争。峰活性位于比纯金属上稍低的 C 吸附能量处，这里有最高活性的 Ru、Rh 和 Ni。

这个例子说明，理论计算工具在今天有了如此大的进展，以至于可以最大精确性重复实验中的发现。这些工具在未来催化剂的研究和发展中将变得愈来愈重要。

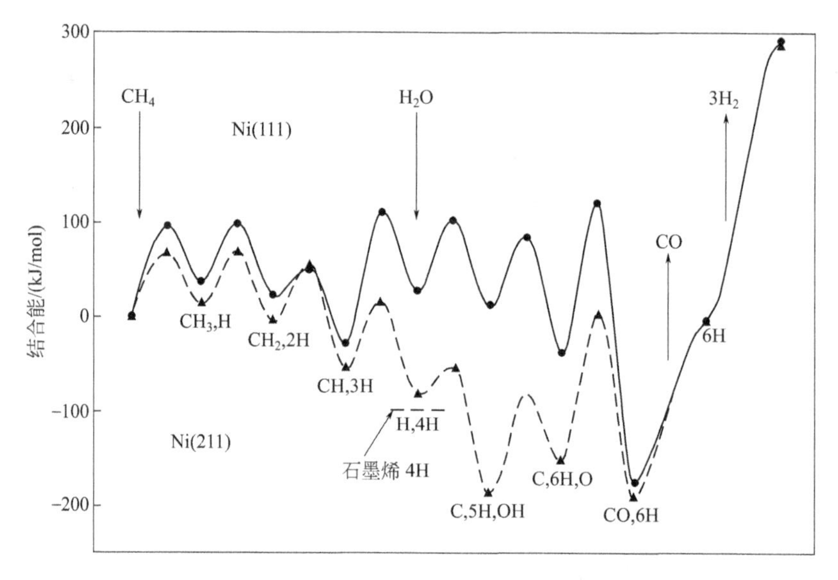

图 4-36　蒸汽甲烷在 Ni（111）和 Ni（211）表面重整沿反应路径计算的能量

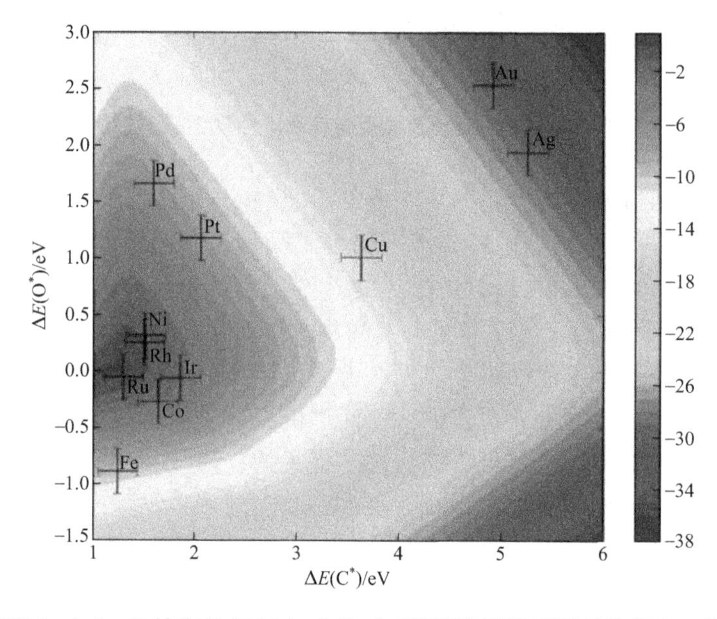

图 4-37　773K、1atm 和转化率 10% 与 O 和 C 吸附能量间关系的转换频率二维火山形曲线

4.10.2 甲烷蒸汽重整的催化作用

蒸汽重整催化剂应该为特定应用而设计。优化预重整催化剂不同于优化主蒸汽重整催化剂，对催化活性位、失活和中毒存在某些一般趋势。但是，催化和物理性质间的平衡很大程度取决于催化剂的特定应用，这是需要讨论的。

4.10.2.1　蒸汽重整催化剂

如在前一节中讨论的，贵金属如 Rh 和 Ru 对蒸汽重整有最高的活性。但是，由于这些金属的高价格，它们并不使用于常规蒸汽重整器中。对工业蒸汽重整催化剂的理想选择是镍，它具有好的蒸汽重整活性和中等的价格。镍被负载在氧化物载体上，一般是Al_2O_3、ZrO_2、$MgAl_2O_4$、$CaO(Al_2O_3)_n$、MgO 以及它们的混合物，需要最大化其分散度。在纳米尺度上的蒸汽重整催化剂，其一个例子示于图 4-38 中，图中显示催化剂由负载陶瓷载体上的大量小镍颗粒构成。对给定表面积的载体有一个优化的 Ni 负载量，因此对给定催化剂，Ni 负载量应该被相应地优化。当镍平均颗粒直径 d_{Ni} 和镍负载量 X_{Ni}（g/cm^3）已知时，镍的活性表面积（对球形颗粒）能够使用方程（4-24）计算：

$$A_{Ni}=\frac{6800X_{Ni}}{d_{Ni}} \tag{4-24}$$

式中，A_{Ni} 是镍的表面积，单位为 m_2/g；d_{Ni} 单位为Å，1 Å =10^{-10}m。如前面讨论过的，蒸汽重整反应是结构敏感反应，阶梯活性位上的活化能低于平台上的。阶梯活性位对反应性的重要性在乙烷在 Ni/Al_2O_3 催化剂上已经观察到。发现在重整活性与阶梯密度（如氮吸附测定的）间有线性关联，但并没有发现活性和镍表面积间有关联。

取决于特定应用，对蒸汽重整催化剂有若干要求。预重整催化剂的主要功能是把天然气中的较高级烃类转化为甲烷、二氧化碳、一氧化碳和氢气的混合物。预重整催化剂的另一个功能是吸附从脱硫部分泄漏出来的硫。所以，对预重整催化剂，高镍表面积是基本的。由于在中等大小的绝热反应器中低温操作，催化剂颗粒的强度、热稳定性和压力降比其他应用中的重要性要低。这允许预重整反应器中使用中等大小的催化剂颗粒。在管式主重整反应器中，低压力降和高传热速率对好的操作是基本的。高传热系数使管壁温度降低，因此所需要的壁厚度下降。主蒸汽重整催化剂的颗粒大小远大于预重整催化剂，为了有低压力降和高传热速率，催化剂形状需要优化。

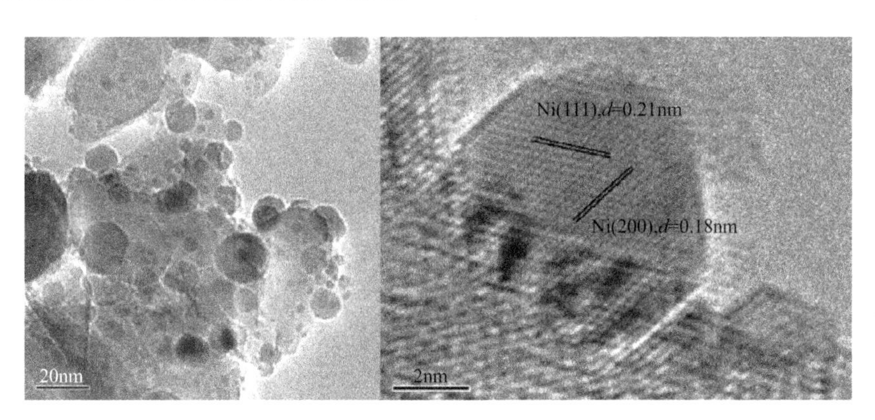

图 4-38　负载在 $MgAl_2O_4$ 上的镍：使用原位电镜在 550℃和 7 mbar 条件下记录

应用于次级和自热重整反应器中的催化剂受扩散限制的强烈影响，这类催化剂的改进领域是强机械强度和对温度有高耐受性的催化剂载体，以忍受这些应用中的高温。

催化剂的寿命由操作条件和进料组成决定。有多个因素影响催化剂的失活，如烧结、中毒和炭沉积。

4.10.2.2　烧结机理

烧结是镍颗粒在大小上的长大，因此损失其表面积，使活性降低。烧结是由若干参数影响的复杂过程，包括化学环境、催化剂结构组成和载体形貌。促进烧结的因素包括高温和高蒸汽分压。烧结机理能够使用原位电子显微镜跟踪。在研究了在 $MgAl_2O_4$ 载体上的Ni颗粒在模拟预重整条件下的烧结（500℃、总压30atm及10∶1蒸汽和氢气混合物）后确认的烧结机理是，尖晶石载体表面上镍颗粒的滑移和拼合。颗粒移动关系到镍表面二聚体 Ni_2-OH 的扩散（得到 DFT 计算的支持）。提出了一个简单模型来解释 Ni 颗粒大小随时间的长大与暴露气体环境和温度间的关系。该模型说明，开始时 Ni 颗粒的烧结是快的，随着 Ni 颗粒变大烧结变慢，高蒸汽分压增强烧结。该模型得到试验结果的证实，直至 581℃的烧结温度，模型预测是可靠的。在 H_2O/H_2 气氛中，在 600℃以上时观察到烧结速率的增加（图 4-39）。镍颗粒烧结与氢气分压的关系看来似乎要更强一些。这能够使用载体表面上原子迁移的 Ostwald 熟化来说明。在管式主重整器条件下，镍颗粒的主要烧结机理是 Ostwald 熟化机理，而在预重整器条件下烧结占优势的机理是滑移和拼合。

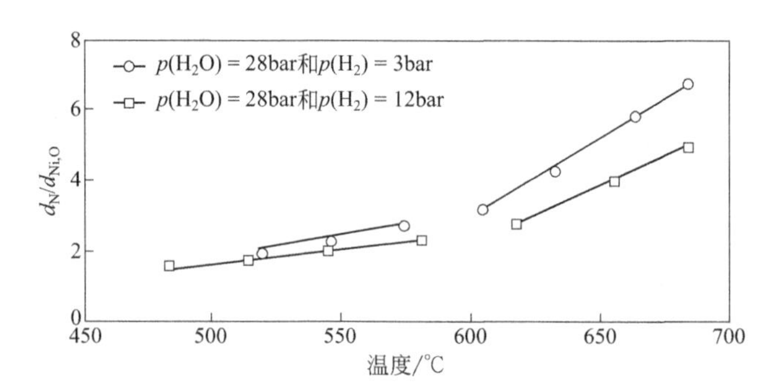

图 4-39　22%（质量分数）$Ni/MgAl_2O_4$ 催化剂烧结 700h 后的相对平均镍颗粒直径与烧结温度间的关系

4.10.2.3　硫中毒

硫对Ⅷ族金属蒸汽重整催化剂是一种严重的毒物。已经证明，镍在第Ⅷ族金属中对硫中毒是最敏感的。在原料进入重整器之前，必须使原料中的硫含量降低到非常低的水平。在蒸汽重整条件下，所有硫化合物将被转化为 H_2S，它会按如下反应化学吸附在镍表面上:

$$H_2S+Ni_{表面} \rightleftharpoons Ni_{表面}\text{-}S+H_2 \tag{4-25}$$

吸附的硫烯醇有很好的二维表面结构，化学计量系数大约为 0.5。这相当于每平方米镍表面的硫吸附量为 440μg。硫在镍表面的覆盖度取决于温度及 H_2S 和 H_2 的分压。可使用下式进行估算：

$$\theta_S=1.45-9.53\times10^{-5}T+4.17\times10^{-5}T\ln(p_{H_2S}/p_{H_2}) \tag{4-26}$$

该表达式对 θ_S 接近于零和接近于 1 的情形是不可靠的。对 500℃时的镍，θ_S=0.5 对应于 H_2S/H_2 分压比为 1.6×10^{-12}。这意味着硫是定量地被吸附的，直到饱和。硫吸附量与 Ni 表面积相关联。低 H_2S 平衡压力也反映在催化剂颗粒的硫吸附量中，如图 4-40 所示。能够看到尖锐的硫分布，仅仅在远离外表面的催化剂颗粒内部和孔中没有被中毒。硫中毒以壳型中毒方式发生，因为孔扩散。在出口处的空颗粒中硫平均覆盖度要低于其他位置颗粒

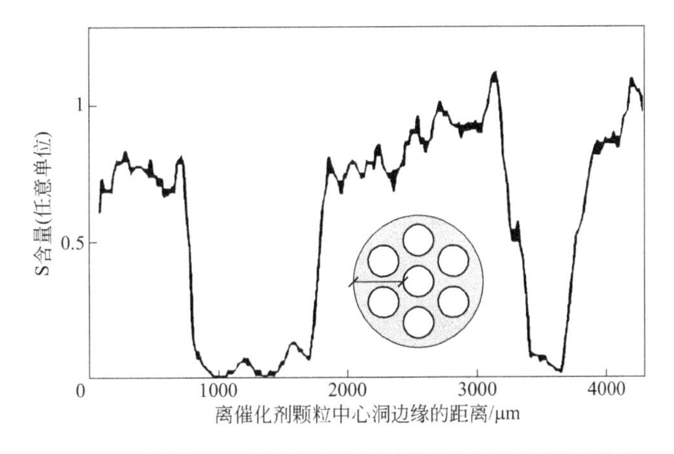

图 4-40　被硫严重中毒的七孔重整催化剂的硫吸附量分布

中的，化学吸附前锋移到颗粒中心可能要数年。硫对重整催化剂的反应速率有很强的影响，会显著降低反应速率。已经证明，催化剂的本征活性随未中毒活性位的硫覆盖度的增加快速降低，以三次的方式降低：

$$r_i(\theta_S)=(1-\theta_S)^3 r_0 \tag{4-27}$$

式中，r_0 是未中毒催化剂的活性。报道的其他毒物是砷、铅、磷、二氧化硅和碱金属。二氧化硅可能使催化剂活性有实质性的降低，因为它们是以孔嘴中毒方式中毒催化剂。碱金属在一些情形中也使活性降低数个数量级大小。

4.10.2.4　碳生成

蒸汽重整过程中炭沉积是一个挑战。当蒸汽 - 碳比低或使用 CO_2 重整时，结炭的潜力是最高的。在蒸汽重整过程中，通过催化剂和重整过程的合适设计能够避免结炭。会产生结炭的反应示于表 4-19 中。

表 4-19 中的反应（1）一般称为“Boudouard 反应”，反应（2）称为“CO 还原”，反应（3）称为“甲烷裂解”，反应（4）是烃类聚合使烃类链增长的反应。反应产物通常称为“封存或包裹碳”或“胶质碳”。碳生成反应可以形成不同类型的碳，如图 4-41 所示：晶须碳、胶质碳和热解碳。生成的晶须碳是最易形成的碳结构形式，其特征是长丝状纳米纤维，由一氧化碳、甲烷或较高级烃类在 Ni 颗粒上催化反应生成（蒸汽 - 烃比低和温度在某一极限温度以上）。碳晶须因烃类反应在镍颗粒的一端长大，产生晶须的碳在镍颗粒的另一边成核。继续生长可能招致催化剂解体和增加压力降。碳晶须有比石墨高的能量。

表4-19　蒸汽重整的成碳反应

反应	反应的标准焓变，$-\Delta H_{298}^{\ominus}$ /（kJ/mol）
（1）$2CO \rightleftharpoons C+CO_2$	172
（2）$CO+H_2 \rightleftharpoons C+H_2O$	131
（3）$CH_4 \rightleftharpoons C+2H_2$	–75
（4）$C_nH_m \longrightarrow$ 含碳沉积物	—

这意味着在热力学预测生成石墨的条件下操作是可行的，此时在催化剂上没有碳的生成。结炭也取决于镍颗粒晶体的大小。较小的镍晶体比较抗碳的生成。生成晶须碳的温度，小镍晶粒（7nm 左右）催化剂要比大晶粒（100 nm 左右）催化剂高约 100℃。碳胶质可以在高芳烃化合物含量的重原料重整中生成。生成胶质碳的危险在低温、低蒸汽 - 碳比和含高沸点烃类混合物条件下得到增强。胶质碳是数原子层石墨碳的薄膜，它们在镍颗粒上的薄膜炭沉积导致催化剂失活。

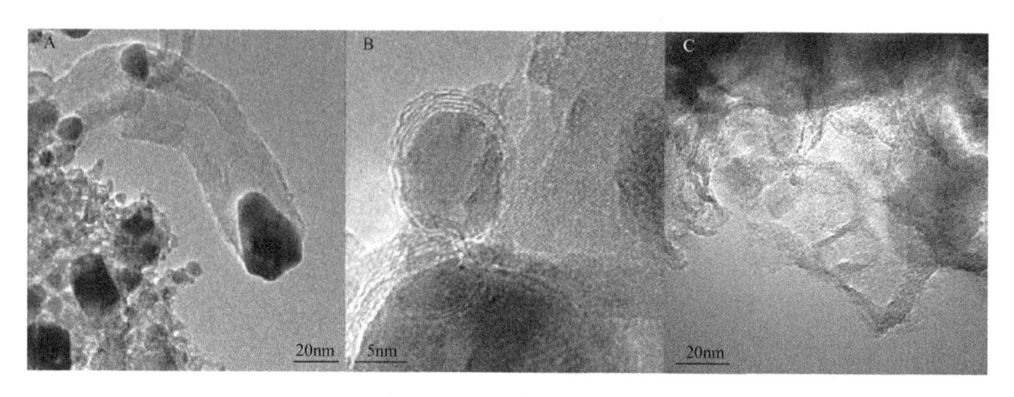

图 4-41 电镜照片

A—晶须碳；B—胶质碳；C—Ni/$MgAl_2O_4$ 重整催化剂载体 $MgAl_2O_4$ 的热解碳

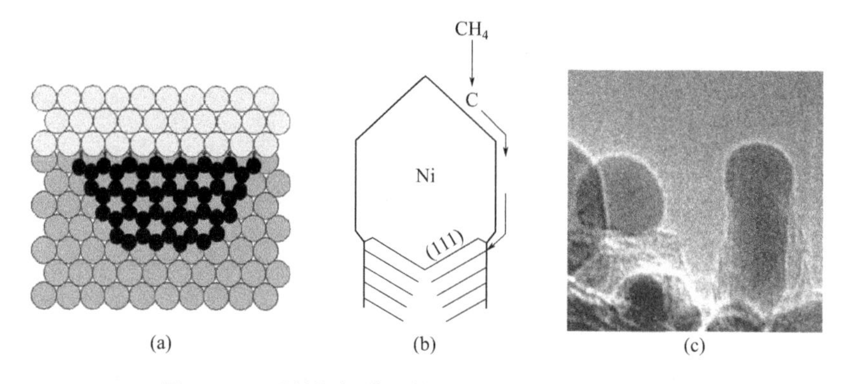

图 4-42 重整期间镍颗粒上形成碳晶须的示意说明

（a）在 Ni（111）表面上石墨烯到成核的示意说明；（b）在 Ni（211）阶梯上生成晶须的示意说明；（c）因碳晶须生成把镍颗粒从载体上举起的原位电镜照片

沉积炭是因烃类在高温下热裂解生成，一般在 600℃以上。在管式主重整器中，管壁的高温区域是生成热裂解碳的地方。高碳烃类热裂解生成的碳常关系到硫中毒催化剂的失活。组合原位电镜研究和密度函数计算可以详细了解碳生成的催化机理。在镍晶阶梯上吸附的原子碳稳定性远高于吸附于平台活性位上的，所以阶梯是很好的碳成核位置。当碳原子覆盖在阶梯活性位上时，阶梯上能够生长出单晶石墨层，如图 4-42（a）所示。石墨烯岛成核后，因碳原子或碎片碳经由表面或本体传输到石墨烯岛，因此它继续生长，该情形形成胶质碳（gum）。在第一层石墨烯下面可以交替成核形成新碳层，碳原子的添加使其不断生长。这个生长伴随从镍到自由镍表面的表面传输，导致在镍颗粒上生长出碳晶须[图 4-42（b）和 4-42（c）]。因此，阶梯活性位不仅只是有较高蒸汽重整转化频率，而且在碳生成中也起着重要作用。

4.10.2.5 反应动力学

甲烷和高碳烃类的蒸汽重整是相对快的反应，因此获得本征动力学变得比较困难。其次，很大的反应热也使获得等温测量变得困难。在粉碎稀释催化剂颗粒或金属箔上进行测量应该能够达到等温要求，理想的是在低温（$< 600℃$）下进行。在实验室进行测量时，为避免催化剂氧化，在入口气体中需额外添加氢气。其次，伴随有水蒸气变换反应，在蒸汽重整条件下它应该是快速反应。蒸汽重整反应对甲烷的反应级数一般认为接近于 1 级，这与甲烷活化吸附是速率控制步骤是一致的。对水和氢气的反应级数，问题比较大，在接近于工业条件下对总压显示稍负的级数。

对镍基催化剂上甲烷蒸汽重整动力学，已经提出了详细的 Langmuir-Hinshelwood 模型（包含水蒸气变换反应）。甲烷重整到 CO 和 CO_2 被作为伴随有水蒸气变换反应的两个分离反应步骤来处理：

$$A：CH_4+H_2O \rightleftharpoons CO+3H_2 \tag{4-28}$$

$$r_1=\frac{k_1 p_{CH_4} p_{H_2O}}{p_{H_2}^2 Z^2}(1-\beta) \tag{4-29}$$

$$B：CO+H_2O \rightleftharpoons CO_2+H_2 \tag{4-30}$$

$$r_2=\frac{k_2 p_{CO}\ p_{H_2O}}{p_{H_2}^2 Z^2}(1-\beta) \tag{4-31}$$

$$C：CH_4+2H_2O \rightleftharpoons CO_2+4H_2 \tag{4-32}$$

$$r_3=\frac{k_3 p_{CH_4} p_{H_2O}^2}{p_{H_2}^{3.5} Z^2}(1-\beta) \tag{4-33}$$

$$Z=1+K_{CO}p_{CO}+K_{H_2}p_{H_2}+K_{CH_4}p_{CH_4}+K_{H_2O}\frac{p_{H_2O}}{p_{H_2}} \tag{4-34}$$

式中，k_i 是反应 i 的速率常数；K_i 是反应 i 的平衡常数。因为三个反应不都是独立的，必须组合三个方程成两个来表述甲烷转化率和 CO_2 的生成：

$$r_{CH_4}=r_1+r_3 \tag{4-35}$$

$$r_{CO_2}=r_2+r_3 \tag{4-36}$$

该模型的优点是包含了水汽变换动力学，因此能够被使用于设计。模型预测，随温度升高对水的反应级数降低，这反映氧原子覆盖度的增加，暗示水的吸附热是负的（与水吸附基础研究结果不同）。对提出动力学的再分析进一步扩展该模型，结果与蒸汽重整反应微观动力学是一致的。

在 Ni 基催化剂上的甲烷蒸汽重整反应，考虑所述反应和假设吸附中间物表面反应作为速率控制步骤的基础上获得了本征动力学模型方程。它可以使用于不同的催化剂。

也已经使用微观动力学来建立动力学模型：认为甲烷活化化学吸附形成 CH_3* 和 H* 与吸附的碳和氧反应生成一氧化碳两个步骤是反应的速率控制步骤。对贵金属催化剂，CO 生成步骤在低温下是动力学控制步骤。在高温和非贵金属上，甲烷解离化学吸附是动力学控制步骤。这说明反应动力学取决于所应用的反应条件。一个描述在 Rh/Al_2O_3 催化剂上甲烷重整制合成气的完整的动力学模型已经被建立，基于 82 个基元反应，应用微观动力学处理。为获得可靠的具有预测性的动力学模型，从试验数据分析发现，系统数据对推导动力学模型的方法学具有很大的帮助。

在工业大小反应器中，甲烷蒸汽重整反应的传热和传质限制是显著的。对常规蒸汽重整催化剂，有效因子低于 10%。传质限制主要是粒内扩散，在高压下重整器内催化剂颗粒中的本体扩散占优势，而传热限制则主要位于气固界面的气体膜中。强吸热反应导致这个气体膜中的温度降落达 5 ～ 10℃。这意味着活性与外表面积大致成比例。

4.10.2.6 催化剂物理性质

为了确保工厂中催化剂的好性能和长寿命，催化剂物理性质的优化与催化性质的优化一样重要。要改进的是孔大小分布、颗粒大小和形状、机械强度。孔大小必须同时考虑大表面积和活性位可接近性。就催化剂的装填密度而言，催化剂颗粒形状是重要的，即床层的空体积分数是重要的。因为床层压力降强烈地取决于空体积分数：颗粒直径愈大压力降愈低。在绝热预重整反应器中，压力降一般是低的，能够使用较小颗粒催化剂以降低传质限制。对管式主重整反应器，压力降可能是大的，必须在颗粒大小和空体积分数间做平衡。结果是，需要有大的外部直径和高空体积分数，因此使用环形或多孔圆柱形催化剂。催化剂的形状对确保高传热速率也是重要的，特别是对管式主重整器，需要有高传热系数以降低管壁温度，从而延长管子的寿命。有高外表面积的催化剂颗粒对最大化有效活性也是有利的。催化剂颗粒好的机械强度也是重要性，因为颗粒的粉碎将增加反应器的压力降，这有可能创生热点和最终要求停机和重新装填反应器。这些都意味着，催化剂载体材料在过程条件及在工厂启动和停车条件下必须是稳定的。不仅初始催化剂颗粒的强度应该是高的，而且操作条件下其强度也应该是高的。图 4-43 中给出了两种类型的商业装置催化剂。

图 4-43　商业重整催化剂的例子：圆柱形预重整催化剂 4.5mm × 4.5mm；七孔圆柱形主重整催化剂 16mm × 11mm

4.11 甲烷绝热预重整

绝热预重整反应器能够安装在高温管式主重整器、热交换重整器或自热重整器的上游。绝热预重整反应器把原料中的高碳烃类转化成甲烷、蒸汽、碳氧化物和氢气的混合物。所有高碳烃类被定量转化，如果催化剂有足够活性的话。此外，伴随有放热变换反应和甲烷化反应（甲烷蒸汽重整的逆反应）。

重整器中未转化的烃类原料在高温下会发生高碳烃类热裂解等反应生成不饱和化合物化物和焦（炭），它们最终会沉积在催化剂表面和/或热交换器表面上，形成焦（炭）和垢。当高碳烃类在预重整器中被重整除去后，对重整的甲烷原料可预热到较高温度，这样可以提高重整工厂效率和降低管式主重整器的大小。对自热重整，预热温度的升高可以显著降低预重整器的氧气消耗。在表 4-20 中给出了预重整器进出口气体的典型组成。

表4-20　预重整单元的典型进料和产品组成

项目	进口	出口
温度/℃	500	441
压力/atm	33.5	33.0
CH_4（体积分数）/%	93	71.6
C_2H_6（体积分数）/%	2.1	0
C_3H_8（体积分数）/%	1.0	0
H_2（体积分数）/%	3.0	22.0
CO（体积分数）/%	0	0.1
CO_2（体积分数）/%	0	6.3

4.11.1 反应器和催化剂特征以及操作条件

预重整反应器是一个绝热容器，使用特殊设计的镍基催化剂。操作条件取决于原料的类型和应用。入口温度为 350 ～ 550℃。低操作温度要求催化剂具有高表面积以获得足够的活性和抗击毒物的能力，特别是硫。催化剂颗粒的优化形状取决于特定应用和工厂容量。在许多情形中，使用大小为 3 ～ 5mm 的圆柱形催化剂颗粒。这个颗粒提供气体进入大表面积的孔系统。预重整器压力降对小型或中型工厂通常是低的，即便这样的颗粒仅有低的空体积分数。对大规模工厂，催化剂颗粒形状优化将是有好处的，具有一个或多个孔洞的圆柱形颗粒常常是比较理想的，同时具有小压力降和高活性。

预重整器中操作条件的选择受催化剂的积炭限制：给定原料和压力，绝热预重整器必须在给定温度操作窗口中操作。在其上限温度将生成晶须型碳；而聚合型碳（胶质）在下限温度操作时生成，也使催化剂的活性不够高。操作期间可能发生预重整器催化剂的失活，一般由硫引起，但胶质碳的生成也可以使催化剂失活。催化剂的失活能够从温度分布的逐渐移动中观察到。对绝热预重整器设计，抗失活是重要的方面。绝热预重整器操作期间的性能评估能够被使用于确定真实的失活速率和确定更换催化剂的时间。这需要跟踪多个参数，重要的有：高碳烃类含量，因其浓度的增加会导致活性的损失；反应器出口达到的平衡也是一个重要参数，可用于跟踪催化剂和反应器的性能。使用温度差表示平衡达到，定义为：

$$T_R=T(\text{催化剂出口})-T(Q_R),\qquad Q_R=\frac{p_{CO}p_{H_2}^3}{p_{CH_4}p_{H_2O}} \tag{4-37}$$

式中，$T(Q_R)$ 是对应于等反应商 Q_R 平衡常数时的平衡温度。

在预重整器出口处一般是达到平衡的，高碳烃类含量接近于零。在整个预重整器操作期间是稳定的。图示形式的失活作图能够用于评估预重整器的性能。失活作图显示反应前锋长度与操作时间之间的关系。该方法示于图 4-44 中。计算出口与进口间的温度差，以轴向位置（z_{90}）（在该位置 90% 的温度差已经被获得）对时间作图。阶梯斜率指出高的失活速率。失活作图的斜率倒数被作为阻力数目，定义为失活 1g 催化剂所需要的进料数量。大的阻力数目指出慢的失活。

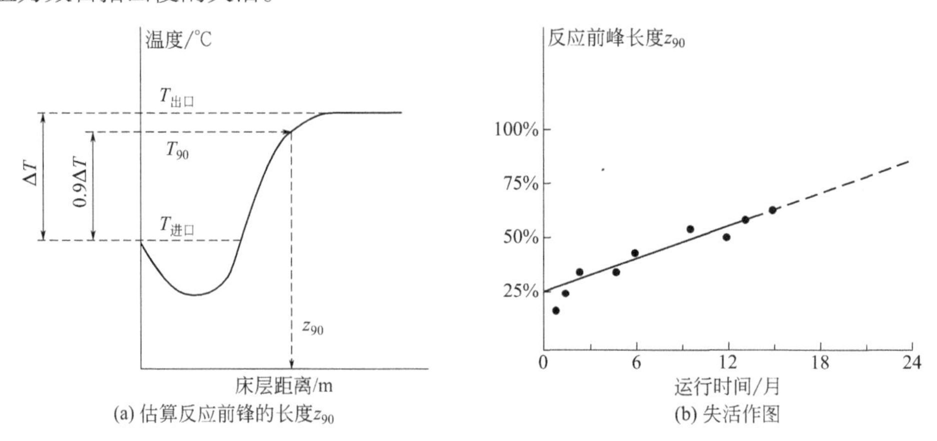

图 4-44　预测性能的图示失活作图

4.11.2 在低 S/C 比时的绝热预重整器

在一些情形中，特别是为气体转化为液体（GTL）工厂生产合成气时，希望以非常低的 H_2O/H_2 比操作以优化过程的经济性。在非常低 H_2O/H_2 比下操作，绝热预重整器会有催化剂结炭的危险。对重整催化剂上结炭，前面的详细讨论指出，在预重整器催化剂上的炭既可以来自甲烷也可以来自高碳烃类。

GTL 工厂中绝热预重整器和催化剂的选择通常受结炭反应的限制。甲烷结炭限制，原理上是由热力学决定的。如果在甲烷蒸汽重整和变换反应的化学平衡建立后，气体仍对结炭显示亲和力，则炭的生成是可能的。甲烷结炭的危险在反应区域是最明显的，因温度最高。绝热预重整器操作在非常低 H_2O/C 比下时的温度示于图 4-45 中。

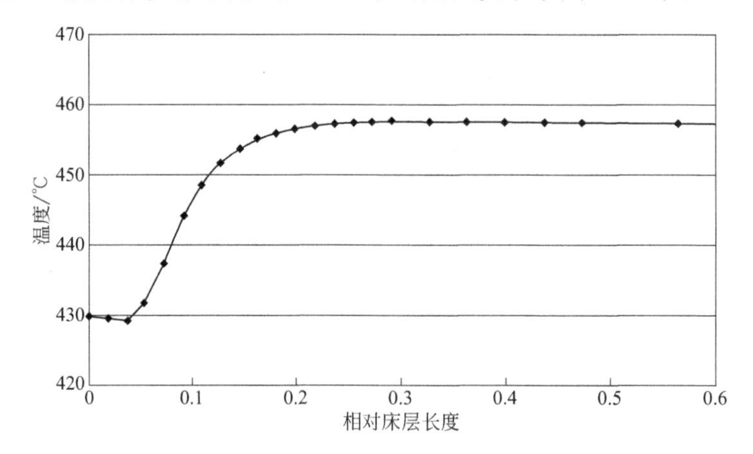

图 4-45　中间工厂绝热重整器操作中的温度分布（H_2O/C 比值为 0.4）

高碳烃类的结炭是不可逆反应，只发生于反应器的前面部分，因那里有最高 C_{2+} 化合物浓度。结炭和蒸汽重整反应间的动力学竞争导致结炭。一般来讲，高碳烃类的结炭随蒸汽 - 高碳烃比的降低和温度升高而发生。

受积炭限制的知识对优化反应器设计是必要的。低水碳比操作中间工厂的实验例子能够给出这些碳限制的信息，如表 4-21 所示。

表4-21 低 H_2O/C比下的绝热预重整

实验	A	B	C	D
H_2O/C 比	0.40	0.25	0.13	0.25
进口温度 /℃	455	395	400	430
压力 /MPa	0.8	1.0	1.0	0.9

4.11.3 绝热预重整器的模型化

在绝热预重整器的设计和优化中，数学模型是无价的。化学转化率与时间的关系能够通过组合反应动力学、孔扩散、压力降和催化剂失活及中毒效应等来确定。

预重整器中不存在径向浓度梯度，因为它的绝热性质。因此，一维轴向模型足以模拟温度和浓度分布。（预）重整器的模拟能够使用非均相和准均相模型。非均相模型基于本征动力学，该模型考虑催化剂颗粒内的孔扩散和外表面的膜传输限制。可以获得催化剂颗粒内条件的精确表述。但是，这些模型最多只能够使用于对开发新催化剂和新循环系统以及失活现象进行详细研究。对设计目的，通常使用准均相模型。

预重整器通常操作在扩散控制区，以它验证准均相模型的使用。准均相模型并不考虑催化剂颗粒和本体气流间的温度和浓度差。传输限制隐含在所使用的有效反应速率表达式中。

4.12 管式高温主重整器

在工业实践中，蒸汽重整主要是在称为管式高温重整器的反应器中进行的。它基本上是一个火焰加热器，填满催化剂的管子位于加热器径向部分。过程也可以在称为热交换器重整器的反应器中进行。基本上是热交换器，有填满催化剂的管子和 / 或在管子之间的空间填满催化剂。热交换器重整器设计及在管式火焰重整器和热交换器重整器中的催化剂将在分离的节次中讨论。有关蒸汽重整和蒸汽重整器设计，有大量文献可以利用。

4.12.1 炉室的模拟

管式蒸汽重整器内进行着传热和偶合化学反应的复杂相互作用。燃烧器释放的热量通过辐射和对流传输给重整器管子，再传导穿过管壁经由对流和辐射传输给催化剂床层。同时，因化学反应网络在管子中和多孔催化剂颗粒的附近和内部创生出温度和浓度梯度。一个理想的模型应该能够从各个燃烧器、进料气流特征、催化剂性质和重整器几何形状等来模拟重整器性能。对管式重整器中的气边过程，早期模拟一般不与炉子盒偶合，而是假设一外部管壁温度分布或假设一个热流通量分布。这些分布能够使用工业工厂和单管中试测量来建立和校核。但是，管壁温度的测量是困难的。融合方法包含了复杂的校正，因有炉壁和火焰的反射。在重整器入口处，管子最冷部分的校正是最大的，因为那里的反应也是最复杂的。插在管壁中的热偶给出比较精确的信息，但使用寿命有限。在管行中的阴影效应引起另一个不确定性，失真的程度随管间距的降低而增加。

4.12.2 重整器管边模拟

一维准均相模型能够合适地模拟非苛刻条件下的情形和总性能。但是，它们对重整器的精密设计或操作以及在接近碳限制条件下的重整器设计仍然是不够的。此时需要对重整器中局部现象进行比较详细的分析。

在二维准均相模型中包含径向温度和浓度分布，而略去了催化剂颗粒中和附近的这些梯度。这类模型一般是活塞流反应器模型，考虑管子内的二维轴对称温度和浓度梯度以及详细的动力学方程式。使用床层内有效径向热导率来计算热量的传输，管壁传热用膜传热系数来计算。主要参数是反应动力学方程以及传热和压力降方程中的参数。这些所有参数数据的获得和建立一般是十分困难的。但是，应该记住，即便是非常精巧模型的有用性并不会好于在相关参数已知时获得的准确性。反应器内部的过程模型已经建立，该模型中的参数是使用与工业同样大小的单管重整器示范单元（PDU）来确定的（图4-46），并进一步使用大量工业数据进行验证。该模型的应用示于图 4-47 中，该图中比较了计算的和测量的催化剂床层温度（测量的是外管壁温度）。数据是在蒸汽 - 碳比为 1.18 且管内表面平均热量通量为 50500kcal/（m^2 • h）（相对低的）条件下进行的单管 PDU 实验测量的。可以看到，计算与测量温度数据有好的一致性。类似的一致性也已经在许多数据模拟中获得。

图 4-46 管式重整器 PDU

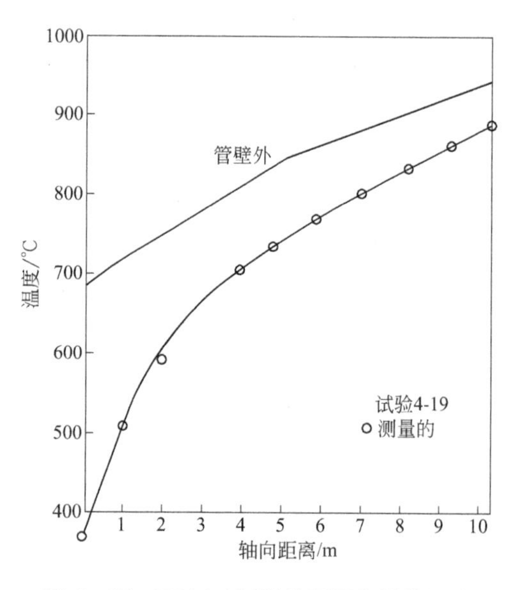

图 4-47 PDU 中试验的测量和计算温度

4.12.3 CFD 模拟

CFD（计算流体力学）是蒸汽重整器模型化和模拟的有效工具。在文献中已经出现燃烧炉顶部的模拟结果。多数的注意力集中于炉子一边和对烟气流速和温度分布影响的研究，但为了获得完全突破，必须把过程气体和烟气也耦合进去。而在 PDU 中仅有一根完整大小的管子，内部填满催化剂，位于含五排热水器燃烧炉的中心。该耦合的 CFD 模型能够描述在这个非常典型 PDU 中进行的大量试验数据，也能够进行该 CFD 模型的可靠性验证。但该 PDU 中间工厂重整器行为只能够定性表述工业重整器的行为。PDU 中间工厂的重整炉子的炉边温度场是比较均匀的，因为单位体积中管子数目较少而且没有产生阴影效应的其他管子存在。所有 CFD 模拟结果都说明，外管壁温度和管子热量通量在管子周边没有改变。这与所有实验观察到的结果是一致的。图 4-48 中比较了计算和测量的外管壁温度，一致性很好，小的偏差（小于 10℃）在测量的精度范围内。

从重整器的管壁到气体和催化剂颗粒的有效热传输对强吸热蒸汽重整过程具有最大的重要性。使用 CFD 模拟对催化剂形貌影响进行了详细研究，模拟结果证明了颗粒形状的重要性，这得到有洞颗粒在热传输上要优于环形颗粒结果的支持。

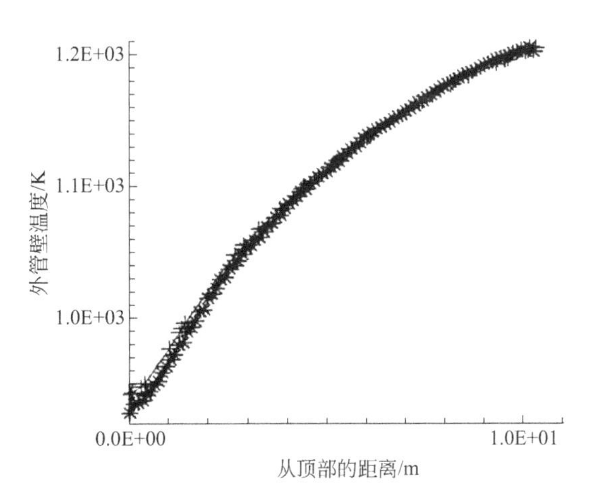

图 4-48　计算和测量的外管壁温度

4.13 热交换重整器

热交换重整器基本上是一个周期重整器，其中所需要反应热基本上是由对流热交换供应的。热量能够从烟气或过程气体（或原理上也可以由其他可利用的热气体）供应。

当仅考虑过程（催化剂）一边的热量和质量平衡时，热交换重整与燃烧管重整间没有差别，后者的热量传输主要是辐射。这意味着使用热交换重整的所有过程程式是另外一种，但热交换重整器的功能同样能够在燃烧重整器中实现。不同的过程表述仅仅是由于利用烟气潜热和 / 或过程气体潜热以及全部热量方法的不同。

热交换重整器的模型和模拟是蒸汽重整器催化剂模型和对流热传输模型（如使用于通常气 / 气热交换器）的组合。

4.13.1 热交换重整器的类型

热交换重整器的三种不同概念已经被不同公司商业化。三个概念示于图 4-49 中。图中类型 A 和 B 能够使用所有类型的加热气体，而类型 C 仅能够使用希望产物气体和来自热交换重整器催化产物气体混合物作为加热气体。

4.13.1.1　烟气加热热交换重整器

这些热交换重整器是独立的传质器，它们的功能类似于正常的燃烧重整器。两种设计

HER 和 HTR 是其中的例子。如图 4-50 中看到的，HER 由围绕中心放置的燃烧器的多个同心圆柱壳体构成，而图 4-51 中 HTR 的特征是在分离室中的一束卡销管和一个燃烧器，特别地，HTCR 已经被成功地发展为生产氢气的商业产品。

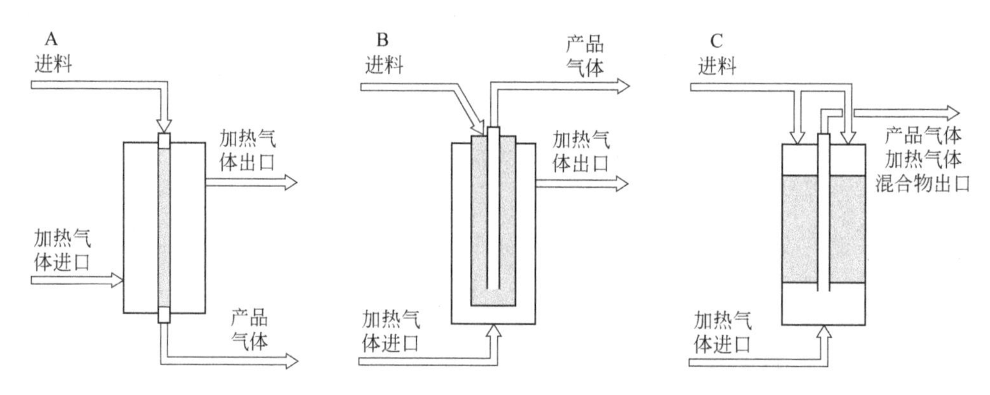

图 4-49　热交换重整器三种概念

A—“直 - 通过”管概念；B—卡销管概念；C—加热气体和热交换前产品气体混合概念

有不同意见认为，带卡销管重整器概念，部分是气体加热装置，因为过程气体是与催化剂床层的冷却进行热交换的，因此提供重整反应所需要的部分热量。但是，在该概念中的卡销管和类似概念仅仅被认为是特殊的重整器管设计。

4.13.1.2　过程气体加热的热交换重整器

过程气体加热重整器一般称为气体加热重整器，按工艺概念可以被分类两种类型，见图 4-49。一种类型可以认为是 HTERs、GHR 或“两进，两出”(图 4-49 中的 A 和 B 都是这种类型)，原理上被串联和平行安排。另一类型（图 4-49 中的 C）被称为 HTER-p、GHHER 或“两进，单出”，仅做了平行安排。若干类型 GHR 已经商业化。HTER-p 或 GHHER 设计也已经商业化。

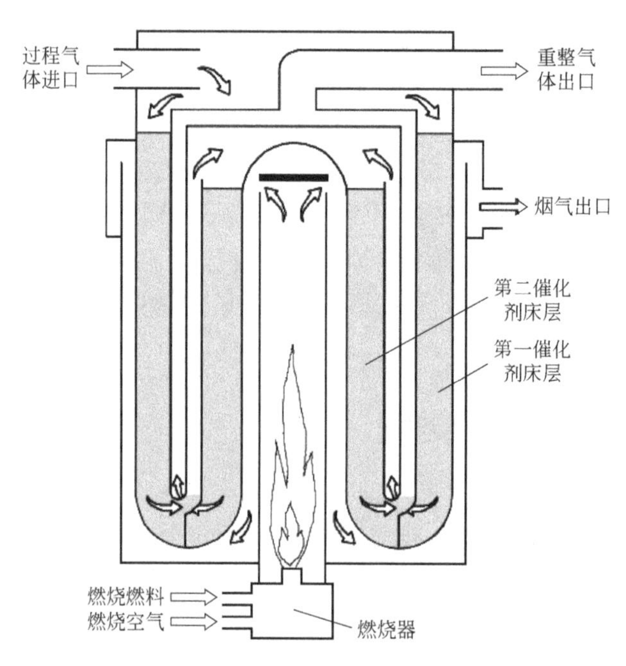

图 4-50　热交换重整器（HER）

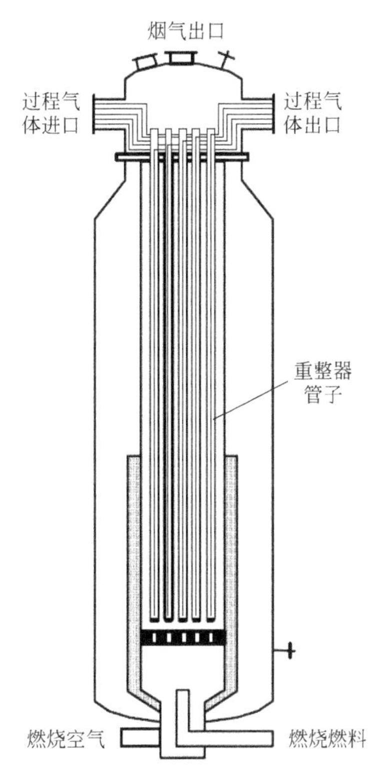

图 4-51　对流重整器（HTCR）

4.13.2 工艺概念

当然，过程气体加热的热交换重整器总是组合其他重整器一起安装的，可以是燃烧管式重整器或吹空气或吹次级氧气或自热重整器。很显然，有多个数目的组合。如果原料多于一种，例如在 GTL 工厂中，合成的循环尾气可以使用作为附加的进料来调整气体组成，使可能的工艺概念进一步增加。预重整器的使用也可以被考虑进去，这又增加可能的工艺概念数目。下面讨论热交换转化器与其他燃烧管式重整器或激励或自热重整器的组合。只讨论一种进料的情形，也就是最通常的天然气或预重整过的天然气进料。能够分为两种主要路线：串联或平行安排。

4.13.2.1　串联安排

在串联安排中，所有过程进料首先穿过一热交换重整器，然后通入第二个重整器。第二个重整器出来的产物气体为热交换重整器供热。串联安排中的第二个重整器可以是燃烧管式重整器（图 4-52）。这个过程概念已经被称为“气体加热预重整”。

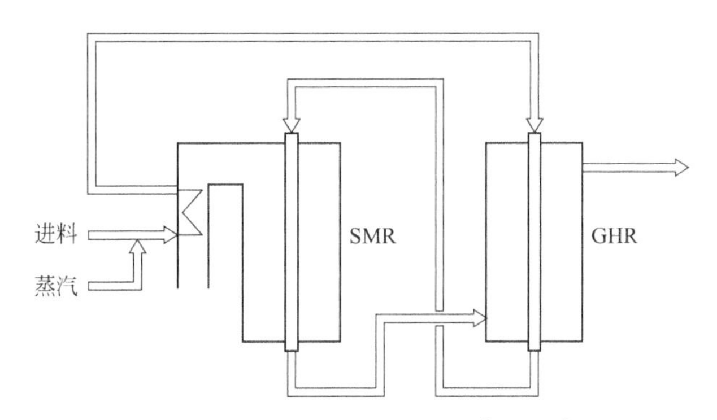

图 4-52　气体加热与重整：燃烧管式重整（SMR）和 GHR 串联

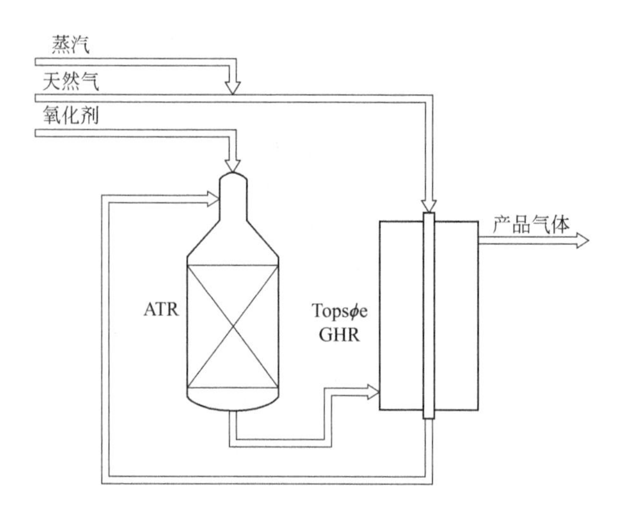

图 4-53　带 GHR 的两步重整：ATR 和 GHR 串联安排

而第二重整器可以是吹空气或氧气的二级重整器（图 4-53）。这个概念，通常称为 GHR，相当于两步重整，也能够称为“GHR 两步重整”（在两步重整中，一个燃烧管式重整器与一个吹空气燃烧二级重整器以类似串联方式操作，以生产氨合成所需要的合成气，或与吹氧气二级重整器组合生产工业甲醇或 FT 合成用的合成气）。另一种是进料中仅部分通过 GHR，其余部分短路直接到二级重整器（图 4-54），这可称为“GHR 的组合重整”。

在这些概念中的操作条件（例如 S/C 比）可能受 GHR 中蒸汽重整的限制，而最后的脱氢组成将由二级重整出口条件确定。

4.13.2.2　平行安排

“两进，单出”概念仅仅能够使用于平行安排，即（如过程名称暗示）此时进料气体分裂成两股气流。一股直接进入常规重整器，而另一股进入气体热交换重整器被常规重整器出口气体或两个重整器的出口混合气体加热。在平行安排中，既可以使用 GHR 或“两进，两出”设计，也可以使用 GHHER“两进，单出”设计。用 GHR，原理上它可能生产两种不同的气体，而 GHHER 因明显的原因仅仅允许生产一种产品气体，来自两个重整器产品气体的混合物。热交换重整器可以与管式重整器耦合，也可以与吹空气或吹氧气的自热重整器耦合。两种重整器中的操作条件（S/C 比）可以是不同的；最后气体组成是由两个重整器催化剂层的出口条件确定的。四种可能的程式示于图 4-55 ～图 4-58 中。

4.13.3 金属尘化

所有在温度范围 400 ～ 800℃生产合成气操作的工艺设备中，金属腐蚀可能是一个挑战。特别是在使用过程气体加热交换器的所有工艺概念中（气体加热重整器应用），避免传热表面金属尘化腐蚀的问题是一个重要挑战。金属尘化腐蚀导致材料的损失，对一些情形，金属、碳化物和 / 或碳的混合物都会“金属尘化”。在严重情况下，材料消耗是非常快的，导致设备发生灾难性的事故和使下游设备阻塞。

在浅坑中最能看到尘化攻击，但对气体，攻击是在整个表面上。尘化产物是碳、金属氧化物和金属颗粒的混合物。图 4-59 和图 4-60 是尘化攻击的例子。金属尘化攻击的机理包含 CO 碳生成，比较稀罕的是生成烃类、碳生成反应（是 Boudouard 反应即 CO 还原反应）和甲烷裂解反应。碳原子吸附在金属表面上，在基础金属中溶解形成碳化物（如果基础金属是碳钢形成的碳化铁或基础金属是不锈钢或镍合金形成的碳化铬）。碳化物再分解为固体碳和金属粒子。一方面进一步催化碳的生成，另一方面把表面氧化导致不均匀性。

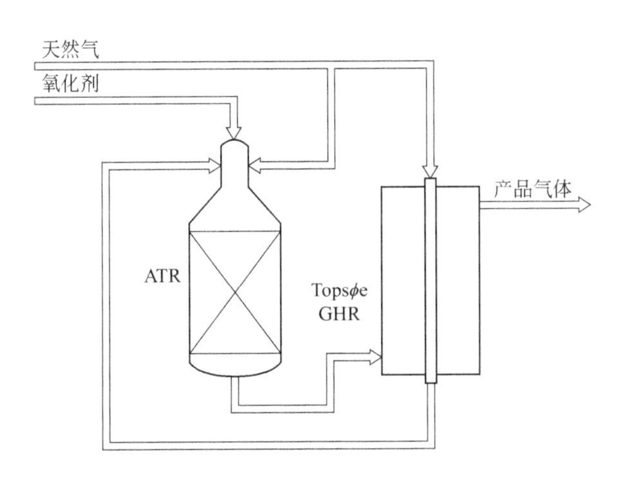

图 4-54　与 GHR 组合重整：ATR 和 GHR 串联部分进料短路穿过 GHR

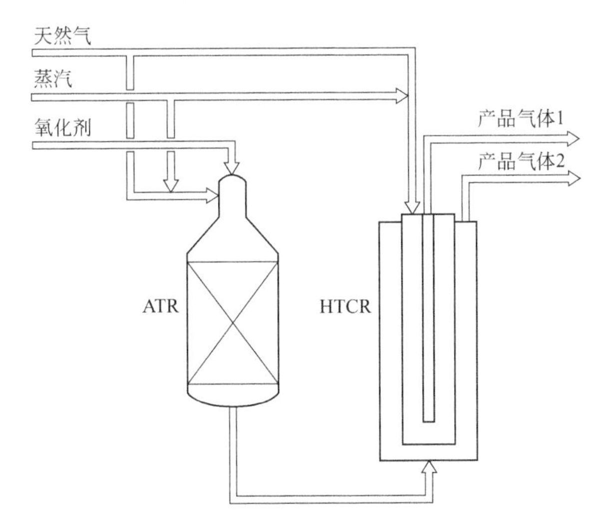

图 4-55　ATR 和其他加热重整器平行安排

众所周知，有些合金比其他一些更倾向于被金属尘化攻击。这是由于这样的事实：有些合金在形成时较好，保护和稳定的铬氧化物（替代氧化铝）能够限制碳进入材料。工业经验已经证明，商业合金如 Inconel 690、Alloy 602、CAInconel 693 和大多数 Sumitomo 696，全都对金属尘化攻击具有抵抗力。在严苛的合成气环境中，先前叙述的合金有免疫性，但仅比其他材料显示较长的使用时间（出现第一个坑的时间）和慢的材料消耗速率。

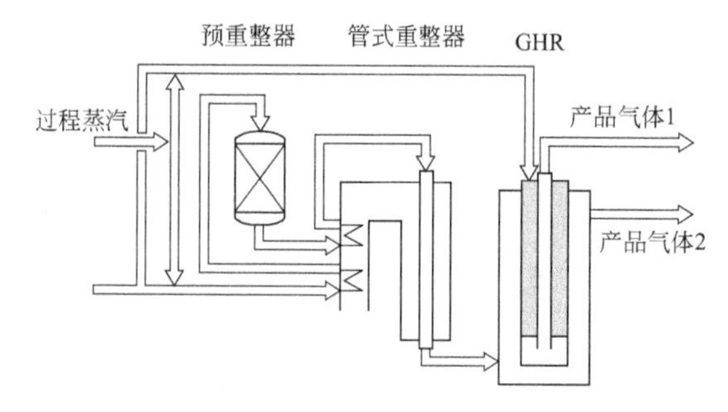

图 4-56 平行安排管式重整器（SMR）和气体加热重整器（两进，两出；GHR）

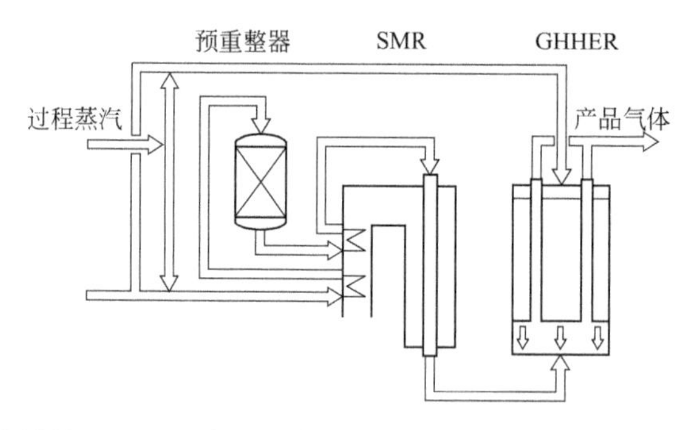

图 4-57 平行安排管式重整器（SMR）和气体加热重整器（两进，单出；GHHER）

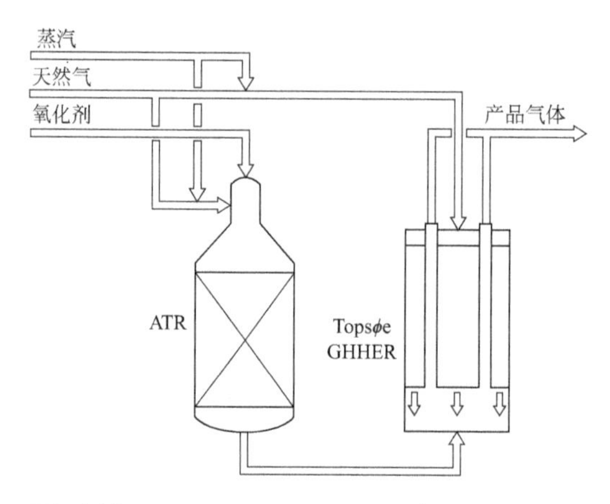

图 4-58 平行安排 ATR 和气体加热重整器（两进，单出；GHHER）

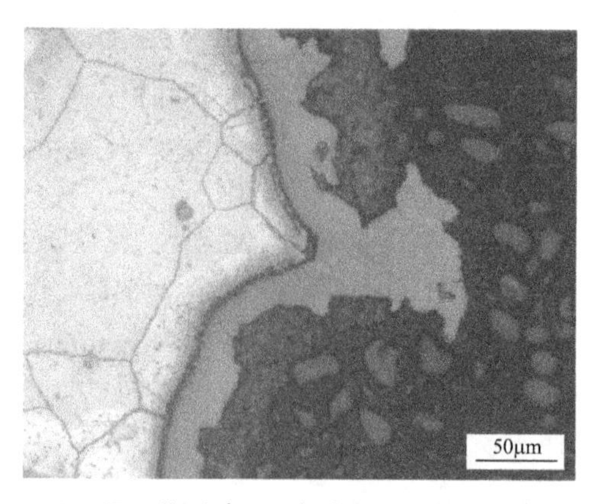

图 4-59 显示典型（严重）金属尘化攻击的显微照片

除了合金组成外，许多影响金属是否尘化的因素将出现在特别为生产合成气使用的合金中。合金预处理具有很大的重要性。混合氧化物表面或铬耗尽表面容易被快速腐蚀。气体组成对金属尘化影响严重程度是至关重要的。为了解一定组成气体的这个严重程度，已经进行了一些努力，以它攻击金属的潜力做指标。但到目前为止，没有获得精确的了解。但是清楚的是，CO 分压在其中起主要作用，而且蒸汽和氢气的存在对气体的攻击性是决定性的。

进入材料的碳渗透能够应用金属表面涂层来防止，已经提出并研究了多种涂层体系。基于铝化镍（NiAl）的涂层对工业应用和延长寿命确实是最有效的，但抗击金属尘化的简单易行的涂层体系今天仍然尚未找到，尽管对这个领域研究做了大量研究努力。

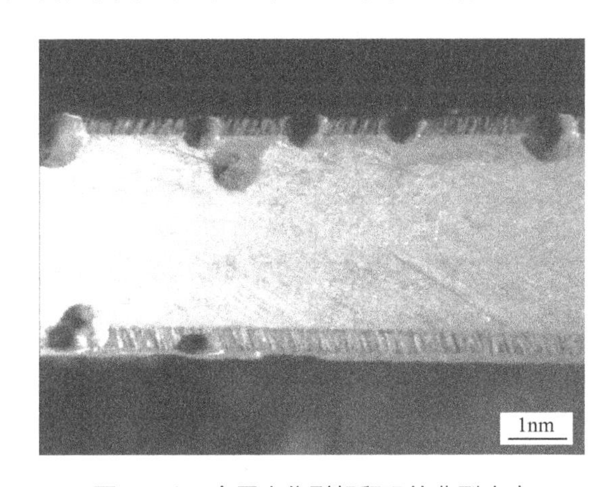

图 4-60　金属尘化引起留下的典型疤痕

减轻金属尘化的另一条途径是在过程中添加硫（或磷）。硫阻滞或减慢碳的催化生成，同时它也覆盖合金晶体结构的活性位，否则它会吸附碳［用硫（磷）后，表面碳沉积大为减轻］。

4.14 绝热氧化重整

在绝热氧化重整中，重整反应需要的热量由反应物部分燃烧内部供给。这与前面所叙述的燃烧管式重整和热交换重整不同，它们的热量由外源通过热交换供应。在蒸汽重整中，烃类进料与蒸汽单独反应，粗合成气的组成仅由蒸汽重整反应和变换反应支配。在绝热氧化重整中，引入了附加的反应。总反应是绝热的，意味着没有与环境有热交换（除了非常有限的热损失）。粗合成气的组成能够从反应器热量和质量平衡预测。应该注意到，燃烧反应全都是不可逆的。对合成气生产，添加低于化学计量的氧化剂。所有氧因此被消耗，这是因为氧是反应的限制因素。

4.14.1 过程概念

考虑到发生在反应器中的化学反应类型，可以把绝热氧化重整反应概念分为三类：均相反应；非均相反应；组合均相和非均相反应。

绝热氧化重整过程的另一个特征是进料的类型。如果进料直接来自脱硫单元或来自预重整器，反应均相地进行而无需重整催化剂的帮助，于是氧化绝热重整被认为是气化或非催化部分氧化（POX）。如果反应非均相地在一个或多个催化剂上进行，则认为是催化部分氧化（CPO）。如果它们由均相反应引发，例如有燃烧器但由非均相催化完成，则反应器称为自热重整器（ATR）。如果进料已经在燃烧管式重整器中部分重整，ATR 反应器最通常称为二次重整器。过程概念和特征示于表 4-22 中。

表4-22　工艺概念和特征

项目	二级重整器（空气）	二级重整器（O_2）	自热重整器（O_2）	CPO（O_2）	CPO（空气）	POX（O_2）
燃烧器 - 混合器类型	燃烧器	燃烧器	燃烧器	混合器	混合器	燃烧器
烃类进料	过程气体①	过程气体①	天然气	天然气	天然气	天然气
进料温度 /℃	700 ～ 850	750 ～ 810	350 ～ 650	＜ 200	＜②	＜②
H_2O/C 摩尔比	2.0 ～ 3.5	1.2 ～ 2.5	0.5 ～ 3.5	0 ～ 2	＜ 2.0	0 ～ 0.2
进料 O_2/C 摩尔比	0.25 ～ 0.3	0.3 ～ 0.4	0.4 ～ 0.5	0.5 ～ 0.65	0.5 ～ 0.75	0.5 ～ 0.7
火焰峰温 /℃	高达 2000	高达 2500	2500 ～ 3000	—	—	2500 ～ 3500
出口温度 /℃	850 ～ 1020	950 ～ 1050	850 ～ 110	750 ～ 1300	750 ～ 1200	＜ 450
典型产品	氨合成气	甲醇合成气	FT 合成气	燃料电池，FT 合成气		

① 来自初级重整器的部分转化过程气体。
② 预热取决于燃料的自引发温度。

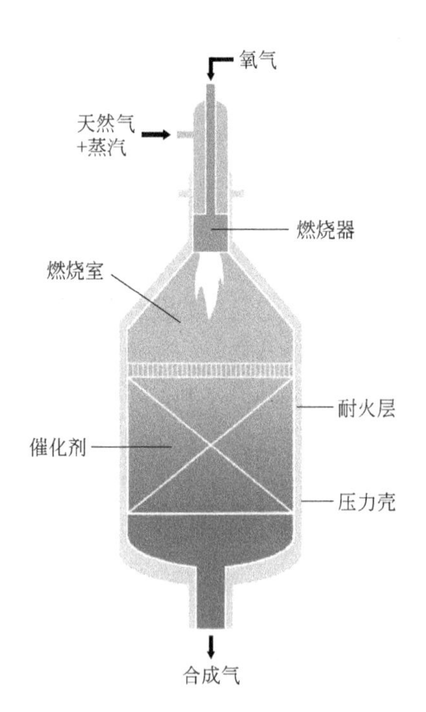

图 4-61　ATR 反应器的说明

4.14.2 自热重整

自热重整（ATR）已经用于生成富氢和富一氧化碳合成气数十年了。在20世纪50～60年代，自热重整器已经为氨合成和甲醇合成生产合成气。在合成氨工厂中，在高蒸汽-碳比［2.5～3.5（摩尔比）］下操作使氢气生产最大化。而在甲醇单元中，通过一氧化碳循环调整合成气组成。在90年代早期，技术有进一步改进，能够在远低得多的蒸汽-碳比下操作。富一氧化碳进料合成气的生产，例如甲醇或FT合成，在低蒸汽-碳比下操作是有利的。在H_2O/H_2比0.6下操作已经在中间工厂和工业规模操作中得到证明。

ATR是在绝热反应器中进行的组合燃烧和催化的过程，如图4-61中说明的。ATR反应器由燃烧器、燃烧室和催化剂床层构成，含有耐火材料衬里的压力壳。

天然气和蒸汽的混合物在燃烧室中于富燃条件下加压燃烧，被部分转化。在燃烧室中的温度范围接近于催化剂床层处约1100～1300℃，在火焰核心高达2500℃，取决于工艺条件。在燃烧室中由于高温也发生非催化的蒸汽重整和变换反应。实际上，非常大数目的化学反应发生于燃烧室中，包括自由基和很多数目的燃烧反应物。为简单，示于表4-23中的反应常常使用于表述燃烧室中的反应：氧气被燃烧反应定量消耗。但是，甲烷转化在燃烧室中是不完全的。甲烷的最后转化发生于催化剂床层中，按照表4-23中的反应（2）和反应（3）。离开ATR反应器的合成气代表850～1100℃的化学平衡产物。

反应器能够被划分为三个区域：①燃烧区域；②热区域；③催化区域。

燃烧区域是一个湍流扩散火焰，在那里烃分子与氧逐渐混合和燃烧。燃烧反应是放热的和非常快的，从总包观点看，它能够假定为"混合物燃烧"加工。在ATR中的燃烧是在总氧-烃比为0.55～0.6的次化学计量下进行的，但能够被简化作为一步模型。火焰区域能够被描述为CH_4到CO和H_2O的单一反应，O_2/CH_4比1.5［表4-24中反应（1）］。在火焰区域的总化学计量将从非常贫燃到非常富燃变化。

在热区域中，经由均相气相反应反应物进一步转化。CO氧化和含高碳烃类的热裂解这些反应是比较慢。在热区域中的主要反应是均相气相加氢、蒸汽重整和变换反应［表4-23中的反应（2）和反应（3）］，在热区域中的反应并不能够达到平衡。

在催化区域中，通过非均相催化反应使烃类发生最后的转化，包括蒸汽甲烷重整反应（2）和变换反应（3）。

在部分氧化过程中的富燃燃烧有不完全燃烧的危险。甲烷在富燃条件下的燃烧主要通过具有C_2自由基作为中间物的反应步骤，反应可能生成烟雾前身物如聚芳烃（PAH）和进一步形成烟雾颗粒。

ATR操作在正常条件下是无烟雾的。富燃燃烧发生于湍流扩散火焰中，要求强化混合以防止烟雾生成。出口气体不含其他烃类仅含有甲烷。烟雾生成是不希望的，会降低过程的碳效率，烟雾颗粒需要从合成气中除去。

过程燃烧器和燃烧室的仔细设计和优化工艺条件的选择是需要的，为的是避免过高的温度和烟雾的生成。另外，整个ATR反应器的详细设计和合适结构对确保合成气安全的生产和操作具有最大的重要性，使用的是耐火材料和催化剂床层。反应器模型有利于进行预测和设计。

表4-23 燃烧区中的简化反应

燃烧	$CH_4+\frac{3}{2}O_2 \longrightarrow CO+2H_2O$，$\Delta H_{298}^{\ominus}=+519kJ/mol$ （1）
重整	$CH_4+H_2O \rightleftharpoons CO+3H_2$，$\Delta H_{298}^{\ominus}=-206kJ/mol$ （2）
变换	$CO+H_2O \rightleftharpoons CO_2+H_2$，$\Delta H_{298}^{\ominus}=+41kJ/mol$ （3）

基于流体流动，使用计算流体动态学（CFD）和化学反应动力学建立了模型。

4.14.2.1 ATR 反应器设计

ATR 过程燃烧器是技术的关键元素。燃烧器提供烃类进料和氧化剂在湍流扩散区中的混合。火焰核心区的温度可能超过 2500℃。基本的是要最小化热辐射或热气体循环把热量传输到燃烧器部件。

在燃烧器和燃烧室的设计中，必须考虑下面的反应工程问题以确保优化反应器性能、安全操作和令人满意的设备寿命：①燃烧器喷嘴处的有效混合；②燃烧器的低金属温度；③无烟燃烧；④在催化剂床层入口的均匀气体和温度分布；⑤使耐火材料避开热的火焰核心。

反应后气体从热区域到燃烧器的循环能够使耐火材料层和燃烧器避开热火焰核心区和燃烧区的气体。有效的外循环将增强火焰核心区和燃烧室中心线的距离，使耐火层避开火焰核心区。气体沿壁循环和进入催化剂床层的温度，因在热区域中进行的吸热反应被降低到 1100 ～ 1300℃。

足够的循环也将确保气体和温度在催化剂床层入口处的均匀分布。其不均匀性将导致远离平衡，在出口气体中的甲烷浓度会增加。气体在催化剂床层上的均匀分布能够最大限度利用催化剂的活性。进入催化剂床层的均匀流动和温度分布能够通过燃烧室的适当设计来获得。

在燃烧器喷嘴中的流动速度可以在宽范围内选择。在喷嘴间隙中的高速率能够强化扩散火焰的高湍流混合。在以氧或富氧空气作氧化剂时，火焰速度要快于类似的矿物燃料火焰。氧火焰的位置比较接近于燃烧器喷嘴，特别是在强化高湍流时。湍流扩散焰在一定时间周期中看似稳定。但是，湍流火焰的固有特征是，在短时间框架内火焰是动态改变其位置的。

工业上二级重整器和自热重整器中的操作在任何时间都有要面对的问题。问题范围从灾难性的失败到（过程并发症时的）燃烧器磨损。

过程燃烧器的灾难性失败包括探测到燃烧器危及耐火层和压力容器，导致无计划停机和产生损失，这样反应容器的必要修补和耐火层替换是必然的结果。伴随燃烧器相关事故的是氧吹二级重整器耐火层和反应器壳灾难性失败，文献中有这种例子的报道。高温重整器中的燃烧器能够以整体机械和热稳定性及燃烧室组合为重点进行设计。CFD（计算流体动态学）能够用于预测流动图景和避免不希望的行为。

比较普遍的是发生燃烧器的局部磨损。燃烧器磨损的出现和发展是缓慢的，使关键部件维护或替换能够在按计划停机的期间内进行。

反应容器衬有耐火材料。耐火层使压力容器钢壁与高温反应环境相隔离。耐火层通常是由若干层不同绝缘性质材料构成的。有效的耐火层设计能够确保应用中保持必需的机械稳定。在正常操作条件下它使反应器壁的温度一般能够降低 100 ～ 200℃。

在吹空气的二级重整器中，今天普遍的实践是使用两层耐火层的设计。在较老的设计中使用一层耐火层，这样的设计对耐火层裂缝是敏感的，它会使气体和热量传输到钢壳上，因此在压力壳上产生热点。在氧吹二级重整器和 ATR 反应器中，操作条件是比较严苛的，包括在燃烧区域的较高操作温度。在 ATR 反应器中，具有三层材料的耐火层设计今天是普遍使用的。内层具有高的热阻力和稳定性，一般是高密度氧化铝砖层。耐火衬里的安装是重要的，需要使用有技能的工匠。

热气体从高温燃烧室和催化剂床层通过耐火层到反应器壁的循环，对有合适耐火层设计和安装的情形是不会发生的。但是，必须考虑到潜在危险和可能导致的反应器壁温度上升。在某些情形中，能够发展形成所谓“热点”，其温度可能接近和超过容器设计允许的温度。气体短路通过耐火层的危险在温度最高的燃烧室中最容易发生。

催化剂的作用是平衡合成气和分解烟雾前身物。要优化催化剂颗粒大小和形状以获得高活性和低压力降，以及紧凑的反应器设计。

在燃烧室中烃类仅仅部分被转化。离开燃烧室的气体含有甲烷和在某些情形中还含有燃烧室中生成的少量其他烃类。在催化区域中，发生甲烷和其他烃类的最后转化。甲烷蒸汽重整反应是吸热的，温度一般从催化剂床层的入口温度 1100 ～ 1300℃降低到催化剂床层出口温度（一般为 900 ～ 1100℃）。催化剂床层进行的操作绝热的。

瓷砖保护层通常被放置于催化剂床层的顶部，以避开燃烧室中的非常强的湍流流动。火焰辐射和在燃烧室中的循环速度要求瓷砖有高的热稳定性和能够抗击在启动和运转中的热冲击。

如在所有蒸汽重整催化剂中那样，催化剂会发生烧结。但是，在 ATR 中的催化剂活性寿命快速下降是由于高操作温度。在这个初始烧结以后，催化剂因烧结引起的活性下降很少。对催化剂的要求包括：①高热稳定性；②有足够的活性能够使反应达到平衡；③低的压力降以避免气体短路通过耐火层。

镍催化剂的载体必须有高热稳定性以在高操作温度下保持有足够的强度。在 ATR 和二级重整器中，载体一般都是使用氧化铝（α-Al_2O_3）和镁氧化铝尖晶石（$MgAl_2O_4$）。尖晶石比氧化铝基催化剂有更高的熔点和稳定性。

催化剂颗粒形状是催化剂床层的一个重要的设计参数。压力降应该保持很低，目的是降低通过催化剂床层时流体短路直接流到耐火层的风险。短路进入耐火层的气体能够使压力容器壳的温度升高，这已经在上面叙述过。形状优化后催化剂具有低的压力降和对红色沉积有抵抗力。一个例子是具有七个轴向孔洞的重整催化剂。在 ATR 反应器中，催化固定床优化负荷可以由若干不同催化剂层构成。自热重整反应器的例子示于图 4-62 中。

在 ATR 中的催化剂不会因中毒而有实质性的失活，由于高操作温度。在其他类型重整器中，硫也会降低 ATR 催化剂的活性。但是，在 ATR 操作条件下的硫覆盖度是相对低的，在代表性操作条件下估算约为 30%。为保护催化剂在而在上游除去气流中的硫可能是不需要的。但是，在大多数情形中这样做能够保护下游变换和合成催化剂。

在 ATR 二级重整器中，在催化剂颗粒的外表面普遍观察到有白色和粉红色固体的沉积。这些固体是氧化铝和氧化铬 - 氧化铝尖晶石的混合物。后者已知是紫色的红石头。红石的生成并不那样使催化剂严重失活，但可缩短停机间隔间的运行时间，因为催化剂的压力降增加，而这可能导致反应器壁上热点的产生。红尘生成和沉积对工业是众所周知的，但有关红尘生成机理知识是非常有限的。受到一些理论性观点支持的观点是，导致结垢的红尘似乎主要来自耐火层粉尘的传输和沉积在催化剂床层中。“红尘”生成是由于含铝物质的蒸发引起的，可能是 AlOOH，来自耐火层中的高氧化铝砖。当催化剂床层中的气体因重整反应被冷却，AlOOH 会冷凝，并一起与铬和铁沉积为红尘泥。铬和铁来自燃烧室和 ATR 反应器上游结构材料。通常红尘泥沉积能够在催化剂床层上部一个狭窄部分中看到。在这样情形中，红尘薄层足可以引起压力降问题。

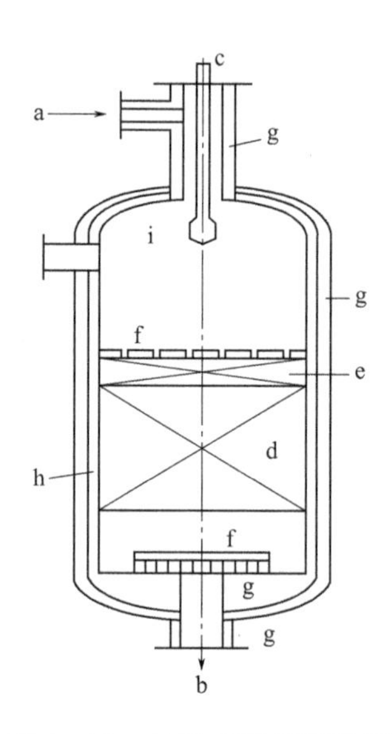

图 4-62 ATR 重整器结构图

a—气体进口；b—重整气体产品出口；c—空气氧气和蒸汽入口；d—催化剂；e—高温催化剂；f—惰性材料；g—内绝缘层；h—外加绝缘层；i—燃烧器

4.14.2.2 在低 S/C 比下的 ATR 工艺性能试验

很多不同操作参数的试验在 ATR PDU 中进行，为的是建立设计背景和在非常低 H_2O/H_2 比（0.6 或更低）下的操作，包括 H_2O/C 比、温度和压力变化的影响以及进料组成如高碳烃类、CO_2 和 H_2 浓度对无烟雾操作限制的影响。

聚芳烃和烟雾生成的限制是在中间工厂规模的 ATR PDU 反应器中确定的，代表真实环境的操作，包括使用预重整天然气的操作、进料气体组成（含不同的 C_{2+} 的天然气），以及循环气体组成变化如 CO_2 和烷烃及烯烃形式的烃类。使用预重整天然气的试验证明，在类似操作条件下，发生烟雾生成的空间要大于使用含高碳烃类的天然气。即便有关在 ATR 中烟雾生成上使用预重整天然气有所改进，在一定操作条件下它仍然有生成烟雾的倾向。因此必须建立限制和获得延伸较宽原料范围的操作知识。

长时间使用蒸汽 - 碳比在 0.2 ～ 0.6 范围的发展和示范试验已经进行。试验的目的是要确定尽可能多地降低 H_2O/C 比而又不生成烟雾的范围。各种中间项目试验的结果收集于图 4-63 和表 4-24 中。

所有数据表述了没有烟雾生成的操作条件，但它们并没有给出技术极限指标。当 H_2O/C 比、含 CO_2 气体循环和出口温度被优化后，ATR 能够在宽 H_2/CO 比范围内生产合成气。

4.14.2.3 ATR 反应器的模型化

关于模型化，ATR 能够分离成两个部分：燃烧器和燃烧室作为一部分和过渡到绝热催化剂床层作为第二部分。一个模型能够说明反应物在两个部分中的行为，它通常要优于在入口到催化剂床层的分离模型。在燃烧室中的流动、燃烧和重整反应的性质是非常复杂的，所以这个部分的模型化很重地依赖于计算流体动态学。另外，比较简单的模型对过渡催化剂床层是足够的。

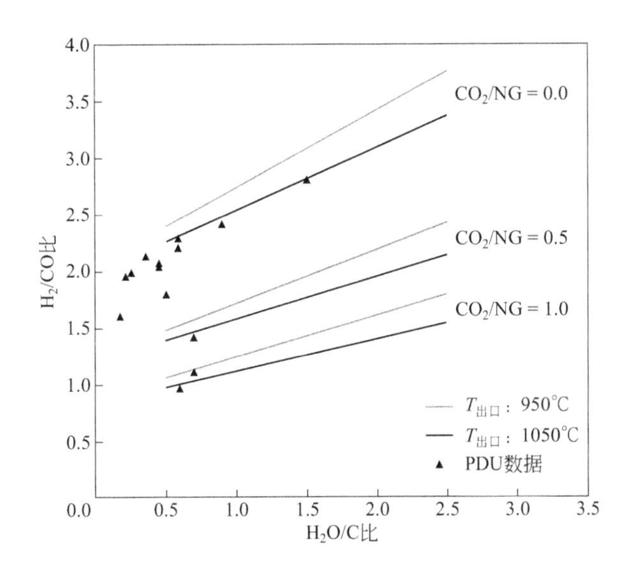

图 4-63 合成气平衡：无烟雾 ATR 操作实验数据

表4-24 ATR中间工厂示范实验

试验	A	B	C	D	E
进料摩尔比[1]					
H_2O/C	0.59	0.21	0.51	0.60	0.36
CO_2/C	0.01	0.01	0.19	0.01	0.01
O_2/C[2]	0.62	0.59	0.62	0.58	0.57
产品气体					
温度 /℃	1065	1065	1025	1020	1022
压力 /atm	24.5	24.5	27.5	28.5	28.5
H_2/CO 摩尔比	2.24	1.96	1.80	2.30	2.15
CO/CO_2 摩尔比	5.05	9.93	4.44	4.54	6.78
泄漏甲烷，干摩尔	0.48	1.15	0.92	1.22	1.66

① 每摩尔烃类 C 原子基。

② 在同样出口温度 O_2/C 比比真绝热反应器约高 5%。

4.14.2.4 计算流体动态学

对自热重整器、燃氧气二级重整器或二级重整器的设计和性能预测，计算流体动态学（CFD）是重要的工具。例如，对低蒸汽 - 碳比的苛刻应用，CFD 模拟是强制性的，以完全了解在燃烧器、燃烧室和气体进入催化剂床层时的占优势的条件。

使用 CFD 分析，希望模拟流过复杂几何形状反应器（催化剂）进行化学反应的气体。模拟能够给我们有关变量的详细信息：三维速度场、湍流水平、温度、压力和化学组成分布。

为了达到重复性结果，反应器几何体被划分成数百万个计算体积，每一个保有局部变量的信息和它们对时间和空间的导数。动量和能量守恒的总方程以迭代方法求解。

CFD 模型模拟计算有诸多选择，这对模拟结果质量有显著影响：①计算网格和时间分辨率；②湍流模型的选择；③模型化学反应的方法。

模拟计算的精确性高度依赖于离散网格的划分。对变量变化很大（很快）的区域，网格面积应该非常小；如果变化小（慢）或兴趣不大，网格可合并成较大面积。但是，在大的 ATR 模拟中，对感兴趣重点区域的流体力学以及物理上非常大的火焰区域和反应区域有高的精度需求，因此需要有很大的模拟模型和很长的计算时间。

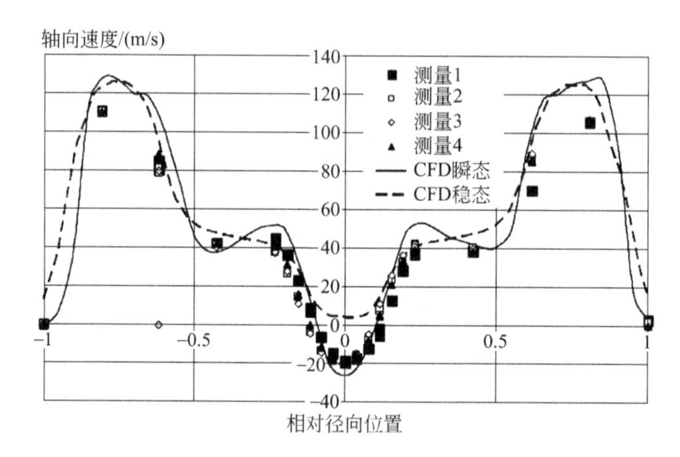

图 4-64 CFD 模拟或测量支持验证的例子

湍流模型的正确选择具有极大的重要性，但这个选择绝不是直接的。湍流模型被使用于预测湍流小尺度波动是如何影响平均流场的。不同模型以不同的方法解决这个问题，它们包含的复杂性处于不同的水平——因为这些原因得到的是不同的结果。所以，为了对 CFD 有一些信任，CFD 模型的可靠性具有最大的重要性。

图 4-64 所示是两种对 ATR 燃烧器的不同模拟处理方式，对一组试验数据与模拟结果做了比较，一个湍流模型分别使用于稳定态模式和瞬态模式。能够看到，比较先进的瞬态模型捕集了燃烧器中心的返回流动（可能是有害的），而稳定态模式并没有捕集到这个现象。

在流动介质中的化学反应模型化对问题添加了另一个水平的复杂性。化学反应的时间尺度通常比流体流动小数个数量级，所以化学反应程式的直接使用导致 CFD 模拟的数值不稳定。有不同的方法来克服这个问题。对燃烧过程的模拟，通常可以可靠地假设反应速率无穷大，因燃烧是由湍流混合控制的。如果排放物的研究要被包含或重点是在局部化学组成，就需要有比较精巧的模型。这些模型一般包含有某些类型的统计处理（概率密度函数）和使用局部传输是由扩散控制的假设。在一些情形中，使用专用的固定化学方程求解器建模整个化学反应(一般采用简化框架机理以减小计算工作量)以确保模拟过程的可靠和稳定。

因为湍流和化学反应相互作用是非常复杂的，要获得非常正确的结果是困难的，即便使用最先进的模型。经验证明，模型常常会高估或低估化学反应。所以，必须再一次使用中间工厂数据和工业经验来验证结果，并在建模中引入合适的关联。为完善CFD的计算，一般化学反应建模也被使用于预测ATR燃烧室中的转化率。

使用CFD对ATR燃烧器和燃烧室进行模拟的另一个例子使用了商业计算机程序（CFX-4），而对燃烧室使用有旋转对称性的2D模型。比较时髦的模拟结果示于图4-65中。此时，采用完整3D模型，模拟采用很大数目时间步骤以瞬态模式运行。使用Reynolds-Stress型湍流模型，在模拟中同时考虑燃烧和重整反应。虽然模拟研究以瞬态模式进行以捕集工业装置中压力和流场的波动，但图示只给出时间平均结果。应该注意到，在燃烧室中的流动图景显示中心区域化的火焰，因有好的循环或返混确保耐火层保持在冷的状态。同样，混合确保在催化剂床层入口和出口保持有均匀的组成和温度场。

4.14.2.5 催化剂床层的固定床模拟

催化剂床层的模拟包括气体和温度的径向分布、气体在气膜和催化剂孔道中的扩散、非均相催化反应和压力降。使用固定床反应器模型，利用从CFD模拟得到的固定床入口气体和温度分布图景来模拟催化剂床层。虽然压力降是最简单的部分，但不管怎样它是最重要的，因为具有太高压力降的催化剂床层会导致气体短路进入耐火层，在压力容器壳上产生热点。

固定床反应器模型分为两类：准均相和非均相模型。催化剂性能由膜扩散和孔扩散组合控制时，非均相和准均相模型都能够获得相对成功的模拟。在确定必需的催化剂体积时的一个关键参数是催化剂床层入口处的气体分布。差的燃烧器设计和危险的燃烧可能直接导致甲烷从催化剂床层流出，这是由于混合不足引起的，致使进入催化剂床层气体流动和温度分布的不均匀。即便使用了优化的燃烧器设计，仍然能够观察到反应器的径向温度和浓度分布梯度，原因也是混合不足。O/C原子比和H/C原子比从进口到沿催化剂床层的改变，将导致催化剂床层出口绝热平衡状态的不同，这在平衡的总处理中也能够看到，这更多地由是混合不足引起的，较少程度上是由其他部分如催化剂活性引起的。

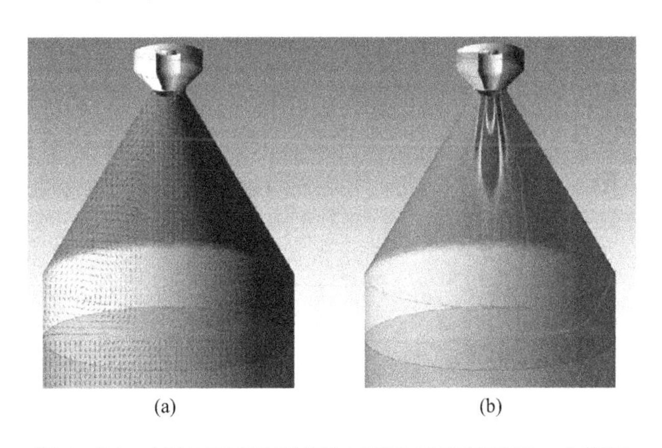

图4-65 ATR反应器燃烧室CFD建模结果的一个例子

（a）时间平均速度矢量；（b）平均温度

4.15 天然气制合成气的其他技术

在前面讨论的大部分或全部技术都是今天用于商业生产合成气的。但是，仍在努力发展新技术，因为多数大规模工厂资本投资强度最大的部分都是合成气生产单元（SGU）。因此研究的重点是要降低或消除氧气的使用和 / 或降低在 SGU 中主要反应器的大小。下面对使用 CPO 和氧膜传质（OMR）的合成气生产工艺做简略介绍。

4.15.1 催化部分氧化（CPO）

CPO 的原理示于图 4-66 中。烃类进料和氧化剂在催化剂床层的进入区域中混合。在催化部分中，混合物进行非均相催化反应，包括部分和总燃烧与甲烷蒸汽重整和变换反应。催化剂通常是贵金属催化剂，在许多情形中空速是非常高的。使用的催化剂形状有颗粒状、独居石状和发泡体形式。

在反应器出口处甲烷蒸汽重整和变换反应一般接近平衡。甲烷按照下面的反应（4-38）进行部分氧化反应，能够获得对应于甲烷蒸汽重整反应热力学平衡的甲烷转化率：

$$CH_4+\frac{1}{2}O_2 \longrightarrow CO+2H_2 \qquad (4\text{-}38)$$

但是，在实际上，反应（4-38）的产物将进一步氧化。基础研究已经证明，在温度高于 900℃时部分氧化仅在动力学上是有利的。产品气体组成指出，高于热力学平衡的转化率的获得，其最大可能是反映催化剂表面的真实温度。

CPO 不同于 ATR，不使用燃烧器，所有化学反应都发生于催化区域。在催化剂层的第一部分发生一定程度的燃烧，这使在这个区域中的催化剂非常热。实验室测量已经指出，这个温度可能高于 1100℃。为了避免催化剂上游的气体过热，通常使用一个热盾，如图 4-66 中所指出的。应该注意到，与进入区域的催化剂表面温度比较，气体温度保持比较低。CPO 已经被广泛研究许多年了。在 1992 年前，大部分研究是在中等或低空速下进行的，停留时间 1s 或大于 1s。但是，后来的 CPO 研究，至少在实验室，是在非常短的接触时间 0.1s 下进行的，在一些情形中甚至是 10ms，没有原料预热，也没有添加蒸汽。提供的主要是一些基础性质的信息。

原理上空气和氧气都能够使用作为 CPO 中反应器中的氧化剂。在实验室 CPO 中使用氧的一个例子示于图 4-67 中，该图结果说明，在高压下可能获得稳定的转化率。使用空气作氧化剂的 CPO 试验已经由 Topsoe 在休斯敦（得克萨斯）的中间工厂中进行。不同压力下使用蒸汽或不使用蒸汽的有选择结果示于图 4-68 中。在所有情形中，甲烷转化率接近于甲烷蒸汽重整反应的平衡值。

在催化剂上游入口喷嘴处存在可燃烧混合物，有一些情形中使用 CPO 使高入口温度变得困难，特别是在高压下。在表 4-25 中，给出了天然气在空气中自引发温度与压力间的关系。以氧作为氧化剂的自引发温度比较低。因安全原因，烃类原料和氧化剂的入口进料温度必须保持在低值，使氧和天然气的消耗增加，如表 4-26 所示。较高的氧消耗增加空气分离单元的投资。

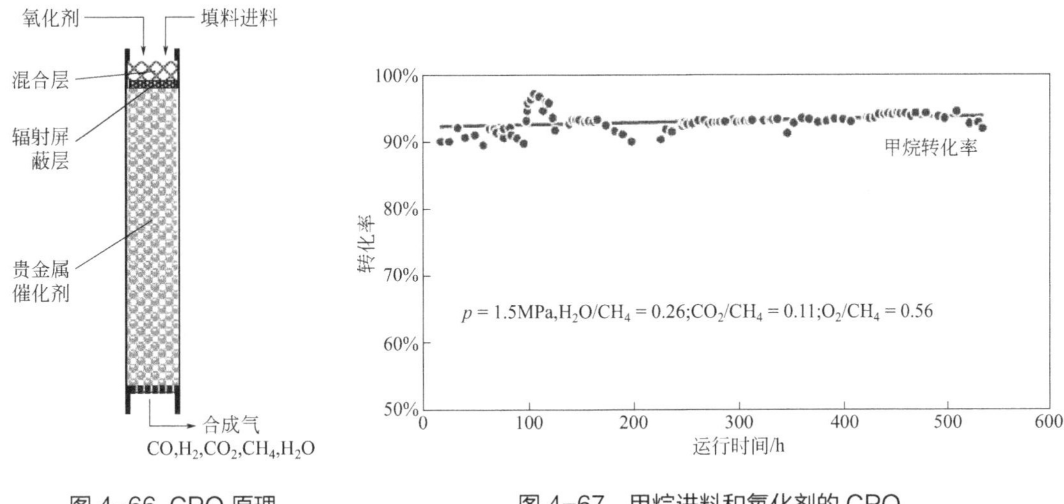

图 4-66 CPO 原理

图 4-67 甲烷进料和氧化剂的 CPO

与氧气和烃类原料预混合相关的潜在安全问题以及增加的氧消耗使 CPO 在大规模合成气生产中不可能与其他技术竞争。

表4-25 天然气在空气中的自引发温度

压力 /atm	自引发温度 /℃
1	465
4	313
20	267
40	259

表4-26 生产氢和一氧化碳CPO和ATR的相对氧和天然气消耗

反应器	S/C 比	反应器进口烃类进料温度 /℃	相对氧消耗	相对天然气消耗
ATR	0.6	650	100	100
CPO	0.6	200	121	109
ATR	0.3	650	97	102
CPO	0.3	200	114	109

注：绝热预重整器位于 ATR 上游。CO_2 于 200℃在部分氧化反应器前引进， H_2/CO 比值为 2.00，压力 25atm，氧温度 200℃，出口温度 1050℃。

4.15.2 透氧膜重整

图 4-69 指出了透氧膜重整（OMR）的原理。为发展 OMR 已经做出了非常重要的努力。在膜的一边引入空气，氧以离子形式选择性地透过膜传输到陶瓷膜的另一边，在那里氧离子与烃类原料反应生成合成气。这个概念既避免了空气分离单元的投资成本又没有在

合成气中引入高含量惰性氮气。在膜合成一边的催化剂可以是颗粒形式的或直接黏附在膜上的。

透氧膜通常使用陶瓷材料制造，一般是钙钛矿或钙铁矿类材料。穿过透氧膜的推动力正比于在两边氧分压比的对数。因此，原理上空气可以以大气压引进供给氧到高压下的另一边，因为加工边的氧分压是非常低的。温度可能应在 750 ～ 800℃以上，以保持有足够的氧透过通量。

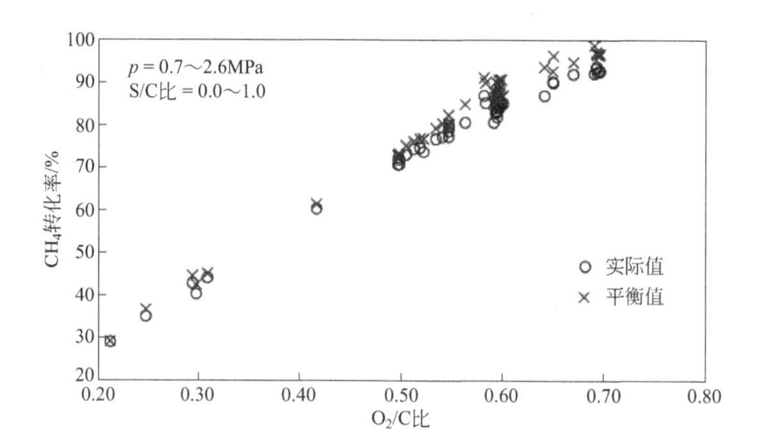

图 4-68　以空气作氧化剂的 CPO 中间工厂中甲烷的转化率

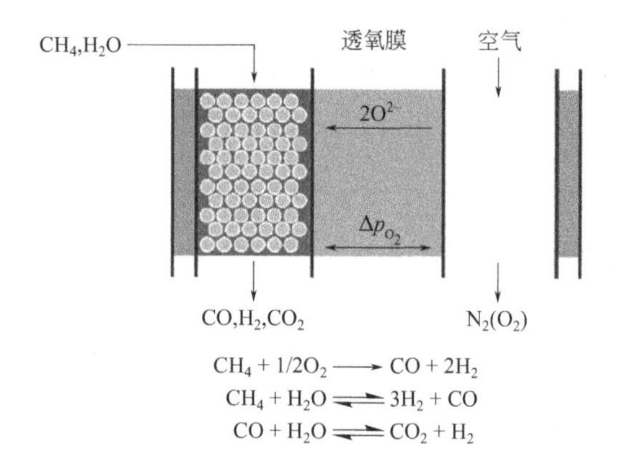

图 4-69　透氧膜重整原理

膜材料必须能够保持使氧（标准状态）透过通量高于 $10m^3/(m^2 \cdot h)$。膜的一边应该是还原气体，另一边是空气。各种类型的复合膜已经被提出，也对把薄膜放置于强的多孔载体上进行了研究。

在 OMR 发展中的一个改进挑战是膜两边的绝对压力差。它可以使过程变得经济上不合算，如果空气必须被压缩以确保膜两边有类似的压力。对膜的机械整体性提出了巨大的要求，如果使用大气压空气的话。在任何情形中，过程最好适合于小或中等规模的应用，因为膜单元的放大因子接近于 1。

在 OMR 发展的目前阶段，不可能预测它是否能够在什么时候准备好工业使用。基本的事情仍然有待解决，OMR 不能够被认为在可预见的将来是合成气大规模生产的竞争者。

4.16 完整生产工艺

如在前面部分已说明的，在合成气生产中各种蒸汽重整和绝热氧化重整是最重要的技术。合成气的特征通常使用 H_2/N_2 比（氨合成）、H_2/CO 比（低温 FT 合成，LTFT），或所谓化学计量（SN）或模数 $M=(H_2-CO_2)/(CO+CO_2)$（甲醇和衍生物）表示。对高温 FT 合成（HTFT）或中温 FT 合成（MTFT），使用所谓 Ribblett 比 $R=H_2/(2CO+3CO_2)$ 比。对甲醇合成的化学计量气体，$M=2R=2.0$。

使用 CH_4 作为反应物，单独蒸汽重整将产生模数为 3.0 的气体。通过把粗原料气中的 CO_2 完全循环到蒸汽重整器中，使生产氢气一氧化碳比为 3.0 的合成气成为可能。这个概念通常使用于所谓 HYCO 工厂中，那里氢气和 CO 都是产品。不同的是，利用 WGS 反应可以把 CO 转化为 CO_2。除去 CO_2（和其他不希望的组分，如在 PSA 单元中），于是可以生产纯氢气。在氢气生产中这是占优势的工艺。

绝热氧化重整能够生产具有不同组成的合成气。图 4-70 说明使用模数 M 和 H_2/CO 比的价值，以氧作为氧化剂使用自热重整来获得。

绝热氧化重整比蒸汽重整的单一蒸汽单元要大得多。与燃烧重整器比较，绝热氧化重整器要紧凑得多。其次，重整器管材料限制燃烧重整器的出口温度最大约为 950℃，而绝热氧化重整器过程很容易超过 1000℃，可以使原料达到较高的转化率，甚至在低蒸汽 - 碳比时。

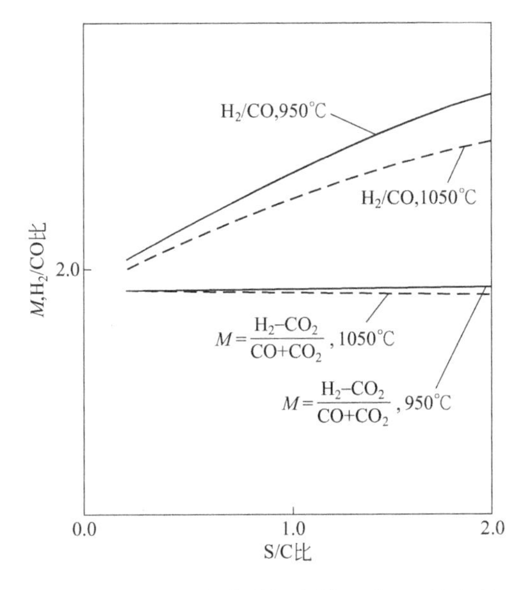

图 4-70　ATR 粗合成气中的 M 和 H_2/CO 比

蒸汽重整和绝热氧化重整可以组合使用。对这样的情形有可能调整合成气组成，使其达到所希望的组成。一般在蒸汽重整和绝热氧化重整单独提供的极端组成之间。对希望合成气组成存在三种情形：①氨。其合成是氢气和氮气间的反应。所有形式的氧对合成催化剂都是毒物（包括水和二氧化碳），所以所有含氧化合物在氨合成前必须被除去。最后的合成气的氢气和氮气比为 3∶1，理想的是含低含量惰性气体（主要是甲烷和氩气）。②

甲醇及其衍生物如 DME、烯烃（MTO）和烃类（MTG 和 TIGAS），高温 FT 合成，合成反应在氢气和一氧化碳之间进行。合成催化剂除了合成反应外也有变换反应活性。因此二氧化碳是反应物，希望的合成气组成类似于甲醇合成气。如上所述，它的特征由模数 M 或 Ribblett 比表示。

下面简要讨论氨、甲醇、低温 FT 合成（GTL）用以说明合成气技术工业应用的例子。

4.16.1 氨

从天然气生产合成氨的合成气，其生产过程使用的主要工艺是吹空气二级重整的两步重整工艺。典型的工艺流程示于图 4-71 中。

工艺概念为所有氨生成的主要技术供应商所使用。天然气先脱硫，与过程蒸汽混合，进入燃烧管式重整器（初级重整器）。初级重整器产品气体与空气在二级重整器中反应生成粗合成气，使用变换转化反应进一步加工，除去 CO_2，甲烷化后给出最后的合成气是 3∶1 氢气氮气混合物，含少量惰性气体主要是 CH_4 和 Ar。调整加入二级重整器中的空气量以使合成气具有确定的氢气和氮气比例 3∶1。操作工艺过程可以有多个变种。二级重整器是一个具有混合器 / 燃烧器的衬耐火材料的容器（通常使用多喷嘴设计），一个进行均相反应的燃烧室，和一个进行变换和重整反应的 Ni 基重整催化剂的床层，催化剂上发生非均相催化反应。

在现代氨工厂中，在初级重整器入口处的蒸汽 - 碳比在 2.5 ～ 3.5 的范围，二级重整器出口的表压力是 25 ～ 35atm，初级和二级重整器出口的温度分布是 750 ～ 850℃和 950 ～ 1050℃。

在与燃烧重整器组合的二级重整器中，也已经提出使用富氧空气作为氧化剂，形成一个改革方案。在工业中，也使用与热交换重整器的组合，可使用空气和富氧空气。只使用 ATR 重整技术生产合成氨气体也已经有所描述。

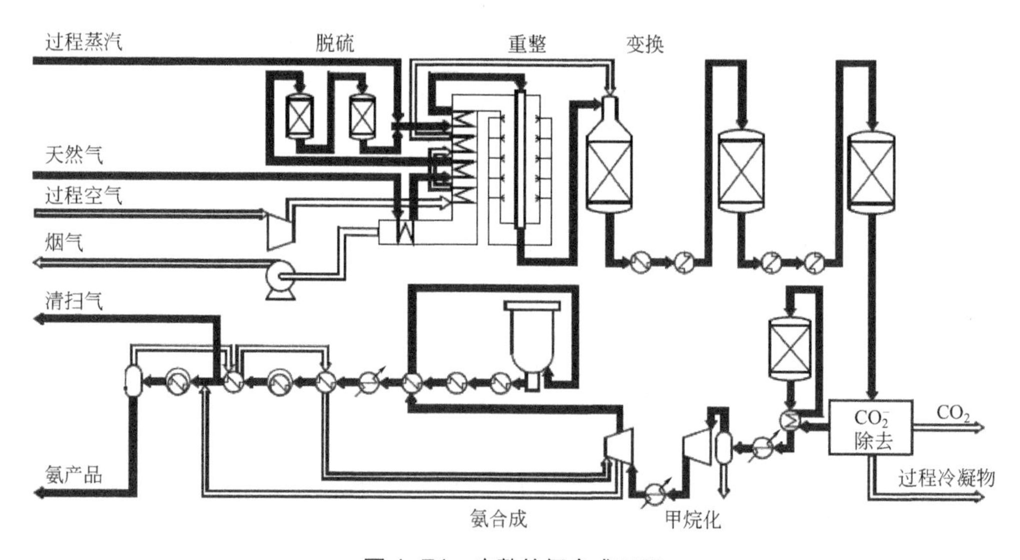

图 4-71　完整的氨合成工厂

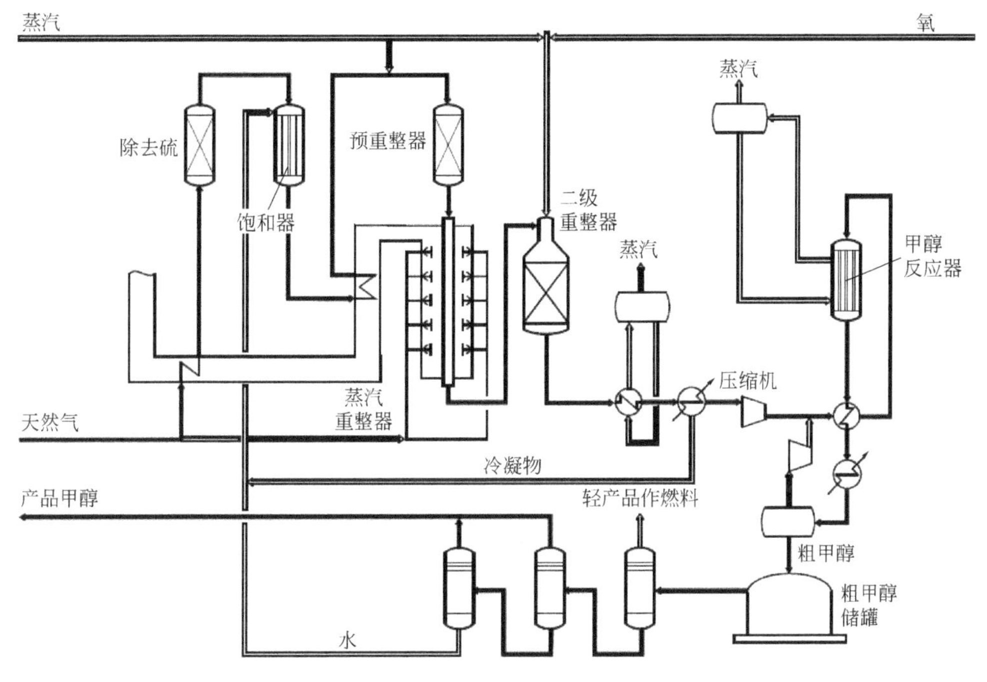

图 4-72 两步重整生产甲醇

4.16.2 甲醇

生产合成甲醇气体的工艺流程是所谓“两步重整”，使用预重整、燃烧管式重整和吹氧重整，说明于图 4-72 中。

天然气进料先脱硫，在饱和器中加入过程蒸汽。原料和蒸汽混合物经过预重整器、初级重整器和吹氧二级重整器，在预重整器入口到预重整器的蒸汽 - 碳比是 1.5 ～ 2.0，二级重整器出口的表压力约为 35atm，三个重整器的出口温度分别为 450℃、750 ～ 800℃和 1000 ～ 1050℃。

二级重整器设计非常类似于吹空气工艺中使用的设计。但是，在二级重整器中的操作条件比空气燃烧功能更加苛刻，不能够使用多喷嘴燃烧器设计，而是使用类似于自热重整器中的设计。

在概念的变化中，天然气进料分离成两部分。一部分加入初级重整器中，而另一部分直接送到二级重整器中。这个概念通常称为“组合重整”。它已经被使用于 HTFT 合成工厂中。

使用氧气替代空气作氧化剂的优点是明显的：避免了在最后合成气中含有惰性气体氮气。对为甲醇和 FT 合成而生产合成气，也提出了以空气作为氧化剂。但是，这不是经济可行的，因为于合成气大量存在约 50% 氮气，使合成中的循环变得不可能，导致低的总效率。其次，大量空气的压缩比吹氧概念中压缩氧气要消耗更多的电力。

使用 ATR 大规模生产合成甲醇用合成气的两个工艺流程概念示于图 4-73 和图 4-74 中。

两个工艺概念的主要不同在于调整粗合成气的方法，以匹配甲醇合成要求。如上述和图 4-71 所示，ATR 生产的粗合成气贫氢，一般的模数值 M 在 1.7 ～ 1.8，而合成甲醇（和

HTFT）需要的 M 值稍高于 2.0。

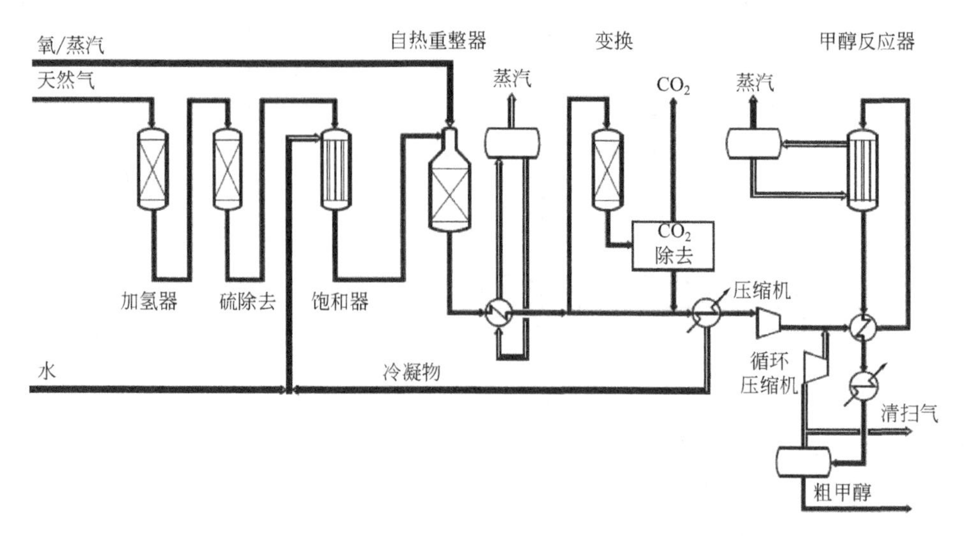

图 4-73 使用 ATR 和除去二氧化碳生产甲醇

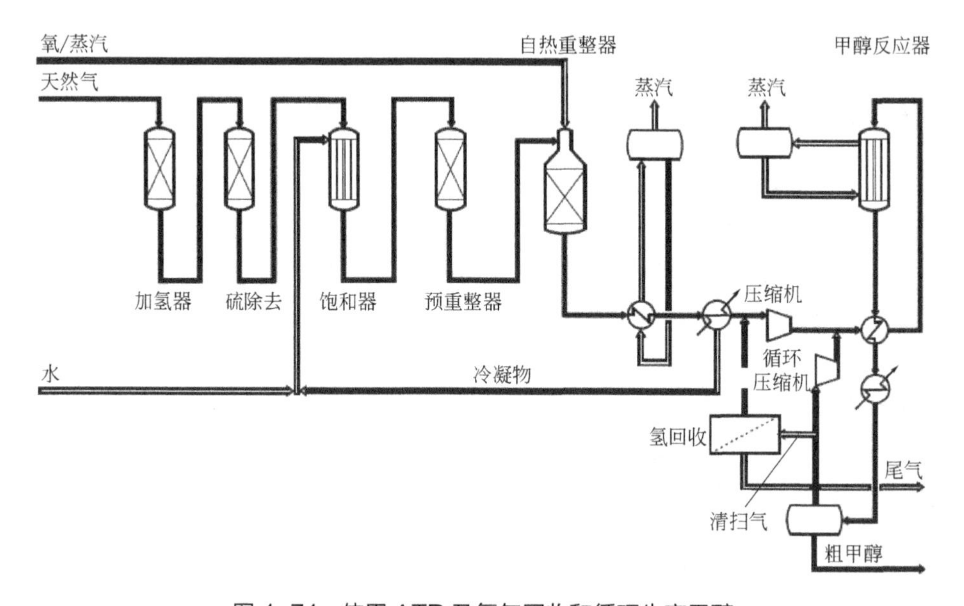

图 4-74 使用 ATR 及氢气回收和循环生产甲醇

在图 4-72 中，通过使用除去 CO_2 来调整模数 M。天然气原料进行脱硫，并被水蒸气饱和，使蒸汽 - 碳比为 0.6 ～ 1.0。混合料进入预重整器，预热到高温后，进入 ATR，其操作的出口温度一般为 1050℃和出口压力为 30 ～ 4atm。较高的出口压力是可能的，但在非常低的蒸汽 - 碳比下没有好处，由于导致合成气中泄漏的甲烷增加。

在图 4-72 中，气体组成的调整通过添加氢气来完成。氢气从甲醇（或 HTFT）合成循环中的尾气回收。除此以外，工艺流程和操作条件类似于图 4-72 中的流程和操作条件。对非常大规模的为甲醇生产合成气，可以使用热交换重整与 ATR 组合。

4.16.3 低温 FT（GTL）

使用 ATR 为低温 FT 合成生产合成气说明于图 4-75 中。该工艺一般接受作为为此目的最有经济吸引力的工艺之一。

工艺流程相对简单。天然气原料经脱硫，加入过程蒸汽达到低的蒸汽 - 碳比。原料和蒸汽混合物进入预重整器，在与来自 FT 合成和预热富碳尾气混合后再进入 ATR，与 O_2 反应生成所希望组成的合成气。从合成气回收热量生产高压蒸汽，在它无压缩地进入合成部分前，为除去水气体被冷却。虽然原理上简单，但该工艺有显著的挑战。一个是纯容量，对生产 34000lb/d 的 FT 产品，仅需要两个 ATR 反应器。对未来的项目，甚至考虑更大的规模。另一个挑战是金属尘化腐蚀下游设备的危险。ATR 作为燃烧管式重整，在多个工艺流程中可以与热交换重整器组合。

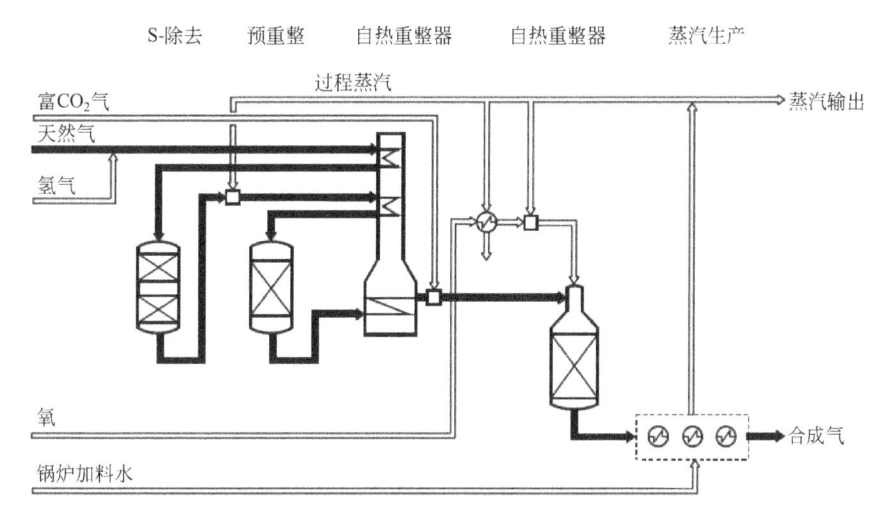

图 4-75　为 GTL 生产合成气的典型流程图

4.16.4 小结

合成气可以定义为一种主要含氢气、一氧化碳和二氧化碳的混合物。合成气可以被看作是使用天然气生产多种大众化学品如氨和甲醇以及用 FT 技术生产的合成燃料（GTL）的中间物。虽然为直接生产末端产品进行了若干努力，特别是甲醇直接从天然气而没有使用合成气作为中间物，但是，这些企图到现在为止还没有取得成功，预期在未来的一些年中，合成气将仍然保持在化学工业中的中间物地位。

满足不同合成气要求的天然气转化技术是非常成熟的，已经广泛应用于重要的化学过程中。氨和甲醇是两大重要的大宗化学品，世界上基本都是利用天然气转化的合成气生产的，但在中国使用煤炭气化生产合成气来生产化学品占了很大部分。仅是氨和甲醇这两种化学品循环的天然气总量就超过了 $10^{11}m^3/a$。可以预期，为生产合成液体燃料的气体到液体（GTL）工厂也要消耗很大数量的天然气，这些消耗还可能快速增长（$10^7m^3/a$），因为有更大的多个工厂在建设中。此外，氢气的生产基本上也是使用天然气生产合成气的技术，天然气消耗不少于 $10^8m^3/a$。由于环境法规变得愈来愈严格，氢气的使用量不仅在炼制工厂中大幅增加，而且燃料电池技术的发展也使全球的氢气使用量大幅增加。总之，合成气生产技术是化学工业和能源工业中非常重要的组成部分，在可预见的未来仍然是这样。

在前面描述的若干技术是成熟的，已经使用多年。但是，对这些技术的改进以降低投资成本和 / 或增加工厂效率仍然是非常需要和确定的。可以预期，重点是增加环境友好技术的解决办法，和持续向着进一步改进和更加有效的工厂设计。

一个好的例子是热交换重整器的使用。热交换重整器具有显著增加工厂碳和能量效率的潜力。热交换重整器的使用目前仍不是很广泛，虽然使用这些技术的多个工厂已经在操作中。一个主要原因是，在大多数情形中，工厂应该设计成在低蒸汽 - 碳比下操作，为了最大化经济和环境效益。在这样的条件下，热交换重整器面对严重的挑战，因为金属尘化腐蚀的危险。预期，金属尘化的技术挑战将在下一个十年内解决，允许使用热交换重整器进行比较有效和经济的设计。最后，应该叙述，在世界的某些部分，政策性限制可能施加到可以排放到大气中的二氧化碳的量，因二氧化碳是温室气体。这可能导致工厂设计概念的变化，以优化并合考虑二氧化碳捕集和封存的布局。这将也是催化剂和技术发展者面对的主要挑战。

第5章 低 NO_x 排放催化燃烧与组合发电

5.1 引言

对煤炭能源转化而言，首先应该认识煤炭是提供能量的资源，实际上也是这样，90%以上的煤炭是被烧掉的，在第2章中详述了煤炭直接燃烧发电和使用催化技术净化烟气有关技术以及能量利用效率的改进。使用超临界锅炉和蒸汽透平发电技术已经能够把发电效率提高到45%～50%，但是如果把污染物治理特别是温室气体的捕集和封存消耗的能量也考虑进去，其效率将下降4%～10%，甚至下降更多。为了进一步降低使用煤炭能源带来的严重环境问题，更是为了能源利用效率的提高，人们才把煤炭转化为气体和液体燃料。于是在本书的第3章详细介绍了把煤炭气化转化为合成气（气体燃烧发电、合成气体和液体燃料及化学品的原料）和合成气催化净化的有关问题，接着又在第4章中进一步介绍把合成气转化为合成天然气的催化工艺和直接从煤炭加氢气化为合成天然气的相关问题（因为已经有天然气的管道输送网和使用的公用设施），以及把甲烷转化为合成气的催化技术。这都是为了能够使用燃气透平和蒸汽透平发电而提高煤炭利用的能量效率，以及更合适于低成本利用现有基础设施。这样就有了介绍使用（来自煤炭转化）气体和液体燃烧发电和组合发电技术的基础。于是本章重点介绍气体或液体燃烧发电提高效率和降低污染物排放的技术，特别是相关的催化技术。

催化对降低燃烧源的排放是可行的技术。独居石催化剂在内燃发动机尾气污染物消除中的应用例子很好地说明了其出色的特征，如高质量流速下的低压力降和高机械强度，这在其他催化燃烧领域中也是能够很好利用的。催化燃料燃烧的优点在于，在远低得多的温度（与常规火焰燃烧比较）下能够使燃料充分氧化，也就是燃料的完全燃烧。因此，燃烧温度可以低于1500℃，而这正是分子氮与燃烧空气开始形成 NO_x 的温度。常规燃烧的特点是保持燃烧稳定，很低的未燃烧烃类（UHC）和一氧化碳（CO），但对氮氧化物有特别大的排放。虽然催化燃料燃烧技术已经有许多应用，其范围从工业辐射加热器到气体炉，但更加受到关注的是催化气体透平燃烧器中的应用。气体透平中的催化燃料燃烧应用有一些很具挑战性的要求，同时也提供了最大的回报。对这一应用，低压力降和对热释放的很好控制具有至高无上的重要性，蜂窝独居石催化剂是仅有的可供选用的选项。

这一章首先概述催化燃料燃烧，重点是气体透平燃烧中的应用，接着是对催化燃烧过程的一般描述，然后介绍内燃发动机中的内燃燃烧和斯特林燃烧器，最后介绍为提高燃料能量利用而出现各种能源加工技术的组合。当然也对燃料燃烧污染物排放，特别是 NO_x 做较详细的描述。

5.1.1 燃烧产生的污染物

火的利用一般被认为是人类文明的一大飞跃，现今世界上燃烧仍然是重要的电力和热量的来源。但是，燃烧不仅对人类社会发展有贡献，而且也是某些重大环境问题产生的根源。这些问题最终浓缩回归到燃烧过程本身，如不希望副产物 NO_x、SO_x、UHC、CO 和烟雾的生成。这些污染物已经被认识到是 21 世纪的主要环境问题。在 19 世纪的后半期引入的燃烧发动机极大地增加了与燃烧相关的排放。燃烧发动机如柴油机、汽油机和气体透平，自从引入后一直在持续发展。但是， 20 世纪 50 年代以前对环境问题还没有认识到现在这样的程度。环境问题如酸雨、烟雾、臭氧层毁坏和全球变暖，现在已经认识到是非常严重的问题。燃烧源排放可以被分为两个类型：第一个，形成的排放是由于燃料的不完全燃烧产生的；第二个是关系到燃烧过程（以及燃料中的杂质）本身。对后一范畴包括 NO_x 和 CO_2 的形成，而对前者包括各种烃类和 CO 的排放。在这些排放中，已经发现，最难避免的是 NO_x，因为它既能够从燃烧空气中的氮气生成，也能够从燃料中的含氮化合物生成。为降低 NO_x 排放，催化燃烧能够提供最大的回报奖励。为了了解 NO_x 问题的复杂性，下面简要讨论各种 NO_x 生成的不同路径（或机理）。

如上所述，氮氧化物 NO_x 排放是一个重要的环境问题，能够引起对植物和动物以及人类的危害。NO_x 在森林毁坏、地面臭氧生成和烟雾生成中是一个主要因素。已经确定在燃烧中氮氧化物生成可能存在四条主要路径（机理）。前三条都包含燃烧空气中的氮分子，而第四条来自燃料中的含氮分子。

热 NO_x 生成，这是直接由空气中的氧和氮组合而成的。这个机理首先由 Zeldovich 提出，是一个自由基链反应机理：

$$O^{\cdot}+N_2 \rightleftharpoons NO+N^{\cdot} \quad (5\text{-}1)$$

$$N^{\cdot}+O_2 \rightleftharpoons NO+O^{\cdot} \quad (5\text{-}2)$$

反应式（5-1）和式（5-2）也是由 Zeldovich 提出的，后来添加了另一个反应，称为扩展的 Zeldovich 机理：

$$N^{\cdot}+OH^{\cdot} \rightleftharpoons NO+H^{\cdot} \quad (5\text{-}3)$$

热 NO_x 生成与停留时间几乎成线性关系。另外，生成速率随火焰温度呈指数增加。在气体透平中，火焰温度高于 1500℃时热 NO_x 生成就变得显著了。

瞬时 NO_x 生成，这是由烃类自由基与燃烧空气中氮分子间反应生成的。氰化氢是中间物，其进一步被氧化生成 NO。这类 NO_x 生成仅发生于含烃类的火焰中。大多数瞬时 NO_x 生成是在富烃火焰中。瞬时 NO_x 生成的温度可以远低于热 NO_x 生成的温度。形成瞬

时 NO_x 的占优势反应是：

$$HC^{\cdot}+N_2 \longrightarrow HCN+N^{\cdot} \quad (5\text{-}4)$$

然后 $N^{\cdot}$ 自由基进行进一步反应生成氮氧化物：

$$N^{\cdot}+OH^{\cdot} \longrightarrow H^{\cdot}+NO \quad (5\text{-}5)$$

降低燃烧温度仍然不能避免瞬时 NO_x 的生成，因为瞬时 NO_x 的生成温度远低于热 NO_x 生成的温度。仅有方法是减少烃类自由基的生成以降低 NO 的生成。可以使用的方法是降低燃料浓度，也就是使用较贫燃料空气比混合物。其次，让燃料在催化表面而不是在气相中反应，以降低气相中烃类自由基的量。

氧化亚氮路径，这是火焰中生成 NO_x 的第三条路径。这条路径以亚氮氧化物（N_2O）作为中间物，它进一步氧化形成 NO_x。反应的第一步中包含第三个物质 M：

$$N_2+O^{\cdot}+M \longrightarrow N_2O+M \quad (5\text{-}6)$$

这个反应长期来被忽视，原因是它对火焰燃烧 NO_x 生成的总贡献不显著。但是，在某些应用中，如气体透平中的预混合贫燃，此时的贫燃条件压制了 CH 生成，也就压制了 NO_x 的生成，燃烧温度低于热 NO_x 生成的阈值温度，这样该路径就可能成为 NO_x 主要的贡献者。反应需要有三种物质，这暗示高温对 NO_x 生成不是那么重要，但反应受高压所促进，而这正是气体透平中所需要的。

燃料 NO_x 生成路径，这是火焰中 NO_x 生成的第四条路径。所有的有机生物体含有不同量的含氮化合物如胺等。早期的生命物质被转化为燃料时，作为生物质或在煤或油的生成期间，总会保存一些含氮的化合物。天然气是一个例外，其含氮量通常是可以忽略的（但可以存在大量的分子氮），但大多数燃料都含有一些键合在化合物分子上的氮。当燃料燃烧时，含氮分子会热分解为低分子量化合物和自由基，然后这些自由基会被氧化成 NO_x。此时氮几乎不可避免地被氧化成氮氧化物，因为含氮分子的氧化过程是非常快的，主要是支链的燃烧反应。近来，含氮物质的选择性催化氧化已经被提出作为克服燃料 NO_x 生成的一个方法。

5.1.2 消除污染物排放的策略

自 20 世纪 50 年代以来，要求降低燃烧源排放的愿望在不断增长。这导致多种技术的发展，主要是改进燃烧过程或净化燃烧尾气。在这些技术中，催化起着并将继续起支配性作用。催化尾气净化可能是一个最出色的例子，如已经发展出非常出色的汽车尾气净化三效催化剂，该催化剂能够同时除去 UHC、CO 和 NO_x。挥发性有机化合物（VOCs）的催化氧化也是非常成功的例子。另外，发电厂尾气中氮氧化物被氨选择性催化还原（SCR 过程），现在被广泛地在全世界应用。但是，这些方法的一个共同点是：它们都是解决尾气排放的办法。

改进或革新燃烧过程甚至可能是降低排放的更好方法。在这方面有两个解决方法，即燃料提级和改进燃烧。第一个方法的典型例子是，使用催化方法除去汽车燃料中的硫和芳香烃化合物。另一个例子是改用更加洁净的燃料如以天然气替代煤。但是在将来，肯定要更多地使用比较丰富和便宜的低级燃料如煤和重燃料油。对低热值燃料（如从生物质或煤气化生成的燃气）的使用在将来也可能会不断增加。

减少燃烧过程排放的第二个解决办法是燃烧过程本身。如果燃烧效率被改进，则CO、UHC和烟雾的排放会减少。进一步，可微调燃烧，例如在混合和循环区域，能够极大地降低 NO_x 和二噁英等污染物的排放量。其他改进方法包括尾气循环、在燃烧过程中喷水或蒸汽，或分批加入空气或燃料。催化燃烧是降低排放量的另一个非常有效的可行方法，自20世纪70年代以来已经吸引了相当多的关注。有不少关于催化燃烧的书籍，对催化燃烧也进行了广泛的评论。在催化燃烧中，反应发生于催化剂表面而不是气相中。催化剂降低了燃烧反应的活化能，因此完全燃烧能够在比较低的温度下完成，甚至对大量燃料燃烧也是这样。

高发动机效率的重要性在增加，因为高效率意味着每产生单位电力排放的 CO_2 量减少的燃料消耗。与其他发动机比较，外燃烧气体透平连续地获得更多支持，因为它代表着低排放水平的发电技术和潜在的高效率。NO_x 排放是气体透平最严重的问题。同样，使用气体或液体燃料的内燃发动机和斯特林发动机也有排放氮氧化物污染物的问题。

5.2 燃烧气液燃料的发动机

第2章介绍的是直接燃烧固体煤炭发电的各种燃烧锅炉，虽然效率不断提高，但烟气的污染物治理是必需的。把煤炭转化为气体和液体燃料，在提高煤炭利用效率的同时也可能减少污染物排放，而且能够为愈来愈重要的交通运输提供燃料。燃烧气体和液体燃料的燃烧器与燃烧固体燃料的有很大不同，从能源利用的角度必须对它们作简要介绍。

5.2.1 气体透平

气体透平也称为燃烧透平，是一种外燃烧发动机，这意味着机械功是在两个步骤中产生的，以热作为中间介质。常规气体透平由三个部分组成：首先是压缩机，它把常温常压空气压缩到5～25atm，与所使用的气体透平有关。然后压缩空气进入燃烧容器或燃烧室，在那里与加入的燃料混合并燃烧使温度升高。压缩的热燃烧气体进入透平以获取机械功。图5-1为开放循环气体透平的示意图。燃烧室是气体透平的心脏，在这里储存于燃料中的化学能被转化为热能，热能在透平中转化为机械功。燃烧室必须在来自压缩机的气体速度和压力下维持燃烧过程。这需要有某些类型的火焰温度来完成，可以是保持的物理火焰和/或使用火焰场，这样能够创生出使火焰被保持的循环区域。

气体透平的效率取决于透平机进气温度、压力比及压缩机和透平机的效率。对有复原能力（即回收热量）的气体透平机还有热交换器。进入透平的气体入口温度升高效率增大。透平入口温度升高也使压力比向高值移动，以达到优化的循环效率。重要的是要注意到，在燃烧室内任何压力损失会导致对效率产生直接的负面影响。因此，燃烧室的设计必须努力减小压力降。透平机的结构材料限制了透平机的入口温度。为了升高温度也就是提高效率，在许多大型透平机中使用可冷却透平叶片。在现代气体透平中，进入透平的温度在1100℃附近，压力比约为20。但是，有可能使入口温度上升，因为正在发展新结构材料和更加先进的叶片冷却技术。因此，下一代大规模气体透平的入口温度很可能达到1300℃

左右。常规火焰燃烧室的出口温度高于透平能够达到的温度。因此，有一些空气必须旁路绕过燃烧室，以冷却燃烧器温度到可以接受的水平。有一些冷却空气被使用于冷却燃烧室壁。这些对催化燃烧是重要的，因这能够使操作温度相对较低，不再需要有冷却燃烧室出口用的旁路空气。气体透平正在连续不断地向高效率和低排放方向发展。能够应用各种不同燃烧策略来降低排放，其中重要的一些将在后面描述。燃烧透平自 30 年代以来就被使用于发电，其大小范围在 500kW ～ 250MW，适合于大规模联产发电，其缺点是部分负荷效率大幅降低，因此低于 1000 kW 是不经济的。但其高质量尾气很适合于热电联供和多联产使用，因此小或微气体透平被广泛使用于这些领域中。

小透平系统是燃烧透平的缩小版本，它能够提供合理的电效率（约 30%）、具有使用多种燃料的能力、低排放水平和热量回收潜力，以及仅需要少的维护。应用于热电联供时，能够达到总效率超过 80%。现有的微透平系统，其功率范围在 25 ～ 80kW，这是适合于满足多家庭住宅民居、商业或机构单位应用的范围。此外，对容量小于 25kW，例如，1kW 和 10kW 的系统也在进行研究，这个范围适合于单一家庭居民楼应用。

微透平与往复内燃机热电联供系统比较具有若干优点：紧凑的大小、低重量、很少移动部件和较低的噪声。此外， 微透平热电联供系统具有高质量废热、低维护需求（但需要有专业技能的人才），低振动和短交货时间。但是，在较低功率范围内，往复内燃发动机热电联供系统有较高的效率。除了使用天然气外，其他燃料如柴油、沼气、乙醇、工业排放气体和其他生物基液体与气体也能够作为透平机的燃料。

5.2.1.1 透平机工作原理

透平的热力学过程需要有空气进入，进入前需要用压缩机先行压缩。使压缩空气和合适燃料混合并在燃烧室中燃烧。得到的热燃烧气体膨胀转动透平，透平机轴驱动压缩机和发电机，产生电力和压缩燃烧用空气。在换热器中利用热尾气来预热压缩空气。

如图 5-1 所示，透平系统的基本组件是压缩机、透平发电机和燃烧器。整体压缩机 - 透平机是透平的心脏，它以单轴与发电机相连。两个轴承支撑该单轴。单轴设计的透平具有降低维护需求和增强总可靠性的潜力。也有使用双轴设计的微透平，此时在第一根轴上驱动压缩机，而在第二根轴上驱动齿轮箱和发电机产生 60Hz 电力。双轴设计的特点是有多个移动部件。但是，它们能够配备复杂的电力电子设备，用以转化高频 AC 电功率为 60Hz 的交流电 。

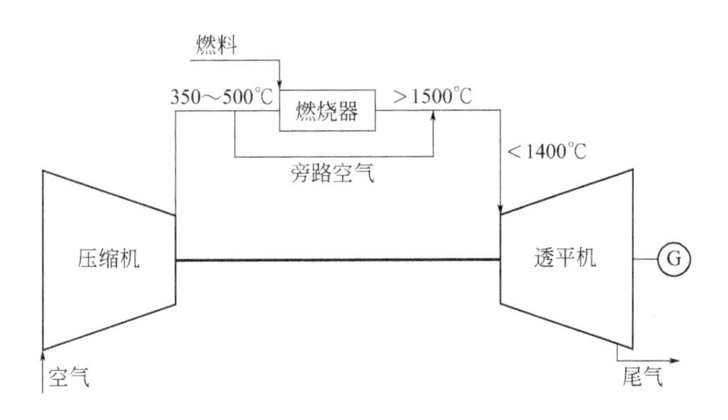

图 5-1 开放循环气体透平示意图

在透平中，透平压缩机轴一般以高达 80000 ～ 120000r 的转速旋转。组件的物理大小和透平系统的转速受特定透平和压缩机设计特征的强烈影响。对特定的设计，当额定电功率降低时，轴的速度增加，因此小微透平的轴是高速旋转的。

大多数微透平使用单一径向轴流压缩机。这是由于微透平小的流速范围（0.23 ～ 2.3kg/s 的空气 / 气体流）。对这个范围，径向流组件，当与大轴向流透平和压缩机比较时，其表面和尾端壁损失最小，效率最高。

虽然往复内燃发动机的性能已经很好建立和定量，关于微透平系统的性能信息很少，它们的信息是从有限数目的示范项目中获得的。关于真实效率、寿命试验单元的操作和维护成本知之不多，因为场地试验数目有限。类似地，由于场地经验有限，有关微透平的可靠性和可利用性的信息仍是不足的，但制造商宣称的可利用性在 90% ～ 95%。为收集可靠的性能信息，包括微透平可利用性数据和可靠性信息，重要的是要收集在不同操作环境、操作模式下的数据，以及收集与试验工业相互连接的广泛可靠性、可利用性、可维护性和耐久性（RAMD）数据。

微透平设计要比常规单一循环气体透平复杂，因为添加了换热器（用以降低燃料消耗，从而持续增加效率）。换热器有两个重要性能参数：有效性和压力降。有一些换热器必须有大的换热器表面，导致较高的压力降和较高环境成本。此外，把换热器连接到压缩机出口、膨胀透平出口、燃烧室进口或系统放空，对产品设计者是一个挑战，即要使换热器以怎样的方法连接以使只有最低压力损失和制造成本而不会降低系统的可靠性。但是，增加换热器有效性能够增加微透平效率。使用最常规金属换热器预热空气，能够节约高达 30% ～ 40% 的燃料。当最大操作温度是 650℃时，换热器材料一般可以使用不锈钢，操作温度为 800℃时要使用铬镍铁合金，而温度大于 870℃，需要使用陶瓷材料。

5.2.1.2 透平燃烧策略

对燃烧透平的要求是：气体或燃料油的完全燃烧；低 NO_x 和低 CO 排放；无波动操作；低压力降（2% ～ 5%）；高温耐用燃烧器。除这些条件外，对燃烧系统的新近要求是有义务缓解 CO_2 的排放（产生高压和 / 或高 CO_2 浓度烟气）。

因此对气体透平可以有若干不同的燃烧策略，主要是要降低污染物排放特别是 NO_x。到目前为止，最普通和最成功的策略是贫燃预混合（LP）燃烧。在 LP 燃烧器中，燃料在进入燃烧区前与大量过量空气充分混合。在 LP 燃烧器中空气 / 燃料比接近于贫火焰燃烧能力的极限。因此，绝热火焰温度较低，仅产生少量的热 NO_x。使用先进 LP 燃烧器的 NO_x 排放量能够降低至 10μL/L。LP 燃烧器的主要缺点是，燃烧过程对入口

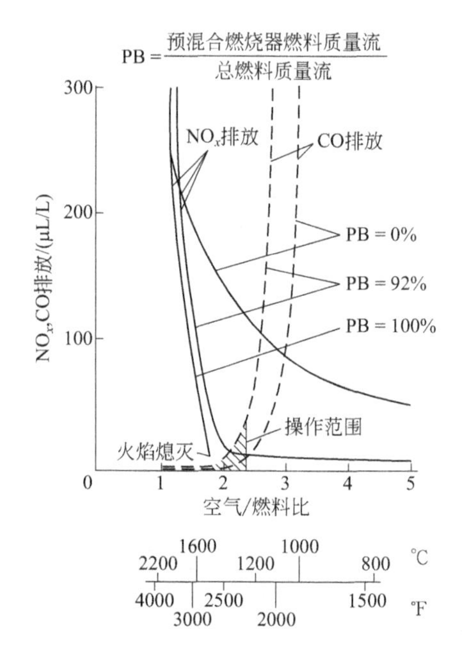

图 5-2 NO_x 和 CO 排放：在气体透平中扩散火焰，部分和完全预混合燃烧

条件的变化是非常敏感的，例如，燃料浓度、混合、环境温度等，这可能对透平产生危害。其次，CO 和 UHC 的排放可能要增加，要达到完全燃烧可能是困难的。

在气体透平的贫燃燃烧中，使用大量过量空气在其进入气体透平前用来冷却燃烧产物，燃烧温度受气体透平叶片结构完整性的限制。在常规燃烧方法中，燃料和空气分离喷入燃烧室并在燃烧过程中混合（扩散火焰）。这个过程倾向于生成热 NO，因为在近于化学计量条件下的这类火焰中，富燃和贫燃涡旋边界占优势。为克服这个问题，燃料气体和空气在它们进入燃烧室前进行预混合，以创生出对应的燃烧和出口气体温度（现时约为 1573 K）稳定的贫燃混合物。这个所谓超贫预混燃烧给出非常低的 NO_x 排放。使用天然气作为燃料在 15% O_2 时一般小于 15μL/L，但可能出现火焰稳定性的问题。稳定性问题一般通过喷入小百分比燃料，如 10% 来解决，用以在燃料喷射之间产生火焰作为点火的温度源。图 5-2 说明超贫预混合燃烧的一些机会和问题。该图显示了测量的 NO_x 和 CO 排放数据、空气 / 燃料比和天然气 / 空气扩散火焰绝热火焰温度间的关系，其中包括 92% 和 100% 的预混合。在 92% 预混合的情形中，其余燃料（8%）以引领扩散火焰的形式燃烧。在透平入口温度状态（1573K）范围内，NO_x 和 CO 的排放是非常低的，但在没有引领火焰时火焰稳定性得不到确保。当空气 / 燃料比增加时，CO 排放快速突变上升。大多数主要气体透平制造商提供贫燃预混燃烧器或最小水喷入，具有仅排放 15μL/L 的 NO_x。作为例子，ABB 的双锥气体透平燃烧器示于图 5-3 中，Siemens 的 KWU 示于图 5-4 中。当新材料允许透平入口温度上升到 1800K 以上时，为贫燃预混合燃烧降低 NO_x 排放提供的机遇将变得有限。这对应用气体透平的燃烧 R&D 提出了新的挑战。

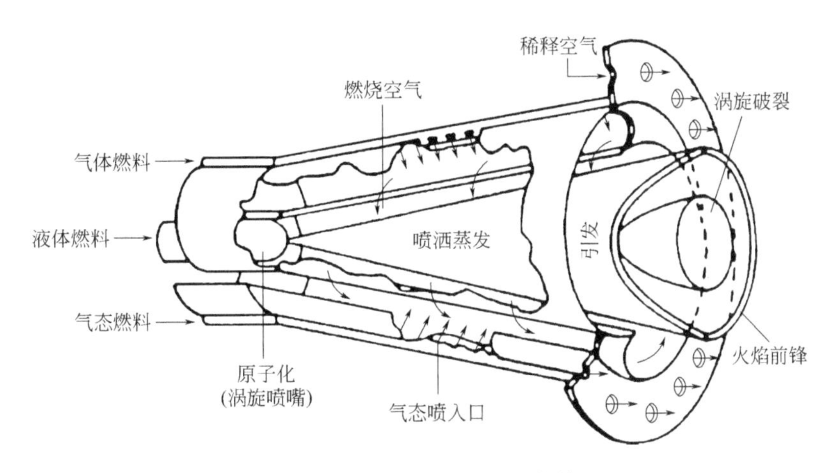

图 5-3 ABB 双锥气体透平燃烧器

另一类低 NO_x 燃烧器是富 - 平 - 贫燃烧器 RQL。RQL 燃烧器分为两个区域。在第一个区域中，燃料过量，燃料发生部分燃烧。然后部分燃烧产物与强湍流空气混合，最后的燃烧发生于过量空气中。在第一个区域中的富燃条件确保低 NO_x 水平和燃烧稳定性，而第二个区域中的过量空气确保低温，因此避免热 NO_x 的生成。这个方法的主要缺点是从富燃区进入贫燃区有可能导致在几乎是化学计量条件下的燃烧，如果这个过渡不足够快的话。

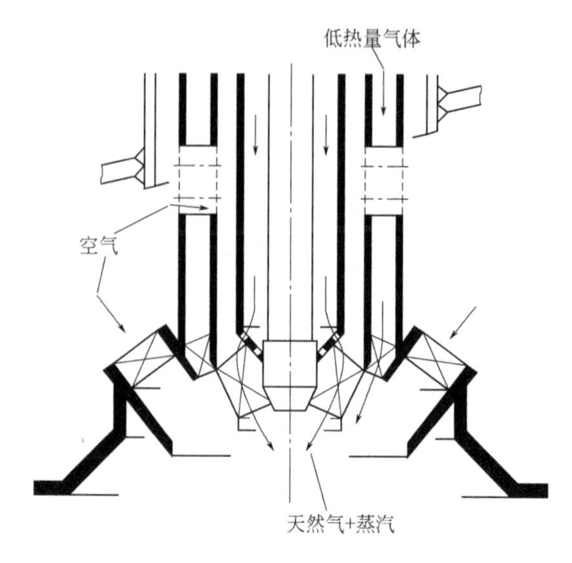

图 5-4　Siemens 低 NO_x 燃烧器

在燃烧器中添加水和蒸汽也能够显著地降低 NO_x 的生成。但必须对气体透平的设计做重大修改，以配备蒸汽水管理系统和增加喷入蒸汽的吞吐量。近来已经提出了使用大量蒸汽的先进循环，以提高气体透平效率，即把蒸汽透平和气体透平的某些特征组合起来。但是，这个湿循环离产业化仍然很远。

克服气体透平排放问题的最可行办法是催化燃烧。如早先所述，与常规火焰燃烧比较，催化燃烧是在低得多的温度下达到完全燃烧的一个方法。催化燃烧在气体透平中的使用，早在 20 世纪 70 年代就已经提出。气体透平的催化燃烧有若干优点：燃烧器温度可以设置成与希望的透平进口温度相匹配，而不会增加 CO 和 UHC 排放，实际上也不会有热 NO_x 生成。使用低压力降催化剂如独居石蜂窝催化剂，就有可能达到最小的效率损失。使用催化剂达到的稳定燃烧，也降低了压力波动和噪声。后面第 5.3 节和第 5.4 节中将在详细讨论催化燃烧一般问题的基础上，讨论气体透平中的催化燃烧。

5.2.2 内燃发动机

内燃发动机广泛适用于运输部门如各种车辆中，也在各种机器中作为动力使用。往复内燃发动机也适合于小规模发电应用，因为它们是牢固和已经很成熟的技术。但是，它们确实需要定期保养和维护以确保可利用性。它们能够使用的大小范围，从数十千瓦到一万千瓦，它们有极好的可利用性，能够使用多种燃烧燃料，非常适合于居民区、商业、机构单位和小规模工业负荷的发电应用，也非常适合于在运输车辆中的应用和作为各种日用机器的动力。

5.2.2.1　操作原理

往复内燃发动机按它们的引发方法分类：压缩点燃（柴油）发动机和电火花点燃（奥托）发动机。

柴油发动机由于其效率高于汽油发动机，功率也相对较大，主要使用于大规模和小规模的发电以及装备在运输车辆中。这些发动机主要是四冲程直接燃料喷入，配备有增压器和间接冷却器。柴油发动机以柴油燃料或重油运行，它们也能够设置以双燃料模式操作，主要燃烧配有少量柴油的天然气混合燃料。柴油发动机稳定运行的速度在 500 ～ 1500r/min。柴油发动机的冷却系统控制比电火花点燃发动机复杂，温度通常也较低，通常的尾气温度最大为 85℃，因此热回收的潜力有限。

与柴油发动机比较，电火花点燃（SI）发动机更多地使用于汽车，也比较适合于较小的发电应用，它们的热回收系统能够产生高达 160℃热水或 20atm 的蒸汽输出。在发电应用中，电火花点燃发动机大多数以天然气燃料运行，虽然它们能够设置成异丙烷、汽油或沼气运行。适合于小规模发电应用（例如住宅区）的 SI 发动机是开式燃烧室发动机。开式燃烧室发动机设计有火花塞头暴露在气缸燃烧腔中，直接引发被压缩的空气 / 燃料混合物，开式燃烧室引发能够应用于在近似化学计量到中度贫燃的空气 / 燃料比下操作，是一种润滑发动机，目的是降低氮氧化物的排放。许多 SI 发动机衍生自柴油发动机，也就是说，它们使用与柴油发动机同样的发动机基体、曲轴、主轴承、凸轮轴和连杆，为防止爆震，在较低制动器平均有效压力（BMEP）和峰压力水平下操作。柴油发动机的 SI 版本通常产生母体柴油发动机的 60% ～ 80% 功率输出。现时燃天然气的 SI 发动机通过较好设计和燃烧过程控制以及通过尾气净化催化剂的使用，使其排放物分布有显著改进。此外，燃天然气 SI 发动机首先要有低成本、快速启动和显著热回收的潜力。图 5-5 所示是带有控制发动机尾气的 TWC 氧传感器的电火花点燃汽油发动机。

发电用的内燃发动机一般以贫或化学计量混合物形式燃烧，因此污染物排放水平较低，尾气中过量氧能够被应用于补偿燃烧。但是，在贫燃发动机中，尾气流量的增加使温度下降，导致仅有较低热量能够从尾气中回收。发动机一般使用泵来强制循环冷却系统，冷却剂通过发动机体和热交换器产生热水。自然冷却系统试验沸腾冷却剂进行自然循环冷却，冷却剂通过发动机夹套产生低压饱和蒸汽。自动化发动机的使用寿命超过 20000h。它们比较便宜，但比工业发动机（通常能够使用 20 年）可靠性差。对容量为 30kW 或更小功率，常使用较低出力自动化电火花点燃发动机替代改进的柴油发动机。这是因为较小发动机是从固定应用的柴油发动机基体转化而来，是天然气基础设施发展的一个结果。

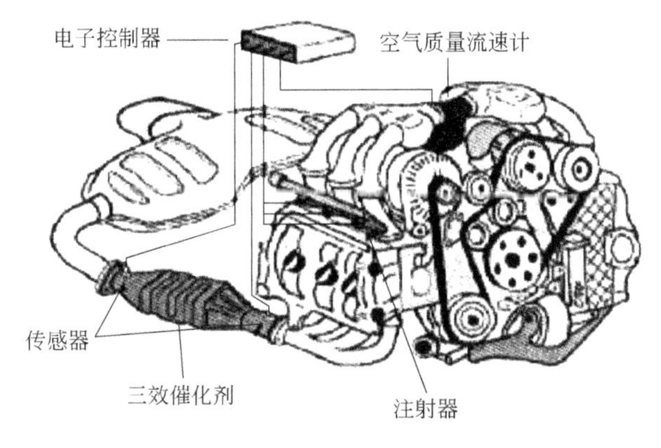

图 5-5　带有控制发动机尾气的 TWC 氧传感器的发动机

取决于发动机大小和类型，有转速不同的高中低速发动机可供应用。固定发动机的标准速度范围示于表 5-1 中。在三类发动机中，高速发动机一般有最低的成本（$/kW）。这是因为发动机功率输出与发动机转速成比例，高速发动机得到最高的单位位移（气缸大小）功率输出和最高的功率密度。但是，高速发动机趋向于有较高齿轮束介入，因此进行大小修的时间间隔较短。使用涡轮增压器推动小位移发动机的使用，多至40%。在使用涡轮增压器的发动机中，较高操作压力获得较高效率和较低燃料消耗，但对火花塞发动机较容易受发动机爆震的影响。

表5-1 固定发动机的速度分类

速度分类	发动机转速/（r/min）	化学计量燃烧，电火花点燃/MW	电火花点燃或电火花引发/MW	双燃料/MW	柴油机/MW
高速	1000～3600	0.01～1.5	0.15～3.0	1.0～3.5	0.01～3.5
中速	275～1000	—	1.0～6.0	1.0～25	0.5～35
低速	58～275	—	—	2.0～65	2～65

往复内燃发动机的效率范围在25%～45%。一般讲，柴油发动机的效率比电火花点燃发动机高，因为它们的压缩比比较高。但是，大功率电火花点燃发动机的效率接近于柴油发动机效率。一般认为往复内燃发动机是指25℃和1 bar压力的ISO条件下的，当在海平面以上时，往复内燃发动机的产出和效率随海平面每升高333m降低大约4%，当高于25℃时每升高5.6℃降低约1%。

5.2.2.2 日常操作问题

（1）热量回收　对热电联供应用的内燃发动机，能够回收来自尾气、夹套冷却水的热量，也能够从润滑油冷却水和涡轮增压器冷却回收较少的热量。从发动机夹套冷却水的回收热量高达能量输入的30%，而从尾气回收的热量占30%～50%。因此，从冷却系统和尾气回收的热量大约等于燃料产生能量的70%～80%。它们能够被用于城市的电力和作为有用的热量使用。从发动机夹套以热水形式回收热量，热水温度通常能够达到的温度在85～90℃。而从尾气回收的热量能够产生低压蒸汽，温度在100～120℃。所以，回收的热量能够被使用于生产热水或低压蒸汽，可以作为空间加热、室内热水等。但从往复内燃发动机热电联供系统回收热量不能够直接作为建筑物的热介质，因为有与压力、腐蚀和热冲击相关的问题。所以，使用壳和管式热交换器或板式热交换器进行发动机冷却介质和建筑物热介质之间的换热。而且使用冷凝热交换器能够回收潜热，否则会被损失掉。它们适合于天然气的系统，因为使用其他燃料会产生相关的腐蚀问题。

（2）维护　日常维护、调整和周期性保养对往复内燃发动机是必需的。这些保养包括发动机油、冷却剂和火花塞，通常每500～1000 h进行一次。制造商通常会推荐保养的周期间隔。运行12000～15000 h后要进行大修；对重要大修为24000～30000 h。大修包括气缸头和涡轮增压器重建，而重要大修包括活塞/环以及曲轴轴承和密封替换。往复内燃发动机的典型维修成本，包括大修，为0.01～0.015 $/（kW・h）。只要合适保养，现代内燃发动机热电联供系统的操作有高水平的可利用性，在87%～98%的范围。

5.2.2.3 污染物排放

往复内燃发动机排放的主要污染物是氮氧化物NO_x、一氧化碳CO和挥发性有机化合物 VOCs（未燃烧非甲烷烃类）。排放的其他污染物，如硫氧化物（SO_x）和颗粒物质，主要取决于矿物燃料类型和所使用的发动机类型。一般讲，SO_x 排放只在大和慢速以重油为燃料的柴油发动机中存在。颗粒物质是以液体燃料操作柴油机的一件要关注的事情。

使用往复内燃发动机，NO_x 排放是关键。它们因燃料在氧存在下燃烧矿物燃料而产生。NO_x 的产生取决于发动机燃烧的温度、压力、燃烧室几何形状和空气 - 燃料混合物。在多数情形中，它们是按比例变化的 NO 和 NO_2 混合物。贫燃天然气发动机产生的量最低，而柴油发动机产生最高的 NO_x 排放，如表 5-2 所示。

对配备有空气 / 燃料比控制器的贫燃（和超贫燃）发动机，配备有三效催化转化器使基本的转化过程能够同时降低三种污染物 NO_x、CO 和未燃烧烃类的排放，但条件是空燃比接近化学计量比。NO_x 和 CO 排放物能够降低 90% 或更高，而未燃烧烃类在合适控制三效催化转化器时转化大约 80%。使用三效催化转化器发动机也称为非选择性催化还原（NSCR）的化学计量发动机，能够达到低的 NO_x 排放。三效催化转化器使用催化剂处理尾气把 NO_x 转化为氮和氧。三效催化剂瞬时结合 NO_x 中的氧，因此释放氮，氧与催化剂表面上的 CO 或烃类反应生成 CO_2 和水。三效催化转化器技术不能够应用于贫燃气体发动机和柴油发动机，因为在过量氧存在下 NO_x 到 N_2 和 CO_2 以及烃类到 CO_2 和 O_2 的转化将不会发生。选择性催化还原的方法能够被应用于除去贫燃发动机尾气中的 NO_x。选择性催化还原（SCR）一般使用于大规模（＞2000kW）贫燃往复内燃发动机，因为它可能导致影响较小发动机的经济可行性。在选择性催化还原中，还原 NO_x 的试剂，如氨，在催化转化器之前被注入热尾气中。选择性催化还原能够使 80% ～ 90% 的 NO_x 被还原。

表5-2　往复发动机代表性NO_x排放

发动机	燃料	$NO_x/10^{-6}$	NO_x/［g/（kW·h）］
柴油发动机（高速和中速）	馏分油	450 ～ 1350	7 ～ 8
柴油发动机（高速和中速）	重油	900 ～ 1800	12 ～ 30
贫燃，电火花点燃发动机	天然气	45 ～ 150	0.7 ～ 2.5

现今，高效和低 NO_x 生成并不能够同时达到，因为要达到低 NO_x 生成，电火花点燃时间需要优化，要求的空气 / 燃料比约为 1.5 ～ 1.6。当火花定时器延迟时，NO_x 排放水平从最大制动扭矩（MBT，最大制动扭矩时点火是一种特殊定时点火。在给定发动机速度、混合物组成和流速下给出最大发动机扭矩）时下降。MBT 延迟定时点火升高尾气温度，过程发动机效率和燃烧室壁损失的热量都降低，点火定时也与负荷有关。当负荷和进气歧管压力下降，控制定时点火以保持最优的发动机性能，NO_x 排放水平增加。因此，由于这些原因，许多贫燃气体发动机产品发展商提供发动机的不同版本，包括低 NO_x 排放版本和高效率版本。这些版本的依据就是在发动机控制和定时点火上有不同的定调。最高效率的达到将导致产生约 2 倍的 NO_x 排放，最低 NO_x 排放以牺牲效率为代价。此外，优化最低 NO_x 排放的发动机能够也会有较高的 CO 和未燃烧烃类的排放，因为如果混合物太过贫燃，可能发生不点火和不完全燃烧，增加 CO 和未燃烧烃类的排放。

含硫化石燃料燃烧产生二氧化硫排放，这对发电单元有腐蚀作用，特别是对热交换器和尾气系统。使用天然气或脱硫馏分油的往复内燃发动机，其产生的二氧化硫量一般可以忽略。

表5-3 使用于热电联供单元的往复内燃发动机的排放特性

项目	康明斯公司						Coastintelligen 公司	
电力输出/kW	7.5	16	16	20	35	50	55	80
发动机/燃料类型	柴油机/柴油	SI/NG	柴油机/柴油	SI/NG	柴油机/柴油	柴油机/柴油	SI/NG	SI/NG
排放控制装置	无	无	无	无	无	涡轮增压器	先进催化转化器	先进催化转化器
空燃比		16.8		16.6				
压缩比	18.5∶1	9.4∶1	18.5∶1	9.4∶1	17.3∶1	16.5∶1		
NO_x/（g/bhph）②	12.6	7.8	12.6	8.2	6.99	7.97	<0.15①	<0.15①
CO/（g/bhph）②	3.13	36.8	3.13	38.6	1.26	0.75	<0.60①	<0.60①
未燃烧烃类/（g/bhph）②	1.64	1.3	1.64	1.2	0.50	0.4	<0.15①	<0.15①
SO_2/（g/bhph）②					0.62	0.6		
颗粒物质/（g/bhph）②	0.66	可略去	0.66	可略去	未检测或检测不到	0.13		

① 校正到15%O_2的排放。

② g/bhph表示每马力在试验周期中排出的污染物质量（g），1bhph=0.7355kW。

注：NG天然气；SI电火花点燃。

化石燃料的不完全燃烧产生一氧化碳，因为高温时没有适量氧或没有足够停留时间。此外，燃烧壁也能够产生CO排放，由于壁被冷却和尾气转化器失效等原因。太过贫燃条件也能够导致不完全和不稳定的燃烧，使CO排放水平增加。CO是一种有毒气体，但在对空燃比有令人满意的控制时，排放的CO可以忽略。

在燃烧长链烃类期间，不完全氧化引起未燃烧烃类的排放。它们是固体颗粒物，通常很小，从往复内燃发动机排放出来的颗粒物质通常被认为是非甲烷烃类，包含很多化合物，其中的某些是有毒的空气污染物。使用氧化催化剂能够降低CO和未燃烧烃类的排放。这些催化剂在过量氧存在下催化CO和烃类氧化生成CO_2和水。CO和非甲烷烃类的98%～99%转化水平是能够达到的，而甲烷转化率仅可接近于60%～70%。现时，在所有类型发动机上都使用氧化催化剂，特别是贫燃气体发动机，目的是降低它们相对较高的CO和未燃烧烃类的排放量。

对燃烧过程调整很差时会产生颗粒物质，也就是燃料烃类没有完全燃烧。它们是固体物质，存在于排除的尾气和烟雾中。颗粒物质的排放来自发动机，特别是对使用液体燃烧的柴油发动机。但是，与贫燃 SI 发动机比较，柴油发动机产生较少的 CO 排放。制造商为一大类往复内燃发动机提供的排放特征示于表 5-3 中。

5.2.3 斯特林发动机

斯特林发动机目前处于市场的恢复阶段，由于该技术至今没有完全发展，它的使用并不广泛。现代“无活塞”斯特林发动机是值得发展的，因为它有好的潜力，效率高、燃料灵活性大、污染物排放低、噪声低、振动水平低，其部分负荷性能也很好。不像往复内燃发动机，斯特林发动机的热能供应来自外部源，能够使用范围广泛的能量来源，包括化石燃料如油或气和可再生能源如太阳能或生物质。由于燃烧过程发生于发动机的外部，它是一个能够很好控制的连续燃烧过程，燃烧产物并不在发动机内。作为连续燃烧过程的结果，每转动一次有两个功率脉冲，比往复内燃发动机移动部件少。斯特林发动机具有低磨损无维护的长操作周期，且比往复内燃发动机安静和平滑。

5.2.3.1 操作原理

斯特林发动机按斯特林循环操作，类似于 Otto 循环，等温过程替代绝热过程。斯特林循环发动机在近些年中被作为具有再生外燃烧发动机进行发展，按理想 Carnot 循环进行装配。

斯特林发动机按照其排列可分类为 Alpha、Beta 和 Gamma 三种构型排列，如图 5-6 所示。在 Alpha 构型中，分离的蓄热器、加热器和冷却器以及气缸通过串联连接起来，在气缸中有两个活塞。而 Beta 和 Gamma 构型都使用移位活塞安排。对 Beta 构型，活塞和换气活塞安排在同一气缸中，而 Gamma 构型则安排在不同的气缸中。

斯特林发动机的驱动方法可以是运动学驱动和自由活塞驱动。运动学驱动利用常规机械元素如曲柄、连接轴和飞轮，按预先设定的方式串联移动。而自由活塞驱动使用由工作气体产生的压力变化来往复移动机械元素，功被一个线性交流发电机利用。

运动学驱动要求特殊的密封以防止因高压工作气体产生漏气损失进入环境中。润滑油从曲轴箱通道进入气缸内，为缓解因漏气造成的技术障碍而发展出 Beta 构型的自由活塞发动机技术。连接交流发电机的活塞能够被紧密密封，防止工作气体在工作时间周期中漏气。此外，工作气体也同时作为润滑剂使用。自由活塞斯特林发动机消除了机械接触、摩擦和磨损，由套管提供紧密密封，因此在约 10 年的操作周期内，无需机械维护。这个自由活塞发动机的主要优点有：通用的输入和输出、操作安静、零磨损、零维护、长寿命、与电网交换容易、两组动力操作和高效率潜力等。今天，自由活塞发动机的功率被限制在数十千瓦以下，特别适合住宅区和小规模商业应用。

一个很好设计的斯特林发动机每次转动有两个功率脉冲，而燃烧是连续的。这样使斯特林发动机操作顺滑，与内燃发动机比较仅有低振动、低噪声和低排放水平等优点。外燃烧发动机过程与内燃发动机比较也允许使用多种类型燃料，并允许在燃烧室中停留较长时间。结果是，受控制的燃烧效率引出是比较高的。

5.2.3.2 操作性能

斯特林循环具有比兰开夏循环或 Joule 循环更高效率的潜力，因为它比较接近于

Carnot 循环。而预期的电效率为 50%，现在的电效率约 40%，斯特林发动机热电联供系统的总效率在 65% ～ 85%，其热量和电力比在 1.1 ～ 1.7。斯特林发动机也具有在部分负荷下操作的能力。虽然全负荷的效率能够是 35% ～ 50%，预期 50% 负荷时的效率能够在 34% ～ 39%。

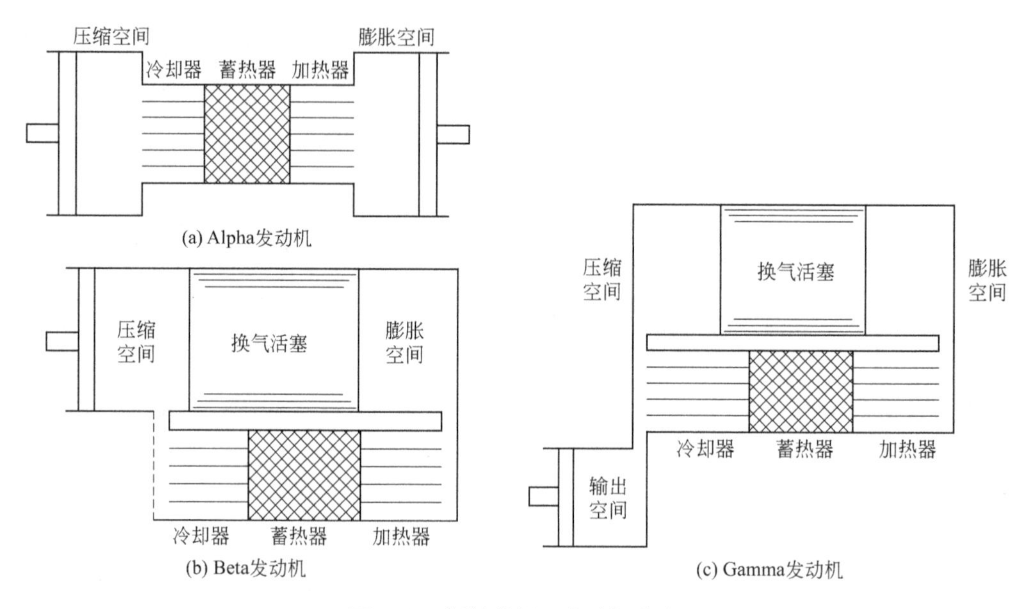

图 5-6 斯特林循环发动机分类

该类技术仍然处于发展之中，尚未有关于斯特林发动机可靠性和可利用性的统计数据。但是，能够预期，斯特林发动机的可靠性应该能够与柴油发动机比较，年平均可利用性在 85% ～ 90%。

在燃天然气的斯特林发动机中，热量回收的来源是气体冷却器、尾气热交换器及较少的气缸壁和润滑油冷却。Solo 公司发展的气体斯特林发动机中，离开预热器的气体温度为 200 ～ 300℃，在进入尾气热交换器前温度降低到冷却水入口温度以上约 30℃。取决于入口和相应的冷凝温度水平，过程中能够获得 2 ～ 4kW 热能输出。Solo 斯特林 161CHO 热电联供系统的电力输出为 2 ～ 9.5kW，热量输出 8 ～ 26kW。虽然电效率在 22% ～ 24%，总效率却高达 92%，这与热量利用量有关。

正在发展一种燃烧生物质的斯特林发动机，作为住宅区热电联供主发动机使用，包含两段燃烧过程。燃料首先在约 550℃热解产生燃料气体，然后气体在另一个燃烧室中燃烧到约 1200℃。产生热量的一部分使用于自由活塞斯特林发动机来驱动电负荷。其余热量被部分使用于预热换热器，另一部分用以满足用户的热量需求。一个具有最小燃烧器的斯特林发动机热电联供系统，1kW 电力有 4kW 的热量，生物质到电力的转化效率在 12% ～ 17% 。

不像往复内燃发动机，斯特林发动机具有密封操作室，因此磨损低和保养时间间隔长。容量小至 20kW 以下的斯特林发动机，其服务时间间隔为 5000 ～ 8000h，比 Otto 发动机服务间隔长，于是操作成本也比 Otto 发动机有相当的降低。由于套管的紧密密封，预期活塞斯特林发动机消除了机械接触、摩擦和磨损，所以，在约 10 年的操作寿命期间无需机械维护。

5.2.3.3　污染物排放

现时从斯特林燃烧器排放的污染物可能是带有催化转化器的气体 Otto 发动机排放的污染物的 1/10，其产生的污染物排放能够与现代气体燃烧器技术比较，包括催化燃烧，产生的排放是比较低的。德国 Solo 公司开发的斯特林发动机单元，为燃烧使用高水平的预热空气以达到高燃烧效率，同时达到低尾气排放。来自循环系统的内部尾气、预热空气和燃料气体的组合限制最大温度低于 1400℃的自氧化温度范围，因此压制了氮氧化物的生成。此外，与常规燃烧化石燃料热电联供系统比较，连续燃烧相当于降低了排放水平。尽管使用于燃烧的是高预热空气温度，但其排放水平是低的，仅有 80 ～ 120mg/m^3NO_x 和 40 ～ 60mg/m^{3}CO，痕量烃类和烟雾排放物。图 5-7 给出了斯特林发动机热电联供系统（CHP）单元的排放值与有常规除去装置的排放比较，范围 2 ～ 25 kW 的斯特林发动机的效率和排放特性示于表 5-4 中。

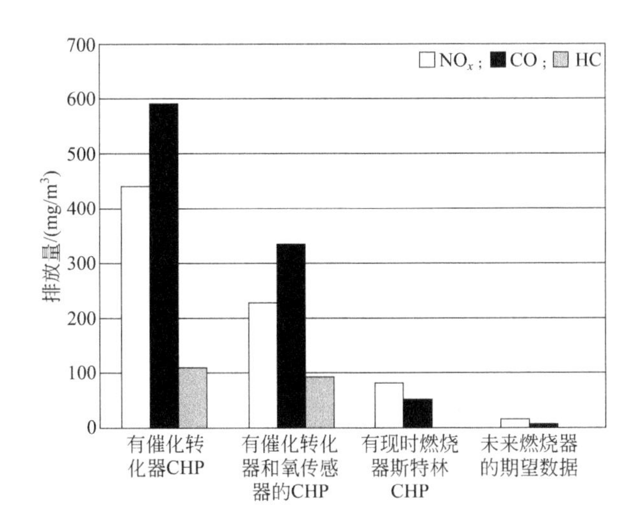

图 5-7　常规和斯特林发动机 CHP 单元的 NO_x、CO、颗粒物质和 HC

表5-4　斯特林发动机排放特性

排放特性	Solo 公司	DTE 能源公司	其他
电力容量 /kW	2 ～ 9	20	25
电效率 /%	22 ～ 24	29.6	29.6
总效率 /%	＞ 90	82	82
NO_x/（g/bhph）	0.08	0.288（标准）	0.288（标准）
CO/（g/bhph）	0.04 ～ 0.06	0.15（超低）	0.15（超低）
		0.32（标准）	0.32（标准）
		0.32（超低）	0.32（超低）

注：g/bhph 表示每马力在试验周期中排出的污染物质量（g）。1bhph=0.7355kW。

5.3 催化燃烧

5.3.1 概述

把气体和液体燃料所含化学能转化为电力和热能，不管使用何种发动机都是要把燃料燃烧（完全氧化）掉的。燃烧过程产生的污染物排放除与所使用燃料性质有关外，还与燃烧发动机设计和燃烧方式有关。对一些发动机如果不是使用热燃烧而是使用催化燃烧的话，有可能进一步降低污染物排放，其中透平中的催化燃烧即是一例，下面介绍催化燃烧及其在透平燃烧中的应用。

在汽车尾气的 VOCs 净化中，催化完全氧化自 20 世纪 50 年代就受到很多关注。发展出很多完全氧化催化剂，用以燃烧或氧化来自工业过程如喷涂、印刷、化学工厂等尾气流中的各种烃类和 CO。这些应用的主要目的是除去尾气流中的某些污染物。污染物的浓度在大多数情形中是很低的，<1000μL/L。而催化燃料燃烧则与此完全不同，其主要目的是获取热量，显然燃料中的可燃组分浓度远比要净化 VOCs 气流中的烃类浓度高得多。因此，其出口温度也要高得多。早在 70 年代，美国就领头发展应用于气体透平的催化燃烧技术，此后对其失去兴趣，直到在 80 年代日本对此重新感兴趣并领头进行催化燃烧技术的发展。到 90 年代初，美国、日本和欧洲开始实施大规模的研究发展项目，集中努力发展应用于车辆气体透平的催化燃烧器。90 年代晚期，对其的兴趣又一次低落，因为研发重点从气体透平移向了应用于车辆的燃料电池。气体透平制造商引进的低排放 LP 燃烧器，可以满足那个时期的最严格排放标准。原理上它们也应该能够在斯特林发动机燃烧室中应用。然而两个领头的美国公司继续与大气体透平制造商合作，发展商用催化燃烧器。近来对催化燃烧的兴趣再一次增加，其原因是：首先，提出和颁布了更加严格的排放法规，而常规火焰燃烧器极难满足这些法规规定的排放标准；其次，常规贫燃燃烧器的稳定性问题也显示比预期的更大；最后，催化能源公司的成功实验证明，其 XONON 燃烧器已经成功地进行工业规模操作。下面简要叙述烃类催化燃烧机理和表面反应动力学以及均相 - 非均相反应和燃烧模型。

5.3.2 机理和动力学

催化燃烧不同于常规火焰燃烧，因反应发生于催化剂表面或其附近。催化燃烧的反应路径仍没有了解清楚。可能按不同的机理进行，取决于催化剂类型、工艺条件、燃料类型和浓度等。完全氧化反应通常以 Langmuir-Hinshelwood（L-H）或 Eley-Rideal（E-R）机理进行。L-H 机理中，两个反应物氧和烃类物质都被化学吸附于催化剂表面。而对 E-R 机理是化学吸附的表面氧物质与气相（或弱吸附）烃类分子间的反应。如果使用金属氧化物催化剂且温度又足够高，第三种机理即 Mars-Van Krevelen 机理也是可能的。该机理中晶格氧也参与反应，这在多种催化材料如钙钛矿中已经得到证明。对大多数烃类，第一个 C—H 键的断裂是速率控制步骤。一旦这个反应已经发生，接着的反应就快速进行。

甲烷是天然气中的主要燃料组分，因此对甲烷燃烧机理和动力学进行了大量研究。结果指出，在贫燃条件下（即氧过量）反应对甲烷是一级的。真实机理看来是十分复杂的，取决于使用的条件。负载钯催化剂对甲烷燃烧有很高的催化活性。对使用钯催化剂的燃料燃烧已经有很好的评论。对甲烷在钯催化剂上的燃烧，甲烷活化是速率控制步骤。但是，在中等以下温度时，催化活性可能受表面吸附水控制。对 Pd/ 氧化锆催化剂，水在相关条件下显示的是负一级。这能够使用在表面有稳定钯氢氧化物的形成来说明。其他反应产物如一氧化碳和二氧化碳也对甲烷燃烧有阻滞效应。

钯的另一个有意思的事实是，当温度低于 780℃时，钯的热力学稳定相是钯氧化物，而在该温度以上金属钯相才是稳定的。已经证明，钯氧化物的催化甲烷燃烧活性是比较高的。因此，当发生相过渡时活性会降低，如图 5-8 曲线 A 所示。

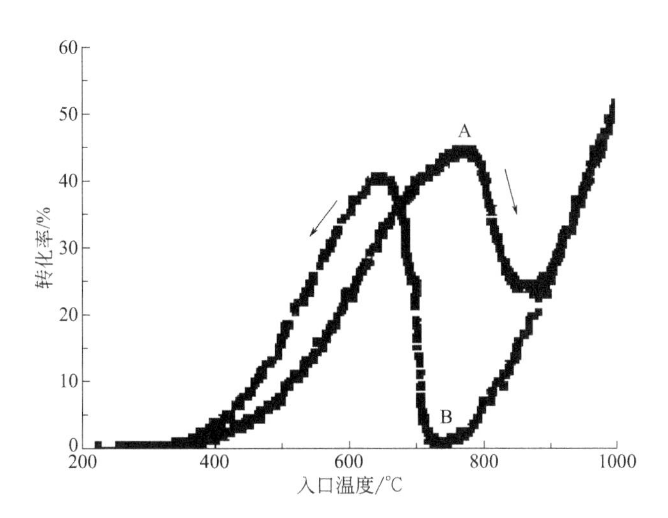

图 5-8　甲烷在 5%Pd/Al_2O_3 催化剂上的典型转化曲线（注意在加热和冷却循环中的回环）

A—PdO 的分解；B—PdO 的重整

许多研究者都已经认识到，钯催化剂的活性随气体停留时间的延长而增强。对该活化过程已经提出三种不同的机理：被催化剂前身组分中毒，无定形到结晶 PdO 的转化和与载体有相互作用。在低钯覆盖度情形中，载体对催化活性的影响是特别显著的。载体类型也是重要的，如氧化锆增加活性而氧化铝则降低活性。但是，对非均相催化过程的了解还不足以为燃烧催化剂给出好的方案。在大多数情形中，催化剂床层内的温度足够高，会发生一定程度的气相反应。对催化剂表面的非均相催化反应和气相中的均相反应间的偶合，仍然不是非常了解。存在的问题还有：催化剂通过其表面释放和存储自由基会在多大程度上影响气相反应。已经在多个催化氧化反应中观察到，表面上的自由基会传输进入环境气相中。在链反应过程中，吸附原子和自由基不仅能够再组合而且也能够与气相物质反应，为气相供应新自由基。因此，自由基的这类非均相反应能够引起链的中断、链的传递、链的增长和链的分支。然而，催化剂表面不仅能够为气相提供自由基而且也可以作为自由基储槽。这说明，催化剂是能够阻断自由基反应的。另外，燃料分子在催化剂表面的消耗可以阻断均相反应的引发。

燃烧催化剂的典型速率 - 温度曲线示于图 5-9 中。当温度升高时，催化剂开始点火（A 点）；AB 区域是化学反应动力学控制区。当温度进一步升高时进入 BC 区域，此时反应的速率控制步骤由动力学控制转变为反应物到表面扩散所控制（膜扩散控制），温度对反应速率的影响是轻微的。温度再进一步升高，开始发生气相反应，最后引发均相反应，这是 CD 区域。

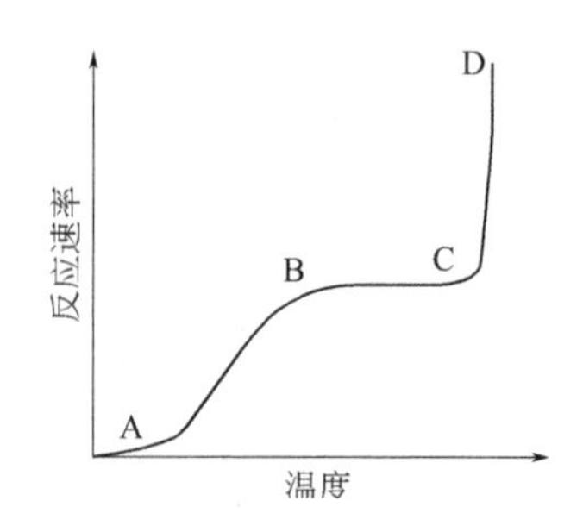

图 5-9　燃烧催化剂的不同区域

A—引发区；AB—动力学控制区；BC—传质控制区；CD—均相反应区

5.3.3 催化燃烧器模型

在气体透平燃烧器工作条件下进行实验研究是费钱和困难的，而且对工业燃烧室设计必须要在所有组分存在下进行优化。完全利用经验数据来做到这一点，其成本是极高的。因此，数学模型在实验设计、数据解释和最终催化燃烧器设计中具有极端的重要性。

催化燃烧器建模是一项非常具有挑战性的任务。这里只讨论对特定气体透平使用的燃烧器进行建模时必须考虑的若干事情。虽然对气体透平催化燃烧器建模与其他催化过程如汽车尾气催化剂建模之间具有类似性，但也有一些重要差别。例如，对任何一个气体透平燃烧器模型，必须考虑高温、高压和高流速，因这些都是实际使用条件和重要的。在模型中也必须考虑某些物理和化学现象，如：①对单个通道几何形状，必须使用合理的流体力学来描述（假设燃料燃烧催化剂具有独居石形状），且必须包括入口效应。尽管多数文献研究只涉及层流，但对催化燃烧器通道中的流动则接近于湍流。这可能说明多数实验室或中间工厂在层流条件下进行实验研究是有问题的。②多孔催化剂涂层中的扩散传输与化学反应间的相互作用，以及在高温下气相均相反应与催化剂表面非均相反应间的偶合。③气相中和气固界面上的对流与热传导以及扩散传质。④在固相（催化剂涂层）和独居石中的热传导，以及催化剂表面的辐射传热。⑤通道间的热相互作用，如因差的燃料混合、流动和热的不均匀分布引起的，或由只对部分独居石中通道进行涂层所引起的一些不均匀性引起的。

对一个完整模型，需要把上述的所有因素都考虑进去，这会导致模型极端复杂，难以求解（如果不是不可能的话）。因此，对大多数情形，为降低模型复杂性需要做一些合理的近似。简单一维模型即集总模型中，使用了气相在径向和角向方向上的平均值，已经证明，这是有用的且能够提供好的定性结果，也能够使用于验证各个参数的重要性。这包括从实验评价动力学数据以及研究独居石通道间的相互作用与表面积的作用。并且，当处理湍流和非圆形通道独居石时，也证明集总模型是有用的。集总模型的主要问题之一是，它们与所使用的传热和传质关联有极强的关系。而这样的关联对独居石通道仍然没有很好建立。也已经证明，集总模型虽然对评估独居石出口温度可能是合适的，但对计算点火、催化剂表面温度分布、均相 - 非均相相互作用等的预测，则必须使用比较复杂的分布模型。

在许多模型中都包含表观反应速率的 Arrhenius 型关联。但是，也有使用比较复杂的多步反应程式的。给出甲烷氧化详细反应机理或天然气在钯催化剂上的详细反应机理（包括 PdO 到 Pd 转化的复杂特征）是面对的一个特别的挑战。已经发展出的非均相反应程式仅有几个，但对气相中的均相反应化学则有比较好的了解，其详细反应机理研究结果已经被包含在商业软件如 CHEMKIN 中。模拟真实气体透平燃烧器，需要做的要比仅解出催化独居石反应模型多很多。透平燃烧器模型必须能够处理发生在催化剂下游的均相反应。其次，必须借助于流体力学计算以减小压力降和对下游燃烧区域进行优化。前者是重要的，因压力降的增加意味着效率的降低。后者也是重要的，因为均相区域必定能够使燃料进行完全燃烧。同时装置还需要尽可能紧凑。为了评估系统寿命和避免昂贵的长期实验，设计模型也需要包括处理催化剂失活如烧结、挥发和中毒这样的内容。因此，催化燃烧模型是非常复杂的，但是是非常重要的，虽然必须记住模型总是必须要使用实验来验证。但是，把模型与实验一起使用，在指导如何进行实验和说明实验结果上是有价值的。

5.3.4 燃料效应

对较大的固定应用气体透平，虽然通常选择的燃料是天然气，但也可以选用其他燃料。而对非固定应用的气体透平，如航空器、船舶等普遍使用的燃料是柴油和喷气燃料。应该注意到，由煤和生物质气化生产的合成气在未来可能起很重要的作用。天然气（主要是甲烷）和其他烃类燃料间有大的差别，甲烷分子是稳定分子，要催化氧化是很困难的。在图 5-10 和图 5-11 中分别给出了不同烃类在钯和铂催化剂上转化率 50% 时的温度 T_{50}，它随烃类链长的增加而降低。这个结果与如下假设很好一致：转化中第一个碳氢键的断裂是速率控制步骤。从图中也能够看到，对低级烃类如甲烷，选择的催化剂应该是钯，铂对高级烷烃是优良的催化剂。

大部分烃类燃料是各种烃类的混合物。图 5-12 中给出了正庚烷、二甲苯和 80 %（摩尔分数）正庚烷 +20 %（摩尔分数）二甲苯混合物在钯和铂催化剂上的实验室实验结果。能够看到，对混合烃类燃烧，钯催化剂是优越的，尽管它对纯正庚烷的催化活性要低得多。类似的混合物效应在不少文献中也有报道。这些结果清楚地说明，要把对单一组分的数据转换到混合物数据是困难的。由废物和生物质气化产生的气体也是一种有意义的燃料。特别有兴趣的是它能够被认为是可再生的，且是二氧化碳中性的燃料。气化气（合成气）主要由可燃组分氢和一氧化碳构成，也含有数量不等的甲烷和其他烃类。与天然气比较，它的低热值会给常规气体透平燃烧器带来某些问题。此时，催化燃烧可能是一个很大的优点，因为催化剂能够保持稳定燃烧而没有正常火焰燃烧能力受限制的情况。对使用生物质气化获得燃料的催化燃烧，已经进行了不少研究。一氧化碳和氢气的引发温度是类似的，接着是其他组分的引发，最后是甲烷燃烧的引发。生物质气化气燃料的优点是，燃烧引发问题是最小的。但是，由于氢气和一氧化碳的高反应性，必须要仔细设计催化反应器控制其释放出的热量。重要的是要避免引发气相反应物的均相燃烧。使用气化气的另一个问题是，可能存在使催化剂中毒的毒物杂质。含氮化合物如氨或氰化氢属于毒物杂质范围。生物质气化气可能含有高达 3000μL/L 的 NH_3 和 HCN，在氧化催化剂上它们容易转化为 NO_x，这是需要克服的主要挑战。近来提出的一个解决办法是，使用能够选择性把 NH_3 氧化成氮气的催化燃烧催化剂。

5.3.5 催化燃烧的应用

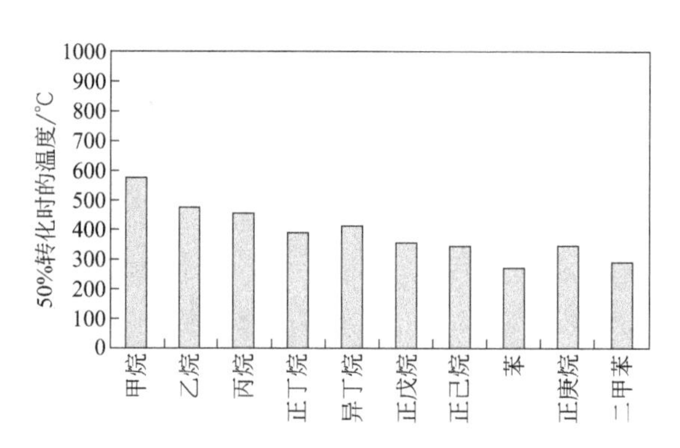

图 5-10 5%Pd/Al_2O_3 催化剂上 C_1 ~ C_7 烃类 50% 转化时的温度

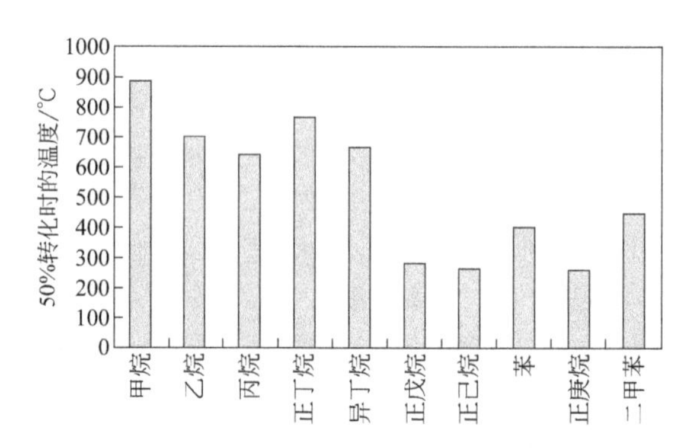

图 5-11 5%Pt/Al_2O_3 催化剂上 C_1 ~ C_7 烃类 50% 转化时的温度

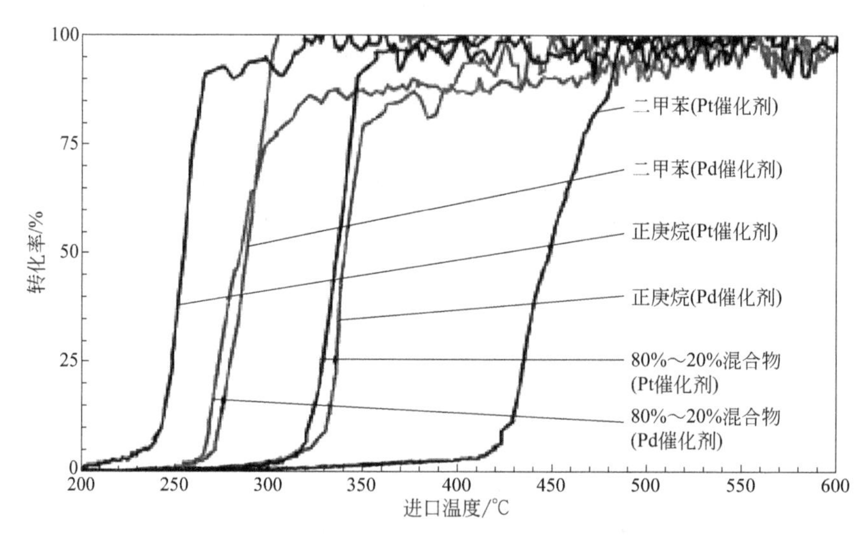

图 5-12 正庚烷、二甲苯和 80%（摩尔分数）正庚烷 +20%（摩尔分数）二甲苯混合物在 Pd/$MgAlO_4$ 和 Pt/$MgAlO_4$ 催化剂上的转化率

虽然气体透平中的催化燃烧受到了很多关注，但它并不是催化燃料燃烧的仅有应用。在过去几十年中已经出现许多其他应用。大部分是为了加热或干燥，其中的一些已经商业化。已经设计出若干类型的工业催化燃烧炉。用于催化燃烧的燃烧炉与常规燃烧炉比较有若干优点，例如，低排放、安全（可以在爆炸气氛中使用）、较高性能和效率、均匀性和对放热高调节能力。尽管有这些优点，但在引入催化燃烧炉以前必须克服若干问题。主要问题之一是，对工业催化燃烧炉缺乏足够严格的排放标准。另一个问题是缺少高温稳定的催化剂材料。这些工业催化燃烧炉的大多数应用于干燥作业。家庭用催化燃烧炉也已经被开发出来，野营烤炉和野营加热器是在 20 世纪 90 年代引入市场的。以发展催化烹饪炉为目的的若干项目也在进行中，例如荷兰的 Gastec 公司、法国的 Gaz 公司和我国的四川大学。发展者面对的催化燃烧器的主要挑战是长工作寿命，例如与野营炉的 300h 比较，需要>5000h，和高的功率密度，即 200kW/m^2。

5.4 催化燃烧器

5.4.1 燃烧室

在催化燃烧器中，常规燃烧器的火焰区域被催化剂完全或部分取代。由于较低活化能，即便对很小量燃料，其完全氧化可以在比常规燃烧器低得多的温度下完成。因此，燃烧器的出口温度可以与透平机的进口温度相匹配，避免了旁路空气的使用（见图 5-13）。于是燃烧室内的最高温度能够低于热生成 NO_x 的温度阈值，即低于 1500℃。另外，与常规低排放燃烧器比较，催化燃烧器很少产生热声振动、火焰不稳定性等问题。原则上，该类催化燃烧器也能够应用在斯特林发动机中，因为它的燃烧是在活塞的外面而不像内燃发动机那样在活塞内进行。

5.4.2 要求

如果催化燃烧要与常规火焰燃烧器竞争，催化燃烧器必须满足类似于对现代气体透平常规燃烧器的要求（见表 5-5）。必须要满足所有要求或至少它们的大部分要求，只有这样，才可能与常规低排放燃烧器竞争。对天然气（主要是甲烷燃料）应用，已经证明，由压缩机出口温度引发燃料燃烧是非常困难的。必须使用高活性催化剂，一般是贵金属催化剂。即便对高活性钯催化剂，温度低于 500℃时引发燃料燃烧仍然是一个问题。另外，要求有低温活性时，催化剂的大表面积是重要的，因为这已经得到证明，而且理论结果也支持催化剂表面积和孔隙率对催化剂点火具有很大重要性。由燃烧器进口温度引发燃料燃烧的问题可以使用预热器来解决，因此大多数情形下都使用预燃烧器。但是，这将增加燃烧器的复杂性，也可能成为产生 NO_x 的来源。近来提出，在第一步使用富燃来克服引发以及与催化剂稳定性相关的若干其他问题，这将在后面讨论。进口温度也随环境条件而变化。

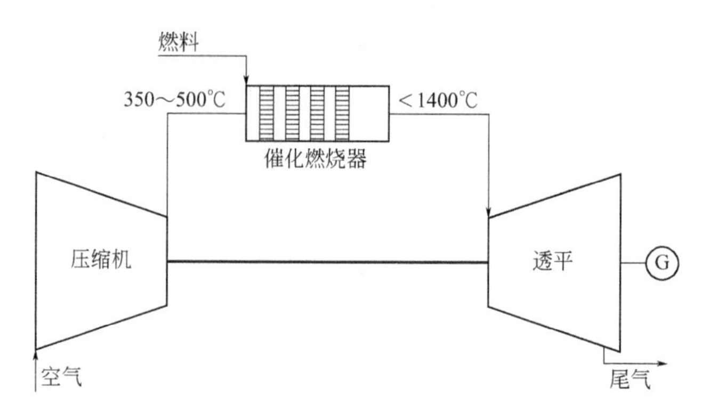

图 5-13　使用催化燃烧器的气体透平示意图

表 5-5 催化燃烧器的要求

指标	要求
入口温度	350 ～ 450℃
出口温度	1500℃
压力	8 ～ 30atm
压力降	<< 3%
混合度	80% ～ 85%
环境温度变化	-25 ～ 40℃
工作寿命	＞ 8000h
毒物	硫和其他
热冲击	＞ 500℃ /s
多燃料	天然气、液体燃料
大小限制	一般长 300mm，直径 180mm

高出口温度，例如 1500℃，对未来气体透平可能是需要的，这对大多数催化剂和载体材料可能是一个要面对的严重问题。解决这个问题的一个方法是，使用催化和常规火焰燃烧器的组合。对这类混合燃烧器或催化稳定燃烧器（CST），燃烧器的前面部分放置有催化剂以增加燃烧器进口温度，使催化剂下游部分有稳定的均相燃烧反应。这样催化剂无需经受燃烧器中的最高温度。

催化燃烧器的高压和高流速是其与催化燃烧其他应用的主要差别。要评估压力对催化活性的影响是困难的，因为文献中有关压力和流速的实验研究很少。但是，如果独居石通道中的流动是湍流，压力的影响应该是有限的。已经证明，在真实气体透平压力条件下气体的流动处于湍流区。这暗示压力影响应该是有限的。但是，压力增加也可能使催化剂通道内的均相燃烧反应增加，而这是必须要避免的，因它会使催化剂区域内的温度快速升高。另外，氧分压增加也将影响 PdO 到 Pd 的转化，使分解反应移向较高温度，但当温度高于 780℃时对催化活性有正面影响。

首先，燃烧器上的压力降不允许超过 3%，暗示应该使用结构催化剂。其次，压力降对气体混合施加了约束，因混合是要产生压力降的。因此，为满足压力降要求，可能影响到完全理想的混合，而这有可能导致催化剂中热点的产生，危及催化剂。

催化剂的工作寿命至少要有一年或8000h。在该期间内催化剂的活性和物理整体性必须保持无显著变化。即在温度高达1000～1400℃时，要求催化剂必须保持其表面积、孔隙率。而对贵金属活性组分还必须在含蒸汽和氧气气氛中保持其分散度，当然这与燃烧器类型有关。这些要求指出，催化剂的涂层材料应该是抗烧结的材料。对负载金属和金属氧化物催化剂的稳定性研究证明，蒸发也可能是一个问题。在高温下长期使用的贵金属，钯是仅有的实际候选者。催化剂也必须能够抵抗燃料和空气中可能存在的任何毒物，且应该能够忍受紧急停车时产生的温度快速变化。对该类情形，在不到一秒时间内温度变化可能达到数百摄氏度，这会对催化材料造成巨大的热冲击。

对固定应用气体透平，虽然天然气是最可能的主要燃料，但具有使用丙烷或柴油辅助燃料的能力也是重要的。在未来使用由煤和生物质气化生产气化气做燃料的可能性在增加，因此也要求催化燃烧器具有使用多种燃料的能力。而这些气化气燃料、柴油或加热油燃料可能包含大量潜在的催化剂毒物如硫、重金属、碱金属等。对这些毒物的耐受性是对催化燃烧器商业化最后也可能是最重要的要求，因为使催化燃烧器适合于已存在的气体透平框架是必需的。这也可能是最难满足的一个要求，因为在达到必需的混合和留有足够停留时间以使燃料完全燃烧之间，余留出的空间是非常小的。

5.4.3 系统构型

如果从对催化燃烧器要求看，在非常高出口温度（> 1400℃）下，任何单一催化材料是不可能满足催化剂活性、寿命、抗热冲击力和热稳定性等所有要求的，而这些都是对现时燃烧室的要求。为解决这个问题，提出了使用多种催化剂和均相燃烧组合的工程解决办法。业已证明，使用预热空气-燃料混合物的催化剂，在保持非常贫燃火焰的同时，并不会增加热生成NO_x和在LP燃烧器中产生火焰的不稳定性。而在催化剂下游使用均相燃烧的组合，能够使催化剂最大温度保持在约1000℃，因此有可能使用抗烧结能力较低的材料。但是，与这类混合设计相关的一个问题是，要严格控制在催化区域中的热量释放，也就是要避免使催化剂过热。热释放的控制可以应用多个方法。其中使用不同的系统构型应该是可行的方法。系统的构型能够被分成四组：①完全催化燃烧器；②带部分催化/被动通道混合燃烧器；③有二次燃料混合燃烧器； ④有二次空气进料的混合燃烧器。如图5-14所示。

5.4.3.1 完全催化燃烧型

在该设计中，所有燃料的转化都在催化剂上进行。这个设计是最直接的，也是所有提出的构型中最简单的。但是，由于所有燃料在催化剂中转化，催化剂的最后部分必须要在燃烧器出口温度下保持其活性，只能使用有极端高热稳定性的催化材料。这个设计需要把催化剂分段，使低温活性要求沿燃烧器降低，而热稳定性要求沿燃烧器增加。大阪气体公司已经验证了这类完全催化燃烧的独居石燃烧器，它们是能够作为常规天然气燃料气体透平燃烧器使用的。高活性钯催化剂作为第一段催化剂，第二段使用热稳定性较高但活性相对较低的六铝酸盐催化剂。该系统在绝热火焰温度为1100℃下操作已经超过 215h。比较合适使用完全催化燃烧设计的，可能是小规模回热式气体透平。在这类气体透平中，尾气与进入的空气进行热交换，因此燃料净效率增加。这些透平的工作压力通常比较低，一般在 4 ～ 6atm，操作时的燃烧温度也比较低，一般低于 1000℃。与高进口温度连接的是相对较低的出口温度，这样，能够使催化燃烧比较适合于使用于回热式气体透平。对此已经进行了研究，在 20 世纪 90 年代，小回热式气体透平被应用于汽车，如轿车、公共汽车、卡车，吸引了众多的注意。完全催化燃烧设计的优点是它的简单性，缺点是最后一段催化剂需要有极端高热稳定性，对第一段中温升控制比较困难。

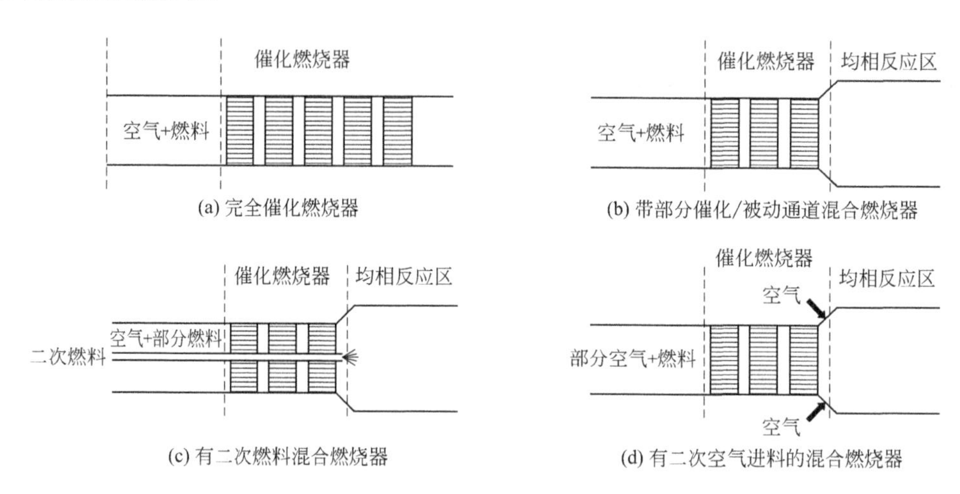

图 5-14　催化燃烧器的不同构型

5.4.3.2　通道中有部分催化剂的均相混合燃烧器

这个设计把催化和均相燃烧组合在一起。仅有部分燃料是在催化剂上进行燃烧的，它预热余下的空气燃料混合物，使之能够在催化剂下游的均相燃烧区域中进行均相燃烧。在催化剂中的有限停留时间使部分燃料发生转化，即在独居石催化剂中转化的燃料是有限的。对这类构型，已经提出使用超短独居石催化剂。但是已经证明，控制催化剂中的热释放是困难的，因为在燃烧器中的气体流速要随透平机负荷而改变。使用被动通道是达到燃料部分转化的比较可靠的方法。在这类设计中，仅有部分通道被涂层具有催化活性，其余通道没有催化剂涂层只是让气体通过不发生反应。此时独居石能够被看作是一个热交换器，在催化活性通道中产生的热被使用于加热未涂层通道中不发生反应的气体。这允许对催化反应的转化率进行更好的控制。但是，仍然存在使未涂层通道中的空气 - 燃料混合物点火的危险，导致燃烧器出口温度升高。Catalytica Combustion System 公司使用了被动通道，并证明这是混合燃烧器中最可行的设计之一。

5.4.3.3　带二次燃料的混合燃烧器

该设计中，仅有部分燃料与空气在进入燃烧器之前进行混合。因此催化剂上的温度可以保持在安全水平。其余燃料与催化燃烧热尾气混合，并在催化剂下游的均相燃烧区域中进行燃烧。这个设计的主要缺点是其复杂性和需要有两个混合区。最重要的是，要使进入的燃料达到快速混合，因为差的混合可能导致高水平的排放。Toshiba 与东京电力公司合作开发了这个构型的混合燃烧器。

5.4.3.4 有二次空气进料的混合燃烧器

该设计能够被看作是 RQL 火焰燃烧器的催化等当物。燃烧室被分为上游的催化剂富燃区域和在催化剂下游的均相燃烧区域。在氧含量低于化学计量比的富燃区，在催化剂上发生的是燃料的部分氧化，其反应产物接着与空气混合在均相燃烧区达到完全燃烧。虽然这个设计有两个混合区，但具有多个优点。如果以甲烷或天然气作为燃料，有可能设计出部分氧化催化剂，使其在全负荷条件下的点火温度低于燃烧器进口温度，因此无需预热器。已经证明，对这类燃烧器可以使用烃类燃料如柴油或煤油，发现烟雾的生成有显著下降。该设计已经在 Precision Combustion 公司的 RCLTM 燃烧器中被采用。除上述设计外，文献中还提出了多种其他设计。

5.5 催化燃烧材料

5.5.1 概述

燃烧催化剂的设计是非常需要的。对多数情形，催化剂需要有高的催化活性和高的稳定性。在图 5-15 中给出了 $LaMO_3$ 钙钛矿型催化剂上的甲烷燃烧活性。图中的数据清楚地说明，在活性和稳定性之间是需要进行权衡和折中的。对应用于高温燃烧的催化材料，已经进行的研究指出，没有一个单一材料能够满足在催化燃烧室中使用催化剂的所有要求。因此，为解决这个问题提出了分段催化剂的概念。对分段的完全催化燃烧器，考虑使用不同催化材料来满足三个不同温度区域中的不同要求。

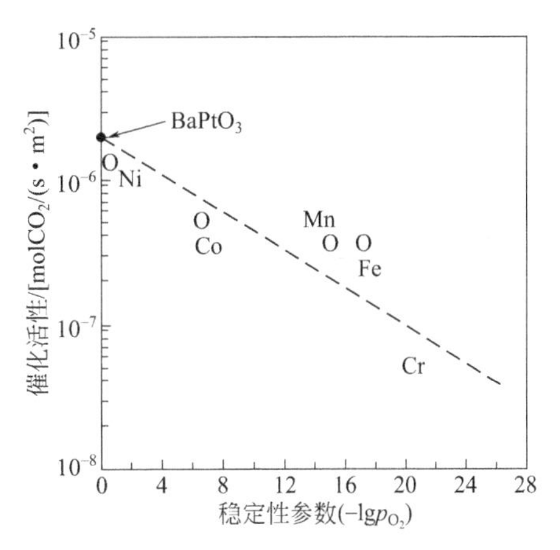

图 5-15 各种钙钛矿（$LaMO_3$，其中 M=Ni、Co、Mn、Fe、Cr）的比甲烷氧化

5.5.1.1 低温催化剂

第一段催化剂能够在压缩机出口温度下（一般在 350 ～ 500℃）引发燃料燃烧是最理想的，但与所有气体透平类型有关。因此该段的催化剂必须具有低温时的高活性和高抗毒能力。这暗示，需要应用高分散度的贵金属催化剂。出口温度必须要受到限制以避免贵金属的烧结，可以使用的温度范围在 500 ～ 700℃。

5.5.1.2 中温催化剂

中温催化剂在 600 ～ 1000℃范围内（取决于进口温度）必须是有活性的。因在整个操作参数范围内精确的温度控制是困难的。催化剂必须被设计成能够承受较高温度。该要求与长时间操作要求一起指出，使用的应该是高温催化剂如六铝酸盐，它可以与低温贵金属催化剂组合。

5.5.1.3　高温催化剂

最后一段催化剂必须在高温下是极端稳定的。但是，似乎没有必要是高催化活性或高表面积的催化剂。高温下最重要的一点是表面反应进行得非常快，总反应速率是由传质速率控制的。

对一个完全催化燃烧器的催化剂设计，所有各段的催化剂必须都置于燃烧室中。而对混合燃烧器，仅需要第一和第二段催化剂置于燃烧室中。

5.5.2 独居石基体

如前所述，在气体透平燃烧室中使用的任何催化剂的发展都必须以独居石结构为基体，以满足低压力降的要求。催化剂也必须设计成能够承受燃烧室中可能达到的高温和大的温度变化。因此，催化剂的基体材料必须具有高抗热冲击能力和高熔点。热膨胀是一个重要的物理参数，也是在经受温度快速改变时不发生任何结构上的物理危害能力的一个量度。低热膨胀对陶瓷基体是至关重要的。对金属载体，它不太重要，因为金属的塑性比脆性陶瓷更能够应付大的膨胀 / 收缩。但是，载体和涂层载体间热膨胀的不匹配会导致载体涂层的黏附性很差。因此，必须很仔细地选择基体和 / 或载体材料。一些独居石基体材料的性质示于表 5-6 中。使用载体材料的类型极大地取决于它在燃烧室中的位置。对开始的第一段，温度低于 1000℃，可以使用常规基体材料如金属或堇青石，而对较高温度的第二段，必须使用陶瓷材料。最常使用的陶瓷基体是堇青石独居石，因它具有很低的热膨胀系数、优良的抗热冲击能力和容易挤压成独居石结构。但是，当温度高于约 1250℃时它可能会变软，所以有一个高温使用极限。也已经建议，可以使用其他类型的陶瓷材料，例如莫来石、氧化锆、钛酸铝、磷酸锆（NZP）、碳化硅和氮化硅等。所有材料性质都显示，它们是可行的候选者。但是，可挤压性和涂层应用的问题必须要解决。与涂层材料发生固态反应也可能是一个问题。这些问题在高温下都可能发生，特别是如果材料含有如 Si、P 元素的化合物，它们是很容易与其他化合物发生反应的。已经被证明，它们与碳化硅、堇青石和 NZP 都可能发生反应。对碳化硅，在 1200 ～ 1400℃时会与六铝酸盐发生固态反应。对堇青石也会发生类似的反应。为解决这个问题，已经提出，使用能够捕集扩散化合物的中间物层方法，例如在 SiC 和六铝酸盐涂层载体间加一中间层莫来石。

低温使用时，首选的是金属独居石，因它对机械应力和振动有高的耐受力、高热导率，池壁能够做得比陶瓷独居石薄很多。使用的金属独居石也能够进行涂层，可以使用使仅有部分通道被涂盖的方式进行涂渍。方法是：先涂渍波纹板的一边，然后堆砌或卷曲该波纹板，使之能够形成交替涂渍的通道，以此来获得部分通道被涂层的金属独居石。这样制备的金属独居石载体可以作为热交换器使用以控制涂层通道的温度。应用于独居石的部分涂层方法，有可能开发出非常先进的涂层方式，使之能够更加精确地计划在独居石内的热量释放。最经常使用的金属一般是含一定量铝的合金钢，例如铁铬合金（Fe-Cralloy）。该合金经适当方法处理后，在其表面上能够形成晶须，而这些晶须能够使载体涂层牢固地锚定在金属表面上，极大地增强载体涂层的黏附性。

表5-6　可用独居石基体材料的性质

材料	最高温度 /℃	热膨胀系数 / (10^{-6}cm/℃)
铁铬合金钢	1250 ～ 1350	11
堇青石	1200 ～ 1400	1
致密氧化铝	1500 ～ 1600	8
尖晶石	1400	—
钛酸铝	1800	2
莫来石钛酸铝	1650	—
莫来石	1450	2
莫来石氧化锆	1550	4
氧化锆	2200	10
氧化锆尖晶石	1700	
磷酸铝	1500	2
氧化镁	1800	10
碳化硅	1550 ～ 1650	5
氮化硅	1200 ～ 1540	3.7
NZP	< 1500	0

5.5.3 涂层材料

涂层材料的最重要性质是要保持热稳定和大表面积。涂层材料必须使催化剂在操作温度 1000 ～ 1400℃和含大量蒸汽气氛条件下保持不发生任何变化。众所周知，蒸汽会加速多孔材料的烧结。在高温，如催化燃料燃烧应用中，大表面积的重要性不总是能够被人接受。理论和实验研究已经证明，大表面积对许多要求低温引发和低温活性情形是重要的。但在温度高达 700℃时能够保持高活性对催化燃烧器的稳定操作更是非常关键的。另外，低温引发也是至关重要的，因它能够降低对预热的需求。在较高温度下，表面积影响变得较少重要，因总反应速率一般是由传质和传热速率所控制的。

γ-氧化铝是最普遍使用的大表面积涂层材料，被应用于轿车尾气净化的三效催化剂中。但是，氧化铝 γ-晶相在温度高于 1000℃时是热力学不稳定相，最终会转化为比较稳定的 α-相。这个相转化是与表面积大幅降低密切相关的。多种添加剂被使用于稳定 γ-氧化铝相。另一个重要的涂层材料是氧化锆，如氧化铝那样，添加剂如钇能够稳定氧化锆。在催化燃烧中，氧化锆是一个重要载体，它似乎能够与 PdO 相互作用并稳定它。已经证明，负载在氧化锆上的 PdO 比负载在氧化铝上的 PdO 能够经受高得多的温度（尽管仍有不同的结果和看法）。表观温度效应可能是由于氧化锆与氧化铝上的 PdO 颗粒的大小不同之故。

对高温应用，比较可行的涂层材料是六铝酸盐。该类材料首次是被使用作为燃烧催化剂的。六铝酸盐的一般分子式为 $AB_xAl_{12-x}O_{19}$，其中 A 位置是大碱土或稀土金属离子，B 位置是具有类似大小的过渡金属像铝那样的带电荷的离子。其结构由具有尖晶石结构为镜面分开的两个部分构成，镜面中有一个大的 A 离子。垂直于镜面的晶体生长是慢的，这导致有大方向比晶体的生成。这样的晶体并不是热力学有利的，因为其晶体的生长受到压制。因而这样获得的材料抗烧结能力非常强。使六铝酸盐具有特殊性的其他结构特征是，在B位置具有接待不同过渡金属离子的能力。可以使用多种方法制备六铝酸盐。为了使其具有大表面积，重要的是在尽可能低温度下生成抗烧结的六铝酸盐相。因此，高度希望能够在微观水平上是很好混合的材料。试验说明，使用金属烷氧物水解可以制备高表面积六铝酸盐。而比较简单的制备路线是，使用高pH值下生成碳酸盐和氢氧化物的不溶沉淀。对两种方法获得的材料表面积和稳定性进行比较后发现，在1200℃煅烧后获得材料的表面积是类似的，约20m^2/g。然而使用超临界干燥技术能够增大表面积。近来，也有使用微乳方法制备六铝酸钡的，其表面积非常大，即便在1300℃煅烧后，其表面积仍然大于100m^2/g。如前所述，六铝酸盐结构允许在其晶体晶格中的取代物有很大的变化。虽然A离子是影响热稳定性的主要因素，但B离子可以极大地增强其催化活性。锰离子取代具有高活性，铁和铜离子也都具有有利的影响。

5.5.4 活性组分

燃烧催化剂中的活性组分通常是铂族金属或在一些情形中是过渡金属氧化物。后者对高温阶段是最常使用的，对非甲烷燃料也是常用的，虽然前者最常使用作为引发催化剂。贵金属有若干缺点，在催化阶段的出口温度下它们有可能严重烧结，即便当混合燃烧器出口温度为900 ～ 1000℃时也会烧结。多种贵金属在高温下会变得具有挥发性或形成挥发性化合物。负载在耐火氧化物上的单一金属氧化物也可能会严重失活。某些氧化物，例如钴、镍和铜，都能够与氧化铝反应形成尖晶石，其催化性能远低低于初始氧化物。替代单一氧化物的复合氧化物可能使这个问题得以部分解决。最常使用的复合氧化物是钙钛矿和六铝酸盐。前者是复合金属氧化物，其一般分子式为AMO_3，其中A是稀土金属，M是过渡金属。钙钛矿不仅在催化燃料燃烧中已经有广泛的研究，一些情形中其完全氧化活性也是很有优良的。但是，与六铝酸盐不同，它们的热稳定性有限。一些六铝酸盐，例如锰-取代六铝酸盐具有与钙钛矿类似的催化活性，但其热稳定性相当高。虽然其他复合金属氧化物也可能使用作为燃烧器中的高温催化剂，但低温引发催化剂最可能的是贵金属催化剂。对甲烷，钯基催化剂在贫燃条件下显示的活性最高，对此已经进行了广泛的研究。如早先所述，钯的热力学稳定形式是钯氧化物，直至温度接近750℃，这取决于气氛等因素。对甲烷燃烧，已经发现有不同催化活性的不同类型钯氧化物。在气体透平条件下进行的试验研究证明，钯催化剂的稳定性可能是一个问题。对此的一个解决办法是使用双金属催化剂，即钯与其他金属的合金。铂似乎能够改进催化剂的实际性能，但需要增加其抗硫能力。当然，载体也是会影响催化性能的。

5.6 组合循环发电技术

煤炭气化生产的气态产品是低和中等BTU气体（低热值气体），它们能够在高效发电体系中起主要作用，也可能作为生产合成天然气和煤基液体燃料的原料，以及生产一些工业化学品所需要的一氧化碳和氢气的来源。低和中等BTU煤基气体有可能替代天然气。如前面指出的，把煤炭气化成气体的目的，在早期主要用于获得生产化学品的原料气体如合成气（用于生成甲醇）或氢气（用于氨合成），也用于生成燃气如煤气；但后来逐渐转向以提高煤炭发电效率而生产用于燃气透平的气体燃料为主，包括合成天然气 SNG 和合成气使用于合成液体燃料（FT 过程），这样在提高煤炭利用效率的同时也能够降低其燃烧对环境的影响。对煤炭气化与先进发电体系的集成有很大兴趣，重点是效率的提高，为此也研究发展出具有高效率的新的和改进的气化工艺。

5.6.1 集成煤气化组合循环发电（IGCC）

煤气化技术发展的最重要应用之一是与气体透平发电组合，也就是所谓的组合循环发电（IGCC），这样能够提高煤炭的发电效率。IGCC 中包含煤的气化，大部分使用氧和蒸汽，产生高热值燃料气体，用于气体透平中的燃烧。气化器也生成蒸汽供蒸汽发电。燃料气体必须净化除去颗粒、碱和硫化合物；含氮燃料气体在低 NO_x 燃烧器中燃烧。IGCC 方块流程图示于图 5-16 中，IGCC 的主要特性示于图 5-17 中。

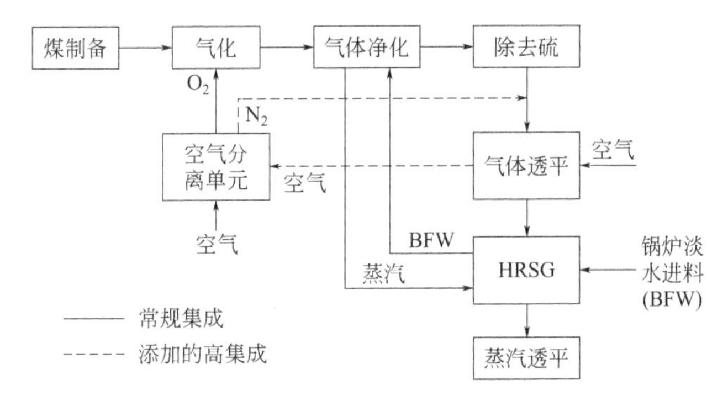

图 5-16 IGCC 方块流程图

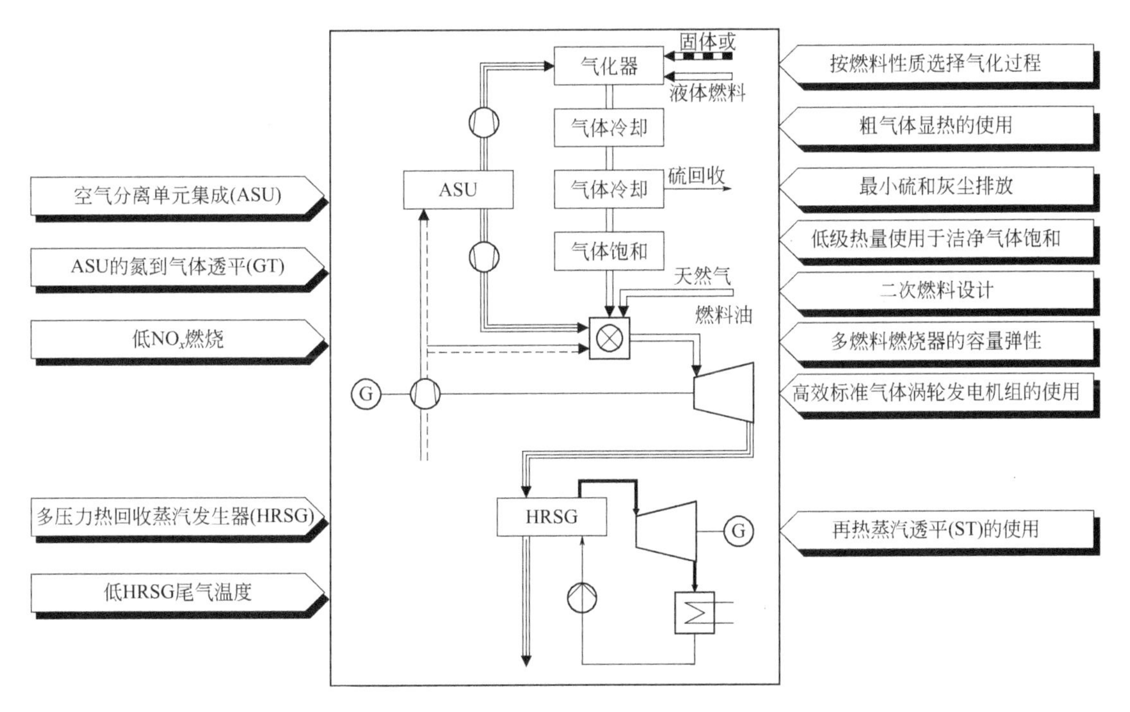

图 5-17 集成气化组合循环的主要特性

5.6.1.1 第一代 IGCC

对第一代 IGCC，虽然其发电效率仍然受多种因素的影响，如使用了多种气化技术（Destec 和 Texaco 载流床、Shell 和 Prenflo 载流床和移动床 BGL 以及 KRW 流化床气化炉）的 IGCC 所证明的，但其发电效率仍然能够达到或超过 40%。如果使用 1300℃的气体透平，其发电效率仍然可能达到和超过 45%。表 5-7 是使用美国 Illinois 6 号煤的组合循环发电效率［KRW 和 ABB/CE 气化器与通用电气 MS7001 透平（1300℃）的组合］。数据显示，气化和气体净化的总热能损失接近于 15% ～ 20 %，使发电效率付出约 5% ～ 10%。研究指出：①如使用热气体净化，从空气到氧气的变化导致效率下降大约 1%（情形 2 和 2a），这个下降主要来自生产氧气的能量消耗。②对吹空气的体系，使用热而不是冷气体净化导致节能 5%，获得的发电效率提高大约 2%（情形 1 和 1a，3 和 3a）。预计对吹氧体系，热气体净化的效率提高的优点是比较低的，因为它们较低的质量流速和敏感的热负荷。③该比较中效率最高的体系是吹空气流化床气化器加热气体净化和床内脱硫（情形 1a）。在与吹氧载流床气化器和冷气体净化（情形 3a）比较中，能够获得净 3%（HHV）的发电效率。但是，二氧化碳排放增加 4.5%，原因是石灰石在气化器中煅烧。表 5-8 给出的是欧洲国家试验 IGCC 的发电效率，都超过 40%。如果煤气化与燃料电池集成，能够达到的发电效率如表 5-9 所示（注意：这是在 20 世纪 90 年代给出的信息和数据）。表中的数据指出，如使用高温燃料电池，如固体氧化物燃料电池和熔融碳酸盐燃料电池，发电效率将超过 45%，对后一种燃料电池甚至超过 50%。但如使用低温的磷酸盐燃料电池，其发电效率甚至没有什么提高。

5.6.1.2 第二代 IGCC

表 5-10 指出的是第二代 IGCC 能够达到的发电效率，比第一代有较大的提高。如果使用先进集成 IGCC，能够达到的发电效率超过 50%，与燃料电池集成发电效率甚至可能超过 60%，这不仅使煤炭的利用效率有较大幅度的提高，随之而来的使二氧化碳排放也有相当的减少。

表5-7 气化器设计对IGCC效率的影响

序号	1	1a	2	2a	3	3a
气化器	KRW 流化床	KRW 流化床	KRW 流化床	KRW 流化床	CE 载流床	CE 载流床
氧化剂	吹空气	吹空气	吹空气	吹氧气	吹空气	吹空气
气体净化	原位加冷气体	原位加热气体	热气体	热气体	热气体	热气体
碳到气效率 /%	81.3	86.4	85.9	84.6	79.0	84.5
煤到气效率 /%	80.5	85.5	81.8	80.5	77.4	82.8
碳到电效率 /%	44.9	46.7	46.0	45.0	43.4	45.4
煤到电效率 /%	44.5	46.2	43.8	42.8	42.5	44.5

注：1. KRW，Kellogge-Rust-Westinghouse；CE，Combustion Engineering。

2. 在 KRW 气化器中添加石灰石；冷气体净化对 KRW 为 315℃，对 CE 为 230℃。

3. 热气体净化为 565℃；效率以高热值计（HHV）。

为了使气化有最大效率，提供下面的一般导引：降低气化温度以降低温度循环和氧消耗，以及增大甲烷生产。灰渣熔融的生产使固体废物的除去 / 分散问题减小，这也是一个重要目标。催化剂的使用能够降低操作温度使之在较低温度下操作，这看来是能够达到显著的效率提高和减少焦油的产生，这是有吸引力的。使用催化剂的成本可能是一个缺点。

表5-8　欧洲进展中的主要IGCC项目

项目	技术	效率 /%	MW(净)	启动时间
SEP，荷兰 Buggenum	Shell 载流床、氧吹、冷气体净化，SiemensV94.2 气体透平	41	253	1994 年 1 月
ELCOGAS，西班牙，Puertollano	Prenflo 载流床，氧吹，冷气体净化，SiemensV94.3 气体透平	43	300	1996 年中期
RWE，Kobra，德国，Hurth	HTWinkler 流化床，吹空气，冷气体净化，SiemensV94.3 气体透平	43	312	2000 年后

表5-9　集成气化燃料电池系统特性

参数	磷酸盐燃料电池	熔融碳酸盐燃料电池	固体氧化物燃料电池
工厂设计大小 /MW	150	440	300
系统效率（煤基）/%	33.5	51.3	46.6
总 NO_x,SO_x ,VODs 排放 / [lb/（MW • h）]	<1	<1	<1
总投资成本（1992 年）/（美元 /kW）	2210	1896	2107
天然气工业示范年份	1993 年	1998 年	1998 年

表5-10　集成气化系统美国能源部项目目标

技术目标	二代集成气化循环	集成先进循环	集成气化燃料电池
净效率	到 2000 年为 45%	到 2000 年≥ 50%	到 2000 年≥ 60%
排放，原有基础降低分数			
SO_2	1/10	1/10	1/10
NO_x	1/10	1/10	1/10
颗粒物质	无指标	无指标	无指标
1990 年空气清洁法空气毒物排放	满足	满足	满足
固体废物	无指标	无指标	无指标
投资成本 /（美元 /kW）	1200	1050	1100
与现时粉煤比较电流成本	低 20% 以上	低 25% 以上	低 20% 以上
商业实现里程碑	2001 年示范	2004 年示范	2000 年煤示范
发展状态	发展中	开始发展	现时活动重点是燃天然气系统

也已经证明，有一大部分损失来自气化产品的粗气体净化。因为非催化煤炭气化温度为 800 ～ 1650℃。为了在气体透平中燃烧，需要除去粗气体中的一些污染物（如颗粒物质、硫氮化合物等），如需要冷却下来除去这些污染物就有部分有用热量被损失了。

对整个世界上 IGCC 过程的数目报道不一致。如 2006 年报道，世界约有 417 个项目。总合成气（标准状态）生产容量 4288666510m^3/d；也有报道说，世界有 160 个 IGCC 现代气化工厂在操作，35 个在计划中。生产的合成气被使用于电力生产、氢气和甲醇生产、液体燃料生产、SNG 和城市煤气生产等。在各种合成气净化技术中，Rectisol 工艺在商业工厂中使用最多。对 IGCC，美国是领头者，有最大数目的 IGCC 工厂。近来，中国在集成气化组合循环（IGCC）和共生产系统液体燃料中取得突破性进展。

应用于 IGCC 的煤炭气化技术有：Lurgi 气化器，GE-Texaco 气化器、E- 气化器、Shell 气化器、传输气化器等。包括了固定床、流化床或载流床，空气或氧气做氧化介质；干煤或煤浆进料，干或液体灰渣排出等多种煤气化器，这些已经在第 3 章做了介绍。一般认为载流床气化应该优先考虑，因为它不仅对使用煤种有大的灵活性，而且比较容易放大以匹配近代气体透平（GT）的性能。使用 GE-Texaco 和 E- 气体载流床以及 Shell 干灰进料气化器的 IGCC 示于图 5-18 ～图 5-20 中。

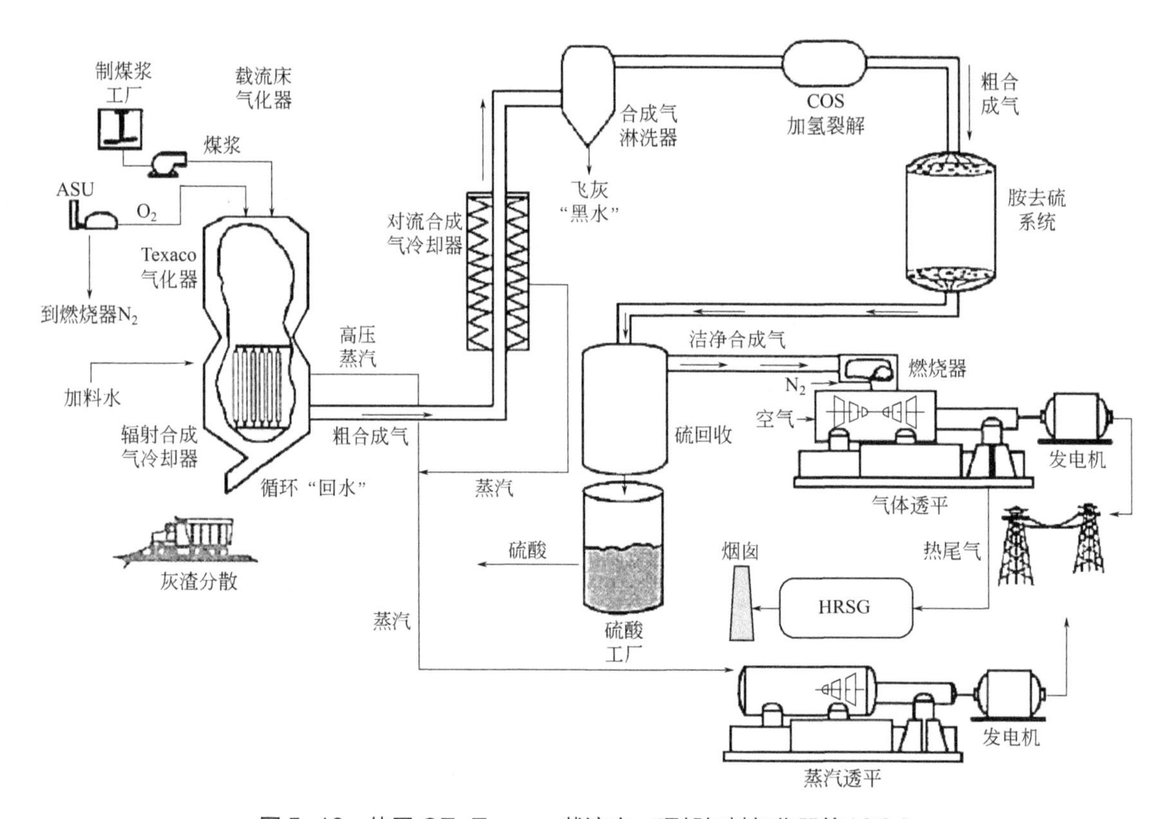

图 5-18　使用 GE-Texaco 载流床、顶部加料气化器的 IGCC

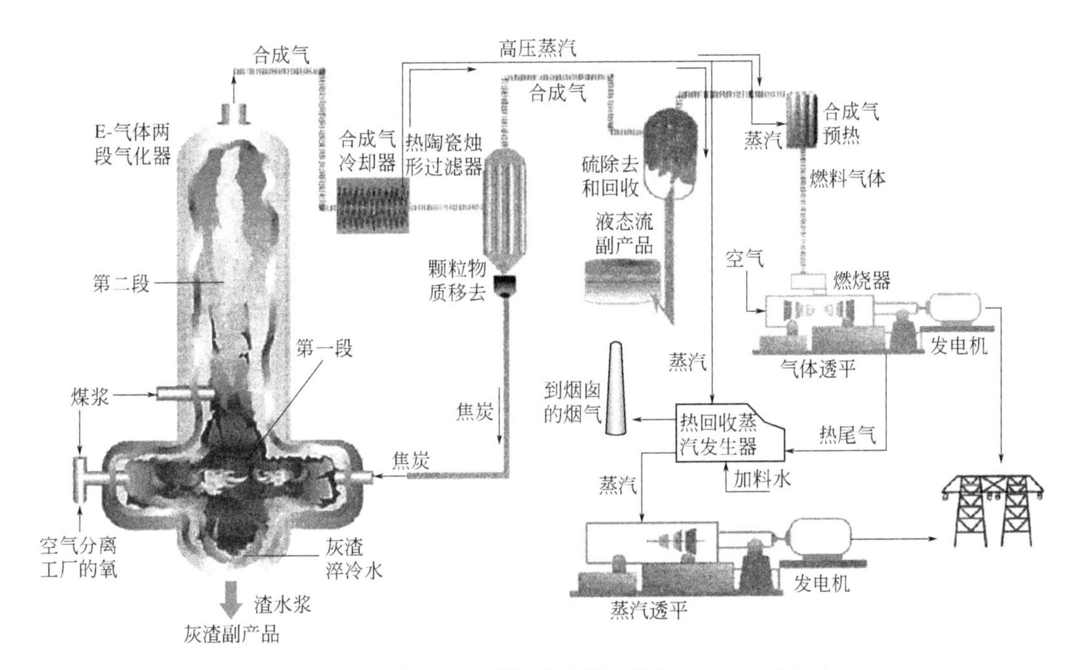

图 5-19　E- 气体载流床两段加料气化器 IGCC

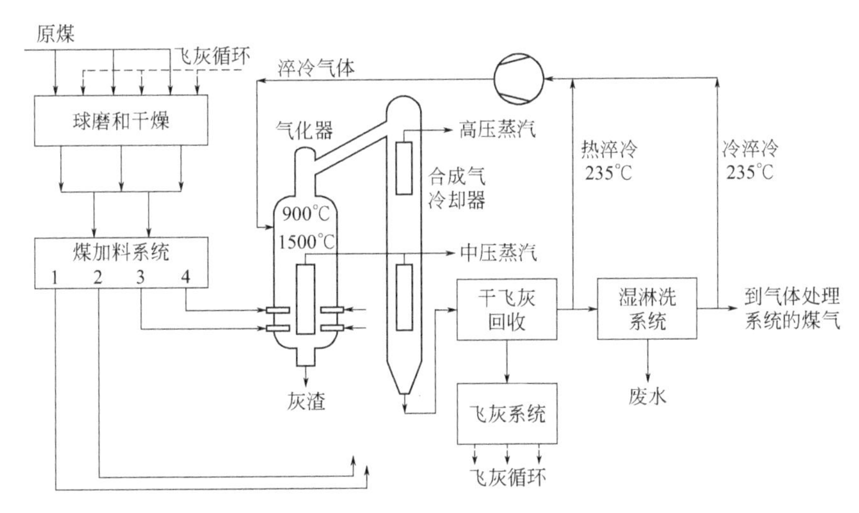

图 5-20　Shell 干进料气化器

应该说，IGCC 是最洁净的先进煤利用技术之一，而且已经被证明，在操作上没有问题。IGCC 的未来取决于是否可能降低它的一次成本和增加循环效率。其成本现在是高的，主要是因为必须有制氧工厂以供给氧吹气化操作，也因为各个子系统如气化器、空气分离系统、燃料气体冷却器和净化、气体透平及蒸汽工厂需要完全集成。

吹空气气化器也已经被发展应用于 IGCC 系统。它们的缺点是降低了生产燃料气体的热值，其不可或缺的热气体净化技术仍在发展之中。也因为它们必须加工大体积气体，处理燃料气体和烟气工厂的成本是高的。

如前所述，美国的 IGCC 示范工厂其效率低于 40%，但欧洲的两个从 1993 年开始操作 IGCC 示范工厂，其设计效率分别是 43% 和 45%，比较高。较高的循环效率主要是由于改进了气体透平和蒸汽工厂的效率及较好的子系统集成。这类子系统集成改进主要是在氧吹气化气和气体透平燃烧器间的连接区域中。空气分离单元产生气化器要使用的氧气，压力13atm。也可以把高压氮气与净化后合成气混合物加料送入气体透平燃烧器；这能够帮助控制 NO_x 排放和增加流过透平的质量流速，于是使透平机的性能增加。使合成气被水饱和能够进一步降低 NO_x 排放，使用压缩机出口空气的显热（673 K）加热进料气流。即便有这些措施来提高效率，但IGCC工厂现在仍然不能够与其他先进煤燃烧系统如PCC燃煤超临界蒸汽工厂竞争，因为IGCC的安装成本比较高。不管怎样，在将来可以考虑进一步改进和提高，使其转变为可能有利于IGCC应用的趋势：IGCC本身极有利于从高压烟气除去 CO_2；因扩展发电燃料供应来源，如重残油、石油焦炭和奥里油，使可利用废物体积大幅增加，IGCC对洁净有效的中心发电厂而言可能变得具有吸引力，因可以使用非常低或甚至“负”成本的燃料（废物燃料成本是负的，当与把其分散的成本比较的话）。IGCC的能量流示于图5-21中。

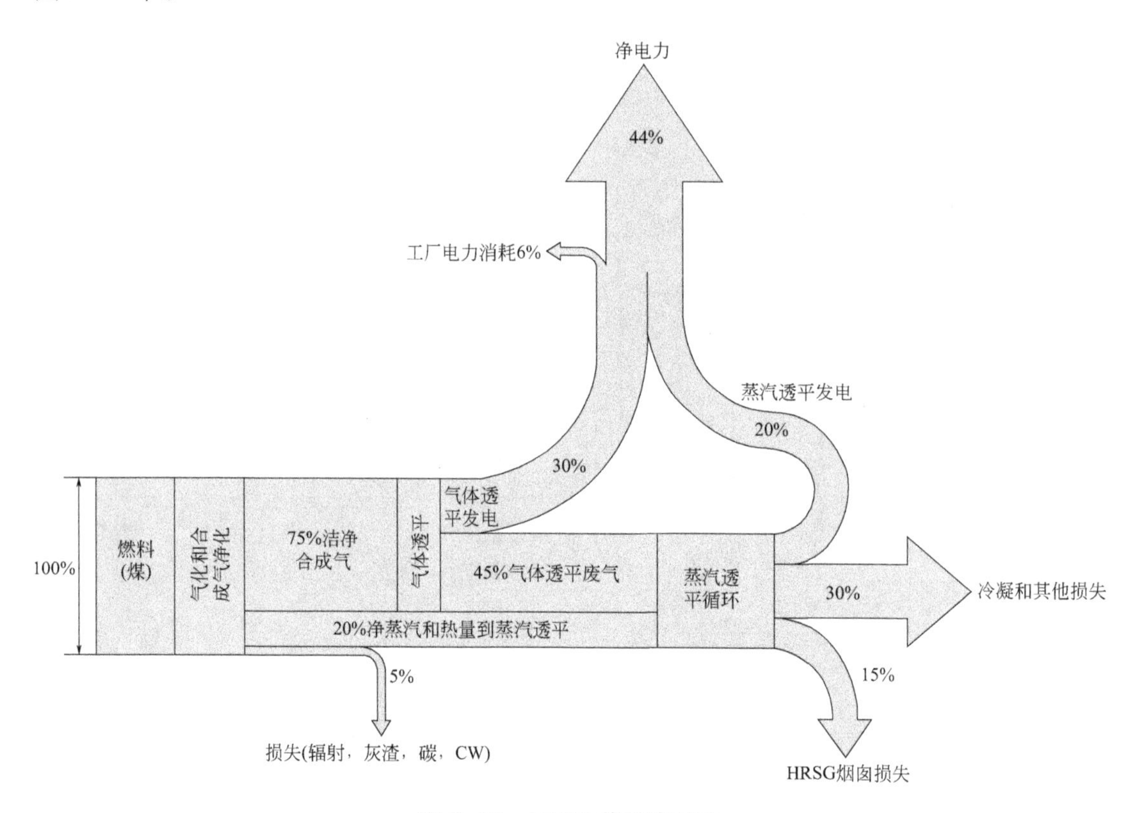

图5-21 IGCC能量流图示

5.6.1.3 IGCC次系统集成

在IGCC过程中，具有高度集成次系统的潜力。在气化器中产生的蒸汽在合成气冷却器中过热，压缩空气由空分单元的GT主压缩机供应，氮重新回到GT作为稀释剂以降低在燃烧器中 NO_x 的生成，并通过增加透平机的质量流速来提高其性能。

Texaco-IGCC报道的操作效率为38.5%（LHV），E-气体/IGCC的效率为42.7%（LHV），

而在荷兰和西班牙，更高集成的 Shell - IGCC 的效率分别为 43% 和 45%（LHV）。但是，增加次系统集成获得的效率好处与比较复杂操作和可利用性降低的缺点间有一个平衡。其结果是，在近期提供商业化的 IGCC 工厂值可能只有较低程度的次系统集成，较高的可利用性，但多少会降低工厂效率。图 5-21 对气化组合循环中的能量分布做了一个说明。气化气经净化后，输入能量的 75% 留在合成气中；其中 30% 在 GT 中产生电力，20% 在蒸汽透平中产生电力。因为 GT 循环的较高效率，产生具有较高化学能量合成气和蒸汽产生较少显热，这使 IGCC 组合循环的效率进一步提高。

5.6.2 气体透平（GT）和蒸汽透平的组合循环（NGCC）

因为 Brayton GT 循环（1600～900K）和兰开夏蒸汽循环（850～288 K）的互补温度范围，它们的组合能够产生显著提高的热力学循环效率，如图 5-22 中的 *T-S* 曲线所示。该组合循环中的能量分布说明于图 5-23 中。因为蒸汽循环中的主要损失在烟囱和冷凝器，而组合循环效率因燃料化学能的大部分在 GT 循环中转化而得以提高。改进热涂层和透平叶片的闭合循环蒸汽冷却和使用 N_2 替代蒸汽作为降低 NO_x 生成的稀释剂，能够使透平耐火温度达到较高温度。在气体透平中的燃烧温度每上升约 30℃，组合循环效率提高约 1%，因此当透平中的燃烧温度接近 1500℃时，效率 60% 是能够达到。顺序燃烧，即在 GT 的高压阶段喷射附加的燃料进入下游气流中，也能提高效率。在该应用中，空气被压缩到较高压力，为使性能和效率提高并不需要提高燃烧温度 。

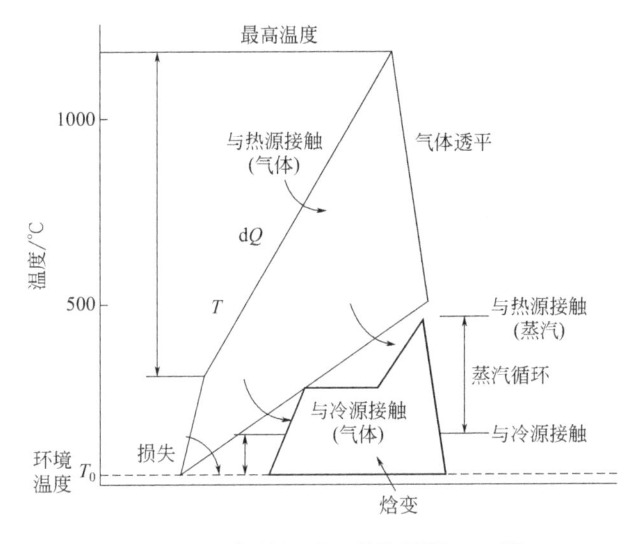

图 5-22　气体透平 - 蒸汽透平 *T-S* 图

由于这样的高效率和 NG 的低碳氢比，NGCC 过程对环境是非常有利的。作为结果，NGCC 能够放置于靠近高人口密度的区域，主要使用作为分布电站或较小、热和电力共产生工厂。但是，作为中心发电工厂使用，高 NG 价格是一个缺点。这使注意力转向使用煤的高效率 GT 蒸汽组合循环工厂作为中心发电厂。

由于低成本和高效率，NGCC 能够与超临界燃烧发电（PCC）很好竞争，而无需考虑今天不同的气体 / 煤价格比和未来气体价格的不确定性。500MW 燃煤和 225MW 燃气组合循环工厂，在2000年和2010年的60%和100%燃料因子下，其电力成本的逐步降低是可以比较的，分别示于图5-24（a）和（b）中。从这个比较中能够看到，PCC和GCC之间现时的电力成本差别在高容量因子下变小了，其差别出现在2010年，因天然气价格上升和煤价格降低。

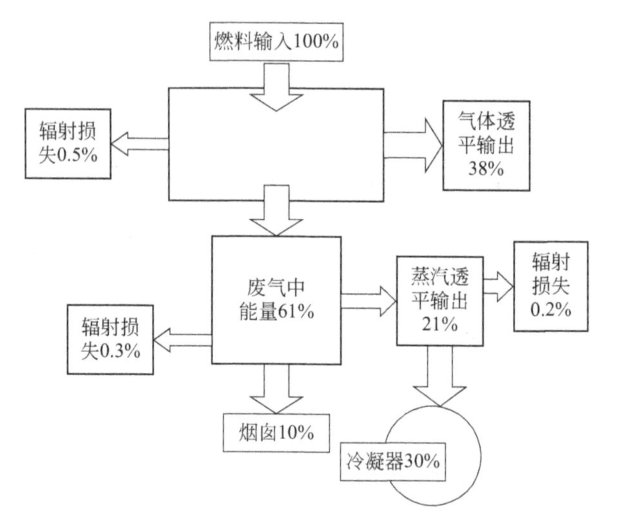

图5-23 组合循环发电厂能量分布

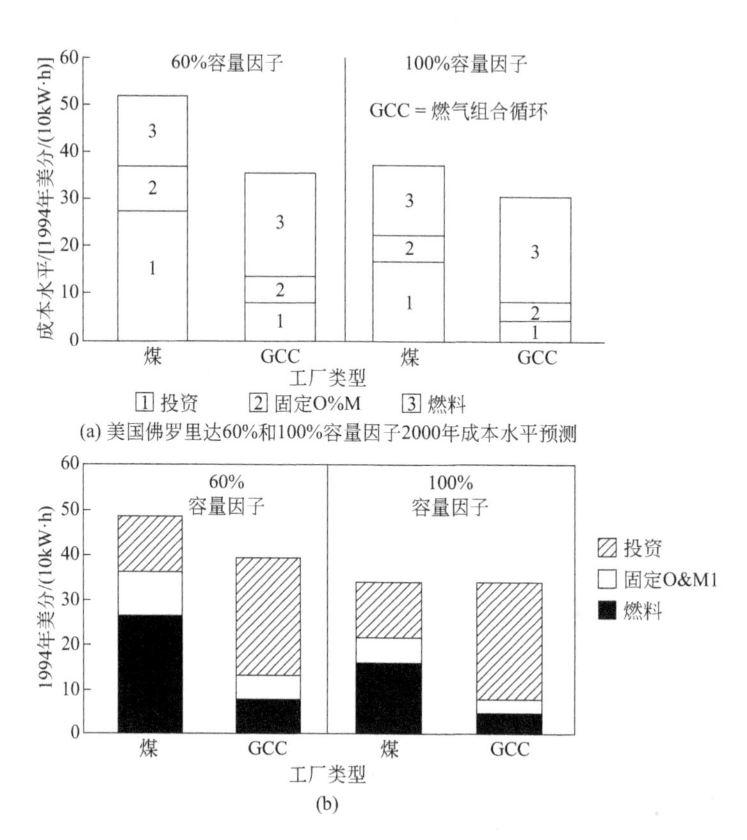

图5-24 PC和GCC过程在2000年或2010年与60%和100%容量电力成本比较

5.6.3 煤燃烧组合循环发电

5.6.3.1 空气预热器 GT 组合循环，没有 NG 顶端燃烧

在这些间接加热循环中，压缩空气在使用于 GT 的燃煤锅炉中被预热，可以选择添加 NG 使进入 GT 的气体温度上升，透平废气返回到锅炉作为低氧空气（15% O_2）燃烧煤。大气压循环流化床锅炉（CFB）产生蒸汽也为空气透平预热 15atm 和 760℃的压缩空气。离开透平的 412℃热废空气被使用作为燃烧空气在 CFB 中燃烧煤。一个设计为 4×10^5kW 的发电厂，85% 的电力来自蒸汽，15% 的电力来自空气透平，这是一个能够满足环境要求的已经证明的技术。计算的净工厂效率为 40.4%（LHV）[8872 BTU/（kW・h）]。这个设计的优点是简单、对使用煤质量变化的灵活性和使用的都是成熟技术。它避免了加压操作，也避免了煤气化和透平操作气体净化带来的问题。配备有外热交换器的 CFB 使用特殊钢合金结构的空气预热器避免了腐蚀性氧化气氛。通过使用高于设定值 166atm 538℃ /538℃的锅炉蒸汽参数，其循环效率还能够进一步提高。

5.6.3.2 在 PC 或 CFB 中的煤燃烧

煤在 PC 或 CFB 锅炉中燃烧产生蒸汽、为 GT 预热压缩空气，通过在顶端燃烧器添加 NG 来上升 CT 的进口温度。在图 5-25 中的例子表述了一个设计研究的结果。使用煤和天然气两种燃料；GT 循环发电 1.43×10^5kW， 蒸汽循环发电 1.22×10^5kW。GT 的低氧空气（15% O_2）废气作为锅炉中燃烧焦炭的氧化剂。煤 /NG=69% ： 31%，计算的组合循环效率为 47.1%（LHV）。作为加压空气预热器管的材料 X5 NiCrNb 3227 已经制造出来。长期试验的结果指出，能够使用于 760℃空气预热（甚至可能超过）。在美国 DOE 的一个项目中，计划发展的材料要使空气预热温度再增加 300℃，以便降低 NG 能源在燃料中的分布份额，从 31% 降低到约 21%。

当把煤或残基燃料油作为补充燃料使用来回收 NGCC 工厂的热量时，会使操作有相当的灵活性，尽管在循环效率有少许降低。气体透平尾气中一般含有 12% ~ 16% 的 O_2，当其浓度有很大降低时，可能出现补充燃料燃烧不稳定和碳不烧尽的问题，而较高 O_2 浓度和较高尾气温度时，NO_x 的排放可能增加。

气体透平能够被应用于改造已有的蒸汽工厂（热空气室重新改造）或应用于加热部分进料水，从而扩展蒸汽透平冷凝器压力，因此提高效率和增加发电功率容量。

气 / 煤的价格比的不确定性会激励发展部分燃煤 / 气的系统——间接燃气透平组合循环（图 5-26）。压缩空气在大气压下于燃煤炉子中预热到高温，使用一个高温空气操作的密闭气体透平循环，来自气体透平的空气作为燃烧空气进入粉煤燃烧炉。蒸汽也使用于蒸汽透平发电，顶部燃烧器以天然气为燃料，这样能够使进入气体透平的气体温度达到 1600K。获得的循环效率超过 50%。可以是补充煤燃烧的组合循环也可以是把煤直接燃烧产生的热量输入气体透平的间接燃烧组合循环。后者不需要烟气净化，因为在气体透平中燃烧的是洁净的天然气和空气。天然气 / 煤能量输入比与空气预热水平有关，反过来这取决于预热器的材料（超级合金钢或陶瓷）。现在可利用金属热交换器材料制约空气的预热，约 1100K。可在 1400 K 或更高的温度使用的材料正在研发中。较高的空气预热温度并不改变循环效率，但增加煤在燃料混合物中的比例，从 1/2 增加到 2/3。较高温度带来的问

题是要影响热交换器的结构整体性，对燃粉煤的结渣燃烧产生影响，在炉子一边必须能够抵抗在高温环境下熔融煤灰的腐蚀。对较低空气预热温度 1100 K，间接燃烧组合循环现在就在使用。如图 5-26 所示，使用匈牙利次烟煤的 300 MW 发电厂设计使用了空气预热器循环。在气体透平中使用高预热空气会产生涉及金属燃烧器壁冷却、NO 生成和排放等问题。

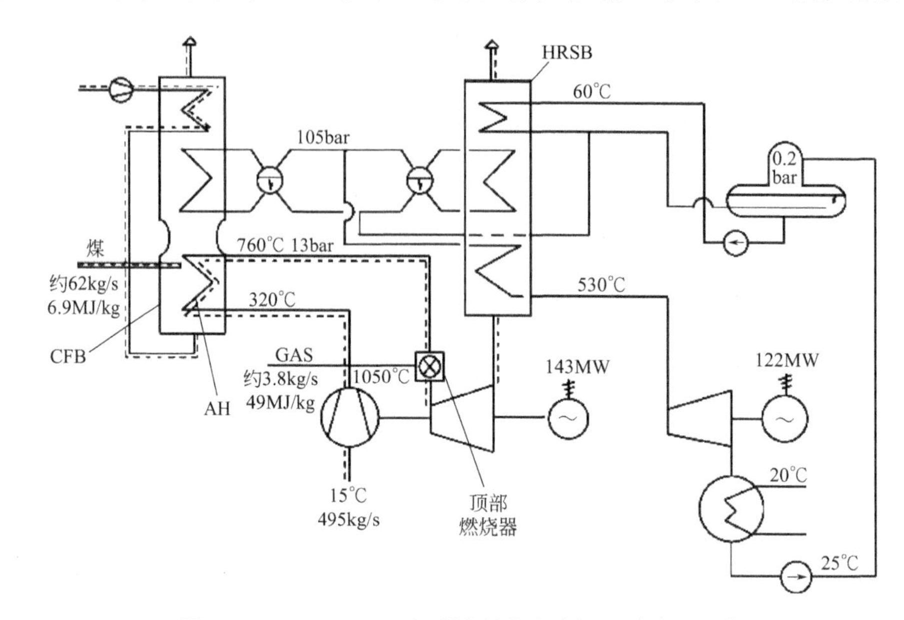

图 5-25　Hungarian 褐煤高性能发电烯烃（HIPPS）

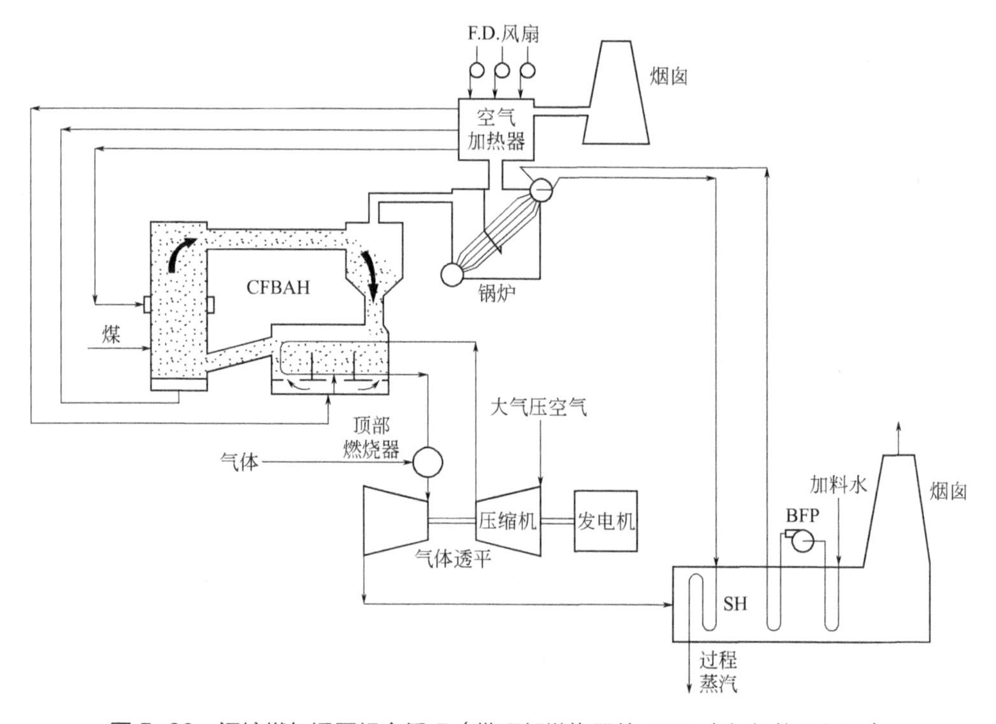

图 5-26　间接燃气透平组合循环（带顶部燃烧器的 CFB 空气加热器循环）

5.6.4 煤部分气化组合循环

在燃烧透平（CT）中使用煤的关键是煤的气化，因此气化是增加未来燃煤发电效率提高到 60% 以上的关键。燃气（合成气）主要由 CO 和 H_2 构成，能够使用煤的部分或完全气化生产。部分气化也生产燃烧用焦炭，而完全气化是把原料煤中的所有炭都气化掉。

煤部分气化生产合成气和焦。前者使用于 GT 的顶端燃烧器，而后者在加压流化床燃烧器（PFBC）中燃烧，产生的蒸汽用于驱动蒸汽透平，高压烟气用于驱动 GT- 蒸汽组合循环中的 GT，如图 5-27 所示。该设计具有流化床的优点：对燃料质量的敏感性降低和能够在床层中捕集硫，也可以使用 NG 来满足 GT 进口温度的上述需求。在 PFBC 中的燃烧产品需要在 870℃除去颗粒物质和碱金属后再用管道输送到 GT，把来自部分气化器的合成气喷入 GT 中。CFBC 尾气含足够的氧气，能够在 GT 顶端燃烧器中燃烧合成气。

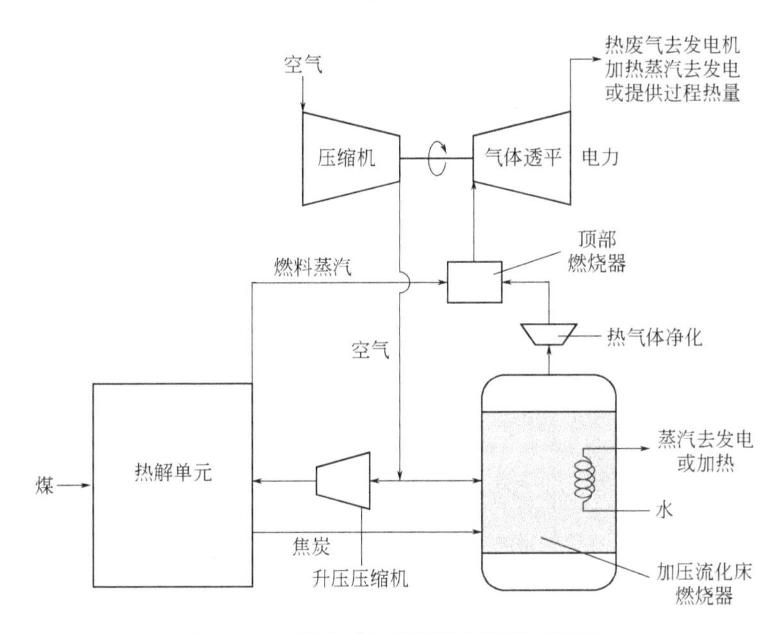

图 5-27　带合成气顶部燃烧器的 PFBC

顶部燃烧器必须特殊设计，以便有能力冷却 870℃的 PFBC 尾气而没有过热，不使用通常压缩机出口的 411℃空气。它也肯定是低 NO_x 生成的燃烧器。金属环形涡旋燃烧器（MASB）能够以富燃 - 断开 - 贫燃模式操作解决冷却问题，在燃烧器中使用重叠中心环形通路能够在前缘产生一厚的气体流层，使合成气燃料在氧浓度为 15% 气流中燃烧时产生的 NO_x 排放低于 9μL/L。该工厂的计算效率达 48.2 %。如果合成气和焦燃烧的贫氧空气流被冷却到 538℃，商业可利用的多孔金属过滤器就能够替代陶瓷过滤器来净化颗粒物质，不需要碱吸气剂。这样能够降低工厂成本并增加起可利用性，虽然代价是使效率降低到 46%。

5.6.5 燃烧发电技术成本和效率的比较

对各种使用煤炭及其衍生燃料的发电技术，试图从多方面，包括结构成本、操作成本、电力成本、燃料灵活性、污染物排放和循环效率（CO_2 排放），来进行比较。显然效率是一个重要因素，因为它是 CO_2 排放的主要考虑因素。

现在在成本上 IGCC 工厂尚无法与其他先进燃煤系统如 PC-SC 工厂竞争。但不管怎样，有一些考虑使其将来把天平向有利于应用 IGCC 倾斜。IGCC 本身是能够有效除去高压燃气中的 CO_2 的，汞排放的成本也能够控制在比 PC 燃烧更低。表 5-11 中给出了 EPRI 的投资和操作消耗平均数据，以及对次临界转化器和先进发电技术（无碳捕集和封存，CCS）的比较研究结果。获得表 5-11 结果使用的假设是：寿命 20 年，开始操作时间 2010 年；总工厂成本（TPC）包括工程和意外；总投资需求包括建筑期间的利息和投资人成本；设想的 EPRI TAG 金融参数。

表 5-11　使用没有CCS的各种技术 5×10^5kW发电厂的成本和效率

项目	PC 次临界	PC 超临界	CFB	IGCC（E-气体）W/备用	IGCC（E-气体）无备用	NGCC 高 CF	NGCC 低 CF
总工厂成本 /（美元 /kW）	1230	1290	1290	1350	1250	440	440
总投资需求 /（美元 /kW）	1430	1490	1490	1610	1400	475	475
平均热速率（HHV）/[BTU/(kW·h)]	9310	8690	9800	8630	8630	7200	7200
η（HHV）/%	36.7	39.2	34.8	39.5	39.5	47.4	60/80
η（LHV）/%	38.6	41.3	36.7	41.6	41.6	50.0	47.4/50
除去燃料成本（2003 年美元）/（美元 /MBTU）	1.50	1.50	1.00	1.50	1.50	5.00	5.00
投资(除去后)/[美元/(MW·h)]	25.0	26.1	26.1	28.1	26.0	8.4	16.9
O&M(除去后)/[美元/(MW·h)]	7.5	7.5	10.1	8.9	8.3	2.9	3.6
燃料(除去后)/[美元/(MW·h)]	14.0	13.0	9.8	12.9	12.9	36.0	36.0
COE(除去后)/[美元/(MW·h)]	46.5	46.6	46.0	49.9	47.2	47.3	56.3

对表 5-11 数据的评论：

以 2004 年美元计的所有成本确实没有包含现时建造成本的可能增加。总成本非常可能是变化的，取决于建设的位置和时间。但是，不同能源转化系统的相对成本变化应该是比较小的。IGCC 性能也以“FA”气体透平技术（2.33×10^5kW）为依据，因它具提高了的效率和较好的规模经济性。

PCC、PFBC 和 IGCC 的潜在效率与气体透平入口温度间的关系示于图 5-28 中。因 GT 入口温度上升，组合循环的效率也增加（气体透平入口温度每上升 100K，循环效率增加约 2%）；当然，单一循环 PCC 不受影响。该图显示，具有超临界蒸汽的 PCC 效率与燃煤组合循环系统的效率是可以比较的。

表 5-12 中列举了 PCC+FGT 的相对成本数据。能够注意到，一方面，超临界蒸汽对效率影响比较有利于单一循环，PCC 和 CFBC，而不是组合循环。因为后者仅仅从先进蒸汽参

数获得部分利益。另一方面，气体透平的进展使组合循环的效率有更大的提高（图 5-28）。IGCC 的未来效率 44.5%LHV 似乎低一些，改进系统集成可能使 IGCC 效率接近于 50%。

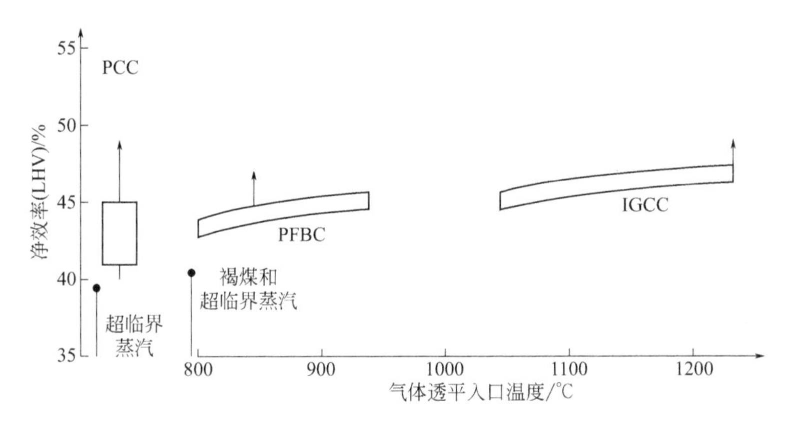

图 5-28 高效率循环比较：透平入口温度的影响

表5-12 PCC+FGT技术的相对成本（成本从串联单元估算，无样机效应，假设每种技术是工业成熟的）

技术	PCC+FGT	CFBC	PFBC	PCFBC	IGCC	TC
单元块空间需求 /m^2	9000	6600	5700	3600	28000	3900 ～ 6900
净效率（LHV）/%	45	44.5	43	46	44.5	48
建设期限 / 月	45	43	42	42	48	46
建设成本 /%	100	90	104	86	117	106
投资成本 /%	100	90	103	85	118	106
操作和维护成本 /%	100	90	130	123	135	145
燃料成本 /%	100	102	103	97	101	94
电力成本 /%	100	95	108	97	116	107

表5-13 全负荷时的环境性能（mg/m^3, 6%O_2）

技术	PCC+FGT	CFBC	PFBC	PCFBC	IGCC	TC
氮氧化物						
本征排放	800 ～ 1300	150 ～ 250	200 ～ 300	100 ～ 200	150 ～ 200	150 ～ 300
低 NO_x 燃烧器	400①					
用 SCR		75 ～ 120	70 ～ 200	40 ～ 100		
亚氮氧化物	100 ～ 200					50 ～ 150
二氧化碳（1.0%S）		②	②	②		②
本征排放	2000	200	20 ～ 100	20 ～ 100	0 ～ 5	0 ～ 5
Ca/S 比	1.05	2.5	2.2	1.5		2.0
用 FGD	200					
灰尘	50	50	50 10③	10③	10③	10③

① 新锅炉 400mg/m^3 旧锅炉 500 ～ 700 mg/m^3。
② 用陶瓷过滤器。
③ 简单增加喷入石灰的量，即增加 Ca/S 比能够达到低于 10mg/m^3 的排放标准。

5.6.6 TC 顶部循环

全负荷下的环境性能比较数据示于表 5-13 中。低温流化床系统，除了含顶部燃烧器的第二代 PFBC 外，有产生 N_2O 排放的问题，而 PCC 可能面对未来的细颗粒（$PM_{2.5}$）和 HAP（例如汞）的法规的挑战。IGCC 是潜在的先进燃煤循环中最捷径的技术。它有特别的优点，有能力从其高压合成气气流中有效捕集 CO_2。图 5-29 中对先进发电循环的环境优点比较进一步说明了这一点的重要性。

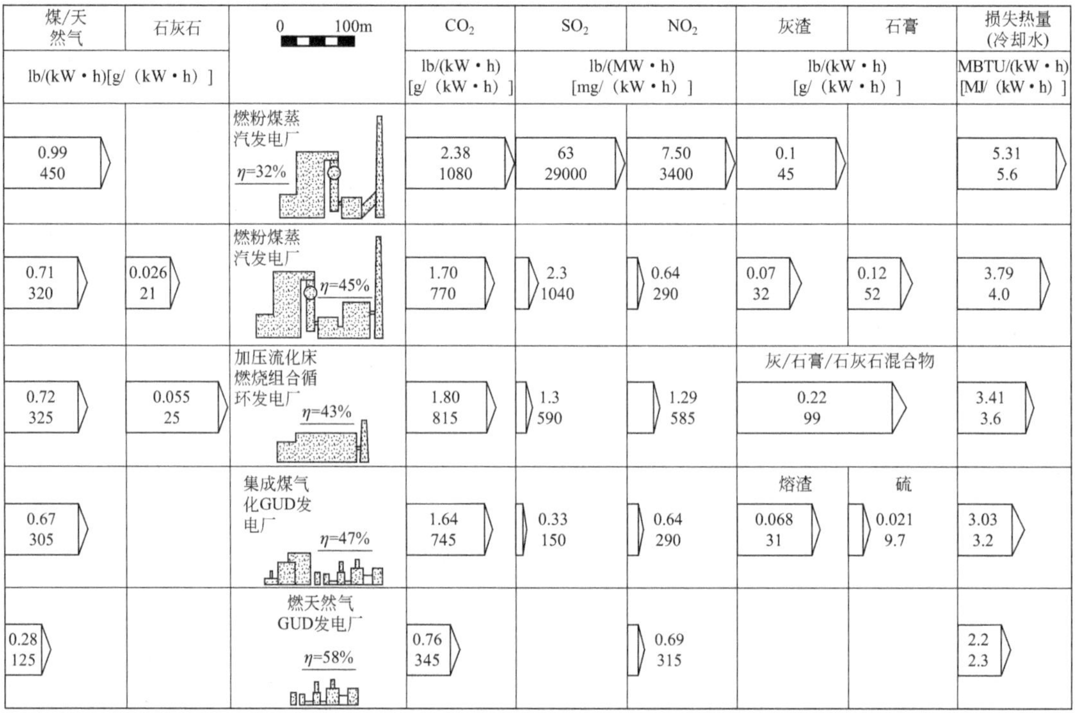

煤/天然气	石灰石	0 100m	CO_2	SO_2	NO_2	灰渣	石膏	损失热量(冷却水)
lb/(kW·h)[g/（kW·h）]			lb/(kW·h) [g/（kW·h）]	lb/(MW·h) [mg/（kW·h）]		lb/(kW·h) [g/（kW·h）]		MBTU/(kW·h) [MJ/（kW·h）]
0.99 450		燃粉煤蒸汽发电厂 η=32%	2.38 1080	63 29000	7.50 3400	0.1 45		5.31 5.6
0.71 320	0.026 21	燃粉煤蒸汽发电厂 η=45%	1.70 770	2.3 1040	0.64 290	0.07 32	0.12 52	3.79 4.0
0.72 325	0.055 25	加压流化床燃烧组合循环发电厂 η=43%	1.80 815	1.3 590	1.29 585	灰/石膏/石灰石混合物 0.22 99		3.41 3.6
0.67 305		集成煤气化GUD发电厂 η=47%	1.64 745	0.33 150	0.64 290	熔渣 0.068 31	硫 0.021 9.7	3.03 3.2
0.28 125		燃天然气GUD发电厂 η=58%	0.76 345		0.69 315			2.2 2.3

图 5-29　不同 6×10^5kW 级发电厂供应流、排放和副产物

除了各个国家发电厂效率的现时策略外，CO_2 的捕集和封存能够减缓温室气体排放。已经有增加 CO_2 在烟气中浓度的燃烧手段，这样 CO_2 的分离成本能够下降。例如，使用富氧燃烧空气，高 CO_2 含量烟气再循环到燃烧器循环等方法。已经证明，虽然这样做需要付出空气分离成本来生产氧，不过烟气体积的减少能够获得一定补偿，而且改进了锅炉效率，但是否推荐循环取决于更高温度（2000K）蒸汽透平的发展。

5.7 组合热电（冷）系统

5.7.1 概述

随着分布能量供应体系的快速发展，组合热电联供系统（CHP）和组合冷热电（CCHP）系统已经成为提高能源效率和降低温室气体（GHG）排放方法中的关键或核心。CCHP 系统延伸了 CHP 系统概念，而 CHP 概念已经大规模应用于中心和分布式发电厂和工业中。

CHP 系统的发展用以解决常规分离生产（SP）体系的低能量效率问题。在 SP 系统中，电力需求（包括日常用电和电制冷）和热量需求是由购买电力和购买燃料分离解决的。由于在 SP 系统中没有自己提高效率的装置，它们是低效率的。但是，在 CHP 体系中大多数电力和热量需求能够同时由发电装置和热量回收系统（热存储系统）等提供。超过体系的能量需求可从区域电网和辅助锅炉获得。如果引进某些热激活技术，例如吸收和吸附制冷器，到 CHP 中提供冷量，就由开始的 CHP 系统发展为 CCHP 系统，它可以称为三联产系统和共产冷热电（BCHP）系统。由于在冬天对冷量生产没有需求，CHP 可以认为是 CCHP 系统的一个特殊情形。在同样大小下，CCHP 的系统效率可能比 CHP 高 50%。一个代表性的 CCHP 系统示于图 5-30 中，发电单元（PGU）提供电力，热量是副产品，能够被收集以满足冷量和热量的需求，当然需要使用吸收制冷器和加热单元。如果 PGU 不能够提供足够电力或回收热量，额外的电力和燃料需求必须购买以补偿电力缺口和添加辅助锅炉。

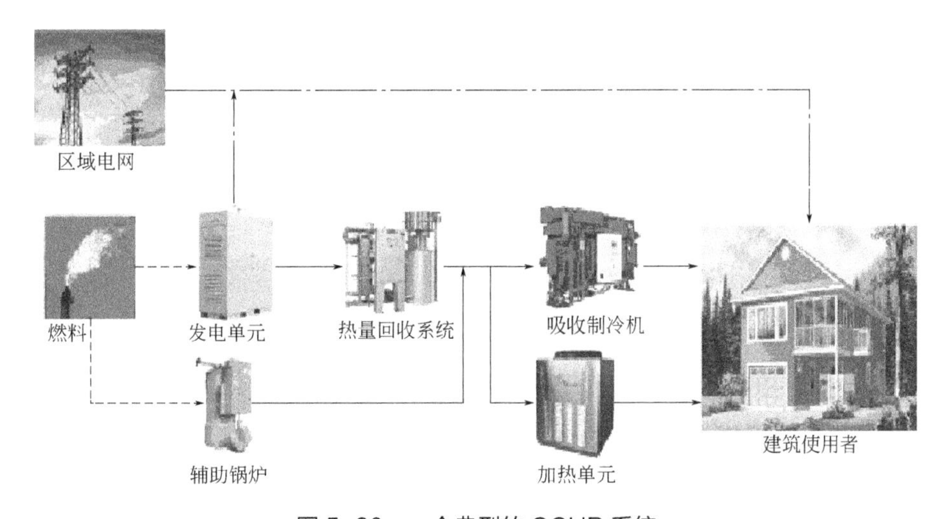

图 5-30　一个典型的 CCHP 系统

5.7.2 CHP 和 CCHP 系统的优点

CCHP 系统的第一个优点是总热电效率较高，该系统能够消耗较少初始燃料获得同样数量的电力、热能和冷量。一个例子证明，与常规能量供应模式比较，CCHP 系统能够把总效率从 59% 提高到 88%。这个提高是由于不同能量载体的多级利用和采用了热活化技术。作为主要电源，PGU 的电效率低至 30%。通过实际热量回收，CCHP 系统能够收集副产热量供应吸收 - 吸附制冷器和加热单元，得到制冷和加热需要的能量。采用吸收制冷器就无需再从区域电网购买额外的电力在夏季驱动电制冷器，而仅仅利用了回收的热量。在冬天，CCHP 系统不使用电制冷器，就成为 CHP 系统了。对 CHP 系统的高效率也进行了研究，简而言之，CCHP 系统能够极大地降低初始能量消耗和提高能量使用效率。

CCHP 的第二个优点是温室气体（GHG）的低排放。一方面，CCHP 的三联产（冷热电）结构使能源消耗下降。另一方面，与 SP 系统比较，如果在主发动机容量限制内，就无需从区域电网购买额外电力（电网电一般由燃烧化石燃料发电厂供应）。众所周知，即便已经使用了一些可再生能源如风能、水能、潮汐能和太阳能，而且其用量已经显著增加，但由于它们的间断性（大的波动性、季节性），主要的电力生产商仍然使用化石燃料来发电。使用区域电网电力减少，化石燃料发电厂的 GHG 排放就能够相应地降低。另外，采用热激活技术的电制冷器也能够降低电力消耗，这也导致电网电厂化石燃料消耗的下降。再者，在主发动机中的新技术也对 GHG 排放降低有贡献。CCHP 组合燃料电池，这是近年的最热主题之一，能够使系统的效率高达 85% ～ 90%。与某些过程的主发动机比较，如内燃发动机（IC）和燃烧透平（GT），新技术主发动机能够以消耗较少燃料获得同样数量的电力，且排放的GHG也减少。近些年为降低GHG排放，愈来愈多的国家开始收碳排放税，结果是，GHG 排放的降低不仅降低了空气中的污染物含量，而且也改进了系统的效率。

CCHP 系统的第三个优点是可靠性，这可以被认为具有确保以合理的价格供应能量的能力。新近对分布和中心能源体系可靠性的比较能够发现：中心发电厂对自然灾害和不可预料现象是脆弱的，气候、恐怖主义、框架需求和电力市场都对中心发电厂造成致命的威胁；采用分布能源技术的 CCHP 系统能够抗击外部的危险，不会断电，因为独立于电力分布网。在芬兰和瑞典的典型 CCHP 系统由 PGU、热量回收系统、热激活制冷器和加热单元构成。通常 PGU 是主发动机和发电机的组合。由主发动机产生的转动运动能够被使用于驱动发电机。对主发动机有多种选择，例如蒸汽透平、斯特林发动机、往复内燃发动机、燃烧透平、微透平和燃料电池等。主发动机的选择取决于应用区域的资源、系统大小、预算、GHG 排放政策。热量回收系统在收集主发动机副产物热量中起着重要作用。在 CHP-CCHP 系统中最常使用的热激活技术是吸收制冷器。一些新方案，如吸附制冷器和混杂制冷器，也能够在 CCHP 采用。热单元的选择取决于加热通风和空调组件的设计。

5.7.3 CHP 和 CCHP 应用

鉴于 CCHP 系统的高系统效率、高经济效率和较少 GHG 排放，它已经被广泛地使用于医院、办公楼、饭店、公园、超市等。例如，在中国，上海浦东国际机场的 CCHP 项目就同时在高峰需求时间为机场终端产生制冷、加热和电力。它使用中国东海近海天然气作燃料。该系统配备 4000kW 天然气透平、11t/h 废热锅炉、York OM 14067 kW 制冷单元，四个 5275kW 蒸汽 LiBr/ 水制冷器，三个 30t/h 燃气锅炉和一个 20t/h 备用供热。在最近十数年中，安装的 CCHP 系统稳定增长。但发展中国家的发展远慢于发达国家，由于如下的壁垒：公众较少醒悟、缺少足够的刺激政策和设备、不一致的设计标准、与电网的不完善的连接、高价格和天然气供应压力以及设备制造的困难。按照世界非中心化能源联盟（World Alliance for Decentralized Energy,WADE）提供的调查，CCHP 系统的渗透能够通过引入欧盟排放贸易程序（European Union Emission Trading Scheme, EUETS）和增加碳排放税得以放大。

在住宅区中使用的小型组合热电系统的应用潜力在增加，因为它们能够使用单一燃料源如油或天然气同时产生有用热能和电能。在组合热电系统中，能量转换效率超过 80%，而常规燃烧矿石燃料的发电系统的平均效率为 30% ～ 45%。当与分离产生热能和电能的常规方法比较时，这个能量效率的增加能够导致较低成本和降低温室气体排放。

组合热电系统和设备适合于住宅和小规模商业应用，如医院、旅馆或机构自用办公大楼，有许多新的体系在发展中。这些产品的使用目标是，满足建筑物空间中的电力和热量需求和家庭的取暖和热水使用，以及利用多余热量制冷。

组合热电（冷）系统是从单一能量流入——油、煤、天然或液化气体、生物质或太阳能——同时产生电或机械能（电力）和有用热能（冷量）。

CHP 不是一个新的概念。产生 CHP 概念的工业工厂可以返回到 19 世纪 80 年代。在那时蒸汽是工业的主要能源，电刚刚作为功率和光亮的一种产品。当工程师使用电力和马达替代蒸汽驱动皮带和滑轮机械时，组合热电就变得是普遍的事情了，这时从机械功率系统转变为电功率系统。在 20 世纪早期，大多数发电厂使用燃煤锅炉和蒸汽透平发电机，蒸汽尾气使用于工业上的加热。在 1900 年代早期，在美国，生产多于 58% 电功率总量的工业发电厂，估计都是组合热电系统（CHP）。

中心发电工厂和可靠公用电网的构筑使电力成本下降，于是工业工厂开始从公用事业公司购买电力，停止自己发电。因此，在美国，原位工业 CHP 系统在 1950 年下降为总发电量的 15%，到 1974 年仅为 5%。此外，导致组合热电系统下降的其他因素有：对电力市场施加了法规政策、低燃料成本导致一些产品技术的进展，如快装锅炉，以及环境控制的收紧。但是，在 1973 年第一次石油燃料危机后，下降的趋势开始逆转。因为能源价格逐渐上涨和热量供应产生不确定性，有效能源使用替代燃烧方法开始受到关注。此外，CHP 也获得注意，因为与 CHP 相关的是低燃料消耗和排放。今天，由于这些原因各国政府特别是在欧洲、美国、加拿大和日本，CHP 系统建立和 / 或促进使用不仅仅包括在工业部门而且也包括在其他部门如住宅应用中，它们起着领头的作用。

小 CHP 系统在住宅领域具有应用增加的潜力，因为它们可以使用单一燃料如油和天然气以高效率同时生产有用的热能和电力。在 CHP 系统中，能源转化效率能够超过 80%，而对常规燃烧发电系统，化石燃料转化的平均效率在 30% ～ 45%。图 5-31 说明，常规化石燃料发电厂和 CHP 是如何把燃料的化学能转化为有用的热能和电能的。

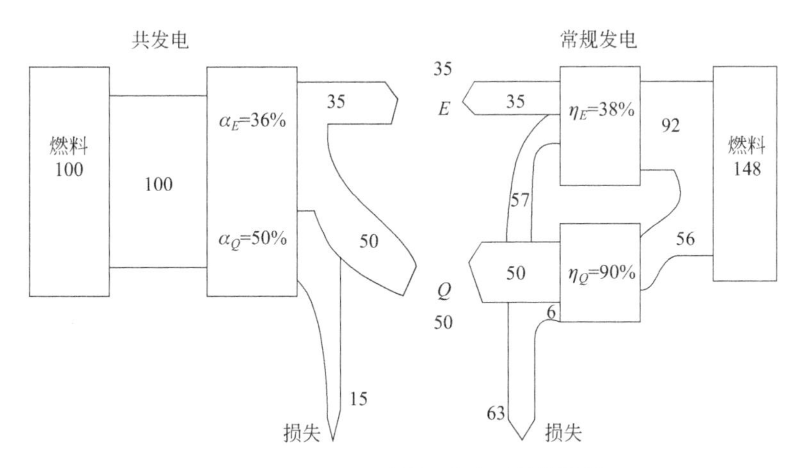

图 5-31　CHP 对常规发电系统的比较

α_E 和 α_Q 分别是 CHP 系统转化为电力和热量的部分；η_E 和 η_Q 分别是常规发电厂产生的电力得率（仅生产电力）和锅炉给出的热量得率（仅生产热量）。E 和 Q 是电力和热量需求。

组合热电系统在与分离生产热能和电能的常规方法比较时，因能量效率增加，成本下降、温室气体排放降低。组合热电概念能够在容量大小不同的发电厂中使用，其范围从住宅建筑物用的小规模到公用发电系统大规模 CHP 系统，后者是以工业目的向整个电网输送电力的。能够从 CHP 获利的组织是那些能够使用 CHP 生产的电力和热能的单位。因此，组合热电适合于建筑物应用，只要对产生的热能有需求。适合组合热电（冷）应用的建筑物包括医院、旅馆、机构自用办公大楼、政府办公楼及单一和多家庭住宅楼。在单一家庭应用的情形中，系统的设计面对有明显的技术挑战，因为热量和电力负荷不匹配，需要有电能 / 热能的储存或平行连接到电网。但是，对多家庭使用的组合热电系统以及商业或机构应用，因热 / 电力使用的负荷多样性，降低了对存储的需求。

建筑物中的 CHP 系统必须同时满足对电力和热能的需求，或者满足热量和部分电力的需求，或者满足电力和部分热量需求。这取决于电力和热能负荷的大小。不管是否匹配，CHP 系统的操作策略必须能够满足部分负荷运行的条件，必须能够存储或卖出剩余的电力或热量，而不足部分能够由其他来源如电网或锅炉工厂购买或提供。例如，生产的多余热量能够被存储在热存储装置中如水槽或相转变材料， 而多余电力能够被存储在电力储存装置中如电池或电容器。此外，组合热电系统的操作可能也与电力价格变化和波动有关。在高电价时组合热电系统对资金是有吸引力的。

在住宅部门应用 CHP 系统为能源效率提高和温室气体（GHG）排放降低提供机遇。斯特林发动机和燃料电池技术似乎对小规模的住宅楼在未来是可行的，因为它们具有获得高效率和低排放的潜力，但在现在，内燃发动机技术是仅有的成本合理的可使用系统。内燃发动机对小规模组合热电系统应用也是有吸引力的，因为它们的牢固特性和众所周知及技术成熟性。有住宅应用潜力的其他 CHP 系统是小透平系统。然而，往复内燃发动机在较低功率运行时有较高效率，小透平需要的投资成本也高于往复内燃发动机组合热电系统。

5.7.4 CHP 和 CCHP 的效率

组合热电系统 CHP 的效率，能够使用回收的有用电功率和热量与输入热量电力之比（一个分数）来测量。损失的能量包括以低温热能形式被尾气带出以及发动机的辐射和对流损失的能量。如果以烃类为燃料在氧气存在下进行燃烧，水是燃烧产物，被反应热蒸发成为蒸汽。组合热电系统的制造者对效率计算是基于燃料的低热值（LHV）。LHV 被定义为燃料的高热值（HHV，燃料燃烧产生的总热量）减去燃烧期间蒸发水所需要的能量。也可以使用净热值（NCV）。效率一般可以使用电效率和总效率表示：

$$电效率 = 电力输出（kW）/燃料输入（kW） \tag{5-7}$$

$$总效率 =（有用热量 + 电力输出）（kW）/燃料输入（kW） \tag{5-8}$$

组合热电系统的效率取决于原动力（主发动机）、它的大小和能够利用的热量回收温度。效率也取决于 CHP 单元的使用条件和操作范围。如果是对冷热电三联产系统，在上面的总效率表达式分子中还要加上用于产生冷量的能量。

操作范围是非常重要的，因为组合热电系统极少在负荷低于 50% 下操作。在低负荷时，电效率显著下降。除了燃料电池和斯特林发动机组合热电系统以外，因它们在部分负荷下操作仍然有较好性能（效率）。在低负荷下，输出的热量电功率比受热能回收比例（从冷却水回收）的影响。低热量比例导致输出电功率的波动，增加维护成本和降低寿命。如果组合热电系统是受建筑物热负荷控制的，此时热效率为最大。

当为建筑物设计一套组合热电系统时，应该考虑系统的可利用水平。这个水平一般要求大于 4500 h/a。高可靠性和可利用性对 CHP 系统是至关重要的，因为要为预防性维护规定特定的计划性停机。基本维护通常是一年一次。对计划外停机，组合热电系统使用者是不希望的，所以应该采取手段把停机的影响减至最小。

可靠性可以用因设备故障而导致计划外停机的数量来确定，而可利用性则是与 CHP 工厂可利用时间成比例的。可靠性和可利用性的详细定义为：

$$可靠性（\%）= [T-(S+U)]/(T-S) \times 100 \tag{5-9}$$

$$可利用性（\%）= [T-(S+U)]/T \times 100 \tag{5-10}$$

式中，S 表示计划内维护时间，h/a；U 表示计划外维护时间，h/a；T 表示要求工厂服务的时间，h/a。

对住宅和商业用组合热电系统，除了其能量性能外，其他因素如经济成本（也就是燃料和维护成本）、环境效益和电力速率结构，也影响 CHP 系统的技术 - 经济可行性。一方面，大规模 CHP 系统可获得规模经济，单位功率输出的安装成本（$/kW）也较低。另一方面，小规模 CHP 系统一般有较高投资成本，它的实现存在经济上的壁垒。此外，到目前为止，小规模 CHP 系统硬件的低可靠性和低寿命，以及与 HVAC（交直流转换）技术不兼容性和对电网连接缺乏灵活性等也是限制它们在住宅区域中使用的一些因素。

为确定是否采用 CHP 系统，需要对其进行可行性研究或经济分析。因为要应用首先必须经济可行，以便组织投资。当考虑安装 CHP 系统时，对其成本的可靠信息，包括投资成本如基础和安装成本、操作成本如燃料、运行和维护成本等，都需要做认真的考虑。

基础成本取决于构成系统的组件和它们要求的指标。如果适用的话，这些组件包括：主发动机（原动机）和发电装置、热回收和排放系统，尾气系统和烟囱、燃料供应、控制系统、管道、放空和燃烧空气系统、运输费用和税收。安装成本包括安装许可、土地要求和准备、建筑物修建和设备的安装。某些成本并不适用住宅和小工业组合热电系统的需要。运行成本包括燃料、人工（如适用的话）、维护和保险成本。

应用 CHP 系统通常需要燃烧矿物燃料，燃烧生成的产物可能会危及环境。燃烧矿物燃料的产物有 CO_2、NO_x、SO_2、CO、未燃烧烃类和颗粒物质等。然而，由于在 CHP 系统中燃料的利用效率要高于常规电力转化系统，组合热电系统的特定排放物排放水平（也就是产生单位有用能量的排放物数量）也要低于常规系统。

商业上有多种类型的 CHP 系统可以利用，或在研究发展中。它们可以应用于单一家庭住宅楼和小规模商业应用市场。这些系统包括往复内燃发动机（电火花点燃 - 汽油发动机或压缩引发 - 柴油发动机）、小气体透平系统、燃料电池系统和斯特林发动机系统。在住宅区这些技术能够替代常规锅炉提供电力和热能、潜在的吸收冷却。可能会有过量电力输出到局部电网和过量热量存储于储热装置中。

5.7.5 适用于住宅区使用的 CHP 技术和产品

组合热电技术能够同时生产电力和有用热能。矿物燃料燃烧生产电力的同时，其在不同部分的废热能够被回收利用，使用于空间加热（取暖）、产生热水（水加热）和驱动机组制冷等。住宅区、商业和机构应用的产品技术能够按照原动机（主发动机）分类，原动机是其输出能量的源头。主发动机确实是一个机器，它把热、电或压力形式的能量转换为机械能，一般是发动机或透平。这是 CHP 能源系统的心脏，主发动机的输出一般是转动运动，因此总是被使用于连接一个发电机。近年来，大多数安装的主发动机是燃气发动机和燃烧发动机 - 微透平。这两类主发动机属于往复内燃发动机和燃烧透平及微透平。其他类型主发动机，如蒸气透平、微透平、斯特林发动机和燃料电池，在一些特殊情形中也被使用于 CCHP 系统。对住宅区、商业和机构单位应用，一般是往复发动机和小透平组合热电系统，在未来最可能使用的其他技术是燃料电池和斯特林发动机热电组合系统，因为它们具有获得高效率和低排放水平的潜力。

5.8 CHP 和 CCHP 系统的构型和应用

设计一个经济有效和低排放 CCHP 和 CHP 应该完整考虑特定领域的能量需求、主发动机及其他设施类型容量、功率流和操作策略、GHG 排放水平等。设备类型的选择属于系统的构型设计，其重点是从现在可利用的技术选择主发动机以及确定系统大小规模。众所周知，不同地区的不同气候条件会有不同的能量需求。例如，在常规 CHP 系统中，对一些寒冷地区，总是使用蒸汽透平系统，因为生产热量的系统把产生的电力作为副产品。而在温暖地区，在夏天使用于空调的电力需求可能是大量的。因此，在这类地区，透平 CHP 系统的使用是普遍的。以主发动机选择为基础的一些 CHP/CCHP 已经在前面做了叙述。现在市场上使用的不同主发动机 CHP/ CCHP 产品的比例示于图 5-32 中。对已经选定的 CCHP 系统构型，为达到最有效的操作，其操作策略是关键。操作策略按照需求确定系统需要多少电力或燃料输入；哪个设备应该关闭以保持这个系统的效率；在设备间有多少能量载体流动；一个设备操作需要多少功率。对设计好的构型和确定的合适操作策略，确定合适大小和使系统能够以优化的方式操作。下面讨论按工厂大小分类的 CCHP 应用。

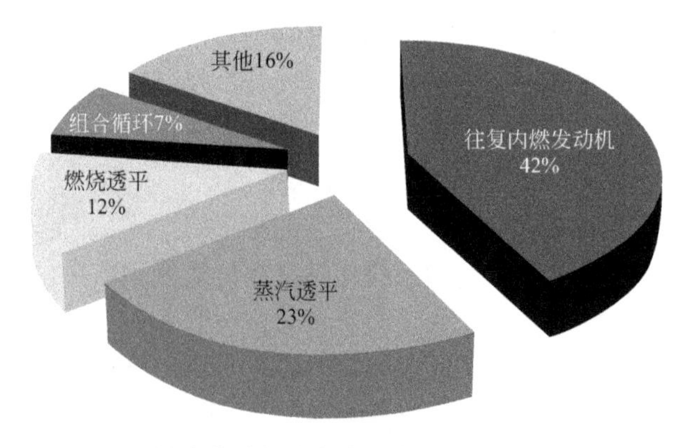

图 5-32　按主发动机分类的现有 CHP 和 CCHP 系统

按发电容量分类，CCHP 和 CHP 系统能够被分类为：微规模，低于 20kW；小规模，20 ～ 1000kW；中规模，1000 ～ 10000kW；大规模，大于 10000kW。

5.8.1 微规模 CCHP 和 CHP 系统

微规模 CCHP 系统的功率范围低于 20kW。近来，有很多工作研究和分析微规模 CCHP 系统，因为它们适合于作为分布式能源系统。文献中对应用于脱中心化的冷热电三联产系统的潜力进行了讨论。通过试验和实验证明，以液化石油气做燃料的四冲程 IC 发动机驱动的微三联产（CCHP）系统能够使能量供应可靠性和安全性增加、能源成本降低、效率提高和燃料消耗降低。2010 年在美国北卡罗利纳太阳能中心（Raleigh）安装了一个集成微 CCHP 和太阳能系统，用以证明并合光伏（PV）、太阳热能和燃丙烷 CHP 系统可以形成集成分布式发电系统。并合 PV、太阳热能 CHP 工厂的热电输出功率和丙烷燃烧产生的电功率分别是 4.7kW、13.8kW、5.4kW 和 4.1kW。该系统的初始热能可应用于房间取暖、生活热水和过程加热、除湿和吸收制冷。使用这个太阳能基 CCHP 系统，CO 和 NO_x 的排放能够分别降低到低于 250μL/L 和 30μL/L。文献中还有许多微 CCHP 系统的实验和试验结果的表述。此外，近些年来对 CCHP 和 CHP 的能量、经济和热力学也进行了不同的研究，并对微规模 CCHP 三联产系统的主发动机热源与热驱动装置的匹配进行了分析。对主发动机废热的 *T-Q* 分析指出，可以把微透平、SOFC 和 HT-PEMFC 并合到 CCHP 系统中去。有的研究聚焦于微 CCHP 系统的优化。例如，利用线性优化方法对微规模 CCHP 系统建模，把有关的关税政策也加入该模型中去。该模型能够被应用于评价每个参数对系统性能的影响，也还有一些其他优化研究报道。近来，已经实现了把可再生能源如太阳能应用到 CCHP 系统中，以进一步降低 GHG 排放。例如，对已经配装了太阳能系统的微三联产系统，集成了输出功率为 5kW 微透平和 LiBr/ 水吸收制冷器。吸收制冷器和微 CHP 系统的热源是一个太阳能储存槽，安装太阳能系统能够有效地增加总效率和减少初级能源的消耗。对使用和不使用太阳能的 CCHP 系统做了比较，证明了耦合 PV 收集器和蒸气压缩冷却系统构型是最好的商业可利用模式。除使用 PV 外，也提出了使用于住宅区 CCHP 技术的两个太阳能解决办法：浓缩全频谱太阳光（concentrated sunlight all-thermoacoustic）和混合热 -PV 系统。除上述外，还提出了一些新微规模 CCHP 结构。例如，把空调设备与蒸汽压缩制冷器以及除湿转轮集成，应用于地中海气候下的室内空调。研究结果证明，与常规技术比较，能够节约电力达 30%。又如，对不同条件下安装在微规模 CCHP 系统中的吸收制冷器性能进行了研究，引入了在国内应用的小商业微规模 CCHP 系统。评价和分析结果证明，该微规模 CCHP 系统有高的经济效率，投资回收期很短；电负荷条件决定电效率，这意味着满负荷操作系统的性能优于半负荷操作。

5.8.2 小规模 CCHP 和 CHP 系统

小规模 CCHP 和 CHP 系统的功率范围在 20 ～ 1000kW，广泛地应用于超市、零售商店、医院、办公楼和大学校园中。按照能量需求，不同类型的主发动机和冷冻供热系统能够自由组合。世界上已经安装的小规模 CCHP 和 CHP 系统工厂其应用领域广泛。例如，在 Cooley Dickinson 医院（马萨诸塞）安装了 500kW 生物质 CCHP 工厂。这个系统在 1984 年安装的第一台锅炉是 Zurn-550HP 生物质锅炉，因能量需求增加在

2006年和2009年又连续安装了AFS-600HP水/火管高压锅炉、两台250kW Carrier Energent微蒸汽透平和2391kW吸收制冷器。这个CCHP系统为该医院带来很多好处，特别是99.5%颗粒物质被多个旋风分离器和布袋过滤器除去。东湾市政公用事业区［East Bay Municipal Utility District (EBMUD)］是公众拥有的公用事业，为旧金山（San Francisco）海湾区的两个乡镇提供水服务。在其市区奥克兰行政大楼于2003年开始使用600kW微透平CHP/制冷器系统。这个系统由10个Capstone微透平和一个633kW YORK制冷器构成。项目总投资251万美元，估计投资回收期是6～8年。另一个小规模CCHP应用在Smithfield Gardens，这是在Seymour（Connecticut）负担得起的辅助生活设施。这个系统包括75kW Aegen 75LE CHP模束，美国Yazaki吸收制冷器和巴尔的摩空气盘管冷却塔。安装这个系统后，Smithfield Gardens能够节约能源成本22%。使用非选择性三效催化剂还原系统，CO_2和NO_x的降低分别达到32%和74%。位于St. Helena（California）的酒庄Vineyard 29安装一个120kW微透平/制冷器系统来降低环境中的GHG排放物和毒物。安装两台60kW Capstone C60微透平系统来提供电力和热能。这是废热梯级利用的好例子。通过热量回收系统的初始热水被酒加工过程利用，热能的其余部分被70kW Nishiyodo吸附制冷器吸收冷却室内空间。此外，Dolphine脉冲发电系统（斯特林发动机）被使用于EvapCo冷却塔中，总投资21万美元，估算投资回收期是6～8年，这意味着每年收益2.5万～3.8万美元。给出了实际小规模CCHP系统在全和部分负荷操作时的试验结果。这个试验工厂由100kW燃天然气发电微透平和液体干燥系统构成，被安装在意大利Olitecnico di Torino。

对不同主发动机负荷情形时初级能源节约（PESs）进行的数据比较说明，采用部分负荷策略时能够引起能量性能降低。对Democritos大学（Thrace,希腊）的室内游泳池建筑物和法学院楼的两个情形进行了评估，研究提出的系统计算方法评价小规模组合冷热电三联产系统，计算程序中包括冷量负荷、室内游泳池加热、CCHP设备选择、系统大小和经济评价。该工作进一步验证了系统性能主要取决于系统大小。在模拟中能够容易地观察到有较低成本和低污染。文献中还有其他一些应用和试验工作。

在理论工作方面，已经总结出小规模三联产系统的一些关键事情和计划设计面对的主要挑战。进行时间域模拟以评估利用引入新性能指示器（如三联产系统的初级能源节约、电力增量和三联产热产生速率、热量增量和三联产生热速率和冷量增量）对系统内每个能量矢量生产的评价。文献中也有其他能量、经济和热力学分析。对电力热能和冷量分别为126kW、220kW和210kW的燃天然气新CCHP系统做了研究。燃气IC发动机与液体LiBr/水干燥制冷系统配对工作。所做的能量和经济分析，包括燃料和电力价格影响和用于工厂成本的指数变化。提出系统的投资回收期约7年，15年后将提供20万～22万现时欧元值收益。

有些研究的重点是小规模CCHP和CHP系统的设计优化。对小规模CCHP系统设计提出了多目标优化方法。环境影响目标函数以成本定义。使用总收入要求进行经济分析，采用遗传算法找出一组Pareto优化解；应用危险分析完成决策，从获得解中找出优化方案。在CCHP系统中的能量管理优化问题使用混合整数线性规划来解决。解的目的针对控制系统组件的开关状态。并对从985kW工厂收集的数据进行了分析，对能量管理与常规管理之间进行比较。提出的优化策略许可投资回收期缩短一年。对清洁非食用油（包括麻风树油、荷荷芭油等）驱动的新小规模三联产系统的设计和构建做了表述。区域性可利用清洁非食用油的使用能够使该工厂无需依赖于进口石油燃料进行运转，获得高经济效率。另外，能够通过使用从主发动机回收热量来提供制冷和加热，使 GHG 排放有极大的降低。

5.8.3 中规模 CCHP 系统

如前所述，中规模 CCHP 系统的额定功率范围为 1000 ～ 10000kW。从这个额定大小的范围看，CCHP 和 CHP 开始在大工厂、医院、学校中应用。自 1997 年起，一个 4300kW 的 CCHP 工厂就开始在 Elgin Community College（ Elgin, Illinois）服务。该工厂的一期为 3200kW CCHP 工厂，在 1997 年安装。为校园建筑物提供电力、低压蒸汽和吸收制冷。在 2005 年因学校扩大，在第二期中对发电设备和吸收制冷器都进行了扩大。该系统的主发动机是四个 800kW 和一个 900kW Waukesha 往复内燃发动机的组合。制冷由一个 YORK 1934kW 和一个 Trane 2813kW 吸收制冷器提供。热量回收设备包括 5 个 Beaird 热量回收和 5 个 Beaird 废气回收消声器。两者的成本分别为 250 万和 120 万美元。第二期的投资回收期约 4 年，每年节约 30 万美元左右。另一个中规模 CCHP 应用容量为 3200kW，2011 年安装在 Mountain Home VA 医疗中心（Mountain Home，Tennessee）。该医疗中心为周围 17 万退伍军人服务。整个工厂由一个燃烧填埋场生物气体 3200kW 双燃料发动机发电机组、燃烧柴油发动机 1800kW 备用发电机组、热回收蒸汽发电机组，和两个 3500kW 吸收制冷气构成。用这个工厂，估计在 35 年中的成本节约能够达到 500 万～ 1500 万美元。 在佛罗里达大学，自 2008 年起有一个 4300kW CHP 工厂开始服务于 Shands 医疗肿瘤医院，为了解决增加的电力和燃料价格问题。这个系统属于 Gainsville 区域公用事业，由 4300kW 燃烧透平、一个 6.5t/h 热量回收蒸汽发电机、一个 4200kW 蒸汽透平离心制冷机、2 个 5300kW 电离心制冷机和一个 13.6t/h 打包锅炉组成。4300kW 燃天然气透平提供医院 100% 电力和热能需求。使用这个系统，能够达到的总热效率为 75%。文献还介绍了不少其他中规模 CCHP 和 CHP 应用。

也对中规模 CHP 和 CCHP 系统进行了理论上的研究。为了提高能源效率，建议在燃天然气的三联产系统中安装透平废气余热利用，在废热回收蒸汽发电机中产生过程蒸汽。过程蒸汽推动双效 LiBr/ 水吸收制冷器以提供冷却空间的冷量。而蒸汽的另一部分被使用于满足炉子加热负荷和为组合再生兰开夏循环工厂供应电力。测量的 CCHP 电力输出为 7900kW。预计年操作成本节约能够达到 2090 万美元，投资回报期仅有 1 年。为西班牙马德里一商用建筑设计了一个 CCHP 系统，基本需求是 1700kW 电力、1300kW 热量和 2000kW 冷量。使用设计策略和优化设施容量，设计的最后构型是 3 个 730kW 内燃发动机、1 个 3000kW 双效吸收制冷机、1 个常规 4000kW 制冷机和 1 个 200kW 备用锅炉构成的系统。因为合并了一个热太阳工厂，投资成本是 332 万欧元，预计投资回报期为 11.6 年。与常规三联产系统比较，这个过程的 PESs 增加不少，由于有热太阳工厂合并到三联产工厂中。为对配备有 Wartsila 18V32GD 型 6500kW 气 - 柴油发动机的三联产系统进行热力学和热经济学分析提出了一种方法学。该系统安装于土耳其 Eskisehir 工业地区，确定的三联产系统的能源效率、㶲效率、公共事业法规行动和等当电力分别为 58.94%、36.13%、45.7% 和 48.53%。这个 CCHP 系统也能够被应用于机场来提供冷却、加热和电力。

5.8.4 大规模 CCHP 和 CHP 系统

大规模 CCHP 和 CHP 系统的输出功率范围超过 10000kW。这类 CCHP 系统能够为工业使用持续提供电力，为有高人口密度的大学和住宅区提供大量热量和冷量。到目前为止，因为 GHG 排放和电力燃料价格的增加，安装和服务的大规模 CCHP 系统的数目不断增加。密西根大学（Ann Arbor, Michigan）在 1914 年采用联产系统，组合吸收制冷器，这个 45200kW 的 CHP 工厂有 6 个过程燃气燃油锅炉，总计 453.6t/h 蒸汽容量；3 个 Worthington 背压 / 抽取蒸汽透平发电机，每个额定功率 12500kW；2 个气 / 油太阳燃烧透平，分别为 3700kW 和 4000kW；2 个燃气的 Zurn 热回收蒸汽发电机，每个 29.5t/h。这个工厂的电力生产很少达到最大容量，因工厂必须提供其他用途的蒸汽，例如在夏天，吸收制冷机。安装的系统在 2004 年为大学节约 5300 万美元。在加州大学 San Diego 分校于 2001 年安装 3 万千瓦多联产工厂。30000kW 组合循环由 2 个 13500kW 太阳透平 Titan 130 气体透平发电机组和一个 3000kW Dresser-Rand 蒸汽透平组成。废热被使用于运行蒸汽驱动离心制冷机，为校园使用提供内部热水，和产生蒸汽推动蒸汽透平生产附加的电力。这个系统能够达到 70% 的总包热效率。因安装这套系统每年能够节约 800 万～ 1000 万美元。在该系统中，采用一排放控制系统，即 SoLoNO$_x$ ™控制 NO$_x$ 排放水平在 1.2μL/L，远低于允许的 2.5μL/L 水平。另一个典型的大规模 CCHP 工厂安装于芝加哥 Illinois 大学。这个在 1993 ～ 2002 年建立的工厂分为两个部分：东校园系统和西校园系统。在东校园 CCHP 工厂中，主发动机是 2 个 6300kW Cooper- Bessemer 双燃料往复发动机发电机和 2 个 3800kW 气体往复发动机发电机。冷量由 1 个 3500kW Trane 两段吸收制冷机、2 个 7000kW YORK 电离心制冷机和若干遥远建筑物的吸收制冷机提供。估计投资成本 2570 万美元，投资回报期 10 年。PESs、CO_2 降低、NO_x 降低和 SO_2 降低分别达到了 14.2%、28.5%、52.8% 和 89.1%。在西部校园，因为医院和若干楼宇的大能量需求，再加了一个 37200kW 的发电机组，由 3 个 5400kWWärtsilä 气体发动机和 3 个 7000kW 太阳 Taurus 透平组成。除了主发动机外，在西部校园 CCHP 工厂中还安装了 7000kW 吸收制冷机。投资成本 3600 万美元，投资回报期估计为 5.1 年。显示成功使用大规模 CCHP 系统的其他应用能够在文献中发现。

5.9 CCHP 和 CHP 系统在重要国家的发展和应用

冷热电组合（CCHP）发电技术是热电组合（CHP）发电技术的延伸，即在 CHP 基础上使用热活化技术同时提供冷量。这些组合发电技术不仅使能源利用效率高而且使污染降低。按它们使用的主发电机不同，在前面已经分别作了一些介绍。前一节中，对按 CHP/CCHO 规模大小分类及其应用例子做介绍。因世界上许多国家已经开始发展 CHP/CCHP

系统，下面介绍三个有代表性国家即美国、英国和中国的 CHP/CCHP 系统的发展历史和现时状态。这三个国家的情况虽然稍有不同，但 CHP 技术在整个世界的进一步发展遇到了类似的障碍，对解决办法，如高投资成本、政府支持政策、有利的融资和税收激励，做一些讨论。需要进行进一步的研究和示范。

5.9.1 美国的 CCHP 和 CHP 系统

自 1978 年起，当提出公用事业监管政策（PURPA）行为时，美国政府开始发展 CHP 和 CCHP 工厂。在 PURPA 中，要求公用事业与联产系统联系和购买它们的电力，是为了给工业和机构使用者从电网购买电力和卖回过量时的电网电。借助 PURPA 的帮助和对 CHP 投资的联邦税收优惠，CHP 和 CCHP 系统的安装容量从 1980 年的 12GW 增长到 1995 年的 45GW。由于电力市场的激烈竞争和不稳定性，与环境保护署（EPA）一起，美国能源部（DOE）提议“建筑物的组合冷热电 2020 版本”，目标是 2010 年安装容量翻番。跟随提议的文件，安装容量在 2001 年显著增长到 56GW。然后在 2004 年，总安装容量 80GW，几乎达到 91GW 的目标。在 2009 年，安装容量已经达到 91GW。从 1970 年以来美国 CHP 和 CCHP 安装容量的发展趋势示于图 5-33 中。如图 5-34 所示，到 2011 年，CHP/CCHP 安装容量的 30% 使用于化学工业，17% 石油炼制工业，14% 造纸工业，12% 商业或机构建筑物，8% 食品制造工业，8% 其他制造业，5% 初级金属工业，6% 其他工业（见图 5-34）。按照“清洁能源标准 CHP 白皮书”，美国能源部的目标在 2030 年 CHP 占美国电力的份额从现时的 9% 增加 11%。通过这样做，美国表面上避免交换碳排放增加 60%；能够创生超过 100 万个新的高技能工作岗位；能够产生 2430 亿美元的新投资。

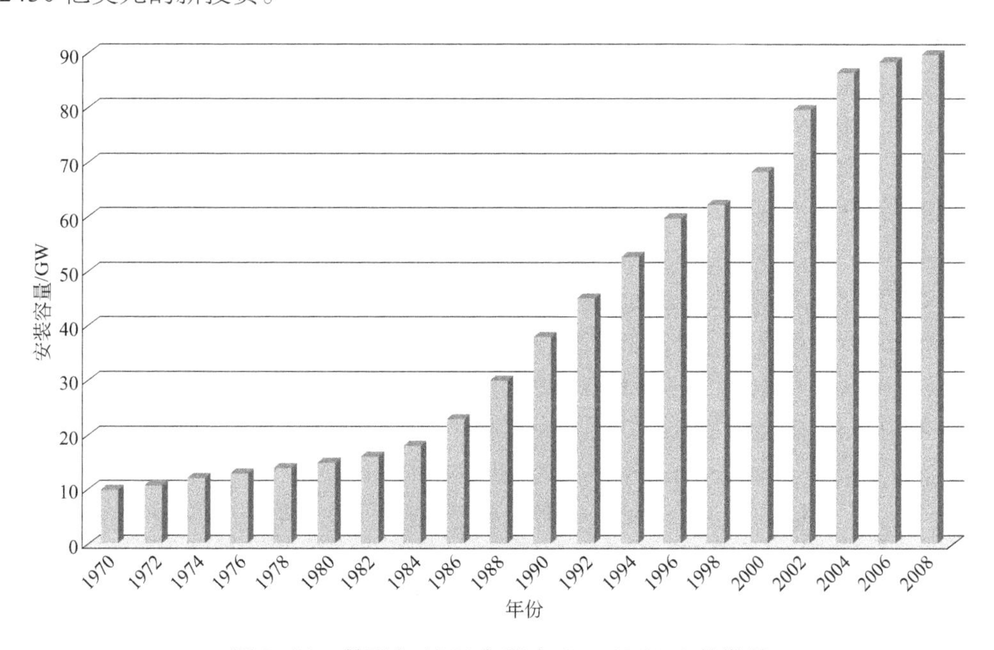

图 5-33 美国自 1970 年以来 CHP/CCHP 的发展

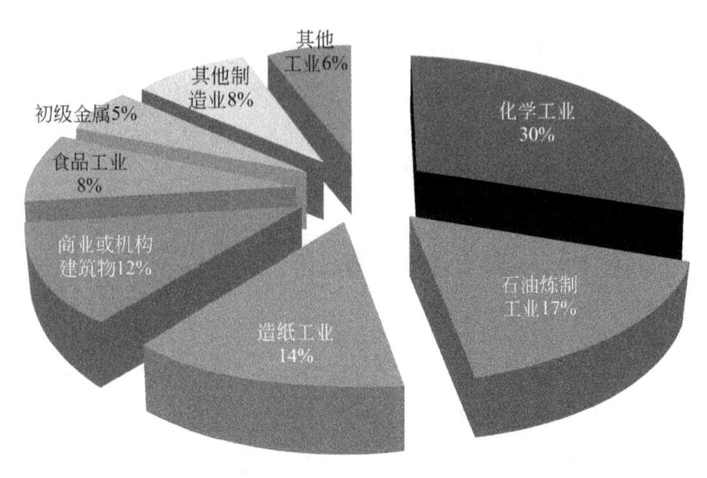

图 5-34 美国按应用分类的 CHP/CCHP 工厂安装容量

但是在美国 CHP/CCHP 工厂的进一步发展仍然存在一些障碍。第一，CHP/CCHP 工厂的高投资成本。一个公司可能没有足够的预算投资这样一个高投资成本的工厂，或如果不能够确保这样一个工厂的投资回报，仍然不可能投资它。第二，为保持与公用电网连接以满足自身发电容量以外的电力需求，为这个连接必须需要额外的付费。这将毫无疑问降低 CHP/CCHP 工厂的金钱节约潜力。第三，不一致的相互连接标准使制造者提供 CHP/CCHP 组件变得困难。此外，某些政策，如清洁空气法的新资源评论，仅考虑短期碳排放而不是长期和总的效果。因为“CHP/CCHP 能够增加现场空气排放，甚至当它降低与设施热量和电力消耗相关的总排放”，CHP 工厂的发展能够被这样的法规所限制。最后，进一步理论研究、发展和示范应该进行以找出更有效的 CHP/CCHP 技术。

5.9.2 英国的 CCHP 和 CHP 系统

在英国，CHP/CCHP 工厂的数目和安装容量在 1999 ~ 2000 年急剧增加，在此期间英国政府采取财政激励措施、奖励支持、监管框架、促进创新、政府领头和参与以支持 CHP/CCHP 的发展。在 2000 年前安装的容量在 3.5GW 左右，而在 2000 年增加到 4.5GW。从那以后英国政府连续起草一系列政策以高质量达到安装 10GW CHP 工厂的目标。2010 年末，在英国的总安装容量达到 6GW，如图 5-35 所示。按应用分类，如图 5-36 所示，安装容量的 38% 使用于油气终端和炼制工业，另外的 30% 使用于化学工业，仅有 4% 使用于公用事业等。同时也已经指出，高质量的 CHP 在履行碳预算中将是一项关键技术，而电网脱碳在提供安全和具有成本效益的能源供应中仍然起着关键的作用，特别是在工业中。政府将继续促进高质量 CHP 在英国的发展。而同时在英国进一步发展 CHP/CCHP 仍然存在一些障碍，第一个是激励框架和市场信号间的不一致。英国市场的一个显著特征是价格波动。电力和燃气价格间差异对投资 CHP/CCHP 施加了不确定性。这件事情可以使用气候变化税解决。第二个是理论上碳市场的建立应该直接支持 CHP/CCHP 容量的扩展。但是，由于不稳定的碳价格和 CHP/CCHP 工厂不确定的分配安排，这个理论还没有得到证明。仅在有稳定价格信号和稳定碳市场环境中，CHP/CCHP 扩展和碳市场间才能建立直接的关系。此外，缺少区域利用热量动力也影响 CHP/CCHP 工厂的发展。其次，为达到峰效率也应该完善热量输送分布网。最后，对热量配送公用设施不足够的投资激励，也使CHP/CCHP在英国的发展速度慢了下来。

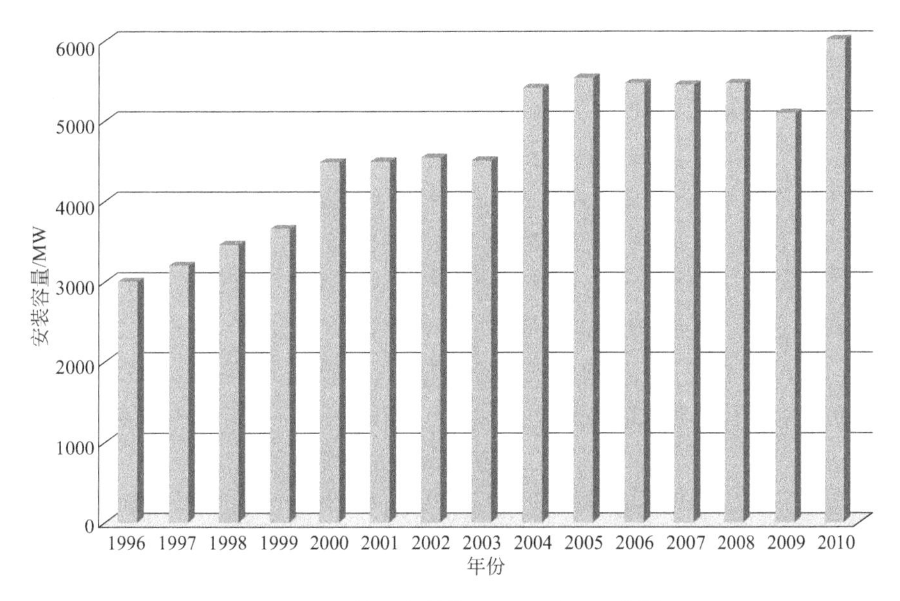

图 5-35 英国安装的 CHP/CCHP 容量

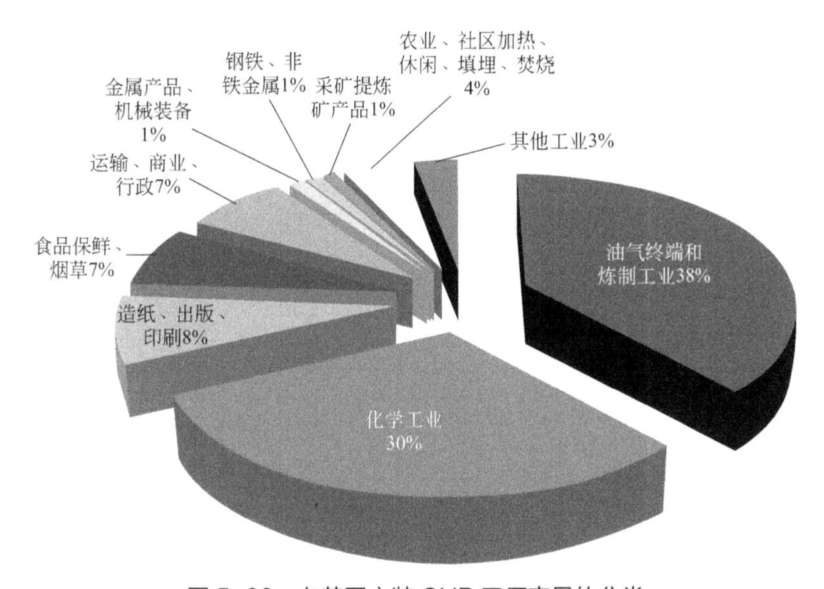

图 5-36 在英国安装 CHP 工厂容量的分类

5.9.3 中国的 CCHP 和 CHP 系统

由于中国对外部世界的改革开放政策，经济、技术和工业的快速发展使中国成为众所周知的世界第二大能源消费和碳排放国家。为解决对初级能源的需求问题，自20世纪80年代以来，中国已经出台了一系列的政策，包括能源解决法、可再生能源法、空气污染防治法和环境保护法，以支持CHP/CCHP工厂的发展。此外，紧跟这些法律，一些标准，例如建筑物能源效率标准、家用电器能源效率标准等，和支持能源效率投资的专用基金、投资补贴和优惠贷款也由中国政府颁布实施。这些步骤使中国成为世界第二大CHP安装容量的国家。1986年，对关于加强市区供热管理工作报告的注意增强了对市区供热的管理。中国能源保护法，1997年起草， 列举CHP作为应该鼓励的国家关键能源保护技术。1998年的有关CHP发展的一些法规考虑把热量和电力间的比例作为定义证明新CHP技术的一个重要指示器。在2004年，中国中长期能源发展计划考虑CHP/区域供热和制冷（CHP/DHC）作为鼓励技术及把CHP作为10大国家关键能源保护项目。在2006年，NDRC中国能源保护技术政策大纲添加，CHP应该取代小加热锅炉；它应该在中国北方供热地区的大中城市发展。2007年国家10个关键能源保护项目的实施方案进一步规定了CHP的专门重要的应用和支持政策。能够促进CHP/CCHP在中国发展的另一个重要政策是在2007起草的外国投资工业导引目录。这个政策鼓励外资在中国投资和运行CHP/CCHP发电厂。

1990年在中国安装的CHP总容量仅为10GW。经过10年建设和发展，年增长率达11.6%，在2000年达到了30GW安装容量的目标。到2005年，安装的容量几乎达到70GW。到2006年，在中国安装了超过2600个CHP工厂，总容量80GW。发展趋势示于图5-37中。中国CHP容量在热电厂中所占的份额示于图5-38中。

毫无疑问，CHP/CCHP对能源短缺和空气污染物问题是一个可行的解决办法，但是，在中国均衡发展CHP/CCHP工厂仍然存在一些障碍。第一个要紧急解决的是能源价格政策的改革。在中国，虽然产量急剧增加的煤炭价格是市场决定的，但稍有增加的电力价格是由政府确定的。煤炭和电力价格的不平衡发展严重地制约了CHP/CCHP在中国的发展。除了改革能源价格政策外，也需要考虑供热和发电部门的改革。不仅在经济和价格领域，而且一些有利的金融和税收激励也应该出台以支持CHP/CCHP的建设。此外，由于一些新建设的CHP项目在建立后仅按热发电模式进行操作，这些工厂的能源效率被显著降低。因此，政府应该强化跟踪和执行。最后，由于比较有效的CHP工厂的数目不断增加，一些老的小的但十分有效的CHP工厂一个一个被强制关闭。因此，适合于小但有效单元的政策应该起草以保持整个效率。

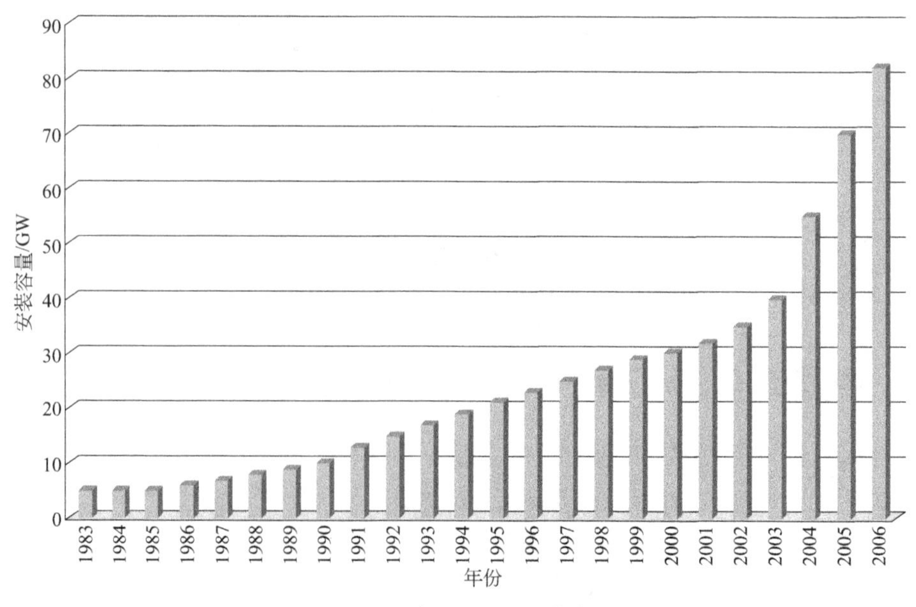

图5-37 中国CHP安装容量

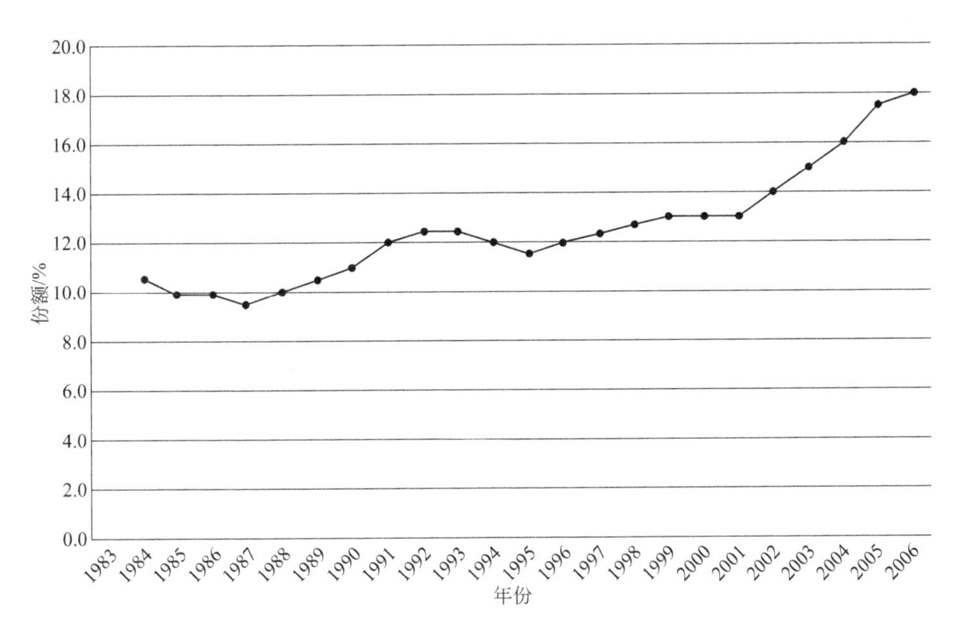

图 5-38 CHP 容量在热电厂中所占份额

第6章 煤制氢与燃料电池

6.1 引言

能源是现代国家的基本需求。所以，能源在持续发展战略中是非常关键的。人们已经认识到，需要从根本上发展新型燃料以替代消耗性的化石燃料。可再生能源，如太阳能、风能、水力能、波浪能和潮汐能等是环境友好的。把废弃物转化为有用能源如氢气（生物氢）、生物气体、生物乙醇等也是可能的。使用氢气替代化石燃料，只要有能力克服氢气在生产、储存和运输中存在的困难，就能够使这个关键问题与环境、绿色和技术成本的挑战相适应。因此，氢燃料是重要的。氢的使用日益重要，因为化石燃料持续大量地使用，不仅加速能源资源的消耗，而且化石燃料燃烧还会产生有害的碳、氮、硫等污染物，且有可能导致全球变暖。氢能体系是一种潜在的非碳基能源体系，具有替代化石燃料的潜力，被称为未来的清洁燃料。氢气可以通过洁净和绿色能量资源生产，它是一种次级能源，也是优良的能源载体。把氢气转化为热量、电力等通用能量形式是很容易的。氢气在透平机中燃烧和在燃料电池中进行电化学反应都能够产生所需要形式的能量。作为能源载体的氢气是容易储存和运输的（1kg 氢气的能量约略相当于 33kW·h）。但是，从可再生能源生产的氢气，如水电解，现在仅占氢生产总量的极小部分，绝大部分氢仍然来自化石燃料。

氢被认为是未来燃料和清洁有效的能源载体，它是无碳的，因此是环境友好的，其燃烧产物仅有水。氢气与石油比较，单位质量含能量高（见表 6-1）。氢气作为能源，可以在不同领域中使用，如氢燃料电池车辆和便携式电子产品。尽管在高温条件下燃烧氢时会产生少量氮氧化物，但与其他燃料比较，排放的环境污染物是最少和最低的。

国际上提出的所谓“氢经济”，其基础是成熟的燃料电池技术。以氢为燃料的燃料电池发电技术是降低温室气体排放和扼制全球气候变暖的最有效方法。氢经济在世界各国已经引起重视并积极发展，包括发达国家、中国和亚洲的其他发展中国家。如要大规模使用氢气来发电，就要求能够大规模生产氢气。

表6-1 各种燃料的能量含量

燃料	能量含量 /（MJ/kg）
氢	120
液化天然气	54.4
丙烷	49.6
航空汽油	46.8
车用汽油	46.4
车用柴油	45.6
乙醇	29.6
甲醇	19.7
焦炭	27
木头（干）	16.2
甘蔗渣	9.6

对电力 - 气体策略进行的极为重要的研究结果说明，在世界范围内电力 - 气体试验工厂的数目在不断增加，因为它们利用了波动的、不稳定的可再生能源生产的电力来生产氢气。而生产的氢气既可用来发电也可以进入气体配送系统。一些欧洲国家使用该技术以氢气来存储电力。德国对这个技术最为重视，已经有若干项目正在实施，还有多个项目也在计划之中。这些电力 - 气体试验工厂的大多数使用的可再生能源是风能和太阳能。由于这些能源的波动性很大，因此对能量储存的需求是很大的。电力 - 气体体系能够以多种组合进行操作，可以与公用电网和 / 或气体配送系统连接。每种组合对设计和分类有不同要求以适合不同的应用。

应该指出，氢能源载体的利用需要考虑若干因素：有便宜和可再生能源用于生产氢气，有合适的能量存储方法，需要对氢燃料电池进行管理和建设充气站。由于重力场的作用，没有纯氢气的天然资源可以利用，因此氢燃料必须通过其他能源生产。虽然水和天然气含有最丰富的氢源，但是，在解离水生产氢的同时也生成不希望的氧气，从而限制其大规模应用。产氢最不费钱的方法是把蒸汽喷洒到白热的煤上，但这个方法同时也产生大量的有毒物质如一氧化碳等，这降低了对该方法的需求。所以，需要发展生产氢的合适替代方法。

早在 1870 年就已经指出，氢气能够有效地替代煤。煤气是氢气的一个来源，煤气重整生成水蒸气、CO 和氢的混合物，从中可以获得氢。1920 年发现了大量的甲烷（天然气）储存资源，它是煤气的便宜替代物。在现代世界中，甲烷被认为是氢气的最便宜来源。通过天然气制氢，与煤气一样也同时产生碳氧化物。天然气制氢和降低 CO 排放现在仍然是研究的重点领域。世界上许多国家都使用天然气作为氢源进行工业规模氢气的生产，方法是蒸汽重整或部分氧化或自热重整，这已经在第 4 章中做了详细叙述。

使用其他烃类制氢的主要缺点是会产生空气污染物和温室气体。其方法也是蒸汽重整、部分氧化或自热重整。工业规模的氢气生产，虽然也应用部分氧化和自热重整，但是多于 85% 的氢气是使用烃类蒸汽重整在常规固定床反应器中生产的。不过其产氢效率要低于蒸汽重整。常规蒸汽重整反应虽然有高的得率，但不是纯氢气，使用时要进行分离和提纯。有多种获得纯氢的技术可供利用，其中，变压吸附和膜反应器方法能够避开常规方法中的热力学限制。因此使用这些方法来纯化氢气的吸引力在增加。

6.1.1 氢经济

全球能源系统的转向正逐渐变成一件关键事情和现代世界的策略目标。移向氢燃料的概念早在50多年前科学家就已经提出。氢气是具有爆炸危险的燃料。氢气在不仔细操作的条件下会爆炸，而汽油和天然气同样也是会爆炸的。只要仔细和适当地管理氢气，它的使用比常规燃料的使用更安全。有评论指出，每个人应该具备有关氢燃料的基础知识和基本认识，而且要认识到氢气在未来可持续发展中的重要性。

使用氢气的燃料电池技术，在把各种形式的能源洁净有效地转化为方便使用的能量形式的过程中，起到至关重要的作用。世界能源体系从化石燃料到氢燃料的这个基本转换，不仅能够强化能源体系本身，而且有利于能源体系的脱碳化和降低对全球环境和气候的影响。也就是说，保护全球环境和气候的这个任务能够通过使用氢能技术得以圆满解决。为此，对向氢能源体系即“氢经济”的过渡，已经进行了广泛的研究。但能源体系基本结构的改变需要很长的时间，“氢经济”的完全建立可能需要数十年甚至数百年。因此，最重要的是，在现实中首先要接受氢能源技术带来的结构变化以及长期发展的趋势。然而氢气生产和利用必须进行革新以刺激氢经济发展，并不断扩大其应用领域和使用量。

可再生氢的使用能够提高整个世界能源的可信度，并有利于全球的和谐和创造财富。前面已经指出，为赢得可再生氢经济，必须考虑若干因素。其中主要的一个是：有好的可再生能源资源可供利用以及如何利用，即以经济有利的方法来生产氢气和电力。其他重要因素包括：使用可再生能源的社会和生态利益；国家的政策法规比较有利于可再生氢；广泛的公众和私人支持；为其他国家发展氢研究进行好的国际合作等。

氢气，由于有所期望的性质和通用性，在替代化石燃料的长期计划中是一种很好的选择。新西兰利用引入了氢能源的欧洲和亚洲能源体系模拟模型进行了很多可行性研究，发展出一个多区域集成能源体系模型（UniSyD模型），并使用它来评估氢燃料电池、氢内燃烧和电池技术对其经济的影响。这一个例研究的结果指出，氢燃料汽车比常规汽车有显著的经济效益，但需要有最大的CO_2封存容量，因为75%的氢燃料是从化石燃料生产的。这个UniSyD模型使用四个基础模型结构，这四个基础模型是化石能源资源、电力生产、氢气生产和运输，即它们同时考虑了能源经济的关键因素。在模型中氢气基于从小规模电解或蒸汽甲烷重整生产或使用煤炭或生物质气化或蒸汽甲烷重整工厂以大规模集中生产。对使用煤炭气化集成氢气和电力生产来说，固体氧化物燃料电池顶部循环是低成本生产氢气的方法之一。因为它有能力在峰值时间出卖部分电力给市场，以部分补偿氢气的生产成本。前期生产总是选择最先形成的技术，因为初始需求量是小的。

世界上不同国家的政府以及研究者们已经开始评估氢气作为替代燃料以及在它们自己国家能源体系中实施氢经济的可能性。很长一段时间来，加拿大在氢气和能源领域都保持有很强的地位。在2001年6月，加拿大政府下属加拿大运输燃料协会（CTFCA）为降低温室气体排放，在2000行动计划（Action Plan，2000）中提出倡议。加拿大在氢技术的初始研究过程中起领头羊的作用，现时在改变能源公用基础设施方面也起着实实在在的作用，从使用电解法生产氢气的工业革新和终端使用燃料电池的倡议，到政府领导的支持模式和标准规范都值得学习。

像欧洲和美洲一样，亚洲也开展了很多氢能项目。众所周知的日本“阳光计划”，从1974年就开始研究替代能源即氢能。氢是一个能源载体，与电力互补，但其份额至多能够勉强达到总能源消耗的20%。中国也已经开始启动使用氢气作为能源的计划。自2000年以来，由国家自然科学基金会支持的项目持续增加，重点领域是机理和储氢材料、氢气生产和燃料电池。中国科技部（MOST）落实不同的研究和高科技发展计划。最突出的是支持电动汽车重大项目，投入8.8亿元，其中一半用于氢气和燃料电池的发展。

使用氢作为能量存储介质的可再生能源经济可行性，在不丹的两个遥远社区进行了示范性研究。结果证明，在非常遥远和电网不可接近地区，电网延伸的成本是非常高的（或许是不可能的），而可再生能源系统可以为使用者提供相对高水平的服务，其成本低于或类似于电网供应。在印度，新的可再生能源部下设有国家氢能局，由来自政府、工业、学术机构和其他领域的专家组成。路线图或道路地图（Road Map）为印度2020发展绿色动力（CIP）提出计划指标，至少建立100万千瓦氢能发电厂和行驶的氢能汽车达到100万辆。道路地图计划是一个划时代的事情：使用生物方法生产氢气，该技术可原位延伸到使用可再生资源（生物质）生产氢气。当然，商业氢气生产技术也是一种选择。韩国科技部在2003年落实了氢能R&D中心。商业工业和能源部在2004年建立发展氢和燃料电池的国家R&D组织。韩国能源研究所（KIER）是唯一的政府资助的研究所，对能源技术的发展和政策进行示范。并已经建立起长期战略能源技术的路线图（ETRM），时间从2006～2015年。报道说，政府政策，即BTU税鼓励把道路运输燃料从石油转换到氢。由于将氢引入道路运输部门作为燃料，常规车辆的份额按比例下降，使韩国CO_2排放得以降低，能量效率和能源安全性都有提高。

自1999年以来一个小的合作平台，冰岛新能源股份有限公司（INE），已经开始运行。多个可行性研究项目现在在雷亚维克进行，围绕从国内丰富的地区水资源和可再生能源（水和地热发电）制氢进行研究和发展。

6.1.2 氢经济的推动力

传统上，促进氢作为能源载体的中心活动是它能够产生良好的环境效益。应该说，可再生能源是能够满足所有国家能源需求的。氢气可以被认为是当前最好的长期可再生能源。从可再生资源生产的氢气称为可再生氢，这是保证世界能源的基础。可以利用可再生资源和核能来生产氢气。而可再生氢可以作为运输燃料和存储能量的介质，对能量和无排放技术间的连接是至关重要的。在新近的氢研究中确证，氢经济的四个主要推动力量是：①能源安全；②气候变化；③空气污染；④竞争和合作。

能源安全对于各国都是首要考虑的问题之一。环境污染和温室气体排放导致的气候变化已经使国际社会强烈要求缩减化石燃料使用量。目的是降低温室气体排放和对环境造成的毒害，为此对清洁燃料的需求愈来愈迫切。对替代燃料的研究已经导致向氢燃料转移。对运输和固定应用的清洁能源载体，氢气是一个理想的候选者，可再生氢的概念逐渐被普遍接受。为解决可再生能源生产带来的间歇性问题，需要发展极为重要的能量存储材料。可再生能源使用的价值可以通过氢吸收消化而得以增强。

零排放能源技术是有吸引力的，即便不考虑清洁可再生能源的利益和成本，在经济上也能够与使用化石燃料的技术竞争。研究表明，如果使用太阳能技术替代化石燃料生产氢气，则在经济上也变得比较有利。把氢和电力作为混合能源，在现时能源中它们是不可分离的孪生体，因为电力能够从氢气生产，而氢气也能够从电力生产，即氢和电力是可相互替代的。氢 - 电力 - 氢能源设想（HHES）能够在偏远或孤立地区作为能源使用，如农村、酒店、孤立区域和岛屿等。在有巨大水电潜力的国家 HHES 具有大的发展空间，如挪威、巴西、加拿大和委内瑞拉等。在拉丁美洲很少有氢能 R&D 计划，巴西在使用可再生资源（特别是水电）生产氢能研究中处于领先地位。对委内瑞拉使用水电生产氢的模型进行了可行性研究。首先设计了数字结构（从 2000 年开始的 20 年），并对氢生产行为、能源转化效率、电力成本和电解器成本进行了建模，依据的是历史数据和由制造者提供的目录和参考资料。研究结果指出，氢存储电力比在电池中存储电力更为经济。氢气的生产、存储和使用被认为是现在能源存储形式的最好替代技术。

为发展可再生氢经济，不同国家采用的程式有所不同。这已经被国际能源署（IEA）提供的氢经济国际参与者（IPHE）和北美、南美、欧洲及亚洲的一些个例研究结果所说明。氢经济概念早先是由国际机构，如 IEA 和 IPHE 为未来零排放持续能源增长研究中的发现而提出的。IEA 为与能源技术有关的共同事情的讨论提供平台，其成员要改变其技术政策也是被允许的。已经达成的若干协议指出，合作能源研究可以由 IEA 提供并在其框架内进行。IEA 框架中的一个主要部分是氢气。在过去的一些年中，IEA 氢补充协议对氢气的未来已经产生相当大的影响，氢气作为在清洁和可持续能源体系中的关键因素正在快速发展。按照 IEA 协议，氢气能够应用于所有能源领域，能够为可再生能源提供存储选择，如太阳能和风能资源。许多亚洲国家现在已经成为 IEA 的成员。

IPHE 是一个国际组织，是实现国际重点领域研究（与氢和燃料电池技术有关的研究）的主要服务平台。IPHE 也提供发展策略共同模块和标准间的联系，这能够加速全球向氢经济的过渡，使能源和环境安全性增加。在 IPHE 的各个亚洲国家中，中国、印度、日本和韩国都是重要成员。其主要功能是落实、配合和促进氢和燃料电池技术方面的潜在合作领域，以及分析生产氢气的方法和利用结构。从 IPHE 的角度看，氢经济提供了一个令人满意的可能解决办法，以满足全球对能源的期望和降低温室气体排放。

亚洲太平洋经济合作能源工作小组（APECEWP）的工作重点是促进氢技术的发展和燃料电池的应用（关系到 IEA 和 IPHE 对整个亚洲国家在氢气和燃料电池方面的发展）。欧洲的清洁城市运输（CUTE）组织认识到亚洲国家公交运输对氢动力的需求，这已经成为与亚洲国家合作的一个领域。对亚洲国家的氢气和燃料电池发展，土耳其的氢能技术中心（ICHET）还提供了一些资助。

化石燃料基经济向可再生氢经济的过渡可能要一步一步来。为达到这个目标，必须保证氢气的工业规模生产和利用，谨慎确定未来能源的发展。对整个能源领域的进展，经济有效的氢经济应该有氢气的成熟技术和公用基础设施的支持。

由煤制氢以及氢气的应用涉及的领域是多方面的，即便是制氢也不是一个简单的过程。煤制氢中的一些过程前面一些章节中已经作了介绍，而氢气的某些应用也在单独的章节中介绍过。这一章重点介绍煤制氢中高级烃类的重整工艺、反应器和催化剂（有关甲烷重整过程、反应器和催化剂已经在第 4 章中做了详细介绍），以及对把它作为能源使用的发电装置燃料电池作较为深入的介绍。

6.2 氢气的需求和使用

6.2.1 对氢气的需求

在化学、食品和炼制工业中，氢气是广泛使用的原料。在生产运输液体燃料的石油炼制工艺中对氢气有高的需求，主要使用于加氢脱硫、加氢脱氮、加氢脱金属和烃类加氢裂解中，以及其他加氢处理和化学品生产中。预计未来，不同部门对氢气的需求每年将增加10% ～ 15%，表 6-2 显示了美国在 1994 年到 2000 年各个部门对氢气需求的增加。炼制和化学公司使用氢气都是为了生产大宗化学品、精细化学品和专用化学品，如甲苯二胺、过氧化氢、氨、加氢处理、药品和合成气应用（如甲醇、高碳醇生产）。在 1988 年，甲醇合成和其他化学品生产占卖出氢气的 6.7%。氨合成工厂占世界氢气消费的 40%，构成大体积生产氢气单元的主要部分，用以还原氮气，生产氨。因此，合成工厂实际上是生产氢气的另一种形式。由于氨的超大容量，因此把氨合成工厂转化为生产氢气的工厂是有吸引力的。美国和西欧国家的氢气供应和需求示于图 6-1 中。

表6-2　美国非炼制工业对氢气的需求　　单位：十亿立方英尺

市场	1994 年	2000 年
化学加工	82	128
电子部门	9	15
食品加工	4	5
金属制造业	3	4
其他市场	13	17
合计	111	169

注：$1ft^3=0.0283168m^3$。

此外，氢气被钢铁工业使用于钢的退火。电子工业在其生产装置中使用氢气。氢气也被大量使用于食品加工工业中，特别是脂肪和油类的加氢。此外，把大量氢气作为燃料使用有专门的应用，如美国航天飞机的推进剂。

积极讨论氢气使用的另一个领域与环境有关。氢气在空气中燃烧生成水，没有副产 CO_2，这是一个有环境吸引力的清洁燃料。但是，氢气作为清洁燃料使用与它是如何生产的密切相关：利用化石燃料生产氢气实际上是间接排放 CO_2 的源头。涉及环境的未来真实机遇是使用非化石燃料方法生产氢气。如果人们能够最终从水以高效和成本有效的方法生产氢气，氢气燃料将真正是可再生燃料。有关使用氢气作为燃料使用的另一个领域在于其高能量含量。在单位物质的量的基础上，氢气燃烧是高强度能量和原子有效生产的一个方法。氢气是清洁燃料，因无 CO_2 或 NO_x 生成。地球拥有巨大的水量，如果能够发展从水生产氢气，然后再燃烧生成水同时产生电力，这将是非常环境友好的、有吸引力的技术。

近来已经有不少人把氢气描述为“未来的燃料”。如果回到 1850 年，可以看到，美国的主要能源从 1850 年的木头转变成 1900 年的煤炭。以石油作为主要能源是在 1950 年以后，天然气的作用似乎在不断增加。也就是说燃料在不断向富氢燃料方向移动。不管怎样，天然气和石油最终有被消耗完的一天，那时将被强制使用新燃料。20 世纪 60 年代显示的这个替代新燃料可能是核能，但已经证明这是不现实的。现在很多人看好氢气，特别是在考虑环境被化石燃料污染的时候，因为世界未来能源需求增加，它有可能满足这个过渡时期的需求。

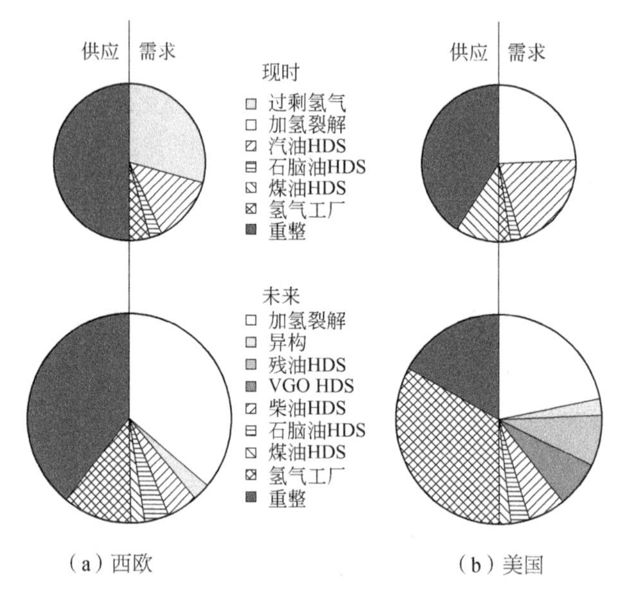

图 6-1　模型炼厂中氢气的供应（重整和氢气工厂）和需求

统计显示，氢气的供应和需求在最近 30 年中发生了惊人的变化。在 20 世纪 80 年代，对氢气的需求是低的，比生产的氢气量还少，氢气生产是有剩余的，于是大多数石油炼制工厂把氢气作为副产品外卖。实际上，炼厂为供应它们自己所需要的氢气，通常需要仔细平衡各个部分的反应化学。随着对汽车尾气排放的严格控制（汽油中较少苯和硫化物含量）和更高的氮氧化物排放要求，炼厂使用成熟和可以接受的加氢脱硫和加氢脱氮技术来满足更高的环境要求。过去，炼厂生产大量苯时副产大量氢气，但汽油中苯含量降低使氢气生产量减少，而需求量却因加氢处理工艺扩大而增加。这些都影响对氢气的需求，使一些地区氢气供应紧张。这导致炼厂从过去的氢气生产供应者到现在的氢气主要消费者（如图 6-1 所示）转变，因此世界上许多主要炼厂都建立起独立的氢气生产工厂（使用甲烷蒸汽重整或部分氧化方法）。对氢气供应和需求的长期预测显示，未来氢气的供应和需求之间有相当大的缺口。

对氢气需求增加的另一个重要原因是，高效洁净的燃料电池技术发展日趋成熟和应用愈来愈普及。燃料电池一般以氢气作为燃料，这对氢气的需求量大增。在一些国家的某些地区对氢气的需求是非常强的。在世界某些地区建设氢气管线系统来满足附近生产地区的多顾客需求是有好处的，特别是耗氢企业集中地区如美国得克萨斯州海湾地区。

预测指出，氢气是未来能量的主要来源。分子氢是一种清洁燃料，能够以液体或其他的形式储存，通过管道输送和配送，使氢气可能成为天然气的长期替代物。现时，烃类蒸汽重整（SR），特别是甲烷蒸汽重整（SMR）是最大、最普通和最经济的制氢方法。替代的非催化工业化学制氢方法包括重油或煤炭的部分氧化。当电力有富裕且相对比较便宜时，水电解能够替代工业方法来生产氢气。在最近一二十年中，氢气的商业推动者已经有了惊人的变化。在十多年前，氢气由炼厂供应，是氢气的主要来源，但现在炼厂为了降低污染和满足环境法规的要求大量使用氢气，转变成氢气大消费者。作为发电用煤炭，从其衍生气体副产物中也能够经济地获得纯氢，可以作为高效燃料电池燃料使用，也可用于煤热解副产液体的加氢和直接煤加氢液化，当然也可以直接卖给使用氢气的其他顾客。为此，需要发展分离氢气的有效和低成本技术。

作为能源使用的氢气，因其使用场合不同可能采取不同的生产方法。与现时固定位置的大量应用不一样，氢气也可以作为运输燃料供车辆使用，同现在的汽油、柴油这类液体燃料一样。液体运输燃料不可能在车辆上原位生产，因此建立了广泛的公用基础设施作为配送中心为车辆配送液体燃料。而氢气则不同，尽管有多个国家为氢气配送建立相应的公用基础设施，但它是可以在车辆上原位生产的。在车辆上存储或生产氢气仍然有一些需要进一步克服的问题，但可以使用现在车辆用的液体燃料。因此发展车载氢气生产系统是很有必要的，这将在后面做专门的讨论。

6.2.2 氢气的供应

美国的国家氢计划由美国能源部管理，是专门用于鼓励和支持发展安全、实际和经济上有竞争力的氢技术和氢体系的计划，用以满足各种不同的能量需求。这个计划的一个延伸结果是，最终有序地淘汰化石燃料；其目标是，到 2025 年氢气能源占总能源市场的 8% ～ 10% 份额。氢气是能够满足各种能量需求的燃料，无污染物排放，在成本上是有吸引力的。当生产氢气使用的是非化石燃料时，氢燃料能够显著降低 NO_x、CO 和 CO_2 的排放。美国的国家氢气计划是基于如下认识的：未来世界能源工业要求使用可再生氢气。这样不仅能够满足消费者和工业对未来氢能源的需求，而且也降低化石燃料基生产氢气时的污染物排放。

生产氢气的一个方法是甲烷 CO_2 重整，但它的实现面对一些严峻挑战。氢气的生产也能够利用天然气选择性氧化，只产生 CO 和 H_2。对光解、电解和热分解水生产氢气的过程正在大力研究之中。尽管有一些外部的事情如存储、分离和体系集成，但催化在这些生产过程和方法中起着重要作用，当然它只是解决办法的一部分。

生产和供应氢气的一些替代办法是催化界的重要研究机遇，特别是在使用非化石燃料生产氢气时。大多数科学家和管理者的观点认为，氢气生产是成熟的技术，因此对进一步研究仅有很少的激励和支持。但是，即便是成熟的领域对逐步变化也是非常敏感的。应该认识到，氢气生产在现成的、发展的和未来方法中仍然有大的机遇。特别值得注意的是氢气生产现时和替代方法中的机遇。

从天然气制氢或从煤炭气化制氢的标准方法是使合成气的 CO 经水汽变换反应生成氢气：

$$CO+H_2O \longrightarrow CO_2+H_2 \tag{6-1}$$

使用水汽变换反应生成氢气低温是有利的，但是为达到足够的反应速率现在要求的温度为 300 ～ 700℃。此外，在对合成气进行水汽变换前，必须除去高含量的酸性气体（硫化氢、二氧化碳、氯化氢）。氢气也能够使用冷冻蒸馏从合成气中分离出来。由煤制氢气的另外替代方法是在发展生产 SNG、甲醇或液体燃料的基础上，对这些气体和液体原料进行重整生产合成气并原位完成 H_2/CO 混合物的变换。这样能够避免加热和冷却、变换反应和从产物气体中除去 CO、CO_2 等过程产生的能量损失。分离氢气的变压吸附方法原理上对小和中等规模应用是很合适的。

对氢气的生产有许多因素影响工艺的选择。实际上顾客的要求是容量、纯度和需要的压力；如果数十亿美元炼制操作取决于氢气可利用性的话，技术和生产的可靠性对顾客也是重要的。其中原料可利用性（天然气、LPG、丁烷、石脑油、焦炭、真空残油、炼制弛放气等的组成）和生产成本是控制因素。在新建一个制氢气工厂时，所有这些因素和过程副产物（产品纯度、产生气流的量和质量及电力的共生产）在技术选择中起关键作用。

氢气价格与原料价格有很大的依赖关系。使用天然气原料，显示价格为约 2.00 美元 /10^6BTU，高纯氢的成本为约 2.5 美元 /1000SCF（ft^3，$1ft^3=0.0283168m^3$），工厂容量为每天 500 万立方英尺氢。天然气的成本为 0.89 美元 /1000 SCF 氢。

6.2.3 氢的存储

氢存储对发展使用燃料电池动力体系的运输应用是重要的。成本有效和能量有效的车载氢气存储对便携式和移动应用以及整个氢运输网络也是重要的。氢存储在氢气生产、充气站和动力配置中是强制性的。氢气能够以多种方法存储。使用于存储天然气的盐洞穴也有可能被使用于存储压缩氢气。氢气存储的常规方法是压缩存储，即在高压下存储氢气或在高压冷冻条件下以液体形式存储，这类存储需要使用带有合适安全警示的特殊容器。

对高压冷冻存储，需要把氢气冷却到 −253℃下来获得液态氢。把氢气转化成液态后便于存储、运输和配送，装载液态氢的容器可以使用卡车和在铁路上运输。氢气的液化要消耗大约 30% 的氢气能量。除了这一能量消耗外，还必须使用非常优秀的材料制造存储容器，这是高成本的。所以，为发展可再生氢经济必须考虑改进氢气液化工厂和存储容器的安全性。许多研究证明，转化为液态形式后，氢气的能量密度有相当的提高，提高存储容器的热绝缘是必需的，以使容器中的氢气能够保持在氢气沸点以下。块状氢是固态和液态氢的掺合物，温度降低到 −259℃以下时就能够获得，因此温度要远低于液态氢。虽然块状氢的应用是受限制的，但其在空间技术中的应用是相当可观的。

管道氢存储是有效存储氢气的另一个选择。其对氢气的运输和配送是重要的，能够直接把氢气输送给终端使用者。存储氢气还有许多其他方法，如使用氢吸收、吸附和化学反应来存储氢气。碳纳米管在合适条件下能够吸附（存储）相当数量的氢。碳基纳米材料如碳纳米管、碳纳米花、碳纳米纤维、石墨烯等，都有很好的氢存储（吸附）容量。碳微管道能够促进把氢存储在其微孔中。如有合适孔直径和毫米到微米的厚度的话，氢也能够存储在玻璃微球中。

除此以外，氢也能够存储在各种不同材料中，如能够形成金属氢化物的材料，此时氢弱键合在金属上。金属氢化物吸氢非常快，加热时释放出氢。吸收的氢量一般占样品总重量的大约 2%。某些金属氢化物的氢吸收容量高达 5% ～ 7%，但在释放氢时需要高温。金属氢化物存储氢是一个很安全的方法。现在大多数氢以液态形式被存储，或者以压缩气体形式存在。

使用材料储氢的技术现在处于快速发展之中。在研究过的多种储氢材料中，碳纳米材料是比较出色的。把氢气压缩再存储在容器中是现在世界上发展较快的氢存储技术，高压存储氢能够提高氢的能量密度，因此这个存储方法能够满足有空间限制的车载使用。存储容器成本、安全、有效和可靠性的改进依赖于好的材料。新设计也必须考虑高压氢存储的新出现材料。氢需要存储是氢经济与化石燃料电力比较中的一个弱项。

6.2.4 配送 – 运输

氢运输和配送公用基础设施的进展已经由 IEA 做了详细的分析。现在，氢气通过管道输送，或使用钢瓶、罐车、冷冻容器等进行道路运输。对于长距离运输，氢气一般被保存在超级绝缘的容器中、道路卡车或驳船中进行冷冻液氢运输，到指定位置后再蒸发使用。但是，对于短距离运输，使用高压钢瓶比较方便。报道指出，氢气中心生产比分布式生产更为经济。但是，中心生产氢气的经济可行性与有效氢配送和运输的发展是紧密相关的。在所有配送方法中，中心生产工厂与使用者间的管道连接，对输送大量氢气是最有效的。因此，对氢气生产配送位置的合适选择也做了叙述和分析。液态氢管道配送，对 100 ~ 200（mile，1mile=1609.344m）的距离是理想的；而大于 1000mile 时，液态氢容器或气体氢管线输送是理想的；对更长距离运输，氢气中心生产技术将是不利的。

6.2.5 氢气的公用基础设施

氢气本身是一种燃料，其燃烧产品仅有水。所以，对燃烧氢气的内燃机发动机和燃料电池进行了大量的研究工作。但是，多种技术，如氢气的生产、运输和储存，都还没有准备好要商业化。此外，对产生的大量 CO_2 的掌控、运输后氢气的储存以及高成本等是氢基燃料体系的主要问题。而且从氢的生产到终端使用，包括氢的存储和运输，每一步都有安全、代码、标准等因素。这些参数都是必须考虑的，只有这样才能够以安全方法获得高质量的氢气。这里叙述的参数包括氢气生产、存储和运输等方面，对可再生氢技术的发展是重要的。与不可再生燃料比较，从可再生燃料生产氢气有许多是可以增强可再生氢经济的正因素。图 6-2 是集成氢气公用基础设施氢能路线图，描述了氢气的生产、存储、配送和终端应用。

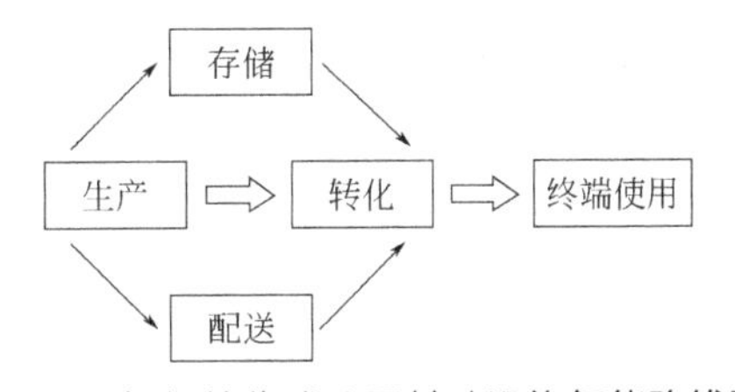

图 6-2　氢气的集成公用基础设施氢能路线图

6.3 氢气生产

6.3.1 概述

氢气是重要的化学品，长期使用于化学工业，如氨合成、甲醇合成和化学品的加氢，也大量使用于石油炼制工业中，如加氢脱硫和各种加氢工艺。虽然有很多氢气的来源，但使用于化学工业和石油炼制工业的氢气主要来自烃类重整和饱和烃类脱氢（石油炼制中的重整过程）。在我国，化学工业使用的氢气有很大一部分来自煤炭气化。氢气作为清洁能源使用则是相对近期的事情。一方面是由于环境压力所致，另一方面也是高效洁净燃料电池技术发展的结果（燃料电池一般使用氢气作为燃料）。为此，20 世纪后期在世界范围提出了所谓的“氢经济”概念，期望在 21 世纪中后期能够进入洁净的氢经济时代。因此，世界各国对有关氢的事情，包括生产、运输、储存、使用和安全等问题，已经有足够的重视，对各个方面都进行了大量研究，有的是针对性很强的研究，如车载制氢。

广泛的预测指出，氢气很可能成为未来能量的主要来源。分子氢是一种清洁燃烧燃料，且能够以液体或其他形式储存，通过管道输送和配送。因此从长远看来，氢气能够替代目前使用的天然气。

表6-3　制氢技术总结

技术	原料	效率	技术成熟程度
蒸汽重整	烃类	70% ～ 85%①	商业化
部分氧化	烃类	60% ～ 75%①	商业化
自热重整	烃类	60% ～ 75%①	近期
等离子重整	烃类	9% ～ 85%②	远期
水相重整	碳水化合物	35% ～ 55%①	中期
氨重整	氨	NA	近期
煤、生物质气化	煤、生物质	35% ～ 75%①	商业化
光解	太阳光 + 水	0.5%③	远期
避光发酵	生物质	60% ～ 80%④	远期
光发酵	生物质 + 太阳光	0.1%⑤	远期
微生物电解池	生物质 + 电力	78%⑥	远期
碱电解器	水 + 电力	50% ～ 60%⑦	商业化
PEM 电解器	水 + 电力	55% ～ 70%⑦	近期
固体氧化物电解池	水 + 电力 + 热	40% ～ 60%⑧	中期
热化学水分裂	水 + 热	NA	远期
光化学水分裂	水 + 太阳光	12.4%⑨	远期

注：NA 表示没有可利用数据。

①热效率，基于 HHV；②不包括氢的纯化消耗；③太阳能经水裂解得到氢，不包括氢纯化；④理论值是每摩尔葡萄糖 4mol 醛，给出的是其百分数；⑤太阳能通过有机材料到氢，不包括氢的纯化；⑥包括电能和基质能量的总能量效率，但不包括它们的纯化；⑦生产氢的 LHV 除以输入电解池的电能；⑧高温电解效率取决于操作温度和热源的效率，如使用核反应器的温度操作，效率可达到 60%，不考虑输入热量效率可达 90%；⑨太阳能经水到氢，不包括氢纯化。

美国、欧盟、日本、中国等都有庞大的国家氢计划，专用于鼓励和支持安全实际和有经济竞争性的氢技术和氢经济体系的发展，目标是满足对洁净能源的需求。这些计划的一个延伸结果是，最终有序地逐步替代化石燃料，使氢气产量大幅增加，在总能源市场中能够占有一定的比例，如美国到 2025 年计划占 8% ～ 10%。应该说，氢气是丰富的，能够满足人们对无污染物、无废物排放的能源需求，且能够做到有效和在成本上有吸引力。如果氢气生产使用的是非化石燃料，那么氢气作为燃料的污染物 NO_x、CO 和 CO_2 的排放会有非常显著的下降。

由于氢气不是自然界天然存在的物质，需要使用天然物质来生产。世界上存在的含氢物质非常多，原理上这些含氢物质都能够用于生产氢气。因此研究发展的生产氢气的方法也很多，视用途和地区场合的不同采用不同的方法。表6-3列出了生产氢气的各种技术及它们的效率和技术成熟程度。显然很多绿色氢气生产技术仍然处于发展之中，能够经济地使用的制氢技术仍然是以化石燃料为基础的。图6-3显示燃料加工特别是氢气生产的概念流程，所使用的初始原料仍然是三大化石燃料：煤炭（固体）、石油（液体）和天然气（气体）。当然其他固体如生物质、石油焦、固体废物也可以通过气化路线生产氢气。

虽然通过水制氢是最理想的，无论是使用电解、光解（光分裂）还是热分解的方法都可以生产氢气。但在多种制氢技术中，有的在技术经济上仍有障碍，有的技术不成熟仍需要继续研究。从经济和技术角度考虑，目前最现实的制氢原料仍然是三大化石燃料：煤、石油和天然气。其中天然气的氢碳比最高，石油其次，而煤炭最低。显然，制氢的最理想原料是天然气。即便使用天然气制氢也有很多方法，如蒸汽重整、部分氧化、二氧化碳重整、自热重整等。煤炭制氢可以使用气化生产合成气，再经水汽变换后分离生产氢气，也可以把合成气先合成天然气或烃类或含氧化合物，再进行重整来生产氢气，工艺路线相对较长，但也是一种可以选择的方法。这些方法都离不开催化技术，即催化在这些制氢的化学和工程方法中起着重要的作用，虽然只是解决办法中的一部分。

煤制氢通过煤炭气化生产合成气，再从合成气使用催化方生产氢气。煤炭气化获得的粗合成气含有很多会使下游的加工催化剂中毒的杂质，为使用于制氢需要进行许多费力的净化。这在第3章中已经做了详细讨论。煤制合成气生产合成天然气（甲烷）和甲烷催化重整制合成气也已经在第4章做了详细讨论。在从合成气制氢气中仍需要重点讨论的是如何提高合成气中的氢气含量，这就需要经过水汽变换反应把其中的CO也转化为氢气。余留的少量一氧化碳不能够满足低温燃料电池用氢的要求，需要使用除去痕量CO的纯化方法，包括广为使用的变压吸附技术和微量CO选择性氧化技术等。

6.3.2 氢气生产

氢经济路线中的一个严重问题是以有效和绿色路线生产氢气。氢气生产可使用范围广泛的方法，现在在文献中都是可以找到的。许多描述的方法仅能够应用于实验室规模产氢，某些方法能够应用于工业规模生产氢气。对大规模能源应用，近于95%的氢气是使用甲烷重整方法生产的。余留部分是水电解，而电力一般是由化石燃料燃烧获得的。图6-3给出了不同含氢原料，特别是水、天然气、生物质和煤炭生产氢气的工艺链。

有关使用化石燃料生产氢气的方法，一部分如从烃类重整生产合成气已经在第4章中详细介绍，而把合成气中的CO转化为氢气的水汽变换则会在后面单独进行介绍。这里简要介绍使用非化石能源资源生成氢气的方法。

首先是使用水作为氢源，把其分解来生产氢气。例如，使用浓缩太阳能产生的热量将水分裂生成氢气；水电解的方法也就是使用电流把水分裂成氢和氧，为此达到目的电力不应该是从化石燃料（如煤炭或天然气）生产的，而是使用非化石燃料生产的，例如，从核能、风力透平和太阳光光伏电池获得。目前电解生产的氢气仅占世界氢气需求量的很小一部分，它的规模受限于获得少量满足特殊需求的高纯氢气。为获得高纯氢气，使用质子交换膜电解或碱电解水在生产氢气的同时，要产生某些副产物如氯气、NaOH 等。在使用水蒸气电解生产氢气的过程中，使用热量替代分裂水的电力。因此，这个过程远比常规电解过程有效。

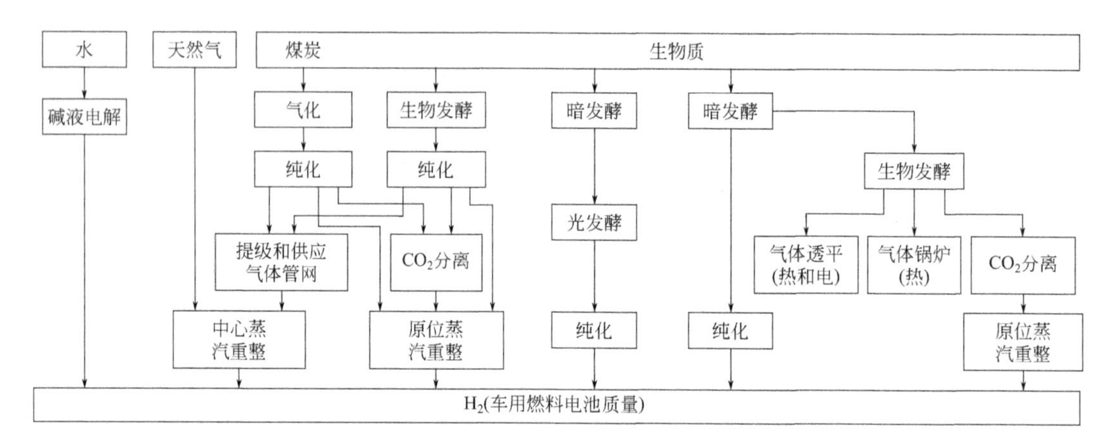

图 6-3 水、天然气、生物质和煤炭生产氢气的工艺链

光 - 生物生产氢气的过程借助微生物利用太阳光分解水。许多光合成细菌直接利用光能从水生产氢气。光 - 生物技术制氢具有巨大潜力。某些半导体材料（如 TiO_2、ZnO）也能够在阳光下分解水生产氢气。该方法在单一装置中集成半导体材料和水电解，能够使用光作能源直接从水生产氢气。光催化剂如尖晶石钴氧化物也能够分裂水。水分裂反应的一些新光催化剂正在被设计成有效、便宜和持久的生产氢气装置。同时能够把吸收光和水分裂的装置组合在同一设备中，这可能是生产氢气的最好路线。高反应温度也能够分裂水。太阳热化学水分裂是这种方法，该方法中强化聚集的太阳光热能能够产生非常高的温度，在该温度下热化学反应能够循环进行水分解生产氢气。

能够使用多种技术把生物质重整为氢气。从生物质生产氢气的新近技术包括生物质气化和热解，接着进行蒸汽重整。其他技术包括氧吹气化、发酵需氧分解等。生物质经热化学生产气体混合物，能够从它们分离出氢气。纯氢能够从生物质或煤炭和热量产生。生物质的热处理产生生物油，它含有很多化学品、热量和氢气等组分，容易分离出氢气。重整技术也被使用于转化生物油到氢，该过程建立在天然气重整制氢的可行工艺基础之上。若干光合成细菌如绿藻、蓝藻等，在它们的代谢活动中，利用光能分解水也能生产出氢气。对现时的市场可行性，微生物的产氢速率仍然是太低了。使用活性金属如铝、锌、铁等分解水应该是一个生产氢气的可行方法。但是，为获得快的速率和好的得率，该方法需要使用酸性或碱性条件。

当重点是生产氢气时，其基本问题是如何生产出所需要的氢气质量和数量，和这些量是如何随工艺变化的。明显的是，电解水生产氢气现在比从化石燃料生产氢气更加有效，但如果水电解的使用是在化石燃料基技术上进行的，则必须消耗额外的能量以解决碳氧化物和其他污染物排放的问题（它们与化石燃料的使用密切相关）。因此，各种因素考虑必须有全球生产的眼光，考虑总能量的损失，也同时要考虑可再生氢经济的概念。

6.3.3 制氢原料

虽然在图 6-3 中显示可以使用任何含氢原料制氢，但目前成熟的工业应用的制氢技术使用的原料仍然以烃类原料为主。图 6-4 给出了制氢可以使用的初始原料：可以是三大化石燃料中的任何一种，以及从它们到氢气的基本过程和氢气作为能源的使用者——燃料电池。

通过化石燃料制氢技术现在是成熟技术，表 6-4 总结了世界上生产氢的使用原料。在 20 世纪 80 年代，天然气几乎占世界制氢原料的 50%，现在这个比例就更高了。似乎对环境很有吸引力的电解水制氢占很小的百分比，因为它取决于可以经济地利用的电力。现在这个技术的地区性是很强的，因为与有限和便宜的水力发电厂资源密切相关。没有显现出大坝建设速度和需求能够与便宜的水电需求保持同步，因为大坝建设总是限制于世界上某些特定的地区。

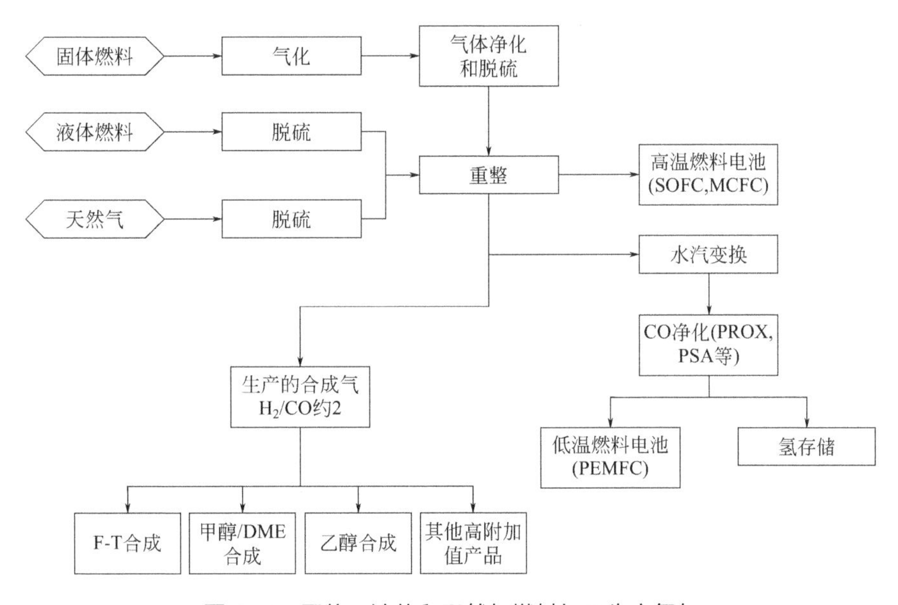

图 6-4　固体、液体和天然气燃料加工生产氢气

从环境角度考虑，已经开发一些制氢技术和正在发展一些新的制氢技术。例如，使用烃类原料的热解、等离子重整和水相重整。利用生物质制氢，可以通过生物质气化生产合成气，再经水汽变换制氢（与煤炭制氢极为类似），也可以通过生化过程制氢。除了成熟的水电解制氢外，也在研究发展热化学裂解制氢和光解或光电解制氢技术，如前所述。在一些利用氢气量不大的企业和单位，也可以利用化学品的分解来制氢，例如氨重整分解制氢和甲醇重整制氢等，这些制氢技术都被列举于表 6-3 中。

表6-4　生产氢气的原料

原料	世界容量（1988 年）/%
天然气	48
石油	30
煤炭	18
水（电解）	4

6.3.4 关于 CO_2 副产物

如果使用烃类原料重整制氢，重要的是要记住，CO_2 是 H_2 生产中的重要副产物，因为化石燃料被使用于生产世界上大多数的氢气，而几乎所有的制氢技术都包含副产 CO_2 的反应。从表 6-5 中能够看到，每摩尔 H_2 生产的 CO_2 的量与所用化石燃料类型和技术有关。明显清楚的是，甲烷蒸汽重整是最少 CO_2 副产物产生的最好方法，产生的 CO_2 数量随使用烃类含碳量的增加而增加。部分氧化技术总是会导致燃料因过度氧化而产生更多 CO_2 副产物。从副产物 CO_2 角度考虑，蒸汽重整产生的 CO_2 比部分氧化技术少。也能够看到，从副产物 CO_2 的观点看，煤是最不希望使用于生产 H_2 的原料。除原料选择外，影响 CO_2 生成必须考虑的是燃料在燃烧器中因燃烧生成的 CO_2，这一燃烧用来提供蒸汽重整反应所需要的吸热。不应该太过关注氢气生产期间产生的副产物 CO_2。从世界氢气工厂生产的 CO_2 量与从发电厂和移动车辆产生的巨大量 CO_2 比较，仍然是非常小的。直到我们有另一个成本有效的产氢方法，现在的技术是生产这个重要化学原料的有效方法。

表6-5　副产物CO_2随烃类原料的改变

CO_2/H_2 比	技术
0.25	甲烷蒸汽重整
0.31	戊烷蒸汽重整
0.33	甲烷部分氧化
0.59	重油部分氧化
1.0	煤炭部分氧化

H_2 常常被提议作为潜在的还原试剂除去 CO_2 和 NO_x，可是这样的提议需要考虑这个高需求还原试剂和生产它的成本。现在，使用氢来除去 CO_2 是没有吸引力的，因为氢通常是以 CO_2 作为共产物生产的。从表 6-5 可以明显看到的是，提倡氢作为除去 CO_2 排放物的方法进入了循环争论：今天由于尚未能够使用非化石能源生产大量氢气，因此使用氢还原方法控制（范围广泛）污染物 NO_x 和 CO_2 反过来会产生更多 CO_2，因用化石能源生产氢气时产生更多碳排放，所以现在使用氢解决世界规模 CO_2 排放是毫无意义的。使用氢破坏 CO_2 被进一步复杂化，因为有效除去 CO_2 需要高压力的氢。因此，任何非化石氢源也将必须在高压加以利用。气体的压缩操作是非常耗能的操作，所以，没有便宜的非化石燃料基高压氢，人们不能够考虑以氢作为除去世界规模 CO_2 可接受的方法。

6.3.5 燃料电池对氢燃料的要求

氢燃料的最大使用领域是燃料电池，虽然使用氢气做燃料的气体透平也在发展之中。既然制氢是为了作为燃料电池的燃料，就必须了解燃料电池对氢气的基本要求。前面已经指出，使用三大化石燃料及其衍生物制取的氢都包含在合成气之中。合成气的主要组分氢、一氧化碳能够作为燃料电池燃料，而一些杂质则必须除去。使用氢的各类燃料电池，包括质子交换膜燃料电池（PEMFC）、碱燃料电池（AFC）、磷酸盐燃料电池（PAFC）、熔融碳酸盐燃料电池（MCFC）和固体氧化物燃料电池（SOFC），对合成气中各组分的要求见表 6-6。可以看到，对低温燃料电池来说一氧化碳是毒物，而对高温燃料电池来说 CO 则可以作为燃料使用，甲烷和二氧化碳对燃料电池基本上是稀释的惰性组分，虽然会降低燃料电池性能，但不是毒物。但硫、氮等重要杂质则必须除去，对其浓度要求通常是很高的。由此能够了解，对不同燃料电池应用的氢燃料，从合成气制备时应该进行怎么样的加工，这是对固定装置应用而言的，对移动应用如车载制氢则是另一回事，应单独讨论。

表6-6　燃料电池对燃料的要求和气体组分的影响

组分	PEMFC	AFC	PAFC	MCFC	SOFC
操作温度 /℃	70 ～ 90	70 ～ 200	180 ～ 220	650 ～ 700	800 ～ 1000
H_2	燃料	燃料	燃料	燃料	燃料
CO	毒物（$>10\times10^{-6}$）	毒物	毒物（$>0.5\%$）	燃料①	燃料①
CH_4	稀释剂	稀释剂	稀释剂	稀释剂①②	稀释剂①②
CO_2 和 H_2O	稀释剂	毒物③	稀释剂	稀释剂	稀释剂
硫（H_2S,COS）④	毒物（$>0.1\times10^{-6}$）	未知	毒物（$>50\times10^{-6}$）	毒物（$>0.5\times10^{-6}$）	毒物（$>1\times10^{-6}$）

① CO 通过水汽变换与 H_2O 反应生成 H_2 和 CO_2；CH_4 在电极上与 H_2O 反应生成 CO 和 H_2，快于其作为燃料的反应。
② 在内或外重整 MCFC 和 SOFC 中是燃料。
③ CO_2 对 AFC 是毒物。
④ 氮和氯同硫一样是燃料电池毒物。

6.4 水汽变换

6.4.1 概述

由三大化石燃料制氢，其基本工艺都是首先经重整或气化生产合成气。重整或气化过程产生的合成气是一种气体混合物，除主要组分氢气和一氧化碳外还含有一些杂质气体。从合成气制氢的关键一步是把合成气中的 CO 转化为氢，以提高混合气体中氢气的含量，这个步骤通常使用的是水汽变换反应步骤（如果变换催化剂会被粗合成气中杂质中毒，则首先需要有一净化步骤以除去所含的杂质如硫化物、氮化物）。

合成气中 CO 含量显著，通常是 5% 或更多，需要用水汽变换反应来增加氢气含量。这个水汽变换反应通常在水汽变换（WGS）反应器中进行，降低 CO 含量的同时增加氢气含量。水汽变换反应在通常反应温度下是一个平衡反应，受热力学平衡限制。从热力学角度看，低温对降低 CO 含量是有利的。但通常的变换催化剂在低温下反应速度很慢，因此一般希望使用高温以获得快的反应动力学，但这会导致变换后的混合气体中有高的 CO 平衡值。为降低 CO 平衡含量，通常在高温 WGS 反应器后跟随有低温 WGS 反应器，重要的是能够把 CO 含量降低到 1% 或更低。研究证实，使用微反应器能够建立起梯度 WGS 反应器，这样在单一反应器单元中就同时含有高温和低温 WGS 催化剂。

1% 左右 CO 含量的氢气对下游低温燃料电池应用是不达标的，需要进一步降低。为把氢气中 CO 降低到 10^{-6} 的量级，可使用 CO 优先氧化（PrOX）或 CO 选择性甲烷化技术。在这里使用此选择性氧化替代优先氧化是不合适的。选择性氧化指 CO 在燃料电池中的还原，特别是在 PEMFC 中；而优先氧化发生于外反应器中。PrOX 和甲烷化各有其优缺点。

优先氧化反应器增加体系的复杂性，因为必须把精确测量空气浓度加到系统中。但这类反应器是紧凑的，如果引入过量空气要消耗一些氢气。甲烷化反应器比较简单，无需空气，但反应一个 CO 分子需要消耗三个 H_2 分子。而且 CO_2 也会与 H_2 反应，因此需要对反应器条件进行仔细控制，以避免氢气消耗。现时，优先氧化是正在发展的技术。这些过程的催化剂一般是贵金属，如铂、钌或铑，载体一般是氧化铝。

另一个除去 CO 的方法是使用膜（陶瓷或更普遍的是钯合金）技术，或变压吸附技术，它们都能够生产高纯度（> 99.9999%）的氢气。有关这类成熟的分离技术本书就不介绍了。

使用任何方法制备的合成气都含有重要组分氢气、一氧化碳、氮气、氩气和残留甲烷，其浓度取决于进料气体的性质和进料量以及各个部分的操作条件；取决于合成气的最后使用，可能必须改变其组成，包括氢和碳氧化物间的比例（生产甲醇和类似产品的工厂）或完全除去碳氧化物（氨合成工厂）。在制氢情形中，变换反应技术是重要的，对燃料电池应用有时要求部分或完全除去碳氧化物。最后，必须除去氮化合物和其他杂质，因为它们是合成部分的毒物。在氨合成和氢气生产过程中，除去碳氧化物后，使用甲烷化除去残留的痕量碳氧化物。有关合成气的净化也就是除去所述的有害杂质，已经在第 3 章的合成气净化中做了详细讨论。

6.4.2 水汽变换反应

为了优化氢气的产率和除去一氧化碳，进行水汽变换（WGS）反应：

$$CO + H_2O \longrightarrow CO_2 + H_2 \tag{6-2}$$

变换反应是放热和平衡反应，ΔH^0=−41 kJ/mol。方程两边有相同的分子数，因此 WGS 平衡常数与总压无关：

$$K_p = \frac{p_{CO_2} p_{H_2}}{p_{CO} p_{H_2O}} \tag{6-3}$$

平衡常数与温度的关系为：

$$K_p = e\left(\frac{4577.8}{T} - 4.33\right) \tag{6-4}$$

蒸汽重整反应中，典型的平衡气体组成为 10.4%CO、6.3%CO_2、41.2%H_2、42%H_2O 和少量甲烷。计算的平衡气体组成与温度的关系见图 6-5。上述的气体组成对应的平衡温度为 1000℃，这处于二级重整器的典型出口温度范围。变换反应的放热性质反映在 CO 和水蒸气的平衡浓度随温度的降低而降低，而 CO_2 和 H_2 的浓度随温度上升。

变换反应器几乎总是绝热操作的，此时，反应放热对过程施加了限制。随着反应进行，温度升高，直到反应达到平衡。气体组成是反应器出口高温下的平衡值而不是进口温度下的平衡值，这样离开反应器气体中的 CO 含量比等温反应时的含量要高。对大多数生产氢气的工厂，使用变压吸附（PSA）技术提纯氢气，PSA 的尾气含未反应的甲烷和 CO，通常是被送到火焰重整器中作为燃料烧掉的。所以，它并不如此重要，只要 CO 含量在 3% 或 0.3% 以下。因此，最常使用的是单一绝热变换反应器，高温变换（HTS）或中温变换（MTS）。但是，对氨合成工厂，合成气必须完全无氧，包括 CO，最重要的是使 CO 的逸出尽可能低。所以，惯常使用两个带中间冷却的串联变换反应器，设计为高温和低温两个变换反应器。典型的操作温度分别为 350 ～ 450℃和 190 ～ 235℃。图 6-6 显示在这些温度下 WGS 平衡曲线和两段绝热变换反应器系统的操作线。入口温度对 HTS 选择为 380℃，对低温变换（LTS）单元为 190℃。两段操作模式是有益的，因为在 HTS 中得到了高反应速率。

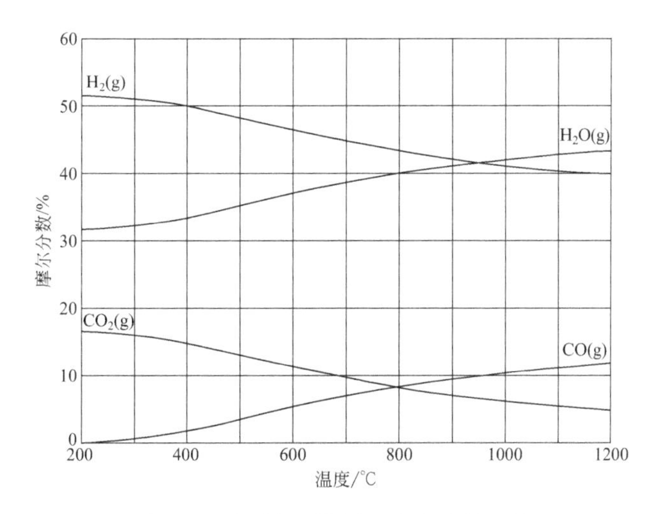

图 6-5　合成气平衡浓度与温度的关系

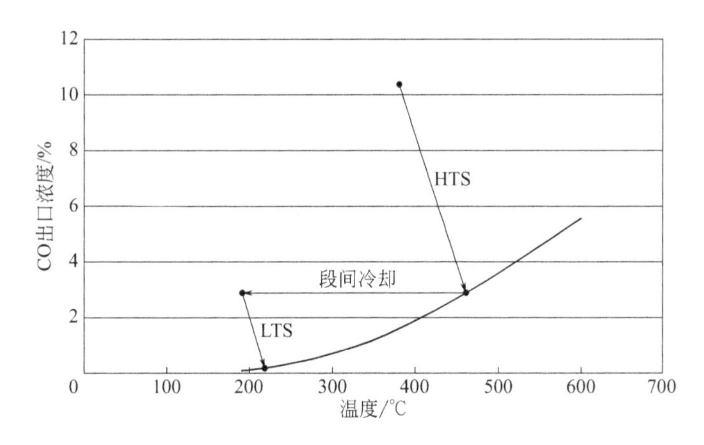

图 6-6　两段绝热 WGS 反应器体系的平衡和操作曲线

6.4.3 水汽变换催化剂

有各种类型的水汽变换反应催化剂在工业中使用，表 6-7 中列举了 WGS 反应催化剂的类型。上述的中温变换（MTS）反应的操作温度范围为 190 ～ 330℃，该过程使用的催化剂是 Cu 基催化剂，犹如低温变换（LTS）催化剂。但在 MTS 的高温区域，所要求的活性和机械强度热稳定性远高于 LTS 催化剂。为了达到最佳的 MTS 性能，复合装填，即在反应器的顶部和底部由不同性能的 MTS 催化剂构成。这允许对使用的催化剂类型，依据反应器不同部分的反应条件来进行裁剪，这能够使这类复合催化剂寿命显著增加。

水汽变换反应（WGS）通常在烃类重整或煤炭生物质等气化过程后面使用。煤炭气化而不是燃烧被认为是使用新发电方法（如组合循环发电）优先选用的方法。而氢气的生产多选择烃类特别是甲烷重整，因为能够生产更多的氢气。气化和重整的产品是合成气，包括氢气、CO 和 CO_2 等的混合气体。为了从合成气生产氢气，要把其中的 CO 也转化为氢气，因此水汽变换反应对氢气生产是非常重要的。WGS 是一个放热过程，使用的催化剂具有若干共同特征：有可利用的氧空穴、有解离水的活性和低的 CO 吸附强度。在不同制备和反应条件下 WGS 催化剂具有非常不同的特征，需要借助助剂来完成。具有这些特征的新 WGS 催化剂具有成为新工业催化剂的潜力。图 6-7 给出了使用高温和低温变换反应器时 CO 转化率与温度的关系，指出了为什么需要使用高低温变换两个催化剂和反应器。因为只有这样，才能够以足够的反应速率达到所需要的 CO 的转化。

WGS 反应是可逆反应，在高温下达到平衡比较快。低温 WGS 催化剂有高的 CO 转化率，但受动力学限制，因此反应进行得慢；而高温 WGS 催化剂，反应进行得快，但受平衡限制。由于 WGS 反应平衡的性质，WGS 过程通常使用两串联的反应器：高温变换反应器（HTSR）和低温变换反应器（LTSR）。对这个反应器体系的计算机模拟结果指出，双反应器体系在宽的温度范围内给出的转化率要高于单一反应器体系，如图 6-7 所示。

在工业中普遍使用的高温变换（HTS）催化剂是铁 - 铬催化剂。HTS 催化剂使用的温度和压力范围通常在 310 ～ 450℃和 25 ～ 35atm（1atm=101325Pa）。铬帮助降低烧结，虽然仍然会失活，但催化剂的替换（使用寿命）可达 2 ～ 5 年。在工业中普遍使用的低温变换（LTS）催化剂是负载于氧化铝上的铜 - 锌催化剂。LTS 催化剂的操作稳定在 210 ～ 240℃，几乎能够把进料中的 CO 都转化。但要求预先脱除硫至 100×10^{-9}，因为硫能够使催化剂快速失活。催化剂的使用寿命为 2 ～ 4 年。

关于水汽变换反应及其催化剂有多种说法。对实际应用目的，催化剂手册是非常有用的。新近一个完整说法的重点是过去十年的有关 WGS 催化剂的发展，尤其是针对燃料电池应用的各种 WGS 催化剂。有的说法也讨论 WGS 反应的机理领域。在非均相催化手册中也专门列出 WGS 催化栏目。在 Cu 基以及 Fe 基催化剂上有关反应机理的讨论能够在“Catalysis Today”杂志中找到。对低温 WGS（包括均相 WGS）和 WGS 反应动力学近期都有论文发表。

表6-7　水汽变换反应催化剂类型

类型	活性相	载体	助剂
高温	Ge/Cr 氧化物	无	Cu、Ca、Mg、Zn、Al
中温	Cu	ZnO/Al_2O_3 或 ZnO/Cr_2O_3	
低温	Cu	ZnO/Al_2O_3	碱金属
酸气变换	CoMoS	ZnO、Al_2O_3、MgO 及其组合	碱金属
燃料电池应用	贵金属	CeO_2、ZrO_2、TiO_2 及其组合	

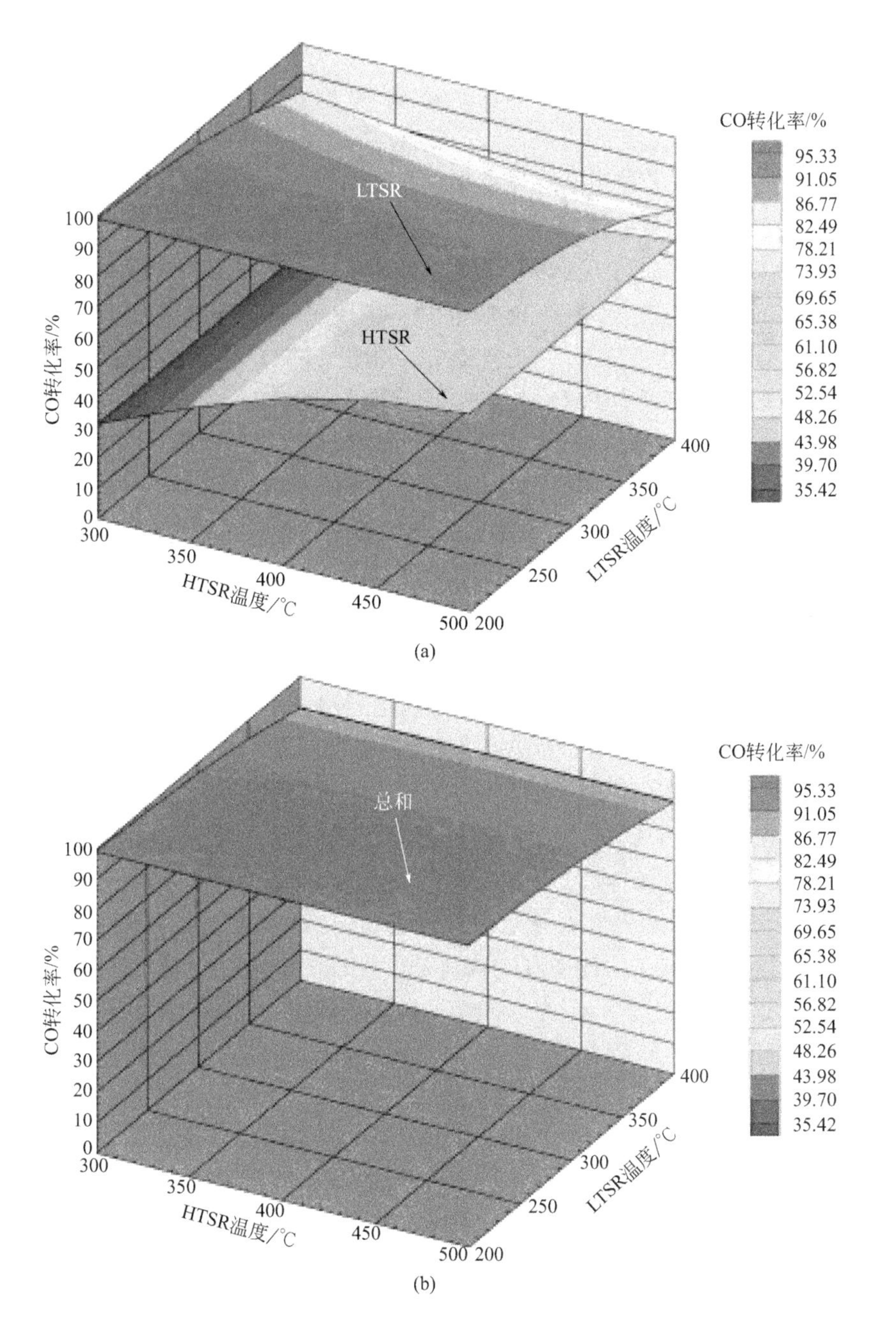

图 6-7 低温变换反应器（LTSR）、高温变换反应器（HTSR）及其组合 CO 转化率与温度改性的三维图

6.4.4 高温变换

6.4.4.1 Fe-Cr 基催化剂

Fe-Cr 基催化剂在高温 WGS 反应中应用。这些催化剂常常含有助剂特别是 Cu。催化剂的活性相是磁铁矿（Fe_3O_4），它具有反尖晶石结构，Fe^{2+} 和 Fe^{3+} 的一半位于八面体位置，余留的 Fe^{3+} 位于四面体位置，因此是 $Fe^{2+O}Fe^{3+O}Fe^{3+T}O_4$（O 指八面体，T 指四面体）。

纯磁铁矿活性相失活相对较快，原因是烧结和表面积损失。Fe_3O_4 的烧结是由配位数容易变化和 Fe^{3+} 的配位几何体促进的，因为这个 d^5 离子没有配体来稳定配位场。使用铬作稳定剂是非常有效的。可能的合理说明是，强的配位场稳定了在八面体环境中的 Fe^{3+}，它阻滞配位几何体的变化，而这对颗粒的滑移来说是必需的。在工业 HTS 催化剂中，铬的添加量一般为 8% ～ 14%。如果添加量高于这个量，Cr_2O_3 要发生相偏析形成分离的相。

关于 Cr 在 Fe_3O_4 中的稳定机理，最初提出的观点是，低浓度 Cr 形成分离的 Cr_2O_3 相，形成 Fe_3O_4 颗粒滑移的物理壁垒。观察到 Fe-Cr 催化剂的热失活按两步进行：首先快速失活，然后慢失活。快失活是由于近邻 Fe_3O_4 粒子的烧结，因这些 Fe_3O_4 粒子没有被 Cr_2O_3 粒子阻隔，主要的快速失活一直进行到所有 Fe_3O_4 都被加入的耐火 Cr_2O_3 粒子分离。但是，现代技术表征已经对这件事给出不同的解释。首先，使用 XPS、XRD 和高分辨电镜（HREM）的组合研究新近的结果说明，Cr 在磁铁矿中形成固溶液。在含 8%Cr 的新还原 Fe-Cr 催化剂中，XRD 和高分辨电镜仅检测到单一的相。其次，使用 STEM-EDX 分析样品，没有发现 Cr_2O_3 粒子。使用这个 STEM-EDX 方法的 1nm 探针技术对 100 个单晶（10 ～ 60nm）进行了分析。进一步发现了在晶粒中心含 6.3%Cr，而在晶粒边缘 Cr 的含量为 10.7%。比较灵敏和较少破坏结构的 XPS 分析揭示，表面铬的实际浓度为 23%。这个观察结果后来被其他人重复了，他们使用 XPS 分析发现 Cr/Fe 比为 0.25，对应于在新还原催化剂的表面含 Cr 20%。新鲜还原样品在表面显示显著的 Cr 和 Cu 富集。观察到的初始快速失活是 Cr 在磁铁矿粒子中不均匀分布的结果。因此，低 Cr 含量的颗粒增长比较快，直到所有颗粒含有足以防止这个快速下降的足够的 Cr。

理论计算与此不一致。Cr 取代磁铁矿的密度泛函理论（DFT）计算指出，Cr 到表面的偏析相对于它本体是高能垒的。进一步的计算证明，Cr 掺杂剂趋向于形成 Cr-Cr 键对和实际上在磁铁矿晶格中形成超结构。试验和计算之间的不一致至少可以使用两个方法解决。试验测量的 Cr 表面富集是在新鲜还原的催化剂上发现的。虽然制备了老化样品，但没有对分离粒子进行元素分布分析。所以，不能够排除在 WGS 操作中 Cr 滑移进入 Fe_3O_4 粒子内部。另一种说明与 DFT 研究有关，它没有给出表面是如何终结（截断）的，粒子似乎在真空环境中，这与 WGS 反应的富水气氛是不一致的。

现时使用的 Fe-Cr HTS 催化剂中还含有 1% ～ 3% 范围的 Cu 助剂。Cu 助剂有两个重要作用。与没有 Cu 助剂的 Fe-Cr 催化剂比较，Fe-Cr-Cu 催化剂上生成的甲烷远低得多，基本上不生成高级烃类。另一个作用是它显著降低活化能。近来研究测得的 Fe-Cr 催化剂的活化能是（118±9）kJ/mol，而 Cu-Fe-Cr 催化剂仅有（80±10）kJ/mol。这些活化能在压力 1 ～ 27atm 范围内是可靠的，测量是在本征动力学区中进行的。

虽然 Cu 是 LTS Cu-Zn-Al 催化剂中的主要组分，它对 HTS 催化剂活性是否有影响或仅仅是 Cr- 取代磁铁矿催化剂的添加剂或作为真正助剂是有争论的。若干研究指出，在 HTS 操作期间，铜是以金属 Cu 粒子形式存在的。使用反尖晶石 $CuFe_2O_4$ 作为起始原料，使用 XRD 和 XAFS 对还原期间的结构变化进行表征。虽然这个混合金属氧化物的还原要比母体氧化物 CuO 和 Fe_2O_3 困难得多，但结果证明，从 350℃到 450℃，$CuFe_2O_4$ 被还原为 Cu 和 Fe_3O_4，与它具有 WGS 反应活性是同时出现的。

按照对添加 Cu 助剂的 Fe-Cr 氧化物催化剂的原位荧光 XAFS 研究结果，操作期间 Cu 以金属相存在。含 1%Cu 样品用氨水萃取若干次，然后再分析的结果指出，萃取后，样品仅含 Cu 0.17%。令人惊奇的是，两个样品——萃取前和萃取后——有同样的 WGS 活性，这指出添加的 Cu 仅有一部分是活性的。该催化剂经原位 XAFS 研究进一步证实，预期其 Cu 含量小于 0.1% 即能够完全承担助剂的作用。在典型高温变换条件下，再一次观察到仅有金属 Cu 存在，而氧化铜的含量低于检测限。但是，这个检测限估计就是 0.1%，所以不能够做出决断性的否定，承担助剂作用的部分实际上可能是其氧化物形式，如 $CuFe_2O_4$。

Fe-Cr-Cu 催化剂样品在 370℃老化 1000h，可以预见到伴随的表面积损失，从 $50m^2/g$ 降低到 $17m^2/g$。不管怎样，样品中偶尔会出现与磁铁矿颗粒接触的 7 ～ 12nm Cu 粒子（样品必定已经被氧化），这一结果得到 HREM 结果的证实，即证实了颗粒的大小，这令人惊奇，因为 Cu 的 Tammann 温度和 Huttig 温度都是很低的。

综合上述分析，对 Cu 在 Fe-Cr-CuHTS 催化剂中作用的一个说明是，一部分 Cu 作为纳米颗粒被捕集，它一定程度上被围绕的金属氧化物骨架稳定。另一个说明是，简单认为 Cu 离子以如此低的浓度被捕集进入磁铁矿结构中，因此它们的存在是不容易测量的。

在 HTS Fe-Cr-Cu 催化剂上的反应机理仍然是被质疑的。最广泛接受的理论是，它是再生型的，在催化剂表面顺序进行 CO 的还原和 H_2O 的氧化。这个机理的可行性被如下的事实指出，两个反应都是能量降低的：

$$Fe_3O_4+4CO=\!=\!=3Fe+4CO_2 \qquad \Delta G^{\ominus}=-14kJ/mol \tag{6-5}$$

$$3Fe+4H_2O=\!=\!=Fe_3O_4+4H_2 \qquad \Delta G^{\ominus}=-104kJ/mol \tag{6-6}$$

其中第一个反应是众所周知的，必定要发生的。如果在操作期间气体的蒸汽碳比太低，催化剂可能变得过度还原生成铁碳化物和 / 或铁。这会导致烃类生成和严重的强度损失，反应器压力降增加。这也是催化剂不在 H_2 或 H_2/N_2 中还原（需要从 Fe_2O_3 还原到 Fe_3O_4）而仅仅使用含还原气体的水蒸气进行还原的原因。

近来 DFT 计算已经被用来解决这个质疑。在研究中微观动力学基于如下反应进行构造：

$$CO+O^*=\!=\!=CO_2+^* \tag{6-7}$$

$$H_2O+^*=\!=\!=H_2+O^* \tag{6-8}$$

这是再生模型的最简单形式。发现该模型与发表的动力学数据有很好的拟合一致性。后来作者宣称不可能在再生和解离模型间做鉴别。

HTS 催化剂的优点是，对毒物耐受性非常高。硫作为可逆的毒物，在硫浓度高于有代表性的 150μg/g 时，有潜力转化为 FeS，即便发生本体硫化，催化剂仍然有非硫化催化剂活性的一半。

6.4.4.2 无 Cr HTS 催化剂

在工业 HTS 催化剂中一件重要的事情是含有重金属铬。虽然在催化剂的操作中存在的是三价铬，但在未还原催化剂中有部分可能是六价的铬，在排出的废催化剂中也可能有六价铬。因此无铬 HTS 催化剂是众多研究者的主题。其中大多仍然是铁基的。虽然一些钴催化剂的 WGS 活性实际上是比较高的，也比较抗硫（如 Co-Cr、Co-Mn 和 Co 促进 Fe-Cr），但它们的选择性较差，生成的甲烷多于铁基催化剂。另外钴价格相对较高，这使钴基催化剂不能够在工业上应用。

也有使用 Al 替代 Cr 的。已发现，Fe-Al 和 Fe-Cu 催化剂的活性低于商业 Cu-Fe-Cr 催化剂，而 Fe-Al-Cu 显示的活性是能够与商业催化剂比较的。也有报道说，Al- 掺杂铁红的活性接近于商业 Fe-Cr 催化剂，这得到证实。因此使用共沉淀和溶胶 - 凝胶法制备的这个催化剂有高的活性。Cu 的助剂效应很强地取决于制备方法。但共沉淀 Fe-Al 氧化物再使用硝酸铜浸渍并没有获得同样的活性。后来进一步改进了 Cu-Al-Fe 催化剂的溶胶 - 凝胶制备方法。对 Cu 负荷效应的研究指出，Fe-Al 摩尔比为 10 或 Fe-Cu 摩尔比为 5 接近最优。报道的活性似乎是在大气压下测量的。催化剂活性的测量没有超过 100h。新近的研究发现，单独的铝不能够有效稳定共沉淀催化剂中的磁铁矿。另外，把 Al 添加到 Fe-Cr-Cu 催化剂中导致废催化剂有比无铝添加时更高的表面积。

有人曾试图以组合 Cu 与双组分氧化物（氧化铝和氧化锆、氧化锰、氧化镧和氧化铈中之一）来替代在 Fe 基 HTS 催化剂中的 Cr。所有催化剂都添加 2.5% 的 Cu。最好的结果是添加 5% 氧化铝和 2.5% 氧化铈助剂的催化剂。这个催化剂初始活性是 Cu-Fe-Cr 催化剂的 3.8 倍，在 500℃的热循环中显示相当高的热稳定性。另一个由 Fe-Al-Ce 组成的催化剂的活性，据说也是能够与 Fe-Cr-Cu 催化剂比较的。钒也可以作为铁氧化物的助剂。报道说，钍替代铬能够提高催化剂性质，虽然这个替代是有争议的。Gd-Fe 石榴石（$Gd_3Fe_5O_{12}$）和 Gd-Fe 钙钛矿中的铁酸镉，报道的活性接近于磁铁矿 Fe_3O_4 和商业催化剂 K6-10 的活性，最佳的焙烧温度为 800℃。在专利文献中出现了几个复合催化剂，重要的有 Fe-Cu-Al-Ce 和 Fe-Cu-Al-Zr、Fe-Al-Si-Mg-V-Ni-K。没有发现在工业上使用这些催化剂。

虽然上述的催化剂都是 Fe 基的，但近来也开发出完全不同的 $ZnO-ZnAl_2O_4$ 基 HTS 催化剂，已知这个催化剂的 WGS 活性已经超过十年。已经出现 $ZnO-Al_2O_3$ 催化剂的逆 WGS 活性研究。令人惊奇的是，这个氧化物体系受碱金属的促进很强，其顺序为：$Cs \approx K > Na > Li$。催化剂的优点是无铬，可以在很低的蒸汽碳比下操作和具有高的热稳定性。专利文献证明，K 促进 $ZnO-ZnAl_2O_4$ 的 WGS 反应速率是无 K 促进催化剂的 6 倍，比浸渍 K 的氧化铝高 9 倍。在同样的条件下，$K-ZnO-ZnAl_2O_4$ 催化剂的活性稍高于经典的 Cu-Fe-Cr 催化剂。有兴趣的是，K 促进 $MgO-MgAl_2O_4$ 催化剂几乎没有活性。

6.4.5 低温变换

Cu-Zn 催化剂通常在低温下使用，温度一般低于 250℃。它们有高的 WGS 选择性和高活性，特别是在低 CO 浓度时。但是，它们容易被化石燃料中的硫中毒，对温度也是非常敏感的，在空气中易自燃。Cu-Zn 催化剂的预活化是一个困难的过程，由于这些困难，已经促进了对替代 LTS 催化剂的研究。Cu-Zn 催化剂通常使用共沉淀方法制备，显示的催化剂活性是变化的，不仅取决于共沉淀方法而且也取决于共沉淀时间。

兰尼铜催化剂使用 Al-Cu 载体，其制备方法与常规催化剂不同。常规催化剂使用共沉淀方法，而兰尼铜催化剂则使用浸渍和吸湿方法。催化剂组成、孔大小和表面积取决于淋洗条件。虽然这些催化剂显示有高活性，但是它们的稳定性需要改进。重要的是，对所有催化剂需要保持转化率稳定时间长（使用寿命），否则催化剂必须频繁地更换以保持连续有效的操作。兰尼铜催化剂的 800h 稳定性试验显示，转化率下降很多，几乎没有看到转化率稳定的时间间隔。

6.4.5.1 Cu-Zn-Al 催化剂

铜基催化剂有优良的低温 WGS 反应活性，在工业中广泛使用。催化剂通常是颗粒状混合氧化物，在获得催化活性之前必须还原（要很小心）使其从氧化物形式转化为活性形式，即金属 Cu 悬浮于混合氧化锌和铝氧化物母体中。广泛接受的意见是，Cu 颗粒是活性相，但也指出与氧化物组分有复杂的相互作用。

在铜催化剂中 ZnO 的作用已经被证明，ZnO 对 Cu 表面的甲醇合成和逆 WGS 反应比活性有很强的正影响，但对甲醇重整和 WGS 反应的比活性没有影响。其合理的解释是：在前两个反应的强还原条件下 ZnO 有部分还原，而后两个反应高水蒸气压力条件使 ZnO 保持氧化态。这个结论对负载在氧化铝、氧化锆和氧化硅上的 Cu 也是可靠的。虽然在 WGS 反应中锌氧化物并不增加表面比活性，但它可以促进催化剂中 Cu 的分散。这是对 Cu 和 Zn 盐中观察到的现象的精确描述。由于部分锌取代碱式碳酸铜，硝酸锌浸渍并不导致 Cu 分散增加。其他研究也报道了类似的现象。

对 Cu-Zn-Al 催化剂是否存在可能的结构敏感性，有矛盾的结果。一方面发现在 16 个催化剂（组成和制备参数不同）中，WGS 反应的结构敏感度很高，发现这些催化剂的 WGS 反应相对活性差别超过一个数量级，与其比表面积没有显著的依赖关系。但另一方面发现，18 个 Cu-Zn-Al 催化剂（组成和焙烧温度不同）显示几乎有相同的 TOF，与 Cu 表面积无关。这个差别似乎还没有被解决，其原因可能是，使用的试验条件不同。虽然前者在 30atm 和 H_2O/C 比 0.4 条件下测量 WGS 活性，而后者测量活性是在总压 1atm 和 H_2O/C 比 3.0 下进行的。在对 WGS 反应动力学建模的工作中， 给出了两个可能的速率控制步骤: CO 氧化和水分裂。哪一个是实际的速率控制步骤取决于反应条件。先前已经证明，在洁净单晶 Cu 表面上，WGS 反应是高度结构敏感的。Cu（110）面的比活性（取决于温度）是 Cu（111）面的 4 ～ 10 倍。对这两个表面，WGS 对水显示是一级反应而对 CO 是零级反应。因此，在应用条件下水分裂可能是速率控制步骤。Cu-Zn-Al 催化剂对 WGS 反应的结构敏感性的一个可能的解释是，水分裂是结构敏感的而 CO 氧化是结构不敏感的，观察到的总结构敏感性依赖于 WGS 活性，所以取决于反应条件，特别是蒸汽碳比。例如，发现负载在氧化硅、氧化铝或 $ZnO-Al_2O_3$ 上的 Cu 催化剂，在特定条件下显示有同样的铜表面比活性。CO 和水的反应级数都接近于 1，指出该情形中 CO 氧化是速率控制步骤。

Cu-Zn-Al 催化剂的活性还取决于催化剂制备的历史，有时这是指催化剂的化学记忆。现在 LTS 催化剂制备的原理是：硝酸盐化合物使用 Na_2CO_3 共沉淀生成初始相，该相在熟化沉淀物时再结晶为 Cu-Zn-Al 碱式碳酸盐相。对 Cu-Zn-Al 催化剂的前身物结构和形貌的有关研究证明了催化剂前身物熟化的重要性。未老化过的催化剂前身物导致其对逆 WGS 活性要比熟化前身物的催化剂低得多。对 Cu-Zn-Al 催化剂制备和前身物对最后催化剂影响的研究很活跃。催化剂介观和纳米结构重要性的研究也是重点领域。

6.4.5.2 反应机理

自从在 1920 年对水汽变换反应进行研究以来，对 WGS 反应的机理和动力学研究已经进行了很多年。传统上反应机理被分为两类：（表面）氧化还原或再生机理和解离机理。氧化还原机理包含催化剂的（表面）氧化和还原步骤。Cu 表面一般首先被水氧化生成氢和表面 Cu-O，接着 Cu-O 被 CO 还原（再生）生成 CO_2。对负载在 $ZnO-Al_2O_3$、氧化铝或氧化硅上的 Cu 基 WGS 催化剂进行了建模，使用的是氧化还原机理微观动力学模型。该机理中速率控制步骤是水的解离和 CO 与氧原子间的反应。在工业压力下发现，水解离稍高于CO氧化。为提高模型的预测能力，特别是在高压下，甲酸盐生成必须被包括作为一"观众"物质。使用指数律模型拟合试验数据，得到如下的反应级数数据：CO，1（固定）级；H_2O，1.4 ～ 1.9 级；CO_2，−0.7 ～ −1.4 级和 H_2，−0.7 ～ −0.9 级。使用氧化还原模型和线性能量尺度关系获得了对过渡金属 WGS 活性的一般描述：催化活性可用氧和 CO 吸附能量进行很好的描述。反应性趋势可以被很好地预测，但该模型对定量描述实验数据是失败的。Cu 接近于火山形曲线的优化位置，但模型预测可以使用金属表面与 CO 和氧键合的方法来提高在 Cu 上观察到的活性。

解离反应机理的提出是为了替代氧化还原机理。在该机理中，反应通过一个反应中间物质如甲酸盐进行。许多文章已经致力于研究甲酸盐的存在和分解。实验和理论研究指出，在 WGS 条件下，甲酸盐在催化剂表面有显著的覆盖度。也已经提出在 WGS 反应中速率控制步骤是甲酸盐的分解。但是，仍然不清楚的是，甲酸盐是反应中间物还是一个旁观者。近来对 WGS 反应的大多数新看法是从热力学的 DFT 计算获得的。对 Cu（111）表面上的大多数相关物质进行了所有可能中间物的热力学、能垒及 E- 前因子计算。使用这些值作为微观动力学的输入，结论是 WGS 反应通过含羧基物质进行，它由 OH 自由基和 CO 反应形成。这个含羧基物质与 OH 反应生成 CO_2 和 H_2O，这个步骤是速率控制步骤。表面氧化还原机理以及甲酸盐中间物机理是没有意义的。但是，发现甲酸盐仅像一个重要的旁观者。模型产生的反应级数和活化能很合理，但模型数据仅能够与大气压下实验数据有好的比较。

最后，有些作者研究了载体的影响。认为是载体解离和吸附水，甲酸盐的生成可能是由于吸附的 CO 嵌入到吸附在载体上的 OH 键中。而后一个中间物滑移到金属上分解。该情形中，催化剂的相对反应性取决于金属粒子周围的尺度。在载体 $Ce_{0.75}Zr_{0.25}O_2$ 和 $MgAl_2O_4$ 上制备了 12 种过渡金属催化剂，结果发现，在载体 $Ce_{0.75}Zr_{0.25}O_2$ 上催化剂的活性一般是最高的。但对 Cu 和 Au，有最高活性的催化剂是在载体 $MgAl_2O_4$ 上获得的。对在后一个载体上的催化剂，当以氧原子吸附能作图时，其活性形成一条火山形曲线，而在载体 $Ce_{0.75}Zr_{0.25}O_2$ 上的催化剂，其活性曲线坐标却是 CO 键合能。这个行为用来解释在 $Ce_{0.75}Zr_{0.25}O_2$ 载体上水的快速解离，它对 O 键合反应速率影响是小的，而对 CO 键合的影响非常大。由于水在 $MgAl_2O_4$ 载体上预期是不能够被解离的，因此这个载体上水分裂可能是速率控制步骤，所以 O 的键合能能够最好地描述其活性。

6.4.5.3 失活

当在标准 WGS 工业条件下操作时，Cu 基 LTS 催化剂通常能够坚持若干年。活性损失的原因主要是如下三个失活机理中的一个或多个：①热烧结；②硫中毒和氯中毒；③被存在的其他毒物如 Na、K、As、Si、Ni、Fe 和 P 中毒而失活，但这些毒物的操作一般并不普遍。变换催化剂活性损失的主要原因之一是Cu粒子长大引起的活性Cu表面积的损失。Cu 的熔点是相对低的，1083℃，所以 Cu 的表面传输在相对低的温度下就变得显著了。这从低的 Huttig 温度和 Tammann 温度（分别为 134℃和 405℃）就能看到。ZnO 颗粒的生长也是重要的失活原因，与 Cu 是可比较的。初看起来，这是特有的，因为 ZnO 对高温有远高得多的稳定性，直到 1975℃它仍然是稳定的固体；但是，在 WGS 条件下 ZnO 颗粒长大的原因是生成更加有移动性的中间媒介物质如表面 $Zn(OH)_2$ 或 $ZnCO_3$ 等。ZnO 也可能与 Al_2O_3 反应形成 $ZnAl_2O_4$，因为氧化铝是工业 WGS 催化剂中的普通组分。添加氧化铝的目的是降低烧结和作为结构助剂。

Cl 对 Cu 基 WGS 催化剂是一个严重的毒物。Cl 与 Cu 和 ZnO 形成可移动 CuCl 和 $ZnCl_2$，这些组分的熔点非常低（CuCl 和 $ZnCl_2$ 的熔点分布为 430℃和 283℃）。所以，氯中毒导致催化剂的快速烧结，因此失去活性。在某些情形中失活甚至被强化。进料中氯的耐受量是很低的——1×10^{-9} 量级。

WGS 的另一个严重毒物是硫。含硫化合物于 WGS 条件下在 Cu 表面生成 Cu 硫化物，阻断表面反应。硫是比氯更普遍的毒物，可以随过程流引入，即便在工厂中有很好的脱硫装置，10^{-9} 量级的硫在 LTS 反应器的入口是普遍的。ZnO 的存在使催化剂本身活性得到一定程度的保证。这是因为生成 ZnS 的位能甚至大于形成 Cu_2S 的位能，因此于 220℃在 ZnO 上 H_2S 的平衡浓度在典型 LTS 反应条件下接近 5×10^{-9}。

$$2Cu+H_2S \longrightarrow Cu_2S+H_2 \qquad \Delta G=-51.7kJ/mol \tag{6-9}$$

$$ZnO+H_2S \longrightarrow ZnS+H_2O \qquad \Delta G=-73.3kJ/mol \tag{6-10}$$

这意味着浓度在 5×10^{-9} 以上的硫将吸附在 LTS 反应器的顶部。实际上，没有活性的死区在催化剂运行期间将逐步形成。图 6-8 显示的是催化剂寿命期间 LTS 反应器中的模拟温度分布，死区逐步形成，其余部分的活性也同时有损失。催化剂的失活可以通过升高反应器入口温度来得到缓解。

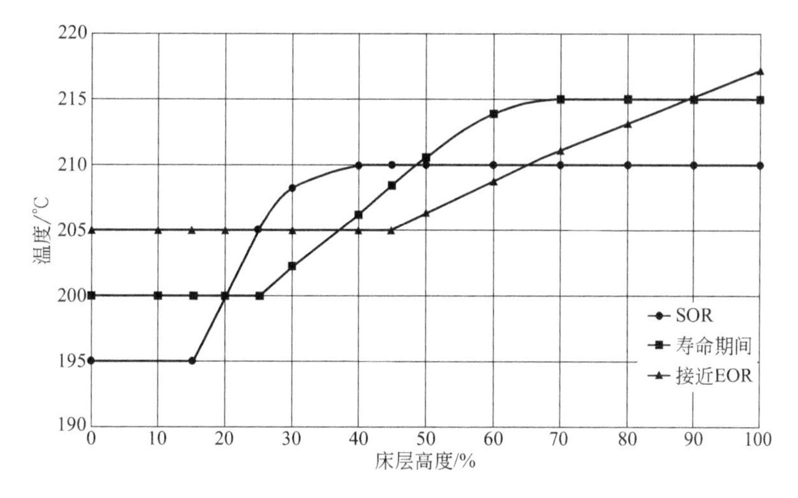

图 6-8 典型 LTS 反应器的模拟温度分布

6.4.5.4 替代的低温变换（LTS）催化剂

在过去十多年中，对所谓“双功能催化剂”加强了研究。这些催化剂由一种金属组分（通常是贵金属如 Pt、Au、Pd、Rh、Ru）和一种金属氧化物（如 CeO_2、TiO_2、ZrO_2、Fe_3O_4）组成。金属组分的作用是键合 CO，键合的 CO 再被水蒸气氧化，释放出 CO_2 和 H_2 完成 WGS 循环。使用这个催化剂的一个原因是，使用 WGS 反应来纯化氢气流以使其能够使用于质子交换膜燃料电池（PEMFC），特别是对汽车应用。传统 Cu-Zn-Al 催化剂被认为在汽车操作中不是最佳的，原因是：①它们的活性状态具有自燃性质；②在温度高于 300℃时失活是快的；③反应速率对 p_{CO} 接近一级，因此需要使用大体积的催化剂，以达到低分压时的平衡转化。

与此不同的是，在传统氢和氨生产中使用贵金属 WGS 催化剂有若干障碍。贵金属价格高仅是其中之一。贵金属，除 Au 外，对 CO 的吸附焓远比 Cu 高。虽然这对低压应用是一个优点，但在高压下操作时它是一个缺点。与这些催化剂的长期稳定性有关的另一个问题是，在富氢气氛下操作时因为氧化物如氧化铈可能经受过度还原而失活。但这已经被 $Pt-CeO_2$ 和 $Pd-CeO_2$ 催化剂的稳定性研究结果所否定，此时失活的真正原因是金属表面积的损失（特别是使用纯 CO 处理时）。但是，如果在高压下操作，这些载体的过度还原也需要考虑。对这个可还原和非还原性氧化物上的贵金属催化剂已经有完整的论述可供参考。

已经发现，在大气压下的试验中有多个催化剂体系具有 LTS 反应活性，这些催化剂体系是 Cu-Mn、Mo_2C 和 $Co-Mo_2C$、$Cu-ZrO_2$ 和 $Cu-TiO_2$。

$Cu-CeO_2$ 体系的价格远比贵金属催化剂低。重点集中于与 PEMFC 应用相连接的低压氢纯化的研究。结果发现，$Cu-CeO_2$ 催化剂上的 WGS 活性与传统 $Cu-Zn-Al_2O_3$ 甲醇合成催化剂相比是非常高的，特别是在低温时（195℃）。在活性试验期间（24.5h）观察到，催化剂有失活，但从废催化剂的 XRD 分析没有观察到氧化铈的过度还原，而是发现了铜被水蒸气部分氧化。也发现，在 2.2MPa 下运行的类水滑石相与兰尼铜金属相（部分被淋洗）的面积比活性要比在 Cu-Zn-Al 催化剂上观察到的高一个数量级。这个结果也被其他工作所证实（该工作对兰尼铜催化剂的 LTS 反应做了 850h 的长时间试验）。获得的一个重要结论是，催化剂中锌氧化物是必需的，它可防止 Cu 颗粒过度烧结。

6.5 新 WGS 催化剂的研究

文献中推出了不少不同于上述的工业用高温低温水汽变换催化剂，虽然给出的 WGS 反应评价结果不是在工业条件下的试验结果，但对新 WGS 催化剂的研发还是有参考价值的，在此做简要介绍。

6.5.1 碳 WGS 催化剂

试验发现，Pt-Ce/C 在高温下显示的 WGS 活性比纯 Pt-Ce 催化剂高，在 350℃时有 90% 的 CO 转化率，120 h 内活性仅有很小的下降。使用浸渍方法把 CeO_2 沉积在 AC 载体上，高分散氧化铈纳米粒子（2 ～ 4nm）有极高的活性，特别是与另外的掺杂金属匹配时。碳纳米管沉积 Pt 和助剂 Na，在进行 LTS 反应研究时发现，钠助剂的加入活化铂的 WGS 反应活性，在 300℃于高蒸汽碳比（S/C=5）下给出接近 100% 的 CO 转化率。在煤焦中掺杂铁，在 WGS 期间铁样品产生磁铁矿（Fe_3O_4），在高于 300℃时能够催化 WGS 反应。这个催化剂的明显优点是很便宜和容易再气化分散处理，把铁回收回来。主要缺点是易被硫失活（形成 FeS）。在催化剂再生时硫重新释放出来，即潜在污染空气也使催化剂继续失活。一个解决方法是除去一部分催化剂以防止硫累积。

碳化物也能够催化 WGS 反应，特别是 Mo/C。发现 Mo/C 催化剂有高的 WGS 活性，且比常规催化剂更抗硫，48h 内没有失活。在 Mo/C 中添加 Co，180℃ 时 Co-Mo/C 催化剂的初活性高于常规 LTS 催化剂，但 5h 后低于常规 LTS 催化剂。与 $Pt-CeO_2$ 和 $Pt-TiO_2$ 比较，Pt-Mo/C 催化剂活性更高，原因是 Pt 粒子附近活性位数目增加。使用 XPS 来考察 Mo/C

催化剂的失活，结果指出，失活是由于在催化剂表面上 Mo 的原子状态发生变化。

6.5.2 铈 WGS 催化剂

早期人们认为金对 WGS 反应是惰性的，原因是金颗粒太大。当把金颗粒减小到小于 5nm 时观察到，在非常低的温度下有 CO 转化的活性。负载在氧化铈上的金平均粒子大小可以使用不同温度的焙烧来调节，能够使其达到所希望的大小：400℃焙烧平均大小为 4.6 nm，650℃焙烧平均大小增加到 9.2nm，超过了活性颗粒大小的阈值。氧化铈颗粒大小的变化也对 WGS 反应活性有大的影响。因为氧化铈颗粒大小对其氧存储性能产生影响。但是小氧化铈颗粒和大金颗粒能够获得高 CO 转化率，而类似大小的氧化铈几乎没有转化，说明金和氧化铈载体颗粒大小之间应该有一个关联（协同作用）。所以，关键是要在制备中控制金和氧化铈两者颗粒的大小。失活的金 - 氧化铈催化剂通过焙烧、除去炭沉积、打开阻塞的活性位等能够被完全再生。也能够通过附加处理阻止炭在氧化铈上的沉积，延长催化剂寿命。

稀土金属的催化作用是众所周知的。把它们添加到氧化铈催化剂中能够提高催化剂的热稳定性和活性。对掺杂 La、Nd、Pr、Sm 和 Y 的氧化铈 - 氧化锆催化剂进行了研究，发现所有金属都使活性和选择性增加，La、Nd 和 Pr 更好。金 - 氧化铈催化剂中掺杂镧和镓都使活性有所增加。

把 Zr 添加到 Ce 中，表面移动性大为增强，产生更多的氧传输活性位，通过还原效应使分子能够进入材料更深的地方。Ce-Zr 催化剂已经被许多不同稀土金属掺杂，一般都能够提高反应物的转化率。对 Ce-Zr 制备方法的研究包括干燥时间、制备温度、沉淀步骤和氧化铈的不同起始原料（一般是硝酸铈铵和硝酸铈）。起始原料有相当的影响，能够极大地影响固体的最后结构性质。制备效应对 OSC（氧存储）影响的考察发现，25%Zr 和 75%Ce 的催化剂有很好的结果。铈锆比对 Ce-Zr 催化剂的 OSC 有大的影响，钇和镧掺杂的 Cu-Ce-Zr 催化剂单位氧化铈的 OSC 增加，添加 Fe 助剂后又有更进一步的提高。随着 OSC 的增加，CO 转化率也相应增加。例如，对稀土金属掺杂 Ce-Zr-Pd 催化剂。

负载在氧化铈载体上的 Mo 和 Co 具有高的硫耐受性。对高浓度硫（达 500×10^{-6}）气流 Ce-Mo-Co 比其他催化剂更有效，CO 转化率几乎达到平衡值。这个催化剂能够在富硫和贫硫气流中使用，如图 6-9 所示。而硫依赖的 Mo 催化剂，在硫浓度低于 300×10^{-6} 时会失活。因此，氧化铈由于它的高 OSC，显示作为未来 WGS 催化剂有巨大潜力。与其他金属组合使催化剂具有独特的性质，在蒸汽重整和 WGS 反应中都显示好的活性。试验发现，在该催化剂中添加钾，催化剂活性随钾含量的增加而下降。对 Co-Mo 催化剂，氧化铈的加入是为了防止聚集和产生表面活性位。对 Co-Mo-Ce3K6 和 Co-Mo-K6 催化剂，观察到 CO 转化高于平衡值，没有观察到有烷基化反应发生，但高转化被归结于气体副反应或试验误差。

对掺杂 Pd 的负载在氧化铈上的氧化铁催化剂进行的 WGS 反应试验结果指出，掺杂 1%（质量分数）Pd 的氧化铁 - 氧化铈催化剂的活性比 Pd-CeO_2 高约 5 倍。较高钯含量的催化剂在 WGS 反应中显示较高活性，在温度低至 200℃仍显示有活性。在添加钯、铂或铑的氧化铁 - 氧化铈催化剂中，1%（质量分数）Pd 最高活性时的铁为 2.2%（质量分数），2%（质量分数） Pd 最高活性时的铁为 24.3%（质量分数）。但是，对 Pt-CeO_2 和 Rh-

CeO_2 催化剂添加铁对 WGS 反应的活性影响很小。钯和铁混合物也比单独 Pt-CeO_2 和 Rh-CeO_2 催化剂或 Pt-Fe-C-Zr 催化剂活性高。

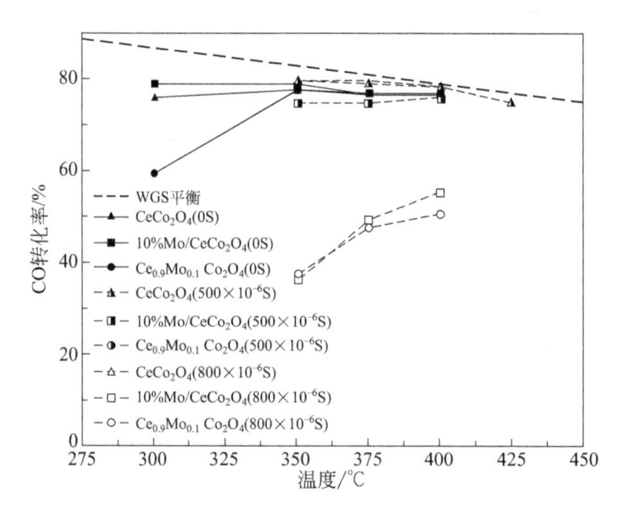

图 6-9 Ce-Mo-Co 抗硫催化剂在 WGS 中 CO 转化率与温度的关系

6.5.3 其他 Fe WGS 催化剂

在 WGS 反应条件下，铁氧化物通常是 Fe_3O_4，但在有钯存在时，Fe 和 Pd 有合金化现象，可以设想 Fe_3O_4 载体上沉积有 Fe-Pd 合金。当 Fe_3O_4 和 Fe-Pd 同时存在时，观察到 WGS 的反应速率最大，指出 Fe_3O_4 和 Fe-Pd 间有一个平衡。

在温度低于 450℃时，Cu 助剂增加 Fe-Cr 催化剂的活性，但在该温度以上 Fe-Cr 催化剂活性更高。XRD 数据证明，在 Fe-Cr-Cu 样品中铁以 FeO 形式存在，对 WGS 反应没有活性，这说明了为什么这个催化剂的活性最低。使用程序升温还原（TPR）发现，铜的加入（以及氧化铈的加入）可降低 Fe_3O_4 到 FeO 的还原温度。

当 Cu 替代 Cr 稳定铁氧化物时，Al 抗铁氧化物的烧结，降低表面积的损失。也可认为，Cu 改变了铁尖晶石的酸碱和还原氧化性质。对 Fe-Al-Cu 催化剂的 WGS 活性研究指出（Fe∶Al 和 Fe∶Cu 分别为 10∶1 和 20∶1），加铜一般增加 CO 转化率，使用溶胶 - 凝胶法制备的催化剂活性较高，一步共沉淀（CP）或两步（沉淀 - 沉积）法制备的催化剂活性较低。一步 CP 方法制备的催化剂 Cu 的分散比两步沉淀 - 沉积更均匀。溶胶 - 凝胶法制备的催化剂表面比一步法更易接近，因为孔较大，处于介孔和大孔之间，Cu 的分布也均匀（在 TPR 图谱上仅有约 290℃时的还原峰）。在溶胶 - 凝胶制备期间形成的缺陷为吸附水及其氧化提供活性位。溶胶 - 凝胶 Fe-Al-Cu 和商业 Fe-Cr-Cu 催化剂间的比较示于图 6-10。

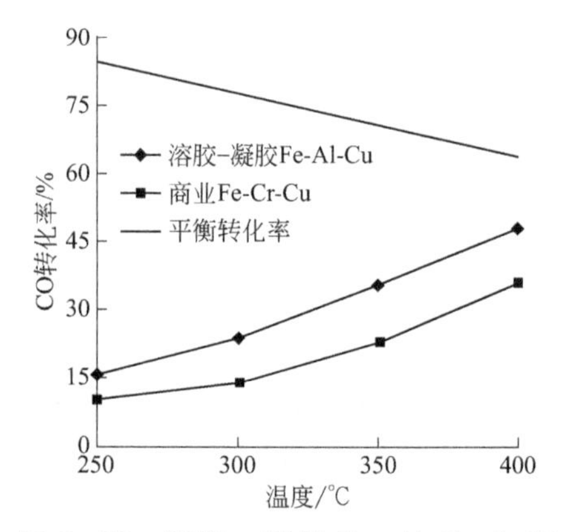

图 6-10 溶胶 - 凝胶 Fe-Al-Cu 与商业 Fe-Cr-Cu 催化剂 CO 转化率的比较

人们制备了金属掺杂的铜铁氧化物催化剂，其

Fe：金属：Cu 为 10：1：0.2，掺杂的其他金属为 Cr、Ce、Ni、Co、Mn、Zn。评价结果示于图 6-11 中。添加铜使所有样品（除 Fe-Ce 外）CO 转化率增加。活性最高的是 Fe-Ni-Cu 而不是 Fe-Ce，其最高活性可与工业 Fe-Cr 催化剂比较。对双金属催化剂，Fe-Ce 有最高转化率，设想原因是 $Fe^{3+} \rightleftharpoons Fe^{2+}$ 和 $Ce^{4+} \rightleftharpoons Ce^{3+}$ 氧化还原偶间的电荷传输。对所有样品，从 TPR 研究中发现，添加 Cu 促进 Fe_2O_3 到 Fe_3O_4 的还原，而 Fe_3O_4 有较高的 WGS 活性。但是在 Fe-Ce 样品中 Cu 的添加促进 Fe_3O_4 到 FeO 的还原，而 FeO 的 WGS 活性较低。其他双金属样品的 Fe_3O_4 到 FeO 的转化不受 Cu 的明显影响。XPS 和 Mossbauer 谱指出，活化时 Cu 替代磁铁矿八面体位置上的 Fe^{2+}，提高 WGS 的活性。然而，Ce 和 Cu 都替代磁铁矿八面体位置上的 Fe^{2+} 时促进 FeO 的生成。

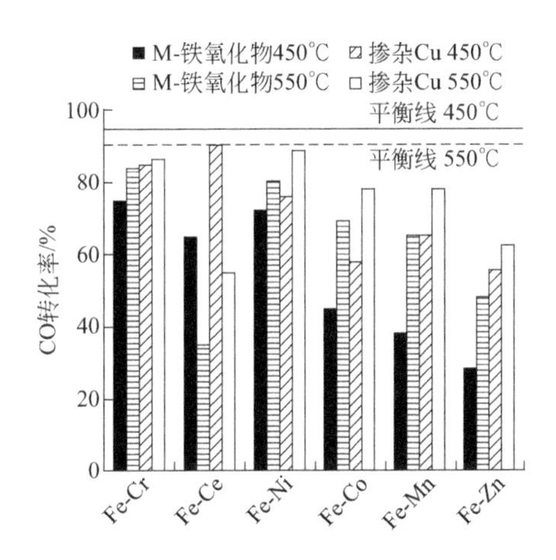

图 6-11　金属和 Cu- 金属共掺杂铁氧化物在 450℃和 550℃时 CO 的转化率

这些铁催化剂的活性，特别是掺杂 Cu 的，与掺杂剂引入结构中的方式密切相关。这可以从不同制备方法（溶胶 - 凝胶、CP 和沉淀 - 沉积）获得的催化剂试验结果中看到。对 WGS 反应，高表面积并不一定意味着较高活性，铁的物相更为重要。赤铁矿（铁红，α-Fe_2O_3）到磁铁矿的还原增加活性是因为它比较稳定，但是到 FeO 的过度还原是不希望的，因为 FeO 活性很低或没有活性。磁赤铁矿（γ-Fe_2O_3）的活性也高于赤铁矿，因此希望有稳定的磁赤铁矿。添加 Cu 是要降低从 Fe_2O_3 到 Fe_3O_4 的还原温度，也有试图替代工业催化剂中有毒的铬的想法。

6.5.4 其他 Cu 基催化剂

对负载于氧化铈和氧化镧上的铜催化剂进行 WGS 反应性能评价指出，CO 转化率随镧含量增加而增加。La 含量在 0 到 5%（质量分数）之间时，催化剂活性先增加然后下降。250℃时显示的 CO 最高转化率达到 93.1%。XRD 证明，随着镧的加入，CeO_2 载体晶格发生应变，但有 CuO 时，晶格应变在 2%（质量分数）镧时达到最大。另外，铜氧化物能够与氧化铈的氧空穴发生相互作用，发现 2%（质量分数）La 的催化剂样品是进行这一合适相互作用的最高 Cu 含量。这能够说明为什么含 2%（质量分数）La 的催化剂有最高 CO 转化率。对不同方法制备的这个催化剂评价和表征结果说明，仅仅 Cu-O-Ce 对 WGS 是活性的，氧化铈表面上的孤立 Cu^{2+} 是没有活性的。这能够解释活性试验中观察到的 Cu 含量高于 8% 后活性不再增加，因为氧化铈已经被 Cu 饱和了。

对 Cu-Ce 催化剂，通过添加稀土特别是钇、镧、钕和钐进行改性。在 Cu 含量固定为 25%（质量分数）、稀土掺杂剂固定为 5%（质量分数）时，从制备催化剂的评价结果发现，添加镧和钕催化剂活性增强，而添加钇和钐的催化剂活性下降。Cu-Ce-La 催化剂在 250℃达到的 CO 转化率为 92.2%，虽然转化率很高，但是这个温度作为低温 WGS 催化剂使用仍然太高。Raman 光谱表征指出，镧和铌促进氧化铈晶格中氧空穴的生成，但钐和钇则隐蔽它。测量显示，La 或 Nd 增加表面积和孔体积，也增加铜分散度，增强 CuO 和 CeO_2 的相互作用，所有这些都导致其有较高活性。Y 或 Sm 的添加则呈相反的趋势和效应。这样的情形很强地取决于催化剂制备方法，不同的制备可能获得完全相反的结果。例如，使用均匀沉淀（HP）、沉积沉淀（DP）和共沉淀（CP）制备的催化剂，其 WGS 性能有相当的差别。

作为 WGS 催化剂的一种选择，研究了 Cu-Ce-Ti 和 Cu-Ti 催化剂，负载的 Cu 是低含量的（1.55%）。使用常规方法制备的这些催化剂在 250℃时的 CO 转化率仅约 10%；即便在 450℃，最高活性的 Cu-Ce-Ti 催化剂 CO 转化率也只有 63%。因为三个催化剂在低温时显示低的 CO 转化率，因此仅有可能适合作高温 WGS 反应的催化剂。

6.5.5 Pt 基催化剂

以贵金属作为 WGS 催化剂可能是有用的。研究发现，Pt 和 Rh 催化剂的 WGS 活性与金属负荷或晶粒大小无关，但与金属氧化物载体和掺杂剂性质密切相关。例如，1%（质量分数）Pt-CeO_2 纳米纤维（溶胶 - 凝胶制备然后电纺）的最高转化率在 300℃达到 98%，而负载在粉末 CeO_2 上的 Pt 催化剂 CO 转化率仅有 20%。Pt- CeO_2 纤维（浸渍法制备）催化剂的最大 CO 转化率为 50%。这些结果示于图 6-12 中，能够注意到，纯氧化铈纤维在这个温度范围内的 CO 转化率仅 2% ～ 3% 。

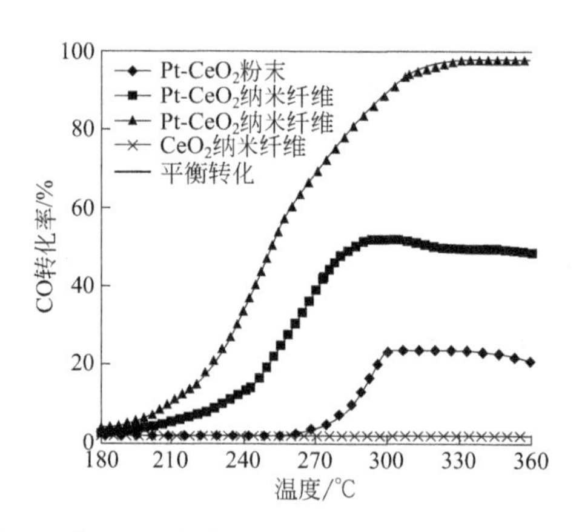

图 6-12　不同方法制备的 1%（质量分数）Pt-CeO_2 在 WGS 反应中 CO 转化率与温度间的关系

对 Pt-CeO_2 催化剂在 WGS 反应中有高选择性和高活性做了说明。Pt 由于无法被水氧化而不是一个好的 WGS 催化剂，但是在氧化铈辅助后，这些催化剂就是好催化剂，因为它容易被水氧化产生氢。

氧化铈作为Pt、Ru和Pt-Ru WGS催化剂的载体，使用浸渍法制备，贵金属含量5%（质量分数）。对三个催化剂的WGS反应评价结果指出，温度低至200℃就有活性，$Pt-CeO_2$和$Pt-Ru-CeO_2$显示类似的活性，$Ru-CeO_2$活性最低且有少量甲烷生成。Pt-Ru催化剂生成的甲烷少，原因可能是Pt和Ru间的合金化。它们的CO转化率随温度的变化示于图6-13中。因贵金属粒子很小且分散度高，在XRD图谱上没有出现Pt、Ru或Pt-Ru氧化物峰。Pt的还原温度低，但受还原温度的影响比较大，Ru受此影响最小。也发现CO吸附能够增加Ru在Pt-Ru合金表面的浓度。

把$Pt-CeO_2$催化剂再沉积到其他载体如氧化铝和氧化锆上，得到含铂0.77%（质量分数）、CeO_2 20%、氧化锆与氧化铈质量比为1∶9的催化剂。$Pt-CeO_2-Al_2O_3$上的CeO_2晶粒大小为10.2nm，Pt粒子高分散大小为1～2nm。TPR试验发现，氧化锆辅助Ce-Zr界面上Pt颗粒的还原。WGS反应评价结果显示，添加氧化锆增加活性，300℃时转化率达90%。因为氧空穴增加，有更多Pt颗粒位于金属载体界面上，而这是铂颗粒最活性的界面，因此活性增加。使用特殊的制备方法使Pt-Ce-Zr催化剂产生核-壳结构。在含硫合成气中进行WGS反应评价的结构显示，Pt-Ce-Zr催化剂对硫的耐受性比较强，暴露于含H_2S 20μL/L的合成气中具有回复能力。这对煤气化合成气的WGS应用是可行的。

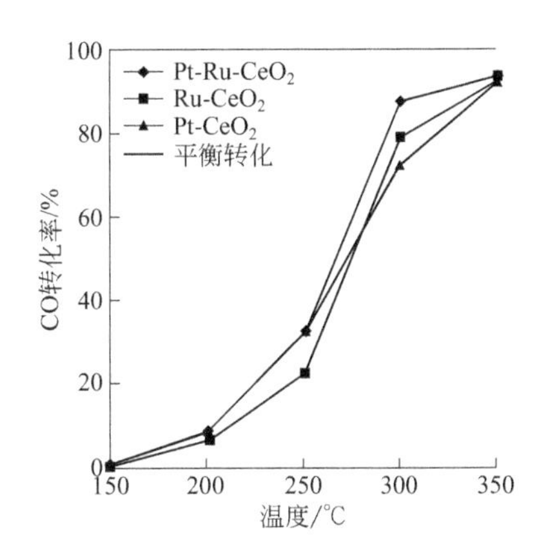

图6-13　在负载在CeO_2上的Pt、Ru和Pt-Ru WGS催化剂上CO转化率随温度的变化

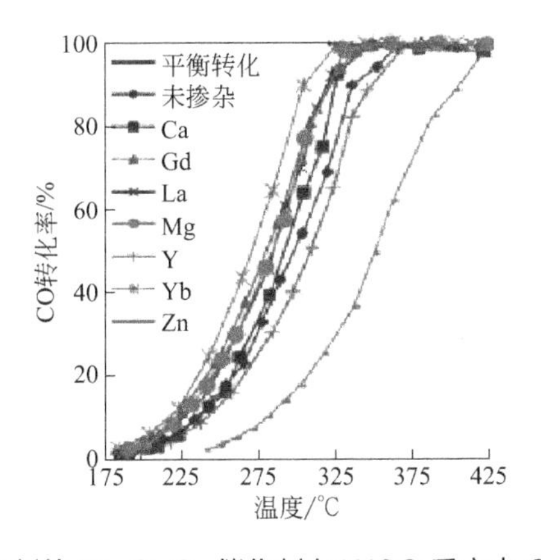

图6-14　含不同稀土掺杂剂的$Pt-CeO_2$催化剂在WGS反应中CO转化率与温度间的关系

以尿素-硝酸盐燃烧法制备掺杂10%（摩尔分数）锆、镧、镁、锌、镱或镓的载体氧化铈，再浸渍0.5%（质量分数）铂获得的催化剂，氢气还原后进行WGS评价试验，示于图6-14中。结果指出，活性和表面积之间没有直接关联，例如，助剂为镧的催化剂表面积最大和未掺杂催化剂表面积最小，它们的反应速率都是中等。这是因为助剂以化学性质而不是以物理性质或结构性质影响活性。对不同La含量催化剂的评价结果显示，含镧20%的催化剂活性最高也最稳定，其OSC也是最高的，低温下有高的还原速率，这可以说明低温下的较高活性。

对在氧化铈上贵金属催化剂的失活进行研究以确定这些催化剂在频繁启动和停车程序中的可应用性（与燃料电池应用密切相关）。表征结果指出，失活是由表面生成碳酸盐阻塞活性位引起的。CO与表面羟基反应直接形成碳酸盐。一些碳酸盐在停车时分解为CO_2。在空气中加热除去碳酸盐能够使失活催化剂再生。

6.5.6 Au基WGS催化剂

本体金是化学惰性的，但小金颗粒对WGS反应显示高活性。$Au-CeO_2$对WGS反应也给出高选择性和活性。金能够在比其他贵金属低的温度下辅助氧化铈表面氧的还原（通过金属颗粒的作用）。

若要确定金纳米颗粒的活性位是什么和有多少，可用DP法制备$Au-TiO_2$催化剂，金颗粒直径3～3.5nm，WGS反应的活化能约60kJ/mol。试验结果发现，首先，小金颗粒催化剂的反应速率比大颗粒高100倍，原因是有低配位Au的活性位。其次，$Au-TiO_2$比溴化后的催化剂有远高得多的反应速率，这是因溴的加入会导致很强的中毒。在2.3%（质量分数）$Au-TiO_2$中仅有总金的约2%是活性的，这与金颗粒立方-八面体几何体的角原子有很好的关联。

对负载于氧化铈-氧化锆上的催化剂在350℃进行活性试验，结果示于图6-15中。可以看到，在非常低的温度下CO就有好的转化率（100℃近于20%），远高于$Au-CeO_2$和上述的其他催化剂的CO转化率。表征分析说明，金颗粒有高的分散度和均匀一致的颗粒大小。在WGS反应条件下，金被还原为Au^0。密度泛函理论（DFT）计算证实了这一点，围绕金金属颗粒的氧缺陷在反应中起着至关重要的作用。试验发现，在氧化铈上Au-Pt的WGS活性比单独铂和金及Au-Pd组合要高。在比较中，$Au-Pt-CeO_2$催化剂显示最高的CO转化率。表征结果指出，活性与表面氧还原温度降低有关联。

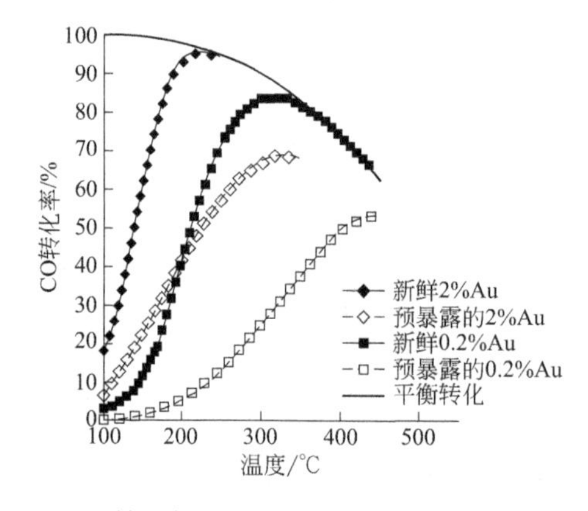

图6-15 Au-Ce-Zr催化剂WGS反应试验的CO转化率与温度间的关系

在 $Au-CeO_2-La_2O_3$ 催化剂上试验 La 负荷对 WGS 反应性能的影响，结果示于图 6-16 中。能够看到，La 从 0 增加到 10%，催化剂显示非常类似的活性，但进一步增加 La 催化活性降低。值得注意的是，除了氧化铈纳米催化剂，其他加镧催化剂在 250℃显示的活性都高于商业铜催化剂。最好的纳米棒催化剂在低至 270℃就达到平衡转化值。从 TPR 测量中发现，纯氧化铈纳米棒有低的还原温度和高的可还原性，高镧含量显著提高还原温度。有文献中对此有不同的结果。

对金 - 氧化铈催化剂使用共沉淀（CP）和机械研磨（MA）方法制备并掺杂了其他稀土元素如钐、钆和镱。活性试验结果示于图 6-17 中。可以看到，Au-Ce-Yb 和 Au-Ce-Sm 的活性比简单 Au-Ce 催化剂高（使用一个星期后活性没有下降）；MA 方法制备的催化剂的 CO 转化率明显高于 CP 方法制备的。

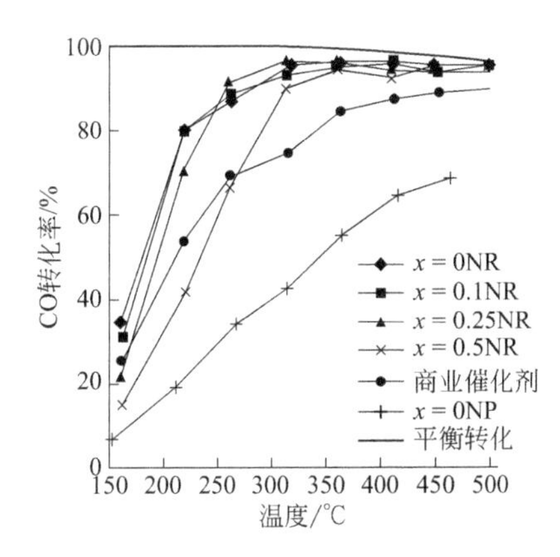

图 6-16　5%（质量分数）$Au-Ce_{1-x}La_xO_{2-0.5x}$ 催化剂 WGS 反应 CO 转化率与温度的关系

NR—纳米棒；NP—纳米粒子

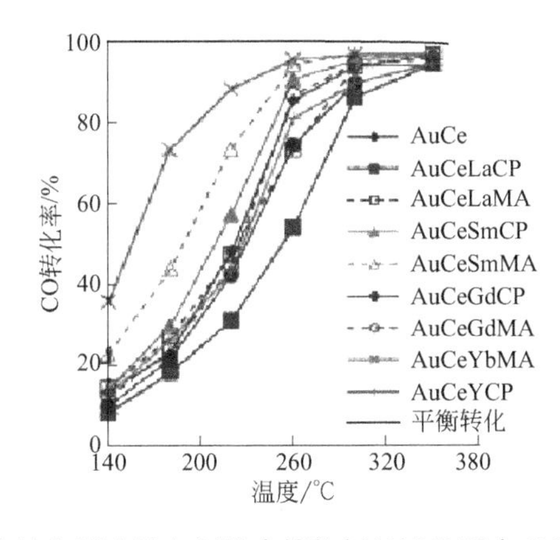

图 6-17　不同合成方法和稀土掺杂剂的金催化剂 WGS 反应 CO 转化率与温度的关系

已知铁负载金［3 %（质量分数）金负载 $\alpha-Fe_2O_3$ 载体上］是一个有效的 WGS 催化剂。使用两种方法 CP 和 DP 制备了该催化剂。WGS 反应评价试验结果显示，DP 法制备的催化剂显示较高的 WGS 活性，在低温（140℃）时 CO 转化率约 40%，而对 CP 法，同样条件下 CO 转化率约为 30%。分析表征结果指出，DP 法制备的催化剂 Au 有比较均匀的分布，而 CP 法催化剂中 Au 有更多的金属簇。这说明，金在铁氧化物上的高分散有利于 WGS 反应。

这个结论得到其他研究的支持，使用改进 DP 方法制备的该铁氧化物负载的金催化剂有非常高的低温 WGS 活性，150℃时 CO 转化率在 80% 以上。

金是非常有活性的催化剂，但必须是高分散的和微粒形式的。这从氧化铁载体的金和金 - 铜催化剂中能够看到。有活性的是金属而不是金属氧化物。负载在混合稀土氧化物上的金催化剂对 WGS 显示与负载在氧化铈上的催化剂有同等的或更大的活性，特别是低温（近 140℃）高活性。这些催化剂不仅含铈而且也含其他稀土，如钐、钆和镱，它们能够给出比在单独氧化铈上的金更高的 CO 转化。可能是由于催化剂的可还原性和被掺杂金属在氧化铈载体中产生的空穴。但是，一些研究指出，可还原性不直接关联到 WGS 反应的活性。在活性 / 可还原性关系上产生差异的原因可能是所使用的载体不同。虽然镧没有给出更高的活性，而且使催化剂可还原性降低，但铈和其他稀土载体遵循的趋势是：使之有更好的可还原性和更高的 WGS 活性。

总之，化石燃料的使用要产生大量 CO_2 排放进入大气中。能源工业的未来倾向于降低 CO_2 排放，这样可能要分离和封存 CO_2 而不是排放到大气中。要做到这一点的一个方法是，化石燃料先气化或进行蒸汽重整，接着进行 WGS 反应生产氢燃料和 CO_2，然后使用胺淋洗或其他物理吸附剂分离出 CO_2。燃料电池技术要求使用氢气，希望使用低温变换反应。即在低燃料电池操作温度（100℃左右）下 WGS 反应有高转化率，因微量 CO 可能使燃料电池中的贵金属电极中毒。

稀土载体是非常贵的，特别是负载贵金属时。这使大规模工业生产氢气变得不经济。大多数氢需要原位生产而不是通过运输获得，因此需要便宜的催化剂以在很多地区大规模使用而不是仅在单一氢气生产中心使用。稀土催化剂的使用温度可以较低，并不需要像工业两段催化剂那样必须在较高操作温度才有高活性。温度低至 100℃，工业 WGS 催化剂活性下降到几乎为零，但负载在稀土金属上的贵金属催化剂在这样的低温下仍然具有活性。这个事实给出的结论是，稀土贵金属催化剂具有在低温下催化 WGS 反应的能力。最可行的稀土 - 贵金属催化剂是 Au-Ce-Yb，它在 140℃有 30% 的 CO 转化率。这个低温接近于在车辆上能够运行的温度范围，也可以使用多床层增加转化率。推动因素是成本，低成本催化剂将被选择在车辆上应用，Au-Fe 或 Cu 或 Cu-Ce 混合催化剂具有达到低成本的潜力，原因是使用便宜的铁替代稀土载体，或使用便宜的 Cu 或类似的替代催化剂。

6.6 氢气最后纯化

除了主要组分外，烃类重整和含氮物质气化给出的产品气体可能包含痕量硫（H_2S 和 COS）和氮化合物（NH_3 和 HCN）等杂质。如使用甲醇和其他醇类以及有机化合物（除了甲酸）作原料，重整气中并不存在这些杂质，但可能在下游工厂中痕量形成。氮化合物与甲酸在高温下一起形成，特别是在绝热氧化重整器中。这些化合物的生成化学及其净化方法已经在第 3 章中做了详细的介绍，这里不再重复。

为了满足低温燃料电池使用的氢燃料的标准，重整和气化生产合成气经过净化分离除去杂质和经水汽变换反应提浓的氢气后，可以使用变压吸附分离技术和钯合金膜分离技术获得高纯度的氢气。下面简要介绍这两种分离氢气的技术。

6.6.1 变压吸附

变压吸附（PSA）分离技术是成熟的分离技术，已经大规模工业应用。特别是分离空气生产高纯氮气和高纯度氢气。很适合在中心氢气生产工厂中使用。

变压吸附是利用不同吸附质在吸附剂上的吸附、脱附性能的差别，在不同压力下进行吸附、脱附操作而提纯某种吸附质气体的技术。最简单的PSA由两个床层构成，如图6-18所示。按预定的程序简单进行加压和减压，其循环程序如图6-19所示。但目前大规模空气分离和氢气提纯工业过程为降低能量消耗（能量利用对PSA是非常重要的），循环提纯使用3～4个床层，甚至更多的床层。PSA特别适合于快速循环，在相对低负荷下操作，因为在吸附质的吸附等温线的线性区域有最高的分离选择性。为了使吸附容量和吸附性质最大，也希望在低温下操作，但不希望有冷冻操作。脱附产生的产品气体的吹扫步骤对PAS分离也是基本的。逆流且足够的吹扫是确保吸附较强的物质被推向床层进口处，因此不会污染抽出产品。产品纯度随吹扫次数而增大，但达到某一点后再增加吹扫就意义不大了。实践经验指出，吹扫气体体积（低压下测量）一般是进料气体体积（高压下测量）的1～2倍。但吹扫用产品气体的体积分数是很小的，而且随压力的增大而减小。

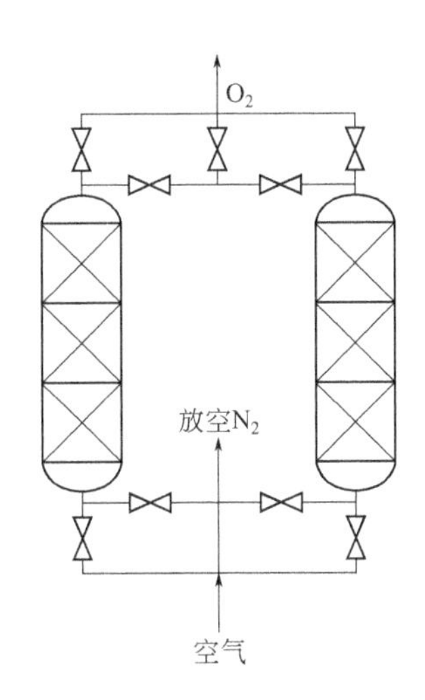

图6-18　两床层变压吸附系统

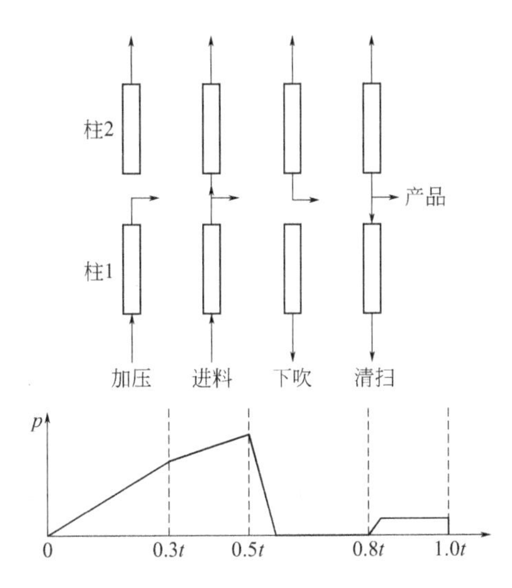

图6-19　两床层变压吸附系统的循环程序

使用于分离空气生产医用氧气和高纯氮气的PSA过程分两类。一类是使用沸石吸附剂，利用平衡吸附条件下氮优先吸附的热力学特性；另一类是使用碳分子筛吸附剂，利用氧扩散比氮快的动力学特性。因此其循环形式、操作条件和产品纯度是很不相同的，通常在产品回收率和纯度之间有一定的相互制约，为提高产品回收率可以在操作中使用一个等压步骤来代替直接吹扫床层，如图6-20所示。四床层PSA系统的操作程序示于图6-21。

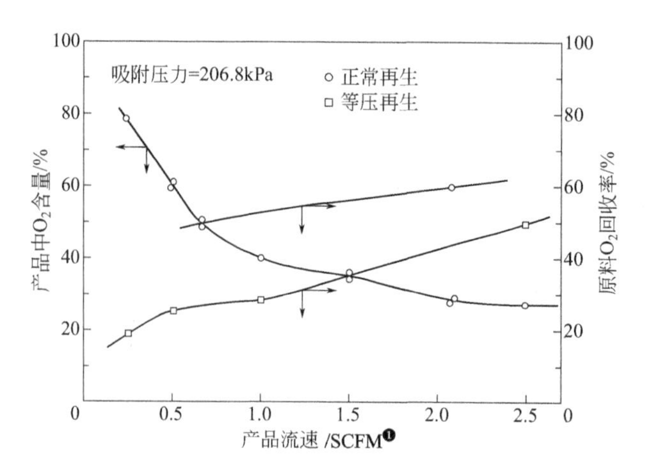

图 6-20　不同操作时产品纯度和回收率

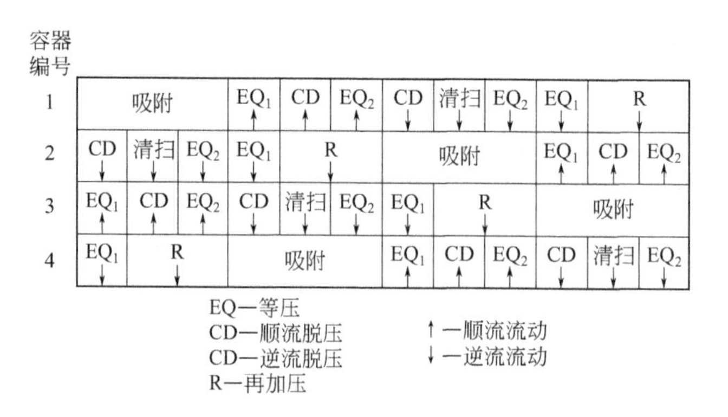

图 6-21　四床层 PSA 空气分离系统的循环操作程序

对合成气中氢气的分离要比空气分离相对容易，因为氢气在多种吸附剂上基本是不吸附的，包括所有类型的沸石吸附剂以及氧化铝、碳吸附剂等。因为氢气与合成气中的气体组分包括 CO、CO_2、CH_4 以及轻烃类等的分离系数相对说来是很大的，能够使氢气纯度达 99.999% 以上，吸附剂的选择一般不是问题。分离提纯氢气的四床层 PSA 的循环操作类似于空气分离，如图 6-22 所示。

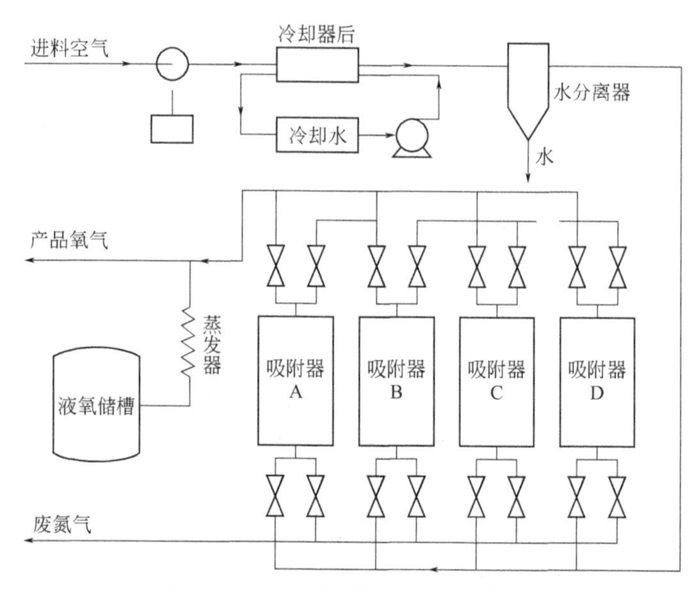

图 6-22　四床层 PSA 空气分离系统

❶ 1SCFM=0.0283168m^3/min。

6.6.2 钯膜分离

使用钯膜分离氢气是大家熟知的，因为钯金属能够溶解氢（最小的分子和原子），能够把氢分子解离成氢原子。而钯金属晶格空隙允许氢小分子或原子移动穿过。因此氢是能够穿过钯膜的，从一边到另一边。合成气中的其他气体分子则无法透过钯膜。于是使用钯膜能够把氢气从混合气体中分离出来。钯膜分离出来的氢气纯度极高，超过任何一种分离氢的方法。

为了增加钯膜的强度通常不使用纯钯，而是使用其合金，制备钯合金膜的常用金属有银、铜、金、铈和钇等，但使用于透氢的最常用的合金是钯 - 银合金。合金膜对氢渗透量的影响示于图 6-23，而氢渗透量与温度倒数的关系示于图 6-24。随着合金膜制备技术的不断改进，使用的合金膜愈来愈薄，单位膜面积的氢渗透率也不断增加。在实际使用中，为增强膜的强度和降低合金膜的成本，通常制备负载合金膜，载体一般使用多孔陶瓷或 α - 氧化铝。在制备负载合金膜时必须考虑金属与载体间可能的反应以及高温操作时与热膨胀系数的匹配，否则会产生热剪应力影响膜的强度，导致金属组分的偏析。混合气体中的杂质有可能使合金膜失活。合金膜是致密膜，其稳定性主要取决于合金本身的性质；而膜厚度不仅影响膜稳定性而且影响强度。从渗透量角度考虑，膜愈薄愈好，但太薄，不仅膜两边可以使用的压力差受影响，而且稳定性也下降。混合气体中含氢浓度和两边氢气压力差对氢渗透通量的影响示于图 6-25 中。钯膜稳定性的试验结果示于图 6-26 中。

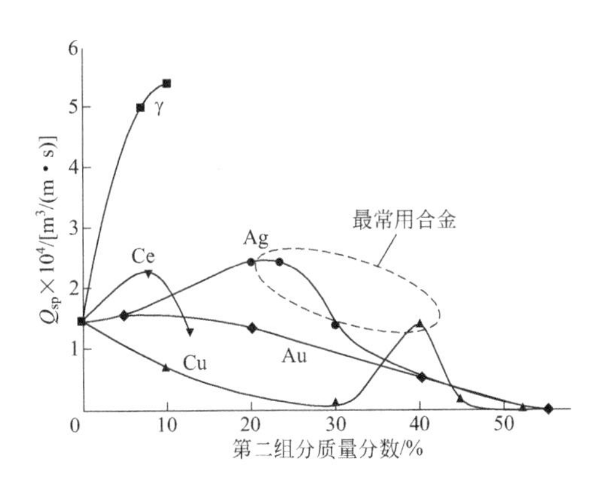

图 6-23　Pd 中添加第二组分对氢渗透量（Q_{sp}）的影响

图 6-24　氢渗透量与温度倒数的关系

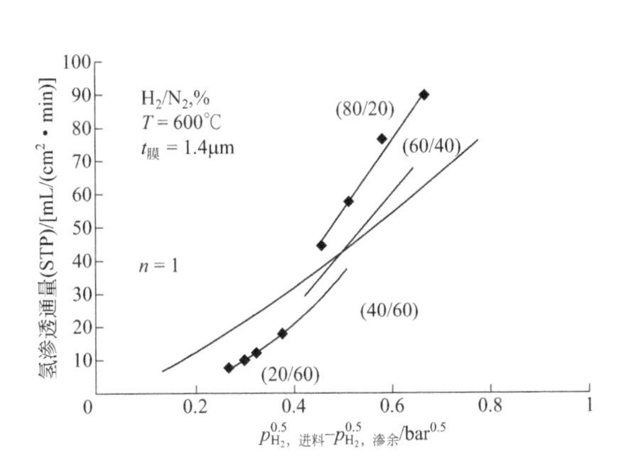

图 6-25　含氢浓度和氢压力差对氢渗透通量的影响

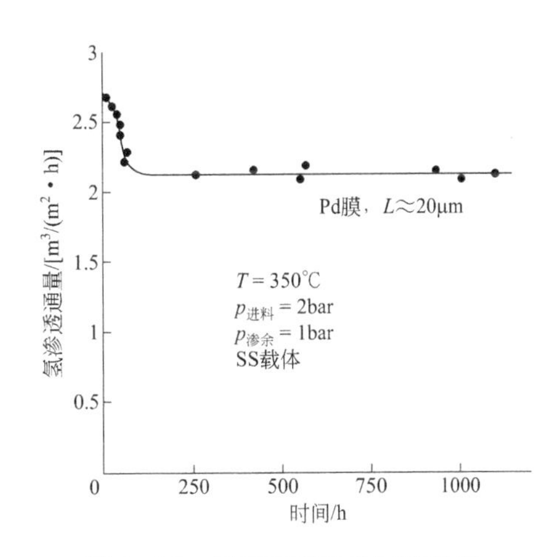

图 6-26　钯膜的稳定性试验结果

负载钯膜和负载钯合金膜制备的常用技术是化学镀技术。而其应用主要是分离氢气。一个例子是使用钯合金膜和微孔二氧化硅膜分离甲烷蒸汽重整气中的氢气，其甲烷转化率与膜表面积间的关系示于图 6-27 中。工业应用的例子示于图 6-28 中。虽然如此，钯合金膜大规模广泛应用仍需要解决负载膜的稳定性、生产放大技术和高温模束烧制技术以及制造成本的降低等诸多问题。

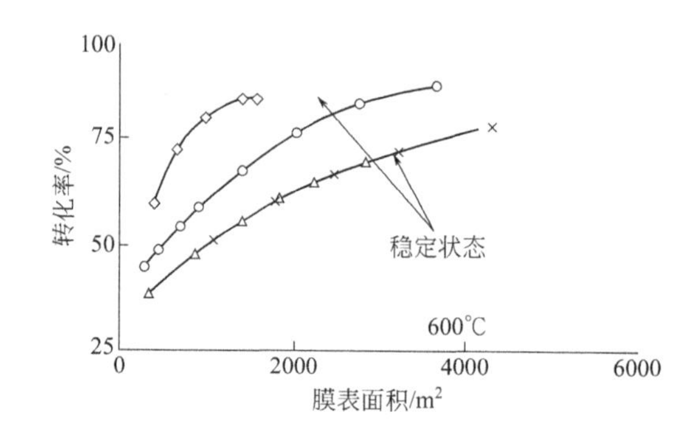

图 6-27 钯合金膜和微孔 SiO_2 膜分离甲烷蒸汽重整合成气制氢时转化率与膜表面积间的关系

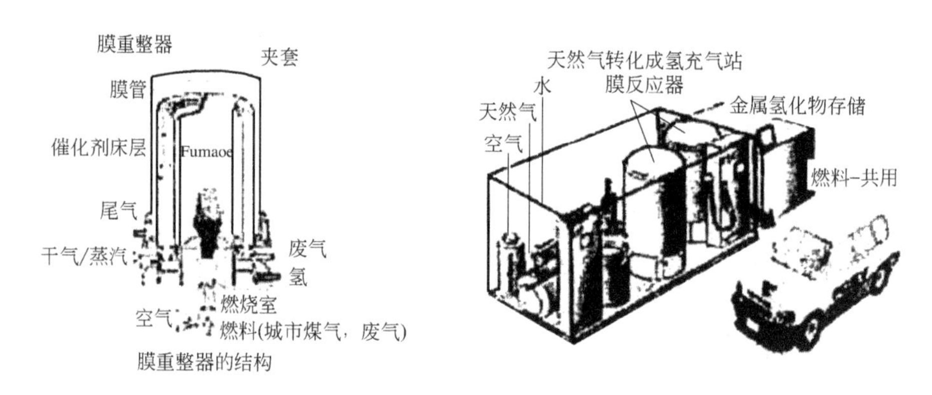

图 6-28 东京气体公司钯合金膜的纯氢加气站（甲烷重整制氢 $40m^3/h$）

自担载膜：厚度 60 ～ 100μm；担载膜：厚度 18μm，膜单元生成速率：30 ～ 40 m^3/h

6.6.3 甲烷化

变压吸附适用于大规模氢气中心生产工厂使用，钯合金膜也更多地使用于氢气中心生产工厂。在移动的车辆上使用，上述两种方法显然不合适，因此需要发展紧凑的催化过程脱除痕量的 CO 技术。对低温燃料电池应用，变换转化后的痕量 CO（约 1%）也必须被除去，对氨合成工厂还必须除去痕量二氧化碳，因为这些化合物对氨合成催化剂是毒物。对大多数情形，少量碳氧化物的最后除去可以使用甲烷化技术。甲烷化是蒸汽重整反应的逆反应：

$$CO+3H_2 \rightleftharpoons CH_4+H_2O \qquad -\Delta H_{298}=206kJ/mol \qquad (6-11)$$

$$CO+4H_2 \rightleftharpoons CH_4+2H_2O \qquad -\Delta H_{298}=165kJ/mol \qquad (6-12)$$

反应是放热的，反应期间气体体积是收缩的。这意味着低温和高压对反应有利。实验是在非常低的水蒸气压力下操作的，意味着反应不是热力学控制的。痕量碳氧化物能够毫无困难地转化为甲烷，使其浓度降低到几微升每升。甲烷化反应伴随有 WGS 反应，这意味着保留的碳氧化物基本上仅有二氧化碳。

Ⅷ族金属对甲烷化反应是活性的。对工业甲烷化催化剂 Ni 是理想的选择，因为它具有高活性和中等价格的特点。载体材料是金属氧化物，一般使用氧化铝，但硅胶、碳酸钙、氧化镁和铝酸钙也有报道作为载体材料的。对活性位性质、甲烷化反应的机理和动力学的了解对优化催化剂配方是重要的。在过去一些年中，讨论的重点是甲烷化反应的结构敏感性和速率控制步骤的性质。近来的研究强调高不饱和配位活性位的重要性，即甲烷化反应的阶梯——褶皱活性位是很重要的，在一组 Ni 催化剂的 CO 甲烷化反应研究中发现，甲烷化速率反比例于镍晶粒大小。提出 CO 通过 COH 中间物解离是速率控制步骤，得到 DFT 计算结果的支持。所以，催化剂配方应该瞄准获得小镍晶粒。毒物如硫和钾应该避免其在活性位上的吸附，这是因为它们有高的化学亲和力。载体材料的选择依据应该是，在催化剂操作条件下有高的强度和长的寿命。

催化剂的物理性质对最小传输限制、确保反应器的低压力降和在操作条件下保持催化剂强度是重要的。在最高操作温度下具有一定程度的扩散控制，因此具有大外表面积的催化剂颗粒几何形状是有好处的。商业上提供的催化剂具有不同形状，如固体或有洞圆柱条或圆柱颗粒。催化剂颗粒的大小一般约 5mm。

6.6.4 优先 CO 氧化（Prox）系统

合成气经水汽变换反应能够使 CO 含量降低到 1% 左右。这个水平 CO 含量对磷酸盐燃料电池是可以使用的，因为 PAFC 的阳极能够忍耐含约低于 2%CO 的氢气燃料。但在低温燃料电池 PEMFC 和直接甲醇燃料电池（DMFC）中使用则是不合适的。因为这些燃料电池的电极 Pt-C 要被 CO 中毒，使电池的性能迅速下降。它们能够耐受的氢燃料中 CO 的含量低于 10×10^{-6}。因此对经水汽变换后的富氢气体要进一步降低 CO 含量。除了前面的膜分离 CO 纯化氢气的方法外，一般可采用两种催化方法：深度选择性 CO 氧化和甲烷化。前已叙述，甲烷化不仅消耗 3 倍 CO 的氢气，而且产生稀释氢气的甲烷。对车载和便携式移动应用，优先 CO 选择性氧化可能是比较好的选择，因为系统紧凑、重量轻和能量需求低。

对 Prox，把少量的空气（通常约 2%）加到经水汽变换后的富氢气流中，气流中的 CO 被催化选择性氧化成 CO_2。这个方法能够使 CO 的浓度降低到满足 PEMFC 和 DMFC 的使用要求。实现 Prox 反应使用的催化剂一般分为贵金属催化剂（包括负载在金属氧化物上的 Pt、Ru 以及负载在氧化铜上的纳米 Au）和非贵金属催化剂（主要是负载在可还原金属氧化物特别是 CeO_2 和铈锆混合氧化物上的 Cu 催化剂）两大类。反应温度一般在 80 ～ 160℃，与 PEMFC 的操作温度非常匹配。图 6-29 和图 6-30 是车载 4L 两段 Prox 反应系统装配图和在实际燃料加工系统中使用的外面覆盖有热交换器的 Prox 反应器。非常紧凑，可以方便地安装于燃料电池车辆的燃料加工系统中。

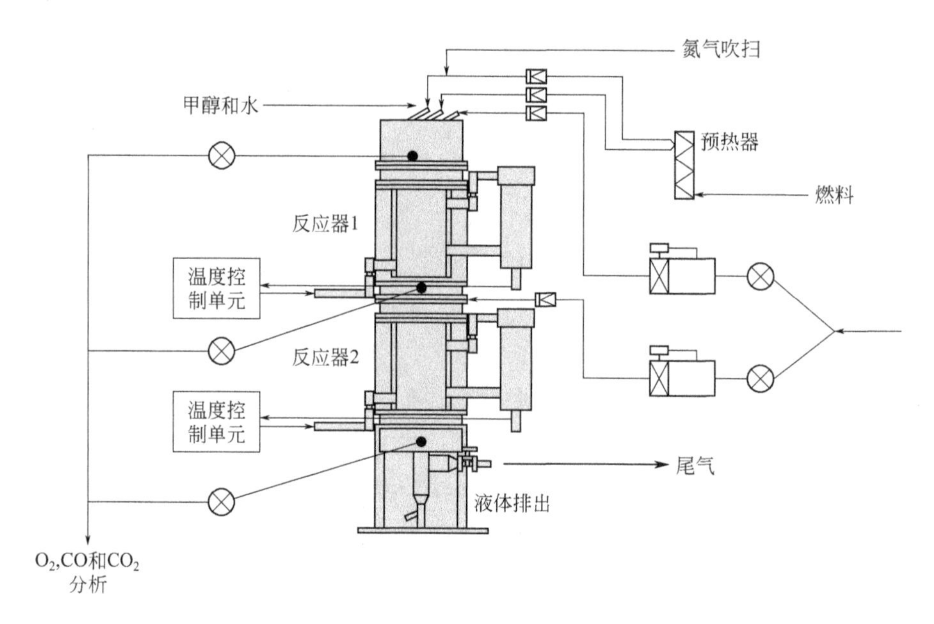

图 6-29 Prox 反应系统的装配图

图 6-30 外面覆盖有热交换器的 Prox 反应器

6.7 氢气的存储

6.7.1 概述

氢气作为能源使用，在传统的工业应用中，氢气的生产和使用其位置都是固定的，使用大气柜就可以连续地通过管道输送。但氢能的未来使用主要是在移动装置上，特别是车辆中。不管是从哪种原料生产，尤其是使用化石燃料生产，其生产装置都是由多套系统构成。不仅占用空间大而且重量也不轻，这在移动装置中使用是非常不利的。最好是使用有足够燃料容量和安全的氢气存储装置。现在多使用高压容器，把氢气压缩在该容器中，装在移动装置上。目前多数燃料电池电动汽车一般都是这样做的。高压氢燃料的问题是能够携带的燃料量不够多，而且高压氢气罐犹如一个定时炸弹，安全性受质疑。另外，高压燃料容器的材料也是一个问题。因此，总希望有更好的氢气存储方法来满足车辆应用要求。下面是氢气存储技术方面研究进展的简要介绍。

对氢能系统，存储装置是一个重要组成部分。大规模使用氢能的一个巨大挑战是存储。按重量计氢有好的能量密度，但按体积计，氢的能量密度远低于烃类。对任何一类车辆燃料系统，希望至少能够行驶 500km。发展一个可行的氢气存储系统对“实现氢经济”的重要性在不断增加。这些氢气存储装置应该有高的重量和体积存储容量。重量轻、成本低、极好的吸附和脱附动力学和可循环利用性，这些都是好的氢气存储材料需要的性质。美国能源部 2015 年的目标是：容量 5.5%（质量分数）和 40g H_2/L，寿命 1500 个循环。

有许多方法以不同形式（见表 6-8）存储氢燃料。金属能够使用作为存储介质。镁被认为是最可行的氢存储材料，因为其高容量、低成本和重量轻。镁能够存储 7.6 %（质量分数）氢。但是，Mg 的慢动力学限制它在车辆中的应用。最主要缺点是小的氢黏滞系数和在纯化层 MgH_2 的慢扩散速率。Mg 基膜对解决燃料电池汽车应用的氢存储材料困难是一个有利的选择。20nm 厚的 Mg 膜显示超级氢吸收性质，饱和氢含量高达 5.5%（质量分数）（298K 和 728 kPa H_2）。除 Mg 外，负载活性炭上的镍在室温和高压下能够存储显著量的氢，在 30atm 下高达 0.53%，而活性炭为 0.1%。

表6-8　氢存储类型

分类	类型
气体存储	压缩氢
液体存储	液态氢
化学存储	氢化镁（MgH_2）、氢化钙（CaH_2）、氢化钠（NaH）
物理存储（金属有机框架）	PCN-6、PCN、多孔配位网络

6.7.2 合金储氢

有许多合金能够可逆地存储氢，但对实际应用其重量存储密度太低了。已经发现 Mg_{12}YNi 合金（18R 型长周期有序相，LPSO）的氢存储动力学已经有显著的提高。最近报道了 Mg_8YNi 合金中改进的氢吸附 / 脱附动力学，发现其中有 40 ～ 100nm 大小的氢化钇，初始加氢后用作催化剂。平均微粒大小 200 ～ 250nm 的 18R 型 LPSO 相能够在富镁 Mg-Y-Ni 合金中形成，通过 LPSO 的加氢有可能获得极端细的氢化钇。这个发现给我们指出一个新的改进 Mg 基合金的氢存储动力学的前景，即有效合金化和合适的处理。

硼或氮基化合物像 $LiNH_2$-LiH、Li/$NaBH_4$、N_2H_4 等因它们的高氢含量已经吸引很多注意。它们重量轻、比表面积（180 ～ 203m^2/g）大、吸附量［2.5% ～ 3.0%（质量分数）］高，氮化硼纳米管（BNNTs）能够有效地使用作为氢气储存器。B—N 键的偶极性质能够导致强的氢吸附。BNNT 的化学和热稳定性也是高的。报道说，氮化锂 / 亚胺体系在温度高于 150℃时能够可逆地吸附 / 脱附 11.5%（质量分数）的氢。研究显示，硼烷氨（NH_2BH_3，AB）能够作为潜在的化学氢存储。它的氢含量高至 19.6 %（质量分数），相当有潜力作为车载潜在氢存储介质。AB 氢解脱氢系统的氢容量对起始材料 AB 和 H_2O 高达 7.8 %（质量分数），显示汽车应用的适合性。

一些氢化物能够作为氢存储材料使用。化学氢化物 CaH_2、LiH、$BaBH_4$、MgH_2、$LiAlH_4$ 和 H_3NBH_3 已经被作为燃料电池提供氢气的储存材料进行了广泛研究。硼氢化钠（$NaBH_4$）是可行的储存材料，具有实际使用的高氢存储容量［10.8%（质量分数）］、高稳定性和高安全性。$NaBH_4$ 在空气中是不稳定的，但无催化剂时与水慢慢反应产生氢气，按照式（6-13）和式（6-14）进行水解反应：

$$NaBH_4(\text{水溶液})+4H_2O \longrightarrow 4H_2+NaB(OH)_4(\text{水溶液})+\text{热量}（212.1kJ/mol） \quad (6\text{-}13)$$

$$NaBH_4+2H_2O \longrightarrow NaBO_2+4H_2+\text{热量}（212.1kJ/mol） \quad (6\text{-}14)$$

$NaBH_4$ 无催化剂时的水解反应是非常慢的，但存在催化剂时，$NaBH_4$ 的水解是放热的，释放的氢气得率是所包含氢的两倍多，按照下式反应：

$$NaBH_4+2H_2O \xrightarrow{\text{催化剂}} NaBO_2+4H_2 \quad (6\text{-}15)$$

在这个水解反应中，多种金属如 Pt、Pd、Rh、Ru、Co、Ni 和它们的合金能够作为催化剂使用。在催化反应进行时，高纯氢气的控制释放对使用 $NaBH_4$ 是容易达到的，这对氢生产和储存有明显的好处。硼氢化钠溶液还具有高稳定性、无毒性和无可燃性的优点。在有催化剂存在下的 $NaBH_4$ 碱性溶液中，$NaBH_4$ 水解产生的氢气是其分子所含氢的两倍，因为在水中硼化氢物由利用氢原子的硼氢化物离子构成［见方程（6-15）］。金属纳米颗粒的主要缺点是它们作为催化剂利用时的聚集，这导致金属颗粒催化活性的降低。为了克服这个问题，金属颗粒能够被制备成负载型的。水凝胶能够作为载体使用，然而高度多孔性和它们的网状结构在亲水环境下的溶胀有可能催化水解反应。使用 2- 乙酰胺 -2- 甲基 -1- 丙磺酸（AMPS）的光聚合合成了 p(AMPS) 水胶。大约 5nm Ru^0 和 30nm 磁性铁酸盐粒子原位在该水胶 p(AMPS) 网络中产生，作为产氢催化介质。在另一个研究中，新本体聚合［乙酰胺与乙烯基磷酸共聚体，p(AAm-*co*-VPA)］水胶使用宏观尺寸光聚合技术合成。通过金属离子还原在 p(AAm-*co*-VPA) 水胶内把 Ni 和 Co 纳米粒子从金属盐水溶液中负载进入水胶的网络内。研究结果证明，在同样的反应条件下，Co 金属纳米粒子的催化性能要好于 Ni 纳米粒子。使用 SPM（3- 磺丙基甲基丙烯酸酯）合成微米大小的聚合水胶，并使用它制备复合催化剂（负载 Co 和 Ni）体系，催化 $NaBH_4$ 水解制氢。已经开发出新的快速制备和可重复使用的混杂材料，由分散在纳米多孔聚合水胶（乙酰胺）上的镍 - 硼基纳米簇构成，用于催化生产氢气。在聚合物（*N*- 乙烯基吡咯烷酮）保护下的化学还原期间把钯加到 Ni-B 催化剂中，得到的纳米簇被固定在水胶中，本质上是单一孔分布的合金粒子，平均粒子大小范围 4 ～ 8nm。钯对 Ni-B 催化剂活性有显著的促进作用。掺杂钯的 Ni-B 能够使活性增加 200%。

6.7.3 金属有机物储氢

对一些金属有机骨架（MOF）研究显示，它们有好的吸氢容量。但是，大多数 MOFs 仅在冷冻温度下才显示令人满意的氢吸附容量，因为利用的是物理吸附亲和力。使用 O- 和 H- 授体配位的混合配体体系合成的 MOF，通常得到所谓的层柱结构，这对作为氢存储材料使用有很大吸引力，因为它们重量轻、表面积大和有强的物理吸附能力。MOF 在相当低的温度（77K）下能够存储相当的氢气量。例如，制备的MOF-177，表面积4500m^2/g，掺杂20%（质量分数）Pt-C或碳桥接20 %（质量分数）Pt-C于温和条件下负载于MIL-101和MIL-53上，对其在293K下的氢存储行为进行研究，结果显示，存储容量分别为1.14%（质量分数）和0.63%（质量分数）。使用水热方法合成的聚对苯二甲酸铁MOF-235有高的表面积（974m^2/g），适合于分离像甲烷和氢气这样的气体。研究结果显示，对甲烷的吸附高于氢气。

聚对苯二胺和TiO_2复合物也有存储氢的能力。把TiO_2并合到聚对苯二胺结构中，通过TiO_2的氧原子和聚合物N-H的氢原子间的配位键合。因二氧化钛引入聚合物结构中，其氢存储容量（–193℃）有实质性增加，对含二氧化钛1%、2%和4%（质量分数）的聚合物，氢存储容量分别为2.7%、2.9%和3.0%（质量分数）。其原因可能是复合物的层柱结构使其能够在层间间隙中存储更多的氢。热解鸡羽毛纤维（PCFF）是环境友好和生物可再生材料，用它处理氢存储问题时发现，因其有微孔性质，它有显著的氢吸附容量。在优化温度和时间下热解可获得广泛范围的微孔隙率，最大氢存储容量在77K低于2MPa下为1.5%（质量分数）。值得注意的是，低于1MPa的PCFF氢吸附可从微孔隙率丰富程度和氢渗透可利用纳米孔数量来判别。对PCFF的吸附能量估计为5～6 kJ/mol，这在物理吸附材料典型能量范围之内，指出氢气是容易回收的。

6.8 车载制氢

6.8.1 概述

持续发展是指在满足现在需求的同时不影响未来人们的需求。为了改进所有人的生活质量，世界能源消费必然增加。全球能源消耗的增加，主要是化石燃料，已经并继续对地球环境产生巨大影响。因此，今天对高效和环境友好的发电系统的需求是不言而喻的。所有化石燃料是不可再生的，因此持续发展战略非常重要的是，要做最大努力来更加有效、有责任心、完整和环境无害地使用这些有价值的能量资源。

在这个方向上，燃料电池（FC）技术比常规发电技术有很多优点，如高效率、污染物排放低等。因为FC显示比其他所有能源转化技术有更高的燃料 - 电力效率，使形成区域性污染物CO排放或未燃烧物的排放降低到痕量水平。FC的燃料主要是氢，能够从任何含氢原料生产，包括水、生物质、化学品和化石燃料，特别是烃类和它们的衍生物。对燃料电池商业应用的主要障碍之一是必须使用纯氢或富氢燃料，与它们的应用有关。

燃料电池的发展推动氢经济的发展。燃料电池的优越性能能够被使用于很多方面。由于直接使用燃料发电，可以作为发电装置替代现有的一些发电装置，可以是固定式中心电站的发电装置，也可以是各种各样固定的组合热电产生装置（CHP）和组合冷热电产生装置（CCHP），也可以使用作为移动装置的电功率源。对燃料电池的固定应用，使用的氢气燃料可以从前述大规模氢气生产装置取得。尽管仍然有一些需要解决的问题，但是，随着燃料电池的发展，其在运输部门的应用在不断增加。从原理上讲，运输应用比其他应用更有发展潜力。现在受车辆工业的带动，纯电动汽车的发展主要受环境问题驱使，即使面对电池驱动汽车和混合电动汽车的竞争。由于具有公用基础设施上的优势，燃料电池电动汽车的发展似乎更有前景。对这类在移动装置上使用的燃料电池，所使用燃料氢气的生产与固定装置有相当的不同，有其自己的显著特点。因为作为移动运输设备特别是车辆主发动机或辅助电源（APU）的燃料电池，其所需要的燃料氢气生产面对一些特殊问题，如何解决这些问题是本节要介绍的内容。

对主发动机应用，必须发展车载燃料加工技术，使用烃类燃料重整制氢，因为烃类燃料有广泛的公用基础设施可以利用。对运输应用，重点是汽油或柴油的重整；对 APUs，重点也是重整汽油（汽车应用）和柴油（卡车和重载车辆应用）；对便携式电源单元，重点是重整天然气、液化石油气或甲醇、乙醇等。

但是，现有的大规模工业过程，如氨合成、甲醇合成和加氢处理工业，其生产氢气的过程可能不适合于移动燃料电池使用，因为规模上的缩小会带来氢气成本的大幅增加。另外，大规模商业系统是连续操作的，其设计不能够满足功率经常变动的需求，也不能够满足频繁的启动和停车的要求。因此很有必要发展出匹配上述移动燃料电池应用的燃料加工系统。对气体、液体和固体燃料进行加工以适合于燃料电池使用的燃料加工一般概念与固定应用是相同的，如图 6-31 所示。通过重整过程生产适用于燃料电池使用的合成气和氢气燃料的一般加工程序示于图 6-32 和图 6-33 中。由于这些过程中的绝大部分已经在前面固定氢气生产中做了较为详细的讨论，下面只讨论移动重整制氢。

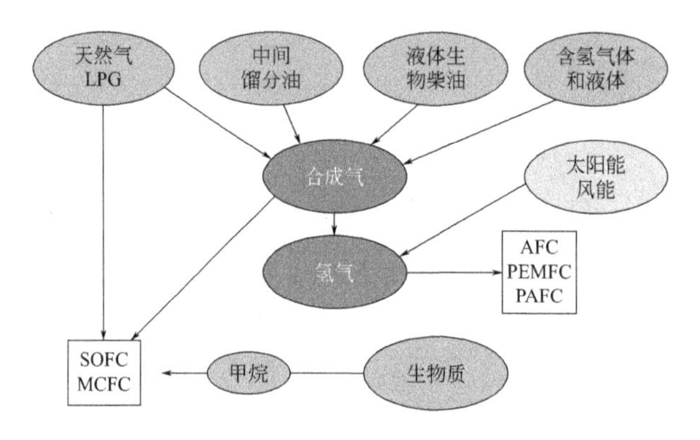

图 6-31　燃料电池用氢燃料的生产路线

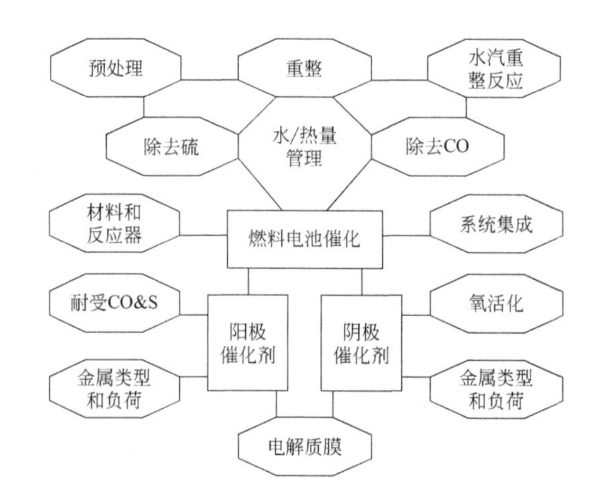

图 6-32　燃料电池气液固燃料加工概念和步骤

已经指出，不同类型的燃料电池使用的燃料是不同的，例如，对低温燃料电池如 PEMFC、DMFC、PAFC 和 AFC，只能够使用氢气燃料（也在发展直接使用甲醇和直接使用乙醇燃料的低温燃料电池，DMFC 和 DEFC），而对高温燃料电池，如 SOFC 和 MCFC，除使用氢气作为燃料外，也可以使用重整物（合成气 + 蒸汽、二氧化碳等）直接作为燃料，不管是固定应用还是移动应用。虽然甲醇和乙醇具有超级干净和容易重整（低温）等优点，也能够作为燃料电池的燃料，但低能量密度和没有配套的公用基础设施以及可能的排放问题是其缺点。烃类化合物中的硫能够使燃料加工器和燃料电池电极催化剂中毒，因此必须除去。为生产氢气重整物必须经水汽变换加工以降低 CO 到 1% ~ 2% 的浓度，如果再经过优先选择性氧化和甲烷化使 CO 浓度降低到 10×10^{-6} 就能够满足低温燃料电池所要求的 CO 浓度。

由于天然气、汽油、柴油和喷气燃料等在世界范围内已经存在很方便使用的公用基础设施，因此人们对烃基类燃料加工工艺和工程研究具有很大兴趣，也已经充分认识到燃料加工系统对燃料电池系统集成有重要影响，以及移动装置特别是车载制氢与固定装置产氢有相当的差别。尽管使用常规烃类燃料在固定地点和固定设施生产氢气的工艺、催化剂和过程已经大规模商业化，技术成熟（在第 4 章和本章前面做了相对详细的介绍），但对移动装置如车辆和便携式电子设备上使用的原位制氢技术仍有一些问题有进一步讨论的必要。因为不同类型的燃料电池和不同的应用，其制氢技术也有一些差别。例如，如表 6-9 所示，对固定应用和移动应用的燃料电池有不同的性能目标。

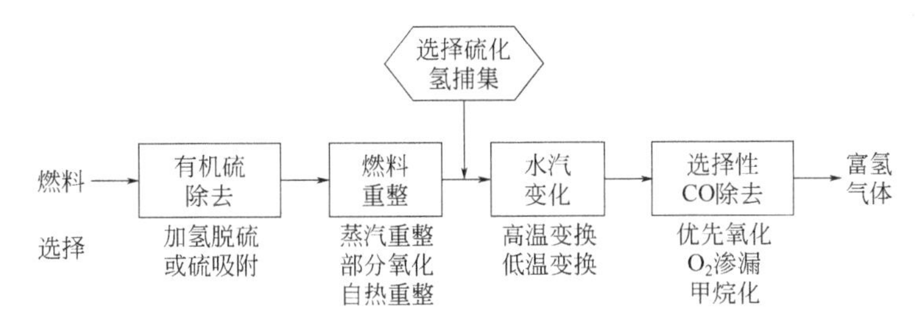

图 6-33　燃料到富氢气体的加工步骤和可使用方法

6.8.2 燃料重整化学及其选择

燃料加工技术的主要目标之一是把含氢气体和液体原料（如天然气、汽油等）转化为富氢气体。

表6-9　固定和运输应用燃料电池的性能目标

项目和应用	参数	目标值
固定应用第二代燃料电池	效率（HLV）/% 成本 /（美元 /kW） 目标年份	50 ~ 60 1000 ~ 1500 2003 年
21 世纪固定应用燃料电池	效率（HLV）/% 成本 /（美元 /kW） 目标年份	70 ~ 80 400 2015 年

续表

项目和应用	参数	目标值
新一代车辆项目成员的运输应用目标	50kW 汽油燃料加工器	
	能量效率 /%	80
	功率密度 /（W/L）	750
	比功率 /（W/kg）	750
	毒物 耐受度 / $\times 10^{-6}$	10(CO)；0（硫）
	排放	<EPA Ⅱ期
	启动到满功率时间 /min	0.5
	寿命时间 /h	＞ 5000
	成本 /(美元 /kW)	10
	50kW 重整物燃料电池次系统	
	效率	25% 峰功率时 60%
	铂负荷 /(gPt/kW)	0.2
	启动到满功率时间 /min	0.5
	成本 /(美元 /kW)	40
	功率密度 /(W/L)	500
	CO 耐受度 /(μL/L)	100（CO）
	寿命时间 /h	＞ 5000
	目标年份	2004 年
	到 2004 年 50kW 汽油基燃料电池系统	
	能量效率	25% 峰功率时 48%
	比功率 /(W/kg)	300
	启动到满功率时间 /min	0.5
	瞬态应答 /s	1
	成本 /(美元 /kW)	50

从烃类燃料生产氢气有三类主要技术：蒸汽重整（SMR）、部分氧化（POX）和自热重整（ATR）。表 6-10 总结了这些工艺的优缺点。重整过程产生含氢、CO 和 CO_2 的气流。吸热的烃类蒸汽重整需要外部供热。蒸汽重整不需氧气，比 POX 和 ATR 的操作温度低，产生的重整物流有高的 H_2/CO 比（约 3∶1），对生产氢气有利。但是，在三类过程中它的排放最高。POX 通过烃类被氧的部分氧化生产氢气，热量由“控制”燃烧提供。其操作可以不需要催化剂，有最小的甲烷泄漏且比其他两类工艺耐硫。过程在高温下进行时有烟雾生成，H_2/CO 比（1∶1 到 1∶2）有利于烃类合成如 FT 合成过程的使用。ATR 由部分氧化产生热量供蒸汽重整用以增加氢气生产，因此是一个热中性过程。自热重整一般在比 POX 重整低的压力下进行，甲烷漏出低。由于 POX 是放热的，ATR 并入 POX 过程并不需要外部供热。但是，它们需要昂贵和复杂氧分离单元来提供纯氧进料，在使用空气时产物气体被氮稀释。在工业上生产氢气蒸汽重整是比较理想的工艺。

由于在三类工艺中都产生大量一氧化碳，需要使用一个或多个水汽变换（WGS）反应器，一般应该有一个高温变换反应器和一个低温变换反应器。高温反应器（＞ 350℃）有快反应动力学但受热力学限制，使 CO 转化率也受限制。所以，使用低温（210 ～ 330℃）反应器以使 CO 降低到很低的浓度。高温 WGS 反应器通常使用铁催化剂，而低温反应器通常使用铜催化剂。

表6-10 烃类重整技术比较

技术	优点	缺点
蒸汽重整	有最多的工业使用经验 不需要氧气 过程操作温度最低 对氢气生产有最好的 H_2/CO 比	排放最高
自热重整	工艺操作温度比 POX 低 漏出甲烷低	有限的商业经验 需要氧气或空气
部分氧化	降低对脱硫的要求 不需催化剂 低甲烷漏出	低 H_2/CO 比 非常高的工艺操作温度 生产烟雾 / 管理工艺复杂

烃类和甲醇燃料的重整、WGS 和氧化反应被总结如下：

蒸汽重整

$$C_mH_n+mH_2O=\!=\!=mCO+(m+n/2)H_2 \tag{6-16}$$

ΔH 与烃类有关，吸热

$$CH_3OH+H_2O=\!=\!=CO_2+3H_2 \quad \Delta H=+49kJ/mol \tag{6-17}$$

部分氧化

$$C_mH_n+m/2O=\!=\!=mCO+n/2H_2 \tag{6-18}$$

ΔH 与烃类有关

$$CH_3OH+1/2O_2=\!=\!=CO_2+2H_2 \quad \Delta H=-193.2kJ/mol \tag{6-19}$$

自热重整

$$C_mH_n+ m/2H_2O+m/4O_2=\!=\!=mCO+(m/2+n/2)H_2 \tag{6-20}$$

ΔH 与烃类有关

$$4CH_3OH+1/2O_2+3H_2O=\!=\!=4CO_2+11H_2 \quad \Delta H=0 \tag{6-21}$$

碳生成（结焦）

$$C_mH_n=\!=\!=xC+C_{m-x}H_{n-2x}+xH_2 \tag{6-22}$$

ΔH 与烃类有关

$$2CO=\!=\!=C+CO_2 \quad \Delta H=+172kJ/mol \tag{6-23}$$

$$CO+H_2=\!=\!=C+H_2O \tag{6-24}$$

水汽变换

$$CO+H_2O=\!=\!=CO_2+H_2 \quad \Delta H=-41.1kJ/mol \tag{6-25}$$

$$CO_2+H_2=\!=\!=CO+H_2O(RWGS) \tag{6-26}$$

CO 氧化

$$CO+1/2O_2=\!=\!=CO_2 \quad \Delta H=-283kJ/mol \tag{6-27}$$

$$H_2+1/2O_2=\!=\!=H_2O \quad \Delta H=-242kJ/mol \tag{6-28}$$

式中的焓变是常温常压下气体反应物和产物的焓变。

燃料加工反应器应该设计成有最大氢气生产［方程（6-16）～方程（6-21）和方程（6-25）～方程（6-27）］和最小碳生成［方程（6-22）～方程（6-24）］，使用合适的操作条件（温度、压力、停留时间等）和催化剂。表6-11列举了使用异辛烷重整使碳生成最小所需要的反应温度。

因蒸汽重整（SR）是吸热的，在大规模制造过程中使用燃烧式锅炉，温度约800℃以上，压力高达30atm。停留时间一般在秒数量级，气体空速2000～4000h^{-1}。结焦导致催化剂失活，水碳比不能够太低。由于处于强的传热传质控制区，催化剂的有效因子低于0.05，因此对催化剂活性的要求不严格，通常是便宜的负载在耐火材料如α-氧化铝或铝酸镁上的镍，添加助剂氧化镁和/或碱金属是为降低结炭。虽然也可使用活性更高的钌催化剂，但成本太贵。

表6-11　异辛烷重整使碳生成最小所需要的反应温度

反应物	重整技术	O/C比	避免焦生成的最低反应温度/℃
C_8H_{18}+4（O_2+3.76N_2）	POX	1	1180
C_8H_{18}+2（O_2+3.76N_2）+4H_2O	ATR	1	1030
C_8H_{18}+8H_2O	SR	1	950
C_8H_{18}+4（O_2+3.76N_2）+8H_2O	ATR	2	575
C_8H_{18}+8H_2O	SR	2	225

部分氧化可以使用或不使用催化剂，基于燃料的氢气得率相对较低，使用纯氧，压力30～100atm，火焰温度高达1300～1500℃，部分氧化温度约1000℃，可使用任何原料，过程相对复杂，使用催化剂虽然温度较低但温度不太好控制，催化剂一般是第Ⅷ族贵金属如铂、钯、铑、钌以及钴、镍、铱等，可负载在耐火氧化物上或使用没有载体的金属线和筛网。

自热重整（ATR）可以看成是部分氧化和蒸汽重整的组合，它不是一个新概念，在20世纪就使用于生产城市煤气，不需外热源。在燃料加工器发展中，对催化部分氧化（CPOX）和自热重整过程投入了大量的努力，因为不需间接加热。CPOX和ATR能够快速启动和有好的瞬态应答，但会导致进入燃料电池的燃料质量变差。与之比较，蒸汽重整给出的粗重整气中氢气浓度较高，为70%～80%，而对CPOX和ATR为40%～50%。

燃料电池重整反应化学的选择与其应用密切相关。SR适合于固定应用，不适合于运输应用，因为它受传递过程限制，因温度高启动慢，对功率需求变化应答慢。当功率需求快速降低时，催化剂可能过热，引起烧结使活性受到损失。对ART，引发与所需热量在床层内产生，对功率需求变化应答比较快，启动也快，低反应温度为运输应用提供多个好处，具有的优点包括：①反应器设计不复杂，重量轻，需要的热量减少；②结构材料选择范围宽；③启动期间燃料消耗少。CPOX也类似于ATR，其优点甚至比ATR更明显，但安全性相对较差，需仔细考虑。

相对于固定应用，运输应用对燃料加工期的要求更多和更高。对小FC的车载重整，燃料加工器取决于许多因素，包括操作特性，如可变功率需求、快速启动、能频繁停车开车等。美国能源部先进汽车技术办公室（DOE-OAAT）对50kW燃料加工器使用Tier 2汽油的客车和轻载车辆主推进功率建立的目标（见表6-9）包括：有多次启动停车的能力，从冷启动达到最大功率的时间在1min内，在1s内应答功率需求从10%到90%变化，功率密度 800 W/L 等。

虽然辅助功率单元（APUs）或便携式电源产生系统的性能目标尚未对燃料加工器设计建立很好的规范，但燃料加工器的设计应该是类似的。原理上，能够独立地选择氧碳比和水碳比，但是，这些比确定反应释放或吸收的能量，这确定了绝热反应温度和氢气在产物中的浓度。

下面对有可能使用于为移动如运输车辆和便携式电器生产氢气燃料的部分氧化和自热重整进行较为深入的分析。

6.8.3 化石燃料的部分氧化（POX，$H_2O/C=0$）

烃类部分氧化（POX）和催化部分氧化（CPOX）已经被提出使用于汽车燃料电池氢气和一些商业应用氢气的生产。烃类非催化部分氧化一般在氧存在下于火焰温度 1300 ～ 1500℃下发生，用以确保完全转化或降低碳或烟雾（一些情形中）的生成。在部分氧化体系中能够添加催化剂以降低操作温度。但是，体系温度变得难以控制，原因是焦和热点的生成，且反应是强放热的。对天然气转化，催化剂一般是 Ni 或 Rh，但是 Ni 有强的结焦趋势，Rh 使成本显著增加。对癸烷、十六烷和柴油已经成功使用催化部分氧化。高温操作（＞800℃，通常＞1000℃），安全方面的事情可能使其实际紧凑和便携式装置的使用变得困难，因为热量掌控困难。

POX 不使用蒸汽作为进料组分，而是使用较高烃类进料如汽油或柴油，这有可能导致生成很多焦副产物。但由于反应条件保持在净还原性，因此不生成 NO_x 或 SO_x。一个明显的缺点是需要有大量连续的氧进料，因此需要对生产氧气的工厂进行投资（固定应用）。产物中含有大量副产物 CO，必须使用水汽变换反应把 CO 转化为氢气。这样需要有纯化气体的附加单元操作以除去可能产生的 H_2S 和烟雾。还需通过吸收除去 CO_2，最后痕量的 CO 使用优先选择氧化或甲烷化步骤除去。因此，POX 操作可能是十分复杂的（见图 6-34），能量效率较低。图 6-34 仅仅显示 POX 过程部分，合成气产物 CO/H_2 必须纯化。POX 技术比 SRM 强的一个特点是，能够处理大量桶底重质原料。据估计，POX 工厂的热效率，当用重烃类进料时约为 70%。添加 O_2 的次级重整能够应用 SR 技术的一些操作，特别是在用于氨合成时的高氢需求。在放热次级重整器中，空气被加入主重整器流中。残留甲烷与空气反应为生产 CO 反应提供热量，氮被使用于氨合成。可以使用于 POX 的反应器构型示于图 6-35。

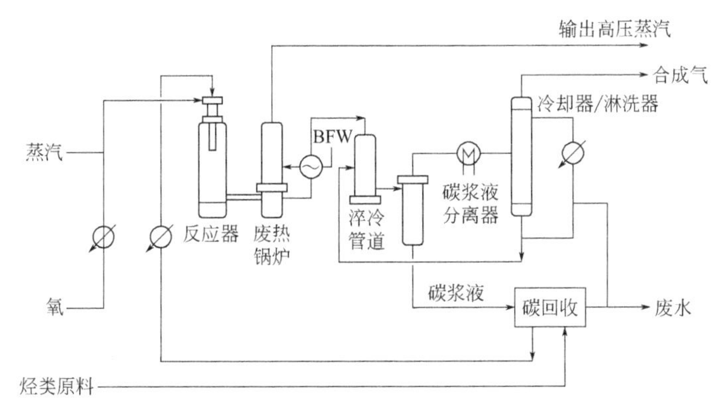

图 6-34　POX 工艺流程

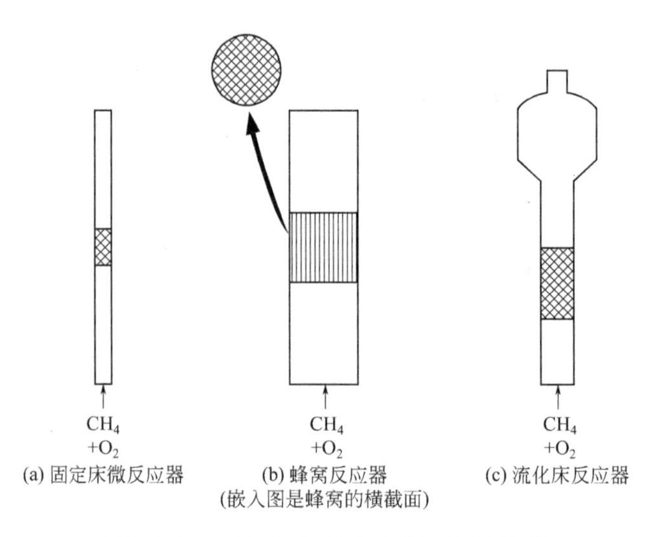

图 6-35　在 POX 过程中使用的反应器构型

6.8.4 自热重整（ATR）：氧碳比和水碳比都不等于零

自热重整可以是部分加蒸汽的催化氧化重整。它由使用 POX 或 CPOX 产生热量的热区和下游发生蒸汽重整的催化区构成。所以，反应器的温度分布特征是，在热区温度尖锐上升，然后在催化区因吸热反应使温度稳步降低。POX 产生热量是不需要外部热源的，因此使系统简化和启动时间缩短。这个工艺的一个显著优点是，能够快速停车和启动，生产的氢气量比 POX 工艺多。为合适操作 ATR，氧燃料比和蒸汽碳比必须在所有时间中进行合适控制，以控制反应温度和产品气体组成，同时防止焦生成。这个工艺期望能获得企业的支持，原因是产生对 FT 合成有利的气体组成。ATR 相对紧凑、低投资成本和具有规模经济潜力。其效率与 POX 反应器可比较，为 60% ～ 75%（HHV）。

在自热重整中，生产 CO 和氢的能量来自烃类原料的部分氧化。烃类进料在衬耐火材料容器中与 O_2 在 1200 ～ 1250℃下进行非催化燃烧，接着在催化床层中进行重整反应。自热重整反应器示于图 6-36。烃类和蒸汽在燃烧器内与 O_2 混合，进行部分氧化反应，为接着的吸热反应提供热量。燃烧区下游（在同一个反应器中）有一个 Ni 基重整催化剂床层，进行蒸汽重整。操作压力范围为 20 ～ 70atm。自热重整使用的 O_2 比 POX 少，其经济性对 O_2 较少敏感。无须外部燃料，同时有相当的燃料灵活性。

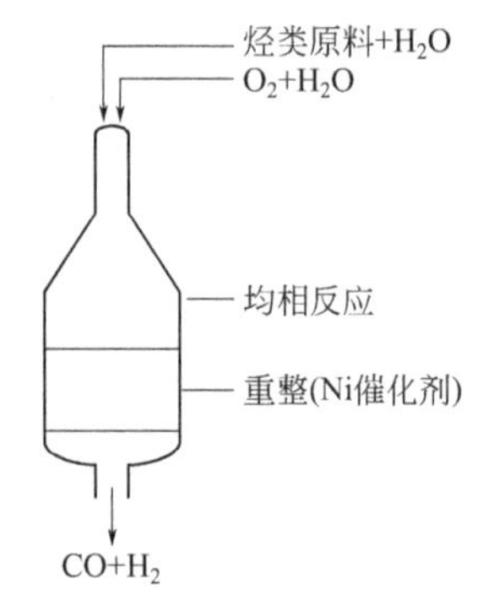

图 6-36　自热重整器：烃类与氧反应，产物在 Ni 催化剂床层进行蒸汽重整，H_2/CO 比在 WGS 反应中调节

6.8.5 燃料加工器研发面对的挑战和机遇

由于燃料加工器子系统对燃料电池总系统的成本有重要影响，许多研究的重点是发展高效的燃料加工器。燃料电池用燃料加工既有挑战又有机遇。燃料电池真实商业化的关键是成本的降低，包括燃料加工子系统。表 6-6 总结了燃料电池用燃料的总要求和其他组分

对不同燃料电池系统的影响。表 6-9 列举了美国推出的某些固定和运输应用燃料电池的性能目标。美国能源部支持研究和发展燃料加工子系统和降低运输燃料电池系统的成本及发展效率高达 70% ～ 80% 的先进燃料电池系统。

催化是燃料加工的关键技术。在若干方面存在催化研究的需求和发展机遇，包括燃料加工领域和关系到燃料加工的电极催化，此外还包含下述多个方面：催化材料发展和应用、工艺发展、反应器发展、系统发展和集成、传感器和模型发展等。

众所周知，所有汽油、柴油和喷气燃料及天然气都已经有制造和分布的公用基础设施，能够被使用于固定和移动应用燃料电池所需燃料氢气的生产。醇类如甲醇和乙醇重整的温度较低。从烃类和醇类燃料制造氢气的加工程序或步骤一般包括：燃料深度脱硫、燃料重整、高温和 / 低温水汽变换、CO 除去或净化（如优先选择性氧化和甲烷化）等。基于现实情况的初步分析，看来必须进一步研究以发展：①重整前烃类原料的超深度有效脱硫；②更有效紧凑和便宜的燃料加工器或车载燃料重整器；③非燃烧和在中温及低温下有高活的水汽变换催化剂；④高选择性和高活性 CO 优先选择性氧化催化剂；⑤高性能电极催化剂，包括降低成本、降低贵金属负载量、提高 CO 耐受性等。这些对低温燃料电池如 PEMFC、DMFC、PAFC 都很重要，而对高温的 SOFC、MCFC，第③、④和⑤就不那么重要了。应该注意到，为生产氢气对原料进行了多步加工，燃料电池的净效率肯定要下降，因此燃料电池效率高的优点要一点一点地被折扣。因此，发展高效和紧凑的燃料加工技术对燃料电池应用是非常重要的。对低温和高温燃料电池使用的燃料加工系统示意分别示于图 6-37 和图 6-38，而 PEMFC 用集成燃料加工系统示意示于图 6-39。

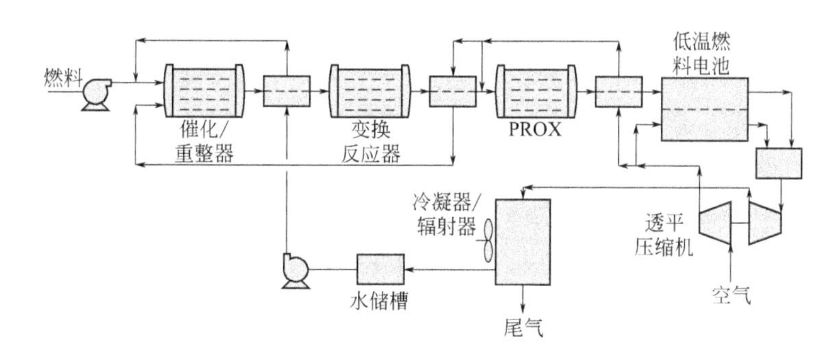

图 6-37　低温燃料电池用燃料加工系统示意图

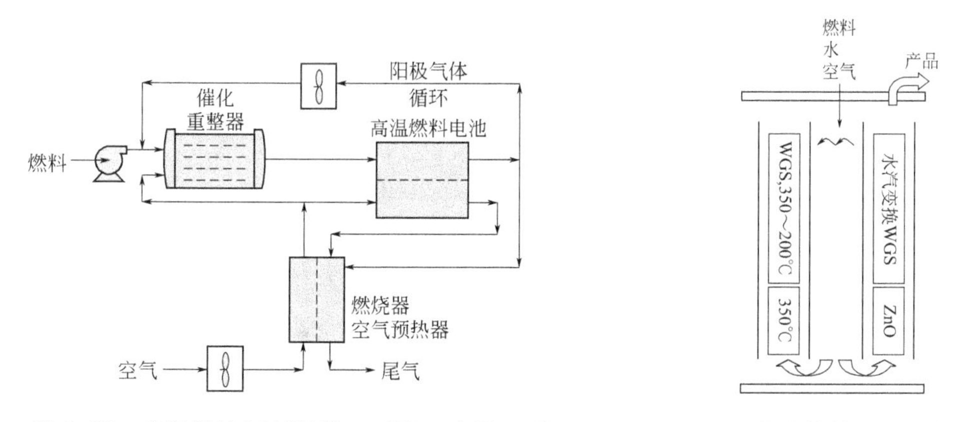

图 6-38　高温燃料电池燃料加工系统示意图　图 6-39　PEMFC 用集成燃料加工系统示意图

6.8.5.1　在烃类重整前后除去原料中的硫

虽然燃料电池要被硫中毒，但氢气中 1μL/L 的 H_2S 浓度对燃料电池性能实际上几乎没有影响。除了燃料电池堆，重整催化剂、水汽变换催化剂和使用于重整过程中的气体催化剂都可能被硫中毒。含硫化合物一般存在于汽油、柴油、甲醇中，管线输送的天然气也都含有微量的硫化物，在重整过程中硫化物几乎都转化为 H_2S。政府标准要求把汽油中的硫含量降低到平均 30μg/g，2006 年就已经降低到不超过 80μg/g，随着各国油品标准持续提高，其要求的硫含量也愈来愈低。即便使用极低硫含量原料生产的重整气体也会含有硫化氢，约在百万分之几的数量级。为安全原因，国内天然气中加有有气味的硫醇，这也将使重整气中含硫化氢。对燃料电池特别是低温燃料电池使用的氢气需要超净，因此需要使用化学和炼制工业中的脱深度硫技术来净化粗氢气中的硫化氢，经过这种方式脱硫是能够满足燃料电池应用的超净要求的。在第 3 章的合成气催化净化中已经详细介绍了催化脱硫方法。事实上重整获得的是粗合成气，与煤气化获得的煤气基本类似。

但是，如果不进一步脱硫的话，即便使用所谓超低硫洁净燃料（汽油 <15μg/g，柴油 <30μg/g）生产氢气，对燃料电池应用来说含硫仍然太高。虽然近来报道说，高性能 SOFC 能够耐受 50μL/L 硫化氢的氢气燃料，但是为除去硫化氢仍然需要在重整前或后进行一些处理以降低硫化氢浓度到燃料电池能够耐受的水平。在燃料加工器中可以采取两种不同的方法来除去硫：①使用金属脱硫剂在燃料重整前选择性吸附除去硫；②在燃料重整后使用氧化物脱硫剂如 ZnO 除去硫化氢。脱硫可以是燃料加工器子系统中的一个部分，既可以原位也可以车载除去烃类燃料中的硫。在重整器前使用选择性吸附除去燃料中的硫是有益的，因为这个方法无须氢气且在常温进行。但希望能够进一步提高脱硫剂的吸硫容量。含硫液体燃料的预脱硫也能够在燃料加工器催化自热重整前使用。使用固体脱硫剂而不是加氢脱硫在燃料重整前捕获硫也是一种替代方法。在重整过程中任何有机硫都被转化为硫化氢，在富氢气氛中硫化氢能够使用 ZnO 捕集。为燃料电池应用，仍然需要有更加有效的吸附或吸收材料，既能够脱除有机硫也能够除去硫化氢。

6.8.5.2　重整催化剂的发展

人们希望有高抗硫和高抗结焦的重整烃类（汽油或柴油）催化剂，它们应该有高活性、高选择性和高稳定性。在运输装置上使用的燃料电池燃料加工器系统性能目标的要求应该是：其重整催化剂显示的活性、选择性、热和机械稳定性比现时大规模制氢过程中使用的重整催化剂更高。为满足这些要求，重整催化剂必须达到：GHSV 20000h^{-1}、燃料转化率＞ 90% 和氢气选择性＞ 80%、使用寿命 5000h 以上。

鉴于运输应用的潜在巨大市场，许多主要催化剂生产商，如 Johnson-Matthey（美国），已经开始为 SOFC 技术发展新的重整催化剂。发展的大多数重整催化剂是负载在金属氧化物上的过渡金属，载体是掺杂有少量其他非还原元素的氧化物离子导体。使用两类金属作为重整催化剂活性组分：非贵金属和贵金属。多年来，镍是重整烃类使用最多的金属，现时使用的蒸汽重整催化剂主要是负载在耐火氧化铝或陶瓷铝酸镁上的镍，添加或不添加碱金属助剂。虽然氧化铝仍然是广泛使用的载体材料，但多种新载体材料如氧化铈、氧化锆或镓酸镧等也已经被研究过。这些载体有高的粉碎强度和高的稳定性。但是，它们的主要问题仍然是结焦和硫中毒。在加工重质烃类如汽油、柴油时结焦甚至更严重。为扼制结焦，常添加碱金属助剂。研究最多的贵金属催化剂是铂，活性更高的是钌和铑催化剂，它们的结焦不严重，但价格太高。

举一个例子，负载在掺杂氧化铈上的各种过渡金属催化剂，在 500 ～ 800℃就显示很高的重整活性，原料烃转化率高，氢气选择性也高，如图 6-40 和图 6-41 所示。研究过的所有金属，除银外，在温度高于 600℃时转化率都大于 95%，而当温度高于 700℃时 100% 转化（图 6-40）。温度低于 600℃时，第一行过渡金属（特别是镍和钴）转化率的下降比第二行（钌）和第三行（铂、钯）快。在 650℃时，第二行（钌）和第三行（铂、钯）的氢选择性大于 60%，高于第一行（图 6-41）。而当温度低于 600℃时，除镍和钌，其他金属催化剂的氢选择性都低于 50%。

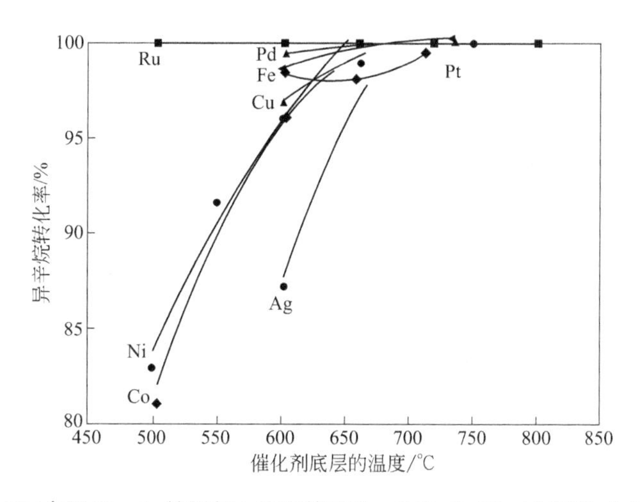

图 6-40　异辛烷在不同金属 /CeO_2 催化剂上的重整条件：O/C=0.46，H_2O/C=1.14，GHSV=3000h^{-1}

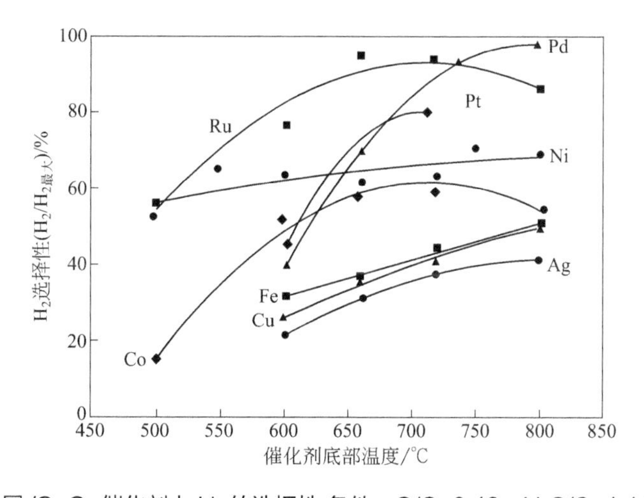

图 6-41　在不同金属 /CeO_2 催化剂上 H_2 的选择性 条件：O/C=0.46，H_2O/C=1.14，GHSV=3000h^{-1}

重整催化剂的抗硫性是一个重要要求，因为硫存在于重整制氢的大多数原料中，如天然气、汽油、柴油等。图 6-42 显示的是，在 700℃重整添加苯并噻吩后的异辛烷重整气中

H_2、CO、CO_2 和 CH_4 的组成，添加硫的浓度范围为（0 ～ 1300）$\times 10^{-6}$，催化剂是负载在氧化铈上的铂。确实没有显示硫的添加使这个催化剂性能下降。事实上，当原料中的硫含量从 0 增加到 100×10^{-6} 时，氢气得率反而稍有增加，且使甲烷得率稍有下降。而对商业镍蒸汽重整催化剂，硫含量为 50×10^{-6} 时就显示催化剂被中毒的现象。

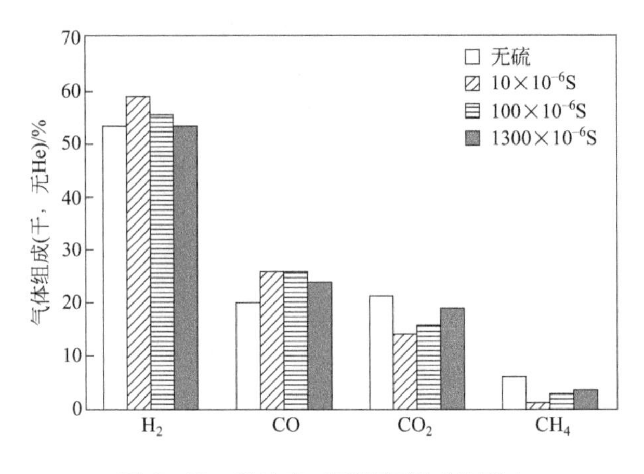

图 6-42　硫浓度对重整气组成的影响

6.8.6 重整器设计和工程——燃料加工器的发展

不管其应用场合，燃料电池使用的燃料加工系统的主要组件是类似的，主要包括：①催化重整器；②燃料电池堆；③燃烧器 - 空气预热器，预热进入阴极室的空气；④循环空气和阳极气体的风机。高温燃料电池如 SOFC 的燃料加工系统比低温燃料电池如 PEMFC 的要简单一些（见图 6-38 和图 6-37），因为对高温燃料电池，CO 一般可以作为燃料使用。燃料加工器的改进设计是要使气相反应最小、避免热量损失和较小热质量以利于快速启动。多个单元操作被安排在一个单一的集成硬件容器中，以使每个功能组件达到所希望的流速、产物浓度和温度分布。必须确保反应物好的混合和分配，使其尽可能接近重整催化剂表面，以使发生的气相反应为最小。工程化催化剂结构应尽可能减小催化剂表面间的空体积。催化剂构型（颗粒状还是独居石型）对减小传热传质阻力是重要的，这样能够保持高的总反应性能。

燃料加工器设计取决于燃料电池系统的操作特性（运输和 APU 应用的快速启动）和燃料电池堆对反应产物（如 CO）和燃料中杂质（如硫）的耐受能力。对固定应用燃料电池（如 CHP）的燃料加工器设计要比运输应用（主发动机和 APU）燃料加工器设计简单一些。例如，Innova Tek 已经发展出燃料电池固定应用蒸汽重整过程的燃料重整器技术。该系统中组合了若干独特技术，设计出生产的氢气能够用于功率 100W 到数千瓦范围燃料电池的燃料加工器。该系统由一个微通道催化蒸汽重整单元（与燃料微喷射器集成）、一个微燃烧室单元（为重整单元提供热量）和一个重整物净化单元（对高温燃料电池可以不使用）组成。微通道催化反应器是一个工程化硬件，组合了提供快速加热和传质的设计特色，因此系统具有能够快速启动（短启动时间）、高功率密度（W/L）和对氢气需求好的瞬态应答的优点。

对小燃料电池系统，基于 ATR 设计了新一代燃料加工器，功率密度达到几乎 1kW/L。该系统能够快速启动和容易很好地跟踪负荷变化，效率接近于理论极限。Sulzer Hexis AG 燃料加工器基于 CPOX，为住宅区应用的燃料电池组合热电联产系统提供燃料，功率范围从 0 到 1kW 电力和 0.5kW 到 20kW 热能。该产品在 2003 年前就已经生产了数百套。美国 Argonne 国家实验室为低温燃料电池 PEMFC 发展了一个功率密度为 0.77kW/L 的一个 10kW 集成燃料加工器，如图 6-43 所示。该燃料加工器能够重整汽油，效率高达 70%，启动时间 15min。

图 6-43　10kW 集成燃料加工器

许多技术和学术研究致力于 APU 应用的燃料加工器。在 2002 年 12 月，Delphi 公司（美国）、BMW AG（德国）和 Global 热电公司（加拿大）开发出输出功率 5kW、大小为 44L、质量为 70kg 的第二代 SOFC APU。这个燃料加工器基于汽油 CPOX。Delphi 公司开发了两种不同的重整器——管式反应器和板式反应器，都没有烟雾生成。产品气体中的氢和 CO 浓度都在约 23%。基于 ATR 的启动时间 1h 数量级。使用柴油的重整反应器试验分别得到约 20 %（体积分数）氢和一氧化碳。SOFC-EFS Holdings LLC 发展出用丙烷和甲烷的 10kW SOFC APU。该系统能够用于各种车辆和备用电源。启动时间现在是 30min，预计进一步发展后可以降低到 15min。反应器是 CPOX 重整器，已经成功地使用丙烷（500h）和天然气（85h），无烟雾生成。报道的效率为 77%（天然气）和 73%（丙烷），加料中的硫含量为 20×10^{-6}（天然气）和 185×10^{-6}（丙烷）。计划也将对柴油进行试验，为避免烟雾生成，添加相应的淡水。在过去十多年中，Delphi 公司发展 SOFC 基 APU。除固定应用外，Delphi 公司也发展客车、工业和军用车辆的燃料电池 APU 系统，第一个样品在 2005 年推出。它们的系统有产生合成气的柴油或汽油加工器，合成气直接供应 SOFC。商用飞机制造商波音和空中客车公司都已经开始发展燃料电池基 APU，以替代位于飞机尾部的透平 APU。航空航天应用基于 ATR 煤油重整器的 SOFC APU 系统已经被 Fraunhofer ISE、Liebherr Aerospace（Lindenberg，德国）和 DLR（Stuttgart，德国）发展出来了。重整器使用脱硫喷气燃料 Jet A-1 生产氢气，用于 5kW SOFC。Fraunhofer ISE 的研究目标是使用脱硫煤油（硫含量约 6×10^{-6}）。试验工厂的核心是 Sahib 自热重整反应器，它由三块蜂窝（独居石）催化剂构成。目标是要最小 H_2O/C 比以降低燃料电池中上游蒸发和下游冷凝的水量。反应器内的温度受部分氧化反应所需空气量的影响。反应器内最高温度保持在低于 950℃，以阻止催化剂因烧结导致活性下降。空气量占比低于 0.3 时就能够达到这个目的。工厂容量能够在 5kW 到 15kW 热功率间改变（基于煤油的 LHV）。系统压力稍高于常压。 Webasto Thermosystems GmbH(德国) 开发的 SOFC APU 由三个子单元构成：燃料加工预混合单元必须为重整催化剂产生均一的燃料 - 空气混合物，重整器中的重整催化剂使用氧把柴油燃料转化为富氢和一氧化碳燃料，SOFC 燃料电池堆利用产生的热量发电和产生热量。重整器和后面的 SOFC 操作处在相同的温度，大约 800℃。由于燃料电池堆的高温，含 CO 的气体能够方便地进入风机，于是操作中能够使用便宜的质量流量计，操作中无须空气压缩机。图 6-44 显示的是系统装置的方块图。APU 是一个 5kW 系统，质量 50kg，体积 50L。总系统的目标效率 ＞ 25%(LHV), 而使用现在的内燃发动机燃料到电力的效率远低于 20%。在现今的车辆中，直接用 SOFC，而不改变装置，顾客使用的电力消耗大约为每 100km 1L 燃料。燃料电池中未转化的燃料离开阳极室，在一个带有集成热交换器的燃烧器中燃烧，产生的热量被使用于预热阴极空气。辅助组件如柴油泵和风机是配置在周围的，成为完整的独立装置。所有核心组件置于热绝缘的热箱中，在近于大气压下操作。除较高系统效率外，即便是在燃烧发动机不工作的时候，燃料电池 APU 也能够提供足够的热量供应。目前，第三代独立的 APU 系统处于试验中，初步结果非常令人鼓舞。同时，系统的进一步改进在进行中，启动时间低于 1h，总效率高于 20%。

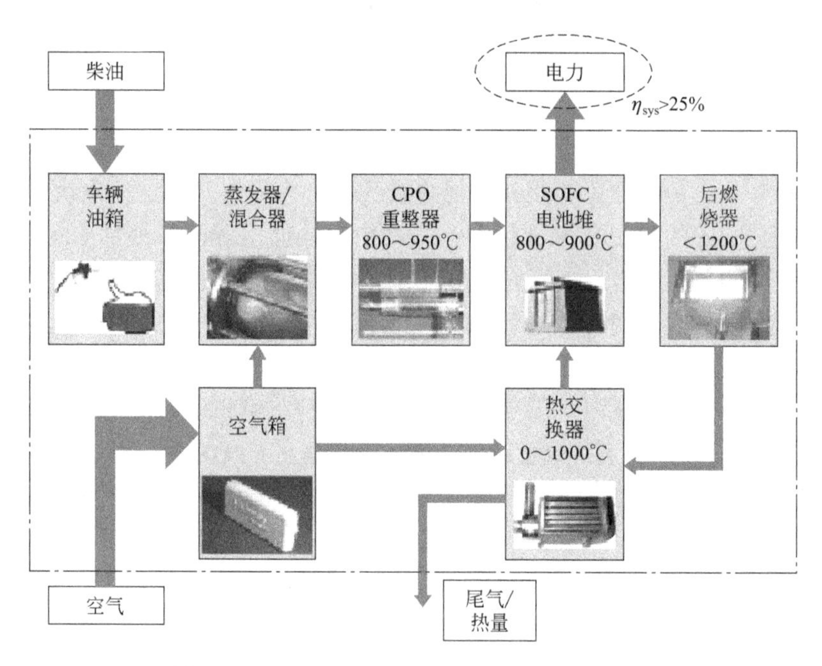

图 6-44　Webasto SOFC-APU 系统的配置

第7章 煤制烃类液体燃料——FT合成

7.1 引言

现时全球的能源都基本上来自化石燃料（即石油、煤炭和天然气）。我国以煤炭为主要资源的情形仍然要持续一段时间。尽管我国已大量进口石油和天然气来努力改变煤炭占比过大的情形，但面对的是初级能源高价格和全球原油市场价格的大幅波动以及燃烧化石燃料导致的污染物排放特别是温室气体（GHG）排放等严峻挑战。支持和开发使用替代能源，如太阳能、风能、水电和核能等技术，能够部分替代化石燃料和减少温室气体的排放，这不仅需要时日，而且存在不确定性，如地震和海啸毁坏了日本的若干核反应器导致难以预计的环境灾难的发生，这对世界核电能源的未来使用产生了深刻的影响。

另外，随着现代社会的快速发展，运输部门消耗的能源占总能源消耗的比例持续增加，在美国已经超过27%。我国的情形也一样，每年消耗近6亿吨石油说明了这一点，因为目前的绝大部分运输燃料来自石油。为改变运输燃料严重依赖石油带来的挑战，已经进行了许多努力来开发替代非石油基运输燃料的生产过程，主要是从煤、天然气和生物质生产液体燃料的热化学过程。因此，煤炭不仅作为生产电力的主要初级能源，也将在运输燃料的生产中占有愈来愈大的比例，特别是以煤炭为主要初级能源的我国更是这样。通过合成气中间物可以使用多条路径把煤炭转化为液体燃料，如FT合成过程和经由甲醇的合成路线。

FT合成（FTS）是一种煤间接液化过程，已经有商业操作。在FTS中，一氧化碳和氢气进行反应生成范围广泛的烃类产物：

$$n\text{CO}+(2n+1)\text{H}_2 \longrightarrow \text{C}_n\text{H}_{2n+2}+n\text{H}_2\text{O} \tag{7-1}$$

式中，n是正整数，对甲烷，n=1，对含5个碳原子的烃类如戊烷，n=5。

经由FT反应合成的液体（FTL）产品类似于原油中的烃类。FTL不含硫，与常规柴油比较有较好的燃烧和排放特性。FT合成过程要求高的投资成本、高的维护和操作成本。经由合成气的FT合成过程现在对煤基过程是有利的，因为净化的要求相对较低。

FT合成过程的一个缺点是，它产生广泛范围的烃类产物，很难控制向着特定产品转化，即FT过程的选择性差。FT合成生产的产物经过类似于原油炼制过程的加工，能够生成类似于石油炼制生产的各种运输燃料如汽油、柴油等。所以，FT合成过程的经济可行性极大地取决于原油价格，也随原油价格的波动而波动，有相当的不确定性。FT合成与甲醇/二甲醚合成过程比较，热和碳效率较低。到20世纪90年代，国际上（未包括我国）的FT合成过程发展和主要商业活动示于表7-1中。

表7-1 20世纪90年代前FT合成过程的发展和商业活动

参与者	FT合成过程	状态
Sasol	Lurgi/Sasol Arge固定床工艺，生产蜡产品	在Sasol偶联操作几十年了
Sasol	Sasol Synthol循环流化床工艺，从煤生产烯烃和烯烃石脑油	商业操作
Sasol	使用水煤浆的浆态床工艺，从煤获得30%～44%烷烃、50%～64%烯烃和7%含氧化合物	1993年商业化，10年发展计划后工厂容量为2500桶/天
Shell Oil Company	气体进料，Shell中馏分，固定床	马来西亚Bitulu工厂1993年运行，容量为12000桶/天
Mobil R&D Corporation和DOE	气体进料，浆态FT反应器，使用ZSM-5催化剂	主要发展在20世纪80年代后期
Exxon	气体进料浆态烃类合成，产品加氢异构	史昂项目在1993年完成，规模200桶/天，准备放大工业化
Statoil	气体到中馏分浆态工艺	中间工厂阶段
DOE和工业合作者①	使用煤的浆态FT合成技术	1992年在Laporte设施上示范

① Air Products、Exxon、Shell和Statoil。

煤通过气化再从合成气合成甲醇是成熟的和已经证明的技术。甲醇既能够被使用作为燃料，也能够作为合成许多化学品的原料。汽油添加剂，如甲基叔丁基醚（MTBE）、乙基叔丁基醚（ETBE）、叔戊甲基醚（TABE）等，是为了改进烃类燃料燃烧性质利用甲醇生产的。但是，对甲醇的重视主要是因为它也是潜在的液体燃料。甲醇也是若干化工过程的原料，如MTO（甲醇烯烃）、MOGD（甲醇汽油和馏分油）、MTG（甲醇汽油）、TIGAS（生物质制汽油）等等。甲醇能够作为汽油的添加物，而二甲醚（DME）可以是柴油的添加物。除了在柴油发动机中使用外，DME还有许多潜在应用。DME现时从甲醇生产，即两个甲醇分子除去一个水分子后就生成二甲醚。甲醇脱水生成DME，而甲醇是从合成气合成的，这要影响甲醇和DME合成过程的总碳效率。所以，现时的重点是研究从合成气直接合成DME。

本书的主题是煤炭能源转化中催化的作用。在前面（除绪论外）几章中已经介绍了煤炭能源转化为电力和气体燃料的各种技术，重点是与其密切相关的各种催化技术。主要是煤炭直接燃烧发电及烟气催化净化技术、煤炭（催化）气化及合成气催化净化技术、煤制气体燃料的低污染催化燃烧发电及组合热电技术、煤制合成天然气（SNG）技术（合成气催化甲烷化和煤催化加氢气化）、煤制氢（煤制气态烃类催化重整技术和水汽变换催化技术）和燃料电池发电催化技术。

在本书的剩余几章中则要讨论煤制液体燃料（CTL）中的催化技术。煤炭液化分为间接液化（经由合成气中间物）和直接液化两大类。先介绍间接煤液化技术，它们分别是FT合成制烃类燃料（本章）、甲醇合成再经MTG（甲醇汽油）制汽油（第8章）、煤制二甲醚燃料（第9章）；然后再介绍直接液化技术，即煤炭催化热解制取气液固燃料（第10章）和煤直接催化液化制油品（第11章）。

在这个方面，2013年《中国化工报》的一篇报道总结了我国在这方面的技术进展。简述如下：随着新疆160万吨煤热解和焦化焦油轻质化项目的开建，我国的煤制液体燃料项目共采用了4条不同的煤加工技术路线，它们都在建百万吨级示范装置，说明我国已掌握四种不同的煤制液体燃料的技术路线，这必将全面提速我国的煤制液体燃料工业。我国能源资源的富煤贫油少气的特点决定了煤制液体燃料将成为我国重要的液体燃料来源。我国已经掌握的4条不同煤制液体燃料的产业化技术路线分别是：神华集团煤直接液化技术、中科合成油公司浆态床FT合成油工艺、陕西煤业化工集团有限责任公司的煤热解焦化制液体燃料技术和中国科学院山西煤炭化学研究所等开发的甲醇汽油（MTG）技术，更为重要的是，这些煤制液体燃料示范项目大多已实现商业化运营，少则连续运行1年，多则运行近5年。

神华公司在鄂尔多斯于2008年建成煤直接液化百万吨级的工业化示范装置（图7-1），2011年至今实现了安全稳定高负荷长周期运行，并开始盈利。

中科合成油公司浆态床FT合成油工艺分别用于伊泰16万吨/a、潞安16万吨/a和神华18万吨/a 3套工业化装置。目前3套装置均已经实现安全稳定长期高效运行，所产高质量柴油十六烷值高和无硫，既可作为成品油直接销售，也可作为优质油品调和剂使用。神华宁煤集团400万吨/aFT合成油项目在2013年9月28日开工建设，于2016年建成。伊泰集团不仅正加紧其内蒙古基地200万吨/a费托合成油项目的前期工作，还同时在新疆启动了2套300万吨/a煤间接制油项目，该公司最终将形成1000万吨/a煤制油生产能力；兖矿陕西未来能源化工公司110万吨/a费托合成油项目现已步入设备与管道安装高峰期，该公司鄂尔多斯340万吨/a煤间接制油项目也在加紧前期准备工作；山西潞安集团180万吨/a煤基油品项目正在加紧建设，最终将建成540万吨/a煤制油生产能力。

MTG技术方面，分别建成了以美国Mobill公司MTG技术为依托的山西晋煤集团10万吨/a装置（图7-2），以中科院山西煤化所MTG技术为支撑的庆华集团10万吨/a工业化装置，以及采用天津大学与山西煤化所偶合工艺建设的河北田元化工10万吨/a工业化装置。另外，江苏煤化工工程研究设计院在Mobill公司技术基础上开发的CMTG技术，以其投资

图7-1　鄂尔多斯煤直接液化装置

少、能耗低、油品收率高受到投资者青睐。庆华 10 万吨 /a MTG 项目，在投产一年半时间就收回了项目建设所有投资。晋煤集团总投资 30 亿元、占地 700 亩（1 亩 =666.7m^2）、年产 100 万吨汽油的 MTG 项目正在实施，建成后将形成 87 万吨 /a 汽油、13 万吨 /a LPG、13 万吨 /a 均四甲苯混合液生产能力。此前，河北田园企业集团斥资 2.8 亿元建设的 10 万吨 /a MTG 项目，也已经开始试生产。

图 7-2　晋煤 MTG 煤制油装置

陕煤 - 榆林版煤制油技术，囊括了块煤干馏中低温煤焦油加氢制取清洁燃料油、中低温煤焦油全馏分加氢、多产中间馏分油以及高温煤焦油加氢制取汽柴油 3 种技术，现已建成神木天元化工有限公司 50 万吨 /a、内蒙古庆华 10 万吨 /a 两套中低温煤焦油延迟焦化加氢制取柴油、石脑油工业化装置，神木富油能源科技有限公司 12 万吨 /a 中低温煤焦油全馏分加氢多产中间馏分油工业化装置，以及黑龙江省七台河市宝泰隆煤化工公司 10 万吨 /a 高温焦油加氢裂解工业化装置。其 50 万吨 /a 煤焦油加氢项目自 2010 年 4 月投产以来，累计实现利润超过 13 亿元。掌握了陕煤 - 榆林版煤制油核心技术的陕西煤业化工集团，除正在建设内蒙古建峰、府谷东鑫垣、陕北基泰 3 个 50 万吨煤焦油轻质化项目外，还加紧了在新疆哈密 160 万吨 /a 和神木清水园 300 万吨 /a 煤焦油加氢项目的前期工作，见图 7-3。

图 7-3　陕煤煤焦油装置

7.2 煤间接液化

7.2.1 概述

煤燃烧排放各种污染物，为克服使用常规燃烧带来的环境问题，人们对使用替代方法包括气化和液化的兴趣不断增加。液化可以是直接或间接的。间接液化（ICL）过程主要包括两个重要步骤。在第一步中，煤被气化转化为主要含氢气和一氧化碳的气体混合物，称为合成气（syngas）。在第二步中，合成气进一步被合成为液体燃料。煤是世界上最丰富的初级或化石能源资源。按照国际能源署（IEA）的统计，在2011年生产煤最多的十个国家中，中国是最大的煤生产者，35.76亿吨，占46%，而美国生产10.04亿吨，占13%。同时全世界原油在2012年的需求大约为0.92亿桶每天，稍高于2011年的0.91亿桶每天，在2013年1～5月全世界原油的产量为0.7578亿桶每天。全球的原油需求量仍在继续上升，意味着进行技术改进以使用其他能源资源生产液体燃料将是非常有益的。此外，因为煤储量丰富和价格低，许多国家仍以传统方法使用很大吨位的煤。但是，不应该忽略，煤燃烧排放的SO_x、NO_x、Hg、CO_2污染物会导致环境问题。在近些年中，做了大量的研究努力以解决这些环境问题，在世界范围内已经取得很大的进展。

煤炭能源资源的替代利用技术已经被开发和商业化，如热解、气化和液化。在这些技术中，间接液化是转化煤到液体燃料的最有效可行的方法。通过间接液化生产的合成燃料在空气污染、温室气体排放和其他环境约束方面能够与直接延伸自原油的燃料媲美，甚至更好。与直接液化不同，为了使间接液化成为可能，必须要发展两步过程。第一步毁坏煤炭原料，生成合成气。第二步是从合成气催化生产烃类燃料和/或化学品。间接液化在原理上能够被分成两个基础领域：①使用FT合成（FTS）把合成气转化为轻烃类燃料；②合成气转化为含氧化合物如甲醇（可进一步经合成汽油MTO过程把甲醇转化为汽油）、二甲醚等，它们既是化学品也是液体燃料等，如图7-4所示。

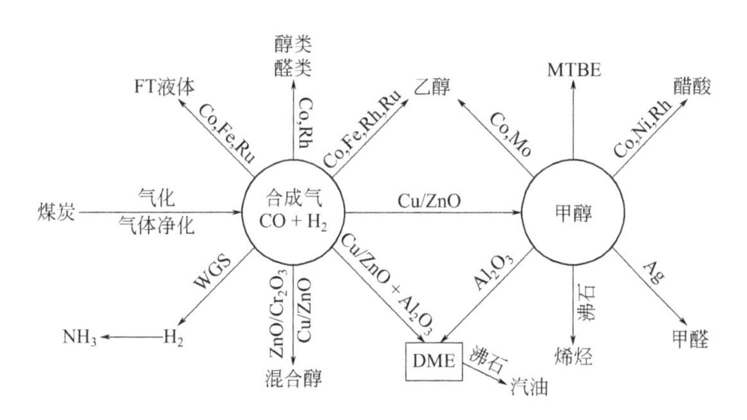

图7-4 合成气生产燃料和化学品

7.2.2 煤直接液化（DCL）和间接液化（ICL）的比较

应该说，DCL 和 ICL 技术的发展处于不同阶段，其在技术成熟程度上有差别。ICL 技术已经被商业化多年（南非 Sasol）或其构成单元已经被商业化（中国中科合成油），而 DCL 技术并没有长的商业化性能的历史（近期有中国神华集团的工业化装置）。

对煤炭直接液化和间接液化的比较已经进行不少研究。对研究中的发现总结如下：① DCL 和 ICL 的投资强度都很大。②生产甲醇和二甲醚的 ICL 效率分别达到 58.3% 和 55.1%。另外，DCL 有较高效率，在 60% 到 70% 之间。但是，DCL 生产部分炼制原油（其可炼制质量要比原油差），它被炼制成可用燃料如柴油、汽油相对困难，损耗较大。所以，当把终端使用和过程效率一起考虑时，ICL 和 DCL 的效率实际上是一样的。③一些 DCL 过程（如神华集团采用的直接液化技术）需要氢气，通过天然气（NG）和煤生产，而 ICL 过程仅需要使用煤作原料。④ ICL 技术的 GHG 排放较低，一般讲，其前景要比 DCL 更好些。⑤ ICL 技术有可利用的公用基础设施和被工业化证明了的技术的支持，DCL 直到现在刚刚被放大和商业化。

结论是，ICL 技术对未来煤利用比 DCL 技术可行性更好。在 ICL 技术中，煤基甲醇和二甲醚比 FT 合成和氢气生产有更好的能量效率和较低的 GHG 排放。

7.2.3 煤制液体燃料成本评估

煤炭气化和液化技术的持续进展已经降低了煤制液体燃料的估算成本，对成熟的（不是新技术）的单一产品工厂，如使用 Illinois#6 煤的直接液化，已经接近每桶 33 美元（1991 年美元，33 美元 /bbl，1bbl=158.987dm^3）当量原油成本。而对间接液化，当原油价格为每桶 50 美元（现时美元）时，其所产油品就能够与石油产油品竞争。

持续研究和发展（R&D）经验指出，美国能源部对煤制液体燃料的成本目标为每桶 25 美元（1991 年美元），这个目标现在似乎已经达到。国内的几个 FT 示范项目似乎都能够盈利（原油的价格 50 ～ 70 美元 /bbl，基于现时的中国煤炭坑口价格）。

7.2.4 煤制液体燃料与其他产品联产

炼制液体燃料与其他产品联产系统的功能，定义为从煤炭生产的商业产品除液体燃料外还有多于一种的其他产品，如电力、化学品等。这为煤炭转化体系的优化和成本显著降低（与单一产品工厂比较）提供了很好的机遇。经过深入的研究分析指出：①与电力联产有潜力降低间接液化的成本达每桶 6 美元（90 年代美元，6$/bbl）或更多，指出液体燃料的预先生产可以在对先进气化发电设施计划的时间框架内变得有经济上的吸引力；②液体燃料与其他产品联产有可能确定应该选用何种气化技术，进行全系统的研究对确认主要研究、发展和商业机遇是很需要的；③实现与煤制液体燃料联产的第一个重要机遇可能是把发电作为主要产品，这样间接液化可能是与电力联产的非常好的第一个应用；④这个电力和煤制液体燃料的联产系统应该得到鼓励和政府层面的支持。

7.3 Fisher 和 Tropsch（FT）合成

7.3.1 概述

FT合成（FTS），一种从气体制液体的技术，是能源工业中最重要的过程之一。它利用煤、天然气或生物质初级能源资源来合成油品，主要是液体燃料和润滑油。FTS 是由 Fisher 和 Tropsch 在 20 世纪 20 年代发明的，经过近 100 年的研究和发展，对工艺调整和产物烃类精炼过程的研究已经取得巨大进步。全球原油价格波动对 FTS 发展产生巨大影响。在 20 世纪末期和进入 21 世纪以来，由于全球能源短缺和对绿色能源的需求，基于煤气化的合成气技术，FTS 得到了广泛的认识和重新被重视。

虽然一般认为煤炭的直接液化在效率上应该要比间接液化高 5% ～ 10%（因为煤气化的消耗），但炼制直接液化油要困难得多，而且液体燃料的质量一般也相对较差，即直接液化的燃料油品质量要远低于间接液化产品。如上所述，煤炭气化进展已经降低了单一间接液化产品的估算成本。煤炭气化的粗气体产物包括氢气、一氧化碳、二氧化碳、水、氨、硫化氢、氮气、甲烷等。对低温气化工艺，还含有高级烃类和焦油。这类粗合成气甚至不适合于作为简单“洁净”气体燃料的燃烧要求，需要净化和进一步加工成清洁燃料或化学品。当然，这类被称为“合成气”的混合物具有工业重要性，能够被用来生产液体燃料或大宗化学品。从合成气生产气体燃料合成天然气和氢气的催化技术已经分别在第 4 和第 6 章中做了讨论。合成气使用于生产液体燃料的 FT 合成、甲醇和二甲醚的合成将分别在本章和第 8 、第 9 章中讨论。

使用不同的催化剂和使用不同的反应条件，从合成气能够合成不同碳数的烃类和含氧化合物。它们经适当加工都能够转化为燃料，特别是液体燃料。产物的进一步加工是必需的，目的是分离和提取含蜡柴油馏分、低辛烷值汽油馏分和产物水中的大量含氧化合物。优质柴油燃料能够从高分子量烃类和蜡制造。汽油沸点范围馏分有低的辛烷值，需要进行进一步的加工和提级，才能够作为摩托车燃料使用。高分子量馏分油能够通过催化剂和操作条件的选择来调节；生产的蜡能够通过加氢裂解来生产高辛烷值液体燃料产品，也能够作为高附加值的蜡产品出售。对高分子量的柴油和喷气燃料的生产现时有巨大的兴趣，它们的低硫和高氢含量使其在市场上有价格的优势。

一氧化碳和氢气合成链烃和含氧化合物的反应都是强放热的。其放出的热量近似等于产品燃烧热的 20%。由于合成操作的温度范围不宽，要求使用的催化剂能够提供令人满意的希望产物选择性。反应温度控制是主要的工程挑战。已使用的或在发展中的若干一氧化碳加氢催化过程有很大差别，这极大地关系到催化剂的选择性和对温度的控制。

虽然使用低成本天然气制造 FT 合成产品有巨大的工业潜力，但是使用煤炭原料产生的合成气进行 FT 合成也是特别有吸引力的。从煤炭合成液体燃料的最大商业活动是南非的 Caol Oil Gas Corporation （Sasol）公司；而在美国，对 FT 合成过程的大多数 R&D 是由 Exxon 进行的。进入 21 世纪以来，我国的 FT 合成得到政府和企业的支持，有很大的发展，如在引言部分中所述，还将在后面做详细的介绍。FT 合成主要研究领域是高性能催化剂发展、工艺条件的优化和反应工程技术的发展。特别是大型浆态 FT 合成反应器技术，因为它能够使用从煤炭生产的低 H_2/CO 比合成气，不需常规固定床体系中需要的变换步骤。

7.3.2 FT 合成反应

FT 合成反应是把 CO 加氢成高级烃类或 / 和含氧化合物，主要是直链烃类。对合成烃类的反应可以表示成：

$$n\mathrm{CO} + 2n\mathrm{H_2} \longrightarrow \left[\mathrm{CH_2}\right]_n + n\mathrm{H_2O} \qquad \Delta H_{298}^{\ominus}=-204\ \mathrm{kJ/mol\ CO} \tag{7-2}$$

$$2n\mathrm{CO} + n\mathrm{H_2} \longrightarrow \left[\mathrm{CH_2}\right]_n + n\mathrm{CO_2} \qquad \Delta H_{298}^{\ominus}=-166\mathrm{kJ/mol\ CO} \tag{7-3}$$

对第二个化学计量反应，最适合使用具有高水汽变换反应活性的催化剂，如铁。对 CO 加氢，所有第Ⅷ族金属都显示有很高活性，但选择性各不一样。其中，Co、Fe 和 Ru 对生成高级烃类显示有最高活性和选择性。Fe 基催化剂价格便宜，加上高的活性和好的选择性，是工业上最常用的 FT 合成催化剂。由于它们对 FT 合成的高活性、对线型产物的高选择性、比较高的稳定性、低水汽变换反应活性，而价格要比 Ru 基催化剂低，此情形下 Co 基催化剂也是 FT 合成催化剂的不错选择。为了降低 Co 催化剂的成本，通常使用负载钴催化剂。最常用的催化剂载体是氧化硅、氧化钛和氧化铝。这些载体的一个缺点是它们具有与活性金属反应的活性，在制备或催化反应期间会生成只有在高温下才能够被还原的化合物。除这些金属氧化物载体外，也可以使用碳载体材料如活性炭、碳纳米管和介孔碳。

FT 合成过程是指把合成气转化为合成粗油的总过程，产品中包含轻烃气体、石蜡烃和含氧化合物。FT 合成反应是强放热的，其平均放热为 140 ～ 160 kJ/mol 转化的 CO。合成粗油的产物组成按碳数目的分布能够使用 Anderson-Schulz-Flory（ASF）分布模型表述：

$$x_n=(1-\alpha)\alpha^{n-1} \tag{7-4}$$

式中，x_n 是每一个碳数目（n）分子的摩尔分数；α 是链增长概率，它是对 FT 合成催化剂催化链增长概率（其反面是链终止）的直接测量。不管 ASF 分布的数学简单性，研究已经证明，合成粗油组成与理想 ASF 分布有偏差。虽然有偏差，使用 α 值的上述表达式仍然是最普遍被用来描述合成粗油组成的表达式。在假设链增长概率 α 不随碳数目而变的条件下，这个 ASF 产物分布规律是能够从图 7-5 所示 FT 合成反应产物逐步增长过程推导出来的，虽然这个方程式中并不包含经典文献给出的特定化学反应机理。

α 值与催化剂类型和操作条件间有很强的关系。催化剂类型在总 α 值中起支配性作用，这已经导致众多研究者使用它来研究各种类型催化剂在总 FT 反应中的性能。在各种潜在的催化剂类型中，仅铁基和钴基催化剂已经在商业中使用。两种类型催化剂有不同的加氢活性，Fe 的活性比钴高，使 Fe 基催化剂产物中有更多的烯烃和含氧化合物。与之比较的是，钴基催化剂产物中含更多的石蜡烃类。此外，Fe 基催化剂能够催化 WGS 反应，而 Co 基催化剂对 WGS 反应几乎没有催化活性。这个特征使 Fe 基催化剂能够对合成气组成有更宽的适用操作范围，这对生产合成气的气化炉和气体循环设计有巨大的意义。所以，催化剂的选择取决于希望的产物和下游的炼制容量。

FT 合成过程的操作条件能够被调控以影响 ASF 分布的变化。升高温度使加氢以及产物脱附的速率增大。FT 合成中产物脱附速率可能是过程的支配步骤，因为它使链终止净速率增大。因此，加氢产物如脂肪链烯和含氧化合物产物增加，其具体表现是使该 FT 过程和催化剂的 α 值比较低。此外，较高操作压力促进脂肪链烯和含氧化合物在催化剂表面上的吸附，因此观察到的是该 FT 过程和催化剂的 α 值较高。

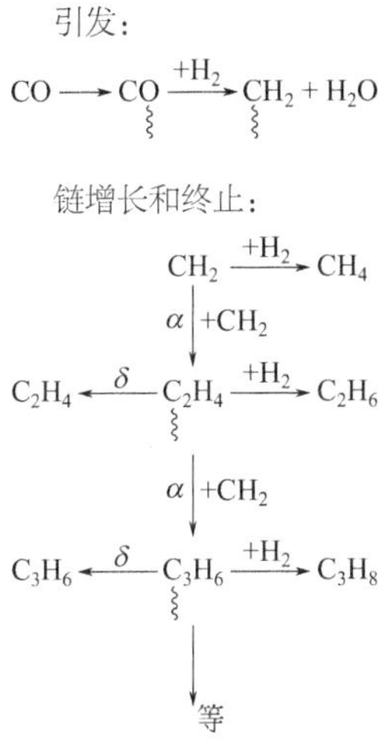

引发：

$$CO \longrightarrow CO \xrightarrow{+H_2} CH_2 + H_2O$$

链增长和终止：

$$CH_2 \xrightarrow{+H_2} CH_4$$

$$\alpha \downarrow +CH_2$$

$$C_2H_4 \xleftarrow{\delta} C_2H_4 \xrightarrow{+H_2} C_2H_6$$

$$\alpha \downarrow +CH_2$$

$$C_3H_6 \xleftarrow{\delta} C_3H_6 \xrightarrow{+H_2} C_3H_8$$

$$\downarrow$$

等

图 7-5　FT 反应逐步增长方程式和选择性

有若干类型反应器设计能够完成 FT 合成。最近在工业实际中使用的是浆态床和管式固定床设计。对这些反应器设计，有两个商业可接受的操作温度，也就是低温 FT（LTFT）和高温 FT（HTFT）。它们对应的温度范围分别是 220 ～ 240℃和 300 ～ 350℃，典型的操作压力范围为 2 ～ 2.5 MPa。此外，中科院山西煤化所和中科合成油公司开发出具有纳米结构的高效中温 FT 合成（260 ～ 300℃，MTFT）铁催化剂，报道说其产油的效率比南非 Sasol 工业使用的铁催化剂高 5 ～ 7 倍。这个催化剂的浆态床反应器设计肯定具有自己的特色。

7.3.3 FT 合成反应选择性

FT 合成总是生产宽范围的烯烃、烷烃和含氧化合物混合物，如醇类、醛类、酸类和酮类，不管反应条件如何，变量如温度、进料气体组成、压力、催化剂和助剂类型都将影响产物的选择性。图 7-5 说明甲烷选择性和一些其他烃类选择性间的关系，对这些产物间关系的说明有赖于发生在催化剂表面的碳数的逐步增长过程。通过 CO 加氢，甲烷首先形成，其半加氢物质 CH_2 在链增长反应中起单体的作用。在增长的每一步，该 CH_2 烃类吸附物质的反应有两种可能性：①被加氢形成产物；②加上另一个单体继续进行链增长。如果链增长（α）与链长度间有唯一机制，则产物分布很容易使用不同的 α 值来计算。

但是，说明于图 7-5 中的逐步增长过程可能并不表述真实的 FT 机理。已经提出了多种 FT 反应机理，而且对 FT 反应机理这件事情仍然在争议之中。通过理论计算能够研究 Co 催化剂表面上的反应中间物和相应基元反应步骤的活化能（图 7-6）。图 7-6 显示甲醛基中间物（HCO）实际上是不稳定的，链增长步骤可能通过 CO 嵌入机理发生。已经被研究过的可能性包括：① CO 是否首先解离成 C 和 O，C 是否被加氢到 CH_2 单体；② CO 是否加氢到“CHO”或“HCOH”，然后再嵌入使链增长；③在 CO 嵌入链后是否再使 CHO 甲醛增长。为改进 FT 合成过程的选择性，两个重要的方面是发展更好的催化剂和优化工艺条件。一般讲，操作温度的升高导致选择性向较低碳数产物移动，产生更多甲烷。同时，支链程度增大，形成二次产物的量也增加，如酮类和芳烃。这些移动与热力学和产物相对稳定性的预测是一致的。对 Co 催化剂，温度升高使甲烷上升速度超过 Fe 催化剂，因为 Co 的加氢活性更高。

在选择性改变中，助剂也起着重要作用。助剂碱金属的主要功能是通过电子效应改变选择性，这意味着这些助剂可能改变了 Fe 基催化剂的电子性质，也可能改变反应物（氢气和 CO）在活性位上的吸附方式和能量。铁催化剂上的碱助剂能够增加脂肪链烯烃选择性、增加反应速率、增加烃类链的增长概率和增加甲烷的得率。铁催化剂中的碱助剂，在添加外部水时促进 CO 的转化，导致合成烃类平均碳数和脂肪链烯烃选择性都增加。许多研究发现，使用Ⅳ族碱金属（Li、Na、K、Rb 和 Cs）改性的铁催化剂，通过合成条件对一氧化碳转化水平施加影响，助剂对 Co 催化剂的影响较低。对 Co 催化剂使用的助剂大部分是贵金属、过渡金属和稀土氧化物。许多研究指出，引进合适的助剂可以增强 CO 的吸附和链的增长。

已经为 FT 合成过程发展出多种类型的反应器，如固定床（FBR）、浆态鼓泡塔反应器（SBCR）或实验室规模的间歇和连续 CSTR 及流化床反应器。但是，在 FT 合成中生成产物类型的性质仍然是最重要的事情之一。已知 FT 合成反应中的链增长遵从逐步聚合原理和产物分布遵从 Anderson-Schulz-Flory 分布。但甲烷的选择性一般要高于汽油和柴油（$C_5 \sim C_{11}$ 和 $C_{12} \sim C_{20}$）的选择性。对最大汽油生产，最好的选择是使用铁催化剂在约 340℃下操作的固定流化床反应器（FFB），因它能够生产约 40% 的可直接使用的汽油。FT 反应产物约 20% 是丙烯和丁烯，它们都能够被低聚成汽油，因为这些烯烃的低聚体是高度支链的，有高的辛烷值。但是直接使用的汽油仅有低的辛烷值，因为线型烃类含量高和芳烃含量低。$C_5 \sim C_6$ 馏分需要进行加氢和异构，$C_7 \sim C_8$ 馏分则需要使用苛刻的铂重整，以大幅提高两个组分的辛烷值。20 世纪 70 年代 Sasol 研发部对蜡加氢裂解进行了研究。重于柴油的馏分产品进行循环以完全转化它。总包获得约 80% 的柴油、15% 石脑油和 5% $C_1 \sim C_5$ 气体。当决定要建设第三座 Sasol 工厂时，不再把蜡进行加氢裂解（对生成汽油这是比较经济的选择），第二座工厂的直接蒸馏导致在时间和投资上的巨大节约。也在那个阶段，FT 浆态反应器还没有被发展出来。约 20 年后，同样的蜡加氢裂解的概念在 Shell Bintulu 工厂中运行得很好，使用的是多管 FT 合成反应器。现在，Sasol-Chevron 几个工厂都使用浆态 FT 合成反应器，在 Nigeria 的工厂有蜡的加氢裂解装置。

使用铁催化剂的高温流化床 FT 合成反应器会生产大量线型烯烃产品，这是相当理想的。作为石油化学品，它们的销售价格远高于燃料。C_3、$C_5 \sim C_{12}$ 和 $C_{13} \sim C_{18}$ 馏分的烯烃含量一般分别是 85%、70% 和 60%。乙烯送出去生成聚乙烯、聚氯乙烯等，利用丙烯生产聚丙烯和丙烯腈等。提取和纯化后的 $C_5 \sim C_8$ 线型烯烃被使用于生产聚乙烯共聚物。链较长的烯烃能够通过氢甲酰化把它们转化为醇类。对窄馏分，需要的分离步骤仅仅是纯化除去酸类。氢甲酰化在 20 世纪 90 年代早期由 Sasol R&D 实验室进行了研究。醇类使用于生产生物降解洗涤剂。它们的销售价格是燃料销售价格的六倍。低温 FT 合成（LTFT）工艺主要生产长链线型烯烃。再使用温和加氢处理把烯烃和含氧化合物转化为烷烃后，线型油类和各种级别的蜡以高的价格卖出。

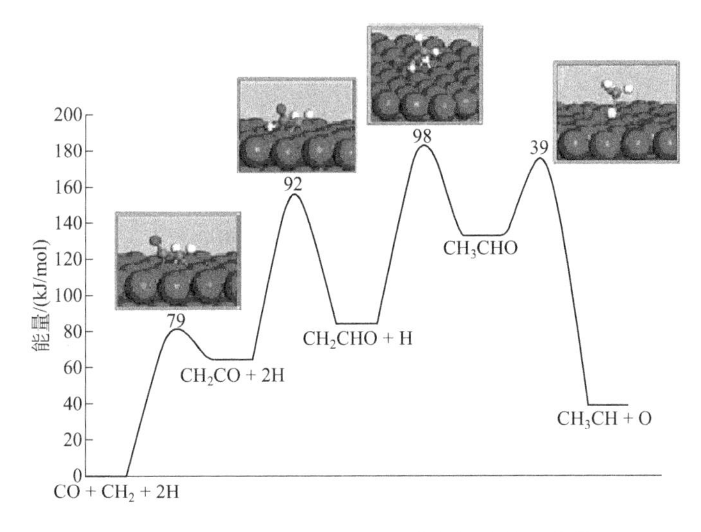

图 7-6　CO 嵌入吸附的 CH_2 和接着解离的反应能量图

7.4 FT 合成反应热力学

这里讨论的热力学，除了 FT 合成反应生成产物的热力学外，还要讨论催化剂材料反应的热力学以及二乙基碳、碳化物、氮化物和羰基化合物的热力学。

7.4.1 FT 合成反应热力学

前面已经多次指出，FT 合成的产物是烃类和少量含氧化合物等有机分子的混合物。从 CO 和 H_2 合成这些产物的反应［方程（7-5）～方程（7-8）］及在一些催化剂特别是铁上发生的水汽变换反应［方程（7-9）］表述于下：

$$5H_2 + 2CO \longrightarrow 2H_2O + 1/n(C_nH_{2n}) + CH_4 \quad \Delta G^{\ominus} = 5.68 \quad \Delta H^{\ominus} = -25.96 \tag{7-5}$$

$$2H_2 + CO \longrightarrow H_2O + 1/n(C_nH_{2n}) \quad \Delta G^{\ominus} = 2.63 \quad \Delta H^{\ominus} = -35.01 \tag{7-6}$$

$$H_2 + 2CO \longrightarrow CO_2 + 1/n(C_nH_{2n}) \quad \Delta G^{\ominus} = -0.42 \quad \Delta H^{\ominus} = -44.06 \tag{7-7}$$

$$H_2O + 3CO \longrightarrow 2CO_2 + 1/n(C_nH_{2n}) \quad \Delta G^{\ominus} = -3.47 \quad \Delta H^{\ominus} = 58.52 \tag{7-8}$$

$$H_2O + CO \longrightarrow H_2 + CO_2 \quad \Delta G^{\ominus} = -3.04 \quad \Delta H^{\ominus} = -9.06 \tag{7-9}$$

其中，方程（7-6）代表 FT 合成中的主要反应。对某些催化剂特别是铁，水汽变换反应［方程（7-9）］的速率可能与方程（7-6）的反应一样快。上述方程中也给出了标准状态 Gibbs 自由能和焓变，$\Delta G^{\ominus}$和 $\Delta H^{\ominus}$，其值是指在 427℃下按反应（7-5）～反应（7-8）生成 1- 己烯时的数值，单位为 kcal/mol。反应（7-5）～反应（7-8）的自由能和焓变都变得更负了，即反应在热力学方面变得更有利了，反应放热更大了［反应（7-8）例外］。因为合成反应的分子数常常是减少的，平衡转化率随压力增加有显著增加。在中等到高压下，能够获得高转化率，即便在 $\Delta G^{\ominus}$值为正时。

图 7-7 和图 7-8 给出了代表性反应的非常高标准状态反应热和 Gibbs 自由能随温度的变化，反应产物是水、甲醛、甲醇和醋酸，按如下反应生成：

$$H_2 + CO \longrightarrow HCHO \tag{7-10}$$

$$2H_2 + CO \longrightarrow CH_3OH \tag{7-11}$$

$$2H_2 + 2CO \longrightarrow C_2H_4O_2 \tag{7-12}$$

为保持所有曲线在同一尺度上，给出的是除以产物碳原子数目后的焓和自由能变化值。水汽变换反应的数据也示于图 7-7 和图 7-8 中。对方程式（7-5）表示的反应，其数据是从所示值在扩展水汽变换反应值后获得，而对方程式（7-7）和方程式 (7-8) 所示的反应，其数据值分别从所示数据再加上一个和两个水汽变换反应后获得。随碳数目 n 增加，其反应热倾向于在 C_{20} 烷烃和 C_{20} 烯烃数值之间；Gibbs 自由能变化也有同样的趋势，但烯烃的曲线看来要循环，可使用增加碳数 n 替代。

因此图 7-7 和图 7-8 的纵坐标分别是 $\Delta H^{\ominus}/n$ 和 $\Delta G^{\ominus}/n$，反应的平衡常数由下式给出：

$$K=\exp[-n(\Delta G^{\ominus}/n)]/(RT) \tag{7-13}$$

示于图 7-8 中的分子仅甲醛、乙炔和甲醇有正的 $\Delta G^{\ominus}$值（即便低于 200℃），因此平衡转化可能是低的。但是，在现在的工业过程中有相当大的甲醇产率，这能够在 25 ～ 300℃和 100atm 条件下获得。

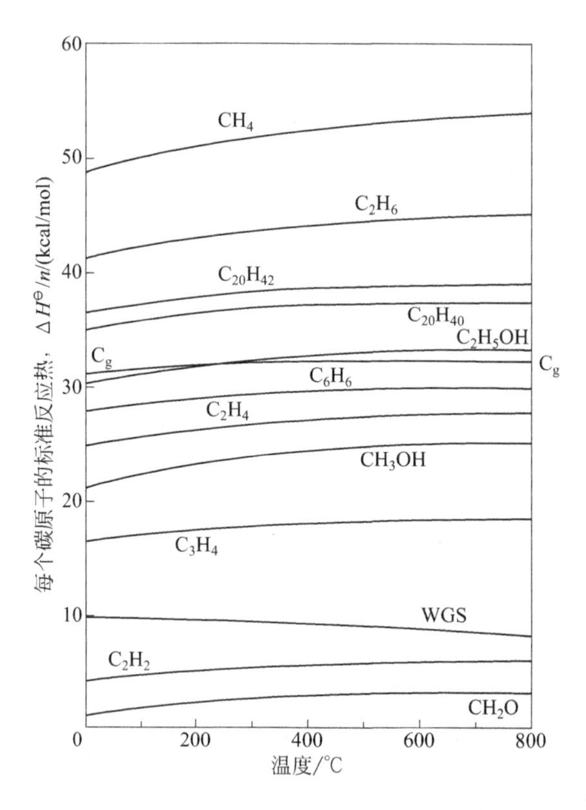

图 7-7　方程式（7-6）反应产物每个碳原子的标准反应热（C_3H_4 甲基乙炔；C_6H_6 苯；C_g 石墨）

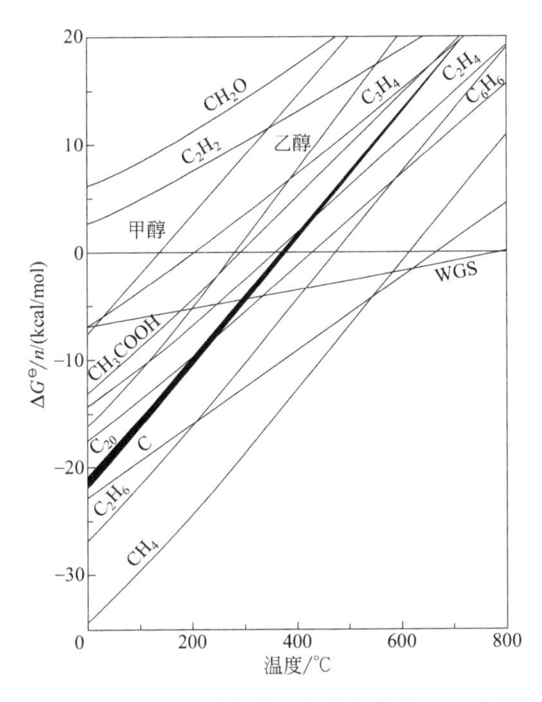

图 7-8　方程式（7-6）反应产物每个碳原子的标准反应自由能［C_3H_4（甲基乙炔），C（石墨），C_{20} 顶部代表 1- 烯烃，底端代表正构烷烃］

在 227℃ CO 加氢生成乙炔的热力学由如下方程给出：

$$\frac{5}{2}H_2 + CO_2 = 2H_2O + \frac{1}{2}C_2H_2 \quad \Delta G^{\ominus} = 4.5\text{kcal/mol} \quad \Delta H^{\ominus} = 13.2\text{kcal/mol} \tag{7-14}$$

$$\frac{3}{2}H_2 + CO = H_2O + \frac{1}{2}C_2H_2 \quad \Delta G^{\ominus} = -5.0\text{kcal/mol} \quad \Delta H^{\ominus} = 8.4\text{ kcal/mol} \tag{7-15}$$

$$\frac{1}{2}H_2 + 2CO = CO_2 + \frac{1}{2}C_2H_2 \quad \Delta G^{\ominus} = -14.5\text{kcal/mol} \quad \Delta H^{\ominus} = 3.6\text{ kcal/mol} \tag{7-16}$$

$$H_2O + 3CO = 2CO_2 + \frac{1}{2}C_2H_2 \quad \Delta G^{\ominus} = -19.21\text{kcal/mol} \quad \Delta H^{\ominus} = 1.2\text{ kcal/mol} \tag{7-17}$$

对反应（7-14）到反应（7-17），其 $\Delta G^{\ominus}$值从开始的正逐渐变成负值且愈来愈负，尽管在 FT 合成反应条件下从来就没有生成过。对生成的相同碳数目烃类作比较，生成含羟基或双键分子的反应 $\Delta G^{\ominus}$值有比较大的正值。有两个或多个这些基团生成的反应，其 $\Delta G^{\ominus}$值进一步增加。而乙炔基（三键）大约相当于两个烯烃键的作用。产生含羟基、烯烃和炔基分子的反应示于表 7-2 中。

表7-2　生成C_2和C_3化合物的Gibbs自由能变化

化合物		$\Delta G^{\ominus}$/(kcal/mol)①	
		227℃	427℃
乙烷	C_2H_6	−29.18	−5.88
乙烯	C_2H_4	−11.09	5.90
乙炔	C_2H_2	16.85	27.72

续表

化合物		$\Delta G^{\ominus}$/(kcal/mol)①	
		227℃	427℃
乙醛	CH_3CHO	−4.05	13.36
乙醇	C_2H_5OH	−6.78	16.41
乙二醇②	$C_2H_4(OH)_2$	15.77	38.94
二甲醚	$(CH_3)_2O$	7.21	31.20
丙烷	C_3H_8	−37.28	−2.24
丙烯	C_3H_6	−23.06	5.43
环丙烷	C_3H_6	−11.60	18.38
甲基乙炔	C_3H_4	2.71	25.19
丙二烯	C_3H_4	4.83	27.51
正丙醇	C_3H_7OH	−15.94	18.96
烯丙醇	$H_2C{=}CHCH_2OH$	0.28	29.27
丙酮	$(CH_3)_2CO$	−18.63	11.06

① 对产生水作为产物的反应，用 Stull 数据计算。

② $3H_2 + 2CO = C_2H_4(OH)_2$。

此外，带支碳链分子常常比直碳链分子有更负的 $\Delta G^{\ominus}$值，但是这个差别是小的，几乎没有可能在图 7-8 的尺度上表示出来。对内烯烃和端烯烃也有类似的情形，内烯烃通常在热力学上是有利的。因此，基于基础热力学，在 400℃的 FT 合成反应能够产生数量极大的不同分子，有些分子到 500℃时才生成，特别是在高压下，包括乙醛和高级醛类、酮类、酯类和环烷烃，这些也没有能够在图 7-8 中示出。仅仅在甲醇合成中获得的是单一产品。在 FT 合成反应中，通常产生范围很宽的分子类别、碳数和碳链结构，分子的分布取决于所用催化剂的选择性。一般说来，反应产物与其他产物分子或反应物并不处于热力学平衡；所以，关于反应机理的有价值线索能够从产物的详细分析中获得。下面将讨论，如果所有反应物和产物处于平衡，我们将会获得怎样的产物，但仅针对有限数目的代表性分子。

为获得含有两个或多个反应系统的平衡情况，为保持原子平衡，必须使 Gibbs 自由能最小。除了一些试错的简单情形，平衡计算包含“培训学习”式的试错求解，一般超出手动计算范围，因为要求解的是非线性联立方程组。现在使用计算机能够使迭代过程很快收敛。在所有情形中，水汽变换反应平衡常数从产物组成计算。在极少数情形中，对其他反应也可作类似计算。计算的平衡常数总要校正 4 次以上。总反应数据从手册中获得，数值外推到所希望的温度。计算使用的是分压而不是逸度，所以在压力为 200atm 和 2000atm 时，计算组成会有一些小的误差。

进行计算的分子，除了 H_2、CO、H_2O 和 CO_2 外，分为四个组。第一组甲烷；第二组乙烷、丙烷、正丁烷、异丁烷、正戊烷、异戊烷和新戊烷；第三组乙烯、丙烯和丙酮；第四组甲醛、乙醛、甲酸、醋酸、甲醇、乙醇和乙炔。即在第一组计算中排除了甲烷，第三组计算中所有烷烃都被排除，在第四组计算中所有烷烃、烯烃和丙酮被剔除。计算的温度为 262℃、350℃和 500℃。两个较低温度对应于在固定床和流化床或载流床反应器中铁催化剂可能使用的操作温度，而 500℃是要达到基本完全转化的最高温度。进料气体是 $3H_2$+$1CO_2$、$2H_2$+1CO、$1H_2$+1CO、$3H_2$+2CO 和 $1H_2O$+3CO。$1H_2$+1CO 进料也可以被认为

是 $1.5H_2+1.5CO$。

排除了 H_2、CO、H_2O 和 CO_2 以外产物的摩尔分数，对第一到第四组的计算数据分别示于图 7-9 到图 7-12 中。没有把所有分子都放在图中，常常是因为它们的浓度太小了，但在某些情形中是因为图变得太复杂了。例如，图 7-9 或 图 7-10 的最后两行，已经略去了 C_3 和 C_5 烷烃；但是，乙烯偏离尺度了。图中破折线所示的是（H_2+CO）的转化率，定义为消耗的（H_2+CO）除以进料中的（H_2+CO）摩尔数。这个数值会因水汽变换反应而变。

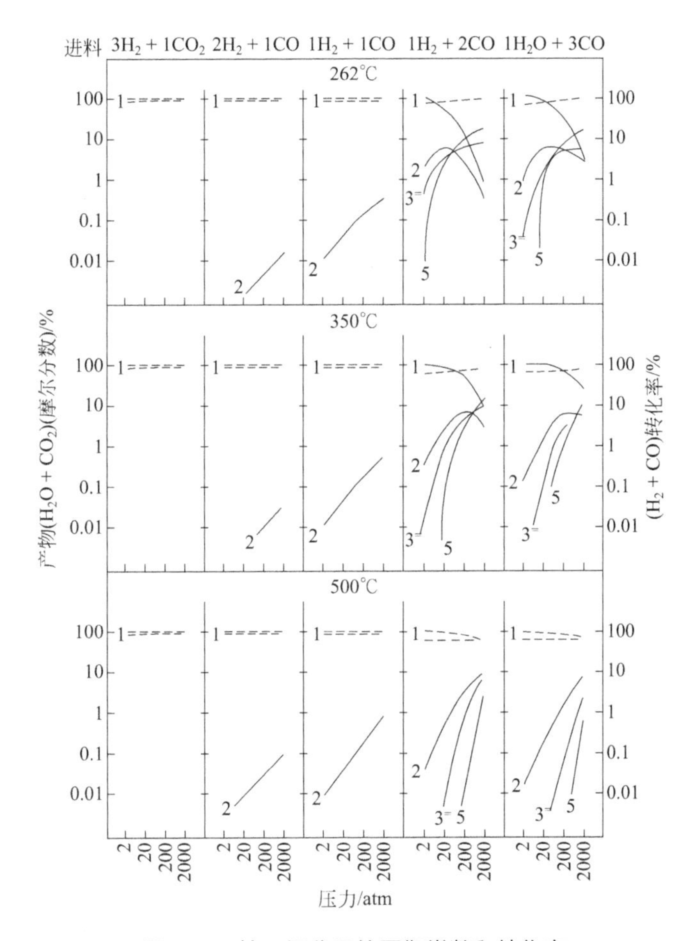

图 7-9　第一组分子的平衡常数和转化率

---（H_2+CO）转化率；1—甲烷；2—乙烷；3⁼—丙烯；5—正戊烷

对第一组（图 7-9），甲烷是占优势的产物，其他烃类仅仅是由于进料中缺乏足够的氢，因此只能把它们转化为 CH_4。H_2+CO 近于完全转化。如果把甲烷从计算中剔除，从图 7-10 中，获得的结果重新示于图 7-12。乙烷变成占优势的产物，除了示于图中的进料组成外，此时要全部生成 C_2H_6 没有足够的氢。在 500℃和较低压力下，转化率稍低于 100%。

第三组（图 7-11），丙烯是占优势的产物，乙烯的得率没有在图上表示，在 0.2% 到 50% 间改变。丙酮与醋酸和乙醛一样有显著的量。在 500℃和 2atm 下，对某些进料混合物转化率是低的，特别是 $3H_2+1CO_2$。对第四组（图 7-12），计算删除了所有烷烃、烯烃和丙酮，只要有足够氢存在，乙醇就是主要产物，否则乙醛是主要产物。醋酸也是重要的产物。乙炔和甲醇在图中也有一定比例，但这些分子的存在仅有很少的量。在低压下进料，350℃时的转化率是小的，在500℃时也是小的。

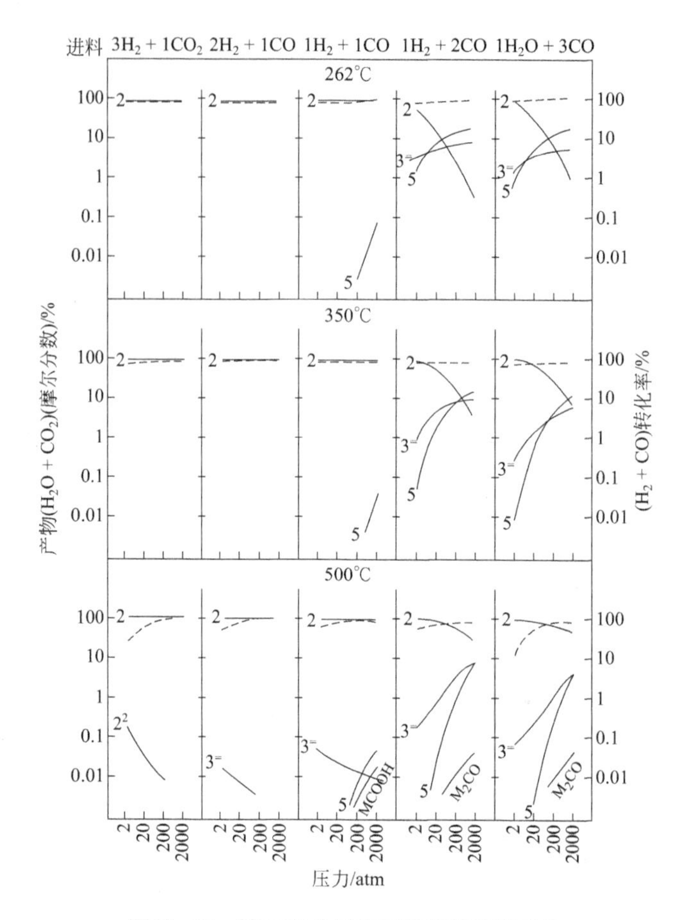

图 7-10 第二组分子的平衡常数和转化率

---（H_2+CO）转化率；2—乙烷；$3^=$—丙烯；5—正戊烷；MCOOH—醋酸；M_2CO—丙酮

从图 7-9 到图 7-12 可以学到的是，使用的催化剂必须是选择性的，否则产物主要是甲烷。例如，在 250 ～ 300℃和高压下可能获得高的甲醇得率，但仅仅在含铜、铬和锌氧化物组合且不含有Ⅷ族金属的特定催化剂上才能够获得。

对 FT 合成反应生成产物的热力学所做的详细讨论获得的主要结论是：在通常的合成条件下烯烃加氢和醇脱水在热力学上是可能的；在通常 FT 合成温度下烷烃的加氢裂解也是可能的；但两个烷烃组合产生一个较大烷烃分子的加氢是不可能的；两个烯烃或有关烯烃和烷烃间的大多数反应在热力学上通常是可能的；在 FT 合成反应中，词“并合（incorporation）”被使用于指有机分子与 H_2+CO 一起构建的分子。乙烯、乙醇或甲醇以任意量的并合热力学是可行的；高碳烯烃和高碳醇的这类反应趋势在热力学上是比较低的。大多数烷烃的并合仅有有限的程度。例如，在 300℃热力学上可能的是：在 CH_4 与 H_2+CO 生成烷烃的并合中，在生成的烷烃中仅有 30% 的碳来自 CH_4。

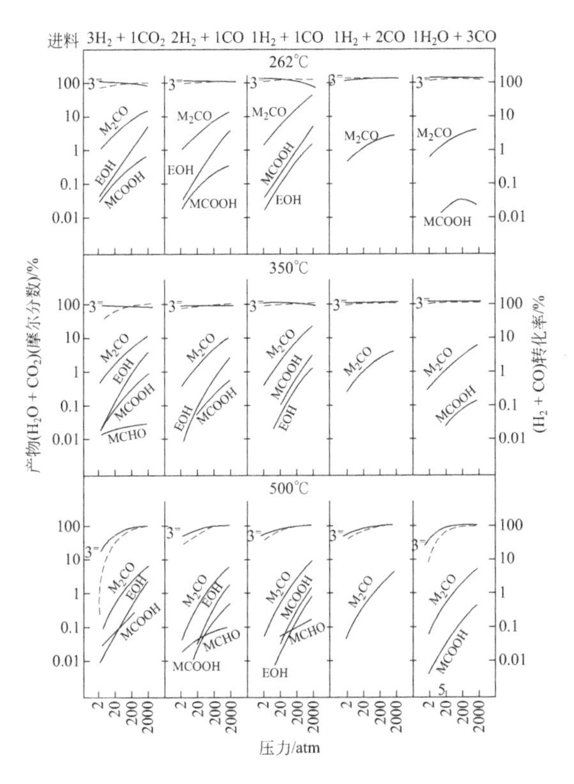

图 7-11 第三组分子的平衡常数和转化率

---（H_2+CO）转化率；$3^=$—丙烯；MCOOH—醋酸；M_2CO—丙酮；EOH—乙醇；MCHO—乙醛

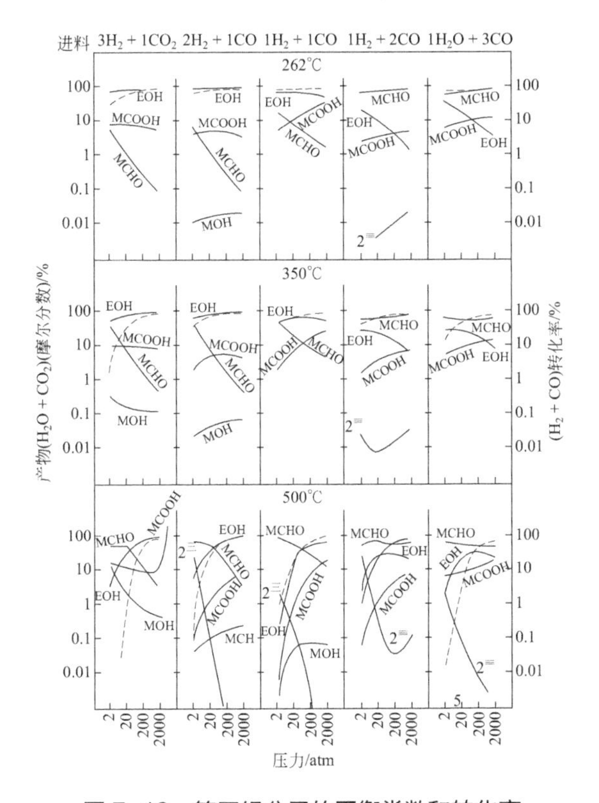

图 7-12 第四组分子的平衡常数和转化率

---（H_2+CO）转化率；MCOOH—醋酸；EOH—乙醇；MCHO—乙醛；MOH—甲醇；$2^≡$—乙炔

7.4.2 FT 合成催化材料反应热力学

对 FT 合成反应有活性的金属包括铁、铜、锌、钼、铑、钌、钨和铼等，它们有一定的类似性。它们与 FT 合成反应相关反应的平衡常数列于表 7-3 ～表 7-9 中。

表7-3　氧化物还原

反应	不同温度下的平衡常数 $K=p_{H_2O}/p_{H_2}$			
	400K	500K	600K	700K
$\frac{1}{4}Fe_3O_4+H_2=\!=\!=\frac{3}{4}Fe+H_2O$	0.00170	0.0143	0.0550	0.1350
$CoO+H_2=\!=\!=Co+H_2O$	150.0	104.2	75.7	57.5
$NiO+H_2=\!=\!=Ni+H_2O$	550.8	439.5①	343.6	278.0
$Cu_2O+H_2=\!=\!=2Cu+H_2O$	9.1×10^{10}	1.1×10^{9}	5.6×10^{7}	6.4×10^{6}
$CuO+H_2=\!=\!=Cu+H_2O$	5.5×10^{13}	2.7×10^{11}	7.4×10^{9}	5.35×10^{8}
$ZnO+H_2=\!=\!=Zn+H_2O$	1.1×10^{-11}	5.75×10^{-9}	3.6×10^{-7}②	6.65×10^{-6}
$\frac{1}{2}MoO_2+H_2=\!=\!=\frac{1}{2}Mo+H_2O$	4.45×10^{-5}	9.1×10^{-4}	0.00646	0.0251
$\frac{1}{2}RuO_2+H_2=\!=\!=\frac{1}{2}Ru+H_2O$	7.3×10^{13}	3.0×10^{11}	7.1×10^{9}	4.7×10^{8}
$\frac{1}{3}Rh_2O_3+H_2=\!=\!=\frac{2}{3}Rh+H_2O$	2.6×10^{17}	2.4×10^{14}	2.2×10^{12}	7.1×10^{10}
$\frac{1}{2}WO_2+H_2=\!=\!=\frac{1}{2}W+H_2O$	4.2×10^{-5}	9.0×10^{-4}	6.52×10^{-3}	0.0257
$\frac{1}{2}ReO_2+H_2=\!=\!=\frac{1}{2}Re+H_2O$	4.6×10^{5}	8.7×10^{4}	2.7×10^{4}	1.15×10^{4}
$\frac{1}{2}IrO_2+H_2=\!=\!=\frac{1}{2}Ir+H_2O$	2.2×10^{18}	1.3×10^{15}	8.5×10^{12}	2.2×10^{11}
$H_2O+CO=\!=\!=H_2+CO_2$③	1542	137.1	28.31	9.42

① 该温度间隔内 NiO 结构发生变化。
② 锌金属在该温度区间熔融。
③ $K=p_{H_2}p_{CO_2}/(p_{H_2O}p_{CO})$。

表 7-3 和表 7-4 分别给出金属氧化物和硫化物还原反应的平衡常数，其中 $k=p_{H_2O}/p_{H_2}$ 和 $K=p_{H_2S}/p_{H_2}$。通常给出的是低价氧化物或硫化物的数据。Co、Ni、Cu、Ru、Rh 或 Ir 的还原热力学趋势是很大的。Fe、Mo 和 W 能够被氢气还原，只要水蒸气分压是低的。ZnO 是“非还原性”的。水汽变换数据也在表 7-3 中给出，以允许计算被 CO 还原的 K。在该温度范围，CO 势必是比氢气更强的还原试剂。但在某些情形中，CO 也可以碳化样品或形成羰基化合物。

硫化物在 FT 合成和相关反应中是没有活性的。在大多数条件下它们是由于合成气进料中痕量 H_2S 或其他硫化物而产生，如表 7-4 和表 7-5 中所示。硫化铼最不稳定，硫能够在温度不低于 600K 时被除去。对 Fe、Co、Ni、Cu 和 Ru 的本体硫化物进行加氢，所需要的 H_2/H_2S 比在 10^4 ～ 10^7，但过程进行是慢的。如表 7-5 中的 H_2S/H_2O 所示，硫化物比氧化物稳定，使用水蒸气不能够把硫化物转化为氧化物。

表 7-4　硫化物还原

反应	在不同温度下的平衡常数 $K=p_{H_2S}/p_{H_2O}$			
	400K	500K	600K	700K
$FeS+H_2 = Fe+H_2S$	5.2×10^{-9}①	4.3×10^{-7}①	7.0×10^{-6}	4.7×10^{-5}
$1.124CoS_{0.89}+H_2 = 1.124Co+H_2S$	2.4×10^{-9}	3.6×10^{-7}	9.6×10^{-6}	9.7×10^{-5}
$NiS+H_2 = Ni+H_2S$	1.2×10^{-7}	8.6×10^{-6}	1.4×10^{-4}	—
$Cu_2S+H_2 = 2Cu+H_2S$	1.9×10^{-7}	3.9×10^{-6}	2.5×10^{-5}②	8.6×10^{-5}
$ZnS+H_2 = Zn+H_2S$	2.4×10^{-21}	1.1×10^{-16}	1.4×10^{-13}③	2.15×10^{-11}
$\frac{1}{2}MoS_2+H_2 = \frac{1}{2}Mo+H_2S$	5.1×10^{-13}	5.0×10^{-10}	4.8×10^{-8}	1.2×10^{-5}
$\frac{1}{2}RuS_2+H_2 = \frac{1}{2}Ru+H_2S$	2.8×10^{-8}	3.5×10^{-6}	8.3×10^{-6}	7.6×10^{-4}
$\frac{1}{2}WS_2+H_2 = \frac{1}{2}W+H_2S$	6.2×10^{-12}	3.8×10^{-9}	2.6×10^{-7}	5.1×10^{-5}
$\frac{1}{2}ReS_2+H_2 = \frac{1}{2}Re+H_2S$	1.9×10^{-6}	1.0×10^{-4}	1.4×10^{-3}	8.5×10^{-2}
$\frac{1}{3}Ir_2S_3+H_2 = \frac{2}{3}Ir+H_2S$	3.0×10^{-5}	1.0×10^{-3}	0.0102	0.0497

① 该温度区间内 FeS 结构变化。
② 该温度区间内 Cu_2S 结构变化。
③ 该温度区间内锌熔融。

表7-5　氧化物和硫化物的相对稳定性

反应	不同温度下的平衡常数 $K=p_{H_2S}/p_{H_2O}$			
	400K	500K	600K	700K
$NiS+H_2O = NiO+H_2S$	2.1×10^{-10}	2.0×10^{-8}	1.4×10^{-7}	—
$Cu_2S+H_2O = Cu_2O+H_2S$	12.1×10^{-18}	3.4×10^{-15}	4.5×10^{-13}	1.4×10^{-11}
$ZnS+H_2O = ZnO+H_2S$	2.25×10^{-11}	2.0×10^{-9}	3.9×10^{-7}	3.2×10^{-6}
$\frac{1}{2}MoS_2+H_2O = \frac{1}{2}MoO_2+H_2S$	1.1×10^{-8}	5.5×10^{-7}	7.4×10^{-6}	4.7×10^{-5}
$\frac{1}{2}WS_2+H_2O = \frac{1}{2}WO_2+H_2S$	1.5×10^{-7}	4.3×10^{-6}	4.0×10^{-5}	2.8×10^{-4}
$\frac{1}{2}ReS_2+H_2O = \frac{1}{2}ReO_2+H_2S$	4.1×10^{-12}	1.2×10^{-9}	5.0×10^{-8}	7.3×10^{-7}

表7-6　氯化物的还原

反应	平衡常数 $K=p_{HCl}^2/p_{H_2}$/atm			
	400K	500K	600K	700K
$FeCl_2+H_2 = Fe+2HCl$	1.6×10^{-13}	1.7×10^{-9}	7.8×10^{-7}	5.6×10^{-5}
$CoCl_2+H_2 = Co+2HCl$	6.2×10^{-9}	1.1×10^{-5}	0.00143	0.0433
$NiCl_2+H_2 = Ni+2HCl$	2.2×10^{-7}	2.7×10^{-4}	0.02851	0.762
$2CuCl+H_2 = 2Cu+2HCl$	1.2×10^{-5}	0.00232	0.0709	0.7328
$\frac{2}{3}RuCl_3+H_2 = \frac{2}{3}Ru+2HCl$	1.3×10^{11}	4.1×10^{10}	1.6×10^{10}	7.8×10^{9}
$\frac{2}{3}RhCl_3+H_2 = \frac{2}{3}Rh+2HCl$	3.0×10^{9}	2.3×10^{9}	1.8×10^{9}	1.3×10^{9}
$WCl_2+H_2 = W+2HCl$	0.0109	0.6839	9.73	59.43
$\frac{2}{3}ReCl_3+H_2 = \frac{2}{3}Re+2HCl$	4.4×10^{10}	2.3×10^{10}	1.3×10^{10}	7.9×10^{9}
$\frac{2}{3}IrCl_3+H_2 = \frac{2}{3}Ir+2HCl$	7.4×10^{11}	2.7×10^{11}	1.3×10^{11}	9.7×10^{10}

表7-7 元素碳和碳化物的生成

反应	不同温度下的平衡常数 $K=p_{CO_2}/p_{CO}^2$/atm^{-1}			
	400K	500K	600K	700K
$3Fe+2CO = Fe_3C+CO_2$	1.3×10^{11}	1.9×10^{7}	5.5×10^{4}	859
$2Fe+2CO = Fe_2C$（Hagg）$+CO_2$		1.2×10^{7}	3.0×10^{4}	
$2Co+2CO = Co_2C+CO_2$		5.5×10^{7}	9.6×10^{-6}	9.7×10^{-5}
$3Ni+2CO = Ni_3C+CO_2$	1.0×10^{9}	3.2×10^{5} 4.4×10^{5}	1550	33.81
$Cu_2S+H_2 = 2Cu+H_2S$	1.9×10^{-7}	3.9×10^{-6}	2.5×10^{-5}	8.6×10^{-5}
$2Mo+2CO = Mo_2C+CO_2$	3.01×10^{19}	5.7×10^{14}	8.8×10^{9}	1.7×10^{7}
$2W+2CO = W_2C+CO_2$	1.9×10^{17}	1.4×10^{12}	5.7×10^{8}	2.4×10^{4}
$2CO = C+CO_2$①	2.1×10^{13}	6.1×10^{8}	5.9×10^{5}	4102

① 石墨碳。

表 7-6 给出使用氢气还原金属氯化物的平衡常数。这些数据影响制备催化剂时所用化学品的选择，因为氯通常被认为是加氢反应的严重毒物。Ru、Rh、W、Re 和 Ir 的氯化物是容易被还原为金属的。制备催化剂中残留的氯应该容易使用氢气处理除去。在高温下，$NiCl_2$ 和 CuCl 有类似的行为，但 Co 和 Fe 不容易使用氢处理来完全除去氯。对本体化合物，氧化物、硫化物和氯化物的数据，对发生于催化剂表面上的过程仅是一个粗略导引。化学吸附在表面上的物质与表面的键合可能比类似的本体化合物组分要紧密。氯化物和硫化物常常比氧化物稳定，它们不能够被水蒸气处理所毁坏。

表7-8 氮化物的制备反应

反应	平衡常数 $K=p_{H_2}^{1.5}/p_{NH_3}$/atm$^{1/2}$			
	400K	500K	600K	700K
$NH_3+4Fe = Fe_4N+\frac{3}{2}H_2$	0.01266	0.1263	0.6166	1.957
$NH_3+2Fe = Fe_2N+\frac{3}{2}H_2$	0.00142	0.0222	0.1483	0.6033
$NH_3+3Co = Co_3N+\frac{3}{2}H_2$	3.8×10^{-7}	1.2×10^{-5}	1.35×10^{-4}	—
$NH_3+2Mo = Mo_2N+\frac{3}{2}H_2$	4.6×10^{4}	5.4×10^{4}	6.5×10^{4}	7.8×10^{3}
$\frac{1}{2}N_2+\frac{3}{2}H_2 = NH_3$①	6.116	0.3225	0.0424	9.5×10^{-3}

① 该反应的$K=\dfrac{p_{NH_3}}{p_{N_2}^{1/2}p_{H_2}^{1/2}}$。

表7-9 羰基化合物的生成

反应	平衡常数 K				
	300K	400K	500K	600K	700K
$Fe+5CO = Fe(CO)_5$②	25.47①	3.85×10^{-8}	1.41×10^{-12}	1.71×10^{-15}	1.51×10^{-17}
$Ni+4CO = Ni(CO)_4(g)$③	1.36×10^{6}	0.1396	9.48×10^{-6}	1.69×10^{-8}	1.96×10^{-10}
$Mo+6CO = Mo(CO)_6(s)$④	4.14×10^{9}				
$W+6CO = W(CO)_6(s)$④	1227				

① 300 K 时 $Fe(CO)_5$ 是液体，蒸气压 0.0424atm，$K=1/p^5_{CO}$, atm^{-5}。

② $K=p_{Fe(CO)_5}/p^5_{CO}$，atm^{-4}。

③ $K=p_{Fe(CO)_5}/p^4_{CO}$，atm^{-3}。w

④ $K=1/p^6_{CO_2}$, atm^{-6}。

7.4.3 碳、碳化物、氮化物和羰基化合物热力学

碳和碳化物生成的热力学表述于表 7-7 中。铁、钴和镍形成间隙碳化物，稳定性比金属和碳要差，这可从它们生成碳和碳化物的平衡常数值大小看到。铜、锌、钌并不形成碳化物，而钼和钨产生具有离子结构的非常稳定的碳化物。

通过石墨加氢生成高碳烃类是不可能的，除了温度低于 150℃时的低碳烃。虽然铁、钴和镍的碳化物在热力学上比金属加碳还不稳定，但有可能在 227℃从这些碳化物生成到 C_4 的烷烃，没有烯烃。但是，从碳或铁族碳化物并合有机分子中有限分数的碳原子到 H_2+CO 合成反应中，在能量学上是可能的。碳化铁与水反应生成磁铁矿加石墨和磁铁矿加烷烃在热力学上也是可能的。

表 7-8 列出了氮化物制备和氨合成的数据。铁族氮化物是相对不稳定的，不能够通过分子氮与金属间的反应制备，必须使用 NH_3。对碳氮化物没有可利用的热力学数据。

金属羰基化合物数据示于表 7-9 中，这是重要的。因为它们能够确定，催化剂可以使用而又没有严重金属损失的温度 - 压力条件。此外，金属羰基化合物是有毒的，$Ni(CO)_4$ 具有超常的毒性。在室温下，$Ni(CO)_4$ 是气体，$Fe(CO)_5$ 是液体，$Mo(CO)_6$ 和 $W(CO)_6$ 是固体。生成羰基化合物的趋势随 CO 分压增加而快速增加，但随温度上升而快速降低。操作压力和温度以及催化活性必须平衡，以获得合适的操作区域。作为例子，可以要求 $Ni(CO)_4$ 出口的摩尔分数 $y_{Ni(CO)_4}$ 不超过 10^{-8}，当 CO 的摩尔分数在 500K 时为 0.1。给出的平衡常数如下：

$$K=p_{Ni(CO)_4}/p_{CO}^4=y_{Ni(CO)_4}/(y_{CO}^4 p^3)$$

其中 p 是其组分的总压和，$K=9.48\times10^{-6}$。解出 p：

$$p^3=10^{-8}/(0.1^4\times9.48\times10^{-6})=10.55$$

因此 p=2.2atm。在 600K，p=18.1atm。对铁，在 500K 和 600K，气体体积相同，最大压力分别是 163atm 和 874atm。

7.4.4 小结

这一节中表述的热力学数据可以小结如下：

① 通过 CO 加氢和相关的过程如 $3H_2+CO_2$ 和 H_2O+3CO 反应生成很大数目不同的烃类和有机分子在能量学上是可能的。

② 一大类合成反应在热力学上是可能的，如醇类脱水、烯烃加氢、烷烃加氢裂解和众多的异构反应。

③ 在能量的基础上，烯烃和醇类能够被并合进入合成反应产生任何数量的更高分子量的烃类。烷烃、碳或硬质碳（石墨）能够并合进入合成反应但其程度很有限，即烃类中碳的一部分必须来自 H_2+CO。

对 FT 合成反应有活性的金属 Ni、Co、Fe 和 Ru 能够做如下的叙述：

④ Ni、Co 和 Ru 的氧化物是可还原的，似乎不可能在 FT 合成条件下产生本体氧化物。铁能够以金属或磁铁矿形式存在，取决于反应器中的 H_2O/H_2 比和 CO_2/CO 比。

⑤ Fe、Ni、Co 和 Ru 的硫化物能够从合成气或氢气气流中的痕量 H_2S 生成，而这些硫化物不能够通过氢气处理进行逆反应而除去。

⑥ Fe 族金属元素和碳化物的生成在通常的 FT 合成条件下在热力学上是可能的。Ni、Co、Fe 的碳化物在能量学上要比金属加碳更不稳定。碳或硬质碳在通常的 FT 合成条件下不能够被加氢生成高级烃类；但是，碳和硬质碳能够进行有限程度的并合进入合成产物中。

⑦合成芳烃的操作条件要这样来选择，也就是使活性金属不会快速损失（因为挥发性羰基化合物的生成）。羰基化合物生成对 Ni 催化剂是一个严重问题。对 Ni 和 Fe 羰基化合物的热力学数据是可以利用的，但对 Co 和 Ru 没有可利用的羰基化合物的热力学数据。

7.5 FT 合成过程催化剂

FT 合成是转化合成气为液体燃料和其他化学品的重要路线。合成气主要是 CO 和 H_2 混合物，是从煤炭、天然气和生物质气化生产的。在商业上使用的 FT 合成催化剂是 Fe 和 Co。Fe 基 FT 合成催化剂的优点是低成本；可以有多种选择且能够调节；具有水汽变换（WGS）活性使操作更具有灵活性；可以使用低 H_2/CO 比的合成气，如来自煤气化生产的合成气。商业 FT 合成催化剂主要由 Fe 氧化物组成，通常添加过渡金属氧化物、碱金属盐和结构助剂以改进其物理化学性能。

虽然有不少金属都具有 CO 加氢的 FT 合成反应活性，但对工业应用，仅仅 Fe、Ni、Co 和 Ru 几种金属是可能的，它们具有所需要的 FT 合成反应活性。在相对活性的基础上，要考虑它们的成本：如铁成本为 1，则 Ni 的成本为 250，Co 的成本为 1000，Ru 为 50000。但是，Ni 催化剂在 FT 合成反应条件下产生太多的甲烷，而 Ru 的价格确实是相当高的，可以利用的量不足以大规模应用。因此，仅仅铁和钴能够被使用作为工业催化剂。

7.5.1 高温（300 ～ 350℃）FT 合成铁催化剂

在流化床反应器中使用，与其他催化剂比较，铁基催化剂有较低的价格和能够生成大量烯烃、烷烃和含氧化合物，且能够在宽的温度范围内操作。此外，铁基催化剂的高温 FT 合成允许使用由煤气化产生的贫氢合成气（低 H_2/CO 比）。因为铁基催化剂具有很强的水汽变换（WGS）反应活性。为了获得铁基催化剂的良好性能，也就是具有高的活性、稳定性和选择性，在铁催化剂中一般要加入各种助剂 / 改性剂，包括电子助剂（例如 K 和 Ru）和结构助剂，如氧化硅和氧化铝。典型助剂是碱金属、碱土金属、稀土金属（主要是镧）和过渡金属。

在真实合成反应条件下（合成气 H_2/CO 比 0.67，压力 12atm，反应温度 543K）的研究发现，在低转化率下 Li 与 K 有同样的促进效应，而在高转化率下 Li 的促进作用比其他金属助剂（K、Na、Rb 和 Cs）低，这是由于反应器中存在水。有这些助剂的催化剂活性如图 7-13 所示［在相同空速条件 10 L/(h • g)(标准状态计) 下测量］。众所周知，K 对 FT 合成催化剂的反应性能具有显著的促进效应。作为助剂的 K 能够极大地阻滞催化组分的氧化和压制氢气在催化剂上的吸附，同时还能够增强催化剂对 CO 的吸附和提高铁组分的渗碳。像其他碱金属一样，K 能够使催化剂表面带碱性，而表面碱性一般被结构助剂酸性位所掩盖。由于助剂 K 和结构助剂（主要是氧化锆和氧化铝）间的不同相互作用，K 调节和改进铁基催化剂在 FT 合成过程中合成液体燃料的性能。对添加 K 助剂的铁基催化剂，研究了不同酸性结构助剂，如氧化铝、氧化锆和 ZSM-5，对其 FT 合成性能的影响。结果发现，钾的加入对碳化铁的生成有明显的影响。在相同反应条件下对不同催化剂进行比较时发现，Fe/K-Al_2O_3 有最高的 CO 转化率，虽然 Fe/K-ZSM-5 有相对高的 H_2 消耗转化率。添加碱助剂的主要功能是增强 CO 的解离吸附，改进催化剂的碳化（渗碳）和压制催化剂的甲烷化活性。同时，因结构助剂的加入而使催化剂的结构稳定性增加。

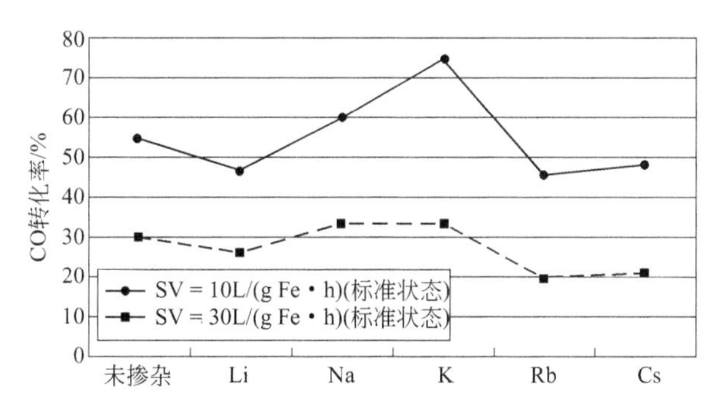

图 7-13　CO 转化率与催化剂碱性间的关系

碱金属（或其氧化物）助剂的添加也有一些缺点。碱金属容易蒸发逸出催化剂表面（因为它们的低熔点和高移动性）。这导致催化剂在 FT 合成过程中的不稳定。与碱金属比较，碱土金属有类似的碱性，且碱土金属氧化物具有一些类似于氧化锆和氧化铝的作用。碱土金属能够强化新鲜催化剂中 α-Fe_2O_3 的 Fe-O 键，降低 H_2 吸附，提高 CO 的吸附。但碱土金属助剂使 FT 合成催化剂的反应产物分布向重烃类移动。因此碱土金属中的镁已经作为 Fe 基 FT 合成催化剂的助剂使用。在 Fe/Cu/K/SiO_2 催化剂体系中添加 Mg，会显著降低 CH_4 选择性到仅有 8%，而烯烃选择性则达到 83%。

此外，过渡金属助剂如 Cu、Mn、Cr、Zn、Ni 和 Mo 的加入使 Fe 基 FT 合成催化剂具有优化的化学环境。在这些助剂中，Cu 广泛使用于商业 FT 合成过程中，因为有 Cu 的存在，促进了 α-Fe_2O_3 到 Fe_3O_4 或金属 Fe 的还原。Cu 提高催化剂的活化速率和缩短诱导期，但 Cu 的添加对催化剂的稳态活性没有明显影响。Cu 助剂强烈地影响烃类选择性。产物分布移向重烃类，催化剂的烯 / 烷比增加。这是由于铜促进剂间接增加了催化剂的表面碱性。 Ni 助剂几乎不被使用于 FT 合成催化剂中，因为它的高甲烷选择性。如果在 FT 合成催化剂中添加 Mo，会形成过强的 Fe-O-Mo 相互作用，阻止铁氧化物的还原和碳化，使催化活性降低。

在对过渡金属 Zn、Mn 和 Cr 对 FeM FT 合成催化剂的促进作用（对孔结构性质、还原行为、表面碱性、结构变化催化性能的影响）的研究中，使用了多种表征工具，包括氮物理吸附、XRD、Mossbauer 谱（MES）、扩展 X 射线精细结构分析（EXAFS）、XPS、CO-TPD、H_2- 微分热重分析（H_2-DTG）和 CO_2-TPD，当然也离不开 FT 合成反应的催化活性试验（1.5 MPa，260℃，合成气 H_2/CO 比 2.0）。获得的结果说明，添加过渡金属的双金属 FT 合成催化剂中的金属间相互作用能够被分为明显不同的两类：①对 Zn 助剂，在 Fe 催化剂中形成 $ZnFe_2O_4$ 尖晶石化合物；②对 Cr 和 Mn 助剂，在催化剂中与 Fe 形成固溶液。也就是过渡金属 Zn、Cr 和 Mn 助剂对 Fe 基催化剂的催化性质的影响也能够被分为两类：化合物相互作用和固溶液相互作用。对 Zn 促进的 Fe 催化剂，形成的 $ZnFe_2O_4$ 化合物导致 Zn 和 Fe 的相分离；而对 FeMn 和 FeCr 双金属催化剂，在这些混合金属氧化物体系中发生固溶液相互作用。XRD、MES 和 EXAFS 结果显示，Mn 原子和 Cr 原子很可能进入氧化铁（Fe_2O_3）的晶格中。由于较高的分散度，FeMn 和 FeCr 催化剂的表面积要大于 FeZn 催化剂。应该注意，对所有双金属催化剂，助剂都富集于催化剂表面，尤其是 Mn 促进的催化剂。在氧化气氛中 Mn 在表面的富集度最高。在催化剂还原步骤中，形成固溶液的 FeMn 和 FeCr 催化剂阻滞 α-Fe_2O_3 到磁铁矿 Fe_3O_4 的还原，而在 FeZn 催化剂（形成了 $ZnFe_2O_4$ 化合物）中这个阻滞效应是不显著的。

与上述的 Ni 和 Mo 不同，在铁 FT 合成催化剂中添加 Mn、Cr 和 Zn 助剂，都显示有益的作用，虽然它们的作用仍然存在争议。已经证明，Mn 助剂一般不仅能够稳定铁 FT 合成催化剂的催化活性，而且能够增强其高碳烯烃的选择性和降低甲烷选择性。使用沉淀方法制备的 Fe/Mn 催化剂，其烯烃选择性有显著提高（CO 转化率约 96.3%，C_2 ~ C_4 烯烃的选择性高达 52.1%）。具有轻烯烃高得率的催化剂样品一般都具有较好的还原和渗碳性质。以共沉淀方法加入锰改性剂，合成气气氛下能够促进氧化活性位的再生。所以，能够使催化剂表面有足够的活性位数量来吸附和解离 CO。但是，这样的促进作用在另一些研究中并没有得到证实。Cr 助剂增加沉淀铁 FT 合成催化剂的重质烃类产物选择性。但是，它一般更被使用作为 WGS 反应的助剂，导致 FT 合成过程中能够获得高的 H_2/CO 比，这非常有益于轻烃类的生成。研究发现，Zn 助剂也增加沉淀 Fe-Cu-Zn-K 催化剂的 FT 合成活性，其优化的 Zn/Fe 比为 0.1，但对产物选择性的影响不明显。也有报道说，Zn 能够提高 FeZn 超细颗粒催化剂的烯烃选择性。在 FT 合成反应催化试验中显示的性能清楚地证明，各种双金属催化剂有非常大的差别。不添加助剂的 Fe 和 FeZn 催化剂显示相对较高的初始活性，但快速失活；而 FeMn 和 FeCr 催化剂的初始 FT 合成反应活性要低很多，但有远高得多的稳定性。该现象可能是由于助剂类型的改变导致催化剂微结构上的差别造成的。如 FeZn 催化剂形成了化合物，但对 FeMn 和 FeCr 催化剂形成的是固溶液。两类双金属相互作用上的差别导致其物理化学性质和催化性能上的差别，如表面积、碳化程度、催化活性、选择性等。这些说明需要在相关工业条件下对催化剂结构变化和催化性能间的关联进行进一步的研究，以更好地了解这些助剂在催化剂中的作用。

对过渡金属助剂产生的这些不同促进作用，其主要原因可能是：FT 合成催化体系的复杂性引进了太多助剂而导致它们与催化活性组分 Fe 之间的太多相互作用，如 Fe-Mn、Fe-Si、Fe-K 和 Fe-Cu 等。要从 FT 合成催化剂中并合的金属活性组分和助剂复杂相互作用中辨别出某个过渡金属的促进作用实在是太困难了。

金属铁本身的 FT 活性很低，但是，在反应条件下，活性金属铁慢慢反应，相互作用，形成有 FT 合成反应活性的活性相：碳化铁和铁氧化物。现在比较一致的看法是，铁氧化物前身物使用于 FT 合成反应时，催化剂显示有 FT 活性前，铁必须先转化为碳化铁。对利用煤制合成气来进行 FT 合成，铁基催化剂是很理想的，因为它们具有优良的水汽变换反应活性，可以使用低 H_2/CO 比的合成气而无须外加水汽变换步骤。

新近的研究证明，为了使铁催化剂具有高的 FT 合成反应活性，基本的要素之一是使铁颗粒具有纳米级大小。因此，催化剂制备方法对催化剂的物理性质和催化性能有着极为重要的影响和作用。这将在后面中温 FT 合成铁催化剂发展的一节中做更详细叙述并给出有力的证据。

前已经指出，对 FT 合成催化剂添加助剂是必要的，如钾和氧化铝。此外，添加第二金属也能够改变 FT 合成反应对烃类生成的选择性。但使用载体类型的影响似乎也是明显的。例如，在浆态反应器中使用添加助剂 K 的 Fe-Mn 催化剂进行的 FT 合成反应试验和研究，获得的结果能够与负载在活性炭或 MCM-48 硅胶上的催化剂相比较。对不同载体催化剂，CO 和合成气转化率显示类似的趋势：如使用 CO 转化率表示催化剂稳定性，开始时负载在 MCM-48 上的催化剂看来要比负载介孔碳和活性炭上的催化剂要好；但是，在运转的后期，介孔碳负载催化剂的稳定性反而要好于其他两个催化剂。看来载体类型对产物选择性和产物分布是有显著影响的。研究结果也说明，介孔碳作为 FT 合成铁基催化剂的载体似乎是有前途的。当然关键是要解决这类载体的成本问题。以碳纳米管作为载体的研究指出，其优点是能够使过渡金属分散在载体的外表面，因此使 FT 合成中的加氢反应得以改进，其活性和产物分布可以与其他载体如氧化铝、氧化硅、活性炭相比较。关于以碳纳米管作为载体的 FT 合成催化剂将在 FT 合成催化剂活性相一节做更深入的讨论。

FT 反应制烯烃（FTO）有很大吸引力。因为这是合成烯烃的直接路线，没有中间物如甲醇的合成步骤，使合成气直接合成化学工业中关键的 C_2 ～ C_4 烯烃。在常规非负载本体铁催化剂上，报道的低级烯烃选择性也高达 70%。但是，本体催化剂的化学和机械稳定性低，因为焦沉积导致催化剂颗粒的粉化。另外，均匀分散在弱相互作用的 α-氧化铝和碳纳米纤维载体上的铁纳米颗粒，都显示出有高的低碳烯烃选择性。以柠檬酸铁铵（$C_7H_8O_7$ xFe^{3+} $y NH_3$）作为前身物，得到相对均匀的铁颗粒分布［在 α-氧化铝上（14±5）nm，在碳纳米管上（5±1）nm］。在 623K、1atm 和 H_2/CO 比为 1 条件下，实现了高低碳烯烃选择性（约 60%）和相对低的甲烷选择性（<25%）。对使用后的废催化剂进行 TEM 分析指出，对 Fe/α-Al_2O_3 催化剂，其铁纳米颗粒大小从（14±5）nm 增加到（17±5）nm。产物分布的 ASF 作图证明，链增长概率值约为 0.4，接近于最大低碳烯烃生成的最佳值，指出在惰性载体上这是能够达到的。

纳米颗粒大小对烃类生成速率和产物分布的影响的研究，是在使用微乳方法制备的沉淀 Fe/Cu/La 上进行的，这是具有纳米结构的铁催化剂。对有两个重叠的 ASF 分布分析揭示，通过降低催化剂的颗粒大小，ASF 分布曲线上的断裂被降低。链增长概率参数 α_1 和 α_2 与常规催化剂是比较接近的，虽然它们取决于反应条件和催化剂晶粒大小。链增长概率 α_1 贡献于 C_1 中间物的链增长，有较高程度的加氢（CH_2 或 CH_x），活化能较低。相反，链增长概率 α_2 虽然也是贡献 C_1 中间物的链增长，但有较低程度的加氢（CO、HCO、HCOH 或 CH），活化能较高。

7.5.2 低温（200 ～ 240℃）FT 合成钴催化剂

低温 FT 合成过程钴催化剂在浆态床或固定床中使用。钴基催化剂仅使用于低温 FT（LTFT）过程中，这是因为在较高温度下会生成过多的甲烷。因钴价格较高，应尽量减少其使用量，但要增大其可以利用的表面积。为达到这个目标，Co 常常被分散在高表面积载体上，如氧化硅、氧化铝和氧化钛。每 100g 载体一般含钴 10 ～ 30g。钴颗粒大小要影响它的选择性和活性。图 7-14 说明，对较小颗粒催化剂，其活性和选择性都是随颗粒大小变化的。例如，当钴颗粒大小从 6nm 降低到 2.6nm 时，在 35atm 下，钴的转化频率 TOF 从 $23\times10^{-3}s^{-1}$ 降低到 $1.4\times10^{-3}s^{-1}$，而 C_{5+} 选择性从 85% 降低到 51%。当钴颗粒大于 6nm 时，没有发现有太大的差别。对这个问题在 FT 合成反应催化剂活性相的一节会有更详细的表述。

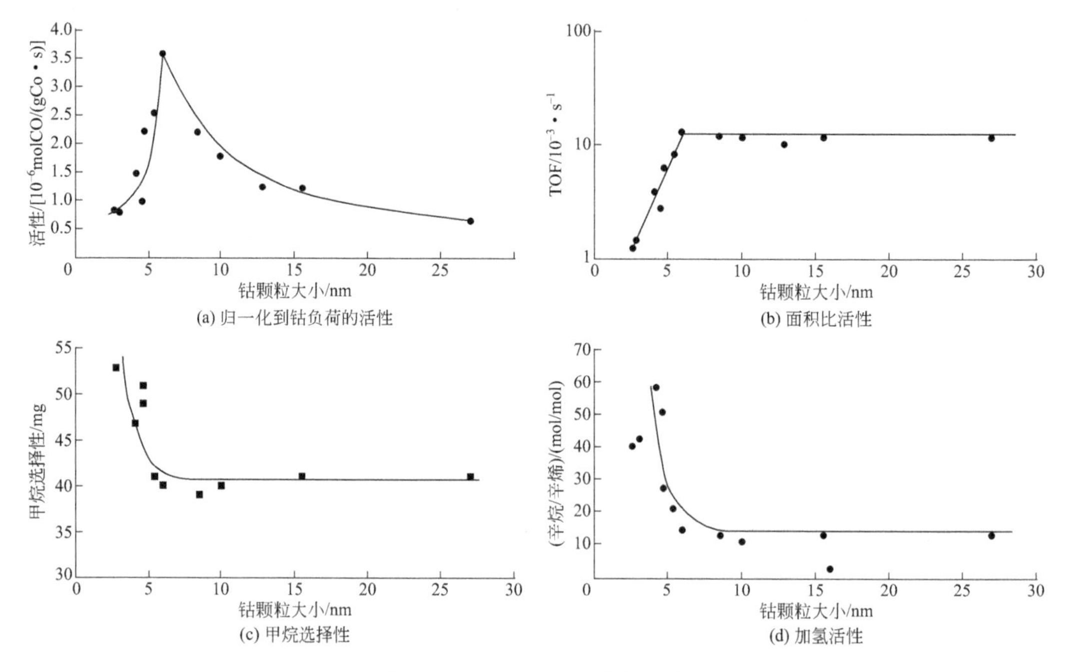

(a) 归一化到钴负荷的活性　(b) 面积比活性

(c) 甲烷选择性　(d) 加氢活性

图 7-14　Co 颗粒大小的影响

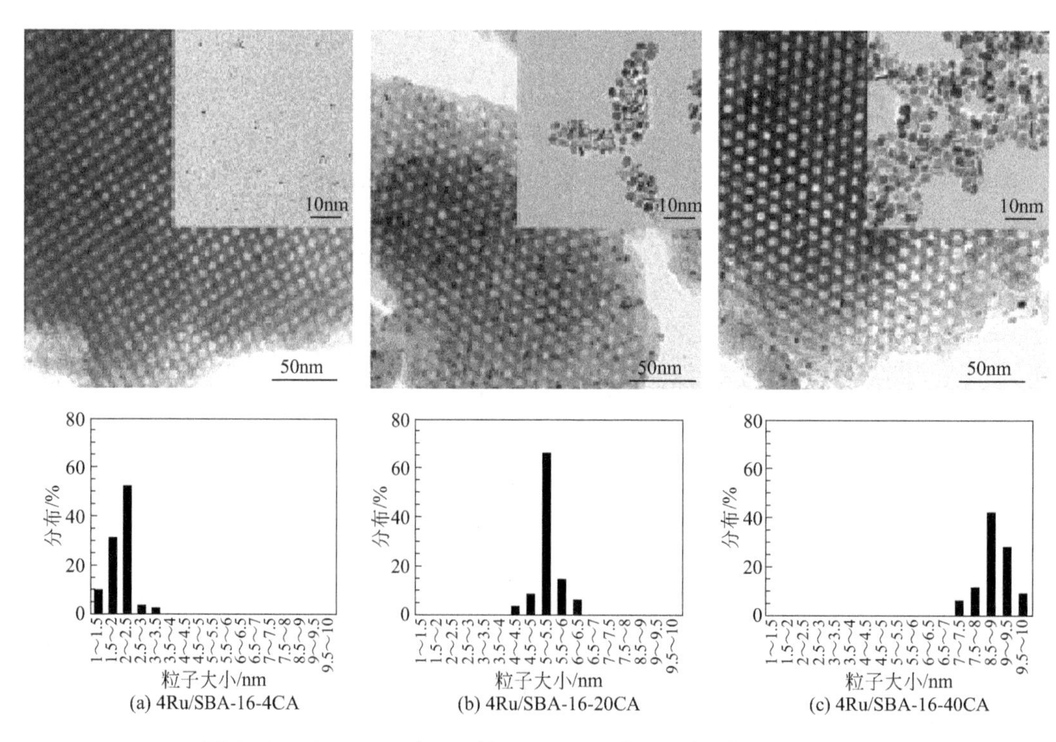

(a) 4Ru/SBA-16-4CA　(b) 4Ru/SBA-16-20CA　(c) 4Ru/SBA-16-40CA

图 7-15　Ru/SBA 中 Ru 粒子 TEM 照片和相应的粒子大小分布

在钴催化剂中常常添加少量贵金属、过渡金属和稀土氧化物助剂，这能够使反应速率和选择性都增加。有报道说，Ru 对负载在 Al_2O_3 上的纳米氧化钴催化剂有促进作用。含 0.05%Ru 的催化剂显示优良的结果，但是当 Ru 浓度增加（大于 0.1%）时，CO 转化率下降。当 Ru 被使用作为催化剂时，金属颗粒大小会影响催化剂的活性和选择性。例如，已经发现 Ru 颗粒大小与反应活性间的关系。图 7-15 显示在载体上的不同 Ru 颗粒的 TEM 照片。Ru 平均颗粒大小从 2.0nm 增加到 9.3nm 时，C_5 选择性增加，而甲烷和 C_2 ～ C_4 轻烃类选择性降低。被限制在 SBA-16 中的平均颗粒大小为 5.3nm 的 Ru 催化剂给出最好的活性。虽然 Co 的活性并没有改变太多。痕量 Re 能够促进 Co 的还原，增加 CO 转化率。Re 也降低 CH_4 选择性，因为它能够增加 Co 在载体表面上的密度。研究发现，0.5%Ru 能够加速反应以及增强烷烃选择性，使其高达 91.4%。报道说，Pt 也可以是 Co 一氧化碳加氢催化剂的助剂，它能够提高 CO 转化率，但降低烷烃选择性。稀土氧化物和过渡金属也能够作为 Co 催化剂的助剂。它们能够提高 Co 的分散度或影响其电子性质，从而改变其反应活性和选择性。

对钴催化剂，氧化铝、氧化硅和氧化钛是最普遍使用的载体。对负载在 Al_2O_3、SiO_2 和 CNTs（碳纳米管）上的 Co 纳米催化剂进行了比较研究。结果指出，CNTs 负载的 Co 纳米催化剂与负载在 Al_2O_3 和 SiO_2 上的 Co 纳米催化剂显示不一样的物理化学性质，它有较高的 Co 分散度，提高了 Co 的可还原性，且使 Co 对 CO 和 H_2 化学吸附也比其他载体高。在研究的这些催化剂中，Co/CNTs 有最多数目的活性位，导致有最高的 CO 转化率和 C_5 选择性，如表 7-10 所示。对负载 Co 纳米颗粒而言，CNTs 是比 Al_2O_3 和 SiO_2 更好的载体。

图 7-16 给出负载在 CNTs、Al_2O_3 和 SiO_2 上的 Co 纳米颗粒的 TEM 照片。在非多孔 SiO_2 载体上，相对较小的钴氧化物颗粒相当均匀地分布在载体上。但是，在多孔氧化铝载体上形成的是较大的纳米钴氧化物颗粒。Co/CNTs 的 TEM 照片揭示，钴氧化物纳米颗粒不仅分布于 CNTs 的外壁，而且也分布于其内部。从 TEM 照片计算，负载在 CNTs、Al_2O_3 和 SiO_2 上的 Co 纳米颗粒的平均大小分别为（3 ± 1）nm、（13 ± 1）nm 和（5 ± 1）nm。CNTs 外壁的钴纳米颗粒的平均大小大于被捕集在 CNTs 内部颗粒的平均大小，原因是 CNTs 内直径限制了钴颗粒的长大。

表7-10　不同载体对钴基催化剂活性和选择性的影响

催化剂	CO 转化率 /%	产物选择性 /%		
		C_1	C_2 ～ C_4	C_{5+}
5%（质量分数）Co/Al_2O_3	6.3	15.6	80.9	3.5
5%（质量分数）Co/SiO_2	4.7	17.7	81.0	1.3
5%（质量分数）Co/CNTs	15.7	16.4	69.6	14.0

注：CNTs 表示碳纳米管。FT 合成反应条件：p=1atm，T=543 K, H_2/CO=2，空速 =12 L/（g • h）。

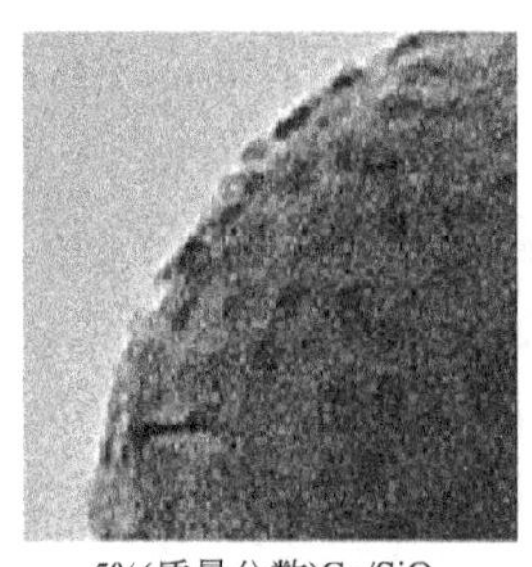

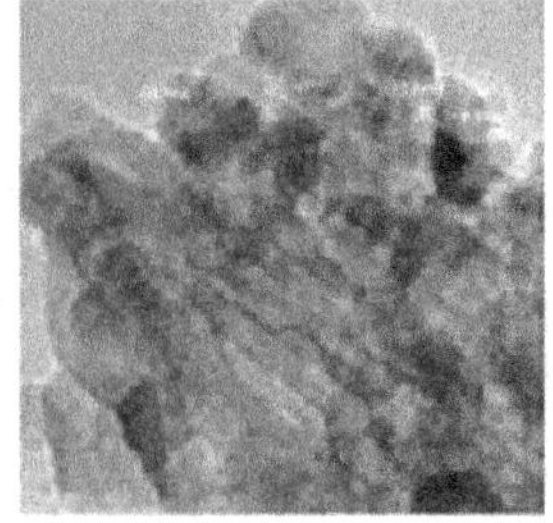

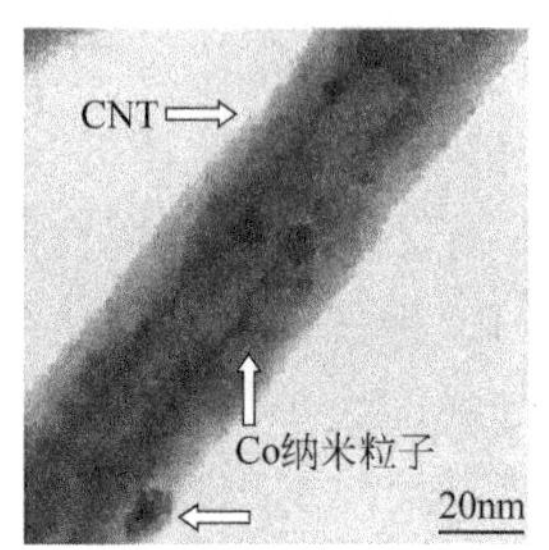

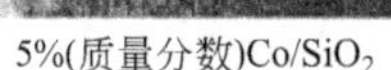

5%(质量分数)Co/SiO_2　　5%(质量分数)Co/Al_2O_3　　5%(质量分数)Co/CNTs

图 7-16　负载在 CNTs、Al_2O_3 和 SiO_2 上的 Co 纳米颗粒的 TEM 照片

在 Co 催化剂中加入第二金属组分能够改变催化剂的几何和 / 或电子性质，这反过来有可能改变催化剂的吸附特征。把 Co-Mo 催化剂使用于 FT 反应发现，把 Mo 添加到钴催化剂中使催化剂的活性位酸性强度增加，对低碳烃类的选择性比单一钴金属催化剂高。在所研究的不同组成 Co/Mo 双金属催化剂中，5Co ∶ 50Mo 显示最高活性，CO 转化率 42.6%。这可能是存在 β-$CoMoO_4$ 相的缘故。然而，在 Co/Mo 双金属纳米催化剂上的 C_{5+} 烃类选择性要低于单一钴金属催化剂，可能是由于双金属纳米颗粒比较大和活性位酸性强度增加。为了提高 C_{5+} 选择性，必须在双金属纳米催化剂中进一步引进合适的助剂。双金属 Co/Mo 纳米粒子（25 ～ 30nm）对增加纳米催化剂的物理化学性质和提高 FT 合成反应中的 CO 转化率是有用的。

对 Co 催化剂，Co 颗粒大小对 FT 合成反应性能是有影响的，这是由于反应的结构敏感性、金属可还原性受影响以及在生成的小粒子 Co 上转换频率（TOF）不同。通过与 Co_3O_4 胶体溶液反应以及覆盖剂的使用合成了 3 ～ 16nm 范围的钴氧化物纳米粒子，这样有可能研究颗粒大小对 FT 反应的影响。该纳米粒子被沉积在 γ-Al_2O_3 上，制备了 5%（质量分数） Co/Al_2O_3 催化剂。用 TPR 技术测量其还原程度，发现 O_2 吸附量随钴晶粒（从 4.8 nm 到 17.5 nm）增大而增加，但氢吸附量下降。当钴晶粒从 4.8nm 增大到 9.3nm 时，催化活性快速增加，然后随晶粒大小进一步增大活性反而下降，即活性显示火山形曲线，如图 7-17 所示。晶粒大小为 9.3nm 的钴催化剂显示较高的 CO 转化率、较好的 C_{5+} 选择性和较低的甲烷生成。如果与工业过程使用的催化剂比较，这样的钴颗粒决定了钴催化剂显示有高 FT 合成反应活性和 TOF 值。随着钴颗粒（晶粒）大小的增加，它们的失活速率也下降，即便在连续运转 54h 后。当钴颗粒（晶粒）大小为 8.6nm 时，负载在 γ-Al_2O_3 的钴催化剂观察到有最高的催化剂活性。

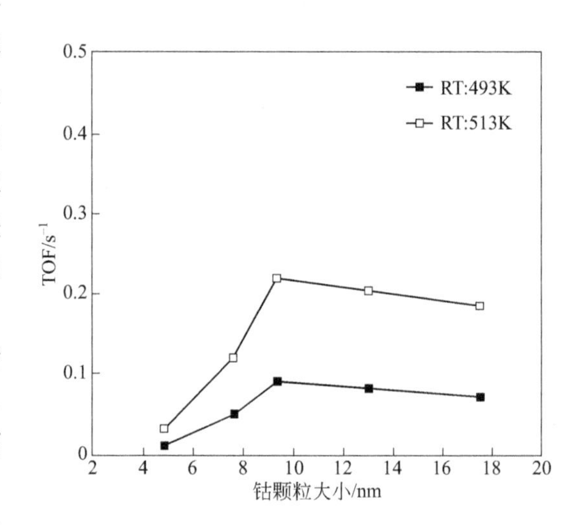

图 7-17　Co 颗粒大小对 TOF 的影响

［反应条件：T=493K，p=10atm，SV=3600L/（kg·h），进料组成：H_2 ∶ CO ∶ Ar=63.0 ∶ 31.55 ∶ 5.5］

碳纳米管上的钴催化剂观察到类似的趋势。钴晶粒从 27nm 降低到约 6nm，催化活性增加到 3.5×10^{-5}mol CO/(g Co・s)。这个

活性增加与钴高比表面积间有很好的关联。当晶粒小于 6nm，活性快速下降。这可能是边缘和角活性位的阻塞和在小平面上的低本征活性共同造成的。

7.5.3 水相 FT 合成催化剂

已经发现，未负载 Ru 纳米催化剂在水中的 FT 合成反应活性比常规催化剂高。在 423K 观察到未负载 Ru 纳米催化剂对 FT 合成反应的活性增加了 35 倍。值得注意的是，烃类产物不溶解于水中，因此燃料能够容易地与催化剂分离，这很有利于工业过程。对燃料生产的能量效率也是比较高的。

合成了直径范围 1.7nm 到 4.0nm 的 Ru 纳米粒子，发现 Ru 纳米粒子直径对水相 FT 合成反应的催化活性有显著影响。表面比活性随纳米粒子大小从 4.0nm 降低为 2.5nm 时再逐渐降低。然后，当纳米粒子的直径达到 2.0nm 时，FT 反应活性急剧增加，导致前所未有的最大 TOF 值（423K，12.9 h^{-1}）。这是早先在 473K 非均相催化剂上获得的活性的 7 倍。最后，它随纳米粒子直径的减小显著下降（见图 7-18）。这个趋势能够使用含边缘原子的 B5 活性位概率来说明，它的最大直径范围为 1.8 ～ 2.5nm。对较大的粒子，这些活性位的数目单调降低。

把 Ru 纳米粒子限制在孔大小不同的介孔 SBA-15 孔道内，并把其作为 FT 合成反应催化剂进行了制备和研究。结果观察到，产物与 ASF 分布有偏离。使用表面改性方法把 Ru 纳米粒子并合进入 SBA-15 的孔道中，发现该催化剂的活性受孔大小的显著影响，而不受颗粒大小或其他参数影响。

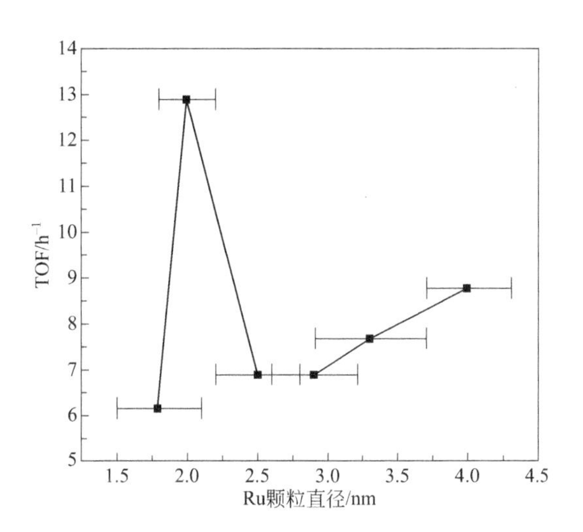

图 7-18　Ru 纳米粒子在水相 FT 合成反应中的直径 - 活性关系

7.5.4 FT 合成催化剂的失活

众所周知，铁在很低的 H_2O/H_2 比下比钴容易氧化，因此铁表面将更容易被氧原子所覆盖，导致 CO 转化率的降低。所以，对铁基催化剂，为达到高转化率（高于 90%），需要两步操作，同时进行气体循环，这会使投资和操作成本增加。钴催化剂的失活是由于在

FT 合成期间的氧化，对此已经进行了广泛研究。一些研究者报道说，氧化是一件事情，而另一些宣称在 FT 合成期间并没有氧化发生。考虑到钴金属和钴氧化物的表面能量贡献，有报道说，在 FT 合成期间，小晶粒钴的氧化是可能的。

铁基 FT 催化剂失活的原因包括中毒（特别是在工业应用条件下的硫）、烧结（表面积损失）、氧化、结焦、结垢、磨损等等。失活机理对不同催化剂和反应器将是不同的。多个优秀评论文章的重点是评论失活机理。因中毒、烧结、氧化、结焦引起的失活，源于化学工程上的失败，而结垢和磨损则是机械上的失败引起的。硫是 FT 反应的主要毒物。在进料气体中的最大硫含量早先的推荐为（2 ～ 4）$\times 10^{-6}$；而现在对工业应用推荐的最大硫含量约为 0.2×10^{-6}，降低了一个数量级。对铁催化剂，硫中毒并不影响烃选择性，但是发生严重中毒时，生成酸的选择性会增加。已经证明烧结失活与水蒸气分压有关；而对炭沉积物造成的失活，炭沉积实际上仅起部分作用。对沉淀铁催化剂，再氧化过程会降低表面积且会导致选择性的变化。在金属催化剂上，因 CO 和烃类产生的炭沉积（和 / 或焦）是铁基 FT 合成催化剂失活的另一个主要原因。炭一般是 CO 变比反应的产物，而焦一般是由催化剂表面上烃类分解或缩合产生的，再经由聚合生成重烃类焦。在这些反应中形成的不同类型聚合炭和焦，在形貌和反应性上是不同的，它们可能包裹或覆盖活性金属粒子使催化剂失活。垢是流体相中物质在催化剂表面上的物理沉积形成的，垢沉积会使催化剂的活性受损失，因为它们阻塞了催化剂活性位和 / 或其孔道。

虽然钴基催化剂抗击氧化的能力比较强，但它们也容易为硫所中毒。除此外，表面上或载体上小颗粒钴的氧化以及钴和载体间的反应（形成非催化活性物质）也是使钴基催化剂失活的一个主要原因。另外，炭沉积物的生成、钴颗粒的聚集和形成挥发性羰基钴损失部分钴都会导致催化剂的失活。一些金属氧化物助剂，如 ThO_2、ZrO_2 和 La_2O_3，能够用于提高钴催化剂的稳定性和活性。这些助剂能够增强催化剂中钴的分散度或在载体表面形成促进 CO 解离吸附的活性位，因此活性提高。

7.5.5 中温（260 ～ 300℃）FT 合成铁催化剂

中温 FT 合成铁催化剂在浆态床中使用。从合成气生产液体烃类的主要路线是 FT 合成，能够在液体燃料持续消费模式中起至关重要的作用。在从现在的化石燃料阶段到最终使用可再生液体燃料的数十甚至百年的过渡时期这个消费模式是要持续下去的。除了在煤制液体燃料（CTL）领域的若干工业厂家外，CTL 在中国的新近发展是使用新发展的中温 FT（MTFT）技术，有两个设计容量为 4000 桶 /d 的示范证明项目在运行。在 2009 年达到设计容量的 80% ～ 90%，经小的改进后在 2011 年和 2012 年达到设计容量，最后达到超过容量的 12%。这些工厂使用内径为 5.3m 的浆态反应器，催化剂是铁基 MTFT 催化剂。这个中温 FT 催化剂的发展，如图 7-19 所示，总结了对 FT 催化、动力学、反应器和过程模型的基础研究和发展工作，是从基础到实际应用连续发展的一个好例子。

下面表述的内容基本上是中科合成油公司对中温 FT 合成催化剂、工程和工艺发展的一个相当出色的总结（Current Opinion in Chemical Engineering.2013, 2:354–362）。

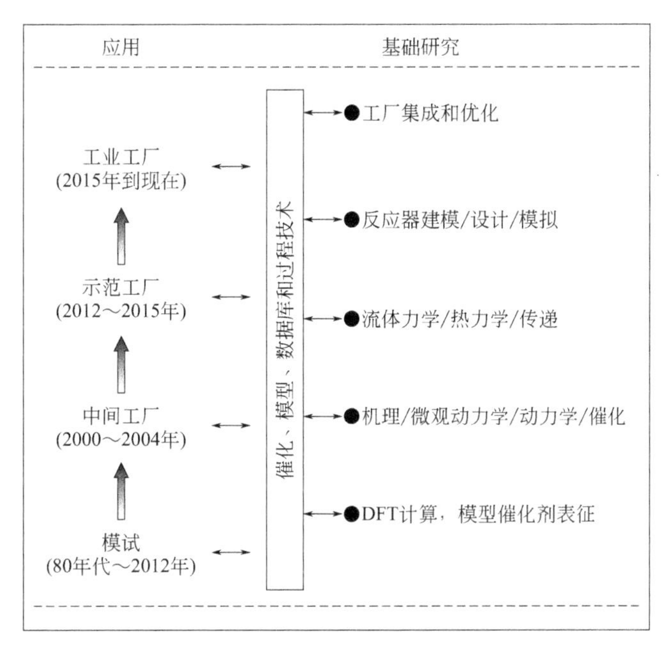

图 7-19　MTFT 过程发展中知识集成示意图

7.5.5.1　FT 催化到催化剂设计的理论处理

FT 催化剂是成功发展有效 FT 过程技术的关键，但对有效裁剪和调节 FT 催化剂的完整知识仍然是缺乏的。由于在 FT 催化反应体系中的复杂催化现象，在 FT 催化合成中面对的挑战如下：首先是活性相的检测分辨，虽然有许多谱学和显微证据可以利用，但描述在催化表面 FT 微观动力学仍然没有直接证据，该微观动力学对暴露在真实环境中的催化剂活性结晶体的演化是敏感的；其次，需要填平量子力学和实验工具间的鸿沟。

在密度泛函计算和严格 Wulff 构造尺度上对铁微结构中小平面构型进行的理论研究，仍然远远落后于使用表面科学技术所能够做的表面能量变化方面的表征。这些表征技术包括程序升温脱附（TPD）、扫描隧道显微镜（STM）、偏振调制反射红外光谱（PM-RAIRS）、X 射线电子能谱（XPS）、近缘 X 射线吸收精细分析（NEX-AFS）和电子能量损失谱（EELS）。因催化研究的工业化需求，近来中科合成油公司已经为了解 FT 合成机理，在结合理论量子化学计算和深入试验工作方面取得了显著的进展，对中温 FT 工艺技术进展产生了极大的影响。这是由于在对 FT 催化研究中形成了新的和完整的概念。

当在真实合成气环境下的铁晶体表面基元步骤水平上确定了铁催化剂的 FT 合成微观动力学时，能够指出：FT 合成铁催化剂活性相在不同晶面上对 FT 合成反应可能有不同的性能。因为现时试验技术的限制，应用理论计算工具能够更好地了解 FT 催化基础领域的一些知识。如图 7-20 中所示，H_2 和 / 或 CO 分子在若干铁晶相的不同晶面上的吸附，能够使用密度泛函理论（DFT）进行计算，获得的部分结果也示于图 7-20 中。从图示结果可以知道，首先，不同还原程度铁晶相上的不同晶面在 FT 催化合成反应中起非常不同的作用，这将导致极端复杂的催化现象；其次吸附 H 的移动性远高于吸附的 CO；一旦还原（碳化）表面暴露于反应物（H_2+CO）中，FT 合成的核心步骤就能够发生；最后，FT 反应初始阶段的反应步骤在还原铁表面是很容易进行的。

在对碳化铁晶面上发生的简单 FT 合成基元步骤的另一个 DFT 研究中，进行了自旋偏振（极化）DFT 计算，用以研究在 Fe_3C（100）上 C_xH_y 的生成机理。发现 H 辅助 CO 解离（CO+H ⟶ CHO；CHO ⟶ CH+O）的能垒要低于 CO 直接解离（CO ⟶ C+O）的。而表面 C_s 原子加氢生成 C_sH 是最为有利的路径。由于第一个 C_2 表面物质的存在，乙烯酮基（ketenylidene）C_sCO 是能够从 CO 吸附物质产生的，而这正是生成 C_2H_x 的主要中间物。初始 C_2H_x 物质是从 C_sCO 生成的而不是直接解离生成。C_sCH、C_sHCO 和 C_sHCH 的有效能垒是接近的，与 CO/H_2 比有关。此外，因为加氢和表面碳物质的脱附可能产生表面空穴，从而能够很强地活化 CO 和使 CO 解离能垒降低，并再生出碳化活性表面和完成催化循环。

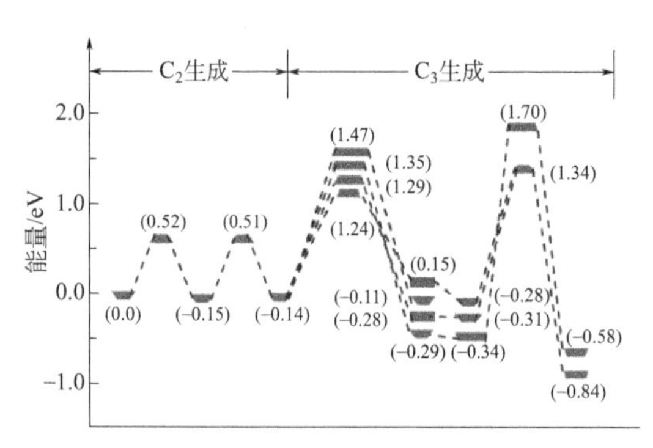

（a）在 Fe_5C_2（001）上 CO 加氢计算生成 C_2 和 C_3 的位能变化图

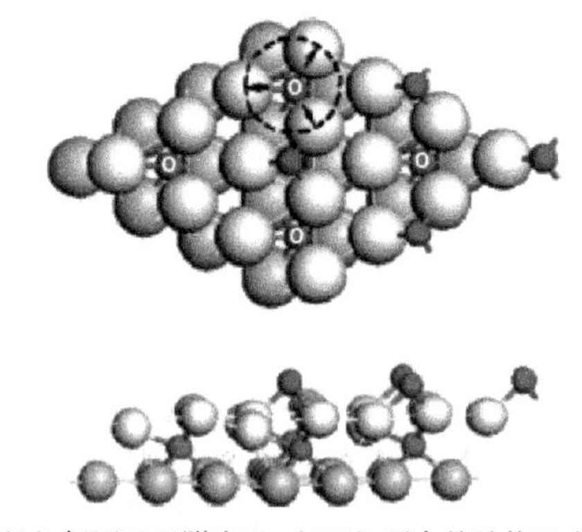

（b）氧原子吸附在 Co（001）面上的结构及在 1/2 和 1/4 ML 次表面的结构（灰色 Co 原子，黑色 O 原子）

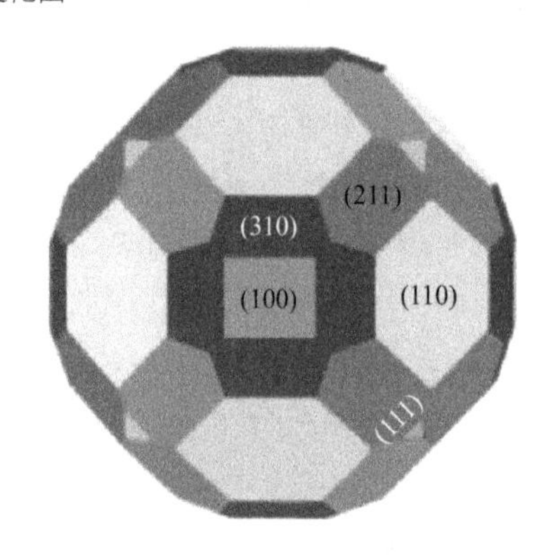

（c）Wulff 结构小 Fe 晶体的平衡形状

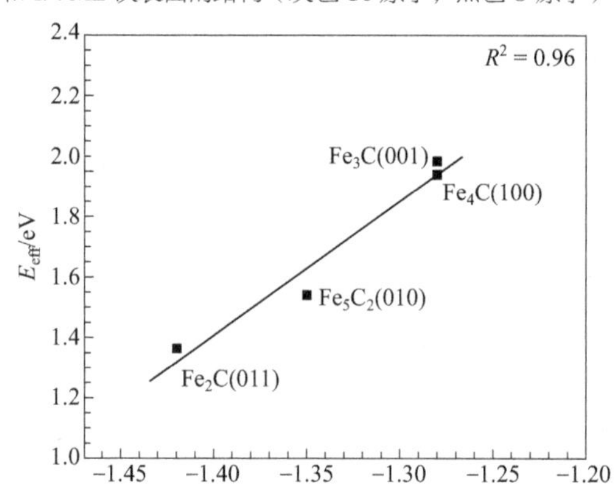

（d）CH_4 生成反应能量 ΔE_r 和表面 d 轨道（ε_d）中心间的关系

图 7-20　DFT 研究结果

使用 DFT 工具也对 Fe_5C_2（001）晶面上的 FT 合成链增长机理进行了研究。在 H_2 和 CO 共吸附表面，CH 和 CCO 生成是最有利的初始步骤。接着的步骤是 CCO 与 C 偶合生成 CCCO 以及 CCO 加氢竞争生成 CCH_2 和 CHCH。最后，来自 CCH_2 和 CHCH 脱氢的 CCH 能够与 C 偶合生成 CCCH。因 CO 嵌入引起的链增长服从的是嵌入机理（见表 7-11），而 CCH 偶合的链增长服从的是碳化物机理（见表 7-11）。两种机理在 FT 合成中都能够单独和同时起作用。通过加氢生成表面甲酰（CHO）CH 和 O，并再生出碳化活性表面和保持 CO 吸附容量。此外，表面 O 能够被加氢形成表面 OH，表面 OH 变比形成 H_2O 在能量上比从表面 OH 加氢更有利。

表7-11　FT合成机理的有关特性

链引发		
表面碳化物机理	I.	$M\!-\!CO \longrightarrow \underset{M}{C}\!-\!\underset{M}{O} \longrightarrow \underset{M}{C} + \underset{M}{O} \xrightarrow[H_2O]{H_2} \underset{M}{CH_2} + M$
烯醇 -1	Ⅱ.	$M\!-\!C\!=\!O \xrightarrow{H_2} M\!-\!HCOH \xrightarrow[-H_2O]{H_2} M\!-\!CH_2$
烯醇 -2	Ⅲ.	$M\!-\!C\!=\!O \xrightarrow{H_2} M\!-\!HCOH$
CO 嵌入 -1	Ⅳ.	$M\!-\!H \xrightarrow{CO} H\!-\!M\!-\!CO \longrightarrow M\!-\!HCO \longrightarrow \underset{M}{HC}\!-\!\underset{M}{O} \xrightarrow[H_2O]{H_2} M\!-\!CH_2 + M$
CO 嵌入 -2	Ⅴ.	$M\!-\!O\!-\!H \xrightarrow{CO} M\!-\!O\!-\!CH\!=\!O \xrightarrow{H_2} M\!-\!O\!-\!HOCH_2 \xrightarrow{H_2} M\!-\!O\!-\!CH_2$
烷氧基	Ⅵ.	$\underset{M}{O}\!-\!\underset{M}{C} \xrightarrow{H_2} M\!-\!O\!-\!HCH + M$
链增长		
A.		$M\!-\!CH_2 + M\!-\!CH_2 \longrightarrow M\!-\!CH_2\!-\!CH_2(H) + M$
B.		$M\!-\!C(R)OH + M\!-\!C(H)OH \xrightarrow[H_2O]{H_2} M\!-\!C(R)(OH)CH_2 + M$
C.		$M\!-\!CH_2R \xrightarrow{CO} (RCH_2)M\!-\!CO \longrightarrow M\!-\!CO\!-\!CH_2R \longrightarrow \underset{M}{C}(CH_2R)\!-\!\underset{M}{O} \xrightarrow[-H_2O]{H_2} M\!-\!CH_2\!-\!CH_2R + M$
D.		$M\!-\!O\!-\!CH_3 \xrightarrow{CO} M\!-\!O\!-\!C(=O)CH_3 \xrightarrow{H_2} M\!-\!O\!-\!C(OH)CH_3 \xrightarrow{H_2} M\!-\!O\!-\!CH_2CH_3$
E.		$M\!-\!O\!-\!CHR + M\!-\!O\!-\!CHH \longrightarrow \underset{M}{O}\!-\!\overset{H}{C}R\!-\!CH_2\!-\!\underset{M}{O} \longrightarrow M\!-\!O + M\!-\!O\!-\!CH_2\!-\!CH_2R$

理论和实验研究的新近进展指出，钾助剂（K_2O）能够稳定高指数面如 Fe（211）和 Fe（310）。这个稳定效应改变晶体在不同方向的相对增长速率，导致合成的 FT 催化剂对 FT 合成具有高活性表面结构和使生成甲烷的选择性降低。比较有意思的是，理论计算证

明，钾助剂添加量达到 K/Fe 比 1/12 时，能够使表面晶面（100，310，211）暴露的比例从占微晶体总表面积的 58% 增加到 80%，而紧密堆砌的平面（110）的比例从 30% 降低到 20%。这个发现为了解助剂效应提供了新前景，也为进行可控制表面结构有效催化剂设计提供了新思路。

DFT 工具对铁 FT 催化剂表面上甲烷生成机理的研究能够提供很有用的基础知识。在若干可能碳化铁相的不同晶面上，对生成甲烷进行了量子化学计算，并比较了这些晶面上甲烷生成推动力的热力学和动力学因素。发现在一组 Fe_xC_y 表面上，表面 C 到甲烷的加氢过程显示有不同的热力学和动力学特征。对 Fe_2C（011）、Fe_5C_2（010）、Fe_3C（001）和 Fe_4C（100）晶面，最稳定的 C_1 物质分别是 C/CH_3、CH/CH_2、CH 和 C，在 Fe_5C_2（010）和 Fe_2C（011）晶面上生成 CH_4 是比较有利的，而 Fe_4C（100）和 Fe_3C（001）晶面对 CH_4 生成没有活性。

获得的总信息指出，能够为在表面活性位上键合吸附碳原子提供较多电子电荷的平面对甲烷生成的选择性较低。这暗示有可能开启更多的金属晶面，它们能够提供更多对希望产物有高选择性的活性位。这些发现可能对现有的 FT 合成反应机理动力学（微观动力学）模型产生显著影响，因为这些模型没有区分生成甲烷和其他产物需要的是不同的活性位。

7.5.5.2　铁 FT 催化剂的催化作用和催化动力学的一般了解

铁催化剂 FT 合成最重要的问题是定义在催化剂表面的活性位和接着对它们进行测量。基于从理论工作获得的线索，结合原位和动态反应测量，在真实条件下研究了催化剂的相转化和反应机理，以便进行更合理的 FT 催化剂设计。

如图 7-21 所示，制备的铁基 FT 催化剂主要是 α-Fe_2O_3，然后被 H_2 还原成 α-Fe，如果在还原试剂中含有碳物质的话，将产生碳化铁（FeC_x）。铁氧化物相是存在的，特别是在铁基 FT 催化剂铁颗粒的内核，还有以还原形式存在的磁铁矿（Fe_3O_4）。此外，应该注意到，FT 合成环境为逆还原碳化提供推动力，这是“毁坏”催化剂的因素之一。由于在表征铁 FT 合成催化剂活性位中的这一困难，使用转换频率不再是工业化铁催化剂速率的定量表示方法，目前合适的定量表示方法仍然是缺乏的。因此，对报道的铁 FT 动力学数据的活性和选择性进行有意义的比较是困难的，原因是缺乏在本征条件下获得有意义的实验数据，这是上述固有困难导致的结果。

在对这些催化剂有基本了解的基础上，在实验室进行了催化剂的长期系统的试验运行。沉淀铁催化剂在实验室条件下的试验高达 4800h，在浆态反应器中它显示有高稳定性。

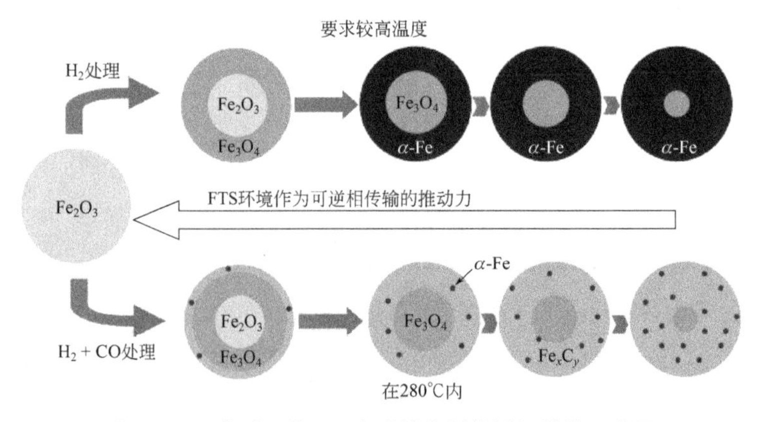

图 7-21　典型工业 FT 合成催化剂的铁相转化示意图

众所周知，催化剂性能会随催化剂铁相的演变而变化。现在，我们获得的了解是，在不同铁“还原”相上，FT 活性和选择性大小可能遵从如下的顺序：α-Fe > Fe_4C > Fe_3C > Fe_5C_2 > $Fe_{2.2}C$。在文献中有不同结论，其主要原因是依据的数据是在不同实验条件和不同催化剂样品上获得的，它们具有不同的活性相状态。应该注意到的是，在 FT 合成反应的真实环境中 α-Fe 几乎是不存在的，而低碳碳化铁如 Fe_4C 和 Fe_3C 仅能够在很高的温度下操作，这样的高温操作将导致工业 FT 合成催化剂活性相分散的严重问题。于是，最终 Fe_5C_2 可能是在 FT 合成反应条件下起作用的仅有的“稳定”活性相。因此，我们可能不得不使用这个 Fe_5C_2 相来设计较好的 FT 合成催化剂。同样值得注意的是，更详细的 Mossbauer 谱参数分析揭示，FT 合成活性也密切关联到活性相的分散。

对 FT 催化剂的上述系统性基础工作为 FT 合成催化剂设计和制备方法上取得突破铺平了道路。最终，中科合成油公司设计和制备出新一代中温（270 ～ 290℃）浆态 FT 合成催化剂，并发展出相应的工艺过程。该催化剂使烃类生产率从 0.25 ～ 0.3g/（h•g）增加到 0.8 ～ 1.2g C_{3+}/（h•g），同时甲烷选择性从 5% ～ 10%（质量分数）降低到 4%（质量分数），形成了发展中温 FT（MTFT）工艺过程的坚实基础。

7.5.5.3 FT 合成反应动力学

在评价反应器设计和工业过程时，优化能量和材料效率是关键指标。此时催化、动力学、反应器设计和工艺模型化全都相互缠绕在一起。所以，重要的是要发展详细的本征动力学模型，以能够预测在反应器和过程工艺设计中 FT 反应的速率和产物分布。现在，由于试验中测量的是碳数在一定范围内的 FT 合成产物活性和选择性，在此基础上来发展 FT 合成的详细动力学模型和 FT 合成机理是困难的。因此，这仍然是我们面对的一个严峻挑战。对最近的理论结果是否可利用于动力学研究还没有进行详细的考虑。但不管怎样，在裁剪复杂机理和建立详细动力学模型方面已经有了显著的进展。基于 CO 消耗的可靠动力学速率表达式和详细的选择性模型是成功进行反应器设计和过程工艺发展的预先要求。对完整的 FT 合成机理、动力学和产物选择性的详细讨论，读者可以参阅 van Laan 和 Beenackers 等的文献。表 7-12 是对 FT 动力学模型化中的重要发现所做的简要总结。

表7-12 FT合成反应动力学模型化主要工作总结

作者 / 单位	催化剂	反应器	获得动力学数据条件	要点
Huff 和 Satterifld（1984）	熔铁 沉淀 FeCuK，MnO/Fe	CSTR	506 ～ 536K 0.445 ～ 1.48MPa H_2/CO=0.55 ～ 0.90	双 α 模型
Zimmerman 等（1992），Nowicki 和 Bukur（2001）	Ruhrchemie 型 FeCuK/SiO_2	CSTR	523 ～ 538K 1.5 ～ 2.1MPa H_2/CO=0.66	考虑烯烃在不同活性位上再吸附的烃类生成和 WGS 的动力学模型
Iglesia（1991），Iglesis 等（1993）	Ru/TiO_2，Ru/SiO_2 Ru/γ-Al_2O_3	固定床	473K，0.1 ～ 2MPa, H_2/CO=2.1	α- 烯烃再吸附的传输反应模型
Lox 和 Froment（1993）	沉淀 FeCuKNa/SiO_2	固定床	523 ～ 623K,0.6 ～ 2.1MPa, H_2/CO=0.66	Hougen-Watson 详细速率表达式

续表

作者 / 单位	催化剂	反应器	获得动力学数据条件	要点
Kuipers 等（1995）	多晶 Co 箔	CSTR	493K,0.1MPa, $H_2/CO=2$	因物理吸附和解离的链增长依赖烯烃再吸附
Schulz 和 Claeys(1999)	$Co/ZrO_2/Ru/$ 气溶胶 FeAlK，FeAlCuK	CSTR	443 ～ 529K 8.9 ～ 10.1MPa $H_2/CO=1.0$ ～ 10.8	基于链增长依赖溶解度的烯烃再并合模型
van der Laan 和 Beenackers(1999，2000)	共沉淀 $FeCuK/SiO_2$	CSTR	523 K,0.8 ～ 32.MPa, $H_2/CO=0.5$ ～ 2.0	基于烯烃再吸附和LHHW速率方程的烃类选择性明模型
Wang 等（1999，2001，2003），Guo 等 (2006)，Chang 等（2007）	共沉淀 FeCuK $FeCuK/SiO_2$	固定床	493 ～ 523K 0.8 ～ 3.2MPa $H_2/CO=0.96$ ～ 2.99	扩散偶合烯烃再吸附的催化剂颗粒详细动力学模型；物理吸附和溶解度的影响分离研究
Ji 等（2001），Yang 等（2003），Teng 等（2006）	FeMn	固定床	540 ～ 613K 1.0 ～ 3.0MPa $H_2/CO=0.67$ ～ 3.0	基于含烯烃再吸附和二级反应的次烷基机理的本征 LHHW 动力学模型

经 FT 合成反应生成的烃类产物实际上是由范围广泛的直链烷烃和烯烃组成的，碳数目的范围从 C_1 到 C_n(n 能够高达数百)。在 FT 合成期间发生的烃类分子链增长的聚合性质已经做了很好的模型化，使用在催化剂表面上的逐步碳链增长机理，获得的 Anderson-Schulz-Flory(ASF) 分布为：

$$\lg\left(\frac{W_n}{n}\right)=n\lg\alpha+\text{常数} \tag{7-18}$$

该方程中，W_n 表示碳数目为 n 的物质的质量分数；α 是链增长因子。较高的 α 值意味着对重质烃类有较高选择性。在 Cu、Co 和 Ru 催化剂上，对 FT 产物分布的非 ASF 行为进行了很多的研究。在产物的轻烃类一边，已经观察到甲烷选择性有相对大的增加，而伴随的乙烷和乙烯得率异常低；对较高碳数的烃类，随着烃类链长度的增长其得率降低。也有报道说，链增长因子 α 增大的同时烯烃 / 烷烃比降低。于是提出了两类选择性模型，即双位 - 双 α 和烯烃二次反应模型。能够注意到，不是所有“双 α”观察与双位模型是一致的，因为大多数烯烃共进料实验仅限于低碳数目馏分，它可能无法表述在浆态反应器中催化剂颗粒的传输、溶解度或物理吸附等现象。因此这些结果是很少令人信服的。此外，不管是双位还是双 α 模型都没有显示任何物理意义，因为尚没有直接实验证据证明催化剂表面上存在性质不同的两类活性位。从已发表的实验和理论工作结果可以合理地认为：烃类生成的所有类型基元步骤，包括 CO 或 H_2 解离、链引发、链增长和终止、烯烃再吸附和二级反应，在催化剂表面（活性位）上都存在竞争，也就是它们总是处于动态变化之中。催化剂表面上微环境的任何微细变化都可以引起催化表面结构的变化，导致复杂的动力学行为。在化学反应工程中，FT 合成体系的本征动力学仍然与其本身的特殊性相差甚远，因为在实验和理论方面都存在实际的困难。

不管怎样，我们能够基于常规化学反应工程规则对系统的动力学进行分析和总结（见表 7-12），虽然本征动力学实验的一些规则在 FT 合成反应测量中几乎不可能满足。在假设 FT 合成反应和烯烃二级反应是在不同活性位上进行的条件下，对 Fe-Cu-K 和 Fe-Mn 催化剂的动力学模型考虑了烯烃再吸附及其二级反应；引入扩散 - 增强烯烃再吸附是为解释负载 Ru 催化剂颗粒模型中的非 ASF 动力学。也在沉淀 Fe-Cu-K-Na/SiO_2 催化剂动力学研究上做了烃类生成和 WGS 有不同活性位的假设，再基于碳化物机理生成烃类出发，首次推导出详细的 HW 速率表达式。在 FT 动力学模型化工作中，也考虑了气体在蜡中的溶解度关联（改进的 Soave-Redlich-Kwong，MSRK 状态方程）。接着，取用先前 MSRK 工作的优点和假设催化剂孔内液体蜡和本体气体间的热力学平衡，把链长度依赖于烯烃溶解度概念和烯烃再吸附的物理吸附结合到详细的沉淀 Fe-Cu-K 催化剂颗粒动力学模型中，这样就导出了基于 FT 和 WGS 反应分离机理的本征 LHHW 型动力学模型。

对 Fe-Mn 催化剂上的动力学研究工作开始稍晚，但使用了类似于 Fe-Cu-K 催化剂上的动力学研究方法学。在 Fe-Mn 催化剂上研究了各种反应条件对烯烃和烷烃选择性的影响。对 FT 和 WGS 反应进一步发展一个 LHHW 型动力学模型，导出了速率方程。这些模型中的动力学参数使用总包优化方法筛选，使用多应答目标函数最小和遗传算法，应用常规 Levenberg-Marquardt 参数计算方法。不管怎样，对烯烃再吸附和二级反应以及传输增强进行了详细处理。但对本征基元步骤，在吸附物质解离步骤中引入再吸附因子 β_n。在 FT 机理中需要处理烯烃再吸附这个本征性质，Yang 等获得的最后动力学表达式是排除了传输影响的，因此该动力学模型具有本征性质，虽然它不能够很好地拟合烯烃 / 烷烃比。这个模型被进一步改进和发展，把烯烃 / 烷烃比考虑进去，建立了对反应器设计是比较实用的 FT 合成反应动力学模型。除了保持 Yang 等的详细动力学模型外，Wang 等还在略去催化剂孔扩散影响（作为一个假设）的基础上特别引入了搅拌槽浆态模型（STCR）。该改进模型能够预测 Fe-Mn 催化剂的非 ASF 产物分布和碳数依赖的烯烃 / 烷烃比。不管怎样，在反应器和催化剂颗粒模型化内容中，对精确的本体传输效应有了进一步开拓，克服了存在的一些缺点。除了进行广泛详细的动力学实验和动力学模型化（同时考虑了烃类生成速率和 WGS 反应速率）工作外，也把 FT 动力学模型化工作延伸到同时考虑含氧化合物产物选择性。含氧化合物与烃类产物比较，其量相对是很小的，但了解它们的反应动力学行为对进一步放大过程工艺是非常重要的。

在这个 FT 反应动力学模型化的阶段上，仍然可以认为，详细 FT 反应机理知识以及催化剂寿命循环期间可能发生相变化的机理知识仍然是非常有限的，这是因为 FT 合成反应和催化剂相演变都是非常复杂的。在动力学模型化工作中虽然没有完整地考虑理论结果，但获得的详细动力学模型在合理精度范围内仍然能够预测产物的选择性。集成了催化剂反应动力学、热力学和在化学反应工程原理试验工厂中获得的研究结果后，中科合成油公司发展出一个能够诊断浆态反应器性能的浆态反应器模型。

7.5.5.4 中温 FT 合成反应器和工艺过程发展

反应器是 FT 合成过程中的核心单元，它是集成前面部分获得知识的一个平台。此时一个成功的 FT 合成反应器设计应该能够对大体积合成气强放热反应进行特殊调节，让气体穿过液固界面。迄今为止，能够满足传质和传热这个传输要求的优化反应器选择和设计仍在不断发展之中。对多管固定床、气固流化床和浆态鼓泡塔等商业反应器已经做过不少评论，同时报道了不同的新概念，如强化传输的微通道反应器。从过程效率的观点看，在浆态反应器（鼓泡塔）中进行洁净燃料的工业生产是比较理想的，因为它有均匀的温度分布、可调节的流体力学、催化剂负荷的灵活性和比固定床反应器的成本低等优点。

尽管在文献中对FT合成反应机理、动力学和催化作用从分子到介观尺度进行了许多的基础研究，但在公开文献中极少有工程数据可以利用，特别是有关浆态反应器的放大。所以，必须把基础工作扩展到化学反应工程领域，即水力学、热力学和传质传热，其中水力学对最后放大到工业浆态床反应器确定采用的策略是至关重要的。对浆态反应器中的水力学进行了大量的系统性研究，使用计算流体动态学（CFD）工具来研究气体滞留和传质传热与反应器大小间的关系。对反应器模型化和水力学进行广泛研究工作是在大“冷流动”和小的“热”中间工厂试验装置上进行的。因此，对大规模FT合成反应器设计来说，是非常经济和成本低廉的放大策略。除了对相间传质、气体液体轴向扩散限制和不同相界面间的传热系数进行测量研究外，近来也进行了其他方面的工作和浆态反应器模型化工作，后者组合了详细动力学模型和两类气泡模型，用以综合考虑催化反应和水力学行为。

严格遵循基于来自分子到介观和宏观水平性质的放大策略，明智而审慎地建立合理大小的“冷”试验平台（内径1.2m，高20m）、“热”中间工厂（0.35m内径和45m高）和示范工厂（5.3m内径和57m高），从实验测量和计算了放大因子。以FT合成过程的实验室数据为基础，建立了中间工厂以及示范工厂模型以深入广泛地分析各种条件的影响。对试验和计算结果做进一步的比较，以对过程模型进行校正和验证。与常规低温浆态床过程比较，试验和设计的铁基催化剂，中温FT（MTFT）过程的操作温度接近275℃。MTFT过程与低温浆态过程比较，其主要优点是：由于使用了高活性的FT合成催化剂，在浆态床反应器中的固体催化剂费用低（约为低温过程的1/4）；在浆态床反应器中进行FT合成反应所产生的大量反应热能够被有效除去，生产蒸汽的压力能够达到30atm；生产出的烃类产物是高质量的粗FT合成产物，其含氧化合物含量非常低，特别是酸；容易成为煤制液体燃料（CTL）和气体制液体燃料（GTL）工厂。

7.5.5.5 小结

① FT催化在过去积累的巨大数据为FT催化剂发展提供无价之源。但是，由于FT催化现象的复杂性，对在FT催化领域发现的许多矛盾现象（通常彼此混淆）现时已经影响到对其基础含义的了解，因此常常误导FT催化剂的发展。对反应物在FT催化剂不同活性相上吸附和反应机理进行量子化学计算，明智使用这些结果能够部分地避免上述误导，为实用FT催化剂研究和发展提供有益的启示。

② 动力学是FT反应器和过程工艺发展非常重要的工具。但是，FT催化反应动力学是非常复杂的，现在仍无法获得本征动力学。详细动力学虽然离完全了解还很远，但已经成为验证浆态反应器生产率和为所有催化剂提供可控制化学环境的主要工具。对浆态反应器中转化率关系准确的定量描述仍然缺乏详细动力学模型，这是一件主要事情。主要困难在于没有一个动力学模型能够把催化剂表面变化考虑进去。

③ 现时化学反应工程知识是一个足以支持大规模FT反应器和过程工艺发展的有力工具。但是，对FT合成化学和催化效应应该有完全的了解，以便为FT合成化学反应工程发展中的许多领域提供正确的边界。FT催化剂与化学反应工程的分离发展对工业FT合成反应是不成功的。

7.6 FT 合成反应催化剂的活性相

7.6.1 活性相的化学状态

在 FT 合成中使用的活性金属是 Fe、Co 和 Ru。现在的共识是金属 Co 和 Ru 即 Co^0 和 Ru^0 纳米粒子具有把 CO 加氢到重烃类的活性相功能，而碳化铁则是使 CO 加氢成烃类的活性功能物质。但是，有关这些活性相的不同活性状态对催化性能的影响仍然缺乏了解，而这些知识对有效 FT 合成催化剂的合理设计是需要的。

7.6.1.1 钴催化剂

金属 Co 可以以两种不同的结晶形式存在，即面心立方结构（fcc）和六方紧密堆积结构（hcp）相。对本体钴，在较低温下 hcp 相比较稳定，但是当 Co 粒子小于 20nm 时，fcc 相变得比较稳定。然而，Co 催化剂在工作条件下的实际晶体结构仍然是不清楚的。近来，对 0.1%（质量分数）Pt-25%（质量分数）Co/Al_2O_3 催化剂进行同步原位 XRD 研究发现，在催化剂用氢气还原后负载 Co 物质是由约 80% fcc 相和约 20% hcp 相组成的。在 493K 和 20atm 的合成气（$H_2/CO=2$）的 FT 合成条件下，fcc 相 Co 粒子大小从约 6nm 增加到 7nm，而 hcp 相 Co 粒子大小（约 3nm）并无变化。在反应物气氛下，fcc 相和 hcp 相的比例并不改变。在反应物气流中长期运行，观察到 CO 转化率显著下降（从约 60% 下降到约 20%），甲烷选择性也从中等程度下降到较低水平（从约 10% 下降到约 6%）。长期反应后也观察到有 Co_2C 相生成。0.1%（质量分数） Pt-25%（质量分数） Co/Al_2O_3 催化剂在纯 CO 中预处理，导致 Co_2C 相的生成。在 Co^0 完全转化为 Co_2C 后，CO 转化率下降到接近于零。这说明，Co_2C 的生成能够引起催化剂的失活。另一个新近的工作也证明，Co 基催化剂的失活是由于炭化物的生成和炭的沉积。有意思的是，负载 Co_2C 的加氢优先生成的是 hcp 相 Co，平均大小 9nm。详细的比较揭示，负载 hcp 相 Co 显示较高的 CO 转化活性（hcp 相 Co 的 Co- 时间得率较高，是 fcc 相 Co 得率的 1.6 倍，而生成产物的选择性是类似的）。在使用 0.45%（质量分数） Ru-13%（质量分数） Co/SiO_2 和 13.3%（质量分数） Co/Al_2O_3 催化剂的研究中也观察到，hcp 相 Co 有较高活性。这些观察结果与先前的报道是一致的，这也进一步证明，hcp 相 Co 对 CO 转化活性要高于 fcc 相 Co^0。在 hcp 相和 fcc 相 Co 上的产物选择性有差别，但不明显。

钴碳化物（Co_2C）相在 FT 合成中的催化行为，近来的结果证明，负载 Co_2C 是无活性的。也发现，使用 CO 预先产生的 Co_2C 在 FT 合成工作条件下是稳定的。一个有意思的工作显示，把 La_2O_3 添加到 15%（质量分数） Co/AC 催化剂中，混合醇（主要是 $C_2 \sim C_{18}$ 醇）的选择性增大，但以牺牲烃类为代价（即烃类选择性下降）。例如，把 La_2O_3 的含量从 0 增加到 0.5%（质量分数）时，CO 转化率从 13.5% 稍稍增加到 16.9%，混合醇选择性从 22.2% 增加到 38.9%，而烃类选择性从 69.2% 降低到 56.0%。La_2O_3 的添加对反应中生成 Co_2C 相有促进作用，因此提出，fcc 相 Co^0 和 Co_2C 的共存在是混合醇有较高选择性的原因。使用 Co_3O_4 前身物经 CO 碳化合成本体 Co_2C 的一个新近研究再一次指出，Co_2C 的 FT 合成反应活性较低，CO_2 和 CH_4 是主要的合成产物。长时间在合成气流中时，本体 Co_2C 部分分解生成 Co^0，于是 CO 转化率增大，重烃类选择性也增大。使用没有载体的 Co_2C 和 Co^0

体系上没有观察到醇生成的高选择性。新近的密度泛函理论（DFT）研究也指出，Co_2C在FT反应条件下仅仅是亚稳定的。简单地说，近来的研究指出，虽然结晶Co_2C在FT反应条件下是亚稳定相的，Co_2C在反应期间能够从某些Co基催化剂生成。结晶Co_2C对FT合成是没有活性的，Co_2C的生成可能引起催化剂的失活。但是，在AC载体上的Co^0和Co_2C组合且有La_2O_3助剂时可以导致高碳混合醇的生成。

7.6.1.2 Fe基催化剂

热力学分析指出，碳化铁在FT反应条件下是容易形成的，这也是因为碳化铁生成的活化能要低于或类似于CO加氢的活化能。在FT合成反应条件下，在催化剂上已经观察到有许多类型的碳化物，如ε-Fe_2C、ε-$Fe_{2.2}C$、Fe_7C_3、χ-Fe_5C_2和θ-Fe_3C。但是在工作条件下的真正活性相仍然没有确定（按照中科合成油公司的工作，认为应该是Fe_5C_2相，见前一节所述）。许多研究致力于表征碳化铁活性相，因为碳化铁催化剂对暴露于空气是非常敏感的,即便是在控制钝化条件下。因此原位或在工作条件下进行表征操作是十分重要的。

在工作条件下对Fe基催化剂进行了一系列表征。组合原位扫描透射X射线电镜(STXM)和纳米反应器，于523K和合成气大气压的FT反应条件下，在K和Cu促进的Fe/SiO_2催化剂上观察到有$FeSiO_4$（Fe^{II}硅酸盐）、Fe^0和碳化铁（Fe_xC_y）的生成。使用原位X射线精细结构分析（XAFS）和广角X射线散射（WAXS）技术，发现在有和没有Cu助剂的负载Fe催化剂于623K被H_2还原时，大部分被还原到α-Fe，还原催化剂在FT合成反应条件下（1atm）容易转变为θ-Fe_3C，但没有促进剂的Fe催化剂失活非常快。另外，使用CO- H_2预处理后，在负载和未负载Fe催化剂中都有χ-Fe_2C_5和fcc相γ-Fe生成；使用CO-H_2预处理过的这些催化剂在FT合成反应中显示优越的活性和稳定性。从这些结果提出，θ-Fe_3C可能对催化剂失活负有责任，而χ-Fe_2C_5和γ-Fe对CO稳定加氢到重烃类做出贡献。近来又对从α-Fe_2O_3开始的Fe基催化剂进行全面表征研究。在不同的预处理和高压(10atm)反应条件下，使用组合XAFS、XRD和Raman光谱以及DFT计算进行了全面深入的表征，结果示于表7-13中。如表7-13中总结的，原位XRD证明，起始Fe_2O_3在纯CO和553K下转化为χ-Fe_2C_5（约90%）和少量的ε-碳化物（约10%），而χ-Fe_5C_2（约56%）和θ-Fe_3C（约44%）是在使用1%CO-H_2气流中于623K预处理时获得的。XAFS研究指出，无定形铁碳化物（用Fe_xC表示）的生成，在两种预处理后在XRD图谱上没有能够清楚地看到。特别是在1%CO-H_2气流中于623K预处理后，观察到有很大分数的Fe_xC。在523K高压（10atm）下反应后，在纯CO气流于553K预处理过的催化剂发生某些变化，从XRD和XAFS看到生成大量Fe_3O_4。在1%CO-H_2气流中预处理后的催化剂，在反应期间并没有明显的变化。在纯CO气流于553K预处理过的催化剂显示较高的CO转化率、C_{4+}选择性和CO_2生成活性，而在1%CO-H_2气流中预处理后的催化剂显示较低的CO转化率和C_{4+}选择性。Raman光谱研究指出，有石墨碳在后一个催化剂上累积（表7-13），这可能导致其较低的FT催化性能。所以，具有更多金属性质的θ-Fe_3C和无定形Fe_xC可能贡献于无活性含碳表面物质的较高生成速率。在工作状态下含Fe_3O_4的催化剂显示较高的CO_2生成活性指出，Fe_3O_4对水汽变换（WGS）反应是活性相。

在一个新近工作中，使用不暴露于空气的Mossbauer谱研究在H_2气流和在合成气气流（H_2/CO=2）于702K FT反应条件下预处理过的13%（质量分数）Fe/SBA-15催化剂中形成的 Fe。在使用 H_2 预处理过的催化剂上检测到 α-Fe、Fe_3O_4 和分散在 SBA-15 壁上的 Fe^{2+}，而在同一温度下使用合成气气流预处理过的催化剂上观察到 χ-Fe_5C_2、Fe_3O_4 和分散在 SBA-15 壁上的 Fe^{2+}。在合成气中于 703K 反应 24h 后，使用两种气流预处理过的催化剂几乎是相同的，主要是 Fe_3O_4、Fe^{2+} 和铁碳化物（χ-Fe_5C_2 + ε-$Fe_{2.2}C$）。长时间（6d）反应后，对用 H_2 预处理过的催化剂观察到较高活性，这个催化剂对高碳烯烃显示较高选择性。这可能用如下的推测来说明：从 α-Fe 形成铁碳化物其颗粒大小可能比从 Fe_3O_4 直接形成的要小，因此 FT 合成活性比较高。

表7-13　Fe基催化剂（从Fe_2O_3起始）在不同预处理后和523K 10atm合成气下的FT合成的原位表征

状态	XRD（体积分数）	XAFS（摩尔分数）	Raman 光谱
预处理后①	χ-Fe_5C_2(90%) ε-碳化物（10%）	χ-Fe_5C_2(76%) Fe_xC(24%)	一些石墨碳
FT 合成后①	χ-Fe_5C_2(57%) ε-碳化物（5%） Fe_3O_4(38%)	χ-Fe_5C_2(76%) Fe_xC(12%) Fe_3O_4(14%)	石墨碳没有明显增加
预处理后②	χ-Fe_5C_2(56%) θ-Fe_3C（44%）	χ-Fe_5C_2+ θ-Fe_3C（51%） Fe_xC(49%)	一些石墨碳
FT 合成后②	χ-Fe_5C_2(61%) θ-Fe_3C（39%）	χ-Fe_5C_2+ θ-Fe_3C（50%） Fe_xC(50%)	石墨碳限制增加

① 在纯 CO 气流中于 553K 预处理。

② 在 1%CO-H_2 气流中 623K 预处理。

近来，在 Br^- 存在下从 Fe（CO）$_5$ 进行了小纳米（约 20nm）粒子 χ-Fe_5C_2 的控制合成。结果指出，具有控制大小的 χ-Fe_5C_2 纳米颗粒在 FT 合成反应中的活性比从磁铁矿用 H_2 还原后的催化剂更高。更进一步，χ-Fe_5C_2 纳米颗粒比氢还原磁铁矿显示更高的 C_{5+} 选择性。对关键化学品构建块的低碳烯烃（C_2 ～ C_4）选择性，在整个 C_2 ～ C_4 产物中占 61% 左右，而在没有任何助剂的 χ-Fe_5C_2 纳米颗粒上获得的含碳产物中占 19%；在衍生自磁铁矿的催化剂上 C_2 ～ C_4 烯烃的选择性是 11%。这进一步证明，χ-Fe_5C_2 是 CO 转化活性和链增长的活性相。χ-Fe_5C_2 的高低碳烯烃分数也暗示铁碳化物相的低加氢活性。

如在中温 FT 合成过程催化剂发展一节中详细介绍的，中科合成油公司的科学家和工程师对 Fe 基 FT 合成催化剂已经投入了大量的人力、物力和财力，进行了广泛深入的从基础到工业实践的理论和实验研究，累积了大量有关 FT 合成催化剂的资料信息和知识，获得了宝贵的工业 Fe 基铁催化剂在 FT 合成反应条件下金属铁相的转变和演化以及各个相在反应条件下的稳定性和对 FT 合成反应的相对活性。终于获得了如下的关键叙述，在不同铁“还原”相（使用含碳还原试剂）上 FT 活性和选择性可能遵从如下的顺序：α-Fe ＞ Fe_4C ＞ Fe_3C ＞ Fe_5C_2 ＞ $Fe_{2.2}C$，虽然文献中的不同结论主要是在不同实验条件和不同催化剂样品上获得的，具有不同的相状态。但是，在 FT 技术环境中 α-Fe 几乎不存在，而低碳碳化铁如 Fe_4C 和 Fe_3C 仅能够在高温度下操作，这样的高温操作将导致工业 FT 合成催化剂活性相分散的严重问题，最终 Fe_5C_2 可能是在 FT 合成中工作的仅有“稳定”相。在此基础上开发出高效的中温 FT 合成催化剂和发展相应的 FT 合成浆态反应工程设计。每吨新中温 FT 合成的催化剂的产油量是南非 Sasol 工业使用 Fe 催化剂的 7 倍多。

7.6.2 助剂

在 FT 合成中助剂起着重要作用，特别是对 Fe 基催化剂。已知碱金属离子对压制 CH_4 选择性和增强 C_{5+} 选择性是根本性的。添加合适量的碱金属离子也能够增强 CO 转化和低碳（C_2 ～ C_4）烯烃选择性。但是，对碱金属助剂作用性质的深入了解仍然是一个挑战。

许多研究提出，碱金属在模型 Fe 表面的共吸附能够增加 CO 的吸附热，可能是由于电子助剂效应。例如，K 能够弱化 CO 在 Fe 上的吸附键，导致 CO 解离吸附的增加。近来，理论和实验两方面的研究证明，K 助剂能够促进结晶面定向，有利于稳定高指数面和比较有活性的晶面。虽然都是洁净 Fe 表面，但其相对稳定性顺序如下：（110）＞(100)＞(310)≈(211)＞(321)＞(210)＞(111)。DFT 计算指出，K 的吸附能够改变这些晶面的相对稳定性。例如，在 K/Fe 比＞1/48 时，（211）和（310）变得比（100）稳定了；进一步增加 K/Fe 到 1/2，（211）和（321）的稳定性高于（110）面。TEM 和 XRD 测量揭示，暴露（211）/（110）和 (310)、(110) 分别为 69.7/100 和 25.8/100 到 115.2/100 和 73.2/100。高指数面占有阶梯位低配位 Fe 原子。这些低配位 Fe 原子对解离 CO 的活性是比较高的，导致较高的 CO 转化率和 C5+ 的选择性。

但是，应该注意到，金属离子在 FT 反应条件下是不稳定的。如前面描述的，铁碳化物被认为是活性相。因此，重要的是要知道，碱金属离子如何影响铁碳化物的生成。通过原位 X 射线吸收光谱研究指出，碱金属离子加速铁碳化物的生成。发现渗碳速率按如下顺序增加：无助剂 <Li<Na<K=Rb=Cs。在催化剂中的铁在 CO/He 于 563K 渗碳 10h 后，保持在 100 Fe∶4.6 Si∶1.5 碱金属（Li、Na、K、Rb 或 Cs）上的主要是 χ-Fe_5C_2 和 Fe_3O_4。具有强碱性的碱金属离子（K^+、Rb^+ 或 Cs^+）的存在能够增加 CO 解离吸附速率和吸附 CO 的表面覆盖度。这可能阻滞加氢和烯烃再吸附，但贡献于较高的 C_{5+} 和轻烯烃的选择性。

在一个十分有意思的报道中，对有关碳化铁相与 Fe_3O_4 和 χ-Fe_5C_2 之比，在有和没有碱金属助剂时于工作条件下优先暴露的晶面进行了研究。应该指出，对碳化铁纳米晶体不同晶面对产物选择性和活性影响的研究将是非常有意义的。

锰是另一个有吸引力的助剂，因为 Mn 助剂对 Fe 基和 Co 基催化剂都能够增加其 CO 的转化活性和降低 CH_4 的选择性。另外，Mn 可以增加在低碳（C_2 ～ C_4）烃类中烯烃的比例。Mn 具有这种功能的机理仍然是模糊不清的。近来，使用 χ 射线吸收近缘结构分析（XANES）研究了 Mn 对 Cu 促进 Fe/SiO_2 催化剂产生的影响。结果发现，Mn 取代 Fe_3O_4 八面体位置中的 Fe，可能形成（$Fe_{1-y}Mn_y$）$_3O_4$，这个混合氧化物的还原能够生成相对较小的 Fe_xC 簇，它的 CO 加氢反应活性比较高。但是，近来有报道说，如果催化剂在反应前用 CO 气流预处理，Mn 对产物选择性并不产生正的效应。也发现 Mn 添加到 Fe 基催化剂中阻止 Fe 生成 χ-Fe_5C_2 的渗碳，使预处理过的催化剂中 Fe_3O_4 的分数增加。Mn 含量的增加导致高的 CH_4 和 C_2 ～ C_4 选择性，但生成低碳烯烃的选择性下降。WGS 的活性增加是由催化剂中的 Fe_3O_4 分数增加引起的。结果的差异可能因载体和催化剂制备方法的不同而产生。因此，在 Fe 基催化剂中使用 Mn 助剂应该非常小心。

有报道说，Mn 对 Co/TiO_2 催化剂产物选择性有显著正效应。使用被称为强静电吸附（SEA）的制备技术把 Mn 选择性地引入负载在 TiO_2 上的 Co_3O_4 粒子中。Mn 的加入显著降低了 CH_4 的选择性和增加了 C_{5+} 的选择性。在 C_2、C_4 和 C_6 烃类中的烯烷比也随 Mn 含量的增加而增加。扫描隧道电子能量损失谱（STEM-EELS）提供了使用SEA方法制备的焙烧Mn/Co/TiO_2催化剂中MnO_2壳围绕Co_3O_4粒子的清楚照片，MnO_2主要沉积在TiO_2上，而干浸渍制备的催化剂中它与Co_3O_4是分开的。用SEA方法制备的Mn/Co/TiO_2催化剂的C_5选择性高于干浸渍制备的催化剂。由这些结果我们得出结论，增强助剂与活性相间的接触是非常关键的。值得注意的是，Mn具有降低CH_4选择性及增加C_{5+}烃类和轻烃类的选择性的正效应，在近来Mn促进Co/SiO_2催化剂的工作中这得到进一步的证实。

7.6.3 活性相大小

活性相大小是确定非均相催化剂催化行为的最重要因素之一。对不同金属氧化物负载Co催化剂（Co颗粒大小在9～200nm）上获得数据的分析再一次指出，CO转化的转换频率TOF，也就是单位表面Co在单位时间内转化的CO量，与Co粒子的大小无关。问题是FT合成反应是否在整个Co颗粒大小范围内都是结构不敏感的。对这个问题，在2006年发表的重要研究工作中发现，负载于碳纳米纤维上的Co催化剂（Co/CNF）（Co纳米粒子的平均大小在2.6～27nm）上的CO转化的TOF随Co粒子大小增加而增加，直到Co颗粒大小达6nm（1atm）或8nm (35atm)，然后随着Co粒子大小增加TOF保持几乎不变或仅稍有变化。CH_4和C_{5+}烃类的选择性随Co粒子平均大小的不同而有显著的变化。对较小的Co颗粒，CH_4选择性较高，随Co粒子大小增加甲烷选择性下降，尤其是在2.6～8nm范围内。C_{5+}烃类选择性随Co纳米粒子大小增加而单调增加，但颗粒大小超过6～8nm后增加变得不显著了。因此，Co催化FT合成在Co粒子大小低于10nm时是结构敏感反应。

此后，有关Co粒子大小对FT合成反应影响的工作有很多文章发表。其中一些结果摘录于表7-14中。例如，研究人员制备两组碳材料负载的Co催化剂：Co/CNT（CNT是纳米管）和Co/CS（CS是碳球）。负载Co粒子的大小范围为3～45nm。研究发现，使用不同前身物和不同方法制备的催化剂，它们的TOF值仅与Co颗粒大小有关。当Co粒子平均大小超过10nm时，Co/CNT和Co/CS两个催化剂的TOF几乎是恒定的。但当Co粒子大小在3～10nm时，TOF随粒子大小增加而降低，C_{5+}烃类选择性随Co粒子大小增加而增加。研究发现，对Co/γ-Al_2O_3催化剂，C_{5+}烃类选择性随Co粒子大小（3～8nm范围）增加而增加，TOF值与Co粒子大小间的关系并没有观察到有确定的趋势。对具有窄Co粒子大小分布的Co/γ-Al_2O_3催化剂，新近的一个研究说明，Co粒子大小在4.8～9.3nm范围时，TOF随Co粒子大小增加而增加，然后，Co粒子大小进一步增加，TOF值稍有减小。当Co粒子大小在5.6～9.3nm范围时，CH_4和C_{5+}烃类选择性随Co粒子大小增加而降低。在其他研究工作中也观察到，TOF随粒子大小增加而增加，使用的载体是有大外表面积的沸石ITQ-2。当Co平均粒子大小从5.6nm增加到10.4nm时，在T=493K、p=2.0MPa和H_2/CO比2.64反应条件下，TOF从$1.2\times10^{-3}s^{-1}$增加到$8.6\times10^{-3}s^{-1}$。但是，在这个Co粒子大小范围内，产物选择性的变化不明显：随着Co平均粒子大小从5.6nm增加到10.4nm，C_{5+}烃类选择性从68.8%稍微下降到61.6%。使用胶体化学方法制备SiO_2负载Co纳米粒子，具有窄的大小分布。实验观察到，Co粒子在3.0nm到10nm范围时，TOF随Co粒子大小增加而增加。这些研究结果都被总结于表7-14中。

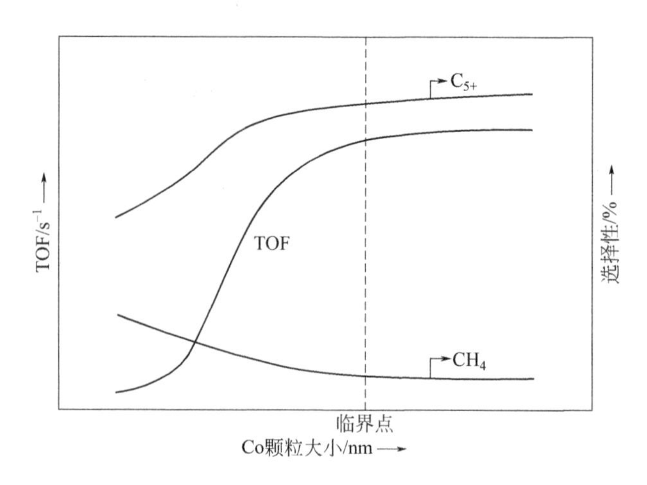

图 7-22　在 Co 催化 FT 合成反应中观察到的大小结构敏感特色

在超高真空条件下研究 Co/SiO_2 模型催化剂，并进行很好的表征。结果说明，Co 催化 FT 合成反应在本质上是结构不敏感的，因为缺乏大小范围在 3.5 ～ 10.5nm 的 Co^0 粒子的本征大小效应。

总而言之，除了超高真空下的研究测量工作外，新近大多数研究证明，有类似于最早报道的 Co 粒子大小效应：TOF 随 Co 粒子大小增加到一个临界值，然后仅稍有变化（见图 7-22）。对产物选择性，观察到的一般趋势是，随 Co 粒子大小增加，甲烷选择性降低而 C_{5+} 烃类选择增加（图 7-22）。值得注意的是，在一些研究中发现在烃类产品中烯烃含量也与 Co 颗粒大小有关。例如，已经观察到较低 Co 粒子导致在 C_2 ～ C_4 烃类中较高烯烃分数。研究发现，C_{5+} 选择性与烯烃 / 烷烃比间有正的关联。较高的烯烃 / 烷烃比可能反映较大 Co 颗粒的较低加氢能力，导致相对高的链增长概率和较高的 C_{5+} 选择性。

表7-14　Co基催化剂FT合成反应中Co粒子大小对其催化行为的影响

催化剂（Co 粒子大小范围）	CO 转化 TOF	C_{5+} 选择性
在金属氧化物上的 Co（9 ～ 200nm）	与 Co 粒子大小无关	随 Co 活性位密度增加
Co/CNF(2.6 ～ 27nm)	随 Co 粒子大小增加直到 6nm（1atm）或 8nm（35atm）	随 Co 大小增加而增加，特别是在 2.6 ～ 8nm 范围
Co/CNT 和 Co/CS(3 ～ 45nm)	随 Co 粒子大小增加直到 10nm	随 Co 粒子大小增加直到 10nm
Co/γ-Al_2O_3(3 ～ 18nm)	没有确定趋势	随 Co 粒子大小增加直到 7 ～ 8nm
Co/γ-Al_2O_3(4.8 ～ 17.5nm)	随 Co 粒子大小增加直到 9.3nm	随 Co 粒子大小增加直到 9.3nm
Co/IQT-2(5.6 ～ 10.4nm)	随 Co 粒子大小增加	随 Co 粒子大小增加稍有下降
Co/SiO_2(2 ～ 25nm)	随 Co 粒子大小增加直到 10nm	无信息
Co/SiO_2（1.4 ～ 10.5nm），模型催化剂	在 Co 粒子大小 3.5 ～ 10.3nm 范围恒定，当 Co 粒子大小从 3.5nm 下降到 2.5nm 时快速下降	在 Co 粒子大小为 3.5 ～ 10.5nm 时，CH_4 选择性不变，CO 粒子从 3.5nm 下降到 2.5nm 时 CH_4 选择性增加

对 Ru 基和 Fe 基催化剂，金属粒子大小影响的研究不多。少数的几个研究指出，随 Ru 或 Fe 粒子大小增加（或金属分散度降低），CO 加氢的 TOF 值增加。对负载于金属

氧化物如 SiO_2、Al_2O_3 和 TiO_2 上的 Ru 催化剂，Ru 分散度在 0.0009 ～ 0.60 范围时也观察到 TOF 值与 Ru 分散度无关。近来的研究指出，用 PVP（聚 *N*- 乙烯基 -2- 吡咯烷酮）稳定的 Ru 纳米粒子（在水中是高度分散的）能够于水相中在 2MPa H_2 和 1MPa CO 于 423 K 下催化 FT 合成反应。大小为 2nm 的 Ru 纳米粒子对 CO 的转化显示有最高的 TOF 值（约 $3.6\times10^{-3}s^{-1}$,423 K），对 PVP 稳定分散在水中太小或太大的 Ru 纳米粒子仅有低的 TOF 值。除此以外没有直接获得的有关 Ru 粒子大小效应的信息。而覆盖在 Ru 纳米粒子表面的 PVP 可能是相当复杂的。对负载在 γ-Al_2O_3 上的 Ru 粒子大小效应的研究发现，当 Ru 粒子小于 10nm 时 Ru/γ-Al_2O_3 催化的 FT 合成反应具有很强的结构敏感性。在 523K 和 5.5kPa CO 和 55kPa H_2 下，当 Ru 粒子从 4 nm 增加到 12nm 时，CO 转化的 TOF 值从 $0.026s^{-1}$ 增加到 $0.129\ s^{-1}$，此后变化不大。由于该研究使用的是 10 ∶ 1 的高 H_2/CO 比，主要产物是甲烷。在 Ru/CNT 催化剂上的 FT 合成反应研究结果指出，Ru 粒子平均大小在 2.3nm 到 6.3nm 范围时，TOF 值随 Ru 粒子大小增加而显著增加，但进一步增加粒子大小 TOF 值稍有降低。在该催化剂上的 C_{5+} 选择性随 Ru 粒子大小增加（从 2.3nm 增加到 6.3nm）而逐渐增加。

使用预合成方法合成的 Fe_2O_3 粒子（大小在 2 ～ 12nm）来制备 Fe/δ-Al_2O_3。用氢气于 723 K 还原后，这些催化剂的 Fe^0 粒子的大小使用 CO 化学吸附法测量，结果为 2.4 ～ 11.5nm。对 Fe^0 粒子大小不同的催化剂，于 553K 和 573K 进行的 FT 合成反应测量结果说明，随粒子大小从 2.4nm 增加到 6.2nm，TOF 值从 $0.06s^{-1}$ 增加到 $0.187s^{-1}$，此后虽然粒子大小进一步增加到 12nm，但 TOF 值几乎保持不变。随 Fe 纳米粒子大小增加，甲烷和 C_2 ～ C_4 选择性下降，C_{5+} 烃类选择性单调增加。把制备的 Fe_2O_3 纳米粒子（平均大小为 8.3 ～ 22nm）高度分散于介孔碳材料上，并探索这些介孔碳负载的铁作为 FT 反应合成催化剂的可能性。结果发现，CO 转化率随铁纳米粒子大小增加而降低。当 Fe 粒子从 22nm 降低到 8.3nm 时，甲烷选择性降低，C_{5+} 烃类选择性增加。在平均 Fe 粒子大小为 8.3nm 的催化剂上 C_{5+} 烃类选择性达到约 60%。考虑到没有使用碱助剂，这个选择性是很高的。但是，观察到的选择性随 Fe 粒子大小变化的趋势与前人的研究结果是不同的。该工作中使用的反应条件有可能发生一大类次级反应，因此使趋势的变化变得复杂了。

应该注意到，Fe^0 纳米粒子在 FT 合成条件下一般转化为碳化铁。因此，评价碳化物的粒子大小效应显得更重要。在一个研究中，使用负载在 CNF 上粒子大小不同的 Fe 碳化物（χ-Fe_5C_2）纳米粒子作为 FT 合成催化剂，结果揭示，生成 CH_4 的 TOF 值随 Fe 碳化物粒子大小下降（从 4nm 降低到 2nm）而尖锐增加，但生成 C_{2+} 烃类的 TOF 值与 Fe 纳米粒子大小几乎是无关的。这些趋势与在 Co-Mo 和 Ru 基催化剂上观察到的趋势是非常不同的。进一步的研究揭示，在有助剂的平台活性位上可能生成低碳烯烃，甲烷可能是在高活性低配位活性位（在 χ-Fe_5C_2 的角和边缘位）上生成的。

一般接受的观点是，有 π 键的分子活化如 CO 或 N_2 需要有若干金属原子和阶梯 - 边缘位独特构型构成的反应活性位，对很小的金属粒子它们可能是不存在的。因此，TOF 值可以随金属颗粒大小增加而增加（这类情形已经被分类为 I 类结构敏感性）。实际上，氨合成的 TOF 值随 Fe 和 Ru 粒子大小增加而增加。FT 合成本质上是非常复杂的反应，由许多基元步骤组成，包括 CO 和 H_2 的解离吸附、吸附 C 加氢生成 CH_x、CH_x 偶合生成 C_nH_m 中间物和产物从中间物 C_nH_m 通过加氢和脱氢生成等。能够预料，不同活性位的组合对最后产物的生成是需要的。这可能导致在大 Co 或 Ru 粒子上的高 CO 转化 TOF 值和高 C_{5+} 选择性。

使用稳态同位素瞬态动力学分析（SSIKA）技术，研究了不同中间物在具有不同 Co 粒子平均大小的 Co/CNF 和 γ-Al_2O_3 催化剂上的表面覆盖度和停留时间。结果指出，非常强键合的碳和氧表面物质或不可逆键合 CO 随 Co 粒子大小减小而增加，因此较小 Co 粒子有较低的 TOF 值。通过 H-D 交换实验，澄清了 H_2 在较小 Co 粒子上的解离速率低于较大 Co 粒子，因此小 Co 粒子上加氢的 TOF 值是低的。实际上在 FT 合成期间，CH_x（应该对烃类生成负责）的表面覆盖度在较小 Co 粒子催化剂上是低的。这些都使小 Co 粒子催化剂仅有低 TOF 值和低 C_{5+} 烃类选择性。

7.6.4 活性位的微环境

催化剂中活性相的微环境肯定对 FT 合成反应的活性和选择施加有影响。特别是限定在纳米空间中的活性相有可能改变催化剂的催化行为，主要是选择性。主要通过形状选择性、扩散控制或增强中间物 α- 烯烃再吸附来施加其影响。空间限定可能限制在 FT 合成期间活性相（如 Ru、Co 或铁碳化物纳米粒子）的增长。近来，金属纳米粒子的烧结已经被确证是 Co 基催化剂失活的主要原因之一。

早期的研究证明，纳米金属簇被包裹在八面沸石的超笼中影响它们在 FT 合成反应的催化性能。近来，对在 SBA-15 介孔通道中的 Ru 纳米粒子（用 Ru-in–SBA-15 表示）和位于 SBA-15 外表面的 Ru 纳米粒子（用 Ru-out-SBA-15 表示）进行了比较。结果发现，受限的 Ru 粒子比位于介孔材料外部的 Ru 粒子显示较高 C_{5+} 和较低甲烷选择性，虽然其 CO 转化活性也是比较低的（见表 7-15）。通过受限可能增强 α- 烯烃中间物的重复再吸附，导致较高的 C_{5+} 选择性。

表7-15　活性相微环境对FT合成活性和产物选择性的影响

催化剂	CO 转化或活性	选择性 /%				平均粒子大小 / nm
		CO_2	CH_4	$C_2 \sim C_4$	C_{5+}	
Ru-in-SBA-15①	37 mmol/(h•g)	n.a②	23	17	60	3.3
Ru-out-SBA-15①	50 mmol/(h•g)	n.a②	39	18	43	4.1
Fe/AC③	17%	5	15	71	9	8 ～ 12
Fe-in-CNT③	40%	18	12	41	29	4 ～ 8
Fe-out-CNT③	29%	12	15	54	19	6 ～ 10
Fe-in-CNT④	85%	39⑤	26	38	36	6 ～ 12
Fe-out-CNT④	79%	40⑤	41	36	24	5 ～ 9
FeN-in-CNT⑥	0.93mmol/(s•gFe)	39⑤	27	50	23	10.6
FeN-out-CNT⑥	0.61mmol/(s•gFe)	35⑤	32	50	18	11.6
Fe-in-CNT⑥	0.13mmol/(s•gFe)	22⑤	31	51	18	4.9
Fe@C sphere⑦	2.5L/(h • gFe)	23⑤	14	26	60	7 ～ 9
$Fe/SiO_2$⑦	1.6L/(h • gFe)	20⑤	n.a.②	n.a.②	44	n.a②

① Ru 负荷，约 4%（质量分数），T=508K，p=1MPa，H_2/CO=2/1。

② 无数据。

③ Fe 负荷，10%（质量分数），T=543K；p=5.1MPa，H_2/CO=2。

④ Fe 负荷，12%（质量分数），T=543K；p=2MPa，H_2/CO=2。

⑤ CO_2 选择性从烃类选择性分离计算。

⑥ Fe 负荷，5% ～ 6%（质量分数），T=573K；p=5bar，H_2/CO=1/1。

⑦ T=543K，p=2MPa，H_2/CO=2。

CNT 可以为纳米催化剂提供有趣的环境限制。一些研究证明，活性相被限制在 CNT 内部对不同催化反应可以带来一些正的效应。已经成功制备具有类似大小的在 CNT 内部和外部的 Fe_2O_3 簇，并发现受限的 Fe_2O_3 颗粒是比较容易还原的。催化研究显示，与在 CNT 外部的 Fe 催化剂（Fe-out-CNT）比较，在 CNT 内部的催化剂（Fe-in-CNT）显示较高的 CO 转化率和 C_{5+} 选择性，以及较低的甲烷和 $C_2 \sim C_4$ 烃类选择性（表 7-15）。在 Fe-in-CNT 催化剂上的 C_{5+} 得率是 Fe-out-CNT 催化剂上的约两倍。对位于 CNT 内部和外部的 FT 合成 Fe 催化剂进行了研究，观察到对 C_{5+} 烃类选择性 Fe-in-CNT 催化剂具有优越的性能（见表 7-15）。在 Fe-in-CNT 催化剂中的铁粒子，其大小几乎相同，为 5 ～ 9nm，而在 Fe-out-CNT 催化剂中铁粒子大小有一分布范围，为 6 ～ 24nm。原位 XRD 表征揭示，在 Fe-in-CNT 催化剂中形成的碳化铁分数较大。在达到稳态后，碳化铁和 Fe_3O_4 衍射峰强度比［用 $I(Fe_xC_y/Fe_3O_4$ 表示）］，对 Fe-in-CNT 催化剂约为 4.5，而对 Fe-out-CNT 催化剂在达到稳态后该值较小，为 2.5。简单说，与位于 CNT 外部的 Fe 比较，在 CNT 内部的 Fe 显示出优越的 CO 转化活性和 C_{5+} 选择性。对 CNT 内部的 Fe，能够预见到具有如下的优点：①较高铁碳化物分数；②在反应条件下铁较少并合；③能够增强 α- 烯烃的再吸附。近来的研究证明，在 CNT 内部 CO 比 H_2 更富集，因为 CNT 内表面与 CO 有更强的相互作用，导致在 CNT 内部有较高的 CO/H_2 比。这可能贡献于 C_{5+} 烃类选择性的增加。

近来已经成功地制备出被限域在CNT内部的立方FeN纳米粒子（用FeN-in-CNT表示）。研究发现，被限域的 FeN 纳米粒子对 FT 合成有比较高的活性。这样的 FeN 催化剂显示的活性比还原 Fe 催化剂和 FeN/SiO_2 催化剂高 5 ～ 7 倍。FeN-in-CNT 催化剂也比 Fe-in-CNT 和 FeN-out-CNT 催化剂的活性高（见表 7-15）。这指出，FeN 对 CO 加氢是比较有效的相，限域有正效应。在 FeN-in-CNT 和 FeN-out-CNT 中 FeN 在 FT 合成反应条件下都被转化为 $Fe_2C_xN_{1-x}$、FeC_xN_{1-x} 和 γ-FeN，几乎没有观察到有 Fe_3O_4。CO 解离形成的表面碳可以快速进入 FeN 晶格中并替代部分氮原子。在 FeN-in-CNT 催化剂中观察到有较高比例的 FeC_xN_{1-x}。这个限域可能使氮在晶格中有强的保留。FeN-in-CNT 和 FeN-out-CNT 催化剂都显示较高的 WGS 活性和较高的 $C_2 \sim C_4$ 烃类选择性（见表 7-15）。在 $C_2 \sim C_4$ 烃类中的烯 / 烷比为 2.6 ～ 3.0，指出这些 FeN 基催化剂可以使用于生产轻烯烃。添加 0.5% ～ 2.0%（质量分数） Mn 到 FeN-in-CNT 催化剂中进一步增加 $C_2 \sim C_4$ 烃类中的烯 / 烷比到 5.3 ～ 5.6，提供的 $C_2 \sim C_4$ 烯烃选择性约为 44%。

使用葡萄糖和硝酸铁作为起始原料，通过水热水解碳化过程合成了高分散度嵌有铁氧化物纳米粒子的碳球（用 Fe@C 球表示）。在 673K 氢气还原后，C 球的大小约 5μm，在 C 球内部的铁的大小约 7nm。铁氧化物转化为铁碳化物，主要是 θ-Fe_3C 和 χ-Fe_5C_2。在 C 球内存在的介孔能够确保合成气容易接近铁。这个催化剂在反应期间十分稳定，因为 Fe 被限域在 C 球内部。因为铁被催化剂中的 C 围绕，使这个催化剂有比其他负载铁催化剂更高的活性，如 Fe/SiO_2（表 7-15）。Fe@C 球也显示比大多数 Fe 基催化剂有更高的 C_{5+} 烃类选择性。

7.6.5 小结

FT 合成反应在近年中已经重新受到注意，因为它对转化多种非石油碳资源是至关重要的，如煤炭、甲烷和生物质等。一般把它们先转化成合成气再转化成液体燃料或化学品。许多研究已经瞄准确定 FT 催化剂催化行为的关键因素。CO 转化速率（TOF）和 C_{5+} 烃类选择性是大多数研究者关心的。只要涉及催化剂因素，活性相的化学状态、合适助剂的选择、活性相微观环境都起关键作用。对 Co 基催化剂，新近的研究提出，hcp 相 Co 的活性比 fcc 相 Co 要高，而 Co_2C 对 FT 合成是没有活性的。通过广泛的表征研究，变得清楚的是，χ-Fe_5C_2 是 Fe 基催化剂的活性相，小 χ-Fe_5C_2 纳米粒子的可控合成已经能够提供比通过氢气还原产生的常规 Fe 催化剂有更高活性和更高的 C_{5+} 烃类选择性。助剂起重要作用，特别是在 Fe 基和 Co 基催化剂中，一些类型的助剂如碱金属离子和 MnO_x 的作用仍然是有疑问的。对很好确定催化剂，在分子水平上对深入了解助剂功能的研究仍然缺乏。另外，对活性相大小影响的说明已经有了显著的进展。在这方面的大多数研究指出，CO 转化的 TOF 值随金属粒子大小增加而增加，直到一个临界点（6 ～ 10nm），然后仅稍有变化。对 Fe 基催化剂，结果仍然不一致。活性相在 CNT 内部或其他纳米空间中的限域，对提高活性、C_{5+} 烃类选择性和催化剂稳定性有一些独特的优点。需要进一步研究以对助剂功能、粒子大小和限域效应有更深入的了解。

7.7 FT 合成反应器

以 FT 合成为核心的 GTL 和 CTL 合成油工艺再次受到人们的重视。根据催化剂、工艺和规模的不同，开发了若干种类型的反应器。

7.7.1 固定床反应器

7.7.1.1 常规固定床反应器

固定床反应器是 FT 合成最早采用的反应器，其工业应用发展历程大致可分成几个阶段：第一阶段是 20 世纪 30 ～ 40 年代德国开发的固定床反应器；第二阶段是 20 世纪 50 ～ 80 年代南非 Sasol 公司开发的固定床反应器；第三阶段是 20 世纪 90 年代马来西亚采用 Shell 公司开发的固定床反应器。

第一阶段常用的反应器形式是常压 FT 合成反应器 (长方形柜式) 和中压 FT 合成反应器 (圆柱形反应器)。常压 FT 合成反应器如图 7-23 所示。常压 FT 合成反应器为一个柜式 (长方形) 的钢板结构的盒子 (长 5m，高 2.5m，宽 1.5m)，该反应器里面有 600 个水平冷却水管和垂直与交错着的 555 个钢板。钢板的厚度为 1.6mm，钢板之间的间距为 7.4mm。冷却管的直径为 40mm，冷却管之间的距离为 40mm，冷却管与锅炉相连。催化剂装在冷却管和钢板形成的空间内。单个反应器生产能力为 30 桶 / d。反应器的温度通过循环水控制，水的压力决定反应温度。反应产生的热量通过循环水带出，并在锅炉中生成蒸汽供使用。

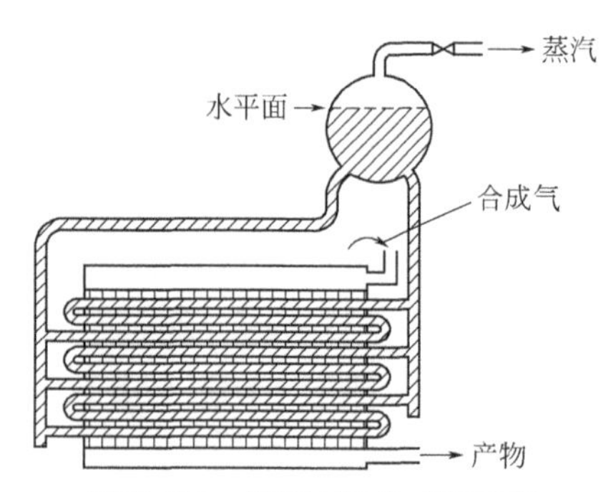

图 7-23　常压 FT 合成反应器

中压（5 ～ 15atm，或者 5.5 ～ 16.5MPa）FT 合成反应器示意如图 7-24 所示。该反应器属于圆筒结构，重达 50t，高 6.9m，内径 2.7m，壁厚 31mm，里面有 2100 个冷却管。每个冷却管长度 4.5m，每个冷却管属于同心圆套管，外管直径 44 ～ 48mm，内管直径 22 ～ 24mm。催化剂装在套筒间，冷却水进入内管和外管壁进行冷却。该反应器能装 10m 高的催化剂，生产能力为 30 桶 /d。

第二阶段FT反应器的代表是20世纪50～80年代南非Sasol公司开发的固定床反应器。南非 Sasol 使用德国鲁尔化学公司的 Arge 列管反应器，如图 7-25 所示。管内装填催化剂，管间通水，以沸腾汽化传出反应热，管内反应温度可由管间蒸汽压力加以控制。由于反应热靠管子径向传出，故反应管的直径不能太大，但反应管的根数很多。反应器内有 2052 根直径约为 5cm 的管子，反应器的整体直径为 3m，高为 12.8m。Sasol Ⅰ工厂采用 5 台 Arge 反应器，每台每天生产 500 ～ 600 桶的液态和固态烃。反应器在管壁温度 220℃、压力 2.5MPa 条件下操作。

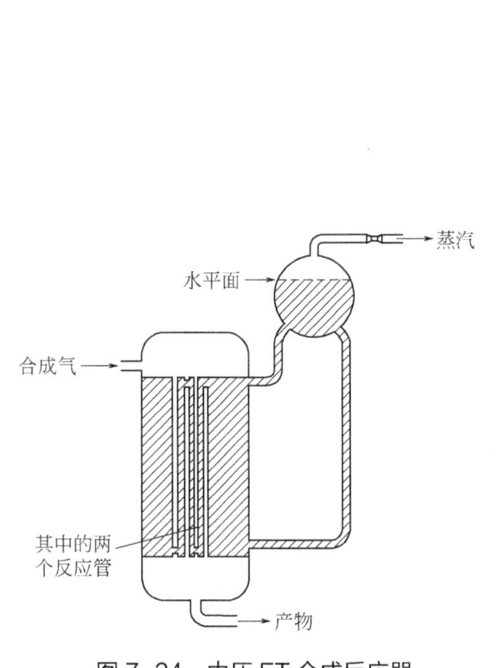

图 7-24　中压 FT 合成反应器

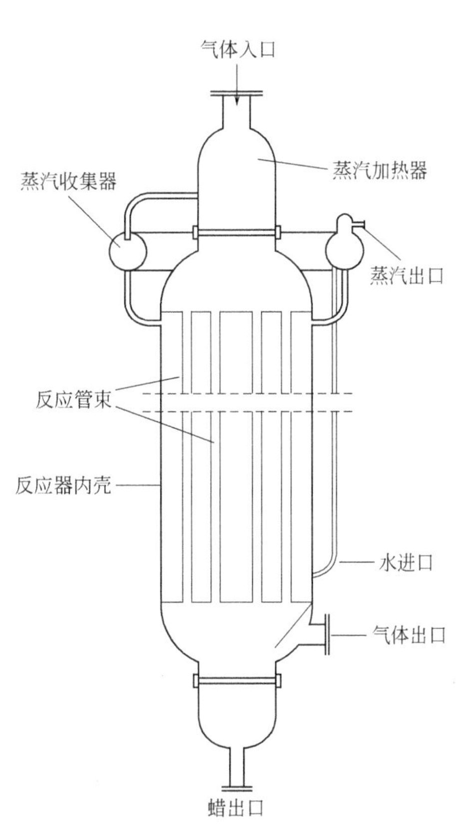

图 7-25　Arge 列管反应器结构示意图

第三阶段反应器的代表是20世纪90年代马来西亚采用Shell公司开发的固定床反应器。马来西亚 Bintulu 工厂采用的 FT 合成固定床反应器共有 4 个，循环运行，3 个用于生产，1 个用于再生，见图 7-26。反应在 3MPa 和 200 ～ 230℃下进行，转化率为 80%，C_{5+} 选择性大约是 85%。初始设计能力为 12500 桶 /d，平均计算单个反应器能力为 3125 桶 /d。在此基础上，Shell 公司将 FT 合成固定床反应器进行大型化，以提高其在商业上的竞争力。单台反应器重约为 1200t，直径约 7m，高度约 20m，内含反应管 29000 根，反应管长度

12m，直径 25mm，设计能力为 5800 桶 /d，见图 7-27。

图 7-26 Shell FT 合成固定床反应器（马来西亚 Bintulu 工厂）

图 7-27 Shell 的最大 FT 固定床反应器

7.7.1.2 微通道反应器

除了以上固定床反应器以外，近几年美国 VELOCYS 公司开发了微通道反应器，能够将合成气转化为大于 C_{5+} 的脂肪烃。微通道反应器的每个微通道壁上沉积有 FT 催化剂，当合成气通过微通道时，反应物被转化成产品并从微通道中转移出来；反应热从微通道壁传递到热交换器。在微通道上的转化过程每克催化剂每小时可以生产至少 0.5g C_{5+} 烃类，甲烷选择性不超过 25%。该过程使用的催化剂是负载的钴催化剂，并且一个微通道反应器至少含有一个相邻的热交换区。图 7-28 是其单元结构示意，其中图 7-28（a）为微通道反应器的基本单元模型，图 7-28（b）是其整体结构模型。根据以上原理，该公司研制了可商业化微通道反应器，单套设计能力达 300 ～ 500 桶 /d。装置能够进行并联或串联，根据需要灵活地达到商业规模。

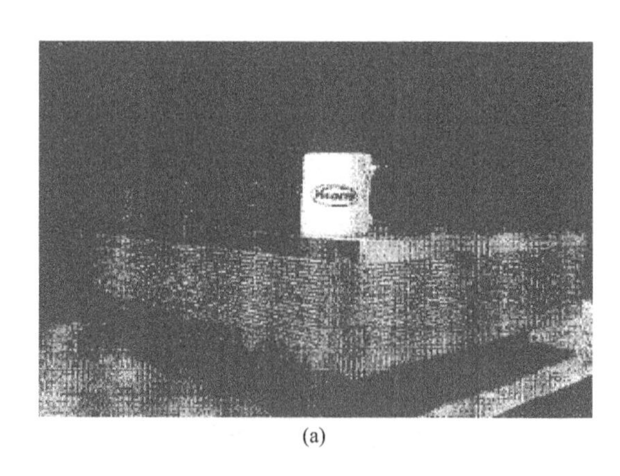

(a)

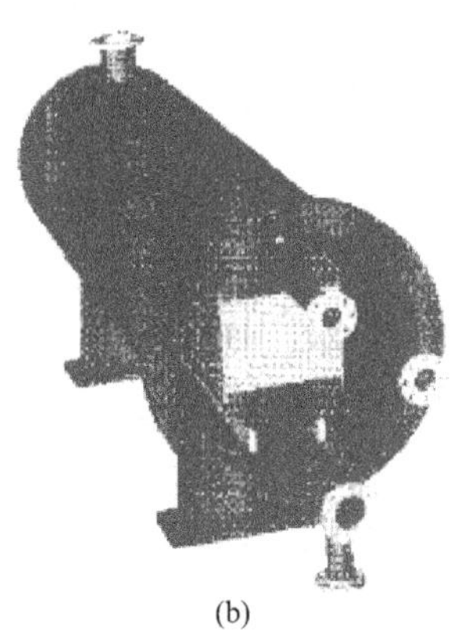

(b)

图 7-28 微通道 FT 合成反应器结构示意图

7.7.1.3 径向反应器

中国的一个公司发明了一种FT合成径向反应器，见图7-29。采用单层径向固定床结构。反应器内沿轴向有一个上端封口，管壁上呈螺旋式均匀分布着广泛开孔的气体分布器和尾气收集器，在气体分布器和尾气收集器之间是小颗粒催化剂床层。由于合成气体径向流过催化剂床层，路程短，停留时间也短，催化剂床层阻力减小，温度分布均匀。进行FT合成反应产生的反应热不形成热点，避免了FT合成反应强放热引起的催化剂床层局部飞温问题。同时，由于气相反应物在催化剂床层分布均匀，FT合成反应就能够选择活性高、比表面积大的小颗粒催化剂。小颗粒催化剂内扩散影响小，表面上活性位多，从而大大提高了FT合成催化剂的利用率。此外，由于该反应器传热效果好，可以通过增大原料气空速提高催化剂利用率，降低生产成本，达到增产节能的效果。

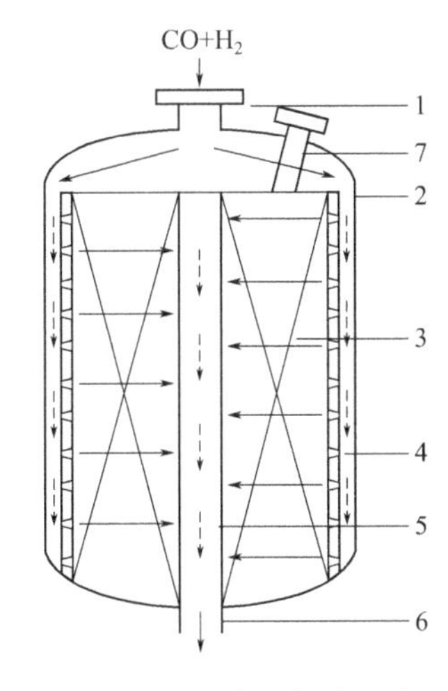

图7-29 FT合成径向反应器

1—反应器支撑和进口头；2—反应器壳；3—催化剂床层；4—气体分布器；5—集气管；6—产物出口；7—视窗

7.7.2 流化床反应器

1955年，Sasol Ⅰ工厂使用的3个循环流化床FT合成反应器（采用此反应器的工艺称为Sythol工艺），如图7-30（a）所示。单个反应器生产能力只有1500桶/d。1980年，Sasol Ⅱ厂和Sasol Ⅲ厂使用16个这样的循环流化床FT合成反应器，单个生产能力规模已经扩大为6500桶/d，直径为3.6m，装置总高75m，每小时进合成气（3～3.5）$\times 10^5 m^3$，使用的催化剂为熔铁，一台反应器装催化剂4.5×10^5kg，催化剂循环量为8×10^6kg/h，操作温度（350℃）较高，操作压力2.5 MPa，产品主要为汽油。1991年，Sasol循环流化床FT合成反应器还应用于Mossgas工厂，把天然气转变成液体燃料。由于循环流化床FT合成反应器有一定的机械局限性，Sasol公司对传统流化床进行了进一步的研究和开发，并于1983年在生产能力为100桶/d的流化床反应器进行中试。1989年Sasol公司终于成功设计和运转生产能力为3500桶/d的流化床FT合成反应器(SAS反应器，或称固定流化床反应器)，见图7-30（b）。1995年，在Sasol Secunda工厂成功设计和运转规模更大的SAS反应器，单个反应器生产能力达到11000桶/d。Sasol公司用8个

SAS 反应器替换了 Secunda 工厂的 16 个循环流化床 FT 合成反应器。其中 4 个 SAS 反应器每个生产能力为 11000 桶 /d，另外 4 个 SAS 反应器每个生产能力为 20000 桶 /d。1998 年 9 月第一个生产能力为 20000 桶 /d 的 SAS 反应器投产，另外 7 个每台生产能力为 20000 桶 /d 的 SAS 反应器于 1999 年 2 月投产。

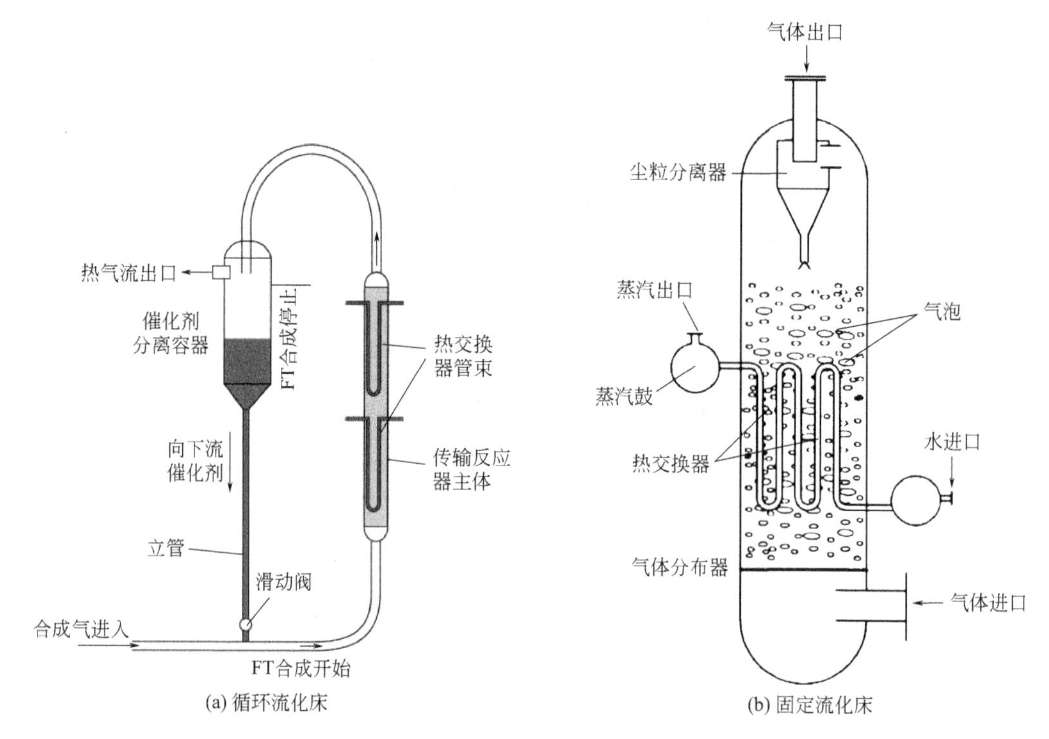

图 7-30 FT 合成流化床反应器

中国专家发明了一种新型的 FT 合成流化床反应器，如图 7-31（a）所示。合成反应器包括一层换热管和旋风分离器。合成气从气体入口分布器进行气体分配。在气体分布器上面有换热管，管内通锅炉给水，通过锅炉给水的蒸发带走反应热，使反应器处在恒温状态。在反应器内低于换热管下端的位置设置一个催化剂浆液在线加料口，根据需要加入新鲜催化剂。此过程需配合底部废催化剂在线排放口的排放来进行，以保持反应器催化剂的物化性能、床层高度和催化剂浓度的稳定。从催化剂流化床层顶部，离旋风分离器气体入口有一定的气固分离空间，产物气体从反应器顶部出口出来。一般流化床反应器中的催化剂平均粒度为 60μm，反应床层密度 600kg/m^3 。典型操作温度为 380℃，典型操作压力为 3.0MPa。内置的旋风分离器示于图 7-31（b）中，旋风分离器由旋风分离器体、颗粒排泄管和翼阀组成。气体分布器结构示于图 7-31（c）中，反应气体从气体入口总管横向进入底部封头和甲板之间的空间，从中间的开口管向下喷出，到达底部封头底部后再折流向上，通过固定在甲板上的气体上升管进入气体分布总管，然后进入气体分布支管，再通过若干个垂直向下开口的喷嘴喷出，到达甲板上表面后气体折流向上，均匀地通过反应床层。由于气体分布喷嘴是向下开口，有效防止了在气量减少或失气时固体的堵塞问题。而由于支承甲板底面光滑，且喷嘴与甲板之间的距离很小，催化剂不易在底部沉积，保持了催化剂的悬浮状态，从而避免了由于催化剂的沉积出现放热反应过程局部过热的情况。内置旋风分离器效果好，分离固体后的气体中固含量小，分离效率达到 99.5% 以上，催化剂损失量少，FT 反应在反应器内反应效果好，合成气转化率保持在 82% 以上，C_{5+} 选择性不低于 45%。

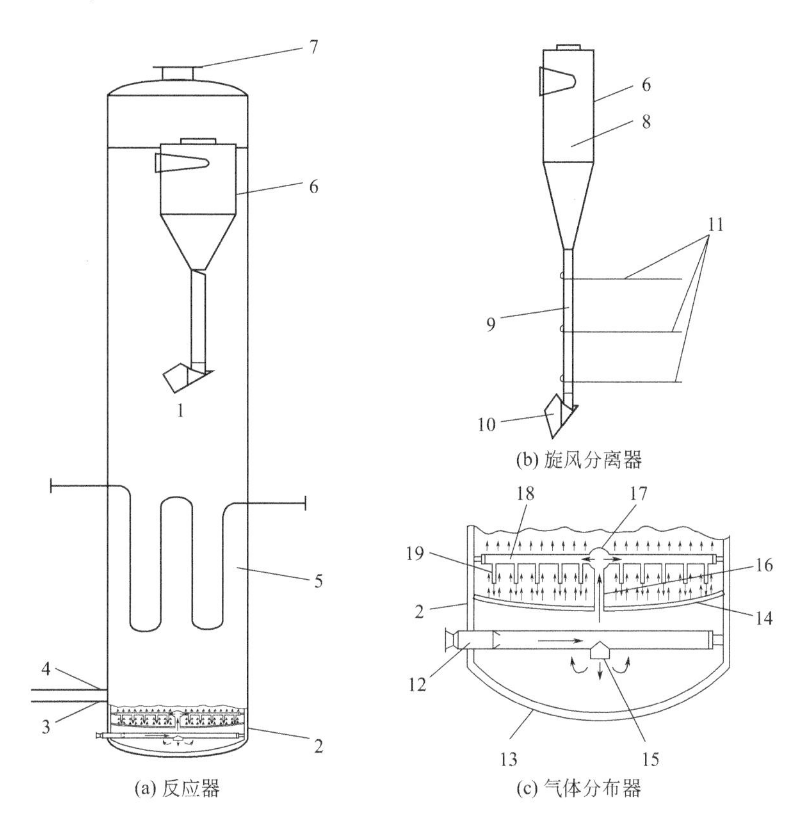

图 7-31　中国专利 FT 合成流化床反应器

1—反应器；2—气体分布器；3—废催化剂排放口；4—催化剂浆液加料口；5—热交换器；6—旋风分离器；7—产物出口；8—旋风分离器体；9—颗粒排泄管；10—翼阀；11—固定支撑；12—总管；13—底部封头；14—甲板；15—开口管；16—气体上升管；17—气体分布总管；18—分布支管；19—喷嘴

7.7.3 浆态床 FT 合成反应器

第二次世界大战期间，德国在实验室曾经研究过浆态床反应器。在借鉴德国浆态床反应器的基础上，Sasol 公司自 20 世纪 80 年代起从事浆态床合成反应器的开发，1990 年就在 Sasol-burg 建成一套 75 桶 /d 的中试装置，随后又于 1993 年实现浆态床反应器 (见图 7-32) 工业化。该反应器的直径 5m，高度 22m，操作温度 250℃，处理气量 $1.1 \times 10^5\ m^3/h$，气体线速 10cm/s，生产能力 2500 桶 /d，催化剂粒度 22 ～ 300μm。

中国专利公开了一种新型浆态床 FT 合成反应器及工艺。图 7-33 是 FT 合成浆态床反应器的结构示意。反应段内部设有换热装置如换热列管。反应段上部可以设置过滤器，用于将重质馏分分离出反应器。反应过程中，合成气经过反应器底部的气体分布器均匀分布进入浆态床在催化剂上反应。反应后的气体从浆态床层进入沉降段，气体中较大的固体颗粒重新沉降到浆态床层。而未沉降的小颗粒随气体进入洗涤段，经洗涤后气体产物中剩余的颗粒大部分也落入浆态床层，洗涤后的气体产物进入除沫段，将气体产物中的剩余雾沫和细颗粒分离出来，最后流出反应器的气体再进入下游的常规 FT 合成气液分离流程 。

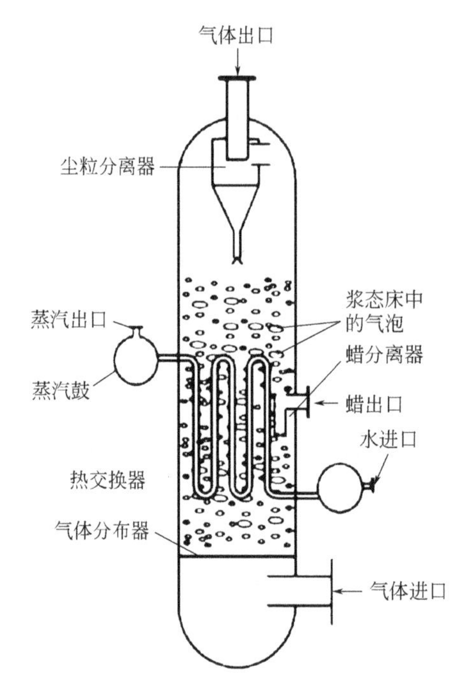

图 7-32　南非工业应用浆态鼓泡塔 FT 合成反应器示意图

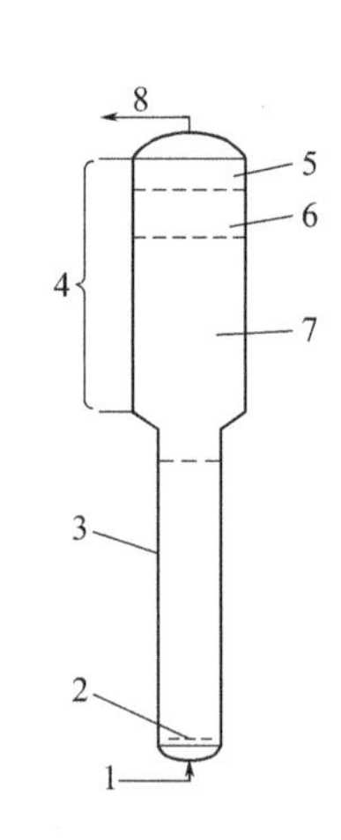

图 7-33　中国专利浆态 FT 合成反应器

1—反应器入口；2—气体分布器；3—反应段；4—扩径段；5—沉降段；6—洗涤段；7—除沫段；8—反应器出口

中国专利发明的另一种新型浆态床 FT 合成反应器及工艺，如图 7-34 所示。在反应过程中，合成气反应物从上升管反应器底部进料口经气体分布器进入反应器，与浆液混合进入反应区；在上升过程中与浆液中的催化剂颗粒接触反应生成液态烃；液态烃和未反应气体与催化剂颗粒一起上升到反应器上部的沉降区，由于其截面积大于反应器下部的截面积，浆液流速降低；较大催化剂颗粒借助重力沉降返回反应区，浆液中的气泡破裂，未反应气体与浆液分离，从顶部排气口排出；而较细颗粒催化剂则随液体一起经管线进入沉降管中，管线开口于沉降管底部；浆液在这里再次沉降，催化剂颗粒与液态烃分离，得到上层清液与下层稠密浆液；沉降管下部稠密浆液中的催化剂颗粒在磁分离装置提供的外加磁场的作用下，定向加速通过锥形喷口进入回流管，回流管外壁缠绕消磁线圈，定期通高频交流电流，产生高频交变磁场，实现消磁功能。经消磁后的催化剂流入上升管反应器的底部循环使用；沉降管上部的上层清液经管线进入过滤系统；经过滤除去其中粒径极小的催化剂粉末，最终得到液态烃产品。

应该指出的是，我国的中科合成油公司使用自行发展的中温 FT 合成铁催化剂在 16 万～ 18 万吨 /a 示范工厂的浆态床反应器成功长期操作的基础上，设计出年产 60 万吨合成油的浆态床 FT 合成反应器，安装于宁煤 - 神华的年产 450 万吨油品的大型 FT 合成工厂。

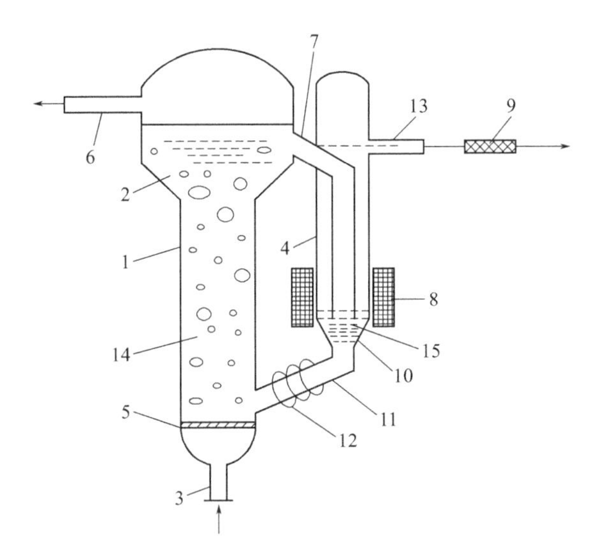

图 7-34　FT 合成环流浆态床反应器

1—反应器上升段；2—沉降区；3—进料口；4—沉降管；5—气体分布器；6—排气口；7—溢流管线；8—磁分离装置；9—过滤系统；10—锤形喷口；11—回流罐；12—消磁线圈；13—管线；14—反应区；15—催化剂颗粒

中科合成油公司开发的适合于中温 FT 合成催化剂的浆态状态反应器，专门的液固分离器置于浆态反应器内部，连续操作。据了解，在神华 - 宁煤公司的 450 万吨 /a 的 FT 合成工厂中使用的浆态反应器，每套装置年产合成油 60 万吨，直径 6m 高 70m，已经成功吊装安装，2016 年投料开工。

7.7.4 小结

随着世界石油产量的日益减少，煤或天然气制液体燃料及化学品技术将受到越来越多的关注。FT 合成技术作为一种煤炭间接液化方案，反应器的研制开发是这一方案有效实施的关键。到目前为止，不同的公司和研究者开发了以固定床反应器、流化床反应器、浆态床反应器为主要形式的 3 类反应器。列管式固定床反应器的优点为：操作简单，操作费用低；无论 FT 合成产物是气态、液态还是混合态，在宽温度范围下都可使用；催化剂和产物分离没有问题；由于固定床可加上催化剂保护床层，床层上部可吸附大部分硫化氢，从而保护其下部床层，使催化剂活性损失不很严重，因而受合成气净化装置波动影响较小。列管式固定床反应器的缺点主要有：大量反应热需要导出，因此催化剂管直径受到限制；合成气通过催化剂床层压降大；催化剂装填困难。固定床 FT 合成反应器既可大型化也可小型化，因此世界上不少公司的 FT 合成工厂仍然采用此技术，Shell 公司、Sasol 公司、Syntroleum 公司和 BP 公司的 GTL 技术中，其 FT 合成反应器全部或部分采用固定床反应器。当然，不排除有许多公司在固定床反应器的研发过程中遇到了瓶颈性的困难而放弃固定床，转向其他形式反应器的研究。在大型化方面，Shell 公司在固定床 FT 合成反应器大型化方面取得突破性的进展，Shell 公司宣布其单个固定床 FT 合成反应器能力未来将达到 10000 ～ 15000 桶 /d。固定床反应器比浆态床反应器最大的优点是不存在催化剂和产物分离问题。测算表明，在反应器能力 (19000 桶 /d) 相同的情况下，固定床反应器的重量 (1400 ～ 1700t) 比浆态床反应器重量 (1800 ～ 2000t) 轻，固定床反应器高度 (21m) 也比浆态床高度

(40m) 小得多。在小型化方面，Syntroleum 公司新的反应器设计为卧式固定床，改善了性能，使操作和控制更加灵活。这种新型反应器估计可以装在平台、驳船或船泊上使用。

流化床反应器具有较高的总包传热系数，其移热性能优于固定床。在 FT 合成中为了避免重质烃的生成并保持良好的流化质量，流化床反应器必须在较高的温度 (325℃) 下操作。目前只有 Sasol 公司采用流化床 FT 合成技术。

浆态床反应器最大的优势是床层压降小、反应物混合好、可等温操作，从而可用更高的平均操作温度而获得更高的反应速率，浆态床反应器催化剂可在线装卸。浆态床反应器的缺点是操作复杂，操作成本高，催化剂还原不易操作，催化剂容易磨损、消耗和失活，催化剂和产品分离困难。南非 Sasol 公司 SSPD 工艺浆态床反应器的工业化运行，主要在于解决了固液分离问题，并决定建立更大规模的浆态床反应器，以更大的生产能力代替目前运行中的固定床反应器。美国 Exxon 公司 AGC-21 工艺、美国 Rentech 公司 FT 合成技术、美国科诺科公司的 FT 合成技术、Syntroleum 公司等都采用了浆态床 FT 合成反应器。相反，Shell 公司则从催化剂开发入手，研制出高性能和可再生的钴系催化剂，并用于固定床反应器的合成技术中，获得成功。该公司工厂的高产量为固定床反应器在合成技术中的应用赋予了新的价值。

从以上发展看出，工业应用的 FT 合成反应器将存在固定床、流化床和浆态床共存的局面。未来 FT 合成反应器的研制与开发是一个综合性的工程问题，除反应器本身结构上的改进外，分离工艺及催化剂的研制开发也是至关重要的。目前出现了几种新型的 FT 合成反应器，这些反应器可能还没有经历过大型工业化的试验或生产，因此在这里姑且不讨论其先进与否，但这些反应器都是基于化工过程基本原理而设计的，在处理 FT 合成过程的相关难点上表现出了一定的优势。根据它们的基本特点，分别将它们归于固定床、流化床和浆态床 3 种主要形式中。例如，微通道反应器和径向反应器明显具有固定床反应器的特征，但它们与传统的列管式固定床反应器又有明显的区别，其优势和可行性还有待进一步检验。多数研究者认为固定流化床将代替循环流化床，改进了气体分布器、旋风分离器和取热的新型流化床反应器，相对于传统流化床也呈现出了一定的技术优势。带有扩径段浆态床反应器和环流浆态床反应器的设计充分体现了设计者的智慧，使浆态床反应器更加容易操作。以上事实说明，虽然 FT 合成工业生产已经有近 80 年的历史，但人们还没有完全认识其反应过程，再加上技术上的壁垒和商业秘密的保护，因此在技术上出现了多种形式并存的局面。随着研究者对催化剂工程的深入认识，FT 合成工艺日趋成熟，分离技术进一步完善，不久的未来可能会出现更先进的新型 FT 合成反应器。在最近几年中，中国在浆态床反应器研究方面发展势头良好，中科合成油公司设计的三个 16 万～ 20 万吨 FT 合成示范工厂中浆态床反应器长期运行业绩良好，为设计更大浆态床 FT 合成反应器打下良好基础。已经在第一个大型 450 万吨 /a FT 工厂中使用单套浆态床反应器进行了 60 万吨 /a 的设计施工。

第 8 章 煤制甲醇和甲醇汽油

8.1 引言

世界经济很重地依赖于能源资源和它们的丰富程度。全球能源使用的平均速率以功率当量表示，在 1990 年是 1TW，两倍于 1955 年，1999 年增加到 1.2 TW， 2012 年接近 1.8 TW。以全球年能源使用量表示，2012 年当量值约 16×10^4TW • h 或 570×10^6TJ，预计 2020 年达到 2.4TW。直到 2006 年，世界一次能源使用以创纪录的 16% 增长率增加，预计能源使用仍将继续增长。统计证明，世界经济很重地依赖于能源资源，现在能源资源仍然有相当的可利用性。化石燃料是许多国家能源的基本来源，在过去数十年中有引人注目的增加。全球能源需求有超过 80% 仍然由化石燃料满足，因为它们很丰富。世界化石燃料资源在不断持续地消耗着，国际环境保护署发布的警告说，这已经威胁到全球范围内能源贫乏的国家。20 世纪 70 年代的石油危机引发找寻替代能源潮，同时也强调必须有效地利用可利用的化石能源。尽管原油价格在 21 世纪开始已经上涨到触及发生危机水平，但化石燃料支配能源供应的形势过去是并将在相当长一段时间继续是这样。

快速工业化导致对石油及其副产品需求增加，这种依赖正在彻底改变世界，但与此同时，这样的快速工业化引起了许多环境问题。正在研究如何处理这些问题，预计会发展出多种选择。与全球 CO_2 排放密切相关的能源消耗已经从 1990 年的 21.5×10^9t 增加到 2007 年的 29.7×10^9t，增加了 38.14%。2012 年的指数已经达到 35.6×10^9t。能源消耗导致不断增加的气候变化，预计将可能达到危险水平，这对全球社会是一个严峻的挑战。按照《东京协议》，参会者一致同意在 2008 ～ 2012 年期间，发达国家应该把总温室气体排放（GHG）比 1990 年水平至少降低 5%。最近多哈联合国气候变化会议（2012 年）达成一致，在 2012 年到期的《东京协议》延至 2020 年，并突出强化第二平台的作用（2011 年），意味着对协议的成功实现被延迟到 2015 年和 2020 年。

使用可再生能源替代化石燃料是降低 GHG 排放的选择之一。世界总交付能源的几乎 30%（2007 年 27%）被运输部门消耗——几乎全都是液体燃料。对增加能源安全和降低

CO_2排放，现今认为氢和甲醇都可能作为救世主。甲醇已经超过氢气，因为它是安全的液体，且容易储存和分布，能够与汽油掺合和直接被甲醇燃料电池使用。使用甲醇作为液体燃料和能源消耗液体的各种大小的运输车辆已经被开发出来。

从煤基合成气生产清洁液体燃料是未来清洁煤利用的关键步骤之一。基于煤气化到合成气的技术，集成气化组合循环（IGCC）过程吸引了广泛的注意，由于它的高效率和环境友好性能。燃料甲醇，一种重要的化学中间物，是IGCC过程最优先的共产产品。开始时，甲醇来自从木头蒸馏出的少量液体中。紧接着，发现了氨合成催化剂$Fe/K/Al_2O_3$，然后发现了甲醇能够在ZnO催化剂上从$CO\text{-}H_2$混合物生产。帝国化学工业公司（ICI）为甲醇合成做出了突出贡献，发现了低温低压合成甲醇的催化剂。他们的专利使用共沉淀方法制备高稳定高活性的$Cu/Zn/Al_2O_3$催化剂，能够使用于从合成气生产甲醇。这个新催化剂把操作温度从400℃降低到230℃，操作压力从200atm降低到50atm。当时CO和H_2是合成甲醇普遍使用的反应物原料，CO_2是不作为反应物使用的。在分离CO_2与CO和H_2混合物失败后，CO_2被偶然添加到混合反应物中，发现也能够作为反应物使用，于是使甲醇合成取得了巨大进展。

在化石能源快速消耗的严重威胁下，可持续发展的替代能源是现代的紧迫需求。核能、风能、太阳能、水能、生物能、氢能以及从它们转换产生的电能，被认为是未来可行的替代能源，但化石能源仍然没有处于完全退出历史舞台的阶段，因为它们仍然是各种化学工业的重要原料。众所周知，甲醇是一种可行的替代燃料，特别是运输燃料的替代。同时，它也是化学工业重要的原料之一。所以，对甲醇生产和应用进行的研究吸引了愈来愈多的科学家，因为它既可应用作为燃料也可作为基本化学品，计划和规划甲醇生产和应用同样吸引了愈来愈多的注意。

2015年我国的甲醇产量5860万吨，产能7174万吨，需求量5980万吨，实际年增长11.5%。世界甲醇总产能为4722万吨/a（不包括中国）。世界上发达国家和地区预期的年增长率较低，因那里的市场是成熟的。如果合成气（SG）/甲醇被要求使用作为道路交通运输中的新能源的话（因其使用量会不断增加），目前这些甲醇生产设施不足以生产和供应所需要量的甲醇量。中国已经是甲醇消费的最大国家，而且将会进一步增加其在世界消费量中的份额，从2010年的几乎41%增加到2015年的54%。随着需求量的增加，最重要的是要进一步优化各种可利用的加工技术。在工业上实现甲醇生产始于1923年，自那时以来已经做了持久的巨大努力使技术提级和在工业中尽快使用最新的研究发展成果。到现在，合成甲醇已经是一个很成熟的工业技术。

在中国，甲醇作为化学品和能源的工业建立于20世纪中叶。甲醇生产容量以波动的趋势持续不断增加，在过去的16年（1995～2011年）中，甲醇生产容量已经增加了16倍（如图8-1所示）。而在这16年时期内，整个世界的甲醇生产平均容量仅仅增加三倍。图8-2显示了中国和世界的甲醇生产容量的增加。从2002年开始，中国的甲醇工业进入快速发展时期，中国甲醇年增加量远远高于整个世界的水平。因此，中国的甲醇工业能够被认为是生产容量规模和生产燃料增加量的典型例子。由于它的快速增加，在甲醇年生产容量中中国所占比例连续增大。在2006年，中国第一次成为世界上最大的甲醇生产国，达到1395万吨。此后所占比例持续增加，到2010年已经占到全球甲醇总生产容量的一半以上。

虽然中国成为最大的甲醇生产国，但中国仍然有 10% 的甲醇消费需要进口。甲醇进口量年增加约为 4.2%，从 2001 年的 152 万吨增加到 2011 年的 573 万吨。十多个国家从中受益，出口它们的甲醇到中国，例如沙特阿拉伯、马来西亚、卡塔尔、印度尼西亚、新西兰、印度和巴林等。

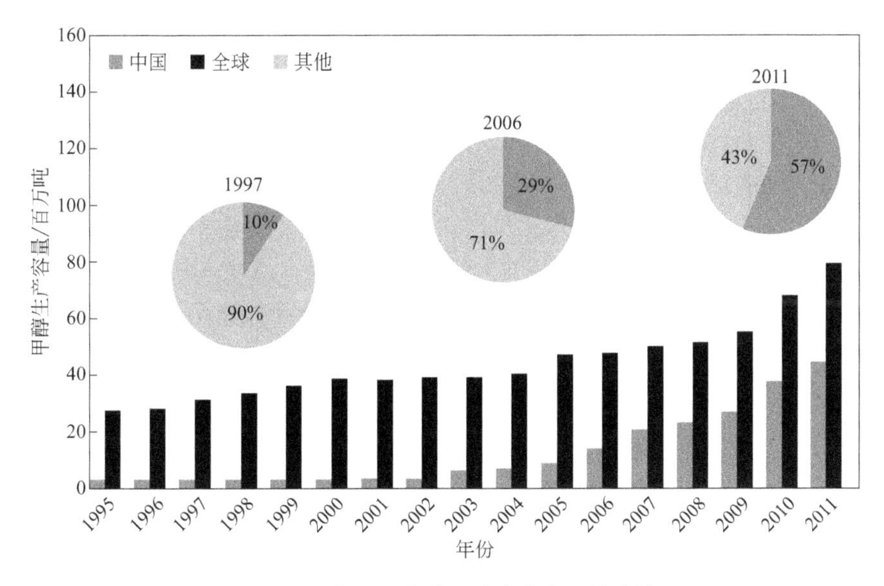

图 8-1　中国和全球甲醇生产容量的比较

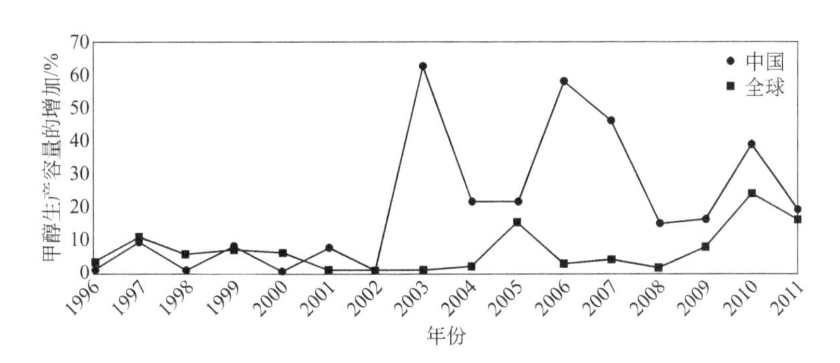

图 8-2　中国和世界甲醇生产容量增加率的比较

8.2 甲醇的需求和应用

多年来，甲醇一直是重要的大宗化学品，主要使用在化学工业中和作为溶剂使用。它也能够作为摩托燃料使用，作为汽油含氧掺合物使用。它与烯烃反应制备其他含氧化合物的使用在快速增加，从它生产低碳烯烃的量在中国也在快速增加。它直接作为汽油掺合试剂使用受到其在汽油中相对低溶解度的限制，也受到其被汽油中存在的水萃取所限制。它作为主要燃料组分使用，虽然能够提供好的性能，但在与石油竞争中受到成本限制。而且，它会潜在生成醛类排放物、需要建立合适的配送体系和专为这个燃料设计的可利用汽车等困难因素也限制了它的广泛使用。甲醇的其他限制因素还有：高的毒性、与汽车中的人造橡胶部件可能发生反应，以及以不可见火焰燃烧、可能的地下水污染和因为单位体积的低能量密度而产生的推动力有限等等。

甲醇是一种关键的化学中间物且能够在众多应用中转化为各种有价值的产品和商品，满足现代生活需求。在图 8-3 中总结了 2011 年和 2016 年（预测）的甲醇末端使用的需求。甲醇应用分类的新近概念与传统分类概念不同，在传统分类概念中把甲醇应用分为制取化学品和作为燃料应用两类。而在新近分类概念中，甲醇应用被分为传统下游应用和新兴下游应用两类。传统分类的甲醇制化学品应用领域范围中，甲醇生产是甲醇的最大消费者，估计几乎占世界甲醇在 2011 年需求的 32%，但现在下降到 8.5%。醋酸 / 醋酐和 MTBE 从各甲醇市场总量的 20% 下降到现在 12%。使用甲醇生产其他化学品（包括二甲醚、DMF、甲酸、甲胺、氯甲烷、废水反硝化、植物油反酯化等）消耗的甲醇总量也下降到 12.5%。消耗甲醇量增长最快的化学品是甲醇烯烃（MTO）和甲醇丙烯，其最主要的部分是在中国，从 2011 年末占甲醇消耗总量的 6%，快速增长到现在 45%。作为燃料的甲醇消耗在 2011 年为 11%，包括转化甲醇到汽油（MTG）、汽油和柴油燃料的掺合物，甲醇作为燃料的直接使用量超过了 MTBE，甲醇燃料的总甲醇使用可能成为第二大甲醇市场。现在甲醇燃料（包括甲醇制氢）使用的甲醇量增加到总甲醇消耗量的 19%。甲醇的其他使用包括燃料电池氢载体、制生物柴油和发电。以甲醇作为关键组分的还有数以千计的也与我们日常生活密切相关的产品。

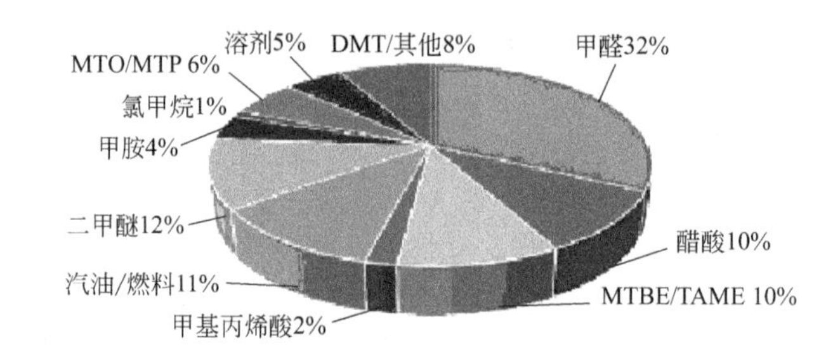

(a) 2011年需求量5540万吨

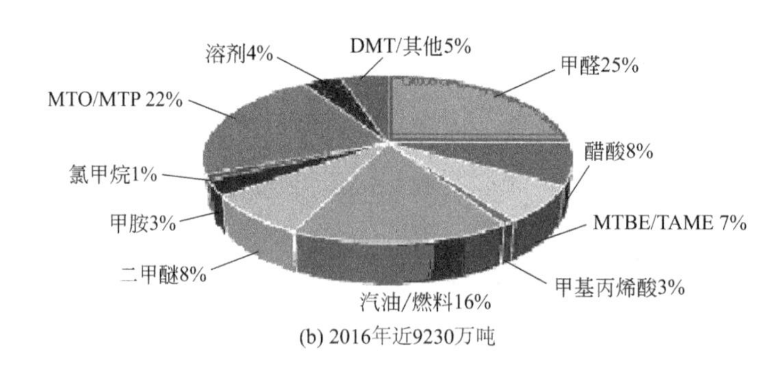

(b) 2016年近9230万吨

图 8-3 现在和未来对甲醇的需求

中国的甲醇消耗的主要部分是制造各种化学品，特别是甲醛、醋酸等，但也有相当部分（约 1/3）的甲醇是作为液体燃料使用的。如图 8-4 所示。

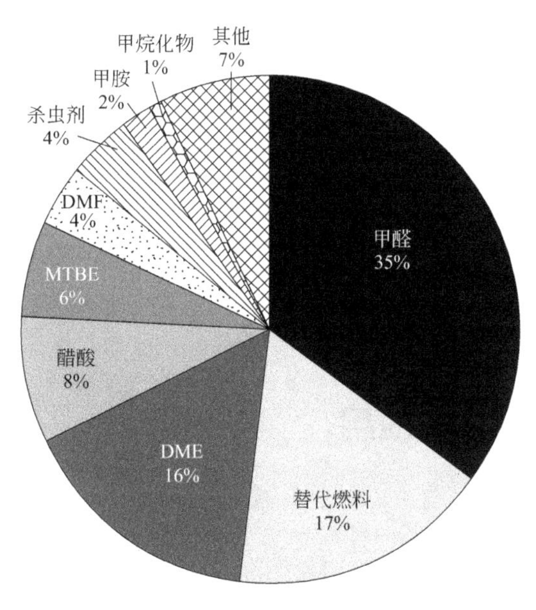

图 8-4 甲醇在中国各个领域消耗所占比例

8.2.1 作为液体燃料使用

对生产液体运输燃料技术的研究为使用煤炭和天然气源合成气生产甲醇提供了更宽的应用领域和更好的前景。天然气现时的价格是成本最低的原料，但配送使用的天然气价格大于 4 ～ 5 美元 /Mcf（百万立方英尺，$1ft^3=0.0283168m^3$），这样煤炭气化就能够与它竞争。

甲醇本身就可以作为汽油的掺合组分，能够提高辛烷值，且能够降低污染物的排放，尽管也存在安全和毒性的问题。随着直接甲醇燃料电池（DMFC）的发展及其在小和微电器中作为电源的成功使用，甲醇作为能源使用应该有光明的前景。

在国际上，特别是美国，已对转化甲醇到汽油、烯烃和柴油燃料等进行了广泛的工业 R&D 研究。主要参与者包括 Mobil Research and Develoment Corporation，Union Rheinische Braunkohlen Krafstoff AG，Uhde Gmbh，Haldor Toposoe，Mitsubishi，Lurgi 等。近来在中国也对此加强了研究，如中科院山西煤化所、中石化和中石油等公司。

甲醇汽油转化技术已经在 1 ～ 100bbl/d 规模得到证明，Mobile 过程在新西兰进行了商业化操作，14500bbl/d，但是是使用天然气而不是使用煤炭制造的合成气生产的汽油。甲醇到烯烃的转化德国人已经在 100 bbl/d 规模上进行了示范验证，也可以生产高质量汽油。但是在目前，从天然气生产烃类燃料的新计划使用 FT 合成技术较多，因为经由甲醇的合成路线现时没有显示出其优点。但对使用煤炭生产的甲醇，在一些特殊地区，使用甲醇汽油的路线仍然是有前途的。

甲醇市场处于不断延伸之中，例如甲醇制甲基叔丁基醚（MTBE），这是提高汽油辛烷值很好的掺合组分，虽然在美国似已被禁用，但在世界上其他国家，至少在中国仍然在使用。又如甲醇制二甲醚，这是提高柴油十六烷值的很好掺合组分，其使用在不断扩大中。而甲醇作为燃料的其他应用也在快速增加，如生物柴油的生产等。

甲醇作为新能源应用的潜在需求，很强地取决于甲醇与传统能源燃料如液化石油气在成本上的竞争优势，但环境效应也是重要的考虑因素。这反过来是由原料价格的未来发展趋势和甲醇生产体系的结构确定的。

对国际上以 1 美元 /Mcf 价格进口天然气制造甲醇的生产成本做了评估。结果指出，这相当于原油的成本为 29 美元 / 桶（汽油当量）。这个成本使使用先进技术和发电共生产的煤炭甲醇在成本上具有竞争性。即便国内天然气价格上升到使使用煤炭单独生产甲醇具有经济竞争性的价格，预计天然气仍然是成本最低的合成甲醇的合成气源，因为在国际上有价格非常低的天然气供应。但是，如在后面讨论的，对煤炭炼制和共生产体系，与气化组合循环发电的联产是可以与进口甲醇竞争的。

8.2.2 中国甲醇燃料的应用

对于有关车辆燃料的甲醇消费，由于中国在过去 20 多年中车辆工业快速发展，车辆总量飞速增加，车辆燃料的需求也快速增加。目前中国的大多数商业车辆仍然使用汽油作为燃料。甲基叔丁基醚（MTBE），这由甲醇生产的主要产品之一，是汽油的最重要添加剂。因此，能够预测，MTBE 作为汽油添加剂的需求将增加。为车辆燃料研究和发展替代燃料，在中国仍然是车辆工业发展的一个研究热点，因为在未来愈来愈多的车辆使用替代燃料而不是汽油。因此，对甲醇的需求不会降低，而且甲醇本身和二甲醚（DME，另一个重要的来自甲醇的产品）也是可行的替代品。

8.2.2.1 在 MTBE 合成中甲醇的消费

甲基叔丁基醚，一种挥发性、可燃和无色的液体，是汽油的一种添加剂，同时能够作为氧化物掺合物使用，用以提高汽油的辛烷值。添加 MTBE 是改进催化裂化汽油质量的一种通用和盈利的方法。催化裂化汽油占中国汽油总量的约 40%。因此，在中国对 MTBE 的需求是巨大的，因为汽油消费量在不断增加。图 8-5 显示中国长江三角洲和渤海湾地区 93 号汽油的配方。如在 93 号汽油配方中能够看到的， 90 号汽油的质量分数为 40% ～ 50%，而 MTBE 的质量分数为 8% ～ 10%。此外，90 号汽油的工业价格一般要高于 MTBE 的商业价格。因此在 93 号汽油中添加适量的 MTBE 能够使 93 号汽油的价格有相当的降低，同时也增强汽油的质量（辛烷值的提高）。

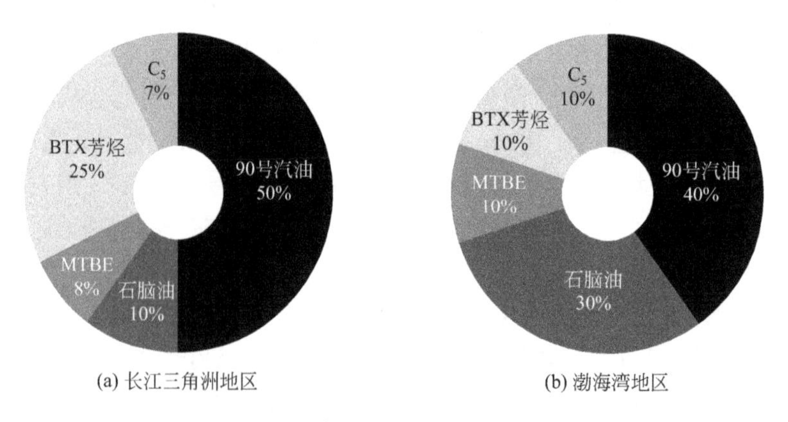

图 8-5　中国 93 号商业汽油配方

在中国，MTBE 的生产主要利用在酸性催化剂（例如矿物酸、阴离子交换树脂、分子筛催化剂）作用下甲醇与异丁烯的酯化反应。利用 Markovnikoff 规则能够精确控制酯化反应只产生洁净叔丁基醚而不生成甲基异丁基醚。酯化瞬时效率能够达到 75% ～ 90%，精确的效率能够使用不同类型催化剂进行调整和 / 或通过控制反应温度进行调整。

作为商业汽油的基本组分，MTBE 的年需求量随汽油燃料的增加而增加。在过去的十多年中，中国对 MTBE 的年需求量随着总车辆的增加相应增加三倍（从 2003 年的 116 万吨增加到 2011 年的 356 万吨）。如在图 8-6 中看到的，直到第十一个五年计划末期（2010 年），MTBE 的年需求量上升是相对稳定的，近似以线性趋势增加。但是，因国外发达西方国家（特别是美国）发现 MTBE 的使用导致地下水的污染物而被禁止使用作为汽油添加组分。因此 2010 年以后，虽然在国内 MTBE 年需量快速上升（主要用作汽油掺合剂以提高汽油辛烷值，见图 8-6），但国外的 MTBE 的使用量不仅没有上升反而下降。跟随国外的发展趋势，国内对 MTBE 的需求量在 2014 年后也不再快速上升，趋于稳定。现在 MTBE 消耗的甲醇数量仅占甲醇总消耗量的 5.9%。

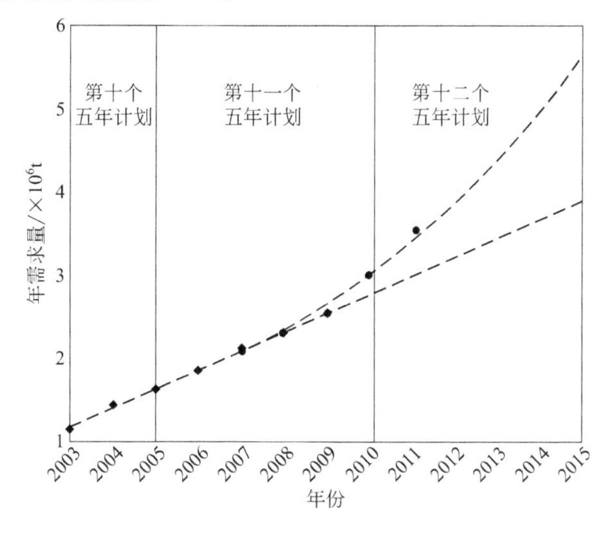

图 8-6 MTBE 需求量年增长趋势

8.2.2.2 在 DME 合成中甲醇的消费

二甲醚（DME），最简单的醚，广泛地被认为是柴油发动机、电火花点燃发动机和透平中的一种替代燃料（30%DME 和 70%LPG），因为它具有高十六烷值（约为柴油的 105% ～ 138%）。柴油发动机试验的 DME 能够获得高热效率（至少增加 2% ～ 3%），相对低的排放，包括氮氧化物（低约 30%）、一氧化碳（低约 40%）、未燃烧烃类（低约 50%）和无烟排放。因此，作为柴油发动机替代燃料的 DME 在许多国家中得到广泛应用，以满足严格排放规则。此外，DME 也广泛使用作为城市民用 LPG 替代燃料，因为在储存和运输过程中比较安全和有较高的燃烧效率。在中国，DME 主要使用不同催化剂（如氧化硅 - 氧化铝）的甲醇脱水生产，转化效率比较高，达 86%。

中国对替代燃料 DME 的年需求量也随车辆发展和成熟的 LPG 民用而增加。如图 8-7 所示，DME 的年消费量稳步增加，在第十一个五年计划期间，平均年增长速率 30%，在第十二个五年计划开始就快速增长（年均增长速率 40%），这是因为国家政策要求在车辆中和成熟的 LPG 中应用 DME。预测指出，DME 的年需求量将继续增长，因为 DME 燃料车辆的发展和市民使用 DME 作为燃料。基于现时的上升速率，我国 2013 年 DME 产量 500 万吨，实际需求量也在 500 万吨左右。在 2015 年产量与需求量与预计的差不多。如图 8-7 所示。

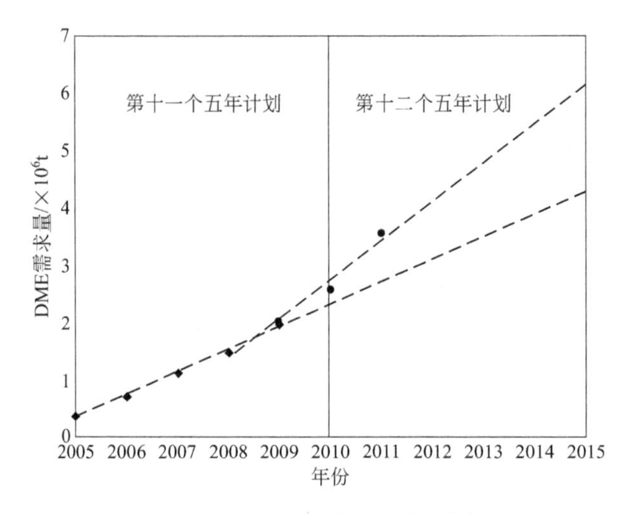

图 8-7　DME 需求量年增长趋势

8.2.2.3　甲醇作为替代燃料的消费

除了用于生产 MTBE 和 DME 外，甲醇能够被直接应用作为内燃烧发动机燃料，虽然是有限的。由于它高辛烷值和高氧含量的优点，使用甲醇燃料的车辆能够提供高压缩比，获得较高热效率和较低排放。因此，自 20 世纪 40 年代以来已经有法规要求，纯甲醇能够应用于各种重载卡车和货车上，尽管甲醇的热值仅有汽油 / 柴油热值的大约一半，是低热值燃料（甲醇 19.678 MJ/kg，汽油 / 柴油 40MJ/kg）。

在中国，实际应用的甲醇燃料主要有三种模式：M100（纯甲醇）、M85（甲醇的质量分数为 85%）、M15 和 M10。应用 M100 作为电火花引发发动机燃料能够显著提高热效率，因为它具有高的压缩比（高达 19.5），但 M100 几乎不可能获得整体的提高，因为它有激烈的毒性性质。与 M100 比较，以 M85 作为燃料在保持类似的发动机性能时能够使毒性总水平有相当的降低，但需要使用抗腐蚀的材料作管线系统中的关键部件。与上述两种比较，M15 有最低的总毒性，车辆动态性能也稍有改进，具有高压缩比且没有必要改变喷射和燃烧系统，但在车辆牵引动力性能上如上坡时的车辆性能稍有降低，因甲醇所含能量比汽油低很多，使用 M10 就相对好一些。

从 2011 年开始，中华人民共和国工业和信息技术部启动能够在电火花发动机中应用 M100 和 M85 的项目（2011 ～ 2013 年），以上海市、陕西省和山西省作为试验区。在这个项目下， 2011 年车辆燃料年消费甲醇大约为 230 万吨，少消费 105 万～ 124 万吨汽油。预测指出，作为车辆燃料，人们对甲醇的兴趣随着在中国替代燃料车辆的发展将会持续增大。

8.2.3 甲醇作为化学品制造的原料

8.2.3.1　甲醛合成中的甲醇消耗

甲醛合成是中国甲醇的主要消费领域之一，占总甲醇消费量的大约 35%，如图 8-4 所示。今天，中国从甲醇工业生产甲醛主要使用三种方法：①甲醇脱氢方法（DoM）；②甲醇氧化方法（OoM）；③甲醇氧化脱氢方法（ODoM）。

在这三种方法中，DoM方法是不生产含甲醛污水的方法。此外，DoM方法能够通过采用和调整催化剂使反应步骤得到很好的精确控制，有各种类型的催化剂（如金属催化剂、金属氧化物催化剂、碳酸盐催化剂、分子筛催化剂等）可以使用。但是，这个方法没有被广泛地应用，特别是在大宗化学品生产中，因为其系统控制策略是极端复杂的。虽然OoM和ODoM方法几乎都不能够生产无水甲醛，但它们在实际甲醛生产中是普遍使用的（至少在中国是这样），因为有较高的转化效率、甲醛产品纯度较高和反应步骤简单，如表8-1中所指出的。这两个方法的主要差别是，使用的甲醇空气混合物当量比是不同的。OoM方法使用贫混合物进料（其中的甲醇的体积分数小于6.7%，即操作在爆炸极限的低值一边）；而ODoM方法是富甲醇-空气混合物进料（甲醇体积分数高于36.5%，即操作在其爆炸极限高值一边）。

表8-1 甲醇生产甲醛三个主要工艺的反应路线

工艺	反应式	温度/℃	转化效率/%	选择性/%
DoM工艺	$CH_3OH \longrightarrow CH_2O + H_2$	670～970	45～70	75～96
OoM工艺	$CH_3OH + \frac{1}{2}O_2 \longrightarrow CH_2O + H_2O$	540～623	99	91～94
ODoM工艺	$CH_3OH + \frac{1}{2}O_2 \longrightarrow CH_2O+H_2O$	520～620	＞90	85～95

图8-8给出了中国甲醛在各个领域的消耗比例。从该图能够看到，生产的甲醛主要应用于制造三类醛类树脂，聚醇类、二甲氧基甲烷、对甲醛、胱胺、药物、杀虫剂、聚甲醛、二苯甲烷二异氰酸酯等。

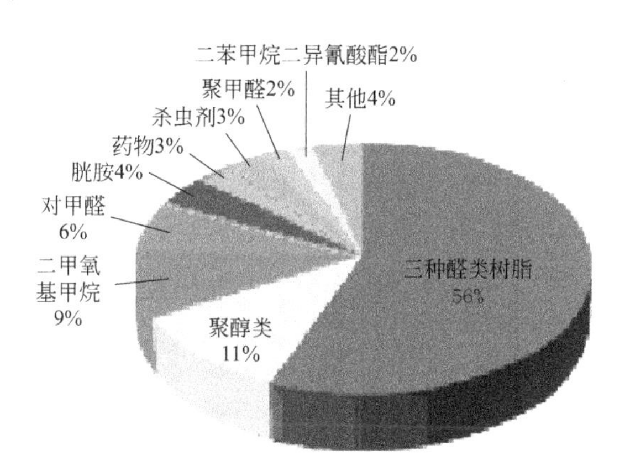

图8-8 中国各个领域占有甲醛消费的比例

随着中国现代化进程的深入发展，对甲醛的需求快速增长，因为它是最重要的结构材料。在2011年（第十二个五年计划早期），甲醛的年需求量已经达到1848万吨，大约是2005年（第十个五年计划结束）的2.4倍。按照需求的发展趋势，在2015年达到2600万吨左右，如图8-9所示。如果所有的甲醛都使用OoM和ODoM方法生产，在2011年消耗的甲醇为856万～945万吨，2015年消费约1500万吨。在中国甲醛需求趋势示于图8-9中。

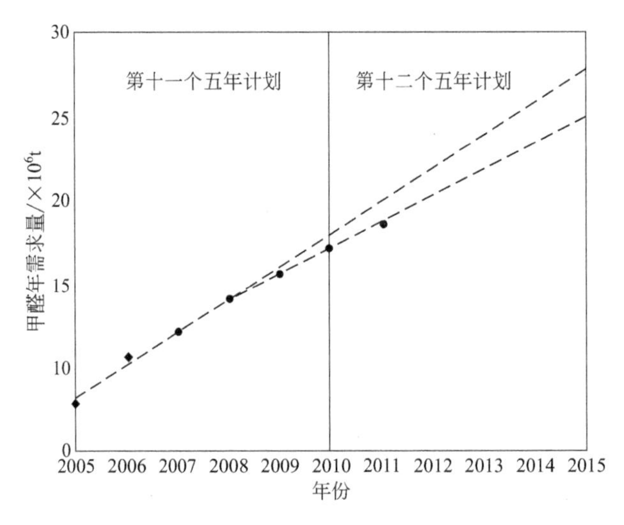

图 8-9 甲醛年需求量变化趋势

考虑到生产甲醛的浓度是 40%（质量分数），如果所有生产的甲醛都使用 DoM 方法生产，按甲醛占甲醇（约 6000 万吨）需求的 25% 计，2015 年甲醛生产消费约 1500 万吨。

8.2.3.2 合成醋酸消耗的甲醇

醋酸，无色液体，是醋（除水外，醋中大约含 8% 体积的醋酸）的主要组分，有明显的酸味和辛辣味。除了生产醋外，醋酸是化学工业的最重要原料之一，醋酸乙烯、醋酸酯和氯代乙酸乙酯等都是使用醋酸合成的。

甲醇生产醋酸主要使用两种方法：①甲醇在高压下羰基化（CoMH）；②甲醇在低压下羰基化（CoML）。使用 CoMH 方法，醋酸通过甲醇和 CO 羰基化生产，介质是醋酸水溶液，压力较高，达 70MPa，温度也较高，为 500 ～ 530 K，催化剂为羰基钴，促进剂是碘甲烷。使用 CoML 方法，醋酸也由甲醇与一氧化碳羰基化合成，但是压力降低到仅仅 3MPa，原因之一是使用了新催化剂，三碘铑。表 8-2 比较了两种方法的原料消耗和能量消耗。可以看到，采用 CoML 方法不仅能够显著节约甲醇和一氧化碳，而且在合成期间也节约能量。所以，CoML 方法是现代化学工业中使用的主要方法。

表8-2 生产1t醋酸消耗的甲醇

消耗量	CoMH 工艺	CoML 工艺
消耗甲醇 /t	0.61	0.56
一氧化碳消耗 /t	0.78	0.54
水消耗 /t	1.85	1.56
蒸汽消耗 /t	2.75	2.20
电力消耗 /kW・h	350	29

在中国，醋酸消费随纤维、涂料、黏合剂工业的快速发展而快速增加，在第十一个五年计划期间（2005 ～ 2010 年），年消费量增加 22.1%，如图 8-10 所示。在最近几年中，由于政府的干预限制，中国房地产产业的增加已经放缓，因此醋酸需求的年增长速率也下降到 18.9%，涂料和黏合剂需求量的降低导致醋酸需求量的降低。在 2010 ～ 2015 年，

直接下降趋势不太大，中国对醋酸的年需求量在 2015 年达到约 1000 万吨。因此，使用 CoMH 方法合成醋酸将消费的甲醇是 549 万～ 702 万吨，而使用 CoML 方法消费的甲醇将是 504 万～ 644 万吨。

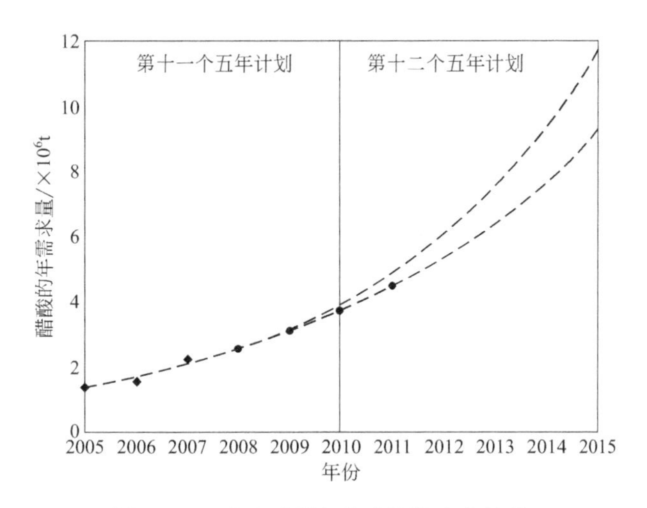

图 8-10　中国醋酸年需求量的变化趋势

8.3 甲醇合成方法

8.3.1 概述

甲醇是在约 250℃和 60 ～ 100atm 下利用合成气的催化转化合成的。煤炭和天然气都是合成气的来源。现在的商业化过程以气体循环方式使用固定床催化反应器。为控制反应释放的热量，使用广泛范围的精细设计。占优势的是使用 Lurgi 和 Imperial Chemical Industries 技术，但由 Mitsubishi、Linde、Toyo 的合作也提供了不同的设计。甲醇技术的新发展包括使用液相浆态反应器合成甲醇，流化床反应器合成甲醇技术也由 Mitsubishi Gas Chemical 公司在发展中。液相浆态反应器提供极好的温度控制，对甲醇和 FT 合成都是相当有兴趣的。DOE（美国能源部）拥有的在 Laporte（得克萨斯州）的液相浆态反应器工厂，已经以工业成本操作了多年。DOE 支持的示范工厂现也在田纳西州 Kingsport 由 Eastman Chemical 公司建设。在流化床设计中，细粉催化剂被合成气流化。合成气和催化剂间的较好接触使反应器出口的甲醇浓度较高，这样能够降低循环气体的量，降低循环压缩机的大小和合成环中热交换器面积。

甲醇生产今天是成熟技术，文献中的内容几乎涵盖了它的每一个领域。高能量输入、高的安装和维护成本使甲醇领域中的投资进一步增加。降低成本需要有新的改进，但更有效的甲醇合成过程还没有发展出来。此外，甲醇合成过程还有与催化剂失活相关的一些问题。现有的工程模型仅仅能够解决个别步骤或颗粒温度的问题，宽范围模型的建立不仅是重要任务也是非常必要的。

从煤基合成气生产清洁液体燃料是未来清洁煤利用的关键步骤之一。作为主要的化学中间物，燃料甲醇能够作为IGCC过程最优先的组合生成产品。对甲醇生产，帝国化学工业公司（ICI）发明并专利了从合成气生产甲醇的高性能Cu/Zn/Al_2O_3催化剂，使操作温度从400℃降低到230℃，操作压力从200atm降低到50atm。后来还发现了CO_2也能作为合成甲醇的反应物，因此甲醇合成能够作为开发利用CO_2的一个反应使用。有报道说，利用二氧化碳焦炉气重整生产合成气既节省能量又降低二氧化碳排放（见图8-11）。使用这个技术，不仅能够部分循环二氧化碳，也能够生产H_2/CO比接近2的合成气，这正是甲醇合成的最好合成气比例。使用CH_4和CO_2化学计量比条件下重整能够提供这种合成气。

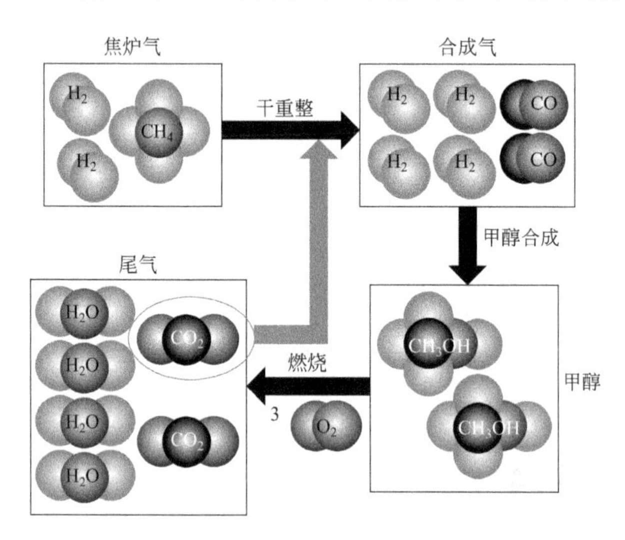

图8-11　焦炉气二氧化碳重整生产甲醇CO_2部分循环

8.3.2 生产甲醇的原料

今天，生产的甲醇主要是从一氧化碳和二氧化碳催化加氢获得。经典的甲醇生产过程包括：合成气制备、合成气净化、甲醇的合成、粗甲醇精制。此外，还有一些其他方法也能够获得甲醇，如木头炭化、生物质热解、油萃取、甲烷氧化、细菌氨氧化等等。但是，其中的大多数仍然只能够在中等甚至小规模上应用，没有大规模应用的原因是：低转化效率、技术不成熟，环境效应差以及一些其他缺点。

考虑到生产过程和合成气纯度，通常认为天然气直接氧化生产合成气是最可行的方法之一。这个技术在许多国家常有广泛应用，如智利、加拿大、伊朗、沙特阿拉伯等。有学者认为，对未来甲醇生产，以生物质作原料可能是最可行的方法。在现在和未来很长一段时间内，大多数国家仍然以煤炭、天然气和焦炉气作为甲醇生产的主要资源。如图8-12所示，在中国，甲醇生产更多的是利用煤炭作为主要原料。主要工艺是煤炭气化制合成气，再从合成气生产甲醇，使用该技术生产的甲醇占总甲醇产量的约2/3，特别是

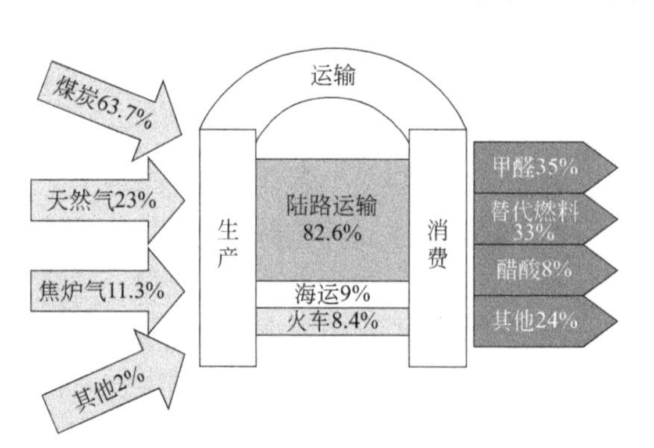

图8-12　中国甲醇生产总物流

与合成氨一起生产。如果把使用煤炭生产焦炭时的副产物焦炉气也算作是利用煤炭生产甲醇的话，在中国，甲醇产量的3/4是从煤炭生产的。

8.3.3 从煤生产甲醇

利用煤炭生产合成甲醇，首先是要使煤炭气化，获得的产品是合成气。煤炭气化可以使用多种气化工艺，在中国生产甲醇使用的气化工艺多数是间歇固定床气化。这类固定床气化炉生产的粗合成气仅有低的氢碳比，几乎很难直接应用于生产甲醇。因此，在进行合成甲醇前，粗合成气先经水汽变换反应，使用水蒸气把过量一氧化碳转化为氢气，以使合成气中的氢碳比增加到合成甲醇所希望的理想水平。

由于煤是富碳的，同时还含有氢、氧、氮、硫和其他无机物等杂质，煤基合成气的纯度是相当低的。由于合成气中含有各种杂质气体，合成气的纯化过程是很复杂的。但是煤基合成气能够应用各种气化试剂如氧气、水蒸气、氢气和其他试剂生产。在满足低纯度甲醇需求时，使用煤基合成气生产甲醇是有利的，因为煤炭的价格低。

图8-13给出了煤基甲醇合成工艺中的能量流。就初始原料而言，每生产一吨甲醇消耗的煤约为1.5t（含51GJ能量）。合成甲醇需要的其他原料中也包含有能量，分别为淡水0.12GJ、脱盐水0.370GJ、新鲜空气0.075GJ，在整个过程中的电流能量为8.761GJ，产生的甲醇气体400m^3，含能量3.808 GJ。基于甲醇的低热值19.93GJ/t和高热值22.70GJ/t，煤基甲醇合成过程的能量效率在35.3%～40.1%范围之内。

使用于合成甲醇的合成气，主要组分是氢气和一氧化碳，而氢气和一氧化碳正好是氨合成期间的副产物。因此，中国对氨和甲醇联产过程进行了几十年的研究、发展和应用。利用合成氨生产过程中生成的副产物，主要是氢气和一氧化碳，在铜基催化剂上实现甲醇的合成，压力为5～15MPa。于是合成氨的副产物是能够被完全利用的，因为甲醇合成期间没有废物产生。据计算，联产过程中的甲醇得率约150kg/t氨。对合成氨生产主要依赖于煤炭的中国，联产氨/甲醇是最可行的解决办法。使用联产方法年生产的甲醇量，在2006年达到约386万吨，在2011年约878万吨，年平均增长速率约17.8%。事实上，煤基甲醇是中国工业甲醇的主要来源（见图8-12），它占总甲醇生产量的比例已经超过50%，从2006年的40.2%增加到2011年的63.7%。

与其他可以使用的潜在原料比较，煤在中国的资源量是足够的。按照英国石油统计报告，中国已证明的煤炭储量在2011年末是1145亿吨（显然偏低很多），大约占世界总量的13.3%，年生产量连续增加到25.69亿吨，年平均增长率为9.7%。因此，采用煤作为原料进行商业甲醇生产对中国是最重要的方法。此外，便宜的煤价格仍然将使煤基甲醇具有竞争力。当煤价格为每吨96.6美元时，每吨甲醇的生成成本约为320.3美元。

8.3.4 从天然气生成甲醇

在过去几十年中，中国的天然气工业飞速发展，因此在甲醇生产中使用天然气的比例相应增加。2011年天然气甲醇的生产量增加到512万吨，占总生产量的比例增加到约23.0%。但这个比例似乎不再增加，甚至给出反转的预测，原因是天然气消耗量过大以及其他部门消费天然气量不断增加。按照英国石油报道的统计概述，中国证明的天然气储量仅仅 31000 亿立方米（也显然偏低），储量生产比仅仅 29.8 年。事实上，中国的天然气需求已经随经济发展直线增加，它主要用于氨化学肥料生产和替代城市液化石油气 LPG，只有很少的量被使用于甲醇生产。

鉴于中国的能源资源分布特点以及甲醇生产发展历史，能够容易地得出结论，使用天然气生产甲醇在中国是受到限制的，天然气甲醇所占的比例下降的趋势不可改变。但不管怎样，天然气基方法在中国并没有完全被摒弃。天然气基甲醇仍然有广泛的使用。另外，中国的不平衡能源结构使某些局部地区和 / 或省份（如青海、四川）有丰富的天然气储量，但其他地区可以利用的能源资源很少；天然气甲醇能够在一定程度上提供必需的能源。与天然气甲醇方法相关的技术（特别是转化效率增强技术）要能够持续发展，将需要有进一步研究和发展。

从天然气生产合成甲醇也必须通过合成气，天然气市场合成气的主要方法是蒸汽重整和 / 或甲烷部分氧化。在中国，从天然气生产合成气主要使用两步法。其中约 1/4 的甲烷首先转化为一氧化碳或二氧化碳；其余 3/4 甲烷在炉中被部分氧化，生产一氧化碳或二氧化碳和氢气，以有效地生成产合成气。经一系列净化过程后，合成气最后被转化为甲醇。

天然气方法在生产高纯度甲醇和工艺简单性方面是具有突出优点的。天然气是一类含 80% ～ 90% 甲烷和其他烷烃的混合气体，能够容易地转化到一氧化碳、二氧化碳和氢气以及少量的杂质。因此以天然气为原料的合成过程比炼制原油和煤要简单很多。与煤基甲醇需要大量的水不同，天然气合成甲醇仅需要有限数量的水。

图 8-14 给出天然气合成甲醇工艺中的能量流。从这个过程产生的电力含 6.512GJ 能量。含在其他原料（脱盐水、新鲜空气和淡水）中的总能量为 0.188GJ。放空气体带走的能量为 1.904GJ。因此，天然气甲醇合成的能量效率在 51.7% ～ 58.9%。

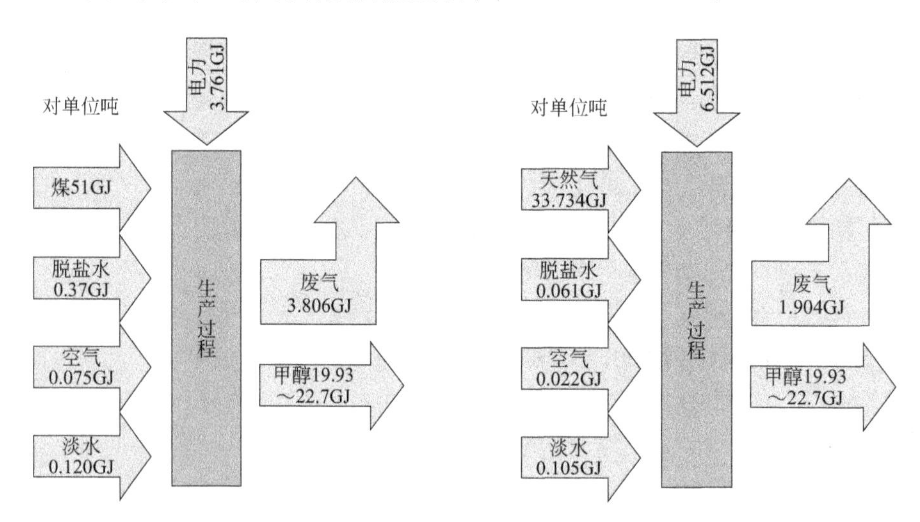

图 8-13 煤基甲醇合成工艺的能量流　　图 8-14 天然气基甲醇合成工艺的能量流

8.3.5 从焦炉气生成甲醇

焦炉气是焦化期间的副产物。因为它主要由氢气（55% ～ 69%）和甲烷组成（23% ～ 27%），能在简单加工后生产合成气作为合成甲醇的原料。

焦炉气基生产过程的关键步骤是合成气的转化和脱硫，包括压缩，后面的合成过程与天然气生成甲醇方法类似。焦化气组分有很大不同，因为焦化使用的煤类型不同。粗焦炉气含有微量的硫，它能够使催化剂中毒，因此预处理是不可或缺的和复杂的。包括冷却 / 凝聚（295 ～ 298℃）、压缩（25kPa）、焦油收集和移去（焦油浓度低于 0.05g/m^3）、脱硫（二氧化硫的浓度范围为 0.02 ～ 0.3g/m^3）、脱氨、脱苯（苯浓度范围 0.2% ～ 0.4%）和萘的移去（萘浓度低于 0.05g/m^3）等过程。

焦炉气转化为合成气能够使用两类不同的方法：①非催化部分氧化（NCPO）；②催化部分氧化（CPO）。在 NCPO 方法中，没有催化转化过程，因此合成气的预处理过程比较简单。而对 CPO 方法，焦炉气和氧的消耗要低于非催化部分氧化方法，在过程中不会产生烟雾。就成本而言，催化部分氧化每吨甲醇的成本仅为非催化方法的 80% ～ 87%。

图 8-15 给出了焦炉气基甲醇合成的能量流。每吨甲醇生产消耗的焦炉气量约 2000m^3，所载能量 33.492GJ。相应地，为转化焦炉气到一氧化碳和二氧化碳所需的氧气为 20m^3 的新鲜空气，含 0.019GJ 能量。包含于脱盐水的能量约 0.036GJ，而在淡水中的能量为 0.098GJ，在整个过程中消费的电能为 7.341GJ。放空气体的能量 2.0GJ，焦炉气基甲醇合成的能量效率在 51.1% ～ 58.2% 范围内。如前面所述，焦炉气基和天然气基甲醇合成的能量效率几乎是相同的，煤基甲醇合成的能量效率相对较低。

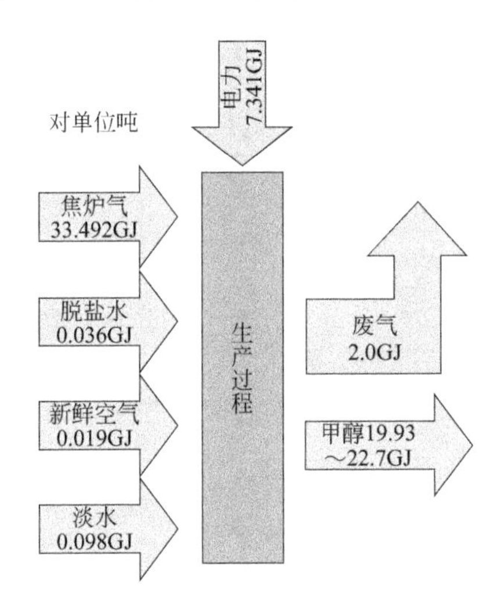

图 8-15　焦炉气甲醇合成过程能量流

综上所述，甲醇能够使用多种能源生产，包括煤炭（包括焦炉气）、天然气、石油和生物质，其中使用天然气作为生产甲醇的原料是较好的选择。原因是，与生物质比较它有大量可利用资源量，与煤比较天然气的转化相对比较环境友好。甲醇、二甲醚和天然气（NG）合成燃料的生产已经成为探索开发油气田的一个重要选择，而早先它在经济上是不可行的。这涉及遥远的天然气田、没有运输通道和小公用设施的天然气田和需要油气综合解决的相关气田。天然气是重要的化石能源之一，已经证明的总储量为 177×10^{12}m^3，由于离市场太远，其中有约 40% 的开发是困难的。把天然气转化为合成气（SG）有很成熟的技术可以利用，并且已经广泛使用于化学过程工厂中。全世界的甲醇生产在 2001 年到 2008 年间上升了 42%，在 2010 年生产了 4500 万吨。其中的很大比例是使用天然气作原料的。但是在中国，使用的主要原料是煤炭，如图 8-12 所示。如果把焦炉气也算作是从煤炭来的，则中国甲醇生产的3/4是使用煤炭作原料，这与世界上的其他国家有很大不同，这是由中国的能源资源“富煤缺油少气”所决定的。使用天然气和煤炭以外的其他原料生产甲醇的数量和所占比例很小。

8.3.6 甲醇生产过程

甲醇生产一般需要三步过程：合成气制备、甲醇合成及产品分离和纯化。使用天然气的合成甲醇的过程如图8-16所示（对煤炭制甲醇，只是把合成气生产步骤换成煤炭气化生产步骤，其余相同）。天然气也包括从煤生产的合成天然气，经由重整生产合成气，再经由必要的纯化和水汽变换调节合成气中的H/CO_2比使之适合于甲醇合成。从煤制甲醇，煤炭生产合成气最好使用吹氧的气化技术，有关使用煤炭气化生产合成气、粗合成气详细净化和纯化技术以及调节合成气H/CO_2比的水汽变换反应的事情，已经在前面几章做了详细讨论。下面重点讨论合成气生产甲醇和产品纯化过程。

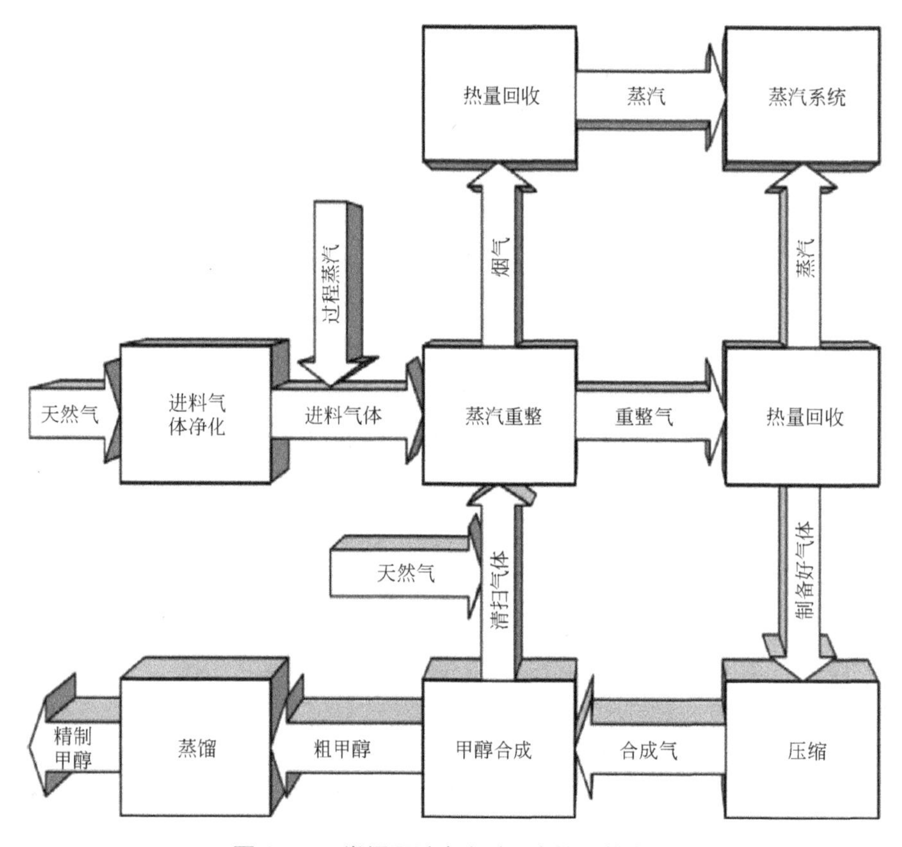

图8-16 常规甲醇生产过程中的工艺步骤

甲醇是重要的大宗商业化学品，使用CO加氢合成［方程（8-1）］。这是一个可逆放热反应。商业上一般使用三元$Cu/ZnO/Al_2O_3$铜基催化剂，温度493～523K，压力50～100atm。在合成条件下热力学上有利于高碳醇和烃类的生成，但生成何种产物实际上是由催化剂动力学所控制和决定的。与FT合成反应不同，甲醇合成催化剂对CO的吸附不应该是解离的而是非解离的。在所有第Ⅷ族过渡金属中，大多数解离吸附CO，只有钯不解离吸附 CO，因此，已经证明使用钯催化剂合成甲醇能够取得好的结果。对这样一个反应，气体循环、使用的反应器以及热量回收设计上的差别形成了多种工艺。现时在市场上能够买到的技术示于表 8-3 中。可以看出，现在的甲醇合成工艺都采用低压工艺，也就是使用的催化剂是铜、锌、铝的氧化物。

表8-3　甲醇生产技术供应者

技术供应者	温度 /℃	压力 /atm	备注
ICI（Synthesis）	219 ～ 290	50 ～ 100	现时有四种专利反应器：弧形、管式冷却、等温 Linde 和 Toyo
Lurgi	239 ～ 265	50 ～ 100	管式、等温反应器
Mitsubishi	235 ～ 270	50 ～ 200	管式、等温反应器
Kellogg			圆形反应器技术
Linde AG	240 ～ 270	50 ～ 150	
Haldor-Topsoe	200 ～ 310	40 ～ 125	到现在尚未有该工艺的商业工厂

8.3.7 高压工艺

高压工艺，由 BASF 在 1923 年首先开发，保持其技术优势超过 45 年。原始的高压过程在 250 ～ 350atm 和 320 ～ 450℃条件下操作，应用的催化剂 ZnO/Cr_2O_3 是相对抗毒的。因高温高压，需要使用厚壁容器的工厂设计，需要的投资是大的，操作成本和耗能也是高的。

8.3.8 低压工艺

新的高活性 Cu 基催化剂的使用和无硫合成气的生产为低压合成甲醇工艺商业化扫平了道路，该工艺由 ICI 在 20 世纪 60 年代开发。低压工艺的操作压力为 50 ～ 100atm，温度为 200 ～ 300℃。低温操作对受平衡限制的甲醇合成反应是有利的，但过低的温度对催化剂活性有负面效应。持续长时间的较高温度是为了保持催化剂活性，但也会导致副产物如二甲醚、高碳醇甲酸甲酯和丙酮的生成。为确保催化剂活性和反应热的有效使用，甲醇转化器的操作温度一般控制在 200 ～ 300℃。

到 1999 年，低压甲醇合成工艺已经成为工业应用的仅有工艺。取决于应用的工艺技术，合成气可以经洗涤、压缩和在进入合成环前进行加热。这一新鲜进料与反应后循环合成气混合，送入甲醇合成转化器中，在合成反应器中发生如下反应：

$$CO+2H_2 \rightleftharpoons CH_3OH \quad \Delta H^\ominus = -90.77kJ/mol \tag{8-1}$$

$$CO_2+3H_2 \rightleftharpoons CH_3OH+H_2O \quad \Delta H^\ominus = -49.58kJ/mol \tag{8-2}$$

$$CO_2+H_2 \rightleftharpoons CO+H_2O \quad \Delta H^\ominus = +41.19kJ/mol \tag{8-3}$$

CO 还原是一个放热且受平衡限制的反应，低温下是有利的。为在工业上达到合理转化速率，必须使用特定的催化剂和在高压下操作，因为甲醇合成反应前后分子物质的量是减少的。

如前面多次叙述的，甲醇合成反应是在铜、锌和铝氧化物催化剂（$CuO/ZnO/Al_2O_3$）上进行的。在工业工厂操作中，该催化剂对甲醇的选择性是非常高的。但是，单次通过的转化率是低的（受热力学限制，也考虑到大量反应热的移去），必须付出循环反应气体的成本。图 8-17 示出了一个典型的甲醇合成单元。

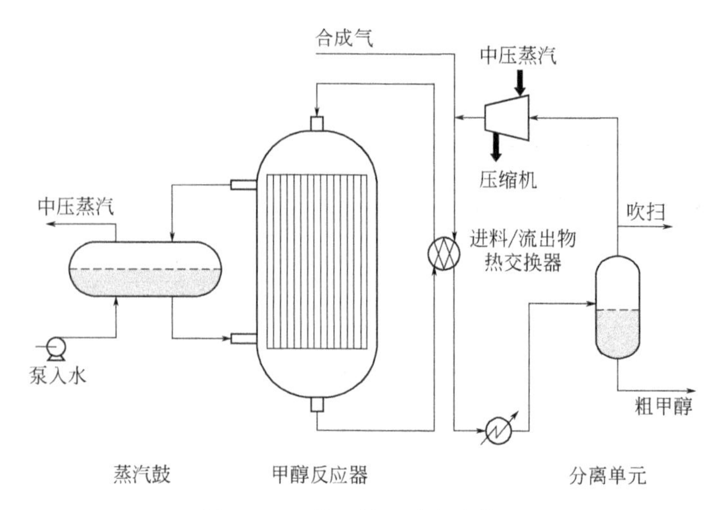

图 8-17　典型的甲醇生产单元

8.3.9 分离和纯化部分

在正常操作条件下，催化合成反应生成的产物是甲醇、水，其中溶解有气体，还有未反应的合成气。在出口气流中副产物的含量很少。所含杂质在甲醇纯化部分被除去。分离纯化部分通常由 2 到 3 个蒸馏塔构成。

物理溶解的气体在闪蒸容器中被闪蒸除去，而低沸点杂质在预蒸馏部分闪蒸除去。粗甲醇在两段系统中蒸馏：第一段在压力下蒸馏，第二段在大气压下蒸馏，能够获得复合指标的甲醇产品。高沸点杂质也在两段蒸馏塔中被除去，甲醇工厂分离纯化部分的工艺流程示于图 8-18 中。

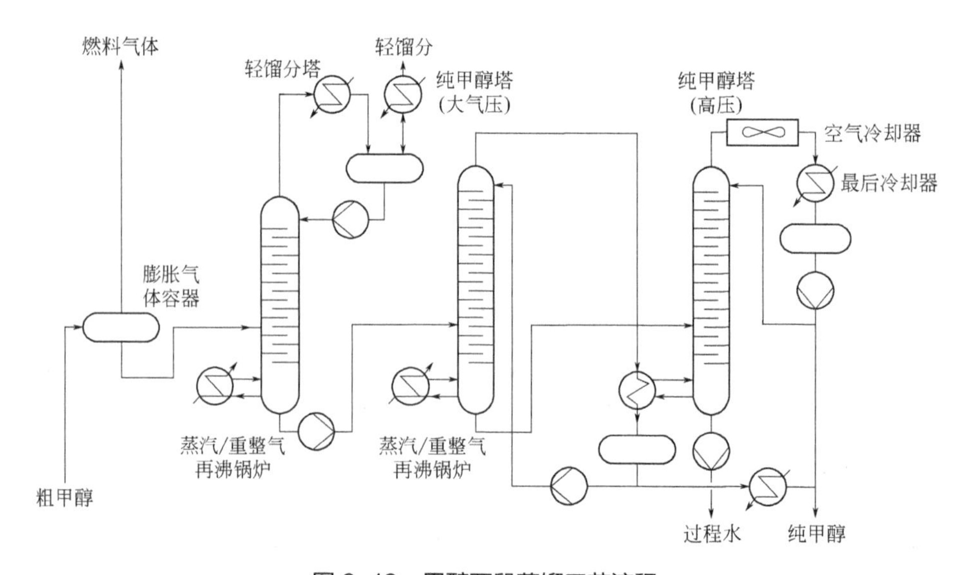

图 8-18　甲醇两段蒸馏工艺流程

8.4 合成气合成甲醇的催化剂

甲醇高压合成催化剂 ZnO/Cr_2O_3 是非常成熟的催化剂。由于金属铬有毒性且合成反应需在很高的压力下进行，能耗很高，逐渐被淘汰，现在极少使用，特别是新建甲醇工厂几乎不用。因此下面只对低压甲醇合成催化剂进行讨论。

目前，低压合成甲醇是在传统的 $Cu/Zn/Al_2O_3$（CZA）催化剂上实现的。合成气到甲醇的转化率取决于铜表面积。Cu 基催化剂能够同时催化甲醇合成和水蒸气变换两个反应，提高它们的速率。铜颗粒大小和它的分散度与制备条件密切相关，如 Cu/Zn 比、沉淀剂类型和焙烧温度等。因此，为把铜颗粒大小精确控制在窄分布范围内进行了巨大的努力。在载体上沉积纳米颗粒有许多方法可以利用，包括沉淀、硝酸盐燃烧、溶胶凝胶和生物化学技术等等。

8.4.1 Cu 和 Zn 纳米粒子催化剂的基础研究

原始的甲醇合成催化剂 ZnO 的活性是不高的，Cu 金属本身的活性也是很小的，甚至是没有活性的。但是，Cu/ZnO 组合有很强的协同催化作用，对甲醇合成显示出很高的催化活性。在对 Cu/ZnO 组合催化剂进行的一系列前驱性研究工作中，检测到不同 Cu 摩尔比的 Cu/ZnO 和 $Cu/Zn/Al_2O_3$ 间都有相互作用，并发现在 $CO/CO_2/H_2$ 进料气体中 CO_2 的作用是作为一个氧化剂，使活性中心 Cu^+ 保持在其应有的化学状态。后来又发现，该进料气体中的 CO_2 也能够被加氢到甲醇，其活性中心也是 Cu 金属。

以胶体铜粒子作为甲醇合成反应催化剂进行的研究发现，对单独铜纳米粒子，经特殊表面改性或修饰后（调节稳定性、溶解度和颗粒大小），就能够成为合成甲醇反应的一个有意思的模型催化剂。当把 Cu 制备成大小为 1 ～ 10nm 的粒子时，既可以作为准均相催化剂使用在溶液中合成甲醇，也可以把它们沉积在合适氧化物载体上作为非均相催化剂使用催化合成甲醇。例如，在四氢呋喃（THF）中使用三烷基铝还原乙酰丙酮铜合成的 Cu 纳米粒子，对甲醇合成具有高活性。铜颗粒大小的分布是窄的，其大小可以在 3 ～ 5nm 范围内调节。当被应用于甲醇合成时，在温度高于 403K 时 Cu 纳米粒子就显示出有值得注意的活性。在类似反应条件下，它们的合成甲醇活性与商业 Cu/ZnO 催化剂是可以比较的。因此，如考虑到传统催化剂需要有第二组分（一般是锌）来活化，单一 Cu 纳米粒子在准均相甲醇合成条件下的催化活性是很好的。但是，这个结论并不令人信服，因为已经有人指出，在还原期间 Cu 纳米粒子中很可能混进了 Al。

当要制备仅有 ZnO 单独表面改性的 1 ～ 3nm Cu 纳米粒子时，使用不需添加表面活性剂的角鲨烷（异三十烷）由 $Cu(OCHMeCH_2NMe_2)_2$ 和 $ZnEt_2$ 顺序共热解获得。这样获得的 ZnO 改性 Cu 催化剂对从 CO 和 H_2 合成甲醇是有高活性的准均相催化剂。

在液相中应用 Cu 和 Cu/ZnO_x 胶体（Cu/ZnO_x 纳米粒子，直径 2 ～ 4nm）用来澄清甲醇合成催化剂中不同组分的作用。在 Cu/ZnO_x 胶体上，甲醇生成开始于 493K，该胶体的活性和稳定性强烈地取决于 Cu/ZnO_x 比，CO 是甲醇的初始碳源。增加进料气体中 CO_2 分压使生成的甲醇稍有增多，生成的水也更多一些，这指出有逆水蒸气变换反应（WGSR）发生。当进料中的 CO_2 进一步增加时，逆 WGSR 的进行变得比加氢反应更快。相反，在进料气体中有更多 CO 时，生成的甲醇更多，更多的水被转化，因为 WGSR 快速向前进行。

对负载在介孔氧化锆上的 Cu/M_xO_y/ 纳米 ZrO_2 催化剂，当合成时不添加任何稳定固态结构导向剂时，获得的甲醇合成催化剂的物理结构和电子效应不会有显著改变。应该注意到，该类介孔纳米结构能够耐受较高温度的焙烧。研究结果指出，该催化剂对甲醇合成显示较高催化活性和高选择性，有大比表面积、高孔隙率、低还原温度、较小或者没有有序蠕虫状孔结构。催化剂中的铜和 Cu^+ 是甲醇合成的活性位，而且 Cu^+ 的活性高于金属铜。表 8-4 显示不同催化剂对二氧化碳加氢合成甲醇的代表性活性和选择性。沉积沉淀（DP）方法制备的纳米氧化锆负载催化剂的甲醇得率远高于常规共沉淀（CP）方法制备的催化剂。

表8-4　纳米甲醇合成催化剂的性能

催化剂	制备方法	SV/h^{-1}	CO_2 转化 /%	CO 选择性 /%	甲醇选择性 /%	甲醇得率 /（mmol/g）
$Cu/Ga_2O_3/ZrO_2$	DP	2500	13.71	24.41	75.59	1.93
$Cu/Ga_2O_3/ZrO_2$	CP	2500	—①	—	—	0.14
$Cu/B_2O_3/ZrO_2$	DP	2500	15.83	32.74	67.26	1.80
$Cu/B_2O_3/ZrO_2$	CP	2500	0.0	0.0	0.0	0.0
$Cu/ZnO/ZrO_2$②		2500	21.32	20.13	79.87	3.19
$Cu/Al_2O_3/ZrO_2$②		2500	23.76	17.53	82.47	3.67

① 转化率太低以致 CO 无法被 GC 分析。

② DP 催化剂。

制备了负载于介孔二氧化硅（平均孔径 5nm）上的 Cu 和纳米颗粒 ZnO 模型甲醇合成催化剂。在常压下测量的催化活性显示，该催化剂的甲醇生成速率达到了与商业参考催化剂同样的数量级，但商业催化剂的 Cu 含量是它的 5 倍，Cu 表面积是 4 倍。这个新催化剂的制备是把液体 Zn_4O_4 型（$CH_3ZnOCH_2CH_2OCH_3$）$_4$ 负载在有介孔洞状孔结构的二氧化硅中，顺序热分解然后再湿浸渍硝酸铜。从表观上看，这个方法避免了使用醋酸铜溶液把 Cu 和 Zn 负载到载体如 MCM-48 上时碰到的问题，也就是锌与二氧化硅孔壁相互作用导致危及其孔结构系统，过多小孔被阻塞，这可能使小金属颗粒堆积聚集能力增强，导致 Cu 表面可接近性变差和活性令人失望。

使用有机金属前身物 Zn_4O_4 顺序浸渍介孔二氧化硅材料，达 1% ～ 5%（质量分数）Zn，接着用 Cu 的硝酸溶液渗透制备一组系统的模型甲醇合成催化剂，含 14% ～ 20%（质量分数）Cu。在该制备中观察到，在铜渗透沉积前，限域纳米晶 ZnO 的生成对催化剂活性的形成具有重要性。

8.4.2 纳米钯和铑甲醇合成催化剂

钯的 CO 加氢催化性能对载体性质、助剂、钯颗粒大小和金属前身物是十分敏感的。在 Pd/SiO_2 催化剂上，当 Pd 颗粒大小从 1nm 增长到 3nm 时，甲醇合成转化数（turnover number，TON）增加一个数量级。颗粒大小再进一步增加到 6nm 时，TON 不再改变。桥型吸附 CO 的分数随钯分散度增加而降低。钯纳米颗粒的低 TON 是因在缺电子钯颗粒上 CO 化学吸附强度降低引起的。负载钯的 CO 加氢是一个结构敏感反应。

有报道说，使用水中油微乳方法制备钯催化剂，并进行了 CO 加氢反应研究。钯颗粒大小分布是非常窄的，其平均颗粒大小远小于常规浸渍方法获得的钯催化剂。使用 TEM 测量的钯颗粒大小为 3nm。该催化剂对 CO 加氢反应显示的活性远高于浸渍法（高 3 倍）。而产物选择性一般认为是与钯颗粒大小无关的。在文献中也给出类似的结论。

对负载在硅胶上的 Rh 纳米颗粒，其 CO 转化率和含氧化合物选择性随纳米颗粒大小而变化。研究显示，Rh 纳米颗粒的甲醇合成催化活性和选择性随 Rh 颗粒大小而变，这说明对活性位结构是敏感的。当 Rh 纳米颗粒从 2nm 增加到 6nm 时，CO 转换频率 TOF 增加。在较小颗粒（＜ 2nm）上选择性地生成甲醇，而较大颗粒（约 6nm）对生成甲烷和乙醛（CH_3CHO）有利。中等大小颗粒（2 ～ 3.5nm）对乙醇生成有最大选择性。在大 Rh/SiO_2 纳米颗粒上，观察到有快的 CO 解离和高 TOF 值。负载在氧化铝载体上 5nm 铑纳米颗粒的 TEM 照片中观察到有堆砌缺陷，这指出阶梯活性位浓度随纳米颗粒大小降低而增加。在缺陷活性位上 CO 解离吸附增强，这得到对铑金属簇晶体褶皱阶梯边缘活性位的谱学和显微镜测量的支持。不管铑阶梯活性位是否为催化活性的承担者，活性位结构对 CO 加氢到含氧化合物机理的影响仍需要进行进一步的考察。

合成气在铑基催化剂上转化为含氧化合物的方法可能是加氢合成乙醇的一个好方法，因为 C_2 含氧产物如乙醛和乙酸是能够容易地被加氢生成乙醇的。

CNTs 已经被作为纳米尺度金属催化剂的载体进行了广泛的研究，虽然这些金属一般沉积于 CNT 的外表面。与 CNTs 有关的催化反应极少有实验例子是针对液相加氢的，就甲醇催化剂而言，其选择性或活性仅有中等程度的改进。研究指出，位于纳米管内部（内径 4 ～ 8nm 和外径 10 ～ 20nm）的铑颗粒对 CO 和 H_2 转化到乙醇有增强的催化活性。在纳米管内铑的乙醇生成速率［30mol/（mol Rh・h）］比纳米管外部铑的速率大一个数量级，虽然对后者反应物相对比较容易接近。这可能是由于内纳米管表面与金属颗粒间相互作用有利于 CO 增强和不解离吸附。在以前对 CNTs 管中进行催化的反应，并没有观察到这样的协同限域效应。这个发现具有的普遍意义可能是：对许多其他催化过程也应该能够应用，这有可能推动进一步的理论和试验研究，进一步了解碳和其他纳米管体系内的主 - 客体相互作用。

8.4.3 $Cu/ZnO/Al_2O_3$ 催化剂的活性中心

甲醇是一种用途广泛的有机化工产品，也是重要的基本有机化工原料，在农药、医药、染料、香料、涂料领域有广阔的应用市场。近年来，随着科学技术飞速发展和能源结构的改变，甲醇的用途又开辟了许多新领域。例如，甲醇是较好的人工合成蛋白原料，是容易输送的清洁燃料，是直接合成醋酸的原料等等。甲醇合成催化剂是推动甲醇技术革命的最重要因素。早期甲醇生产采用活性较低的锌 - 铬催化剂，为了达到较高的转化率，要求在高温（320 ～ 420℃）和高压（25 ～ 35MPa）下进行，从而导致投资和操作成本的上升。随着英国 ICI 公司铜 - 锌 - 铝催化剂的研制成功，甲醇生产进入了低温（220 ～ 280℃）和中低压（5 ～ 10MPa）时代。近年来，各种新型甲醇催化剂层出不穷，活性、选择性、寿命等各方面均大大超过前代产品，从而推动甲醇生产在长周期、低能耗、低成本运行方面上升到一个前所未有的高度。甲醇催化剂性能的提高无疑是催化剂研究成果的集中体现。近年来对铜 - 锌甲醇催化剂的活性中心、反应机理、助剂作用、制作工艺、催化剂失活等方面的研究有了一些进展，下面简要介绍之。

若干技术，包括在低压下甲醇分解、反应物共吸附和热分解、放射性同位素示踪、中间物捕集和表面谱学方法，都已经被用于甲醇合成催化剂和反应机理的研究。但是，对甲醇合成机理意见仍然不统一，还有一些疑问有待解决。关键的疑问点是，甲醇从由 CO 还是由 CO_2 或从两者加氢生成，它们生成的催化活性位是什么。

在早期认为甲醇的生成遵循 CO 加氢。后来，Rozovskii 及其同事们使用放射性碳同位素进行的动力学和机理研究指出，甲醇的生成主要通过二氧化碳加氢形成而不是一氧化碳加氢形成。虽然他们的意见开始被否定，但其他学者重复了他们的结果，使用 ^{18}O 和 ^{14}C 示踪剂的研究再次证实 Rozovskii 及其同事们的意见。必须指出，与二氧化碳加氢比较，一氧化碳仍以较慢的和平行的路径加氢合成甲醇。

虽然甲醇合成的反应路径已经比较清楚，但甲醇合成的活性位仍然是有疑问的。学者从他们试验发现获得的对合成甲醇活性位的若干意见如下：①金属铜与 ZnO 载体相互作用；②铜锌表面合金；③在载体与铜间无协同作用时是部分氧化的铜；④ Cu^+ 溶解于载体中。

对在甲醇合成期间形成的表面物质进行了大量的研究。在二氧化碳加氢期间形成的是甲酸盐，而从一氧化碳和 H_2 形成的是甲酰基类物质，甲酰基类物质是不稳定的，能够被加氢形成甲氧基，在表面已经观察到有甲氧基。

活性中心与反应速率的控制步骤、催化剂失活及反应机理等有着密切关系，因此一直是催化剂研究的重点之一。有关铜锌催化剂的活性中心存在以下 4 种观点。

8.4.3.1 Cu^0 活性中心

以 ICI 为代表的观点认为：Cu^0 是低压甲醇合成催化剂中唯一的有效组分。采用不同的铜 - 锌催化剂，测定了反应活性和金属铜表面积（使用 N_2O 迎头色谱法）间的关系，发现二者成正比关系。所以认为 Cu^0 是合成甲醇的活性中心。载体只起保持分散度的结构助剂作用。他们否认 Cu-ZnO 间有强的协同作用。支持 Cu^0 为活性中心的另一实验结果是，在还原和反应气氛中只能检测到金属铜而检测不到 Cu^+ 或 Cu^{2+}。但是，不少学者对 Cu^0 活性中心存在置疑。有学者认为仅靠合成甲醇的活性和金属铜的表面积成线性关系还不能肯定 Cu^0 是活性中心，因为在这样的实验条件下还不能排除其他物质是活性中心的可能性。研究发现，在固定 CO_2/CO 比的原料气中，有一定比例的铜表面被氧所覆盖，这就是说有 Cu^+ 或其他形式的部分氧化的铜存在，所以也可能是 Cu^+-Cu^0 构成活性中心。

8.4.3.2 Cu^+ 活性中心

早在 1955 年就有学者认为，对于甲醇合成，真正起作用的是氧化态铜，而不是金属铜。在 Cu/ZnO 催化剂中，金属铜和氧化锌相互作用使一个电子从金属铜转移向 ZnO 而有效地将其氧化成 Cu^+，而起催化作用的是 Cu^+ 而非 Cu^0。根据电荷诱导效应，在 Cu/Zn、Cu/Zn/Al 催化剂中加入与 Zn^{2+} 半径相近的三价阳离子 Sc^{3+}，发现 Cu^+ 明显增加，CO 吸附量及生成甲醇的催化剂活性明显提高。在雾化高温分解法制备的 Cu/Zn 催化剂上，对于 CO+H_2 合成气，Cu^+ 与生成甲醇活性的相关性优于 Cu^0 与活性的相关性。对 CO+H_2 在 Cu/ZnO/Al_2O_3 催化剂上的反应活性和 CuO-ZnO 间相互作用的关系的研究发现，CuO-ZnO 间相互作用导致部分铜存在于 ZnO 晶格之中，但是该铜含量的增加并不能引起 CO 加氢活性的明显增加而只是显著提高了生成甲醇的选择性。

8.4.3.3 Cu^0-Cu^+ 活性中心

TPR 和 XPS 研究结果表明，在低 CuO 含量（$<30\%$）催化剂中，溶解于 ZnO 晶格中

的 Cu^{2+} 离子被还原成二维 Cu^0-Cu^+ 层或溶解于 ZnO 晶格中的 Cu^0-Cu^+ 物质。根据二维 Cu^0 的易氧化还原性和 Cu^+ 的高度稳定性，提出了二元 Cu/ZnO 催化剂中二维 Cu^0-Cu^+ 物质是低温低压合成甲醇的活性物质。CO 吸附在 Cu^+ 上并逐步加氢生成甲醇。Cu^0 是 Cu^+ 的前体，由 CO_2、H_2O 或其他氧化性物质把其氧化为 Cu^+。含 CO_2 的原料气在金属铜表面覆盖有氧是可以证明这一点的。在研究了 Cu/ZnO/Al_2O_3 催化剂在常压下的活性和金属铜表面积的关系后，同样得出了 Cu^0-Cu^+ 是甲醇合成的活性中心的结论。

8.4.3.4 Cu-Zn 活性中心

很长一段时间，铜都被认为是甲醇反应的唯一活性中心，组分 Zn 和 Al 等成分仅起到助催化、防止中毒及增加耐热的作用。

但越来越多的研究表明，在甲醇合成过程中，随着体系变化，催化活性中心可能不只是 Cu^0 或 Cu^+，而存在新的活性中心。通过 XPS、XAES 和 STM 显微镜等表征手段对铜多晶和不同的单晶表面进行分析，得到了大量的表面结构信息。

在含有 CO_2 的合成气中，Cu 和 Zn 都以原子态存在，且没有表面氧原子；随着 Zn 含量的增加，铜的晶格常数相应增加，证实了 Cu-Zn 表面合金的存在；而且随着还原温度的升高，ZnO 被还原的程度增大，催化活性也同时提高。说明了在该条件下，Cu-Zn 的表面合金起到了活性中心的作用，而动力学实验也表明反应的 TOF 值与不同的铜单晶表面没有关系。

而对于 CO + H_2，情况完全不同：在铜晶粒表面检测到了 Cu-O-Zn 基团，而氧化态的铜与反应活性直接相关，说明在该条件下，Cu-O-Zn 为催化剂的活性中心。丹麦 Topsoe 公司的研究人员发现：金属铜依然是催化剂的核心，而且随着反应条件的变化，铜的形态（粒径大小和配位数）也发生可逆的改变。在强还原（CO+H_2）的气氛下，Cu-Cu 的配位数最小，催化活性最高。而在非常苛刻的条件下（大于 600℃），EXAFS 也检测到了 Cu-Zn 合金的存在。目前，许多学者均接受 Cu-Zn 组分的金属态和氧化态共同为甲醇合成反应的活性中心的观点。

归纳文献结果能够得出 ZnO 在铜 - 锌催化剂中的主要作用有：①作为结构助剂，稳定活性中心 Cu^+；②保持 Cu 的高分散性；③吸收合成气中的毒物；④活化 H_2；⑤ Cu/ZnO 界面形成独特的活性中心（比如 ZnO_x）；⑥在 Cu 和 Cu/ZnO 上合成甲醇；⑦电子交换使 Cu 的电子性质发生改变；⑧参与反应链；⑨改变反应物的吸附热；⑩ ZnO 使 Cu 的特殊晶面或表面缺陷得到稳定。

8.4.4 在 Cu/ZnO/Al_2O_3 催化剂上甲醇合成反应机理

有关甲醇合成的机理仍然存在分歧。通常的机理疑问包括：①在稳态时，催化剂的 Cu 组分是否被 O 原子部分覆盖，以及是否有甲酸；②如果反应存在诱导期，在诱导期内 Cu 是否进行了结构重排；③如果反应是结构敏感的，是否所有 Cu 表面都是活性的，衍生的甲酸中间物在 Cu 上是否可以移动。

目前，合成气合成甲醇是在传统的 Cu/Zn/Al_2O_3（CZA）催化剂上实现的。合成气到甲醇的转化率取决于铜表面积。Cu 基催化剂能够同时提高甲醇合成和水蒸气变换反应的速率。铜颗粒大小和它的分散度取决于制备条件，如 Cu/Zn 比、沉淀剂类型和焙烧温度。

就原始甲醇合成催化剂而言，ZnO 的活性是不高的，Cu 金属的活性很小或没有活性。

但 Cu/ZnO 组合催化剂间有协同作用，对甲醇合成显示高催化活性。在 $CO/CO_2/H_2$ 进料气体中 CO_2 能够起氧化剂的作用，保持 Cu^+ 的活性中心状态。同时也认为在 $CO/CO_2/H_2$ 进料气体中 CO_2 是能够被加氢生成甲醇的，此时的活性中心是 Cu 金属。

对 CO_2 到 CH_3OH 的反应，稳定中间物为甲酸。这是使用程序升温反应谱（TPSR）发现的。因为假设认为吸附物质是 Cu 上的最高温度脱附物质，它是在 CH_3OH 产生和分解时形成的，而且它是在 Cu 上合成甲醇时最稳定和长寿命的反应中间物，因此可以设想它是甲醇合成中最可能的中间物质。相互作用初期很可能生成碳酸氢盐（HCO_3），即便形成了碳酸氢盐，吸附 HCO_3 分解到 HCO_2 和 O 的精确机理仍然是不清楚的。

在 Cu/ZnO 甲醇催化剂上，对合成甲醇反应提出了三种可能的反应机理：一氧化碳机理、二氧化碳机理及混合反应机理。

8.4.4.1 一氧化碳机理

在对 CO/H_2 在 $Cu/ZnO/Al_2O_3$ 催化剂上的反应进行详细研究后，认为催化反应的活性中心是 Cu^+，H_2 的解离吸附发生在 ZnO 上，提出的反应机理如下：

$$CO+*(Cu_2O) \longrightarrow CO*(Cu_2O)$$

$$H_2+2*(ZnO) \longrightarrow 2H*(ZnO)$$

$$CO*(Cu_2O)+H*(ZnO) \longrightarrow HCO*(Cu_2O)+*(ZnO)$$

$$H*(ZnO)+HCO*(Cu_2O) \longrightarrow CH_2O*(Cu_2O)+*(ZnO)$$

$$H*(ZnO)+CH_3O*(Cu_2O) \longrightarrow CH_3OH*(Cu_2O)+*(ZnO)$$

$$CH_3OH*(Cu_2O) \longrightarrow CH_3OH+*(Cu_2O)$$

式中，* 指催化剂的吸附活性位。这种机理认为，在催化反应中，CO 是唯一的直接碳源，能合理解释红外光谱研究结果，因此具有一定的合理性。

最为重要的是，这种机理认为体系存在两种不同的吸附中心，能合理解释活性中心 Cu^+ 和助剂 ZnO 的协同作用。

结合前人的研究结果，并考虑到 H_2 在 ZnO 和 Al_2O_3 表面吸附能力的差异性，提出了如下的不同一氧化碳反应机理：

$$CO+*(Cu) \longrightarrow CO*(Cu)$$

$$H_2+2*(Cu) \longrightarrow 2H*(Cu)$$

$$CO*(Cu)+H*(Cu) \longrightarrow HCO*(Cu)+*(Cu)$$

$$H_2O+*(Cu) \rightleftharpoons H_2+O*(Cu)$$

$$HCO*(Cu)+O*(Cu) \longrightarrow HCOO*(Cu)+*(Cu)$$

$$2H*(Cu)+HCOO*(Cu) \longrightarrow CH_3OH*(Cu)+O*(Cu)+*(Cu)$$

$$CH_3O*(Cu)+Zn(OH)_2 \longrightarrow CH_3OH+ZnO$$

8.4.4.2 二氧化碳机理

认为二氧化碳为合成甲醇直接碳源的研究者指出，合成甲醇反应过程中伴有水煤气变换反应，即一氧化碳的作用是与吸附氧反应生成二氧化碳。因此提出如下的所谓的二氧化碳反应机理：

$$H_2 + 2^*(Cu) \longrightarrow 2H^*(Cu)$$

$$CO_2 + {}^*(Cu) \longrightarrow CO_2{}^*(Cu)$$

$$CO_2{}^*(Cu) + H^*(Cu) \longrightarrow HCOO^*(Cu) + {}^*Cu$$

$$2H^*(Cu) + HCOO^*(Cu) \longrightarrow CH_3O(Cu) + O^*(Cu) + {}^*(Cu)$$

$$H^*(Cu) + CH_3O^*(Cu) \longrightarrow CH_3OH^*(Cu) + {}^*(Cu)$$

$$H_2O + {}^*(Cu) \rightleftharpoons H_2 + O^*(Cu)$$

$$CO + O^*(Cu) \longrightarrow CO_2 + {}^*(Cu)$$

按照这一机理，CO_2 的含量应与甲醇产量成正比，但事实并非如此。实验研究表明，当 CO_2 含量超过某一最佳值时，甲醇产率反而会下降。

8.4.4.3 混合反应机理

利用原位红外技术研究了 CO/H_2 和 $CO/CO_2/H_2$ 气氛中，反应条件下 $Cu/ZnO/Al_2O_3$ 催化剂表面上可能存在的吸附物质。在 CO/H_2 气氛中，在催化剂表面上检测到有 M—CO、M—H 及甲酸盐。而在 $CO/CO_2/H_2$ 气氛中，还检测到有碳酸氢盐。据此提出了如下 4 种混合反应机理：

$$M + CO \longrightarrow M\text{—}CO + 4H \longrightarrow CH_3OH + M$$

$$M + CO_2 \longrightarrow M\text{—}CO_2 + 5H \longrightarrow CH_3OH + M\text{—}OH$$

$$M\text{—}OH + M\text{—}CO \longrightarrow M\text{—}CO_2H + 4H \longrightarrow CH_3OH + M\text{—}OH$$

$$M\text{—}OH + M\text{—}CO_2 \longrightarrow M\text{—}CO_3H + 6H \longrightarrow CH_3OH + M\text{—}OH + H_2O$$

其中 M 是吸附活性中心，对于 CO 应是 Cu^0（或 Cu^+），对于 H_2 应是 ZnO。该研究结果不但很好地解释了催化剂表面上检测到的化学物质，而且能明确解释实验中 CO_2 的助剂作用及导致速率控制步骤发生转移的原因，是目前甲醇合成机理研究中被认为是比较合理的。

8.4.5 $Cu/ZnO/Al_2O_3$ 催化剂中的助剂

根据甲醇合成机理，最初研制的催化剂仅含 Cu/ZnO 双组分，初始活性较高，但催化剂很快就失去了活性，没有工业应用价值。因此，随后开发的工业甲醇催化剂除了 Cu/ZnO 外，又新增加了 Al_2O_3 等其他辅助成分。研究表明，正是由于辅助成分的存在，大大增强了催化剂抗过热和抗毒物能力，延长了催化剂使用寿命。

8.4.5.1 Al_2O_3

研究表明，Al_2O_3 的加入提高了 Cu/ZnO 催化剂的活性和稳定性，主要作用有：①形成可作分散剂的隔离剂铝酸锌，能够防止铜粒子的烧结；②由于 Al_2O_3 团簇被包藏于 Cu 中，后者产生无序及缺陷结构，有利于 CO 的吸附与活化；③作为 Cu/ZnO 的稳定剂。

8.4.5.2 Zr

离子掺杂价态补偿理论认为：Zr 可以改变铜锌催化剂中的 Cu^+/Cu^0 比例，在催化剂中起到给电子作用，使还原温度降低。IR 研究 ZrO_2 和 ZnO/ZrO_2 催化剂上的 CO 吸附性能后认为，Zr 可以形成独特的活性中心，增强 CO 吸附能力，同时认为在 Cu/ZrO_2 催化剂中 Zr 是 H 溢流的受体。

8.4.5.3 Mn

Mn 助剂可以提高 $Cu/ZnO/Al_2O_3$ 催化剂的活性，原因是 Mn 能够调节 Cu^+/Cu^0 比例，使得活性中心增多，同时使 Cu^{2+} 还原难度增大，阻碍铜晶粒烧结，提高表面活性中心浓度和增加表面氧浓度。

8.4.5.4 残留 Na、K

残留 Na 对催化性能影响的研究表明，Na^+ 对催化剂活性的影响不是使催化剂中毒，而是占据表面位，从而降低 Cu 和 Zn 原子在催化剂表面所占的比例，减少表面的活性中心数目。尽管催化剂体相残留 Na_2O 浓度不高，但由于 Na^+ 向表面迁移能力很强，其在表面富集，影响催化剂性能。目前，国内对甲醇催化剂的 Na_2O 含量一般要求低于 0.5%，而国际上对催化剂的要求一般是低于 0.05%。对 K_2O 对 Cu/ZnO 催化剂上 CO_2 加氢反应性能影响进行分析，结果表明，K_2O 对低价金属 Cu^+ 有稳定作用，K_2O 与 CuO 的强作用覆盖了部分金属铜表面，导致催化剂还原难度增加。除此之外，研究也表明，Mg、Ag、Ti、Ni、V、S、稀土等的加入，对提高催化剂活性和热稳定性均有一定的效果。

8.4.6 $Cu/ZnO/Al_2O_3$ 催化剂的制备

影响催化剂性能的除了其组分外，还有催化剂的物理结构。为了制备大比表面积、均匀孔径的甲醇催化剂，研究人员研究了催化剂制备的各个环节，寻找进一步提高催化剂整体水平的途径。

8.4.6.1 共沉淀方式

制备 $Cu/ZnO/Al_2O_3$ 甲醇合成催化剂可以使用的共沉淀方式有 3 种：正加、反加和并流。试验结果表明，它们的活性顺序为：并流法样品＞反加法样品＞正加法样品；还原温度由低到高的顺序为：反加法样品＜并流法样品＜正加法样品。但研究也表明，两步沉淀法制备的催化剂具有更高的铜表面质量分数。例如，西南化工研究院的 XNC98 型催化剂采用了两步沉淀法：第一步制备纳米级锌 - 铝尖晶石（作为特殊载体），第二步将晶粒大小相近的活性相均匀负载到载体上，得到的催化剂活性相晶粒小，分散度高。

在采用并流共沉淀法制备铜 - 锌甲醇合成催化剂的前提下，研究了不同前驱体作原料对所制备 $Cu/ZnO/Al_2O_3$ 甲醇合成催化剂活性的影响。结果表明，使用醋酸盐制备的催化剂活性要高于使用硝酸盐制备的，但单个醋酸盐替代硝酸盐制备催化剂活性还不如全部以硝酸盐制备催化剂的活性高。催化剂的 TPR 测量表明，使用不同前驱体制备的催化剂，其还原性存在一定差异。XRD 结果表明，如果铜和锌都以醋酸盐替代硝酸盐制备，催化剂中 CuO 和 ZnO 分散性和协同作用都得到增强。

中国专利公布了采用喷雾干燥方法制备的铜 - 锌合成甲醇催化剂。喷雾干燥的进料温度为 300 ~ 400℃，出料温度为 100 ~ 150℃。使用压力式喷雾干燥，压力为 0.8 ~ 3.0MPa。得到的催化剂具有较小的堆密度、较大的比表面积，在活性测试中表现出较高的活性。

采用溶胶 - 凝胶法制备的超细 $CuO/ZnO/TiO_2$-SiO_2 催化剂以及使用表面活性剂沉淀法制备 $CuO/ZnO/Al_2O_3$ 催化剂，活性和选择性似都有提高。

8.4.6.2 沉淀试剂的影响

研究了 Na_2CO_3、K_2CO_3、$CO(NH_2)_2$、$(NH_4)_2CO_3$、NaOH 等沉淀剂对催化剂活性的影响，结果表明，Na_2CO_3 活性最好。但有人认为，使用草酸盐代替碳酸盐所产生的沉淀颗粒更小且更均匀，因此催化剂活性也应该有显著提高。在沉淀过程中采用非水溶剂能够得到更佳的效果，因为表面张力较弱的溶剂会减少沉淀物结构的破坏和缩合。

8.4.6.3 沉淀温度、pH 值的影响

一般认为沉淀温度在 80 ~ 85℃为好，此时 $Cu(OH)_2$-$2CuCO_3$ 向 $CuCO_3$-$Cu(OH)_2$ 转变快，有利于后者晶化。pH 值影响 Cu^{2+} 和 Zn^{2+} 的沉淀速度，在酸性介质中，Cu^{2+} 先于 Zn^{2+} 沉淀下来，当 pH 值大于 6.7 时，Zn 沉淀较完全。在碱性介质中，Zn^{2+} 先于 Cu^{2+} 沉淀，但两者差别不大，当 pH 值小于 9.0 时，Cu 和 Zn 沉淀率基本一样。在充分讨论了温度和 pH 值对 Cu、Zn 的硝酸盐共沉淀的影响后发现，pH 值的差异会得到不同的沉淀物（前驱体）：酸性环境中是碱式碳酸氢盐，只有当 pH=7 时才产生所要的碱式碳酸盐；另外，在低于 75℃时，随着沉淀温度的升高，溶液的不饱和度增加，沉淀速率减慢，使沉淀形成更均匀，从而提高甲醇合成的催化活性。

8.4.6.4 老化条件的影响

老化通常被认为只是晶粒的生长过程，但在研究后发现，其中也发生了一系列复杂的变化。目前一般认为，催化剂制备过程中的老化时间不应低于 1h，老化温度不应低于 80℃。

8.4.6.5 焙烧条件的影响

对 Cu-Zn-Al 碱式碳酸盐的热处理进行研究后发现，该化合物 165℃脱去结晶水，250℃脱去大部分羟基水，CO_3^{2-} 于 280℃开始分解，直到 600℃全部羟基水和 CO_2 脱除完毕。对使用草酸盐胶态共沉淀法制备的纳米 $Cu/ZnO/Al_2O_3$ 催化剂，进行了焙烧条件对催化剂结构性质及其二氧化碳加氢制甲醇催化活性的影响的研究。最后认为，合适的焙烧条件是：富氧气氛、较低升温速率和 350℃焙烧，这样的焙烧条件获得的催化剂比表面积大、铜粒径小，在 CO_2 合成甲醇反应中能获得更高选择性和催化活性。有学者认为，在焙烧沉淀物过程中产生的水和 CO_2 会显著促进铜晶粒的长大，应通入惰性气体去除。用纯氢还原时因放热过快过强会加速铜烧结，为此应该降低升温速率，或改用甲醇作还原剂以减少放热，从而抑制烧结。

新近的一个研究发现，由铜锌矿结构[$Cu_{2.5}Zn_{2.5}(CO_3)_2(OH)_6$]为前驱体制得的 Cu/ZnO 催化剂，在焙烧过程中 CuO 晶粒的大小随焙烧升温速率的增加而增大。而由含锌复合孔雀石结构[$(Cu,Zn)_2(CO_3)(OH)_2$]为前驱体得到的催化剂的 CuO 晶粒大小受焙烧升温速率的影响不大。焙烧过程一般按两步分解机理进行：在焙烧过程中首先形成具有碳酸盐结构的金属氧化物，然后再分解形成正常的金属氧化物。在第一步中形成的水加速第二步的分解，同时加速 CuO 晶粒的生长。然而在 1 ~ 10℃ /min 的升温范围内，焙烧对催化

剂还原后 Cu 的分散影响是不大的。

8.4.7 $Cu/ZnO/Al_2O_3$ 催化剂失活

铜 - 锌甲醇催化剂一般都有较高的初始活性，但随着时间延长，催化剂活性总会有不同程度的下降。因此研究催化剂失活因素及其防护是催化剂研究的一个重要环节。目前，已知的影响催化剂失活的原因包括，热烧结、硫中毒、氯中毒、其他毒物及物理破坏等。

对 $Cu/ZnO/Al_2O_3$ 催化剂在甲醇合成期间的失活和失活催化剂的再生进行了很多研究。表 8-5 显示在甲醇合成期间合成气中污染物与催化剂失活间的关系。磷是催化剂的毒物，在合成气进料中含 1.91μL/L PH_3 立刻导致 0.256%/h^{-1} 的失活速率。所有四种含硫的污染物 COS、CS_2、噻吩和 CH_3SCN 都是合成甲醇催化剂的毒物。氯对铜催化剂也是致命的毒物，应该被完全除去。氯化氢与活性铜反应生成低熔点氯化铜，导致快速烧结，铜表面积下降和催化剂完全失活。即便痕量的氯也会显著加速烧结。氯的存在导致催化活性的立刻下降，即便 HCl 源已经被除去，失活仍将继续。

表8-5 合成气污染物导致的基础合成催化剂的失活速率

试验序号	毒物类别	进料中的浓度/（μL/L）	相对失活速率（初始活性 / 失活时的活性）			在废催化剂中污染物浓度 /（μL/L）	
			初始，洁净合成气	污染物 / 合成气	最后，洁净合成气	试验	计算①
1	PH_3	1.91	0.0096	0.256	约 0	1580	1628
2	COS	2.75	0.0717	0.5714	0.1899	3196	3320
3	CS_2	2.07	0.0660	1.330	0.999	4510	3851
4	噻吩	1.61	0.08.3	1.000	0.0988	—	—
5	CH_3SCN	2.14	0.0374	0.674	0、323	1930	2080
6	CH_3Cl	2.01	0.0311	0.657	0.169②	2650	2506
7	CH_3F	2.55	0.0853	0.272	0.0498	344	1637

① 基础负荷从污染物在进料中的浓度、气体流速和暴露时间计算。

② 回到洁净合成气时的初始值。

注：合成气组成，H_2 68.2%，CO 22.8%，CO_2 4.7%，N_2 5.3%；反应条件：GHSV 6000h^{-1}，p 51atm，T 250℃。

8.4.7.1 热烧结

研究表明，铜 - 锌 - 铝催化剂的活性与其比表面积存在线性关系。催化剂在使用前后其物理化学性质发生变化，铜晶粒长大，比表面积减小和催化剂活性位减少。催化剂烧结（表面积下降）是铜 - 锌 - 铝催化剂失活的重要原因之一。部分金属稳定性的顺序如下：Ag < Cu < Au < Pb < Fe < Ni < Co < Pt < Rh < Ru ≪ Ir < Os < Re。由此可以看出，铜 - 锌 - 铝催化剂比其他常用的金属催化剂（如 Ni、Fe 等）对热要敏感得多。另外，铜的 Hutting 温度较低，因此铜催化剂要求在较低温度（一般不超过 300℃）下操作。在反应器中因 CO 加氢合成甲醇是强放热反应，很容易在催化剂床层中形成热点，局部温度升高，

导致催化剂烧结，活性下降。为防止热点的发生，在真实操作中使用大量未反应气体循环或在两催化剂床层中间设置热交换器进行冷却，降低反应物流温度，这样可以防止催化剂的烧结失活。

在催化剂制备过程中也要防止活性金属 Cu 的烧结（晶粒长大）。例如，当用纯氢气对铜 - 锌 - 铝催化剂进行还原时，因放热过强导致铜烧结。因此在还原操作中，除使用低的升温速率外，不应该使用氢气而应改用甲醇作还原剂，以减少放热从而抑制烧结。这也是甲醇合成铜 - 锌 - 铝催化剂在使用前的还原程序是非常严格的原因。对焙烧过程的烧结，前已指出，由铜锌矿结构［$Cu_{2.5}Zn_{2.5}(CO_3)_2(OH)_6$］作为制备催化剂的前驱体进行焙烧时，CuO 晶粒大小随焙烧升温速率和终温的增加而增大；但以锌复合孔雀石结构［$(Cu, Zn)_2(CO_3)(OH)_2$］作为铜锌催化剂的前驱体时，制备得到的催化剂中 CuO 晶粒大小受焙烧升温速率的影响不大。

8.4.7.2 毒物中毒

研究表明：H_2S 或其他硫化物（如甲硫醇）与表面物质发生作用，在室温或高于室温条件下，硫与 Cu 作用引起表面重组，形成稳定的 S—Cu—S—Cu—S 链。这些吸附的硫原子被隔离成大约 0.6nm 大小，成对或以二聚体形式和以 5 个或 6 个氧原子排成各向异性的原子簇。表面 O 的存在是保持催化剂活性的重要因素。XPS 研究表明，H_2S 与预暴露氧中的 Cu 表面反应，开始解离形成表面羟基物质，随后脱水，最终所有化学吸附氧被赶走由吸附硫替代。鉴于上述原因，硫的存在易造成铜 - 锌催化剂的永久性中毒。一般要求原料气中硫含量＜ 1μL/L，最好是 0.1μL/L。

催化剂氯中毒有以下几种平行机理：①催化剂与吸附的氯原子反应，进而阻碍或改变催化剂活性位；② CuCl 具有低的熔点和高的表面迁移率，非常微量的 CuCl 足以提供可迁移物质，加速铜 - 锌 - 铝催化剂表面烧结；③痕量氯也是可迁移的，同时加剧催化剂还原态硫（如 H_2S）的中毒；④催化剂中的锌形成具有低熔点的 $ZnCl_2$，引起催化剂进一步中毒与烧结。这就要求原料气中氯含量保持在 0.01μL/L 以下。

研究表明，原料气中的 Ni、Fe、羰基硫等也会造成催化剂的中毒。

8.4.7.3 物理破坏

催化剂的物理破坏主要包括两个方面：一是催化剂微孔结构被积炭堵塞；二是催化剂在流化床或移动床中的磨损。铜 - 锌 - 铝催化剂虽不像其他过渡金属（如 Fe、Ni、Co 等）和酸催化剂（如沸石、硫酸锆等）那样容易发生积炭，然而铜仍具有弱的断裂 C—O 键和重整 C—C 键的催化活性，因而也有可能发生积炭或结垢现象。合成甲醇采用固定床反应器，一些不正确的操作是会引起催化剂物理磨损的，如高温水汽有时会引起催化剂颗粒物理破坏，由操作不慎引起的催化剂床层温度偏高导致铜晶粒长大，造成催化剂活性下降。

综上所述，铜 - 锌催化剂的失活方式较多，主要是催化剂表面的烧结。由于反应物气流在进入催化剂床层前已经经过了精脱硫，铜 - 锌 - 铝催化剂硫中毒并不严重。但不管怎样，硫、氯等仍然是催化剂的致命毒物。另外，羰基化合物的中毒及积炭、结垢等现象也应引起足够的重视。催化剂的失活不仅表现在催化剂表面烧结，比表面下降，而且催化剂的物理性质如孔结构、孔容及孔隙率等也会发生改变，从而影响催化剂的活性。

8.4.8 铜锌工业甲醇催化剂现状

20 世纪 60 年代，ICI 和 Lurgi 公司先后研制成功 $Cu/ZnO/Al_2O_3$ 催化剂，开创了铜 - 锌 - 铝甲醇催化剂的先河。随后庄信万丰（ICI）、BASF、德国 Sud Chemie（Lurgi）、丹麦 Topsoe、我国的南化集团研究院、西南化工研究院等国内外研究机构不断推出各自的甲醇合成催化剂品种，推动甲醇工业成为基础化学工中的支柱产业之一。

8.4.8.1 庄信万丰（ICI）

ICI 催化剂是铜 - 锌 - 铝甲醇合成催化剂的鼻祖。该公司 1966 年开发了第一代 ICI 51-1 型催化剂，其组分为铜 - 锌 - 铝；1970 年开发了 ICI 51-2 型，以铜载于铝酸锌上；60 ～ 90 年代，ICI 不断更新催化剂配方，采用先进制备手段，包括分步沉淀法、添加第 4 种组分等，不断推出新型产品。至 20 世纪 90 年代，该公司推出了 ICI 51-7 型催化剂。2002 年，ICI 旗下 Synetix 公司被庄信万丰（JohnSon Matthey Catalysts）公司收购，产品牌号从 ICI 改为 KATALCOJM。目前庄信万丰已经推出了 KATALCOJM 51-8 PPT 和 KATALCOJM 51-9 两种型号的合成甲醇催化剂。51 系列甲醇催化剂是目前全球用量最大的催化剂系列，年甲醇产量达 2000 万吨，占世界总量的 60% 左右。

8.4.8.2 德国 BASF 公司

该公司的产品有 S3-85 型、S3-86 型。后者为 CuO/ZnO 负载于氧化铝上，采用新的制备方法，优化了配方。据专利介绍，首先制得一种分子式为 $Cu_{2.2}Zn_{2.8}(OH)_6(CO_3)_2$ 的混合结晶体（含作为结构助剂的氢氧化铝），从它出发经煅烧还原制得可使用合成甲醇催化剂。该催化剂有特定的组成，特点是铜含量低，活性高，稳定性极佳，且耐水蒸气。

8.4.8.3 德国 Sud Chemie 公司

该公司是世界著名的甲醇催化剂研究开发公司之一，产品有 GL-104、C79-4GL、79-5GL、C79-6GL 等。GL-104 主要的化学组分为铜 - 锌 - 铝 - 钒；C79-4GL 为铜 - 锌 - 铝，适用于从油或煤通过部分氧化法生产的原料气，在等温合成塔中具有良好的性能。C79-5GL 型催化剂适用于富含 CO_2 的原料气合成甲醇，具有很好的稳定性。C79-6GL 适用于工业尾气为原料气的生产。该公司的技术特点在于，采用胶态（凝胶或溶胶）形式的氧化铝或氢氧化铝作原料，通过改变氧化铝组分，调整催化剂的孔结构。另外，该催化剂采用较稀的碱性沉淀剂和较低沉淀温度及在中性甚至弱酸性 pH 值下沉淀，沉淀物制出后不老化即进行干燥等，这有利于改善其孔分布。最近，该公司推出了一款新的甲醇催化剂，牌号为 MegaM-ax700（旧代号为 C79-7GL），适合 CO_2 含量很低的合成气，由于具有优良的低温活性和选择性，抗积蜡效果良好，具有良好的市场前景。

8.4.8.4 丹麦 Topsoe 公司

其早年产品 LMK 催化剂属于铜 - 锌 - 铬系，所以低温活性明显低于铜 - 锌 - 铝系催化剂。20 世纪 80 年代开发了 MK-101 型催化剂，该催化剂具有高活性、高选择性、高稳定性的特点，是目前世界上最优良的低压甲醇合成催化剂之一。该公司最新研制成功的一种 MK-121 型甲醇合成催化剂，已推向市场。据评价结果显示：MK-121 的活性比 MK-101 高 10%，稳定性、寿命等指标均有一定的提高。

8.4.8.5 南化集团研究院（中国）

南化集团研究院是国内最早研究开发和生产甲醇催化剂的单位。20 世纪 60 年代末，为配合国内联醇工业需要而研制成功的 C207 型联醇催化剂，现仍广泛应用于各联醇厂中。70 年代末至 80 年代初开发的 C301 型甲醇合成催化剂，至今仍占领着国内中高压甲醇市场的全部份额。随着甲醇合成工艺逐渐向低压大型化发展，该院又成功开发出一系列新型低压甲醇合成催化剂，广泛应用于不同原料的低压甲醇合成生产工厂。C306 型中低压合成甲醇催化剂以其优良的性能占领了国内一部分的低压甲醇市场，并在四川维尼纶厂、齐鲁石化第二化肥厂、格尔木厂引进的大型装置上代替德国和丹麦产品，成功地实现了催化剂的国产化，提高了我国在合成甲醇技术领域的地位。随之研制出的 C307 型催化剂，无论是初活性还是热稳定性均比 C306 型催化剂有较大幅度提升，尤其是低温活性提高更为显著，综合性能达到国际先进水平。C307 型催化剂现已在国内 12 个厂家 17 套装置上应用，其甲醇设计生产能力超过 200 万吨 /a。

8.4.8.6 西南化工研究设计院（中国）

西南化工研究设计院早期开发并生产了 C302 型、C302-2 型低压甲醇合成催化剂。近年新开发的 XNC-98 型催化剂其活性、热稳定性均达到国外先进产品水平，其甲醇设计生产能力达到 140 万吨 /a。

除上述公司外，日本 MGC，我国的西北化工研究院、四川亚联瑞兴化工新型材料有限公司等在甲醇催化剂领域也有一定的市场。

具有代表性的铜 - 锌甲醇催化剂如表 8-6 所示。

表8-6 主要铜-锌甲醇催化剂

型号	公司	组分 /%				操作条件			
		CuO	ZnO	Al_2O_3	其他	外形 /mm	压力 /MPa	温度 /℃	空速 /h^{-1}
51-1	ICI	60	30	10	—	5.4×3.6	6.2	210 ～ 270	10000
51-3	ICI	60	30	10	—	5.4×3.6	7.8 ～ 11.8	190 ～ 270	10000
51-7	ICI	50	20	9	Mn 0.9	5.4×3.6	4 ～ 12	190 ～ 270	
51-9	JMC（ICI）	√	√	√	Mn	5.3×5.1	4 ～ 12	190 ～ 270	
GL104	Lurgi	51	32	4	V_2O_5	5×5	4.9	210 ～ 240	—
C79-5GL	SD	53	20	8	—	6×（4 ～ 5）	—	—	
MegaMax700	SD	√	√	√		6×（4 ～ 5）	—	200 ～ 280	—
S3-85	BASF	35.4	44.3	2.7	—	5×5	5.0	220 ～ 280	—
S3-86	BASF	31	38	5		5×5	4.6 ～ 10	200 ～ 300	—
MK101	Topsoe	√	√	√		4.3×3.5	2.0 ～ 14.7	200 ～ 310	10000
MK121	Topsoe	＞ 55	21 ～ 25	8 ～ 10		6×4	4 ～ 12.5	200 ～ 310	—
M-5	三菱瓦斯	55	25	8	B_2O_3	6×5	5.0 ～ 15.9	230 ～ 285	—
C306	南化集团研究院	45 ～ 60	10 ～ 30	5 ～ 10				—	
C307	南化集团研究院	55 ～ 60	35 ～ 45	8 ～ 10		6×（3 ～ 4）、5×（4 ～ 5）	5.3 ～ 15	210 ～ 260	约 10000

续表

型号	公司	组分 /%				操作条件			
		CuO	ZnO	Al_2O_3	其他	外形 /mm	压力 /MPa	温度 /℃	空速 /h^{-1}
C302	西南化工研究设计院	51	32	4	V_2O_5	5×（4 ～ 5）	5.0 ～ 10	210 ～ 280	10000
XNC-98	西南化工研究设计院	＞57	＞22	＞8		5×（4 ～ 5）	5.0 ～ 10	200 ～ 290	—

注：“√”代表存在，但组成不详。

2006 年，全球甲醇产量达 3509.2 万吨，成为除合成氨外的最大基础有机化工产品。另据预测，随着甲醇被定位为重要的石油能源替代产品，甲醇产需量仍将继续大幅度提高，至 2011 年，世界甲醇产量达到 4589.2 万吨，2015 年世界甲醇产量不包括中国为 4722 万吨，而中国的产量为 5860 万吨。以百万吨甲醇催化剂耗量 200 ～ 300t、催化剂平均寿命 3 年计算，目前甲醇催化剂市场已达 3000t/a。铜 - 锌 - 铝甲醇催化剂虽已取得了巨大成功，但在催化机理、制作工艺中仍存在诸多未知领域，如：催化剂表面活性氧的作用机理、各活性中心之间的相互关系、如何使各活性中心发挥最大的协同效益等。因此，继续搞好催化剂机理及制作工艺研究仍是提高甲醇催化剂的根本途径，也是催化剂研究的世界性课题。我国甲醇催化剂生产技术与国外的差距主要体现在低温活性差、积蜡、寿命短等方面。如何提高我国甲醇催化剂制作水平将是我国甲醇催化剂研究的重点。

从 $CO/H_2/CO_2$ 混合物在 $Cu/ZnO/Al_2O_3$ 催化剂上生产甲醇的技术已经建立，应该认为是一种成熟工艺。使用这个工艺每年生产超过 4000 万吨甲醇。

8.5 甲醇合成反应动力学模型

8.5.1 甲醇合成反应动力学

文献有可以利用的各种动力学模型，针对不同的催化剂和不同的反应器构型。反应动力学类型包括：指数律动力学、基元动力学、Langmuir-Hinshelwood 动力学和多项式动力学。1973 年提出了第一个在 $Cu/ZnO/Al_2O_3$ 催化剂上合成甲醇的动力学模型。这个模型仅考虑 CO 作为反应物，并不考虑进料气体中 CO_2 的存在。在 1982 年前，大部分动力学表达式仅仅考虑 CO 和 H_2 的浓度或分压。但是，在甲醇合成反应发生的同时，也有水汽变换等反应发生。科学家已经对比了合成气转化为甲醇中的主要组分，CO_2 消耗 H_2 生成水，这加速催化剂的失活，但在进料中的少量 CO_2 促进 CO 转化为甲醇的反应。早期动力学研究仅考虑 CO 反应物，后来 CO_2 被认为是主要反应物或者认为是仅有的反应物。直到最近，示踪剂研究揭示，CO 和 CO_2 都是对合成甲醇有贡献的反应物。机理研究指出，它们的反应速率可能是不同的，这是产生混淆的原因。近来，原位 FT-IR 研究证明，在 $Cu/ZnO/Al_2O_3$ 催化剂上合成甲醇，CO 和 CO_2 都是甲醇的碳源。表 8-7 总结了几个同时考虑 CO 和 CO_2 的甲醇合成动力学模型。

表8-7 甲醇合成主要动力学模型总结

作者	催化剂	温度 /K	压力 /bar	反应	动力学速率方程
Klier 等 （1982）	CuO/ZnO	498 ～ 523	75	$CO+2H_2 \rightleftharpoons CH_3OH$ $CO_2+3H_2 \rightleftharpoons CH_3OH+H_2O$ $A_{red}+CO_2 \rightleftharpoons A_{OX}+CO$ 氧化还原反应 处于平衡	$r_1 = k_1\left[1+\frac{1}{K_{r_{\min x}}^{eq}}\frac{P_{CO}}{P_{CO_2}}\right]^{-3}\frac{K_{CO}K_{H_2}^2\left(P_{CO}P_{H_2}^2 - P_{CH_3OH}/K_2^{eq}\right)}{1+K_{CO}P_{CO}+K_{CO_2}P_{CO_2}+K_{H_2}P_{H_2}}$ $r_2 = k_2\left(P_{CO_2} - \frac{1}{K_2^{eq}}\frac{P_{CH_3CH}P_{H_2O}}{P_{H_2}^3}\right)$
Graaf 等 （1988）	CuO/ZnO/ Al_2O_3 Haldor Topsoe MK 101	483 ～ 518	15 ～ 50	$CO+2H_2 \rightleftharpoons CH_3OH$ $CO_2+3H_2 \rightleftharpoons CH_3OH+H_2O$ $CO_2+H_2 \rightleftharpoons CO+H_2O$	$r_1 = \frac{K_1K_{CO}\left(a_{CO}a_{H_2}^{3/2} - a_{CH_3OH}/a_{H_2}^{3/2}K_2^{eq}\right)}{\left(1+K_{CO}a_{CO}+K_{CO_2}a_{CO_2}\right)\left[a_{H_2}^{3/2}+\left(K_{H_2O}/K_{H_2}^{3/2}\right)a_{H_2O}\right]}$ $r_2 = \frac{K_2K_{CO_2}\left(a_{CO_2}a_{H_2} - a_{H_2O}a_{CO}/K_2^{eq}\right)}{\left(1+K_{CO}a_{CO}+K_{CO_2}a_{CO_2}\right)\left[a_{H_2}^{3/2}+\left(K_{H_2O}/K_{H_2}^{3/2}\right)a_{H_2O}\right]}$ $r_3 = \frac{K_3K_{CO_2}\left(a_{CO_2}a_{H_2}^{3/2} - a_{CH_3CH}a_{H_2O}/a_{H_2}^{3/2}K_3^{eq}\right)}{\left(1+K_{CO}a_{CO}+K_{CO_2}a_{CO_2}\right)\left[a_{H_2}^{3/2}+\left(K_{H_2O}/K_{H_2}^{3/2}\right)a_{H_2O}\right]}$
McNeil 等 （1989）	BASF S3-85	483 ～ 518	28.9 ～ 43.8	$CO+2H_2 \rightleftharpoons CH_3OH$ $CO_2+3H_2 \rightleftharpoons CH_3OH+H_2O$	$r_1 = \frac{K_3K_{CH}K_{H_2}^2K_{H_2}K_{CO}\left(P_{CO}P_{H_2}^2 - P_{CH_3OH}/K_3^{eq}\right)}{1+K_{CH}K_{H_2}^{3/2}K_H^{3/2}\quad K_{CO}P_{CO}P_{H_2}^{3/2}+K_{CO_2}P_{CO_2}+K_{H_2}P_{H_2}}$ $r_2 = \frac{K_1K_{CHO_2}K_{H_2}K_HK_{CO_2}\left(P_{CO_2}P_{H_2} - P_{CH_3OH}P_{H_2O}/\left(P_{H_2}^2K_2^{eq}\right)\right)}{1+K_{CHO_2}K_{H_2}^{3/2}K_H^{3/2}K_{CO_2}P_{H_2}^{3/2}+K_{CO_2}^2P_{CO_2}^2+K_{H_2O}P_{H_2O}^3}$

作者	催化剂	温度 /K	压力 /bar	反应	动力学速率方程
Skrzypek 等 （1991）	CuO/ZnO/ Al_2O_3 工业 Blasiak's 催化剂	460 ～ 500	30 ～ 90	$CO_2+3H_2 \rightleftharpoons CH_3OH+H_2O$ $CO_2+H_2 \rightleftharpoons CO+H_2O$	$r_1=k_1K_{H_2}^2K_{CO_2}\left[\frac{P_{H_2}^2P_{CO_2}-\frac{P_{CH_3OH}P_{H_2O}}{K_2^{eq}P_{H_2}}}{\left(1+K_{H_2}P_{H_2}+K_{CO_2}P_{CO_2}+K_{CH_3OH}P_{CH_3OH}+K_{H_2O}P_{H_2O}+K_{CO}P_{CO}\right)^3}\right]$ $r_2=k_2K_{H_2}K_{CO_2}\left[\frac{P_{H_2}P_{CO_2}-\frac{P_{CO}P_{H_2O}}{K_2^{eq}}}{\left(1+K_{H_2}P_{H_2}+K_{CO_2}P_{CO_2}+K_{CH_3OH}P_{CH_3OH}+K_{H_2O}P_{H_2O}+K_{CO}P_{CO}\right)^2}\right]$
Coteron 和 Hayhurst （1994）	$Cu_{70}Zn_{30}$ 和 $Cu_{70}Zr_{30}$	473 ～ 523	10	$CO+2H_2 \rightleftharpoons CH_3OH$ $4H_2+CO+CO_2 \rightleftharpoons$ CH_3OH+2H_2O	$r_1=\frac{K_{11}K_{CO}K_H^2K_{CH}P_{CO}P_{H_2}^2}{1+K_{CO}P_{CO}+K_{CO}K_H^{3/2}K_{CH}P_{CO}P_{H_2}^{3/2}}$ $r_2=\frac{K_{12}K_{CO_2}K_HK_{HCO_2}P_{CO_2}P_{H_2}}{1+K_{CO_2}P_{CO_2}+K_{CO_2}K_H^{3/2}K_{HCO_2}P_{CO_2}P_{H_2}^{3/2}+\frac{K_{CO_2}P_{CO_2}}{K_{CO}P_{CO}}}$
Bussche and Froment （1996）	$Cu/ZnO/Al_2O_3$ 催化剂	180 ～ 280℃	15 ～ 51	$CO_2+3H_2 \rightleftharpoons CH_3OH+H_2O$ $CO_2+H_2 \rightleftharpoons CO+H_2O$	$r_{MeOH}=K_{5a}'K_2'K_3K_4K_{H_2}P_{CO_2}P_{H_2}\left(1-\frac{1}{K_3^{eq}}\frac{P_{H_2O}P_{MeOH}}{P_{H_2}^3P_{CO_2}}\right)\beta^3$ $r_{RWGS}=K_1'P_{CO_2}\left(1-\frac{1}{K_3^{eq}}\frac{P_{H_2O}P_{MeOH}}{P_{H_2}^3P_{CO_2}}\right)\beta$ 其中，$\beta=\frac{1}{1+\left[\frac{K_{H_2O}}{K_3K_OK_{H_2}}\frac{P_{H_2O}}{P_{H_2}}+\sqrt{K_{H_2}P_{H_2}}+K_{H_2O}P_{H_2O}\right]}$

续表

作者	催化剂	温度 /K	压力 /bar	反应	动力学速率方程
Chiavassd 等（2009）	Ca_2O_3-Pd/ 硅胶	508 ～ 538	10 ～ 40	$CO_2+3H_2 \rightleftharpoons CH_3OH+H_2O$ $CO_2+H_2 \rightleftharpoons CO+H_2O$	$r_{MeOH}=\frac{K_3'' P_{CO_2}\ \alpha^2}{D_2}\left[1-\left(P_{MeOH}P_{H_2O}/P^3_{H_2O}P_{CO_2}K_{R_1}\left(\alpha/\alpha_{eq}\right)^6\right)\right]$ $r_{RWGS}=\frac{K''_{12}P_{CO_2}\ \alpha}{D}\left[1-\left(P_{MeOH}P_{H_2O}/P_{H_2}P_{CO_2}K_{R_2}\left(\alpha/\alpha_{eq}\right)^2\right)\right]$ 其中，$D=1+\sum_{i=1}^{8}gi(\alpha)$:和,$\alpha=\left[H^*_-\right]/[*]$
Lim 等（2009）	Cu/ZnO/Al_2O_3/ZrO_2	503 ～ 553	50	$CO+2H_2 \rightleftharpoons CH_3OH$ $CO_2+3H_2 \rightleftharpoons CH_3OH+H_2O$ $CO_2+H_2 \rightleftharpoons CO+H_2O$ $2CH_3OH \rightleftharpoons$ $CH_3OCH_3+H_2O$	$r_A=\frac{K_A\ K_{CO}K^{0.5}_{H_2}\ K_{CH,CO}\left(P_{CO}\ P^2_{H_2}-P_{MeOH}/K_{P_A}\right)/P^{1.5}_{H_2}}{\left(1+K_{CO}P_{CO}\right)\left(1+K^{0.5}_{H_2}P^{0.5}_{H_2}+K_{H_2O}P_{H_2O}\right)}$ $r_B=\frac{K_B\ K_{CO_2}\ K^{0.5}_{H_2}\left(P_{CO_2}P_{H_2}-P_{CO}P_{H_2O}/K_{P_C}\right)/P^{OS}_{H_2}}{\left(1+K_{CO}\ P_{CO}\right)\left(1+K^{OS}_{H_2}P^{OS}_{H_2}+K_{H_2O}P_{H_2O}\right)\left(1+K_{CO_2}P_{CO_2}\right)}$ $r_C=\frac{K_C\ K_{CO_2}K_{H_2}\ K_{CH,CO_2}\left(P_{CO}\ P^3_{H_2}-P_{MeOH}\ P_{H_2O}/K_{P_C}\right)/P^2_{H_2}}{\left(1+K^{0.5}_{H_2}P^{0.5}_{H_2}+K_{H_2O}P_{H_2O}\right)\left(1+K_{CO_2}P_{CO_2}\right)}$

可以看到，在早期的大多数研究中，不考虑逆水汽变换反应也不考虑 CO 加氢反应。Villa 等基于 CO 为主要甲醇碳源的基本假设，使用了 CO 和 CO_2 混合物，发展的速率表达式包括与 CO_2 吸附有关的阻滞项。Bos 等报道了 BASF 催化剂上从 CO 和 H_2 混合物合成甲醇动力学研究。但是，没有推导出单一的速率表达式。Graaf 等考虑所有三个反应（CO、CO_2 加氢和水汽变换），使用双位吸附机理。假设 CO 和 CO_2 竞争吸附在相同的活性位上。Pisarenko 等在它们的甲醇合成动力学研究中，基于常数计算的精确性丢弃了已发表的某些动力学模型。动力学常数的数值由试验确定，并被使用于甲醇合成反应器设计。反应器单元由三个单一通过壳和管式反应器构成，没有进料再循环。提出的单元降低生产成本达 15% ～ 20%，考虑取消一个蒸馏塔，生产高质量甲醇。Lim 等考虑了四个反应，加上二甲醚生成反应，使用不同的催化剂（$Cu/ZnO/Al_2O_3/ZrO_2$）。但是，最后表达式并没有包含一些有关这个反应的项。模型也没有进行任何试验验证。

已经发现，铜暴露表面积增加，在催化剂表面产生更多活性铜中心，使用碳纳米管作为 $Cu/Zn/Al_2O_3$ 催化剂的促进剂。纳米管子起催化剂分散剂、吸附剂、活化剂和氢存储库的作用，于是增强了 CO/CO_2 加氢的反应速率。对广泛使用于模型化甲醇合成反应的三个基本模型，即指数律、Langmuir-Hinshelwood-Hougen-Watson 和微观动力学模型进行了评论。发现所有模型都是可靠的，而 Langmuir-Hinshelwood-Hougen-Watson 模型与试验数据拟合是最好的。

8.5.2 催化剂失活动力学模型

甲醇催化剂的活性和 / 或选择性随时间降低一直是合成甲醇催化过程的一个问题。对所有固体催化剂，失活被认为是不可避免的，但能够被减缓或防止，它的一些后果是能够避免的。在大规模单元的设计和操作中防止催化剂降解是面对的严峻挑战。所有催化剂随时间失活和变得较少有效，但是催化剂使用时间可以从数秒钟变化到许多年。有意思的是，短时间并不一定意味着催化剂不能够被使用。增大催化剂体积能够满足慢失活。如图 8-19 所示，这表述了催化剂失活前锋向床层下方的缓慢移动，或者作为补偿手段，提高温度以补偿失去的催化剂活性。工厂的经济性最后由催化剂活性、选择性和寿命的综合来决定。

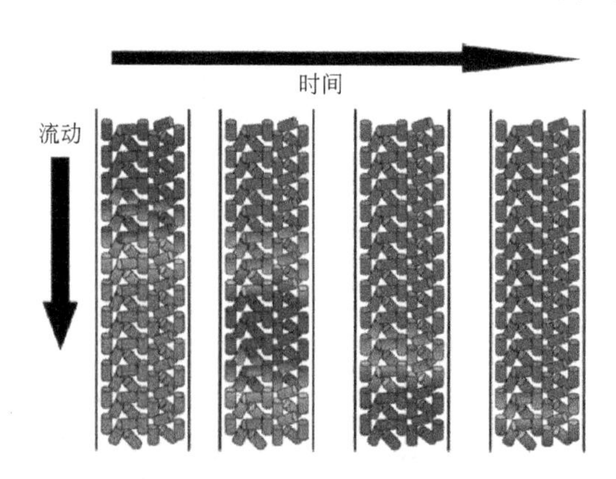

图 8-19 催化剂失活前锋的示意表述

由于存在某些化学品 / 金属，催化剂烧结、焦沉积和中毒是催化剂使用寿命降低的一些原因，如在加氢处理情形中见到的。在催化剂制备和 / 或操作中的某些改进能够帮助减缓催化剂的失活。在实践中已经广泛使用纯化进料和优化操作条件等减缓催化剂失活的方法。对甲醇合成，为了抗击烧结，在催化剂中引入稳定剂如 ZnO，而对进料纯化也必须高度重视。

催化剂中毒的潜在原因主要是硫、氯化合物、金属羰基化合物等的存在以及过量 CO_2 和水的出现。铜因氧的吸附被部分氧化，增大了沉积 CO_2 的速率。铜金属活性位的部分氧化与 CO_2/CO 比密切相关。已经观察到，富 CO_2 进料气体导致较高的失活速率。但研究也已经证明，水汽变换反应生成的水也是导致烧结增速的一个原因。不过甲醇催化剂失活的主要原因是热烧结，因为固定床反应器的传热很差。热不平衡导致铜活性位烧结形成大的颗粒且降低有效面积。

失活通常使用简单的指数律表达式（SPLE）模型表达：

$$-\frac{\mathrm{d}\left(D/D_0\right)}{\mathrm{d}t}=k_{\mathrm{s}}\left(\frac{D}{D_0}\right)^n \tag{8-4}$$

式中，k_s 为烧结速率常数；D_0 为初始分散度；n 为烧结级数，在 3 到 15 之间变化。

烧结速率常数与温度密切相关，一般使用 Arrhenius 方程表示：

$$k_{\mathrm{s}}=k_{\mathrm{s}}\exp\left(\frac{E_{\mathrm{act}}}{R\,T}\right) \tag{8-5}$$

k_s 的值随烧结时间而变，也就是随金属分散度而变化。因此定量测量这个速率表达式中的动力学参数是不可能的，因为它们与时间有关。用方程（8-5）表述烧结动力学的本征特性似乎是不合适的。但可以使用稍有不同的表达式来表示，称该表达式为一般化指数律表达式，以帮助更好地了解烧结失活：

$$-\frac{\mathrm{d}\left(D/D_0\right)}{\mathrm{d}t}=k_{\mathrm{s}}\left(\frac{D}{D_0}-\frac{D_{\mathrm{eq}}}{D_0}\right)^m \tag{8-6}$$

添加项 D_{eq}/D_0 用以考虑在典型分散度 - 时间曲线中观察到的渐近形式。方程（8-6）中的各个参数也是时间的函数，但对各个影响参数进行定量是可能的。试验发现的烧结级数 m 为 1 或 2。已经把这个模型应用到蒸汽重整（Ni/Al_2O_3）催化剂。结果证明，与某些其他商业催化剂的结果是可以比较的。

为了验证这个关系，使用不同催化剂、不同操作条件和反应器进行了许多研究。在 250℃和 53atm 下，对气体喷雾浆态反应器中操作的 $Cu/ZnO/Al_2O_3$ 催化剂，研究发现该甲醇合成催化剂的失活速率为一级。应用内循环气相流动反应器，使用以 Pd 促进的 $Cu/ZnO/Al_2O_3$ 催化剂，在操作温度 250℃和压力 53atm 下，在开始 10 个小时期间内，结果的拟合符合 $n\approx 0$ 级失活：

$$-\frac{\mathrm{d}S}{\mathrm{d}t}=kS^n \tag{8-7}$$

式中，S 为活性金属表面积。

已经为 Cu/ZnO 催化剂失活发展一个动力学模型，同时考虑 CO 和 CO_2 加氢反应。计算机模拟结果强调了进料中 CO_2 和水在催化剂失活中的作用。

在对多于 7 个甲醇合成催化剂失活模型（其中两个已在上面叙述过）进行评论的基础上，对失活模型进行了调整发展出一个新模型，它可以使用于固定床气相反应器。模型方程的最后形式为：

$$\frac{da}{dt}=-K_d \exp\left[\frac{-E_d}{R_g}\left(\frac{1}{T}-\frac{1}{T_0}\right)\right]a^5 \tag{8-8}$$

式中，K_d 和 E_d 的值分别为 $4.39\times10^{-5}h^{-1}$ 和 9.1×10^4J/mol。

对合成甲醇催化剂失活的一些典型情况和减缓的可能方法总结于表 8-8。

表8-8 催化剂失活的典型情形和减缓方法

过程	催化剂	失活机理	失活时间尺度	催化剂结果	过程结果
催化重整	$Pt/\gamma\text{-}Al_2O_3$	结焦	数月	合金化	固定床、变温操作、移动床
加氢处理	$Co/Mo/S/Al_2O_3$	结焦、金属硫化	数月	单程催化剂、改进空隙率	固定床、浆态床、移动床
甲醇合成	$Cu/ZnO/Al_2O_3$	烧结（Cl）	数日	稳定化	进料纯化
水汽变换	$Cu/ZnO/Al_2O_3$	中毒（S、Cl）	数年	稳定剂（ZnO）	进料纯化
蒸汽重整	Ni/Al_2O_3	结焦、晶须化	数年	K、Mg 气化催化剂	过量蒸汽
干重整	Ni	结焦		掺杂 S	过量蒸汽

一个与方程（8-8）非常类似的失活模型已经被许多研究者应用。使用了所有能够使用的基本常规设备对典型甲醇合成反应器循环进行了分析。这个动态模型能够有效预测过程变量和它们行为的模式。把最好拟合工业操作条件的动力学模型和失活模型结合起来，再考虑扩散效应（即用气相模型计算的有效因子），于是就能够与反应器模型方程进行偶合。利用时间跨度周期为 760 天的工厂操作数据对该偶合模型进行评价，结果证明模型是可靠的。在甲醇合成反应动态学研究中观察到，模型预测的 CO_2 浓度数据与过程工厂数据有些偏差。为此，在初始失活模型中加入 CO/CO_2 比对催化剂失活的影响，失活模型修改为：

$$\frac{da}{dt}=-\left(\frac{CO}{CO_2}\right)^m K_d \exp\left[\frac{-E_d}{R}\left(\frac{1}{T}-\frac{1}{T_R}\right)\right]a^5 \tag{8-9}$$

式中，m 是反应速率常数。

8.5.3 过程模型

填料床反应器使用一维准均相或非均相模型描述。在一维准均相模型中，气相和固相（催化剂颗粒）被认为是具有两相平均性质的单一整体。反应速率从流体本体浓度和温度计算，引入有效因子以补偿气相与固体粒子内的浓度差。在一维非均相模型中存在两个相，固相和气相，考虑两相间即催化剂颗粒和气相间以及粒子内的热量和质量传输。在反应器中，非均相模型的优点是能够给出催化剂粒子内浓度和温度的详细分布，这对有效因子的计算和失活是不可或缺的。

甲醇合成、氨合成、流化催化裂化是化学工程科学中最典型的例子。催化领域在过程工业的创生和发展中起着重要作用。但在过程工业中引入新的革新思想是其面对的一个挑战。因为规模经济开始时的工厂都比较大，然后它们逐步被集成，为的是达到更好的能量经济。即便这样，面对世界的强力竞争，常规工厂设计方式必然成为主要的挑战。

甲醇可以使用多种类型反应器进行生产，每一个都有其特定的限制。近来已经提出以蒸汽重整、自热重整和甲醇反应器作为组件的多集成系统。例如，新的先进设计 Lurge Mega 级甲醇项目其容量可以高达每年 230 万吨。

8.6 甲醇合成反应器

甲醇合成反应器可以按物料相态分为气相反应器，如 ICI、Lurgi 低压合成反应器；液相反应器和气 - 液 - 固三态反应器，如 GSSTFR 气 - 固 - 滴流流动反应器。按床型可分为固定床反应器、浆态床反应器和流化床反应器。也可按反应气流向分为轴向流动反应器、径向流动反应器和轴 - 径向流动反应器。按冷却介质种类可分为自冷式（冷却剂为原料气）和外冷式反应器，其中外冷式又可分为管壳式与冷管式反应器。按反应器组合方式可分为单式反应器与复式反应器，如 ICI 和 Lurgi 的低压反应器为单式反应器；绝热 - 管壳反应器、内冷 - 管壳反应器等为复合反应器。

现有的工业化甲醇合成工艺基本上是气相合成法。从 20 世纪 60 年代至今，除了在反应器的放大和催化剂的研究方面有些进展外，其合成工艺基本上没有太大的突破。鉴于气相合成甲醇存在的一系列问题，从 20 世纪 70 年代以来，人们把甲醇合成工艺研究开发重点转移到液相合成法，而且初步实现了工业化生产。进入 20 世纪 90 年代后，我国也将开发高效节能的合成甲醇工艺和装置列为技术开发的重点。甲醇合成反应器是甲醇合成生产的心脏设备。设计合理的甲醇合成反应器应做到催化剂床层温度易于控制、调节灵活、合成反应的转化率高、催化剂生产强度大、能回收较高质量的反应热、床层中气体分布均匀、低压力降。在结构上要求简单紧凑、高压空间利用率高、高压容器及内构件无泄漏、催化剂装卸方便。在材料上要求具有抗羰基化物生成及抗氢脆的能力。在制造、维修、运输、安装上要求方便。

下面对各种甲醇合成反应器做简要介绍。

8.6.1 ICI 冷激型甲醇合成反应器

ICI 冷激型甲醇合成反应器是英国 ICI 公司在 1966 年研制成功的。使用于低压合成甲醇，合成压力仅 5MPa。这是甲醇生产工艺上的一次重大变革。该反应器是一个 4 段冷激式绝热轴向流动固定床，内部装置有特殊设计的菱形分布系统将冷激气喷入床层中带走反应热。床层虽是多段的但是是连续的，压力降为 0.5 ～ 0.6MPa。反应热被使用于预热锅炉水。该反应器适于大型化，易于安装维修。20 世纪 80 年代 ICI 公司又开发出一种新型轴 - 径向流动的固定床反应器，其反应器直径和壁厚明显降低、操作更简单。已有许多个甲醇合成工厂采用这种装置。

ICI 冷激型甲醇合成反应器示意示于图 8-20 中。其主要结构单元有：①反应器塔体，单层全焊结构，不分内件、外件，反应器为热壁容器。要求材料有强的抗氧蚀能力、高抗张强度和好的焊接性。②气体喷头，由 4 层不锈钢圆锥体组焊而成，固定于塔顶气体入口处，使气体均匀分布于反应器内。这种喷头可以防止气流直接冲击催化床而损坏催化剂。③菱形分布器，菱形分布器埋于催化床中，并在催化床的不同高度平面上各安装 1 组，整个反应器共装 3 组，它使冷激气体和反应气体均匀混合，以调节催化床层的温度，是反应器内最关键的部件。这种结构的合成反应器装卸催化剂很方便，3h 可卸完 30t 催化剂，而装催化剂需 10h 才能完成。

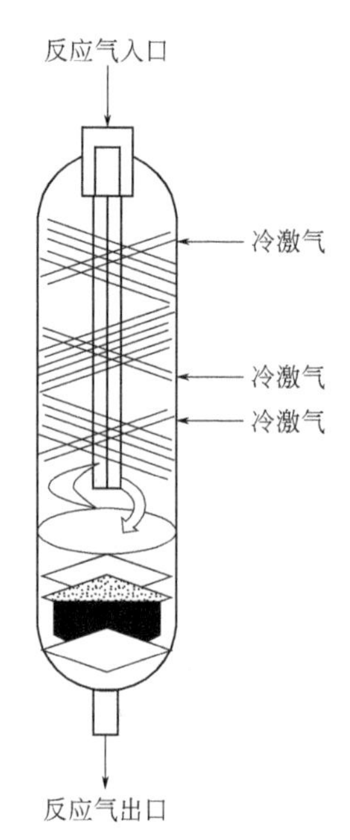

图 8-20 ICI 冷激型甲醇合成反应器示意图

由于在合成反应器内采用菱形分布器引入冷激气，气体的分布和混合均匀，床层在同一平面上的温差仅为 2℃左右，基本上能维持等温操作条件。这对延长催化剂寿命是有利的。但该系统的温度控制不灵敏，不同位置的催化剂是在不同温度下操作的，其操作温度与各段床层入口气体温度密切相关，各段床层进口温度的小变化会导致系统温度的大变化，这对稳定操作是不利的。

三菱公司在 1957 年为三菱（MGCC/MHI） 甲醇工艺开发了一种自用的冷激式超高转化甲醇合成反应器，具有简单立式双套管换热器结构。它是 ICI 型甲醇合成反应器的改进型，但该反应器使用的是两种寿命长、活性高和耐热性好的铜基催化剂，反应器出口甲醇浓度高，达 14%（摩尔分数）。该装置已建设多套，反应器投资与冷激式标准反应器相当。据称，甲醇能耗可降至 29×10^{10}J/t，反应器最佳能力需要使用两套单管系列并联来达到。

8.6.2 Lurgi 管壳型（列管式）甲醇合成反应器

Lurgi 型甲醇合成反应器是德国 Lurgi 公司研制的一种管束型副产蒸汽的甲醇合成反应器。操作压力为 5MPa，温度为 250℃。该合成反应器也是一个废热锅炉，如图 8-21 所示。该甲醇合成反应器内部由一系列内装填有催化剂的列管式换热器构成，管外是沸腾的水，因此反应热能够被沸水很快移走。合成反应器壳内的锅炉水是自然循环的，通过控制沸腾水的蒸汽压力控制反应器内的温度，能够保持恒定的反应温度，因为蒸汽压力变化 0.1MPa 相当于温度的变化仅 1.5℃。因此这种反应器实际上是恒温反应器，能够有效抑制副反应，延长催化剂使用寿命。但该合成反应器结构复杂，装卸催化剂不方便。

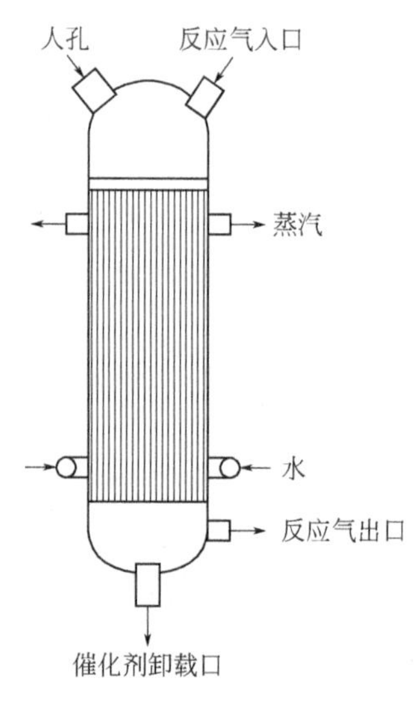

图 8-21 Lurgi 甲醇合成反应器示意图

8.6.3 Topsoe 甲醇合成过程反应器

Topsoe 公司开发了中间冷却的径向流动反应器，使用活性高、粒度小的催化剂，床层压差小至 0.2 ～ 0.3MPa。因此，大幅降低了反应器直径和壁厚，使反应器造价显著降低。在反应器中反应物空速、产品出口浓度也得到显著提高。该反应器已成功用于氨合成和甲醇合成工业。其缺点是设计过于复杂，因径向流动、气流速度不断改变，催化剂不能最大限度地利用。该型反应器已建成多座大型装置，容量可以大至5000t/d。

8.6.4 TEC 新型反应器

多年来甲醇合成反应器的设计基本上都是ICI冷激式和Lurgi列管式。直到进入20世纪90年代以后，日本TEC公司才在此方面向前迈进一步。该公司开发的MRF2Z新型反应器的基本结构是：反应器为圆筒状，有上下两个端盖，下端盖可以拆卸以方便催化剂装填和内部设施检修。反应器内装有一直径较小的内胆用以改变物料流向。反应器的中心轴向安装一带外壳的列管式换热器，换热器的外壳上开有直径小于催化剂颗粒的小孔。换热器内管束间设有等距离的折流挡板，以使原料气在管间沿径向外壳上均匀分布的小孔流出。管束内流动反应后的高温气体。反应器内还设有沿轴心分布的冷却管束和催化剂托架，冷却管束为双层同心管，沸水从内管导入内外管间环隙中。催化剂装填在反应器内零部件间的空隙当中。物料流向是：冷合成气从反应器上下两个端口同时进入换热器的管束间，受折流板的作用沿径向通过催化剂床层。进行甲醇合成反应后温度较高的气体进入催化剂托架与内胆间的环隙，从内胆下部返回换热器管束内，在换热器上与温度较低的原料气进行换热，换热后产物气体再沿着内胆与反应器壁间环隙从反应器底部流出。由于气体沿催化剂床层径向流动，因此压力降不大，循环气体所需要的动力大幅度下降。

反应器制作时，轴向长度可以增加。由于反应器内设有换热器和冷却器，很容易控制催化剂床层温度使之达到均匀一致。甲醇生成的浓度和速度能够大幅度提高，因此催化剂用量可以减少，反应器结构相对比较紧凑。该装置的甲醇生产容量很容易达到5000 t/d，已在我国四川维尼纶厂应用。缺点同样是该甲醇合成反应器内部结构复杂，零部件较多，其长期运行的稳定性及发生故障后检修相对比较难等，有待于进一步改进。

上述这些气相法合成甲醇反应器的进一步发展趋势可以归结为：①要适应单系列大型化的要求，如ICI冷激型反应器容量已经达到75万吨/a，Lurgi管束型甲醇合成反应器容量也已经达到45万吨/a；②回收较高质量的反应热以副产高质量蒸汽，如Lurgi型、Linde型反应器副产中压蒸汽；③催化床层温度易于控制、可灵活调节，如Lurgi型甲醇合成反应器使用蒸汽压力调节催化剂床层温度，ICI型反应器用冷激气量调节温度等；④催化剂床层温度尽可能均匀以延长催化剂使用寿命；⑤对原料气组成应该有较强的适应性，能够适用于多种场合，适用于从煤、天然气、石脑油、渣油为原料生产的合成气来制造甲醇；⑥为降低压力降，应该采用径向或轴径向流动反应器，如Topsoe反应器；⑦反应器结构紧凑，催化剂装卸方便。

以下简述固定床甲醇合成反应器的新发展。

8.6.5 多段径向冷激型甲醇合成反应器

多段径向冷激型甲醇合成反应器的示意示于图8-22中。新鲜合成气与循环气混合后，由上部进气口进入反应器内，经分流流道进入第一段催化剂床层由外向内径向流动，进行

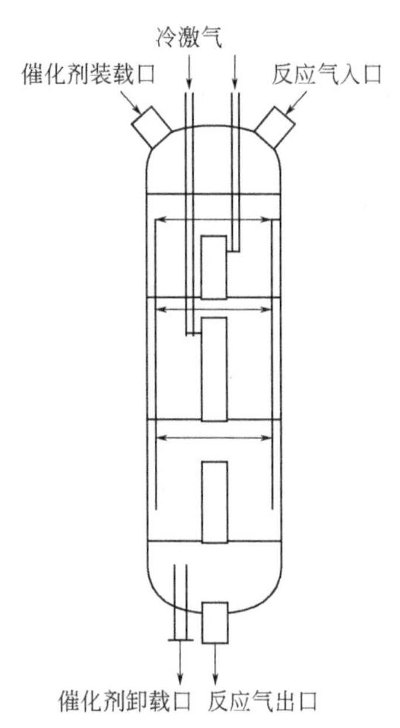

图 8-22　多段径向冷激型甲醇合成反应器示意图

绝热甲醇合成反应，反应热使气体温度升高，在合流流道中与第一股冷激气混合降温，向下进入第二床层。与第一段类似，气体经分流流道，由外向内径向流动，边反应边升温，在合流流道中与第二股冷激气混合降温，向下进入第三段床层。在第三段床层中进行类似的径向流动和绝热反应。出第三段床层的气体经合流流道从反应器流出。流经三段床层的主体气流都是径向流动的，第三段床层上部用催化剂自封，为轴径向流动。为使床层内气体有均匀径向流动，用集管中小孔开孔数来调节流体的均匀分布。

径向流动反应器中的关键部分为径向分布器、催化剂封与冷激混合器。在该反应器设计中，径向分布器由分流流道与合流流道组成，分流流道下端焊死，上端可自由膨胀，分流分布筒密冲小孔。合流道分两层，外层密冲小孔，内层不均匀开孔以调节气量分布。催化剂封采用自封式，合理考虑催化剂封高度，使气体不致短路。冷激混合器放置在合流流道中，以充分利用高压空间。

8.6.6 绝热－管束型（列管式）甲醇合成反应器

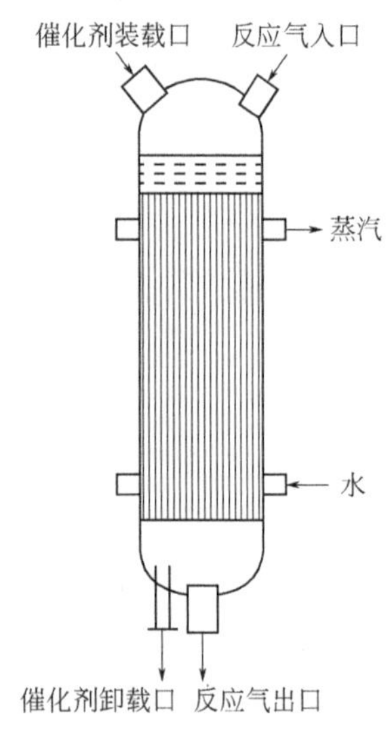

图 8-23　绝热－管束型甲醇合成反应器

绝热 - 管束型甲醇合成反应器示于图 8-23 中 。进反应器的合成气由上部进气口进入，经气体分布器先进入绝热段催化剂床层，再流经管内催化剂床层。反应热被反应器管外沸腾水吸收产生中压蒸汽。反应产物气体由下部气体出口流出。绝热 - 管束型甲醇合成塔的关键部分为管板上列管的焊接、壳内热水与蒸汽的热力循环等。由我国华东理工大学开发的绝热管壳外冷复合型甲醇合成反应器已经获得了专利，并在兖矿鲁南化肥厂 10 万吨 /a 甲醇合成装置中成功应用。

8.6.7 气－液－固三相合成甲醇反应器

受 FT 合成使用浆态床反应器的启发，1975 年首次提出了合成甲醇也使用气 - 液 - 固三相反应器技术。在合成甲醇的三相反应器中使用了惰性的碳氢化合物油类作为甲醇合成介质，催化剂被液相合成介质所包围。在反应过程中，合成气首先要溶解于惰性油介质中，经过扩散才能到达催化剂表面。在固体催化剂粒子表面进行合成甲醇反应后，产物逆向扩散到合成介质中再移走。这在化学反应工程中是典型的气 - 液 - 固三相催化反应。气 - 液 - 固三相合成甲醇过程由于使用了热容高、热导率大的石蜡长链烃类化合物作为合成介质，因此甲醇合成反应几乎是在等温条件下进行的。同时，由于分散在液相介质中的粉末状催化剂的外表面积非常大（对浆态床反应器而言），因此反应过程得以加速使反应温度和压力下降了许多。

文献中对液相甲醇合成过程进行了评论，包括催化剂、动力学和模型化。也对两相和三相合成过程进行了比较。由于气 - 液 - 固三相反应物料在反应过程中的流动和分布状态不同，三相反应器可以分为滴流床、搅拌釜、浆态床、流化床与携带床等多种。目前在液相合成甲醇中，采用最多的主要是浆态床和滴流床。列举的某些类型浆态反应器，包括鼓泡塔、内环气提反应器、外环气提反应器和球形反应器，如图 8-24 所示。气提反应器由提升管和下流管构成，允许通道中有液固浆态相流动。球形反应器抗压比圆柱形塔的机械阻力高，因此，能够降低壁厚度和反应器成本。

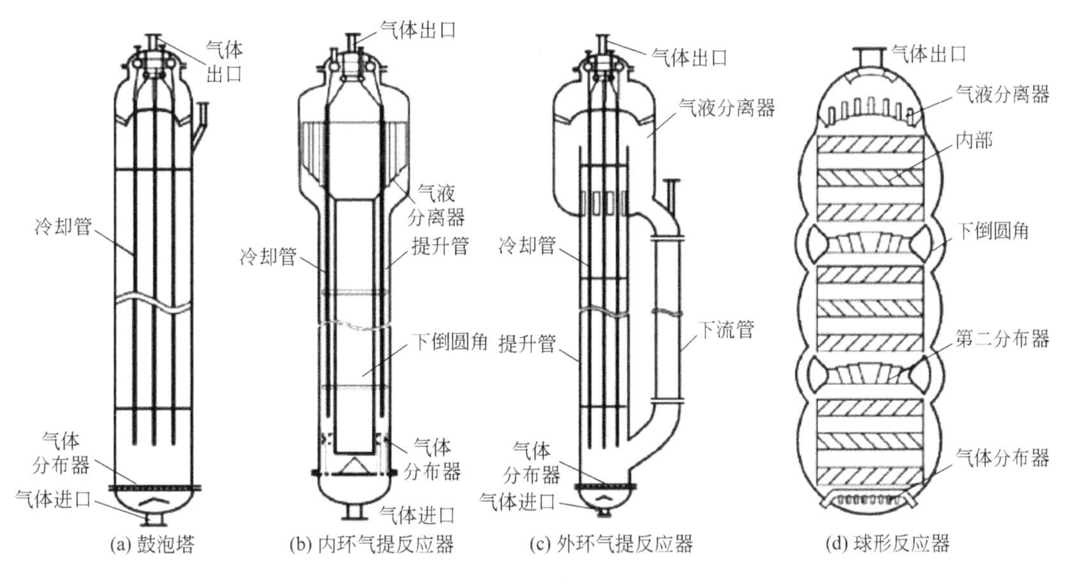

图 8-24　浆态反应器

8.6.7.1　三相浆态床甲醇合成反应器

三相浆态床甲醇合成反应器如图 8-24 所示 。反应器类似于鼓泡器，换热元件置于床层之中。其结构可以是上下两个圆环管或同心圆环组将垂直管束连接起来。反应器下部有气体分布器，一般是一个环形圆管或同心圆管环组，有多个向下的开孔，孔径一般在 0.8 ～ 1.2mm。惰性热液体与微米级颗粒催化剂在反应器中形成悬浮的淤浆。其甲醇合成的工艺过程简述如下：脱硫后的合成气自下而上流经反应器，经过悬浮有催化剂的浆液形成三相鼓泡床层，合成气经相间传质传递到催化剂表面，进行甲醇合成反应。反应后的产物气体自反应器上部流出；反应热被液体热载体吸收，经换热元件换热，维持床层温度，同时副产蒸汽。浆态床合成甲醇的操作压力一般为 4 ～ 11MPa，温度 220 ～ 260℃，空速为 2000 ～ 6000h^{-1}。

三相浆态甲醇合成反应器的操作和工艺特征如下：①反应器内液相处于全混状态，气相呈部分活塞流状态，不需要气体重新分配和纵向冷激，反应器设计简单，制造容易；②使用细颗粒催化剂，消除了内扩散影响，其效率因子接近 1，从而获得较高的宏观反应速率；③床层等温，反应条件优良，合成气单程转化率较高，接近热力学平衡转化率（CO 在该操作温度下转化率为平衡转化率的 60% ～ 90%），出口甲醇质量分数高，循环比小；④可以在生产过程中更换催化剂以保持催化剂有恒定的活性；⑤反应器对合成气组成适应性强，操作灵活性大，单位质量催化剂生产能力大；⑥换热简单，控温有效，能量利用率高。南非的 Sasol 公司开发出工业化的浆态床反应器（中国中科合成油公司已经开发出有自己特色的 FT 合成浆态三相反应器），它比管式固定床反应器结构简单，容易放大。其最大优点是混合均匀，可以在等温条件下操作，在较高的平均温度下运行，能获得较高的反应速率。其单位反应器体积的收率高，催化剂用量只是管式固定床的 20 % ～ 30 %，造价低。

8.6.7.2 滴流床甲醇合成反应器

由于浆态床反应器中催化剂悬浮量过大时会出现催化剂沉降和团聚现象，要避免这些现象的发生，就得增大搅拌功率，但这同时使搅拌桨和催化剂的磨损增大，反应中的返混程度增大。因此在 1990 年又提出了滴流床合成甲醇工艺，此后关于这方面的研究迅速增多。滴流床反应器与传统的固定床反应器的结构类似，由颗粒较大的催化剂组成固定床层。液体以液滴方式自上而下流动，是间断相；气体一般也是自上而下流动，但是是连续相。气体和液体在催化剂颗粒间分布，气体反应物在催化剂表面进行甲醇合成反应。

滴流床兼有浆态床和固定床的优点，更接近于固定床。催化剂装填量大且无磨蚀，床层中的物料流动接近于活塞流，无返混现象。同时，它具备浆态床高转化率、较好等温性的优点，更适合于低氢碳比的合成气。对滴流床中合成甲醇的传质传热研究表明，与同体积的浆态床相对比，滴流床合成甲醇的产率几乎增加了一倍。但至今仍未见到该工艺流程工业放大的报道，可能的原因是放大、移热和稳定操作困难。从工业角度来看，滴流床中的液相流体中所含的催化剂粉末很少，输送设备易于密封且磨损小，长时间运行将更为可靠。

8.6.8 消除甲醇合成热力学约束的反应器

甲醇合成反应器的设计在于改善反应器的传质、传热性能，达到节能降耗并适度增产甲醇的目的。但是，合成甲醇反应是一个可逆放热反应，受热力学平衡的限制，一般 CO 的单程转化率都较低，有大量的未反应气体需进行循环。对气 - 固固定床甲醇合成反应器，循环比一般在 5 以上，这样就造成了较大的能耗。为了克服传统气相法合成甲醇工艺的缺点，近 10 年来开发了一些新的反应器工艺，主要目的是消除甲醇合成的热力学平衡限制。

8.6.8.1 GSSTFR（气 - 固 - 固滴流流动反应器）

在 GSSTFR 反应器中，用一种极细的粉状吸附剂（如硅铝酸盐）与反应气体做逆向运动，反应过程中生成的甲醇被固体吸附剂吸收，促进平衡向生成甲醇方向移动。这种反应工艺一般是几个反应器串联使用，反应器之间有冷却器，将反应气体冷却到合适的温度。吸附了甲醇的吸附剂在反应器中加热解吸，再生后的吸附剂可重复使用。该法的 CO 单转化率可达 100 %。

8.6.8.2 RSIPR（级间产品脱除反应器）

在 RSIPR 反应工艺中，反应器之间有一吸收塔，内装四甘醇二甲醚，反应过程中未反应的气体进入下一反应器继续进行反应，而生成的甲醇被吸收剂吸收。由于随着甲醇的生成合成气的体积不断缩小，因此反应器的体积按气体的流向逐渐变小。吸收甲醇饱和后的溶剂再生后可继续使用。四级反应器的 CO 转化率可达 97 %。目前实验室内有 25 ～

50kg/d 的小型装置在运转。据称，该法的最大优点是对原料气的 CO/H_2 比要求不严，因此简化了造气过程，同时该工艺的原材料消耗和能耗也较低。

8.6.8.3 气－液相并存式反应器

在该工艺过程中，生成的部分甲醇在反应器中循环。在催化剂表面形成一层液膜，反应过程中生成的甲醇被溶解在这一液膜中。据报道，在原料气组成（体积分数）为：CO 29.2%、CO_2 3.0%、H_2 67.5% 的条件下，该工艺的单个反应器的 CO + CO_2 转化率可达 90% 以上。

8.6.8.4 超临界相合成甲醇反应器

超临界相合成甲醇新工艺是一个前人尚未探索过的新过程，属重大原始性创新项目，它彻底打破了甲醇合成反应热力学平衡，把一个理论上的可逆反应变成一个实际上的不可逆过程。该工艺适用于现有工业化甲醇合成反应器，其特点是在反应器入口处引入一个混合器，用以将原料气与超临界介质充分混合一同进入反应器。超临界相合成甲醇工艺 CO 单程转化率达 90 % 以上，原料气空速达 4000 ～ 8000 h^{-1}，甲醇时空产率高。因此，合成反应器的体积可大大缩小，从而节省投资和动力消耗。但是，超临界甲醇合成过程虽然消除了受热力学限制的大量气体循环过程，却增加了产物和气液两个分离过程，因此从工程观点看经济上并不合算。但在科学上是有意义的。

8.6.8.5 膜反应器

为了克服平衡限制（因为它们阻碍甲醇合成反应的高得率），有可能使用选择性膜分离原位移去产物。它们应用过磺酸阳离子交换材料（Nafion-Dupont），在高达 200℃使用，作为蒸汽渗透膜。使用膜反应器的试验结果指出，其限制因素是气体小时空速太低。

有人建议，为改进反应器内部的 H_2/CO 比使用钯基膜反应器。提出壳型和管型反应器模型，纯氢在壳和钯管的一边，随膜管壁厚和进料速度的降低以及较高的氢含量和压力甲醇摩尔分数似乎有增加。对在两段反应器构型中使用钯 - 银（Pd-Ag）膜反应器的研究指出，钯对 H_2 的选择性使反应有利于向前反应，原因是化学计量数目的提高（因它让氢通过反应器渗透出去）。为改进和使用最新的两段甲醇合成反应器，引入了有渗透选择性膜的反应器作为两段反应器系统中的第二段。对顺或逆流构型对 CO 移去速率、催化剂活性和氢渗透速率的影响也进行了研究。

对传统甲醇反应器进行了模型化，并用该模型预测陶瓷膜反应器的行为。根据其分离性质选择了沸石膜，因为它们仅允许蒸汽透过。理论研究总是需要试验数据来进行可靠性验证，特别是当动力学被认为与传统反应器相偶合时（假设了沸石只允许渗透气体透过）。试验研究证明，与传统反应器比较，沸石甲醇合成反应器有可能使甲醇选择性和得率增大。

对一新甲醇合成环进行了模型化，并使用微分卷积技术优化该模型。循环气体流与新鲜合成气混合前，先透过 Pd-Ag 膜反应器。模型试验说明，对工厂操作数据和甲醇，催化反应器过程模型是可靠的；在相同时间周期内，观察到甲醇得率增加 40%。对不同浓度 CO 和 CO_2 的催化剂活性也进行了研究。

引入 Pd-Ag 和氧化铝 - 硅胶复合膜层以使氢气顺流渗透通过，并移去反应区域中的水蒸气。与常规工业反应器比较，这个新构型的甲醇得率提高了 10.02%。

研究最多的是填料床膜反应器构型，但是薄和高渗透膜的生产和传质限制使这个膜反应器不适合于商业化。流化床和 / 或微结构反应器构型被认为是适合的，因为在催化剂床层内传质限制被避免了，但因此也使膜面积减小了。

流化床反应器的使用已经被广泛研究，主要是利用它们的优点，如温度均匀、结构简单、压力降低、物内扩散限制、好的传热能力和比较紧凑的设计等。例如，有人在气体冷却反应器中引入流化床概念，有人在流化床反应器中考察提供外冷却介质的设想。外热交换器系统显示对甲醇生产速率产生正面影响，有可能组合流化床反应器和两段 Pd-Ag 膜反应器。模拟结果指出，由于降低了催化剂失活速率（热烧结被认为是失活的主要原因），甲醇生产速率有相当的增加。

8.6.9 热偶合反应器

放热和吸热反应能够被偶合在多种安排中，它们可以被广泛地分类为恢复偶合、再生偶合和直接偶合。偶合的恢复模式中，放热和吸热反应在空间上是被隔离的，热量传输通过壁发生。一个普通的例子是逆流或顺流热交换器反应器。在偶合的再生模式中，逆流反应器，两个反应在同一个催化剂床层中交替进行。吸热反应利用在先前半个循环中存储的热量。绝热反应器直接偶合中，放热和吸热反应在同一个反应器空间中同时或顺序发生，在反应混合物中进行直接的热交换。在直接和再生偶合中应注意，催化剂床层应该有利于这两个反应且不失活或被富燃反应烧结。图 8-25 给出上面叙述偶合反应器的图示。

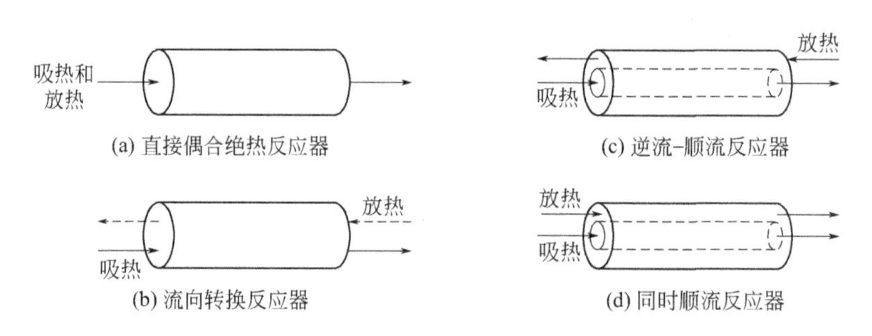

图 8-25 偶合放热和吸热反应的各种反应器构型

现代科学界对热偶合反应器具有相当大的兴趣，对各种组合进行了尝试。对两个固定床构成的热交换器偶合反应器进行了模型化和模拟，利用甲醇反应的放热让热量透过反应器壁使环己烷脱氢生产苯。对系统启动和瞬态应答分析的结果指出，与现有常规反应器模型的一致性很好。为避免工厂正常操作期间或进口条件突然发生改变时发生故障，需要有特殊的过程控制系统。有人建议使用环己烷和氢气环方法优化双甲醇反应器的热偶合。环己烷脱氢和甲醇合成在第一个反应器中热偶合，而苯加氢生成环己烷在第二个反应器中实现。模拟结果显示，反应器内部有较好的温度控制。

8.6.10 环网络 – 模拟移动床

虽然提出在闭合和开放环中使用多反应器概念的时间不长，但环网络或模拟移动床却为探索催化剂的热存储容量和帮助优化温度分布提供了机遇。对操作变量，如切换时间、液体流速和温度分布，对甲醇得率的影响进行了研究。初始模拟结果指出，有可能在甲醇合成中获得较高转化率和选择性，但这要以系统的复杂操作和控制策略为代价。已经发展出详细的数值模型来训练人工神经网络，以控制程式来预测最大甲醇得率和满足过程约束。

用实验对逆流、内循环与环（外循环）反应器进行了比较，并得到模拟结果的证实。虽然内外循环反应器技术上是简单的，但在低流速下可能比逆流反应器操作得更好。在高流速下，结论正好相反。

设想一种星形构型以克服逆流程式的缺点，即在流动转向时出口处浓度是非恒定的。在构成星形的三个反应器构型中以三步进行循环操作：进入、吹扫和出口（见图 8-26）。在第 2 步操作中反应器的流动方向改变，从第三个反应器逆向流到第二个反应器的部分流出物中，结果是把未转化的进料推到热催化剂床层再进行反应。为满足热量累积在星形网点中，可以引入一个热交换器以产生中压蒸汽。该构型显示甲醇转化率增加，但操作十分繁杂，需要有高度有效的控制机理。

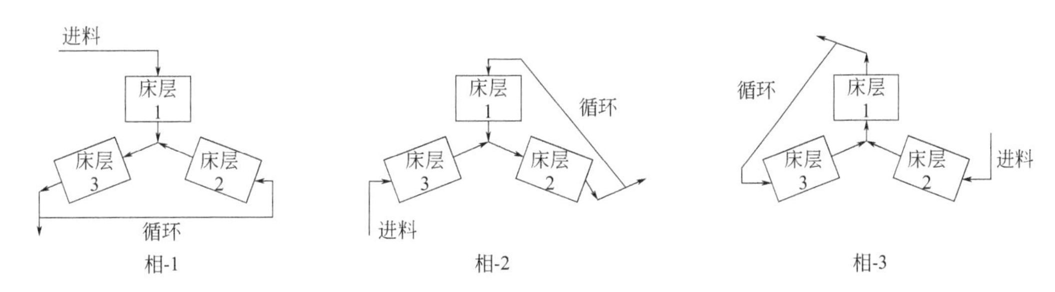

图 8-26　星形构型反应器的基本流动示意图

可以以若干相同绝热固定床的串联作为常规固定床的替代物。对含传输逆流相的反应器网络周期性操作的动态模型进行了研究。结果指出，在保证准确度下计算时间较短，对切换时间和入口温度与模拟移动床反应器做了比较。可以引入反馈控制器控制切换操作时间，以此控制反应前锋移动速度和防止过渡到低转化率。

8.6.11 合成甲醇反应器模型和模拟

8.6.11.1　固定床反应器

合成气合成甲醇在固定床中的转化受反应平衡和催化剂对高温敏感性的限制。通过循环大量富氢气体能够使温度仅有中等程度的上升，因为利用了氢气的热容和较高的气体速度增强了传热。对填料床反应器的理论和试验研究已经实践了数十年。

过程扩散限制的重要性必须强调，它影响固定床的优化。在实践中一般常常略去这个重要限制。这些限制直接影响催化反应的真实速率，进而影响在反应器不同长度位置的转化率、温度和催化剂失活速率。对在 Cu-Zn-Al 催化剂上的低压甲醇反应器进行的模型和模拟证明，在商业大小的催化剂颗粒中显示有内扩散限制。准一级动力学的 Thiele 模数能够预测催化剂颗粒的内扩散。

已经发展出针对催化剂失活的甲醇合成动态模型。为了解决催化剂失活的事情，在略去催化剂中的黏性流动和假设粒子等温条件下发展出准稳态二维非均相反应器模型。该模型基于已有的动力学和失活模型（指出了该过程中烧结的重要原因是温度），通常可以进行改变以期能够偶合到合成环中。

在考虑催化剂长期失活的情况下发展出均相和非均相模型，并对它们进行了比较。对均相模型，因忽略了固体和流体相间的浓度和温度梯度，速率能够用流体相的浓度和温度表示。而对非均相模型，考虑了气相和固相间的浓度和温度梯度，因此速率需要用气体和固体温度和浓度分布来表示。利用文献中的反应速率表达式和失活模型，进行的稳态模拟结果显示，气体和固体相的行为非常接近。以甲醇生产速率作为指标，在瞬态条件下两种模型给出几乎完全类似的结果。其主要原因是高进口气体速率和类似的气相固相行为。在较低气体速度下，两个模型给出的行为有明显差别。

为更好地了解复杂的甲醇合成过程，使用计算机模拟可以避免耗时和高成本的实验研究。催化剂失活数据的稀少是要求发展正确和有效模型的重要因素和推动力。为计算催化剂性能数据，应用了人工神经网络方法预测在 Hoffman 型微分反应器中操作条件和进料组成对催化剂失活的影响。预测结果和短时间试验数据的紧密结合是模型化和计算实际值的基础。进料中 CO_2 浓度对甲醇生产速率和催化剂失活速率的影响是需要注意的。对高 CO_2 浓度进料，失活速率增大，同时水浓度也增大。这个结果与早先获得的有关 CO_2 方面的知识是一致的，这可能成为甲醇催化剂失活的一个原因。

把机理模型（第一原理模型）和神经网络模型进行混合，组合形成人工神经网络模型。模拟结果指出，该混杂模型在正确度和可靠性上比其他模型要好。对现在使用的工业反应器的模拟结果是满意的。

以两段甲醇反应器替代常规单一反应器，进料合成气被第二段反应器的反应热加热，同时移去该段反应器的反应热。加热后的进料进入主反应器。第一段主反应器进行水冷移热，该主反应器一般在较高的温度（270℃）下操作。对温度分布进行优化后催化剂的失活较慢，甲醇得率增加。也对再生失活催化剂的常规反应器和两段自热反应器性能进行了比较。为了能够使用一维非均相模型，对第二个反应器中冷却进料气体按顺流和逆流模式进行了试验。在顺流模式中，反应器在低温下操作增加催化剂活性和寿命，而且生产速率也是可以接受的。对都使用循环沸水作为冷却介质的两段反应器也进行了讨论，为此在对两反应器温度分布进行稳态优化时，使用的是分离多目标遗传算法。结果指出，生产速率增加了。

对 Lurgi 型反应器发展了一个超结构模型，这样就有可能设计多反应器网络构型。对双反应器平行（2×2）体系，在很宽范围内，模型是可靠的，与真实工厂数据完全一致，因此该模型是比较有效和成本较低的。结果也指出，2×2 构型反应器的甲醇得率是 37.5%，而作为比较的单一反应器得率仅有 29.2%。

对三类模型即经典准均相、修正准均相和非均相模型做了比较研究。结果指出，恒定摩尔数的假定（经典准均相模型做了这个假设）是不可接受的，因它有可能使最后甲醇分数误差达到 10%。此外，非均相模型给出的结果类似于修正准均相模型，而后者避免了解关键偏微分方程组的复杂性。

甲烷蒸汽重整器与甲醇合成反应器都是能够集成的。对反应器构型的动态研究显示，除了节约资本投资外，甲醇生产水平也有明显增加，达 10%。已经发展出甲醇反应器和分离器环集成体系性能随合成气流速改变的数学模型，该动态模型能够使用于设计线性模型预测监管控制器。

8.6.11.2 浆态反应器

对全混浆态反应器中液相甲醇合成已经发展出动态模型。使用的反应动力学模型是Langmuir-Hinshelwood型的；除了水和甲醇平衡常数外，包含的所有动力学、传递和吸附参数都是由实验测定的。在温度为200 ～ 240℃、压力为34 ～ 41atm时，反应器进料组成进行阶梯变化，以突出显示出水、合适的CO_2浓度和甲醇产生在甲醇合成中的重要作用。对滴流床和浆态反应器中的甲醇合成性能进行了比较。在求解滴流床反应器模型时使用了正交配置和准线性组合。模型预测指出，滴流床反应器似乎比浆态反应器要好些。

结构简单、有效传热、催化剂在线添加和取出以及放大、高生产速率是浆态反应器的优点。但是，在三相浆态体系中的气液传质限制、水力学、液固分离和反应器设计是它发展的一些瓶颈问题，需要做更多研究工作。

8.6.12 甲醇过程优化

为避免反应器中催化剂失活，对优化策略进行了大量研究和讨论。对绝热和等热反应器的优化控制策略也进行了研究，目的是达到催化剂沿反应器的优化分布和多反应器中的进料分布。对非均相模型，利用相间和粒内传质及传热阻力计算了绝热反应器的优化进料温度。甲醇合成的重要性激励众多研究者来优化有长期催化剂失活的各种反应器系统。

对等温反应器在无约束下进行了稳定态优化。使用已模型化的一连串等温连续搅拌槽反应器来模拟，其中包含动力学模型。动态优化研究的目的是优化控制反应器冷却剂温度和循环比。总目标是在考虑长期催化剂失活下反应器性能的最大化。对稳态甲醇反应器中的温度分布也进行了优化，使控制变量参数化以确定甲醇反应器内的优化温度分布。也有人试图使用遗传算法给出甲醇反应器的优化温度，因为它可以把床层划分为两个反应器分别进行优化，重点是要组合稳态和多目标优化技术以计算出优化条件。

操作温度和进料速率是普遍应用的变量，以扼制甲醇合成反应器中的催化剂失活。作为负效应，操作温度提高使失活速率增加，而进料速率减小使甲醇产量下降。在这个动态优化问题的早期工作中，对两个实际重要工业参数——进料中的氢气浓度和冷却水的温度进行了讨论。对有操作约束的非均相模型，使用矢量参数控制策略同时优化这两者（为了有更好的准确性）。这些参数的优化值导致甲醇生成速率增加1.4%（与工业数据比较）。也对甲醇反应器进口温度进行了优化。

基于发展出的动态模型，应用不同卷积技术对甲醇生产速率进行优化。近来，也为双型膜催化反应器确定优化操作条件，为此还发展了一个非均相稳态模型。能够把非线性优化技术应用于甲醇工厂，参数是氢气和蒸汽流速。建立模型的目的是集成热电联产，改进分离和反应系统。对有长期催化剂失活的球形多段反应器进行了动态模拟，以降低压力降和提高反应器性能；对径向流反应器也使用了微分卷积算法进行了优化。

一旦化学工厂开始操作，就要求工程师和管理人员使生产最大化和成本最小化。工厂利润随有价值产品的得率增加、能量消耗降低和较长时间不停机操作而增加。如前所述，催化剂失活对反应系统性能产生负面影响，这在甲醇生产速率的降低中可以观察到

（图 8-27）。

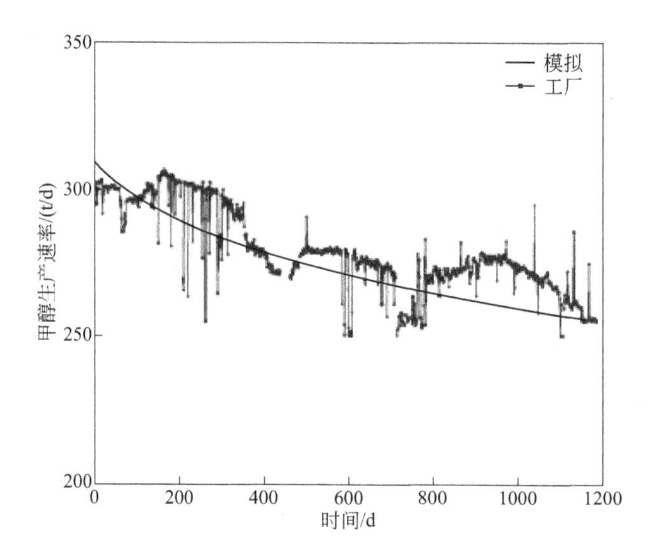

图 8-27 在催化剂服务期间甲醇生产的模拟结果和工厂数据

设计的在线优化策略能够最大化甲醇得率，同时微调 PID 控制器可防止热点温度的产生。在不考虑催化剂失活瞬态特性情况下，对稳定态模型的讨论能够给出扰动特征。提出的一个估算优化策略是，反应器的冷却剂温度应恒定地改变，因为它是对催化剂过程测量的一个反馈：催化剂逐渐失活，显示出催化剂失活瞬态特性。因此，在整个服务周期中最大利用催化剂就能够使总甲醇生产最大化。

8.7 甲醇合成的主要挑战

经由合成气合成甲醇的路线是高度有效的，但投资强度是大的，因为它们需要付出重整器和回收单元中的能量消耗。对甲醇合成，单次通过合成气转化率和甲醇得率是观察长期催化剂失活的重要指标。催化剂应该耐受正常的合成气组成，否则潜在的节约被其制造成本增加所抵消。估算指出，合成气合成甲醇的应用中，总过程成本的 60% ～ 70% 与合成气生产有关，20% ～ 25% 为甲醇合成步骤，其余是产品的提级和纯化。

8.7.1 高能量需求

在前面已经指出，煤炭气化制备合成气及其后续的合成气净化是高能耗的，但由于煤炭的低廉价格和丰富的储量，消耗一部分煤炭来生产合成气仍然是合算的，特别是在中国。如果能够以电力作为联产产品，煤炭生产甲醇的成本是能够与天然气竞争的。

合成气制备部分是三个甲醇合成过程步骤中最费钱的，占大规模工厂总投资的 60%。它也是工厂中能量消耗的最大部分。燃料燃烧、加热、冷却和过量蒸汽都需要消耗大量热量和大量投资，这对未来能源经济性的解决是不利的。因此，总是有巨大兴趣来优化过程和发展新技术以降低合成气生产的资本投资。对添加惰性气体步骤对能源利用和甲烷转化的影响已经进行了研究。研究结果显示，它对甲烷转化率和反应器出口温度的降低可以是显著的。

8.7.2 催化剂失活

多个因素影响甲烷蒸汽重整（MSR）催化剂的失活，如烧结、中毒和积炭。天然气通常含有少量的硫化合物，脱硫单元安装于MSR前面。在第Ⅷ族金属中，镍对硫中毒是最敏感的。除了硫，存在的砷、铅、磷、氧化硅和碱金属也会使重整催化剂活性有相当的降低。

镍催化剂的积炭失活在甲烷重整中是一个主要挑战。这是Ni表面结垢、催化剂颗粒孔道阻塞和载体材料粉碎等原因所致。通过合适催化剂选择和MSR过程设计能够避免炭沉积。催化剂活性也受焦沉积的影响，这与重整反应发生时发生的平行反应相关。催化剂表面中毒也使催化剂活性降低。生焦来自CO变比反应（Beggs反应）、甲烷裂解和Boudourd反应：

$$CO + H_2 \rightleftharpoons C(s) + H_2O \tag{8-10}$$

$$CH_4 \rightleftharpoons C(s) + 2H_2 \tag{8-11}$$

$$2CO \rightleftharpoons C(s) + CO_2 \tag{8-12}$$

在低蒸汽碳比下操作或在低H_2/CO比下操作时，如在甲醇合成操作中那样，碳的生成是比较显著的。

甲醇工业面对的其他挑战是催化剂因化学品中毒和热烧结而失活。杂质如硫、氯、重金属、油和蒸汽对活性是有害的，它们会缩短甲醇反应器中催化剂的寿命。在蒸汽重整中要仔细考虑毒物可能产生的负面影响。原子和晶体在表面上移动形成的聚集体被认为是催化剂的烧结，因晶粒大小增大减小催化剂的活性表面积。铜在甲醇合成反应温度下的烧结是慢的，催化剂有几年的使用寿命。

反应器的工作温度通常是随时间逐步增加的，为的是不降低生产速率和保持开始时的高速率。这会加速催化剂失活和干扰体系的热平衡。体系热力学研究指出，反应应该在低温下进行，过量的热必须被有效和高效率地移去。单次通过的低转化率、高的循环成本、催化剂不足够的选择性和放大事情仅仅是这个过程困难的一部分。

8.7.3 合适H_2/CO比或化学计量数目（SN）

合成气（SG）可以使用多种石油化学品原料制得，重整器出口气体组成是变化的。其通常的特征可用H_2/N_2比（氨合成）、H_2/CO比或化学计量数目（SN）或摩尔比来表示。在甲醇合成中，CO和CO_2是由变换反应联系起来的，于是SG有甲醇一样的化学计量值。因此，SG组成可以用SN来表征：

$$SN=\frac{H_2-CO_2}{CO+CO_2} \tag{8-13}$$

这里，H_2、CO和CO_2代表它们在SG中的浓度。制备SN＜2的合成气体意味着相对于氢有过量的一氧化碳，这导致副产品的生成或需要通过变换步骤移去部分CO。对SN＞2的合成气体意味着氢的过剩和碳的不足，而这正是典型的蒸汽重整生成的合成气体。

这暗示循环速率要增大，因此较少有效和比较费钱。论证后提出，对甲醇合成，一个优化SN值应该是2.05，即氢稍稍过量。也有人提议，把不同变压吸附循环集成到甲醇工厂中。只要重整器产生的合成气通过这些循环中的任何一个就能够使SN达到理想的甲醇进料需求，即2.05～2.1。

第9章

煤制二甲醚

9.1 引言

石油基燃料作为运输动力的超常使用是石油快速消耗的主要原因，它也导致严重的环境问题。为此，发展清洁非石油基替代运输燃料是很有必要的。二甲醚（DME）作为压缩引发发动机的潜在替代柴油物质，在近些年已经吸引了相当多的注意。DME是挥发性物质，当压力在0.5MPa以上时形成液相。所以，通常以液相来管理和储存它（见表9-1中DME的物理性质）。与丙烷和丁烷燃烧性质类似，DME燃烧也显示蓝色火焰，因此可以替代液化石油气（LPG）作为加热和烹饪燃料使用。有多种理由认为DME是一种清洁燃料：①与其他醚类同系物不同，二甲醚的存储和运输是安全的，因为它不会形成爆炸性的过氧化物；② DME仅有C-H键和C-O键而没有C—C键，它含有35%的氧，因此其燃烧产物中的CO和未燃烧烃类含量远低于天然气；③它有高的十六烷值，因此认为DME是现有运输燃料（柴油）的优良替代物，在燃烧时会排放颗粒物质和有毒气体如NO_x；④它有与LPG类似的蒸气压，因此现有燃料运输和存储的公用基础设施可以现成使用。这些重要特性使DME具有作为替代能源的潜力和前景。因此对二甲醚的研究愈来愈受重视，这从发表文献增加的趋势就能够看出（见图9-1）。图9-2表示二甲醚文献在其不同领域中的分布。

此外，DME被广泛推荐作为环境友好气溶胶推进剂和绿色冷冻剂，因为它消耗臭氧的潜力为零。与传统氯碳烃（CFCs，氟利昂）和R-134a（HFC-134a）冷冻剂比较，其使全球变暖的排放潜力也是比较低的。DME也能够作为除草剂、磨料试剂和抗锈剂使用；它也是生产烷基芳烃的有吸引力材料和生产燃料电池用氢气的合适原材料；生产硫酸二甲酯、甲基乙酸酯、轻烯烃和多种其他重要化学品中它也是关键的中间物。

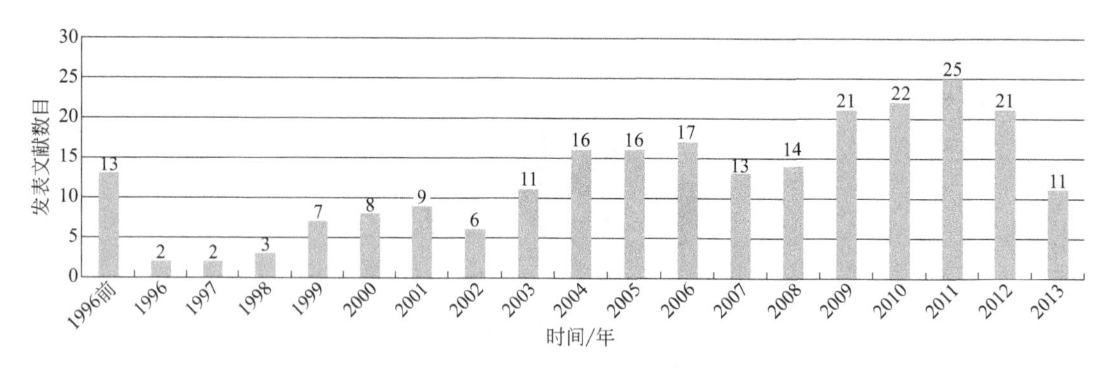

图 9-1　发表的有关 DME 文献的趋势

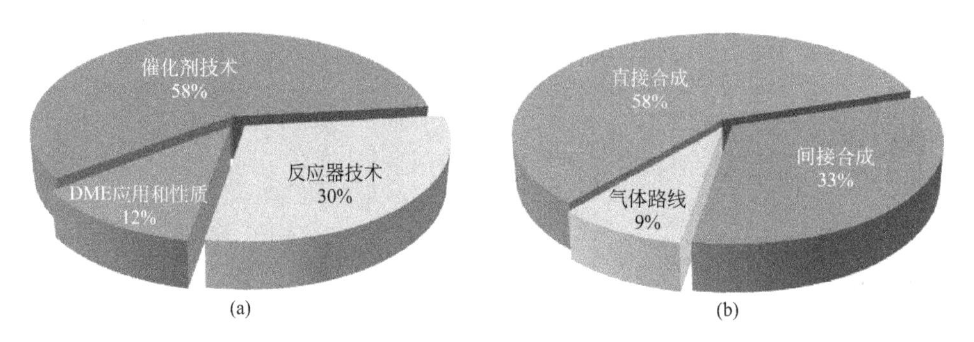

图 9-2　发表文献分布百分数

表9-1　二甲醚的性质

分子式	C_2H_6O
摩尔质量	46.07g/mol
外观	典型透明液体
气味	无色气体
密度	$1.97g/cm^3$
熔点	-141℃，132K，-222°F
沸点	-24℃，249K，-11°F
在水中的溶解度	$71g/dm^3$（20℃）
lg p	0.022
蒸气压	＞ 100kPa

DME 能够从各种原料生产，包括天然气、原油、残油、煤、生物质和废物。在这些潜在原材料中，天然气似乎是最可行的，因它具有广泛可利用性，而且生产 DME 的成本可以独立于原油价格的波动。但在富煤炭的国家中，例如我国，生产 DME 最可能选择的原料应该是低等级的煤炭。

9.2 二甲醚的应用

二甲醚是醚的最简单形式，化学分子式 CH_3OCH_3。它是具有典型醚芳香味的无色气体。

DME 是无毒、无致癌性和无腐蚀性的化合物。二甲醚已经被使用作为气溶胶推进剂、冷冻剂以及生产许多重要化学品的原料。DME 能够作为柴油掺合组分使用，因为它的十六烷值高（55 ～ 60）。DME 在燃烧时几乎不产生烟雾，因为它的自引发温度低、氧含量高和分子结构中没有 C—C 键。

二甲醚是一种环境友好燃料。它在大气对流层中的寿命仅 5.1 天，在 20 年、100 年和 500 年时间尺度上的全球变暖潜力（GWP）分别为 1.2、0.3 和 0.1。

9.2.1 家用二甲醚燃料

天然气（NG）和液化石油气（LPG）是发达国家中使用最广泛的两种家用燃料。NG 的主要组分是甲烷，而 LPG 则是丙烷、丁烷和少量其他组分的混合物。NG 通过管道供应家用，而 LPG 则是装载在高压钢瓶中供应家用。甲烷、丙烷、丁烷和二甲醚性质间的比较示于表 9-2 中。很明显，二甲醚的性质与 LPG 中主要组分性质类似。像 LPG 一样，DME 能够在中等压力下液化。DME 在 37.8℃时的蒸气压大约为 8.4atm，小于 LPG 最大蒸气压指标 13.8atm。所以，LPG 的公用基础设施能够毫无修改地使用于 DME。DME 的热值比上述所有燃料都低。所以，要产生等量的热量需要使用更多的 DME。

表9-2　NG、LPG和DME一些性质的比较

性质	甲烷	丙烷	丁烷	二甲醚
分子式	CH_4	C_3H_8	C_4H_{10}	C_2H_6O
正常沸点 /℃	−161.5	−42.07	−0.6	−24.9
爆炸限 /%	5 ～ 15	2.1 ～ 9.5	1.9 ～ 8.5	3.4 ～ 17
低热值 /（kJ/kg）	49900	46360	45740	28620
自燃（引发）温度 /℃	595	450	405	235
相对空气的密度	0.55	1.53	2.01	1.6
20℃时的蒸气压 /atm	—	8.4	2.1	5.1

中心站（central station）对二甲醚排放特性做了研究，为评估它作为家用烹饪燃料的可应用性，对中国山西省进行了环境跟踪。该研究结果证明，其排出尾气中的甲醇和 CO 浓度远远低于可允许的值；但 NO_x 的浓度要稍高一点。在预混合顺流（共流）燃烧器中，比较了丙烷、正丁烷和二甲醚燃烧时的 CO 和 NO 排放。在恒定质量流速、恒定 C 原子流和恒定能量释放速率下，对这些燃料的燃烧性能进行了比较。在宽范围燃料 - 空气比下，二甲醚的 CO 和 NO 排放要低于其他燃料。最坏的情形是 DME 与丙烷 / 正丁烷有同样的排放。

在商业 LPG 燃烧炉中对丙烷、丁烷、商业液化石油气 LPG 和二甲醚 DME 的燃烧特性进行评价后获得的结论是，如改用 DME 燃料，要求对商业 LPG 燃烧炉进行修改，如喷嘴直径，也要求增强和改变预混合燃料空气比。基于这些结果设计了一个使用 LPG 和 DME 混合物的燃烧炉，并发现对设计的燃烧炉，优化的结果是使用 15% ～ 20% DME 与 LPG 的混合物。

二甲醚具有作为LPG替代物的潜力，特别是对非石油生产国家，如中国和日本。到2015年，全球总LPG的需求量达到2亿6000万吨，DME能够以没有/稍有改变的现存公用配送基础设施来分享一定的份额。

9.2.2 二甲醚作为运输燃料

在表9-3中对各种运输燃料的性质进行了比较。甲醇有高辛烷值而二甲醚有高十六烷值。所以，甲醇和二甲醚分别适合于电火花点燃（SI）发动机和压缩引发（CI）发动机。DME作为运输燃料有若干优点：它是无硫和零芳烃燃料；沸点低，在喷入发动机时容易蒸发；DME分子含有约34.8%的氧；无C—C键和高氧含量使氧化速率增加，因此DME的燃烧几乎是无烟燃烧；C—O键弱于C—H键，有利于DME分子在相对低的温度下解离，因此有高十六烷值和短引发延迟；DME发动机燃烧的噪声低。DME的主要缺点是能量密度低和黏度低，因此DME比柴油需要的压缩功更高。

对使用DME燃料发动机排放特征的研究证明，含氧34.8%的DME没有烟雾排放，而对若干其他燃料，使发动机烟雾排放消失的氧浓度需大于30%；DME燃料CI发动机的颗粒物质排放要低于其他燃料；NO_x排放也是比较低的。由于DME燃料CI发动机不需在NO_x和烟雾排放间做权衡，它们可以在较高尾气循环（EGR）下操作。因此，使用优化的EGR比，DME燃料CI发动机的排放能够满足EURO IV NO_x排放标准。但是，对烃类和CO排放的研究显示不同的结果，如对甲醛排放，与柴油发动机比较，DME燃料CI发动机排放的浓度是增加的。

二甲醚虽然有非常有利的燃烧性质，但它的物理性质却是其作为运输燃料应用的壁垒。低液体密度和黏度、低热值和必须修改发动机是面对的主要挑战。尽管这样，二甲醚仍然被期望，在未来能够是持续和比较环境友好运输燃料的重要部分。

表9-3 运输燃料的物理性质

性质	汽油	柴油	乙醇	甲醇	二甲醚
化学式	$C_4 \sim C_{12}$	$C_{10} \sim C_{15}$	C_2H_5OH	CH_3OH	CH_3OCH_3
正常沸点/℃	38～204	125～240	78.8	64.0	-24.9
爆炸限/%	0.6～7.5	1.4～7.6	3.5～19	5.5～30	3.4～17
低热值/（kJ/kg）	41660	43470	26870	19990	28620
自燃（引发）温度/℃	246～280	210	365	385	235
辛烷值	82～92	25	113	123	—
十六烷值	—	40～55	—	5	55～60
硫含量/（μg/g）	约200	约250	0	0	0

9.2.3 二甲醚使用于气体透平

二甲醚能够在干-低NO_x（DLN）透平机中使用。在GE PG 9117E气体透平机上进行了组合循环发电性能试验，使用的燃料是DME、NG和石脑油。使用的不是纯二甲醚而是由88%～89 %（质量分数，下同）二甲醚、7%～8%甲醇、2.9%～3.5%水和0.3%～

0.5% 其他含氧化合物组成的燃料级二甲醚。与天然气和石脑油燃料比较，使用 DME 燃料时的 NO_x 和 CO 排放是比较低的。但是，按每单位能量计其 CO_2 排放比较多。DME 燃料透平的热量流率比天然气透平低 1.6%，因为热量流率是按液体二甲醚低热值（LHV）计算的（不是从其气体形式计算的）。烟气的低温热量能够被使用于蒸发 DME，因此 DME 燃料透平的烟囱温度比天然气低 15℃。在一个商业气体透平（GE7EA）中对 DME 性能的研究结果证明，DME 是气体透平有效和洁净燃料。进一步的评论指出，如果使用 DME 燃料，对 NG 燃料气体透平做小修改提供的性能更好。

使用二甲醚燃料的另一个例子是，对使用二甲醚燃料的化学热量回收气体透平[CRGT，由 California Energy Commission（CEC）资助]发电厂性能进行了试验评估，虽然 CRGT 还没有商业化，但其前景巨大，因为其超低的 NO_x（约 1×10^{-6}）排放。在 CRGT 中，热回收蒸汽发生器产生的蒸汽喷入气体透平（SIGT）中，并使用蒸汽重整器替代组合循环（CC）。利用废热产生的蒸汽替代过热，并与重整器中的热混合。燃料用废热加热，进行重整产生 CO、H_2、CO_2 和水（吸热反应）。在 CRGT 中使用天然气产生的问题是甲烷的高重整温度（600 ～ 800℃），高于商业气体透平尾气温度。而 DME 是比较适合于 CRGT 的，因其重整温度为 300 ～ 350℃，可以利用商业气体透平尾气的废热。二甲醚燃料 CRGT 发电厂能够达到组合循环二甲醚燃料发电厂的效率，但对 NG 燃料则不是这样。

9.2.4 二甲醚使用于燃料电池

燃料电池（FCs）是把化学能直接转化为电能的装置。燃料（通常是 H_2）连续地加入阳极，而氧化剂（也就是氧）加入阴极。氢气和氧气的总电化学反应为：$H_2+\frac{1}{2}O_2 \longrightarrow H_2O$，其理论电化学电位为 1.23V。

供应到阳极的燃料（氢气）质量对燃料电池性能有显著影响。质子交换膜燃料电池（PEMFC）不能使用含有 CO 的燃料气体，因为 Pt- 阳极会中毒。磷酸燃料电池（PAFC）能够耐受高水平（1% ～ 2%）的 CO。虽然 PEMFC 和 PAFC 都能够耐受 CO_2，但碱燃料电池（AFC）是不能够耐受 CO_2 的，因会与电解质（NaOH 或 KOH）反应生成碳酸盐。升高燃料电池的操作温度也能够增大燃料电池对燃料气体中杂质的耐受性。熔融碳酸盐燃料电池（MCFC）和固体氧化物燃料电池（SOFC）能够耐受 CO、CO_2 和少量烃类，特别是甲烷。

氢气储存容量是一个主要挑战。初级燃料的蒸汽重整（SR）、部分氧化（POX）或这两个的组合自热重整（ATR）都能够用于生产所需的氢气。像甲醇一样，二甲醚也能够在池壁的低温度下进行重整。低温和高温二甲醚蒸汽重整的热力学研究证明，DME 能够在蒸汽重整期间分解生成甲烷，所以必须发展新催化剂使之有高的氢气选择性和低的甲烷选择性。按照现时的了解，DME 的催化蒸汽重整是按两步机理进行的：DME 脱水到甲醇，接着是甲醇的水蒸气重整。一般认为 DME 水解步骤是速率限制步骤。所以，现时对 DME 重整研究的重点高度集中于 DME 脱水催化剂和重整催化剂，目标是更高的氢气得率和低的 CO 得率，以满足燃料电池的要求。对在固体氧化物燃料电池 - 微气体透平（SOFC-MGT）组合中使用 DME 替代甲烷的可能性进行了评估。二甲醚的低重整温度可更好地回收尾气中的热量。280℃二甲醚 - 蒸汽重整和 1000℃ SOFC 操作的组合能够提供的效率为 69%。

直接液体进料燃料电池（DLFC）能够抵消为生产氢气所需要的昂贵催化重整系统。对 14 种 DLFCs 的热流和环境问题进行了评估。甲醇是 DLFC 研究得最多的液体燃料。但是直接甲醇燃料电池（DMFC）的主要问题是它的毒性。与甲醇比较，DME 是一种安全的选择，没有明显的健康和环境毒害。在直接二甲醚燃料电池（DDEFC）中，DME 氧化产生 CO_2 和水。各个电极反应和总反应如下：

$$\text{阳极：} CH_3OCH_3 + 3H_2O \longrightarrow 2CO_2 + 12H^+ + 12e^- \qquad (9\text{-}1)$$

$$\text{阴极：} 3O_2 + 12H^+ + 12e^- \longrightarrow 6H_2O \qquad (9\text{-}2)$$

$$\text{总反应：} CH_3OCH_3 + 3O_2 \longrightarrow 2CO_2 + 3H_2O \qquad (9\text{-}3)$$

这些反应指出，二甲醚应该释放 12 个电子，是甲醇的两倍。所以，1mol 二甲醚和 2mol 甲醇产生的能量是相当的。

DMFC 和 DDEFC 间的比较研究证明，DDEFC 在一定条件下比 DMFC 有效。虽然 DDEFC 的发展仍然处于它的初始阶段，但是可以这样说，DME 不仅从性能上是 FC 的可行燃料，而且从环境和有害物质排放的观点看也是极为有利的。

9.2.5 二甲醚的其他潜在应用

二甲醚能够作为气溶胶推进剂使用，因它对臭氧层的影响要小很多，且其全球变暖潜力（GWP）也较低。DME 已经被 ASHRAE 设计作为冷冻剂 E170。研究显示，二甲醚冷冻剂的性能类似于 R-134a，而且发现 DME 的性能系数要大于 R-134a。所以，在 R12 和 R22 被完全淘汰后二甲醚可能是其替代冷冻剂之一。关于消除臭氧层的潜力、全球变暖潜力和在大气中的寿命，Restrepo 等应用 Hasse 相图技术已经对 40 种冷冻剂进行排序，在这 40 种冷冻剂中，二甲醚与氨一起是问题最小的冷冻剂。

二甲醚是重要化学原料之一，如在二甲醚 - 烯烃（DTO）过程中 DME 是起始化学品。DTO 的产品范围是变化的，取决于催化剂对特定烯烃的选择性。为验证 DME 到丙烯（DTP）的可行性，正在建设 Mitsubishi Chemicals Mizushima 验证工厂。JGC 公司和 Mitsubishi Chemicals 合作发展了该工艺和相应的沸石催化剂。JGC 也发展了从 DME 催化合成天然气（SGN）工艺。该工艺延伸了城市煤气生产，以满足不断增加的燃气需求。使用 DME 替代 LPG 作为原料后，过程对 LPG 原料频繁的价格波动不再敏感。

新近提出，使用 DME 燃料进行化学链燃烧（CLC）的发电系统以回收 CO_2。该研究对从 DME 生成其他化学品如乙醇的可能性也进行了评估。

9.3 合成方法——生产二甲醚的化学

如图 9-3 所示和上面所述，二甲醚能够以两种不同方式生产：称为间接路线的第一个生产方法是使用甲醇脱水；有争议但比较有效的第二个方法称为直接路线，它使用双功能催化剂在单一步骤中把合成气转化为二甲醚。对这个单一步骤技术，一些公司如 Haldor Topsoe、JFE Holding、Korea Gas Corporation、Air Products 和 NKK 以及国内的浙江大学都正在开发研究。而第二种方法，Yoyo、MGC、Lurge 和 Udhe 以及国内的一些企业都有它们自己的生产 DME 的间接过程和工厂。

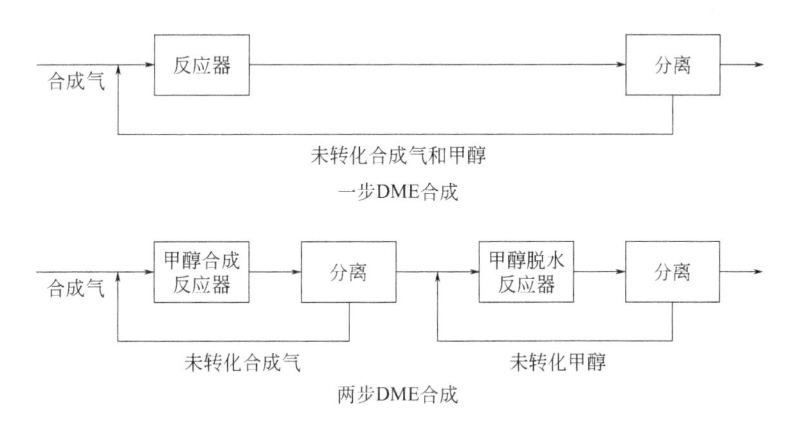

图 9-3　从合成气生产二甲醚的路线

二甲醚合成中的一个主要步骤是合成气的生产，这是氢气和一氧化碳的混合物，既可以使用蒸汽重整烃类燃料（一般是天然气）生产，也可以使用含碳物质如煤炭等的气化来生产。

下面讨论有关两种 DME 合成的基本方法，同时指出二甲醚生产的其他可能路线。

9.3.1 间接合成方法

传统上，DME 从合成气以两步过程生产，该过程中从合成气生产甲醇、经过纯化，然后在另一个反应器中转化为二甲醚。该过程图示于图 9-4 中。从甲醇脱水生产 DME 的工业过程中的反应示于方程（9-4）中：

$$2CH_3OH \longrightarrow CH_3OCH_3 + H_2O \quad \Delta H^{\ominus}_{298K} = -23.5kJ/mol \tag{9-4}$$

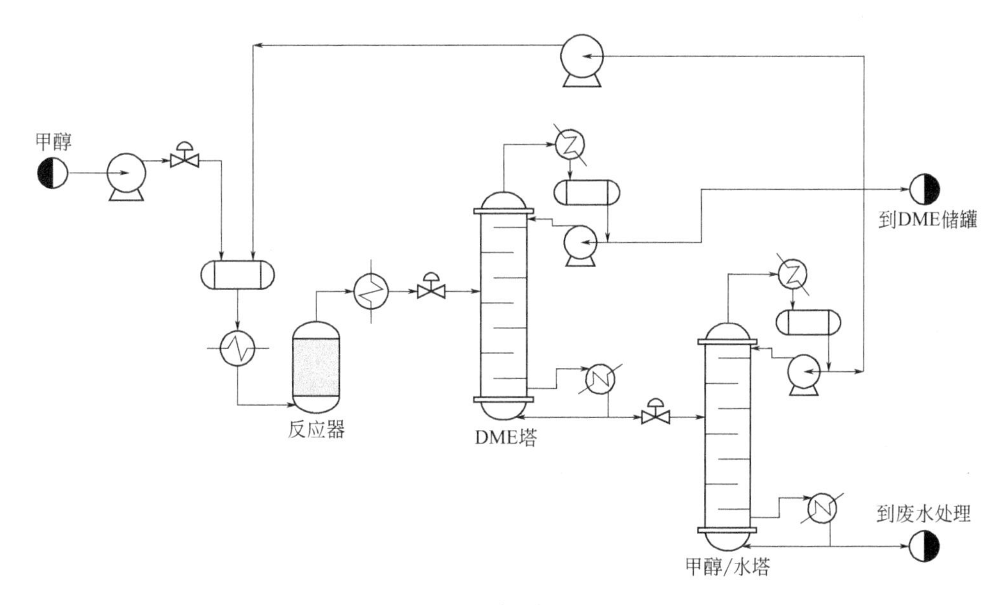

图 9-4　间接过程流程图

经甲醇在固体酸催化剂上的脱水合成 DME 的动力学研究已经有许多文章发表。绝大多数都同意反应遵从的机理是 Langmuir-Hinshelwood 或 Eley-Rideal 动力学模型，水和 DME 都是反应的阻滞剂。

在 250℃以上，反应（9-4）的速率方程为：

$$-r_{甲醇}=k_0\exp\left(-\frac{E_a}{RT}\right)p_{甲醇} \tag{9-5}$$

式中，k_0=1.21×10^{6}kmol/m^3；E_a=80.48kJ/mol；$p_{甲醇}$是甲醇的分压，kPa。

理论上，甲醇脱水在低温下有利，因为它是一个放热反应，副产物如乙烯、一氧化碳、氢气和 / 或焦的生成在高温下是显著的。

9.3.2 直接合成方法

近来，发展出组合甲醇合成和脱水的过程，在单一反应器中从合成气直接合成 DME。从含氢气、一氧化碳和二氧化碳的合成气直接合成 DME 有两个主要的直接合成反应：

$$3CO + 3H_2 \longrightarrow CH_3OCH_3 + CO_2 \tag{9-6}$$

$$2CO + 4H_2 \longrightarrow CH_3OCH_3 + H_2O \tag{9-7}$$

合成气合成二甲醚反应由四个不同反应步骤组成：

从 CO 合成甲醇：

$$CO + 2H_2 \rightleftharpoons CH_3OH \quad \Delta H^{\ominus}_{298K}= -90.4kJ/mol \tag{9-8}$$

从 CO_2 合成甲醇：

$$CO_2 + 3H_2 \rightleftharpoons CH_3OH + H_2O \quad \Delta H^{\ominus}_{298K}= -49.4kJ/mol \tag{9-9}$$

水汽变换反应：

$$CO + H_2O \rightleftharpoons CO_2 + H_2 \quad \Delta H^{\ominus}_{298K}= -41.0kJ/mol \tag{9-10}$$

甲醇脱水反应：

$$2CH_3OH \rightleftharpoons CH_3OCH_3 + H_2O \quad \Delta H^{\ominus}_{298K}= -23.0kJ/mol \tag{9-11}$$

在每一个反应中，只要进料气流中的 H_2/CO 比达到对应的化学计量值，反应是能够达到其最大峰值的（平衡转化），对反应（9-6）要求的 H_2/CO 为 1.0，反应（9-7）和反应（9-8）都是 2.0。

如前面所述，在从合成气到二甲醚的合成中都会发生甲醇合成和水汽变换反应。前者对 DME 生产至关重要，后者的主要副产物是 CO_2。CO_2 能够制出合成甲醇，也被使用于加氢重整来生产合成气，如方程（9-12）所示，产生 H_2/CO 摩尔比为 1 的合成气：

$$2CH_4 + O_2 + CO_2 \longrightarrow 3CO + 3H_2 + H_2O \tag{9-12}$$

二甲醚合成过程的总反应是强放热的，所以过程的温度控制是重要的，应该避免飞温。虽然直接合成方法有最小的天然气消耗，但它是甲烷转化中最复杂的化学反应。需要一整套化学工程操作来分离和纯化合成过程中生产的 DME。通过吸收、闪蒸和蒸馏移去 H_2、

N_2、CH_4 和 CO_2；回收甲醇；最后获得 DME 产品。另外，甲醇合成是热力学限制过程，但后一脱水反应消耗甲醇（形成 DME）能够使甲醇合成有较高的转化率。当体系中存在甲醇时，DME 和 CO_2 的分离变得比较困难。因此在一个提出的过程中，一步反应生成的水和甲醇首先被冷凝，然后用水吸收；最后为回收 DME 产品，对含 DME 的液体产物流进行蒸馏。研究证明，这样的分离过程对合成高纯度 DME 是可行的。其流程给于图 9-5 中。

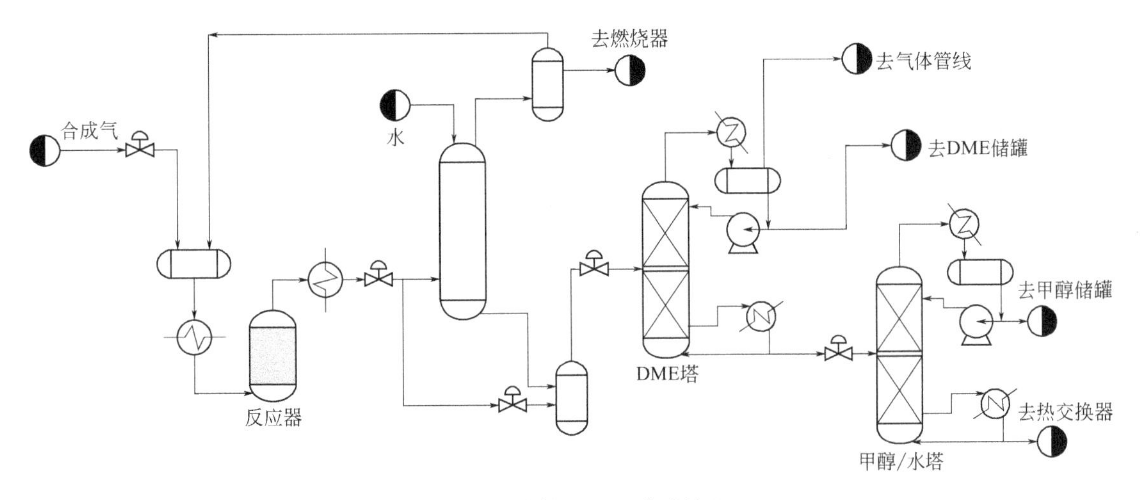

图 9-5　直接 DME 合成流程

9.3.3 方法的比较

与甲醇脱水过程生产 DME 比较，直接方法允许有较高的 CO 转化率和简单的反应器设计，因此其 DME 生产成本要远低得多。但是，获得高纯 DME 的分离过程相对比较复杂，因为在一步合成过程中通常存在未反应合成气和反应产生的 CO_2。

此外，由于存在水汽变换反应，会消耗化学计量 CO 生成氢气和 CO_2，因此从合成气直接合成 DME 就商业目的而言是非常不适合的。一般说来，DME 直接从合成气生产的过程是耗能的，也是产生温室气体排放的过程。为完成过程，希望有更高能量效率和环境友好设计的解决办法。该过程要集成 DME 合成单元、烃类重整单元、循环和蒸发 CO_2 副产物等单元，如图 9-6 所示。

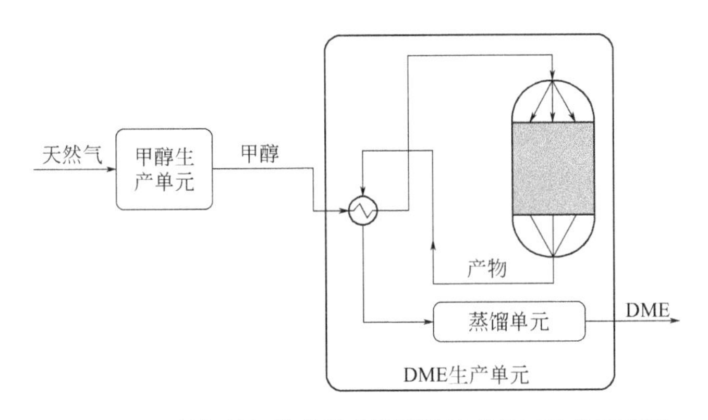

图 9-6　天然气使用绝热反应器间接生产 DME 的示意图

文献中对二氧化碳排放已经有相当注意，使用 CO_2 作为原料合成化学品和液体能源载体，都是为了减少 CO_2 在大气中的累积。但是，这些过程的应用尚未被工业接受，原因是低 CO_2 转化率、低 DME 得率和选择性。组合平衡限制反应和 H_2O 选择性除去的办法可以提高 CO_2 转化率，也可能是一个有兴趣和有效绕过 DME 合成的热力学限制的方法。

9.3.4 生产二甲醚的其他路线

DME 也能够从甲烷通过两步过程合成，首先是在卤化氢（通常是同时使用 CH_3Cl 和 CH_3Br）和氧存在下使甲烷进行氧化溴化反应生成甲基卤化物，该过程使用的催化剂是 Rh/SiO_2。在第二个步骤中，甲基卤化物在硅胶负载金属氯化物催化剂上进一步水解得到二甲醚。该过程的主要副产物是甲醇，而与有机卤化物水解相关的主要问题是设备腐蚀。间歇反应器中由于使用了 PVP 新催化剂解决了卤化物水解的问题。这个催化剂（潜在可再使用固体胺催化剂）是被固体 PVP 捕集的 HBr，显示有大效率。该过程的主要优点是聚合物能够容易地再生和再使用而没有活性的损失。

二甲醚也能够通过甲基溴化物的氧化羰基化生产。该过程的催化剂既可以是 SbF_5/ 石墨，也可以是金属氧化物催化剂。前者产生醋酸甲酯副产物，而后者的副产物是甲醇。

9.3.5 原料和路线

二甲醚生产的第一步是要生成合成气。合成气能够从宽范围的燃料生产：煤、生物质、石油焦、天然气和固体、液体废物等。合成气的组成密切关系到气化和 / 或重整步骤中所使用的条件。但是，原料本身也起重要作用，因为这些原料中的氢碳（H/C）比和氧碳（O/C）比是不同的，变化范围很宽。在所有原料中，NG 有最高的 H/C 比，而煤有最低的 H/C 比。煤本身也有宽的 H/C 比范围。低阶煤如维多利亚褐煤与高阶煤比较有较高的 H/C 比。

根据不同的 H/C 比和 O/C 比，生产的合成气可以是富 CO 的，也可以是富氢的。对每种情形生产的合成气需要调节以使其氢气一氧化碳比适合于二甲醚合成。另一个重要的事情是在合成气生产期间产生污染气体的量（例如 H_2S、HCl、HCN），它们也是随原料变化而变化的。这些污染物气体物质需要移去，因为它们会使合成过程中使用的催化剂中毒。

使用烟煤和天然气作原料，对二甲醚生产体系的模拟研究证明，煤和天然气共进料比单独煤或天然气进料有优越之处。混合高 H/C 比燃料（NG）和低 H/C 比燃料（煤）以平衡 CO/H_2 比，这样能够有较高的资源利用效率。例如，对澳大利亚维多利亚褐煤的类似研究也证明，它更适合于作为合成二甲醚的原料，因 H/C 比恰好落在烟煤和天然气之间。

综上所述，合成气到 DME 可以使用间接或直接路线（图 9-3）。间接或两步合成由甲醇生产、甲醇纯化，然后甲醇脱水到二甲醚等步骤组成；而直接或一步合成，甲醇合成和脱水在同一个反应器中同时进行。今天，因高的 CO 转化率和较高的 DME 得率，合成气直接转化到二甲醚获得更多的重视。

间接和直接合成路线都有其优点和缺点。一方面，直接过程中把这些反应组合到同一反应器中进行，与间接过程比较有较高的得率。另一方面，从直接过程产物中分离二甲醚产品是比较复杂的，因在产物流中除 DME 外，还含有 CO、CO_2、H_2O、H_2 和甲醇。其分离成本和强度都要比间接工艺高。所以，为了有较高的生产能力，优化反应体系使直接合成工艺更成本有效是最基本的。

也有报道直接合成工艺的变种即多产品联产。在这些联产体系中，把在 DME 反应器中的未转化合成气在气体透平组合循环中进行发电。DME 是无硫低芳烃燃料，燃烧无烟雾，燃烧排放的污染物也远低得多。

在过去一些年中，因人口增长和人类活动的加剧已经导致大气中温室气体 CO_2 浓度的增加。消耗矿物燃料产生高的 CO_2 排放，这被认为是引起气候变化和全球变暖的一件大事情。矿物燃料的消耗在现时能量供求体系中是不可避免的，因为它们是最丰富和最便宜的能源。它们的大量燃烧使大气中二氧化碳浓度快速增加。例如，在夏威夷 Mauna Loa Observatory 现时的 CO_2 浓度为 392.40×10^{-6}。

对现时情形，二氧化碳掌控是一件极重要的事情。有效降低 / 控制大气中二氧化碳浓度的可能手段和办法是使用比较环境友好的燃料替代矿物燃料和 CO_2 封存。可能的其他办法是把二氧化碳转化为有用的化学品。二氧化碳催化加氢可以产生类似于 CO 加氢的产物。CO_2 加氢能够提供的好处是降低二氧化碳排放和产生有价值的产品。该过程非常类似于 CO 加氢，可以使用同样的工艺设备，无须任何重大修改。但是，必须记住的一点是，加氢所需要的氢应该来自可再生能源而不是矿物燃料，否则是无功的。

学者对有关甲醇是从 CO 还是从 CO_2 加氢生成没有一致意见，但是已经观察到少量的 CO_2 加入能够显著提高甲醇得率。这个观察导致甲醇合成机理中包含 CO 到 CO_2 间转化，然后再与氢气反应生成甲醇，这在前面一章中已经做过较为详细的讨论。

在不同硅胶负载金属物质上对二氧化碳催化加氢进行研究，发现铜对甲醇生产是最活性的。在催化剂中添加锌使加氢活性得以提高，因为 ZnO 是能够吸附 CO/CO_2 的。而氧化铝的加入大大改善催化剂的稳定性。生产甲醇的 CO 和 CO_2 加氢催化剂是类似的。研究指出，二氧化碳加氢的热力学限制要高于一氧化碳加氢。所以，甲醇的原位脱水提供更好的 CO 转化和更高的总（甲醇加 DME）得率。使用双功能催化剂也将有利于 CO_2 加氢的进行。

对直接从 CO_2 合成二甲醚，已经研究了若干双功能催化剂。除了常规的已被很好接受的氧化物 $CuO/ZnO/ZrO_2$ 催化剂外，也使用了 $CuO/ZnO/Ga_2O_3$、$CuO/ZnO/Al_2O_3/ZrO_2$、$CuO/ZnO/Al_2O_3/Ga_2O_3/MgO$ 等催化剂。对负载于 γ-Al_2O_3、沸石和 SAPO 上的若干混合氧化物催化剂，载体提供酸功能，金属和 / 或氧化物提供加氢功能。对这些催化剂的研究发现，具有 1 ∶ 1 组合的 $CuO/ZnO/Al_2O_3/Ga_2O_3/MgO$ 和 Al_2O_3/ZrO_2 催化剂具有高活性和高 DME 得率及高选择性。

Mitsubishi Heavy Industries（MHI）近来已经宣布，在 2014 年，要在冰岛建立一个从 CO_2 合成 DME 的工厂。该过程使用来自 ELKEM 硅铁工厂的 CO_2 作为 CO_2 源，氢气从水电解产生。而工厂使用的是两步合成方法（即通过甲醇再脱水生成 DME）。

上述的讨论说明，从 CO_2 生产 DME 过程类似于使用 CO 的过程。这两个过程使用类似的催化剂。如果使用 CO_2 作为 DME 生产的原料，将能够容易地从发电厂、钢铁生产设备各种资源获得 CO_2 原料。所以，从 CO_2 生产 DME 不是不可能的，当然要有便宜的氢气可以利用，如在冰岛建立的工厂那样，可以使用水力发电产生的电力以电解方式来生产所需要的氢气。

9.4 DME 合成反应热力学

9.4.1 反应热力学

合成气到二甲醚的转化包含 CO 加氢到甲醇［反应（9-8）］、甲醇脱水到 DME［反应（9-11）］和水汽变换（WGS）反应［反应（9-10）］。除了上述的三个反应外，也发生 CO_2 加氢到甲醇的反应（9-9）。这四个反应在 298.15K 时的焓变和 Gibbs 自由能变化是能够计算的。CO 加氢、甲醇脱水和 WGS 反应的 Gibbs 自由能都是负的，而对 CO_2 加氢它的自由能变化是正的。这些反应的焓变指出，它们都是放热反应。当然，工业反应器内部的条件与标准条件是完全不同的。

图 9-7 显示反应（9-8）～反应（9-11）的 Gibbs 自由能变化。CO 加氢在温度低于 150℃时是热力学有利的。Gibbs 自由能在约 140℃时变为正的。CO_2 加氢的 Gibbs 自由能变化对图 9-7 所示温度范围在热力学上是不利的。所以，140℃以上的 CO 加氢和所有温度的 CO_2 加氢要求高压，以使这些反应比较有利于向前生成甲醇的反应。从图 9-7 能够看得很清楚，对上述温度范围甲醇脱水和 WGS 反应都是热力学可行的。

图 9-8 显示温度范围 25 ～ 400℃的反应焓。所有四个反应都是放热的。对两个加氢反应，反应热变得更大，而 WGS 和脱水反应 ΔH 稍有增加。

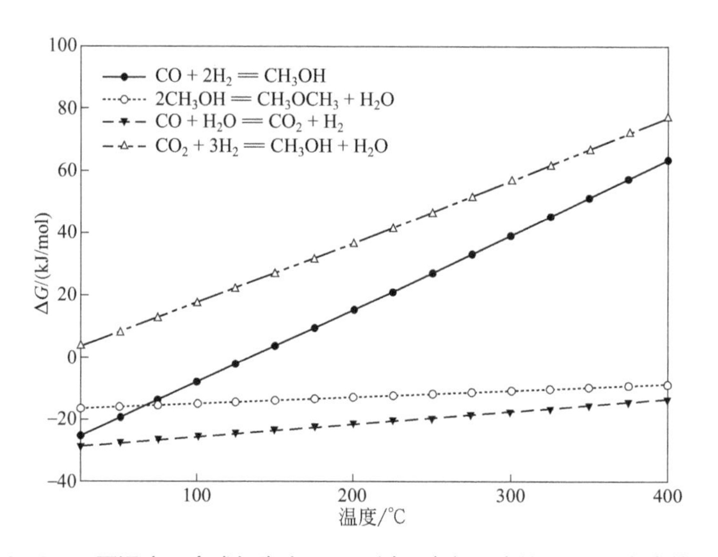

图 9-7 不同温度下合成气生产 DME 过程中各反应的 Gibbs 自由能变化

包含这四个反应体系的热力学分析是有用的，因为它提供对转化过程的初步了解，以及压力、温度和进料组成对反应的影响。但是，含 6 种物质的反应体系（6 种物质：CO、CO_2、H_2O、H_2、甲醇和 DME）仅有三个独立反应，从式（9-8）～式（9-11）中取任何三个反应都将给出同样的平衡组成。如 N_2 和 CH_4 的存在对反应体系没有任何影响，因为它们被认为对合成气到 DME 的转化是惰性的。但是，它们在体系中的存在会降低反应物的分压，因此会改变平衡组成。

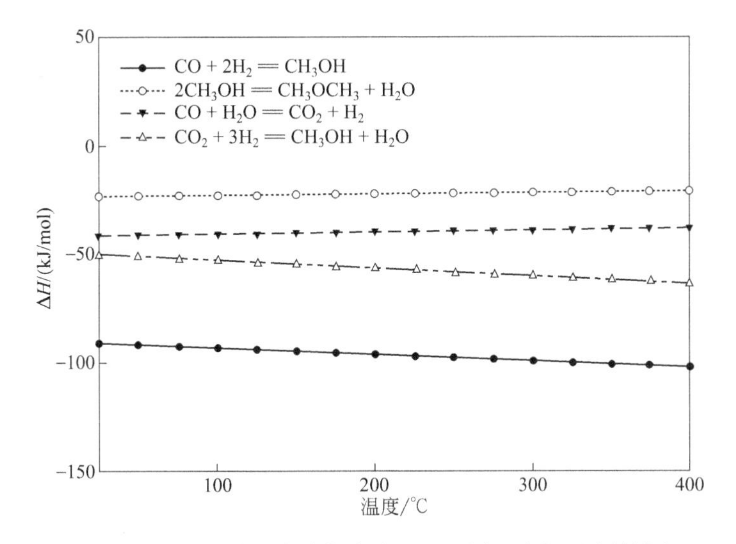

图 9-8　不同温度下合成气生产 DME 过程中各反应的焓变

把 CO 和 H_2 混合气流进料到反应器中，在 260℃和 5MPa 下的平衡得率示于图 9-9 中。进料气流中的 CO 摩尔分数从 0.1 改变到 0.9。所含 6 种物质的平衡产物组成说明，CO 和 H_2 的等摩尔混合物给出的 DME 浓度在产物流是最大的，而甲醇浓度是最小的。CO_2 是这个条件下的另一个主要产物。

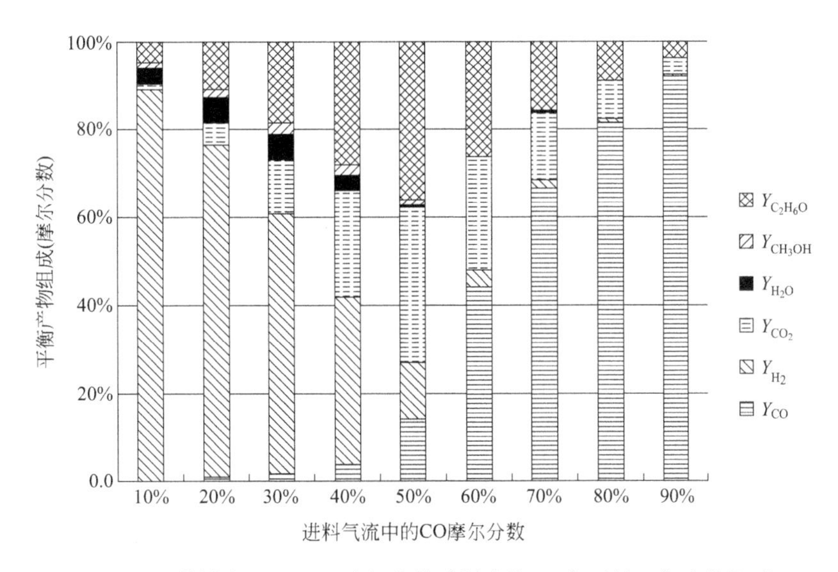

图 9-9　进料中不同 CO 摩尔分数（其余为 H_2）时的平衡产物组成

对等摩尔 CO 和 H_2 混合物，压力和温度对 DME 得率的影响示于图 9-9 中。DME 的平衡得率由如下方程定义：

$$YI_{DME}=\frac{2F_{out}Y_{DME}}{F_{in}X_{CO}} \tag{9-13}$$

式中，YI_{DME} 是 DME 得率；Y_{DME} 是产物中 DME 的摩尔分数；X_{CO} 是 CO 在进料气流中的摩尔分数；F_{in} 和 F_{out} 分别是进料流和产物流的摩尔流速。

如图 9-10 所示，反应器中的高压和低温条件会增加平衡得率。但是，温度升高将显著增加反应速率。因此，必须在得率和反应速率间进行权衡和折中。

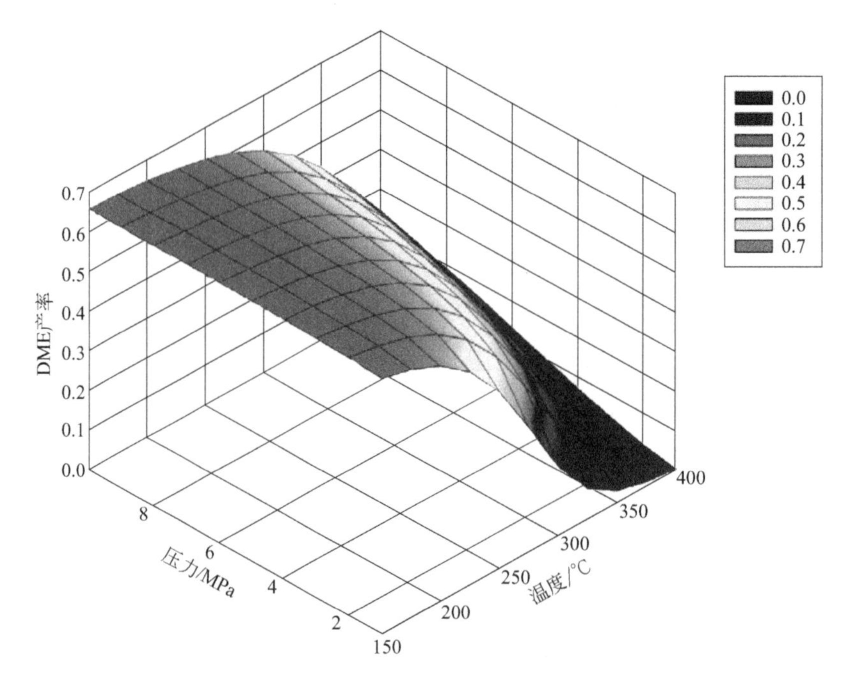

图 9-10　不同温度和压力下的 DME 平衡产率

DME 合成过程的理论分析清楚地显示，在合成气到有用产物的总转化率上存在协同效应。

9.4.2 单一步骤（STD）过程合成 DME 中的协同

在一些早期工作中已经显示 STD 体系中的协同作用。CO 加氢合成甲醇受热力学限制。但是，通过脱水反应移去了产物（甲醇）施加的热力学限制。在反应期间产生的水也可能限制反应速率。水能够被 WGS 反应消耗产生更多氢，而氢是甲醇合成的反应物之一。所以，这三个反应的协同允许其有比单独甲醇合成过程更高的合成气转化率。

合成气合成 DME 的热力学研究证实，该反应体系存在协同效应。关于甲醇从合成气是如何产生的问题，学者们并没有一致意见：CO 加氢、CO_2 加氢或两者兼而有之。但是，含 CO、CO_2、H_2O、H_2、甲醇和 DME 的反应体系仅有三个独立反应。一些学者在他们的模型中使用 CO 加氢、甲醇脱水和 WGS 反应，而另一些学者在模型中使用 CO_2 加氢、甲醇脱水和逆 WGS 反应。

对三个不同模型进行了比较以进一步揭示该反应体系的协同效应。模型 Ⅰ 仅有甲醇合成反应；模型 Ⅱ 除了甲醇合成反应外还包括甲醇脱水反应；而模型 Ⅲ 包含式（9-8）、式（9-9）和式（9-11）三个反应。在 260℃、5MPa 和无 CO_2 进料流条件下的比较研究说明，如果甲醇和 DME 是希望产物，则模型 Ⅱ 是理想的。当仅把 DME 作为最后产物时，模型 Ⅲ 对富 CO 合成气是最好的。温度增加导致 CO 转化率、DME 得率和选择性都降低，因为所含反应都是放热的。CO 转化率、DME 得率和选择性都随压力的增加而增加。合成气

中 CO_2 含量对得率影响的研究结果指出，进料中 CO_2 是低浓度时，CO_2 在出口和进口处浓度摩尔比大于 1。所以，循环不能够除去 CO_2，必须分离除去过量 CO_2。随进料中 CO_2 浓度提高，CO_2 可以成为反应物，CO 反而是产物，也就是发生了逆 WGS 反应。于是过程能够被认为是 CO_2 加氢而不是 CO 加氢。但是，与 CO 加氢合成甲醇过程相比，从 CO_2 加氢合成 DME 的过程并没有优点。

协同作用的热力学分析虽然提供有价值的信息，但不足以说明工业催化体系，因为它是远离平衡的且是受动力学控制的。使用液相 DME（LPDME）条件下试验一次通过（例如，一次通过煤气化组合循环）来研究化学协同作用时，在富 CO 条件下协同效应能够较好实现，此时甲醇合成是速率控制步骤；但是，对甲醇合成协同效应和优化条件间的权衡和折中指出，最大产率时的 H_2/CO 比应在 2 ∶ 1 到 1 ∶ 1 之间。

对未反应气体进行循环的 DME 合成过程进行模拟研究的目的也是优化 DME 生产率。以最好动力学和碳利用率来优化反应条件时的结果发现，进料组成为等摩尔 H_2/CO 比，即 1 ∶ 1 时有最好的 DME 生产率。集成合成气产生设备和 DME 合成反应器以研究利用所产生 CO_2 的可能性。对若干合成气生产程式进行的分析指出，CH_4 的 CO_2 重整能够产生所需要 H_2/CO 比的合成气，它能够作为最小排放和优化生产率的工业 DME 过程的基础。

9.5 反应动力学

甲醇到二甲醚的脱水反应是被固体酸催化的。反应产物可能不是 DME，因为这与酸催化剂活性位强度有关。DME 能够进一步反应生成烯烃、芳烃和烷烃。基于甲醇分子与表面酸性和 / 或碱性位间的相互作用方式，提出了若干反应机理。

甲醇脱水到 DME，广泛报道的机理能够分类为两组：Langmiur-Hinshelwood（LH）和 Eley-Rideal（ER），LH 和 ER 都是双分子机理。

LH 机理假设起作用的是催化剂表面上的酸性和碱性两种活性位。两个甲醇分子分别与酸性和碱性活性位相互作用，产生一分子 DME 和一分子水。

而 ER 机理假设甲醇分子仅仅与酸性位相互作用。催化剂上的酸性位攻击甲醇中亲核的氧，然后表面物质与气相分子反应，导致 DME 的生成。Brønsted 和 Lewis 酸性位都能够催化甲醇脱水反应。

对甲醇合成和甲醇脱水到 DME 的反应动力学进行了大量的模型化工作。但是，在这里仅仅讨论合成气到 DME 的动力学模型。

对合成气到 DME 反应动力学模型的早期工作大部分是针对液相 DME 合成（LPDME）过程进行的。最简单的甲醇合成、甲醇脱水和 WGS 反应动力学模型都是指数律动力学表达式，这也是对直接 DME 合成过程最早提出的动力学模型，虽然没有给出动力学模型参数。

在假设总反应推动力比例于 CO 气相分压与其平衡分压之差的前提下，提出一个甲醇当量生产率（甲醇得率 +2 倍的 DME 得率）的表观一级反应速率表达式。利用该模型获得的频率因子和活化能都取决于催化剂浓度，两者都有随催化剂浓度增加而减小的趋势。

文献中已经给出在商业催化剂上的甲醇合成动力学和 γ - 氧化铝上的甲醇脱水动力学，它们都可以应用于范围广泛的进料气体组成。除了脱水与甲醇催化剂比很大和空速很高情形外，这些动力学模型是令人满意的。

对使用含 N_2 合成气（1% ～ 35%）的二甲醚合成反应动力学模型，建立的 LH 动力学模型考虑三个反应：CO 和 CO_2 加氢及甲醇脱水。同一套反应和动力学表达式也适合于富氢合成气的反应动力学。

已经发展出复杂性逐渐增加的三个动力学模型：模型 1 到模型 3。模型 1 是由四个反应（CO 加氢到甲醇、WGS、甲醇脱水及从 CO 和 H_2 生成烃类）构成的指数律动力学模型。在模型 2 中，考虑了水在催化剂表面上的吸附，用 θ 项表示，θ 等于 $1/(1+K_{H_2O}f_{H_2O})$，其中 K_{H_2O} 和 f_{H_2O} 分别是水吸附平衡常数和逸度系数。在模型 3 中，动力学表达式中包含二氧化碳加氢到甲醇，即同时考虑氢气以及一氧化碳以及氢气与二氧化碳的进料气流和催化剂表面焦沉积失活项。

DME 反应动力学一直受到支持和推动，因为它能够为反应器设计和气流循环提供必需的知识。催化剂寿命是能够从失活动力学预测的。

9.6 不同类型的 DME 反应器

对过程的分析设计是要最小化能量消耗和提高能量效率。近些年中，已经做了一些工作来最小化化学加工期间熵的产生，重点是考虑化学加工过程的核心部件——反应器。因此，反应器分析起着基础性的作用。下面对反应器设计进行讨论，包括使用常规固定床和浆态反应器来生产 DME，然后研究技术革新和发展以解决常规技术使用可能出现的问题。

9.6.1 固定床

由于其简单性和较低的成本，在实验室或试验工厂规模中最普遍使用的反应器是固定床反应器。对低或中等反应热的催化过程，首先选择的是绝热固定床反应器。在该体系中，相间扩散阻力受气固接触控制。固定床反应器的操作也是有意思的，可以对从反应器进口到出口的轴向温度分布进行优化。于是反应速率在进口处是高的（转化率远离热力学限制）；沿反应器轴向温度的降低能够使反应器出口保持高转化率。但是，对高吸热或高放热反应情形，有可能存在反应热使反应熄火或使催化剂烧结的问题。所以，在常规固定床反应器中可能面对热力学限制和催化剂过度失活的挑战，因此 DME 合成的固定床反应器需要以大量合成气循环方式来进行操作，目的是避免温度上升过高。虽然也有可能进一步采用单次通过低转化率方法，但会导致较大的投资和高操作成本。

9.6.2 浆态反应器

对从合成气直接合成 DME 的反应，除采用固定床外，在工业上普遍使用的其他类型反应器是浆态反应器。在三相浆态反应器中，合成气气体在溶剂中分散形成气泡相与悬浮的催化剂密切接触。其优点是较低的投资和更好的传热。浆态床 DME 一步合成是大规模 DME 生产的一个潜在过程。对浆态床 DME 合成，合成气从气泡传输到液相介质中，然后再传输到催化剂颗粒。这个过程在相间存在严重的传质限制，因此总反应速率下降。但是，浆态反应器的温度控制远比绝热固定床反应器容易，因溶剂的巨大热容量。浆态反应器也有一些缺点，例如，浆态反应器对设备的要求是比较复杂的。因为除了主反应器外，循环系统和气液分布器也是需要的。催化剂颗粒从反应器流失是另一个挑战，这限制该类反应器在 DME 生产中的使用。温度和空速的优化值能够利用文献方法获得。压力上升和催化剂浓度增加能够提高反应器性能。

9.6.3 偶合和双型反应器

在这个类型反应器中，放热反应成为吸热反应的热源。一些研究认为，从合成气直接生产 DME 使用工业双型反应器是合适的。对双型反应器的设计参数和传质问题进行了研究，冷料进入第二个反应器的管子一边，由壳边流出的热反应气体进行预热。在第一个反应器壳边的沸腾水吸收放热反应的反应热，生产水蒸气。对提出反应器构型（图 9-11）的生产容量做了估计，其容量与大规模商业间接生产 DME 反应器的容量相同。可以清楚看到的是，第二个反应器的逆流构型要好于顺流构型，因为有更高的 DME 生产速率。基于模拟结果提出了优化反应器构型的工艺设计，达到的生产容量约 60t DME/d，高于间接过程 DME 工厂。另外，这个新构型降低了 DME 的生产成本，因为消除了甲醇生产和纯化分离单元。基于模拟结果也说明，热偶合热交换反应器中的热点通过控制放热边摩尔流速是可以控制的。

对热偶合反应器（同时进行 DME 合成和环己烷脱氢）的优化操作条件进行了评价。反应器如图 9-12 和图 9-13 所示，由分别使用于放热和吸热反应的两个分离边构成。环已烷到苯的催化脱氢发生于壳边，而甲醇脱水在管子里边进行，两边都是装有不同催化剂的固定床。热量连续地从放热反应区传输到吸热反应区。两边合适的初始摩尔流速和入口温度能够为加热混合物提供必需的热量，同时也推动着吸热反应的进行。短的热量传输距离使过程效率增加。该分段反应器能够使乙醇脱水到乙烯反应的乙醇转化率达到 95%。类似的分段反应器构型也能够应用于甲醇脱水到 DME 的反应，把上游段的部分氧化和下游段的甲醇脱水进行耦合。分段部分氧化反应器还具有集成分解和脱氧过程的能力，能够使运输液体燃料的能量浓度得到提级。

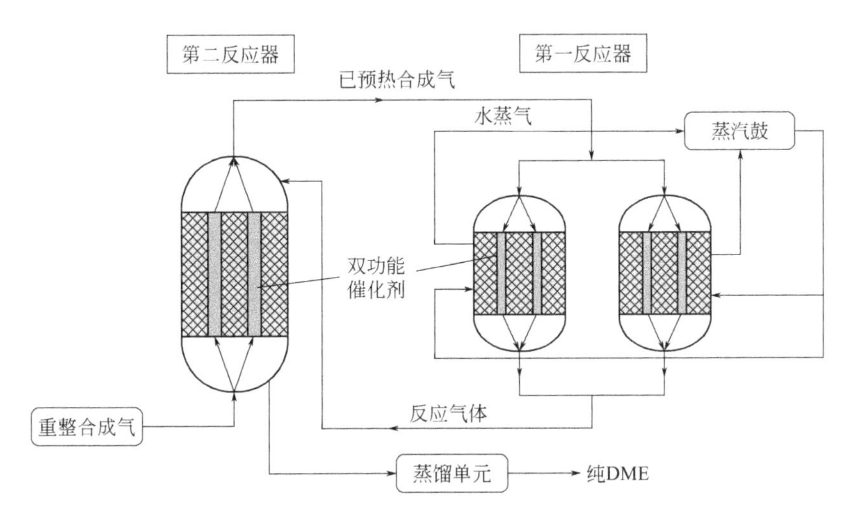

图 9-11　双反应器构型的 DME 反应器示意图

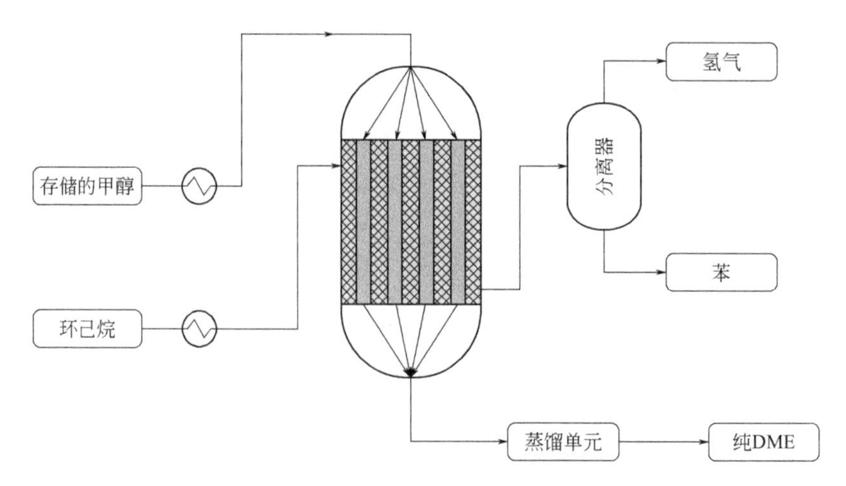

图 9-12　热偶合反应器构型

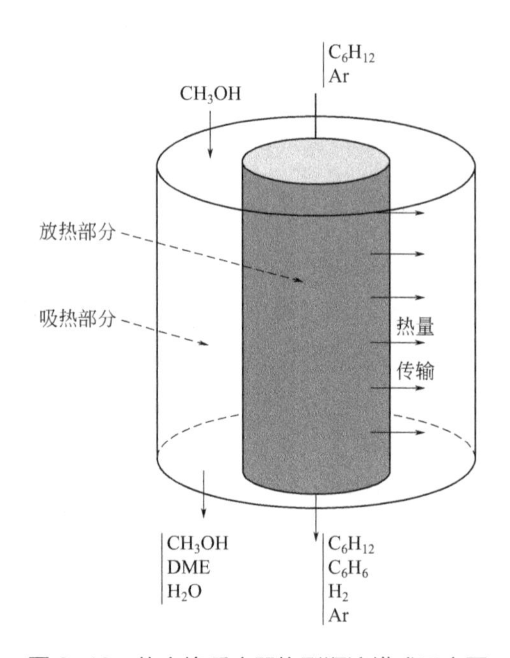

图 9-13　热交换反应器构型顺流模式示意图

9.6.4 反应器与分离单元的耦合

催化蒸馏（CD），也称为反应蒸馏（RD），是集成过程的另一个例子，这里把蒸馏塔和反应器组合形成单一的单元。甲醇脱水使用 CD 的优点包括 DME 的高选择性、较高转化率，与单一反应器比较，操作成本降低。CD 要求具有中等的操作温度和压力（分别为 40 ～ 180℃和 800 ～ 1200kPa）。对甲醇脱水反应，先前研究的催化剂大多数是固体酸催化剂（例如沸石），它们要在高温（约 250℃）下才有催化活性。因此，为使用 CD 或 RD，需要进行深入研究以使该脱水过程能在温和条件下操作。可以在 RD 塔后配备常规蒸馏柱来回收甲醇，如图 9-14 所示。为克服蒸馏柱高能耗的缺点，可使用其他改进办法，如热偶合蒸馏柱、分壁柱（DWC）、热集成蒸馏或循环蒸馏。Petlyuk 构型，有两个完全热偶合蒸馏柱，为使 DWC 能够实际可行，需在容器的合适位置嵌入垂直壁，一般在单一塔的中间部分把其分成两个部分。DWC 在化学过程工业中具有较大吸引力，因为它能够在单一蒸馏柱中分离更多组分，因此其成本比建造两个蒸馏塔的成本有较大降低（因为仅使用单一冷凝器和再沸器）。实际上，使用 DWC 能够节约高达 30% 的资本投资和高达 40% 的操作成本以及高达 30% 的能量节约。

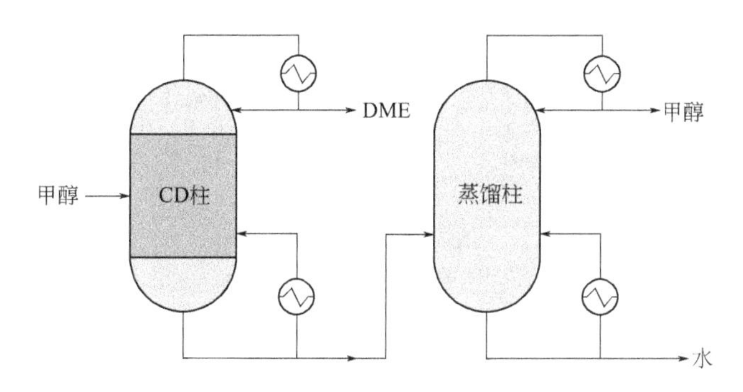

图 9-14　通过反应蒸馏（CD）生产 DME 的简化过程

在集成概念的基础上，一些学者提出生产 DME 的一个新工艺，使用反应性分壁柱（R-DWC）的甲醇脱水。图 9-15 简单说明从 CD 到 R-DWC 的发展路径。由此可以得出结论，单独的 CD 过程不可能消减改造现存工厂的投资，但在建立新工厂时使用 RD 替代将是一个理想的选择，因为它占地少和操作条件温和。显然，革新的反应性 DWC 工艺与常规或反应性蒸馏工艺比较有更好的性能：能量显著节约 12% ～ 58%；降低高达 60% 的 CO_2 排放和降低高达 30% 的总年度成本。因此，新 R-DWC 工艺能够被认为是一个高纯 DME 新生产装置和改造现有工业工厂的重要革新方案。

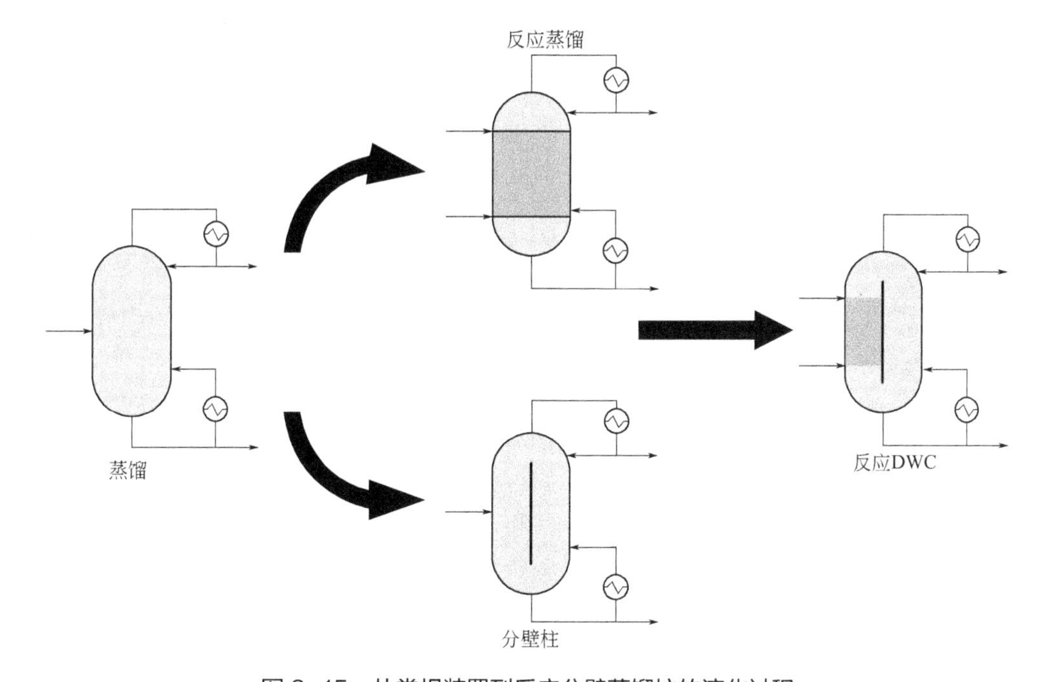

图 9-15　从常规装置到反应分壁蒸馏柱的演化过程

9.6.5 微反应器

微结构反应器也称为结构反应器，催化反应发生在次毫米尺寸范围的通道或裂缝中。这是合成气生产二甲醚的一种新反应器。典型微反应器能够提供高的表面 - 体积比和到壁的短扩散距离，因此能够极大地增加传热和传质速率。它们适合于高放热或吸热反应。微结构反应器也对反应条件有高的控制能力，因滞留值很小，因此能够部分或全部消除热点、热飞温、层流行为，而且具有紧凑性和提供平行加工的能力。

9.6.6 膜反应器

膜可以作为选择性渗透壁或作为整个催化活性表面。在从甲醇脱水合成 DME 过程中，如果催化反应产生的水蒸气能够被选择性地从反应区域移去，就有可能防止催化剂失活，获得好的得率，即使使用中等温度条件。其次，也不需要二甲醚分离和纯化的附加步骤。在甲醇脱水期间，使用渗透膜移去 H_2O 能够降低水对催化剂失活的促进作用，并提高 DME 的生产率。但是，膜渗透水通量的增加（如使用较高的吹扫流速时）也导致不希望烃类产物的生成。因此，应该对膜渗透水的通量值进行优化。

现在商业上可以利用的膜有无定形硅胶、F-4SF、ZSM-5、MOR、SIL 和高分子聚合物膜。这些膜仍然存在孔阻塞、热和机械不稳定性的问题，需要使用气体吹扫。这会导致浓度稀释，限制膜在反应器体系中的使用。但是，膜体系的许多优点已经在很多实验和理论研究中得到证明。

增加反应产物得率的另一个方法是反应物控制性添加。实际工作已经证明， 以合适的方式添加氢气能够提高 DME 的产率。借鉴这个概念，已经发展出壳型和管型流化床膜反应器，它们适合于二甲醚合成使用。提出的壳型流化床膜反应器示于图 9-16 中，氢气沿反应器的渗透使反应器有更好的性能和效率。

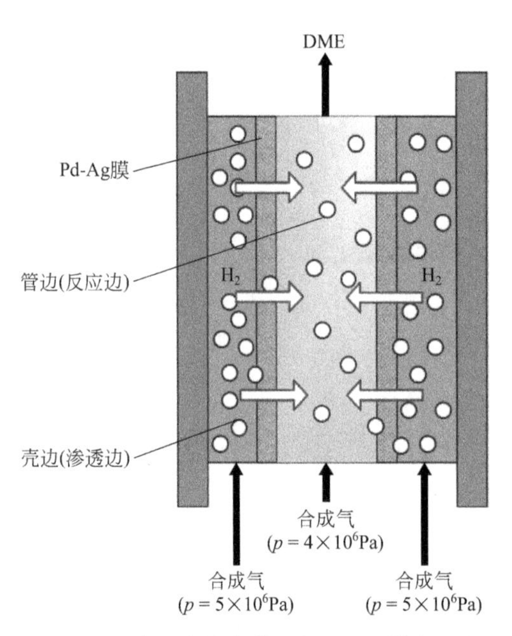

图 9-16　壳型流化床膜反应器顺流模式示意图

聚合物 / 陶瓷复合膜能够作为聚合物固体酸催化剂，该聚合物就是 F-4SF 树脂（在俄罗斯的Nafion类似物）。复合膜使用沉积方法制备：把 Nafion 树脂沉积在陶瓷超滤管式膜内表面，内嵌二氧化钛选择性中间层（见图 9-17）。使用 F-4SF/ 陶瓷催化膜反应器（如图 9-18 所示），对甲醇气相脱水制 DME 进行了研究。虽然温度在 70 ～ 120℃范围时 F-4SF 样品对甲醇到 DME 的转化显示很高的初始活性，但催化剂会快速失活。其原因是，在这个温度范围内，甲醇和产物水在膜表面的吸附都是很强的。因此，为防止催化剂失活和提高甲醇转化率，必须要使醇脱附速率大幅增加，并把水选择性地从反应区域移去。

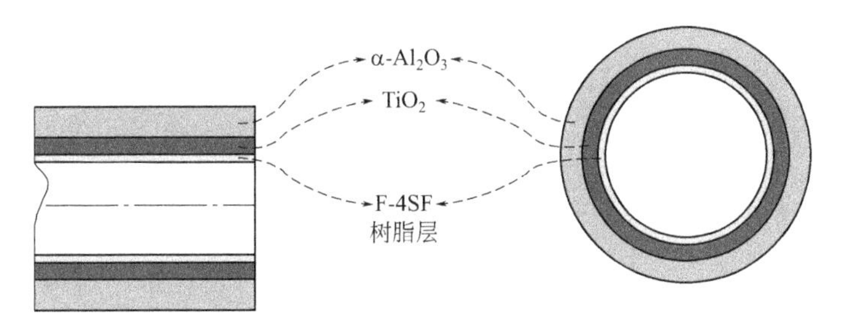

图 9-17　F-4SF/ 陶瓷复合管式膜

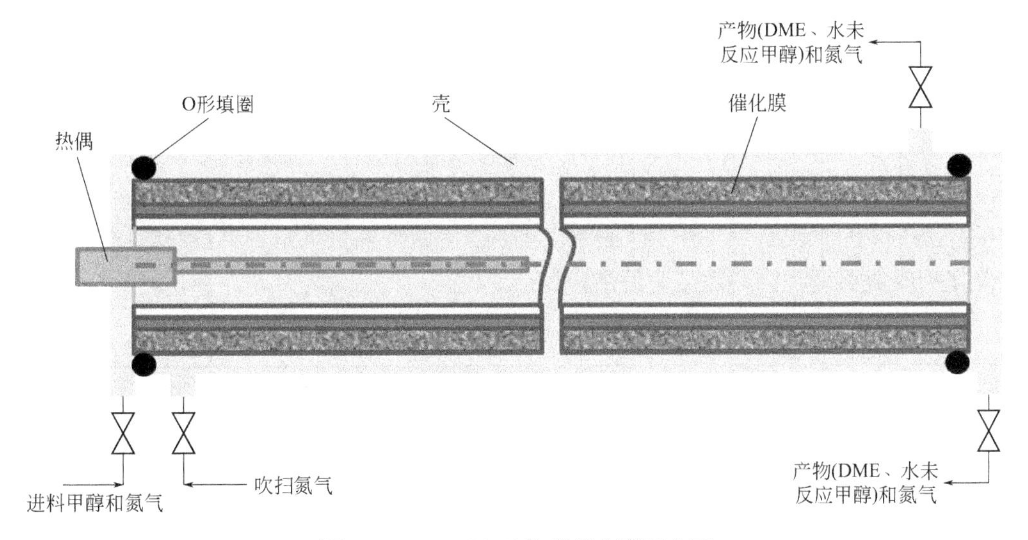

图 9-18　F-4SF/ 陶瓷催化膜反应器

把放热和吸热反应偶合可能是可行的和有益的。对热偶合膜反应器中热量分布数学模型和产物优化的研究是针对甲醇和苯合成体系进行的。在提出的耦合膜反应器构型中，甲醇合成发生于放热一边，它供应环己烷脱氢所必需的反应热。在渗透边顺流吹扫气体，使氢气选择性地渗透穿过 Pd/Ag 膜。

以乙二醇作为生产 DME 的原料，在双床层膜反应器中进行评价，耦合了吸热的乙二醇催化重整和放热的 DME 合成反应。使用这个技术不仅增加热效率，而且也降低 DME 合成单元中需要的合成气生产成本。双床层膜反应器的示意于图 9-19 中。为了增强在高 CO_2 含量进料条件下的 DME 合成过程的生产率，反应器在中心使用了亲水性膜管来

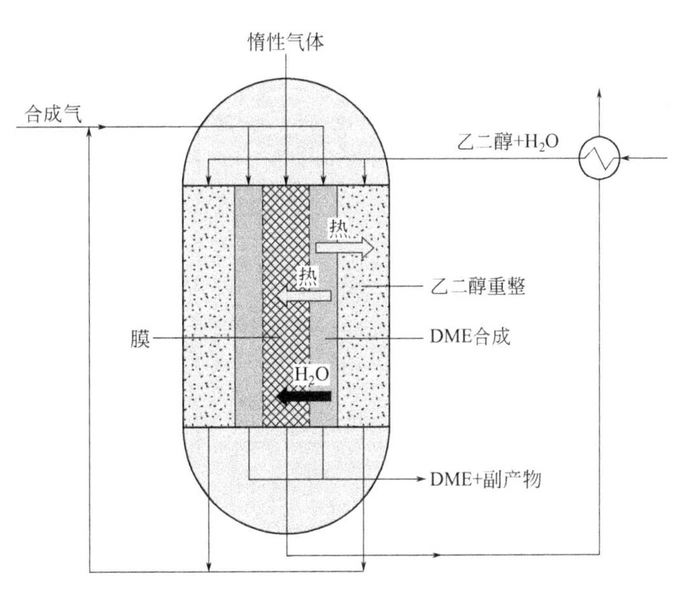

图 9-19　双床层反应器系统示意图

移去反应体系生成的水。

9.6.7 球形反应器

由于管式填料床反应器有一些缺点，如高压力降、高制造成本和低生产容量，为克服和消除这些缺点，已经对新反应器构型的填料床球形反应器进行了可行性研究。发展出轴向流动的填料床球形膜反应器（AF-SPMR）。使用于甲醇脱水反应时，水蒸气被羟化方钠石（H-SOD，一种类沸石材料）膜移去，使反应的热力学平衡向着产物一边移动。结果指出，在 AF-SPMR 中，不仅压力降降低而且获得了更多 DME 产品。

9.6.8 不同反应器的比较

前述各类反应器的比较示于表 9-4 中。值得叙述的是，为论证解决直接合成 DME 反应器设计的办法，使其提供最大过程强度，尽可能回收产生的热量和确保催化剂慢的失活，需要进行进一步的工程研究工作。应该考虑的是，使两种催化剂组分有最有效的空间分布，并对催化剂床层温度和物料组成有好的控制。

表9-4 不同类型DME合成反应器比较

反应器类型	特性 / 使用	对 DME 工厂的优点	注意事项
固定床	简单和低成本 催化非均相反应 催化反应的反应热低和中等 达到高转化率，反应温度沿反应器降低		催化剂失活 大量合成气循环 高操作投资 高压力降
浆态床	催化非均相反应	温度易于管理，好的传热	设备负载 催化剂损失
流化床	催化非均相反应	降低气固传质阻力 极好的温度控制、高转化率和不需循环 中等操作压力	催化剂与反应器壁间的碰撞 催化剂损失
偶合和双型反应器	对两者是强放热和强吸热反应	投资和操作成本都下降 高能量效率 热点能够控制	
反应器和分离单元偶合	对甲醇脱水 催化蒸馏 CD（或反应蒸馏 RD）组合蒸馏柱和反应器 热偶合壁柱蒸馏 DWC：单一柱在中间被壁分成两部分 反应 DWC（R-DWC）：反应分壁柱（基于 DWC 设计）	较高活性和较高选择性 降低操作成本 R-DWC：占地较少，较温和的操作条件，更好的性能（节省能量、降低 CO_2 排放、降低年度总成本）	CD：要求中等温度，而试用的催化剂在较高温度有活性
微反应器	对两者是强放热和强吸热反应	反应条件高可控制性 小滞留值 避免热飞温 紧凑性和平行过程能力	层流行为

续表

反应器类型	特性/使用	对 DME 工厂的优点	注意事项
膜反应器	已经被使用于直接和间接方法	好的反应得率 没有分离和纯化的附加步骤 防止催化剂失活 双床层膜反应器 较高热效率 降低合成气生产成本 球形膜反应器 降低压力降 直接 DME 生产	可能生产不希望的烃类 孔阻塞 有热和化学稳定性

9.6.9 DME 的过程模拟研究

直接合成二甲醚的工厂性能受多个因素的影响。这些因素包括起始原料、气化条件、DME 合成反应器构型和合成气合成 DME 催化剂等。DME 过程的模型化和过程模拟能够分析和优化合成工厂的操作条件。对 DME 催化合成的模拟研究能够按合成 DME 所使用的反应器分类。使用的反应器有固定床、浆态床和流化床。

在 DME 合成反应器内发生的所有反应都是放热反应。反应期间的放热使反应器温度升高。温度超过300℃会使催化剂失活。因此，热量的移去对获得好DME得率是至关重要的。所以，反应器中的热量通常使用壳 - 管热交换器移去。反应器中，在管子内装填催化剂，冷却剂在管子外边流动移去反应热量。

对固定床反应器内的甲醇合成催化剂（MSC）和甲醇脱水催化剂（MDC）床层的安排进行了模拟研究，讨论了平衡和动力学两种情形。对与 DME 合成的两个步骤有同样的顺序的单一层 MSC 和单一层 MDC 安排，反应物转化率是最低的。随每种催化剂层数的增加，反应物转化率增加。当催化剂层数目无限大时（接近两种催化剂的物理混合），转化率达到最大。对物理混合和并合了 MSC 和 DSC 两种催化剂（由金属和酸功能构成的双功能催化剂）的情形进行了比较，模拟中引入了有效因子的计算。并合催化剂的生产率是比较高的。模拟研究结果得到了试验工厂反应器数据的支持。在固定床膜反应器中合成 DME，对生产率受原位水移去的影响进行了模拟。反应器内装填双功能催化剂，水渗透部分是一组连续的孔洞，使用惰性气体连续吹扫。模拟研究结果说明，原位移去水时的生产率要高于没有水移去时，尤其是对富二氧化碳合成气进料。

研究者对浆态或三相反应器（例如液相合成 DME）有很大的兴趣，其构型对强放热反应工作得很好，因为液体介质移热容量很高。建立了考虑液相返混和颗粒沉降的浆态反应器数学模型，并使用它进行了模拟研究。从模拟的结果能够确定每年生产 10000t DME 工业反应器的尺寸。

对煤和生物质制合成气使用浆态反应器生产 DME 的过程进行了模拟。在模拟模型中包含了煤尤其是褐煤和生物质气化、WGS 反应、气体净化和合成气一步合成 DME 等过程。对无 WGS 反应的多联产过程和简化气体净化过程进行了优化。基于煤、天然气和煤 - 天然气共进料的三种体系也进行了模拟研究（使用一种中国煤和天然气）。模拟模型中包含矿物燃料制备单元、煤气化和/或天然气重整、WGS、合成气净化、DME合成、蒸馏和发电等过程。模拟结果说明，共进料优于单独煤基或单独天然气基系统。烟煤基系统有较高的C/H比，而天然气基系统具有低C/H比，共进料正好达到生产DME所需要的碳含量。

生产DME的流化床反应器仍然处于发展阶段，对这类反应器仅有很少的模拟研究报道。考虑到流化床反应器中存在两相：气泡相及其周围的密相。假定气泡相是活塞流，而对密相的假设分别是活塞流（P-P）和返混（P-M）。建立模型进行模拟的结果可通过实验加以验证。结果显示，P-M模型好于P-P模型。使用普适化综合反应器模型（CGR）流化床反应器进行了模拟。CGR模型中假定含有气体和固体两个准相，一个是高密相，另一个是低密相，反应在两相中发生。使用文献数据来验证模型的可靠性，模拟结果与实验结果相当一致。对使用褐煤生产DME的过程，其集成过程模型包括褐煤干燥、煤气化、合成气调整和DME合成。使用集成模型的模拟结果指出，褐煤的C/H比比高阶煤生产的合成气C/H比更适合于DME生产，对单一步骤DME生产具有优化的H_2/CO比。

9.7 DM合成催化剂

9.7.1 引言

为发展高活性和高选择性合成二甲醚的催化剂，进行了大量的研究。关于间接DME合成，普遍应用的催化剂是固体酸类催化剂。已经开发的固体酸催化剂很多，包括γ-氧化铝、硅胶改性氧化铝、TiO_2-ZrO_2、黏土、离子交换树脂、波美石（AlOOH）和沸石，如HZSM-5、HY、丝光沸石、SAPO、MCM、Hβ、镁碱沸石和菱沸石等等。固体酸催化剂也能够使用锆、铁、二氧化硅、磷、氧化硼和稀土金属改性的硫酸盐，都能够获得高CO转化率和最小副产物（轻烃类和重烃类）生成的中等酸性。例如，使用离子交换制备一组以La、Ce、Pr、Nd改性的Y沸石。这些稀土金属使Y沸石酸性增强，因此，对甲醇脱水制DME的反应显示比纯HY更高的活性和稳定性。

从合成气直接一步合成DME需要两个反应：甲醇合成和甲醇脱水。直接从合成气合成DME的催化剂必须含有合成甲醇的金属活性位（例如铜）和甲醇脱水的酸性位（固体酸）。所以，直接DME合成应该是甲醇合成和甲醇脱水催化剂的混合物（MDC）。因此，直接合成DME的催化剂是双功能催化剂，由甲醇合成的金属功能和甲醇脱水制DME的固体酸两种功能组成。应该注意到，双功能催化剂的热传导一般是差的，因此双功能催化剂应用的工作温度范围在523～673K，而压力可高达10atm。金属功能主要由如下类型的氧化物组成：CuO、ZnO、Al_2O_3和Cr_2O_3等，最重要的是铜-甲醇合成催化剂。而双功能催化剂中的脱水催化剂与间接脱水制二甲醚催化剂组分没有什么大的差别，而且使用量是少的。

直接合成二甲醚催化剂除了由一般本体型催化剂（如甲醇合成和脱水酸性催化剂）构成外，也可以把它们负载在载体上。能够使用的载体很多，新近出现的多壁碳纳米管（MWCNTs）很吸引人注意。作为新纳米材料的碳纳米管载体具有若干独有的特征，如石墨化管壁、纳米大小通道、高热导率和很高的表面积。MWCNTs能够被使用作为催化剂载体，具有催化活性的金属粒子可以沿外壁分布也可以填在MWCNTs内部。已经发展出分散在 CNT 上的 Pd 促进 Cu-ZnO 与 HZSM-5 混合的双功能催化剂，并被应用于从 CO_2/H_2 直接合成 DME。研究结果显示，作为从 CO_2/H_2 直接合成 DME 的非均相“一锅煮”反应催化剂，它具有优良的性能。从文献看，MWCNT 负载 CZA/HZSM-5 催化剂也是另一种合理的选择，比未负载催化剂显示有更高催化活性和较高 DME 得率。

下面简述两种类型的催化剂：甲醇合成催化剂和甲醇脱水酸性催化剂。

9.7.2 甲醇合成催化剂

鉴于甲醇合成催化剂在第 8 章中已经做了详细讨论，这里只做简单叙述。

从合成气生产甲醇始于 1923 年的 BASF 锌 - 铬氧化物催化剂。因其低活性需要高温，高温使平衡转化率降低，为补偿合成过程必须在高压下运行。它的使用直到 20 世纪 60 年代才被 Cu 基催化剂替代。在 Cu 基催化剂商业使用前，铜 - 锌氧化物的催化能力是众所周知的，但其使用寿命很短，即很低的热稳定性和极易被煤制合成气中的硫中毒，这是其商业化应用的两个主要障碍。但是随着在催化剂中有铝或铬的加入和原料从煤转变为石脑油 / 天然气后，这些障碍就被扫除了。铝比铬更好和更稳定，制备方法的改进使催化剂性能进一步提高。此后，为了进一步提高 $CuO-ZnO-Al_2O_3$ 催化剂性能，进行了大量和广泛深入研究。研究过的添加剂有硼、银、锰、铈、钨、铬、钒、镁和钯等。

对常规 $CuO-ZnO-Al_2O_3$（CZA）催化剂，金属铜簇是甲醇合成和 WGS 反应的活性位，合成气到甲醇的转化与铜金属表面积密切相关。ZnO 对保持活性铜金属优化分散起着至关重要的作用，为气态反应物提供高数目活性位。但是也观察到，CZA 中过量 ZnO 对其活性产生负面影响。在 CuO-ZnO 基催化剂中添加 M^{3+}（例如 Al^{3+}）主要是增加铜表面积和分散度。该三价离子对 Cu 颗粒在蒸汽条件下的烧结也有阻滞作用。与 ZnO 不同，CuO 和 Al_2O_3 的过量存在使活性位分散度增加，因此可以增大催化剂表面积和提高催化剂的活性。

铜颗粒大小和铜分散度受制备条件的影响，如 Cu/Zn 比、沉淀剂类型和焙烧温度。在 Cu-Zn 基催化剂中，对 Cu/Zn 摩尔比对活性影响的观察指出：低 Cu/Zn 比有利于 WGS 反应，因为在低 Cu/Zn 摩尔比时出现更多 WGS 活性中心；高 Cu/Zn 比催化剂对甲醇合成显示更高活性，原因是 CuO 和 ZnO 分子间有较强的相互作用和它们的原子分散。

在直接 DME 合成过程中，影响 CZA 催化剂性能的另一个重要因素是它与固体酸催化剂间的比例。研究观察指出，金属和酸功能间最适合的比例，对 CZA 与 γ-Al_2O_3 混合催化剂为 1 ∶ 1，对 CZA 与 HZSM-5 混合催化剂为 3 ∶ 1。对专门为 DME 直接合成过程制备的特殊核 - 壳结构双功能催化剂（ZSM-5 沸石核外面包裹一层 CuO-ZnO 壳），表征结果揭示，这类双功能催化剂具有高的铜表面积以及高的铜分散度，因此有可能显示优良的催化性能。

对二氧化碳加氢合成 DME，双功能催化剂中的甲醇合成组分除了传统 CZA 以外也常常使用 CuO/ZrO_2 催化剂。虽然 CuO/ZrO_2 催化剂已被证实是一个有效的催化剂，但氧化锆载体的使用仍然是有缺点的。除了 CuO/ZrO_2 催化剂的低比表面积外，催化剂性能要受相间传输的影响。氧化锆有三种晶相：m-ZrO_2（单斜）、t-ZrO_2（四方）和 c-ZrO_2（立方），相间的转化可能改变催化剂的性质。在固定 Cu 表面积时，CuO/m-ZrO_2 催化剂的甲醇合成活性高于 CuO/t-ZrO_2 催化剂。另外，与单一相锆氧化物比较，混合锆氧化物具有较高的表面积、更好的热稳定性和机械强度，以及较强的表面酸性。类似地，对氧化钛也是如此。因此，氧化钛和氧化锆的混合氧化物不仅有两种氧化物的优良特性，而且它们也保存了各自的缺点。

9.7.3 甲醇脱水催化剂

甲醇脱水反应是被弱的 Lewis 或 Brønsted 固体酸性所催化的。表面酸性位性质和强度以及与甲醇的相互作用确定了催化剂的反应路径、得率和选择性。从机理观点研究甲醇脱水反应得到的结果说明，甲醇在固体酸催化剂上的反应能够生成多种产物：DME、烯烃、烷烃或芳烃。高反应温度通常有利于烃类的生成。到现在已经开发的甲醇脱水催化剂很多，对重要者分述如下。

9.7.4 甲醇脱水催化剂的表面酸性

富一氧化碳合成气直接转化制 DME，实质上是与催化剂体系中脱水组分酸性密切相关的。如果酸性太低，甲醇脱水效率太低；如果催化剂酸性太高，会使市场的 DME 进一步催化转化生成烃类。因此，如研究结果指出的，DME 生成与弱和中等强度酸性位是密切相关的。具有强酸活性位的催化剂对焦沉淀也是有利的。

为保持生成 DME 的优化条件，强酸位必须被稀释或除去以抗击焦的生成和达到高稳定性。因此，使用硅胶来改性 γ-氧化铝以提高其表面酸性。研究结果证实，对硅胶改性氧化铝，催化剂的表面酸性随改性剂负荷增加而增加。在硅胶负荷为 6%（质量分数，下同）时达到最大值，然后表面酸性逐渐降低，在 15% 硅胶负荷时显示的催化剂性能几乎与未改性 γ-氧化铝性能相同。纳米晶 γ-氧化铝催化剂的晶粒大小对甲醇脱水制 DME 的酸性是有影响的，研究结果证明，较小晶粒样品具有较大中等酸性位浓度，因此有较高的催化活性。

众所周知，固体酸催化剂表面上的酸性分为 Brønsted 或 Lewis 酸两种类型。一般认为，甲醇是在 Lewis 酸 - 碱对和 Brønsted 酸 -Lewis 碱位上进行脱水的。

至于 γ-氧化铝的酸性，一些研究结果指出，主要是 Lewis 酸性位。而对 MFI 沸石和 $AlPO_4$，多数情形中占优势的是 Brønsted 酸性位。HMOR 沸石的酸性也是 Brønsted 酸性位占优势的。另有结果指出，HMOR 体系具有相等数目的 Brønsted 和 Lewis 酸中心，两种类型酸性位都显示高的酸强度。介孔硅铝酸盐的 Brønsted 酸性，即浸渍在 SBA-15 上氧化铝的酸性，也能够催化甲醇脱水，在温度为 300℃时达到接近平衡值，生成二甲醚的选择性为 100%。实际上，直接合成 DME 过程的甲醇脱水催化剂最好的是 HZSM-5，它有很大数目中等强度的 Brønsted 酸性位，这对催化甲醇脱水是非常有利的。但是，有报道指出，并没有发现甲醇脱水速率和 HZSM-5 中 Brønsted 酸性位数目间的关联，因此很有必要进行更多的研究。

9.7.4.1 γ-Al_2O_3 甲醇脱水催化剂

如前面所述，γ-Al_2O_3 是一个好的甲醇脱水催化剂。它是非常有吸引力的，因为成本低和高表面积，显示优良的热和机械稳定性和对 DME 的高选择性。并且，它对 DME 生成有高催化活性，其强酸性位的含量是低的，大部分是 Lewis 酸型。虽然 γ-Al_2O_3 有好的活性，但它对水的吸附是很强的，因此催化剂比较容易失活和损耗。

氧化铝有甲醇脱水活性是因为在焙烧时形成了 Lewis 酸 - 碱对。对不同晶相氧化铝催化剂进行的甲醇脱水实验发现，η- 氧化铝和 γ - 氧化铝显示最高的甲醇制 DME 的催化活性，而 α- 氧化铝和 κ- 氧化铝显示的活性最低。

其他金属氧化物也显示甲醇脱水活性。硅铝氧化物表面的 Brønsted 酸性位在高温下能够转化为 Lewis 活性位。在控制条件下引入弱碱把其强酸位中和后，硅铝氧化物显示出较高的 DME 选择性。在氧化铝和硅铝氧化物中引入 NiO 能够改变两个催化剂的酸性。虽然已知铁氧化物有脱氢活性，在氧化铝存在下它显示有相当的脱水活性。有脱水活性的其他氧化物包括：ZnO/Al_2O_3、TiO_2/SiO_2、TiO_2/ZrO_2、TiO_2/Al_2O_3 和 $MgAl_2O_4$ 等。

9.7.4.2 沸石甲醇脱水催化剂

沸石是具有笼和孔道周期性排列的结晶硅铝酸盐，它是工业上广泛使用的催化剂、吸附剂和离子交换剂。从文献能够得出结论，在温度范围 250 ～ 400℃和压力高达 18atm 下的沸石材料有很好的固体酸作用，是甲醇脱水的合适催化剂。与其他催化剂比较，沸石一般具有高表面积和微孔结晶界面。但是，沸石窄和微细的微孔结构可能阻碍 DME 从孔道中快速扩散出来。因此沸石有可能快速地损失它们的催化活性和选择性，原因是副产物的生成和含碳化合物的沉积。为克服这些缺点，可以对沸石催化剂进行改性。例如，应用 ZSM-5/MCM-41 复合分子筛作为甲醇脱水催化剂的结果指出，其在甲醇到 DME 的脱水过程中显示高活性、高选择性和高稳定性，因为其组合了介孔分子筛孔道和 ZSM-5 酸性的优点。

沸石族成员有宽的酸强度、高的酸性位密度和可利用性。此外，沸石的表面性质可以使用阳离子交换和改变结构中的含水量来改变。因此，对沸石作为脱水催化剂合成 MDE 进行了广泛研究。对甲醇在氢型 Y 沸石（HY）、HZSM-5 和各种脱铝 Y 沸石上的脱水研究指出，虽然 HY 有很大数目的酸性位，但其活性远远低于预期。在所有这些催化剂中，蒸汽脱铝 Y（SDY）在 275℃显示最高脱水活性。但是，在较高温度下，反应进一步进行，生成的产物不再是 DME 而是烃类了。使用脱铝丝光沸石在大气压下及 200℃和 300℃温度下进行甲醇脱水试验发现，得率大约为 16%。现时研究工作的重点是，对沸石进行表面改性以获得更好的活性和 DME 选择性。纯磷酸铝具有微孔，因电荷中性没有离子交换容量，但是其外部的一些阳离子能够被其他离子取代，使其表面具有一些酸性位。在制备的 25 种不同沸石催化剂中，发现含 B^{3+}、Ga^{3+}、Fe^{3+}、Ti^{4+}、Mn^{4+} 和 V^{5+} 阳离子取代的磷酸铝中，镓磷酸铝和铁磷酸铝在 380℃能够催化甲醇脱水得到 DME。

在甲醇脱水制 DME 的沸石型固体酸催化剂中，显示比 γ-Al_2O_3 催化剂更多酸性和更好稳定性的是 HZSM-5 沸石。它是合成气直接合成 DME 的最可行催化剂。HZSM-5 对直接 DME 合成的活性和选择性，可以因它负载有 Cu-Mo 氧化物催化剂而得以增加。

另一个有效的甲醇脱水催化剂是 BFZ，它由 β- 沸石核和 Y 沸石多晶外壳构成。H 型 BFZ（HBFZ）显示有中等的酸强度和介孔孔隙率，有高的 CO 加氢活性。与 CZA/HY（氢型 Y 沸石）双功能催化剂比较，CZA/ HBFZ 在直接合成 DME 加氢反应中显示出较高活性和稳定性。

H型丝光沸石对甲醇加工是非常有吸引力的催化剂，也是另一种很有潜力的沸石催化剂，因为在甲醇到烯烃（MTO）的转化和在酯化反应中它显示很高的活性。这个特性使它在单一反应器中进行DME合成和MTO生产成为可能，仅有的要求是调整温度。H型酸性丝光沸石能够从其钠型使用离子交换过程获得，其表面积比钠型更高，说明有新孔在离子交换过程中产生。

对使用富CO合成气直接合成DME的各种脱水催化剂进行的研究说明，沸石的孔体积和比表面积按下列顺序降低：H-MOR 90 ＞ H-MFI 400 ＞ H-MFI 90（氢型丝光沸石90＞氢型八面沸石1400＞氢型八面沸石90）。

其次，在试验中引入H-MOR 90作为所研究沸石中有最高总酸性位数目的沸石，结果指出，催化活性降低的顺序为：H-MOR 90 ＞ H-MFI 90 ＞ γ-Al_2O_3 ＞ H-MFI 400。

对H-MFI 90情形，CO转化率的很大增加是以大量消耗DME为代价的，烃类产物显著增加。此外，在产品混合物中CO_2浓度也有相当的增加。这是反应体系中较高水浓度引起的WGS反应活性增强所致，产生显著量的CO_2和H_2。但H_2浓度增加是有利于CO到甲醇的转化的。

磷酸铝（$AlPO_4$）对甲醇合成也是一个可行的催化剂，因其焦沉积、副产物生成率很低和抗水性质较好。$AlPO_4$在甲醇脱水中的活性与制备方法、化学组成（Al/P摩尔比）和活化温度有关。

近来对聚合物非均相催化剂，也就是Nafion树脂的注意大有增加，因为能够应用于甲醇到DME的转化。使用Nafion树脂或不同组成的Nafion/硅胶纳米复合物床层，在气相流动反应器中进行的实验结果显示，Nafion催化剂上甲醇转化率为40%，没有观察到催化剂活性的损失和焦的生成。因此，可以认为Nafion对甲醇合成DME可能是一个好催化剂。

9.7.5 DME合成催化剂的制备

为了改进催化剂结构和/或配方及优化DME生产及改进催化剂稳定性，催化剂的制备是至关重要的。制备方法对直接合成DME双功能催化剂体系性能有显著影响。从合成气直接合成DME所使用的混杂催化剂是以不同的方法制备的，包括甲醇合成催化剂和固体酸催化剂的物理混合、共沉淀（溶胶凝胶）、浸渍和组合共沉淀-超声等方法。对物理混合催化剂情形，每一种功能催化剂是分离制备的，然后把制备好的催化剂粉末机械掺合。使用物理混合方法制备的催化剂活性高于使用共沉淀和浸渍方法制备的催化剂。在机械混合制备催化剂的研究中，纳米晶体γ-氧化铝催化剂是使用溶胶凝胶和沉淀方法制备的。使用溶胶凝胶法制备的催化剂比沉淀法制备的有更高的催化活性。另外，与水溶液溶胶凝胶方法比较，非水溶液溶胶凝胶方法制备的催化剂提供的活性更高。溶胶凝胶法的优点有：能够保持高的纯度，制备过程可以在低温下进行，可以变更催化剂物理特性如孔大小分布和孔体积等。

CO加氢合成甲醇和甲醇脱水双功能催化剂的制备有多种方法可以使用。

第一种方法是物理混合（PM）。这是最简单的制备方法。首先分别制备甲醇合成催化剂（MSC）和甲醇脱水催化剂（MDC），再以适当比例混合就得到双功能催化剂。催化剂的干混合既能够是低分散的也能够是高分散的。在低分散混合中，MSC被粉碎和过筛到特定的颗粒大小，然后与类似大小范围的脱水催化剂混合。对高分散混合，两种催化剂被混合并一起研磨、压片、过筛，然后筛分成特定大小范围。湿混方法是在水中混合两个组分，再搅拌、过滤、干燥、焙烧和在压力下成模形成颗粒片。而液相二甲醚（LPDME）过程在鼓泡浆态反应器使用的混合催化剂，是悬浮于惰性矿物油介质中的两种催化剂。

第二种方法是共沉淀（CP）。Na_2CO_3 溶液在控制 pH 和温度下被滴加到硝酸铜、硝酸铝和硝酸锌的混合溶液中。生成的沉淀物进行老化、过滤、洗涤和干燥，然后催化剂在较高温度下焙烧。最后，得到的粉末再压制成颗粒片，然后再粉碎成颗粒过筛到特定颗粒大小范围。这个方法的另一个变种是使用 $NaAlO_2$ 沉淀铜和锌。AlO_2^- 与铜和锌阳离子反应形成铜、锌和铝氧化物的混合沉淀物：

$$M^{2+} + 2AlO_2^- + 4H_2O \longrightarrow M(OH)_2 + 2Al(OH)_3$$

其中，M=Cu、Zn。沉淀物的后处理类似于使用 Na_2CO_3 的共沉淀。

第三种方法是浸渍（IMP），使用适当体积的铜和锌硝酸盐溶液浸渍 γ-氧化铝制备双功能催化剂。浸渍后的催化剂再干燥、焙烧和压模成片，粉碎和过筛成特定的颗粒大小。

第四种方法是沉淀浸渍（CPI），碳酸钠被加到混合硝酸盐溶液中形成悬浮于水中的含脱水组分的沉淀物（例如 γ-氧化铝、ZSM-5）。对浸渍沉淀物的后处理与其他方法相同。

第五种方法是沉淀沉积（CPS），形成 MSC 沉淀物，老化、过滤和洗涤。分离制备的沉淀物被加到含脱水组分的悬浮物中。然后混合物进行搅拌、过滤、干燥和焙烧。粉末再成型成颗粒片，粉碎过筛成所需要的大小。

第六种方法是溶胶凝胶法（SG）。使用催化剂前身物替代沉淀物制备溶胶。硝酸盐溶液在乙醇中制备，在冰浴中冷却，加入溶解在乙醇中的草酸，搅拌混合物直至形成溶胶。然后加热溶胶到 70℃蒸发移去乙醇，形成凝胶。凝胶再进行干燥和焙烧。

第七种方法是溶胶凝胶浸渍（SGI）。把 γ-氧化铝加入硝酸铜和硝酸锌的乙醇混合溶液中。在冰浴中加入溶解于乙醇中的草酸形成溶胶，后面的步骤与溶胶凝胶法相同。

第八种方法是液相合成。这个制备方法仅仅能够应用于浆态相 DME 的合成。Cu/Zn/Al 凝胶从（C_3H_7O）$_3$Al、硝酸铜和硝酸锌获得。然后凝胶使用丙酮处理后再机械搅拌把其分散于石蜡烃中。凝胶在 N_2 流中经热处理后获得浆态催化剂。

大量经验已经证明，催化剂的活性、选择性和失活特性取决于制备方法。但对制备方法的选择尚未在大范围内获得一致的看法。

9.7.6 催化剂失活

前面描述的催化剂体系一般都是要失活的。因为合成甲醇催化剂上铜活性位的烧结，脱水催化剂因强酸位的存在导致焦沉积，以及合成气中存在中毒的污染物，这些因素都能够导致活性位被中毒和/或阻塞。

在沸石催化剂上的烃类反应，失活机理主要有两种：酸性位因焦沉积物的覆盖导致催化剂失活；含碳化合物在沸石笼和通道间隙部分的沉积阻塞了孔道，使其变得不可接近，因此阻碍反应物接近孔内部的活性位，催化剂失去活性。此外，众所周知，在沸石上焦生成是一个形状选择过程。在可比较的条件下，大孔沸石对焦沉积失活的抗击力要大于中孔沸石。

虽然 HZSM-5 对水是不敏感的，但它对 DME 到烃类副产物的转化显示有高活性。这些物质能够进一步转化为焦（重烃类物质），阻塞沸石孔道，导致催化剂失活。但是，这样的失活是慢的，因高氢气分压能够降低焦的生成速率。这个结焦失活能够通过控制钠在沸石中的浓度加以调节，钠的存在减少 Brϕnsted 酸性位数目和降低 HZSM-5 沸石的酸强度。ZSM-5 沸石中添加全硅沸石也是改进其抗碳生成阻力的有效方法。

对 H 型和钠型丝光沸石催化剂进行的比较证明，H 型丝光沸石（HMOR）催化剂有较高的初始脱水活性，因为它具有强酸性质。但是，它的催化活性随反应时间快速下降，这是由于强酸位浓度过高，反应物容易形成焦沉积。另外，HMOR 的大直通孔道也可以为结焦提供足够的空间，但容易在孔道入口处被生成的焦阻塞。对此种失活，由于水蒸气无法进入孔中来除去活性位上的炭沉积和再生丝光沸石催化剂，因此对 HMOR，焦沉积的失活是不可逆的。

对使用绝热固定床非均相反应器进行间接合成 DME 过程，一般使用酸性 γ-氧化铝催化剂。水对 γ-氧化铝失活的影响的研究指出，甲醇-水混合物进料使催化剂活性的损失速率要比纯甲醇进料快 12.5 倍。对甲醇-水进料，催化剂活性降低与水和甲醇在催化剂表面竞争吸附密切相关，因为水吸附阻塞了甲醇在活性位上 的吸附。

对 $CuO-ZnO-Al_2O_3/\gamma-Al_2O_3$ 双功能催化剂体系失活研究的结果证实，“H_2+CO_2”进料使催化剂失活的水平远低于“H_2+CO”进料。这个结果能够用如下事实来解释：在逆水汽变换反应形成的反应介质中，水浓度比富二氧化碳进料要高许多，水限制了焦的生成，因为水和焦前身物竞争吸附催化剂活性位。

如前面所述，为合成 DME，最常用的两类反应器是浆态反应器和固定床反应器，使用的催化剂是 $CZA/\gamma-Al_2O_3$。这些催化剂在浆态反应器中的失活快于在固定床反应器中。合成 DME 的混杂催化剂失活是因为铜基甲醇合成催化剂的失活而不是甲醇脱水催化剂的失活。与固定床反应器比较，在浆态反应器中移去铜基催化剂表面上的水是比较困难的，因为液体石蜡为水的移去增添了附加的阻力。因此，因水的存在催化剂的形貌有可能发生变化。因为 DME 合成中的高水蒸气分压使一部分 Cu 变成了 $Cu_2(OH)_2CO_3$，导致铜基催化剂活性位数目的减少。此外，浆态反应器中，在 DME 合成条件下，一些 ZnO 转化成 $Zn_5(OH)_6(CO_3)_2$，弱化了 Cu 和 ZnO 之间的协同效应。同时因水热淋洗导致的金属 Zn 和 Al 的损失，也是甲醇催化剂失活的另一个原因。

近来，以新的和比较复杂的催化剂设计作为研究重点，用以解决催化剂失活问题。但是，这样做需要添加若干额外制备步骤，使催化剂制备成本超预期而且产生更多废物。此外，要把甲醇脱水的产物限制于只生成 DME 是困难的。实际上，酸催化剂总会导致烃类的连续生成（甲醇到烃类，MTH）。更正确地说，获得轻烯烃（甲醇到烯烃，MTO）或烷烃（甲醇到汽油，MTG）也是与操作温度和压力密切相关的。

9.8 不同催化剂的比较

如前面部分描述的，固体酸催化剂使用于间接方法中，也能够作为甲醇脱水到 DME 双功能催化剂的组成部分。为了进行比较，要从活性、得率或 DME 选择性以及它们可能失活的观点来讨论酸催化剂，包括氧化铝、沸石、Nafion 树脂、$AlPO_4$ 和 CuO/ZrO_2。

9.8.1 活性

已经指出，催化剂的金属组分影响合成气到 DME 的直接合成。该组分的作用直接关系到 CO 的转化。制备甲醇合成催化剂的沉淀条件极大地影响其孔结构和结构性质，但这些变量对催化剂活性的影响并不大。对甲醇合成，有活性的催化材料多达数十类，最普遍使用的典型甲醇合成催化剂是 Cu-Zn-Al_2O_3。为了增加铜分散度和催化剂的热稳定性，通常添加某些组分来改性催化剂。应用于一步 DME 合成中的甲醇合成催化剂，一般使用常规的共沉淀方法制备，制备催化剂的活性取决于 Cu/Zn/Al 比和制备条件。以 Zr 作为助剂的催化剂，因孔结构和结构性质的改变，导致金属表面积和 CO 转化率都增加。

使用于甲醇脱水反应的固体酸催化剂，催化活性主要由催化剂酸活性位提供。对甲醇醚化有好的活性和选择性的催化剂，主要是具有中等酸性的固体酸，如 γ- 氧化铝、沸石、介孔材料等。最普遍使用的甲醇醚化催化剂是 γ- 氧化铝，由于其强酸活性位含量低，DME 选择性高，而且也显示合理的高活性和热稳定性。加入不同的氧化物助剂能够进一步提高 γ- 氧化铝的活性和稳定性。Nb_2O_5 改性 γ- 氧化铝在甲醇醚化中显示出比未改性氧化铝有更高的催化活性。含甲醇合成催化剂和脱水功能 HZSM-5 催化剂的混合物是混杂催化剂中最有效的。但是，对 CZA/HZSM-5 混杂催化剂，从合成气到 DME 的整个反应的速率是由甲醇合成步骤也就是甲醇合成催化剂控制的，HZSM-5 催化剂量的改变不会影响反应结果。

对各种合成 DME 的催化剂活性，做如下简短评论：

① 铜锌铝（CZA）甲醇合成催化剂：过量 ZnO 对催化剂活性有负面影响。从化学和稳定性观点比较：CZA/ HBFZ ＞ CZA/HY，它们是具有相同 CZA 含量不同固体酸催化剂含量的两个双功能催化剂。负载在 MWCNT 上的 CZA/HZSM-5 催化剂有高的活性。

② 沸石催化剂：ZSM-5/MCM-41 催化剂的活性比其他沸石催化剂高。从活性和稳定性观点看，HZSM-5 好于 γ- 氧化铝。催化剂活性用 CO 转化率评价时有：

H-MOR 90 ＜ H-MFI 90 ＜ H-MFI 400 ＜ γ-Al_2O_3　$T < 240℃$

H-MOR 90 ＜ H-MFI 400 ＜ γ-Al_2O_3 ＜ H-MFI 90　$T > 240℃$

③ 磷酸铝（$AlPO_4$）催化剂：$AlPO_4$ 在甲醇脱水中的活性与制备方法、化学组成（Al/P 摩尔比）和活化温度密切相关。

④ CuO/ZrO_2 催化剂：对相同的 Cu 表面积，CuO/m-ZrO_2 催化剂的甲醇合成活性高于 CuO/t-ZrO_2 催化剂。

9.8.2 得率和选择性

改变甲醇合成催化剂和酸性催化剂在混杂催化剂中的比例，可以控制产品中二甲醚和甲醇的比例。对同样数量甲醇合成催化剂，脱水催化剂的催化活性愈高，消耗的甲醇愈多，DME 的得率愈高。

对 Cu-ZnO-Al_2O_3/ γ-Al_2O_3 双功能催化剂，获得最大 DME 选择性值（83.4%）的反应条件为：275℃、40atm、接触时间 33.33g 催化剂 • h/mol 反应物和 H_2/CO（摩尔比）= 6 ∶ 1。在同样反应条件下，使用 NaHZSM-5 沸石作为酸性功能催化剂时，在较低 H_2/CO

摩尔比（2 ∶ 1）下获得的DME选择性为77.6%。

合成气直接转化为DME的最好结果（有机产物中的DME选择性为99%）是在如下的双功能催化剂上获得的：HZSM-5和HSY作为甲醇脱水组分，使用共沉淀方法制备的CZA，反应条件290℃、40atm，空速=1500h^{-1}、合成气的摩尔比$H_2/CO=2$、进料气体含5%CO_2。

在活性较低的混杂催化剂上，DME的选择性较低。使用HZSM-5和硫酸化氧化锆催化剂，获得的DME是相当的。这进一步说明，在弱酸性固体催化剂上甲醇脱水的活性是不够的。此时，加入优化量的固体酸催化剂能够有效地提高二甲醚的生成。

对上面做过讨论的直接合成DME催化剂，对获得的DME得率和选择性做如下简单小结：

① CZA：负载在多壁碳纳米管（MWCNT）上的CZA/HZSM-5催化剂有高的活性。

② 沸石：ZSM-5/MCM-41催化剂的活性高于其他沸石催化剂。当温度上升到240℃以上时，H-MFI 90的选择性降低。

③ 氧化铝：浸渍在SBA-15上的氧化铝在温度高于300℃时DME的选择性为100%。

9.8.3 失活

对双功能催化剂配方和DME合成反应器设计的一个重要挑战是防止和减缓催化剂的失活，例如，防止铜的烧结、酸性催化剂上的结焦和金属离子的滑移。特别是必须要控制好温度（因过程放热量很大）。双功能催化剂的失活主要是甲醇合成催化剂的失活，因为它受协同效应的影响很大。

对DME催化剂的失活能够做如下的小结：

① CZA：使用$CuO-ZnO-Al_2O_3/\gamma-Al_2O_3$催化剂获得的数据说明，温度低于325℃，没有明显烧结。在浆态反应器中的失活比固定床反应器中快。但是，对$CZA/\gamma-Al_2O_3$催化剂，在氢气和一氧化碳（不含二氧化碳）的进料中失活是慢的。

② 沸石：HZSM-5对水不敏感，但对DME到烃类的转化有高活性。能够通过添加水移去催化剂表面上的焦使催化剂再生。负载在SiC上的ZSM-5能够防止烃类（HC）生成。当温度高于240℃时，H-MFI 90催化剂会使HC生成增加。HMOR的失活是不可逆的。

③ Nafion树脂：没有焦生成。

④ $AlPO_4$：有焦沉积。

9.9 影响DME生成的主要因素

9.9.1 水移去

在甲醇间接合成DME过程中，水是脱水反应的另一个产物。因此，过量水的存在肯定使脱水反应的平衡不利于脱水，生成DME的脱水活性和选择性都下降。在平衡条件下，水与甲醇竞争催化剂表面上的同类活性位，因此为了达到同等转化率水平需要更高的反应温度。

水移去对直接合成DME过程性能的影响受进料中CO_2含量的影响。对高CO_2含量情形，原位水移去能够加速逆水汽变换反应的进行，生成CO和H_2，因此应该能够提高DME的生产。对富氢合成气情形，原位水移去有利于DME选择性的提高。原位水移去能够增强甲醇的吸附，因此有可能使反应性能提高。对在固定床反应器中进行的DME合成过程，在有原位水移去条件下对吸附增强反应过程进行的研究中，分析了不同参数对反应性能的影响，结果证实了上面的叙述。通过吸附增强反应概念的分析应用指出，CO_2是有可能作为合成气组分利用的，由于原位水移去加速了逆水汽变换反应，产生额外的氢气和一氧化碳。通过使用原位水移去，使水汽变换反应移向增强CO_2到甲醇的转化，提高反应器生产率。另有模拟结果指出，在水原位移去的条件下，有利于提高DME的得率和选择性，降低未转化甲醇的残留。对高CO_2浓度进料，因为有相对大量的水产生，原位移去水的作用是显著的。因此在DME直接合成过程中，使用有吸附剂原位水移去的固定床反应器比没有原位水移去的固定床反应器更加有效。原位移水过程的一个缺点是，有可能导致催化剂金属功能（$CuO-ZnO-Al_2O_3$）因焦沉积而失活，因移去水后也加速催化剂上的焦沉积。

9.9.2 进料中的H_2/CO比和CO_2含量

从合成气一步合成DME方法的重要参数之一是进料合成气中的CO/CO_2比。对富CO进料，双功能催化剂中两种催化功能间的强协同作用能够得到发挥，因为甲醇脱水反应能够使合成产物甲醇被有效地消耗掉，同时脱水产物中的水也能够被水汽变换反应移去。与此不同的是，富CO_2进料是有利于未反应甲醇的高残留的，因为在甲醇合成和脱水两个步骤都生成水，大量的水使双功能催化剂中两种催化功能间的协同作用不能够很好发挥，阻滞了甲醇脱水并使DME选择性降低。从上述不难预测，DME直接合成期间水的原位移去是可以带来一些有益效应的。

使用不同重整过程生产的合成气，所含的H_2/CO比也是不同的。部分氧化重整过程生产的合成气比较接近于DME生产所希望的H_2/CO比。但在原理上，H_2/CO比能够使用水汽变换反应进行调节。而H_2/CO比决定着水汽变换反应进行的方向。对低H_2/CO比合成气，反应进展向着产生CO_2的方向进行，因此生成的甲醇和DME增加。但对高H_2/CO比合成气，产生的CO_2减少，因此生成的DME也降低。这说明，对直接合成DME，进料合成气中的H_2/CO比应该有一个优化值。

由于存在水汽变换反应，反应温度对优化的H_2/CO比值有影响。温度升高，优化的H_2/CO比值降低。随温度升高，水汽变换反应快速达到平衡，使CO_2的产生速率下降。在DME反应器前移去CO_2，有可能极大地提高DME得率，而且在这个步骤分离出来的CO_2是高纯度的CO_2，非常有利于封存。但从另一个观点看，进料中的CO_2含量必须控制。二氧化碳也参与甲醇合成，可由WGS反应产生。所以，可以说CO_2是连接甲醇合成反应和WGS反应间的桥梁。在甲醇合成催化剂上CO_2分子的吸附比CO和H_2更强，更快地占据活性位，这会使甲醇产量下降。因此，进料气流中二氧化碳浓度的增加对这两个反应都是不利的，降低CO和H_2的转化率也降低DME选择性。

因为H_2/CO比会影响合成气直接生产DME过程中合成气转化率和产物DME的选择性，有必要为合成气中的H_2/CO比找出一个优化值。热力学研究指出，合成气的优化转化

率是在 H_2/CO 比为 1.0 时获得的。如图 9-20 和图 9-21 所示，DME 选择性随 H_2/CO 比增加稍有降低，而选择性仍有增大的趋势。

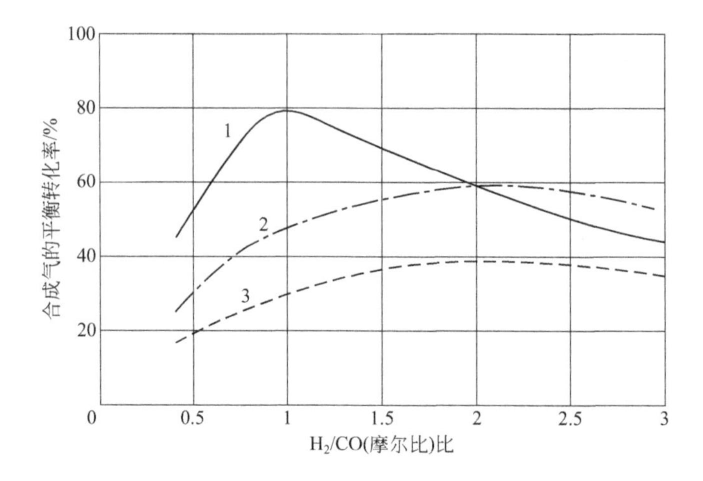

图 9-20　280℃和 50atm 下合成气的平衡转化率

1—$3CO+3H_2 = CH_3OCH_3+CO_2$；2—$2CO+4H_2 = CH_3OCH_3+H_2O$；3—$CO+2H_2 = CH_3OH$

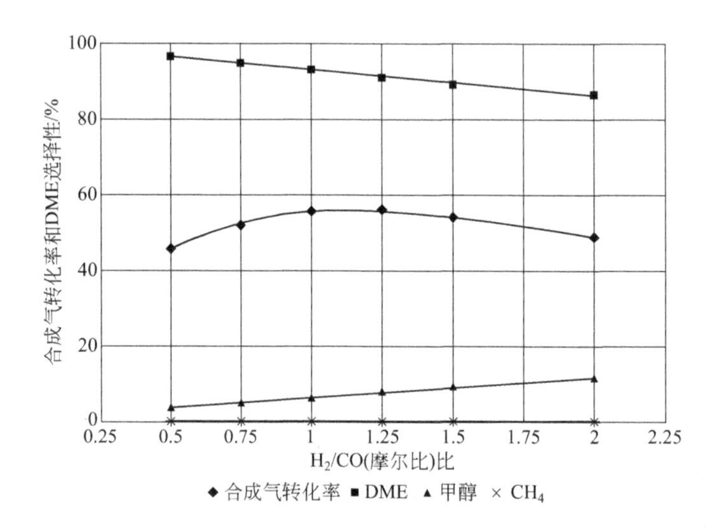

图 9-21　260℃和 50atm 下合成气转化率和 DME 选择性与 H_2/CO 比间的关系

9.9.3 操作温度

对放热可逆反应，如从合成气直接合成 DME 的反应，反应器中的温度分布对反应转化率有显著影响。反应开始时，因在低温下反应受动力学控制，此时 DME 的生成随温度升高而提高。然而随反应的不断进行，释放的反应热导致温度升高，因此反应平衡转化率下降。所以，对实现放热可逆反应的反应器，其温度差应该随反应的进展而降低。因此，对一步生产 DME 的合成反应而言，一个合适的方法应该是：开始时为了较高反应速率应该应用较高温度，然后逐渐降低反应温度以维持较高的平衡转化率。

使用 CZA 基催化剂，对在等温固定床反应器中直接合成 DME 的情形，低温时的 CO

转化率是低的，因为有 CO 和 CO_2 在甲醇合成催化剂上的竞争吸附。随着温度升高，因放热反应受热力学限制 CO 转化率将降低。另外，因为 Cu 的烧结，高温也能够使催化剂活性有部分损失。经验已经证明，温度范围为 250 ～ 300℃时，含氧化合物（甲醇和 DME）、浓度达到最高值；高于 300℃时加氢裂解反应占优势，使 DME 选择性急剧下降。

而对在浆态反应器中实现合成气直接合成 DME 的情形，CO 转化率与温度间的关系显示的趋势与上述趋势是不同的。CO 转化率和 DME 产率都随温度的升高而增加。这是由于温度对合成气在液体石蜡烃溶剂中有正效应：不仅体积传质系数提高，而且加速了甲醇合成和脱水的速率。研究证明，因反应温度升高，生成的甲烷和其他烃类的产率也增加。高温下甲醇脱水以相对高的速率进行，使合成气转化和脱水反应间产生强的协同效应。但是，温度的上升肯定是受到限制的，因为高温会导致催化剂活性组分严重烧结。

在绝热固定床反应器中，由于反应释放的反应热使催化剂床层温度不断升高，从进料口一直升高到最大值。反应器操作温度随进料温度呈线性升高。试验研究证明，进料温度低于 230℃时，对甲醇到 DME 的转化没有显著影响；进料温度为 250℃，反应器温度升高到极限值的约 85%。虽然较高反应温度使甲醇转化率增加，但对 DME 选择性，当反应温度从 270℃升高到 320℃时，是降低的。

9.9.4 操作压力

从文献结果能够得出结论，压力可以增加 CO 转化率，因为甲醇合成是总反应中的限制步骤。这一点能够说明如下：甲醇合成是气体物质的量减少的反应。对水汽变换和甲醇脱水这两个反应，反应前后气体的物质的量不变，压力增加对这两个反应没有影响。CO 和 CO_2 加氢是甲醇合成中的速率控制步骤。虽然增加压力能够增加 CO 转化和 DME 生产率，但在高压下操作，其成本是高的，因此受到限制。其次，对从 H_2+CO_2 到二甲醚直接转化，在高压下观察到 CZA/γ-Al_2O_3 双功能催化剂要经受轻微失活，原因是焦的沉积。催化剂表面上生成的焦量随压力增加而增加，因高压使焦生成的缩聚反应得到增强。在浆态反应器中，增加压力还有附加的效应：减小气泡大小，因此增加体积传质系数，降低浆态相中传质阻力。

9.9.5 空速

空速是影响催化剂性能的关键因素之一。在固定床直接 DME 合成中，CO 转化率随空速增加快速下降。在浆态反应器中，当界面气体速度增加时，CO 转化率连续增加，因界面气体速度的增加能够使吸收和平均停留时间增加。但由于平均通量降低的影响大于吸收的增加，较高气体速度时 CO 转化率反而降低，这反映出，在浆态相中合成气的扩散速率和到达催化剂表面速率间的不匹配。在三相体系中，DME 生产率受两种行为的不同影响。高催化剂浓度时，增加界面速度，DME 生成增加，因合成气在塔中的流速增加。相反，在低催化剂浓度时，DME 生产率因高界面速度而降低，因 CO 转化率降低。一并考虑这两种相反效应，能够找出一个优化的界面速度。

涉及空速对 DME 选择性的影响，这两个因素间没有简单的关系。已经观察到，增加空速使 DME/CO_2 比有相当下降。这意味着在消耗 DME 选择性时 CO_2 有显著增加。也已经观察到，DME 选择性和得率在低空速范围时有尖锐增加，然后单调增加到恒定值。这些结果与如下事实是一致的：低空速有利于水汽变换反应，而高空速值有利于脱水反应。实验研究已经证明，虽然对 γ-氧化铝和 H-MFI 400 催化剂，DME 选择性保持恒定，但对 H-MFI 90 和 H-MOR 90，选择性是降低的。因为 H-MFI 90 和 H-MOR 90 酸性比较强酸，高停留时间有利于 DME 向高级烃类的转化。

9.10 DME 生产过程的强化

高纯 DME 通常是使用甲醇脱水过程生产的，而甲醇使用常规气固过程从合成气生产。一般都是使用固定床催化反应器。产物进入蒸馏柱直接蒸馏。这个过程的主要问题是，这些反应器、蒸馏塔、热交换器单元的高投资成本，需要大的总工厂占地面积和高能量需求。

过程强化的主要目标是要改进工艺和产品以使技术更加安全和经济。由于蒸馏分离的高成本，改进蒸馏技术的努力仍然是双重的：一个是要降低能量消耗，另一个是要降低资本投资。这要求继续研究过程强化以获得强化的蒸馏体系，同时节约能量和资本投资成本。

在近十多年中，催化蒸馏已经变得非常大众化，该技术已经被大量应用于新和老的生产过程中。这个强化过程的吸引力基于其资本生产率的提高、选择性增强、能耗降低和污染溶剂消耗降低。把反应过程和分离过程组合能够产生很大的好处，指出这样的组合存在互惠的协同效应。除了工业生产好处外，DME 的催化蒸馏还具有自己的一些特征，如在选择的操作条件下，没有副反应发生，仅有的副产物是水。

如在甲醇合成一章中已经叙述过的，克服蒸馏高能量消耗缺点的一个非常新的解决办法是使用分壁塔（DWC）技术，它能够节约高达 30% 的资本投资支出，和高达 40% 的操作成本。DWC 技术具有非常高的通用性，它也能够使用于萃取蒸馏、共沸分离或反应蒸馏中。反应蒸馏和分壁塔技术能够有效地使用于改进现已存在的和新建的 DME 工厂。例如，常规顺序进行的 DME 纯化和甲醇回收蒸馏两步分离能够被成功地转化成基于 DWC 的单一步骤分离。与常规两个蒸馏塔的顺序比较，新 DWC 替代方案能够降低的能耗大于 28%，而设备成本的降低达 20%。其次，反应蒸馏也能够被使用于强化固体酸催化甲醇脱水生产 DME 过程。新反应 DWC 过程的性能是优良的，减少了一个过程步骤。这暗示投资成本的降低和强化了传质，提高了能量和时间效率，并向着过程理论最大量化飞跃推进。因此，R-DWC 过程被认为是能够应用于新 DME 工厂建设和改造现有 DME 工厂的重要新技术。与 DME 过程强化能够达到相同密度的其他新技术是：

① 为强化和缩小，发展微通道催化反应器；

② 改进催化剂的耐受性，对气流含杂质情形是特别需要的；

③ 为产生介孔孔隙率、酸性有效控制、高金属分散度发展的新制备技术；

④ 使用催化剂现代技术表征寻找和发展新的不同技术。

9.11 对 DME 生产的总结和展望

为有效地生产 DME，探索了各种可能的方法，并进行了不少的研究。虽然商业化生产 DME 已经证明的技术是甲醇脱水，很多学者仍然有很强的兴趣研究从合成气直接合成 DME（STD）的技术。这要求使用双功能非均相催化剂，在一个反应器中同时进行甲醇合成和脱水反应。DME 合成方法、应用的催化剂和操作条件在前面已经做过总结。从中获得的结论主要有：

① 大多数研究是在温度范围 200 ～ 300℃和压力高达 70atm 下进行。从叙述中能够看得很明显，对应用 CZA 显示很强的兴趣，而 γ- 氧化铝和 ZSM-5 沸石是最普遍使用的甲醇脱水催化剂。

② 由于其简单性，很多学者对应用固定床反应器研究有巨大兴趣。但是，它们的若干单元需要高的投资成本和高能量要求。按照过程强化的目的，对现有的技术需要有大的改进，替代技术发展是必须的。新技术是明显紧凑、洁净和更能量有效的技术，如催化蒸馏（CD）、分壁塔（DWC）和反应分壁塔（R-DWC）。但是，工业公司急切要求一种完整的方法学，能够完成从设计到工业过程的整个工作。

③ 一些主要的事情是: 关系到酸强度的双功能催化剂的合适配方，有更好的过程性能，催化剂失活问题也是不能够被忽略的；酸性位覆盖和孔阻塞机理被认为是沸石失活的主要原因，而水对 γ- 氧化铝的失活有影响。在固定床和浆态床反应器中催化剂失活的比较也显示，Cu 基催化剂在浆态反应器中的失活更快。

④ 对影响 DME 生产性能的基本因素的研究说明，水的存在对甲醇分子在酸性位的竞争吸附以及对反应速率产生明显的阻滞作用。如果水能够被亲水膜移去，使水汽变换反应的平衡反转，这样就能够使 CO_2 到甲醇的转化增加，使 DME 得率增加、选择性增强。

⑤ 在受温度影响的 DME 合成中，H_2/CO 比有一个优化值；进料中所包含的 CO_2 可以降低 CO 转化率和 DME 选择性。温度对 CO 转化率的影响与实际情形有关，在使用等温固定床反应器直接 DME 合成中，增加 CO 转化率；而在浆态反应器中有可能增加 CO 转化率和 DME 的生产率。此外，在绝热固定床反应器中催化脱水到二甲醚导致更高的甲醇转化率，但以消耗 DME 选择性为代价。

⑥ 从反应的化学计量数能够得出结论，压力增加 CO 转化率增加，特别是当甲醇合成在总反应中是限制步骤时。

⑦ 研究过的最后因素是空速，它在固定床和浆态床反应器中都降低 CO 转化率。

虽然各种文献中对 DME 生产进行了大量的研究，但仍然缺乏对全部领域的研究，包括工程和经济领域。还应该考虑 DME 一步合成过程的改进优化和放大。对 CO_2 在 DME 合成中的相关作用进行的研究相对较少，特别是在高空速条件下。另外，仍未确证在进料气流中最有利的 CO/CO_2 比。对开发和制备更好活性、选择性和最重要的对水稳定的新催化剂的发展应该给予更多的研究。也值得研究的是，催化剂组分的优化比例能够为不同产物要求提供所需要的 DME/MeOH 混合物。也建议研究在水存在下 Lewis 位能否转化为 Brønsted 酸性位。对膜反应器情形，也需要提供水的优化值。对 CH_3Br 水解反应需发展长寿命催化剂，以使这个方法可以实际可用。在微反应器中对固定化催化剂效率也是值得进行研究的。

9.12 褐煤生产 DME 的研究

9.12.1 概述

褐煤除了流化床燃烧发电和可能的直接液化外，其真正的潜力尚未实现。因为褐煤具有高湿气含量、必须干燥和高反应性的特征，其使用范围受到相当的限制。另外，褐煤的高 CO_2 排放与燃烧烟煤发电厂相当，这进一步妨碍它扩大使用范围。气化生产合成气再从合成气生产有高附加值的燃料和化学品有可能扩展褐煤的应用范围并为其带来光明的前景和未来。因此，有必要在煤制 DME 一章中简要介绍褐煤生产 DME 的一些事情。

虽然在本章开头已经对 DME 做了介绍，这里仍然要强调和重复一下这方面的事情。

DME 既是重要化学品又是好的液体燃料，有广阔的应用前景和对环境友好：

① DME 能够作为运输、烹饪和发电燃料使用。对 DME 的油井到车轮的生命循环分析（WTWLCA）研究证明，它消耗能量较少和排放的温室气体（GHG）也较少。分离 CO_2 与合成气是 DME 合成过程中的一个部分。分离出高纯度 CO_2 气流从封存观点看是有益的。分离出来的 CO_2 也能够被使用作为甲烷重整、甲醇合成甚至 DME 合成本身的原料。

② 褐煤的出口一般很少，因它的高水含量和干燥时的高反应性。另外，DME 在没有很多原油的地区有巨大而不断扩展的市场。所以，DME 合成能够为褐煤市场提供一条大众水平的出路。

③ 作为替代燃料从褐煤生产 DME 是有益的，因为它类似于 LPG。现存的陆基和海基 LPG 公用基础设施能够在不需任何修改的条件下被 DME 利用。

④ 由于 DME 是无硫低芳烃燃料，燃烧无烟雾，产生的污染很低。因此，使用褐煤生产 DME 应该说是有前途的。

但真正把褐煤使用于生产 DME，仍然有很多问题，需要进行很多深入的研究。一般褐煤含水量很高，在使用即进行气化前需要干燥，在合成气到 DME 的合成转化以及许多其他步骤包括粗合成气净化方面都需要进行深入的研究。

9.12.2 褐煤制 DME 的相关步骤

9.12.2.1 煤干燥

褐煤的干燥是使用中的一件关键事情。干燥后的煤反应性高，因此在惰性气氛下进行干燥是比较理想的。褐煤的蒸汽干燥也是可行的，这是因为所需部分蒸汽能够使用来自干燥过程产生的蒸汽。对褐煤的蒸汽流化床干燥已有很多研究。

9.12.2.2 煤气化和产生污染物质

在褐煤制 DME 中的最重要事情是煤的气化、气体重整和固体物料在气化器中的聚结。在褐煤中存在的矿物质对煤气化反应有催化作用。外加的金属也能够提高气化特性。需要进行的主要研究是找出褐煤中固有的和外加金属对煤气化转化以及生产合成气组成的影响。

目标性工作是要确证气化期间的挥发分物质、它们在气相中和表面上的重整。气化催化剂具有降低气体产品中污染物的能力（例如 NH_3、H_2S、HCN、HCl）。碱金属也是需要注意的。污染物气体和有害物质，如果不移去的话，都能够引起下游单元的严重问题，这取决于它们的量。污染物气体含量也直接关系到需要净化的气体量，这是合成气净化和调整中需要做的事情。

褐煤在不同类型气化器中进行的气化是有显著差别的。对特定产地褐煤需要研究找出最适合的气化器。对不同类型气化器，例如载流床气化器中，褐煤在不同条件下的热解、焦结构发展和焦气化的研究将提供放大和过程发展所需要的基础知识。在不同类型气化器条件下，灰组分凝聚行为和它的熔渣特性也是需要搞清楚的，因为固体和熔融灰相的分析和它的黏度测量对气化器尤其是载流床气化器的合适设计是必需的。一般说来，对特定地区出产的褐煤，其熔渣组成和黏度数据在利用它时是需要的。

9.12.2.3 褐煤合成气到 DME 的合成

有关从褐煤合成气生产 DME 这样的化学品，文献报道很少。所以，需要针对特定地区生产的褐煤，气化生产的合成气，利用商业可利用的催化剂对 DME 合成气进行相关的研究。褐煤产生的粗合成气中一般包含多种杂质，如 NH_3、H_2S、HCN、HCl 以及某些金属等。H_2S 对合成甲醇的影响已知已经很长时间了。但是，对出现在褐煤合成气中的其他污染气体物质还没有很多可以利用的信息。它们对甲醇合成催化剂和双功能催化剂的影响，作为整体而言仍然是未知的。这些污染物对双功能催化剂活性和选择性的影响会对商业 DME 过程必需的净化设置一个去除指标。

9.12.2.4 催化剂发展和表征

甲醇和二甲醚生产所需要的催化剂仍然是研究者要面对的严峻挑战。虽然各个过程的催化剂已很好地建立，但双功能催化剂的发展相对是新的。失活特性、活性组分间的相互作用、进料和产物间的相互作用仍然需要探索。对双功能催化剂中的酸功能进行改进以进一步降低 DME 脱水成烯烃，这也是需要进一步探索的领域。

过程参数（例如压力、温度、进料组成变化）对 DME 得率和性质的影响需要广泛深入地研究。从这些研究获得的结果会导致各个催化剂动力学模型的发展。发展催化剂与商业可利用催化剂间的比较，会进一步提供有关加工催化剂发展的有价值信息。

另外，仍然需要发现新活性组分、载体和促进剂以提高合成气到 DME 的总转化率。计算技术如 DFT 能够为发展新催化剂和改进现有催化剂提供很有益的帮助。

9.12.2.5 过程模拟

从褐煤生产 DME 过程工厂的商业化正在发展之中，这是从前还没有探索开发过的路线。它能够为联系实验室实验的过程模拟以及有关过程放大和优化提供有价值的信息。

9.13 混合和单一原料生产液体运输燃料的能量过程

9.13.1 概述

现时全球的能源绝大多数都来自化石燃料（即石油、煤炭和天然气），石油是长期使用的主要资源。美国能源信息局也立项石油作为各种选项中的主要选择，直到 2035 年。

这也面临着高能源价格、全球油市场大幅波动和要求降低化石燃料产生的温室气体（GHG）排放等严峻挑战。替代能源，如太阳能、风能、水电和核能仍然需要有关键和重要的技术发展和突破，以使其能够在替代化石燃料和消除温室气体排放中起重要作用。此外，不确定性，如地震和海啸毁坏了日本的若干核反应器，可能已经对世界核电站的未来产生严重影响。

为评估和解决这些挑战，使用生物质生产液体运输燃料（生物燃料）已经成为感兴趣的焦点，因为它们提供可再生碳基资源，在光合成期间它们吸收大气中的 CO_2。在美国，运输部门消耗石油资源的很大部分，生物燃料能够补充和 / 或替代石油，降低燃料进口和 GHG 排放，只要生物质能够持续生产。

今天，玉米基乙醇和大豆基柴油构成了生物燃料生产的主要部分。但是，这些燃料生产已经对这些食品原料价格和可利用性产生影响。木质纤维素植物源（例如，玉米秆和森林残基）被期望是未来着重考虑的资源，尽管也需要增加谷物生产以便为燃料生产产生适量的可以持续使用的废弃物。

针对上述挑战，已经进行了许多努力来开发非石油基过程，包括从煤、天然气和生物质生产液体燃料的热化学过程，即从合成气使用 FT 反应把其转化为烃类。通过天然气重整、煤或生物质气化生产合成气，这个合成气中间物为使用多种原料生产组合合成气开启了机遇。利用煤、天然气和生物质作为碳源将改变对石油的依赖，生产的 FT 液体能够容易地与现时燃料市场集成。丰富的煤炭与新近发现的天然气资源使常规和非常规资源的利用扩展，这将增强燃料工业的安全性。在能源组合投资中加入生物质能够帮助降低 GHG 排放指数。为了完善石油基燃料，优化工厂设计，对应用技术和多联产过程做出了许多努力，以使过程的利润率增加。同样也是重要的是，要优化工厂的公共利用（例如热量、电力和水）、热交换器 / 动力回收网络的投资，从卖出的副产品回收附加的利润。

随着向生物质燃料的移动，对农业或谷物的需求将增加，这将影响国家和地区灌溉所需的淡水资源，因加工过程要取出和消耗淡水。再者，生物质炼制所需淡水使过程增加额外的消费指数。因此，也要加强对水资源的重视。作为各种生态和人类活动的基本资源，淡水的需求跨越农业、工业和居民生活等部门。鉴于淡水丰富程度及其分布性质，其供应价格保持相对低廉，但未来人口的增加和经济发展会增加对水资源的压力。在美国，2005 年国家淡水每天总消耗量为 3490 亿加仑，预计在 2030 年要增加 25%，这是在假设人口的平均增长率为 0.9%/ 年的基础上。如果实现生物质运输燃料大规模生产，使用的淡水预计要增加 25%，必须采取额外的手段来缩小这个供需间的间隙。

特别强调水资源的紧缺性，是要在能源转化过程中尽可能少使用淡水。水一般使用于洗涤、分离、蒸汽和电力生产的冷却系统，它作为过程输入的原料。排放的废水要求在最后进入环境前进行处理，处理过程可能是高能耗的。因此，要求为工业过程发展出有效的水网络设计方法，减少淡水消耗和过程的废水排放，这是极端重要的。

除了发展单一原料生产工艺外，也已经研究使用网络基方法来确定多燃料生产工厂的潜在位置。为使降低生产总成本，也必须考虑原料和产品运输的问题。生物质基体系的运输因素是特别重要的，这是由生物质资源的分散性质所致。与煤和天然气比较，它有低能量密度的问题，而煤和天然气相对比较集中，是能够大量生产的。生物炼制工厂的位置与生产生物质的区域密切相关，其可利用性是否能够满足工厂的连续供应是特别重要的。在混合过程中，由于生物质原料与煤和 / 或天然气组合，于是重要的是，需要在选择混合工厂位置对交付煤、天然气和生物质原料进行平衡和折中进行研究。

本节主要讨论以煤、生物质或天然气为原料生产运输燃料所用热化学过程的设计。特别要研究三种原料通过合成气中间物的间接液化过程，以阐明如何来组合已开发的技术。讨论的主要产品包括汽油、柴油、煤油、甲醇和二甲醚（DME）等运输燃料，它们都能够使用商业可利用的技术进行生产。对能源研究中的挑战和机遇以及已经出现在能源过程系统工程中的进展也进行评论。这一节的内容也可以看作是对合成气通过 FT 合成、甲醇合成和二甲醚合成这三章内容的总结和发展。

从详细介绍单一原料煤、天然气或生物质来生产液体燃料［例如，煤到液体（CTL），天然气到液体（GTL），生物质到液体（BTL）］开始，然后讨论使用两种或三种混合原料的能源过程，以突出不同原料混合物应该采用的策略和协同优点［例如，煤和天然气到液体（CGTL），煤和生物质到液体（CBTL），天然气和生物质到液体（BGTL），煤、天然气和生物质到液体（CBGTL）］，最后简述该能源利用的关键挑战和机遇。

9.13.2 单一原料能源工艺

单一原料生产运输燃料工艺，即 CTL、GTL、BTL，分为两大领域：①独立过程；②网络能源供应链分析。对第一个领域，其重点是：①功能设计；②过程模拟；③经济分析；④热量集成；⑤电力集成；⑥水集成；⑦工艺合成；⑧寿命循环分析；⑨敏感性分析；⑩不确定性事件；⑪供应链。例如，在①中提出了煤、天然气或生物质能源过程的概念设计；过程模拟和经济分析被分列于②和③名下。在④、⑤和⑥中概要提出能源转化（生成液体燃料）过程以及集成热量、电力或水网络的框架。对考虑从原料到产品的技术和路线及其超结构研究工作以及基于优化框架确证优化工厂的拓扑分类在⑦中。把参数变化输入到能源过程中来进行设计、模拟及其优化，一般使用敏感性分析，这被分在⑨中讨论。在⑩中考虑不确定性基础上的设计模拟和优化。最后，提出过程的环境性能，在留有富裕的基础上测量单一原料工厂的温室气体排放量。

在第二个领域中，把煤、天然气或生物质放在供应链网络中来讨论，同时也考虑到工厂上游和 / 或下游的过程，如原料采购和运输以及产品的运输等后勤问题。在把问题公式化中的关键问题，是在区域约束条件下（例如，原料可利用性、需求量、运输外结构）讨论在哪个位置放置工厂的设备和最小化燃料生成成本。这个问题的解决，包括工厂建立和安装设备的位置，流通速率，及在选择设备下使用的原料和产品间每一个点的连接成本。

使用热化学过程生产的五类主要运输燃料液体产品，即汽油、柴油、煤油、甲醇和二甲醚，是用原料以间接液化过程生产的，还与其他产品，如电力、氢气、液化石油气（LPG）等，作为过程的副产品。

在近些年，BTL 吸引了很多的注意，因生物质是可再生能源，在未来能够发挥较大作用。对煤、天然气和生物质三个单一原料能源体系，水集成还没有被作为重点考虑，虽然水资源是必须考虑的，特别是生物质生产在未来要极大扩展的情况下。与煤和天然气比较，生物质原料的能量密度低，大生物质能源体系的成本仍然是一个严峻的挑战。但是，BTL 体系的 GHG 排放指数要低于 CTL 和 GTL 体系，阐明 CTL、GTL 和 BTL 的经济和环境性能时需要权衡和折中。

为评价美国的市场化能力、经济和环境性能，已经对这三个过程进行了比较。对GTL、CTL和BTL技术的综述和经济分析能够确定各种市场条件下体系盈利的关键因素。对FT燃料生产过程的碳和能量平衡及BTL生产燃料成本的分析指出，BTL成本最高，在不捕集和封存二氧化碳时，CTL和GTL排放的GHG多于常规油品生产。对GTL、CTL和BTL的多条技术路线，使用Monte Carlo方法估算了2030～2050年的生成成本以及过程使用的能量和CO_2排放。

煤、天然气和生物质，在原料生产分布上的明显不同，对CTL、GTL和BTL体系供应链框架施加重要影响。大量的煤和天然气以集中方式生产，其运输的公用基础设施已经广泛存在（例如，铁路、管道等）。煤和天然气配送到CTL和GTL潜在位置的后勤供给也得到很好的解决。但是对生物质生产方式，性质上是分散性而且数量较少。生物质运输的距离是受限制的，因其大部分由卡车运输，这对BTL工厂设置位置施加了额外的约束。结果是，与CTL和GTL体系比较，对BTL更多的注意集中于供应链和策略的筹划。

9.13.3 煤到液体（CTL）

由于丰富的资源，煤是一种有吸引力的替代石油的能源。煤转化到液体燃料能够使用两个主要技术路线：直接液化或间接煤液化。对后一个路线，是经由气化再使用FT转化生产液体燃料，现时在技术上和商业化上是比较成熟的，下面对此做评论。

9.13.3.1 工艺描述

典型的CTL工厂示于图9-22中。在CTL工厂中，煤原料首先在高温下气化生产粗合成气，主要由H_2、CO、CO_2和水四种组分组成。通常以接近于热力学平衡的相对浓度存在，该平衡浓度由水汽变换反应决定。但是，各组分间的比例是变化的，与使用的煤种和气化器类型有关。为此，按气化器类型建立起煤气化器模型。除上述四个主要组分外，一般也包含轻烃类如C_1和C_2组分及酸性气体物质，如NH_3、H_2S、HCl等，但其浓度远离它们的平衡值。在合成气进入FT单元前，这些酸性污染物必须除去以保护FT催化剂不被中毒。该净化单元通常是利用物理或化学吸收方法来除去这些酸性气体，然后再转移进入处理装置(例如Claus工厂)以回收硫。合成气中的CO_2也能够使用物理或化学吸收方法进行分离，既可以单独捕集CO_2，也可以与其他酸性气体“共捕集”。如果能够使用两段吸收，即分离捕集富硫气体和CO_2，也是有益的，特别是当纯CO_2气流被过程循环使用或进行封存时。

一般希望合成气中的H_2和CO比为2 ∶ 1，以使FT反应器有最大的CO转化率。但是，从气化器出来的合成气组成，这个比例通常小于1，因煤中的氢含量低。可以应用水汽变换反应来调节H_2/CO比，即通过添加水蒸气使水汽变换反应向前进行；也可以添加氢气和使用逆水汽变换反应进行反向调节。在水汽变换反应器中使用的催化剂，一般能够耐受酸性气体的存在，因此反应可以在较高温度下于净化单元前进行。从FT反应器出来的产品一般是范围在C_1到C_{30+}的合成烃类混合物和更重的蜡烃类。烃类混合物组成和它与蜡的比例取决于FT合成使用的温度、催化剂以及反应器。FT合成反应器出口的流出物能够使用蒸馏、蜡裂解器、加氢处理器、异构化和烷基化等单元把其提级成燃料质量的产品。

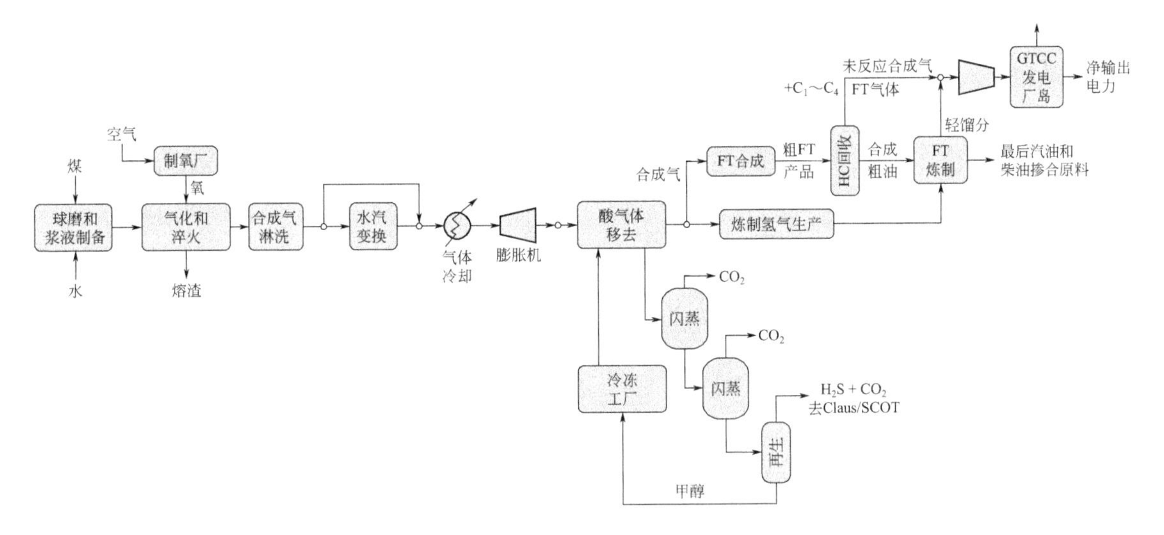

图 9-22　煤制液体燃料流程

9.13.3.2　工艺变种

下面对 CTL 技术的基本概念及其若干变种进行概述。CTL 装置既可以是独立的，也可以与集成气化循环（IGCC）组合发电厂偶合。合成气进料流中 H_2/CO 比对 CTL 的 FT 合成是有影响的。对低阶煤的 CTL，应用固定床干煤气化系统。煤合成气低温 FT 制蜡试验结果说明，CTL 的柴油产品质量是高的。而对高温 FT 合成馏分油的建议是：把催化脱氢步骤加入 CTL 过程中，把 FT 合成产品中的 C_1 ～ C_4 转化为氢气，再循环到合成气进料气流中，以降低 CO_2 排放。基于这个概念，对 FT 合成（FTS）系统的计算说明，过程降低 CO_2 排放和过程使用水量具有惊人的潜力；而最后的 CTL 燃料产品仍然是完整的，完全能够满足燃料市场要求。

CTL 过程能够被扩展形成多联产体系，使其经济性能大为提高。例如，把其他产品如电力和替代燃料（如甲醇、二甲醚和氢气）与 FT 合成燃料一起进行生产。有多个实际例子能够说明这一点，在中国就有多个这样的 CTL 联产系统。在 FT 转化前引入移去甲烷技术的工艺设计，导致在生产汽油、柴油和 LPG 的同时也生产合成天然气（SNG）。它与常规 CTL 系统进行比较时发现，偶合体系有较高产品得率、较高工厂效率和较低 CO_2 排放。对两个 CTL 体系的性能使用 Aspen Plus 软件进行了模拟：一个仅生产液体燃料，另一个同时生产液体燃料和电力。结果指出，在固定 CO_2 捕集和排放时，燃料电力联产得到较好的经济性能。对仅生产液体燃料和同时生产燃料和电力的 GE（浆液进料）和 Shell（干进料）气化器过程模拟的结果说明，联产过程的液体燃料成本较低，电力的生产使利润增加。在含碳捕集的把煤转化为燃料和电力的联产过程中，对合成气在燃料和电力分配比例上的变化对总效率影响进行的研究指出，当合成气使 FT 有最大生产时，使用尾气发电达到最好的总效率，高于合成气直接配送到组合发电情形。

对其他工艺变种研究的重点在使用非 FT 合成路线来生产液体燃料，也就是生产的燃料是甲醇或二甲醚。这两个液体产品既可以作为化学工业产品又可以作为能源工业产品。发展出的 IGCC 系统与甲醇合成和 CO_2 移去的集成概念设计，有可能使总工厂效率得到增强。也提出了间接煤液化制甲醇和 DME 的工艺概念设计，既可以采用一次通过也可以采用再循环工厂构型。对IGCC与DME合成集成的发电厂构型，比较了两种类型的气化器：干进料和浆液进料的载流床气化器。在中国，对煤基DME作为车辆燃料进行的寿命循环分析指出，与CTL柴油比较，DME有很多的总评分较低。对开发利用钢厂过剩煤气生产DME的可行性进行了研究，对使用浆态床反应器把生产的合成气转化为DME进行了实验研究和理论预测。利用Aspen软件发展DME合成动力学模型以确定其最优的操作条件。为获得合成DME的正确碳氢比，对组合煤气化合成气和天然气重整合成气进行了研究，目的是消除使用水汽变换反应来调节合成气组成的过程。

煤制液体燃料的最大功（㶲，exergy）分析已经被使用于分析如下的过程和体系：联产电力和甲醇烯烃过程，焦炉气和煤焦化热量、甲醇和电力体系（两种气源被混合获得合成甲醇所需要的正确合成气组成，反应后合成气被送到发电装置），联产甲醇和电力的经济性和带CO_2回收多联产体系的技术经济评估。

除了过程设计外，若干研究的重点是煤制液体燃料各种工艺合成方法的优化。发展了多联产体系的优化方法，应用于建立联产甲醇和电力体系的模型。该数学模型的容量能够扩展，用以确定过程原料和技术的选择。在使用者选定的条件下，优化方法的发展和应用能够设计和优化甲醇和电力多联产工厂。对多联产体系超结构也已经建立起数学模型，以经济作为目标函数，建立混合-整数非线性优化模型（MINLP）。对为氢气车辆生产煤制甲醇的过程，使用优化方法来模拟优化生产、产品分布和氢气体积，目标是提高能量效率、环境影响和经济行为，也为甲醇和电力多联产体系发展一个多目标的优化方法，目标函数包括经济和环境因素。该框架允许对多种原料，特别是对煤基多联产体系，进行优化。该工作被延伸以在多周期MINLP问题中并合不确定性，使用分界模块方法来获得解。

CTL技术已经扩大到对政策讨论。但是，虽然作为可行的能量生成技术具有娴熟的可行性，但对标准CTL设计，在与石油基技术比较时，并不会使总GHG排放有大的降低。实际上，CTL总是要增加总GHG排放的。新近的研究已经发展出一个CTL过程设计，其中包含CO_2循环和与介入氢气的反应，这样有可能获得CO_2零排放，也无须CO_2封存。如果利用的氢气来自碳基源（例如甲烷蒸汽重整），则生成的液体燃料价格能够与石油基燃料竞争，该过程相对石油燃料而言是有可能降低GHG排放的。如果氢气来自非碳基源（例如水电解），则过程将接近于零排放，但要求低电力价格以使液体燃料在价格上有竞争力。

上述是对从原料到产品转化的CTL技术做的评论和结论，说明CTL技术不可能成为全球液体燃料的供应者。产品/原料比指出，虽然有些国家将CTL过度优化作为一种选择，但是，CTL不能够在全球层面上持续，有原料提升产品的转化比可能使该技术有更宽的使用范围。如果能够使用天然气源或廉价电力，近于零排放的CTL工厂设计是有能力使该转化比达到95%以上的。CTL的低转化比能够通过混合能源过程的使用进行改进和提高，各种原料的组合输入能够帮助增加转化比和降低GHG排放，而同时保持煤原料低成本的优点。

9.13.3.3 技术状态的评估

煤气化在整个世界范围内的使用几乎有100年了，被发电工业使用也已经有50年了。Texaco在20世纪40年代发展的GEE气化炉在1983年开始有第一个工业化气化工厂。现时，总数很多的气化器在多个国家和地方建立，把煤和石油焦气化。为发电工业建立的第一个商业规模气化单元每天的气化总量是1000t褐煤（TPD），到今天最大单元的容量是一个单元每天气化 2500t 煤炭。从 1976 年开始，Dow Chemical 公司发展出 ConocoPhillis E-Gas™ 一台气化炉在 Plaquemine（路易斯安那）操作，容量 1400t 干无灰 TPD 烟煤和每天 1650t 干无灰褐煤 TPD。在 Wabush River（印第安纳）操作的容量达到 1850t 干无灰高硫烟煤 TPD。Shell 也有气化炉，在荷兰操作，其容量为烟煤 1800t TPD。按原料中的碳转化 33% 计，这些气化炉每天能够生产 4000 ～ 5000 桶液体产品。上面描述的气化炉已经被广泛地使用于发电，商业规模 CTL 工厂已经在南非 Secunda 由 Sasol 公司运行。该项目利用大约 100 个气化炉每年大约转化 4000 万吨煤成液体燃料。生产容量每天 15 万桶，提供南非 40% 的液体燃料。Sasol 使用两类 FT 技术操作：低温单元生产柴油，高温单元生产各类高附加值化学品。作为替代气化路线，中国神华集团已经建立一个商业 CTL 工厂，使用的是直接煤液化技术（DCL）。在高温高压下使用催化剂加氢使煤液化，生产运输燃料。鄂尔多斯（内蒙古）的 DCL 工厂在 2009 年开始操作，当达到设计容量时每年生产 100 万吨油产品，或每天 25000 桶（BPD）燃料。如前面指出的，中国正在大规模建设间接 CTL 工厂。

对没有碳捕集和封存（CCS）过程的 CTL 工厂，估算的成本在每加仑汽油等量（GGE）1.1 美元到 1.6 美元范围，对含有 CCS 过程的工厂，成本为 1.5 ～ 1.8 美元 /GGE，虽然没有 CCS 过程的排放是石油炼厂的两倍多，但含 CCS 过程的排放与石油炼厂过程是可以比较的。资本投资对利用循环使未反应合成气生产额外的液体产品的工厂估算是 10 万美元 /BPD 左右，而对仅一次通过的工厂（未反应合成气使用于发电）估算 12 万美元 /BPD 。注意，投资成本中的放大效应与最大燃料容量密切相关，能够基于过程中的特定单元进行估算。此外，总成本极大地取决于：①煤的成本；②假设的资本投资和年逐步降低因子；③工厂生产副产品电力的卖出具有潜力。

在煤原料中被转化为最后液体产品的碳数量范围在 20% 到 35% 之间，并高度依赖于制造液体燃料所使用过程流程的延伸部分（下游利用）。“一次通过”构型一般处于该范围的最低端，未反应合成气经过燃烧发电转化为 CO_2。含 CO_2 循环的过程构型能够达到较高的碳转化速率，虽然这一般会使过程有较高的资本投资。但是，资本的归一化成本对包含合成气循环的过程将会比较低。如果输入碳基氢气源和使用逆水汽变换反应来消耗 CO_2 的话，能够达到接近 100% 的碳转化。一般讲，CTL 过程的低热值效率在 45% ～ 50%，对一次通过或循环构型的选择并没有大的变化。对使用 CCS 的过程，效率损失一般在 1% ～ 2%。

9.13.4 气体到液体（GTL）

9.13.4.1 工艺描述

典型的气体转化为液体（GTL）工艺示于图 9-23 中，过程的下游单元系列非常类似于 CTL 工艺。这两种技术的关键差别是，生产合成气的初始原料和工艺不同。天然气原料通常要比煤原料干净，污染物仅有硫化物，因此净化过程仅需要移去硫。天然气可以使用蒸汽重整、部分氧化或自热重整（前两者的结合）三种技术生产合成气。虽然这三种技术都是成熟的商业技术，但吹氧自热重整应该是有吸引力的选择，因为不需对生产合成气中的 H_2/CO 比进行调节就能够满足 FT 合成反应的需要。生产的合成气气流可以在进入

FT 合成单元前直接进入 CO_2 移去单元，这样能够回收和封存 CO_2。

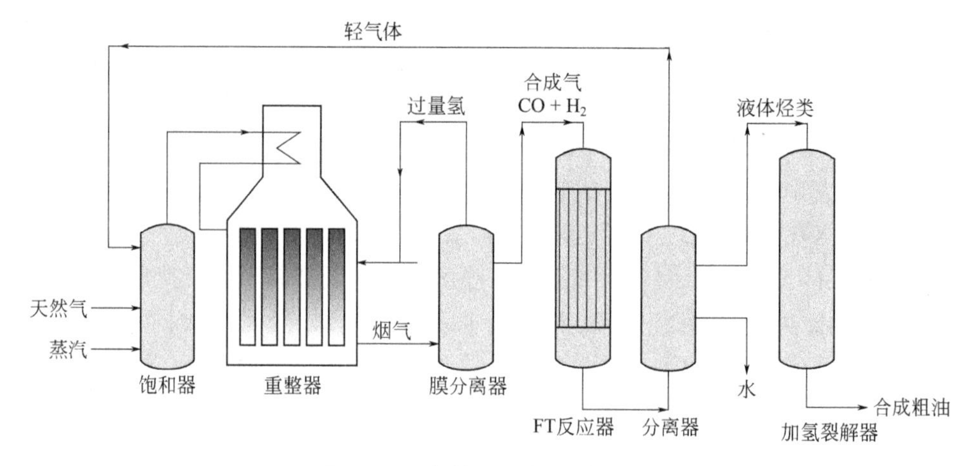

图 9-23　气体到液体燃料的流程

9.13.4.2　工艺变种

在三个单一原料生产液体燃料工艺（CTL、GTL 和 BTL）中，GTL 是技术上最成熟和最商业化的。对 GTL 体系的热力学效率进行了分析，也对每个单元的㶲（最大功）进行了分析。使用铁和钴催化剂的 FT 合成反应器来模拟 GTL 的后续过程。基于若干工艺模拟，包括连续搅拌槽反应器（CSTR）和活塞流反应器（PFR）构型，能够从热和碳效率确定流程结构和产物分布。对钴基体系不需要移去尾气中的 CO_2，就能够达到完全转化，因此比一次通过铁基体系（包含移去粗合成气中的 CO_2）的效率要高。对技术的概述指出，为生产烃类液体，GTL 技术中含有三个反应步骤和两个分离步骤。

以变量的变化如 FT 合成反应器的温度为目标对 GTL 体系进行了模拟，以使燃料生产最大化。也使用计算流体力学（CFD）对在微通道催化反应器进行的甲烷蒸汽重整和燃烧组合过程进行了模拟，并对一个典型 GTL 体系进行了完整的热 - 经济研究和分析，包括设计、模拟、工艺集成和经济性。

对已经建立的工艺构型，为提高 GTL 工厂中某些单元的单位量效率，已经进行了许多研究。例如，对 GTL 工厂的两个 CO_2 捕集构型进行了比较：燃烧后 CO_2 捕集和氧燃 CO_2 捕集。又如，在工厂重整单元中使用热扩散柱反应器（TDC）对从天然气生产液体燃料和氢气进行了实验研究；讨论了自热重整反应器（ATR）和重整技术；对低温甲烷部分氧化的 GTL 工艺进行了研究等。

提出了催化 ATR 重整膜反应器反向流动的新设计，目的是在反应器内进行热量集成并与空气分离单元（ASU）集成。把介电垒放电非热等离子微反应器应用于多相流 GTL 过程。对甲烷蒸汽重整和二氧化碳重整两个合成气生产单元，研究了未反应合成气混合物再循环对过程效率的影响。结果发现，这一再循环能够使过程达到零排放，而且降低了天然气使用量。

氢渗透膜能够使用于 FT 合成反应器新设计中。对该 FT 合成反应器的新设计建立了数学模型并使用 MATLAB 软件进行模拟，在模拟中对固定床反应器与膜辅助流化床反应器进行组合以控制氢气的加入。结果证明，汽油得率较高，生成的 CO_2 降低。使用遗传算法（GA）优化了反应器以达到最大化汽油混合物生产和最小化 CO_2 生成。对双床 FT 合成反应器顺流和逆流模式操作的比较发现，逆流模式有较高汽油得率和较低不利产物得率。为 FT 合成反应研究了级联流化床膜反应器（CFMR）构型，结果说明，反应器中的双膜使汽油得率较高。用卷积（DE）方法优化了热偶合 FT 合成和环己烷脱氢反应器，并对用热偶合反应器（FTS 和环己烷脱氢）生产氢气量进行了优化。

对以天然气为原料联产甲醇和 DME、甲醇和氢气及甲醇和电力等多联产过程进行了工艺、构型和动力学研究。利用产氢反应器产生的氢气与从发电厂烟道气中回收的 CO_2 反应以合成甲醇，新构型能够获得较高效率（㶲分析确定）。建立了甲烷蒸汽 -CO_2 重整和甲醇合成反应器的动力学模型。

对从合成气合成 DME 的合成步骤和操作进行了优化，特别是对 H_2/CO 比进行了优化。对天然气 CO_2 重整和组合重整技术和煤气化技术进行了分析和优化，目的是获得 DME 合成所需要的合适合成气组成（H_2/CO 比）。在双燃料压缩引发（CI）发动机的车辆上，对“车载”天然气合成 DME 进行了研究，期望能够达到较高热效率和较低污染物排放。为合成 DME，研究了天然气三类重整反应器的设计和优化。对 DME 和电力联产系统进行了㶲分析，即合成气先经由 DME 合成步骤，然后利用残留气体送到发电单元进行发电的联合系统。

对 GTL 过程产品的各种应用进行试验和经济评估，目的是确定生产哪个产物，例如 FT 柴油、DME 或甲醇，在不同价格下是最盈利的。结果发现，在现时天然气价格条件下，由 FT 合成生产柴油产品是最盈利的。但当天然气价格比较便宜时，DME 应该是优先选择的产品。产品选择与原料价格密切相关，而产物价格的影响相对较小。对燃料燃烧后的污染物颗粒分布分析中发现，GTL 燃料的燃烧是比较清洁的。GTL 燃料在柴油发动机和小客车中的燃烧试验结果证实，其性能与 GTL 柴油掺合物性能是一致的，类似于石油柴油，但 GHG 排放有显著降低，也降低了其他法规规定污染物的排放。

GTL 技术已经大规模商业化，并将继续在世界范围内采用。例如，在美国 Alaska North Slope，因有丰富的天然气资源，是实施 GTL 项目的好位置，对使用现有管线输送气液燃料产品减小了经济压力，完成了 GTL 产品与原油还是与替代渣油（分批处理）掺合的选择，分批处理是比较经济的选择。概率经济分析能够用来确定管道系统的兼容性和流动性质。除美国外，还有一些其他国家也对 GTL 燃料进行了研究和示范，如中国（摆渡客车示范项目）、玻利维亚、印度、尼加拉瓜、卡塔尔和巴西。

GTL 技术在农业领域中应用有额外好处，因为农业领域产生的甲烷气体使其具有盈利能力。甲烷也可以是炼油工业的副产物，但都尚未开发。把这些气体传输到市场上是不经济的，因为生产量很小或者生产地位于遥远位置或缺乏管线公用基础设施。但可以发展较小规模 GTL 技术来满足遥远位置应用，把这些气体转化为有价值和可以进行市场传输的燃料产品，于是可以使用油产品管线运输。对选用 GTL 技术应用于这些隐存气体进行了讨论，并对液化天然气（LNG）技术和 GTL 技术进行了比较，目的是要开发利用这些气体。也针对这类气体使用 FT 反应器及其数学模型化进行了评估，以促进生产额外的汽油产品。

最后，为优化天然气规划问题提出了一个混合整数线性程序问题（MILP），并已经被公式化。在给定市场波动需求下，能够使用 MILP 确定天然气用于生产 LNG 还是压缩天然气（CNG）或是 GTL 应用以及它们的投资和场地发展。

9.13.4.3 现时技术状态评估

商业规模的天然气重整已经存在数十年了，为石油炼制和化学工业生产氢气。每年生产大约 4100 万吨氢气，其中 80% 由甲烷蒸汽重整提供。但是，蒸汽重整单元复杂的管式结构使其放大变得比较困难。相反，从放大观点看，自热重整反应器确实有其优点，能够使用天然气转化生产大量氢气。因此，ATR 在商业 GTL 工厂中是已经被选择的单元操作。GTL 已经是最商业化的 FT 合成液体技术，很大部分是为了利用世界上的隐存气体资源。Sasol 自 2006 年以来就已经在卡塔尔运行 ORYX GTL 项目，每天生产 34000 桶柴油、石脑油和 LPG 产品。Sasol 注重于扩展 ORYX 项目以使生产量提高到 10 万 BPD（桶 / 天），并在尼日利亚 Escravos 地区建立新厂。近来，Shell 也已经在卡塔尔落实 Pearl GTL 项目，其生产容量总计为每天 26 万桶油等量燃料。

GTL 生产的一个主要事情是，工厂资本投资后的资金回收期的不确定性。Sasol 对 34000 BPD ORYX 项目开始报道的成本大约为 25000 美元 /BPD。但在把装置扩展到 10 万 BPD 时，计划估算的投资比较高。在新近的研究中，对 8760 BPD 工厂的资本成本估算为 6020 美元 /BPD。工厂容量放大到 34000 BPD 时，成本放大到大约 44000 美元 /BPD。Shell Pearl GTL 项目报道的资本投资为 180 亿～ 190 亿美元，但按生产容量为 74000 美元 /BPD，其投资可能要增加到接近 240 亿美元。虽然这个投资成本估算包含很大程度的不确定性，但它也仅仅是影响过程利润率的两个主要组分之一。尤其是天然气成本在确定与之竞争的原油成本中也将起很大作用。一般说来，GTL 过程生产燃料的相关成本，相当于每桶原油价格 40 ～ 70 美元的范围。该估算值与 CTL 过程成本类似，因为 GTL 过程资本投资成本的节省被较高的原料成本所抵消。与天然气自热重整比较，用煤生产洁净合成气的资本投资成本一般是比较高的，因为气化和合成气净化是高成本的。但是，按单位能量天然气成本计，平均来说要高于煤的成本。

在 GTL 过程中，碳转化比一般远高于 CTL 或 BTL 过程。原料的 H/C 比约为 4，这使生产的合成气组成比较适合于生产烃类所要求的 H_2/CO 比例。因此无须额外损失其所含的碳。但是，在气化过程中获得的 H_2/CO 比，常常使用水汽变换单元把一些 CO 转化为 CO_2 以生产更多氢气，这样就降低了转化为液体燃料的碳数量。因此，用再循环生产合成气的过程比较容易获得 65% ～ 70% 的碳转化比。要注意，“一次通过”构型能够被利用于提供近似相等能量容量的电力和液体燃料，虽然碳转化比要被降低到接近 40%。再循环构型比“一次通过”有显著高的效率，但采用 CCS 过程要扣除效率 1% ～ 3%。

9.13.5 生物质到液体（BTL）

9.13.5.1 工艺描述

生物质经热化学过程转化为液体燃料（BTL）的典型过程示于图 9-24 中，与 CTL 的工艺路线是非常类似的。气化系统把粗生物质转化为粗合成气，粗合成气在进入 FT 合成反应器前必须进行一系列的净化。煤炭气化与生物质气化的关键差别在于：收到的生物质有高水分含量以及在气化产物中含有一定数量焦油。为保证气化器的效率，对气化生物质的含水量有一个控制阈值，如 20%。因此，一般需要有一个干燥生物质的步骤，在生物质上通热的气体流，蒸发一定量水分。对气化器流出物中的焦油，必须在冷却合成气前移去，以防止合成气净化单元或 FT 合成反应器结垢。一般方法是让气化粗合成气通过焦油裂解器，把所含长链焦油分子也转化为合成气。

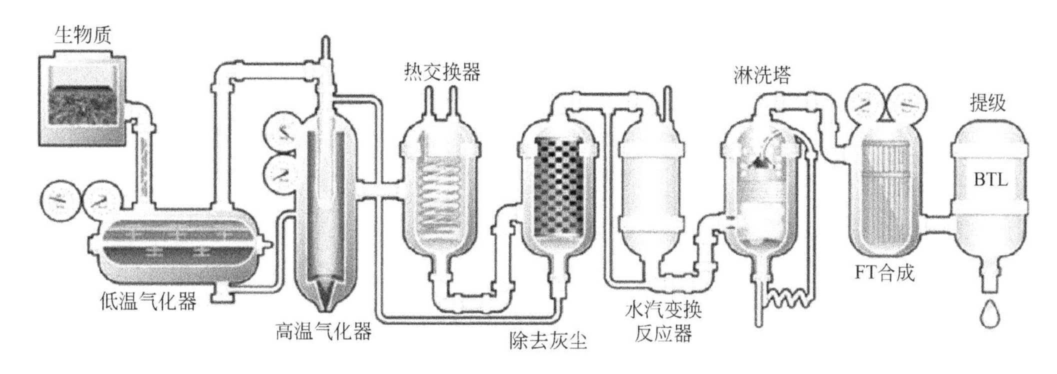

图 9-24 生物质制液体燃料过程

9.13.5.2 工艺变种

对生物质转化为液体燃料的各种路线（BTL 变种）进行了大量的研究，因为要指望在不远的将来生物质能够在能源部门起主要作用。生物燃料一般被分类为第一代生物燃料（例如，纤维素生物质制乙醇）和第二代生物质燃料，包括生物质的热化学转化。热化学转化也有若干变种，例如热解、气化、水热、直接燃烧、液化、超临界水萃取和空气 - 蒸汽气化等。

对生物质的不同转化方法都有评论文献。例如，对森林残留物生产第二代生物汽车燃料各种技术的评论；对加氢处理植物油、酯化油脂和木质 BTL 的环境影响和成本的评论；对获得焦炭、生物油和燃料气体的热解系统的评论；对气化系统和使用它们能够生产的潜在产品的评论；对利用生物质合成气进行甲醇合成和 FT 合成的评论。对第一代和第二代生物燃料生产技术的评论指出，第一代生物燃料看来是不能够持续的，因受可利用原料的限制和食品市场的竞争。因此，重点移向第二代木质纤维素生产生物燃料上，对它的注意不断增加。对 14 种成熟的炼制技术路线进行了评估，计算了每一种路线的效率、环境影响和经济性能；对通过集成过程设计把生物质转化为第二代生物燃料的技术进行了评论；对热解和气化生物质转化技术进行了评论，以及使用技术经济模拟从生物质生产的各种液体燃料路线的成本进行了分析和评论。

评论了生物质原料在 FT 合成液体燃料和电力联产过程中的经济潜力和技术进展，也对转化生物质的 FT 合成技术的经济成本进行模拟，结果指出，仅仅在油价格上涨和 / 或清洁 FT 合成柴油有环境价值时过程才能够盈利。对生物质合成燃料生产的成本估算指出，大 BTL 工厂比小工厂更能够盈利。例如，对大规模气化柳枝稷进行电力、柴油、DME 或氢气的多联产的五个工艺路线进行了评估。结果发现，一次通过有高的电力输出，这在高电力价格时是有利的。

对强化 BTL 过程的设计概念（包括外部能量输入增加燃料生产等）进行了分析讨论；对 BTL 包含的集成过程进行了热力学和经济分析（包括生产 FT 燃料、甲醇和 DME）；比较了使用两类生物质气化器生产的合成气合成的液体燃料和化学品（包括甲醇、DME、FT 燃料和氨）；对使用玉米秆气化气的两个 BTL 过程进行了成本比较；对五种生物废物经由气化制液体燃料的路线进行了㶲分析，即生物质到合成天然气（SNG）、甲醇、FT 燃料、氢气、热量和电力；从工艺流程角度对用残留生物质制液体燃料做了烟分析；为使用热化学和催化转化技术生产乙醇开发了一种技术经济评估方法，评估结果指出，热化学路线的投资成本高于催化化学转化路线，但生物催化化学转化路线的操作成本比较高。

从经济和能量性能角度，对气化生物质联产甲醇和氢气以及它们单独生产的各种低排放技术进行了模拟和评价。结果显示，甲醇和氢气都是可行的燃料。对从废物和木质生物质原料多联产转化技术（如产品为甲醇或甲醇和电力或 SNG 和 FT 合成燃料）的可行性和经济性能进行了评估。对单一液体和多产品联产的比较说明，过程的协同能够降低能量消耗。

为增强合成气生产甲醇，对输入电解氢气进行了探索。对使用生物质生产生物甲醇潜力的经济分析指出，必须考虑生物质可利用性及其供应链来确定工厂规模。大工厂可达到规模经济，但需要有更多生物质输入资源，使运输成本增加。

对以生物质气化、水电解、燃烧后捕集 CO_2 和天然气或生物气体自热重整物为原料催化合成甲醇，进行了六个工厂构型的比较。结果指出，成本最低的构型工厂是使用电解水、生物质气化和天然气自热重整为原料的工厂。也分析和评估了 BTL 工厂生产甲醇、DME 或氢气和生产乙醇及组合热电集成生物油的烟值和经济性。生物质经气化、醇合成和分离的生产过程其投资成本是高的，因此以生物化学路线生产乙醇是不现实的。对生物质经 FT 合成到柴油和 DME 的转化以及甘蔗渣生产 DME 潜力的分析结果提出，与生物质燃烧比较，这些转化有较好的环境性能。对玉米棒转化为 DME 进行了试验工厂规模的示范。

木质生物质气化生产合成气再催化转化的过程有“一次通过”和循环两种构型，对这两个 DME 工厂进行了模型化和模拟。以发展的 MINLP 对选择生物质进行个例研究：建立了生物质单独合成 DME 过程以及联产电力的过程，对生物质制 DME 进行了试验和动力学模拟。也可以选用天然气或煤作为原料。

生物质热化学转化路线集成生物质气化组合循环（BIGCC）热电联产和乙醇生产，发展了组合生产乙醇、电力、热量和化学品的过程。对热化学乙醇生产过程在极端气候条件下的环境和经济性能进行了评估。建立的混合热化学 / 生物过程组合集成了合成气生产和发酵生产生物燃料。也以玉米秆为原料发展了集成的干粉乙醇与发酵或催化混合乙醇合成过程。

上述的生物质转化过程除单一独立 BTL 过程外，所有生物质转化路线，包括热化学、催化和生物化学，都能够被集成为生物炼制概念。集成生物炼制概念的思想是，多种类型的生物质原料能够被转化到各种生物燃料和生物化学品，允许灵活地处理产品分配比例，这与体系的约束密切相关。对二代生物燃料生物炼油及其社会、经济影响做了概述；讨论了组合一代和二代生物燃料，重点是讨论过程系统工艺方法对有效生物炼油发展的关键作用。

棕榈油生物炼油工厂的催化技术包括生物质气化和 FT 合成的投资组合。使用过程系统方法和组合过程及经济模型化优化了生物炼油产品分配。在文献中提供了七个联产乙醇、FT 燃料、氢气甲烷和电力的工艺设计，其中有三个使用柳枝稷并联产动物饲料。对使用生物质原料联产蛋白质和液体燃料及化学品的可能性也进行了研究。讨论和分析了 11 个热化学路线和一个生物路线的生物炼油概念。使用模糊数学程序模型合成了具有最大经济性能和最小环境影响的可持续生物炼油工艺，用以考察这两个主要目标间的矛盾性质。

9.13.5.3 生物质供应链网络述评

与大规模集中方式生产的煤或天然气不同，生物质生产是比较分散的，它具有供应链多以及多个后勤方面的事情。因此，具有最小运输成本的生物质资源优化分配是BTL技术的一个至关重要的问题。已经对生物质供应链进行了不少研究，从对生物质供应链研究的评论文章中能够发现，需要考虑生物质的收集、储存和配送。需要在时间、空间和水平框架上确定供应链（即需要考虑上游、中游或下游）分类，不同生物质供应链有其自身的特点和能量问题。

需要为描绘生物质物流发展一个生物质运输体系，它能够使用离散事件模拟方法模拟。对预处理技术，如烘焙、压片和热解，在生物质能量链中的作用进行了讨论，特别是如何增加运输物流的能量密度。例如，对美国东南部地区发展生物能量体系的后勤约束做了讨论；为小桉树生物质在澳大利亚西部地区的生产和运输物流发展了一个离散数学模型；对美国大学城地区生物质可利用性和交付进行了规划，以减少对土地使用的影响、增大其能量密度和降低对环境的影响。专为生物质供应链发展了一个MINLP方法，重点是生物质在为进行长期加工而存储期间的湿度变化和能量含量变化。

对BTL工厂安装位置问题进行了许多研究。例如，对美国西部地区的生物质资源进行了评估并对生物炼油厂安装位置进行了优化。在价格不确定的情形下，对乙醇供应链进行了策略规划和投资容量规划研究，该结果也能够在其他体系中应用。为解决奥地利个例研究中的甲醇装置位置问题提出了一个MILP问题，重点是考虑生物质供应链。使用有关运输模型来计算生物质运输到工厂和甲醇产品配送及从木头气化气供应运输到气体站的物流需求。其中成本分布、工厂位置和效率、木头成本和操作小时数是生物质制液体燃料生产成本中最大的影响因素。对瑞典北部甲醇工厂位置的讨论需要考虑直到2025年的需求前景。已经为美国东南部地区生物质供应链网络发展了一个混合整数优化模型。系统由两个转化工厂构成，第一个是生产生物油、焦油和燃气的热解工厂，第二个是生产汽油和生物柴油的气化基工厂。该模型被进一步延伸，以在两段混合整数随机程序中考虑一些不确定性，模型解的可靠性使用Monte Carlo模拟分析验证。

使用亚拉巴马的家禽垃圾，确定生物炼油厂位置以使运输成本为最低。为生物炼油厂发展了一个混合整数线性模型，使用空间构型地理信息系统（GIS）技术确定生物炼油厂在加利福尼亚州的位置及其大小和类型。也对生物炼油厂发展安装位置和供应链进行了优化，考虑了原料买卖成本、运输成本、投资成本和操作成本。使用第一代和第二代生物技术研究了玉米粒和秸秆生物乙醇供应链的策略设计和计划，发展出多周期、多梯队、空间显式MILP模型，同时优化环境和财务性能。类似的方法也已经被应用于非热化学转化装置。例如，研究确定了两水平生物能量决定系统的计划问题。对需预处理的木质纤维素生物乙醇供应链及使用玉米秸秆和木质生物质生产乙醇的生物质供应链系统都进行了研究和设计。把MILP空间显式处理公式化，优化玉米基乙醇生产成本和减少环境影响，建立起多目标环境优化公式。通过解MILP问题，对美国中西部的热化学纤维素生物质乙醇的供应链进行了研究，结果指出，农业残留物的转化技术是稀酸处理和酶水解。

对组合热电联产的木质纤维素乙醇装置，其优化位置经过分析就能解决。为区域可再生能源供应链发展了MILP方法，考虑了四层超结构：从收获开始，到制备、加工，再到产品配送。为使总成本最小，也对玉米基生物乙醇供应链优化发展一个 MILP 模型，并已经被应用于意大利北部区域。对大湖区木质纤维素生物质的生物能源系统进行的研究，目的是使其对食品和希望产品的负面影响降低到最小。对并合了近邻物流的数学模型做了发展，用于选择和确定物料的配送路线。例如，对得克萨斯中部地区的木质素生产生物燃料、石油燃料供应链并合进行了评估。为电力和纤维素乙醇联产，把生物质运输到转化装置的供应链发展了遗传MIP模型，讨论了纤维素乙醇炼油厂位置和大小对产品乙醇价格的影响，并以经济作为目标函数把 MIP 公式化。

研究发展混合优化方法用以解决生物能源（例如热和电）生产装置位置优化问题。例如，对威尔士生物质能源系统的潜力进行了评估；为生物能源链组合开发了 GIS 空间研究和线性优化方法。GIS 支持系统能够用来配送森林木头残留物到发电厂气化单元的烘焙工厂。使用运输成本模型结合 GIS 方法能够确定森林生物质制液体燃料装置的可利用位置。

生物质供应链物流也能够被并合到大规模、区域性可再生能源规划中去。已经有若干方法，如 SWOT（强度、弱度、机遇、威胁）分析、专家系统“Delphi”方法和 MARKAR 模型。这些方法能够在多水平上对区域中要完成目标进行多决定分析，以帮助决定区域能源政策。

可以使用生命循环分析研究生物质基过程的环境效益。对使用生物质生产不同产品，包括电力和燃料（例如，甲醇、DME、乙醇等）的过程比较了它们的生命循环分析（LCA）。也对各种燃料的 GHG 排放进行了分析，包括 FT 合成柴油和柳枝稷 DME。对中国稻壳生产生物甲醇的性能进行了评估；也对 DME 和甲醇生产过程的 LCA 进行了研究。Monte Carlo 模拟能够被使用于考察生物质加工、水汽含量和运输距离中的不确定性。对生物燃料特性进行了完整的 LCA 计算。为联产电力、热量和生物燃料的生物能源系统计算了 GHG 排放平衡。对多联产 FT 合成燃料、甲醇和 DME 系统的排放与商业油品的排放做了比较。

9.13.5.4 技术方法的评估

生物质到液体没有像 CTL 和 GTL 那样的商业发展，虽然大量的小装置现时正在建设中。例如，Cheron 研究建立了一个每年生产 1800 万升柴油的试验装置，估计的投资成本 5000 万欧元（160965 欧元 /BPD），并将扩展到每年 2 亿升（3450 BPD）。Udhe 准备在未来七年中消耗 1.13 亿欧元建立一个生物燃料工厂，生产 BTL 燃料。在印度，希望把多种生物质原料转化为液体燃料。在美国，BTL 工厂的估算成本大约为 15 万美元 /BPD，因为要运行，大部分工厂都是小规模的（约 5000 BPD）。

BTL 工厂的总成本与工厂容量有极大的关系。注意，下面的结论仅作为参考。由于在原料流动速率上的假设限制，对容量 10000 桶 / 天或更低的小工厂已经进行过彻底的研究。这些工艺的盈亏平衡的原油价格在 100 ～ 150 美元 / 桶，当然这极大地取决于所使用生物质类型和价格。BTL 炼油厂的典型流程非常类似于 CTL 流程，因此合成气生产和净化、氧气生产和 FT 合成反应器都是有高投资成本的。即便生物质气化是大规模商业运行的，而且生物质原料的保证供应是容易的和可利用的，这仍然暗示 BTL 过程的总投资成本可能稍高于 CTL 过程。BTL 过程总成本中，其他主要组分之一是购买生物质原料的价格，生物质单位能量的成本高于煤。注意，如果避开与 CO_2 相关的排放成本话，BTL 过程的经济性将受到很大的影响。由于在生物质中的碳存储，BTL 过程与 GHG 生命循环组合有近似于零碳净排放。而典型石油基过程每桶产品排放 0.5t CO_2，因此，生命循环 GHG 排放的税收可能使石油基液体燃料成本上升，达到使 BTL 过程变得有竞争力的水平。

生物质转化为液体燃料，其中的碳转化效率非常类似于煤过程，一般在 25% ～ 35%。注意，对生物质碳近似 100% 转化比是能够达到的，如果输入非碳基氢气源的话，逆水汽变化反应可以消耗过程产生的 CO_2。生物质比煤有更高的输入 H_2/CO 比，生物质中的氧会阻碍液体燃料的生产，因为它以 H_2O 或 CO_2 的形式离开过程。“一次通过”过程能够利用于发电，输入转化的碳分数降低。BTL 过程的低热效率也类似于 CTL 指数，范围在 45% ～ 55%。精确的值取决于使用的是一次通过或是循环构型或是否实现 CCS。

9.13.6 混合原料能源过程

三个单一原料能源过程的发展开启了发展混合能源过程的机遇。混合能源过程提供在能源市场中的引人注目的替代产品。它们在固定产品范围内具有能够转化多种类型原料的灵活性，混合能源系统有显著的协同效应，能够组合每个系统各自的优点。例如，当与纯 BTL 过程比较时，组合煤或天然气和生物质作为原料，能够降低燃料生产成本。另外，当与煤和天然气基过程比较时，使用生物质作原料能够降低 GHG 排放。在供应链分析中，组合煤、天然气和生物质原料对确定混杂能源装置位置产生影响，对煤和天然气集中生产和生物质分散生产间的权衡和折中是可以进行的。

混合能源过程，即煤和天然气到液体（CGTL）、煤和生物质到液体（CBTL）、天然气和生物质到液体（BGTL）和煤、天然气和生物质到液体（CBGTL）过程。原料热化学间接液化的五种主要产品是汽油、柴油、煤油、甲醇和二甲醚。其他产品即电力、氢气、LPG 等是这些过程的副产品。

9.13.7 煤和天然气到液体（CGTL）

CTL 和 GTL 概念设计的集成能够有若干不同的构型。通过把甲烷喷入气化反应器中组合 CTL 和 GTL，这样能够生产出 H_2/CO 比为 2 的合成气，显示协同效应，而这正是 FT 合成过程的化学计量比要求。在一个反应器中使用太阳能作为热源同时进行天然气蒸汽重整和煤蒸汽气化。结果指出，混合过程的热效率要高于单独煤或天然气转化体系。在另一个过程中，使 CO_2 分别再循环到气化和重整过程的气体重整单元，观察到 CTL 情形中 CO_2 排放降低。混合能源体系的 CO_2 排放和经济性能处于 CTL 和 GTL 系统之间。

对 CGTL 系统（煤、天然气共进料联产燃料 DME 和电力）进行了㶲分析，使用共进料和联产获得较高㶲效率；对使用煤和焦炉气的多联产甲醇、二甲醚和二甲碳酸酯系统也进行了㶲 - 经济分析。

组合煤气化和天然气重整生产的合成气能够达到 DME 合成所需要的精确 C/H 比，不需再使用水汽变换反应调节合成气组成。以经济性能、能量效率和环境影响对混合过程与单独煤和天然气系统进行了比较，也在个例研究中使用了天然气重整技术与煤气化技术的组合以达到进料组成中精确的 H_2/CO 比。

对把煤、天然气转化为电力、甲醇和 FT 合成燃料的多联产体系，对不同碳政策和市场条件下进行了技术经济分析。基于结果提出的策略是，天然气重整被使用于冷却气化器时，能够使总过程能量效率增加。进一步延伸该工作，并合固体氧化物燃料电池作为主要电力发生器，结果指出，最有利情形是把燃料电池的使用与碳捕集和封存（CCS）相结合。

9.13.8 煤和生物质到液体（CBTL）

9.13.8.1 单一独立过程

对煤、生物质混杂体系的注意力在增加，因为与单独煤系统比较，生物质并合后能够降低生命循环的碳排放。提出的一个联产系统是：用煤和城市固体废物共进料生产FT合成液体燃料和氢气。对使用纤维素和塑料废物的两个构型进行了比较，两个构型只在氢气生产路线上有不同，从煤或从纤维素和塑料废物生产。已经建议使用生物质和煤共气化生产甲醇。

对组合煤和生物质过程（CBTL）的CTL、BTL和CBTL过程的16个构型进行多联产研究，因具有净零排放的潜力（也就是，排放进入大气的CO_2量等于光合作用吸收的CO_2量），结果指出，在多联产工厂“一次通过”构型中，FT合成残留合成气被送到发电单元，要比“循环”工厂构型（FT合成残留合成气再循环生产附加燃料产品）的利润更高。基于此结果，再一次指出了煤、生物质多联产液体燃料和电力带碳捕集存储过程的优点。除了生物质的低GHG排放外，CCS系统使过程有净负排放的潜力。近来，也突出多联产系统的经济优点。此外，研究结果也指出，由混杂系统生产低排放合成燃料比纤维素生产乙醇更能够盈利，且消耗的木质纤维素生物质仅需要一半多点。

对有CCS的Illinois煤的个例研究中，也对煤、生物质生产液体燃料和电力联产系统进行了研究。发展出一次通过CBTL-CCS概念设计，以柳枝稷和草原混合草混合物作为生物质输入，为比较，对CTL和BTL若干组合情形进行了研究及生命循环和经济分析。结果指出，CBTL系统不仅零排放，而且有能力在经济上与CTL和BTL竞争。CBTL系统平衡了经济和环境性能，处于燃料价格和环境影响间的中间地带。CTL系统能够低成本生产液体燃料，但其排放值是高的。相反，BTL系统有负的排放但液体燃料成本是高的，因为原料价格较高。CBTL-CCS多联产系统可能成为脱碳化燃煤发电厂的有吸引力替代技术。

用煤和生物质联产电力、液体燃料和化学品的多联产系统已经开发出来，并对不同市场价格下的性能进行了详细研究。在不同原料和产品价格以及可能的碳政策情形下，可以解决MINLP问题来确定优化设计。为解决生物质原料和产品寿命期间价格不稳和波动，研究针对单一原料联产系统。通过解两段程序问题获得了设计和操作条件，发现灵活的多联产系统在静态时生产较高的净现值。

进行了CBTL过程可行性的示范实验，给出了用石油真空残基馏分、煤和生物质生产液体燃料的结果。使用的是铁基FT合成催化剂，一次通过验证了CBTL技术。获得的产品进行再提级能够合成异构石蜡烃煤油，基本满足军事级喷气燃料的指标。

9.13.8.2 供应链网络

对CBTL系统的能源供应链网络进行了分析和研究，一些化学品生产中心的优化位置能够通过解混合整数优化问题来确定。对简略情形的研究，包括在UK的CBTL优化策略计划，确定中心工厂优化位置以使在这个计划水准上有高的盈利能力。

9.13.9 天然气和生物质到液体（BGTL）

混杂生物质和天然气能源系统没有像煤生物质系统那样进行过广泛深入的研究。为生产燃料电池燃料应用的甲醇提出了使用天然气生物质共进料的建议。生物质集成可能降低过程污染和产品消耗。提出的这个称为 Hynol 的过程在生产甲醇的同时降低 CO_2 排放。该过程由生物质加氢气化、产生的气体和天然气原料的蒸汽重整生产合成气及合成气和合成甲醇三个子过程构成。加氢气化是指合成甲醇后进入气化器的富氢气体循环，以至于不需氧气来保持反应器的温度。

利用富氢天然气和富碳生物质的各自优点来设计联产甲醇和电力的多联产系统。通过调整原料比，不需成本就能够消除水汽变换反应器（在通常过程中所需要的气体变换）。结果指出，共进料生物质和天然气能够降低输入系统的物料。组合水电解、生物质气化和天然气自热重整的工厂构型对催化甲醇合成，其生产成本是最低的。

研究了从天然气和生物质联产电力和 FT 合成液体燃料系统的两个设计：一个是 CO_2 放空，另一个是 CO_2 被捕集。这个设计很紧密地跟随以前的一个设计。与这个以前设计的工厂构型比较发现，BGTL 的性能超出所有的其他系统的性能，除了 CBTL 情形。

9.13.10 煤、生物质和天然气到液体（CBGTL）

9.13.10.1 单一独立过程

新的混杂煤、生物质和天然气到液体（CBGTL）燃料流程示于图 9-25 中，可以按照各个国家的不同需求生产汽油、柴油和煤油。对这个新混杂 CBGTL 过程的研究，已经被综合放在 Aspen Plus 软件中，发展出初始工艺与新气化器化学计量数学模型，在进行详细经济分析的同时，还对集成热电的 7 个个例进行了研究。初始设计被扩展到包含 CBGTL 超结构，包括从煤、生物质和天然气输入到生产出汽油、柴油和煤油产品。超结构并合多个不同过程单元、相互连接的物流和各种单元的操作条件。混合整数非线性优化过程合成方法被应用于确证不同个例优化工厂的拓扑。完整的超结构被模型化，包括利用热发动机回收过程废热生产蒸汽和电力的热电同时集成。建立的 MINLP 模型公式使热电集成与过程合成步骤能够同时进行。

该 MINLP 模型被进一步扩展，把完整的废水和有效废水处理网络也包括进去，用以确定最小的淡水消耗和废水排放。设想的废水网络超结构中包含把生物硝化池和酸性气体气提器作为处理过程水流的一种选择，以处理可能含有的高浓度酸性气体和有机物质；而冷却水和气流循环回收热量使用于热电集成。形成的这个超结构数学模型同时包括对热量、电力和水集成的过程合成问题。使用介绍的 108 个个例研究对该模型进行了试验，各个个例由 6 种煤原料、3 种生物质原料、3 个工厂容量和两种工厂超结构组成，可以有和没有二氧化碳封存。

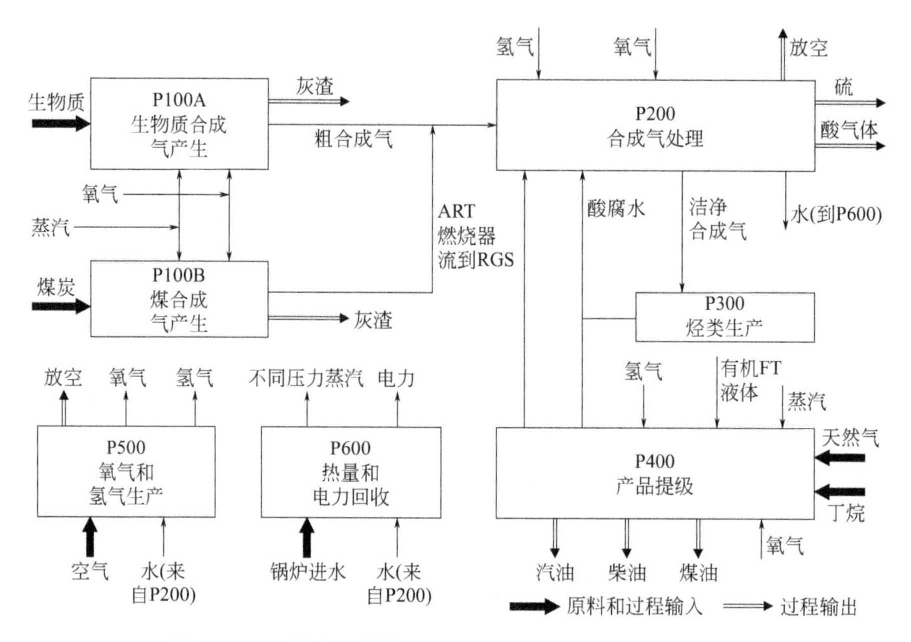

图 9-25　煤炭、生物质和天然气原料制液体燃料流程

9.13.10.2　供应链

需要对多种原料供应链问题进行研究以便探索 CBGTL 过程使用煤、生物质和天然气资源生产出完全满足国家运输燃料需求的潜力。提出了一个优化框架以确定 CBGTL 装置在各个国家（如美国）的优化位置，以使燃料生产成本最低。供应链从能源原料位置开始，结束于需求位置。讨论的 CBGTL 过程设计也是在使用 Aspen Plus 软件模拟和分析基础上获得的，针对的是 6 种不同的煤、15 种生物质、1 种天然气和 3 个工厂容量的组合。模型考虑了美国能源原料的可利用位置、需求位置、现有的运输公用基础设施以及与每个能源供应链相关的成本。研究结果说明，CBGTL 工厂能够满足美国运输燃料需求，其成本能够与石油基燃料工厂竞争，而对温室气体排放有显著降低。

9.13.11 未来挑战和机遇

重点讨论混合原料能源过程面对的挑战和机遇。

混合能源过程的进一步发展需要在未来能够取得突破。基于现时的模拟研究，基础合成过程的优化方法在设计多原料和技术的混合系统中是有效的重要的工具。对添加了其他可再生资源的集成也能够进行探索，如利用风能和太阳能资源生产电力或氢气。

9.13.11.1　BGTL 过程

还没有对组合天然气和生物质能源系统进行广泛的研究。这个特定混杂系统可能具有应用的潜力，特别是对美国的运输燃料部门，因为对丰富生物质和天然气资源的利用，国家的兴趣在不断增加。

9.13.11.2　水集成

在单一原料和混杂原料能源过程发展中一般很少讨论水的集成。水的集成是为了降低淡水消耗。这个领域应该成为能源系统设计中的一个重要方面，因能源项目增加对水资源的压力，会影响未来人口和工农业对水资源的使用。在能源过程中水的有效使用是重要和必需的，特别是因为生物质的利用导致水消耗的大量增加。能源过程系统本身是有能力通过优化废水网络来解决这个问题的。

9.13.11.3　供应链和装备位置问题

对混杂原料能源过程的供应链分析和装备位置问题需要有进一步的发展，虽然煤和天然气供应链问题比生物质要小。在能源系统中并合生物质时，需要认真考虑原料的可利用性及其分布。CBTL 和 BGTL 的装备位置问题要阐明的是生产工厂到煤、天然气和生物质能源供应源的距离，同时对燃料生产进行优化。类似 CGTL 工厂，CBTL 和 BGTL 工厂预期的装备放置位置应该在靠近煤或靠近天然气资源位置间进行权衡和折中。

9.13.11.4　多联产系统的装备位置

许多研究已经指出，多联产具有好的经济效益。这需要基于多部门的市场基础考虑探索这类能源体系装置的安装位置问题。到目前为止，大多数研究只针对燃料市场的供应链进行了分析。但是，当能源转化技术联产电力、热量、氢气等这类市场产品时，由于它们与燃料市场使用地域可能是不同的，因此也是需要考虑的。这一考虑可能会影响多联产工厂的优化安装位置。

9.13.11.5　策略规划

单一原料和混杂原料能源系统的策略规划问题是研究每个体系长期可行性的一个重要领域。对一定区域或国家可以考虑和选择的不只是一种而是多种类型的工厂，例如，单一和组合单一系统的混杂体系。策略规划在不同地理位置产生的能源资源利润是不同的，而适合于特殊地理位置的能源体系，其设计与其他地区的设计也是不同的。因此，在考虑任何过程和供应链参数的变化和波动时，应该把地区不确定性问题也考虑进去。这是需要进行策略规划的。

9.13.11.6　不确定性

计划和规划长期能源问题时，重要的是要考虑到需求、供应、价格等参数的不确定性，以能够确保未来计划的能源解决办法的可靠性。对单一原料过程和混杂原料过程，要考虑产生的不确定性。单独过程的设计和能源供应链设计尚未被广泛研究，但这为能源过程研究提供机遇。

9.14 小结

总之，基于煤、天然气和生物质通过合成气中间物的间接液化，在前面已经给出了单一原料和混杂原料能源体系的概要，包括对独立体系和网络供应链及装置位置的分析。考虑的主要产品包括汽油、柴油、煤油、甲醇和二甲醚，可以选择电力、氢气和 LPG 作为联产产品。也给出了进一步发展机遇的概要，突出单独混杂原料能源系统的发展，考虑它们的供应链以协调未来的能源市场性能。

运输部门很重地依赖于初级能源的使用，现时面对原油高价格、全球油品市场不稳定和温室气体排放等重大挑战。这些事情的组合涉及国内油品生产在未来十数年中的发展和稳定。世界上的大国都尽力争取能源独立，尽可能多地利用国内比较分散的初级能源资源。对重要性日益增加的运输液体燃料，应该尽可能使用国内碳基原料生产，以替代部分来自不希望和不稳定国家进口的原油。生产运输液体燃料能够使用的替代碳基原料主要有三种，煤、生物质和天然气，它们都能够被转化为液体运输燃料。新近的评论已经预见到替代现有工艺的设计方案，可以组合任一种或这三种原料来生产汽油、柴油和煤油。

生产运输燃料所使用的任一种原料都有其优缺点。煤的销售价格低于天然气和生物质。但是，煤的高碳含量可能要求把显著量的原料碳转化为 CO_2（可以放空、分离或使用非碳基氢气源转化为 CO）。天然气有高氢 - 碳比，这增加原料碳转化为液体燃料的比例。页岩气的最新前景帮助降低天然气销售价格，使天然气生产液体燃料有了更多的吸引力。生物质是可再生能源，在光合成期间吸收大气中的 CO_2。虽然在美国和巴西玉米基乙醇和向日葵基柴油构成了生物燃料的大部分，但它们已经导致对作为食品源的原料价格和可利用性产生了影响。木质纤维素植物源（例如玉米秆或森林残留物）被期望在未来可以作为生物燃料源。

现在在文献中，替代能源过程讨论的重点是使用一种原料或原料的混合组合以发挥每一种原料的优点。一般说来，这些过程设计的重点是从粗原料生产合成气，通过 FT 合成过程最后获得液体燃料。混合系统的例子是煤和生物质到液体、煤和天然气到液体、生物质和天然气到液体。多联产系统能够联产电力和液体燃料（汽油、柴油和煤油）。

除了 FT 合成过程，液体燃料也能够把合成气先转化为甲醇然后再转化甲醇到液体烃类。甲醇制汽油（MTG）、甲醇到烯烃（MTO）和 Mobil 烯烃到汽油（MOGO）工艺是利用沸石催化剂把甲醇转化到汽油和馏分油范围烃类。到今天，含有甲醇转化的主要工艺设计是基于单一原料系统，包括煤到汽油和生物质到液体。对甲醇合成和到液体燃料的转化还没有考虑混合原料的设计。

生产与美国需求比例相称的汽油、柴油和煤油时，对小规模（每天 10000 桶，1kBD）、中规模（50kBD）和大规模（200kBD）工厂的液体燃料总成本范围分别是 86 ～ 94$/bbl、79 ～ 88$/bbl 和 72 ～ 80$/bbl。当仅生产与国家需求比例相称的汽油和柴油时，每种容量的成本降低。对小、中和大工厂分别为 85 ～ 93$/bbl、78 ～ 86$/bbl 和 71 ～ 78$/bbl。这个成本的降低是分馏成本降低和仅转化到柴油而不是柴油和煤油所需要的投资成本的降低。FT 合成接着分馏和提级比 FT 合成接着 ZSM-5 催化转化到汽油馏分要便宜；甲醇合成、转化到烃类，接着提级总是要比所有 FT 合成组合便宜。说明甲醇路线比 FT 路线优越，但 FT 合成和甲醇合成的组合提供最低的成本。此时 MTG 路线生产大部分汽油，而蒸馏物与 FT 合成流出物一起分馏和炼制生产柴油和煤油的大部分。使用铁催化剂使 FT 合成反应器消耗 CO_2 的能力能够降低原料成本，所以其经济利益比仅有甲醇合成更高。

应该特别强调生产液体运输燃料使用混合原料体系的热化学基础。对煤到液体(CTL)，天然气到液体（GTL），生物质到液体（BTL），煤和天然气到液体（CGTL），煤和生物质到液体(CBTL),天然气和生物质到液体(BGTL),煤、天然气和生物质到液体(CBGTL)的间接液化进展也做了讨论。

第10章 煤的催化热解

在前面九章中已经较为详细地介绍了煤炭作为能源资源的转化以及催化技术在这些转化中的作用。煤炭能源最主要的应用是发电，但由于煤炭是不干净的化石能源，对燃烧发电的烟气需要使用催化净化技术。为了提高煤炭能源的使用效率和降低在使用过程对环境造成的污染和伤害，可以把煤炭转化为气体燃料和液体燃料。方法之一是把其（催化）气化生产合成气，在对合成气进行催化净化后，本身就是气体燃料可以在气体透平中进行低污染催化燃烧发电，或再使用不同的催化剂把合成气转化为合成天然气、氢气等气体燃料，可使用于多种发电技术中生成电力，包括燃料电池技术。也可以使合成气在不同的催化剂下转化成为液体燃料，例如，通过 FT 合成催化剂、甲醇合成催化剂和二甲醚合成催化剂转化为烃类、含氧液体燃料。它可以作为运输燃料和民用燃料使用，还可以用于生产化学品。这里催化发挥着重要的关键作用。这是前面九章所介绍的基本内容。

对煤炭能源，除了上述转化外还有相对古老的转化技术，也就是经典的煤炭热化学转化，包括煤炭热解（包括高温热解——焦化）和煤炭直接液化。虽然这些转化过程基本上是热化学转化，但催化技术仍然可以在这些热化学转化过程中发挥重要作用。除了在这些热化学转化过程产物的后处理中发挥重要作用外，也能够在煤热解和液化过程中直接发挥重要作用，也就是所谓的催化热解和催化直接液化。

对这些相对较老的煤炭热化学转化过程，虽然在对国外文献进行检索时收获很少，也就是这些老过程的新发展和新内容不多，但是，相对成熟的这些技术在我国经济快速发展时期则受到很大重视，不仅在网上可以看到有关煤炭热解和直接液化的大量信息，而且为了介绍这些煤炭热化学转化和处理技术，我国近年来已经出版不少的专门著作和书籍，最有代表性的是谢克昌院士主编的“现代煤化工技术丛书”（共 12 册）。虽然对这些煤炭热加工技术已经有大量详细的技术文献，但从催化应用的角度，也就是在这些相对老的热化学加工过程中催化剂和催化过程能够发挥到何种程度的作用，集中的和相对详细、系统的介绍则不多。因此，作为煤炭能源催化转化技术一书最后两章的内容，似乎有必要在简要介绍这些煤炭热加工过程和技术的基础上，对煤催化热解和催化直接液化方面的内容做重点突出的介绍。

10.1 引言

煤炭的热解可以追溯到18世纪，使用的温度低于700℃，在固定床或移动床反应器中进行。主要产物是低挥发性家用无烟固体燃料，并立刻认识到其生成液体产物的价值。在20世纪20～30年代，对低温热解过程曾有过大量的研究和发展，40年代兴趣消失，因为有低价格的可燃气体和油可以利用了。由于70年代早期的石油危机和石油价格飞涨，重新产生对煤炭热解的兴趣，但在不久前，随石油价格下降，对煤炭热解的兴趣又一次减退。然而在我国，一方面是经济的快速发展和腾飞对能源的需求激增，另一方面是我国能源资源储量是富煤贫油少气的现实，因此对煤炭热解的兴趣一直高涨，因为这非常符合我国国情，也是由我国煤炭种类分布情况所决定的。

煤炭热解工艺本身仅是一种应用技术，但煤炭热解过程的基础知识对所有煤炭能源转化利用过程包括燃烧、气化也是非常重要的，是必须经过的阶段。也就是说，煤炭热解的基础知识对煤炭利用技术的发展和效率的提高都有很大意义。这也是对煤炭的热解研究一直都是煤化学重点研究领域的原因所在。

对煤炭热解动力学已经有相当好的了解，并已经被很好地模型化。得率和液体性质都与热解条件密切相关。在无氢条件下，中温（500～700℃）和中压（高达3.5atm）的快速热解能够获得高的液体产品得率。但是，有很大比例的原料煤被转化成焦炭，它们的市场价值与原料煤相当或甚至稍低。煤炭热解能够生产成本低廉的液体、气体和固体燃料。如果焦炭能够被提级到较高价值的特定固体产品，如型焦、无烟燃料、活性炭或电极炭，或/和液体产物得率能够有显著增加，则热解效益能够显著增加。热解液体产物H/C比低，一般小于1，比石油焦和沥青（约1.4）低，更低于高质量的石油产品（H/C比大约为2.0）。与一般焦油比较，它们含显著量的氧，因此需要更多的氢气来生产符合指标的燃料。在放置时它们具有聚集趋势，可能引起操作问题，因此也必须解决它。

从煤炭热解生产液体产物仅需要很少的热量，但是，当把产生的液体作为副产物，对煤炭的气化或流化床燃烧是有利和有效的。与其他煤转化体系比较，热解反应器一般在中等压力和温度下操作，其产率也比较高。这些特征都使热解操作的投资成本很低。因此，热解液体成本也是低的，可以与沥青重质油竞争，它们能够被集成到油炼制加氢转化操作中，而且它们的溶解性特点能够改进烃类转化的可操作性。它们也能够与煤炭直接液化组合。如果加工的是低硫煤，热解液体可作为煤油炼制的燃料油，虽然潜力是有限的。煤热解液体在传统上是作为煤焦油化学原料的，可以作为温和煤气化计划的一部分，目标针对市场。

10.1.1 低阶煤概况

在漫长的地质演变过程中，煤炭的形成受多种因素的作用，致使煤炭品种繁多。依据结构和组成不同，煤炭分为褐煤、烟煤和无烟煤3大类，而每大类又分为若干小类，其中烟煤可分为低变质烟煤和中变质烟煤，低变质烟煤也叫次烟煤，与褐煤一起统称为“低阶煤”。煤阶这一概念用来表示煤炭煤化程度的级别。一般情况下，随煤埋藏深度的增加，其煤化程度增加，碳含量也增加。低阶煤在我国煤炭储量及产量中占很高比例。中国煤炭地质总局第三次全国煤田预测，我国低阶煤储量占全国已探明煤炭储量 55% 以上，达 5612 亿吨，其中褐煤占 12.7%，低变质煤占 42.5%。

低阶煤是指煤化程度比较低的煤（一般干燥无灰基挥发分＞ 20%），主要分为褐煤和低煤化程度的烟煤。褐煤包括褐煤一号（年轻褐煤）和褐煤二号（年老褐煤）两类，约占我国煤炭探明保有资源量的 13%，主要分布于内蒙古东部和云南，少量分布于黑龙江、辽宁、山东、吉林和广西等地区，近年发现新疆等区域亦赋存褐煤。低煤化程度的烟煤包括长焰煤、不黏煤和弱黏煤，约占我国煤炭探明保有资源量的 33%，主要分布于陕西、内蒙古西部和新疆，其次为山西、宁夏、甘肃、辽宁、黑龙江等地区，吉林、山东和广西等地区有少量赋存。褐煤含水分高达 20% ～ 60%，收到基低位发热量一般为 11.71 ～ 16.3MJ/kg。由于高水分、高含氧量、低发热量，再加上褐煤易风化和自燃的特性，不适合远距离输送，应用受到很大限制。低煤化程度的烟煤，原煤灰分一般低于 15%，含硫量低于 1%，鄂尔多斯盆地不黏煤和弱黏煤多为特低硫 - 低硫和特低灰 - 低灰煤。低阶煤化学结构中侧链较多，氢和氧含量较高，因此其挥发分含量高、水含量高、含氧多、易自燃、热值低。根据低阶煤挥发分及氢含量高的特点，通过分级转化利用，可先获得高附加值的油、气和化学品，再将剩余半焦进行燃烧或气化，实现煤炭资源的梯级利用，这一方面提高了煤炭利用的能效，另一方面使难以利用的褐煤得到了有效利用，也可大大减少对环境的污染。我国低阶煤煤种煤炭资源分类及其性质列于表 10-1 中。

表10-1　我国低阶煤煤种煤炭资源分类及其性质

项目	中变质烟煤	无烟煤	褐煤	低变质烟煤
比例 /%	12.68	42.45	27.58	17.28
水分 /%	20 ～ 50	10 ～ 20	10 ～ 15	2 ～ 10
挥发分 /%	38 ～ 65	37 ～ 55	10 ～ 40	3 ～ 6
发热量 /（kcal/kg）	2000 ～ 4000	约 5000	5000 ～ 6000	约 7000
适宜用途	转化	转化 / 发电	炼焦 / 发电	气化 / 发电

低阶煤的一个重要利用途径就是热解。

10.1.2 我国的能源形势

在化石能源中，煤相对富碳贫氢，石油和天然气相对贫碳富氢。而我们中国的能源资源特征是“富煤、贫油、少气”。煤炭作为中国能源资源的主体，分别占一次能源生产和消费总量的 76% 和 69%，且在未来相当长时期内仍将占据一次能源的主导地位。中国原煤产量已由 2002 年的 13.8 亿吨增加到 2011 年的 35.2 亿吨，增长达 2.55 倍。发电量由 2002 年的 16540×10^8kW・h 增加到 2011 年的 47000.7×10^8kW・h，增长 2.84 倍。其中火力发电量达 38253.2×10^8kW・h，比 2010 年增长 14.8%，占我国发电总量的 81.4%。2011 年我国煤炭消费量已达 35 亿吨，主要利用方式仍然是燃烧发电。预计到 2020 年，我国的煤炭生产和消费将达50亿吨左右。据专家预测，未来的30～50年内，煤炭在我国能源结构中的比例仍将超过50%，2010～2050年的总耗煤量在1000亿吨标准煤以上，发电耗煤量也在逐年增长。例如2015年，我国的燃煤发电厂装机容量达9.9亿千瓦，占装机容量15.1亿千瓦的66%。中国已探明的化石能源储量中，石油和天然气分别只占5.4%和0.6%。2003年原油进口量为0.82亿吨，占消耗总量的32.5%；2011年原油进口量已达2.54亿吨，占消耗总量的55.5%，远超40%的国际能源安全警戒线。预计到2020年中国石油对外依存度将远超60%（实际上在2014年已经超过60%）。另外，近年来中国对天然气的需求量也大幅增长，2011年天然气产量为1030.6亿立方米，而消费量为1173.8亿立方米，供需缺口达143.2亿立方米，预计2020年的缺口将达900亿立方米，对外依存度将达40%。

随着中国经济的快速发展，石油、天然气供应缺口将逐年加大，势必影响中国经济的可持续发展，也将造成中国能源供给的安全隐患。因此，中国十分重视石油和天然气的供需问题，从全局考虑制定了能源发展战略，采取积极措施确保国家能源安全。目前已在增加原油和天然气储备、提升原油生产和加工水平方面取得积极成效。但由于缺口巨大，还需采用替代方式缓解油、气进口压力。研究表明，在多种替代石油和天然气的方案中，煤炭转化的量级最大，且已有较好的技术基础，可行性较高。但是，煤炭的使用量以及使用过程中污染物和CO_2的排放量远大于石油和天然气，因此，煤炭的高效清洁利用成为我国化石能源利用中最需重视的问题。众所周知，煤虽然宏观上富碳，但含有富氢低碳的结构，特别是中低阶煤（褐煤和高挥发分烟煤），其挥发分甚至可达40%以上，其中包含简单芳香结构和多种含氧官能团结构。这些低碳组分可在远低于煤气化温度（900℃）下与富碳组分“分离”，直接生成低碳液/气燃料和芳烃、酚类等重要化学品，而且这些化学品的附加值显著高于燃料。因此，煤通过转化生产燃料的路线逐步转向了联产燃料和化学品的路线。由煤热解和直接液化生产燃料并联产化学品的路线是与煤的组成结构适应的煤分级转化，其核心技术充分利用了煤组成结构的不均一性。

10.1.3 煤热解技术的发展历史和现状

煤热解技术发展历史久远，早在19世纪就已出现，当时主要用于制取照明用的灯油和蜡，随后由于电灯的发明，煤热解研究趋于停滞状态。但在第二次世界大战期间，德国由于石油禁运，建立了大型煤热解厂，以煤为原料生产煤焦油，再通过高压加氢制取汽油和柴油。在当时的战争背景下，热解成本并不是考虑的主要因素。但是，随着战后石油开采量大幅增加，煤热解研究受到市场因素的影响再次陷于停滞状态。20世纪70年代初期，世界范围的石油危机再度引起了世界各国对煤热解工艺的重视。70年代以后，煤化学基础理论得到迅速发展，相继出现了各种类型的高效率、低成本、适应性强的煤热解工艺，典型的有回转炉、移动床、流化床和气流床热解技术。

我国煤热解技术的自主研究和开发始于20世纪50年代，北京石油学院（现为中国石油大学）、上海电业局研究人员开发了流化床快速热解工艺并进行了10t/d规模的中试；大连工学院（现为大连理工大学）研究开发了辐射炉快速热解工艺，并于1979年建立了15t/d规模的工业示范厂；大连理工大学还研究开发了煤固体热载体快速热解技术，并于

1990 年在平庄建设了 5.5 万吨 /a 的工业性示范试验装置，1992 年 8 月初投煤产气成功；煤炭科学研究总院北京煤化学研究所（现为煤炭科学研究总院北京煤化工研究分院）研究开发了多段回转炉温和热解气化工艺，并于 20 世纪 90 年代建立了 60t/d 工业示范装置，完成了工业性试验。后来国内又涌现出一些有代表性的煤热解工艺，包括浙江大学循环流化床煤分级转化多联产技术、北京柯林斯达科技发展有限公司带式炉改性提质技术、北京国电富通科技发展有限责任公司国富炉工艺。近年来，我国在进行自主研发的同时引进了美国的 CCTI 工艺，计划用于内蒙古褐煤的热解提质。在引进 LFC 工艺的基础上，大唐华银电力股份有限公司和中国五环工程有限公司组建技术联合体对其进行创新性研究开发，重新申请专利和商标，更名为 LCC 工艺。

10.1.4 我国煤热解技术的发展

10.1.4.1 煤热解技术研究背景

中国科学院郭慕孙院士在 20 世纪 80 年代提出了“煤拔头”工艺。这是一种以热解为先导的煤多联产技术。该工艺在常压、中低温的温和条件下，对高挥发分的年轻煤进行快速热解、快速分离、快速冷凝，将煤中的高值富氢结构产物，如酚、脂肪烃油、三苯（BTX）和多环芳香烃以液体产品的形式提取出来。剩余的半焦作为燃料进一步应用，从而实现分级转化、梯级利用的目的。中国煤炭资源中中高挥发分煤占 80% 以上，包括约 13% 的褐煤、42% 的次烟煤和 33% 的烟煤。富含挥发分的碳氢结构可直接转化为高价值化学品（如酚、萘）、大宗燃料油及燃气。直接燃烧或气化将导致煤中挥发分被等同于煤中的固体组分，不能实现资源的梯级利用，不仅造成煤炭资源高值成分的浪费，而且导致煤制油气的煤化工路线长、效率低，同时排放大量污染物，使中国成为世界上排放 SO_x、NO_x、灰尘最多的国家。因煤炭利用方式（直接燃烧）排放的 CO_2 已超过 50 亿吨 / 年，使中国承受着来自国际社会的减排压力。利用中低阶煤经热化学转化直接生产燃油和燃气，其能效可提高 10% 以上，煤炭节省量、CO_2 和其他污染物的减排量均非常显著。显然，中低阶煤分级转化联产低碳燃料和化学品的路线（其中煤炭热解是最重要的过程之一）将成为我国煤炭利用产业的战略需求。

10.1.4.2 煤热解技术的研究现状

在上述技术思路的指导下，以热解技术为先导的煤综合利用技术逐渐受到各研究所和高校的关注。中国科学院过程工程研究所自 20 世纪 90 年代开始，对煤热解技术的基础理论、工艺和设备等方面进行了系统研究，获得了国家科技部 863、973 项目以及中科院知识创新工程方向项目的支持，该研究的核心技术已获得多项国家发明专利。中国科学院过程工程研究所采用下行床热解反应器，与循环流化床耦合以实现工艺系统的集成，先后建立了煤处理量 8kg/h 和 30kg/h 的耦合提升管燃烧的下行床热解拔头实验装置，并建立了与 75t/h 循环流化床锅炉耦合的煤处理量为 5t/h 的中试装置，进行了热态实验，对低挥发分的次烟煤，焦油产率为 8.1%，煤气产率为 7.4%。值得注意的是，煤气中甲烷含量较高（28.70%），充分体现出煤低温快速热解后煤气成分的特点。2009 年获得中国科学院知识创新工程重要方向项目“煤热解与焦油高值利用技术平台及中试”的支持，在廊坊基地配套建成10t/h的下行床热解器中试平台和700kg/d的煤焦油分离加氢精制中试平台，于2012年年底完成中试装置的调试。浙江大学以循环流化床固体热载体供热的流化床热解技术为基础，与淮南矿业集团合作开发的示范装置于2007年8月完成72h的试运行，获得了工业试验数据。该工艺的热解器为常压流化床，用水蒸气和再循环煤气为流化介质，运行温度为540～700℃，粒度为0～8mm的煤经给煤机送入热解气化室，热解所需要的热量由来自循环流化床锅炉的高温循环灰提供，热解后的半焦随循环灰送入循环流化床锅炉燃烧，燃烧温度为900～950℃。12MW工业示范装置的典型结果为：热解器加煤量10.4t/h，焦油产量1.17t/h，煤气产量1910m^3/h，煤气热值23.11MJ/m^3，所得焦油中沥青质含量为53.53%～57.31%。中国科学院工程热物理研究所开发了基于流化床热解的示范装置，2009年5月与陕西省神木县煤化工产业发展领导小组办公室共同确定神木10t/h固体热载体粉煤快速热解制油项目，进行了中试试验。中国科学院山西煤炭化学研究所开发了基于移动床热解装置的多联供技术，与陕西省府谷恒源煤焦电化有限责任公司合作，建成了与蒸发量75t/h循环流化床锅炉匹配的热解中试装置。采用府谷西岔沟烟煤，在600℃下热解，得到的产物结构中，焦油产率约为6%，煤气产率约为8%，半焦产率约为75%。

10.2 煤化学结构

煤炭能源的利用基础是煤炭的物理化学性质。其结构又是这些物理化学性质产生的基础和原因。因此对煤结构已经进行了长期的研究。但是由于煤结构本身的复杂性，其物理和化学结构仍然不是非常清楚。从实际宏观的角度看，对煤阶分类、煤岩相、煤工业分析和元素分析等已经有长足的了解和大量数据的累积。对煤炭直接燃烧而言，最关心的煤性质是它的发热量、工业分析和元素分析数据。对煤炭气化而言，还关心其灰分组成和灰热点。对煤热解而言，很关心煤炭的活性结构，煤热解与煤活性结构间的关系示于图10-1中，使用的是相对简化的煤结构，如图10-2所示。随着结构表征方法的不断发展和出新，对煤结构的认识在不断深化中。已经提出了多种煤结构模型。根据煤阶的不同，提出的煤结构模型也有所不同。在过去一些年中，已经产生了很多对煤结构模型的分子表述，提出的煤结构模型超过134个，其中非常出名的几个是：Given模型、Wiser模型、Wender模型、Solomon模型和Shinn模型。烟煤的模型最多，褐煤模型则要少得多，而重要的次烟煤，其模型也很少，无烟煤模型也不多。开始时模型的建立是靠手工画的，后来才借助于计算机来描述煤结构模型。开始时考虑的原子数很少，后来表述的原子数高达数百数千。较早年代提出的煤结构模型一般是二维的，近来出现了煤结构的三维模型。但为了实际应用需要，发展出相对简单表述煤结构的模型，如煤的两相模型能够方便地应用于说明煤热解过程，如在图10-2中所表述的。

最早发展的是烟煤模型，然后才发展出无烟煤、次烟煤和褐煤的结构模型。对煤炭热解和液化，一般认为使用年轻煤种是比较合适的，因此对次烟煤和褐煤结构模型的了解更为重要。

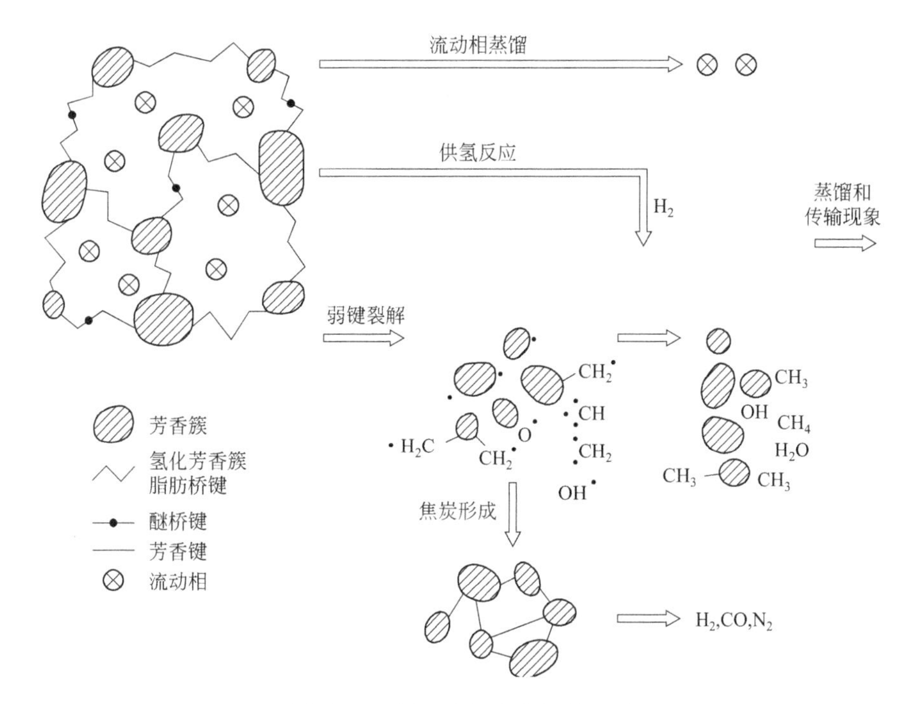

图 10-1　煤结构与煤热解的关系

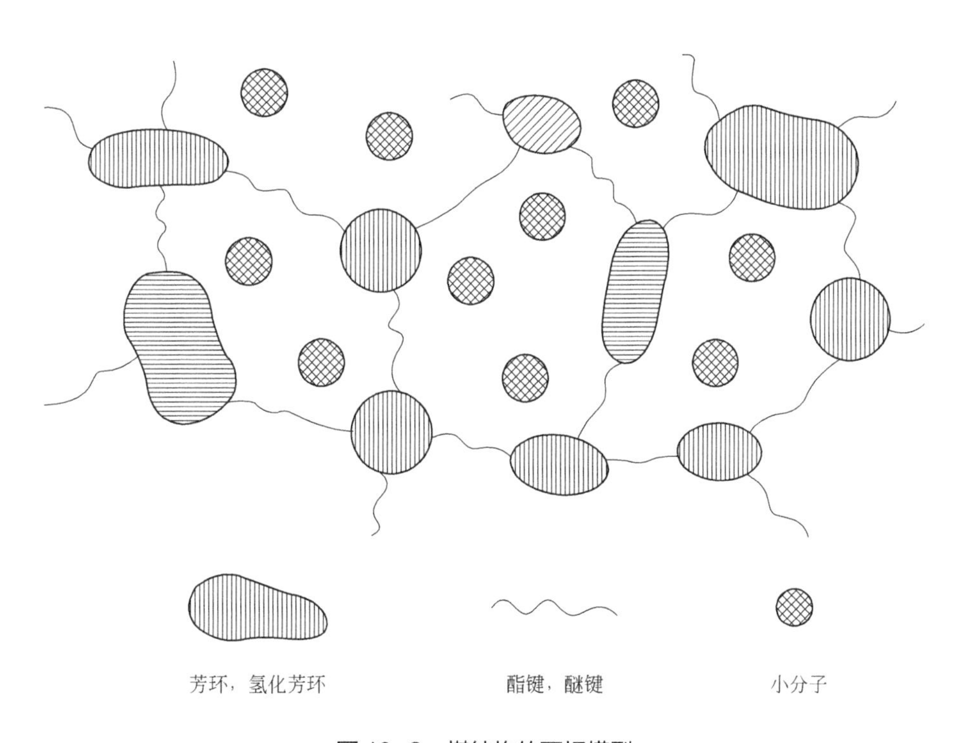

图 10-2　煤结构的两相模型

对煤结构的一般看法是，它是一个大分子结构，由基本结构单元（由芳烃环构成）通过不同连接聚合而成。对不同煤阶的煤，其基本结构单元从低阶煤的单环到高阶煤多环进化。图 10-3 所示是不同煤阶煤的结构单元模型。

褐煤

	干基/%	干燥无灰基/%
C	64.5	72.6
H	4.3	4.9
V	40.8	45.9

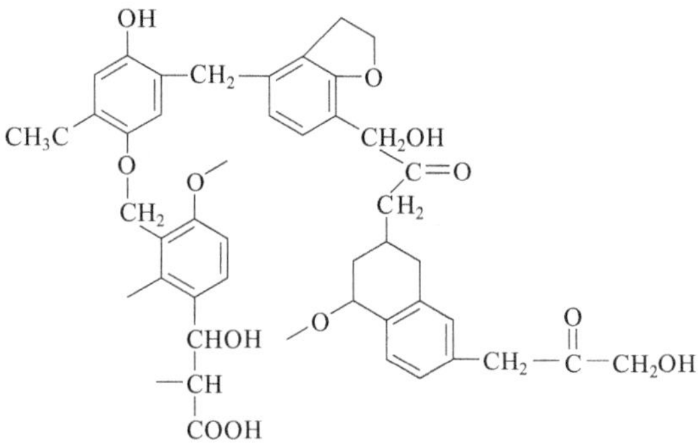

次烟煤

	干基/%	干燥无灰基/%
C	72.9	76.7
H	5.3	5.6
V	41.5	43.6

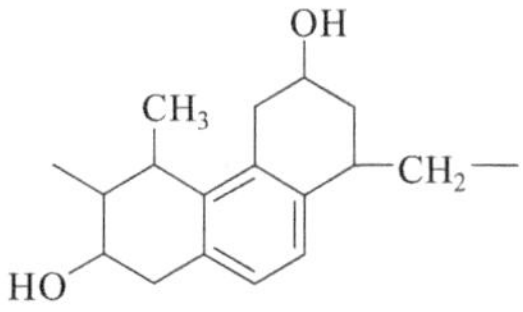

高挥发分烟煤

	干基/%	干燥无灰基/%
C	77.1	84.2
H	5.1	5.6
V	36.5	39.9

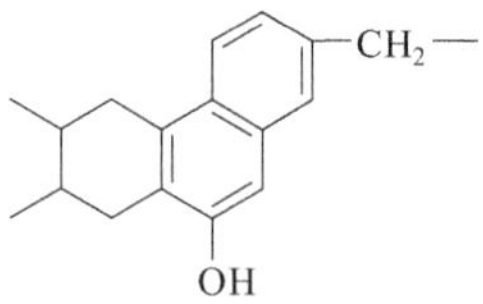

低挥发分烟煤

	干基/%
C	83.8
H	4.2
V	17.5

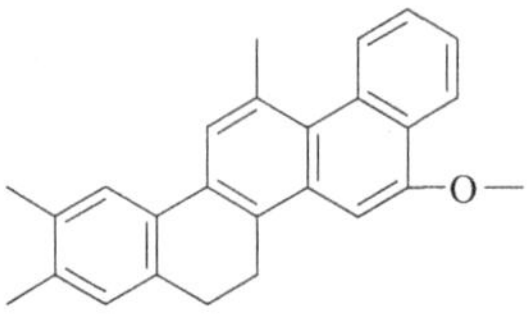

无烟煤

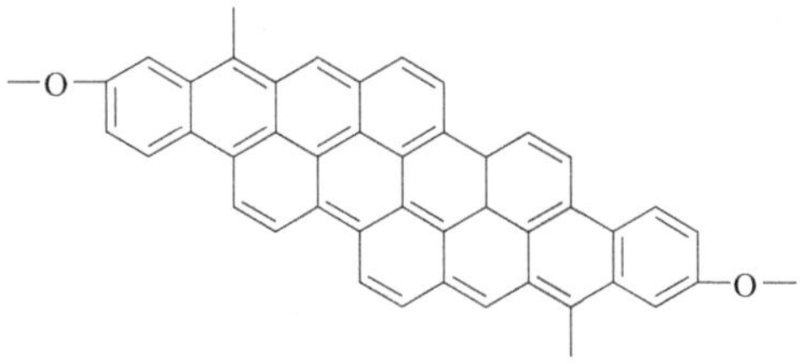

图 10-3　不同煤阶煤的结构单元（或部分）模型

10.2.1 褐煤结构模型

褐煤的各种结构模型示于图 10-4 中。Wender 模型在 1976 年提出了一组不同煤阶煤的“部分结构表述”，对其比较谨慎的评论是，显示的结构不是煤模型。但它们是分类表述煤活性结构的一个方便方法，以至于能够了解不同煤阶煤的热化学反应，至少是一种初步方法的表述。它们的使用能够帮助了解和作为预测的基础；简单说它们是一个参考框架。该模型捕集了褐煤结构的多个特征，如它是由脂肪侧链连接和交联的单一芳烃环构成的，氧可以以多种形式存在，如羧基、酮基、酚基、醇基、醚、呋喃、芳甲氧基和 C_3- 脂肪侧链（这是木质素的普遍构建单元）。

应用于说明褐煤液化的 Philip 模型，其平均结构单元是 $C_{115}H_{125}O_{17}NS$，含苯并呋喃、氢化芳烃和脂肪侧链。考虑了褐煤液化产物来自纤维素、木质素和其他植物组分有机物的脱水和脱氧。模型中也首次引入褐煤的如下特征：杂原子 N（吲哚）和 S（硫醇）、酯化脂肪侧链和氢键。

Wolfrum 模型很大，$C_{227}H_{183}O_{35}N_4S_3CaFeAl$，引入了更多杂原子：对 N 有胺、亚胺、羟胺、吲哚，对 S 有硫醇、噻吩、硫醚，还引入了金属原子作为极性官能团。

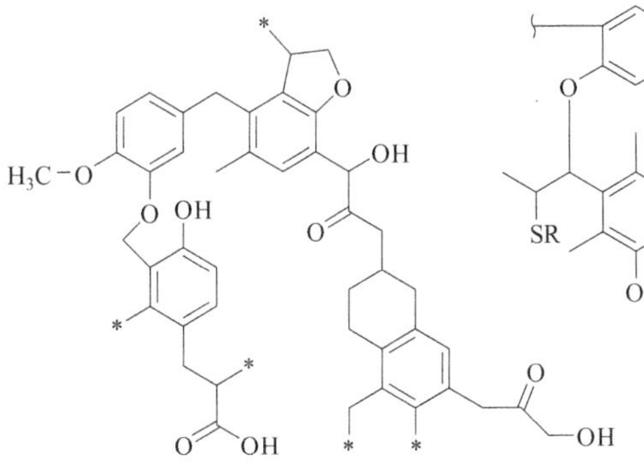

(a)Wender模型

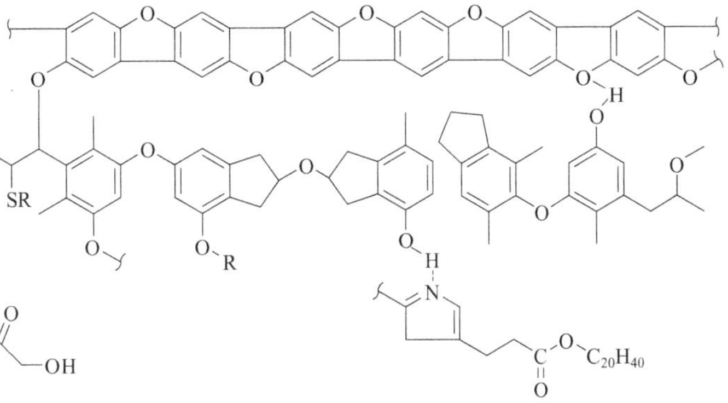

(b)Philip模型

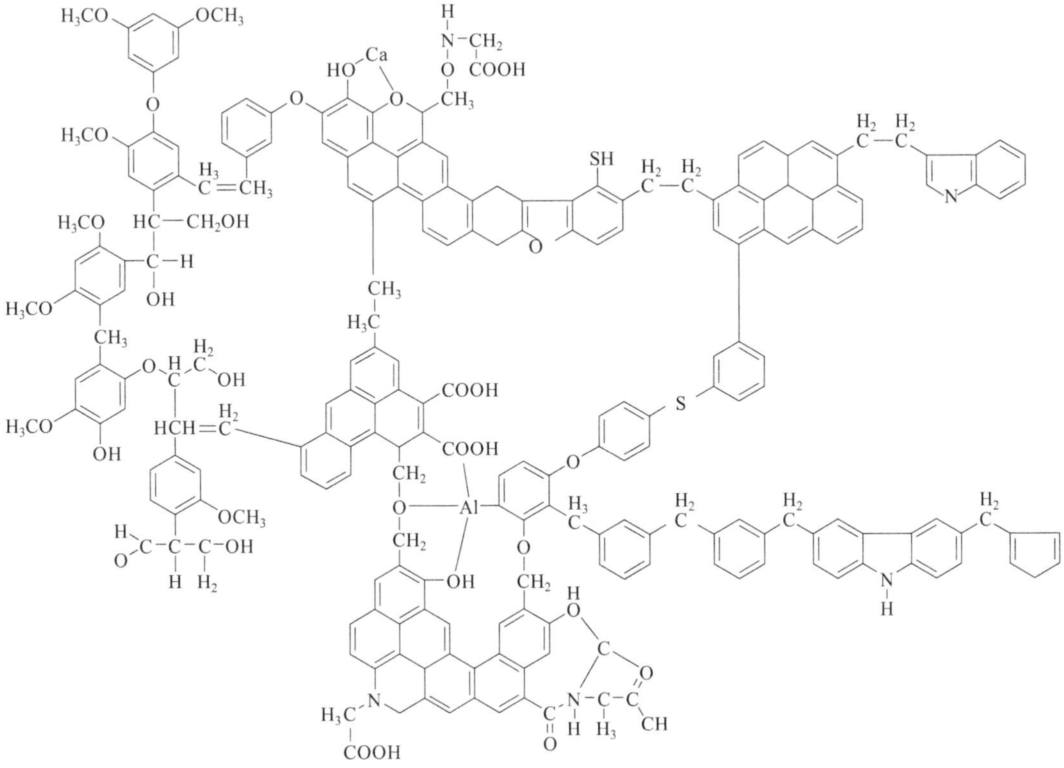

(c)Wolfrum模型

图 10-4

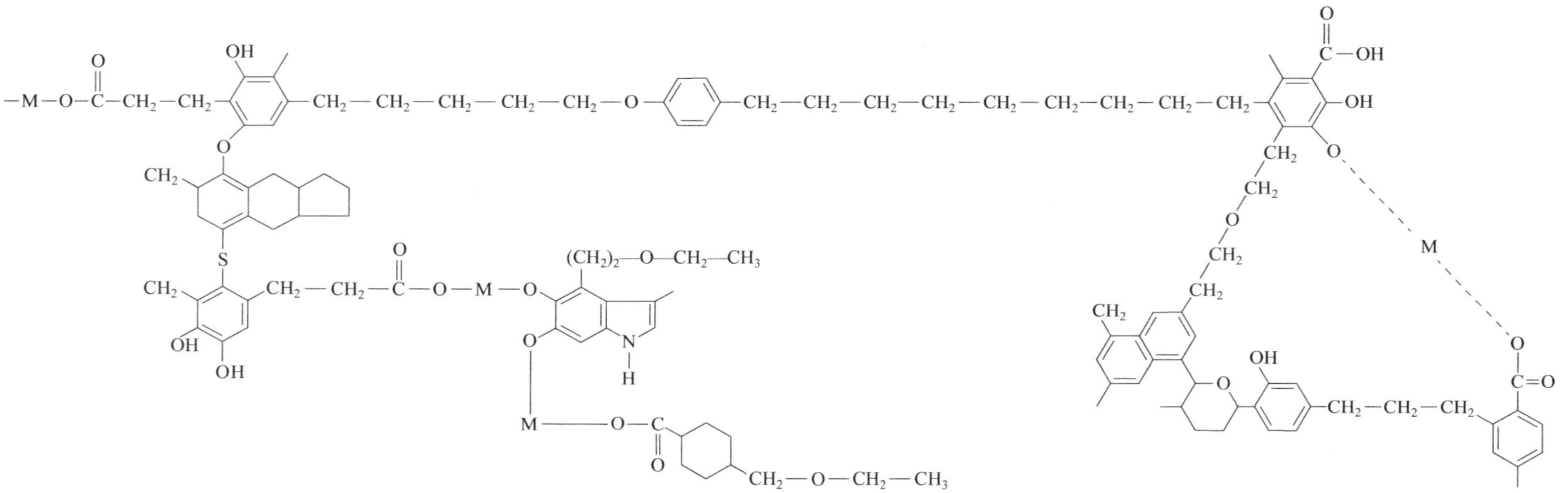

(d) Milliy-Zingaro模型

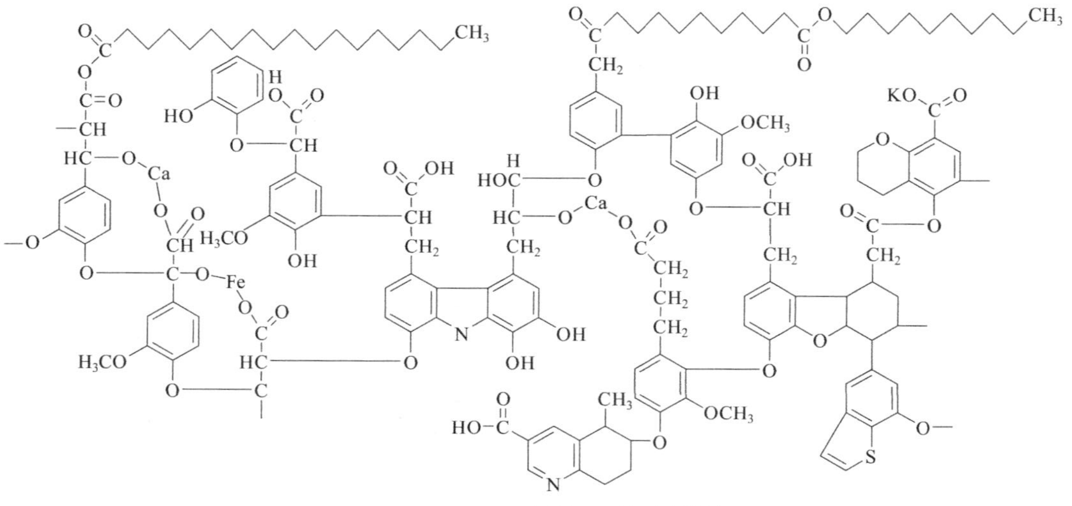

(e) Tromp-Moulijn模型

图 10-4

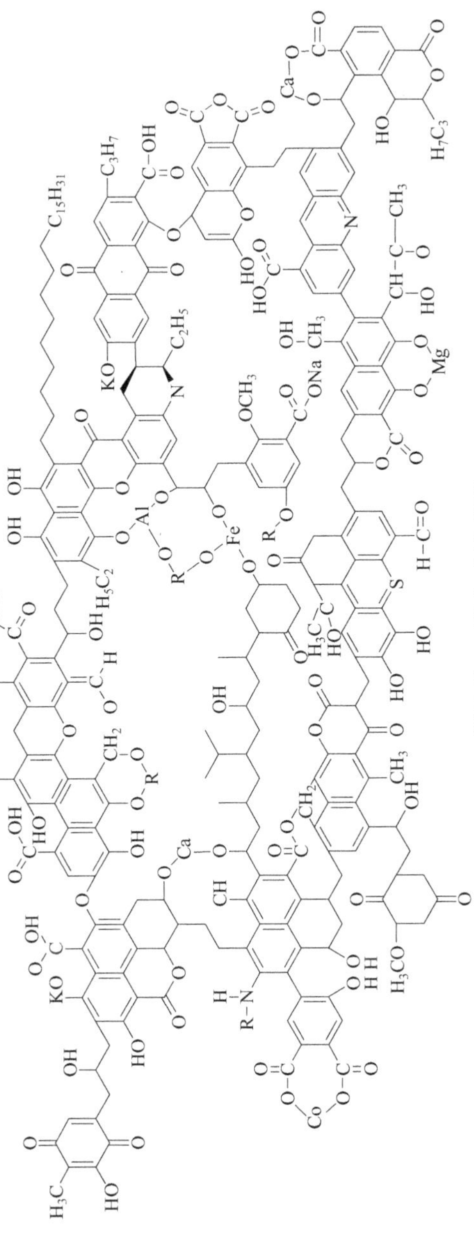

(g)kumagai模型

(f)Huttinger-Michenfelder模型

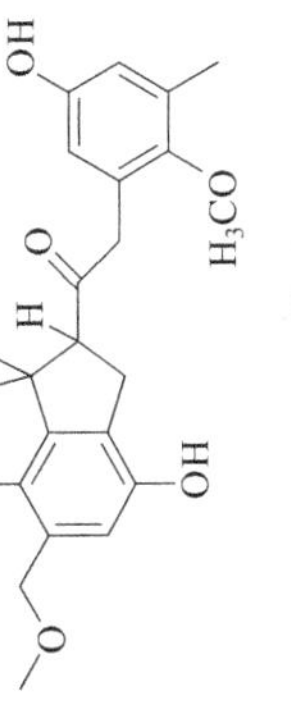

图10-4

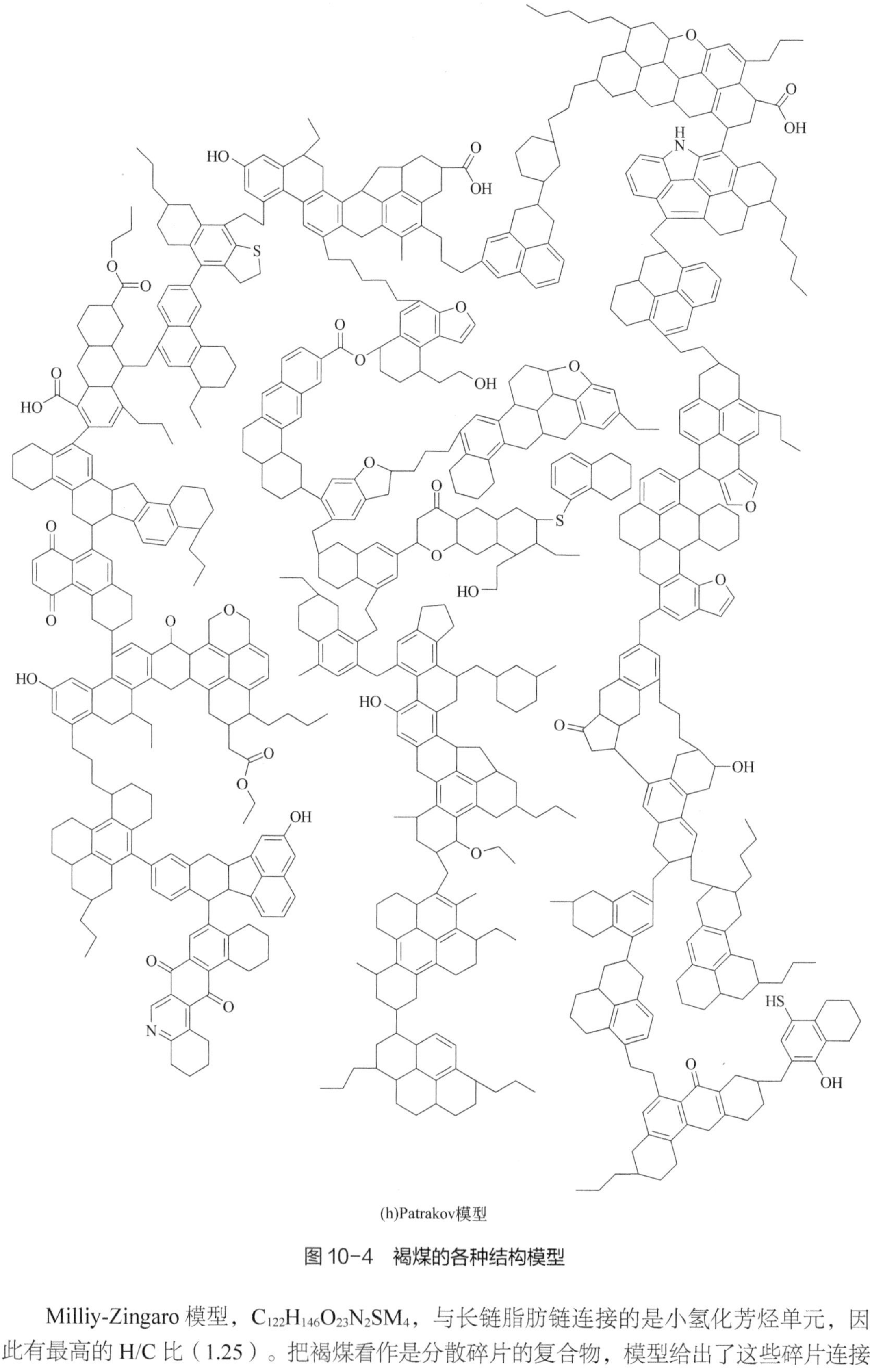

(h)Patrakov模型

图 10-4　褐煤的各种结构模型

Milliy-Zingaro 模型，$C_{122}H_{146}O_{23}N_2SM_4$，与长链脂肪链连接的是小氢化芳烃单元，因此有最高的 H/C 比（1.25）。把褐煤看作是分散碎片的复合物，模型给出了这些碎片连接的方式（通过金属离子，配位桥），基本上是酚和羧酸位的桥接。

为了解褐煤的热解行为，1987 年提出 Tromp-Moulijn 模型，$C_{161}H_{185}O_{48}N_2SM_4$，含甲氧基和 / 或羟基取代的孤立芳烃环（$C_6$）和 C_3 脂肪侧链（C_6 ～ C_3 单元，这是木质素的特征构建块）。该模型包含多种连接：酯 - 脂肪侧链，在羧酸位上的单、多价阳离子（M）交换，杂环芳烃连接，这与来自木质素的知识是一样的。

Huttinger-Michenfelder 模型，$C_{270}H_{240}O_{90}N_3S_3M_{10}$，含缩聚程度不同的脂肪链和氢化芳烃环系统，交换阳离子对褐煤结构整体性具有重要意义。在该模型提出前没有涉及煤的三维结构，对此作者叙述“为探索三维结构，建了一个空间充满模型（只是可能的，没有任何立体障碍问题）。该模型显示令人满意的空间充满，特别是对结构扩展延伸到三维”。由于该模型是单一整体，没有潜在的交联位置，因此遗留的问题是在若干单元间是如何实现连接的。

Huttinger 在其建立的模型中提出木头组分褐煤，因此褐煤与其前身物木质素间有强的关联，借助于 Adler 的木质素模型，以此作为基础进行发展，提出了木质素→褐煤（褐煤 B）→褐煤 A →次烟煤的一组褐煤模型（与固态 ^{1}H NMR 数据一致）和模型中考虑了观察到的相对直接化学反应的褐煤模型。整个“化石木头”模型的发展清楚地保留了 C_6 ～ C_3 基块。由此还产生出一些三维褐煤结构模型。

到 20 世纪 90 年代中期，煤科学家借助计算化学的发展成果，真正以三维（3D）内容和角度来了解煤的行为，给出了基于单元结构 $C_{21}H_{20}O_7$ 的一个足够长的四聚物加一个五聚物周期性结构池三维（总分子量 3464 原子单位）模型。而基于元素分析和 ^{13}C NMR 数据的二维结构示于图 10-4（g），即 Kumagai 模型。从并合官能团、缩聚氢化芳烃环体系、杂原子、阳离子等角度看，该模型过于简单，因此认为是失败的。但它在两方面取得了进展：首先在模型中并合了水（褐煤的含水量一般是很高的），其次能够计算结构的相对能量，在累加后达到最小值，对结构进行了几何优化，因此可以与三维模型进行定量比较。在此基础上，利用实验数据修正结构单元使之能够计算煤的密度和利用文献结构数据构建出可以简单添加无机金属阳离子和水的煤结构模型，所以是能够解释一些实验事实的。

10.2.2 次烟煤结构模型

次烟煤模型和无烟煤模型一样，其数量是很少的，远低于丰富的烟煤模型。基于对烟煤模型已经有很好的了解，Shinn 使用类似处理，在 1996 年提出了次煤模型［图 10-5（a）］。大多数由有限数目氢化芳烃结构的小环结构（<4）构成，有很多交联，在两大分子内有多个氧官能团。他对计算进展是如何影响煤分子模型做了表述：分子结构连接性的计算、3D 能量最小的结构、用量子力学方法预测反应路径、较大分子的详细并合和 Monte Carlo 结构处理显示多潜在结构。实现这些计算可能要数十年。因此从预测角度看煤模型进展最小。

Nomura 建立起大小可变“结构单元”的次烟煤模型（522 个碳原子）［图 10-5（b）］。从改进的煤取样、明显煤化木头以及应用固体 ^{13}C NMR 和闪蒸热解 GCMS 对煤化程度进行仔细评价以捕集次烟煤可能的结构，在这些基础上提出了有适当煤化转化且捕获了木质素结构的次烟煤模型［图 10-5（c）］。对不同煤化程度的煤，提出了包含所有结构的煤结构模型，希望它能够使用于评价发电应用中污染物的排放，因为次烟煤在世界上的储量是非常大的且多使用于发电。

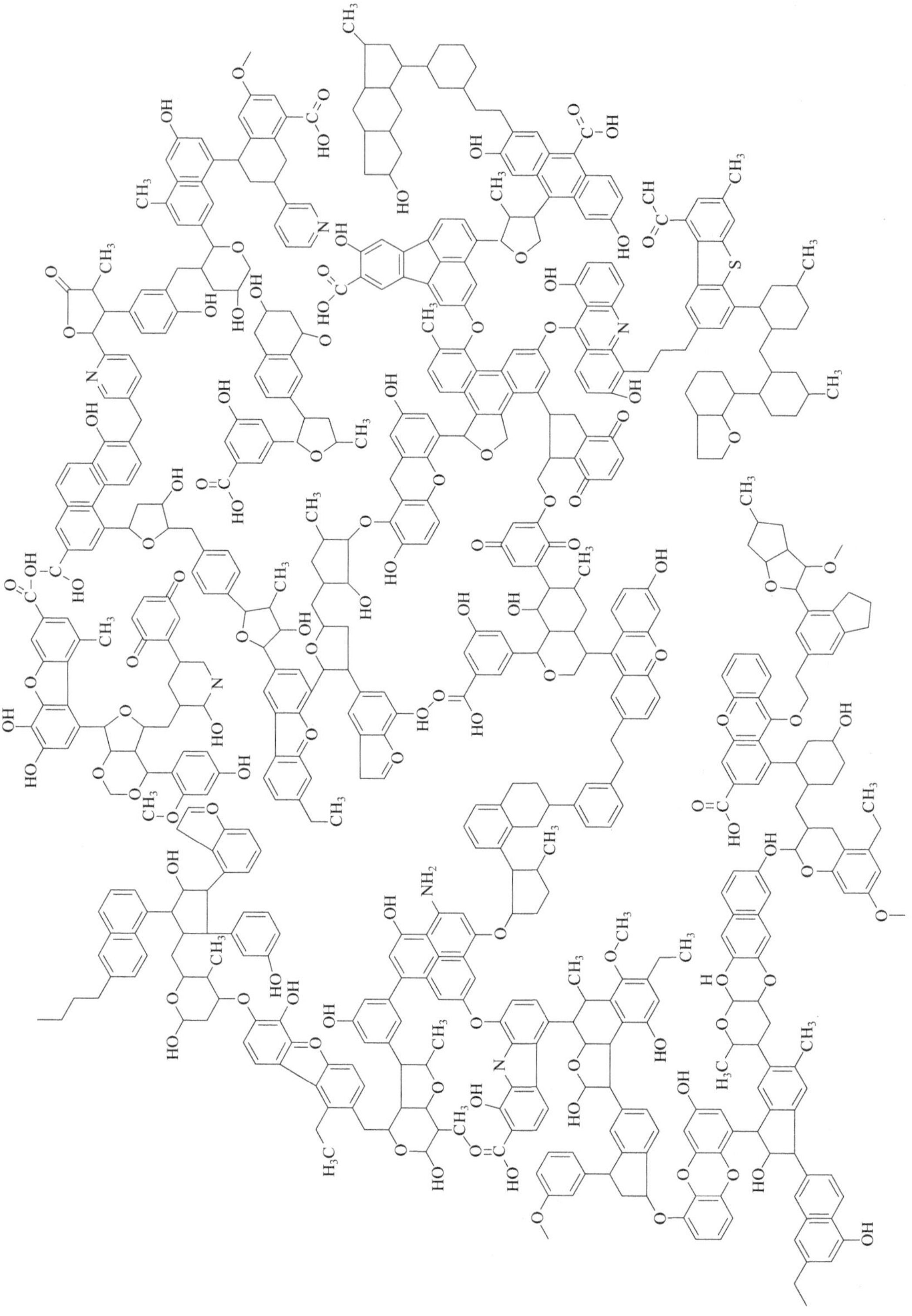

(a)Shinn模型

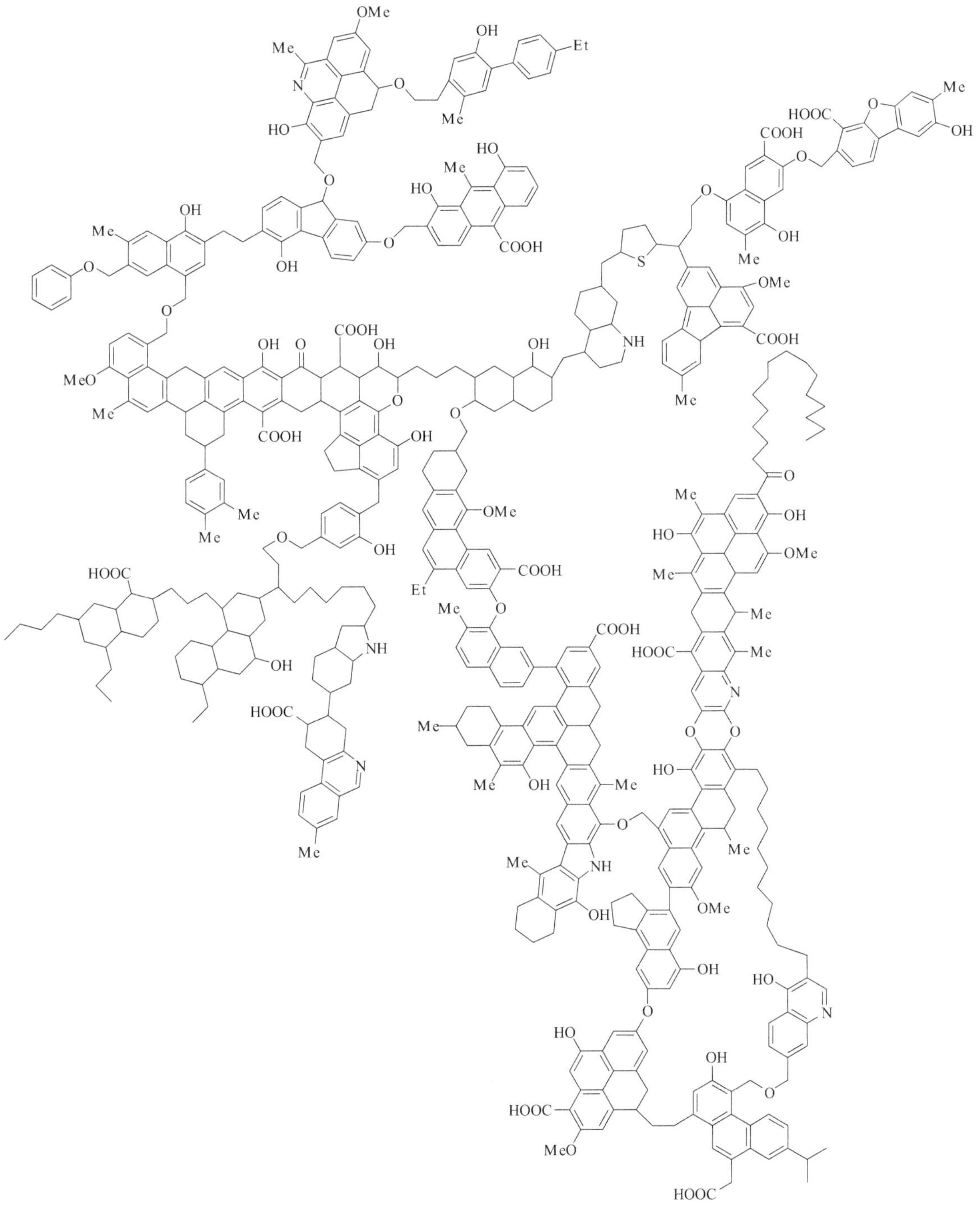

(b)Nomura模型

图10-5

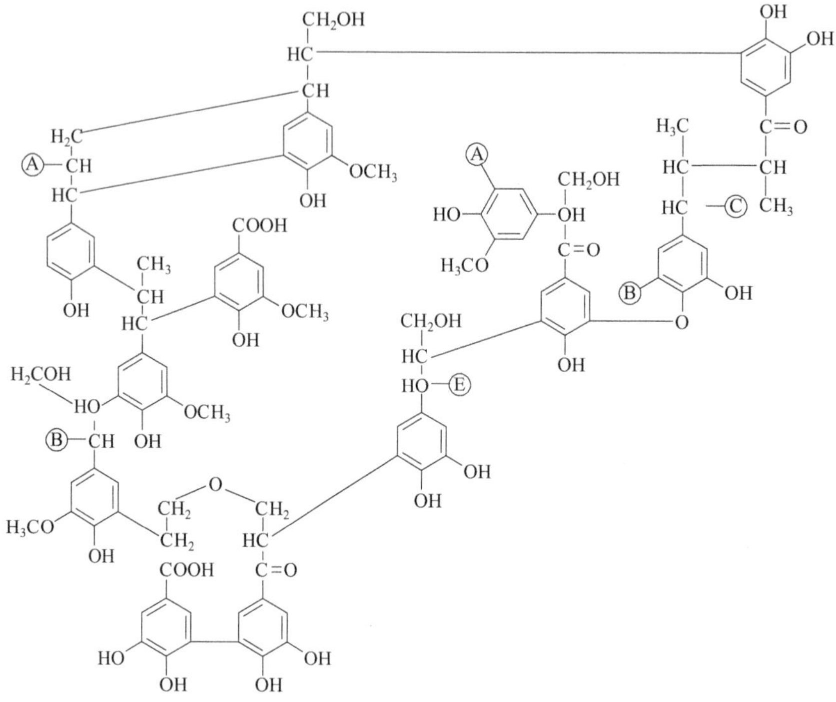

(c)Hatcher模型

图 10-5　次烟煤的各种结构模型

10.2.3 烟煤结构模型

在煤结构模型中，烟煤是表述最多的煤阶煤。第一个烟煤模型也是第一个煤模型，Fuchs 模型，初看起来接近于无烟煤或焦炭的模型。43 个组合环实际上仅含有三个分离岛（由氢化芳烃、环戊烷醚和二苯基酮氧化物循环连接）中的 24 个共轭芳烃系统。该模型用于说明热解行为，与烟煤的工业分析和元素分析结果兼容，与基团测量结果、氧化、还原和热分解实践经验也兼容。有意思的是，模型（84.3%C）用 2D 绘图以 3D 空间表述［图 10-6（a）］，被利用于实例过程，这在 1942 年是印象深刻的壮举！几个结构特征，如二苯基酮氧化物（后来出现）常常在低阶结构中出现。

Hirch 在 1954 年提出了有“开放”“液体”和“蒽”结构 3D 性质的模型（虽然不是分子水平表述），跨过煤阶范围表述苯并芘（5 环）、晕苯（六苯并苯，7 环）和 80%、89%、94% 碳的煤芳烃层间直径的 30 环结构的共轭芳烃结构，这是一个有影响的工作，其依据是有重要影响的 X 射线数据。

有巨大影响的 Given 模型首先刊登在 *Nature* 上（1959 年），后又刊登在 *Fuel* 上（1960 年）［图 10-6（b）］。由于氢化芳烃的连接，在 1961 年做了调整，把氢化芳烃结构的定向从二氢 -9, 10 蒽移到二氢 -9, 10- 苯基蒽型结构。另一个 1962 年提出的类似独特模型在 1964 年给出了改进型［图 10-6（c）］。众所周知的 Given 模型和提出的结构，在今天我们仍然能够在许多模型中发现，于是煤中分子显然由多个相当小芳烃系统构成，例如1～3稠环被脂肪基团高度取代，它们主要用于把有序区域连接在一起，且大多数并不在甲基基团上终止。表述的结构是20环芳烃、氢化环（hydrocylic）、带4环下属的高度线形结构、加三维结构到另外邻近平面的分子上。

1960年的Cartz-Hirsh模型［图10-6（e）］，基于延伸X射线衍射分析数据提出含84.0%碳的2D氢化芳烃模型，模型中出现的立体隐蔽用离开平面键的2D绘图表示。其结构是捕集五元和氢化芳烃结构的13环组合。对高阶煤样，包含在酚基结构中的官能团是简单的。Ladner提出馏分模型以说明叔碳组分在NMR测量中的贡献，它把甲烯基连接增加到氢化芳烃环组分中。对Given模型进行修正的较大Landner结构模型示于图10-6（f）中。

Hill和Lyon提出的模型是针对高挥发分烟煤的，其大小和结构发散性显著增加，总分子量约10000个原子单位，比先前的模型大5倍［图10-6（h）］。环的大小从苯改变到二苯基卵苯结构。氧官能团包含在羧酸、苯酚、芳基-O交联、脂肪醚、呋喃类似物和酮同系物中。用现代分析工具检测，其中许多官能团已不在这个煤阶煤中出现，但它们能够指出煤复杂性增加的现实和已经移开了聚合物结构。结构中也存在含N和S官能团：吡啶、吡咯、噻吩、硫醇、胺、苯胺和它们的同系物。

Given建立了“光亮”（bright）烟煤（镜煤）模型，是公认的一个先驱模型，建立在“化学键绑在一起的”上，虽然已经有一些稍有变化的模型变种。被很好引证的其他经典模型还有Solomon模型［图10-6（g）］、Wiser模型［图10-6（i）］和Shinn模型［图10-6（j）］。这些模型与第一个计算煤结构模型是有区别的。尽管已经出现使用van de Wall球（空间充满模型）结构的真实“3D”模型（Given、Wiser、Solomon和Wender），但仍然只是煤原始分子的表述（Fushs等）。还有很多有参考价值的其他烟煤模型，这里就不再一一介绍了。

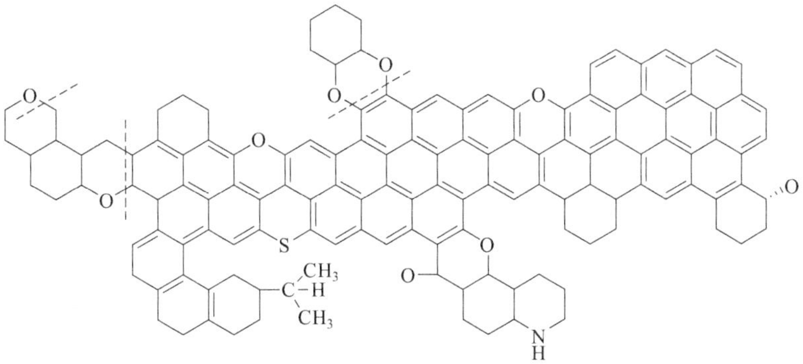

(a) Fuchs-Sandoff模型

图10-6

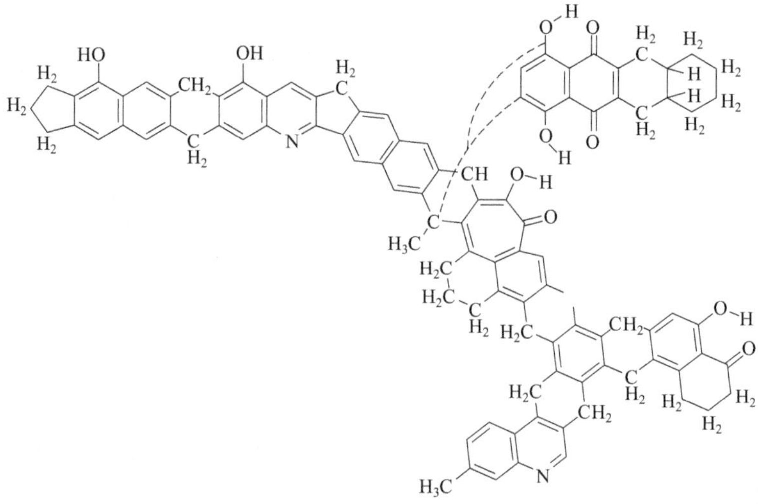

(b) Given模型

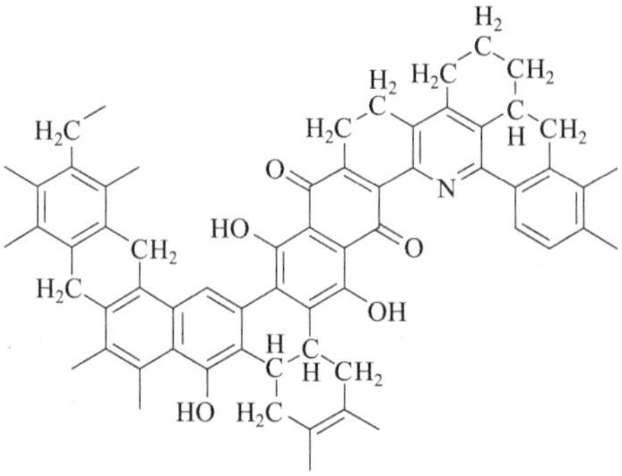

(c) Given模型

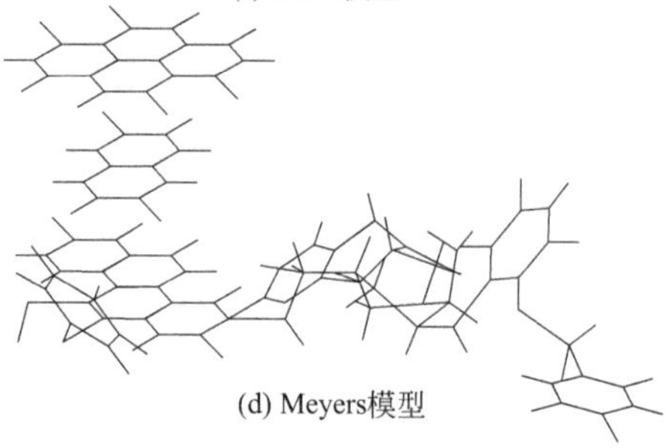

(d) Meyers模型

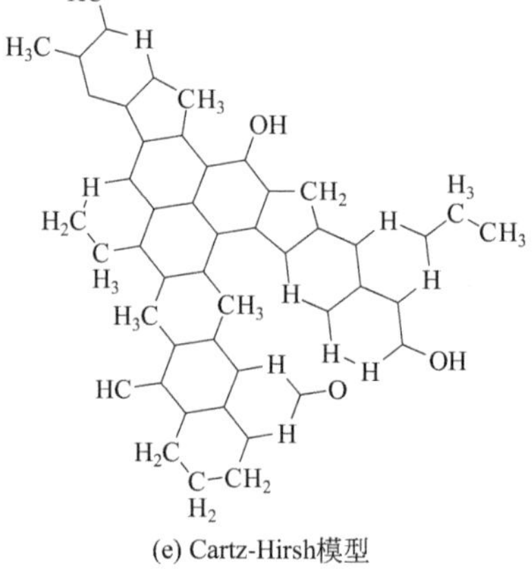

(e) Cartz-Hirsh模型

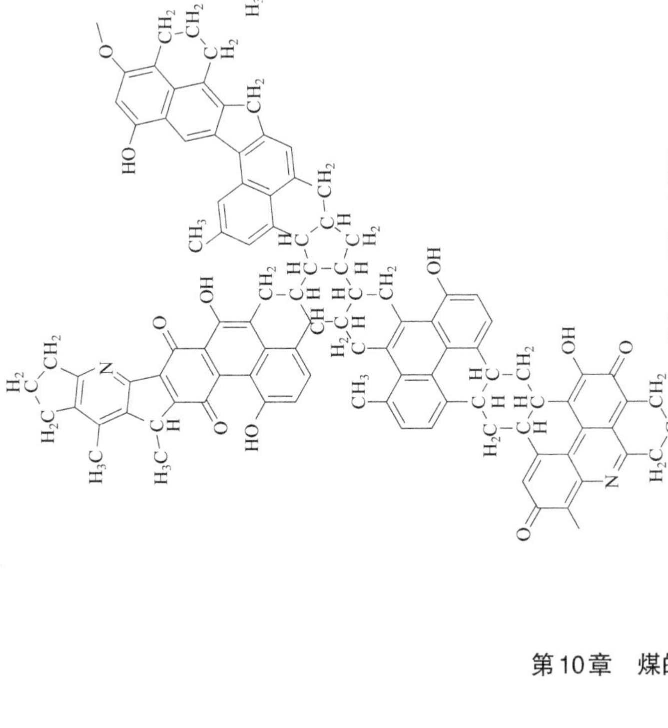

(f) Ladner(Gibson) 模型

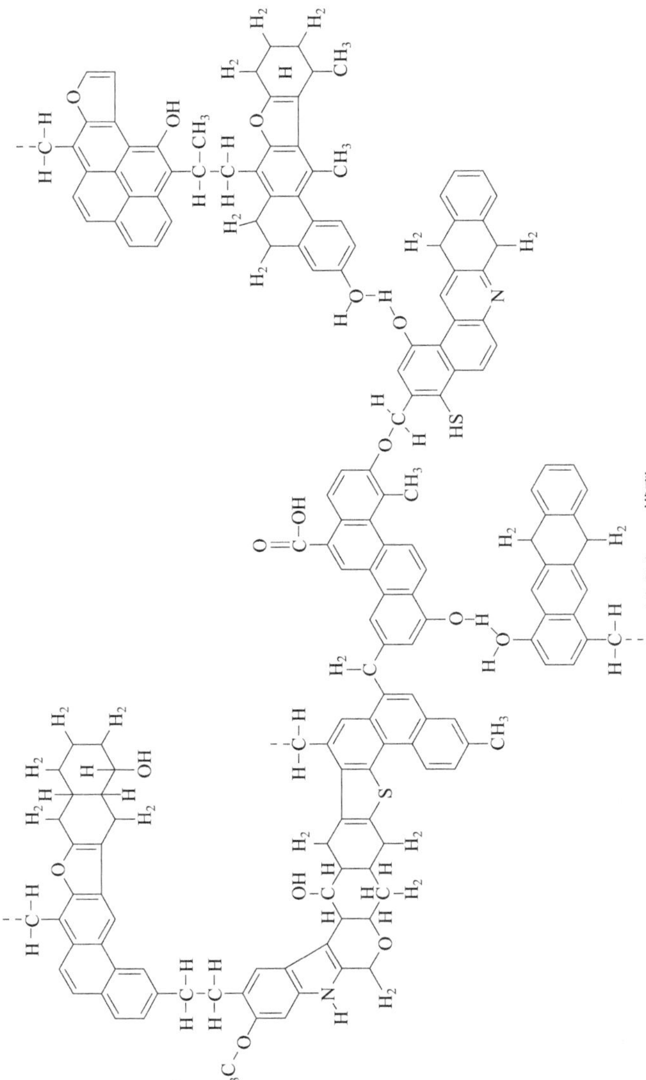

(g) Solomon模型

图10-6

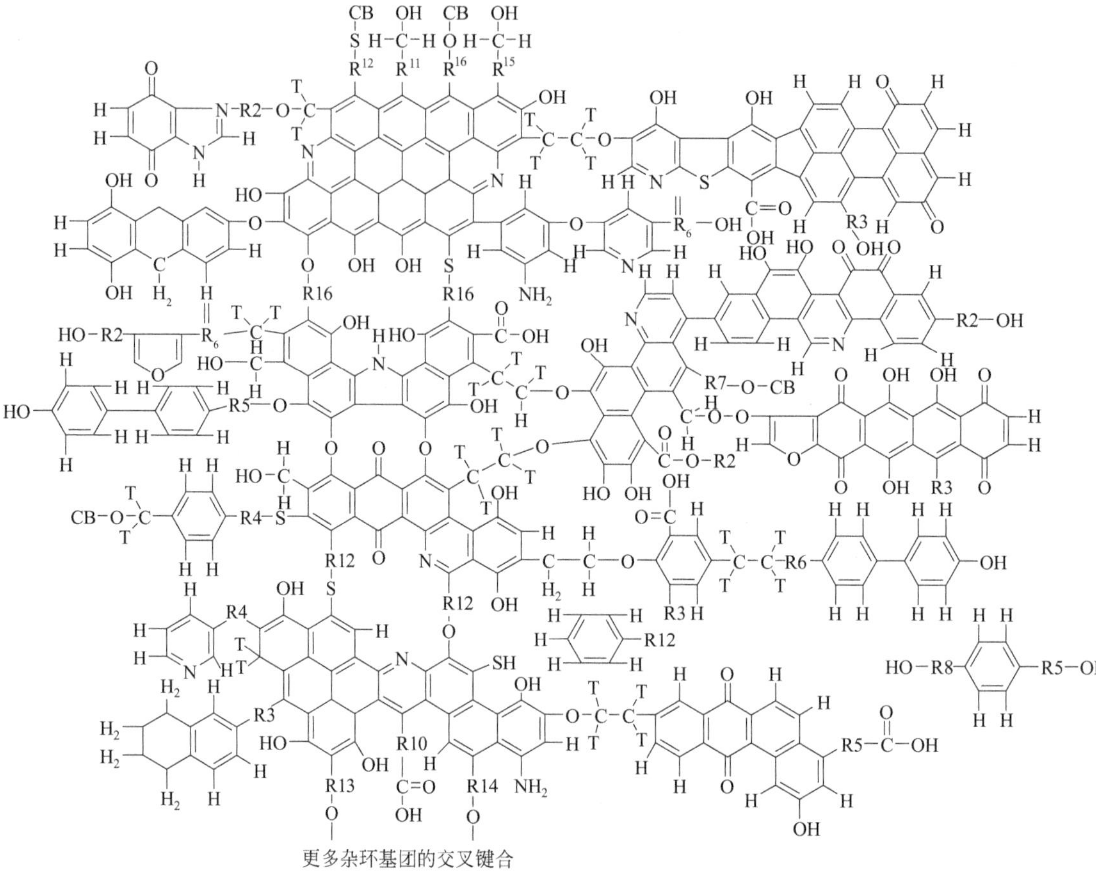

更多杂环基团的交叉键合

(h) Hill-Lyon模型

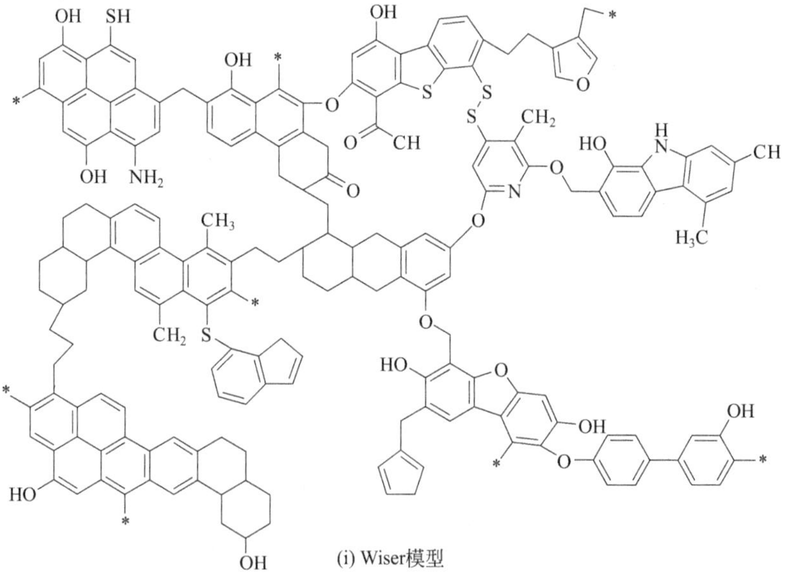

(i) Wiser模型

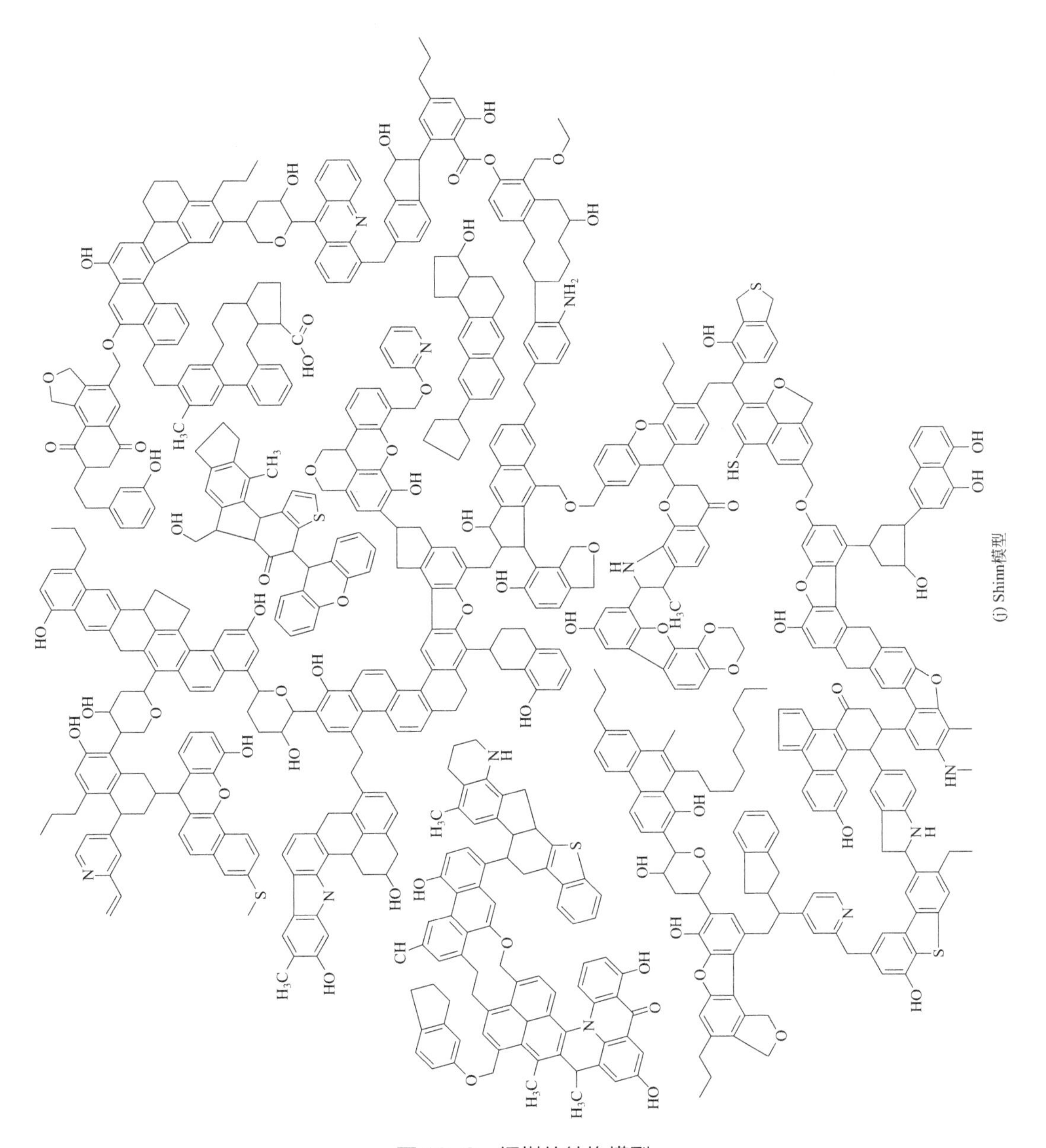

图 10-6　烟煤的结构模型

借助于计算机和计算技术的帮助，基于一些煤化学可利用的数据和基团分子原子的空间充满，已经绘制出彩色3D烟煤结构模型，如图10-7中所示。其中图10-7(a)～图10-7(f)是利用Spiro空间充满表述的，是从不同的角度对Wiser模型、Given模型、Solomon模型的表述。图中其他部分是利用能量方法和原理对烟煤结构的表述，如自由港模型、富惰性组模型和富镜质组模型。

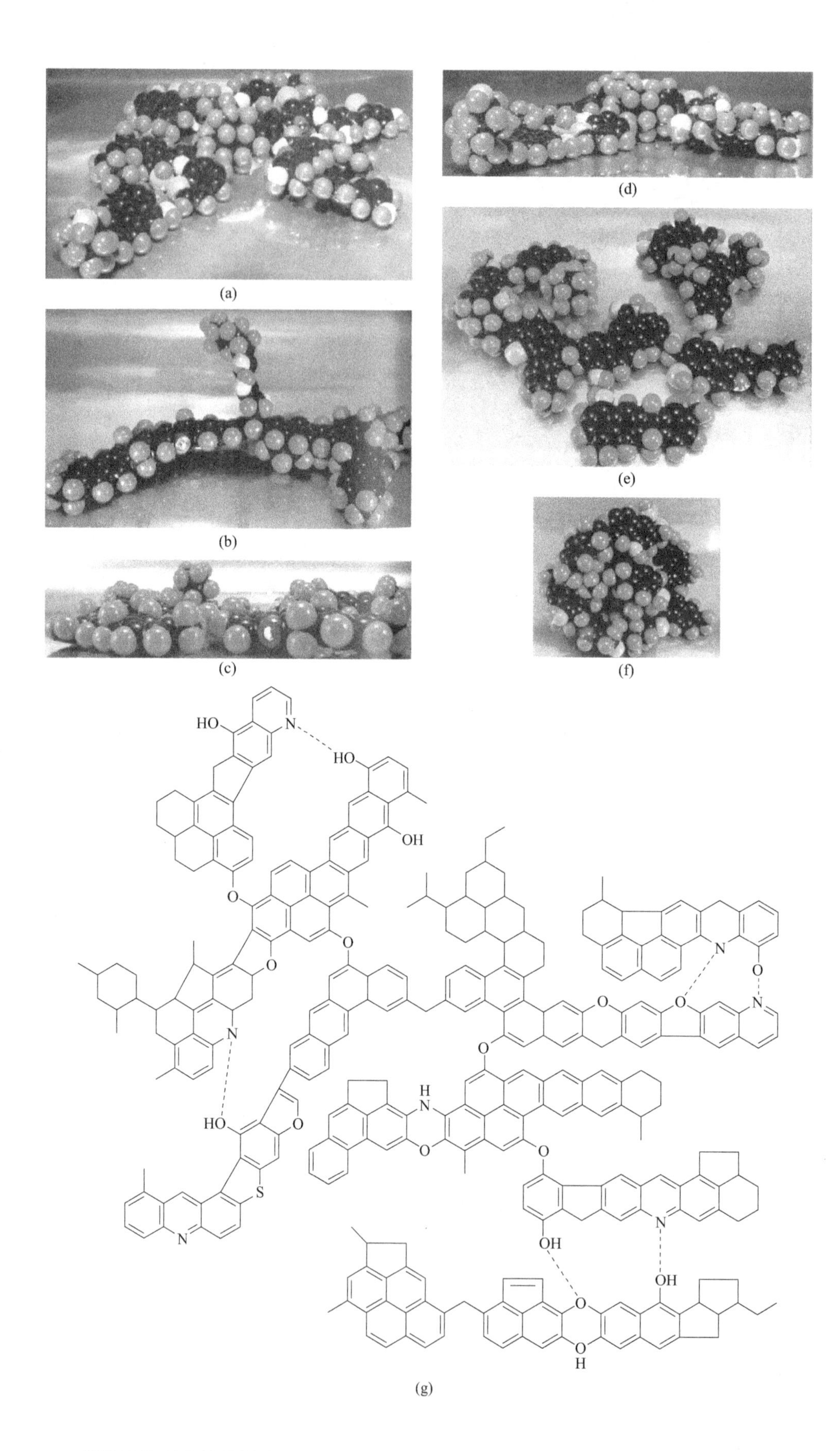
(a)
(b)
(c)
(d)
(e)
(f)
(g)

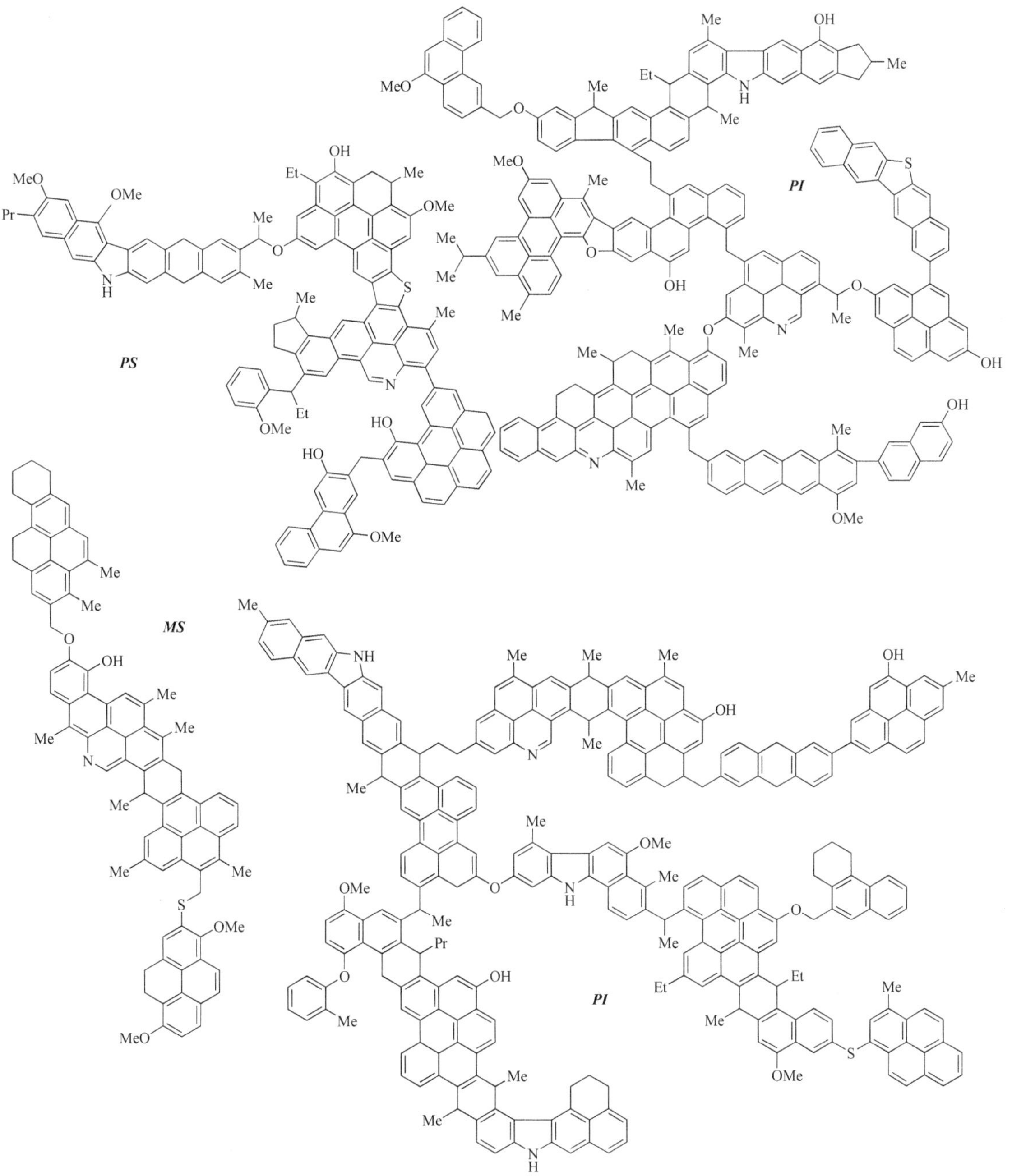

PI

PS

MS

PI

(h)

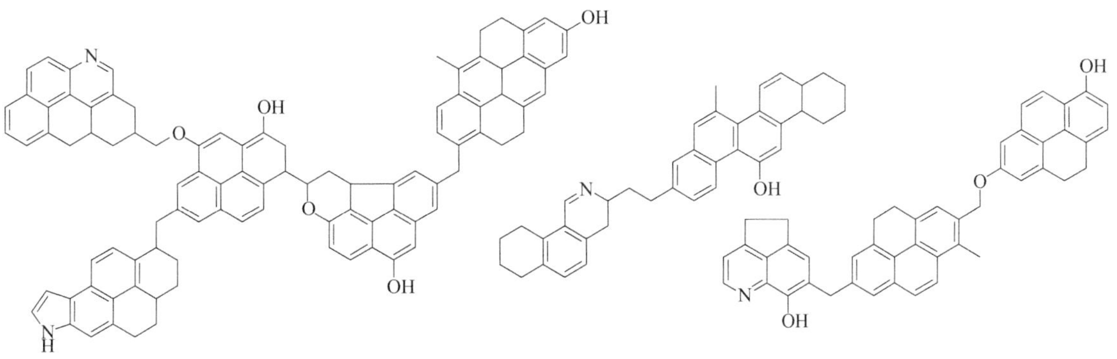

图10-7

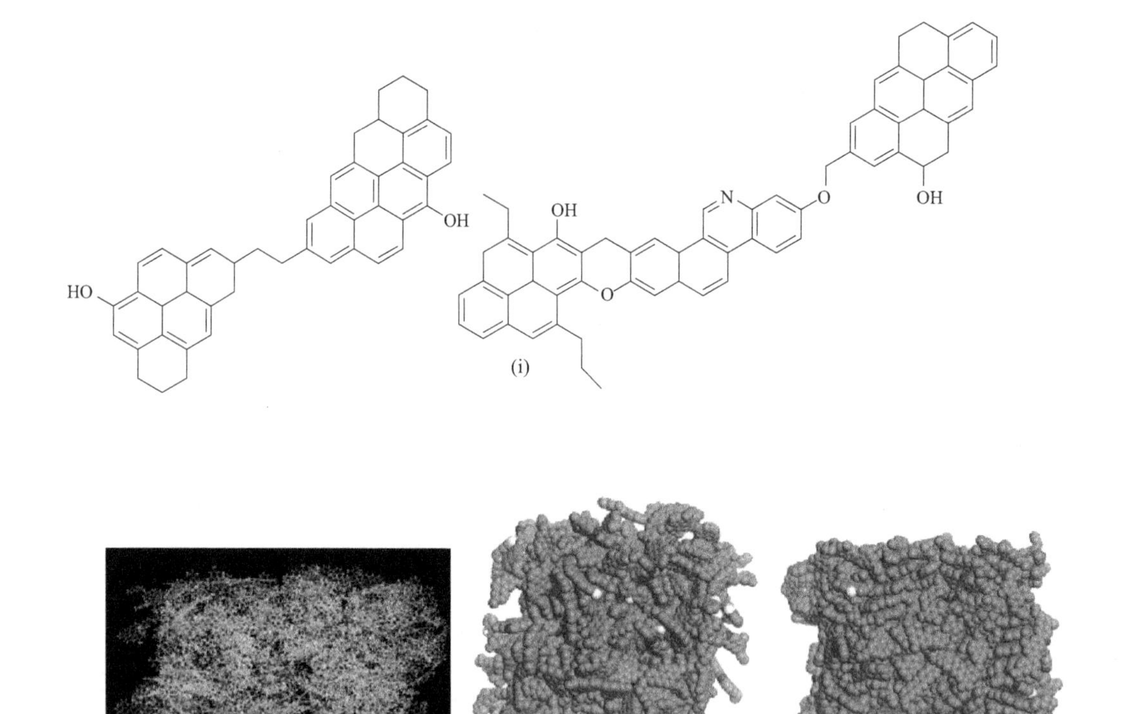

图 10-7 烟煤分子继续表述

（a）～（f）Spiro 空间充满表述：（a）Wiser 模型，（b）Given 模型，（c）Solomon 模型，（d）Wiser 模型，（e）Solomon 模型，（f）Solomon 全球构型；（g）Lazarov-Marinov 模型，（h）Zao 模型，（i）自由港模型，（j）Narkiewicz-Mathews 模型；（k），（l）富多相组模型和富镜质组模型

10.2.4 无烟煤结构模型

无烟煤模型像次烟煤模型一样要比烟煤模型少很多。虽然模型数目有限，在本质上它们都能够捕集无烟煤的特征：在芳环数目增加上是巨大的，但是，影响深远的 Hirsch X 射线散射工作给出了新的著名煤阶实用表述（开放、液体和无烟煤结构），以及 Wender 的“参考框架”表述［相关结构示于图 10-8（a）和（b）］。Spiro 和 Kosky 模型是 2D 的［图 10-8（c）］，类似于低和中等煤阶（烟煤）模型的空间充满模型。Tromphe Moulijn 提出了半无烟煤模型［图 10-8（d）］。但与这里表述的许多模型一样，其结构不能够使用 Shinn 模型的扩展来说明。Vishyakov 等从甲烷模拟创生出无烟煤模型，但其详细结构是模糊的。该模型的两个碎片示于图 10-8（e）中，通常能够构造（或创建）出多个模型，它们都能够捕集无烟煤堆砌和大芳烃片特征，也能够捕集较少的煤发散素质结构、较少氧和较少氢的高芳烃富碳结构。其中的一个是 Jeddo 模型，它的产生利用了激光脱附离子质谱和 X 射线散射的数据，并借助于 SIGNATURE 和 POR 软件了进行结构和物理性质评价。令人兴奋的是，这个结构模型与期望的石墨片线形形式不同，片是弯曲的，邻近片具有的特征也是弯曲的（由于非键合相互作用）。

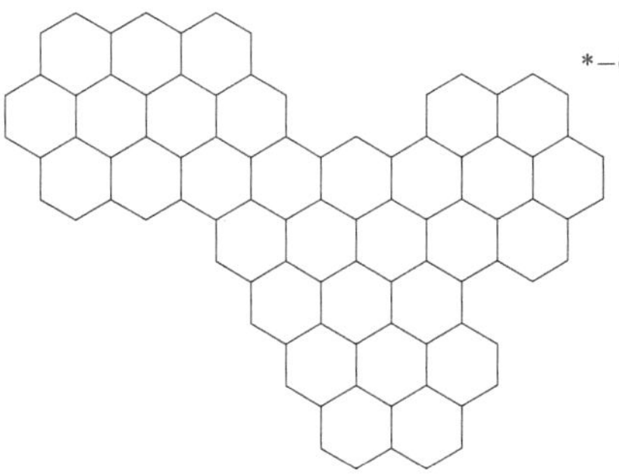

*—O
O—*
(a) Wender 模型 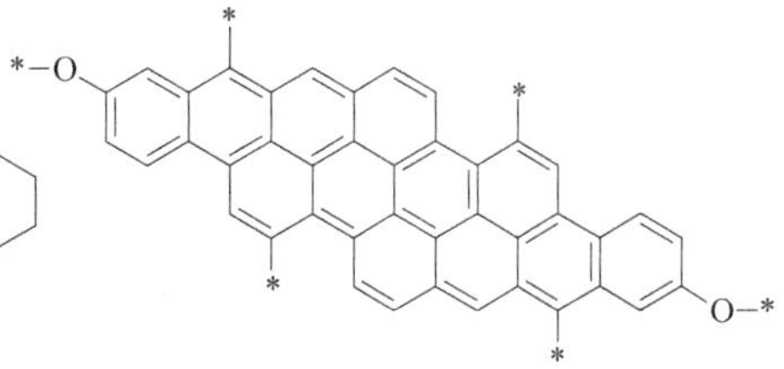 (b) Wender 模型

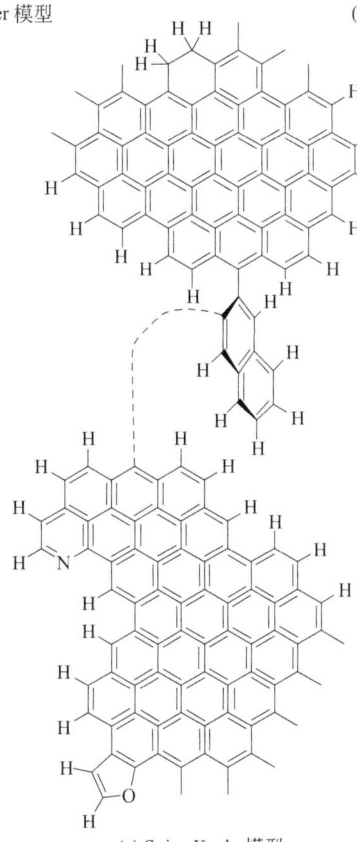

(c) Spiro-Kosky模型

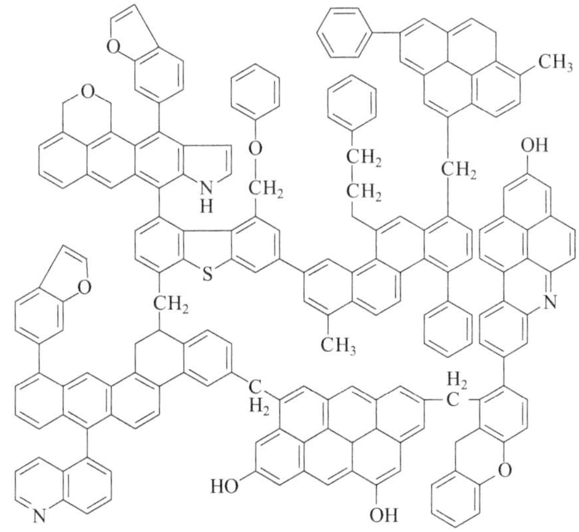

CH_3
OH
CH_2
CH_2
CH_2
NH
H
CH_2
S
N
CH_2
CH_3
H_2
C
H_2
N
HO
OH
O

(d) Tromp-Moulijn 半无烟煤模型

图10-8

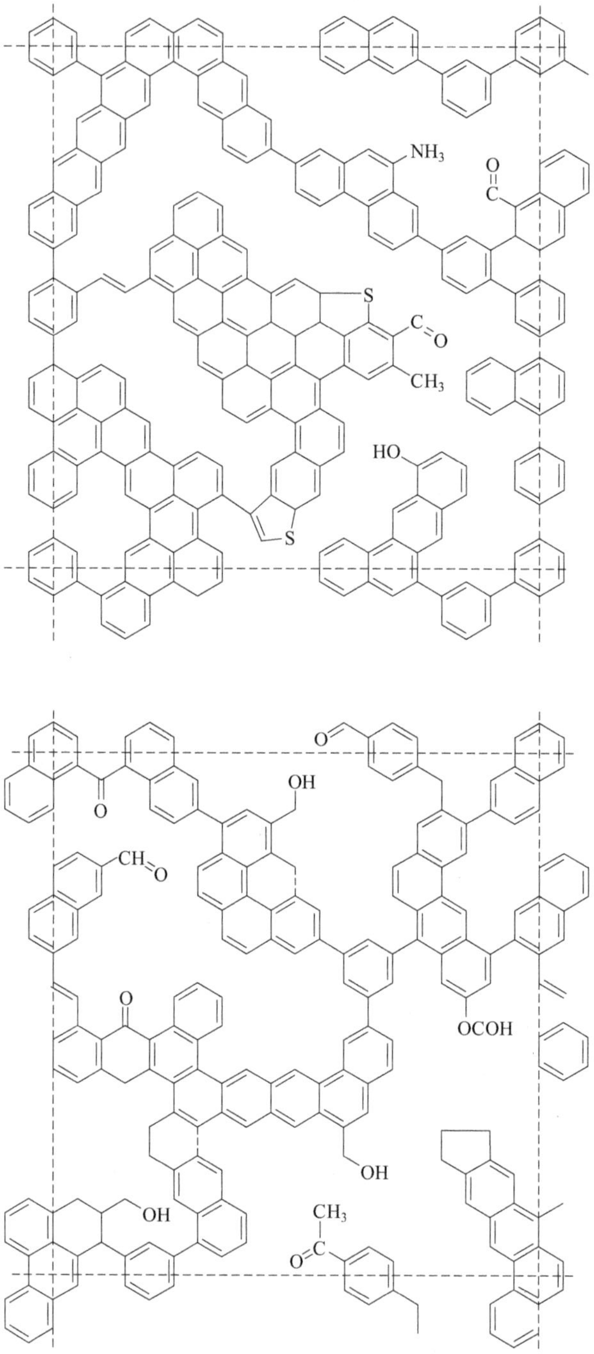

(e) Vishyakov85%和 75%芳碳“无烟煤”碎片

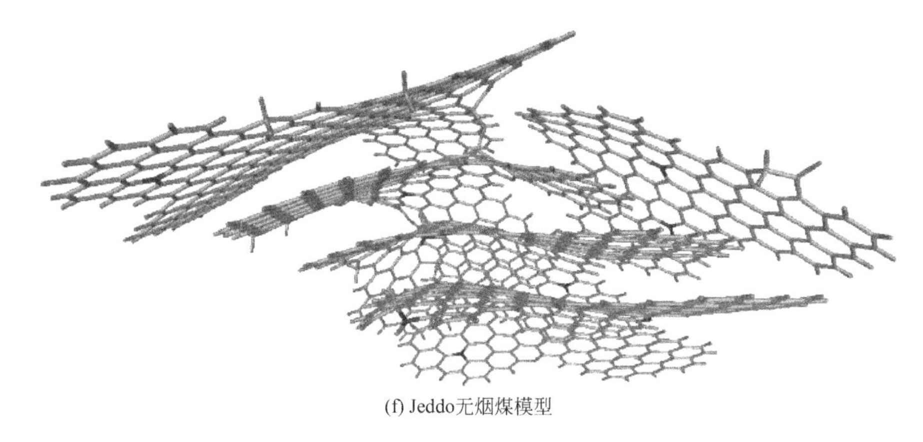

(f) Jeddo无烟煤模型

图 10-8　无烟煤的结构模型

10.3 煤热解过程概述

10.3.1 概述

煤的热解也称为煤的干馏或热分解，是指煤在隔绝空气条件下进行加热，煤在不同温度下会发生一系列复杂的物理变化和化学反应过程。煤热解的结果是生成气体（煤气）、液体（焦油）和固体（半焦或焦炭）等产品，尤其是低阶煤热解，能够获得高产率的焦油和煤气。焦油经加氢可制取汽油、柴油和喷气燃料，不仅可以是石油的代用品，而且还是石油所不能完全替代的化工原料。煤气是使用方便的燃料，可以替代天然气，也可以用于化学品合成。半焦既是优质的无烟固体燃料，也是优质铁合金用焦、气化原料、吸附材料。用热解方法生产洁净或改质燃料，既可减少燃煤造成的环境污染，又能充分利用煤中所含的较高经济价值的化合物，具有保护环境、节约能源和合理利用煤资源的广泛意义。总之，热解能提供市场所需的多种煤基产品，是洁净、高效、综合利用低阶煤资源，提高煤产品附加值的有效途径。各国都开发了具有各自特色的煤炭热解工艺技术。

10.3.2 煤热解过程中的宏观变化

煤炭在隔绝空气条件下受热时，随着煤样被加热和温度的逐渐升高，煤的水分首先析出；当温度达到 300 ～ 400℃时，原来分散的煤颗粒开始形成胶质体，且数量逐渐增多，胶质体随着温度的升高逐渐固化成半焦。在半焦的形成阶段仍有大量的气体逸出，半焦本身逐渐收缩出现裂纹和破碎，直到温度升到 1000℃时成为焦炭。在煤高温热解过程中，煤由分散的煤颗粒转变成块状的焦炭，其内部结构发生了很大的变化。在煤进行高温热解时主要经历两个阶段：300 ～ 500℃之间的黏结过程和 500℃以后的半焦收缩、出现裂纹和破碎的成焦过程，如图 10-9 所示。

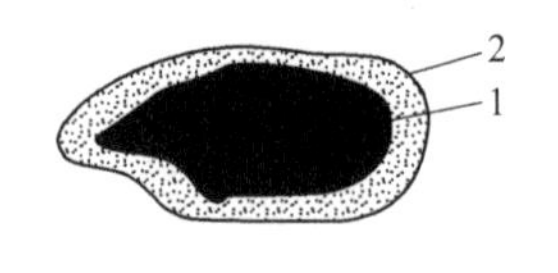

(a) 软化开始阶段

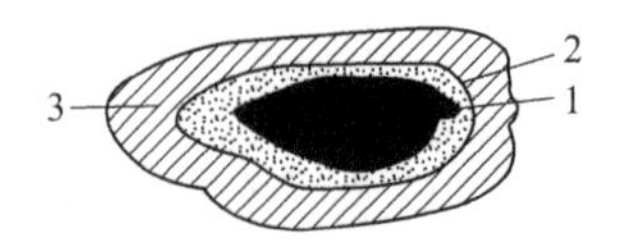

(b) 形成半焦阶段

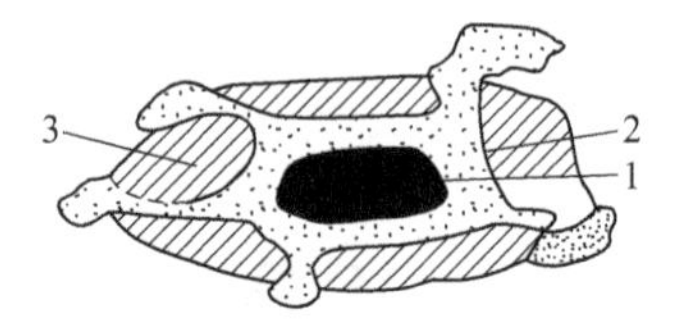

(c) 煤粒强烈膨胀和半焦破裂阶段

图 10-9　煤在热解过程中的转化

1—煤颗粒；2—形成半焦阶段；3—半焦

10.3.3 热解工艺分类

煤热解工艺按照不同的工艺特征有多种分类方法：

① 按所用气氛分：惰性气氛热解（不加催化剂）、加氢热解和催化加氢热解。

② 按热解温度分：低温热解也叫温和热解（500 ～ 650℃）、中温热解（650 ～ 800℃）、高温热解（900 ～ 1000℃）和超高温热解（> 1200℃）。

③ 按加热速度分：慢速热解（3 ～ 5℃ /min）、中速热解（5 ～ 100℃ /s）、快速热解（500 ～ 105℃ /s）和闪裂解（> 106℃ /s）。

④ 按加热方式分：外热式、内热式和内外并热式热解。

⑤ 根据热载体的类型分：固体热载体热解、气体热载体热解和固 - 气热载体热解。

⑥ 根据煤料在反应器内的密集程度分：密相床热解和稀相床热解两类。

⑦ 依固体物料的运行状态分：固定床热解、流化床热解、气流床热解、移动床热解。

⑧ 依反应器内压强分：常压热解和加压热解两类。

煤热解工艺的选择取决于对产品的要求，并综合考虑煤质特点、设备制造、工艺控制技术水平以及最终的经济效益。慢速热解如煤的炼焦过程，其热解目的是获得最大产率的固体产品——焦炭；而中速、快速和闪速热解包括加氢热解的主要目的是获得最大产率的挥发产品——焦油或煤气等化工原料，从而达到通过煤的热解使煤定向转化的目的。

表 10-2 列出了目标产品与一般所采用的相应热解温度、加热速度、加热方式和挥发物的导出及冷却速率等工艺条件。

表10-2　煤热解目标产品与热解条件

目标产品	热解温度 /℃	加热速度	加热方式	挥发物导出及冷却速率
焦油	500 ～ 600	快、中	内，外	快
煤气	700 ～ 800	快、中	内，外	较快
焦炭	900 ～ 1000	慢	外	慢
BTX 等气态烃	750	快	内	快
乙炔等不饱和烃	> 1200	闪裂解	内	较快

10.3.4 煤热解过程中的反应

可以认为，煤热解是分阶段进行的。在初始阶段首先脱掉羟基，然后是某些氢化芳香结构脱氢，甲基断裂和脂环开裂。在热解过程中发生变化的结果，可能是由裂解时生成至少两个自由基而引发的。这些自由基可以攻击周围的分子碎片使周围原子发生重排，或通过与另外的分子相互碰撞，使结构得到稳定。稳定后的结构，视蒸汽挥发性和温度情况，可以作为挥发产品析出，或者作为半焦的结构碎片残留下来。

在低煤化度和中煤化度的煤中含有的相当数量的氢，当热解时理论上有足够的氢使碳原子全部转化为挥发产品。但是煤结构中氢的分布决定了它主要以水的形式（从羟基）或以饱和和不饱和轻质烃（CH_4、C_2H_6、C_2H_4 及其他轻烃类）的形式析出，使煤的基本芳香结构失去了解聚过程所必要的氢。这种内部氢的无效利用，可以解释为什么热解过程必定形成重质焦油和半焦。不从外部引入氢，不可能使芳香结构破裂，而且在很高温度下延长加热时间只能使芳香环进一步脱氢和缩聚。在煤热解过程中，热产生自由基引发的主要二级反应有：

自由基再聚合 $\dot{C}H_2$ + $H_2\dot{C}$ → CH_2CH_2 （10-1）

自由基加成反应 X • + $CH{=}CH_2$ → $\dot{C}HCH_2X$ （10-2）

X = H, CH_3, C_2H_5等。

自由基裂解 $\dot{C}HCH_3$ → $CH{=}CH_2$ + H • （10-3）

此外还发生一些其他反应，如：

直接裂解反应 → + H_2 （10-4）

C_2H_5 → + C_2H_4

缩合反应 + C_4H_8 → + $2H_2$ （10-5）

加氢脱氧反应 OH + H_2 → + H_2O （10-6）

加氢裂解反应 CH_3 + H_2 → + CH_4 （10-7）

脱氢反应 → + $3H_2$ （10-8）

10.3.5 煤热解初级反应

当煤炭受热温度升高到一定程度时，其结构中的一些不稳定化学键开始断裂，主要是煤结构单元周围的侧链、桥接键和官能团等的热解。这些反应是热解过程中最先发生的，这类反应发生于煤结构分子内部，通常称为一次或初级热解。

初级热解反应主要包括如下几种：

（1）桥接键断裂生成自由基

煤结构单元间的桥接键是煤结构中的薄弱环节，受热时很容易断裂形成自由基碎片，紧接着其内部的氢原子发生重排以使自由基稳定，也能够从其他分子碎片夺取氢来稳定自由基，或者进行无序组合使自由基稳定，剩下的是与原煤不尽相同的固体残渣。

（2）脂肪侧链的断裂

煤中存在不少脂肪侧链，它们受热时极易裂解成气态烃类，如甲烷、乙烷和乙烯等。

（3）含氧官能团的断裂

煤炭结构中存在不少结合的氧原子，因为煤结构是通过桥接键连接的芳香环簇组成的，在芳香环簇上包含各种含氧官能团。这些官能团在受热时发生变化，首先是它们脱离芳香环簇而游离出去生成气体和 / 或焦油。对不同官能团，其反应活性是不一样的，生成的气体也是不同的。煤中含氧官能团的热稳定性顺序为：羟基＞羰基＞羧基＞醚基（或酯基）。羟基是最不容易脱除的，当温度达到 700 ～ 800℃以上和有大量氢气存在时羟基能够生成水而脱去。羰基在 400℃左右时开始裂解生成一氧化碳。羧基在温度高于 200℃时即能够分解生成二氧化碳。此外，煤中含氧杂环在 500℃以上时也可能开环分解放出一氧化碳。

（4）低分子量化合物的裂解

煤中脂肪结构中的低分子量化合物在受热时也可以分解生成气态烃类。初级热解的气态产物通常是 CO、H_2、CO_2、H_2O、CH_4 和其他烃类。初级焦被定义为大于 C_6 的产物。

如果煤炭中的无机物质具有催化热解性能，应该会加速煤的热解过程。

10.3.6 煤热解次级反应

初级热解产物在其逸出过程中如果受到更高温度的作用就会继续发生分解反应，这就是二次或次级热解反应。初级焦在较高温度下的热裂解被定义为次级热解，生成更多的轻气体和烟雾状含碳固体。在发生次级热解反应的同时在初级反应中产生的自由基也会进一步稳定化，即自由基与其内部或其他来源的氢反应或进行无须组合的反应。主要的热解次级反应有：①芳构化反应；②直接裂解反应；③加氢反应；④缩合反应；⑤自由基裂解反应；⑥自由基聚合反应；⑦自由基加成反应。如反应方程（10-1）到方程（10-8）所示。

在煤炭的热解过程中，除了桥接化学键的断裂反应外，另一类重要反应是缩聚反应，包括交联反应和缩合反应，分述于下。

10.3.6.1 交联反应

交联过程是指芳香环簇之间形成新的键。交联是高分子化学中的概念，指的是在高分子之间通过在某些点上的化学键合或非化学键合使之相互连接形成二维或三维空间结构的过程。交联后，各个高分子间的相对位置被固定，因此形成的聚合物具有一定的强度、耐热性和抗溶剂性。煤炭结构中存在交联现象是可以肯定的，这能够从煤炭具有相当大机械强度、耐热性和抗溶剂性的事实得到证明。但不同煤阶的煤种，其交联情况是不同的，交联度应该与煤的强度有密切关系。煤炭在热解中的物理性质变化取决于煤炭结构的变化。

煤炭大分子结构的交联程度可以使用交联密度来表征。对煤中的交联，一般认为有两种交联：共价交联和非共价交联。共价交联是指通过共价键形成的交联，而非共价交联是指通过非共价键如氢键和 π-π 键形成的交联。交联密度越低，煤炭大分子结构的开放性越大。

在煤炭热解过程中除了键断裂反应外，交联反应也起到重要作用。能够通过实验很好地跟踪煤炭和半焦在热解过程中的交联反应。跟踪的结果指出，不同煤阶煤的交联反应差异很大。对低煤阶煤，交联反应发生于桥接键断裂以前；而对高阶煤，只有在大多数桥接键断裂后才发生交联反应。交联反应的发生伴随着气体的放出。对低温阶段的交联反应，随煤中含氧量的增加而增加，放出的气体有二氧化碳和水分。低温交联反应还伴随有焦油产量的降低、分子量增加和流动性降低。当煤处于热塑性状态时，交联度的增加伴随着连接在芳香碳上的脂肪碳的离去和脂肪链上亚甲基的离开。交联度随芳香 C-H 键 / 脂肪 C-H 键比的增加而增加，即伴随交联反应的发生，芳香碳结构逐渐变大。NMR 技术测量证实了芳香环数目的增加。

10.3.6.2 缩合反应

煤炭热解的前期以裂解反应为主，后期则以缩聚反应为主。首先进行的缩聚反应是胶质体固化的缩聚反应，其次是半焦到焦炭转化的缩聚反应。缩聚反应的特点是芳香结构脱氢缩聚、芳香层增加。其中可能包括苯、萘、联苯和乙烯等小分子与稠环芳香结构的缩合，也可能包括多环芳香烃键的缩合。在从半焦到焦炭的变化过程中，煤的各项物理指标如密度、反射率、电导率、特征 XRD 衍射峰强度和芳香晶核尺寸等都有变化，但变化幅度不大。在 700℃左右，这些指标发生明显的飞跃，此后随温度升高继续增加，这是缩聚反应继续进行的结果。

10.3.7 煤热解的不同阶段

前已指出，煤的热解是一个复杂的物理化学变化过程。煤炭在惰性气氛下被持续加热至较高温度的时间内，会发生一系列物理变化和化学反应。这个复杂过程通常称为煤的热分解或煤的干馏。煤炭热解也是多种煤炭热化学转化过程中极为重要的中间步骤，而其热解本身也是一个重要的煤炭热化学转化和加工过程。因热解使部分煤炭被气化或液化，能够获得多种煤炭加工产品，如煤气、焦油和炭。虽然热解一般在惰性气氛下进行，但也可以在还原气氛下（如氢气）进行。

煤热解加工工艺与气化和液化工艺比较，具有工艺简单、加工条件温和和投资少的特点。为更好地了解煤炭热化学转化，对不同类型煤炭热解的基础物理化学过程已经进行了很长时间的研究，已经有相当深入的了解。实际上，由于煤的大分子架构中富碳少氢，煤炭的热解过程就是要把煤中的氢富集到液体焦油和气体产品中去，而在残留固体也就是半焦中的碳含量就更高了。

由于煤炭结构的复杂性和热解过程的多样性，有很多种热解过程。按热解的最终（也是最高）温度不同，可以区分为以制取焦油为主要目的的低温热解，终温在 500 ～ 700℃；以生成中热值煤气为主要目的的中温热解，终温在 700 ～ 1000℃；以生产高级冶金焦炭为主要目的的高温热解，终温在 1000 ～ 1200℃；还有超高温热解（＞ 1200℃）。热解的升温速率可以有很大不同：慢速（1K/s）升温；中速（5 ～ 100K/s）升温；快速（500 ～ 10^6K/s）升温和极高速（＞ 10^6K/s）升温的热解。最后两种高温热解属于极端情形，如等离子热解。热解可以在惰性气氛中进行，也可以在氢气氛中进行，可以使用或不使用催化剂。热解可以在固定床、移动床、流化床和气流床反应器中进行。热解所需热量可以由内部产生也可以由外面供应，可以使用固体也可以使用气体或同时由固体和气体供热。热解可以在常压下也可以在加压下进行。

不管选用何种条件进行煤的热解，从固体产物（焦炭）生成角度观察，煤颗粒进行热解的过程一般可以分为两个过程。但如果从气体和液体产物生成的角度观察煤的热解，则存在明显的三个阶段：

10.3.7.1 第一阶段（室温～300℃）

第一阶段也就是脱气干燥阶段（室温～300℃）：在此阶段内煤炭外形没有明显的变化。褐煤在200℃以上发生脱羧反应，接近300℃时开始热解反应。烟煤和无烟煤在这个阶段中一般不发生什么变化，其脱水干燥主要发生在120℃以前，主要是脱除煤炭吸附的和煤炭孔隙中的二氧化碳，甲烷和氮气的脱气反应一般也在200℃以前完成。煤热解生成半焦、焦油以及水、烃类气体和碳氧化合物。一般认为气态烃和碳氧化合物来自煤中的甲氧基和羧基一类的不稳定基团。

10.3.7.2 第二阶段（300～600℃）

第二阶段是活性物质的热化学分解阶段（300～600℃）：在这个阶段中发生的主要反应有煤炭大分子的解聚和分解，煤黏结成半焦，并伴随着一系列的变化。煤在300℃左右开始软化并有煤气和焦油析出。450℃前后产出的焦油量最大，在450～600℃气体的析出是最多的。煤气中的成分除了热解产生的水、二氧化碳和一氧化碳外，主要是气态的烃类，因此煤气的热值较高。烟煤，特别是中等变质程度的烟煤，在这个阶段从软化开始经熔融、流动和膨胀再到固化，发生的是一系列特定的变化。因此，在一定温度范围内会产生气、液、固三相并存的胶质体，在液相中存在液晶或中间相。这类胶质体的数量和质量确定着煤黏结性和成焦性的优劣。在这个阶段中的固体产物是半焦。半焦与原煤相比较，部分物理性质（或指标）的变化是不大的，如芳香层片的平均尺寸、使用氦气测量的密度等。这说明半焦生成过程中缩聚反应进行得不明显。随着温度进一步上升，焦油发生二次反应，生成新的气态烃。参加反应的主要是长链聚亚甲基基团，生成的是较轻的烯烃，主要是 C_2H_4 和 C_3H_6。对于较高阶的煤，这些反应较少。在700℃，烷基芳烃裂解脱烷基生成 CH_4 和芳烃，酚类裂解生成CO和气态烃。

10.3.7.3 第三阶段（600～1000℃）

在第三阶段，第二阶段反应产物进一步裂解，生成乙炔、萘酚、苯乙烯、茚等化合物，最终生成PAH（稠环芳烃）和炭黑。半焦在高温下放出CO和 H_2，发生聚合反应。不管是哪种类型的热解，煤炭热解经历的阶段基本上是类似的。

在这个最后的热缩聚阶段（600～1000℃）中，半焦经热化学转化生成焦炭，发生的主要反应是热缩聚反应。此阶段中析出的焦油量很少，而析出的挥发分主要是煤气，在700℃后煤气中的主要成分是氢气。在此阶段中芳香烃核显著增大，其排列规则化，结构致密化，真密度增加。在半焦转化为焦炭的过程中一方面析出大量煤气，另一方面焦炭的密度不断增加，由于体积不断收缩，也因此产生很多裂纹，形成碎块。

所有煤炭的热解过程都要经历上述几个阶段，如果热解的终温提高到1500℃以上，则固体产品会进一步石墨化，这可以用来制备石墨碳素产品。

应该特别指出，热解是煤炭气化、燃烧和碳化必须经历的初始步骤。因此对其的深入了解是很重要的。

10.4 热解与煤炭热化学转化及其影响因素

10.4.1 概述

煤的热解是煤炭所有热化学转化过程中不可避免的一步。热解过程占煤重量损失的很大一部分，对后续的热转化过程如气化、液化、燃烧和炭化有着极为重要的影响，因为热解反应是煤炭加氢（液化、气化）和氧化（燃烧和气化）反应中的伴随反应。煤炭加工转化几乎都是煤炭的热化学转化，包括煤炭能源能量形式的转化和到化学品的转化。例如，煤燃烧把煤炭的化学能转化为热能，煤气化转化煤炭成合成气形式的化学能，在这些转化过程中都必须经历煤炭热解的步骤。当然，煤热解本身也是使煤转化为气体、液体和另一固体形式的化学能的过程，例如，高温热解形成了生产冶金焦炭的大规模炼焦工业。由于煤热解与煤热化学加工技术的关系极为密切，热解过程的研究对煤热化学加工具有很大的指导意义。

工艺条件对煤热解产物如半焦的孔隙率、表面积和其反应活性有很大影响，因此在炼焦工业中，对原料煤选择、炼焦用煤的扩展、工艺条件的确定和产品质量的提高的研究具有很大的实际和指导意义。同样，对煤炭的其他热化学加工技术，如煤炭气化和液化甚至煤炭的燃烧，这些研究也具有很大的参考指导意义。例如，燃烧过程中烟雾的生成受热解过程产生焦油的影响；热解转化过程的定量描述对控制污染物在燃烧过程中的产生有重要意义。显然，煤热解对提高煤炭利用效率和控制污染物排放起着至关重要的作用，因此受到愈来愈大的重视。正因为热解是煤热化学加工利用的重要预先步骤，因此它是实现煤炭能源资源综合洁净高效利用所必经的过程步骤。热解产物的优化能够提供洁净的气体、液体和固体形式的燃料，并达到提高煤炭利用效率和降低污染物排放的双重目的。

10.4.2 热解的应用

高温热解即炼焦工艺，主要使用于大规模生产优质冶金焦炭。绝大部分炼铁高炉需要使用机械强度很高和含碳量很高的焦炭，它们需要使用特定的原料煤在专用的炼焦炉中生产，而所产高温焦油则是提炼芳烃的优质原料。

低温热解或干馏工艺长期以来被使用于从低级煤炭生产高附加值的煤化工产品 ：半焦、焦油和煤气。低温焦油常用来获取萘和酚类等化学品，特别是 2 ～ 4 环的芳香烃。

在科学理论意义上，热解过程能够被用于了解煤结构以及它与煤组成和反应性间的关系。煤炭热解可以被看成是人工炭化过程，对人们了解煤炭在自然界的形成过程很有帮助。当然该牢固记住，煤炭热解是煤科学和煤炭利用技术极重要的研究和开发对象。煤热解及相应的分析技术，包括非等温方法是探索煤结构以及煤中原子和分子间相互作用的主要工具和方法，被使用于找寻煤结构与其反应性间的关系。因此，对煤炭热解过程进行深入的系统研究非常有利于煤炭资源的合理利用和煤热化学转化新技术的开发以及排放污染物的控制。

煤炭热解过程受多种因素的影响，有外因和内因。外因包括热加工过程的工艺条件如温度、气氛、压力、升温速率等；内因包括煤化程度、煤样粒度、岩相组成、矿物质等。详细了解各种因素对热解过程的影响规律对煤炭热化学加工转化工艺的开发和工艺条件的确定是非常必要的。下面分述之。

10.4.3 煤性质对煤热解过程热化学反应的影响

煤炭通常是不均匀的，其结构很复杂。在煤炭中常包含无机矿物质，它们对煤炭的热解有一定的催化作用。因此，对煤的热解活性和反应性很难有一个非常详细彻底的了解。但是，对煤在不同热解阶段的元素组成、化学特性和物理化学性质变化的分析研究，有助于对煤热解过程的了解和说明。总而言之，煤炭热解过程中发生的化学反应可以分成两大类：热（或催化）裂解和热（或催化）缩聚。在这两大类热解反应中包括的反应主要有：煤中有机质的裂解、产生的自由基之间或与煤中有机质分子间的反应、裂解产生的相对小分子量组分的逸出、裂解残留物的缩聚、挥发组分的分解和化合、缩聚产物的分解和再缩聚等。从煤分子结构看热解过程，可以认为：一方面是煤中热不稳定成分，即煤基本结构单元周围侧链、桥接键和官能团等的持续断裂生成低分子量化合物并挥发逸出；另一方面是煤基本结构单元的缩合芳香核相互缩聚形成含碳量更高的固体产物半焦或焦炭。

10.4.3.1 煤变质程度的影响

对煤化程度不同的煤炭，它们的结构和性质有相当大的差异。这些差异导致它们的热解反应历程有相当的不同。其直接表现是热解产物分布的不同。煤变质程度的影响直接表现为随着煤炭的H/C比、O/C比、固定碳和挥发分的不同，所得热解产物的组成和产率不同。

对国内17种固定碳含量不同的煤样进行热解研究的结果表明，煤热解转化率是煤化程度的函数，随着固定碳含量的增加热解总转化率逐渐降低。除甲烷外，气体产物的变化趋势大体相同。甲烷收率随固定碳含量的增加逐渐增大，碳含量在73%～85%的煤种出现最大值，然后逐渐下降。这可以归因于该部分煤的H/C比较高。不同H/C比煤热解的结果指出，挥发分产率随H/C比增加而增加，而且热解产物也与煤的挥发分和氧含量有关。甲烷收率随含氧量的提高而降低，而一氧化碳、二氧化碳和水的收率则随氧含量的提高而增加，在12%含氧量时达到最大。

在煤炭高温热解生产焦的热解过程中，使用煤的变质程度与其黏结性、结焦性等密切相关，对生产焦炭的性质有很显著的影响。挥发分高的煤侧链长，含氧量高，其受热热解后形成很多热不稳定的低沸点液体产物，而这些产物受热又很快分解成气态产物逸出。如果选用这种煤（如气煤）炼焦，虽然可以获得较多的固态化学产品，但剩余液体不足以把分散的“变形煤颗粒”黏结起来。由于黏结性较差，形成的半焦受热后又进一步缩聚，且发生的温度低，收缩激烈，使生成的焦炭耐磨性差、强度较低。与此不同的是，对挥发分产率较低、侧链和官能团较少、含氧量低的煤种（如瘦煤、贫瘦煤），如被选用作炼焦原料煤，在热解时生成的化学品少，能够形成沸点较高的液体，但产物数量不多，不足以将分散的“变形煤颗粒”黏结起来，由于收缩不激烈，所以形成的是耐磨性差而块度大的焦炭。当选用挥发分产率中等、侧链和官能团较多、含氧量较少的煤种（如肥煤或焦煤，这是介于气煤、1/3 焦煤和瘦煤之间的煤炭）来炼焦时，热解期间受热分解能够生成较多的液体产物，很容易把“变形煤颗粒”黏结起来（肥煤要比焦煤黏结的好），在收缩时肥煤收缩激烈，而焦煤比较缓，但最终的收缩率低。因此肥煤可以练出耐磨性好的焦炭，而焦煤可以练出耐磨性好且强度也高的焦炭。

上述分析说明，如果是为了获取大量化学产品，则应选用挥发分产率高的煤种进行热解，如气煤；而为了获得耐磨性好的焦炭应选用肥煤炼焦；为制取块度大的焦炭应选择贫瘦肥煤来炼焦。焦煤能够单独炼出优质冶金焦炭，但我国焦煤资源有限且宝贵。因此，从我国煤炭资源情况，以有较多气煤、1/3 焦煤的资源特点出发，应该采用合理配煤和其他措施，尽可能多用高挥发分烟煤。

10.4.3.2 煤岩相组成的影响

煤的化学、物理和工艺性质不仅取决于煤的变质程度，而且也与煤的岩相组成密切相关。在煤热化学转化过程中，煤岩相组成性质常常会发生变化。煤岩相组成和组分本身并不是一类化学均匀的物质，甚至对同一煤阶的煤也是不均匀的。

不同煤岩相组分具有不同的黏结性，按黏结性好坏可将煤岩组分分成四组：镜质组、半镜质组、稳定组、丝质组和半丝质组。其中镜质组形成的胶质体黏结性要比稳定组好，因为稳定组形成的胶质体热稳定性差，易分解，因此其胶质也比镜质组差。丝质组不产生胶质体，是一种惰性组分。当煤炭受热变成胶质体时，丝炭会吸收一定数量的液体产物，导致煤的黏结性变弱。半镜质组的黏结性介于镜质组与半丝质组之间。所以，煤的可熔组分是镜质组 + 稳定组 +1/3 半镜质组；而煤的不熔（惰性）组分是丝质组（包括半丝质组）+2/3 半镜质组 + 矿物组。煤中的“可熔组分”与“不熔组分”之比越高，所得焦炭质量越好。

煤由不同煤岩成分组成，而不同煤岩成分的性质是不同的。在破碎煤块时，镜煤等易溶组分是容易破碎的，而不熔组分则是不容易破碎的。在正常生产条件下，黏结性好的镜煤等多集中于小颗粒煤炭中，而黏结性不好的不熔组分多集中于大颗粒煤炭中。如果根据煤岩成分性质进行选择性破碎，黏结性好的镜煤不需要过细粉碎，而对黏结性差的不熔组分需要进行细碎以使其均匀分散，提高煤炭粉料的堆密度。这样做可以使可溶组分不瘦化，又能够消除不熔组分的大颗粒，从而提高弱黏煤如气煤的黏结性。

10.4.3.3 矿物质的影响

煤炭中的主要矿物质是高岭土、伊利石、碳酸盐、石英和硫铁矿等。矿物质对煤炭热解肯定是有影响的，不同矿物质的影响显然是不一样的。研究者一般使用两种方式来研究矿物质对煤炭热解过程的影响：酸洗脱矿物质和外加矿物质。神府煤和霍林煤热解受矿物质的影响的研究表明，煤中内在的矿物质对煤炭的热解活性和动力学没有明显的影响，而外加的 CaO、K_2CO_3 和 Al_2O_3 对煤炭的热解活性有催化作用。这种催化作用因煤种而异，且有某些温度依赖性。研究也显示，酸洗脱矿物质后煤热解的速率增加，铁、钙、镁等矿物质对煤热解有催化作用。由于煤中含不同的纤维组分，它们的分子结构不同，而且易于与特定的矿物质结合。因此，从微观分析更能够了解矿物质对煤炭热解的影响规律。对南非煤的研究发现，矿物质对挥发分产率的影响与纤维组分的影响相同。对国内平朔煤的研究也发现，矿物质对不同纤维组分的热解过程的影响是不同的。而在褐煤中存在的矿物质主要包含碱和碱土金属（AAEM），对热解有显著影响。表 10-3 中给出了不同褐煤的碱和碱土金属含量。为研究这个效应，先用酸洗去褐煤中的固有 AAEM，然后对酸洗煤进行热解试验。在加热速率为 1℃ /s 和 2000℃ /s 和压力为 1 ～ 20atm 时，与原煤比较焦油得率增加。虽然在煤中存在的 Ca、Mg 和 Na 羧酸盐在热解期间热分解，但它们可以与煤 / 焦母体再结合。

$$\{—COO—Ca—OOC\}+\{—CM\} \longrightarrow \{—OOC—Ca—CM\}+CO_2 \tag{10-9}$$

$$\{—COO—Ca—OOCM\}+\{—CM\} \longrightarrow \{CM—Ca—CM\}+CO_2 \tag{10-10}$$

$$\{—COO—Na\}+\{—CM\} \longrightarrow \{CM—Na\}+CO_2 \tag{10-11}$$

从反应（10-9）～反应（10-11）可以明显看到，AAEM 在褐煤热解期间有交联增强作用，因此能够扼制褐煤热解焦油产率的提高。报道指出，褐煤热解所产焦油的平均分子量在 200 ～ 300。基于这个值和元素分析结果，能够估计出焦油的分子式可能为（$C_8H_{11}O$）$_n$，n ≈ 2 ～ 3。

表10-3　在不同褐煤中的碱和碱土金属含量（干基）　　单位（质量分数）:%

碱和碱土金属	褐煤样品		
	1 号褐煤	2 号褐煤	3 号褐煤
Na	0.128	0.12	0.34
K	0.012	微检测	0.03
Ca	0.034	0.29	0.81
Mg	0.058	0.70	0.52

10.4.4 工艺操作条件对煤热解的影响

工艺操作条件主要包括煤样粒度、温度、升温速率、气氛、压力等。热解操作条件也决定产生焦的表面积和孔结构。所以，热解条件在焦气化中起着重要作用。因此有必要介绍工艺操作条件对煤热解的影响。

10.4.4.1　煤样粒度的影响

许多研究者认为，煤炭颗粒度的大小主要影响煤热解过程中的热传递和热解次级反应。小粒度煤易于加热，在颗粒内的温度分布比较均匀，挥发分逸出的阻力比较小，逸出速度比较快，颗粒内焦油的次级反应减弱，因此有利于提高焦油的产率。相反，对大颗粒煤炭，在颗粒内热量和质量的传递受一定的阻碍，挥发分逸出的扩散阻力增加，颗粒内的温度梯度也比较大，这会加剧颗粒内焦油的次级反应，导致气体和半焦产率增加。

10.4.4.2　温度的影响

温度对煤炭的热解有很重要的影响。在煤炭热解时，随着加热温度的升高，煤中的羧基连接键首先断裂，放出二氧化碳以及吸附在煤上的小分子化合物。当温度高于400℃以后，煤炭中的气体弱结合键相继开始断裂，生成大量的初级焦油和低级烃类化合物。温度继续升高时热解产物不断增加，煤炭转化程度不断提高，焦油次级反应相继发生，半焦中的芳香化合物开始缩聚转化为焦炭。所以，煤炭在热解过程中的转化率随温度升高而增大，热解的气体和甲烷的收率也随温度升高而提高，而气体低级芳香烃的产率随温度升高在某一温度有最大值。

煤受热释放的挥发分要经历多个扩散过程，最终才能逸出煤颗粒成为产物。其中在热解过程中生成的初级产物要从煤炭颗粒内部向外表面扩散，在该扩散过程中会继续发生分解和自由基的再聚合等次级反应，因此有部分初级焦油被转化为低级烃类和次级焦油，有一部分转化为焦炭，导致产物分布的改变。所以，热解温度不仅对煤炭本身的热解过程产生重要影响，而且对挥发分的次级反应也施加重要影响，温度成为影响煤炭热解的最重要因素。

10.4.4.3 升温速率的影响

升温速率对煤炭热解产物的收率有较大的影响。快速升温时，产出焦油量多，且高分子量的产物少。原因是单位时间内生成的挥发分多，挥发分在煤颗粒内部和加热区域内的停留时间短，降低了次级反应。升温速率对煤炭热解特性影响的研究指出，升温速率对煤炭热解过程有较大的影响，热解的积分曲线随升温速率的提高而向高温方向移动，也就是在达到相同失重的情形下，所需要的热解温度提高；而在相同温度的情形下，升温速率越低，时间越长，热解越充分，挥发分的逸出量越多，煤炭的转化率越高。煤炭热解最大失重速率时的温度随升温速率的提高而增大。

升温速率对高温焦化过程中胶质体的黏度也有一定影响。升温速率提高时，煤炭的软化和固化的温度都要改变，最大软化点向高温方向移动。软化和固化温度的提高幅度也不尽相同，通常的情形是塑性温度范围加宽。在最大软化点处的胶质体黏度随温度升高而降低。当温升很快时，快速的升温使煤炭有机质分解程度无法达到平衡，导致分解残留物和聚合反应的滞后，因此胶质体中的液态产物增多，最大软化状态需在较高温度下达到，胶质体的黏度变得比较低。胶质体黏度随升温速率的增加而降低，这可以用于解释很多热解试验的结果。

加热速率即升温速率对焦油得率的影响可能来自两种不同的独立原因：一是煤焦油前身物在煤颗粒中停留时间缩短；二是相对于交联键断裂而言，桥接键的断裂增强。较高加热速率导致热解煤颗粒母体中产生较高的浓度梯度，增强挥发分在颗粒内的传输（扩散或对流）。所以，较高加热速率缩短停留时间，压制焦油前身物进一步的热裂解和聚合。于是，较高加热速率促进较大芳烃环化合物的释放、较高焦油得率和较高分子量。

对褐煤热解试验的观察给出第二个原因。CO、CO_2、H_2O 和烃类等气体的摩尔得率与热解期间脂肪碳到芳烃碳的转化密切相关。从煤热解和初级热解产生脂肪碳的含量差能够确定脂肪碳到芳烃碳的转化。结果发现，对脂肪碳到芳烃碳转化的每一个值，水的得率随加热速率提高而降低。热解时的快速加热使桥接键断裂增强，消耗了脂肪基团中的可授予氢，这反过来扼制水的生成以及焦油前身物的交联。煤大分子脱聚速率的净增加导致较高的焦油得率。

10.4.4.4 热解气氛的影响

理论分析和大量的实验结果证明，热解气氛对热解过程有重要影响。因为煤炭具有大分子结构，在被加热到较高温度时，结构分子间的桥接键断裂生成大量自由基，它们要从煤颗粒内部向外表面扩散。由于自由基极为活泼，在扩散过程中它们可以发生相互作用，结合生成焦油或缩聚为半焦。自由基也可以与氢结合生成低分子量的烷烃或芳香烃化合物。在氢气气氛下，因为氢是自由基的稳定剂，减少了自由基间发生聚合反应的机会。同时氢也能够使活性半焦加氢。因此，在氢气气氛下，煤炭热解时的碳转化率有显著提高，也使初级焦油产率显著增加。甲烷、乙烷等气态烃和苯酚等轻质液态化合物的产率也明显增加。研究表明，相同体积的氢气和惰性气氛下的热解相比较，煤炭转化率、焦油收率、热解气转化率和轻质芳香烃的收率都提高。类似的研究也指出，氢气气氛比氮气气氛的煤炭热解转化率和焦油收率都有大的增加，轻质芳香烃和脂肪烃的收率也有提高。

10.4.4.5 压力的影响

以往人们对煤炭热解的研究和发展多在常压下进行，但随着加压气化和加压燃烧技术的发展，近年来对煤炭加压热解也愈来愈重视。煤加压热解是煤加压气化中的一个重要阶段，但该热解阶段相对于整个气化过程而言是十分短暂的，然而所有产生的焦油和气态烃类产物几乎都是在热解阶段释放的。因此，研究压力对煤炭热解的影响显得十分必要。研究表明，压力对热解的影响仅仅在某个温度以上才显示出来。在此温度以上热解压力的升高导致煤（最终）挥发分逸出量的减少。主要原因可能是，低于某一温度时，煤炭热解过程受扩散过程所控制。从煤的内部结构看，煤颗粒的孔隙率随热解温度的升高而增大，这些孔对分子可穿透性的制约只有在温度低于某一温度时才显示出来，而高于该温度时影响急剧下降。孔隙结构可穿透性的下降的区域是在煤炭颗粒内部有高压气体存在的区域，在滞后一段时间后它们总是要逸出的。当热解压力增大时，高压气体区域中气体的这一逸出过程受阻，只有当内部压力超过外部压力时才能够逸出，即扼制了热解挥发分的逸出。另外，在低于该温度时形成的挥发物对次级反应的惰性增大，基本不发生次级反应。而当高于该温度时，挥发分反应活性增加，因此随着压力增加，煤颗粒内部的次级热解反应以及炭沉积反应的程度增加。

在氢气气氛下进行热解时，随着氢气压力的增加，更有利于促进氢与自由基间的反应，也促进氢与活性半焦间的反应，导致生成更多的轻质液态烃类和低分子量的烷烃。

不像烟煤，褐煤热解受压力的影响是复杂的。使用线筛网反应器（WMR）在加热速率为 1000℃ /s 条件下研究了压力对褐煤热解的影响。压力对焦炭得率的影响是不显著的。在焦油得率中观察到，因压力改变产生的变化由轻气体产品得率增加或减少所补偿。当压力在 1 ～ 11atm 范围时，焦油得率降低，当压力在 11 ～ 20atm 范围时焦油得率反而增加若干百分点，最后在压力 21 ～ 61atm 范围时又逐渐降低。焦油得率变化的图景能够使用如下现象来说明：随压力增加，挥发分从扩散流动转变为强制流动。外部压力增加压制了它们向外的扩散，因此增加了挥发分前身物煤在颗粒内的停留时间。结果是，热裂解生成的轻气体大量增加，而这可能是压力从 1atm 增加到 11atm 时焦油得率降低的原因。但是，轻气体产品的大量产生可能在颗粒内部快速建立起压力。于是挥发分前身物在颗粒内有足够的压力克服外压力产生的阻力而向外流出颗粒，从扩散流动快速转变到强制流动的过渡能够说明在 11 ～ 20atm 时焦油得率的增加。压力的进一步增加导致压力梯度的降低，所以观察到的是焦油得率逐渐降低。例如，在加热速率为 1℃ /s，压力从 1atm 增加到 20atm 时，焦油得率从 6%（质量分数）增加到 10%。

10.4.5 煤热解使用的实验室反应器

多种反应器系统已经被使用于在不同范围操作温度下研究褐煤的热解，包括固定床反应器、线筛网反应器（WMR）、居里点反应器（CPR）、下落管反应器（DTR）和流化床反应器（FBR）。

褐煤在小型 FBR 中进行快速热解，对获得产物组分的分析揭示，最大焦油产率发生于 580℃。在较高温度下，焦油裂解产生更多的 C_1 ～ C_3 烃类。观察到煤焦和床层材料间的聚集，其最大发生于 700℃。在 700℃以上，较低聚集的原因可能是进一步被分解。在同样的 FBR 中也对不同褐煤观察到类似的焦油和气体得率。

加热速率在 0.167 ～ 2000℃ /s 时，研究了褐煤热解焦油和气体得率变化。结果说明，总挥发的量（焦油和气体）随加热速率增加而增加，快速的热解降低 CO、CO_2 和 H_2O 的得率，但使焦油得率显著增加。使用 WMR 对褐煤热解的研究发现，升温速率为 1000℃ /s 时的焦油得率是 1℃ /s 时的三倍之多。在微波（MW）热解反应器上对一种褐煤的热解研究也说明，在加热速率大于 600℃ /s 时焦油得率几乎不随升温速率变化而改变。在高热解终温时，焦油得率不随保持时间而变。这个结果指出，在煤颗粒温度达到 600℃前热解生成焦油的反应已经完成，因此得率保持不变。褐煤的渐近焦油得率与加热速率对数间有线性关系。

使用筛网反应器（WMR）进行褐煤热解，对获得的焦油进行荧光光谱分析，目的是研究热解过程变量对焦油组成的影响。褐煤焦油的荧光发射强度显著低于高阶煤产生的焦油，这指出 3 ～ 6 环多环芳烃化合物的浓度很低。褐煤焦油中的芳烃具有的结构主要是单环和二环的。但是，在褐煤快速热解中发现，所获焦油组成中多环芳烃的浓度增加。

10.5 煤炭热解产品

煤炭在热解过程中产生的产物虽然是多种多样的，但总体来说就是气体、液体和固体三种产品。因热解工艺的不同，产生的这些气体、液体和固体产物的数量、组成和性质也不同。下面分别叙述之。

10.5.1 固体产物

煤炭热解过程产生的固体产物一般统称为半焦或煤焦，而高温热解即炼焦过程生成的固体产品为冶金焦，通常称为焦炭。

10.5.1.1 半焦的结构

半焦的结构与石墨相似，也是微晶层片状结构，但不像石墨那样有完全规则的排列。根据 X 射线衍射分析的结果，半焦的基本微晶结构与石墨结构中的微晶结构类似：在微晶中碳原子呈六角形排列，形成层片状。但在半焦结构中，平行层片体对共同的垂直轴的定向是不完全的，一层对另一层的角位移也是杂乱的，各层对垂直轴的垂直方向是无规则的，这种排列称为乱层结构，而石墨中的这类排列是有序的和规则的。

热解过程获得半焦的化学组成与原煤的煤阶、纤维组分含量和热化学加工过程有密切关系。原煤中含有的氮、硫元素的大部分在热解过程中作为气体和液体逸出，仅有少量的氮、硫元素以杂环化合物的形式存在于半焦中。半焦中的碳含量高达 95%，它构成了半焦的骨架，大部分氢和氧原子与碳原子以化学键的形式结合，半焦中的氧含量为 3% ～ 4%，主要以羟基、羰基和醚氧基形式存在。而氢元素在半焦中的含量一般小于 1%，主要与碳原子直接结合。半焦中的有机官能团主要是含氧官能团，其对半焦性质的影响很大。半焦表面的含氧官能团主要有羰基、酚羟基、醌基、醚基、过氧化物和环状过氧化物、酯基、荧光内酯基、酸酐等。使用经典化学分析方法和现代的物理化学仪器分析能够对这些官能团进行检测。从上述存在的官能团可以看到，在半焦表面有可能同时存在酸性或碱性的活性中心。酸性中心是半焦表面化学吸附氧后形成的某种含氧结构（含氧官能团）。表面上存在的羧基、酚类基团、内酯基和酸酐基被认为是半焦表面酸性的来源。半焦表面上的碱性中心远少于酸性中心，而且半焦表面含酸性中心愈多，表面的碱性中心愈少。

10.5.1.2 半焦或煤焦的利用

半焦的性质和质量决定半焦的用途。半焦的特点是比电阻高、反应性和抗磨性好、无爆炸性、燃点低、强度低等。另外，半焦的价格低廉，作为原料非常丰富，因此应用前景广阔。其主要应用有：

（1）作为工业和民用燃料

半焦可以作为锅炉电站的燃料。半焦仍然含有一定数量的挥发分（占碳的 9% ～ 15%），因此它的活性好、燃点低、易于点火、燃烧性能优良、可以在锅炉中稳定燃烧。所以，半焦作为发电厂锅炉燃料是有前途的。美国、德国、澳大利亚、日本和苏联等国都进行过这方面的实践，均认为半焦的燃烧发电效果与原煤相同或接近。而且，半焦中的硫含量一般低于原煤，用于发电能够降低 50% 的二氧化硫排放，减轻对环境污染的压力。

半焦也可以制备成半焦油浆和半焦水浆，如美国碳化燃料公司开发了半焦燃料工艺（charfuel process），把热解生产的半焦与液体烃类物质混合成乳状胶体，其燃烧性能可与 6 号燃料油基水煤浆相比。无须搅拌和保温、运输成本比较低、市场和经济效益较好。也有报道说，褐煤热解得到半焦后再制备水浆，其成浆性能较原煤有较大改善，浆液浓度提高约 10%。半焦制备液体浆状燃料可能是半焦的重要用途之一。

半焦也可以作为型煤如蜂窝煤的引燃剂、高炉配吹和烧结燃料以及陶瓷水泥等煅烧窑炉的燃料。

（2）作为冶金和化工原料

低阶年轻煤热解获得的半焦，其反应性特别好，气化率高，气化温度低。这类半焦气化产生的气体绝大部分是 CO 和 H_2，这是优质的合成气，是碳一化学工业的重要原料，能够生产出大宗化学工业产品如甲醇和优质的液体燃料。目前半焦的气化技术是成熟技术，而早期的半水煤气和水煤气气化技术仍然应用于小型的化学工业企业和城市煤气的制造中。

低灰分的半焦是优质的还原剂。在铁合金、结晶硅、碳化硅和电石的冶炼中所要求的还原剂需具有高比电阻和高反应性以及杂质少等特点。目前在我国，在上述冶炼工业中除结晶硅外，其他冶炼工业铁合金、碳化硅和电石以及海绵铁等均有不少工厂使用这种年轻煤热解生成的煤焦作为还原剂原料。

低温半焦具有丰富的官能团和发达的孔隙结构，能够作为良好的吸附剂使用。这类半焦能够直接使用于废水处理，在其吸附饱和后就直接作为燃料使用把它烧掉。半焦可以进一步活化制成活性焦。由于年轻煤炭的半焦易于活化、活化时间短、活化后半焦吸附性能好，因此活化半焦是可以替代活性炭的廉价产品。利用半焦制备活性炭的方法是：先制粉成型，再炭化和活化生成活性炭，这样获得的活性炭机械强度高、介孔发达和吸附碘值高。

半焦的表面积虽然没有活性炭那么大，但因其未热解完全，含有较多的氢和氧，并含有较丰富的孔隙和表面结构，对其进行化学改性比较容易，且价格低廉，因此可以做成性能满足要求的吸附剂。例如，弱黏结煤热解制取的半焦，经使用物理或化学方法活化后，可以作为脱除烟气中 SO_2 的吸附剂。活性半焦之所以能够脱除烟气中的 SO_2，是由于它能够有效吸附二氧化硫且碳具有催化二氧化硫氧化为三氧化硫的功能，三氧化硫与烟气中的水分结合形成硫酸而被储存于活性半焦的孔隙结构中。这样的烟气净化技术的优点是不存在二次污染。目前烟气净化技术已经发展成为成熟的工业应用技术。

使用固体热载体的快速热解技术，即干馏技术，产生的半焦占原煤质量的 50% 以上，它可以作为热载体在系统中多次循环使用。在经历了干馏过程中的烃类补孔和加热过程中的活化扩孔作用后，这些半焦的孔隙结构以比较均一的微孔为主，孔尺寸在 0.33 ～ 0.4nm，对 O_2 和 N_2 有良好的分离能力，因此它们能够被利用于分离空气中的氮气，这就是所谓的碳分子筛。国内大连理工大学进行了这方面的研发，发现制备的碳分子筛的空气分离性能可以与进口的同类产品相媲美。

从上述可以看到，半焦种类多用途广，应该根据半焦自身的性质选择最合理且经济的利用途径，以提高其利用价值。

10.5.2 液体产物

热解产生的焦油也就是煤焦油，是煤炭热解和气化过程中得到的液体产物。当热解温度在 450 ～ 600℃时，得到的是低温焦油；热解温度在 700 ～ 900℃时得到的是中温焦油；而热解温度在 1000℃时得到高温焦油。中温和高温焦油是低温焦油在高温下经过二次反应产生的焦油。在煤焦油中，目前来自炼焦工业的高温焦油占 80%，20% 来自煤气发生炉。低温热解土法炼焦产生的焦油属于低温焦油。高温焦油和低温焦油的组成有很大差别。低温焦油以低级酚类（苯酚、甲酚）化合物、烃类化合物中的多烷基芳香烃衍生物、脂肪族链烃和烯烃为主。因此在工业上可以作为提取酚类的化工原料或作为加工成各种燃料油的原料。

煤焦油化学工业在化学工业中占有一定地位，在提供多环芳香烃和高碳醇原料方面具有不可替代性。我国煤炭资源丰富，在 2006 年高温焦油的年产量达 760 万吨，而未回收的煤焦油量估计还有 260 万吨之多。

10.5.2.1 低温煤焦油的利用

煤炭热解获得的液体产物焦油，因热解终温的不同可以分为低温（低于 750℃）和高温（高于 800 ～ 1000℃）焦油，它们的组成有相当大的不同，应用领域也不一样。

低温焦油中的酚类以低级酚为主，主要集中于沸点为 170 ～ 210℃和 210 ～ 230℃范围的馏分中，占焦油总量的大约 13.7%。从低温煤焦油中提取低级酚类可以使用萃取法。低温焦油中所含芳烃组成分散，且多为烷基取代芳烃衍生物。脂肪族长链烷烃和烯烃的含量较高，大约为13.4%。这是低温煤焦油的重要特征。因此，提取低级酚类后的馏分是制备高十六烷值柴油的优良原料。

低温煤焦油综合利用的一般方法有：把其使用于炼焦配煤、生成低温沥青、做能够防腐和防水的环氧煤焦油和油毛毡，替代重油炼钢，作为生产活性炭的黏结剂等。也有可能将精炼过的煤焦油与水、乳化剂混合制备成柴油。

国内某单位以低温煤焦油、土焦油、洗油为原料，采用常压分馏获取沸点为105～310℃的馏分，分馏获得的煤焦油经酸碱洗涤或使用活性白土吸附脱色后，再加入煤油和硝基化合物添加剂而形成柴油，其性能与普通柴油一样，符合国家的柴油标准。某大学对低温煤焦油采用常减压蒸馏法、蒸馏焦化法、回流焦化法和酸碱精制获得的柴油进行实际行车试验，结果证明，在添加适量十六烷添加剂后，基本达到0号柴油的性能要求。某企业对低温煤焦油使用FH-98型催化剂进行了加氢精制试验。试验中使用的原料油为沸点在370℃前的煤焦油馏分，在氢气压力为8.0MPa和温度为350～360℃时产出的是柴油，在添加十六烷添加剂后满足0号柴油的国家标准。我国目前的活性炭产量高达几十万吨，消耗了大量的煤焦油，甚至达到煤焦油紧缺的地步。

总体来说，低温煤焦油具有巨大的经济价值，在我国尚未充分利用，反而对环境造成污染，因此低温煤焦油的综合利用应该予以重视。

10.5.2.2 高温煤焦油的利用

常温下高温煤焦油是黑褐色的黏稠液体，具有酚和萘的特殊气味。呈深暗颜色的主要原因是，在煤焦油中悬浮有一定数量类似于炭黑的物质和高分子树脂类。这类物质的含量使用苯或甲苯不溶物表示。高温煤焦油的化学组成大致有如下的特点：①芳香族化合物是主要的，且其大多数是两个环以上的稠环芳香烃化合物，烷烃、烯烃和环烷烃化合物不多；②含氧化合物主要是呈弱酸性的酚类，还有一些中性含氧化合物如氧茚和氧芴等；③含氮化合物主要是弱碱性的吡啶和喹啉类化合物、吡咯类化合物如吲哚和咔唑等，还有少量胺类和腈类化合物；④含硫化合物主要是噻吩类化合物，如噻吩和硫茚等，也含有硫酚类化合物；⑤不饱和化合物有茚和氧茚类化合物，以及环戊二烯和苯乙烯等；⑥芳香环的烷基取代物主要是甲基；⑦蒸馏残渣沥青的含量很高，一般占50%以上，含有相当多分子量相对较高的组分，其分子量一般在2000～30000。

高温煤焦油中很多化合物是塑料、合成纤维、染料、合成橡胶、农药、医药、耐高温材料以及国防工业的贵重原料，也有一部分多环芳香烃化合物是使用加工工业无法生产和替代的。在我国，高温煤焦油主要用来加工生产轻油、酚油、萘油、甲基萘油、洗油、Ⅰ蒽油、Ⅱ蒽油和煤沥青。各个馏分油再经深加工生产苯、萘、酚、蒽等多种芳香烃化工原料及中间体。山梨煤焦油被作为筑路油、防腐剂和生产炭黑的原料使用，也可作为燃料油使用。现在，也有使用合成树脂、合成橡胶对高温煤焦油进行改性的，目的是制备高档次防水涂料。占煤焦油总量50%的沥青，其用途十分广泛，如作为电极黏结剂、制造碳素纤维等。

高温煤焦油化合物如不经过加工只能作为燃料油、炭黑原料或防腐油使用。其简单加工利用的价值也是不高的。普遍看好的利用方式是，煤焦油的深加工和精制成高档产品使用。随着经济和技术的发展，不仅传统的煤焦油加工产品有了新的用途，而且使用新研发的技术提取或进一步加工生产煤焦油硫酚产品，是很有生产竞争力的。因此，应用新技术新工艺从煤焦油中提取生产急需的各类贵重化工产品，不仅可以实现高温煤焦油的综合利用，提高产品附加值，同时也产生明显的经济效益、环境效应和社会效应，这对有机化工的发展具有重要意义。

煤焦油加工可以分为四个层次：首先是煤焦油原料的预处理，把粗煤焦油净化，脱水、脱渣、除盐等；接着是煤焦油的蒸馏，获取不同的馏分油；然后是各馏分油分离，使用各种分离技术从中提取精制产品；最后是对提取的精制产品做进一步加工精制，利用各种物理或化学方法开发下游精细化工产品。

对煤焦油的预处理，目前各个国家采用的基本方法有静置分层、离心分离、加压过滤、铵盐反应转化等。这些方法能够使煤焦油脱渣、脱水、脱盐。我国煤焦油加工企业多采用离心分离技术，加压过滤技术使用相对较少。脱盐主要是与碳酸盐或二氧化碳反应以除去煤焦油中的铵盐。

对预处理后煤焦油的蒸馏，在我国多采用常压连续蒸馏技术，按温度切割出轻油、酚油、萘油、洗油（或三混馏分）、蒽油等馏分，并洗出沥青。该工艺加热温度高、易造成馏分组分分解。与减压蒸馏相比，沥青产品相对较多，单种馏分油相对较少。

对煤焦油的加工，通常是六种基本化工单元操作的组合：蒸馏、结晶、萃取、催化聚合、热缩聚和氧化。目前世界上的先进煤焦油加工工艺为：粗煤焦油脱水→超滤脱渣→脱盐→负压脱水获取轻油→一塔或多塔减压蒸馏→各个馏分油冷凝分离得到各种产品。德国、日本、美国、波兰等国家采用的工艺基本一致，只是在脱水、脱渣、换热系统、精馏温度、压力和使用单一还是多塔的流程上有一些差异。煤焦油加工技术的发展方向是增加产品品种、提高产品质量、节约能源和保护环境。

近年来，煤焦油加工日趋集中化、现代化和合理化。煤焦油加工装置大型化，年加工能力已经提高到 70 万吨。随着精细化工的发展，煤焦油分离新工艺、产品深加工和应用都取得了长足的进展。我国的煤焦油加工技术也取得很大进步，据至 2005 年的统计，大中型的煤焦油加工企业有 46 家，加工能力达 540 万吨 /a，其中 10 万吨 /a 以上的 25 家，能力为 455 万吨 /a。但从煤焦油中提取的产品不多，仅有 20 多种。

10.5.3 煤炭热解过程的气体产物

热解产品大户是焦炉煤气，其主要组分为 H_2 45% ～ 59%、CH_4 24% ～ 28%、CO 5.5% ～ 7%、N_2 3% ～ 5%，以及少量的 CO_2、C_1 ～ C_4 烃类。由于氢气和甲烷的含量较高，因此煤气的热值较高，是一种理想的气体燃料，可以作为民用煤气的气源。由于氢气含量高，也可以作为提取氢气的原料。

据统计，2006 年国内的焦炭产量已达 2.98 亿吨，按 1.33t 干煤生成 1t 焦炭和 $330m^3$ 焦炉煤气计算，我国的焦炉煤气的总产量已经超过 $1.3\times10^{11}m^3$。由于我国的大多数钢铁企业焦化厂使用高炉煤气加热焦炉，因此几乎全部焦炉煤气都向外输送。合理高效洁净利用如此大量的焦炉煤气是一个十分重大的课题。

焦炉煤气可以作为燃料使用，作为工业用燃气和民用燃气。也可以采用变压吸附技术从焦炉煤气中分离出高纯度氢气。当然，焦炉煤气也可以用于发电，发电可以采用三种方式：发生蒸汽驱动蒸汽透平带动发电机，在燃气轮机中燃烧驱动发电机和在内燃机中燃烧驱动发电机。在我国已经有一些省份采用内燃机燃烧发电，按标准状态下焦炉煤气的低热值 16.72MJ/m^3 计算，1m^3 焦炉煤气可产生电力 1.3kW • h。

焦炉煤气中含氢量高，甲烷含量也比较高，使用重整反应将甲烷也转化为合成气即 H_2 和 CO，利用合成气可以用于生产所希望的烃类燃料和化学品。焦炉煤气的重整可以采取催化重整和非催化部分氧化重整。在催化重整中又可以分为蒸汽重整、催化部分氧化和自热重整三种。它获得的合成中氢气和一氧化碳比例是不相同的。焦炉煤气转化为合成气的一般步骤包括：由冷凝鼓风机输送的焦炉煤气经电除尘、脱硫、脱氨、脱苯、净化步骤后进入气柜备用，经压缩机压缩至 2.5MPa 压力左右，再次进入净化装置，把氨和氰化氢分解，除去全部硫、所有不饱和烃类加氢，然后进入重整反应器进行重整，把甲烷等烃类原料转化为含 H_2、CO、CO_2 的合成气，调整所需的 CO/H_2 比例，进入合成反应器进行烃类或甲醇、二甲醚合成。再经过分离加工得到所需要的燃料和含氧化合物产品。使用焦炉煤气合成甲醇的工厂在我国已经有好多家，产量很大。

10.6 煤低温热解主要工艺

10.6.1 概述

虽然煤炭热解是一种热化学工艺而非催化工艺，但在详细介绍煤炭催化转化技术的时候不可能不介绍煤炭热解的加工工艺。煤炭热解加工工艺的应用开始于 100 多年以前。在第二次世界大战中德国为了大量生产战争中不可缺少的汽油和柴油，已经建立了大型煤炭低温热解工厂，使用德国非常丰富的褐煤，生产的低温煤焦油通过高压加氢能够生产出汽油和柴油等运输燃料。自 20 世纪 70 年代以来，多次发生的石油危机促成对煤炭热加工工艺生产液体燃料的重视，对煤炭热解已经开发出多种工艺。因供应热解所需热量的方式不同，煤炭热解工艺可分为外热式和内热式两类。前者热效率低，加热不均匀，挥发分二次分解严重；后者没有上述缺点，能够借助于热载体（热介质可以使用气体也可以使用固体）把热量直接传递给煤炭而发生热解反应。以气体为热载体的煤炭热解工艺中，通常是把燃料燃烧产生的烟气返回送到热解室中，这类以气体为热载体的煤炭热解工艺主要有：美国的 COED 工艺和 ENCOAL 工艺、波兰的双流化床工艺。以固体为热载体的热解工艺中利用高温固体如半焦或其他固体与煤炭在热解室中混合，使用固体显热来热解煤炭。与气体热载体工艺比较，固体热载体避免了析出挥发分被烟气稀释，同时又降低了冷却系统负荷。发展的固体热载体的煤炭热解工艺主要有：美国的 Garrett 工艺和 Toscoal 工艺、德国的鲁奇（LR）工艺、英荷的 Shell 工艺、日本的快速热解工艺、国内的 MRF 和 DG 工艺等。下面对这些工艺做简要介绍。

10.6.2 COED 工艺

COED 工艺是低压多段移动床煤炭干馏工艺，气体热载体加热并推动分段热解的煤 - 焦固体移动（称为流化）。在温度最高的一段供应氧气以燃烧残余的炭，产生的热气体提供工艺过程所需的热量并作为流化气体。该方法由美国食品公司（FMC）和煤炭研究局（OCR）联合开发，经过 7.62cm 直径小试、0.9t/d 组合连续工艺的单元试验和 33t/d 煤炭的中间工厂试验完成了大规模开发。COED 工艺流程示于图 10-10 中，煤炭干馏（热解）炉分为四段，但是使用的段数可视煤种而异，使用的段数随煤种黏结性增加而增加。

原料煤经干燥后破碎至 3.2mm 以下，进入第Ⅰ段，在其入口被温度约 480℃的无氧流化气体加热至约 316℃，煤炭中大部分水分被蒸发和约有 10% 的焦油析出。煤炭经初步加热后进入第Ⅱ段，此段的操作温度约 454℃，煤炭被干馏热解放出大部分焦油和部分热解气体，该段所需热量主要来自第Ⅲ段的热气体和循环进入的半焦。第Ⅱ段中产生的半焦被送入第Ⅲ段，其操作温度约 538℃，在此段中残存的焦油和大量热解气体从半焦中释放出来，此段所需要的热量来自第Ⅳ段的热气体和循环的热半焦。在干馏（热解）炉的最后第Ⅳ段中，从其底部吹入蒸汽和氧气使半焦发生燃烧，产生的高温烟气送入前面几段中。热解产生的焦油需进一步处理。

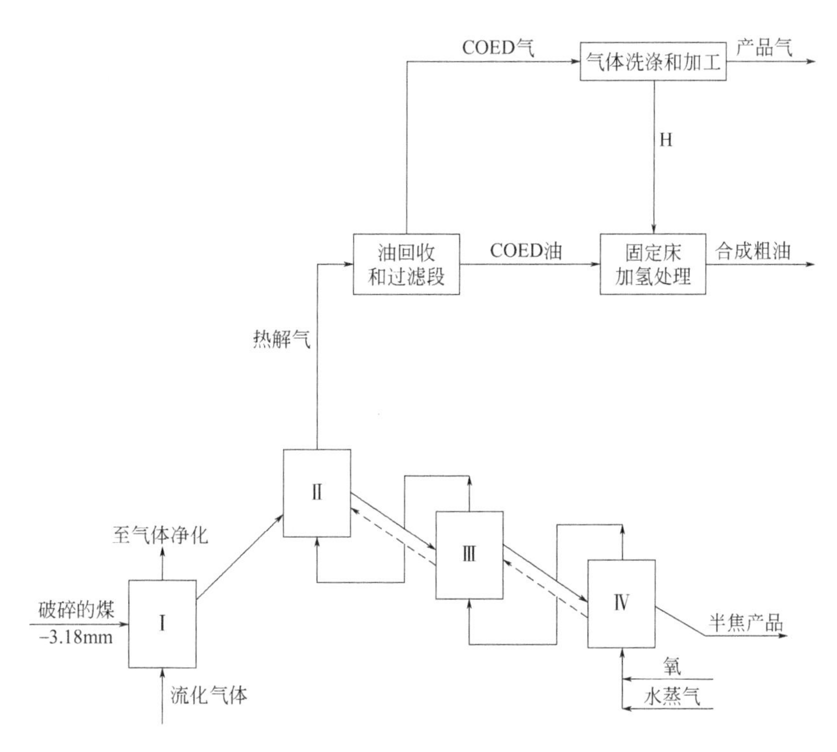

图 10-10　煤干馏 COED 工艺流程简图

该 COED 工艺虽然流程很复杂，但总的热效率很高，干馏热解部分的效率达 90%，获得了很高的评价。因为所产焦油中含有很多细颗粒半焦，需要使用特殊过滤器进行过滤。COED 工艺的运行要同时兼顾热解干馏炉各段中的设定温度、压力、流动状态和半焦排除等因素，因此在操作性和规模的放大上还存在一些问题。其优点是对煤种的适应性强。

10.6.3 Garrett 工艺

Garrett 工艺由美国 Garrett 机构研发，后来西方石油公司参与了对该原工艺的进一步改进和发展。其简单流程示于图 10-11 中。该工艺以高温（650 ～ 870℃）半焦作为热载体，在 2s 内快速加热粉碎至 200 目以下的煤粉到 500℃以上。由于停留时间很短，有效地防止了焦油的次级分解。该工艺的产品收率与性质取决于煤的种类，产油的最佳温度为 560 ～

580℃，高挥发分的烟煤在此温度下油收率可高达干煤的35%。在600℃以上，产油量逐渐减少，产气量逐渐增大。1972年该工艺建成了日处理量为3.8t的中试装置，循环的半焦量为27t/d。

该工艺的特点是，使用部分半焦作为热载体实现了煤的快速加热，有效防止焦油的次级分解。缺点是生成的焦油和细颗粒半焦极易附着于旋风分离器和冷却管路的内壁上，对系统的长期运行带来严重影响；为使循环半焦与原来煤颗粒间有充分的热交换而激烈地碰撞接触加剧了煤颗粒的粉碎，循环半焦量的增加导致无法加大对原煤的处理能力。

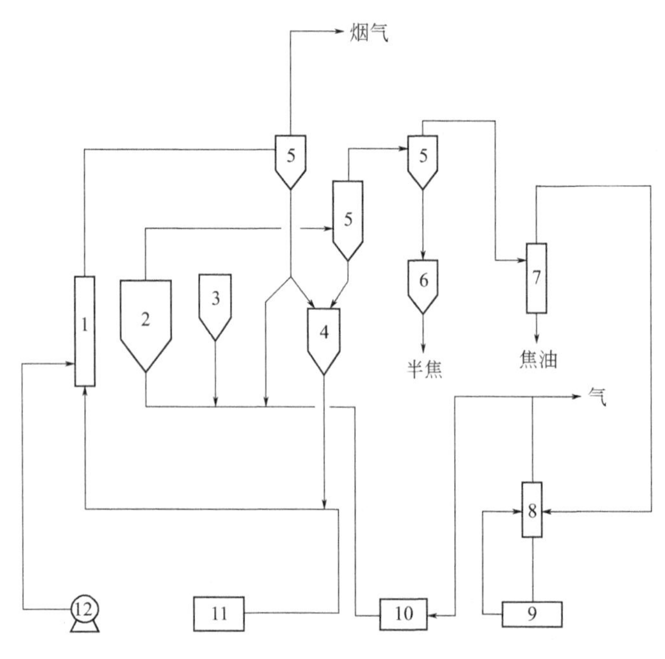

图10-11　Garrett工艺流程简图

1—半焦加热器；2—热解器；3—煤斗；4—半焦斗；5—旋风分离器；6—半焦收集器；7—气体冷凝器；8—干燥器；9—洗涤器；10—气体压缩器；11—惰性气体发生器；12—机械增压器

10.6.4 Toscoal工艺

Toscoal工艺由美国页岩油公司开发，使用陶瓷球作为热载体，是一种煤炭低温热解工艺。其简要流程示于图10-12中。利用热烟气预热加入提升管中的煤粉（小于6mm），使之达到260～320℃，然后把预热后的煤和高温陶瓷球送入旋转的滚动型热解器中，热解温度保持在427～510℃。从旋转滚动顶部排出煤气和焦油蒸气进入气液分离器进行分离，热陶瓷球和生成的半焦则被置于滚动热解器内部的筛网分离，细焦粉落入筛网下面，瓷球热载体通过提升管进入加热器加热后再循环使用。该工艺在20世纪70年代建成了处理量为25t煤/d的中试装置，试验中发现瓷球热载体循环使用操作产生明显的磨损问题。黏结性煤原料会黏结在瓷球上，因此该工艺仅能够适用于非黏结性和弱黏结性煤炭。焦油的收率一般也不高。

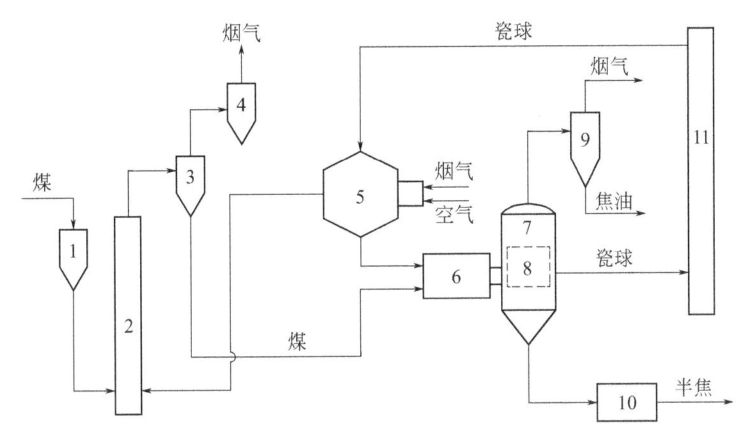

图 10-12　Toscoal 工艺简要流程

1—煤斗；2—煤提升器；3—旋风分离器；4—洗涤器；5—热载体加热器；6—热解反应器；7—旋转滚筒；8—分离器；9—气液分离器；10—半焦冷凝器；11—热载体提升器

10.6.5 鲁奇 - 鲁尔法（LR）

鲁奇 - 鲁尔法工艺利用高挥发分（35% ～ 46%）低煤化度煤炭以制取焦油为目的。由德国鲁奇 - 鲁尔煤气公司开发，其工艺流程示于图 10-13 中。煤炭经螺旋给料器进入输送管，由干馏煤气把其送入热解干馏炉中，使用机械搅拌使煤与循环的热半焦混合，热解干馏温度为 480 ～ 590℃。热解产生的半焦部分作为燃料，部分循环使用；热解干馏产生的煤气和焦油蒸气进入气液分离器分离。使用该工艺早在 1961 年就建成了处理量为 260t 煤 /d 的工厂，连续运转达到 200h。但因国际原油价格下跌，后续的开发工作就停止了。该工艺利用半焦作为热载体来加热原料煤，产生的热解气体用于干燥原料煤。因此该工艺的热效率较高。但在产生的焦油中含有高达 40% ～ 50% 的固体颗粒，给焦油的加工带来困难。使用黏结性煤产生的焦油和固体颗粒的凝聚以及机械搅拌都会导致设备磨损和故障。该 LR 工艺也可以使用沙子作为热载体进行重油的热解，在德国、日本和中国建设了一些这类沙子炉。

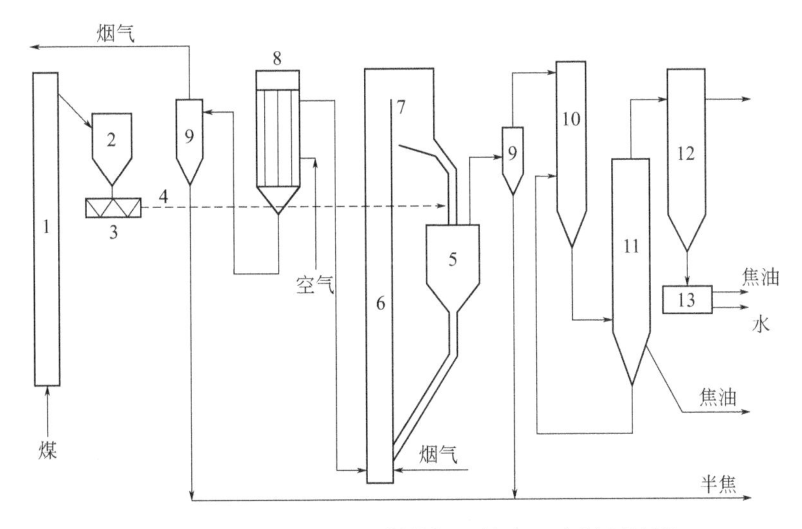

图 10-13　鲁奇 - 鲁尔煤热解工艺（LR）流程简图

1—煤干燥提升器；2—干煤斗；3—加料器；4—煤输送管；5—热解器；6—半焦提升器；7—半焦收集器；8—空气预热器；9—旋风分离器；10—焦油收集器；11—电除尘器；12—气体冷凝器；13—分离器

10.6.6 日本的快速热解技术

为提高煤炭产品附加值，同时获得气、液、固体多种化工产品和燃料以达到煤炭高效洁净利用的目的，日本开发出利用高挥发分煤炭的快速热解技术。其简要工艺流程示于图10-14中。原料煤经干燥研磨至80%小于0.074mm后，使用气流（氮气或热解煤气）输送技术输送，经加料器喷入反应器中的热解段，被气化半焦反应器气化段产生的高温气体快速加热，使煤粉在温度600～950℃、压力为0.3MPa和接触时间仅数秒钟下被快速热解，生成气态、液态和固体半焦产物。在反应器热解段内生成的所有气态和固态产物都向上流动。半焦固体首先经高温旋风分离器分离出来，部分返回到反应器气化段，被氧气和水蒸气在1500～1650℃温度下气化，为热解提供热量。另一部分半焦经换热后作为半焦产品。从旋风分离器出来的高温气体中，所含气体和液体产物经换热回收余热后再经过必需的净化处理转化为气体和液体产品。该工艺经过7t煤/d和100t煤/d的模试和中试的研究发展。大量的试验结果表明：1t高挥发分煤炭经快速热解，可以生产低热值（17.87MJ/m^3）煤气约1000m^3，半焦250kg，焦油790kg，苯类（主要是苯、甲苯、二甲苯）35kg，同时副产300kg水蒸气。

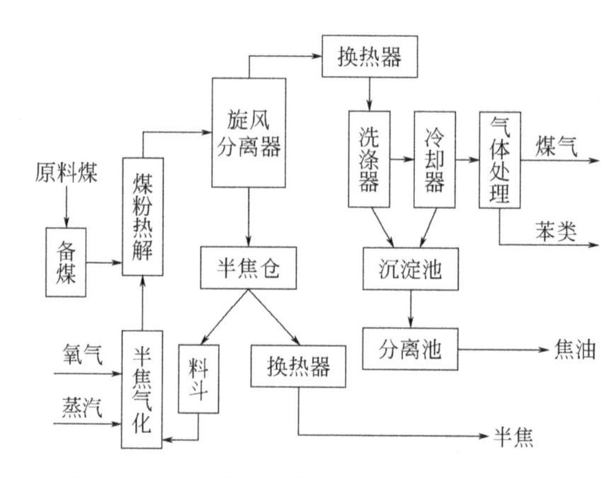

图10-14　日本快速煤热解技术简要工艺流程

10.6.7 壳牌（Shell）公司热解法

Shell公司热解法是一种流化床热解工艺，主要由两段预热器、热解气、热载体加热器和热量回收器组成，其简要流程如图10-15所示。粉碎后的煤粉由烟气从第一段的预热器底部在稀相流化状态下带到其顶部，而同时温度为280℃的热载体在重力作用下从该预热器顶部进入与煤进行热交换，把煤加热到约100℃，煤中的部分水被脱除。经初步预热后的煤与流化气体分离进入第二段预热器的底部，在浓相流化状态下被带至顶部，同时与热载体进行热交换，被加热到约260℃并脱除剩余的水分。预热后的煤进入热解器，在浓相流化状态下与来自载体加热器温度为650℃的高温热砂进行热交换，使煤热解温度保持在480℃。所得的热半焦在热回收器中以稀相流化形式回收热量，同时加热在两段预热器中使用的热载体，它被循环使用于预热煤炭。稀相流化确保煤与热载体间的热交换速率和效率，降低了煤颗粒的返混。浓相流化操作可使反应器体积较小，获得较长停留时间以确保较好的脱水和热解效果。

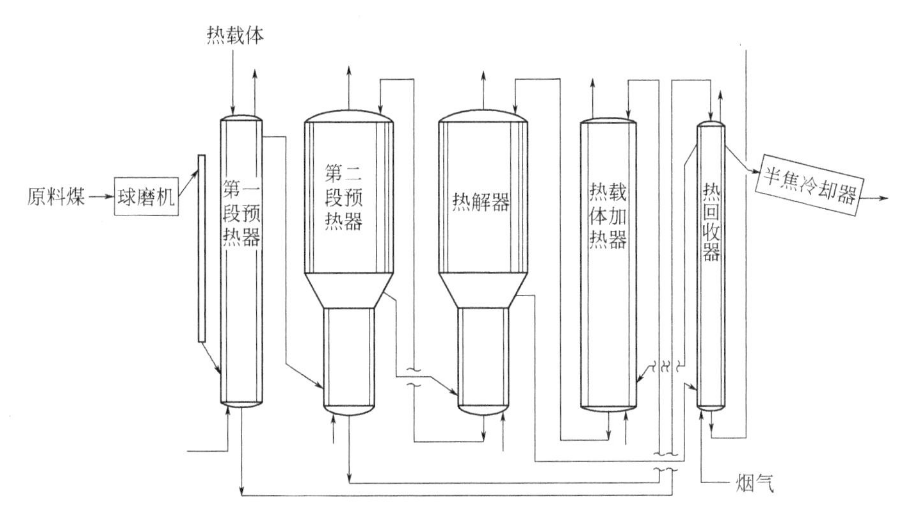

图 10-15　Shell 石油公司煤热解工艺流程简图

10.6.8 多段回转炉热解（MRF）

多段回转炉热解是国内煤炭科学研究院北京煤化所开发出的一种新的煤热解工艺。它可以将年轻煤（褐煤、长焰煤、弱黏结煤等）在回转炉中热解获得半焦、焦油和煤气产品。该工艺可以根据产品用途进行调整，以获得颗粒度和挥发分不同的颗粒煤焦产品。从焦油中可以回收酚类、燃料油、重油和沥青等产品。其简要的工艺流程示于图 10-16 中。该工艺采用外热式，使用的煤炭粒度 6 ～ 30mm。煤在 600 ～ 700℃下热解，产生固态和气态产物。气态产物经冷却后可以获得煤气和液态焦油产物。固态产物为半焦，在增碳炉中于 800 ～ 900℃高温下进一步脱除挥发分，获得低挥发分半焦。在增碳炉中产生的高温煤气作为燃气用于加热加热炉。外热炉排出的烟气被用于煤的干燥。MRF 热解工艺在内蒙古建立了规模为年处理 2 万吨褐煤热解的示范工厂，结果不是很理想。

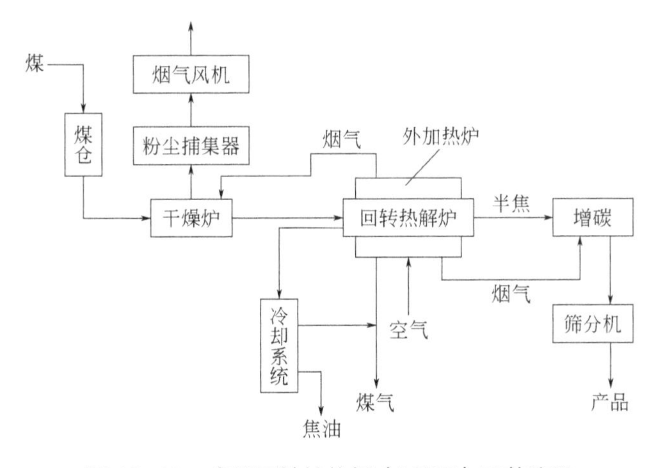

图 10-16　多段回转炉热解（MRF）工艺流程

10.6.9 DG 工艺

DG工艺由国内大连理工大学开发，主要由煤干燥提升、半焦流化燃烧提升、煤焦混合、煤热解、焦油煤气回收等部分组成，其简要工艺流程示于图10-17中。将小于6mm的粉煤与热载体半焦在螺旋式混合器中混合，混合后送入热解反应器进行热解反应。热解半焦循环使用。以灰分17%～32%、热值约18.8MJ/kg的劣质褐煤为原料，热解生成的产品包括：热值为16～18MJ/m^3的中热值煤气，占干煤量30%～40%的半焦和2%～3%的低温焦油。在10kg/h的试验连续装置上进行了20余种褐煤和油页岩固体热载体快速热解的基础上，1993在平庄建立了150t/d的工业试验装置。该工艺属于快速热解范畴，具有焦油生产工艺简单、时空效率高、煤气热值高、轻质油和焦油收率高等特点。由于未彻底解决半焦颗粒与重质焦油在旋风分离器内壁的聚集问题，该工艺尚未完成工程开发。

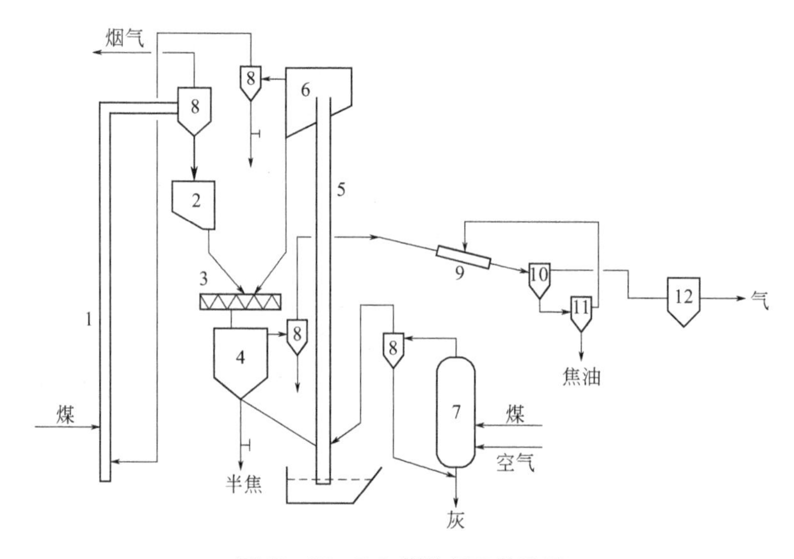

图10-17 DG煤热解工艺流程

1—煤提升器；2，6—半焦斗；3—混合器；4—热解器；5—半焦提升器；7—流化床反应器；8—旋风分离器；9—洗涤器；10—气液分离器；11—焦油柜；12—脱硫器

10.7 热解炉型和煤热解工艺

煤热解工艺按照加热温度、加热速度、加热方式、热载体类型、操作压力等工艺条件分为不同类型。如前所述，国内外典型的煤热解工艺包括：外热立式炉工艺、内热立式炉工艺、内外加热结合型干馏炉工艺、美国的Toscoal工艺、ENCOAL工艺、日本的煤快速热解工艺、德国的LR工艺、澳大利亚的流化床快速热解工艺、苏联3TX（ETCh）-175工艺、煤科院多段回转炉工艺、大连理工固体热载体新法干馏工艺、北京神雾的旋底炉块煤干馏工艺、大唐华银LCC煤热解工艺、陕西神木天元粉煤回转窑热解工艺等。其中大多数工艺已经在前一节中做了介绍。

这一节重点介绍各种热解工艺中使用的热解炉以及国内发展的若干煤热解工艺。

10.7.1 外热式直立炉

煤料干馏过程所需要的热量，通过回炉煤气在燃烧室燃烧后，将热量由炉壁传入热解炉。25 ～ 80mm 块煤在隔绝空气条件下热解，以热传导为主的传热方式与焦化工业焦炉的加热原理一样的。热解炉内的煤料自上而下，历经预热、热解干馏、冷却三个过程使煤料进行连续热解干馏直至炭化。热解炉干馏段的温度保持在 800 ～ 900℃，煤料由炉顶部连续进入，干馏煤气由炉顶逸出，炉底则将冷却的干馏煤固体产品连续排出，煤料在热解炉内的总停留时间为 12 ～ 16h。燃烧室所产生的烟气则通过废热回收后由烟囱高点排空。国内有伍德型直立炉和带双蓄热室、双向加热、双排直立炉两类炉型使用外热式。伍德炉采用废热锅炉回收余热，带蓄热室直立炉则使用加热空气预热的方式，节约燃料煤气。

这类炉型的主要特点是，热解干馏所得的产品煤焦质量稳定，热解煤气可燃烧组分（H_2、CO、CH_4、C_nH_m）含量高，热值高、质量好。热解煤气经净化回收处理后，既可作为城市煤气的气源使用，也可作为合成甲醇、合成氨的化工原料气。因其气体组分含氮量少，煤气净化部分的投资比较小，占地面积也小，净化后的煤气经提纯后，非常适合作为煤焦油加氢装置的氢源使用。

10.7.2 内热式直立炉

内热式直立炉的加热特点是，配有一定比例空气的回炉加热煤气，经燃烧或不完全燃烧后产生的高温烟气直接进入热解炉干馏段内与煤料接触并加热，或者也可有部分在热解炉内燃烧。其传热的方式以对流传热为主，进行煤热解干馏直至炭化。这大大强化了煤料的加热速率，使热解炉煤料的干馏炭化周期缩短（一般为 8 ～ 10h），热量利用率高，热解炉单位容积的产能大。因为有大量空气进入炉内，因此热解炉逸出的煤气中含有大量的 N_2 和 CO_2（其比例高达 50% 以上），热值低（一般在 1800kcal/m^3 左右），煤气质量差，只能作为一般工业炉装置和发电锅炉的燃料用，不能作为化工原料加以利用。内热式直立炉的能源转化效率和利用率低于外热式直立炉，但这种内热式直立炉具有无废气排放、无须烟囱的特点。内热式直立炉的形式种类比较多。按热解炉炉体结构分，有单孔排列、双孔排列、多孔排列的组合形式炉，炉体材料的基本建投资比外热式要低 30% 左右。我国陕北地区的兰炭装置大部分都采用此类炉型。

10.7.3 内外加热结合型直立炉

内外加热结合型直立炉是在外热式直立炉的基础上，使经过冷凝冷却回收焦油之后的部分煤气回炉进入热解炉底部的冷却段，冷却即将移出炉体的干馏煤，充分利用干馏煤的显热，升温后的煤气进入热解炉干馏段，既增加了热解炉内中、下部的热容量，又强化了与焦炭之间的对流传热效果。因此提高了热量利用率，也提高了热解干馏效果，加速炭化，增加单位容积产能，并可降低加热煤气的消耗，保持热解煤产品质量稳定，是一种节能型的先进炉型。

以下介绍的是国内新发展的若干煤热解工艺。

10.7.4 固体热载体新法干馏炉工艺

固体热载体新法热解工艺（技术）由大连理工大学开发，也称固体热载体法快速热解技术。此技术的一个基本特色是以褐煤半焦作热解热载体。其核心部分是固体热载体循环系统，包括加热提升管，用于提升、再次燃烧加热循环的颗粒固体热载体；热载体收集槽，把热的固体热载体从燃烧烟气中分离出来，并储存待用；混合器，使原料煤与固体热载体迅速混合，导致煤颗粒的干馏；热解反应器，为混合后物料提供充分停留时间，使热解反应充分进行。该热解炉组合了提升管混合器和热解反应器，利用小于6mm的粉煤作为原料，在理论上看来很具竞争优势，但从神木富油工业化装置试车的情况来看，存在设备堵塞和煤焦油含尘等问题，至今仍然无法克服，需要对装置进行进一步的改造，能否达到设计的理想效果还需进一步验证。

10.7.5 北京神雾块煤旋转床热解炉（旋底炉）及其工艺

蓄热式无热载体旋转床热解装置（旋底炉）适用于煤颗粒粒度为 10 ～ 100mm 的低阶煤、油页岩、废轮胎、垃圾、生物质等，料层厚度 100 ～ 400mm。如使用劣质煤作为低温热解原料，需先将原料煤破碎、烘干、筛分，然后通过进料系统把其分布送入无热载体的蓄热式旋转床热解炉内，经过预热区和反应区块煤最终被加热至 500 ～ 700℃，热解生成高温焦油、煤气和半焦。高温油气富含煤焦油、热解水和粗煤气，由炉顶排出，进入油气冷却塔与喷雾水进行热交换实现油气分离，冷却后的油水混合物进入油水分离器沉降分离，半焦在螺旋出料机出料和熄焦。

炉墙和炉顶是固定的，由钢结构架、钢板炉壳和隔热内衬构成。内衬为陶瓷纤维隔热材料。炉底是可以旋转的，在炉底金属框架上砌筑隔热材料。在炉底隔热材料之上设有架空层，架空层上面铺钢板，钢板上面铺装块煤。采用辐射管以辐射传热方式对物料进行加热。预热段和三个热解反应段均布置有足够数量的辐射管。辐射管的特点是，燃料的燃烧在管内进行，烟气与炉膛内的气氛是完全隔绝的，可保证热解气体产物不被烟气掺混。辐射管水平布置在炉顶之下、料层之上。炉子两侧设若干个出口用于热解气体导出。

该炉型布料均匀，对煤料的粒度和强度等物理性能的要求低。热解气体与加热烟气隔绝，热解煤气质量纯品质高。可以使用低热值煤气（700kcal/m^3 以上）作为加热燃料，优质的热解煤气可全部置换出来用作后序化工合成的优质原料。油气产率高，质量好。

单台热解炉设计规模可达到 100 万吨 /a，实现了褐煤热解的大规模生产。但因原料依然为块煤，使用原料煤的范围受限且增加生产成本，整体投资大，这些都是影响此技术发展的瓶颈。目前中煤集团等企业正在与其合作建设 100 万吨 /a 的工业示范装置。

10.7.6 大唐华银 LCC 煤热解工艺

大唐华银 LCC 煤热解工段主要是根据低阶煤种挥发分高的特点设计的，该工艺热解温度大约为 500℃，主要目的是除去煤中 60% 以上的挥发分。干燥、热解设备采用气载体内热式直立转底炉，内置犁式机械导流均布器，可以保证传热效率最大化。LCC 工艺采用薄层载体气体干燥技术，比较有利于煤种挥发分的析出。此热解技术已在内蒙古锡林浩特实现30万吨/a工业示范装置，但因多种原因，装置不能连续稳定运行，煤焦油含尘高，无法满足煤焦油加氢原料的要求。目前大唐华银正在对示范装置进行改进，并得到了国家相关部门的验收支持。

10.7.7 陕西神木天元粉煤回转窑热解工艺

陕西神木天元粉煤回转窑热解工艺主要利用倾斜式回转窑对6～30mm的粉煤进行干馏热解，试验室装置已取得试验成功。15万吨/a半工业化装置已由华陆科技完成设计，并计划投料试车。该热解工艺油收率高，煤焦油质量较好，但装置运行还在持续改进当中，未来如果此项热解技术成功，将为国内低阶粉煤有效洁净高附加值利用发挥重要作用。具有良好的经济效益和环境社会效益，将会使煤化工行业有新一轮的投资热潮，发展前景广阔。与之相类似的技术还有西安三瑞、新疆拓必利、新疆科立尔、电子十一所等几家。

10.8 催化加氢热解

10.8.1 概述

煤的热解是实现煤向高价值化学品转化的第一步，而煤的催化热解是实现定向转化的必要手段之一。因此，在不同条件下煤组成结构的变化规律、传递和催化过程对转化行为的影响机制及转化过程的定向控制理论是煤分级转化技术的核心基础。根据煤热解以及催化热解的特点，目前研究的重点应为煤分级转化技术的过程调控原理和催化剂定向制备原理。主要内容包括：①在分子水平上研究中低阶煤的高效利用过程。认识煤中弱键合结构以及与分级转化反应性和产物组成的关系。煤分级转化复杂反应体系中的传递行为以及反应过程调控原理是煤分级转化利用的基础。②深入研究煤热解高效催化剂的制备和催化原理、催化剂结构和活性间的关系，包括研究中低阶煤温和加氢热解联产油/酚/芳烃的催化剂、催化转化联产甲烷和油的复合催化剂等，这是煤热解领域催化剂开发研究的重点。③分析煤中灰分对转化过程、催化剂、残渣形态的影响，通过催化剂形态变化及其与灰分的相互作用的研究，形成催化剂分离和再利用方法，这是优化煤催化热解工艺的基本思路。

在20世纪80年代后期，煤炭的催化加氢热解受到各个国家的重视，因为在催化剂的作用下，煤炭加氢热解的转化率和焦油得率能够得到大幅度提高。

可以作为煤炭加氢热解催化剂的材料有金属铁、镍和钴等，以及金属化合物$SnCl_2$、$ZnCl_2$和MoS_2等，其中以MoS_2催化剂的效果最好。煤炭催化加氢热解的焦油收率是可以与煤炭直接液化相比较的，但热解过程无须溶剂的特点避免了煤炭直接液化中大量溶剂循环所引起的液固分离、管道阻塞和消耗大量能量（溶剂循环占直接液化总能耗的约30%）的问题。

试验结果表明，添加0.5%(质量分数)MoS_2催化剂后，煤炭加氢热解的轻中油馏分和苯、甲苯、二甲苯（BTX）的收率比没有使用催化剂的加氢热解有显著的增加，而且油品中硫和氮的含量也明显降低，即油品质量有显著改善。使用催化剂可以使煤炭热解的温度降低。虽然催化热解有很多优点，但是，在催化煤炭热解中，催化剂回收使用是非常麻烦的，有可能导致成本大幅增加。因此，这给煤炭催化加氢热解工艺的工业实用带来很大困难。

传统煤炭热解不仅获得的焦油量少，而且重质组分含量高，不利于后续加工利用，也没有明显的脱硫效果。为提高焦油收率及焦油的质量，提出了介于气化和直接液化之间的煤加氢热解工艺。该工艺的原理是通过外部氢的加入来饱和煤炭热解所产生的自由基，使自由基与氢反应结合生成轻质焦油，避免自由基间发生的次级反应。煤炭在一定温度于氢气压力下进行加工时，发生煤与氢气之间的反应，导致煤炭加氢热解产品轻质化，但生成的组分在很大程度上取决于操作条件。

煤炭加氢热解可分成几种不同类型：①加氢气化，其目标产品为甲烷；②加氢热解，目标产品是焦油和固体；③快速加氢热解，目标产品为苯、甲苯和二甲苯（BTX）及PCX（三酚：苯酚、甲酚、二甲酚）。加氢热解与一般的煤炭快速热解相比，不仅焦油收率高而且苯、酚和萘的含量高，有利于后续的化工应用。因此自20世纪70年代以来备受各国重视，焦油收率最高达到了60%，可与煤炭直接液化相比，而估算的成本费用仅为直接液化的1/6。

煤炭加氢热解具有以下主要优点：①投资成本较低，因为与加压气化和加压液化相比，加氢热解的反应时间短、氢气压力不高，无须配备相应的制氧设施；②能量效率高，因加氢热解是放热反应，有助于使煤炭达到需要的反应温度；③氢耗低，因煤炭热解本身能够放出氢，使挥发分加氢生成液态烃类；④生产的半焦是无污染的固体燃料，因为加氢热解使半焦中的可燃硫含量大幅降低，因此在燃煤电厂中为防止SO_x污染的环保投资成本降低；⑤加氢热解生成高价值的气体和液体产品，生成的碳氢化合物热值较高，还能够生产贵重化学产品。如果与其他加工过程组合，快速加氢热解能够被用来生产合成天然气、乙烯、丙烯、苯和FT合成产品等。因此，煤炭加氢热解成为介于煤气化和液化间具有吸引力的煤转化途径。虽然加氢热解能够显著提高焦油收率和质量，脱硫效果也十分显著，但昂贵的氢气使加氢热解的成本大为增加。因此寻找廉价的富氢气体替代纯氢以大幅降低煤加氢热解成本是该工艺的发展方向。

10.8.2 煤炭加氢热解过程

煤炭加氢热解大致可以分为：①热解的早期阶段，焦油快速析出，氢气一方面深入煤颗粒中，另一方面与气相和凝聚相中的自由基发生反应，使挥发性产物增加；②氢气与煤颗粒外的气态焦油反应，使稠环向单环转化，脱除酚芳基烷基上的取代基，生成小分子量的芳香烃化合物，反应最终产物中包含很多甲烷；③在焦油和气体大量产生之后，氢气会与残留在半焦中的活性组分反应生成甲烷。与最初的快速反应相比，因焦的热惰性，次级反应的进行较慢。

在仅考虑①和②阶段的加氢热解反应而不考虑第③阶段加氢煤气化反应时，煤炭加氢热解可以简述为：煤炭在氢气气氛下热解，分解析出活性挥发分、惰性挥发分、活性和惰性固体，即氢气是与组成活性挥发分的自由基或不稳定分子发生反应的（稳定了自由基）。惰性挥发分主要指甲烷、水蒸气、碳氧化合物、轻质液体（如BTX）和焦油。活性固体指对氢气敏感的物质，而惰性固体是指不再参与反应的固体物质。从上述分析中可以看出，影响加氢热解（煤炭失重）的主要因素有：活性挥发分的生成、活性物质的次级反应、质量传递和氢气压力。氢气与活性挥发分间的反应能够阻止它们的再聚合，使生成挥发分性物质的量增加；压力增加能够影响物质的扩散和传质，使挥发分产量降低。这些预测与短停留时间的实验结果是一致的。如果停留时间延长，残炭会被气化，就需要考虑煤炭颗粒内的质量传递，即存在的浓度或压力梯度，氢气是能够进入煤焦孔隙内并使炭发生气化反应的。

10.8.3 影响加氢热解的因素

原料煤的性质影响热解产物的分布。如果为了获得高热解焦油产量，则应该尽可能使用挥发分含量高的烟煤和褐煤作为加氢热解的原料煤。

煤中的矿物质对煤炭的加氢热解也是有影响的。研究指出，钙和黏土类矿物质能够降低甲烷产率。含钙矿物质对 C_3 ～ C_8 液体产率的影响很小，而高岭土能够增加其产率。其他矿物质，特别是 $FeSO_4$ 的影响随试验条件而变化。

煤炭预处理过程对烟煤加氢热解影响的研究指出，使用 2 ～ 3MPa 氢气在 350 ～ 430℃下处理过的煤炭，其加氢热解焦油、BTX 和 PCX 都会增加；而被 CO_2 和 H_2O 预处理过的煤炭，焦油的产率也有增加。而在 CH_4-H_2 混合气氛下对煤炭低温热解的研究指出，采用产物气体进行煤炭加氢热解是可能的，焦油产率仅有微小的下降。对在水蒸气存在下的煤炭加氢热解研究指出，使用蒸汽 - 合成气混合物替代氢气进行煤炭的加氢热解是可能的，这有可能提高加氢热解的经济性。

由于煤炭加氢热解过程包含热分解、挥发分逸出、次级反应的发生和多种物质质量和能量传递等一系列的物理化学过程，所以加氢热解反应类别和产物分布极大地依赖于所使用的工艺参数，特别是反应器类型、加热速率、最终温度、煤阶和煤颗粒大小等因素。

10.8.3.1 反应器类型的影响

煤炭加氢热解反应器可以按煤炭颗粒样品移动与否分类。样品静止状态下进行氢热解的实验室实验反应器包括金属丝网、固定床、热天平反应器；样品流动状态的加氢热解反应器包括流化床、气流床、滴流管反应器。在不同反应器中，氢气与煤颗粒的接触时间、挥发分在煤中的停留时间以及次级反应发生的时间是不同的。氢气压力的影响很大程度上与反应器设计密切相关。

金属丝网反应器可以直接测量煤样的温度和转化率。加热速率的改变可以不受选择终温的限制，能够精确和稳定地控制反应气氛。但是该反应器不能够连续记录质量变化数据，反应速率的测量需要有大量的试验数据。产物浓度很小，难以获得定量产物分析的数据。高加热速率导致挥发分迅速移出反应区，焦油加氢转化不充分，单环芳香烃含量低。

在固定床反应器中，煤样精确与反应器中某一部分接触，反应器一般使用电加热。固定床装置的优点是产物流可以很大，易于收集分析，产物中能够获得的烃类量很高，可以达 69%。该类反应器的缺点是，大量的煤样使其加热时间很长且不是很均匀，在氢气进入前已经发生焦油转化和挥发分的次级反应。

热天平技术能够连续地记录加氢热解过程中的质量变化，因此易于进行热解动力学分析和研究，是不少研究者乐于采用的技术。高压釜和居里点反应器也能够作为煤炭加氢热解反应装置使用。

为了发展加氢热解技术以便后续的试验放大，载流反应器也已经被开发出来。在这类反应器中，一般使用预热氢气流夹带煤炭颗粒一起进入加热反应管中。在稳态操作时，载流反应器能够产生大量产物，可精确测量产物产率。但由于无法精确确定颗粒在流动气体中的相对速率，且煤样的连续通过和反应导致挥发分产物与加氢反应发生之间有时间上的滞后，因此难以使用这类反应器进行精密的科学研究。

10.8.3.2 温度的影响

温度是影响煤加氢热解过程的最重要因素，主要体现在两个方面：对煤炭热解反应的影响和对挥发分次级反应的影响，包括其分解和聚合反应。分解产物是指初级挥发分在氢气气氛中继续进行裂解反应使产物轻质化，最终形成甲烷。而聚合反应与不饱和烃类和自由基的产生密切相关，芳香烃也能够聚合成重质化合物最终生成半焦。

10.8.3.3 升温速率的影响

一般认为极快的加热速率有利于 BTX 收率的增加。为此已经开发出快速加氢热解工艺，其升温速率高达 1000K/s 以上。以很快的升温速率加热煤炭，在 600 ～ 900℃和 3 ～ 10MPa 条件下使煤炭在氢气气氛中进行热解时，完成反应的停留时间仅有数秒钟。由此能够最大程度地获得 BTX 和 PCX 等液态轻质芳香烃和轻质焦油。同时获得富含甲烷的高热值煤气，气液产物的总碳收率可达 50% 左右。

10.8.3.4 压力的影响

氢气压力对煤炭热解产物焦油和 BTX 收率的影响是复杂的。在不同的反应器中其影响趋势也是不一样的。氢气压力本身仅在于遏制气体、液体和固体产率，因为随压力增加，氢气和初级挥发分间的反应增加以及挥发分从煤颗粒内向外扩散速率减缓这两种相互抵触的作用因素同时产生作用和施加影响。因此，氢气压力与精确气液固产物产率间的关系是难以确定的。压力的改变还会影响其他一些参数的变化，如气固接触时间等。但总体来说，气体收率、某些情形中 BTX 和液体产品收率都随压力增加而增加。在获得高 BTX 收率（≥ 10%）的试验中，氢气压力均超过 10MPa。

10.8.3.5 停留时间的影响

对苯和焦油收率而言，固体物质停留时间的影响相对说来是不大的。研究表明，在停留时间为 2 ～ 30s 内，随停留时间增加只增加甲烷收率，对 BTX 的收率影响不大。但是，气体停留时间对焦油产率和组成是有极大影响的。研究指出，在一定温度下为得到最高轻质芳烃液体收率存在一优化停留时间。因为热解碎片如果不能够从煤颗粒中顺利逸出并转化为轻质液体，它们就会缩合或聚合成黑色的黏稠液体。合适的气相停留时间能够产生更多的可逸出的轻质液体，但过长的停留时间则会导致轻质化合物到甲烷的转化。

10.8.4 煤催化热解机理

煤加氢热解与一般热解过程是一样的，一般包括：基本结构单元中弱键合键的破裂生成自由基，若温度足够高，部分结构单元断裂并逸出，部分结构单元缩合成高分子物质留在半焦中；氢传递反应使结构单元经自由基反应而缩合，逸出的结构单元通过氢传递使油产率变得稳定。因此，快速热解过程使焦油产率提高是可能的。这是因为煤加氢热解过程中的主要反应也是加氢裂解和缩聚。在温度升高条件下，固相和液相中发生某些结构的二次裂解。煤的加氢热解过程产生的热解产物分布，除了工艺条件的影响外，主要由煤中官能团种类、数量以及它们的富集度、煤聚合度、平均分子量等因素决定。加氢热解过程中，煤中含氧官能团、脂肪烃侧链易于加氢断裂，热解活性片段一般是大量未取代芳香烃和含3～7个芳环的取代芳香烃，其中大部分是乙基和丙基类。如果这些碎片足够小，可不受传质限制，因此不发生中温交联反应，直接穿过煤粒逸出形成焦油。当温度升高时，煤中网络结构发生中温交联，难以挥发逸出，焦油组分之间发生缩合反应。缩合反应导致产物体积增大、结构稳定、反应性降低。煤的催化加氢热解能够通过催化剂对加氢热解过程施加影响，促进或阻止上述反应的进行，从而改变热解产物产率和组成，有选择性地提高目标产物产率。煤加氢热解过程也主要包括有机物的一次裂解和初始热解产物的二次反应。因此，催化加氢热解主要是考察催化剂对这些过程进行施加的作用。

假设：煤颗粒具有不变的孔体积和组成，煤颗粒内部氢气不存在浓度梯度且等于颗粒外表面的氢气浓度，并对热解产生的活性物质不做区分做总包处理，质量传递与氢气压力成反比、与煤颗粒无关。Anthony 基于煤在氢气中的失重行为，认为煤加氢热解机理可以使用如下的加氢热解模型表达：

$$\text{煤} \longrightarrow V' + V + S'$$

$$V' + H_2 \longrightarrow V$$

$$V' \longrightarrow S$$

$$S' + H_2 \longrightarrow V' + S$$

$$V' \longrightarrow S'$$

煤在氢气条件下加热分解为活性挥发分物质 V′、惰性挥发物质 V 和活性固体 S′。其中 S 是惰性固体。活性挥发物包括自由基和其他不稳定分子以及由它们组成的物质的总称，惰性挥发物主要指甲烷、水蒸气、碳氧化物、其他轻质气体以及轻质液体如 BTX 和焦油，活性固体是指能够与氢气反应和进一步发生变化的固体物质，惰性固体指不再参与反应的固体。通过活性挥发物的平衡可大致分析质量传输过程。

该模型的预测与试验结果基本上是一致的，即影响煤加氢热解失重的主要因素是：活性挥发物质的生成速率，活性物质的二次反应，质量传递和氢气压力。氢气与挥发物质间的反应阻止其再聚合，使挥发分增加。压力增加扼制扩散和质量传递，使挥发物质降低。但 Anthony 加氢热解模型仅适合于脱挥发分的最初时刻，即短停留时间。

在文献中，对该模型做了不少修正和发展，提出了一些新加氢热解模型，这里就不叙述了。

10.8.5 煤热解催化剂

煤热解催化剂的种类大都集中在碱金属和碱土金属、过渡金属化合物、沸石和分子筛催化剂范围之内。另外，还有为降低催化剂成本而选择的天然矿物质和较廉价的催化剂。氢含量较低时缩聚反应起主导作用，提高加热速率能够提高氢的利用率，因此认为快速加热提高了脱氧和对其他产品的处理。对多种过渡金属化合物对煤催化热解影响的研究发现，4 种路易斯酸催化剂的催化效率顺序为 $ZnCl_2 > NiCl_2 > Fe_2O_3 \cdot SO_4 > CuCl_2$，该顺序与它们的还原能力顺序是一致的。

另外，在煤催化加氢热解过程中，研究较多的催化剂包括 Mo、Ni-Mo、Co-Mo、Ni-W 基催化剂以及各种分子筛。尤其是 MoS_2，因其活性组分的表面不仅可吸附大量氢分子，而且氢化后有氢化物析出。把氢解离成具有强还原性的原子氢，氢扩散到煤粒子内部，使更多的键断裂并使生产的自由基加氢饱和。因此，它被认为是一种催化加氢热解的优良催化剂。

虽然用于煤热解的催化剂种类很多，但大多数催化剂在煤催化热解中仅能够使用一次，因此催化剂成本较大。为此，研究者寻找的目标转向廉价易得的催化剂和天然矿物质。

对洁净煤转化技术中使用的催化剂研究，过渡金属铁被认为是对加氢反应有较高催化活性的催化剂。铁原子中含有未成对的 d 电子和空轨道，容易吸附氢分子形成化学吸附氢，使 H_2 分子活化解离成活性氢原子，它很容易与煤热裂解产生的自由基或烯烃反应，生成稳定的低分子量烃类。

下面按催化剂类别简要介绍各类煤加氢热解催化剂。

10.8.5.1 碱金属和碱土金属化合物

一般认为，热解时碱金属和碱土金属与煤中的羧基和羟基结合。一方面，它作为煤中大分子之间的交联点使煤结构更紧凑，从而阻止焦油大分子的逸出，强化焦油大分子生成半焦的反应。另一方面，它能够加快热解速率，有效促进含氧官能团的裂解，大幅提高气体产率，而且还可降低液体产品中氧和硫的含量。其中，碱金属氢氧化物能够毁坏煤中 C—O—C 键以及 C—C 键，遏制表面酚羟基官能团的形成。但过量的碱金属会降低焦的产率。碱金属碳酸盐，如 K_2CO_3、Na_2CO_3 等，和—COOH 和—OH 作用形成碱金属 - 氧表面团簇，这些表面团簇可作为催化作用的表面活性位，抑制酚类化合物的逸出。

10.8.5.2 过渡金属化合物

过渡金属 Fe、Co、Ni、Cu、Zn 等的氯化物和硝酸盐具有酸性且较容易形成配合物。过渡金属化合物中金属阳离子与煤中的羧基和羟基结合，对煤热解过程施加影响。而且，过渡金属化合物对慢速热解和快速热解的催化作用是不同的。它们可提高慢速热解中半焦产率而降低气液产物中除 CH_4 以外的所有烃类物质含量。

铁系催化剂因其廉价、环境友好被广泛应用于煤的直接液化和煤的气化反应过程中。铁系催化剂的种类及催化性能有一些特点。Fe 可以以多种形式出现。高分散的磁铁矿石（Fe_3O_4）对气化转化率有较大影响，而且经氧化铁催化作用还可增加煤气中 H_2 的产率，降低 CO_2 的产率。Fe_2O_3 可显著促进煤粉的热解，较高温度条件下可催化裂化初始热解产物油，增加烷烃产率。黄铁矿 Fe_2S_3，经煤原位担载后，热失重速率增加，最大热解速率的特征温度也有所降低。$FeCl_3$，$FeCl_3$ 的主要催化作用表现在热解达到最大失重速率的温度之后。铁矿石，高温下对苯有一定的催化裂解作用。另外，冶金废渣、铁矿石、黄铁矿石都可促进煤焦油产率的提高。

10.8.5.3 天然矿物质

天然矿物质对煤热解反应有影响。一般认为，黏土和酸性矿物质可催化煤的加氢热解反应。高岭石或伊利石使热解烃的产率降低，但可使加氢热解烃的产率增加。这些矿石可促进 H_2O 和 CO_2 气化煤的反应。石英从化学角度上属于惰性组分，但在煤的化学转化过程中起稀释作用，可阻止煤塑性颗粒的团聚。矾土（主要活性成分为 Al_2O_3）对脱烷基和脱氢反应具有催化活性。钙基矿物质（如石灰石 $CaCO_3$ 和煅烧石灰石 CaO）能促进煤中含氧官能团的裂解。

10.8.5.4 煤中矿物质

煤中矿物质对煤加氢热解反应也具有催化作用，可提高煤的热解转化率，并促进初级热解产物的裂解反应，降低焦油产率。煤中矿物质还可以吸收热解气体产物中的硫化物，降低焦油中的硫含量。但是也会导致半焦中的硫含量增加。通过对煤中特定矿物质离子的催化作用研究还发现，铁、钙离子不仅对热解生成的焦油有催化重整作用，还可能催化半焦的气化反应。煤中的碱金属离子和碱土金属离子能够改变产物中 CO、CO_2 和 H_2O 的产率分布，对焦油产率和总挥发分产率也有较大影响。

10.8.6 煤催化热解中催化剂的选择

催化热解是一种从煤中提取具有高附加值化学品、油品的煤利用方式的一个变种。其研究重点在于如何有效增加煤热解转化率以及目标产品的产率。以提高 BTX 等化学品产率或热解转化率为目标，可以选择的催化剂有如下几种：① Mo，使热解液体产率提高；②铁基、镍基催化剂（Ni-Mo、Co-Mo、Ni- Mo-S / Al_2O_3），可使 BTX 的产率增加；③ Mo、W、Co-Mo、Ni-W 的硫化物和氧化物、沸石及分子筛，与 600 ℃过渡金属氧化物的催化效果相近，而沸石和分子筛的催化性能明显高于其他催化剂，可大幅提高 BTX 的产率和提高煤总转化率；④过渡金属，可提高油品质量和收率。

煤热解产生的焦油中，沸点大于 360℃的重质组分占 40% 以上，这些重质焦油不仅堵塞管道，腐蚀设备，还含有致癌物质，如果被排放到环境中会造成严重的环境污染。为此，希望通过添加催化剂来降低煤热裂解温度，使重质焦油在热解过程中深度裂解，这样做对煤的清洁高效利用具有重要意义。

以裂解焦油为目标可选择的催化剂有如下一些：①碱金属催化剂，碱金属能够催化裂解焦油使其收率降低；②碱土金属［CaO，$Ca(OH)_2$］催化剂，碱土金属也能够促进焦油分解，例如，CaO 使焦油产率降低，因为它可裂解除 CH_4 以外的热解烃类产物，使煤气中氢气、甲烷、轻烃类化合物含量增加，同样 $Ca(OH)_2$ 也能够提高气体产率；③铁矿石催化剂，在高温时铁氧化物对苯有催化裂解活性；④镍基催化剂，金属镍具有高的催化焦油裂解活性，使焦油收率降低；⑤金属氧化物催化剂，如 Fe_2O_3 在高温下能够催化焦油裂解，热解率达到 78%；⑥ 5A 分子筛、Ni-3 催化剂、LZ-Y82 分子筛，5A 分子筛和 Ni-3 催化剂对 1- 甲基萘有较好的催化裂解活性，LZ-Y82 分子筛能够使焦油加氢裂解；⑦ $ZnCl_2$，在慢速热解中，焦油的裂解率达到 88%，因此焦油产率降低，但使三苯（BTX，苯、甲苯、二甲苯）液体产率提高。

10.8.7 煤的催化热解工艺

煤在热解过程中一直以固相形式存在，因此催化剂对煤热解的催化性能不仅与催化剂本身的催化活性有关，还与催化剂和煤颗粒之间的接触程度有关。催化剂应该在煤中有好的分散，根据分散程度和负载方式，热解催化剂可以以连续分散方式分布在煤晶格中，如煤中内在矿物质或者通过浸渍、离子交换方式添加的催化剂；也可以只存在于煤颗粒外表面，如利用机械混合方式添加的催化剂。因此根据催化剂负载方式的特点，可以有不同的催化热解工艺。

10.8.7.1 ICHP 工艺

美国 Utah 大学和美国能源部（DOE）在小型试验装置上开发了煤加氢热解工艺 ICHP（intermediate coal hydrogenation process）。ICHP 曾被作为煤液化技术的基础工艺，后被发展为煤快速加氢热解工艺。该工艺中，粉煤用 $ZnCl_2$ 催化剂溶液浸渍，在螺旋干燥器中混合，在 13.6MPa 压力下被迅速加热至 450℃，干燥器中停留时间小于 1s，反应器中停留时间为 4 ～ 6s，加氢热解的油气产物经冷却后，分离收集液体和气体产物。半焦、灰和未反应煤被收集在反应器后面的固体收集器中。用硝酸和水洗涤热解油品和半焦产物，从水相中回收 $ZnCl_2$。该工艺所得气体、轻质油、重质油和固体产物产率分别占进料煤质量的 13%、15%、37% 和 35%，其中液体产品的 69% 可精炼成汽油，可精炼成柴油的组分占 56%。

10.8.7.2 多段加氢热解工艺

传统加氢热解过程是以固定的升温速率直接升至终温的。而多段加氢热解过程是在传统加氢热解的基础上在热解峰温（约 350℃）停留较长时间。在多段加氢热解中，催化剂能够显著增加自由基生成及其加氢饱和的速率，因此总转化率得以提高，而且产物分布也被改变，焦油中轻质组分含量显著提高。苯类、酚类和萘类产率分别增加 42%、37.8% 和 115.4%。在该工艺中，MoS_2 与煤样仅仅做了简单的机械混合，催化剂的分散是相当差的，因此煤加氢热解总挥发分产率和焦油产率的提高程度有限。如果把 MoS_2 催化剂负载到煤上，制备成本会显著增加。倘若不能够回收催化剂，将对该工艺的经济性产生影响。为此，建议借鉴重油加氢工艺中回收 MoS_2 催化剂的方法。

10.8.7.3 流化床加氢热解工艺

已经开发出一种流化床加氢热解工艺。将煤粉与 CaO 催化剂机械混合后一起作为试验原料。试验装置采用流化床反应器，反应器由外径 57mm（管壁厚度 4.5mm）的耐高温不锈钢管制成，高约 525mm，反应器下部装有一倒锥形气体分布板（开孔率约为 1%）分布进入的含氢气气流使之流化试验原料。分布板中心留有排料孔，以便在试验结束后排料。与进料口相对一侧的反应器床层壁上开有溢流口，以使流化床层高度保持一定，进行连续稳态操作。该工艺的一个特点是，当达到设定温度后，首先加入在相同条件下制得的半焦作为床料，然后再进煤样。气体出口导管温度保持在 400℃左右，以防止焦油冷凝。常压 450 ～ 750℃下进行加氢热解操作。CaO 催化剂可显著提高气体产物产率，降低焦油产率，并使焦油达到最大产率时的热解温度降低。焦油中杂原子含量少，轻质组分含量高。

10.8.7.4 逆流式煤催化热解工艺

国内学者提出了一种逆流式催化热解工艺，该工艺是将不同粒度和颗粒密度的煤粉和催化剂分别送入热解反应器和催化剂仓，在逆流接触过程中煤快速热解。通过控制催化剂料仓下部固体料阀的开度，调节固体催化剂与煤粉间的比例，并控制热解反应温度。通过控制提升气流量，利用催化剂与煤粉颗粒间的密度和颗粒度间的差别，实现催化剂与半焦颗粒的逆向流动和自动分离。夹带着半焦颗粒的热解油气经旋风分离器快速分离除去固体半焦，使所得油气快速冷凝。热解反应后催化剂下行进入 U 形阀，被流化气流送入管式再生器中，在上升过程中被热空气烧去表面上沉积的焦恢复催化剂的活性，加热再生后的催化剂又作为煤热解反应的热载体再次循环进入催化热解反应器中。

10.8.8 煤炭加氢热解进展

对煤炭快速热解进行了有关的概念设计和经济评估。例如，对一个称为气相短停留时间加氢热解的工艺进行了最大液体产率和气体（甲烷和乙烷）产率的工艺条件优化。对加氢热解生产合成天然气和其他副产物的经济评估说明，该加氢热解过程生产合成天然气可以与 Lurgi 过程相比拟。快速加氢热解技术也有可能从煤炭生产苯、乙烯、合成天然气等有高附加值的产品，甚至内燃机燃料和管道煤气。

煤快速加氢热解同时生产液体和气体产品的方案是最经济的。美国 Rockwell International 公司和日本新能源开发机构联合建立了 24t/d 的中试装置；美国 Carbon Fuels 公司在完成了 18t/d 的中试研究后对过程实施大型化计划，进行了 240t/d 的粉煤喷嘴冷模试验。英国 British Gas 公司的 5t/d 的煤炭快速加氢热解流化床反应器已经投入运行。日本大阪煤气公司在小试（240kg/h）的基础上已经完成了 50t/d 的中试设计和可行性研究。对煤炭快速加氢热解的初步设计和经济评估表明，其投资可以较好地回收，特别是对化学原料和气液燃料的生产更具良好的实用前景。

煤炭加氢热解不仅能够作为煤炭转化的一种重要技术，同时也具有高效脱除煤炭中杂原子杂质的作用。煤炭加氢热解能够同时脱除煤炭中的有机硫和无机硫，脱除率超过 90%。在加氢热解中，煤炭中的大部分硫被转化为硫化氢，因此可以使用常规方法回收。只有部分不可燃的硫残留于半焦中。因此，加氢热解能够把煤炭资源尤其是高硫煤资源有效转化为高热值煤气、液体燃料和洁净固体燃料，是一条新的煤炭资源利用途径，具有广阔的发展前景。制约加氢热解脱硫技术使用的主要障碍来自经济因素，因为把氢气作为反应气体使用的操作费用相当高。如果能够使用廉价气体源如焦炉气来替代氢气的话，则有可能在获得高脱硫率的同时获得良好的经济效益，这可能成为近期加氢热解研究的一个主要方向。

虽然我国对煤炭进行加氢热解加工的研究起步较晚，但也已经对国内多种煤炭资源利用多种不同类热解反应器进行了研究。

如前面已经叙述过的，煤炭在氢气气氛下进行加氢热解能够显著增加煤炭转化率和焦油收率，而且在焦油中经济价值高的苯类、酚类和萘类组分含量增加。因此煤炭加氢热解已经成为从煤炭制取液体燃料的一条重要途径。

对先锋褐煤的加氢热解研究表明，加氢热解反应起始温度低，加氢热解转化率和焦油收率高。这说明褐煤是很适合于进行加氢热解反应的，而且热解产物提高的多是容易挥发的组分。在氢气气氛下，煤炭中的羧基和酚羟基分解生成 CO_2、H_2O 和 CO 的反应被明显扼制，因此，加氢热解的气体产率要低于惰性气氛下的热解。添加催化剂虽然对强化褐煤热解反应有影响，但其影响程度要小于烟煤。例如，对内蒙古东胜烟煤在氢气和氮气气氛下于气流床中进行的快速热解研究表明，常压氢气下获得的液态烃类的产率要比氮气气氛下高 80%。而加压快速热解反应中，氢气气氛下的液态烃产率是氮气气氛下的 17 倍。烟煤在氢气气氛中的快速热解更有利于获得 BTX（三苯）、PCX（三酚）和甲烷。

华东理工大学建成了 0.1kg/h 的气流床反应装置，进行多种褐煤、烟煤在各种条件下的加氢热解反应研究，取得很可喜的成果。陕西一煤炭公司建立起以煤炭热解反应为基础的煤炭能源资源综合利用的设施并已经投产。

传统煤加氢热解过程中的传质影响显著，尤其是当使用固定床反应器时。在较快升温速率下煤热解产生自由基的速率与氢气的扩散速率不相匹配，导致自由基再聚合反应增大了生成半焦的反应速率，煤转化率和焦油收率下降。慢速加热的加氢热解虽然在一定程度上能够促进氢气的扩散，有利于焦油收率的提高，但该过程在实际生产中是不适用的，因需要的反应器过大及过长的加热和反应时间。为此，基于煤加氢热解机理，中科院山西煤化所专家提出煤多段加氢热解过程，即利用程序升温进行煤加氢热解，在升温到煤热解产生自由基的速率与氢气扩散速率相匹配的那个温度点时停留适当时间，以达到提高过程转化率和焦油收率的目的。这个概念与通常提高芳烃化合物收率为主要目的的两段加氢热解工艺有显著不同。热天平试验显示，采用快速升温多段停留可以达到甚至超过慢速升温达到的转化率，焦油收率也极接近于慢速升温方法，其效果显著高于慢速升温。在多段加氢热解过程中，停留的作用随升温速率提高、反应压力增加和氢气流量增加而显著增大。所得到的油品中含有的经济价值更高的组分如苯、甲苯、二甲苯和酚、甲酚、二甲酚及萘的量更高，这是因为在峰温处的停留氢气能够促进自由基的加氢饱和并扼制它们的再聚合反应。对反应条件的进一步调整有可能使所得焦油更进一步轻质化。试验结果证明，多段加氢热解能够大幅降低热解反应的平均活化能，说明多段停留在一定程度上起到了类似催化剂的作用。另外，多段加氢热解也是一种燃烧前脱硫的理想方法。结果显示，兖州煤的脱硫率达 90% 以上。

用 100g 宁夏灵武不黏结煤，在固定床反应器中于惰性和氢气气氛下进行多段加氢热解试验，结果指出，在氢气气氛下的热解转化率和焦油收率远高于惰性气氛。这也是由于煤热解初始生成的自由基与氢反应扼制了自由基本身间的相互结合，使之生成较多的低分子量化合物。氢气气氛下的热解焦油收率比惰性气氛提高了 2 倍，而焦油中的 BTX 和 PCX 则分别提高了 4 倍和 2 倍。

在煤炭热解反应中还使用了等离子的加热方式，以及在亚临界和超临界条件下进行煤炭的热解研究，获得不少有用信息。对今后的研究有参考价值。

10.9 煤与其他物质的共热解

10.9.1 煤炼制和联产体系

煤炭炼制或联产体系被定义为“两个或多个单独过程的集成体系，它能够把煤炭加工成两种或多种产品供应两个或多个市场”。这是从现实中产生出来的概念，煤炭必须以非传统方法加工以满足潜在的不断扩展的市场需求。煤炭炼制概念的一个关键特征是，生产多于一种的产品，例如，蒸汽或电力，或燃气和电力。该概念能够被扩展到如下多种产品，包括蒸汽和电力的共生产，为工业和发电厂生产燃气，为化学品和 / 或燃料制造业生产合成气，为化学品和燃料生产捕集供应热解焦油，生产专用焦炭等等。

联产是从工业工厂实践中的能量强化引发出来的，目的是满足市场对蒸汽和电力的需求。蒸汽和电力联产体系现在是一种重要的商业活动。设计的联产设施都使用天然气，很少有例外。因为与使用煤炭的工厂比较，使用天然气工厂的投资成本较低。当天然气价格上升到需要较高操作成本时，煤炭设施就会具有经济竞争性。使用煤炭的先进发电体系（其第一步一般是气化）也能够供应液体煤燃料、燃气和合成气。现在，主要是使用煤炭气化工艺的多联产体系，其规模正在不断扩大。但蒸汽和电力仍然是其主要产品。

似乎可以合理地预期，引进煤炭联产体系的时间应该近似对应于如下重要时刻：计划成本和 / 或天然气的可利用性正好等于新煤炭基发电设施的投资时，或许在 2006 ～ 2020 年之间。这个时间也可能是要求从煤炭制造合成天然气来满足民用需求的时间。因为世界巨大的石油和沥青资源及其低的价格，所以使用煤炭制造液体运输燃料的时间可能要推迟。但如果从能源安全考虑，这个时间可能会提早。

使用煤原料联产的第一个重要机遇，可能是在预测的对新高性能煤基发电体系需求的时刻。这些高性能煤基体系将包含煤炭气化，其产物主要是合成气，从它可以生产燃气（合成气、合成天然气和氢气）和液体燃料（汽油、柴油、喷气燃料等）等多种产品。联产产品与 SNG 生产的结合在商业上是很有前景的，尤其是当低价油和天然气大量供应不可持续时。近来，对合成液体燃料过程有相当的经济激励。预期，煤基联产体系能够为燃料和化学品联产提供比传统单一产品或专用工厂方法更加牢靠的增长机遇。在中国，煤基合成天然气和合成液体运输燃料与电力等的联产系统的快速发展印证了这些分析和预测。

鼓励联产的商业环境和法规变化能够为扩展煤炭作为能源使用提供一个更加广阔的空间，形成更多联产产品的强大物流。新近都在考虑如何使重要产品更有效生产和更节约资本投资，一般结论是蒸汽和电力由外部公司供应，因这些公司的建立和操作都是为区域性制造工厂和公用网供应蒸汽和电力的。它们可能是公用工业部门的子公司，能够供应燃气、合成气和合成天然气给化学和石油化学公司。无论如何不应该低估潜在商业关系的复杂性和灵活性需求。在图 10-18 中给出了一个组合煤气化联产热、电、气三种产品体系的原理和工艺流程，使用煤灰作为热载体进行循环。

随着今天特别强调发电效率以及已经有可利用的高性能气体透平和燃料电池，高效气化和热解技术受到的激励不断增加，特别是为发电厂提供气体燃料的气化和热解工厂的设计与建设。与为生产高纯度合成气以转化成化学品和清洁燃料的体系尤其是优化体系比较，这些体系的要求是不同的，它们可以接受甲烷和氮气的稀释，较高水平的杂质也是可以忍受的。

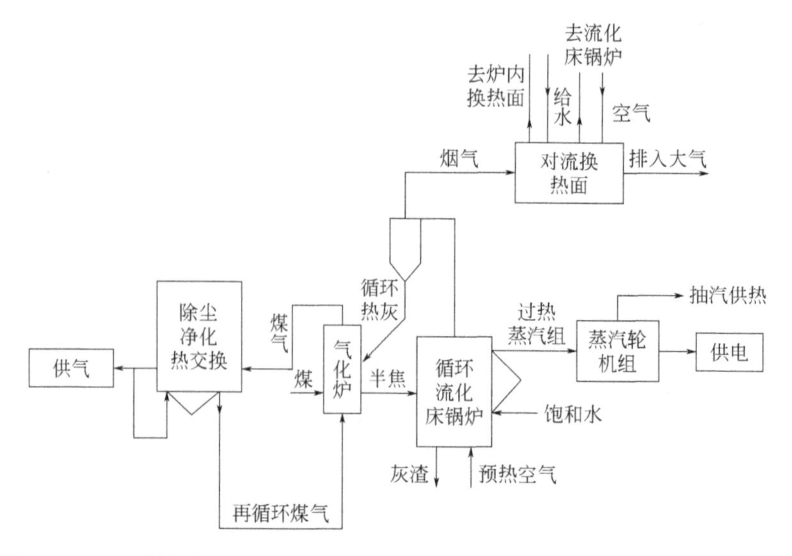

图 10-18　以煤灰为热载体的循环联产热、电、气工艺的技术原理和流程简图

10.9.2 与生物质的共热解

生物质是富氢的，而且资源量很大。我国农作物秸秆产量每年约有 6 亿吨，稻壳约 5000 万吨、林加工残余物约 3000 万吨。三项总计折合标准煤 21.5 亿吨。生物质的主要活性组分为木质素、纤维素和糖类等。生物质虽然丰富，但能量密度低，存储和运输困难。为有效利用生物质资源，热解是使其有效转化的方法之一，生物质热解能够把生物质转化为液体和气体燃料，获得有用的木炭、生物油和燃气。因此将生物质与煤炭共热解是近些年中能源化工的新研究课题。

在较系统研究生物质和高硫强黏结煤共热解中的热化学行为后发现，高硫强黏结煤热解过程中伴随的生物质分解反应具有脱硫和抗黏作用。把热化学分解温度相近的褐煤（初始分解温度约 300℃）与生物质（主要热分解温度为 265 ～ 310℃）进行低温热解时，先把生物质与褐煤冷压成型，然后型块逐层受热发生热分解，不仅可以有效控制粉尘的逸出，而且在热裂解的界面产生自由基，生成焦油和再缩聚成固体产物。因此，进行低温热解是能够产生大量煤气、较大量焦油和高碳含量半焦三种产物的。这对于合理有效利用褐煤和生物质资源，发展生产多种产品的联合生产技术和减轻环境污染是很有意义的。另有研究表明，生物质和褐煤共热解过程中，它们之间有一定的协同相互作用，这使生物质中的部分碳被固定于半焦中，使半焦产率增加，半焦的孔隙率和表面积也增加，表面性质也有变化，这些体现在吸附量的增加上。但对年轻煤以外的煤炭，情形完全不同，由于热解温度不处于相同或相近范围，因此生物质对煤的热解没有什么促进作用。生物质的富氢并没有在煤热解中起到加氢效果。因此生物质对煤热解有无影响要视煤种和热解基本条件而定。

10.9.3 煤与焦炉气共热解

煤炭的加氢热解一般使用氢气，它一般是从甲烷、水蒸气裂解制备，或从水煤气、半水煤气获得。氢气的生产成本一般是相当高的，这使加氢热解工艺在工业放大中受到的经济压力很大。寻找廉价氢气源是煤炭加氢热解工艺工业产业化的基础。如果能够使用廉价易得的焦炉气作为氢气源，则可以大幅降低煤炭加氢热解成本，减少投资费用，在经济上显示其优越性。

煤 - 焦炉气共热解工艺首先由比利时的鲁塞尔自由大学化学实验室在 1989 年推出。其工艺过程简述如下：干燥后的煤粉与重油混合配制成油煤浆，泵入煤 - 焦炉气热解反应器，反应条件为温度 650 ～ 750℃、压力 3MPa；反应产物经高温旋风分离器分离，得到的固体半焦使用作为联合循环发电系统的燃料。在加压流化床中燃烧，或者在气化炉中气化生产低热值煤气以替代焦炉煤气加热焦炉或作为预热焦炉的煤气。旋风分离器出来的气体产物进入裂解反应器，与来自焦炉煤气预热炉的 1200℃焦炉煤气混合，于 800 ～ 850℃下对煤炭进行加氢热解。热解气体经冷却回收焦油后获得产品煤气。所得焦油再经过加工获得苯、酚和萘等化工产品。得到的重油馏分被用来制备油煤浆。焦炉煤气经压缩和热交换后进入焦炉煤气预热炉，经预热后的煤气温度可达 1200℃，部分进入热裂解反应器，大部分进入煤 - 焦炉煤气共热解反应器。

煤炭 - 焦炉气共热解工艺的经济前景良好。因为省去了煤气处理、氢气分离以及生产氢气等过程所需要的设备。整个过程比使用循环氢的传统煤加氢热解工艺节省 2/3 的设备费用。如能够将煤 - 焦炉煤气共热解与传统炼焦工艺结合形成煤炭热解焦化联合企业，可能是煤炭综合利用一条新的利用之路。

能够总结出的煤炭 - 焦炉煤气共热解与焦化工艺相结合工艺的优点如下：①从煤制备到热解产物的加工处理均可以利用焦化工厂的现有装置和设备，大大节约煤加氢热解的设备投资；②煤炭 - 焦炉煤气共热解生产的高热值煤气（富含甲烷）能够提高焦炉煤气的热值和产量；③共热解产生的液体产物可以与炼焦产生的煤焦油一起进行加工提炼，以获得更多的优质化工产品；④共热解产生的半焦是优质的，含硫量低，可直接用于炼焦配煤，而且也是洁净的固体燃料；⑤煤炭中的大部分硫在共热解中被转化为硫化氢，易于回收，这极有利于利用高硫煤炭资源。

对煤炭 - 焦炉气共热解的热量和物料平衡计算结果表明，焦炉气能够同时满足煤炭加氢热解对热量和氢气的需求。对该过程和氢气气氛下的加氢热解的模拟计算和热解产品收率比较后指出，两过程的产品收率基本相当，说明焦炉气中的甲烷只相当于惰性气体，对煤炭热解反应无影响。加氢热解反应取决于氢气压力，因此使用焦炉气替代氢气进行煤炭加氢热解是可行的。

试验结果还说明，煤 - 焦炉气共热解的焦油产率和质量随所使用工艺条件而变化。因此，通过调整压力、升温速率等操作条件可以使煤炭 - 焦炉气共热解达到最佳的效果。使用煤 - 焦炉气共热解不仅能够提高油品收率，而且能够显著改善油品质量，具有较大的优越性。焦炉气中的甲烷和一氧化碳等组分在煤炭热解过程中可能起着不可忽视的作用，影响煤炭加氢热解的效果。有研究表明，甲烷对煤炭加氢热解起着双重作用，一方面能够提高焦油收率，提高 BTX 和萘含量，另一方面因扼制加氢脱甲基反应而降低总转化率。而一氧化碳也能够增加焦油收率，并通过扼制 PCX 发生次级反应而使焦油中的 PCX 含量提高，但它可能与氢发生甲烷化反应使热解产生的水分增加。因为，为了提高煤 - 焦炉气共热解的焦油收率以及提高焦油中 BTX、PCX 和萘的含量，可以适当提高操作压力以及调动甲烷在热解反应中的积极作用。为降低氢耗和较少水分生成量，应尽可能降低焦炉气中的 CO 含量。这些是进一步提高煤 - 焦炉气共热解经济效果的研究重点之一。

10.9.4 煤和废塑料共热解

由于塑料的大量和广泛使用，每年产生的废塑料量惊人，对环境已经造成严重的"白色污染"，已经成为迫切需要解决的环境问题。废塑料的处理可以使用掩埋、燃烧、高炉利用、废塑料制油等方法，但都存在一些难以克服的问题，目前还无法彻底解决废塑料问题。如果能够利用废塑料作为工业燃料和化工产品，不失为一种好的方法。好在我国有大量的炼焦工厂，有现存的装置和设施可以利用于进行煤炭 - 废塑料的共焦化（高温热解），该工艺不仅能够处理大量废塑料，而且可以生产出工业用焦炭、煤焦油和焦炉气。

煤 - 废塑料共焦化（高温热解）工艺于 20 世纪 90 年代初提出以来，各个国家对其进行了不同目的的个例研究。有的以了解过程的基础为目的，有的以获得高附加值化学品为目的，有的以提高焦炭质量为目标，有的则是把它作为炼焦原料使用，积累了不少有用的信息。总之，煤 - 塑料共焦化处理技术不仅负有能源和可持续发展战略的要求，以达到节约煤炭资源的目的，还负有达到废塑料的无害化清洁化和资源化利用的目的，同时也达到社会环境和经济效益的目的。因此对其进行进一步研究发展有重要的实际意义。

10.10 煤热解在我国的产业化

我国的煤炭工业发展"十二五"规划指出：加强褐煤提质技术的研发和示范。国家能源科技"十二五"规划将低阶煤提质改性技术列入重大技术研究领域，开发具有自主知识产权的、适应性广的褐煤 / 低阶煤提质改性技术与工艺。低阶煤热解提质迎来了良好的发展机遇。

10.10.1 热解技术发展历程

如前面所述，我国煤热解技术的自主研究和开发始于 20 世纪 50 年代，北京石油学院（现为中国石油大学）、上海电业局研究人员开发了流化床快速热解工艺并进行 10t/d 规模的中试，大连工学院（现为大连理工大学）研究开发了辐射炉快速热解工艺并于 1979 年建立了 15t/d 规模的工业示范厂。大连理工大学同时研究开发了煤固体热载体快速热解技术，并于 1990 年在平庄建设了 5.5 万吨 /a 工业性试验装置，1992 年 8 月初投煤产气成功。煤炭科学研究总院北京煤化学研究所（现为煤炭科学研究总院北京煤化工研究分院）研究开发了多段回转炉温和气化工艺，并于 20 世纪 90 年代建立 60t/d 工业示范装置完成工业性试验。后续涌现的代表性工艺有浙江大学循环流化床煤分级转化多联产技术、北京柯林斯达科技发展有限公司带式炉改性提质技术、北京国电富通科技发展有限责任公司国富炉工艺。

近年来，我国在进行自主研发的同时引进了美国的CCTI工艺和闭环闪蒸炭化技术，计划用于内蒙古褐煤的热解提质。在与MR & E公司签订了技术转让合同的基础上，中国五环工程有限公司和大唐华银电力股份有限公司组建技术联合体，对LFC工艺进行创新性研究设计，开发出LCC工艺。

10.10.2 热解技术的工业化

10.10.2.1 工业化现状

截至目前，国内的高等院校、科研院所、大型企业集团和工程公司一直致力于推进低阶煤热解提质技术的工业化进程，并取得了一定程度的突破。热解技术分类见表10-4，工业化现状见表10-5。

表10-4 热解技术分类

序号	分类	具体划分			
1	反应温度	低温 450～650℃	中温 700～900℃	高温 900～1200℃	超高温 ＞1200℃
2	反应速率	慢速 3～5℃/min	中速 5～100℃/s	快速 500～10^6℃/s	闪热解 ＞10^6℃/s
3	加热方式	内热式	外热式	内外并热	
4	热载体	固体热载体	气体热载体	固-气热载体	
5	反应气氛	隔绝空气	氮气	氢气	水蒸气
6	反应压力	常压	加压		

在热解过程中，煤受热到100～120℃时，水分基本脱除，一般加热到300℃左右煤发生热解，高于300℃时，开始大量析出挥发分，其中包括焦油成分；温度继续升高，煤转化率提高，焦油二次反应发生，二次反应使部分一次焦油转化为轻烃和二次焦油，改变产物分布。煤的快速热解理论认为，快速加热供给煤大分子热解过程需要的高强度能量，热解形成较多的小分子碎片，所以低分子产物多。在快速热解时，初次热分解产物与热的煤粒接触时间短，降低了活性挥发物进行二次反应的概率。

煤的低温快速热解有利于获得液体产物，煤的中高温热解产物中气态产物收率高。

表10-5 国内热解提质技术工业化现状

序号	技术	技术来源	代表	厂址	煤种	粒度/mm	传热形式	热载体	规模/(万吨/a)	现状	产品
1	SJ低温干馏方炉工艺	神木三江公司	辰龙集团	内蒙古兴安盟	褐煤	20～100	内热式	热烟气	200	正在建设	焦油、半焦、煤气
2	DG工艺	大连理工大学	陕煤化神木富油	陕西神木	神木长焰煤	0～6	内热式	热半焦	2×60	试运行	焦油、半焦、煤气

续表

序号	技术	技术来源	代表	厂址	煤种	粒度/mm	传热形式	热载体	规模/(万吨/a)	现状	产品
3	MRF工艺	北京煤化院	不详	内蒙古古海拉尔	内蒙古褐煤	6～30	外热式	热烟气	2	工业示范	半焦、焦油、煤气
4	循环流化床煤分级转化多联产技术	浙江大学	淮南矿业（集团）有限责任公司新庄孜电厂	安徽淮南	淮南烟煤	0～8	内热式	高温灰	75t/h	完成试生产	电力、焦油、煤气
5	带式炉改性提质技术	柯林斯达公司	蒙元煤炭公司	内蒙古锡林浩特	内蒙古褐煤	3～25	内热式	热烟气	30	工业示范	改性褐煤
6	GF-I型褐煤提质工艺	北京国电富通公司	锡林浩特国能公司	内蒙古锡林浩特	内蒙古褐煤	6～120	内热式	热烟气	50	工业示范	半焦、焦油
7	固体载热褐煤热解技术	清华-天素研发中心	曲靖众一化工公司	云南曲靖	云南褐煤	0～10	内热式	含灰半焦	120	正在建设	半焦、煤气、焦油
8	LCP技术	国邦清能公司	国邦清能公司	内蒙古霍林郭勒	内蒙古褐煤	不详	外热式	热烟气	100	已经建成	LCP煤、煤气、焦油
9	蓄热式无热载体旋转床干馏新技术	北京神雾集团	北京神雾集团	北京	褐煤，长焰煤	10～100	外热式	热烟气	3	试验装置	半焦、焦油、干馏气、水
10	褐煤固体热载体法快速热解新技术	南澳公司	兴富公司	内蒙古霍林郭勒	内蒙古褐煤	不详	内热式	不详	160	正在建设	提质褐煤、煤焦油
11	鼎华低温干馏工艺	鼎华公司	鼎华开发公司	内蒙古锡林浩特	内蒙古褐煤	5～50	内热式	热烟气	18	已经建成	半焦、煤气、焦油
12	CCTI工艺	美国洁净煤公司	中蒙投资公司	内蒙古乌兰浩特	内蒙古褐煤	＜50	外热式	热烟气	150	规划建设	提质煤、焦油
13	闭环闪蒸炭化技术	比克比公司	博源公司	内蒙古锡林浩特	内蒙古褐煤	＜0.075	外热式	不详	20	正在建设	炭粉、焦油、天然气
14	LCC工艺	大唐华银-中国五环	大唐华银公司	内蒙古锡林浩特	内蒙古褐煤	6～50	内热式	热烟气	30	正在运行	PMC、PCT

表10-5中涉及的14种热解提质技术均处于规划、建设或运行阶段，LCC工艺是在LFC工艺的基础上进行自主开发，进而实施国产化的技术；CCTI工艺和闭环闪蒸炭化技术的专利商来自美国；其余技术属于国内自主开发或在已有工艺的基础上进行改进。目前使用的煤种既有褐煤也有低煤化程度的烟煤，其中褐煤涵盖了我国的两大赋存区域内蒙古

和云南。上述热解提质技术的传热形式分为内热式和外热式两大类，采用的热载体有热烟气、热半焦和高温灰等，产品种类因工艺技术的差别而不同。

10.10.2.2 典型热解工艺技术

（1）LCC 工艺

LCC 工艺由中国五环工程有限公司和大唐华银电力股份有限公司联合开发，主要过程分为三步：干燥、轻度热解和精制。工艺流程见图 10-19。

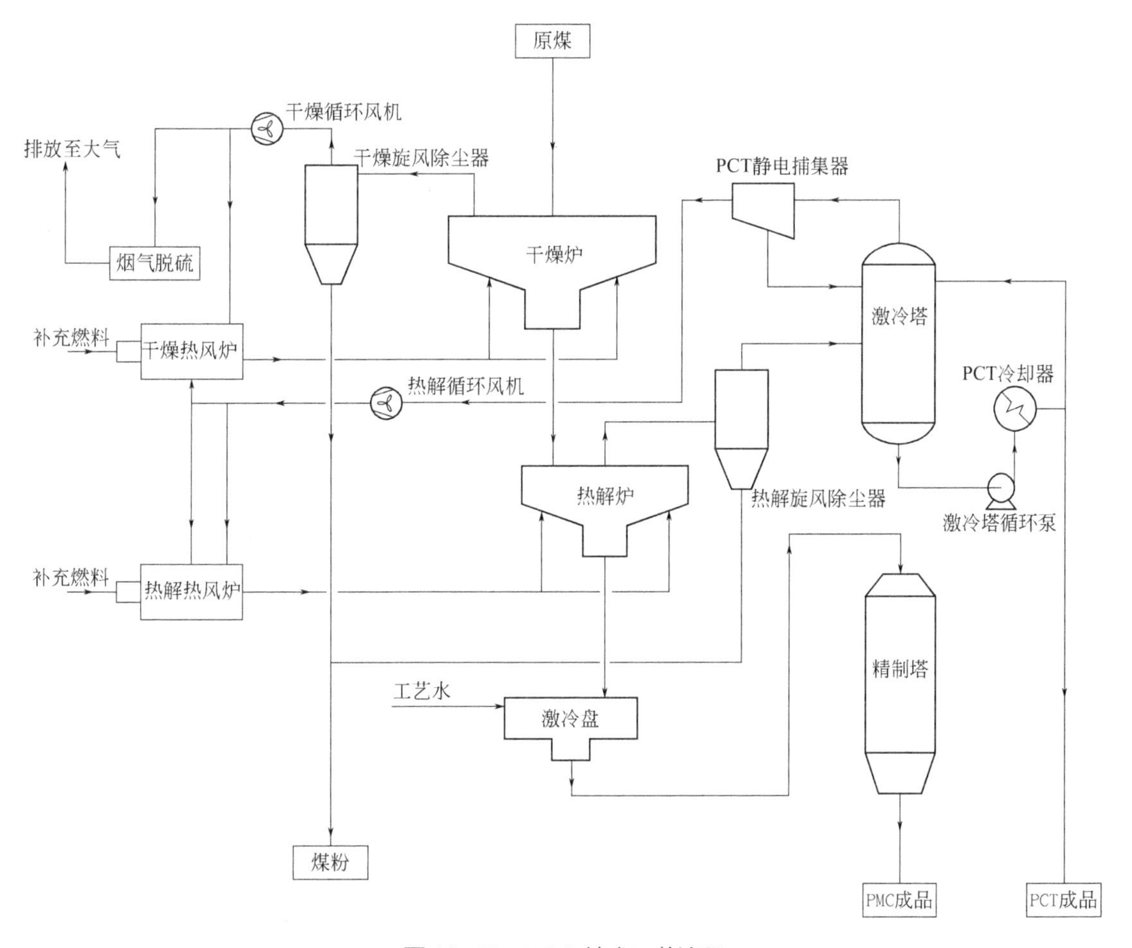

图 10-19 LCC 技术工艺流程

LCC 工艺特点：①清洁能源。LCC 工艺产品（PMC，兰炭）是清洁燃料和清洁气化原料，原煤经过 LCC 工艺处理，不仅热值提高近一倍，而且可更有效地对污染元素进行转移和转化，提高了资源利用率，大大降低了对环境的危害。②成熟。日处理 1000t 原煤规模的示范装置，经过不断改进完善，加工过褐煤、长焰煤等煤种，有丰富的运行经验和调试数据。③简洁。工艺流程简洁，中温常压下操作，对设备要求较低。④稳定。干燥、热解两段处理过程完全独立，易于工业化控制。同时，采用独特的精制纯化技术，产品品质稳定且可通过工艺参数的灵活调节获得不同的半焦、焦油产率和品质。⑤适应性强。适合处理褐煤和长焰煤等。⑥环保。采用薄层干燥和高速热风通流技术的分段干燥热解法，将原煤中的水分和大部分挥发分分别除去，在安全和环保的条件下得到 PMC 和 PCT，不排放含油污水。

DG 工艺由大连理工大学开发。150t/d 工业试验装置流程由备煤、煤干燥、硫化提升加热焦粉、冷粉煤与热粉焦混合换热、煤热解、硫化燃烧、煤气冷却输送和净化等部分组成。流程示意见图 10-20。

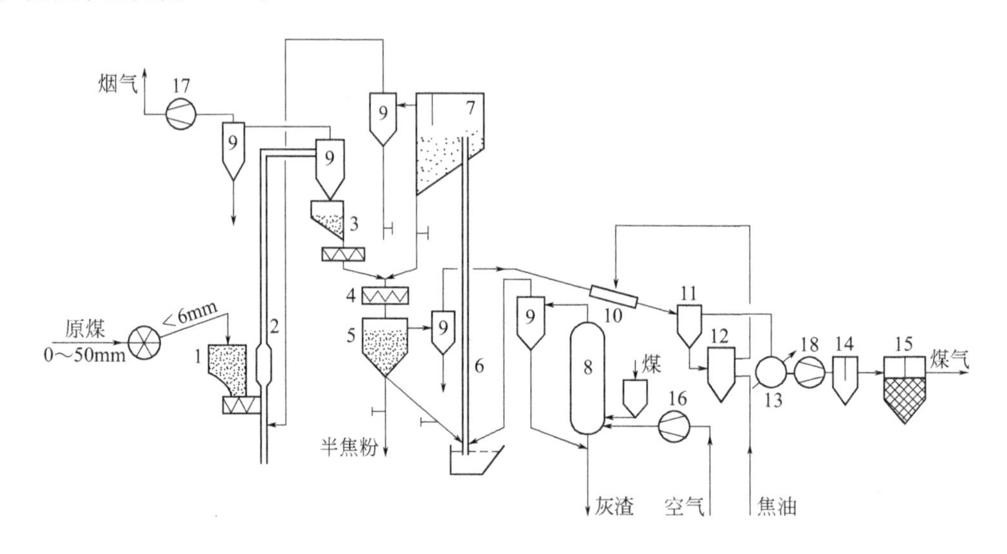

图 10-20 平庄工业性试验新法干馏流程（DG 热解工艺）

1—煤槽；2—干燥提升；3—干煤槽；4—混合器；5—反应器；6—加热提升管；7—热焦粉槽；8—流化燃烧炉；9—旋风分离器；10—洗气管；11—气液分离器；12—分离槽；13—间冷器；14—除焦油器；15—脱硫箱；16—空气鼓风机；17—引风机；18—煤气鼓风机

（2）DG 工艺

DG 工艺特点：①油收率高。油收率达到铝甑干馏含油率值的 75% ～ 90%，油收率高是快速热解的特点。②原料利用率高，可达 100%。理论上，煤都可以处理成粉粒原料；与使用块煤的工艺比较，直接使用粉粒状原料煤，成本降低。③可有效处理易热粉碎原料，对处理易碎的褐煤尤其有利。④可与多个过程实现多联产。可以与煤发电配套，可以与煤焦油加氢配套，也可以与煤气化配套等。⑤油品质量好。焦油的凝点低、黏度低，有利于进一步深加工。⑥半焦发热量高。与原煤相比，单位热量半焦的硫含量降低 20% ～ 40%，有利于节能减排；褐煤半焦可制成水煤浆，可用于水煤浆气化。⑦煤气热值高。煤气为中热值煤气，可用于转化制氢或合成气。⑧环保。生产过程耗水量少；废水量少，SO_2 和 NO_x 排放量少。

LCC 工艺和 DG 工艺用于我国低阶煤热解提质的进展情况见表 10-6。

LCC 工艺和 DG 工艺均属于低温快速热解技术，前者采取气体热载体传热形式，由中国五环工程有限公司和大唐华银电力股份有限公司对美国的 LFC 工艺进行创新性研究开发。后者采取固体热载体传热形式，由大连理工大学煤化工研究设计所开发完成。两者工艺技术的先进性和开发模式的灵活性在一定程度上引领了我国低阶煤清洁高效利用的发展方向。

表10-6 LCC工艺和DG工艺项目一览表

工艺名称	项目名称	技术来源	煤种	项目现状
LCC 工艺	新疆庆华煤炭分质综合利用多联产项目	中国五环大唐华银	不黏煤	详细工程设计
	内蒙古京能锡林煤化有限责任公司 2×500 万吨 /a 褐煤提质项目	中国五环大唐华银	褐煤	基础工程设计
	牙克石贵鼎型煤公司 3×5000t/d 褐煤提质项目	中国五环大唐华银	褐煤	备案
	东乌珠穆沁旗鑫地公司 1000 万吨 /a 褐煤热解提质及焦油加氢多联产项目	中国五环大唐华银	褐煤	备案
	中煤能源黑龙江煤化工有限公司 2000 万吨 /a 褐煤提质项目	中国五环大唐华银	褐煤	备案
	呼伦贝尔京能能源发展有限公司 2×500 万吨 /a 褐煤热解多联产项目	中国五环大唐华银	褐煤	备案
	华电沈阳金山能源股份有限公司 2×850 万吨 /a 褐煤 LCC 多联产项目	中国五环大唐华银	褐煤	备案
	宝日胡硕煤炭有限公司 200 万吨 /a 褐煤提质项目	中国五环大唐华银	褐煤	备案
	昕盛福源矿业有限责任公司 1000 万吨 /a 褐煤提质项目	中国五环大唐华银	褐煤	备案
	云南珠江能源开发公司 2×50 万吨 /a 褐煤干燥提质项目	中国五环大唐华银	褐煤	完成科研
	云南云天化股份有限公司 150 万吨 /a 褐煤综合利用项目	中国五环大唐华银	褐煤	完成科研
DG 工艺	国电内蒙古电力公司 1200 万吨 /a 褐煤低温热解项目	大连理工大学	褐煤	备案
	呼伦贝尔伊源达公司 500 万吨 /a 褐煤热解提质项目	大连理工大学	褐煤	备案
	东苏旗西平矿业 500 万吨 /a 褐煤提质项目	大连理工大学	褐煤	备案
	天策煤化工 500 万吨 /a 褐煤热解提质项目	大连理工大学	褐煤	备案
	中航国际都凌煤化工 1100 万吨 /a 褐煤热解项目	大连理工大学	褐煤	备案
	兴安盟新湖煤业化工有限公司 1100 万吨 /a 大型褐煤低温热解循环经济示范项目	大连理工大学	褐煤	备案

10.10.3 工业化现状浅析

从我国“缺油、少气、煤炭资源相对丰富”的资源条件和现有的技术发展分析，能源自给率的保障只能来自于煤炭资源的大规模使用，以煤为主的能源战略是不可避免的选择。2010年全球十大产煤国中我国以煤炭总产量32.36亿吨位居第一，其中褐煤产量3.36亿吨，约占总产量的10.4%。目前的能源结构和煤炭资源开采现状促成了低阶煤在我国能源供给中的重要地位，且其重要性日趋上升，再加上环保方面日趋完善的法律法规，低阶煤（褐煤）的高效清洁利用得到政府、研究单位和企业的广泛重视。

我国中长期科学和技术发展规划、煤炭工业发展“十二五”规划以及能源科技“十二五”规划出台一系列方针政策，为低阶煤的利用指明发展方向。高等院校和科研院所在低阶煤的基础理论研究和工程技术开发方面做了大量工作。厂矿企业在技术成果转化方面不断投入资金引进多项国外技术，同时与高等院校和科研院所开展合作，创新技术开发模式。

经过多年研究、试验和开发，表10-5中所列14种技术已处于规划、建设或运行阶段，但是从目前情况来看存在如下问题。

① 工艺技术繁多。多项技术经过长期的研发，已经具备或接近工业化推广的水平，工艺技术先进，具有自主知识产权。某些技术是在已有相关技术的基础上进行简单开发，核心技术及相关设备类似，没有突破原有技术存在的重大缺陷。

② 单纯发展热解技术。这种发展模式仅注重热解工艺的开发，忽视了热解产品（半焦、煤气和焦油）综合利用的规划与研究，限制了产业链的延伸和生产的规模化运行。

③ 技术的成熟度尚待完善。粗煤气的净化、半焦的冷却等技术尚需进一步的改造和优化，用以改善焦油、半焦等产品的品质。

④ 建设完成和正在运行的工艺装置单套生产能力偏低。已经建成的单套生产能力最大的为神木富油2000t/d示范装置，正在运行的单套生产能力最大的为大唐华银1000t/d示范装置。但是，单套生产能力均没有突破100万吨/a。值得一提的是，中国五环与大唐华银已经完成放大规模LCC工艺设备的技术开发工作，单套生产能力达到3000t/d，并应用于数个项目的工程设计。

10.10.4 小结

针对现阶段暴露出的问题，高校、院所和企业应协同攻关，同时开展广泛的国际合作与交流，以产学研模式为依托进一步推进我国低阶煤热解提质技术的工业化进程。

热解提质工程项目的建设应借鉴煤炭液化商业化运行高门槛、先示范、稳步推进的经验，做到基地化、规模化、集成化和典型化。

① 基地化。鉴于低阶煤，特别是褐煤不适于远距离运输，示范项目应就近煤炭基地以降低运输成本，同时确保示范项目和规模化生产原料供应。

② 规模化。规模化生产有利于煤炭高效转化，提高经济效益和环保效益。若按我国资源结构开发煤炭，低阶煤采出量为10亿多吨。以低温煤焦油产率60kg/t计，每年可增加近1亿吨油品。

③ 集成化。低阶煤热解提质所得提质煤（半焦）可直接用于发电或外售（用作高炉

喷吹料等），煤气可用作民用燃料、制氢和合成液化天然气（LNG），焦油可先提取酚类等高附加值化学品后加氢制取燃料油。热解提质和电力、钢铁、炼油等行业集成有利于低阶煤的清洁高效梯级利用。

④ 典型化。以先进、适用为原则，选择具有代表性且较成熟的工艺技术进行示范或商业化建设。这样有利于集中优势资源，避免盲目无序发展。

第11章 煤炭催化直接液化

11.1 引言

11.1.1 煤炭直接液化的历史发展

煤炭直接液化是把固体煤炭直接转化为类似于沥青质原油（重烃类液体）的过程。为加速和增加煤炭到液体的转化，通常必须在合适溶剂中使用氢气和催化剂，还必须在高温和高压下进行转化。在煤炭直接液化过程中，氢气在高温和高压下强制通入煤炭溶剂浆液中。由前一章所述的煤炭结构模型可知，在这样的条件下，固体煤炭首先被热溶剂溶胀，然后逐步被加氢裂化转变为液体。这是一个从大分子转化为较小分子的过程，同时也是使分子氢碳比增加的过程。由于煤直接液化过程必须采用在催化剂存在下的加氢手段，故煤直接液化法也称为煤直接催化加氢液化法。对煤炭直接液化获得的液体再做进一步的加工（类似于原油的炼制过程）不仅可以生产汽油、柴油、LPG（液化石油气）和喷气燃料，还可以提取化学品如苯、甲苯和二甲苯（BTX），也可以生产制造各种烯烃及含氧有机化合物。煤炭直接液化使用的原料煤一般是氢碳比比较高的年轻煤种，如各种褐煤和次烟煤，对高硫煤进行直接液化的一个好处是其中的无机硫化物可以作为煤直接加氢液化的助催化剂。

对煤进行直接液化的研究早在19世纪就已经开始。煤炭直接加氢液化工艺最早是在1913年由Friedrich Bergius发明的。那一年德国化学家Bergius研究氢气压力下煤的直接液化，并由此申请了煤直接加氢液化的发明专利。稍晚的1926年研发出使用于煤直接加氢液化的高效加氢催化剂。基于此专利，很快在德国和英格兰分别被商业化。德国的一家公司建成世界上第一座由褐煤高压加氢液化制取液体燃料（汽油、柴油等）的工厂。第二次世界大战前，德国使用这个技术由煤及低温干馏煤焦油大量生产液体燃料，为第二次世界大战提供液体燃料。1938年的年产量达到150万吨，这成了德国发动第二次世界大战的一个重要基础（液体燃料的总生产能力达到400万吨）。由此可以看出，对煤炭催化直接液化的研究是广泛的，包括催化剂、反应条件、反应器、反应工程和液化油的提级和炼制。

在美国，第一个直接液化工艺试验是在第二次世界大战后。第二次世界大战后，由于石油的大量发现以及炼制工业的发展，其成本远比煤直接液化产品低，因此煤炭直接液化产品无法与石油竞争，对煤炭直接液化领域的研究热情下降，一度衰落（20 世纪 50 年代有便宜的中东石油可利用），直至 20 世纪 70 年代石油危机。因 1973 年阿拉伯石油危机导致原油价格飞涨时，对煤炭直接液化的兴趣又恢复了，重新重视对它的研究和发展。美国联邦政府对煤炭直接液化研究的资助增加，用以发展新的煤炭催化直接加氢液化过程。在小规模（10 ～ 20t/d）装置上考核多种工艺概念：煤炭溶剂炼制法（溶剂萃取法）、Exxon 授体溶剂法（供氢溶剂法）和 H-Coal 法（氢煤法）等项目，在 70 年代和 80 年代初期进行了大规模（200 ～ 300t/d）的试验研究。为对这些煤炭直接液化工艺进行成功示范，DOE 提供了很多资金。但是结果证明，没有一个工艺是经济的，因为石油价格在 80 年代初期又下降了。

在欧洲，70 年代晚期和 80 年代早期，德国 Bottrop 的 Veba Oil 和其他公司建立和经营过大规模的工厂。这些设施后来被使用于加氢含氯废物。由 British Gas 公司发展的液体溶剂萃取过程的示范，在政府支持下继续在威尔士 Ayr Plant 进行。80 年代晚期日本人在澳大利亚建立一个 50t/d 的液化试验工厂。

煤炭直接液化产物能够进行提级和炼制，产品可以满足原油炼制生产运输燃料的所有技术产品指标。重要产品可以是汽油、丙烷、丁烷和柴油。高质量馏分油的生产需要氢的加入以降低其发烟趋势和增加柴油的十六烷值。

煤炭直接液化的操作条件非常苛刻，对煤种的依赖性也很强。典型的煤直接液化技术是在 400℃、15MPa 下将合适的煤催化加氢液化，产出的是高黏稠度的液体，含有硫、氮等杂质和高芳烃含量，必须经过后续的深度加氢精制才能达到目前石油产品的等级。一般情况下，1t 无水无灰煤能转化成 0.5t 以上的液化油。煤直接液化油可生产洁净优质汽油、柴油和航空燃料。但是适合于大吨位生产的直接液化工艺目前仅有的商业化工厂是我国神华公司位于鄂尔多斯的工厂，这是 21 世纪初期建立的煤直接液化工厂。主要的原因是对煤种的要求特殊，反应条件苛刻，大型化设备生产难度较大，产品的成本偏高。

油品的高芳烃含量能够获得高辛烷值。在那时这被认为是一个优点。但是，1990 年施行的 CAAs（清洁空气法案文件）法规对美国摩托燃料中的芳烃含量施加了严格的限制。幸运的是，从煤炭制造的汽油中苯含量极低；而其他芳烃的含量能够通过加氢变成环烷烃而降低，而增加的成本仅是中等的，使产品体积增加、辛烷值降低和过程氢耗增加。

直接煤炭液化的生产成本自 20 世纪 80 年代早期研究以来已经降低了 50%。现在在经济性上的改进不可能由任何单一技术的突破来达到，而是需要有连续的累积性的技术改进和突破。值得提出的是如下几点：①为了除去液体产物中的固体，已经发展出更为有效和可靠的工艺，如通过控制沉淀来替代过滤过程。②添加第二个催化反应器以改进对煤炭液化化学的控制。这个反应器早先安装在移去固体和蒸馏体系的下游，现在已经把这个反应器移向上游以进一步改进操作。③对部分液化液体进行循环以更好地浆化原料煤，另一部分在固体移去单元附近送出，增加单元的效率。④对既加到第一个也加到第二个反应器中的催化剂也在进行进一步的改进。这一系列的改进可以使直接煤液化的液体得率更高，未蒸馏液体的转化率也得到提高，能量损耗减少和被丢弃煤矿物质减少。这样，相对于早期的两步过程，产量增加。这个变革的成功证明稳定的 R&D 一定会使技术随时间获得重要进展。现时美国的直接液化技术对美国煤炭是最好的，而对海外煤炭的工作在继续完善中，重点是不同煤种。

11.1.2 能源和液体燃料形势

随着世界经济的发展，人类对能源的需求日益增长，特别是对以石油为主的清洁液体燃料的需求增长较快。石油作为一种不可再生资源，储量有限。据英国 BP 公司 2009 年 7 月公布的石油产量和油气储量 2008 年年终统计，全球石油及凝析油产量预计为 39 亿吨，估算探明石油储量为 1708 亿吨，采储比为 42。石油储量的有限，再加上国际政治和经济形势的影响，造成有时石油价格居高不下，国际社会越来越认识到寻找石油替代能源的迫切性。

进入 21 世纪以来，国际石油价格持续上涨，2007 年（布伦特）原油平均价格高达 72.6 美元/桶；2008 年最高油价创下接近 147.25 美元/桶的纪录。随着金融危机的影响，石油价格形成反复波动的局面；2009 年以来，石油价格呈波浪式上升的态势。随着中国经济的发展和社会进步，对石油及相关消费品的需求也将不断增长，届时石油对外依存度将大大超过 60%。

石油资源匮乏和石油供应不足已成影响中国和全球经济发展的重要因素。随着世界经济的发展，石油供需矛盾将会日趋加剧。在未来可预测的时间段内，化石能源之外的能源比例还难以达到人们理想的目标。在新能源和可再生能源达到大规模经济地应用之前，未来石油和天然气的最佳替代品仍然是煤炭。煤直接液化技术作为煤炭清洁转化和高效利用的重要手段之一，将是未来世界能源结构调整和保证经济高速发展对能源需求的重要途径。

化石能源中，煤相对富碳，石油和天然气相对低碳，而中国的能源特征是“富煤、少油、缺气”。煤作为中国能源的主体，分别占一次能源生产和消费总量的 76% 和 69%，且在未来相当长时期内仍将在一次能源中占据主导地位。中国原煤产量已由 2002 年的 13.8 亿吨增加到 2013 年接近 40 亿吨（2014 年和 2015 年产量稍有下降），增长到 2.72 倍。发电量由 2002 年的 16540 亿千瓦·时增加到 2015 年的 58105.8 亿千瓦·时，增长到 3.52 倍。其中火力发电量达 42420.4 亿千瓦·时，占发电总量的 73%（这比前些年已经有所下降）。2011 年煤炭消费量已达 35 亿吨，主要利用方式仍为燃烧发电。据专家预测，未来的 30 ～ 50 年内，煤炭在我国能源结构中的比例仍将超过 50%，2010 ～ 2050 年的总耗煤量在 1000 亿吨标准煤以上，且发电耗煤量也在逐年增长。中国已探明的化石能源储量中，石油和天然气分别占 5.4% 和 0.6%。2003 年原油进口量为 0.82 亿吨，占消耗总量的 32.5%；2011 年原油进口量已达 2.54 亿吨，占消耗总量的 55.5%，远超 40% 的国际能源安全警戒线；2015 年中国石油对外依存度就已经达到 61.1%。另外，近年来中国对天然气的需求量也大幅增长，2011 年天然气产量为 1030.6 亿立方米，而消费量为 1173.8 亿立方米，供需缺口达 143.2 亿立方米。

随着中国经济的快速发展，石油、天然气供应缺口将逐年加大，势必影响中国经济的可持续发展，也将造成中国能源供给的安全隐患。因此，中国十分重视石油和天然气的供需问题，从全局考虑制定了能源发展战略，采取积极措施确保国家能源安全。目前已在增加原油和天然气储备、提升原油生产和加工水平方面取得积极成效。但由于缺口巨大，还需采用替代方式缓解油、气进口压力。研究表明，在多种替代石油和天然气的方案中，煤炭转化的量级最大，且已有较好的技术基础，可行性较高。但是，煤炭的使用量以及使用过程中污染物和 CO_2 的排放量远大于石油和天然气，因此，煤炭的高效清洁利用成为我国化石能源利用中最需重视的问题。众所周知，煤虽然宏观上富碳，但含有富氢低碳的结构，特别是对中低阶煤（褐煤和高挥发分烟煤），其挥发分甚至可达 40% 以上，其中包含简单芳香结构和多种含氧官能团结构。这些低碳组分可在远低于煤气化温度（900℃）下与富碳组分“分离”，直接生成低碳液 / 气燃料和芳烃、酚类等重要化学品，而且这些化学品的附加值显著高于燃料。因此，煤通过转化生产燃料的路线逐步转向了燃料和化学品联产的路线。由煤热解和直接液化生产燃料并联产化学品的路线是与煤的组成结构直接相关的煤分级转化，其核心技术充分利用了煤组成结构的不均一性。

11.1.3 煤直接催化加氢液化技术的发展历程

煤直接催化加氢液化是指煤在高温、高压和催化剂存在条件下与氢气反应直接转化成液体油品的工艺技术。煤直接液化技术发展始于 20 世纪初，德国首先研究了煤直接在高压下的加氢理论，从而为煤直接催化加氢液化奠定了基础。到目前煤直接催化加氢液化技术已经经历了近百年的发展，总体上可分为如下四个阶段。

11.1.3.1 第一阶段（1913 ～ 1945 年）

在 1913 年德国的 Bergius 第一个煤直接液化专利的基础上，1921 年德国采用 Bergius 法在 Manhim Rheinau 建成了煤处理量为 5t/d 的试验装置，奠定了煤直接催化加氢液化技术研究的基础。1927 年，德国 I.G.Farbenindustrie（染料公司）在 Leuna 建立了世界上第一个煤直接液化工厂，油品生产规模 10×10^4t/a。原料为褐煤或褐煤焦油，使用铁系催化剂，氢分压20 ～ 30MPa，反应温度430 ～ 490℃。在这个第一阶段中使用的是一段高温高压工艺，液化条件非常苛刻，单台规模小，整个过程的可靠性和安全性都不高，成本很高。虽然这样，1935 年，德国的 I.G. 公司仍然在 Scholven 工厂建设了一座汽油产量为 20×10^4t/a 的烟煤直接液化厂；1937 ～ 1940 年，I.G. 公司在 Gelsenberg 工厂采用铁系催化剂，采用压力为 70MPa、温度为 480℃的反应条件，建成了汽油产量为 70×10^4t/a 的烟煤直接液化厂。截至 1939 年第二次世界大战爆发，德国共建成投产 12 套煤直接液化装置，油品生产能力达到 423×10^4t/a，为发动第二次世界大战的德国提供了 2/3 的航空燃料和 50% 的汽车及装甲车用油（见表 11-1）。随着第二次世界大战的结束，根据投降条款的规定，除位于民主德国的 Leuna 工厂（运转至 1959 年）外，联邦德国的煤直接液化工厂全部停产。

这一阶段是煤直接液化技术发展的鼎盛时期，德国为了发动第二次世界大战，不惜成本进行开发，从技术的开发到工业化生产只用了短短的 18 年时间，并在以后的 12 年里煤直接液化生产厂的规模发展到了年产成品油 423×10^4t。

表11-1　第二次世界大战期间德国煤直接液化厂一览表

投产时间 / 年	所在地名	原料	反应压力 /MPa	生产能力 /（10^3t/a）
1931	Leuna	褐煤和焦油	20	650
1936	Bohlen	褐煤和焦油	303	250

续表

投产时间 / 年	所在地名	原料	反应压力 /MPa	生产能力 / (10^3t/a)
1936	Magdeberg	褐煤和焦油	30	220
1936	Scholven	烟煤	30	280
1937	Welheim	沥青	70	130
1939	Gelsenberg	烟煤	70	400
1939	Zeitz	褐煤和焦油	30	280
1940	Lutzkendorf	煤焦油	50	50
1940	Politz	烟煤	70	700
1941	Wesseling	褐煤	70	250
1942	Brux	褐煤和焦油	30	600
1943	Blechhammer	烟煤和焦油	30	420

11.1.3.2 第二阶段（1945 ~ 1973 年）

第二次世界大战结束后，随着 20 世纪 50 年代中东地区大量廉价石油的开发，煤直接液化失去了竞争力，没有继续存在的必要。除美国等少数国家利用获取的德国研究资料，进行了大量的基础研究工作外，其他研究基本处于中止状态。

在第二次世界大战后，美国对德国的 I.G. 公司的煤直接液化技术进行了调查跟踪，于 1949 年建设了规模为 50t/d（产油 200 ~ 300 桶 /d）的煤直接催化加氢液化试验装置，并运转到 1952 年，对生产汽油进行了研究。美国的 C.C.C. 公司（Carbide and Carbon Chemicals Co.）认为从煤生产汽油需要苛刻的加氢分解条件，如用煤生产芳香族化工原料，可以使煤在较缓和的条件进行加氢，并于 1952 年建造了煤处理量为 300t/d、反应压力为 30 ~ 40MPa、反应温度为 430 ~ 450℃、反应时间 3 ~ 5min 的直接催化加氢液化试验装置。美国政府于 1960 年出资，援助有关公司、大学进行煤直接液化新工艺的研究开发。这一段时期，苏联、民主德国采用 Bergius 法进行了煤制液体燃料的生产研究。我国和波兰、捷克斯洛伐克等东欧国家也进行了煤直接液化技术的研究。

这个阶段煤直接催化加氢液化的研究重点是要使液化条件趋向缓和，以降低煤液化的成本。但使用的仍然是一段催化加氢液化方法。

11.1.3.3 第三阶段（1973 ~ 2000 年）

1973 年和 1979 年的两次世界石油危机，促使煤直接液化技术的研究开发形成一个新的高潮。美国、德国、英国、日本、苏联等发达国家都纷纷组织一大批大学、科研开发机构和相关企业开展了大规模的研究开发工作。研究领域从基础理论、反应机理到工艺开发、工程化开发，试验规模也从实验室小试到每天吨级中试，直至每天数百吨级的工业性规模。相继开发出多种煤炭直接催化加氢液化新工艺。美国从 1975 年开始，制订并开始执行关于能源独立投资数十亿美元的五年计划，后来又扩大成为洁净煤计划。美国能源部联合联邦德国和日本两国政府，出资支持海湾石油公司开发基本沿用德国老工艺的溶剂精炼煤（SRC）工艺、支持埃克森（Exxon）石油公司开发了供氢溶剂（EDS）工艺、支持 HRI 等公司开发了采用沸腾床催化反应器的氢 - 煤法（H-Coal）工艺。至 20 世纪 80 年代初，这 3 种煤直接液化工艺均完成了 50 ～ 600t/d 规模的半工业性试验，在此基础上，SRC 工艺和 H-Coal 工艺还完成了煤处理能力为 6000t/d 规模的工业化示范厂的概念设计和建设厂址的选择调查工作。

日本在 1974 年出台了解决能源问题的阳光计划，煤气化、液化技术开发是重中之重。为此，日本政府特意组建了半官方性质的日本新能源产业技术综合开发机构（NEDO），专门从事阳光计划的管理和技术开发工作。80 年代中期，阳光计划又发展成为与洁净煤技术相结合的新阳光计划。经过近二十年的努力，NEDO 开发出了针对褐煤的 BCL 工艺和针对烟煤的 NEDOL 工艺，在澳大利亚建立了 50t/d 的褐煤液化装置，在日本鹿岛建立了 150t/d 的烟煤液化装置，并且成功地完成了试验研究工作。

欧洲以德国鲁尔煤炭公司和菲巴石油公司为开发主体，开发了新的德国工艺（IGOR+ 工艺），在北威州的 Bottrop 建立了 200t/d 的半工业性试验装置。英国不列颠煤炭公司在政府的支持下开发了溶剂萃取液化工艺（LSE），并建立了 2.5t/d 的试验装置。苏联的国家固体燃料研究院在莫斯科附近的图拉市建立 5t/d 的煤直接液化试验装置。

这个阶段发展的工艺是在煤液化基础研究成果的基础上开发的两段工艺，液化条件有较大缓和，成本也有所降低。

这是煤直接催化加氢液化技术蓬勃发展的一个阶段，到 90 年代中期形成了数十项工艺。与第二次世界大战期间的工艺相比，这些工艺的条件相对缓和，油收率高，许多工艺还进行了每天数百吨规模的示范及更大规模的技术经济评价。液化油的当量成本由 20 世纪 70 年代的 50 美元 /bbl 降至 90 年代的 35 美元 /bbl，美国能源部曾期望在 2000 年左右将成本进一步降至 30 美元 /bbl。但由于此后全球石油价格的大幅下跌，所有工艺均未进入工业生产。

表 11-2 列出了主要发达国家煤直接催化加氢液化技术开发情况。与德国老工艺相比，后来新开发工艺的反应条件大大缓和，液化油产率也大有提高，因此，煤直接液化的经济性得到改善。

表11-2　完成装置验证的煤加氢液化工艺及运行情况

国　家	工　艺	规模 /（t/d）	使用期 / 年	连续进煤	累计进煤	油收率 /%
美国	H-Coal	200 ～ 600	1980 ～ 1982（3 年）	44d（1056 h）	—	51
美国	SRC-Ⅱ	501	1976 ～ 1981（5 年）	—	—	44
美国	EDS	250	1980 ～ 1982（2.5 年）	55d（1320 h）	445d（10692h）	45
德国	IGOR	200	1981 ～ 1987（6 年）	208d（5000 h）	917d（22000h）	58
日本	NEDOL	150	1997 ～ 1998（2 年）	80d（1920 h）	259d（6200h）	58
日本	BCL	50	1987 ～ 1990（4 年）	73d（1760 h）	417d（10000h）	54

到 20 世纪 80 年代中期，各国开发的煤直接液化工艺均已日趋成熟，有的已完成了 6000t/d 的示范厂基础设计或 23000t/d 生产厂的概念设计，工业化发展势头一度相当强劲。但进入 90 年代后，国际石油价格一直长期在低位徘徊，阻碍了煤直接液化技术的工业化步伐。目前，国外煤直接液化试验装置已经全部停止运转或拆除，部分相对成熟的技术处于封存和储备状态，已经完成的最大工业试验装置规模为处理煤量 600t/d。

11.1.3.4 第四阶段（2000 年至今）

这一阶段实际上是我们中国的煤直接催化加氢液化技术的开发阶段。在进入 21 世纪后，中国政府高瞻远瞩，根据我国以煤为主的能源结构现实和国内有关研发工作已有较好基础，决策支持神华集团有限责任公司开展煤直接催化加氢液化技术开发和产业化示范工作。同时期，国外煤直接催化加氢液化技术的开发研究基本处于停滞状态。2003 年神华集团在借鉴国内外已有经验的基础上，联合国内煤炭科学研究总院，开发神华煤直接催化加氢液化工艺和煤直接液化新型高效催化剂，并获得了发明专利，建立了 100kg/d 的神华煤直接催化加氢液化工艺小型试验装置（BSU），累计完成了 5000h 不同催化剂、不同操作条件的运转试验。2004 年神华集团在上海建成了处理煤量为 6t/d 煤直接催化加氢液化工艺开发装置（PDU），通过了长周期的运转试验。2008 年世界上首套 6000t/d 的神华煤直接催化加氢液化工业示范装置（DP）建成，并于当年年底投入第一次工业运行。配合神华煤直接催化加氢液化工艺开发和示范装置的工程建设及示范运行，国内外同时开展了大量的工程基础研究工作，涉及煤炭、石油、化工、设备、材料及生产、加工、制造等多学科、多领域、多产业的结合与交叉，这些研究成果基本上在神华示范装置上得以体现。

全球煤直接液化技术发展的历程能够从图 11-1 所示的工艺开发，包括技术名称、规模和研发年代以及图 11-2 所示的 EI 收录的学术论文数目可见一斑。在 2000 年以后，文章大部分是由我国发表的。

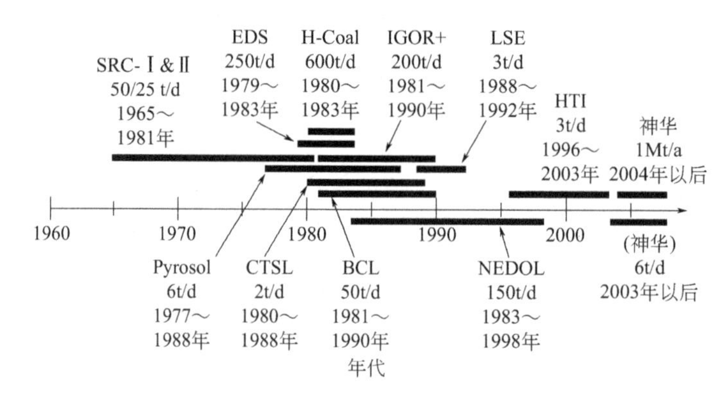

图 11-1　1960 年以来全球开发的煤直接液化主要工艺

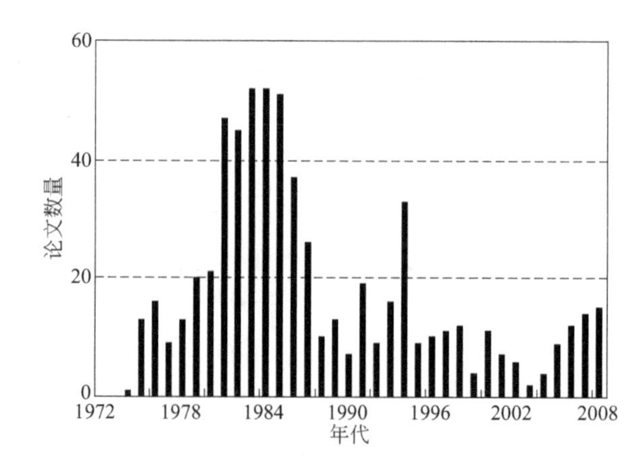

图 11-2　1970 年以来 EI 收录的与煤直接液化相关的文章

11.2 煤炭直接液化技术在我国的发展

11.2.1 国内煤炭直接液化技术发展

20 世纪 70 年代发生的石油危机为国外的煤炭直接催化加氢液化技术发展提供了新的机会。在此期间，美国、德国、日本等先后开发了不同的煤直接催化加氢液化工艺技术。但是，由于资金等问题和石油价格回归正常，至今没有一个国家实现煤直接催化加氢液化技术的实际工业化生产。在煤直接催化加氢液化技术发展的近百年历史中，特别是在 20 世纪 70 年代以后，国外开发了许多工艺，但自第二次世界大战以来，全球没有工业应用。

我国的煤制油技术研究始于 20 世纪 50 年代，中国煤炭研究总院于 1980 年重启煤直接催化加氢液化技术的研究。1997 年以来，我国先后引进了德国、美国和日本的煤炭直接催化加氢液化技术，对我国不同煤种进行了试验，进行了建设煤炭直接催化加氢液化示范厂的可行性研究工作。那时我国尚没有使用煤催化间接液化技术生产油品的现代工业化经验。21 世纪初，中国煤炭研究总院和神华集团合作开发了具有世界先进水平的高分散铁基催化剂。神华集团在上海建成了一套日加工原煤 6t 的 PDU 煤直接催化加氢液化的试验装置，各项指标达到设计要求。神华煤在美国 HTI 的 PDU 装置试验表明，用 HTI 煤液化工艺对上湾煤液化可以得到的油收率达到 63% ～ 68%。神华上湾煤直接催化加氢液化工厂建在鄂尔多斯马家塔，其规模为年液化耗煤 559 万吨，气化用煤 170 万吨，动力用煤 95 万吨，合计年用煤 824 万吨。年产汽油、柴油、石脑油和 LPG 等共计 300 万吨，其中一期 100 万吨级生产线于 2005 年开工，已经于 2008 年建成投料试车成功，至今已经连续成功运行 10 多年。

11.2.2 神华煤直接催化加氢液化的工艺开发

神华煤直接催化加氢液化的工艺流程示于图 11-3 中。中国煤炭直接液化工艺（CDCL）流程示于图 11-4 中。

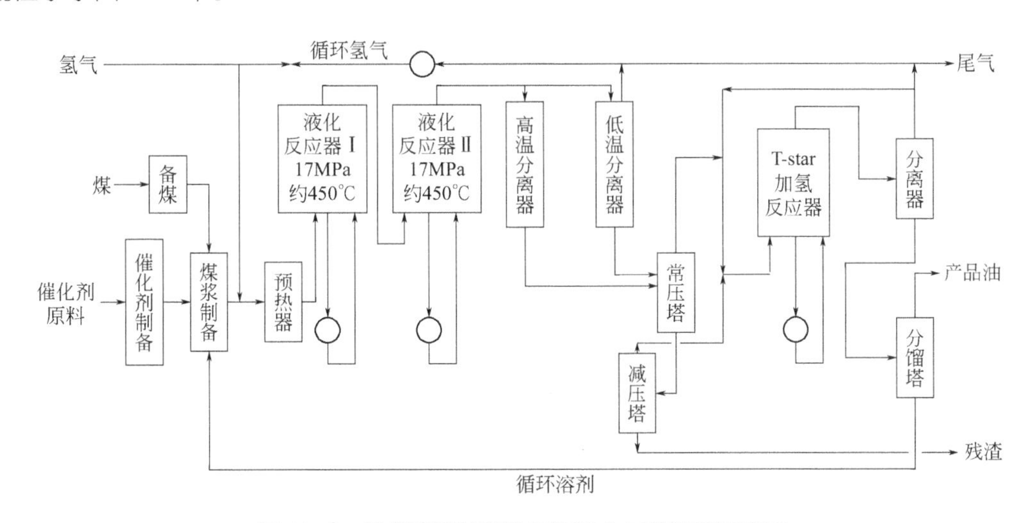

图 11-3 神华煤直接催化加氢液化工艺流程示意图

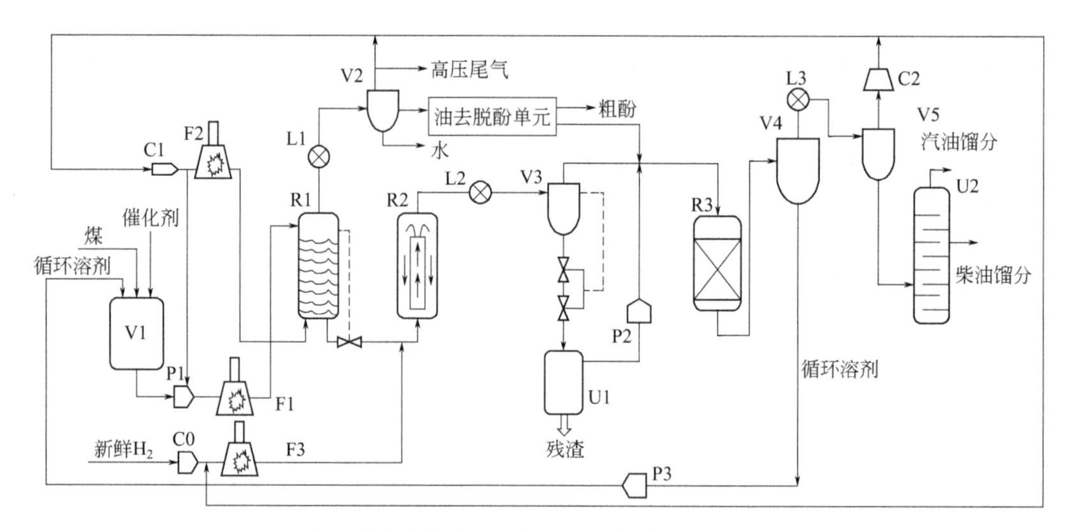

图 11-4　中国煤炭直接催化加氢液化工艺（CDCL）流程示意图

V1—煤浆制备罐；P1—高压煤浆泵；F1—煤浆预热器；C0，C1，C2—氢气压缩机；F2，F3—氢气预热器；R1—逆流反应器；L1 ～ L3—冷却器；V2—第一高温分离器；R2—环流反应器；V3—第二高温分离器；U1—减压闪蒸单元；P2—闪蒸油泵；R3—在线加氢反应器；V4—中温分离器；P3—循环溶剂泵；V5—低温分离器；U2—常压蒸馏单元

神华煤直接催化加氢液化工艺开发已经越过了“工艺过程创新、BSU试验、PDU试验”3个阶段，目前已经进入工业示范运行阶段。工艺创新过程吸取了国内外现代新型煤直接液化工艺技术的优点，结合煤直接液化高效催化剂的开发，采用加氢循环溶剂，煤液化转化率和油收率大大提高。

根据创新工艺，建立了0.1t/d神华煤直接液化工艺BSU试验装置，并对神华上湾煤进行了10次、近5976h的试验，其中投煤试验172天。先后完成了4个煤样、2种催化剂的工艺试验。对不同停留时间、不同催化剂加入量、不同温度、不同煤质和煤岩组成等进行了试验研究。重点试验验证了神华煤直接催化加氢液化工艺的可行性、可靠性和重现性。试验结果表明：采用新型高效催化剂，添加量为0.5%（Fe/干煤）时，神华上湾煤液化转化率为90.18%；蒸馏油收率可大于54.15%。

PDU试验是在BSU试验的基础上进行的，根据BSU试验确定的神华煤直接催化加氢液化工艺性能和操作条件，重点对神华煤的直接液化性能进行了试验验证。PDU装置从2004年建成到2008年共运转了5次，其中投煤累积运行104天（2477h）。

主要试验结果：神华煤（daf基）液化萃取油收率平均达68.79%，实际蒸馏油收率56.37%，转化率90.88%，气产率8.47%，水产率10.4%，氢耗量5.65%。完成了预定的试验任务，验证了示范工程的设计基础。

表11-3列出了试验过程主要煤质的特性。从表中可以看出，神华煤用作直接催化加氢液化工艺基本上是合适的。神华煤直接催化加氢液化工艺生产的产品主要由汽油、柴油构成，采用成熟的石油加工技术加氢提质后，可生产出十六烷值超过45的低硫、低芳烃、低凝点高品质柴油产品，煤油馏分的无烟火焰高度可超过20mm，且密度很高，达到$0.83g/cm^3$以上，是生产大相对密度燃料的理想原料。

表11-3　BSU和PDU装置试验用煤的情况

项　目	BSU	PDU
工业分析（质量分数）/%		
M_{ad}	7.0 ～ 10.0	约 12
A_d	4.5 ～ 7.0	约 7.0
V_{daf}	35 ～ 39	36 ～ 39
元素分析（质量分数）/%		
C_{daf}	79 ～ 81	78 ～ 80
H_{daf}	4.6 ～ 5.2	4.2 ～ 5.0
N_{daf}	0.92 ～ 0.94	0.85 ～ 0.95
S_{daf}	0.2 ～ 0.5	0.1 ～ 0.5
O_{daf}	12 ～ 14	13 ～ 14
灰成分分析（质量分数）/%		
SiO_2	22 ～ 30	28 ～ 32
Al_2O_3	10 ～ 14	11 ～ 12
TiO_2	0.5 ～ 1.0	0.6 ～ 0.8
Fe_2O_3	4.0 ～ 11	10 ～ 16
CaO	27 ～ 35	25 ～ 32
MgO	1.2 ～ 1.4	1.3 ～ 1.6
Na_2O	2.5 ～ 3.5	2.0 ～ 3.5
K_2O	0.2 ～ 0.7	0.5 ～ 0.8
SO_3	10 ～ 13	8.0 ～ 9.0
煤岩分析（体积分数）/%		
镜质组	45 ～ 70	55 ～ 65
壳质组	0.5 ～ 1.5	1.0 ～ 2.0
惰性组	30 ～ 52	35 ～ 40
反射率（Romax）	0.52 ～ 0.74	0.46 ～ 0.49

11.2.3 神华煤直接液化工艺的创新

神华煤直接液化工艺在如下方面具有创新性：

① 煤浆制备全部采用供氢性循环溶剂。由于循环溶剂预加氢，液化反应条件温和，系统操作稳定性提高。

② 采用两个强制循环悬浮床反应器。这样使得反应器温度分布均匀，产品性质稳定。

③ 采用减压蒸馏的方法进行液化油和固体物的分离。残渣中含油量少，产品产率提高。

④ 循环溶剂和产品采用强制循环悬浮床加氢反应器。催化剂可以定期更新，加氢后的循环溶剂供氢性能好，性质稳定。

11.2.4 神华煤直接液化示范工程

神华煤直接催化加氢液化示范工程是世界上首套煤直接催化加氢液化大规模工业化装置，于 2004 年 8 月 25 日正式开工建设。建设地点在内蒙古鄂尔多斯市马家塔，示范规模第一期为生产油品 1.07×10^6t/a，处理煤量为 6000t/d。示范工程主要产品方案如表 11-4 所示。

表11-4　神华煤直接催化加氢液化示范工程产品方案

产　品	产量 / (t/a)
LPG	10.21×10^4
石脑油	24.99×10^4
柴油	71.46×10^4
苯酚	0.36×10^4
合计	1.0702×10^6

示范工程的主要单元包括备煤、催化剂制备、煤液化、加氢稳定、煤气化制氢、加氢改质、空分、轻烃回收、含硫污水汽提、硫黄回收、脱硫、酚回收、油渣成型等装置。作为世界上第一套采用现代煤直接催化加氢液化工艺的工业装置，该示范工程的核心技术采用的是神华煤直接催化加氢液化工艺和新型高效催化剂，其主要特点如下：①设备超大型化，原料煤处理能力达 6000t/d，相应的煤处理、煤浆制备、液化反应器、煤浆加料泵、煤浆循环泵均为首套超大型设备，设备的超大型化将带动相关的机械加工、设备制造、自动控制等行业的发展；②先进的煤催化加氢液化工艺，温和的反应操作条件，相应的材料选择、设备制造等相对简单和节省；③新型高效的煤液化催化剂，催化剂的加入量少，催化剂的生产成本低，煤的液化转化率较高，液化残渣量少，煤液化油产率高，项目经济性提高；④采用先进成熟的单元工艺技术的优化组合提高了运行的可靠性、稳定性和经济性。

神华煤直接催化加氢液化示范工程已经于 2008 年全面建成，并完成工厂的调试和试运行，2008 年年底第一次投煤运行取得圆满成功，生产出了合格产品，开创了世界煤直接催化加氢液化历史上大规模装置一次开车运行时间最长的纪录。目前，示范装置研究实现长周期运行。报道显示，已经连续 3 年盈利。神华煤直接催化加氢液化示范工程的长周期成功运行，标志着中国真正实现煤直接催化加氢液化工艺技术和工程化技术新的突破。逐步、更好、持续地解决更大规模产业化进程中的关键技术，包括从项目基础到装置的设计、制造、稳定运行、产品结构优化、市场开发和经济性等，将为煤直接催化加氢液化技术在中国乃至在世界的进一步大规模产业化应用打下良好的基础。

21 世纪以来，我国开始了煤直接催化加氢液化技术的产业化工作，目前神华集团的第一条 100 万吨（油）/a 的生产线已开始运行，这个跨越式的发展受到了全球的关注。宏观而言，现代煤直接催化加氢液化技术的水平远高于第二次世界大战时德国的水平，但由于未经过规模化验证，可能存在较多需要解决的问题。目前文献中关于煤直接催化加氢液化技术发展的文章虽然很多，但大都源于早期文献，局限于对不同工艺的表面描述，缺乏对工艺的本质分析及对技术分类的合理判断，不能看出技术发展的化学脉络。因此，深入认识煤直接催化加氢液化过程的本质、把握核心化学反应，对技术完善、可靠性和经济性的提高非常重要。

11.3 煤炭直接液化原理

11.3.1 液化原理

煤和石油都主要由 C、H、O 等元素组成。如表 11-5 所示。煤和石油的主要区别在于：煤的氢含量和H/C比比石油低，而氧含量则比石油高；煤的分子量大，有的甚至大于1000，而原油的分子量一般在数十到数百之间，平均分子量约为200；煤的化学结构复杂，其基本结构单元为带有侧链和官能团的稠环芳烃大分子，而石油则多为烷烃、环烷烃和芳烃的混合物。煤还含有相当数量的无机矿物质和吸附的水分以及数量不多的杂原子（氮、硫、氧）、碱金属和微量元素。

表11-5　煤和石油元素组成对比

元素组成	无烟煤	中挥发分烟煤	低挥发分烟煤	褐煤	石油	汽油
C/%	93.7	88.4	80.8	71.0	83 ~ 87	86
H/%	2.4	5.4	5.5	5.4	11 ~ 14	14
O/%	2.4	4.1	11.1	21.0	0.3 ~ 0.9	—
N/%	0.9	1.7	1.9	1.4	0.2	—
S/%	0.6	0.8	1.2	1.2	1.2	—
H/C 比	0.31	0.67	0.82	0.87	1.76	约 2.0

在缺氢的煤结构中加氢能够改变煤的分子结构和增加煤的H/C比，同时脱除杂原子，这样煤就能够被液化成油。煤在液化后再经过必需的炼制就可以生产出汽油、柴油、液化石油气（LPG）、喷气燃料，也能够提取出化学品如苯、甲苯和二甲苯（BTX）等。因此煤液化的主要目的是把固体形式的煤炭转化为类似原油的液体形式。

基于在第10章所述的煤结构模型以及它与原油结构和性质上的差别，固体煤液化成液体的过程必须完成如下的四个目标：①将煤的大分子结构分解成小分子；②使煤的H/C比尽可能提高，使其达到原油H/C比的水平；③脱除煤炭中的氧、氮、硫等杂原子，使液化油经类似石油加工炼制能够生产出达到石油油品标准的油品；④脱除煤中的无机矿物质。煤液化过程要达到这些目标必须进行加氢，氢可以是来自外部的氢，也可以在内通过氢转移反应来获得，也就是液化时轻组分从重组分那里获得氢，轻组分H/C比提高而重组分H/C比下降。

煤直接液化过程的实现也就是煤大分子结构的分解，一般是通过热化学过程来实现的。煤单元结构间的较弱桥接键在温度加热到300℃时开始断裂，随着温度的进一步升高，结合较强的桥接键也逐渐开始断裂。桥接键的断裂产生了以结构单元为基础的自由基，产生自由基的一个特点是本身不带电荷，却在其某个碳原子上（一般是桥接键断裂处）拥有未配对的电子。这类自由基通常是非常不稳定的，在有供氢和吸氢能力的溶剂存在下或在高压氢气环境中，它们能够被加氢生成稳定的较轻组分（液体油、水和少量气体）。其过程是这样的：在直接液化过程中，煤的大分子结构首先受热分解，产生以结构单元缩合芳烃为单个分子的独立自由基碎片。在高压氢气和催化剂存在下，这些自由基碎片被加氢，形成稳定的低分子量产物。自由基碎片加氢稳定后的液态物质主要是油类、沥青烯和前沥青烯等三种主要成分。对其继续加氢，前沥青烯转化成沥青烯，沥青烯又转化为油类物质。图11-5示出了直接液化过程中的主要反应步骤及生成的反应物和产物。煤液化过程简要叙述为热解产生自由基以及溶剂向自由基供氢，自由基碎片经稳定反应生成前沥青烯，再到沥青烯（其结构见图11-6）。它们都能够被催化加氢生成油类和气体产物，自由基碎片也能够经过缩合形成固体产物（高分子化合物和焦炭）。能与自由基结合的氢并非分子氢，而应该是高活性的原子氢。自由基产生、自由基加氢以及缩合能够用如下方程式简要表述：

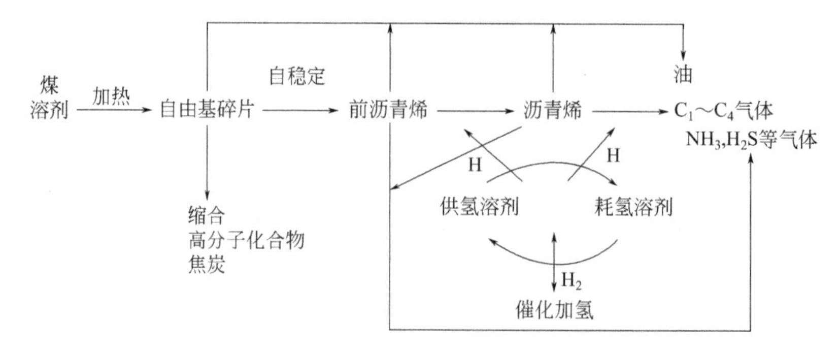

图 11-5 煤液化中自由基的产生及其反应过程

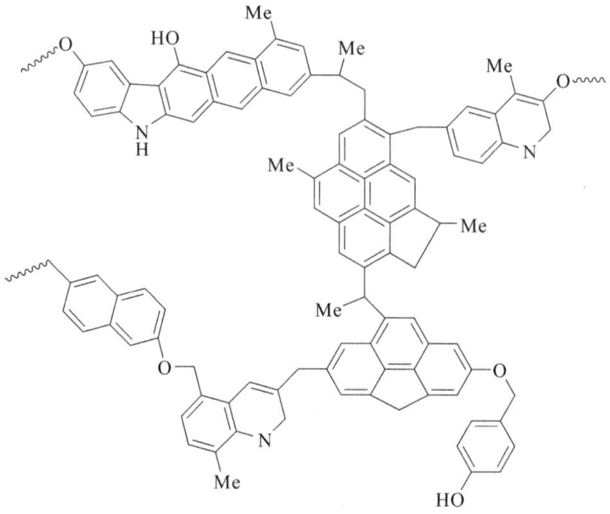

图 11-6 沥青烯的化学结构

$$R—CH_2—CH_2—R' \longrightarrow R—CH_2^* + R'—CH_2^* \tag{11-1}$$

$$R—CH_2^* + R'—CH_2^* + 2H^* \longrightarrow R—CH_3 + CH_3—R' \tag{11-2}$$

$$R—CH_2^* + R'—CH_2^* \longrightarrow R—CH_2—CH_2—R' \tag{11-3}$$

$$2R—CH_2^* \longrightarrow R—CH_2—CH_2—R \tag{11-4}$$

$$2R'—CH_2^* \longrightarrow R'—CH_2—CH_2—R' \tag{11-5}$$

在实际的煤直接液化过程中，断裂煤结构单元间桥接键和产生稳定自由基需要有高温（450℃）和高氢气压力（17 ～ 30MPa）条件。而自由基加氢所需要的活性氢可以来自：①溶解于溶剂中的氢，它们在催化剂作用下转化为活性氢；②溶剂本身具有给自由基碎片供给活性氢或传递氢的能力，例如，溶剂分子中键能较低的碳 - 氢键、氢 - 氧键能够断裂分解产生活性氢原子；③煤结构分子中某些分子具有转移氢的能力，例如，煤结构分子内部重排、部分结构断裂或缩聚放出活性氢；④煤液化期间某些化学反应生成的氢，例如，

CO 的水汽变换反应 $CO+H_2O \longrightarrow H_2+CO_2$。一氧化碳和二氧化碳间的比例随煤液化反应条件的不同而不同。

为提高煤液化过程中的供氢能力，可以采取如下一些措施：①采用供氢能力强的溶剂；②提高煤液化过程的氢气操作压力；③使用活性更高的催化剂；④在气相中保持一定的 H_2S 浓度。

在没有高压氢气环境及没有供氢和传递氢的溶剂条件下，自由基又会相互结合生成较大的分子。在煤炭催化加氢直接液化过程中，温度过高和供氢不足，热解产生的自由基彼此又会重新发生聚合反应，生成半焦和焦炭，导致液化产率的下降。为防止过度结焦，可以采取如下一些工艺措施：①提高煤液化过程的氢气压力；②降低固液比以提高供氢溶剂的浓度；③由于煤加氢液化一般是放热反应，因此要及时移去反应热以防止液化温度上升，要很好地控制液化温度；④降低循环油中沥青烯的含量；⑤缩短反应时间。

11.3.2 煤直接液化过程中发生的脱杂原子反应

在煤直接催化加氢过程中，除发生上述的煤结构单元降解反应外，也会发生杂原子基团的加氢反应，使这些含氧、氮、硫杂原子的键断裂，从而脱除这些杂原子，生成水（二氧化碳或一氧化碳）、硫化氢和氨等气体产物。这些杂原子脱除的难易程度取决于它们在煤结构中的存在形式。一般说来，侧链上的杂原子较芳烃环上的杂原子容易脱除。对这些杂原子加氢脱除反应简述如下。

11.3.2.1 脱氧反应

氧在煤有机结构中的存在多以含氧官能团形式出现，如—COOH、—OH、—CO、—R—O—R—和醌基以及杂氧环如呋喃类化合物。其中的羧基最不稳定，只要温度达到200℃以上就会发生脱羧反应，放出 CO_2。而酚羟基在比较缓和的加氢条件下是相当稳定的，一般不会被破坏，但只要有高活性催化剂存在，它也能够被脱除。羧基和醌基被加氢裂解可以生成 CO，也可以生成水。一般说来脂肪醚中氧是容易脱除的，而芳香醚和杂氧环就不那么容易脱除。图 11-7 示出了在煤催化加氢直接液化中转化率与脱氧率之间的关系。从图可以看出，如脱氧率在 0 ～ 60% 范围内，煤转化率与脱氧率之间呈线性关系。当脱氧率达到 60% 时，煤转化率也将达到 90% 以上，由此可见，在煤中有 40% 左右的氧是比较稳定的，不易被脱除。

11.3.2.2 脱硫反应

煤结构中的硫多以硫醚、硫醇和噻吩的形式存在。脱硫反应和脱氧反应类似，但由于硫的电负性弱于氧，所以脱硫反应比较容易进行。

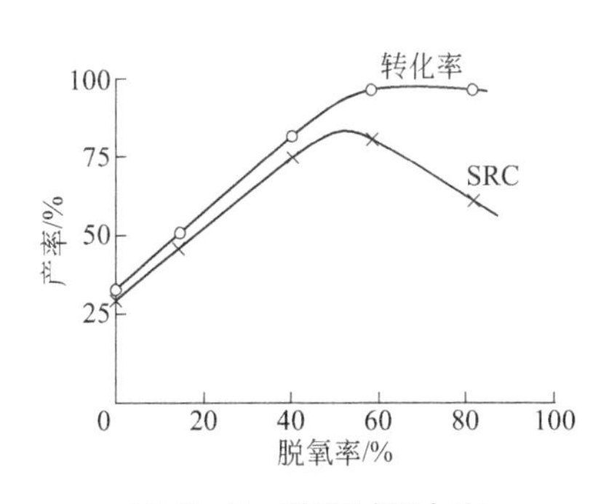

图 11-7　液化过程中产率与脱氧率间的关系

11.3.2.3 脱氮反应

煤结构中的氮基本上都以杂环的形式存在，仅有少数以氨基的形式存在。与脱硫和脱氧反应相比，脱氮反应要困难得多。在轻度加氢时，煤中的氮含量几乎不发生变化，也就是几乎不被脱出。一般说来，脱氮反应需要比较严苛的反应条件且必须有催化剂存在时才能够进行，其过程是必须先加氢饱和然后才能够加氢裂解把氮脱除，因此一般耗氢量是比较大的。

煤炭加氢液化后剩余的无机矿物质和少量未反应的煤仍然是固体。可应用各种不同的固液分离方法把固体从液化油中分离出去。常用的有减压蒸馏、加压过滤、离心沉降、溶剂萃取等固液分离方法。

煤炭经加氢液化产生的油含有较多的芳香烃，并含有较多的氧、氮、硫等杂原子，必须经过提质加工，才能得到合格的汽油、柴油等产品。液化油提质加工的过程还需要进一步加氢，通过脱除杂原子，进一步提高 H/C 原子比，把芳香烃转化成环烷烃乃至链烷烃。

11.4 煤直接液化技术化学脉络和液化动力学

11.4.1 煤直接液化技术发展的化学脉络

下面的内容基本上是国内学者刘振宇教授在一篇特约评论中的叙述。

经过近百年的研发，人们在宏观层面上对液化煤种、反应器、操作条件、催化剂、液化反应行为、产物分离和组成分析等方面已有了较为深入的认识，对液化工艺流程也有了较多的分析。但由于将固体煤转化为满足市场要求的油品的跨度很大，整个过程既包含固体煤向初级油的转化，也包含初级油精加工及循环溶剂加氢，煤直接催化加氢液化各个工艺的流程布局不尽相同，导致了技术归类的不一致性，如一些工艺将初级油或循环溶剂的加工算作煤直接液化工艺的段数（步骤），而另一些工艺中却不将这些过程计入煤直接液化工艺的段数。由于液化初级油和循环溶剂的加工技术在化学机理和工程技术上不同于固体煤的液化过程，且油加工的工艺配置还随市场要求而变，因此科学的煤直接催化加氢液化技术分类范围应该包括固体煤向初级油的转化过程，由此才能清晰地看出这个过程的化学脉络。

主流学界认为，煤直接液化的核心反应是煤结构热断裂产生自由基碎片和自由基碎片的加氢过程，如图 11-8 所示。这个观点符合固体催化剂颗粒和氢气难以先扩散到固体煤颗粒的结构（尺度远大于化学键）中以促进 C—C 键断裂的判断（煤溶胀后也是如此）。美国能源部 1989 年的一份报告对煤直接液化技术中的诸多问题进行了归纳与排序，对这两个化学反应步骤的控制被列为最为重要、最关键的问题。虽然历史上也曾提出过一些非自由基反应的机理，但均未能通过后人详细的实验验证。因此，煤直接液化技术发展的核心应该是煤自由基碎片的“产生速率”和自由基碎片的“加氢速率”间的匹配与博弈。若煤结构的热解不充分，产生的自由基碎片量少，煤的液化率就不会高；若煤结构的热解很充分，但加氢能力不足，产生的自由基碎片则会缩聚成为更加稳定的大分子乃至固体，煤液化率也不会高。所以煤直接液化技术的发展历史可以从这两个速率的匹配方式来分析与归纳。

在第二次世界大战期间和 20 世纪 70 ～ 90 年代这两个煤液化技术蓬勃发展时期，煤直接液化的工艺流程是在单一反应器中完成固态煤向液态油的转变，即在单一条件下完成煤的裂解和自由基碎片的加氢，称为“一段液化”。为了高的转化率，煤结构的裂解必须充分，因而液化温度一般较高（450℃左右或更高），研发重点集中在提高加氢能力以减少自由基碎片之间的缩聚方面。因此，早期煤液化技术的氢压很高，曾达70MPa。1970～1990年发展了高效催化剂和循环溶剂加氢等技术，提高了对自由基碎片的供氢能力，在较低的氢压下（20MPa左右）实现了较高的油收率（由20世纪70年代的40%左右提升到90年代的60%左右）。但进一步提高油收率的难度较大，付出成本较高。20世纪80年代中期，美国能源部开发了两段液化法，研究了多个工艺布局，虽然有些工艺布局名不副实，把循环溶剂加氢也算作一段液化（NTSL和ITSL工艺），但后来将煤热解产生自由基碎片的过程由低温到高温分别在两个反应器中顺序进行，降低了每个反应器中自由基碎片的产生速率，从而使得加氢能力相对提高，在循环溶剂不加氢的情况下仍然达到了很高的油收率（70%左右）。两段法的提出虽然在工程上很简单，但在化学反应控制方面迈出了关键的一大步，首次通过控制自由基碎片的产生速率来平衡加氢能力，意义深远。但遗憾的是，此分级转化的液化思路在当时及以后的十余年间没有得到应有的重视（仅有美国的HTI进行了延续研究），此后还有很多一段液化和假两段液化技术被规模化研究（如英国的LSE和日本的BCL）。值得欣慰的是，我国神华煤直接液化工艺的基础是两段液化，采用自主知识产权的纳米基铁系催化剂并配合以循环溶剂加氢，具有更高的自由基碎片加氢能力。显然，煤直接液化技术发展从化学过程基础看经历了三个阶段，如图11-9所示：初期的一段法，条件苛刻；1970～1990年的一段法，条件相对温和，油收率高；1980年中期后的两段法，条件温和，油收率更高。

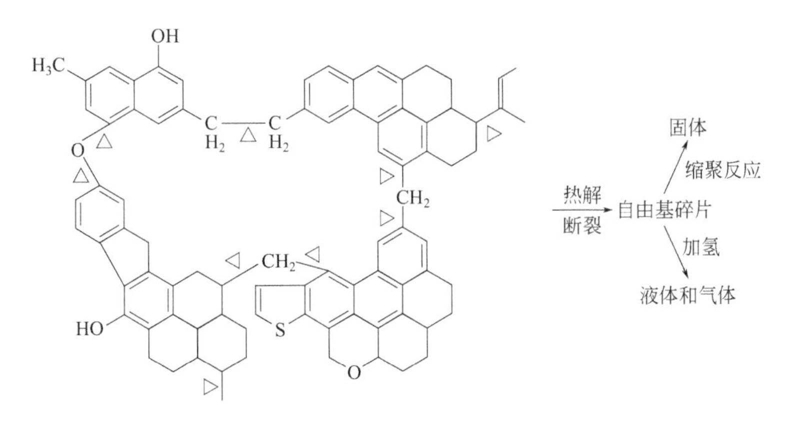

图11-8 煤直接液化过程的自由基反应实质

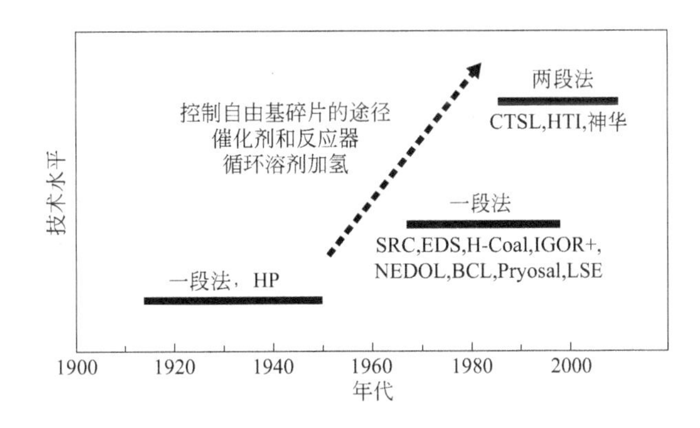

图11-9 从自由基控制角度归纳的煤直接液化技术发展历程

11.4.2 煤液化反应动力学

煤炭直接液化本质上是浆态床反应中的气液固三相反应，气相反应物氢气要与固体（沉积有催化剂的煤颗粒）中的反应物如自由基反应必须通过如下几个传质步骤：①气相分子穿过气液界面溶解于液相（溶剂和液相产物的混合液体）中；②在本体液相中扩散到达固体颗粒的外表面，穿过围绕在固体颗粒外表面的液膜；③部分氢气在固体外表面解离吸附产生的活性氢物质和存在于外表面的反应物质反应；④部分氢气进入固体颗粒孔道中继续一边扩散一边被解离吸附形成活性氢物质，并与固体中的反应物质反应；⑤生成的产物以逆向的方式进入本体液体中。大量的煤直接液化试验研究结果指出，这些传质步骤足够快，因此氢气在固体颗粒内外表面上的浓度接近于（或等于）氢气在液相中的平衡浓度，服从亨利（Henry）定律。而整个煤炭直接液化反应动力学受本征动力学控制。

但是，这里应该特别强调，液化反应与一般的非均相催化反应有着本质上的不同。要使固体煤分子分解，首先必须通过溶剂使煤颗粒溶胀，然后大分子间的桥接键断裂成自由基；为稳定和转化这些自由基必须使用催化剂，在催化剂作用下进行加氢。也就是说在煤直接液化过程中有两类基本反应：产生自由基的裂解反应和稳定转化这些自由基的加氢反应。最近 R.Bacaud 在一篇纪念煤直接液化分散相催化剂发现 100 周年的文章中指出，“裂解活性开始被认为是必需的，但后来认识到加氢活性是基本的。”也就是说煤在液化条件下裂解产生自由基的速率是足够快的，真正的控制因素是加氢（和加氢裂解）反应的速率，因此高效、低成本的分散相煤炭液化加氢催化剂的发展是开发新的高效的、成本能够与石油竞争的煤炭液化过程中更加关键的课题。

煤液化简化的一般机理能够由图 11-10 表示。

鉴于上述，再考虑煤炭本身结构复杂、生成的产物也多种多样（图 11-11），对煤液化反应动力学的处理显然是非常复杂的。但能够测量的数据有限，可以从不同的角度来处理这个煤直接液化的复杂催化反应动力学。显然采用“集总”（lumping）方法来处理煤炭液化的动力学数据可能是一个好方法。为了处理它需要建立煤液化反应模型，模型中要包括煤热解和加氢两类反应，而煤（或 C）液化的中间物多为沥青烯，产物包含油气等。通常把煤炭液化反应产物分成前沥青烯（P）、沥青烯（A）、油类（O）、残煤和固体产物（K），再加上气体产物。提出的“集总”动力学模型有不少，包括 Cronauer 模型（图 11-12）、Giertenbach 模型（图 11-13）、Onozaki 模型（图 11-14）和“集总”模型（图 11-15）。当然，在进行数据分析时要做一些假设，如反应为一级反应等。但 Kandiyoti 等以 350℃温度为界，把反应分成两个阶段（图 11-16）来研究，煤在加热过程中每个阶段的反应由一组平行的单一活化能的一级不可逆反应组成，且它们的活化能遵从高斯分布。其优点是能够描述同一煤种不同组分液化的难易和解释活化能随转化率增加而上升的现象。

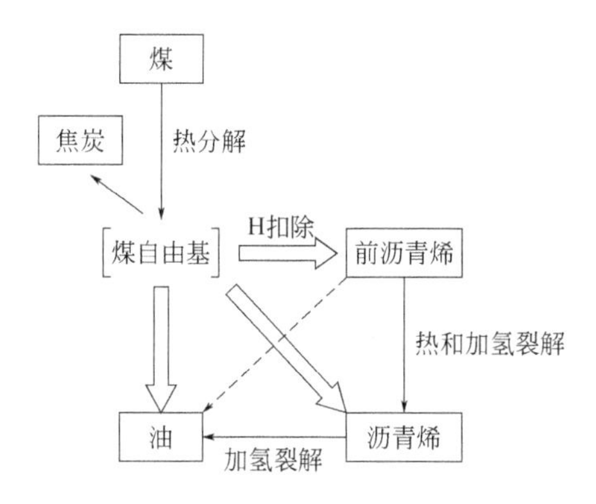

图 11-10　煤液化简化的一般机理

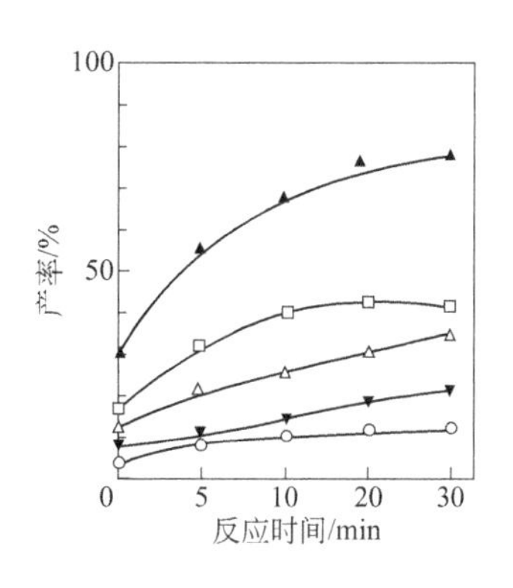

图 11-11　兖州煤在四氢萘中的液化结果（380℃）

▴四氢呋喃抽提转化率；▾沥青烯；
▵苯抽提转化率；○油＋气；□前沥青烯

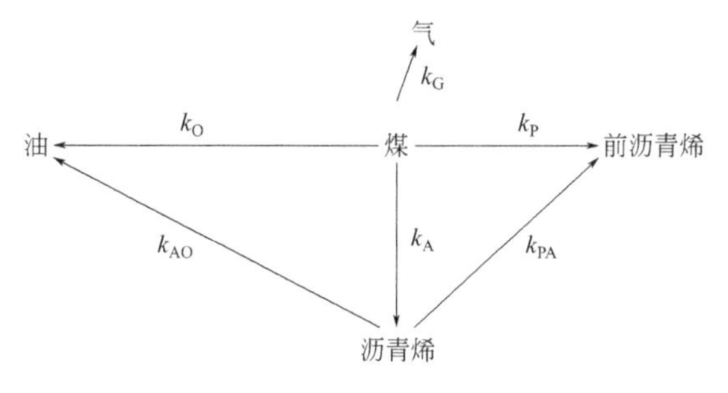

图 11-12　Cronauer 液化反应模型

k_O—煤转化为油的反应速率常数，min^{-1}；
k_G—煤转化为气体的反应速率常数，min^{-1}；
k_P—煤转化为前沥青烯的反应速率常数，min^{-1}；
k_A—煤转化为沥青烯的反应速率常数，min^{-1}；
k_{AO}—沥青烯转化为油的反应速率常数，min^{-1}；
k_{PA}—沥青烯转化为前沥青烯的反应速率常数，min^{-1}

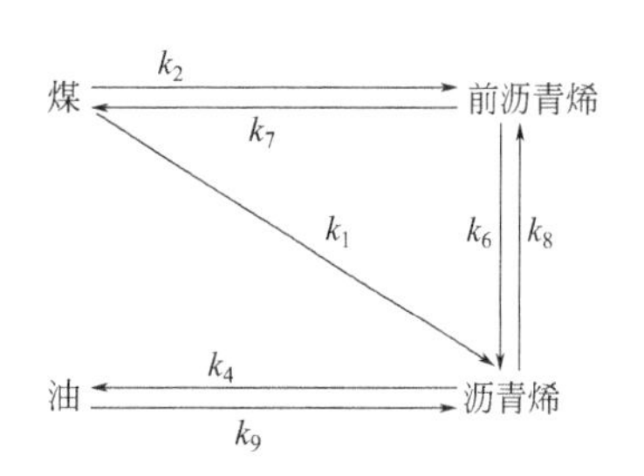

图 11-13　Giertenbach 液化反应模型

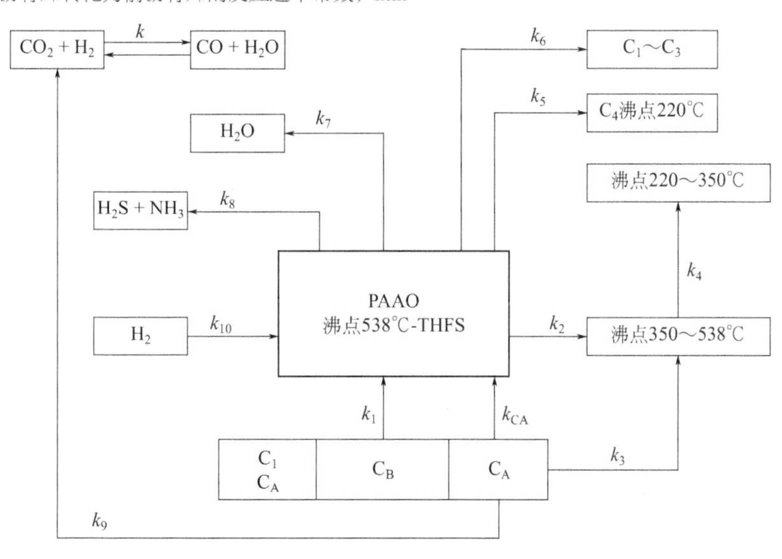

图 11-14　Onozaki 煤液化多个反应模型

C_I—不反应的惰性煤；PAAO—沥青烯和前沥青烯；C_B—只生成 PAAO 类物质的煤；
C_A—能生成气体、重质油和沥青烯等多种产物的煤；THFS—四氢呋喃可溶物

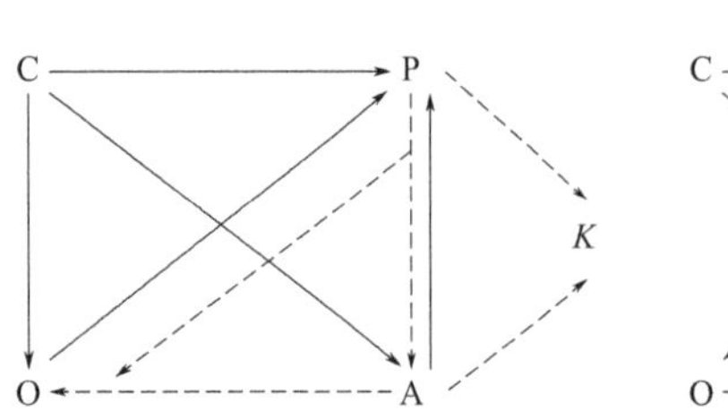

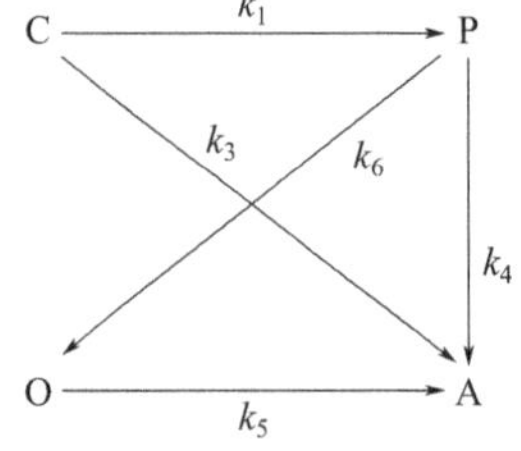

图 11-15　煤加氢液化集总组分的两种反应历程

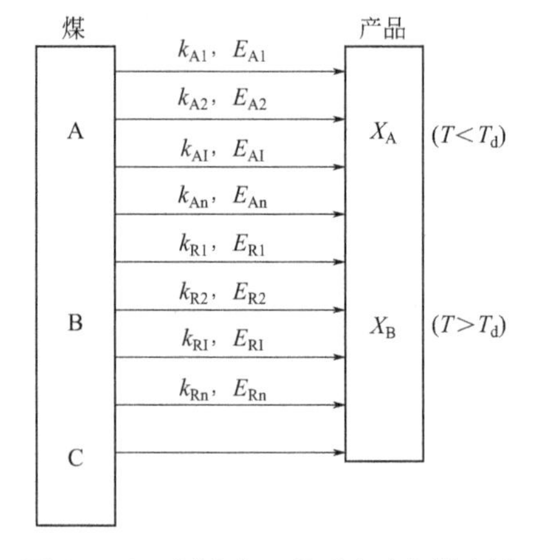

图 11-16　煤液化两段反应动力学表述

11.5 影响煤催化直接液化的主要因素

使用于催化加氢直接液化的煤种一般是褐煤或次烟煤。总是希望在直接液化中煤转化率和产油率都很高，转化速度快，即液化时间要短，同时消耗的氢气尽可能少。研究指出，H/C 比高、煤化程度低的煤种一般能够满足这些要求，如表 11-6 和图 11-17 所示。煤中不同岩相也导致液化转化率的不同，如表 11-7 所示。

表11-6　煤种对直接液化各产物组分收率的影响

煤种	液体收率 /%	气体收率 /%	总转化率 /%
中等挥发分烟煤	62	28	90
高挥发分烟煤 A	71.5	20	91.5
高挥发分烟煤 B	74	17	91
高挥发分烟煤 C	73	21.5	94.5
次烟煤 B	66.5	26	92.5
次烟煤 C	58	29	87
褐煤	57	30	87
泥炭	44	40	84

表11-7　煤岩相对液化转化率的影响

岩相组分	元素组成			H/C 比	加氢液化转化率 /%
	C	H	O		
丝炭	93	2.9	0.6	0.37	11.7
暗煤（惰性组）	85.4	4.7	8.1	0.66	59.8
亮煤（壳质组）	83	5.8	8.8	0.84	93.0
镜煤（镜质组）	82.5	5.6	8.3	0.82	98

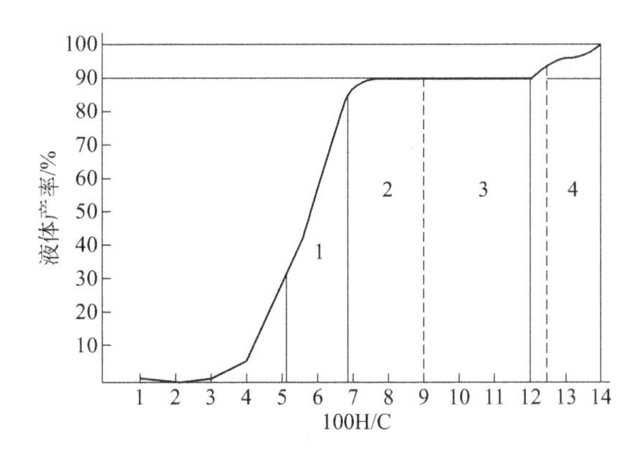

图 11-17　煤液化产物与其 H/C 比间的关系

1—烟煤，100H/C=5.4 ～ 6.2，V_{daf} < 37%；2—烟煤和褐煤，100H/C=6.6 ～ 9.0，V_{daf} < 37% ～ 50%；
3—藻煤和页岩，100H/C=9 ～ 12.5，V_{daf} ≥ 50%；4—石油油料，100H/C > 12.5

11.5.1 煤浆浓度（液固比）的影响

虽然理论上说稀煤浆浓度有利于煤的直接液化，但从反应器空间的实际利用率考虑，则煤浆浓度应该尽可能地高。实际试验证明，通过适当调节反应条件，高煤浆浓度也能够获得高的油产量。从整个煤液化工艺考虑，煤浆浓度的选择必须考虑其输送和煤浆预热炉的适应性。煤浆太稀则煤浆容易沉降和沉积。煤浆浓度高，其黏度就大。图 11-18 示出了不同温度下的煤浆的黏度。一般说，黏度大，泵的输送功率也大，而且高压煤浆泵的输送有一最高黏度范围，一般在 50 ～ 500mPa・s。煤浆黏度与煤种和溶剂性质有关，因此不同煤种其最佳煤浆浓度也是不同的。

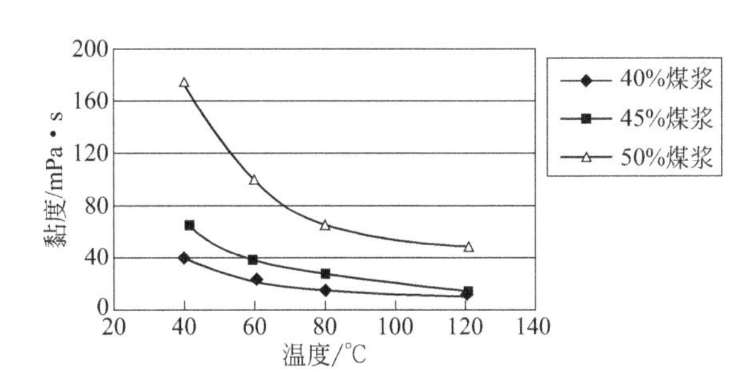

图 11-18　温度对煤浆黏度的影响

11.5.2 液化气氛和氢气压力

大部分煤直接催化加氢液化是在高压氢气气氛下完成的。高压氢气的主要作用是提供活性氢，稳定煤热解产生的自由基，抑制聚合反应。氢气压力对煤和废橡胶共液化的影响规律的研究结果表明，氢气气氛对废橡胶转化率和油产率没有明显影响，但是显著促进煤液化的转化率和油收率。研究者也发现高压氢气对煤液化有多种作用，利用烟煤和烷烃油在 400℃下反应 2h 后用光学显微镜观察煤粒，发现在惰性气氛下煤粒基本无变化，但是氢气气氛下可明显看到煤粒发生很大变化，几乎看不到原煤粒。这说明氢气参与并促进了煤的热解反应。另外，液化条件下煤中的氧易于发生缩聚反应，不利于煤液化反应的进行，氢气可以促进煤中S、N、O等杂原子与其反应生成气体，有利于液化反应进行。其他气氛，例如CO以及$CO+H_2$气氛，对煤液化影响进行的研究发现，$CO+H_2$和水混合气对褐煤、次烟煤和高挥发分烟煤液化有重要影响。结果指出，高温下CO与水的反应同样可以起到供氢的作用，如图11-19所示。H_2S和H_2混合气体对煤液化实验结果也表明，H_2S的加入明显促进了分子氢和溶剂中氢的交换。

液化通常在氢气压力下进行，液化压力一般也就是指氢气压力。研究证明，煤液化反应速率与氢气压力成正比。提高氢气压力使溶解于溶剂中的氢气浓度增加。但氢气压力过高，整个煤液化装置的压力等级都相应提高，投资增加很大。因此在操作压力选择上，需要进行必需的平衡。一般在15～70MPa。

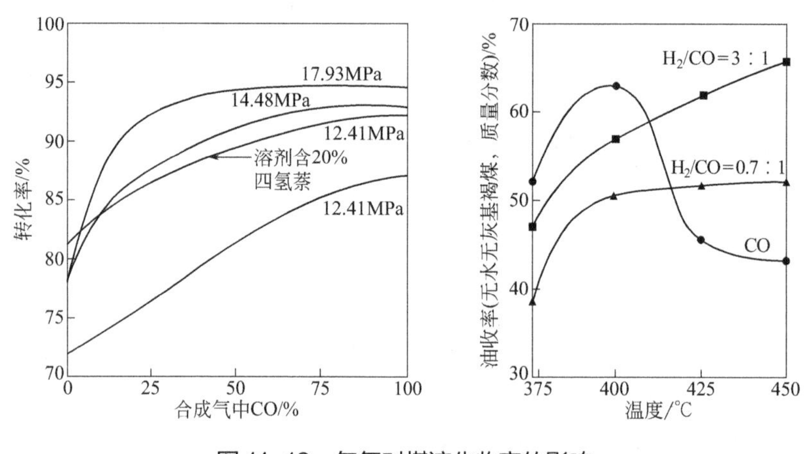

图11-19 气氛对煤液化收率的影响

11.5.3 液化温度

反应温度是煤液化过程中的非常重要的条件和参数。提高反应温度是提高煤液化反应速率的最有效方法，如图11-20所示。这是因为反应温度升高不仅使液化反应的速率呈指数增加，而且也使氢气在溶剂中的溶解度增加，氢气的传递速度也增加，因而转化率、油产量、气体产率都增加，当然耗氢量也增加，如图11-21～图11-26所示。显然，反应温度过高会带来相当大的副作用，如出现结焦和增加能耗等。需要综合考虑原料煤性质、溶剂性质和量、反应压力和停留时间等因素来选择合适的反应温度。一般在400～460℃之间。

煤直接催化加氢液化通常是在较高的温度下完成的，但是对于不同的煤种所需要的液化温度也是不同的。总的来说，变质程度低的煤可以在较低的温度下液化，随着煤变质程度的提高，需要的液化温度也会提高。传统的加氢液化是在煤低温活性区反应，反应温度一般低于450℃，反应时间为30～60min。也提出了高温快速液化理论，将煤液化提高到一定的温度，煤分子中的弱键和强键会同时断裂，生成大量的自由基碎片，此时如果有足够的活性氢来稳定这些自由基，可得到较高的煤转化率和油收率，且大大缩短反应时间，降低液化过程损耗，提高煤液化效率。实验证明，液化温度和时间是两个相互影响、相辅相成的因素，较高温度和较短反应时间能达到较低温度和较长反应时间的液化效果。如图11-27所示。

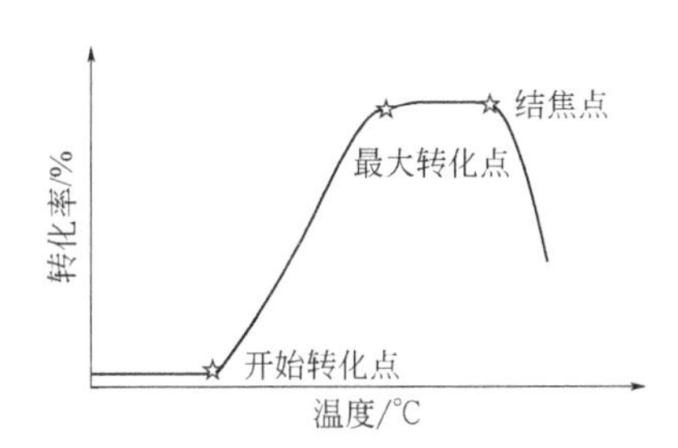

图 11-20　温度对煤液化转化率的影响

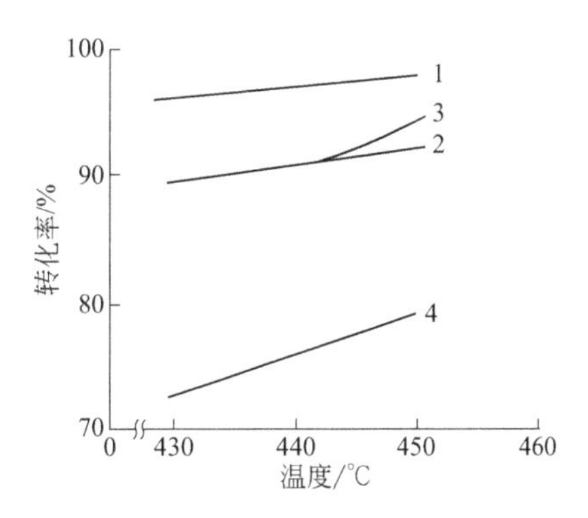

图 11-21　液化温度对煤转化率的影响

1—人工合成 FeS_2；2—5 号催化剂；
3—24 号催化剂；4—不加催化剂

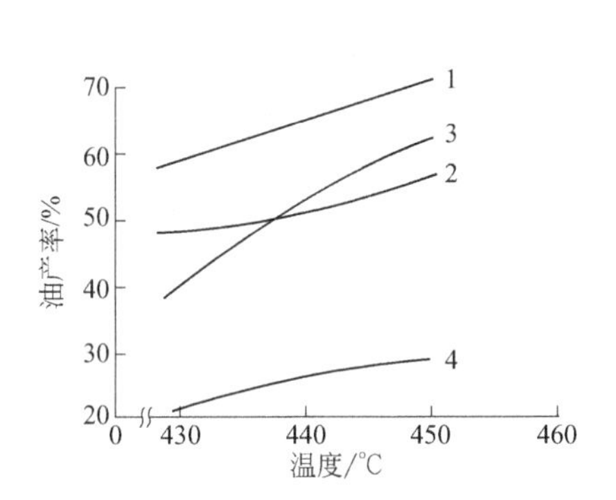

图 11-22　液化温度对油产率的影响

1—人工合成 FeS_2；2—5 号催化剂；
3—24 号催化剂；4—不加催化剂

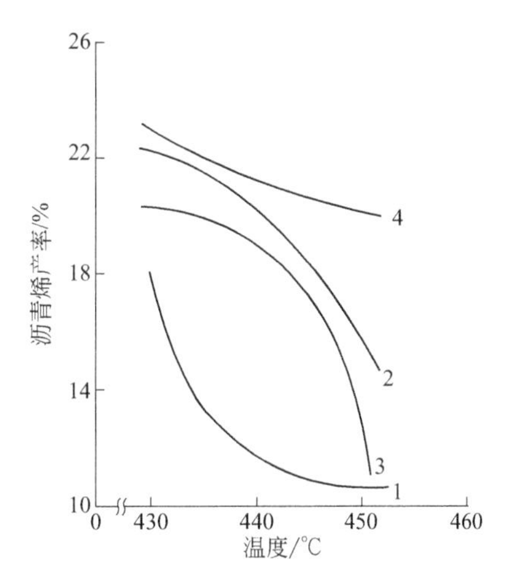

图 11-23　液化温度对沥青烯产率的影响

1—人工合成 FeS_2；2—5 号催化剂；
3—24 号催化剂；4—不加催化剂

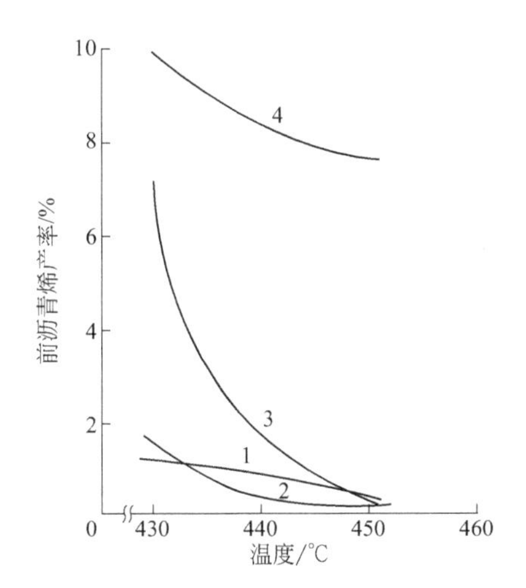

图 11-24　液化温度对前沥青烯产率的影响

1—人工合成 FeS_2；2—5 号催化剂；
3—24 号催化剂；4—不加催化剂

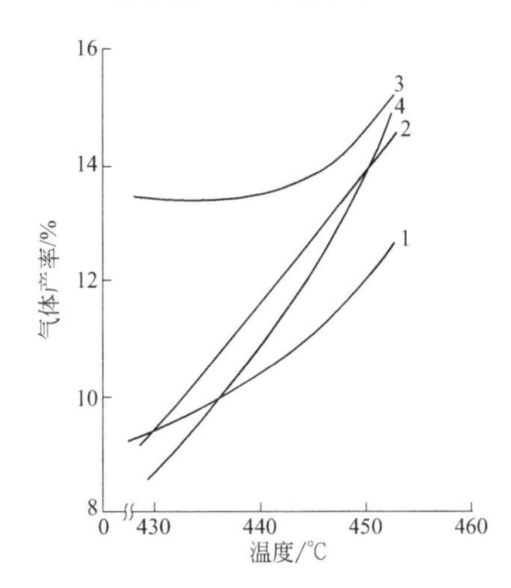

图 11-25　液化温度对气体产率的影响

1—人工合成 FeS_2；2—5 号催化剂；
3—24 号催化剂；4—不加催化剂

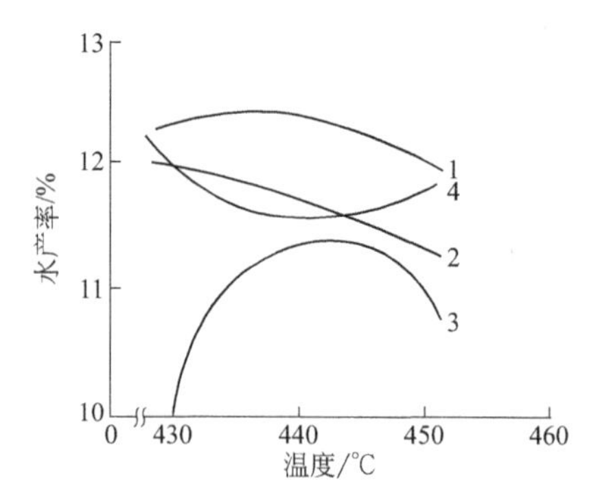

图 11-26　液化温度对水产率的影响

1—人工合成 FeS_2；2—5 号催化剂；3—24 号催化剂；4—不加催化剂

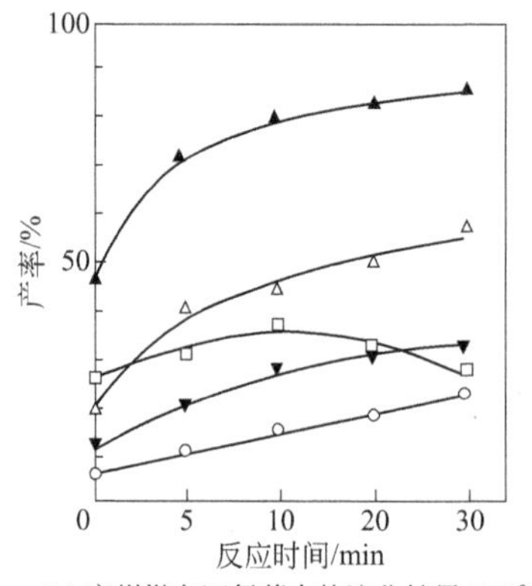

(a) 兖州煤在四氢萘中的液化结果(440℃)

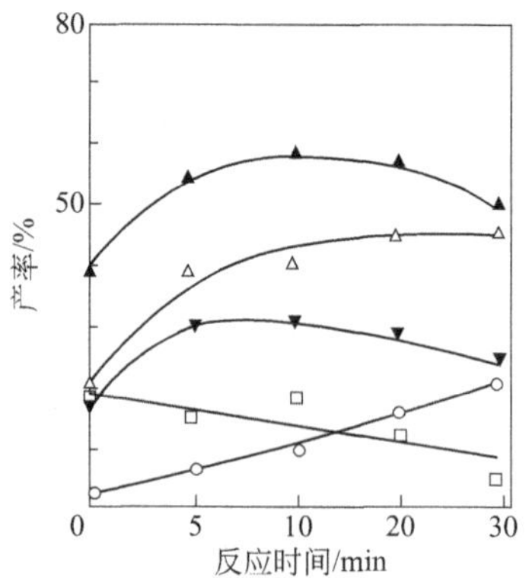

(b) 兖州煤在减二线油中的液化结果(440℃)

图 11-27　溶剂对煤液化的影响

▲四氢呋喃抽提转化率；▼沥青烯；△苯抽提转化率；○油＋气；□前沥青烯

11.5.4 反应时间

在合适液化温度和足够氢供应条件下，随反应时间的延长，煤液化转化率开始快速增加，然后逐渐减慢。液化中间产物如沥青烯和油收率增加，依次达到最高值，而气体产率很少。随反应时间继续延长，气体产率快速增加，耗氢也随之增加，如表 11-8 所指出的。从实际生产角度看，一般要求反应时间愈短愈好，因为反应时间短意味着高空速和高处理量。但时间太短煤液化反应的深度不够，因此合适的反应时间与煤种、所用催化剂、反应温度、所用溶剂以及对产品质量要求等因素有关。短接触时间工艺可能显示更多优点。

表11-8　煤加氢液化转化率随反应时间的变化

反应温度 /℃	反应时间 /min	转化率 /%	沥青烯收率 /%	油收率 /%
410	0	33	31	2
	10	55	40	14
	30	64	46	18
	60	74	47	26
	120	76	48	27
435	0	46	41	5
	10	66	40	26
	30	79	50	28
	60	78	39	36

续表

反应温度 /℃	反应时间 /min	转化率 /%	沥青烯收率 /%	油收率 /%
455	0	47	32	15
	10	67	43	23
	30	73	51	20
	60	77	44	26

11.5.5 气液比

气液比是指煤液化期间气体体积流量（标准状态）与煤浆体积流量之比，是一个无量纲参数。而实际起作用的是反应条件下气体实际流量与液相体积流量之比。当这个比提高时，一般使煤液化转化率提高，但使反应器的有效可利用空间减小，也使能耗增加。因此气液比应该有一个优化值。大量实验结果表明，该最佳值在 700 ～ 1000m^3（标准状态）/t 煤浆。

11.5.6 溶剂

煤炭直接催化加氢液化可使用的溶剂种类很多。在实验室研究中使用的主要溶剂有：四氢萘、十氢萘、萘、菲、煤焦油、煤液化循环油等。在实际工艺中使用最多的是煤液化循环油、煤焦油等。煤液化溶剂除作为一种反应介质外，它在煤液化过程中所起作用主要还有：①与煤配制煤浆，便于输送和加压；②溶解、溶胀和分散煤颗粒，防止自由基碎片缩聚；③向自由基碎片提供和传递活性氢；④稀释液化产物。不同的溶剂对煤直接液化影响的例子示于图 11-27 中。对溶剂在煤液化中的作用分述于下。

11.5.6.1 溶解、溶胀和分散作用

一般认为，煤是由结构相似但又不完全相同的结构单元通过桥键连接而成，结构单元的核心为芳环，外围为烷基侧链和官能团桥接键，一般为—O—、—S—、—CH_2—、—(CH_2)$_n$—、—O—CH_2—等。褐煤和低变质程度烟煤的结构单元环数较少，一般为 1 ～ 2，中等变质程度烟煤为 3 ～ 5，无烟煤的环数在 40 以上。不同煤种的结构单元示于图 10-3 中。而不同煤种的煤结构的分子表述示于图 10-4 到图 10-8 中。虽然这些结构表述多数是二维的，但实际煤的结构都是三维的（特别是近期推出的结构模型）。因此应该认为，煤是由具有三维交联网状结构的大分子固定相和嵌入其中的小分子流动相构成的，小分子和大分子网络之间有两种不同的作用：物理作用和化学作用。一种好的溶剂应该能够使煤粒溶胀，溶解煤粒表面和内部的小分子，这样既利于煤粒和溶剂及催化剂充分接触，也有利于能量的传递。有研究结果表明，煤颗粒在杂酚油和四氢萘中能够得到很好的分散，在十氢萘中仅有部分分散，而在烷烃油中基本不分散。这说明，选用溶剂的分子结构应该与煤分子有类似的芳环结构，这样才会对煤颗粒有好的溶解能力。例如，芘作溶剂时的煤液化转化率要显著高于二十烷、苯十二烷、1，4- 二异丙基苯、1，2，4，5- 四甲基苯。因为芘能够有效溶解和溶胀煤粒，且有高的热稳定性和低黏度。又如 1，2，3，4- 四氢 -5- 羟基萘溶剂，由于其能够促进自由基稳定、溶解煤、抑制逆反应，且能够使强共价键断裂，因此是比其他多个溶剂好的煤液化溶剂。

对煤溶胀进行的研究发现，煤溶胀能够增大煤的孔隙率和小分子相在煤大分子网络结构中的流动性，因此有利于增强供氢溶剂对煤活性点的扩散，进而提高煤的液化性能。

11.5.6.2 提供和传递活性氢的作用

好的煤液化溶剂不仅能够较好地溶解和溶胀煤，还必须有好的供氢和传递氢的作用。实验研究证明，无催化剂时，70% 的活性氢来自供氢溶剂；有催化剂时，在过量四氢萘中有 15% ～ 40% 的活性氢来自供氢溶剂，60% ～ 80% 来自于气相氢。有可能有两条氢传递途径：一是气相氢经在催化剂上解离直接变为活性氢，与煤自由基反应；二是四氢萘供氢转化成萘，气相氢经催化剂与萘结合再生成四氢萘，此时四氢萘只起传递氢的作用。在煤催化直接加氢液化过程中，这两条途径可能同时在起作用，也可能只是其中一条途径作为主要的传递途径。有试验结果显示，芘是一种很有效的传递氢的溶剂，它能够夺取氢分子或四氢萘中的氢生成二氢芘，而二氢芘被公认为是一种有效的氢传递溶剂。所以，芘能够将溶剂中的氢或氢气中的氢原子传递给缺氢的煤自由基碎片。使用氚示踪法研究的结果说明，气相氢与萘、四氢萘和十氢萘溶剂都有氢交换反应，在无 H_2S 气体时，萘的氢交换比例最高；但在有硫化氢气体时，四氢萘的氢交换比例最高，可达 40.4%。煤、供氢溶剂、氢气和催化剂之间反应的示意示于图 11-28 中。

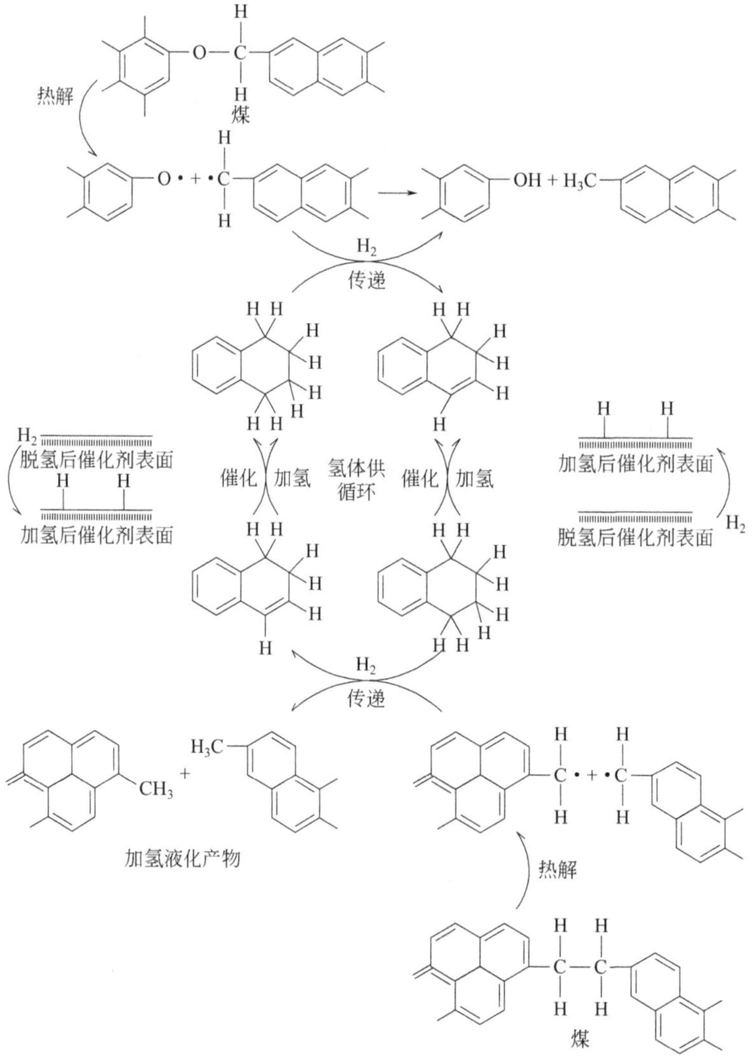

图 11-28　煤、供氢溶剂、氢气和催化剂之间的反应示意图

11.5.7 催化剂

催化剂是煤炭直接加氢液化的重要因素之一。总的来说，煤直接加氢液化中，催化剂主要有两个方面的作用：一是促进煤的热解；二是促进活性氢的产生。虽然第一种作用已经被许多研究者证实，但是大部分的研究者认为后者才是煤直接液化催化剂的主要作用。尽管对煤及其相关模型化合物的催化加氢和加氢裂解方面做了大量工作，但是对催化剂的作用形式和作用机理等关键性学术问题尚未达成共识。传统理论认为，催化剂的主要作用是促进分子氢向溶剂的转移，进而由溶剂向煤的转移；但是也有认为在高压氢气下催化剂促进了氢由气相直接向煤的转移。

在催化机理方面，一些研究者认为铁基催化剂是以 $Fe_{1-x}S$ 的形式在煤液化过程中起催化作用的，正是催化剂提供的活性氢促进了 C—C 键的断裂，其反应方程式可表示为：

$$FeS_2 \longrightarrow FeS + S$$

$$S + H_2 \longrightarrow H^* + HS^*$$

$$HS^* + H_2 \longrightarrow H^* + H_2S$$

对铁基催化剂在煤直接液化过程中的工作状态和活性点进行的研究发现，铁基催化剂在煤加氢液化过程中的活性基团应是煤表面形成的硫酸盐。研究者对催化剂在煤液化过程中起催化作用的反应阶段有不同看法：有认为催化剂在煤到前沥青烯和沥青烯的转化中起主要作用；也有认为催化剂在前沥青烯和沥青烯到油和气的转化中起更重要的催化作用。但仍然可以使用图 11-28 表示煤、供氢溶剂、氢气和催化剂之间的反应，虽然还需要对煤液化催化剂进行更全面深入的研究。而对煤直接催化加氢液化分散相催化剂以及实际催化剂将在后面的章节中做详细介绍。

11.6 液化分散相催化：过去和未来，庆祝工业发展一个世纪

11.6.1 概述

煤直接液化的 Bergius 铁催化剂的发明与氨合成催化剂铁催化剂的发明几乎是同一年代的，但前者是粉末分散相催化剂，而后者是无定形颗粒状催化剂。这两个不同形状催化剂的发明都已经超过 100 年。分散相催化剂的第一个应用是在浆态反应器中，把含碳量很高的原料如煤和石油残留物转化为液体和气体燃料。对这类高含碳量的固体，开始时认为催化剂起作用的必定是其裂解活性，但后来认识到，后续的加氢活性才是基本的。对分散相催化剂，希望其具有的性质包括小的颗粒大小、有抗聚合（结焦）能力和低成本。本节介绍分散相催化剂的发展，包括过去、现在和未来，是法国 R.Bacaud 教授为纪念分散相催化剂发展 100 周年而专门写的纪念文章。介绍分散相催化剂的发展和以后发展该类催化剂的一些准则及新制备方法等，对煤直接催化加氢液化的催化剂发展应该具有指导意义。本节中的内容基本译自该文（Fuel，2014，117：624-632）。

分散相催化剂可简单地指固体细颗粒催化剂，以粉末形式使用，在流体反应介质中保持其分散悬浮状态。它属于非均相催化剂范畴，但它有别于常规的颗粒催化剂，这要涉及

反应容器的设计和对复杂组分的处理后分离或丢弃问题。一些聚合反应构成分散催化剂的特有的应用，在应用中高价格的催化剂以非常低的浓度与反应物混合。催化剂不被回收，混合于生产的聚合物中。这个应用不属于这里的讨论范围。所谓浆态反应器是被设计应用分散相催化剂催化所需反应的，它能够确保反应物相和催化剂间的有效接触。对浆态反应器并不需要精密的安排，也确实不需要为改进效率做决定性突破。通常可以方便地使用常规机械搅拌或气体搅拌鼓泡体系。高压釜和间歇釜是这类反应器的最简单类型，但仅限制于在小规模生产或试验单元中使用。如果强调这类反应器的功能，很有必要考虑使用比较理想的动态流动反应器。应该指出，使催化材料做连续移动是要付出成本的，但必须使付出的成本保持在最小。与固定床反应器不同，对分散相催化剂，质量不是重要的事情。第二个更为关键的一点是，得到的产物必须要与催化相分离。如果希望产物是液体，简单的蒸发就能够达到。但在有固体产物或副产物生成的情形中，催化剂的回收分离可能是极端复杂的和 / 或不完善的。这个特征对使用分散相催化剂的任何过程在整体上都具有决定性意义。这将规定其希望的最主要特征：高本征活性，与此相关联的是催化相的低循环浓度。由于催化剂回收极其困难，另一个希望的特征是要求基础材料和分散催化剂制造是低成本的。历史上，对这些特征的考虑超越了任何的其他考虑，这些特征也已经对活性相可能的候选者施加了严重限制，也限制了催化剂粉碎细化的可使用方法。因为作为活性相加入的大多数催化材料都是低价格的废物。类似地，经济因素限制了分散相催化剂只能应用于便宜的反应物原理：煤、褐煤或石油残留物。

11.6.1.1 历史

分散相催化剂应用于工业过程的第一个专利产生于100多年前的1913年，德国Bergius专利给出了在高氢压下从煤生成液体燃料的结果。虽然这个前瞻性工作是在Bergius自己的实验室内进行的，但他立刻认识到获得工业支持的必要性，并在1914得到Theodor Goldschmidt AG公司的支持。因此，他在该公司占有独特的位置。第一次世界大战后，获得了若干新的支持和资助。1921年，在完成每天生产30t油和焦油加氢的中间工厂试验1年后，为煤加氢液化设计了第二个工厂。1924年，建立的British Bergius Syndicate公司获得了在英国实施其专利的权利。1931年由IG Garben、Royal Dutch Shell和New Jersey标准油公司组成的财团综合了他们在加氢工艺上的专利。世界上的大多数商业工厂是在20世纪30年代建设的。主要生产容量是德国的12个工厂提供的，1943年生产了400万吨汽油。此后在美国、英国、法国、中国、朝鲜也建立了生产装置。

在其第一个专利中，添加剂的使用没有特别叙述。但在工业的实践中，立刻认识到添加剂“luxmasse”的加入对获得煤转化产品有大的正面影响。这个添加剂主要由铁氧化物构成，是生产氧化铝的副产物。在这个早期发展阶段，虽然它仅仅被认为是捕集煤中的硫把其转化为铁硫化物，但它已经成为煤转化过程中的标准添加剂。进一步观察确证了煤矿物质可能产生的影响，因为硫化铁常常以黄铁矿形式存在于煤的矿物质中。因此，从一开始，分散相催化剂的研究和工业发展就与煤直接液化密切相关，后来又密切关系到重质原油和石油残留物转化提级。催化作用以及机理问题是错综复杂的，使用系统试验方法很难解决。Bergius工艺在工业上很快就成为成熟工艺，只是其连续进展和进一步改进有赖于多年经验的积累。尽管对这类情形的许多工业过程可以有不同的认识，但在一定意义上这似乎成为一个典范，虽然离对其的理性了解仍然很远。实践已经证明了它的成熟性和性能，允许大规模生产汽油。

这个从化学过程的实验室实验到商业生产的快速转换，确实应该被认为是一个成功的真实故事。作为著名化学家，Bergius 的功绩已有共识，于是在 1931 年他与 Carl Bosch 一起获得了 Nobel 奖，以表彰他们对高压化学方法的发明和发展。该奖项并不特指煤直接液化，但强调是在高压下管理反应的领域。必须回忆到氨合成是第一个在高压下加氢的工业过程，这些都要求对财力和装置的发展做出特别的努力。其中特别重要的事情是钢的脱碳和反应器机械性质的连续毁坏，这些都有可能导致重大事故。为了能够达到安全的商业工厂功能，复杂和多种多样的技术事情必须解决。这可能要感谢由美国能源部或煤矿安全局发表的众多技术报告：直到 20 世纪 60 年代，这些技术事情仍然是一件事情，占有重要的分量。因此，Bergius 的技能是多方面的：化学家，但也是工程师、机械专家和冶金学家。作为一个商人，他的成功看来是渺小的、无足轻重的。在煤炭液化专利权被转移到主要工业参与者后，他致力于木头水解生产工业用糖类，把自己大部分财富投资到他自己的基金会中。复杂的技术问题和高成本导致他的经济失败，因此没有能够获得 Nobel 奖金的全部。

11.6.1.2 文献和文件方面

1913 ～ 2012 年发表的累积文献、专利和技术报道数目，包括在题目中的煤炭加氢或液化约 7000 余篇。历史参考文献主要由专利组成。在第二次世界大战后，来自美国和英国的专家检查了德国煤炭液化工厂和研究实验室的技术公文。这个信息努力以巨大繁杂的公文报告形式公布，构成了支持从煤大规模生产合成液体发展的基础，美国矿务局是这个战略目标的领导者。在经历一段奉献于收集基础知识和设计试验工厂的时期后，得到的结论是：“巨大石油炼制设施的存在和石油储存量的连续发现使从煤或焦油加氢生产汽油不可能与美国现在从石油生产的汽油竞争，因为煤加氢工厂的高建设成本。”

此后处理煤转化的任何研究活动在美国以及在欧洲国家都暂停，直到 1973 年第一次石油危机。石油供应的短缺刺激西方政府支持煤液化 R&D。先前奉献的部分知识已经被忘却，大学的责难并不包括煤化学，因此 PhD 奖学金的年轻候选者必须在获得催化煤转化领域产生新知识前发现和学习这个老风格化学。这个情形是重复“发现”的原因，简单地说是煤研究的循环特征和在信息链中的不连续性。

图 11-29 说明原油价格和煤研究活动间的关联。经三五年的诱导期后产生遵从第一个原油价格的高峰。从政府资助（由美国矿务局和能源部执行）产生技术报告的数目印证了在第一次石油危机后时期（1979 ～ 1995 年）的这个关联。类似地，发表的专利数目与公开的技术报告数目是平行的。科学活动的第二个高峰出现在 1995 ～ 1999 年；它与原油价格的增加没有关联，主要来自东方国家的研究活动结果。现在的高原油价格和现时研究活动没有相应增加似乎是矛盾的，但它仅仅反映如下的事实：在 60 年代早期活动的结论保持正确，煤液化在生产运输燃料上很难与石油炼制竞争。另外，累积的巨大科学和技术经验数量很难确定在如此好的探索领域需要有附加研究努力。分散相催化的现在和未来发展，在整体上依赖于原油的相关研究，主要是重质油和残留物的转化和提级。

不是对丰富文献的广泛评论，而是要总结在一个世纪期间经验累积的基本发现，和概述分散催化剂发展的结果及相应的工艺含义。对煤炭液化的 Bergius 过程做简略描述后，建议把它应用于石油基产品。催化剂的作用从期望的功能和机理来考察。提出选择潜在活性相的准则，然后描述生产分散相催化剂的各种可能的方法，也同时提供改进现有方法的一些方向。

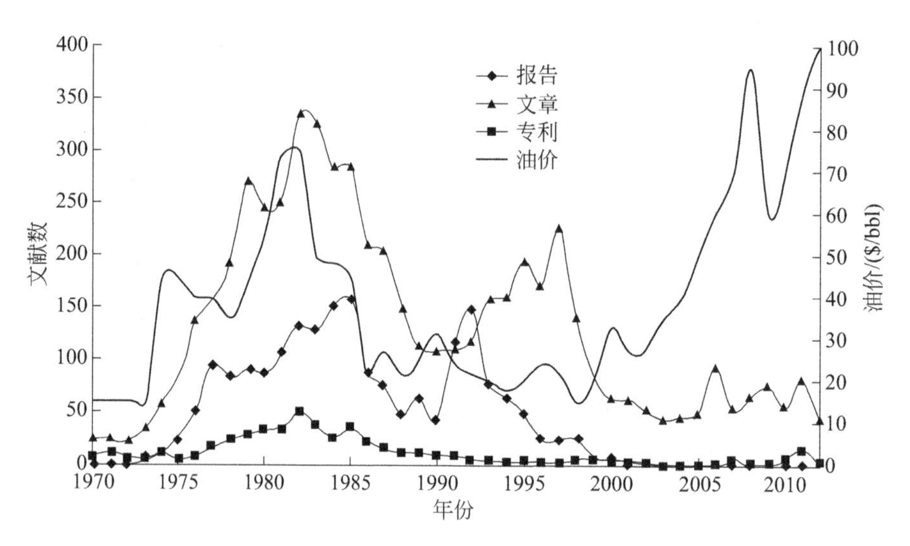

图 11-29　石油价格与煤液化研究活动的比较演变

11.6.2 重质含碳原料的一般讨论

11.6.2.1　反应路径与催化剂

对从某些给定的反应物到希望产物的反应，建立其反应路径是合适催化剂选择和进行催化剂活性评价的预先要求。这个任务相对容易，只要反应物和产物已经很好地确定。但这个理想情形与重质原料转化的真实性相距很远。通常意义上的煤或石油残留物是由极端不同类型的物料组成的，含有无数不同的分子。这个本征复杂性暗示在组成和性质上的很大可变性和不均匀性。类似地，通过转化过程获得的希望产物其性质范围也是很宽的：它们可以是气体、液体、芳烃、脂肪烃。它们的分子量分布是什么？回答是个性化的，在给定经济环境中进行的某一个过程通常是特定的和独一无二的。因此，对重质含碳原料转化催化剂所要求的活性要有合适的定向，需要对这些复杂反应物有方便的表述和对到希望产物相关反应式的定义。

对煤缺乏合适的模型已经有很长时间了，这样的定向研究活动可能引向错误的道路。从实验观察和经验推断，现在一致的看法是，煤占有网状结构，它在转化为较轻产物的初始阶段需要断裂 C—C 键。该断裂能够由自由基的热过程来完成，这就是工业加工条件下普遍存在的路线。相反，酸催化剂对断裂醚键、硫、脂肪连接和多核芳烃是活性的。基于这个简单观点，进行了根本性的研究努力和发展，重点是使用卤素和熔融卤化物，主要是氯化锡和氯化锌。这些都是 Lewis 酸催化剂，在有显著水分压存在时（从煤组分或从煤的杂原子氧释放的），它们可以转化为 Brønsted 酸催化剂，就有能力经由离子机理断裂煤中的桥接键。产生的碳正离子稳定性可以通过增长、缩聚或终端加氢保持，而终端加氢是比较理想的，因为它避免了气体或焦的生成。但是，强酸催化剂对加氢反应一般没有高活性，因此趋向于获得高产率的气体和焦油。

使用酸催化剂的工艺发展揭示，大量 $ZnCl_2$ 被硫按化学计量反应消耗掉，尽管它是最便宜的酸催化剂，但也需要在外部进行再生。这个工艺在工业上的不可行性是十分明显的，因为大量金属卤化物和氯产生严重的腐蚀作用。在这个方向上的努力到 20 世纪 70 年代后期就停止了，关闭了在 1869 年由 Berthelot 实验开启的路线，即在氢碘酸存在下于温和条件下把煤转化为液体产物的路线。

煤结构研究进展证实，在煤中同时存在一个可移动分子量相对低的相与网状结构相，它们应该能够在十分温和的条件下即转化的初期阶段释放出来。而后的研究指出，这个相能够起溶剂的作用促进物料传输，可以与过程溶剂发生相互作用。所以，三维骨架并不是坚固完整的整体，而是由相对弱键连接的结构基础单元构成。溶解煤的状态，像它在液化反应器中被证实的那样，可以把其描述为油性介质中悬浮的沥青质。从比较看，这是真实的，这个图景表述了与石油残留物的某些类似性。石油残留物由悬浮或溶解在油中的高分子量沥青质单元构成。这个观察的一个结果是，对这两个反应物（煤或石油残留物），裂解 C—C 键严苛的热裂解阶段会对油性部分初始热解产生不希望的影响，导致反应介质失稳定和沥青质的连续固化（大量焦的生成）。

即便在煤加氢转化初期阶段的温和条件下，只要有活性催化剂存在，也会有显著量的氢气消耗。这个事实似乎是十分自然的，因为最弱键断裂后的（自由基）稳定性需要通过加氢来保持。虽然观察到催化剂与反应物确实一起存在，但工业浆态反应器的流动条件并不总是与这个要求兼容。由于一些前身物在反应器的实际工作条件下被转化为活性相，催化剂相能够有效地进入反应混合物中去。这个前身物转化与原来的初始转化同时发生，结果是催化剂的实际活性形式仅仅在停留一段时间后才出现。这个特征是分散相催化剂特有的。事实上，在固定床反应器中，催化剂在反应物进入前就被调节和稳定，所以其化学状态以及物理化学性质（分散性、催化剂 / 载体相互作用和孔隙率）的控制是理想的和确定的。这样一个理想情形与分散相催化剂的生成条件相差很远，分散相催化剂必须在原位产生活性相。一旦它在反应介质中生成和在相应停留时间期间内达到预期活性，催化剂活性仍然可以在一段时间内得以保持。虽然分散相催化剂一般特指单程通过或一次性的，但存在于未转化产物中的活性相不是直接丢弃的，所以部分残留产物与新进入的反应物一起被循环，用以改性新鲜催化剂。所有这些特征对分散相催化过程的设计会产生多重影响：①实际活性相的稳定性很差。详细描述暗示，进行原位表征非常艰难甚至几乎不可能，因为操作条件极其严苛。对从残留相中取出的催化剂进行表征不一定有代表性，因为它是在大气压气氛下进行的。②催化剂前身物与反应物的相互作用不仅确定活性相化学状态，而且干扰活性相的分散和聚集。③活性相产生的动力学必须在实际反应条件下建立。这个任务需要由实验来完成。④过程稳定性控制是复杂的，因为在循环残留物保留的活性和新鲜前身物引入间必须保持平衡。⑤原料含有有潜在活性金属化合物：在煤的矿物质中所含黄铁矿和在石油残基中的镍或钒卟啉，它们被累积在残留物中，可能对循环催化相的改性有一些贡献。

所有上述这些事情几乎都没有被解决。在实验室规模的间歇反应器中几乎不允许进行上述问题的特定试验。相反，工业实践是基于观察和经济推论的，很少与详细表征相联系。在催化剂的完整作用和反应路径描述中的进展是可以获得的，需要经过连续累积性的研究努力，以及来自模型化合物的基础研究及其向实际原料的传输。

11.6.2.2　活性的定义和测量

一旦催化剂状态在反应介质中已经达到平衡组成，引出的问题是，如何表述和测定活性和如何选择潜在催化剂。可以进行绝对评价，也可以以比较的目的进行评价。虽然问题似乎是明显的，但使用的反应物是很难确定的，生成的产物范围也是很宽的，因此问题的答案变得复杂甚至混淆。活性通常被定义为单位催化剂重量、单位时间产生产物分子的数目（或消耗掉的反应物数目）。这关系到进入的物流和反应物的转化。讨论的产物或反应物可以是很好确定的（消耗的氢气，气体的产生），或者可以反映一组反应物的浓度变化（例如蒸馏物的生成，沥青烯的转化等）。可以选择任何一个有代表性的参数，以便进行方便和精确的评价。活性的定义中还包含反映催化材料流动的量，即停留时间和催化剂浓度。考虑到上述有关催化剂组成、活性相演化、部分循环和可能的沉降等的不确定性，在含有反应物反应器的实际操作条件下催化剂的流动速度是很难确定的。因此，为确保反应速率是由化学反应本身确定且不受传输现象影响的仅有的实际方法是，验证测量的反应速率是与催化剂的停留时间（或催化剂浓度）成比例的（在给定反应条件下）。

催化剂活性的另一种评价能够在考虑转化机理和催化剂化学功能的基础上实现。排除酸催化转化反应，稳定在初始步骤产生的自由基的理想方法是使用氢加成。与加氢竞争的稳定机制既产生气体又获得所谓焦形式的重产物。结果是，当自由基产生速率与活化氢产生速率达到平衡时存在一个平衡条件，这直接关系到催化剂的活性。实验上，这暗示催化剂的浓度存在一个临界值，在该浓度下逆向反应占优势。只有合适的跟踪系统才能够对这个条件进行观察，确定这个临界催化剂负荷，于是能够为催化剂评价和过程控制提供很有价值的参数。

对这些初步讨论能够做总结，但必须强调分散催化剂不能够被认为是孤立的实体。它是所讨论原料转化过程中在优势条件下从反应介质与催化添加剂相互作用得到的结果。可以说，这对任何催化过程都是正确的。但对分散催化剂，其至关重要的特殊性（指标性）是活性相、化学状态、可分散性、活性、稳定的产生，是由所述相互作用过程完整确定的。不管怎样，对一个常规分散催化剂候选者的预期性质和性能指标列举如下：①它是一个加氢催化剂；②活性相在硫化氢 / 氢气压力下是稳定的；③它有高的本征活性；④它聚集、烧结或沉降的倾向是低的；⑤它是便宜的；⑥它的分散是容易的。

11.6.2.3　活性相选择

加氢反应的催化剂基本上属于过渡金属。所有讨论的原料（煤或石油残留物）在它们的结构中存在不稳定的硫：硫化物或硫醇。这暗示在反应初期阶段生成的气体产物中含硫化氢，因此催化剂活性相的稳定结构形式中含有硫。对过渡金属硫化物的加氢活性已经有完整评论。对制备出的高比表面积、未担载硫化物，使用二苯基加氢以及二苯基噻吩加氢脱硫反应进行评价并确定其活性。无载体时可以评价活性相的本征活性并把其与表面积相关联。得到的活性排序表示为单位时间、单位平方米硫化物上转化的物质的量，如图11-30（a）所示，结论是，贵金属和通常应用的金属硫化物（Mo，W）的活性是比较高的。这对常规固定床反应器是重要的，因其目标是最大化产品产量，催化剂被认为是一种投资，而不是作为耗材。对分散相催化剂，情形是十分不同的，因为它们被认为是一次性的。如果把金属价格考虑在内，获得的排序如图 11-30（b）所示，活性使用单位时间、单位活性金属美元上转化的物质的量（假设比表面积是常数）表示。观察到的是一个不同顺序：Fe 是最好的选择，因为相对于贵金属，其过高的成本抵消了它们高的本征活性。这样一个活性图景表述并不能够延伸说明极端低的成本是一个绝对选择标准。因为在浆态反应器中循环大量低活性便宜材料和管理大体积低值残留物质，即便有任何益处也是很少的。德国先驱工艺的以往经验是，使用若干百分点的红泥和煤作为进料，铁硫化物作为可信加氢催化剂的利弊是没有争议的。另外，使用简单加入工业废物来作为常规催化剂的可行性是极端有疑问的。但考虑到它潜在的活性，通过控制过程优化产生铁硫化物的任何做法，已经证实是可靠的。钨、锰和钒是值得注意的。铬已在先前作为有害分散催化剂被丢弃了。对石油残留物加氢处理的参考物质钼，其合理选用应该受到支持。

对活性相选择的这个初步定向，必须要加入附加指标：常规前身物的可利用性、在油中的溶解度、分散的容易性和聚集倾向。

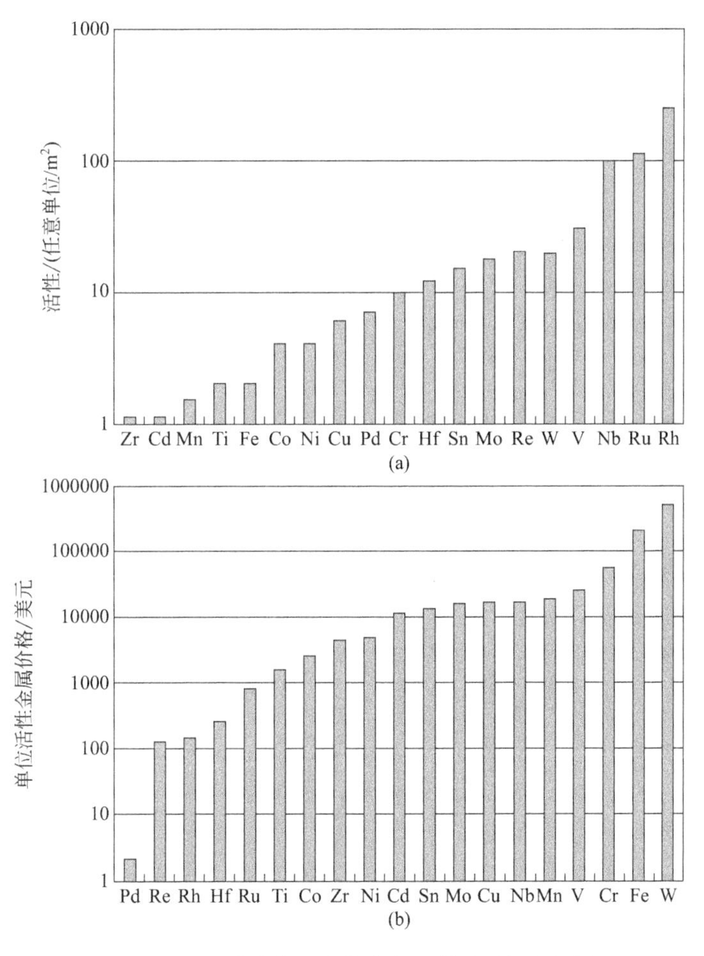

图 11-30　过渡金属硫化物上二苯噻吩加氢活性

11.6.3 技术发展——细化方法

11.6.3.1 目标

从非均相催化的观点，煤液化和石油残留物的转化是很有意义的复杂反应。反应物既溶解于液相中也存在于胶束固体相中，它们必须在固体催化剂的辅助协调下与气态氢反应。确定无疑的是，通常在非均相催化剂上的反应需要反应物在活性位上的吸附，然后反应生成产物，释放出产物完成反应。这个一般程式能够方便地应用，只要反应物的吸附常数大小相当。虽然存在于溶剂化煤或石油残留物中大分子的吸附常数是未知的或几乎不可测量的，但从空间排列可以推断，它们的值与氢的吸附常数有相当的不同。因此必须提出其他机理，以便鉴别煤催化加氢反应的实验证据。如氢化芳烃作为传递氢和它把氢从气相传递给大分子量煤结构单元的这样一个基本方式已经得到极大认可。氢溢流也参与了使催化表面产生移动的活化氢，稳定热产生的自由基。

非均相催化剂制备的一般规则暗示，制备的固体应该有高表面积和合适孔隙率，以使流动的反应物能够接近整个固体表面。应考虑到石油残留物和煤中高分子量沥青质化合物几乎是不可能达到孔内表面的，即便是具有极端大孔口的固体。因为孔口容易被煤中矿物质或由卟啉分解产生的金属化合物沉积所阻塞。接近固体活性表面仅在如下情况下才是可能的：它有大的外表面。因此，具有能够产生活化氢的外表面是有利的。

使用常规催化剂的表面 - 质量比（*S*/*W*）能够评价所需要的催化剂颗粒大小。假设分散相催化剂是球形颗粒，关系到颗粒直径的 *S*/*W* 值是能够与单位重量负载催化剂的比表面积比较的。做一个粗略估计，设想比表面积为 $100m^2/g$，具有相等 *S*/*W* 比的球形固体颗粒直径约为 10nm。虽然该值仅是指示性的，但它建立了目标和指出了细化催化剂的方向。使用研磨方法很显然是不成功的，必须探索更精巧的制备方法。

11.6.3.2 早期煤液化

自 Bergius 工艺发展开始，在实验规模进行过探索的分散相催化剂，几乎包括了所有可以想象得到的催化剂，但工业实践总是有利于低成本催化材料。一个值得注意的例外是，在早期 Bergius 过程工业应用中使用了钼氧化物。早在 1927 年就已经认识到，一个好催化剂最关键的是要证实确实发挥了催化剂的合适作用。例如已经证实，钼氧化物只是一个前身物，为了产生活性相 MoS_2 还需要有硫的存在。高分散的重要性也早已认识到，通过研磨降低前身物颗粒大小的方法首先被实践，后来又使用了浸渍方法把钼酸铵浸渍到反应性煤上以获得钼的高分散度。再后来，确立了把硫酸喷洒到煤上能够提高活性，可能是因为它有利于钼的硫化。用这个方法生产的催化剂，Mo 浓度被降低至 500×10^{-6} 煤就有高活性。在发展有利于生产小颗粒催化相方法的同时，也发展出使用钼酸铵浸渍褐煤生产负载在褐煤上Mo催化剂的方法。这是以煤本身作为载体的有益探索，借以控制活性相的聚集或烧结。必须记住，煤和催化剂间的紧密接触是必需的。要充分认识到煤本身（也即网状结构）是容易被它自己的移动相（准液相）溶解的（断裂的）。因此，在寻求紧密接触目标的早期研究中找到了另一个办法——使用载体效应。

尽管它有值得注意的活性，但 Mo 已经被煤液化工业丢弃，因为成本过高。而铁是理想的，它以红泥或黄铁矿形式存在。但为提高其分散度和促进煤与催化剂前身物间的紧密接触，也进行了同样的努力。引人注目的是，观察到这些前驱者发现在第二次世界大战前和期间开启了后面所有研究的定向，跟着便有了进一步的发展。遗憾的是，在 20 世纪 70 年代重新引发对煤液化领域的研究热潮时，这些早期成果的大多数都被摒弃了，导致重复进行许多无用的实验。

11.6.3.3 从煤到石油残留物

与此同时，有相当累积的这些知识自然而然地从煤液化转移到原油基重质原料的加工上。同样是这些老秘诀，在众多专利中又被宣称为是新的，描述的仍然是使用不同铁化合物作为悬浮物质对残留石油原料进行加工转化。其中一些也包含了如何获得高分散度和获取载体效应。相应的专利和描述性文献极端丰富，不再叙述。所公告宣称的原创性与相关工艺核心相比较是相当边缘的。

虽然加氢转化从煤液化转移到石油残留物上看起来是很直接的，但某些基础性差异可能影响其过程能力，这点必须要指出。在煤液化中，作为溶剂使用的循环油是稳定液体，其组成基本上不受加工的影响。在与过程早期阶段释放移动相的关系中，它将继续对沥青质的分散和稳定作出贡献。相反，原油基残留物的油性部分是要被进一步加氢裂解的，这有可能失去其对沥青质的溶剂化能力。另外，煤和油沥青质有各自的性质。油基沥青质的平均分子量在 1000 ～ 10000 范围，而这是极端可变的，取决于所讨论的技术、溶剂极性和浓度。并且沥青质的部分分离方法也会影响结果。与此不同的是，煤衍生沥青质的分子大小远小于原始石油沥青质。煤衍生沥青质比石油沥青质简单，因此预期能够很容易地分散。

新工艺发展源自钼在油溶性化合物(例如环烷酸酯)中的溶解。一旦进入反应原料中(汽油或真空残油，AR 或 VR)，这些催化剂前身物在反应器内被转化为 MoS_2，这构成了完全集成工业过程的基础。使其具有显著原创性和有效性的若干特征是：催化剂循环，沥青分离、钼回收和氢气产生。催化剂在物流中的浓度被降低到含钼数百毫克每升，与其他工艺比较这是相对低的浓度。在浆态反应器中这个浓度就能够使石油残留物转化获得高产率。

从油溶性前身物分解产生的催化活性相显示高的表面积。但是，这个总表面积值是有问题的，没有考虑 MoS_2 的贡献。业已证明环烷酸钼在含硫化合物的醇脂肪或沸腾溶剂中会分解，产生高表面积 MoS_2，这把包含的碳相也计入固体中，它们占有若干百分数的质量。这些固体在热处理条件下显示足够的织构稳定性，可能是由于碳相的存在。

使用油溶性催化剂前身物说明，获得活性相活性和稳定性的决定性因素是：前身物必须以高分散状态存在于反应介质中，必须在抗击因载体效应导致的聚集下保持分散。类似的设想可以从煤转化中推演，但这是十分含蓄的。因为由含碳组分和矿物质构成的固体煤炭能够起同样的作用，虽然由于固体相的复杂性其实验验证几乎是不可能的。也对能够替代钼可溶性前身物的物质进行了研究，因为环烷酸盐的成本相对较高，钼酸铵是比较便宜的。但由于它是水溶性而不是油溶性的，在原料中简单加入仅产生中等的催化活性。钼酸盐颗粒是不溶解的，它们只进行表面硫化，产生低比表面积和难以确定的活性相。

如果把钼化合物（磷钼酸、钼酸铵和噻吩钼）溶解于水中，使用表面活化剂使水溶液 - 油乳化，就能够克服不溶解的问题。获得的微乳经蒸发和硫化后能够产生高分散 MoS_2 粒子。为精巧制备分散催化剂前身物的这个相当复杂的方法，开启了一条精巧制备分散相催化剂的路，只是仅加入低成本的废物材料，而却构成了这类古老过程的基础。

下面描述的方法仅仅是试探性的，它们并不能够延伸作为完全的工业应用，但得到的原始固体能够被认为是进一步革新处理的典范。

11.6.3.4 气溶胶氧化物合成

这是已经工业实际应用的方法，这是生产气溶胶氧化物（二氧化硅、氧化铝和氧化钛）的很好方法。把它转移和应用于合成铁氧化物，用以作为煤液化的分散相催化剂前身物。该制备方法简述如下：把挥发性金属化合物（一般是氯化物）引入氢氧火焰中，氯化物高温水解产生相应的氧化物。颗粒一般是球形的，其直径可以小至几十纳米，其颗粒大小分布也是非常窄的。总表面积全部由外表面积贡献，没有内孔隙率。使用这个方法制备的钼、锡和铁氧化物，在低催化剂 - 煤比下显示煤转化的高活性。产生的硫化铁织构稳定性也获得实验证明，只要硫化是在煤存在下进行的。气溶胶氧化物已经在 50kg/d 的试验工厂中进行试验。

这样的合成有盐酸生成，并消耗需要付出成本的氢气，对大规模催化剂前身物的生产（延伸作为 VR 转化中的分散相催化剂或分散添加剂），其应用前景不可能有进一步的发展。对其的基本兴趣停留在生产颗粒的几何形状上。如已经叙述过的，分散相催化剂的颗粒大小在数十纳米左右。由于气溶胶氧化物的织构性质在硫化后得以保持，且其外活性表面是很好确定的。这样生产的催化相能够成为在复杂介质中评价本征活性的好模型催化剂。例如，测量的氢转移速率能够与活性表面相关联，给出确定反应器尺寸所需要的动力学参数。在稳定流动条件下，浆态反应器可以使用单位反应器体积循环催化剂的总表面积来表征。对给定的催化剂，假设其保持恒定组成和分散状态，接触时间的改变能够通过调整如下两个变量获得：分散相催化剂的浓度和原料流速（或液体小时空速）。与固定床反应器比较，能够提供额外的灵活性，这样的模型催化剂能够协助提供基础性本征活性数据。

11.6.3.5 等离子合成

使用极端条件合成的现代方法，为制备分散相催化剂前身物，要寻求它们如何能够满足先前叙述的基本条件。它在生产高分散粒子的同时产生含碳相（提供载体效应和防止粒子的进一步聚集）。催化材料是金属电极。两个相对的电极，由相同或不同的金属做成，煤浸没在液体烃类中，在控制气氛下接近容器。在两个电极之间施加高电压，在电极间隙的液体介质中建立起等离子气氛。有两种现象发生：①金属电极蒸发形成金属蒸气；②液体烃类裂解产生气体和含碳固体。

金属蒸气被冷液体介质淬冷，金属粒子被捕集和稳定在固相上。对使用这个方法获得的 Ni 固体颗粒已经进行了表征。一般的金属含量 20%（质量分数）左右，比表面积 $400m^2/g$。原位硫化后作为分散催化剂使用于脱环烷酸盐 VR 的加氢转化中。结果说明，在催化剂 - 原料比低至 100×10^{-6}Ni 时仍有高活性。

这个奇异方法有很多缺点：它输出很多气体，能量效率很低，很不安全等。但不管这些负面因素，生产的材料应该受到注意。组合微观和磁性表征说明，产生的碳负载金属相连同次纳米颗粒构成大的聚集体。前者重量的贡献是突出的，虽然低表面积对催化活性的贡献是极少的可以忽略，但后者是催化活性的来源。这样一个颗粒大小分布暗示，测量的活性表示成总金属含量的函数时被很大低估，因为它包含了几乎没有活性的大粒子。

金属相生成机理组合了两个竞争现象。极端高的局部温度导致在电极界面的过度蒸发，释放出金属蒸气和腐蚀表面。同时，因偶然的腐蚀形成孤立区域，并随机把电极表面毁坏成大的碎片，而且因机械毁坏释放出无用的不活性的废金属粒子，因此这个方法毫无疑问是不能够应用的。但它证明了使用蒸发方法有可能生产极端分散的金属粒子。

11.6.3.6 单一的锡

钼和较少程度上的铁几乎垄断了分散相催化剂的应用。锡几乎不被考虑。锡不是过渡金属，硫化锡在加氢反应中的活性数据极少。在液化煤的早期工作中，因设想需要断裂C—C 键应用了酸催化剂，如氯化锡和氯化锌。锡的有效化学状态不是问题，但主要催化作用是由氯提供的。

已经报道了不一般的催化过程：使用熔融金属锡的煤液化过程。在该过程中观察到煤到环烷烯和油的连续转化程式。更突出的是，熔盐催化对连续更新煤/催化剂界面是有利的。因金属不受反应环境影响，存在大量本体金属。对锡的比较常规的看法是，煤中的20%（质量分数）锡氧化物是作为其他用途的，因已证实金属锡被残留在灰分中。相反，当煤液化只使用比较小量［煤的2%（质量分数）］的锡氧化物和硫化试剂时，确实证实了存在的物质是 SnO_2 和 SnS。在没有过量硫存在时，产生一种中间化合物 $FeSn_2$，由矿物质中的黄铁矿铁与锡的氧化反应生成。这两个固体相间进行反应暗示，至少它们中的一个是可移动的。但这在黄铁矿情形中是不明显的。因此必须承认，锡处于这样的状态，它能够在反应介质中普遍地存在。这些结果说明，在这样的复杂介质中锡化学的错综复杂性：平衡状态受氢气分压、硫和煤矿物质以及锡-煤比支配。不管锡的实际形式，所有上述的观察证明，在低催化剂-原料比条件下它是一个好的加氢催化剂。对铁、钼和锡氧化物（使用上述的气溶胶方法生产）在煤液化中的活性比较和评价提供的证据指出，锡与钼有相等的活性，它们都优于铁。

11.6.4 分散相催化剂展望

在前面已经提出了数十纳米颗粒的精巧分散相催化剂的合理目标。它粗略对应于 $100m^2/g$ 的常规固体。现在在 VR 深度转化的独特商业过程使用的分散相催化剂是基于油溶性钼化合物，它在反应介质中能够分解成硫化钼。制备参数对 MoS_2 织构性质影响的系统研究指出，优化表面积仅限制于每克数百平方米。另外，总表面积包括了含碳材料的大贡献，要对这些特性有决定性的改进需要应用其他制备方法。

上述的试验数据证明，使用等离子体气相方法产生的颗粒，其大小小得多。这个开拓性方法远没有被优化，也是不值得获取的，因为它低的能量效率和生成颗粒的极端复杂性。但是，考虑到在使用等离子方法生产镍基分散催化剂上观察的活性，可以指望，由纳米大小颗粒构成的高活性元素，在极端低的催化剂-原料比条件下将会具有好的活性。从气相制备观点看，由于需要的金属分压是低的，极端高的能量水平是不必要的。应该能够应用比较常规的蒸发过程来替代等离子过程。为连续浆态反应器设想，应该把产生低分压金属蒸气的装置放在进入反应器的流动气体中以原位产生催化剂。进入的蒸气将被淋洗和用载体来进行处理，再加上重质沥青质馏分提供的稀释效应，使其不可能聚集。锡可能是一个好的候选者，因为其低的熔点。尽管它的挥发性低，但钼是不能够被排除的，需要设计配备有常规加热系统。考虑到催化剂和残基的部分循环，需要添加的新鲜催化剂仅是数百万分之一，因此材料和能量成本是非常小的。

在前面描述了老工艺一个世纪的历史发展，和相应的有关重质含碳原料转化的进展。这个双重相互作用进展是由第二次世界大战期间从煤生产汽油的需求引发的。这些条件对合理的发展并不精确有利，但它促进了试验研究，推动并立刻工业应用。除了这些例外条件，对分散相催化剂的R&D努力分别是由原油和煤经济推动的，进行交替静止和强烈活动。由于直至当今研究的循环性质，原始工业过程成熟的非常少。它们的大多数知识能够应用于石油残留物的转化，因为现在似乎已经可以很好地从煤生产液体燃料，尽管不能够与原油基产品竞争。在煤领域中要求的知识能够容易地转移到原油上，相应的工艺发展实际上是先前的煤液化工艺的简单采用。

催化剂作用的概念在了解其实际功能中也跟着获得进展。从简单加入硫捕集阱开始，它们已经引起了对固体极端分散精巧方法的合成设计，但缺乏商业应用，这又一次延迟了这种 R&D 的努力。现在，使用油溶性催化前身物的单一工艺已经达到了商业规模。它可能开启分散相催化剂领域的进一步研究发展之路，因为它具有高的发展潜力。

在新方法中，由蒸汽相产生催化剂可能是有吸引力的。涉及氢气，特别是对硫化物环境中淋洗金属蒸气的化学状态目前几乎是未知的。金属 - 硫键的生成是可能的，产生的问题是：是孤立金属原子被硫和其他配体围绕，还是基本上不同于均相催化剂？

从一个世纪前使用工业废物作为催化剂开始，Bergius 不能够想象，他的发明会涉及多数类型的精巧催化剂。

11.7 煤直接液化各类催化剂

11.7.1 概述

在前一节中法国教授总结了分散相催化剂也就是煤液化催化剂的发展历史，并提出了有针对性的研究发展方向。虽然并未直接叙述煤直接液化催化剂的材料、制备和发展，但已经明确指出应用于煤直接催化加氢液化分散相的催化剂应该具有的基本特征，和最可能的活性元素是铁、钼和锡，也介绍了高分散分散相催化剂的若干新制备方法。即便这样，在本节中仍有必要补充介绍实际使用和进行过研究的煤直接液化催化剂（不包括液化油炼制提级催化剂）。

催化剂是煤直接催化加氢液化过程的核心技术，催化剂的功能是促进溶于液相中的氢与脱氢循环油之间的反应，使脱氢循环油加氢并再生，因此在煤催化加氢液化过程中占有极其重要的地位。优良的催化剂可以降低煤液化温度，减少副反应并降低能耗，提高氢转移效率，增加液体产物的收率。

如前已经指出的，煤液化过程一般被分为两个阶段，第一阶段是煤大分子裂解成较小分子，这个阶段可以是热裂解，也可以使用酸催化剂催化裂解；第二阶段是裂解产物的加氢或者稳定裂解产生的自由基碎片，这一步必须使用加氢催化剂。如前面指出的，煤炭早期液化关注的重点是煤大分子的裂解，到后来发现更加重要的是裂解产物的加氢，因此关注的重点转移到加氢催化剂。显然，煤炭加氢液化催化剂的研发应该最好是既具有酸功能又具有加氢功能的双功能催化剂，以使这两个反应的速率保持平衡。显然，相比较而言，加氢功能更为重要。如使用负载催化剂，酸功能一般由载体提供。而有一些催化剂它本身就具有这两种功能。对煤液化使用的分散相催化剂的性能要求前面已经指出，首先是高分散(约在10nm)，其次是低成本和容易获得，然后才是良好的催化活性和合适的反应选择性。还有的其他性能指标是较长的使用寿命，这就要求催化剂有足够的化学、结构和机械稳定性，对毒物有高的抗击能力等。

11.7.2 煤液化催化剂的种类

从煤液化包含的反应就能够知道，所有具有酸催化和加氢功能的催化材料都能够成为煤直接液化催化剂。因此其种类很多，过渡金属如铁、镍、钴、钼、钨以及许多氧化物、硫化物、卤化物都能够催化煤直接液化。如表11-9所示。其中每一类催化剂都能够提供加氢功能和酸功能，有的是通过复合来形成这两类催化功能。

其中，对煤炭直接加氢液化具有工业重要性和相对比较重要的金属催化剂是：铁(Fe)、钴(Co)、钼(Mo)、镍(Ni)等的氧化物、硫化物和卤化物。钴(Co)、钼(Mo)、镍(Ni)催化活性相对较高，但价格相对比较昂贵，丢弃时会对环境造成比较严重的污染，需要回收循环使用。金属卤化物催化剂，如$ZnCl_2$、$SnCl_2$等，一般属酸性催化剂，虽然裂解能力强，但对煤液化装置设备有较强的腐蚀作用，而且加氢性能不高。最重要的是铁系催化剂，包括含铁的天然矿石、含铁的工业残渣和各种纯态的铁化合物(如铁的氧化物、硫化物、氢氧化物等)。铁系催化剂成本低，可以随液化残渣一起弃去，对环境不会造成大的危害，但催化活性相对较低，影响总的经济成本。铁基催化剂也是研究最早的催化剂，其优点是具有较好的活性、价格低廉和利于环保。虽然铁催化剂在加氢裂解活性上不如Co和Mo等催化剂，但由于经济和环保上的优势，并且煤灰分中也含有铁元素，因此，将铁基材料作为煤直接液化的催化材料成为当前研究的主要热点。下面分别简要叙述各类催化剂。

表11-9 煤直接液化催化剂

氧化物	硫化物	卤化物	熔融金属	其他
SnO_2、ZnO_2、Fe_2O_3、Al_2O_3	FeS、SnS、ZnS	$ZnCl_2$	Zn	Sn(COO)$_2$-NH_4Cl
SiO-Al_2O_3、TiO_2-SiO_2	FeS-$ZnCl_2$	Cu_2Cl_2、CuCl	Cd	Cu($CH_3COO)_2$
MoO_3-SiO_2、MoO_3-TiO_2	MoS_2-黏土	$FeCl_2$	Ga	Ni($CH_3COO)_2$
Re_2O_7-Al_2O_3、MoO_3-CoO-Al_2O_3	WS_2-HF	$MoCl_5$-$ZnCl_2$	In	Fe(OH)$_2$-S
MoO_3-NiO-Al_2O_3	MoS_2-NiS-Al_2O_3	CuCl-$ZnCl_2$	Tl	Zn-Cr-Mn-S-HF-黏土
MoO_3-$NiSO_4$-Al_2O_3	Fe_2O_3-MoO_3-S	$CrCl_3$-$ZnCl_2$	Bi	Sn-NH_4Cl-HCl
MoO_3-$NiSO_4$-TiO_2	赤泥-S	$SnCl_2$-Al_2O_3	Sn	$(NH_4)_6Mo_7O_{24}$
MoO_3-$NiSO_4$-ZrO_2	MoO_3-CoO-Al_2O_3-S	SbF_5-SiO_2-Al_2O_3	Pb	$NiSO_4 \cdot xH_2O$
NiO-WO_3-Al_2O_3			K	$Al_2(SO_4)_3 \cdot xH_2O$
SnO_2-MoO_3-Al_2O_3-SiO_2				
MoO_3-CoO-Al_2O_3-SiO_2				
Ni-Y、Co-Y、赤泥				
Adkins催化剂				

11.7.3 过渡金属催化剂

据研究，很多过渡金属及其氧化物、硫化物、卤化物均可作为煤直接液化催化剂。但卤化物催化剂对设备有腐蚀性，在工业上很少应用。煤直接催化加氢液化工艺使用的催化剂一般选用铁系催化剂或镍、钼、钴类催化剂。特别是负载的Co-Mo/Al_2O_3、Ni-Mo/Al_2O_3和（NH_4）$_2MoO_4$等催化剂，其活性高，用量少，但是这种催化剂因价格高，必须再生反复使用。氧化铁（Fe_2O_3）、黄铁矿（FeS_2）、硫酸亚铁（$FeSO_4$）等铁系催化剂，活性稍差，用量较多，但来源广且便宜，可不用再生，称之为“廉价可弃催化剂”。铁系催化剂的活性物质是黄铁矿（$Fe_{1-x}S$），式中的1-x一般为0.8左右。氧化铁、黄铁矿或硫酸亚铁等只是催化剂的前体，在反应条件下，它们与系统中的氢气和硫化氢反应生成具有催化活性的$Fe_{1-x}S$后，才具有吸附氢和传递氢的作用。

催化剂的活性主要取决于金属的种类、比表面积和载体等。一般认为过渡金属对氢化反应具有活性，这是由于催化剂通过对氢分子化学吸附形成化学吸附键，致使被吸附分子的电子或几何结构发生变化，从而提高化学反应活性。太强或太弱的吸附都对催化作用不利，只有中等强度的化学吸附才能达到最大的催化活性。从这个意义上讲，过渡金属的化学反应性是很理想的。由于这些过渡金属原子有未结合的d电子或有空余的杂化轨道，当被吸附分子接近金属表面时，它们就与吸附分子形成化学吸附键。在煤炭液化反应常用的催化剂中FeS_2（实际上活性物质是$Fe_{1-x}S$）等可与氢原子形成化学吸附键。受化学吸附键的作用，氢原子分解成具有自由基特性的活性氢原子，活性氢原子可以直接与自由基结合使煤热解产生的自由基碎片转化为稳定的低分子油品。活性氢原子也可以和溶剂分子结合使溶剂氢化，氢化溶剂再向自由基供氢。由此可见，在煤液化反应中，催化剂的主要作用是产生活性氢原子，再以溶剂为媒介实现氢的间接转移，使液化反应得以顺利地进行。

研究结果表明，催化剂与煤种应该有一定的匹配关系。针对某一特定的液化煤种需要进行广泛的催化剂筛选评价和研制工作，从中发现最适合于该煤种液化的催化剂。例如，原位担载铁催化剂对神木、兖州、依兰煤的液化效果非常明显，活性远好于赤泥和黄铁矿催化剂。试验研究结果也表明，神华高效煤直接液化催化剂具有以下主要特点：①价格低廉，由于生产催化剂的原料易得且价格低廉，因此制成的煤直接加氢液化高效催化剂成本相对较低，极大地提高了煤直接液化的经济性；②催化剂制备工艺操作技术指标好，操作方便，产品性能稳定；③该催化剂的制备工艺流程简单，常温常压操作安全性好，易实现自动化控制，所用设备基本为常规设备，造价低；④活性高，该催化剂添加量为干煤的0.5%～1.0%，煤的转化率（干燥无灰基煤）$>$ 90%，油收率$>$ 60%。

因此在考虑催化剂催化性能的同时，还必须结合煤的种类以及溶剂的性质。例如，煤中的铁和硫的含量以及铁硫原子比。当选择的溶剂供氢性能极佳时，催化剂在浆态床应用的添加量对煤直接液化反应的影响可能并不显著。

11.7.4 廉价可弃性催化剂（赤泥、天然硫铁矿、冶金飞灰、高铁煤矸石等）

这种催化剂因价格便宜，在液化过程中一般只使用一次。与煤和溶剂形成的煤浆一起进入反应系统，再随反应产物排出，经固液分离后与未转化的煤和灰分一起以残渣形式排出液化装置。最常用的可弃性催化剂是含有硫化铁或氧化铁的矿物或冶金废渣。如天然黄铁矿主要含有FeS_2，转炉飞灰主要含有Fe_2O_3，炼铝工业中排出含有Fe_2O_3的赤泥。因这是一次性催化剂，价格低廉，但活性稍差。为了提高其催化活性，也可采用人工合成 FeS_2，或再加入少量含钼的高活性物质。

前已经指出，这种催化剂必须被超细粉碎到微米级（最好是纳米级，但机械粉碎是不可能达到纳米级的）以下，目的是尽可能增加其在煤浆中的分散度和表面积，使其与煤粒紧密接触。这样铁系催化剂活性会有较大提高。例如，神华公司研制的铁基纳米煤直接液化加氢催化剂就具有很好的液化性能。

为了找到高活性可替代的廉价可弃性催化剂，曾对中国硫铁矿、钛铁矿、铝厂赤泥、钨矿渣、黄铁矿、炼钢飞灰等进行了筛选评价试验。表 11-10 是其中部分催化剂的高压釜试验结果。评价试验的条件为：煤种为依兰煤；溶剂 / 煤 =2/1，催化剂 / 煤 =3%，另加助催化剂硫为催化剂的 1/4（硫铁矿和合成硫化铁未加）；反应温度 450℃，初始氢压力 10MPa；反应时间 1h。表中除铁精矿（细）、伴生黄铁矿（细）和合成硫化铁的粒径为 1mm 以外，其余均小于 74μm（200 目）。试验发现，除了磁铁矿（表中未列）以外，其他含铁矿物和含铁废渣均有催化活性，活性高低与含铁量密切相关。催化剂粒度对催化剂活性有显著影响，当铁矿石的粒径从小于 74μm 减小到 1μm 时，煤转化率提高，油产率增加更多。因此，减小铁系催化剂的粒度、增加分散度是改善活性的最重要措施之一。

煤炭科学研究总院和神华集团联合开发的煤直接液化高效催化剂，主要是以廉价的硫酸亚铁为原料，通过适宜的工艺过程，生产出纳米级的高分散催化剂。煤直接液化高效催化剂的开发经历了系统的研究开发过程，完成了实验室模型试验（沉淀反应器规模为 500mL，催化剂制备量为 40 ～ 60g/ 次）、扩大试验（间歇式沉淀搅拌釜的处理能力为 12 ～ 14kg/ 釜，反应器的处理能力为 25 ～ 28kg/ 次）、连续制备试验（装置生产能力 500 ～ 700kg/d）、进一步中试研究（装置生产能力 1500 ～ 1600kg/d）。同时，对催化剂核心设备氧化反应器进行了（700 ～ 800）×（8000 ～ 10000）规模的冷模试验研究，最终的规模达到 100t/d（含铁催化剂物料）的工业示范装置。生产的催化剂在示范装置中使用，第一次工业运行就取得良好的使用效果。煤直接液化高效催化剂的技术关键是催化剂制备工艺和合成反应器开发。在上述不同阶段的研究和发展试验中，均取得了良好的试验效果。

11.7.5 高价可再生催化剂（Mo、Ni-Mo 等）

钼、镍等有色金属是石油加氢常用的催化活性物质，对煤直接加氢液化同样有效。表 11-10 中有一种钼灰具有很高的活性，它是钼矿冶炼炉烟道气中的飞灰，主要成分是 MoO_3，粒度极细。使用表中钼灰的试验结果中，沥青烯产率很低，说明钼的高活性主要表现在把沥青烯加氢转化为油。但钼灰的价格太高，一次性加入后如果不回收，经济上成本过高，所以必须研究它的回收方法。

表11-10　煤直接液化催化剂试验平均结果

催化剂名称	氢耗量	转化率	前沥青烯	沥青烯	水产率	气产率	油产率
无催化剂	5.0	79.1	7.8	20.3	11.8	14.8	29.4
赤铁矿	5.0	93.2	1.0	16.9	10.6	16.7	53.0
铁精矿	5.3	96.6	0.5	14.8	10.8	16.8	59.0
铁精矿（细）	5.3	97.5	0.7	10.1	11.5	13.0	67.2

续表

催化剂名称	氢耗量	转化率	前沥青烯	沥青烯	水产率	气产率	油产率
黄铁矿	5.4	95.3	1.7	16.8	10.4	16.1	55.7
煤中伴生黄铁矿	5.4	93.9	0.4	11.4	11.0	15.2	61.3
伴生黄铁矿（细）	5.6	98.0	0.7	9.7	12.1	12.4	68.7
镍铜原矿	5.0	85.8	5.0	22.0	10.3	17.5	36.0
镍铜精矿	4.8	89.5	5.7	18.6	10.3	17.7	42.0
炼镍闪速炉炉渣	5.4	92.5	0.2	15.0	11.3	14.4	57.0
镍钼矿	5.5	92.0	1.3	17.0	11.0	18.2	50.0
钼灰	6.0	99.6	0.1	2.0	12.8	13.1	77.6
轻稀土矿	5.2	89.3	1.3	18.1	9.5	16.7	48.9
钛精矿	5.5	93.0	0.6	14.4	10.7	16.5	56.3
硫钴矿	5.6	96.5	2.0	14.0	10.3	17.5	58.3
合成硫化铁	5.9	97.6	0.4	8.4	12.0	12.5	70.0

苏联可燃矿物研究院曾将高活性钼催化剂以钼酸铵水溶液制备成油包水乳化的形式加入煤浆之中，随煤浆一起进入反应器。这种催化剂具有活性高、添加量少的优点，最后废催化剂留在残渣中一起排出液化装置。他们还开发了一种从液化残渣中回收钼的方法。大致是将液化残渣在1600℃的高温下燃烧，这时Mo以MoO_3的形式随烟道气挥发出来，然后将烟道飞灰用氨水洗涤萃取，把灰中的氧化钼转化成水溶性的钼酸铵。据报道，钼的回收率超过90%，但运转成本如何没有数据发表。

美国的H-Coal工艺采用了石油加氢的负载Mo-Ni催化剂，在特殊的带有底部循环泵的反应器中，这种催化剂的活性很高，但在煤加氢液化反应体系中活性降低很快。在H-Coal工艺中，设计了一套新催化剂在线高压加入和废催化剂在线排出的装置，使反应器内的催化剂保持有相对较高的活性，排出的废催化剂则经再生后可重复使用，虽然再生的次数有一定限度。

负载在氧化铝上的钴钼或镍钼硫化物已经被使用作为煤加氢液化催化剂。在流化床反应器中，高氢气压力（15～18MPa）、高操作温度（450～470℃）下，进行溶剂循环使重产物停留较长时间而气体快速流动条件下，油得率很高，接近70%，这样残留的固体产物是少量的。该加氢液化过程中的问题是，需要进一步降低气态烃类产率和使反应条件相对温和化，希望达到石油炼制反应条件水平。该液化过程产生的固体矿物质必须分散或有合适的用途。

也已经提出把$NiMoO_4$硫化合物负载在特殊类型小颗粒、大表面积和轻重量的炭黑上。该催化剂在中等反应条件下显示出高活性，在煤颗粒以及在沥青和前沥青中有较好的分散，能够从矿物质中回收以便再重复使用。它们对芳烃环具有高的加氢活性。这些催化剂有很低的密度，有潜力通过重力分离方法从煤液化产物中回收。这类催化剂颗粒在煤液化浆液中只要有较高搅拌速度就能够达到有效分散，与煤颗粒有好的接触。

除NiMoS外，FeNi和FeMo硫化物的组合也是高活性和低成本分散相催化剂的候选者。负载在Ketjen黑（一种炭黑）上的Fe（10）Ni（10）或Mo（2）硫化物催化剂，对

Tanitoharum 煤的加氢液化给出高的油得率（> 70%），这与 NiMo 硫化合物催化剂是可以比较的，如在图 11-31 中说明的。在低温下加氢煤大分子中的芳烃环预期有可能降低在煤连续脱聚和裂化过程中气态烃类的生成。

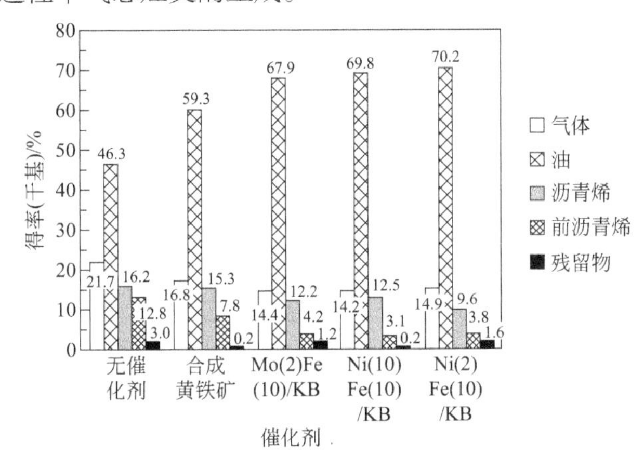

图 11-31 在 NiMo/KB、NiFe/KB、FeMo/KB 和合成黄铁矿催化剂上 Tanitoharun 煤的液化得率

反应条件：催化剂是煤的 3%（质量分数），溶剂四氢萘 / 煤 =1.5，温度 450℃，压力 15MPa，反应时间 1h，加热速率 20℃ /min，搅拌转速 1300r/min。

使用 NiMo/Ketjen 黑催化剂，以两步催化加氢液化 Yalloum 煤，其使用的溶剂量可大幅降低，即便溶剂 / 煤比降低到低于 1 或甚至零。如在图 11-32 中指出的，高分散碳负载加氢催化剂在第一段中于低温下就能够进行广泛的加氢，在第二段中于高温下进行有效的加氢裂解。看来，FeNi 和 FeMo 对芳烃环的加氢都显示有相当的活性。

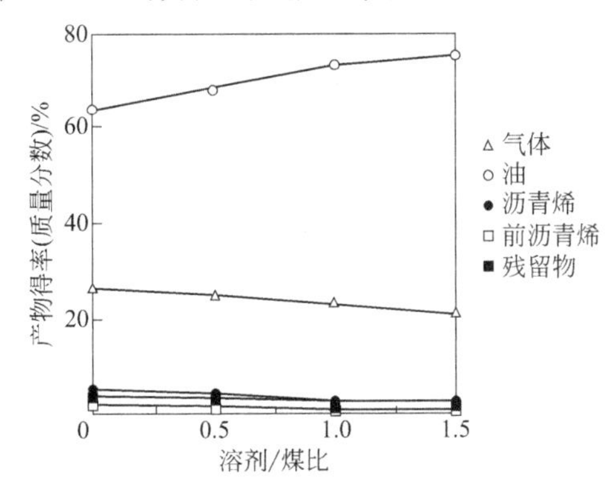

图 11-32 溶剂（四氢萘）/Yalloum 煤比对两段液化的影响

反应条件：360℃，69min 升到 450℃，氢气压力 15MPa，煤 / 溶剂 / 催化剂，3g/*X*g/0.09g（*X*=0，1.5，3.0，4.5），搅拌转速 1300r/min，加热速率 20℃ /min。

11.7.6 超细高分散铁系催化剂

多年来，在许多煤直接催化加氢液化工艺中，使用的常规铁系催化剂（如 Fe_2O_3 和 FeS_2 等）的粒度一般在数微米到数十微米范围，加入量高达干煤的 3%。由于分散不好，催化效果受到限制。在煤炭直接液化的早期，人们发现催化剂粒度越细，在煤浆中分散就越好。这不但可以改善煤液化效率，减少催化剂用量，而且液化残渣以及残渣中夹带的油也会大幅下降，达到了改善工艺条件、减少设备磨损、降低产品成本和减少环境污染的多重效果。

有人研究了颗粒大小可控的合成黄铁矿。使用便宜的铁资源合成硫酸铁，水合和硫化是催化剂制备中的步骤。当制备出的颗粒非常细时，它们的凝聚看来是要影响活性的。只要在液化过程中可使用，应该把氢氧化铁沉积在煤颗粒上以获得细颗粒。有机金属铁或羰基铁化合物也已经被试验作为高分散催化剂的前身物。报道说，只要有非常少制备铁催化剂的量（质量的百万分之几）就显示出很好的煤液化活性。

研究表明，将天然粗粒黄铁矿（粒径小于74μm）在 N_2 保护下干法研磨或在油中湿磨至约1μm，其液化油收率就能够提高7%～10%。然而，靠机械研磨来降低催化剂的粒径，达到微米级已经是极限。为了使催化剂的粒度更小，近年来美国、日本和中国的煤液化专家先后研制出纳米级粒度、高分散的铁系催化剂。用铁盐的水溶液处理液化原料煤粉，再通过化学反应原位生成高分散铁催化剂粒子。通常使用硫酸铁或硝酸铁溶液处理煤粉并和氨水反应制成FeOOH，再添加硫，分布到制备的煤浆中。还有一种方法是把铁系催化剂先制成纳米级（10～100nm）粒子，再加入煤浆中使其高度分散。

制备纳米级催化剂的方法较多，如反胶束法。在油介质中加入铁盐水溶液，再加入少量表面活化剂，使其形成油包水型微乳液，然后再加入沉淀剂。也有将铁盐溶液喷入高温的氢氧焰中，形成纳米级铁的氧化物。我国煤炭科学研究总院也开发了一种纳米级铁系煤液化催化剂，其活性达到了国外同类催化剂的水平，并已获得了中国发明专利。研究结果表明，纳米级铁系催化剂的用量可以由原来的3%降低到0.7%左右，减少了煤浆残渣带出的无机物含量，有助于提高反应器中溶剂利用率和减少残渣量，从而提高煤炭液化油的收率。

11.7.7 助催化剂

不管是铁系一次性可弃催化剂，还是钼、镍系等可再生性催化剂，它们的活性形态都是硫化物。但在加入反应系统之前，有的催化剂呈氧化物形态，所以在其有液化煤活性前还必须把其转化成硫化物形态。铁系催化剂的氧化物转化为硫化物的方法是，在煤浆液中加入硫或硫化物使之一起进入反应系统，在反应条件下硫或硫化物被首先加氢生成硫化氢，硫化氢再与铁氧化物反应转化为铁硫化物。负载钼、镍系催化剂则是在使用之前先用硫化氢预硫化，使钼和镍氧化物转化成硫化物，然后再使用。为了在反应期间维持催化剂的活性，在气相反应物料中，主要是氢气，必须保持一定的硫化氢浓度，以防止已经被硫化的催化剂被氢气还原成金属态。

一般称硫是煤直接加氢液化中的助催化剂。有些煤中本身就含有较高的硫，可以少加甚至不加硫助催化剂。煤中的有机硫在液化反应过程中会被加氢形成硫化氢，它同样是助催化剂。所以，低阶高硫煤是特别适合于直接加氢液化的。换句话说，煤的直接液化适用于加工低阶高硫煤。研究证实，少量Ni、Co、Mo作为Fe的助催化剂可以起协同作用。

11.8 主要的催化煤液化工艺

11.8.1 概述

煤炭直接催化加氢液化过程基本上由三个主要单元组成：煤浆制备、催化液化和产物分离，如图 11-33 所示。煤浆制备过程的主要操作是把煤粉碎至小于 0.2mm 以下，与溶剂和催化剂混合制成油煤浆。在催化液化过程中，反应器内的油煤浆在高温高氢压下使煤大分子裂解和对这些裂解产物（自由基碎片）进行加氢生成液体产物。分离部分是把煤液化产物，包括气体、液体和残留固体（残渣）进行分离。

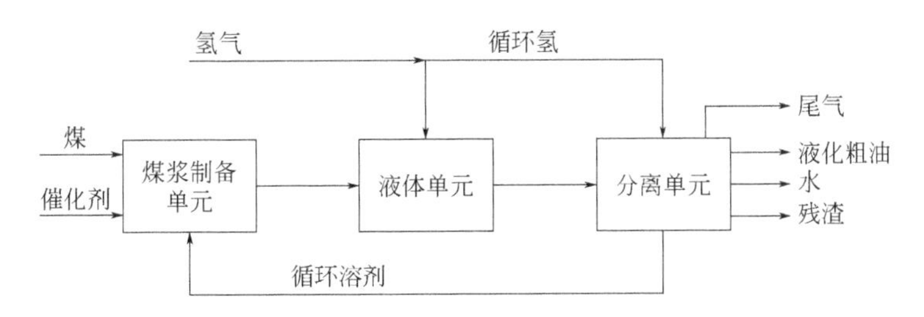

图 11-33　煤直接催化加氢液化工艺流程

在整个煤直接催化加氢液化过程中，还包括制氢、催化剂制备、液化液体产物的炼制提质、溶剂循环和各种产物的回收等过程。如前面所述，煤直接催化加氢液化工艺的发展，按时间划分经历了四个发展阶段。但从化学角度看，煤直接催化加氢液化工艺的发展则可以分为早期的一段法直接液化，液化条件极为苛刻；第二阶段的一段法，条件相对温和，油收率提高；第三阶段的两段法，条件更加温和，油收率更加高。但如果按图 11-9 的自由基控制角度来区分煤直接催化加氢液化技术发展历程的话，不像按时间先后顺序排列的四个阶段，而是只有三个技术发展阶段。第一阶段的煤液化工艺虽然在德国进行了大规模的生产，但都已经落后。当前，世界上发展最多的煤直接液化工艺是改进的一段直接液化工艺，包括德国的 IGOR+ 工艺和 Pyyosal 工艺；美国的 SCR- Ⅰ和 SCR- Ⅱ溶剂精炼工艺、供氢溶剂法 EDS、氢煤工艺 H-Coal；日本的 NEDOL 工艺、褐煤液化工艺 BCL（假两段法）；英国的 LSE 工艺（假两段法）和俄罗斯的低压煤液化工艺 CT-5。在液化工艺中真正称得上是两段煤液化工艺的有：美国的 HTI 工艺和发展自 H-Coal 工艺的催化两段工艺 CTSL 工艺，以及我国新近发展的神华工艺。这些新的两段液化工艺的共同特点是煤炭加氢液化的反应条件比老液化工艺大为缓和，生产成本有所降低，煤转化率和液化油收率有很大提高。

目前，除我国神华外还未出现煤直接液化工业化生产厂，主要原因是生产成本仍然竞争不过廉价石油炼制过程。今后的发展趋势：一是开发活性更高的催化剂和对煤进行预处理以降低煤的灰分和惰性组分，二是设计多联产过程生产多种满足市场需要的产品，以进一步降低生产成本。为此，下面简要介绍第二和第三发展阶段发展的主要煤直接催化液化工艺。更加详细的介绍读者可以参阅《煤炭直接液化》（吴春来编著，化学工业出版社，2010）一书。

11.8.2 德国 IGOR+ 工艺

1981 年，德国鲁尔煤矿公司和费巴石油公司对最早开发的煤加氢裂解为液体燃料的 Bergius 工艺进行了改进，建成了日处理煤 200t 的半工业试验装置，操作压力由原来的 70MPa 降至 30MPa，反应温度 450 ～ 480℃。固液分离改过滤、离心为真空闪蒸方法，将难以加氢的沥青烯留在残渣中气化制氢，轻油和中油产率可达 50%。其工艺流程如图 11-34 所示。

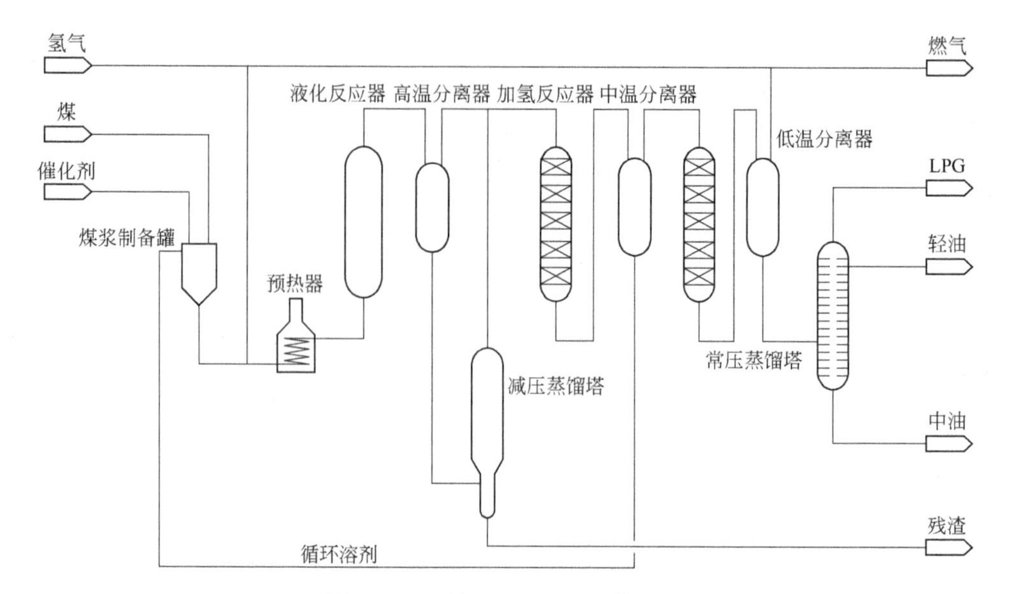

图 11-34　德国 IGOR+ 工艺流程

工艺特点：把循环溶剂加氢和液化油提质加工与煤的直接加氢液化串联在一套高压系统中。避免了分离流程物料降温降压又升温升压带来的能量损失，并在固定床催化剂上使二氧化碳和一氧化碳甲烷化，使碳的损失量降到最小。投资可节约 20% 左右，并提高了能量效率。煤与循环溶剂及“赤泥”可弃铁系催化剂配成煤浆与氢气混合后预热。预热后的混合物一起进入加氢液化反应器。典型操作条件为：温度 470℃，压力 30.0MPa，空速 0.5t/（m^3•h）。反应产物进入高温分离器。高温分离器底部液化粗油进入减压闪蒸塔，减压闪蒸塔底部产物为液化残渣，顶部闪蒸油与高温分离器的顶部产物一起进入第一固定床反应器。该反应器操作条件为：温度 350 ～ 420℃，压力与液化反应器相同。第一固定床反应器产物进入中温分离器。中温分离器底部重油为循环溶剂送去用于煤浆制备。中温分离器顶部产物进入第二固定床反应器，反应条件：温度 350 ～ 420℃，压力与液化反应器相同。第二固定床反应器产物进入低温分离器，低温分离器顶部副产氢气循环使用。低温分离器底部产物进入常压蒸馏塔在常压蒸馏塔中分馏为汽油和柴油。

IGOR+ 工艺的操作条件在现代加氢液化工艺中是最为苛刻的，所以很适合于烟煤的液化。在处理烟煤时可得到大于 90% 的转化率，液化油收率以无水无灰煤计算为 50% ～ 60%。液化油在 IGOR+ 工艺中经过十分苛刻条件的加氢精制后，产品中的 S、N 含量降到 10^{-5} 数量级。

11.8.3 英国 LSE 工艺

英国在 1973 ～ 1995 年间开发了溶剂萃取工艺，被称为假两段直接液化工艺的 LSE 工艺。在威尔士建立了 2.5t/d 的试验装置，运转了 4 年。未能够完成 65t/d 的工业性试验装置的详细概念设计。LSE 工艺的流程于图 11-35 中。煤炭与循环溶剂和不饱和溶剂混合制成煤浆，预热后进入连续搅拌釜反应器，进行非催化萃取溶解反应。操作温度 410 ～ 440℃，压力 1 ～ 2MPa。加压的主要目的是减少溶剂的挥发。该反应段不使用氢气，但溶剂本身具有供氢能力。在萃取溶解过程中，溶剂中约有 2% 的氢向煤转移。反应器出来的产物，经过滤分离生成滤液和固体渣。滤液进入轻质溶剂回收塔回收溶剂。除去轻质溶剂后的滤液与氢气混合，预热后进入液体流化床反应器进行加氢。典型反应条件为20MPa和400～440℃，空速0.5～1.0h^{-1}。产物经分离、减压后去常压蒸馏塔，回收产品。塔底流出物的切割温度通常低于300℃，以维持溶剂平衡。塔底物料经减压蒸馏控制循环溶剂中的沥青含量。减压蒸馏塔物料和部分常压蒸馏塔塔底物料混合作为循环溶剂去配制煤浆。为防止较大萃取溶解效率，对溶解回收塔回收的部分溶剂进行热裂解以控制溶剂的不饱和度。表11-11为LSE工艺操作条件和部分液化结果。如果LSE工艺采用全馏分加氢模式操作，有可能不需要减压蒸馏和不需要单独的热解步骤来保证溶剂性能。

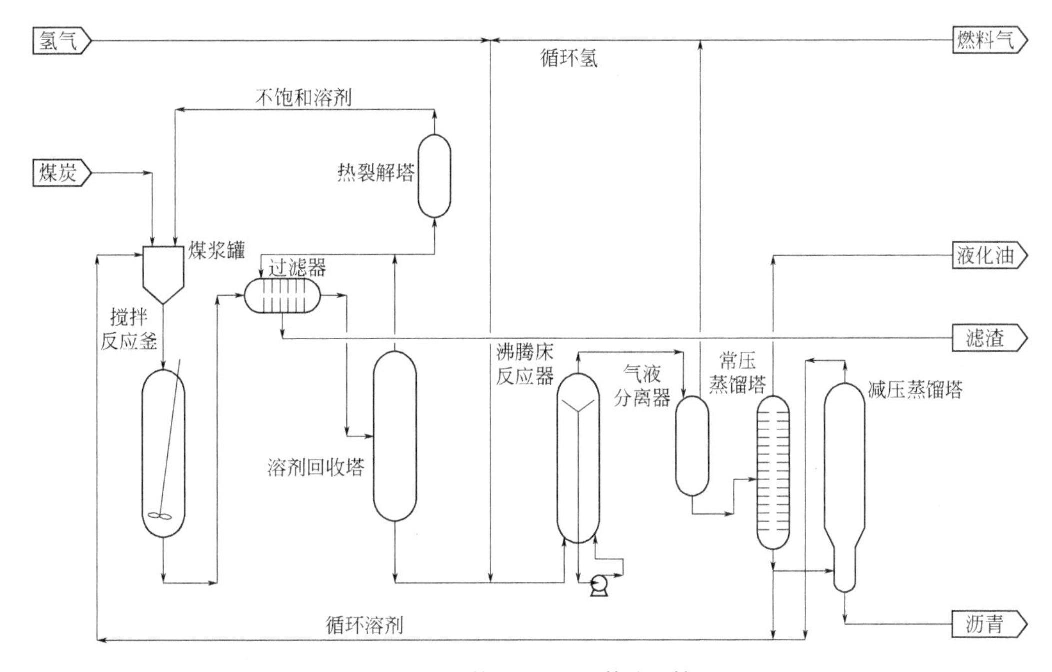

图11-35 英国LSE工艺流程简图

表11-11 LSE工艺操作条件和部分液化结果

操作条件	数值
溶剂/煤	2.2
萃取压力/MPa	1.5
萃取温度/℃	431
停留时间/min	50
加氢压力/MPa	20
加氢温度/℃	434
空速/[kg原料/(kg催化剂/h)]	0.76
产品收率(daf煤)	
C_1～C_4气体/%	15.4
C_5至300℃液化油/%	49.9
300～450℃过剩溶剂/%	12.4
沥青(＞450℃)/%	0.8
滤饼中有机物/%	23.9

11.8.4 埃克森供氢溶剂法（EDS）

埃克森供氢溶剂法，EDS工艺，是美国公司开发的一种煤炭直接加氢液化工艺。公司从1966年开始研究煤炭直接催化加氢液化技术，对EDS工艺进行开发并在0.5t/d的连续试验装置上确认了EDS工艺的技术可行性。1975年6月，1.0t/d规模的EDS工艺全流程中试装置投入运行，进一步肯定了EDS工艺的可靠性。1980年在得克萨斯建了250t/d的工业性试验厂，完成了EDS工艺的研究开发工作。其工艺流程示于图11-36中。首先将煤、循环溶剂和供氢溶剂（即加氢后的循环溶剂）制成煤浆，与氢气混合后进入反应器。反应温度425～450℃，压力10～14MPa，停留时间30～100min。反应产物经蒸馏分离后，残油一部分作为溶剂直接进入混合器，另一部分在另一个反应器进行催化加氢以提高供氢能力。溶剂和煤浆分别在两个反应器中加氢是EDS法的特点。在上述条件下，气态烃和油品总产率为50%～70%（基于原料煤），其余为釜底残油。气态烃和油品中C_1～C_4约占22%，石脑油约占37%，中油（180～340℃）约占37%。石脑油可用作催化重整原料，或加氢处理后作为汽油调和组分。中油可作为燃料油使用，用作车用柴油时需进行加氢处理以减少芳烃含量。减压残油通过加氢裂化可得到中油和轻油。

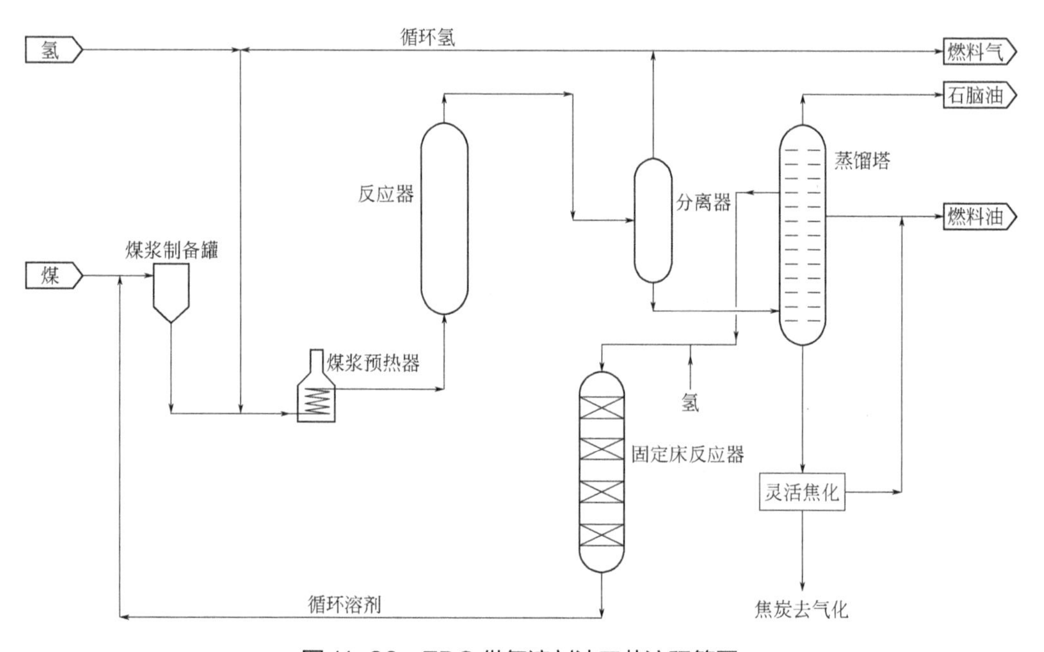

图11-36　EDS供氢溶剂法工艺流程简图

EDS工艺的基本原理是利用间接催化加氢液化技术使煤转化为液体产品。即利用工艺本身的产品作为循环溶剂的馏分，在特别控制的条件下，作为向反应系统提供氢的“载体”。加氢后的循环溶剂在反应过程中释放出活性氢，提供给煤热解自由基碎片。释放出活性氢的循环溶剂馏分通过再加氢恢复供氢能力，制成煤浆后又进入反应系统向系统提供活性氢。通过对循环溶剂的加氢提高溶剂的供氢能力是EDS工艺的关键特征，工艺名称也由此得来。煤与加氢后的溶剂制成煤浆后与氢气混合预热后进入上流式管式液化反应器，反应温度425～450℃，液体产物反应压力17.5MPa，不需另加催化剂。反应产物进入气液分离器分出气体产物，气体产物通过分离后得富氢气与新鲜氢混合使用。液体产物进入常、减压蒸馏系统分离成气体燃料、石脑油、循环溶剂馏分和其他液体产品，以及含固体的减压塔釜底残渣。循环溶剂馏分（中、重馏分）进入溶剂加氢单元，通过催化加氢恢复循环溶剂的供氢能力。循环溶剂的加氢在固定床催化反应器中进行，使用的催化剂是石油工业传统的镍 - 钼或钴 - 铂铝载体加氢催化剂。反应器操作温度 370℃，操作压力 11MPa。改变条件可以控制溶剂的加氢深度和质量。溶剂加氢装置可在普通的石油加氢装置上进行。加氢后的循环溶剂用于煤浆制备。含固体的减压塔釜底残渣在流化焦化装置进行焦化，以获得更多的液体产物，流化焦化产生的焦在气化装置中气化制取燃料气。EDS 工艺的产油率较低，有大量的前沥青烯和沥青烯未转化为油，可以通过增加煤浆中减压蒸馏的塔底物的循环量来提高液体收率。

EDS 工艺典型的总液体收率（包括残渣焦化产生的液体）为：褐煤 36%，次烟煤 38%，烟煤 39% ～ 46%（全部以干基无灰煤为计算基准）。EDS 工艺采用供氢溶剂来制备煤浆，所以液化反应条件温和。但由于液化反应为非催化反应，液化油收率低，这是非催化反应的特征。加长重质馏分的停留时间可以改善液化油收率，虽然将减压蒸馏的塔底物部分循环送回反应器也能够改善，但同时带来煤中矿物质在反应器中的积聚问题。增加重质馏分的停留时间可以改善液化油收率，但同时也带来煤中矿物质在反应器中的积聚问题。

11.8.5 氢煤法（H-Coal）

氢煤法由美国戴纳莱克特伦公司所属碳氢化合物研究公司于 1973 年开发。建有日处理煤 600t 的半工业装置。原理是借助高温和催化剂的作用，使煤在氢压下裂解成小分子的烃类液体燃料。与其他加氢液化法比较，氢煤法的特点是采用加压催化流化床反应器（图 11-37）。

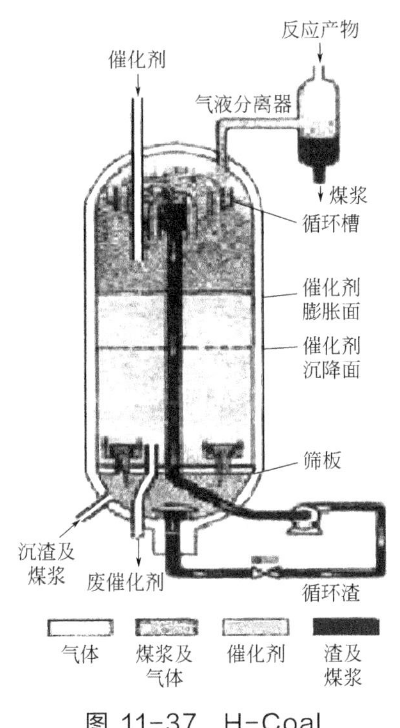

图 11-37　H-Coal 法的反应器结构示意图

操作温度 430 ～ 450℃，压力 20MPa，空速 240 ～ 800kg/（h • m^3）。催化剂补充量每吨煤为 0.23 ～ 1.4kg。在以上条件下，约 520℃的 C_4 馏分油产率可达干烟煤的 40% ～ 50%（质量分数）。催化剂为颗粒状钼 - 钴催化剂。利用反应器的特殊结构，以及适当的煤粒和催化剂颗粒大小的比例，反应过程中残煤、灰分及气液产物可以从反应器导出，而催化剂仍留于反应器内。

为了保持催化剂活性，运转过程需排放少量已使用过的催化剂（每天 1% ～ 3%），由反应器顶部再补加新催化剂。采用流化床反应器的优点是，可保持反应器内温度均匀，并可利用反应热加热煤浆。由反应器导出的液体产物可用石油炼制方法加工成汽油和燃料油。其工艺流程示于图 11-38 中。把煤、液化粗油（含固体）和循环溶剂配制成煤浆与氢气混合加热后进入流化床反应器，反应产物排出反应器后经冷却、气液分离后获得气体、液体和固体产物（含固体）。气体净化后（富氢气体）循环使用，液体分馏成石脑油和燃料油馏分。含固体液相被分离成高固体含量粗油和低固体含量粗油。后者作为溶剂制备煤浆以降低循环溶剂用量。前者再进入反应器。

氢煤法的液化油收率与煤种有很大关系。对试验煤种，总转化率可达 95%，液体收率超过 50%。

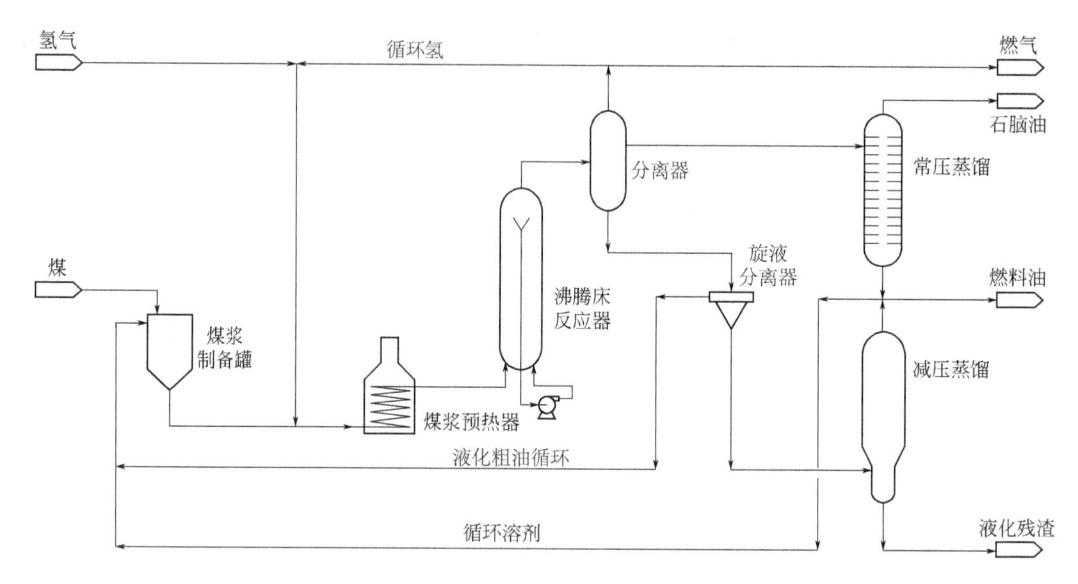

图 11-38　H-Coal 工艺流程图

11.8.6 溶剂精炼煤法（SRC）

溶剂精炼煤法简称 SRC 法，是将煤用溶剂制成浆液送入反应器，在高温和氢压下，裂解或解聚成较小的分子。此法首先由美国斯潘塞化学公司于 20 世纪 60 年代开发，继而由海湾石油公司的子公司匹兹堡 - 米德韦煤矿公司进行研究试验，建有日处理煤 50t 的半工业试验装置。按加氢深度的不同，分为 SRC-Ⅰ和 SRC-Ⅱ两种。它们的工艺流程分别示于图 11-39 和图 11-40 中。SRC-Ⅰ法以生产固体、低硫、无灰的溶剂精炼煤为主，用作锅炉燃料，也可作为炼焦配煤的黏合剂、炼铝工业的阳极焦、生产碳素材料的原料或进一步加氢裂化生产液体燃料。近年来，此法较受产业界重视。SRC-Ⅱ法用于生产液体燃料。两种方法的工艺流程基本相似。最初用石油重质油作溶剂，在运转过程中以自身产生的重质油作溶剂和煤制成煤浆，与氢气混合、预热后进入溶解器。从溶解器所得产物有气体、液体及固体残余物。先分出气体，再经蒸馏切割出馏分油。釜底物经过滤将未溶解的残煤及灰分分离。SRC-Ⅰ法将滤液进行真空闪蒸分出重质油，残留物即为产品——溶剂精炼煤（SRC）。SRC-Ⅱ法则将滤液直接作为循环溶剂。固液分离采用过滤方法，设备庞大，速度慢。近年试验采用超临界流体萃取脱灰法，操作条件：压力 10 ～ 14MPa、温度 450 ～ 480℃。以烟煤为原料，SRC-Ⅰ法可得约 60% 溶剂精炼煤，尚有少量馏分油。SRC-Ⅱ法可得 10.4% 气态烃、2.7% 石脑油及 24.1% 中质馏分油和重质油。

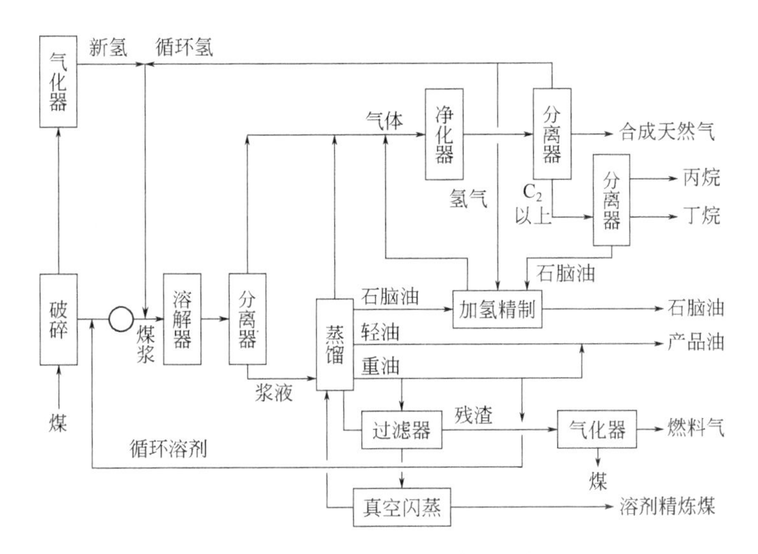

图 11-39　SRC-Ⅰ工艺流程简图

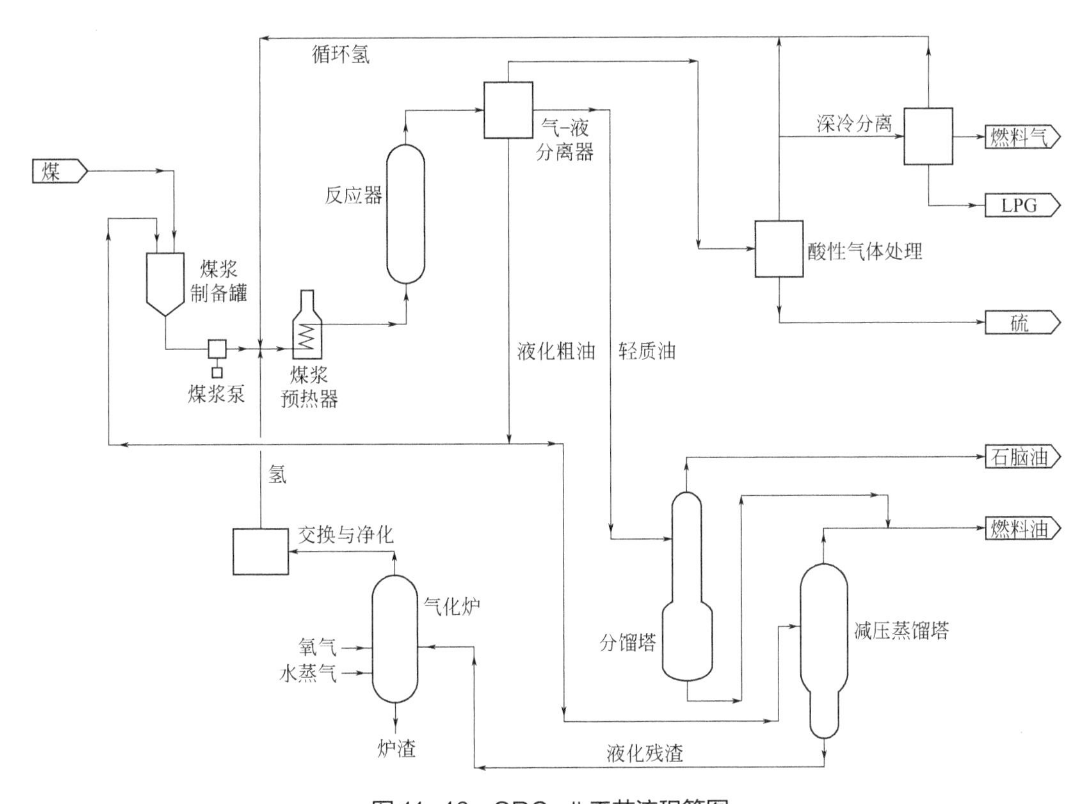

图 11-40　SRC-Ⅱ工艺流程简图

11.8.7 日本 NEDOL 工艺

1978 ～ 1983 年，在日本政府的倡导下，日本钢管公司、住友金属工业公司和三菱重工业公司分别开发了三种直接液化工艺。所有的项目是由新能源产业技术机构（NEDO）负责实施的。1983 年，所有的液化工艺以日产 0.1 ～ 2.4t 不同的规模进行了试验。新能源产业技术机构不再对每个工艺单独支持，相反将这三种工艺合并成 NEDOL 液化工艺。主要对次烟煤和低阶烟煤进行液化。有 20 家公司合并组成了日本煤油有限公司，负责设计、建造和经营一座 250t/d 规模的小型试验厂。但是，该项目于 1987 年由于资金问题被搁置。一座 1t/d 的工艺支持单元（PSU）按计划于 1988 年安装投产，项目总投资 3000 万美元，由于各种原因该项目进展的断断续续。1988 年，该项目被重新规划，中试规模液化厂的生产能力被重新设计为 150t/d。新厂于 1991 年 10 月在鹿岛开工，于 1996 年初完工。适合于多种煤种（图 11-41），其基本工艺流程示于图 11-42 中。

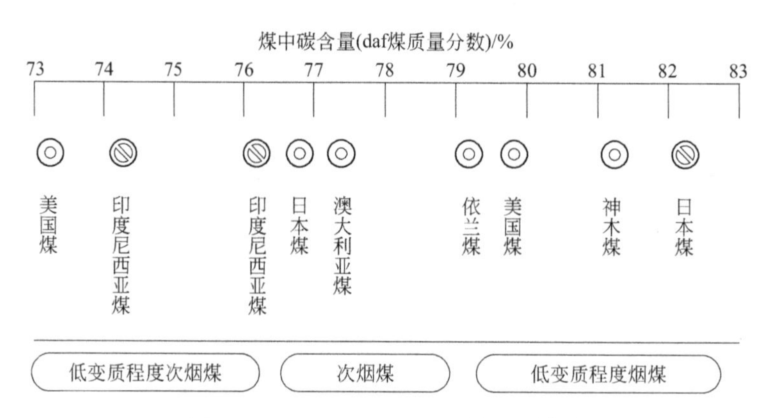

图 11-41　NEDOLGA 工艺适用煤种

PP 试验煤种；PSU 试验煤种

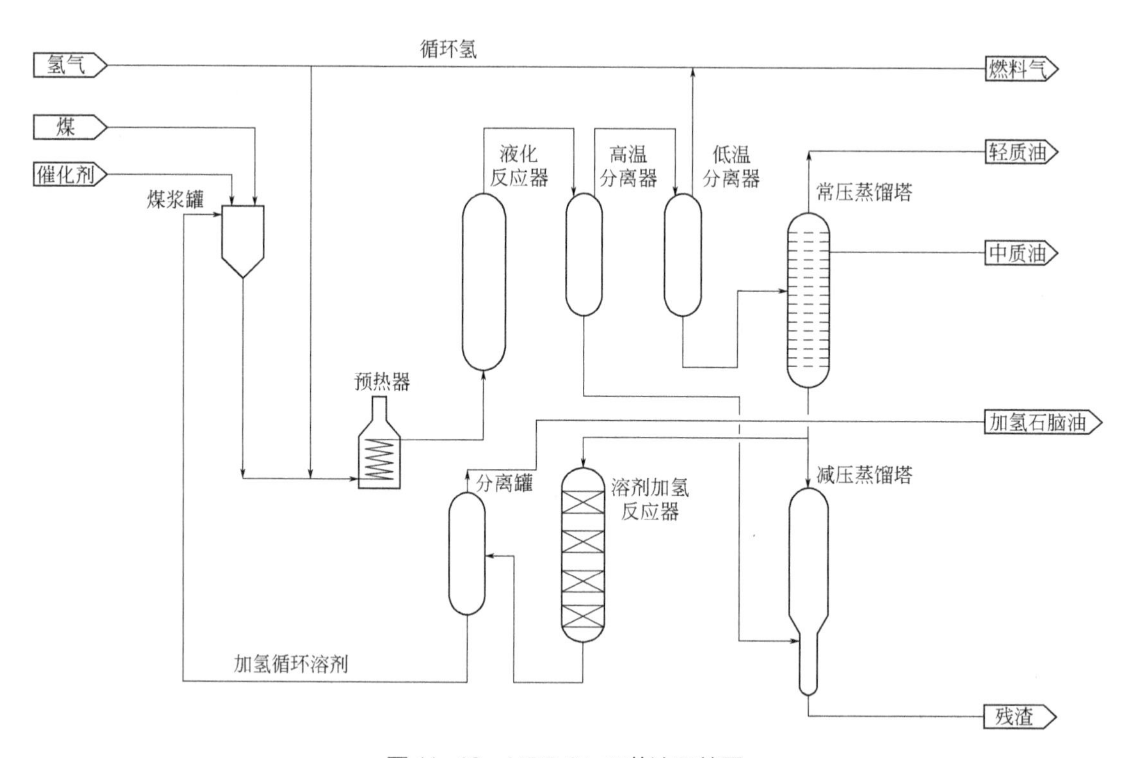

图 11-42　NEDOL 工艺流程简图

从 1997 年 3 月～1998 年 12 月，日本又建成了 5 座液化厂。这 5 座液化厂对三种不同品种的煤（印度尼西亚的 Tanito Harum 煤和 Adaro 煤以及日本的 Ikeshima 煤）进行了液化，没有太大问题。液化过程获得了许多数据和结果，如 80 天连续加煤成功运转，液化油的收率达到 58%（干基无灰煤，质量分数），煤浆的浓度达 50%，累计生产时间为 6200h。

该工艺由煤前处理单元、液化反应单元、液化油蒸馏单元及溶剂加氢单元等 4 个主要单元组成。工艺特点：反应压力较低，只有 17 ～ 19MPa，反应温度为 430 ～ 465℃。催化剂采用合成硫化铁或天然硫铁矿。固液分离采用减压蒸馏的方法。配煤浆用的循环溶剂单独加氢，以提高溶剂的供氢能力。液化油含有较多的杂原子，还须加氢提质才能获得合格产品。

11.8.8 BCL 工艺

该褐煤液化工艺也是由日本 NEDO 组织开发的，针对的是澳大利亚褐煤。为承接该项目，神户制钢、三菱重工、日商岩井和两个石油炼制公司组成了日本褐煤液化公司（NBCL）于 1981 年开始执行该项目。1985 年在澳大利亚建立了 50t/d 的中型试验装置，共处理了 6 万吨澳大利亚褐煤后停止。该工艺的流程示于图 11-43 中。高水含量褐煤先粉碎和脱水，再与氢气混合进入一段液化反应器，操作温度 430 ～ 450℃、压力 15.0 ～ 20.0MPa，停留时间 1h。一段反应器产物经高温和低温分离器气液分离后，低温产物被切割成轻油和中油，釜底产物部分被用于制备煤浆，气液进入二段加氢反应器。而富氢气体被循环至一段液化反应器。高温分离器的底部产物部分用于制备煤浆，其余进入溶剂脱灰单元。产生的脱灰溶剂与底部产物混合循环使用，而脱灰油进入二段加氢反应器。

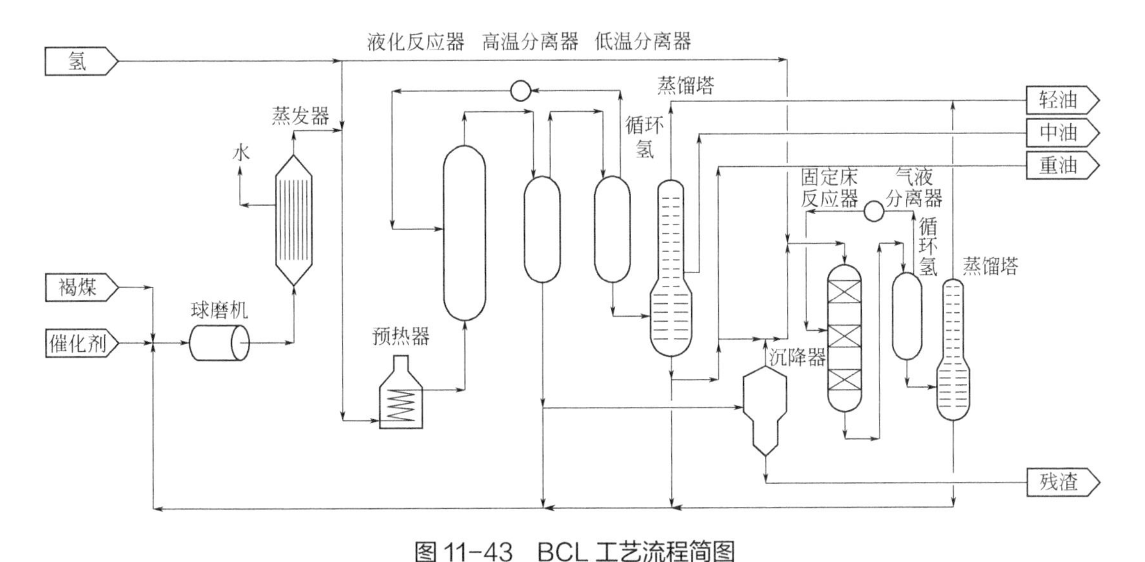

图 11-43　BCL 工艺流程简图

一段为浆态反应器，而二段为固定床加氢反应器。使用的催化剂为 $Ni\text{-}Mo/Al_2O_3$ 催化剂，操作温度 360 ～ 400℃，压力 15.0 ～ 20.0MPa，空速为 0.5 ～ $0.8h^{-1}$。

该工艺的特点为：采用两段液化技术，两个液化反应器的工艺条件和缓，因此氢耗和投资成本较低。液化粗油循环和两段液化提高了液化油收率。一段采用廉价可丢弃铁催化剂，而二段采用高效镍钼催化剂。采用煤浆脱水新工艺，能源利用率高，非常适合于褐煤液化。采用溶剂脱灰技术，提高了液化油收率。整个工艺操作可靠性高。对澳大利亚褐煤，煤液化反应的油收率达到 52.6%，氢耗 5.7%。

后来对 BCL 煤液化工艺进行了改进，发展出改进的 BCL。该新工艺由三个部分构成：煤浆脱水和煤浆热处理，煤液化反应和在线加氢，溶剂脱灰。该工艺比原来 BCL 工艺煤浆热处理要好。制备煤浆的溶剂由轻质和重质组分组成（双峰溶剂）。脱水后煤浆在 300 ～ 350℃下加热，轻溶剂组分蒸发，煤浆浓缩成高浓度煤浆有利于加氢液化，脱水分解褐煤中羧基，脱除碳氧化物。改进工艺采用多级液化方法，第一级采用下进料反应器，反应条件温和：430 ～ 450℃、15MPa 和使用合成 γ-FeOOH 作催化剂；分离的气相产物进入上进料固定床反应器，而分离的底部产物中一部分再循环进入第一级反应器，目的是降低氢耗和煤浆预热量负荷。其余产物进行脱灰，溶剂脱灰油和二级加氢反应后的重质油一起作为循环溶剂制备煤浆。改进型 BCL 工艺的流程示于图 11-44 中。

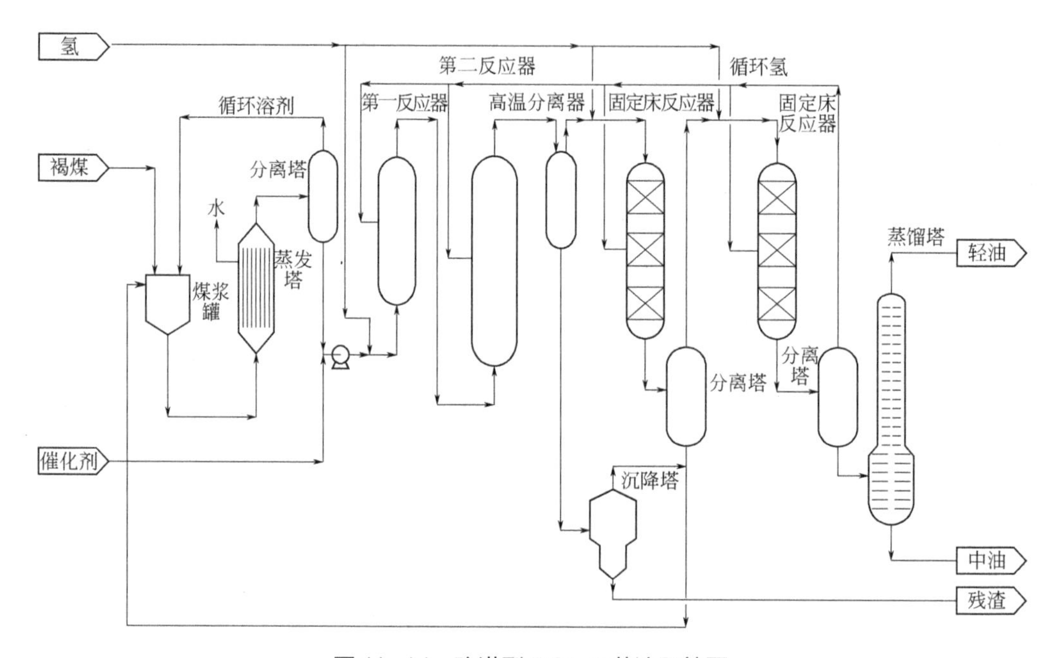

图 11-44　改进型 BCL 工艺流程简图

这个工艺是完全针对褐煤液化的工艺。试验结果表明，改进后 BCL 工艺油收率明显提高。

11.8.9　俄罗斯 CT-5 工艺

俄罗斯煤加氢液化工艺的特点为：一是采用自行开发的瞬间涡流仓煤粉干燥技术，使煤发生热粉碎和气孔破裂，水分在很短的时间内降到 1.5% ～ 2%，并使煤的比表面积增加数倍，有利于改善煤的反应活性。该技术主要适用于对含水分较高的褐煤进行干燥。二是采用先进高效的钼催化剂，即钼酸铵和三氧化二钼。催化剂添加量为 0.02% ～ 0.05%，而且这种催化剂中的钼可以回收 85% ～ 95%。三是针对高活性褐煤，液化压力低，可降低建厂投资和运行费用，设备制造难度小。由于采用了钼催化剂，俄罗斯高活性褐煤的液化反应压力可降低到 6 ～ 10MPa，减少投资和动力消耗，降低成本，提高可靠性和安全性。但是对烟煤液化，必须把压力提高。其工艺流程示于图 11-45 中。

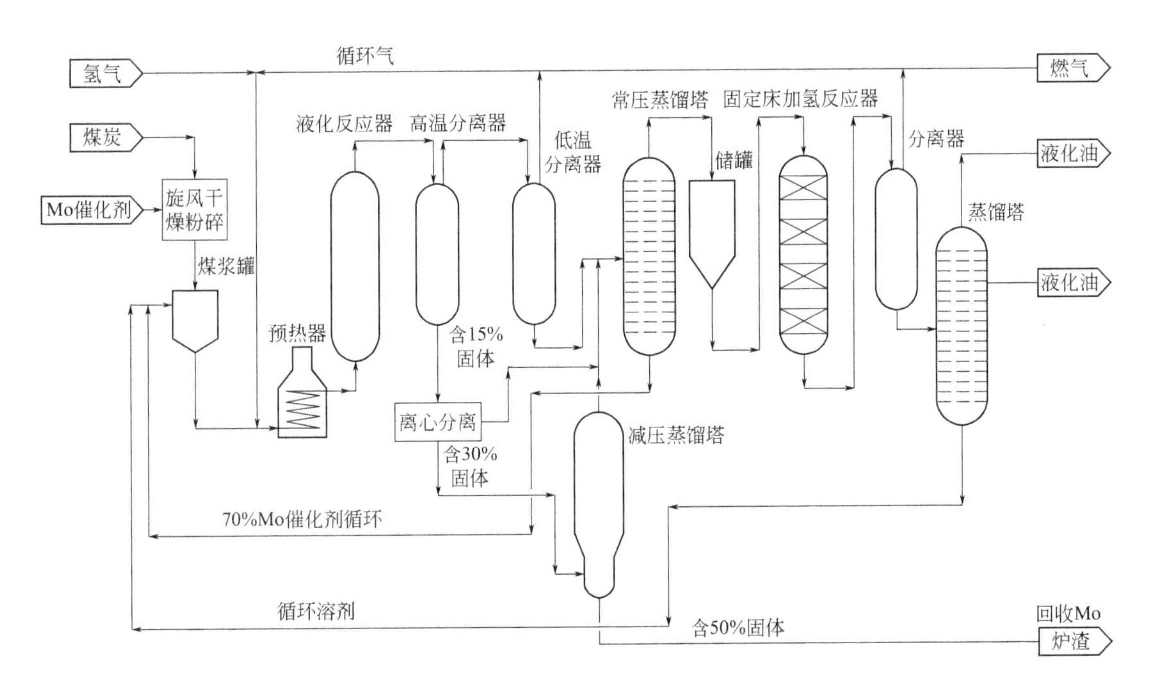

图 11-45 俄罗斯 CT-5 工艺流程简图

11.8.10 Pyrosol 工艺

为克服传统煤直接加氢液化工艺，包括一段和二段工艺中存在的不足（氢耗过高，5% ～ 7%；压力高；气体产率高，22% ～ 25%；对灰含量敏感等），德国煤炭液化公司（GFK）研发出一种煤直接液化工艺，即 Pyrosol 工艺。该工艺的基本概念能够使用图 11-46 来说明。图中显示了各类煤液化产品产率与氢消耗量（或煤灰分含量）间的关系。可以看出，煤转化为沥青烯相对比较容易，耗氢量也低。但为了提高油收率，条件变得愈来愈苛刻，氢耗也愈来愈高。

传统工艺是依靠氢耗的提高来获得高油收率的，因此不可避免产生愈来愈多的气体产物。其次，为保证液化残渣顺利排出，其总含量不能够超过 50%，也就是说反应条件愈来愈苛刻，对液化煤中的灰分含量要求也愈来愈高。为此，发展的 Pyrosol 工艺采用（假）两段液化工艺：第一段为加氢液化，第二段为加氢焦化。在第一段中反应条件的控制使氢耗在 2.5% ～ 3%，主要可以使 25% 的煤（无水无灰基）转化为油，生成沥青烯，混杂在残渣中排出。在第二段反应器中对一段排出的残渣进行加氢焦化，其中的沥青烯一般转化为油。因第一段条件温和，残渣中含大量沥青烯，因此对煤灰分含量不敏感，其灰含量可以高达 25%。图 11-47 是 Pyrosol 工艺的流程。

Pyrosol 工艺中的反应器逆流操作，能够把反应器和高温分离器合为一体，煤浆中的轻质溶剂和反应生成的轻质油能够被气体自下而上带出，避免溶剂和液化油的二次裂解，降低了氢耗和气体产率。第一段反应器的操作条件为 440 ～ 450℃和 20.0MPa，第二个反应器是旋转加氢焦化炉，操作条件为 540 ～ 580℃和 0.05MPa。该工艺的油收率可达到 57% 以上。

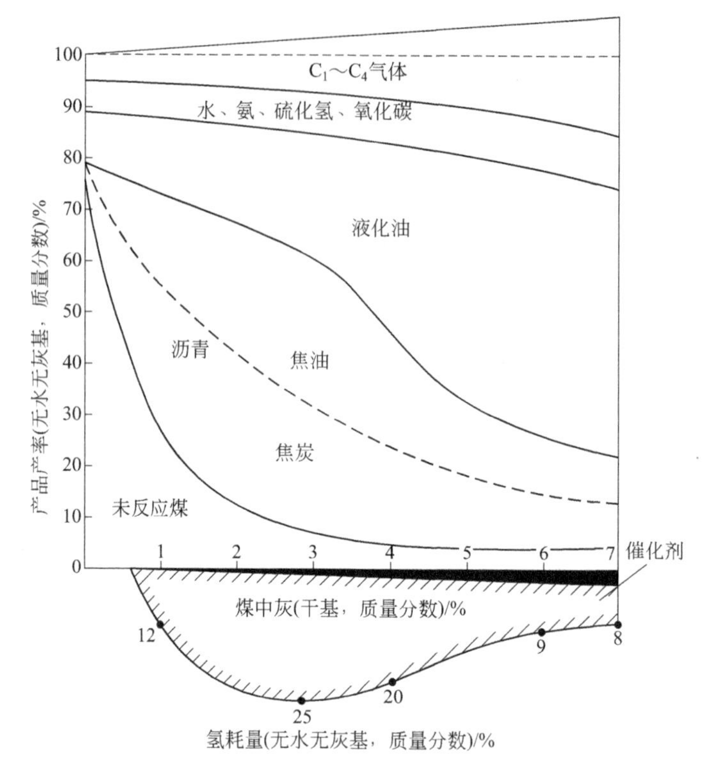

图 11-46　煤直接液化过程耗氢量与液化分布间的关系

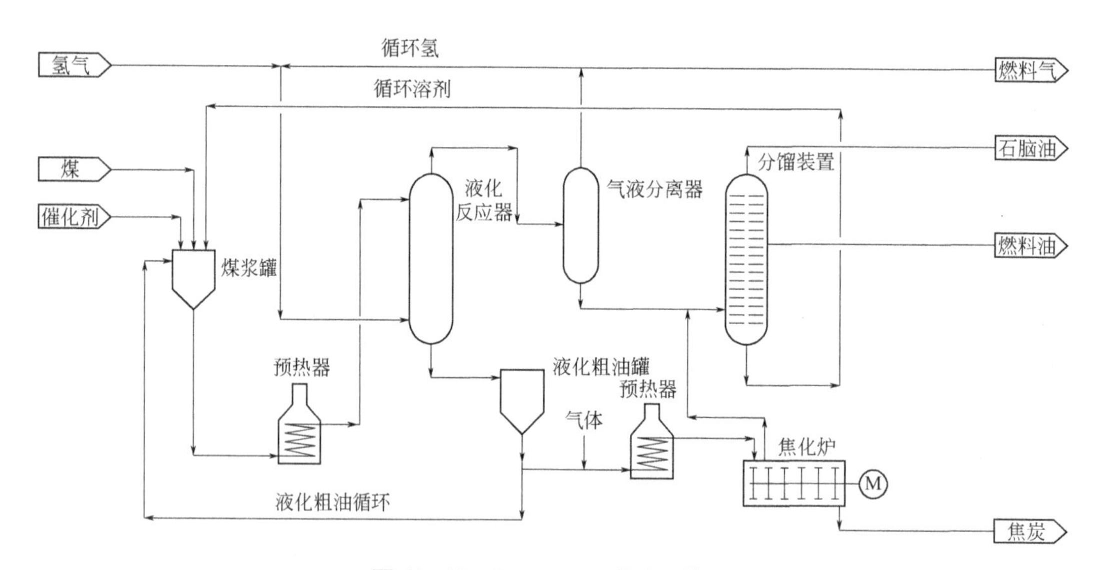

图 11-47　Pyrosol 工艺流程简图

前面介绍的基本上都是单段工艺，而后来发展的两段工艺都是由单段工艺发展而来的。除了我国的神华新工艺外，只有少数在超过实验室规模上试验过。神华工艺已经在前面详细介绍过，这里主要介绍的两段煤直接催化液化工艺有 HTI、CTSL、ITSL、CSF 等工艺，几乎都是由美国公司推出的。

11.8.11 美国 HTI 工艺

该工艺是在两段催化液化法和 H-Coal 工艺基础上发展起来的，采用近十年来开发的悬浮床反应器和 HTI 拥有专利的铁基催化剂。其工艺流程示于图 11-48 中。

工艺特点：反应条件比较缓和，反应温度 420 ～ 450℃，反应压力 17MPa。采用特殊的液体循环沸腾床反应器，反应器操作模式是全返混的。催化剂采用 HTI 专利技术制备的铁系胶态高活性催化剂（GelCat™），用量少。在高温分离器后面串联有原位加氢固定床反应器，对液化油进行加氢精制。固液分离采用临界溶剂萃取方法，从液化残渣中最大限度回收重质油，从而大幅度提高液化油回收率。

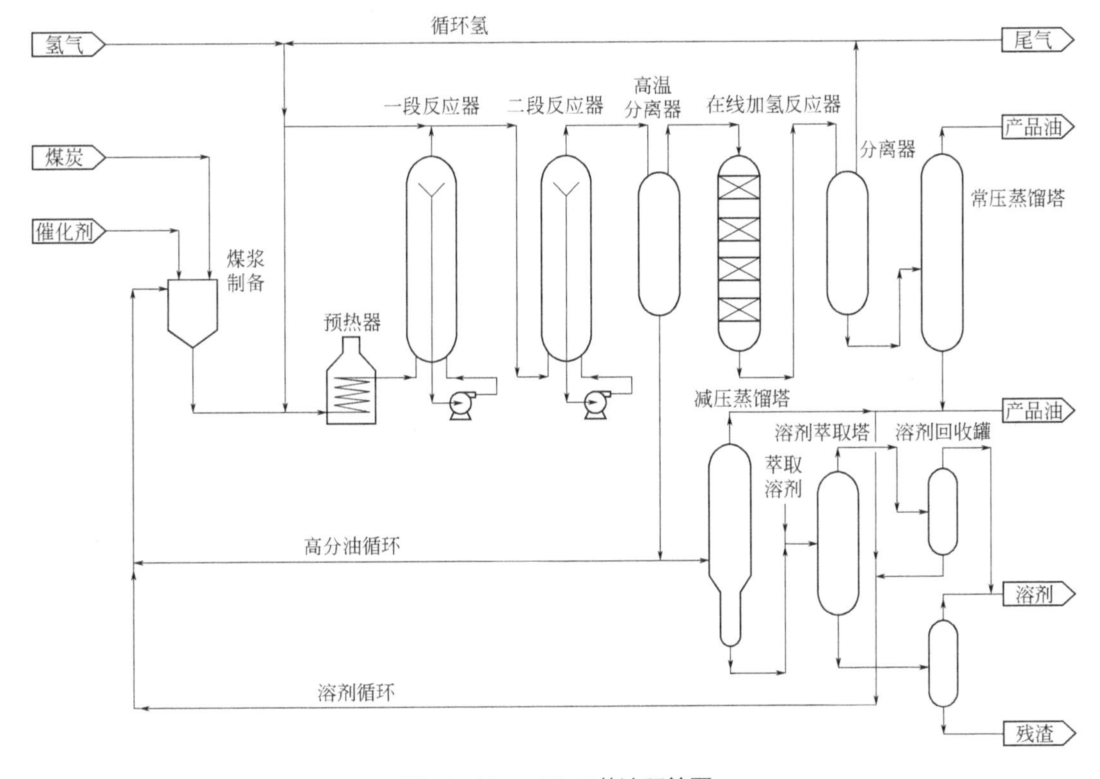

图 11-48　HTI 工艺流程简图

11.8.12 催化两段液化工艺（CTSL）

CTSL 工艺是在 H-Coal 工艺上发展而来的。它集中了 20 世纪 80 ～ 90 年代多种液化工艺的优点。采用紧密串联结构，每段都使用高活性负载催化剂。其工艺流程如图 11-49 所示。第一段浆态流化床反应器的操作温度为 400 ～ 420℃，压力为 17MPa。而第二段流化床反应器的操作条件为温度 420 ～ 440℃，压力也是 17MPa。该工艺集中了美国能源部在 80 ～ 90 年代资助的多个煤液化工艺的优点。

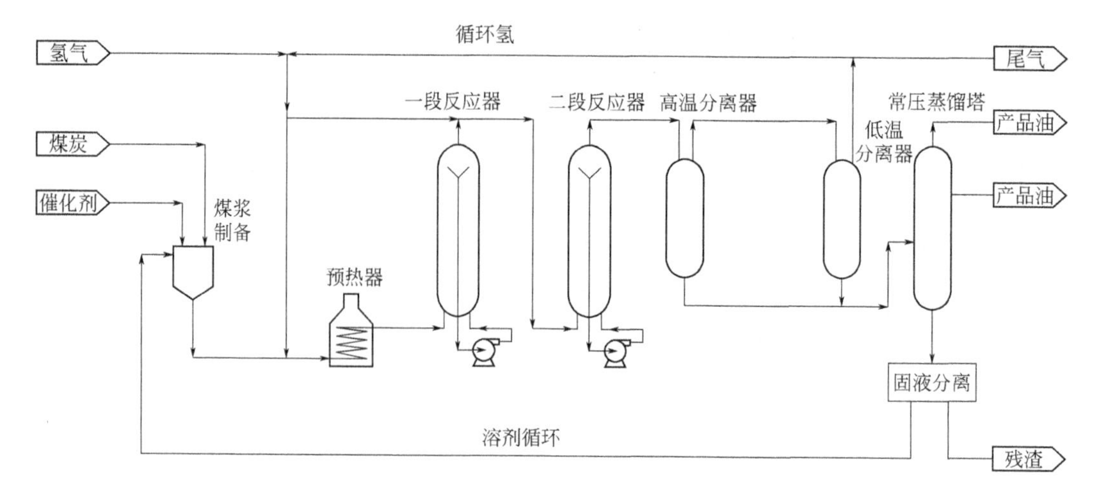

图 11-49　CTSL 工艺流程简图

催化两段液化工艺（CTSL）流程简述如下：煤与循环溶剂配成煤浆，预热后与氢气混合一起从其底部进入（液体）流化床反应器。反应器内装填的催化剂为 $NiMo/Al_2O_3$（也可以使用可丢弃催化剂）。催化剂被循环的流体流化形成全混状态，因此该反应器的特征是温度均一。使用的溶剂具有供氢能力，在第一个反应器中将煤结构破坏到一定程度使煤溶解，并对循环溶剂进行再加氢。反应产物直接进入第二个液体流化床反应器，其操作压力（17MPa）与第一个反应器相同，但温度要高一些。第二段反应器的产物经过分离，切割出沸点小于 400℃的馏分，回收溶剂，分离处理反应煤和矿物质。液固分离只在常压塔底进行，采用超临界溶剂萃取法。表 11-12 给出了 CTSL 工艺液化烟煤时产品的典型性质和产率。

表11-12　CTSL工艺产品形状和产率

项　目	指　标
产率（daf 煤）/%	
$C_1 \sim C_4$	8.6
$C_4 \sim 272℃$	19.7
272 ～ 346℃	36.0
346 ～ 402℃	22.2
氢耗（daf 煤）/%	7.9
煤转化率（daf 煤）/%	96.8
$> C_4$ 馏分油质量	
API	27.6
H/%	11.73
N/%	0.25

11.8.13 CSF 工艺

Console 合成燃料 CSF 法是 1963 年提出的，是从煤制取合成原油（或燃料油）的液化工艺。其特征是分两段进行，煤在萃取段部分转化为萃取物和灰，从液化产物中除去固体。萃取物在第二段中进行催化加氢获得馏分油。为萃取残留物进行炭化制成半焦，半焦气化产生工艺所需要的氢气。CSF 工艺的流程示于图 11-50 中。

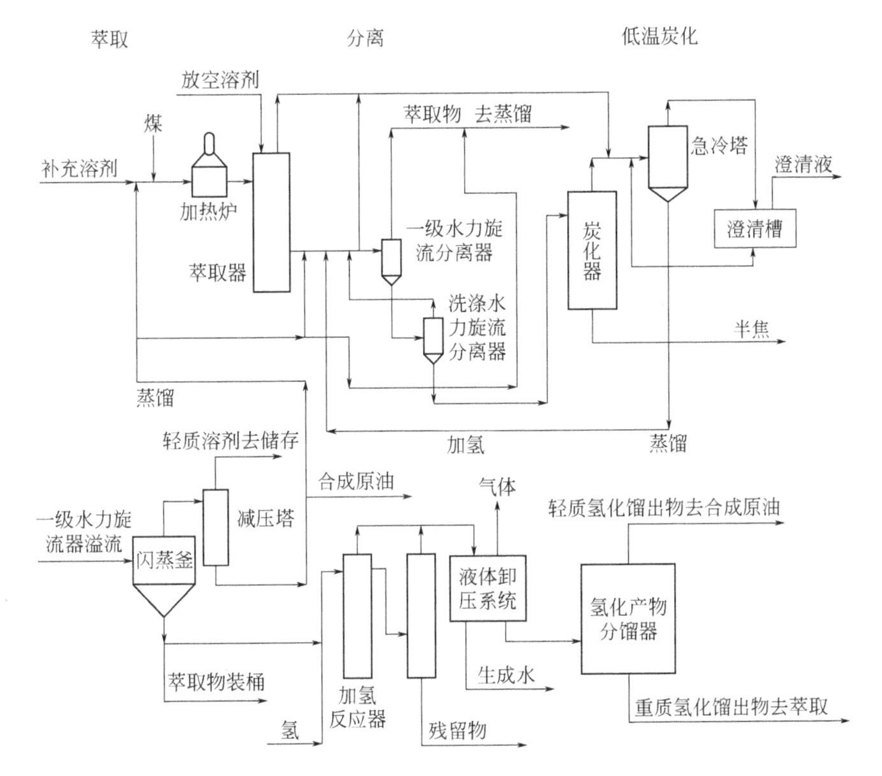

图 11-50　Console 合成燃料 CSF 工艺流程

11.9 煤催化直接液化若干关键设备

11.9.1 煤直接液化反应器

反应器是煤直接液化工艺的核心设备，其处理的物料包括气相氢、液相溶剂、少量的催化剂和固体煤粉，物料中固体含量高。煤浆浓度为40%～50%，属于高固含量的浆态物料。在反应条件下，气/液体积流量之比在1左右，如8∶13。这种高固含率和高气液操作比使得煤直接液化反应体系成为一个复杂的多相流体系。一般来说，煤液化反应器的操作条件都是高温、高压，但真实条件因采用的工艺不同而异，压力一般为15～30MPa，温度440～465℃，气液比700∶1000，停留时间1～2h，气含率0.1%～0.5%。进出料方式为下部进料、上部出料。在煤液化反应器内进行着复杂的化学反应，主要有煤的热解反应和热解产物的加氢反应。前者是吸热反应，后者是强放热反应，而总热效应是放热的。因此反应器的温度一般要求严格控制，低于正常温度则反应不完全，未反应生煤将进入后续单元给后续单元造成更大的操作负荷和难度。反应温度过高则容易使液化油气化，导致操作不稳定，油收率降低，也容易导致反应器结焦，减少反应器有效体积和物料在反应器内的停留时间，甚至导致反应中断。

在实践中应用的煤直接液化反应器必须考虑以下4个因素：①保证有足够的反应时间，主要是液相停留时间，为此反应器内气含率不能太高；②有足够的液相上升速度，目的是防止煤粉颗粒的沉降；③保证有足够的传质速率，需要有均匀和足够的气含率，及一定的气液湍流程度；④有合理的反应热移出手段，这样可以灵敏地控制反应温度，防止反应器飞温。图 11-51 ～图 11-56 示出了在煤直接液化过程使用的若干反应器的示意图。

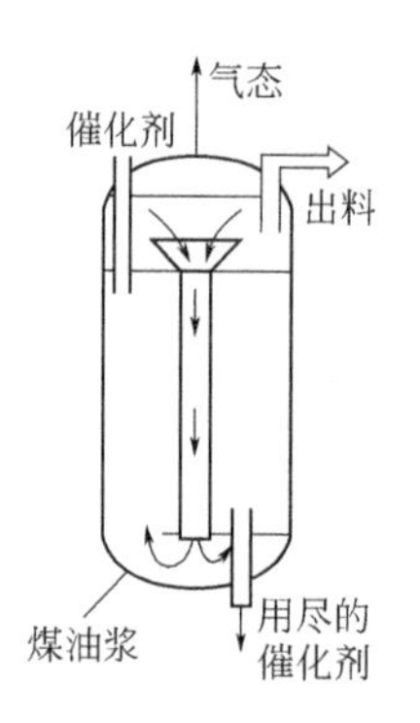

图 11-51　H-Coal 工艺使用的浆态流化床液化反应器示意图

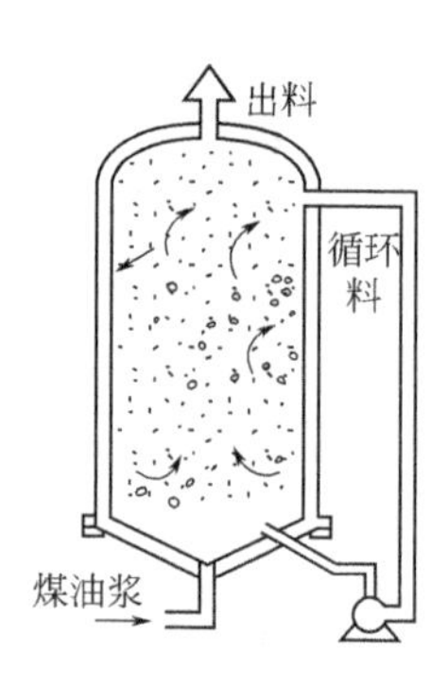

图 11-52　HTI 工艺使用的外循环三相反应器示意图

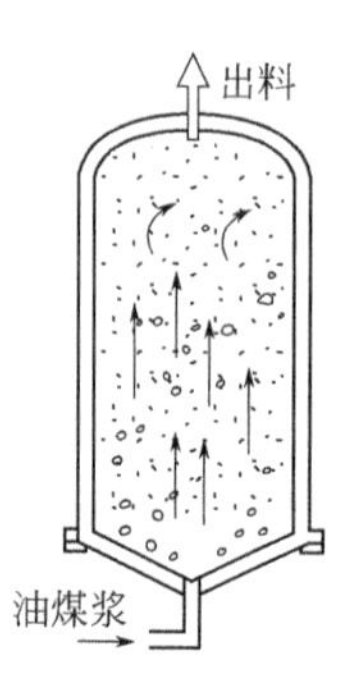

图 11-53　活塞流煤液化反应器示意图

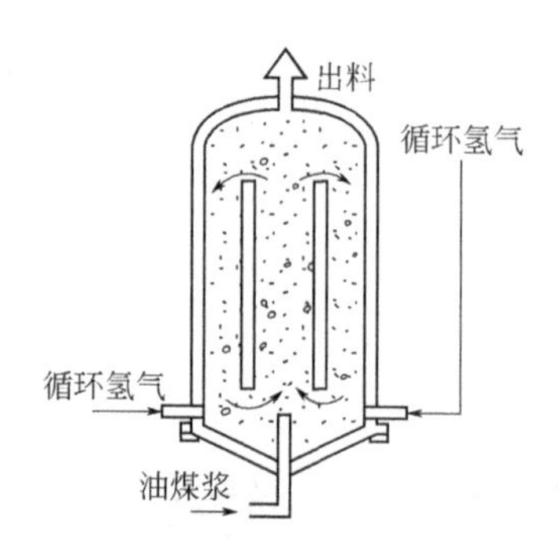

图 11-54　煤循环三相浆态液化反应器示意图

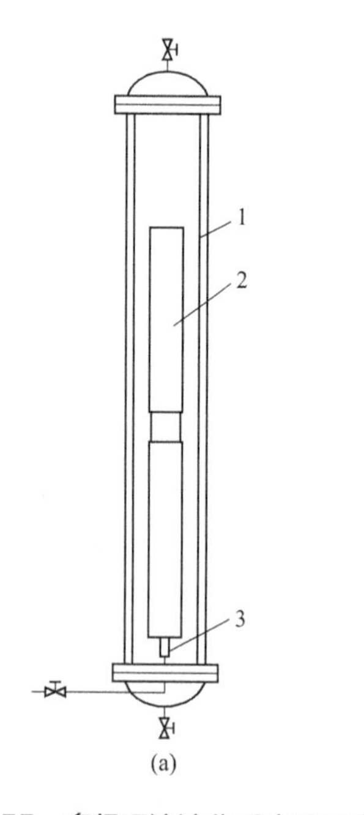

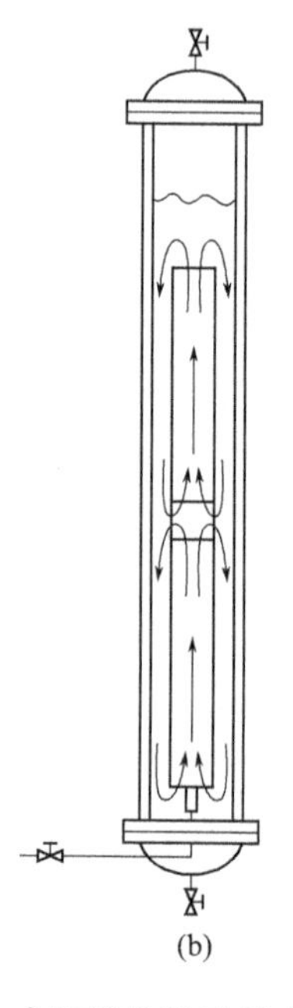

图 11-55　多级环流液化反应器示意（a）和流体流动状态（b）

1—内管；2—外管；3—进料口

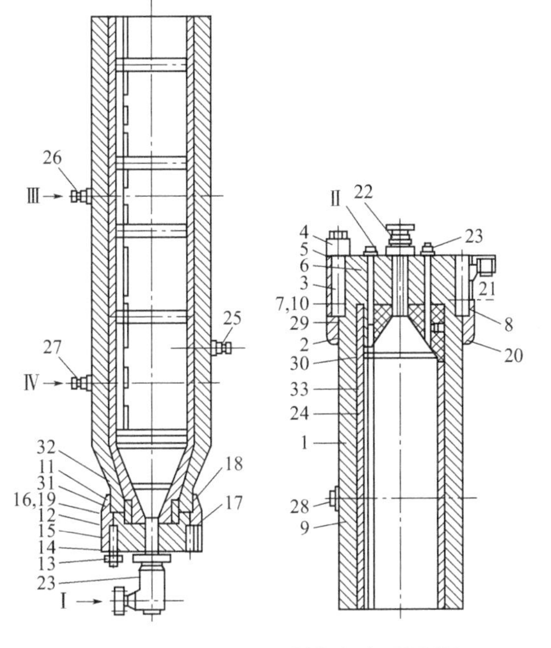

图 11-56　70MPa 液相加氢反应器

1—塔身；2—顶部法兰；3—顶部双头螺栓；4—顶部罩状螺母；5，14—垫环；6—顶盖；7—顶部自紧式密封圈；8—自紧式密封阀的夹圈；9—塔身保温体；10—顶部自紧式密封圈的衬片；11—底部法兰；12—底部双头螺栓；13—底部螺母；15—底盖；16—底部自紧式密封圈；17—自紧式密封圈的头圈；18—底部锥体的保温体；19—底部自紧式密封圈的衬片；20—顶部锥体的保温体；21—安装吊轴；22—大小头；23—直角弯头；24—热电偶套管；25—管接；26—冷氢引入管的接管；27—取样口接管；28—堵头；29—顶盖保温体；30—顶部锥体；31—底盖保温体；32—底部锥体；33—内筒；Ⅰ—产物进口；Ⅱ—产物出口；Ⅲ—冷氢引入口；Ⅳ—取样口

例如，在 HTI 加氢液化工艺中，采用全返混反应模式的悬浮床反应器，克服了反应器内煤固体颗粒的沉降问题。反应器的直径比较大，因而，单系列生产装置的规模比其他工艺增加了近一倍。同时全返混性也使反应器内的反应温度更易控制。

11.9.2 高压煤浆泵

高压煤浆泵的作用是把煤浆从常压打入高压系统内，除了有压力要求外还必须达到所要求的流量。煤浆泵一般选用往复式高压柱塞泵。小流量可用单柱塞或双柱塞，大流量情况下要用多柱塞并联。柱塞材料必须选用高硬度的耐磨材料。柱塞泵的进出口煤浆止逆阀的结构形式必须适应煤浆中固体颗粒的沉积和磨损。由于柱塞进行往复运动时内部为高压而外部为常压，因此密封问题也要得以解决。一般采用中间有油压保护的填料密封。荷兰生产的隔膜柱塞泵应用于煤浆输送是成功的。

11.9.3 煤浆预热器

煤浆预热器的作用是在煤浆进入反应器前把煤浆加热到接近反应温度。小型装置采用电加热，大型装置采用加热炉加热。煤浆在升温过程中的黏度变化很大（尤其是烟煤煤浆），在 300 ～ 400℃范围内煤浆黏度随温度的升高而明显上升。在加热炉管内煤浆温度升高后，一方面炉管内阻力增大，另一方面其流动形式变成层流，即靠近炉管管壁的煤浆流动十分缓慢。这时，如果炉管外壁热强度较大，温度上升过高，则管内煤浆很容易局部过热而结焦导致炉管堵塞。解决上述问题的措施是：一方面使循环氢与煤浆合并进入预热器，循环气体的扰动作用使煤浆在炉管内始终处于湍流状态；另一方面是在不同温度段选用不同的传热强度，在低温段可选择较高的传热强度，可利用辐射传热。而在煤浆温度达到300℃以上的高温段，必须降低传热强度，使炉管的外壁温度不致过高，建议选用对流传热。另外，选择合适的炉管材料也能减少煤浆在炉管内的结焦。对于大规模生产装置，煤浆加热炉的炉管需要并联。此时，为了保证每一支路中的流量一致，最好每一路炉管配一台高压煤浆泵。一种有代表性的卧式加热炉示于图 11-57 中。两种螺纹环锁式高压换热器示于图 11-58 和图 11-59 中。

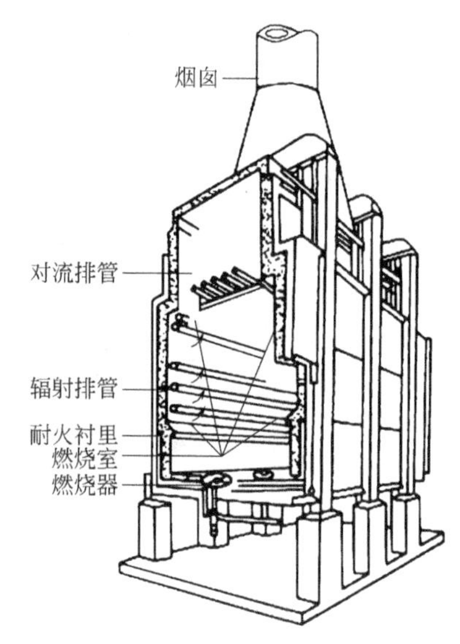

图 11-57　典型卧式加热炉

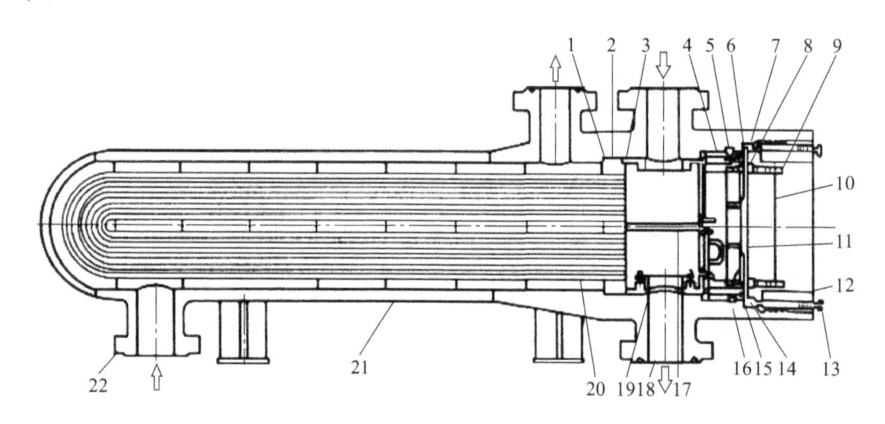

图 11-58　H-H 型螺纹环锁式高压换热器

1—壳程垫片；2—管板；3—垫片；4—内法兰；5—多合环；6—管程垫片；7—固定；8—压紧环；9—内圈螺栓；10—管箱盖；11—垫片压板；12—螺纹锁紧环；13—外螺栓；14—内套筒；15—内法兰螺栓；16—管箱壳体；17—分程隔板箱；18—管程开口接管；19—密封装置；20—换热管；21—壳体；22—壳程开口接管

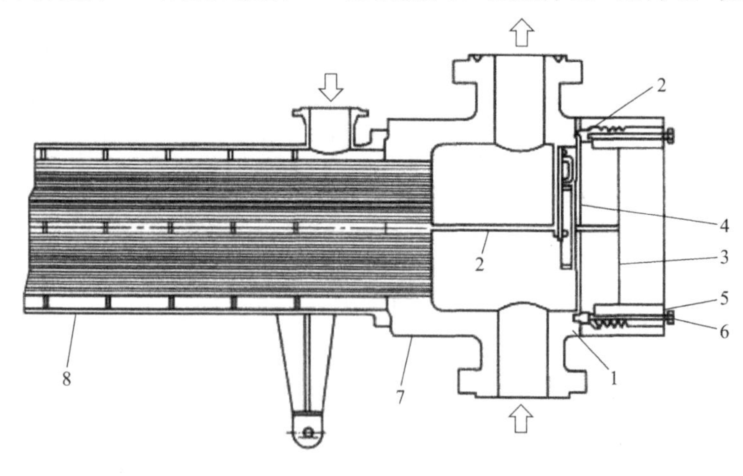

图 11-59　H-L 型螺纹环锁式高压换热器

1—管程垫片；2—固定；3—管箱盖；4—垫片压板；5—螺纹锁紧环；6—外螺栓；7—管箱壳体；8—壳体

11.9.4 固液分离设备

煤经液化反应后，还有少量的惰性组分不能转化，为了得到纯净的液化油，必须把它们分离出去。IGOL 和 NEDOL 工艺采用的固液分离法是减压蒸馏，得到的固体残渣中含有 50% 以上的重油及沥青质。而 HTI 采用临界萃取的方法，能把残渣中的大部分重油及沥青质分离出去，重新用于配煤浆，再次进入液化反应器。这些重质组分的进一步转化使 HTI 液化油的产率比其他两种工艺高 5% ～ 10%。高压低温气体分离器示于图 11-60 中，高温气体分离器示于图 11-61 中。

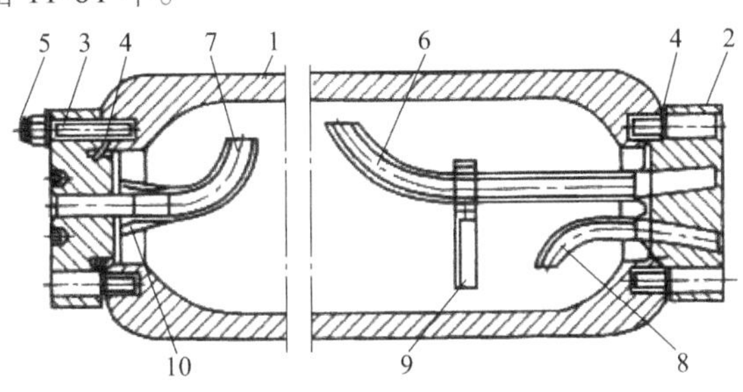

图 11-60　高压低温气体分离器

1—壳体；2—右盖；3—左盖；4—自紧式密封圈；5—双头螺栓；6—上部气液混合物引入管；7—气体引出管；8—液体引出管；9—撑架；10—加强筋

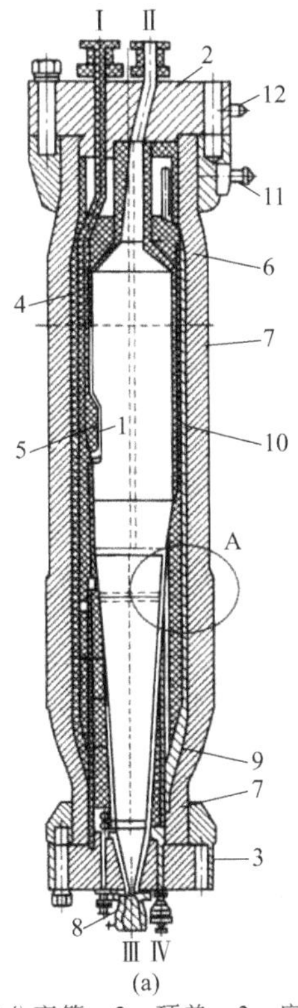

1—高温气体分离筒；2—顶盖；3—底管；4—产品引入管；5—分配总管；6—顶部蛇管；7—底部蛇管；8—双蛇管冷却器；9—底部锥形保温斗；10—保护套管；11—筒体安装用吊轴；12—顶盖安装用吊轴；Ⅰ—产品入口；Ⅱ—气体、蒸汽混合物出口；Ⅲ—残渣出口；Ⅳ—冷气入口

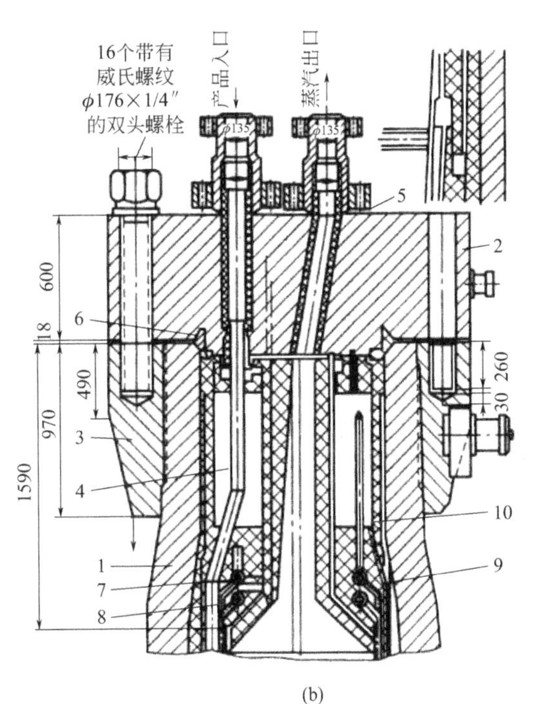

1—筒；2—顶盖；3—顶部法兰；4—产品引入管；5—气体、蒸汽混合物引出管；6—自紧式密封圈；7—顶部总管；8—底部总管；9—蛇管的管子；10—引出管

图 11-61　高温气体分离器（a）及其顶部（b）

鉴于煤炭直接催化液化过程中的装备是很大一部分投资，因此尽可能使煤液化反应条件变得比较缓和，反应压力和温度均不要太高。低压条件可降低高压设备及高压管道的造价，而低温也同样能降低造价，且有助于延长设备的使用寿命。这些已经在后来发展的煤炭直接催化加氢液化工艺中达到和部分达到。

11.9.5 煤直接液化液体的提级

煤直接液化粗油的组成十分复杂，不仅含有烃类化合物，而且还含有大量含 N、O 和 S 的杂原子化合物。虽然液化粗油可以作为生产汽柴油和芳烃（主要是 BTX）的原料，但其炼制过程要比炼制原油复杂，其成本也高。早先多作为燃料油使用，但形势在发展，要求能够从煤液化粗油获得高质量的汽柴油和芳烃产品。当然，首先要对粗油进行分析。煤液化粗油可以被分为石脑油馏分（占 15% ～ 30%）、油馏分（占 50% ～ 60%）和重油馏分（10% ～ 20%）。它们在脱除杂原子后可以作为一般石油馏分进行炼制。这些馏分的进一步炼制路线可以借鉴石油馏分的炼制技术，尽管它与炼制石油的工艺有一定的差别。这些不属于本书介绍的范围。

鉴于对使用石油炼制的汽油和柴油燃料逐渐严格的法规要求，对通过液化和焦化生产的煤液体必须进行深度精炼。在煤液体气体油中每个化合物的确认是深度炼制的基础。图 11-62 是直接煤加氢液化气体油使用原子发射检测器检测到的典型色谱图（GC-AED，对碳、硫、氮和氧具有高选择性）。氧的选择性检测也是可能的，因此，油气中的所有化合物能够被真实地检测确认，于是它们的反应性也能够被确定。

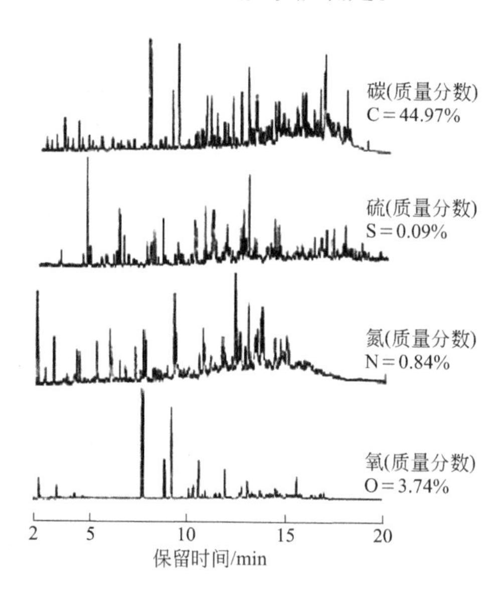

图 11-62　South Banko 煤液体的 GC-AED 典型色谱图

负载在氧化铝上的常规的 NiMo 硫化合物很早就被应用于煤液体的提级。到目前为止，它们在石油原位加氢处理中没有碰到任何问题。但是，与石油炼制过程比较，对煤液体的提级，反应条件的温和化和较长时间的连续操作可能需要有更好的催化剂。已经提出使用负载于活性炭上的 NiMo 催化剂，结果证明，对 4，6- 二甲基二苯噻吩（4，6-DMDBT）

的加氢脱硫，活性炭是较好的载体，如图 11-63 所示。在图中比较了负载于不同载体的 NiMo 催化剂的一级速率常数 k_1（加氢路径）和 k_2（直接加氢脱硫路径）。4，6-DMDBT 是在油气深度脱硫中最难脱的硫，它的脱硫方程式如图 11-64 所示。这些可以使用于指导深度脱硫方法的开发。

在较低温度下的加氢和在较高温度下的连续 HDS（加氢脱硫）和 HDN（加氢脱氮）是深度炼制非常有效的方法。

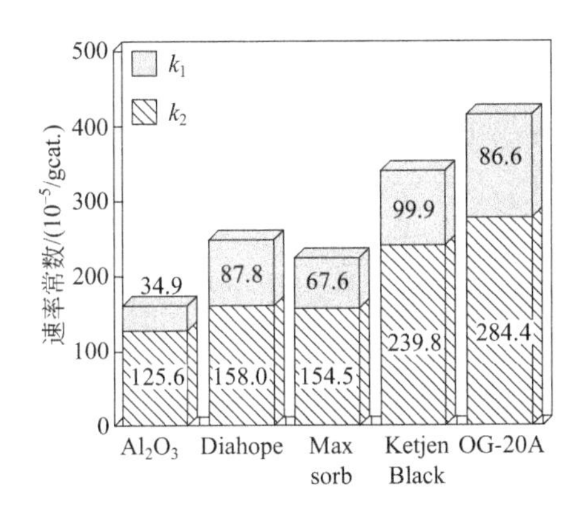

图 11-63　在不同载体上 NiMo 催化剂 340℃时总的速率常数

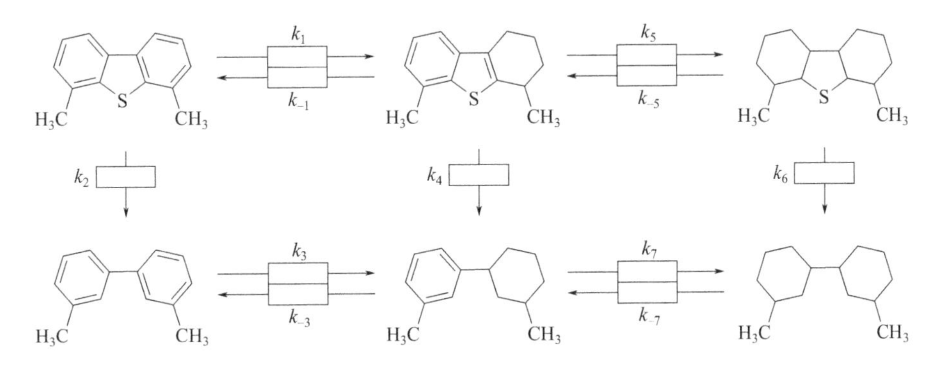

图 11-64　4，6- 二甲基二苯噻吩的脱硫反应历程

11.10 煤 - 油共炼制

煤及其衍生物燃料的联产系统是从一种原料生产多种不同产品。而煤 - 油共炼制是使用两种原料生产多个产品的过程，通常特指煤和非煤衍生油联合进行加工处理的过程。煤 - 油共炼制中的油通常是价值很低的高沸点油物质，例如，石油炼制和工业城市废物产生的沥青、超重原油、石油残渣或焦油烃类。煤 - 油共炼制中的油同样是用来配制煤浆的或作为输送煤的流动介质。煤 - 油共炼制工艺可以是单段的也可以是两段的，这样可以全部或部分取消循环溶剂。在煤 - 油共炼制工艺中，产生产品的大部分来自所加入的油类，也可能有部分产品来自煤原料。煤 - 油共炼制的总目标是要在煤液化的同时将石油低质衍生油提质以降低单位产品的投资和操作费用。

煤 - 油共炼制技术的优点主要有：①相匹配的煤和低值石油衍生油类间存在协同效应，使产油的总量比单独加工煤或油类要多；②低值石油衍生重质油类中所含的金属元素能够在共炼制过程中被煤吸附，极有利于金属元素的脱除，同时重油在高温下的结焦只发生于煤颗粒上而不会在反应器壁上；③与煤单独液化相比，因为共炼制大多一次通过，生产装置的处理能力大幅增加；④氢气消耗量降低，利用率大幅提高；⑤所产油品质量比单独液化所产油品有很大提高，芳烃含量显著下降，更容易加工成合格的汽油和柴油；⑥生产成本有较大的降低，因此竞争力相对较强。

煤 - 油共炼制技术目前正处于发展阶段，仍然只能够达到日处理量几吨的 PDU 规模，尚未有像煤炭直接催化加氢液化工艺那样的工业和大规模应用，达到日处理量数百吨的规模。但是，由于煤 - 油共炼制工艺技术的主要设备与煤液化工艺所用的主要设备很相似，所以其技术发展中，这不应该是一个主要问题。

煤 - 油共炼制原料性质和配比对炼制结果的影响分述如下。

11.10.1 重质油类别和性质的影响

如前所述，煤炭直接催化加氢液化都需要使用溶剂。溶剂的主要作用有：①与煤配成煤浆便于输送和加压；②溶胀和溶解煤炭防止煤热解生成的自由基碎片再缩聚；③溶解气相氢气，使氢分子向煤或催化剂表面扩散；④为自由基碎片直接供氢或传递氢。对溶剂在直接催化加氢液化中的作用了解后，就能够了解煤 - 油共炼制中重质油类如石油渣油、稠油和其他重质油是能够作为溶剂使用的。这些油类中含有长链烷烃、环烷烃、饱和芳香烃等重质烃类。对长链烷烃，不管其是否带有支链，并不具有良好的溶煤和供氢能力，这从相似相溶原则和烃类的结构上是容易理解的。环烷烃在这方面的效果应该比长链烷烃类要好一些，但也不具备供氢能力，煤液化的转化率也不高；而饱和芳烃的溶煤和供氢能力要比环烷烃高很多，但不同类芳烃也是有差别的。氢化芘、氢化菲等具有好的供氢能力，而十氢萘的供氢能力就很差，甚至还不如甲基萘。在使用甲基萘作溶剂的煤直接加氢液化系统中，氢从气相通过甲基萘传递给煤的交换转移速度是很快的。因此，为了使煤油共炼制有好的效果，共炼制所用重质油类应该有所选择。

在煤油炼制工艺中不使用催化剂，煤转化率受重质油黏度和残炭值的影响，采用黏度和残炭值较低的重质油与煤共炼制，煤转化率较高，对煤转化显示有利的影响。表 11-13 是伊利诺 6 号煤和 3 种不同类型重质油在催化两段煤 - 油共炼制中的试验结果。表中的数据指出，所用重质油类型对馏分油产率和氢气消耗有一定的影响。伊利诺 6 号煤和 3 种不同类型重质油共炼制的转化率都在 84% ～ 89%，对重质油中的金属有较高的脱除率；博斯坎原油是非常难加工的原油，然而在煤油共炼制的加工处理中显示较高的转化率。

表11-13　煤油共炼制中重质油种类对酶转化率的影响

指　标	单　位	克恩原油	阿拉拜因常压重油	博斯坎原油
重质油性质				
密度	kg/m^3	973	993	999
H/C 原子比		1.58	1.50	1.57
＜ 360℃馏分	%	18	2.0	14
346 ～ 542℃馏分	%	45	41	28
＞ 542℃馏分	%	37	57	58

续表

指　标	单　位	克恩原油	阿拉拜因常压重油	博斯坎原油
＞542℃馏分渣油转化率	%	62	65	78
煤转化率	%	87	84	89
氢耗（对馏分油）	%	7.66	6.94	9.34
馏分油密度	kg/m^3	928	949	958
脱金属率 Ni V	 % %	 95 94	 82 88	 90 98
脱硫率	%	94	86	89

11.10.2 原料煤煤化程度的影响

在煤油共炼制技术中，适宜的煤种也主要是年轻的烟煤和褐煤，与煤直接催化加氢液化相同。表 11-14 是克恩原油与 3 种不同变质程度的煤进行煤 - 油共炼制得到的试验结果。表中的数据显示，尽管煤的性质不同，转化率也不同，但渣油的转化率基本一样，馏分油的质量差别也很小。这指出，煤油共炼制对原料煤的适应性是比较强的，煤的性质主要影响自身的转化率，对渣油转化率和馏分油性质影响不大。对脱金属，伊利诺 6 号烟煤最高，怀俄明次烟煤稍差，西弗吉尼亚次烟煤脱钒率要低约 10%。

表11-14　不同煤种对煤油共炼制的影响

指标	单位	怀俄明次烟煤	伊利诺伊烟煤	西弗吉尼亚次烟煤
煤性质 镜煤反射率 H/C 原子比	 %	 0.40 0.87	 0.50 0.83	 0.8 0.83
渣油转化率	%	67	62	66
脱金属率 Ni V	 % %	 92 91	 95 94	 91 82
馏分油密度	kg/m^3	928	931	934
氢耗（对馏分油）	%	7.66	7.63	6.20
煤转化率	%	70	87	88

11.10.3 原料配比的影响

煤油浆中煤的浓度，也即原料配比，主要影响馏分油的产率。图 11-65 显示的是 CANMAT 煤 - 油共炼制体系中煤浓度影响的试验结果。在很低煤浓度时，共炼制馏分油产率比渣油单独炼制高 9%，说明煤和渣油之间确实存在协同作用。随着煤浓度的提高，馏分油产率下降，但在很大煤浓度范围内馏分油产率基本保持不变，且高于渣油单独加氢裂解和煤液化加权平均计算的馏分油产率（图中的虚线表示）。在更高煤浓度时馏分油产率显著下降。所以，在煤 - 油共炼制中煤浆中煤的浓度以 30% ～ 35% 为宜。

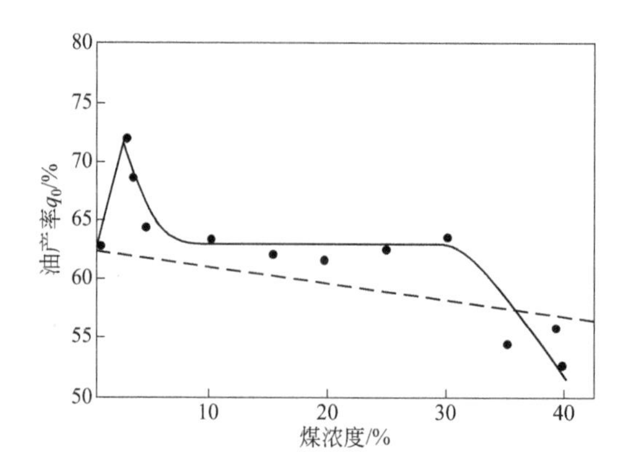

图 11-65 CANMAT 煤 - 油共炼制煤浆中煤浓度对馏分油产率的影响

11.10.4 煤 - 油共炼制中的逆反应

在煤 - 油共炼制中，一些情形逆反应即缩聚反应是非常显著的。很多人认为，这是和煤中羟基的多少相关联的，特别是对羟基含量比较高的低阶煤。一些含羟基的模型化合物，如二羟基苯、二羟基萘、萘酚等，在煤直接液化条件下的试验表明，它们会形成难溶的呋喃型产物。使用苯甲醇和苯二甲醇作溶剂的煤液化（400℃，高氢压）试验表明，两个芳香醇结合到煤中发生交联反应，同时伴随有大量 CO_2 和水的生成。分析表明，这种交联反应类似于煤结构的苯基化。有人将此反应作为煤液化时发生交联反应的模型反应。添加供氢能够显著扼制这类逆反应。例如，在煤和萘的反应体系中添加过氢菲（PHP），煤转化率从 13% 提高到 73%，同时蒽发生了显著的加氢反应，生成 19.2% 的二氢蒽。在煤和石油渣油共炼制中加入四氢萘也能有效扼制高温缩聚反应，添加量越大，扼制效果越显著。

表11-15 HRI得克萨斯褐煤与玛依常压重油共炼制试验结果

条件	试验编号			
	1	2	3	4
油 / 煤比 /（t/t）	2/1	1/1	1/1	2/1
一反温度 /℃	435	435	445	445
二反温度 /℃	435	435	445	445
空速 /h^{-1}	1.0	1.0	1.6	1.6
催化剂	NiMo	NiMo	NiMo	NiMo
循环油 / 原料重油 /（t/t）	0	0.5	0	0
试验结果 氢耗 /%	4.75	5.39	4.74	4.02
产率 /%				
$C_1 \sim C_3$	7.94	7.55	7.77	7.14
C_4 至 178℃	15.55	14.79	15.47	14.96
178 ～ 346℃	35.98	38.41	33.37	33.18
346 ～ 525℃	23.93	16.90	19.66	23.80
＞ 525℃	3.82	3.67	6.08	6.93
H_2O、CO_x、NH_3、H_2S	11.56	15.42	13.28	11.50

续表

条件	试验编号			
	1	2	3	4
> 525℃转化率 /%	92.0	91.2	87.7	87.6
C_4 至 525℃馏分油转化率 /%	78.1	73.8	72.1	74.4
煤转化率 /%	91.6	92.0	91.0	90.2
脱硫率 /%	95.2	92.2	89.8	90.2
脱金属率 /%	99.83	99.63	98.50	98.15
氢利用率 /%	16.4	13.7	15.2	18.6

11.10.5 煤 – 油共炼制举例

这里所列举的煤油共炼制工艺都是已经在一定规模上进行了示范或具有煤直接催化加氢液化工艺中通常所没有的一些特征的工艺。在多数情形中，这些共炼制工艺与研究讨论过的煤直接液化工艺相似。这些工艺包括：日本 MITI 的 Mark Ⅰ和 Mark Ⅱ的煤 - 油共炼制工艺、日本 Asaka 气体公司的 Cherry P 煤 - 油共炼制工艺、日本三菱重工的溶剂化煤 - 油共炼制工艺、美国 Mobil 煤 - 油共炼制工艺、美国 Chevron 煤 - 油共炼制工艺、美国 Lummus Crest 煤 - 油共炼制工艺、美国 UOP 煤浆催化煤 - 油共炼制工艺、美国 HTI 煤 - 油共炼制工艺、美国 HRI 煤 - 油共炼制工艺、德国 Saarbergwerke 的 Pyrosol 煤 - 油共炼制工艺、德国 Rheinbraun 煤 - 油共炼制工艺、德国 Technical University of Claushal TUC 煤 - 油共炼制工艺、加拿大 Alberta Research Council 煤 - 油共炼制工艺、加拿大 CANMET 煤 - 油共炼制工艺等 15 种。其中 HRI 煤 - 油共炼制结果示于表 11-15 中，德克萨斯褐煤与玛依常压重油共炼制的煤转化率达 90%，渣油转化率接近 90%，渣油脱金属率 98%，显示煤 - 油共炼制工艺的优点十分显著和明显。

11.10.6 煤与有机废弃物共液化简介

煤与有机废弃物，如废塑料、废橡胶、林产加工废料、农业秸秆等废弃物的共液化是煤 - 油共炼制发展后的又一共处理新工艺。这里简要介绍煤 - 塑料共液化。

由于塑料产品在日常生活中的大量使用，产生相应数量的废塑料，包括聚乙烯、聚丙烯、聚苯乙烯、聚氯乙烯等废塑料。处理这些白色固体污染物是很头痛的事情。煤 - 塑料共液化为把废料转化为液体燃料和化学品提供一条可能的出路。由于废塑料所含的主要是碳、氢元素，与煤一起液化可使液化产品有适宜的碳氢比。因此美国、德国、日本和中国等对煤和废塑料的共液化制取液体燃料进行了研究和开发。

11.10.6.1 煤与废塑料共液化的工艺条件

对煤与混合废塑料共液化的研究发现，为获得适宜转化率和油收率，其优化的反应条件为温度 430℃，时间 1h。研究发现，塑料性质、溶剂和反应气氛对煤废塑料的共液化油收率都有显著影响。不同的研究结果指出，共液化时煤的转化率可以达到 76.7% ～ 94.8%，而油收率可以达到 53% ～ 75.5%。几乎全部塑料有机物都能够转化为油。这是由于塑料本身向煤液化过程供氢，降低了分子氢的消耗。一定条件下煤与塑料有协同作用，可以显著改善煤液化的经济性。

11.10.6.2　煤与废塑料共液化催化剂

试验研究表明，HZSM-5 是有效的催化剂，可以显著提高裂解反应速率。但芳构化作用太显著，价格也比较贵。负载在硅酸铝上的贵金属也具有较高的活性，在共液化条件下能够提高油收率和总转化率。对废塑料的裂解反应，一些催化剂的活性顺序为：SiO_2/Al_2O_3、HZSM-5 ＞ $NiMo/Al_2O_3$-SiO_2/Al_2O_3 混合物＞固体超强酸。

11.10.6.3　塑料品种、溶剂对煤与废塑料共液化的影响

已经发现，与 Blind Canyon 高挥发分烟煤共液化中，聚苯乙烯比低密度聚乙烯容易液化，聚乙烯的液化低于聚丙烯，不同品种塑料的裂解加氢液化性能不同。一般而言，高密度聚乙烯和日常混合废塑料较难裂解和液化、转化不完全。煤和废塑料共液化的一般转化率只有约 70%。采用两段工艺可以在一定程度上强化过程。

溶剂性质对煤与废塑料共液化的影响发表的研究结果很少。多数研究使用的溶剂是四氢萘。在废塑料单独液化时，无溶剂和废油溶剂中液化产率都比较高；但对煤与废塑料共液化，四氢萘、废油和它们的混合物作溶剂时，混合溶剂效果较好，单独作溶剂时废油的效果最差。这可能指出，煤与混合废塑料共液化时，为有效液化，需要一种既含有脂肪烃组分又含有芳香烃组分的溶剂。

11.10.6.4　煤与废塑料共液化两段工艺

研究煤与废塑料共液化的一个出发点是利用塑料中的高氢含量来降低煤液化中的耗氢量。因此，如何处理高氢含量的塑料使其脂肪氢转移到煤上，这是一个需要解决的问题。解决得好，能够使煤热解自由基碎片稳定，液化产物组成和油收率提高；如果解决得不好，就不能够使氢转移和加氢反应进行得很好，煤自由基碎片就可能发生缩合反应，使油收率降低。

以废油作溶剂使煤与废塑料发生共液化，使用在短接触时间（2 ～ 8s）内热解产生的液体产物作为煤液化溶剂。进行的间歇反应试验结果表明，煤与废塑料和废油的两段共炼制的转化率达 80% 以上，油收率高达 60% 以上。对煤与废塑料两段共炼制工艺的进一步研究发现，在第一段先将塑料（主要是高密度聚乙烯）进行热裂解制得液体产品，这些液体产物作为第二段煤液化的溶剂，再添加多环芳烃如芘、蒽和萘作为载氢溶剂。结果表明，性能的改善是由于两种溶剂的协同作用，煤液化转化率比单独使用这两种溶剂时有很大的提高。

参考文献

[1] 丁云杰，等 . 煤制乙醇技术 . 北京：化学工业出版社，2014.
[2] 于遵宏，王辅臣，等 . 煤炭气化技术 . 北京：化学工业出版社，2010.
[3] 郭树才 . 煤化工工艺学 . 第 2 版 . 北京：化学工业出版社，2006.
[4] 孙启文 . 煤炭间接液化技术 . 北京：化学工业出版社，2012.
[5] 应卫勇 . 煤基合成化学品 . 北京：化学工业出版社，2010.
[6] 水恒福，张德祥，张超群 . 煤焦油分离与精制 . 北京：化学工业出版社，2007.
[7] 上官炬，常丽萍，苗茂谦，等 . 气体净化分离技术 . 北京：化学工业出版社，2012.
[8] 张庆庚，李凡，李好管 . 煤化工设计基础 . 北京：化学工业出版社，2012.
[9] 谢克昌，赵炜 . 煤化工概论 . 北京：化学工业出版社，2012.
[10] 李文英，冯杰，谢克昌，等 . 煤基多联产系统技术与工艺过程分析 . 北京：化学工业出版社，2011.
[11] 李忠，谢克昌 . 煤基醇醚燃料 . 北京：化学工业出版社，2011.
[12] 吕永康，庞先勇，谢克昌，等 . 煤的等离子转化 . 北京：化学工业出版社，2011.
[13] 高晋生 . 煤的热解、炼焦和煤焦油加工 . 北京：化学工业出版社，2010.
[14] 高晋生，鲁军，王杰 . 煤化工过程中的污染与控制 . 北京：化学工业出版社，2010.
[15] 吴春来 . 煤炭直接液化 . 北京：化学工业出版社，2010.
[16] Berkowitz N. The Chemistry of Coal. Amsterdam: Elsevier，1985.
[17] Stiles A B. 催化剂载体与负载催化剂 . 李大东，钟孝湘，译 . 北京：中国石化出版社，1992.
[18] Nurdin M. The Fuel cell world. Switzerland：Proceedings of International conference with exhibition，European Fuel Cell Forum，2000.
[19] 电器学会、燃料电池发电 21 世纪烯烃技术调查专门委员会 . 燃料电池技术 . 谢晓峰，范星河，译 . 北京：化学工业出版社，2004.
[20] 李瑛，王林山 . 燃料电池 . 北京：冶金工业出版社，2000.
[21] Anderson R B. The Fischer-Tropsch synthesis. New York：Academic Press Inc，1984.
[22] Cybulski A，Moulijn J A. Structured catalysts and reactors. second edition: London：Taylor & Francis，2006.
[23] 吴忠标，蒋新，赵伟荣 . 环境催化原理及应用 . 北京：化学工业出版社，2006.
[24] Heck R M，Farrauto R J. Catalytic Air Pollution Control：Commercial Technology. second Edition. New York：Wiley，2002.
[25] 陈诵英，王琴 . 固体催化剂制备原理与技术 . 北京：化学工业出版社，2012.
[26] 陈诵英 . 催化反应工程基础 . 北京：化学工业出版社，2011.
[27] 陈诵英，孙彦平 . 催化反应器工程 . 北京：化学工业出版社，2011.
[28] 陈诵英，陈平，李永旺，王建国 . 催化反应动力学 . 北京：化学工业出版社，2007.
[29] 陈诵英，郑小明，周仁贤 . 环境友好催化 . 杭州：浙江大学出版社，1999.
[30] 胡常伟，李贤均 . 绿色化学原理与应用 . 北京：中国石化出版社，2002.
[31] 周学良，秦永宁，马智 . 催化剂 . 北京：化学工业出版社，2002.
[32] 陈诵英，赵永祥，王琴 . 精细化学品催化合成技术（下册）——催化合成反应与技术 . 北京：化学工业出版社，2015.
[33] 陈诵英，赵永祥，王琴 . 精细化学品催化合成技术（上册）——绿色催化技术 . 北京：化学工业出版社，2014.
[34] 陈诵英，孙予罕，丁云杰，等 . 吸附与催化 . 郑州：河南科技出版社，2001.
[35] 吴忠标，大气污染控制技术 . 北京：化学工业出版社，2002.
[36] 李兴虎 . 汽车排气污染与控制 . 北京：机械工业出版社，1999.
[37] Hayes R E，Kolaczkowski S T. Introduction to catalytic combustion. Amsterdam：Gordon Breach，1997.
[38] Frennet A，Bastin JM. Catalysis and automotive pollution control Ⅲ . Amsterdam：Elsevier，1995.
[39] 孙锦宜，林西平 . 环保催化材料与应用 . 北京：化学工业出版社，2002.
[40] 孙德智 . 环境工程中的高级氧化技术 . 北京：化学工业出版社，2002.
[41] 卜淑君 . 石油化学工业固体废物治理 . 北京：中国环境科学出版社，1992.
[42] 黄振兴 . 活性炭技术基础 . 北京：兵器工业出版社，2006.
[43] Hunter P，Oyama S T. Control of volatile organic compound emissions：conventional and emerging technologies. New York：John Wiley，2000.

[44] Rafson H J. Odor and VOC control handbook. New York : McGraw-Hill, 1998.
[45] Sundmacher K, Kienle A, Seidel-Morgenstern A. Integrated chemical processes. New York : Wiley, 2005.
[46] Clift R, Seville J P K . Gas cleaning at high temperatures. London : Chapman and Hall, 1993.
[47] White T, Sun D. Environmental materials : Volume I. pollution control materials. Singapore : MRS Singapore, 2001.
[48] Ertl G, Knozinger H, Weitkamp J. Handbook of heterogeneous catalysis. Germany : VCH, Weinheim, 1997.
[49] Auerbach S M, Carrado A A, Dutta P K. Handbook of zeolite science and technology. New York : Marcel Dekker, 2003.
[50] Morbidelli M, Gavriilidis A, Varma A. Catalyst design : optimal distribution of catalyst in pellets, reactors, and membranes. Cambridge : Cambridge University Press, 2001.
[51] Thomas W J, Crittenden B D. Adsorption technology and design. London : Butterworth-Heinemann, 1998.
[52] Clift R, Seville J PK. Gas cleaning at high temperatures. London : Chapman and Hall, 1993.
[53] Letcher T M. Future energy. second edition : Amsterdam : Elsevier, 2014.
[54] Osborne D. The coal handbook : toward cleaner production volume 2 coal utilization. NewYork : Woodhead Publishing, 2013.
[55] Bell D A, Towler B F, Fan M H. coal gasification and its applications. Amsterdam : Elsevier, 2010.
[56] Suib S L. New and future development in catalysis. Amsrerdam : Elsevier, 2013.
[57] Rao A. Combined cycle systems for near-zero emission power generation. London : Woodhead Pulishing, 2012.
[58] Ross J R N. Heterogeneous catalysis : fundamentals and applications. Amsterdam : Elsevier, 2012.
[59] Miller B G. Clean coal engineering technologies. Amsterdam : Elsevier, 2010.
[60] Sparks D L. Advances in agronomy. New York : Academic Press, 2013.
[61] De Klerk A. Fischer-Tropsch refining. Weinheim : Wiley- VCH Verlag & Co. , KGaA, Boschstr, 2011.
[62] Mathews J P, Chaffee A L. The molecular representations of coal : a review. Fuel, 2010, 96: 1-14.
[63] Longwell J P, Rubint E S, Wilson J. Coal : energy for the future. Progress Energy Combustion Sciences, 1995, 21: 269-360.
[64] Kopyscinski J, Schildhauer T J, Biollaz S M A. Production of synthetic natural gas (SNG) from coal and dry biomass : A technology review from 1950 to 2009. Fuel, 2010, 89: 1763-1783.
[65] Cho H, Smith A D, Mago P. Combined cooling, heating and power : a review of performance improvement and optimization. Applied Energy, 2014, 136: 168-185.
[66] Liu M, Shi Y, Fang F. Combined cooling, heating and power systems : a survey. Renewable and Sustainable Energy Reviews, 2014, 35: 1-22.
[67] Beer J M. Combustion technology developments in power generation in response to environmental challenges. Progress in Energy and Combustion Science, 2000, 26: 301-327.
[68] Beer J M. High efficiency electric power generation : the environmental role. Progress in Energy & Combustion Science, 2007, 33: 107-134.
[69] Onovwionaa HI, Ugursal VI. Residential cogeneration systems : review of the current technology. Renewable and Sustainable Energy Reviews, 2006, 10: 389-431.
[70] Buhre B J P, Elliott L K, Sheng C D, et al. Oxy-fuel combustion technology for coal-fired power generation. Progress in Energy and Combustion Science, 2005, 31: 283-307.
[71] Ju Y, Maruta K. Microscale combustion : technology development and fundamental research. Progress in Energy and Combustion Science, 2011, 37: 669-715.
[72] Mathieu Y, Tzanis L, Soulard M, et al. Adsorption of SO_x by oxide materials : a review. Fuel Processing Technology, 2013, 114 : 81-100.
[73] Liu Y, Bisson T M, Yang H, Xu Zh. Recent developments in novel sorbents for flue gas clean Up. Fuel Processing Technology, 2010, 91: 1175-1197.
[74] Cheng J, Zhou J, Liu J, et al. Sulfur removal at high temperature during coal combustion in furnaces : a review. Progress in Energy and Combustion Science, 2003, 29: 381-405.
[75] Doua B, Wanga Ch, Chen H, et al. Research progress of hot gas filtration, desulphurization and HCl removal in coal-derived fuel gas : a review. Chemical Engineering Research and Design. 2012, 90: 1901-1917.
[76] Popaa T, Fana M, Argyle M D, et al. H_2 and CO_x generation from coal gasification catalyzed by a cost-effective iron catalyst. Applied Catalysis A : General, 2013, 464-465: 207-217.
[77] Monterroso R, Fan M, Zhang F, et al. Effects of an environmentally-friendly, inexpensive composite iron-sodium catalyst on coal gasification. Fuel, 2014, 116 : 341-349.

[78] Mondal P, Dang G S, Garg M O. Syngas production through gasification and clean up for downs tream applications : recent developments. Fuel Processing Technology, 2011, 92: 1395-1410.
[79] Xu Ch, Donald J, Byambajav E, Ohtsuka Y. Recent advances in catalysts for hot-gas removal of tar and NH_3 from biomass Gasification. Fuel, 2010, 89: 1784-1795.
[80] Woolcock P J, Brown R C, A review of cleaning technologies for biomass-derived syngas. Biomass and Bioenergy, 2013, 52: 54-84.
[81] Aravind P V, de Jong W. Evaluation of high temperature gas cleaning options for biomass gasification product gas for solid oxide fuel cells. Progress in Energy and Combustion Science, 2012, 38: 737-764.
[82] Aasberg-Petersen K, Dybkjær I, Ovesen C V, et al. Natural gas to synthesis gas e catalysts and catalytic processes. Journal of Natural Gas Science and Engineering, 2011, 39 : 423-459.
[83] Angeli S D, Monteleone G, Giaconia A, et al. State-of-the-art catalysts for CH_4 steam reforming at low temperature. International Journal of hydrogen energy, 2014, 39: 1979-1997.
[84] Li Y, Li D, Wang G. Methane decomposition to CO_x-free hydrogen and nano-carbon material on group 8-10 base metal catalysts : a review. Catalysis Today, 2011, 162: 1-48.
[85] Amin A M, Croiset E, Epling W. Review of methane catalytic cracking for hydrogen production. International Journal of hydrogen energy, 2011, 36: 2904-2935.
[86] Dutta S. A review on production, storage of hydrogen and its utilization as an energy resource. Journal of Industrial and Engineering Chemistry, 2014, 20: 1148-1156.
[87] Armor J M. The multiple roles for catalysis in the production of H_2. Applied Catalysis A : General, 1999, 176: 159-176.
[88] Pefia M A, Gdmez J P, Fierro J L G. New catalytic routes for syngas and hydrogen production. Applied Catalysis A: General, 1996, 144 : 7-57.
[89] Nahar G, Dupont V. Hydroge nproduction from simple alkanes and oxygenated hydrocarbons over ceria-zirconia supported catalysts : review. renewable and Sustainable Energy Reviews, 2014, 32: 777-796.
[90] Holladay J D, Hu J, King D L, Wang Y. An overview of hydrogen production technologies. Catalysis Today, 2009, 139 : 244-260.
[91] Baliban R C, Elia J A, Weekman V, et al. Process synthesis of hybrid coal, biomass, and natural gas to liquids via Fischer-Tropsch synthesis, ZSM-5 catalytic conversion, methanol synthesis, methanol-to-gasoline, and methanol-to-olefins/distillate technologies. Computers and Chemical Engineering, 2012, 47 : 29-56.
[92] Zhang Q, Deng W, Wang Y. Recent advances in understanding the key catalyst factors for Fischer-Tropsch synthesis. Journal of Energy Chemistry, 2013, 22: 27-38.
[93] Xu J, Yang Y, Li Y W. Fischer-Tropsch synthesis process development : steps from fundamentals to industrial practices. Current Opinion in Chemical Engineering, 2013, 2: 354-362.
[94] Bacaud R. Dispersed phase catalysis : past and future. celebrating one century of industrial development. Fuel, 2014, 117: 624-632.
[95] Jin E, Zhang Y, Hea L, et al. Indirect coal to liquid technologies. Applied Catalysis A : General, 2014, 476 : 158-174.
[96] Gabriel K J, Noureldin M, El-Halwagi M M, et al. Gas-to-liquid (GTL) technology : targets for process design and water-energy nexus. Current Opinion in Chemical Engineering, 2014, 5: 49-54.
[97] Floudas C A, Elia JA, Baliban R C. Hybrid and single feedstock energy processes for liquid transportation fuels : a critical review. Computers and Chemical Engineering, 2012, 41: 24-51.
[98] Wang H, Yang Y, Xu J, et al. Study of bimetallic interactions and promoter effects of FeZn, FeMn and FeCr Fischer-Tropsch synthesis catalysts. Journal of Molecular Catalysis A : Chemical, 2010, 326 : 29-40.
[99] Gharibi M, Zangeneh F T, Yaripour F, Sahebdelfar S. Nanocatalysts for conversion of natural gas to liquid fuels and petrochemical Feedstocks. Applied Catalysis A : General, 2012, 443-444: 8-26.
[100] Martinez C, Corma A. Inorganic molecular sieves : preparation, modification and industrial application in catalytic processes. Coordination Chemistry Reviews, 2011, 255: 1558-1580.
[101] Mochida I, Sakanishi K. Catalysts for coal conversions of the next generation. Fuel, 2000, 79: 221-228.
[102] Andujar J M, Segura F. Fuel cells : history and updating. a walk along two centuries. Renewable and Sustainable Energy Reviews, 2009, 13 : 2309-2322.
[103] Choudhury A, Arora H C A. Application of solid oxide fuel cell technology fo rpower generation : a review. Renewable and Sustainable Energy Reviews, 2013, 20: 430-442.
[104] Mekhilefa S, Saidur R, Safari A. Comparative study of different fuel cell technologies. Renewable and Sustain-

able Energy Reviews，2012，16：981-989.

[105] Trogadas P，Fuller T F，Strasser P. Carbon as catalyst and support for electrochemical energy conversion. Carbon，2014，75：5-42.

[106] Bozbag S E，Erkey C. Supercritical fluids in fuel cell research and development. Journal of Supercritical Fluids，2012，62：1-31.

[107] Wee J-H. Carbon dioxide emission reduction using molten carbonate fuel cell systems. Renewable and Sustainable Energy Reviews，2014，32：178-191.

[108] Giddey S，Badwal S P S，Kulkarni A，Munnings C. A comprehensive review of direct carbon fuel cell technology. Progress in Energy and Combustion Science，2012，38：360-399.

[109] Saeidi S，Amin N A S，Rahimpour M R. Hydrogenation of CO_2 to value-added products：a review and potential future developments. Journal of CO_2 Utilization，2014，5：66-81.

[110] Chunshan Song. Global challenges and strategies for control，conversion and utilization of CO_2 for sustainable development involving energy，catalysis，adsorption and chemical processing. Catalysis Today，2006，115：2-32.

[111] Ghoniem A F. Needs，resources and climate change：clean and efficient conversion technologies. Progress in Energy and Combustion Science，2011，37：15-51.

[112] Soon A N，Hameed B H. Heterogeneous catalytic treatment of synthetic dyes in aqueous media using Fenton and photo-assisted Fenton process. Desalination，2011，269：1-16.

[113] Kim K H，Ihm S K. Heterogeneous catalytic wet air oxidation of refractory organic pollutants in industrial wastewaters：a review. Journal of Hazardous Materials，2011，186：16-34.

[114] Mezohegyi G，van der Zee F P，Font J，et al. Towards advanced aqueous dye removal processes：a short review on the versatile role of activated carbon. Journal of Environmental Management，2012，102：148-164.

[115] Karacan C O，Ruiz F A，Cotè M，Phipps S. Coal mine methane：a review of capture and utilization practices with benefits to mining safety and to greenhouse gas reduction. International Journal of Coal Geology，2011，86：121-156.

[116] Lu J，Zahedi A，Yang Ch，et al. Building the hydrogen economy in China：drivers，resources and technologies. Renewable and Sustainable Energy Reviews，2013，23：543-556.

[117] Armor J N. Key questions，approaches，and challenges to energy today. Catalysis Today，2014，236：171-181.

[118] Ioannidou O，Zabaniotou A. Agricultural residues as precursors for activated carbon production：a review. Renewable and Sustainable Energy Reviews，2007，11：1966-2005.

[119] Bhattachary S，Kabir K B，Hein K. Dimethyl ether synthesis from victorian brown coal through gasification：current status，and research and development needs. Progress in Energy and Combustion Science，2013，39：577-605.

[120] Azizi Z，Rezaeimanesh M，Tohidiana T，et al. Dimethyl ether：a review of technologies and production challenges. Chemical Engineering and Processing，2014，82：150-172.

[121] Riaz A，Zahedi G，Klemes J J，A review of cleaner production methods for the manufacture of methanol. Journal of Cleaner Production，2013，57：19-37.

[122] Su L W，Li X R，Sun Z Y. Flow chart of methanol in China. Renewable and Sustainable Energy Reviews，2013，28：541-550.

[123] Pudukudy M，Yaakob Z，Mohammad M，et al. Renewable hydrogen economy in Asia：Opportunities and challenges：an overview. Renewable and Sustainable Energy Reviews，2014，30：743-757.

[124] Lu Y，Lee T. Influence of the feed gas composition on the Fischer-Tropsch synthesis in commercial operations. Journal of Natural Gas Chemistry，2007，16：329-341.

[125] Tie S，Tan C W. A review of energy sources and energy management system in electric vehicles. Renewable and Sustainable Energy Reviews，2013，20：82-102.

[126] Suberu M Y，Mustafa M W，Bashir N. Energy storage systems for renewable energy power sector integration and mitigation of intermittency. Renewable and Sustainable Energy Reviews，2014，35：499-514.

[127] Pereira E G，da Silva J N，de Oliveira J L，et al. Sustainable energy：a review of gasification technologies. Renewable and Sustainable Energy Reviews，2012，16：4753-4762.

[128] 赵冬，冯霄，王东亮. 煤制天然气过程模拟与分析. 化工进展，2015，34（4）：990-996.

[129] 张天开，张永发，丁晓阔，张静. 煤直接加氢制甲烷研究进展. 化工进展，2015，34（2）：349-359.

[130] 张旭，王子宗，陈建峰. 助剂对煤基合成气甲烷化反应用镍基催化剂的促进作用. 化工进展，2015，34（2）：389-396.

[131] Jin E，Zhang Y，He L，et al. Indirect coal to liquid technologies. Applied Catalysis A：General，2014，476：

158-174.
[132] Xu J, Yang Y, Li Y W. Recent development in converting coal to clean fuels in China. Fuel, 2015, 152: 122-130.
[133] Ding Y, Han W, Chai Q, et al. Coal-based synthetic natural gas (SNG) : a solution to China' s energy security and CO_2 reduction. Energy Policy, 2013, 55: 445-453.
[134] Aasberg-Petersen K, Dybkjær I, Ovesen C V, et al. Natural gas to synthesis gas - Catalysts and catalytic processes. Journal of Natural Gas Science and Engineering, 2011, 3 : 423-459.
[135] Córdoba P. Status of Flue Gas Desulphurisation (FGD) systems from coal-fired power plants : overview of the physic-chemical control processes of wet limestone FGDs. Fuel, 2015, 144: 274-286.
[136] Goto K, Yogo K, Higashii T. A review of efficiency penalty in a coal-fired power plant with post-combustion CO_2 capture. Applied Energy, 2013, 111: 710-720.
[137] Taba L, Irfan M F, et al. The effect of temperature on various parameters in coal, biomass and CO-gasification : a review. Renewable and Sustainable Energy Reviews, 2012, 16(8) : 5584-5596.
[138] López-Antón M A, Díaz-Somoano M, Ochoa-González R, et al. Analytical methods for mercury analysis in coal and coal combustion by-products. Resources, Conservation and Recycling, 2012, 69 : 109-121.
[139] Razzaq R Li C, Zhang S. Coke oven gas : availability, properties, purification, and utilization in China. Fuel, 2013, 113: 287-299.
[140] Chen L, Yong S Zh, Ghoniem A F. Oxy-fuel combustion of pulverized coal : characterization, fundamentals, stabilization and CFD modeling. Prorogress in Energy and Combustion Science, 2012, 38 (2): 156-214.
[141] Wilcox J, Rupp E, Ying S C, et al. Mercury adsorption and oxidation in coal combustion and gasification processes. International Journal of Coal Geology, 2012, 90-91 : 4-20.
[142] Markström P, Linderholm C, Lyngfelt A. Hemical-looping combustion of solid fuels : design and operation of a 100 kw unit with bituminous coal. International Journal of Greenhouse Gas Control, 2013, 15 : 150-162.
[143] Song Z, Kuenzer C. Coal fires in China over the last decade : a comprehensive review. International Journal of Coal Geology, 2014, 133 : 72-99.
[144] 战书鹏，王性军，洪冰清，等 . 燃料化学学报 . 2012，40（1）: 8-14.
[145] 谭心舜，程乐斯，贾小平，毕荣山 . 德士古煤气化工艺 CO_2 排放分析 . 化工进展，2015，34（4）: 947-951.
[146] 宗弘元，马宇春，刘仲能 . 合成气制混合燃料醇的研究进展 . 化工进展，2015，34（5）: 1269-1275.
[147] 高美琪，王玉龙，李凡 . 煤气化过程中钙催化作用的研究进展 . 化工进展，2015，34（3）: 715-719.
[148] 吕太，刘力萌，郭东方，牛红伟，尚航 . 燃煤电厂 CO_2 捕集中烟气预处理系统的优化模拟 . 化工进展，2015，34（2）: 571-575.
[149] 侯吉礼，马跃，李术元，藤锦生 . 世界油页岩资源的开发利用现状 . 化工进展，2015，34（5）: 1183-1190.
[150] 李毅，曹军，应翔，罗青 . 费托合成微反应器研究进展 . 化工进展，2015，34（6）: 1519-1525.
[151] Gradisher L, Dutcher B, Fan M. Catalytic hydrogen production from fossil fuels via the water gas shift Reaction. Applied Energy, 2015, 139: 335-349.
[152] Huang H J, Yuan X-Z. Recent progress in the direct liquefaction of typical biomass. Progress in Energy and Combustion Science, 2015, 49 : 59-80.
[153] Niaz S, Manzoor T, Pandith A H. Hydrogen storage : materials, methods and perspectives. Renewableand Sustainable Energy Reviews, 2005, 50: 457-469.
[154] 刘思明 . 低阶煤热解提质技术发展现状及趋势研究 . 化学工业，2013，31（1）: 7-22.
[155] 李显 . 神华煤直接液化动力学及机理 . 大连：大连理工大学，2008.
[156] 刘志光，刘颐华，贾亮，王宇博 . 甲醇行业"十三五"发展规划研究（待续）. 化学工业，2015，33(2-3): 8-11.
[157] 刘全润 . 煤热解转化和脱硫研究 . 大连：大连理工大学，2005.
[158] 钱伯章 . 煤化工发展进程 . 化学工业，2014，32（10）: 27-32.
[159] 刘振宇 . 煤直接液化技术发展的化学脉络及化学工程挑战 . 化工进展，2010，29（2）: 193-197.
[160] 任相坤，房鼎，金嘉璐，高晋生 . 煤直接液化技术开发新进展 . 化工进展，2010，29（2）: 198-204.
[161] 曾凡虎，陈钢，李泽海，黄学群 . 我国低阶煤热解提质技术进展 . 化肥设计，2013，51（2）: 1-7.
[162] 李传锐，刘永健，李春启，左玉帮 . 我国煤制天然气发展现状、政策与应用分析 . 化学工业，2015，33（1）: 1-9.
[163] 郭树才，罗长齐，张代佳，等 . 褐煤固体热载体干馏新技术工业性试验 . 大连理工大学学报，1995，35（1）: 36-50.
[164] 侯朝鹏，夏国富，李明丰，聂红，李大东 . FT 合成反应器的研究进展 . 化工进展，2011，30（2）: 251-257.
[165] 刘于英，原丰贞，赵霄鹏 . 甲醇制汽油工艺概述 . 山西化工，2009，29（4）: 43-45.

[166] 唐宏青．甲醇制汽油工艺技术．第十七届全国化肥－甲醇技术年会，2012：156-170.
[167] Galadima A，Muraza O. From synthesis gas production to methanol synthesis and potential upgrade to gasoline range hydrocarbons：a review. Journal of Natural Gas Science and Engineering，2015，25：303-316.
[168] Galadima A，Muraza O. Role of zeolite catalysts for benzene removal from gasoline via alkylation：a review. Microporous and Mesoporous Materials，2015，213：169-180.
[169] Wu D W，Wang R Z. Combined cooling，heating and power：a review. Progress in Energy and Combustion Science，2006，32：459-495.
[170] Pollet B G，Staffell I，Shang J L. Current status of hybrid，battery and fuel cell electric vehicles：from electrochemistry to market prospects. Electrochimica Acta，2012，84：235-249.
[171] Zhang L，Chae S-R，Hendren Z，et al. Recent advances in proton exchange membranes for fuel cell applications. Chemical Engineering Journal，2012，204-206：87-97.
[172] Chauhan A，Saini R P. A review on integrated renewable energy system based power generation for stand-alone applications：configurations，storage options，sizing methodologies and control. Renewable and Sustainable Energy Reviews，2014，38：99-120.
[173] Sharaf O Z，Orhan M F. An overview of fuel cell technology：fundamentals and applications. Renewable and Sustainable Energy Reviews，2014，32：810-853.
[174] Maghanki M M，Ghobadian B，Najafi G，et al. Micro combined heat and power (MCHP) technologies and applications. Renewable and Sustainable Energy Reviews，2013，28：510-524.
[175] Vassilev S V，Vassileva C G，Vassilev G S. Advantages and disadvantages of composition and properties of biomass in comparison with coal：an overview. Fuel，2015，158：330-350.
[176] Zhou J，Wu S，Pan Y，et al. Mercury in municipal solids waste incineration (MSWI) fly ash in China：chemical speciation and risk assessment. Fuel，2015，158：619-624.
[177] Allen D，Hayhurst A N. The effect of CaO on emissions of nitric oxide from a fluidised bed combustor. Fuel，2015，158：898-907.
[178] Gao Q，Li Sh，Yuan Y，et al. Ultrafine particulate matter formation in the early stage of pulverized coal combustion of high-sodium lignite. Fuel，2015，158：224-231.
[179] Mahlia T M，Saktisahdan T J，Jannifar A，et al. A review of available methods and development on energy storage; technology update. Renewable and Sustainable Energy Reviews，2014，33：532-545.
[180] Wang K，Wei Y-M. China's regional industrial energy efficiency and carbon emissions abatement costs. Applied Energy，2014，130：617-631.
[181] Buonomano A，Calise F，Ferruzzi G，et al. Molten carbonate fuel cell：an experimental analysis of a 1 kW system fed by landfill gas. Applied Energy，2015，140，15：146-160.
[182] Masnadi M S，Grace J R，Bi X T，et al. From fossil fuels towards renewables：inhibitory and catalytic effects on carbon thermochemical conversion during co-gasification of biomass with fossil fuels. Applied Energy，2015，140，15：196-209.
[183] Dong H，Dai H，Dong L，et al. Pursuing air pollutant co-benefits of CO_2 mitigation in China：a provincial leveled analysis. Applied Energy，2015，144：165-174.
[184] Martinez A S，Brouwer J，Samuelsen G S. Comparative analysis of SOFC：GT freight locomotive fueled by natural gas and diesel with onboard reformation. Applied Energy，2015，148：421-438.
[185] Khalil A E E，Gupta A K. Toward ultra-low emission distributed combustion with fuel air dilution. Applied Energy，2015，148：187-195.
[186] Wang Y，Chen K S，Mishler J，et al. A review of polymer electrolyte membrane fuel cells：technology，applications，and needs on fundamental research. Applied Energy，2011，88：981-1007.
[187] Bolat P，Thiel C. Hydrogen supply chain architecture for bottom-up energy systems models. Part 2：techno-economic inputs for hydrogen production pathways. International journal of Hydrogen Energy，2014，39：8898-8925.
[188] Angrisani G，Roselli C，Sasso M. Distributed microtrigeneration systems. Progress in Energy and Combustion Science，2012，38：502-521.
[189] Suberu M Y，Mustafa M W，Bi N. Energy storage systems for renewable energy power sector integration and mitigation of intermittency. Renewable and Sustainable Energy Reviews，2014，35：499-514.
[190] Shen Y. Chars as carbonaceous adsorbents/catalysts for tar elimination during biomass pyrolysis or gasification. Renewable and Sustainable Energy Reviews，2015，43：281-295.
[191] Zhang X H，Pan H Y，Cao J，et al. Energy consumption of China's crop production system and the related

emissions. Renewable and Sustainable Energy Reviews，2015，43：111-125.
[192] Dong J，Xue G，Dong M，Xu X. Energy-saving power generation dispatching in China：regulations，pilot projects and policy recommendations：a review. Renewable and Sustainable Energy Reviews，2015，43：1285-1300.
[193] Wee J H. Molten carbonate fuel cell and gas turbine hybrid systems as distributedenergy resources. Applied Energy，2011，88：4252-4263.
[194] Mogensena D，Grunwaldtb J D，Hendriksenc P V，et al. Internal steam reforming in solid oxide fuel cells：status and opportunities of kinetic studies and their impact on modeling. Journal of Power Sources，2011，196：25-38.
[195] Choudhury A，Chandra H，Arora H. Application of solid oxide fuel cell technology for power generation：a review. Renewable and Sustainable Energy Reviews，2013，20：430-442.
[196] Gandiglio M，Lanzini A，Leone P，et al. Thermoeconomic analysis of large solid oxide fuel cell plants：atmospheric vs. pressurized performance. Energy，2013，55：142-155.
[197] Butlera E，Devlina G，Meierb D，et al. A review of recent laboratory research and commercial developments in fast pyrolysis and upgrading. Renewable and Sustainable Energy Reviews，2011，15：4171-4186.
[198] Hashemi R，Nassar N N，Almao P P. Nanoparticle technology for heavy oil in-situ upgrading and recovery enhancement：opportunities and challenges. Applied Energy，2014，133：374-387.
[199] Fang X，Guo R，Yang C. The development and application of catalysts for ultra-deep hydrodesulfurization of diesel. Chinese Journal of Catalysis，2013，34：130-139.
[200] Zong B，MU X，Zhang X，et al. Research，development，and application of amorphous nickel alloy catalysts prepared by melt - quenching. Chinese Journal of Catalysis，2013，34：828-837.
[201] Mohammad M，Hari T K，Yaakob Z，et al. Overview on the production of paraffin based-biofuels via catalytic hydrodeoxygenation. Renewable and Sustainable Energy Reviews，2013，22：121-132.
[202] PaÃrvulescua V I，Grangeb P，Delmon B. Catalytic removal of NO. Catalysis Today，1998，46：233-316.
[203] Eijsboutsa S，Andersonb G H，Bergwerffa J A，et al. Economic and technical impacts of replacing Co and Ni promotion in hydrotreating catalysts. Applied Catalysis A：General，2013，458：169-182.
[204] 赵永志，蒙波，陈霖新，等 . 氢能源的利用现状分析 . 化工进展，2015，34（9）：3248-3255.
[205] 王平尧 . 甲醇合成反应器的分析与选择 . 化肥设计，2007，45（3）：17-21.